ASSOCIATION FRANÇAISE

POUR

L'AVANCEMENT DES SCIENCES

ASSOCIATION FRANÇAISE

POUR

L'AVANCEMENT DES SCIENCES

FUSIONNÉE AVEC

L'ASSOCIATION SCIENTIFIQUE DE FRANCE

(Fondée par Le Verrier, en 1864)

Reconnues d'utilité publique

COMPTE RENDU DE LA 44ME SESSION

STRASBOURG

— 1920 —

PARIS

AU SECRÉTARIAT DE L'ASSOCIATION

Rue Serpente, 28 (6e Arrt)

ET CHEZ MM. MASSON ET Cie, LIBRAIRES DE L'ACADÉMIE DE MÉDECINE

Boulevard Saint-Germain, 120 (6e Arrt)

1921

LISTE DES CONGRÈS ET DE LEURS PRÉSIDENTS

— VOLUMES —

ANNÉES		VILLES		PRÉSIDENTS	
1872	1re Session.	Bordeaux	1 volume.	Claude Bernard	(Décédé.)
1873	2e —	Lyon	1 —	de Quatrefages	(Décédé.)
1874	3e —	Lille	1 —	Adolphe Wurtz	(Décédé.)
1875	4e —	Nantes	1 —	Adolphe d'Eichthal	(Décédé.)
1876	5e —	Clermont-Ferrand	1 —	J.-B. Dumas	(Décédé.)
1877	6e —	Le Havre	1 —	Paul Broca	(Décédé.)
1878	7e —	Paris	1 —	Edmond Frémy	(Décédé.)
1879	8e —	Montpellier	1 —	Agénor Bardoux	(Décédé.)
1880	9e —	Reims	1 —	J.-B. Krantz	(Décédé.)
1881	10e —	Alger	1 —	Auguste Chauveau	(Décédé.)
1882	11e —	La Rochelle	1 —	Jules Janssen	(Décédé.)
1883	12e —	Rouen	1 —	Frédéric Passy	(Décédé.)
1884	13e —	Blois	2 volumes (1).	Anatole Bouquet de la Grye	(Décédé.)
1885	14e —	Grenoble	2 — »	Aristide Verneuil	(Décédé.)
1886	15e —	Nancy	2 — »	Charles Friedel	(Décédé.)
1887	16e —	Toulouse	2 — »	Jules Rochard	(Décédé.)
1888	17e —	Oran	2 — »	Aimé Laussedat	(Décédé.)
1889	18e —	Paris	2 — »	Henri de Lacaze-Duthiers	(Décédé.)
1890	19e —	Limoges	2 — »	Alfred Cornu	(Décédé.)
1891	20e —	Marseille	2 — »	P.-P. Dehérain	(Décédé.)
1892	21e —	Pau	2 — »	Édouard Collignon	(Décédé.)
1893	22e —	Besançon	2 — »	Charles Bouchard	(Décédé.)
1894	23e —	Caen	2 — »	É. Mascart	(Décédé.)
1895	24e —	Bordeaux	2 — »	Émile Trélat	(Décédé.)
1896	25e —	Tunis	2 — »	Paul Dislère	
1897	26e —	Saint-Étienne	2 — »	J.-E. Marey	(Décédé.)
1898	27e —	Nantes	2 — »	Édouard Grimaux	(Décédé.)
1899	28e —	Boulogne-sur-Mer	2 — »	Paul Brouardel	(Décédé.)
1900	29e —	Paris	2 — »	Hippolyte Sebert	
1901	30e —	Ajaccio	2 — »	E.-T. Hamy	(Décédé.)
1902	31e —	Montauban	2 — »	Jules Carpentier	
1903	32e —	Angers	2 — »	Émile Levasseur	(Décédé.)
1904	33e —	Grenoble	1 volume (2).	C.-A. Laisant	(Décédé.)
1905	34e —	Cherbourg	1 — (2).	Alfred Giard	(Décédé.)
1906	35e —	Lyon	2 volumes (1).	Gabriel Lippmann	
1907	36e —	Reims	2 — (1).	Henri Henrot	(Décédé.)
1908	37e —	Clermont-Ferrand	1 volume (3).	Paul Appell.	
1909	38e —	Lille	1 — (4).	Louis Landouzy	(Décédé.)
1910	39e —	Toulouse	1 — (5).	C.-M. Gariel.	
1911	40e —	Dijon	1 — (3).	S. Arloing	(Décédé.)
1912	41e —	Nîmes	1 — (4).	Charles Lallemand.	
1913	42e —	Tunis	1 — (4).	Émile Haug.	
1914	43e —	Le Havre	1 — (6).	Armand Gautier.	(Décédé.)
1915-1916	(Conférences)		1 — (7).	Albert Calmette.	
1916-1917	—		1 — »	»	
1917-1918	—		1 — »	»	
1918-1920	—		1 — »	»	
1920	44e Session.	Strasbourg	1 — »	»	

(1) Les Tomes I et II sont reliés séparément.

(2) Pour la 33e Session, Grenoble 1904, et la 34e Session, Cherbourg 1905, le Tome I a été remplacé par un Bulletin mensuel dont les numéros 8 et 9 de chaque année ont été consacrés aux comptes rendus des séances générales et aux procès-verbaux des Sections ;

(3) Le Tome I a été remplacé par deux brochures parues en 1908.

(4) Le Tome I a été remplacé par une brochure parue dans l'année où a eu lieu le Congrès.

(5) Le Tome I a été remplacé par une brochure parue dans l'année où a eu lieu le Congrès. Le volume des Notes et Mémoires existe, divisé en quatre Tomes, dont chacun comprend sa Table des matières et sa Table analytique par ordre alphabétique.

(6) Le Tome I a été remplacé par une brochure parue en mai 1915.

(7) En 1915, 1916, 1917, 1918 et 1919, il n'y a pas eu de Congrès.

ASSOCIATION FRANÇAISE

POUR

L'AVANCEMENT DES SCIENCES

ASSEMBLÉE GÉNÉRALE

tenue à Strasbourg, le 28 juillet 1920

Présidence : M. Calmette, Correspondant de l'Institut, Président de l'Association.

EXTRAIT DU PROCÈS-VERBAL

Le Secrétaire donne lecture du procès-verbal de la séance du 9 octobre 1919 qui a été adopté sans observations.

I. — *Affaires financières. Dépenses et recettes de 1919. Budget de 1920.* — M. le Président rappelle que l'état des dépenses de 1919 et le budget prévisionnel pour 1920 ont paru dans le bulletin de juin et demande si personne n'a d'observations à présenter à ce sujet. Personne ne demandant la parole l'état du dernier exercice financier et du budget pour 1920 sont mis aux voix et adoptés.

II. — *Choix des villes pour le Congrès de 1921 et 1922.* — M. le Président informe l'Assemblée que nous avons reçu une invitation de M. le Maire de Rouen pour le Congrès de 1921, et deux invitations, l'une de M. le Maire de Marseille, la seconde de M. le Maire de Montpellier pour le Congrès de 1922.

Pour 1921, l'invitation de la ville de Rouen est mise aux voix et acceptée à l'unanimité, conformément à la proposition présentée par le Conseil.

Pour 1922, quelques membres appellent l'attention de l'Assemblée sur l'antériorité de l'invitation de Montpellier où devait se tenir, sans la guerre, le Congrès de 1915, et rappellent que nos collègues de cette région avaient déjà établi les projets de préparation de cette session. Il paraîtrait donc juste de reprendre nos relations avec Montpellier et d'y tenir le Congrès de 1922, bien entendu en témoignant tous nos regrets et notre reconnaissance à la Municipalité de Marseille. Telle est d'ailleurs l'opinion formulée par le Conseil dans sa dernière séance, tenue le matin même.

Cette proposition, n'ayant donné lieu à aucune observation, est mise aux voix et adoptée à l'unanimité.

III. *Transformation en section de la sous-section de Psychologie expérimentale.* — M. Desgrez donne lecture du rapport suivant, présenté à l'appui de la demande, déjà faite au Havre en 1914, tendant à la transformation en section de la sous-section de Psychologie expérimentale.

« Constituée au Congrès du Havre en 1914, la sous-section de Psychologie physiologique réunit plus de 40 adhérents dont 35 devinrent membre de l'Association au titre de la nouvelle sous-section. Parmi ceux-ci figuraient : MM. Bergson, de l'Académie française; feu Déjerine, de l'Académie de Médecine; feu Ribot, de l'Institut; Pierre Janet, de l'Institut, qui présida la sous-section au Congrès du Havre; G. Dumas, Delacroix, Lalande, Brunschwig, Rey, Professeurs à la Sorbonne; Bourdon, Professeur à l'Université de Rennes; Mairet et Foucault, Professeurs à l'Université de Montpellier, etc., sans oublier Henry Beaunis, l'Agrégé de Strasbourg d'avant 1870, et qui a pu être nommé tardivement Professeur honoraire à l'Université reconquise.

La réunion du Havre réunit de nombreux congressistes et entendit de nombreuses et intéressantes communications.

Cette année, une vingtaine d'adhésions nouvelles à l'Association au titre de la sous-section ont augmenté le nombre des membres de cette dernière d'une série de savants tous connus par leurs recherches, parmi lesquels : MM. Abadie, Professeur à l'Université de Bordeaux; Lambert, Professeur à l'Université de Nancy; Devolvé, Professeur à l'Université de Montpellier; Chavigny, Professeur à l'Université de Strasbourg; Hesnard, Professeur à l'École de Médecine navale de Bordeaux; Robinovitch, Rogues de Fursac, Mignard, Médecins des hospices ou asiles de la Seine, etc. Finalement la sous-section a réuni les adhésions de 3 Professeurs au Collège de France, 18 Professeurs de Facultés, 12 Médecins d'hôpitaux ou asiles.

Sous la présidence de M. Foucault et la vice-présidence de M. Blondel, Professeur à l'Université de Strasbourg, la sous-section a entendu, à ce Congrès, de nombreuses et intéressantes communications avec d'utiles discussions. Elle se propose de tenir à Rouen, sous la présidence de M. Bourdon, Professeur à l'Université de Rennes, des réunions plus animées encore, et de continuer son développement.

Ce développement sera aidé par la transformation en section, qui paraît pleinement justifiée. En ayant une section psychologique, l'Association française ne fera que suivre l'exemple qui lui a été donné, depuis pas mal d'années déjà, par la *British Association for the Advancement of Science* ».

M. le Président demande si quelques membres de l'Assemblée désirent la parole sur la demande en question. Personne n'ayant d'observations à présenter, il ajoute que le Conseil, saisi de la demande, a donné un avis favorable, et met aux voix la transformation ; celle-ci est votée à l'unanimité (1). Il met enfin aux voix les propositions présentées à la séance même par la sous-section et le Conseil pour les nominations d'un président et de délégués destinés à la nouvelle section (2). Ces propositions qui figurent dans le tableau donné d'autre part, sont votées à l'unanimité.

IV. *Élections.* — *A*) Bureau. — M. le Président donne lecture des propositions de candidatures pour les deux places de Vice-Présidents vacantes et la place de Vice-Secrétaire. Il ajoute que le Conseil a reconnu la régularité de ces candidatures et que, comme il n'y en a qu'une pour chaque place, les élections peuvent se faire à mains levées. Les élections suivantes se font à l'unanimité :

1° En remplacement de M. Émile Picard, démissionnaire, M. Rateau, membre de l'Institut. M. le Président informe l'Assemblée que M. Rateau va donc devenir Président de l'Association à la fin de cette réunion ;

2° Pour la place ordinaire de Vice-Président : M. le Professeur Mangin, Membre de l'Institut, Directeur du Muséum national d'Histoire naturelle, à Paris ;

3° Comme Vice-Secrétaire : M. Saugrain, Membre du Conseil de l'Association.

B) Délégués de l'Association au Conseil. — Le Secrétaire fait connaître les résultats du dépouillement du scrutin pour la nomination des délégués de l'Association :

MM.	d'Arsonval	391 voix	MM.	Lebègue	1 voix
	Bergonié	389 —		Desgrez	1 —
	Meunier	391 —		Béclère	1 —
	Moureu	392 —		Barjon	1 —
	Ed. Perrier	389 —		Jadin	1 —
	Cayeux	2 —		Delépine	1 —
	Kilian	1 —		Roger	1 —
	Y. Delage	1 —			

En conséquence, MM. d'Arsonval, Bergonié, Meunier, Moureu, Perrier sont nommés délégués de l'Association au Conseil.

C) Présidents des sections et délégués proposés par les sections. — Le Secrétaire donne lecture de la liste des Présidents des Sections et des délégués à la Commission des subventions qui viennent d'être nommés à la présente session.

(1) Cette décision ayant été reconnue illégale aux termes des statuts dans la séance du Conseil du 8 janvier 1921, a été rapportée. Le rapport sur la transformation a été publié dans le Bulletin n° 49. La question sera résolue par l'Assemblée générale du Congrès de Rouen.

(2) Pour la même raison, les nominations ne deviendront effectives qu'après décision de l'Assemblée générale de Rouen.

et fait également connaître la liste des délégués proposés par les sections. Ces délégués sont élus à l'unanimité.

SECTIONS	PRÉSIDENTS pour LE CONGRÈS DE ROUEN	DÉLÉGUÉS POUR TROIS ANS	MEMBRES de la COMMISSION des SUBVENTIONS
	MM.	MM.	MM.
1re et 2e	LELIEUVRE	BELOT	BELOT
3e et 4e	BARILLON	VAUDREY	AMIOT
5e	BLANC	TURPAIN	BLONDIN
6e	HALLER	TIFFENEAU	DELÉPINE
7e	CLÉRY	G. LEMOINE	DONGIER
8e	BIGOT	GENTIL	P. LEMOINE
9e	VIGUIER	BONNET VIGUIER (1)	DANGUY
10e	MERCIER	LOISEL	CAULLERY
11e	COURTY	GIRAUX	DE MORTILLET
12e	BRUNON	VERCHÈRE	L. BERNARD
13e	HENRARD	NOGIER	DELHERM
14e	VILLAIN	M. ROY	M. ROY
15e	SCHLŒSING	FRON ZUNDEL (2)	HOMMELL
16e	MONFLIER	P. LABBÉ	P. LABBÉ
17e	GENSOUL		RAZOUS
18e	J. RAY	BÉRILLON	BEAUVISAGE
19e	CERNÉ	GRANDJUX	LANGLOIS
20e	GASCARD	LEMATTE	COLLARD
Psychologie expériment.	BOURDON	DELACROIX RABAUD PIÉRON	RABAUD
Archéologie	Ct QUENEDEY		

(1) M. Viguier remplaçant M. Poisson, décédé, dont le mandat finissait en 1921, n'est élu que pour un an.

(2) M. Zundel est nommé pour deux ans.

V. *Vœux.* — Le Secrétaire donne lecture des vœux présentés par les Sections :

La Section de Génie civil et militaire, Navigation émet le vœu : Considérant que le Conseil d'Administration de l'Association Française pour l'Avancement des Sciences vient de manifester sa ferme intention de favoriser plus que jamais les applications des sciences à l'industrie, émet le vœu que, pour lui donner une forme tangible et immédiate, il choisisse dès maintenant, soit dans son sein, soit au dehors, quelques compétences plus particulièrement qualifiées pour constituer une Commission en vue de lui proposer à sa prochaine réunion, un ensemble de mesures susceptibles de lui faciliter la réalisation, avant le Congrès de Rouen en 1921, de ce programme, d'intérêt vraiment national.

La Section d'Odontologie émet le vœu : Que les deux services d'inspection et de traitement dentaires, créés par la circulaire ministérielle du 23 mars 1908, dans les écoles normales primaires, soient étendus à toutes les écoles primaires de France, en imposant aux Communes le devoir d'en assumer la charge au moyen des ressources des Caisses des Écoles, comme cela a lieu déjà pour plusieurs d'entre elles, ou en imposant ce devoir au Service d'Assistance médicale, dans les conditions prévues par les articles 4 et 5 de la loi du 15 juillet 1893, au moins en ce qui concerne le traitement dentaire à donner aux écoliers pauvres, le Service d'inspection seul pouvant rester à la charge de l'État, et décide d'appuyer dans ce but les propositions des lois de MM. P. Strauss, Chéron et Doumergue, présentées au Sénat dans les séances du 13 juillet 1919 et du 6 juillet 1920, et renvoyées à la Commission nommée le 25 mai 1905. (Adopté comme vœu de l'Association.)

La Section de Botanique, convaincue que la France doit utiliser plus que jamais toutes ses richesses naturelles, étant donné la valeur nutritive d'une immense quantité de champignons poussant chez nous, émet le vœu :

1° Qu'un enseignement spécialisé, essentiellement pratique, basé sur la consommation des espèces, soit donné, en dehors des disciplines purement scientifiques qui doivent être bien entendu rigoureusement maintenues, dans toutes les Facultés ou Écoles de Pharmacie, à tous les étudiants en pharmacie ;

2° Que les offices mycologiques, dirigés par des compétences, se multiplient sur tout le territoire français, éclairant, renseignant, éduquant de leur mieux le public. (Adopté comme vœu de l'Association.)

La Section de Météorologie et Physique du Globe, considérant l'exposé fait par M. Rothé, Président de la Section, de l'organisation du Service météorologique d'Alsace et de Lorraine et les propositions déjà faites aux réunions du Bureau Central météorologique par MM. Baldit, Dongier et Mathias, ainsi qu'au Congrès des Sociétés Savantes par M. Tourneur-Aumont, de la Commission de Meurthe-et-Moselle, émet le vœu :

1° Que les Services météorologiques existant en France soient coordonnés ;

2° Que les Commissions météorologiques départementales soient groupées par régions naturelles et que des ressources suffisantes leur soient attribuées pour assurer leur bon fonctionnement.

Après avoir entendu l'exposé de M. Labrouste, Maître de Conférences à la Faculté des Sciences de l'Université de Strasbourg, sur l'identité des sismogrammes, des onze tremblements de terre des 15 et 16 août 1916, considérant la rareté de ce phénomène, l'importance qu'a cette étude au point de vue de la compréhension des phénomènes sismiques et, l'interprétation simple qui paraît en découler, émet le vœu :

Que malgré les frais occasionnés, l'Association Française pour l'Avancement des Sciences publie, à titre exceptionnel, tous les graphiques relatifs à ces tremblements de terre. Cette publication a pour but d'engager les divers services sismologiques à entreprendre la même étude, qui pourra conduire à une véritable méthode d'investigation des couches profondes.

Les Sections de Botanique et des Sciences pharmacologiques émettent le vœu : Que le monument de Kirchleger, à Munster, dégradé par le vandalisme allemand, soit restauré. (Adopté comme vœu de l'Association.)

La Section d'Hygiène et de Médecine publique, constatant que l'Œuvre de Préservation de l'Enfance contre la tuberculose, telle que l'a conçue Grancher, c'est-à-dire le placement à la campagne par le médecin du pays, des enfants encore sains de parents tuberculeux, réalise d'après le principe posé par Pasteur, le sauvetage de la race émet le vœu : Que dans les départements qui n'ont pas encore de filiale de cette œuvre, les groupements scientifiques s'efforcent de combler cette lacune dans l'armement antituberculeux. (Adopté comme vœu de l'Association.)

Sur la proposition de M. Béclère, membre de l'Académie de Médecine, la 13e Section demande à l'unanimité que son titre « Électricité médicale » soit remplacé par « Électrologie et Radiologie médicales ».

La Section des Sciences pharmacologiques, en présence des différences sensibles constatées dans l'activité thérapeutique de substances officinales à caractères organoleptiques, physiques et chimiques, sensiblement identiques, émet les vœux :

1° Que la Commission du Codex, à l'exemple de la pharmacopée américaine, introduise dans un des prochains suppléments les essais physiologiques de certains médicaments chimiques et galéniques ;

2° Que l'enseignement pharmaceutique proprement dit, soit complété dans ce sens. (Adoptés comme vœux de l'Association.)

La Section des Sciences pharmacologiques, préoccupée de l'avenir de la race française, si cruellement décimée par la guerre et si grandement menacée par les fléaux sociaux, convaincue de la nécessité, dans le cadre des anciennes lois si facilement adaptables aux temps nouveaux, de réorganiser en toute urgence les services et l'enseignement de l'hygiène, émet le vœu :

1° Qu'il soit de plus en plus fait appel aux pharmaciens, si bien préparés à cette tâche par leur passé et par leur culture scientifique générale, dans le fonctionnement des divers services de l'hygiène publique (Conseils, Commissions, Inspections) ;

2° Qu'il soit créé dans chaque Faculté ou École de pharmacie, une chaire absolument autonome d'hygiène sociale ;

3° Que des diplômes spéciaux d'hygiénistes, à l'instar de celui qui a été créé par la Faculté mixte de Lyon, sur l'initiative du grand et regretté Professeur Jules Courmont, soient rigoureusement exigés de tous ceux médecins, pharmaciens, ingénieurs, qui entendent postuler des charges dans le domaine de l'hygiène. (Adopté comme vœu de l'Association.)

VI. *Remerciements.* — M. le Président propose à l'Assemblée de voter des remerciements à :

MM.

Alapetite, Commissaire général de la République.

Peirotes, Maire de Strasbourg.

Charléty, Recteur de l'Université.

MM.

Weiss, Doyen de la Faculté de Médecine, Président du Comité local.
Jadin, Doyen de la Faculté de Pharmacie.
Bataillon, Doyen de la Faculté des Sciences.
Heresinger, Adjoint au Maire.
Sartory, Secrétaire général du Comité local.
Le Professeur Bræmer.
Le Général Fetter.
Le Colonel Holtzapfel.
Pfister, Doyen de la Faculté des Lettres.
Le Colonel Renard, Conférencier.
Mengus.
Steinbrenner.
Le Professeur Lickteig.
Netter.
Le Professeur Houard.
Le Professeur Rothé, Directeur de l'Institut sismologique et météorologique.
Le Docteur Schmutz.
Le Docteur Holtzmann.
Jules Garnier, Chef de Travaux à la Faculté de Pharmacie.
Esclangon, Directeur de l'Observatoire.
Gaston Kern, Président de la Société des Sciences, Agriculture et Arts.
Le Docteur Forrer, Conservateur du Musée.
Le Professeur Gignoux.
Detœuf, Directeur du Port.
La Chorale « Concordia » et son Directeur.
Le Directeur des Moulins Baumann.
Le Directeur des Usines de Graffenstaden.
Le Directeur de la Brasserie Grüber.
Le Directeur des Tanneries de France.
Maire, Chef de Travaux à la Faculté de Pharmacie.
André Despoix, Proviseur du Lycée.
Le Surveillant général du Lycée.
Walter, Pharmacien honoraire à Saverne.
Le Directeur de la Société Alsacienne de Constructions mécaniques.
Dolfus, de la Société Industrielle de Mulhouse.
Schlumberger, fils.
Wild, Directeur de l'École de Chimie industrielle de Mulhouse.
Le Directeur général des Mines de potasse.
Le Comité des Dames, qui ont bien voulu s'occuper des Dames présentes au Congrès.
Les Journaux de Strasbourg.
Mlle Schaffer et M. Metzger, qui ont bien voulu nous seconder à la Commission des Excursions et pour la tenue de notre Caisse.

Ces remerciements, mis aux voix, sont votés par acclamation. M. le Président tient à ajouter un mot spécial de chaleureuse gratitude pour le Président du Comité local, pour le Comité et, tout particulièrement le Secrétaire général, qui ont préparé avec tant de dévouement un véritable succès. Il veut aussi remercier les Dames de Strasbourg et les Dames qui ont accompagné les Congressistes et ont tant ajouté aux attraits de la session par le charme de leur présence.

M. Granet demande la parole pour remercier, au nom de l'Assemblée, M. le Président Calmette, que tous les membres de l'Association ont été si heureux de revoir à leur tête, au lendemain de la délivrance de Lille. (Applaudissements unanimes.)

M. le Président déclare close la session de 1920.

SÉANCE GÉNÉRALE D'OUVERTURE

26 JUILLET 1920

Présidence de M. ALBERT CALMETTE

M. ALBERT CALMETTE,

Correspondant de l'Institut, Sous-Directeur de l'Institut Pasteur.
Président de l'Association.

EN MÉMOIRE DU SÉJOUR DE PASTEUR A STRASBOURG (1849-1854).

LES ULTRAMICROBES.

576.83

MESDAMES, MESSIEURS,

Depuis 1914, l'Association française pour l'Avancement des Sciences attendait cet heureux jour de fête !

Nos frères et nos sœurs d'Alsace, fièrement restés fidèles à la pensée française, se demandaient avec anxiété s'ils allaient enfin pouvoir se jeter dans nos bras. Il était juste que nous nous précipitions les premiers vers eux pour les étreindre. Leurs longues souffrances stoïquement subies avant et pendant l'horrible tourmente nous les rendent doublement chers. C'est donc avec une reconnaissante et profonde émotion que nous leur apportons notre fraternel salut.

Strasbourg, que nous aimons d'autant plus tendrement qu'il nous a coûté plus de larmes, avait un droit sacré a être le siège de nos premières assises. Nous lui devions de nous réunir en un pieux pèlerinage à l'ombre de sa cathédrale pour évoquer le souvenir vivifiant des gloires intellectuelles qui ont si magnifiquement illustré sa vieille Université française.

Parmi ces gloires, il en est une plus splendide, plus pure que toutes les autres, dont Strasbourg peut justement s'énorgueillir, c'est celle de *Pasteur*.

Et puisque le grand honneur m'échoit cette année de présider les assises de notre Association dans la capitale de l'Alsace redevenue française, vous trouverez naturel que le « pastorien » que je suis espère vous intéresser quelque peu en montrant tout d'abord l'influence indéniable que le séjour de Pasteur à Strasbourg eut sur l'évolution de son génie. Pour remplir cette partie de ma tâche je n'aurai qu'à m'aider des souvenirs recueillis avec tant de consciencieuse précision et d'émouvante piété par mon éminent ami M. *René Vallery-Radot.*

J'essaierai ensuite de vous transporter un instant dans le monde nouveau des *ultramicrobes*, dont l'exploration, à peine commencée depuis les dernières découvertes de Pasteur sur la rage, fait entrevoir aux biologistes des horizons aussi immenses, aussi infinis que ceux qui s'étalent aux yeux des astronomes explorateurs de la voie lactée.

***

Pasteur avait 27 ans lorsque, le 15 janvier 1849 — déjà connu dans le monde des chimistes et des physiciens pour ses premiers travaux sur les phénomènes relatifs à la polarisation rotatoire — il arrivait à la Faculté des Sciences de Strasbourg pour y remplir la suppléance de la chaire de chimie dont le titulaire était *Persoz.*

Il eût assurément préféré pouvoir travailler à Paris, aux côtés de son maître *Biot* qui l'avait en grande estime et qui portait un vif intérêt à ses recherches. Mais il se faisait une joie de rejoindre son bon ami *Bertin*, professeur de physique, franc-comtois comme lui, et il allait enfin disposer d'un laboratoire, ce qui est le comble du bonheur pour un jeune savant. Ce laboratoire n'avait qu'un budget annuel de 1.200 francs sur lequel il fallait d'abord prélever de quoi payer un garçon! C'était précisément l'une des raisons qui avaient découragé *Persoz. Pasteur* allait quand même y faire de belles découvertes. Il était alors préoccupé de reprendre les travaux de cristallographie qu'il avait dû abandonner depuis qu'il s'était vu obligé de quitter le laboratoire de *Balard*, deux ans auparavant, pour enseigner la physique aux élèves du lycée de Dijon.

Étant préparateur à l'École Normale, *Pasteur* avait été frappé des relations étroites qui existent entre le pouvoir rotatoire de certains sels et l'existence de facettes particulières sur leur cristaux. En étudiant les tartrates et les paratartrates, il avait trouvé leurs cristaux dissymétriques, c'est-à-dire que les uns portaient leurs facettes caractéristiques à droite, alors que les autres les portaient à gauche. Cette constatation l'avait amené à penser que les substances organiques élaborées par les êtres vivants, — c'était le cas des tartrates et des paratartrates provenant de la fermentation du jus de raisin — ont une constitution moléculaire dissymétrique, et il voyait, dans cette dissymétrie qui caractérise les êtres vivants eux-mêmes, la preuve d'une démarcation parfaitement nette entre le monde organique et le monde minéral.

Cette conception d'une grande portée philosophique se vérifia dans toutes les recherches effectuées par *Pasteur* dans ce modeste laboratoire de l'ancienne Faculté des Sciences de Strasbourg, d'abord sur les acides aspartique et malique, puis sur un corps particulièrement curieux, l'acide racémique ou paratartrique, variété d'acide tartrique inactif sur la lumière polarisée, que *Kestner* avait, tout à fait incidemment, obtenu à Thann en 1822, sans qu'il eût été possible d'en produire de nouveau.

Les tribulations de *Pasteur* à la poursuite de cet acide racémique, dans toutes les usines qui lui étaient signalées comme manipulant des tartres de diverses origines, à Leipzig, à Dresde, à Vienne, à Prague, sont un véritable roman d'aventures. Il interroge les fabricants. Un seul d'entre eux prétendait obtenir à volonté l'acide racémique en partant de l'acide tartrique pur, et il se trompait! Enfin *Pasteur* réussit à dédoubler cet acide en *deux* acides tartriques, *droit* et *gauche*, doués de pouvoirs rotatoires égaux, mais contraires ; il démontre que sa formation naturelle n'a lieu que dans les eaux-mères de purification de certains tartres bruts, et, — triomphe qui lui procure une joie extrême — il parvient à le préparer artificiellement en partant du tartrate de conchonine chauffé à une température élevée.

C'est encore au laboratoire de Strasbourg que *Pasteur* a réalisé ses belles expériences, reprises et étendues plus tard par son élève *Gernez*, sur la cicatrisation et la réparation des plaies faites aux cristaux. Un cristal brisé, replongé dans son eau-mère, reprend au bout de quelques heures sa forme primitive, reconstitue ses facettes caractéristiques, par un phénomène tout à fait analogue à celui qu'on observe chez les êtres vivants.

Toute une science nouvelle, la *stéréochimie* ou chimie dans l'espace, a trouvé son origine dans ces découvertes. *Pasteur* ne devait cependant pas s'y attarder. Il avait observé qu'en faisant vivre une moisissure banale des fruits avariés, le *Penicillium glaucum,* sur une solution de cendres et d'acide paratartrique, l'acide tartrique *droit* sert seul d'aliment à la petite plante et que l'acide *gauche* reste dans le liquide, d'où il est possible de le séparer à l'état pur.

C'était la preuve que certains organismes savent choisir pour leur alimentation telle forme dissymétrique de préférence à telle autre et cette démonstration saisissante allait maintenant déterminer *Pasteur* à s'engager dans l'étude des fermentations.

A cette époque, — septembre 1854 — il fut nommé professeur et doyen de la nouvelle Faculté des Sciences de Lille. Il devait donc quitter, non sans regrets, l'Université et la ville de Strasbourg où son amour des cristaux ne l'avait pas empêché de se découvrir un autre amour qui fit le charme et le bonheur de toute sa vie.

C'est à Strasbourg en effet que *Pasteur,* peu après son arrivée, le 29 mai 1849, épousa Mlle *Marie Laurent*, fille de son recteur, qui fut à la fois pour lui la plus admirable compagne, pour son œuvre la plus utile collaboratrice et pour les pastoriens de mon âge la plus vénérée des bienfaitrices.

Le séjour de *Pasteur* à l'Université de Strasbourg, bien qu'il eût été de courte durée, laissa néanmoins une forte empreinte sur son esprit. Dans cette Université, la méthode expérimentale était et resta fort en honneur avec *Lobstein, Charles Schutzemberger, Alexandre Lauth,* pour ne citer que les plus célèbres professeurs de sa Faculté de Médecine. Leur influence était grande et le voisinage de l'Allemagne excitait les rivalités, stimulait l'ardeur au travail, favorisait l'interpénétration des intelligences. Cette ambiance ne fut pas étrangère à l'orientation que *Pasteur* allait désormais donner à ses recherches.

L'histoire de celles-ci est trop connue pour qu'à un auditoire de savants français je puisse apprendre quelque chose qui soit ignoré d'eux. Mais peut-être, Mesdames et Messieurs, trouverez-vous quelque intérêt à suivre le développement prodigieux que, depuis les derniers travaux de *Pasteur* sur la rage, ses méthodes générales d'investigation ont permis de donner à nos connaissances sur tout un groupe de maladies de l'homme, des animaux et des plantes, qui sont dues à des virus tellement petits que les microscopes les plus puissants ne permettent pas et *ne permettront vraisemblablement jamais de les observer.*

***

Le prototype de ces virus invisibles, auxquels il convient de donner le nom d'*ultramicrobes*, est précisément le virus rabique, dont il n'a jamais été possible d'obtenir une culture hors de l'organisme vivant, dans l'un quelconque des milieux artificiels grâce auxquels on reproduit à volonté le choléra des poules, le rouget des porcs, la fièvre charbonneuse, la fièvre typhoïde. La tuberculose et tant d'autres microbes pathogènes.

Le virus rabique ne se développe et ne subsiste que dans les cellules nerveuses de l'homme et des animaux sensibles. Il passe à travers les filtres de porcelaine ou de terre poreuse qui retiennent les germes microbiens visibles les plus ténus. C'est cependant un virus animé, puisqu'il se multiplie dans le cerveau, la moelle épinière et les nerfs, et qu'on peut communiquer la rage successivement à d'interminables séries d'animaux par la seule inoculation d'un fragment extrêmement petit du cerveau ou de la moelle épinière d'un animal atteint de cette maladie.

Il ne peut donc s'agir d'un ferment soluble, diastase ou toxine, car le propre de ces ferments est qu'ils épuisent leur action sur les éléments qu'ils modifient ou transforment, et que, s'il est vrai qu'ils sont parfois susceptibles de se régénérer, ils sont toujours incapables de se multiplier.

Depuis la découverte par *Pasteur*, en 1881, du virus invisible de la rage, on a naturellement été conduit à chercher des méthodes ou des procédés nouveaux pour l'étude expérimentale de toutes les maladies dont il était impossible, par les techniques précédemment employées, d'isoler et de cultiver les germes microbiens.

En se basant sur un ancien travail de *Helmholtz*, *S. Czapski* (d'Iéna) était arrivé à cette conclusion que, du moins en l'état actuel de nos connaissances théoriques, les microscopes modernes sont bien près d'atteindre l'extrême limite de ce qu'on peut leur demander.

On ne peut guère, avec les éclairages les plus parfaits, espérer pousser leur pouvoir de résolution au delà d'éléments ayant une épaisseur de 10 à 13 cent milliòmes de millimètre, ou centièmes de microns.

Or, les plus petits organismes observés jusqu'ici sont précisément de cet ordre de grandeur et rien ne s'oppose à ce qu'il puisse exister des êtres beaucoup plus petits que les plus petits microbes connus.

Les organismes vivants les plus simples étant des agrégats de molécules complexes, on doit toutefois admettre que leur dimension minimum a des limites que les physiciens ont calculée en se basant sur le nombre de molécules albuminoïdes qui les constituent. C'est ainsi qu'un micrococcus de 1 dix millième de millimètre, à la limite de la visibilité, renferme au maximum 10.000 molécules de substances albuminoïdes et 3.000 atomes de soufre. Un ultramicrobe de 1 cent millième de millimètre de diamètre ou un centième de micron ne renfermerait plus qu'une dizaine de molécules d'albuminoïdes et trois atomes de soufre ! Or, nous connaissons aujourd'hui des ultramicrobes dont les dimensions atteignent un peu plus de 2 millionièmes de millimètre, tel le virus de la peste aviaire. Il est donc évident que des êtres aussi petits nous resteront invisibles avec les plus forts microscopes puisque leurs dimensions sont très inférieures à la longueur d'onde lumineuse visible laquelle est de 75 cent millièmes de millimètre pour les radiations extrême-rouges et de 42 cent millièmes de millimètre pour les radiations extrême-violettes.

Les ultramicroscopes que l'on a construits ne permettront donc jamais l'étude analytique des ultramicrobes. Tout au plus, grâce à ces appareils, pouvons-nous apercevoir ceux-ci sous la forme de très petits points lumineux, sur un fond obscur, dans les mêmes conditions qui nous font voir, pendant la nuit, les étoiles rendues lumineuses parce que les rayons obliques du soleil les éclairent.

Ce monde d'êtres invisibles dont, il y a seulement quelques années, on ne soupçonnait pas l'existence, nécessite, pour être exploré, des procédés d'investigation très particuliers.

La plus grande difficulté consiste à obtenir les ultramicrobes à l'état pur, séparés des autres microbes, des humeurs ou des éléments cellulaires dans lesquels ils vivent.

C'est ici que le procédé de la filtration soit au travers des bougies de porcelaine ou de terres poreuses, soit au travers de membranes filtrantes de collodion ou de celloïdine, dont les pores les plus fins peuvent ne pas dépasser 2 millièmes de micron, c'est-à-dire 2 millionième de millimètres, nous rend les plus grands services.

Malheureusement il est impossible de se procurer des bougies ou des membranes dont la texture soit homogène et constante.

Les bougies de porcelaine ou de terres poreuses ne sont autre chose que des tubes capillaires agglomérés, que les liquides traversent plus ou moins vite selon la pression à laquelle ils sont soumis, selon leur température et selon leur état de viscosité. Par contre, les membranes de collodion ou de celloïdine représentent un feutrage plus ou moins dense de fibrilles formant des pores dont on peut, dans une certaine mesure, régler les dimensions en dissolvant le fulmicoton qui les constitue dans des mélanges en proportions définies d'alcool et d'éther.

Mais, malgré le soin avec lequel ces divers filtres sont établis, de multiples facteurs interviennent, qui gênent ou empêchent le passage des ultramicrobes; de sorte que beaucoup d'entre ceux-ci sont retenus à leur surface et ne peuvent être séparés des liquides organiques qui les renferment.

En dépit de ces difficultés, le nombre des maladies dont les virus invisibles ont pu être déterminés et étudiés expérimentalement depuis la découverte du virus rabique est déjà considérable.

Le plus anciennement isolé par le procédé de filtration sur bougies de porcelaine fut celui de la *mosaïque des feuilles de tabac*, dont *Iwanowski* en 1892, puis *Beyerinck*, purent établir la virulence par ce seul fait qu'il suffit de piquer une feuille ou une tige de plante saine, avec une aiguille trempée dans le jus filtré d'une feuille malade, pour donner à coup sûr en 3 ou 4 jours la maladie à la plante saine.

Ce virus possède la curieuse propriété de n'être pas détruit par l'alcool à 90 degrés et de persister pendant plus de deux ans dans les feuilles sèches !

D'autres plantes souffrent de maladies analogues, produites par des virus filtrants : tel est le cas de la *pomme de terre* et de diverses autres solanées, du *phaseolus vulgaris* ou haricot commun, de la *canne à sucre*, du *pêcher*. Il semble que ces maladies soient propagées par les pucerons.

Un peu plus tard, en 1897, *Loeffler* et *Frosch* publiaient leurs travaux sur le virus invisible et filtrant de la *fièvre aphteuse* qui produit dans nos pays de grandes vagues épizootiques parfois très meurtrières pour les bovidés et les porcs.

Vers la même époque (1898), *Nocard*, *Roux* et *Dujardin-Beaumetz* obtenaient la culture pure du virus de la péripneumonie du bœuf, maladie très grave et très contagieuse, caractérisée par la formation d'un exsudat séro-fibrineux dans le tissu qui sépare les lobules du poumon. Cette culture donne sur milieux solides des colonies visibles, colorables en masse, et dans les milieux liquides elle apparaît comme des ondes soyeuses, faiblement opalescentes. On peut s'en servir pour vacciner les troupeaux en prenant la précaution d'inoculer le virus à petites doses dans une région peu vascularisée, telle que la base de la queue.

A partir de 1900, les découvertes de nouveaux ultramicrobes se succèdent nombreuses. *Macfadyean* nous a fait connaître celui de la *Horse-sickness* qu'on identifia plus tard avec celui de la « langue bleue » ou *fièvre catarrhale des moutons sud-africains*.

Puis viennent les virus filtrants de la *peste des volailles*, de la *variole des poules*, de la *peste bovine*, de la *clavelée des moutons*, de la *peste du porc*.

Remlinger démontre en 1903 la filtrabilité du virus de la *rage*. Les Américains *Reed*, *Agramonte* et *Carrol* celle du virus de la *fièvre jaune* qu'on sait, spar les travaux récents du Japonais *Noguchi*, être un très petit protozoaire piralle appelé *Leptospira icteroïdes*.

La nature des agents virulents d'une foule d'autres maladies nous est ainsi révélée. On obtient, grâce à la filtration, à l'état pur les virus de l'*anémie pernicieuse du cheval*, de l'*épithélioma contagieux des oiseaux*, de la *maladie des chiens*, de l'*agalaxie contagieuse des brebis laitières*, de la *leucémie des poules*, de la *fièvre typhoïde du cheval*, d'une sorte de *sarcome* ou *cancer des volailles* et, ce qui est plus important pour nous, les virus de la *fièvre dengue*, de la *fièvre de trois jours*, si commune dans le bassin oriental de la Méditerranée, du *trachome*, de la *rougeole*, de la *scarlatine*, de la *variole* et de la *vaccine*, des *verrues vulgaires*, de la *poliomyélite*, de l'*encéphalite léthargique épidémique*.

D'autres ultramicrobes, que les meilleures techniques de coloration ne permettent pas d'apercevoir, ne se laissent pas filtrer, mais attestent leur présence par la virulence des humeurs qui les contiennent à l'état pur. Tel est le cas du *typhus exanthématique*, si bien étudié par *Ch. Nicolle*, *Conor* et *Conseil* à Tunis, de la *fièvre* ou « maladie bleue » des *Montagnes Rocheuses*, de la *fièvre des rivières du Japon*.

D'Herelle a récemment découvert un ultramicrobe isolé par lui de l'intestin de certains animaux et qui a la propriété tout à fait curieuse de détruire, en les dissolvant les bacilles de la dysenterie et quelques autres microbes pathogènes. Ce virus filtrant invisible qui, seul avec celui de la péripneumonie, se montre cultivable dans les milieux artificiels, peut, lorsqu'on le fait ingérer au poules, remplir le rôle de vaccin très efficace contre le *typhus des volailles*.

S'il arrivait qu'on découvre, ce qui est fort possible, des virus analogues qui fussent capables de dissoudre le vibrion cholérique par exemple, ou encore le bacille typhique dans l'intestin de l'homme, il suffirait d'en absorber des cultures pour se mettre à l'abri des infections cholériques ou typhiques. La prophylaxie de ces maladies se trouverait alors très simplifiée.

Les ultramicrobes déjà connus sont donc nombreux. Outre leur invisibilité aux plus forts grossissements et la filtrabilité de la plupart d'entre eux, ils présentent certains caractères communs. Tous sont faiblement résistants aux agents physiques, surtout au chauffage. Une température de 55 à 60° les tue en quelques minutes. Par contre, ils supportent pendant assez longtemps sans être détruits l'immersion dans la glycérine. Les lésions anatomo-pathologiques qu'ils produisent présentent une analogie frappante : ce sont toujours des inclusions protoplasmiques ou des altérations de noyaux cellulaires. Enfin tous sont contagieux par contact ou par inoculation directe, jamais par l'intermédiaire du sol, de l'eau ou des vêtements.

Beaucoup de ces ultramicrobes sont véhiculés et propagés par certains insectes piqueurs ou suceurs et quelques-uns déterminent chez ces derniers une infection héréditaire, non mortelle, de telle sorte que les œufs issus d'un insecte infecté donnent naissance à des jeunes qui conservent pendant un temps plus ou moins long, le pouvoir de transmettre à leurs hôtes accidentels le virus invisible qu'ils ont reçu de leurs parents.

Tel est le cas de la fièvre des Montagnes Rocheuses, connue au Mexique sous le nom de *Tabardillo*, et qui est propagée par une sorte de tique, le *Dermacentor venustus*.

Une autre tique sud-africaine, la Tique-Tortue ou bigarrée, — *Amblyomma hebroeum*, — est responsable de la diffusion d'une maladie des ruminants domestiques, la *Heart-Water*, très meurtrière dans les régions chaudes du Cap de Bonne-Espérance et du Transwaal.

Ce sont diverses sortes de moustiques qui véhiculent les ultramicrobes de la *fièvre des trois jours*, si commune sur la côte albanaise et dans d'autres régions de l'Orient : ceux de la *Dengue* ; ceux de la *Horse-Sickness* des chevaux de Rhodésie. Les mouches domestiques promènent, des paupières malades aux paupières saines, le virus du *Trachome*, et les poux du corps répandent le *Typhus exanthématique* qui décime actuellement la Pologne et la malheureuse Russie.

Peut-être l'avenir nous apprendra-t-il, — et c'est infiniment probable, — que les ultramicrobes n'exercent pas exclusivement des fonctions pathogènes et que la nature en compte d'innombrables espèces dont les fonctions sont utiles à la vie des cellules plus complexes des animaux et des végétaux.

Peut-être même découvrira-t-on quelque jour que ces ultramicrobes représentent, dans l'évolution des êtres organisés, les premiers éléments vivants qui aient peuplé les eaux avant l'apparition des protozoaires.

Sans doute, ce ne sont là que des hypothèses ; mais lorsque celles-ci ont, — et c'est le cas, — une base expérimentale, il n'est pas inutile au progrès de la science de les formuler.

Certes, Mesdames et Messieurs, nous voici loin des recherches cristallographiques qui absorbaient les pensées de Pasteur dans son laboratoire de Strasbourg. Mais si nous jetons un regard sur la route que nous avons parcourue, nous voyons que nous n'avons fait que suivre le faisceau lumineux projeté par son immense génie. Les méthodes d'investigation scientifique qu'il a créées ont réalisé des prodiges. Elles en réaliseront beaucoup d'autres. Et si l'on mesurait la part qui revient aux diverses sciences dans la marche de l'humanité vers le progrès, qui pourrait contester que l'étude des infiniment petits s'est montrée la plus féconde ?

C'est assurément dans l'infiniment petit par rapport à nous que la nature se montre le mieux, à nos yeux infirmes, dans sa plus grandiose splendeur.

« *Natura in minimis maxima* . »

M. PEIROTES

Maire de Strasbourg

(062) (44.36) (AFAS) 5

MESDAMES, MESSIEURS,

Au nom de la Ville de Strasbourg, je vous souhaite une cordiale bienvenue dans notre vieille cité toujours restée française.

Nous sommes heureux et fiers d'offrir l'hospitalité aux membres de l'Association française pour l'Avancement des Sciences, aujourd'hui que nous sommes réintégrés dans notre Patrie, que, vous le savez tous, nous n'avons cessé d'aimer, malgré la séparation d'un demi-siècle.

La visite de Strasbourg vous prouvera, Mesdames et Messieurs, que nous ne sommes pas restés en arrière au point de vue scientifique.

Nous avons même été favorisés en quelque sorte pour marcher avec le progrès, car si d'aucuns d'entre nous ont eu la fortune de s'asseoir au pied des chaires de nos savants universitaires français, d'autres ont pu profiter des leçons de l'Allemagne savante, leçons qui ne sont pas à dédaigner.

Par le canal de notre Université le bénéfice en reviendra à la France tout entière, qui y trouvera une source inépuisable de richesse, une force incomparable, et l'auxiliaire le plus sûr de l'indépendance et de la liberté.

En parcourant les rues et les faubourgs de notre ville, en visitant nos hôpitaux, nos orphelinats, nos bains municipaux, nos cliniques dentaires scolaires, nos maisons ouvrières, nos cités-jardins, vous verrez ce que Strasbourg a accompli sur le domaine de l'hygiène.

Si j'insiste particulièrement sur ce point, c'est qu'il me semble qu'à l'heure actuelle surtout, les Municipalités ont le devoir sacré de contribuer dans la plus large part, à diminuer la mortalité et à économiser ainsi pour notre pays, déjà tant éprouvé et tant dépeuplé, le plus grand nombre de vies humaines.

L'hygiène intellectuelle. physique et morale, sa pénétration dans tous les milieux les plus infimes et les plus déshérités s'imposent en effet, si l'on veut obtenir ce précieux résultat.

Et puisque je viens de citer nos hôpitaux, permettez-moi de vous recommander tout spécialement la visite de notre hôpital civil, qui forme pour ainsi dire une ville dans notre ville même, et qui a provoqué l'admiration de toutes les délégations de France et de l'étranger qui sont venues à Strasbourg dans ces derniers temps.

Savez-vous, Mesdames et Messieurs, quel est le sacrifice que nous devons apporter à cette institution de préservation sociale ?

En 1919 nous avons clôturé avec un déficit de 3.665.000 francs.

L'exercice de 1920, malgré les améliorations considérables au point de vue administratif, malgré le relèvement des prix de la pension pour les hospitalisés de l'extérieur, et la diminution du personnel, nous laisse un déficit de 1.700.000 francs.

Si lourd que soit ce sacrifice, que l'État semble ignorer, nous continuerons à le faire dans l'intérêt de l'humanité souffrante, et avec cet esprit de charité dont Strasbourg était constamment pénétré.

L'œuvre de la préservation sociale, nous la complétons par les œuvres municipales de puériculture et de la protection de l'enfant.

MESDAMES ET MESSIEURS,

Strasbourg n'a pas attendu que la natalité diminuât comme dans beaucoup de villes françaises d'une façon inquiétante pour le maintien de notre race, et depuis de longues années nous avons cherché les moyens d'assurer l'existence de tous les jeunes êtres.

Notre excellent médecin municipal, le docteur *Belin*, qui, grâce à son inlassable dévouement, a accompli des prodiges sur ce terrain, autant que dans le combat contre la tuberculose, a été admirablement secondé, je ne peux le laisser passer sous silence, par l'ingéniosité féconde de nos femmes strasbourgeoises, auxquelles je voudrais exprimer à cette occasion toute notre reconnaissance.

Nos colonies de vacances où des milliers d'enfants des deux sexes, de constitution chétive, trouvent un asile gratuit pendant plusieurs semaines de chaque année, méritent également d'être mentionnées, car elles aussi jouent un rôle prépondérant dans le combat contre la mortalité.

L'Administration de l'Assistance publique contribue évidemment beaucoup à ces œuvres protectrices, mais, il faut le reconnaître, c'est l'initiative privée qui nous a donné depuis de longues années de magnifiques exemples de générosité.

Et puisque j'en suis à ce chapitre, je veux bien avouer qu'on ne peut demander à des employés salariés qui remplissent une fonction pour gagner leur vie, de donner à chacun de ceux qu'ils secourent, un peu de leur cœur et de leur sensibilité en même temps qu'un conseil affectueux et un réconfort moral.

Mais je crois qu'il serait bon qu'entre ceux qui reçoivent et ceux qui donnent, ils s'établisse des relations d'estime mutuelle.

C'est par cet échange incessant que l'on développera les sentiments les plus nobles et les plus généreux de solidarité sociale, et que l'on fera disparaître le fossé profond qui sépare les classes aisées des classes nécessiteuses.

Pratiquer ce devoir, c'est rehausser la personnalité humaine et accroître sa force morale.

J'arrive maintenant à la question de l'enseignement primaire qui assure à l'enfant, garçon ou fille, le développement intellectuel et moral.

Le devoir de l'éducateur de la jeunesse est de développer, en même temps que les qualités intellectuelles, l'amour de la famille et l'amour de la patrie.

L'enfant doit savoir qu'avant les satisfactions qu'il attend de la vie, il y a des devoirs à remplir et des choses à respecter.

Je crois pouvoir dire que dans ce sens nos écoles primaires fonctionnent admirablement et que notre corps enseignant est exempt de toute critique.

Nous complétons cet enseignement par nos écoles postscolaires où nos garçons vont faire l'apprentissage pratique de la vie.

L'éducation qu'ils y reçoivent, appropriée aux besoins du métier, du commerce ou de l'industrie, leur est donnée selon les méthodes perfectionnées, et facilitée par des installations modernisées.

L'école commerciale supérieure créée l'année dernière, l'école professionnelle, l'école technique et l'école des arts décoratifs nous donnent satisfaction sous tous les rapports.

Pour les jeunes filles, l'enseignement primaire est complété par l'enseignement ménager. Notre école ménagère, sérieusement organisée et habilement dirigée par une excellente Strasbourgeoise, leur donne en peu de temps l'habitude et l'aptitude de tenir un ménage avec ordre et économie.

Sur le domaine artistique, je ne vous apprendrai rien de nouveau en vous disant que notre Conservatoire de musique, dans les locaux duquel a lieu aujourd'hui cette séance d'ouverture, a la bonne fortune d'avoir à sa tête une illustration de la musique française. J'ai nommé le maître *Guy Ropartz*, qui à son tour est vaillamment secondé par des professeurs distingués.

Quant à ce qu'a fait Strasbourg pour son théâtre municipal, il n'est un secret pour personne, que nous avons fait, et que nous devons encore faire des sacrifices pécuniaires importants.

Nous avons réussi pendant la dernière saison à nous assurer des artistes de premier ordre.

La troupe d'opéra ainsi que la troupe de comédie se trouvaient composées d'éléments admirables.

Nous ne regrettons pas les 800.000 francs de déficit que nous avons dû enregistrer, car avant comme après, nous voyons dans notre théâtre un foyer de culture intellectuelle éminemment française, et nous avons la ferme volonté de reconquérir la réputation dont nous jouissions avant 1870 et qui nous classait deuxième scène de France.

MESDAMES ET MESSIEURS,

Quand vous aurez fait le tour de notre ville, quand vous aurez visité notre cathédrale affreusement mutilée il y a un demi-siècle par des mains barbares, nos musées, nos bibliothèques, nos ports, notre merveilleuse Orangerie, quand vous aurez pris contact avec notre population laborieuse qui, si parfois des querelles intestines la divisent, n'en renferme pas moins des trésors inépuisables de volonté intelligente et réfléchie, vous nous rendrez ce témoignage que nous avons payé notre large part à cette loi fatale de notre pauvre humanité qui veut que le progrès doit être chèrement acheté.

Nos concitoyens n'ont pas voulu s'abandonner aux hasards de l'ancienne routine empirique.

Quoiqu'absorbés par les soucis matériels, ils savent ne pas rester étrangers au mouvement des idées qui nous emporte.

Ils suivront donc avec une déférente attention les travaux d'une assemblée comme la vôtre, préoccupée exclusivement des progrès de la science.

La Municipalité vous remercie d'avoir choisi Strasbourg comme siège de votre Congrès et souhaite à vos travaux le succès le plus complet.

M. ALAPETITE,

Commissaire Général de la République en Alsace-Lorraine.

(062) (44.36) (AFAS) 5

MESDAMES, MESSIEURS,

Dans le défilé des congrès qu'une impulsion de patriotisme et de fierté a dirigés cette année sur Strasbourg, le vôtre tient une place à part par la somme et par la diversité des compétences qui y sont représentées. C'est la science française avec toute l'étendue de son rayonnement, que je salue en vos personnes. Et je suis heureux de la saluer ici où elle a retrouvé un foyer d'activité qui lui était cher et des collaborateurs qui étaient impatients de lui faire honneur de leurs recherches. En quelle ville, le Président actuel de votre Association, illustre à la fois par tant de travaux qui ont agrandi les conquêtes de Pasteur et par une si admirable fermeté d'attitude devant la persécution allemande, pourrait-il être mieux accueilli que dans la ville dont le nom est un symbole de la fidélité française et où son maître a enseigné? En 1906, c'était à Lyon, sous la présidence de M. *Lipmann*; en 1913, c'était à Tunis, sous celle de M. *Haug*, que j'avais l'honneur de recevoir votre Association. A Lyon, le professeur *Arloing* avait fait, sur la tuberculose, une conférence magistrale où, avec une scrupuleuse probité intellectuelle, il avait exactement défini les limites jusqu'où s'était avancée la science dans sa lutte contre le fléau. A Tunis, c'était le professeur *Armand Gautier*, votre président de la dernière session qui, avec sa haute autorité scientifique et morale, retraçait devant le congrès, les travaux d'*Arloing* et faisait revivre sa noble figure.

Aujourd'hui, votre congrès sera reçu par des maîtres éminents à qui la nouvelle Université française de Strasbourg doit sa renommée naissante. Ils se conformeront à la pensée du Gouvernement de la République qui a voulu que cette Université fût accueillante aux étrangers; et propre à leur faire goûter le génie de la France, en montrant à leurs invités des nations amies tout ce qui a été fait ici pour donner à la jeunesse un enseignement enrichi par l'apport de tous les peuples et distribué selon les méthodes qui nous sont particulières. Ils exprimeront la reconnaissance de la France envers les savants éminents qui n'auront pas dédaigné de nous réserver la primeur de communications dont leurs pays ne seront pas jaloux, parce qu'ils savent que la France n'étouffe pas la lumière qu'on lui apporte mais qu'elle la fait resplendir sur le monde.

RAPPORT DE M. ÉMILE PERROT,

Professeur à la Faculté de Pharmacie de Paris,
Secrétaire de l'Association.

L'ASSOCIATION FRANÇAISE EN 1919-1920

(062) (44.36) (AFAS) 5

MESDAMES, MESSIEURS,

Deux faits dominent les réunions du dernier Congrès du Havre en 1914 : c'est d'abord la présence des délégués de la *British Association*, symptomatique, non seulement d'une communauté d'aspirations dans la voie de la vulgarisation scientifique, mais d'une *entente cordiale* plus étroite; puis ensuite le branle-bas de combat interrompant brutalement la série des excursions organisées à la fin de la session. Alors commença la plus affreuse des tragédies où cette entente allait s'affirmer comme une alliance complète pour la défense commune contre l'hégémonie germanique, coupable déjà de la plus flagrante ignominie en manquant à sa signature et en attaquant la Belgique fidèle à la foi jurée.

Aujourd'hui, c'est à Strasbourg délivrée, libre désormais sous l'égide de la France, que votre Secrétaire a l'insigne honneur et la patriotique joie de prendre la parole pour clore la session de 1914.

Par la Science, pour la Patrie, jamais devise n'a paru plus belle que celle de notre Association, au lendemain de cette terrible tourmente, au cours de laquelle s'est à jamais déshonoré un peuple, en asservissant sans excuses la science elle-même à des buts de destruction odieux. Ne sera-ce point, en effet, dans la suite des temps, la honte de la génération dirigeante de l'Allemagne, d'avoir osé — raffinement de cruaute digne d'un autre âge, et crime de lèse-humanité — utiliser des gaz toxiques ou asphyxiants pour faire périr des millions d'hommes dans les souffrances les plus atroces?

C'est donc au milieu des plus vives appréhensions du lendemain, qu'avec une sérénité apparente, M. *Morgand*, maire du Havre, le 27 juillet 1914, ouvrait la première séance du Congrès, en souhaitant à tous la bienvenue dans cette grande ville pleine d'activité, qui, pour la deuxième fois, recevait notre Association.

Heureux et fier à la fois, M. Morgand présentait aux savants français et anglais, la cité havraise dont le magnifique labeur et la haute compréhension de ses intérêts ont fait non seulement l'un des principaux ports maritimes du monde, mais encore l'une des villes où l'esprit du progrès se manifeste sous ses aspects les plus divers et dans toutes les branches : commerciales, industrielles, scientifiques ou littéraires.

M. *J. Siegfried*, ce grand Alsacien, Havrais d'adoption, président du Comité d'organisation, insista plus particulièrement sur le rôle bienfaisant des Congrès de l'Association française pour l'Avancement des Sciences. Il rappela qu'au lendemain des assises de 1877, la ville du Havre installait le premier *Bureau municipal d'Hygiène*, qui a servi de modèle à bon nombre d'institutions identiques étendant aujourd'hui leur influence bienfaisante sur la plupart des grandes villes de France.

Ce fut le tour ensuite de notre vénéré président M. le professeur *Armand Gautier* de remercier les organisateurs du Congrès, comme aussi nos hôtes d'outre-Manche, à la tête desquels brillait la noble et illustre figure du président de la British Association, Sir *William Ramsay*, membre associé de l'Institut de France.

Puis alors, dans un langage éloquent, ce fut l'apothéose de la mer qu'entreprit M. *Armand Gautier*, avec la plus haute élévation de pensée scientifique. L'attention soutenue et les applaudissements ont suffisamment souligné cet admirable discours, que tous nous avons revu avec joie, imprimé malgré les difficultés de l'heure, et distribué à tous nos membres en 1915, en pleine guerre.

Continuant la série des discours d'ouverture, Sir *William Ramsay* rappela brièvement quels liens unissaient la Grande-Bretagne et la France : communauté d'origine d'abord, même amour de la science, et il rapprocha, dans une heureuse péroraison, les *Lavoisier*, les *Descartes*, les *Le Verrier*, les *Laplace*, des *Priestley*, *Davy*, *Joung*, *Faraday*, comme aussi les noms inséparables de *Pasteur* et *Lister*.

Finalement prit la parole M. *Ernest Lebon*, chargé du Rapport sur la marche de l'Association depuis le Congrès de Tunis en mars 1913 et en rappelant ce souvenir de nos excursions en Tunisie, j'aurais mauvaise grâce, Messieurs, de ne pas saluer ici l'éminent administrateur M. *Alapetite*, aujourd'hui Haut-Commissaire en Alsace et en Lorraine désannexées, et à côté de lui, un autre de ses collaborateurs, dont nous connaissons les hautes qualités : j'ai nommé M. *Charlety*, recteur de l'Université de Strasbourg.

***

Après ce court préambule, permettez-moi, Mesdames et Messieurs, de jeter un coup d'œil analytique sur les travaux de notre dernier Congrès.

Plus de deux cent cinquante notes émanant d'environ deux cents auteurs différents, ont été exposées ou lues dans les sections, et ce chiffre témoigne de l'activité et de la vitalité de l'Association française pour l'Avancement des Sciences.

Il faudrait que votre Secrétaire fut omniscient pour pouvoir mettre en valeur les travaux de toute nature que renferme le beau livre, édité par les soins de notre dévoué Secrétaire général. Je vous prie donc de m'excuser si je ne suffis pas à ma tâche comme je le désirerais.

Dans l'ordre des Sciences mathématiques, les 1re et 2e Sections réunies, présidées par M. *G. Bresse*, professeur au lycée du Havre, ont entendu d'abord ce savant sur *la démonstration du « Pendule de Foucault »* qui, affirme-t-il, peut être comprise sans le secours des mathématiques supérieures — puis sur les *Coniques et sextiques intégrales de deux équations différentielles linéaires et homogènes du deuxième ordre*.

M. *Ernest Lebon* est venu ensuite compléter ses recherches antérieures sur une nouvelle *table des diviseurs des nombres*.

M. *Gérardin*, de Nancy, nous a entretenu des machines à calculer.

M. *Mesny*, du mouvement périodique d'un liquide visqueux.

M. *Maurice Frechet*, de l'intégration et la mesure dans les ensembles abstraits.

La Géométrie eut sa part avec les communications du commandant *Barisien*, celles de Mme *Halphen Richard*, et l'Histoire de la Science avec les notices sur *Émile Picard*, de M. *Ernest Lebon*, et la curieuse lettre de *Delambre* commentée par M. *Alb. Maire*.

Dans les 2e et 3e Sections, présidées par M. *Adrien Gobin*, inspecteur général honoraire des Ponts et Chaussées à Monte-Carlo, il faut citer particulièrement les notes sur les travaux du port de Monaco de M. *R. Chauvet*, celle de M. *Knapen* sur des applications nouvelles des lois physiques connues à l'hygiène rationnelle de l'habitation.

L'utilisation des marées, problème si complexe dont la solution n'apparaît pas encore comme applicable, a cependant fait l'objet d'un travail sérieux de M. *J. Severin* et, avec M. *Amans*, l'Aéronautique n'a pas été oubliée, car on lit dans les comptes rendus trois notes qui la concernent, se rapportant surtout à la stabilisation automatique.

Dans le domaine des Sciences physico-chimiques, seize communications sur des sujets très variables, ont été faites : concernant la physique, par MM. *St. Leduc*, *Lumière* et *Seyewetz*, *Delsol*, *Ch. Marie*, *Jegou*, *Massol*, *Danzère*, *Ribière*, etc...; quant à la chimie, elle n'a pas suscité moins de trente-trois notes.

Il suffit de donner les noms de *Armand Gautier*, *Haller*, *Moureu*, *Grignard*, *Meyer*, *Urbain*, Sir *William Ramsay*, *Senderens*, *Guntz*, *Meunier*, *Fosse*, *Tiffeneau*, *Tassilly*, etc... — pour qu'on se rende compte de l'intérêt spécial de cette Section toujours si brillamment représentée à nos Congrès.

La synthèse chimique, qui n'a pas dit son dernier mot, nous a valu l'exposition d'une nouvelle méthode synthèse de Cétones (*Grignard* et *Bellet*), des synthèses de Nitriles acétyléniques, de nouvelles pyrrolides (*Baller* et *Bauer*). A citer ensuite des travaux sur la catalyse (*Senderens* et *Aboulenc*), la diazotation des amines (*Tassilly*), et la préparation, les réactions ou la constitution de corps nouveaux ou mal connus : le benzofuloène (*Grignard* et *Courtot*), les fluorures d'argent (*Guntz*), des alcaloïdes morphiniques (*Tiffeneau*), quelques carbinols de la série α. naphtalénique (*Perrier* et *Caille*) les azoïques mixtes de la phénylisoxazolone (*A. Meyer*), le sous-azoture de carbone et la cyanacétylène (*Moureu*), le néo-ytterbium (*Blumenfeld* et *Urbain*), les hydrates de sulfite de glucinium (*Taboury*).

La Chimie des matières colorantes était représentée par un travail de M. *Noelting* et *Kregczy* sur les diéthylaminobenzolamines et quelques colorants qui en dérivent; puis, à propos d'une communication de M. *P. Rasous*, une discussion fort intéressante s'est élevée sur la question des odeurs. Enfin, en chimie biologique, M. *Nicloux* apporta ses observations sur les lois de la combinaison de l'hémoglobine avec l'oxygène et l'oxyde de carbone, et M. *Fosse* ses recherches analytiques sur l'urée.

Si j'ajoute pour terminer la note de M. *Armand Gautier* sur la répartition du fluor dans les eaux minérales, celle de M. *Barral* sur l'eau des limons d'Odessa, on se rendra compte que toutes les branches de la chimie ont eu leur tour dans la série des travaux du groupe.

La 7e Section, réservée à la Météréologie et la Physique du globe a reçu aussi bon nombre de communications. Retenons les noms de MM. *Raphaël Dubois, Babin, Séverin, Larue, Soret, Cléry, Girardin*, etc....

Le 3e groupement des Sections de l'Association française pour l'Avancement des Sciences est celui des Sciences naturelles ; c'est le plus vaste.

La 8e Section, Géologie et Minéralogie, eut comme Président, le savant Doyen de la Faculté des Sciencee de Caen, M. *Bigot* et entendit entre autres communications, celle de M. *Ambayrac*, sur les coupes géologiques des Alpes-Maritimes, de M. *G. Ramond*, sur la coupe détaillée en suivant le profil en long du tracé de la nouvelle ligne de chemin de fer de Paris à Chartres ; de M. *Girardin*, sur les éboulements alpins entre Modane et Saint-Jean-de-Maurienne ; de M. *du Laurens de la Barre*, sur les étapes de la transformation de la pénéplaine armoricaine. Deux notes, l'une sur l'énigme glaciaire et la possibilité de l'existence de l'Atlantide, ont retenu l'attention — et l'on m'excusera de ne pas nommer toutes les autres.

Des travaux variés ont été aussi présentés à la 10e Section présidée par M. *Künckel d'Herculais*. Citons d'abord ceux de M. *Raphaël Dubois*, sur la culture pratique des éponges et sur la formation de la pourpre et de la phosphorescence chez certains animaux, puis ceux de MM. *Topsent, Lécaillon, Anthony, Marcel Baudoin, Pellegrin, Hartoy, Kollmann, Pratelle.*

A la Sous-Section de Psychologie physiologique, M. *Bourdon* a exposé un projet d'enseignement de cette science dans les Facultés et M. *L. Favre*, un plan d'étude, puis, MM. *Marcel Foucault, Lahy, Piéron, Aulzer* ont parlé des résultats de leurs recherches.

Les anthropologistes et les archéologues ont eu, comme d'habitude, des séances chargées, et je citerai en particulier les notes de MM. *Franchet, Marcel Baudouin, Chantre, Anthony, Romain, Rivière, de Launay, Florance*, etc..., m'excusant de ne pouvoir les analyser toutes et renvoyant les intéressés aux publications de la Société.

Quant aux Sciences médicales, elles ont également fait l'objet d'observations fort intéressantes, car nous avons relevé au programme des séances plus de 35 notes qu'il me suffit de signaler pour ne pas abuser de votre attention, et on me pardonnera de dire que les travaux des pharmaciens, praticiens ou appartenant au personnel enseignant forment, avec ceux de la Section précédente, un ensemble des plus importants. Elles étaient respectivement présidées par le docteur *Engelbach*, du Havre, et le professeur *Delépine*.

L'électricité médicale, qui joue aujourd'hui un si grand rôle en thérapeutique, forme à elle seule une Section, la 13e, et le nombre et la valeur des travaux présentés justifie pleinement cette autonomie. Il en est de même pour l'Odontologie et la Section d'Hygiène et de Médecine publique.

Dans la Section de Pédagogie et Enseignement, on a étudié l'hygiène scolaire, l'enseignement technique, les musées régionaux, etc..., et en Géographie, M. *Brindeau*, nous a parlé du Havre, port transatlantique, pour qui le docteur *Loir* réclame, non sans raison, la création d'un Institut Océanographique. L'ouverture du Canal de Panama a fourni matière à trois communications, les autres portant sur des sujets multiples, comme celles de la Section d'Économie politique présidée par M. *Vital Granet*.

Cet ensemble varié, cette multiplicité de recherches apportées par leurs auteurs à notre Association, sont la justification de son existence, et affirment la nécessité de semblables assises scientifiques.

***

Mais ma tâche ne s'arrête point là, car il me faut encore vous parler des Conférences du Congrès qui ont remporté le plus légitime succès.

Ce fut d'abord celle du savant géologue, doyen de la Faculté des Sciences de Caen, M. *Bigot*, sur le littoral de la Normandie, dans laquelle il a montré la formation des rivages de la Manche. Un tel document fait le plus grand honneur à son auteur, dont chacun connaît la science et l'érudition profonde.

La deuxième conférence, qui devait être présentée par M. *Sartiaux*, ingénieur en chef de la Compagnie des Chemins de fer du Nord, fut faite par le Président de la Société de Géographie du Havre, M. *Émile Dupont*; la gravité des circonstances retenait M. *Sartiaux* à son poste.

Les congressistes cependant ont applaudi à juste titre le superbe exposé, de la question du « tunnel sous la Manche » question brûlante d'actualité à la veille de la guerre. Sera-t-elle jamais résolue? On en doute encore aujourd'hui, malgré les leçons du passé.

Enfin, l'un de nos esprits les plus originaux dans le domaine des Sciences naturelles, M. le professeur *Raphaël Dubois* retint l'attention de son auditoire en parlant des animaux et des végétaux lumineux. C'est dans le laboratoire maritime de *Paul Bert*, que l'éminent conférencier avait commencé ses recherches au Havre même et nous dirons avec lui que si la « lampe vivante » n'est pas encore une réalité, on peut cependant croire à l'avenir de « la lumière froide ».

M. *R. Dubois* pense qu'on est plus près de la réalisation de l'éclairage pratique par ce moyen, que *Galvani* et *Volta* ne l'étaient de la lumière électrique au moment de leur immortelle découverte.

En dehors de ces conférences, le programme de la Session du Havre comportait une série d'excursions et de visites : le 28 juillet aux Docks et Entrepôts, le 29, à l'usine *Schneider* d'Harfleur et les jours suivants aux Chantiers et autres usines importantes qui foisonnent autour de la ville.

La journée du 30 juillet était réservée à une excursion générale, du Havre à Rouen, par la Seine et un groupe de congressistes devait reconduire nos hôtes en Angleterre. Mais l'horizon s'obscurcissait et chacun pensait au lendemain. Le spectre de la guerre se dressait et cependant on espérait encore que tout s'arrangerait. 130 personnes prirent part à cette promenade tant vantée de la Basse Seine et si particulièrement instructive. Notre collègue M. *Meunier*, chef de travaux à l'École centrale en a donné un compte rendu, annexé au volume du Congrès; il serait superflu d'y ajouter quoi que ce soit, car on ne saurait le faire en de meilleurs termes.

Quant à l'excursion finale du 2 au 4 août vous savez ce qui advint? ce fut la mobilisation générale.

L'Allemand attaquait. Chacun rejoignit son poste avec un calme angoissant mais aussi avec la volonté de vaincre l'ennemi ; on se sépara en pensant à ceux qui demain ne seraient plus, fauchés par la mitraille en défendant le patrimoine de nos ancêtres.

Vous savez le reste et le choix de Strasbourg pour notre première réunion depuis la guerre victorieuse est un symbole qui se passe de commentaires.

***

Qu'il me soit permis maintenant, Mesdames et Messieurs, en terminant ce compte rendu qui appartient à un passé déjà lointain, d'attirer votre attention sur ces Congrès organisés par le Groupement que nous aimons tous et qui doit devenir plus puissant que jamais.

Le passé est mort, il est sans intérêt pour les hommes d'action ; à peine y puisera-t-on quelques enseignements pour organiser l'avenir.

Avec des temps nouveaux apparaissent des idées nouvelles; un bouleversement complet menace de troubler jusque dans ses assises les plus profondes le vieux monde européen; il agite l'Orient jusque dans ses provinces les plus reculées. Problèmes sociaux et problèmes industriels en particulier, se posent avec de redoutables inconnues.

L'éducation scientifique des peuples doit s'élever rapidement et ceux-mêmes qui pensent édifier dans le sang « la cité future » doivent mettre au niveau de leurs préoccupations premières, la formation d'une élite intellectuelle. L'industrie en particulier a reconnu enfin que la coopération scientifique, intime et constante, était le principal facteur de son développement; d'autre part, dans notre pays d'idéalisme, les personnalités scientifiques réfugiées, hier encore, dans les plus hautes sphères de la pensée sont conquises par l'exemple. Elles admettent désormais sans restriction que science et industrie sont sœurs et doivent contracter une alliance indissoluble pour le plus grand bien de la recherche scientifique elle-même.

La science est une, et la subordination des données qu'elle nous fournit à des fins utilitaires, pour le mieux-être de la société et de l'industrie, n'est somme toute que la consécration normale d'une union féconde et la conséquence finale de l'effort.

Le savant dont la récompense première la plus satisfaisante pour son esprit est la concrétisation de ses pensées ou de ses recherches en résultats tangibles pour le public instruit qui l'entoure, n'en éprouve pas moins une fierté légitime, si des applications surgissent qui rendent à la Société des services incontestés.

C'est ici, une nouvelle réaction, un calcul mécanique ou purement mathématique; là, une expérience biologique, la découverte d'une nouvelle substance chimique dont s'emparent l'industriel et le thérapeute, qu'importe : aux joies intimes du laboratoire s'ajoutera une satisfaction profonde si d'autres, mieux outillés que le savant, étudient, transforment et utilisent les premiers résultats issus du cerveau du chercheur.

La France, Mesdames et Messieurs, n'a rien à envier aux nations qui l'entourent en ce qui concerne la production scientifique, mais elle vient seulement de comprendre que dans l'âpre lutte pour l'existence, il ne lui était plus permis de semer à tous vents les découvertes de ses savants et qu'elle devait, sans nuire par trop à son rayonnement, les canaliser plus ou moins à son profit.

Saluons l'aurore de cette ère nouvelle sur laquelle semble souffler un vent utilitaire propice au développement du pays et demandons-nous comment notre Association dirigera désormais ses efforts pour rester en harmonie avec ces nouvelles directives.

Rien n'est plus aisé pour elle, puisque déjà depuis de longues années elle s'efforce d'être décentralisatrice, et par ses congrès, et par ses conférences. Elle ne cesse de mettre chaque jour en contact plus intime ceux qui dans le pays entier donnent sans compter quelque chose de leur pensée ou de leur effort scientifique.

Elle recherche même ces modestes techniciens et les incite à venir exposer leurs idées ou les résultats obtenus par eux dans le domaine technique. Elle veut vaincre la timidité des uns, l'indifférence des autres et elle a déjà dans ce sens exercé une influence fort heureuse et incontestée.

Il faut encore faire plus, et rechercher quels sont les moyens propres à augmenter notre action en diffusant les récentes acquisitions de la science ou de l'industrie.

Me permettra-t-on une suggestion à ce sujet?

Ne serait-il pas possible d'organiser par exemple, dans chaque section ou dans un groupe de sections également intéressées, des *conférences avec discussion*, sur un *sujet déterminé* d'actualité? Ce sujet serait exposé par une personnalité technique judicieusement choisie et prévenue quelques mois avant la date de chaque Congrès; puis d'accord en cela avec les bureaux des Sections, on rechercherait dans le pays, pour les convier à la discussion, tous les techniciens intéressés.

Quelle satisfaction n'éprouveriez-vous pas Messieurs, si demain, quelques ingénieurs, officiels ou non, des savants du service des mines aidés de quelques géologues éminents, discutaient devant vous la question du pétrole en France et aux Colonies! De plus, il ne manquerait pas de sortir de cet échange d'idées quelque chose d'utile qui frapperait à la fois les pouvoirs publics et la masse instruite, trop souvent trompée par une presse ignorante ou intéressée.

Est-ce que d'autre part une discussion sur l'hygiène des grandes villes et des campagnes et sur la crise du logement ne serait pas susceptible de retenir l'attention générale et de fournir également des indications précieuses?

Et dans le domaine de l'alimentation rationnelle, ne croyez-vous pas qu'une discussion entre nos biologistes les plus distingués, en prenant par exemple pour base un rapport sérieux sur les Vitamines, n'attirerait pas un public nombreux? Ne pourrait-on enfin s'inspirer de cette manière de voir pour l'organisation de nos conférences d'hiver? Votre Conseil d'administration, je le sais, se préoccupe de ces questions et il saura les résoudre.

Rappelons-nous qu'il n'est pas en France de grande « Tribune libre » réservée à la science et que l'existence même de nos Sociétés scientifiques est menacée par la crise de l'imprimerie qui rend déjà impossible la diffusion de leurs travaux. Il est indispensable de remédier à cet état de choses grave, car, les discussions en milieu confiné sont à peu près stériles, elles ont besoin du grand air vivifiant pour s'épandre et fructifier.

J'ai la conviction, Mesdames et Messieurs, que lancée dans cette voie notre Association jouerait un grand rôle, car il est bien entendu, que rien ne serait changé à la vie normale des sections, où s'exposent les travaux de tous les chercheurs de notre pays.

J'ajoute encore que je vois dans l'organisation de ces discussions générales le moyen de mieux renseigner la grande presse conviée à les entendre, et partant, d'obtenir d'elle, une propagande spontanée, désintéressée, puissante, efficace.

Excusez-moi, je vous prie, d'être un peu sorti de mon rôle; il a été donné à peu de vos secrétaires de se trouver à un pareil tournant de l'Histoire et si j'ai voulu esquisser quelques projets, réalisables sans doute, c'est que l'heure est venue de tout faire pour concentrer nos efforts et accroître toujours au dehors le rayonnement de la pensée française.

Je termine par un souvenir à ceux de nos collègues qui ne sont plus et en vous signalant les noms de nos Collègues auxquels les services rendus à la Patrie ou à la Science ont valu des récompenses, ou qui ont été l'objet de promotions.

Nécrologie.

MM. Jules ALLAIN-LE CANU, Licencié ès Sciences, Pharmacien de 1re classe, Paris.
J.-M. AUDRA, Associé d'Agent de change, Lyon.
BAILLY-SALIN, Sens (Yonne).
Théodore BARROIS, Professeur à la Faculté de Médecine, Lille.
René BLOTTIÈRE, Pharmacien de 1re classe, Paris.
Jean BOÉSE, ancien Négociant-Commissionnaire, Cannes (Alpes-Maritimes). (*Membre à vie*).
Mme la Baronne Camille DE CAIX, Paris.
Mme Henri CARLES, la Madeleine-les-Lille (Nord).
MM. Adolphe CARNOT, Membre de l'Institut, Inspecteur général des Mines en retraite, Directeur honoraire de l'École nationale supérieure des Mines, Professeur à l'Institut agronomique, Paris. (*Membre fondateur.*)
Adolphe CARTAZ, Docteur en Médecine, ancien Interne des hôpitaux, ancien Secrétaire adjoint du Conseil de l'Association. (*Membre à vie.*)
Alfred CATILLON, Pharmacien, Paris. (*Membre à vie.*)
Henri CAULLIEZ, Membre de la Chambre de Commerce, Tourcoing.
René CHANTRELLE, Agent d'assurances, Creil (Oise).
Charles COACHE, Chirurgien-dentiste, Rouen.
DATTEZ, Pharmacien, Paris.
Mlle Yvonne DEHORNE, Licenciée ès Sciences naturelles, Paris. (*Membre à vie.*)
MM. Théodore DELACOUR, Paris.
Maurice DELMAS, Docteur en Médecine, Médecin des Thermes de Dax.
Albert DEMONS, Professeur honoraire à la Faculté de Médecine, Bordeaux.
Marc DEYDIER, Notaire honoraire, Cucuron (Vaucluse).
Auguste DUTOT, Avoué au Tribunal de 1re instance, Valognes (Manche).
Emmanuel FINOT, Pharmacien, Asnières (Seine).
Albert GÉRARD, Licencié en Droit, Paris.
Jules GILARDONI, Manufacturier, Altkirch (Haut-Rhin).
Joseph GILBERT, Docteur en Médecine, Saumur.
Paul-Louis GILLOT, Caissier d'Agent de change, Paris.
Ch. GUILMIN, Bourg-la-Reine. (*Membre à vie.*)
A. HOUDOY, Avocat, Lille.
Mme Albert IDIERS, Bruxelles.
MM. Charles JACQUIN, ancien Avoué de 1re instance, Paris. (*Membre à vie.*)
Alfred JEAN, Docteur en Médecine, Paris.

MM. C.-A. Laisant, Docteur ès Sciences, ancien examinateur d'admission à l'École Polytechnique. *Ancien Président de l'Association.* Asnières (Seine).

François Laurent, Directeur général honoraire des Manufactures de l'État, Roanne.

Raphaël Lépine, Correspondant de l'Institut, Asssocié national de l'Académie de Médecine, Professeur à la Faculté de Médecine, Lyon. (*Membre à Vie*).

Sigismond Lilienthal, Membre de la Chambre de Commerce, Paris.

Lucien Limasset, Inspecteur général des Ponts et Chaussées, Paris.

Lucien Magnien, Inspecteur général de l'Agriculture, Paris. (*Membre à Vie.*)

Paul Maillard, Ingénieur à l'usine Marrel, Rive-de-Gier (Loire).

Émile Moreau, Paris.

Edmond Nivoit, Inspecteur général des Mines, Paris. (*Membre à Vie.*)

le Docteur Alfred Pamard, Associé national de l'Académie de Médecine. (*Membre à Vie.*)

Jules Poisson, Assistant honoraire de Botanique au Muséum national d'Histoire naturelle, Paris. (*Membre à Vie.*).

Charles Rémy, Agrégé à la Faculté de Médecine, Paris.

Louis Rey, Ingénieur des Arts et Manufactures, ancien Président de la Société des Ingénieurs civils de France, Paris. (*Membre à Vie.*)

Paul Reynier, Membre de l'Académie de Médecine, Paris.

le Docteur Rochet, Médecin principal de l'Armée en retraite, Paris.

Joseph Rousselot, ancien Président du Tribunal de Commerce, Nancy.

Henri Sablon, Directeur de la Société des Accumulateurs Tudor, Lille.

Mme Georges Salet, Paris.

MM. Henri de Serbonnes, Interne des Hôpitaux, Paris.

Ch. de Tavernier, Ingénieur en Chef des Ponts et Chaussées, Paris.

J.-J. Villaret, Directeur du Génie maritime au Cadre de Réserve, Paris.

David Winter, Négociant, Paris.

Nominations.

Institut : MM. L. Lindet, Paris, et Louis Lumière, Lyon, ont été élus Membres; les Professeurs Lebeuf, Marseille, et Viguier, Alger, ont été élus Correspondants.

Académie de Médecine : MM. les Professeurs Balthazard, Léon Bernard, Brumpt, Calmette, le Docteur Lucien Camus et le Professeur Desgrez, Paris, ont été élus membres; le Docteur Étienne, Nancy, et Auguste Lumière, Lyon, ont été élus Correspondants nationaux.

Académie de Paris : M. le Professeur P. Appell, de l'Institut, a été nommé Recteur de l'Académie de Paris.

Faculté de Médecine de Paris : MM. le Docteur Marcel Labbé, Paris, a été nommé Professeur; les Docteurs Clerc, Guilleminot, Mestrezat, ont été nommés Agrégés.

Faculté de Médecine de Lyon : MM. les Docteurs Fernand Arloing et Latarget ont été nommés Professeurs.

Faculté de Médecine de Strasbourg : MM. le Professeur G. Weiss, Paris, a été nommé Doyen; Boeckel a été nommé Professeur honoraire; les Docteurs André Mayer et Nicloux ont été nommés Professeurs.

Faculté de Pharmacie de Strasbourg : MM. le Professeur F. Jadin, de Montpellier, a été nommé Doyen ; le Professeur Louis Bræmer, Toulouse, a été nommé Professeur.

Service géologique de l'Alsace et de la Lorraine : M. E. de Margerie a été nommé Directeur.

Faculté de Médecine de Toulouse : MM. les Docteurs Baylac, Agrégé; Charles Gerber chargé du cours de Matières médicale; et T. Marie, Chargé de cours, ont été nommés Professeurs. Le Docteur Moog a été nommé Agrégé.

Faculté des Sciences de Paris : MM. Cotton et L. Gentil, Professeurs adjoints, ont été nommés Professeurs.

Muséum national d'Histoire naturelle : MM. le Professeur Perrier a été nommé Directeur honoraire; le Professeur Mangin a été nommé Directeur; Louis Fage a été nommé Assistant de Zoologie.

Faculté des Sciences de Poitiers : M. Félix Taboury a été nommé Professeur.

Université de Rennes : M. James Hazen Hyde, Paris, a été nommé Docteur *honoris causâ* de l'Université.

Faculté des Sciences de Rennes : M. Bordas, Professeur adjoint, a été nommé Professeur.

Faculté des Sciences de Strasbourg : MM. le Professeur Rothé et Émile Terroine ont été nommés Professeurs.

Académie américaine des Arts et Sciences de Boston : M. le Professeur Caullery, a été élu Membre honoraire étranger.

Académie royale des Sciences, Belles-Lettres et Beaux-Arts de Belgique : MM. Guignard, Moureu, Richet, de l'Institut, Caullery, Mesnil, de Margerie ont été élus Membres.

Ponts et Chaussées : M. l'Ingénieur en Chef Maurice d'Ocagne, a été nommé Inspecteur Général.

Récompenses honorifiques.

Légion d'Honneur

Grands-Officiers :

MM. le Professeur Appell, de l'Institut, Recteur de l'Académie de Paris.
le Professeur Haller, de l'Institut, Paris.
le Professeur G. Lippmann, de l'Institut, Paris.
Vieille, Inspecteur général des Poudres et Salpêtres, Paris.

Commandeurs :

MM. le Professeur Béhal, Paris.
le Professeur Chauffard, Paris.
Léon Guignard, de l'Institut.
le Professeur Émile Picard, de l'Institut, Paris.
le Docteur Charles Walther, Paris.
Worms de Romilly, Paris.

Officiers :

MM. Bigourdan, de l'Institut, Paris.
A. Blondel, de l'Institut, Paris.

MM. le Docteur Carton, Correspondant de l'Institut, Kereddine (Tunisie).
Charlety, Recteur, Strasbourg.
le Professeur Ducloux, Tunis.
Édmond Faucheur, Lille.
Maurice Jeannel, Toulouse.
le Professeur Marcel Labbé, Paris.
Lacroix, de l'Institut, Paris.
Leinekügel-Le-Coq, Châteauneuf-sur-Loire (Loiret).
H. Portevin, Paris.
le Docteur Paul Rivet, Paris.
Rodocanachi, Paris.
le Professeur Roger, Doyen de la Faculté de Médecine, Paris.

Chevaliers :

MM. le Docteur Banes.
Bardot, Paris.
le Docteur Alexandre Barillet, La Dauphinerie-de-Vihiers (Maire-et-Loire).
J. Belot, Paris.
Louis Chassaigne, Ruffec.
Chifflot, Lyon.
Chudeau, Paris.
A. de Dax, Paris.
Dongier, Bourg-la-Reine.
le Professeur Ph. Glangeaud, Clermont-Ferrand.
le Docteur Haret, Paris.
le Professeur Langevin, Paris.
le Professeur de Martonne, Paris.
le Professeur Matruchot, Paris.
le Professeur Massol, Montpellier.
le Docteur Lucien Mayet, Lyon.
Mentienne, Bry-sur-Marne (Seine).
Paul Mocqueris, Tunis.
le Professeur Moquin-Tandon, Toulouse.
le Professeur Nicolas, Paris.
le Docteur Louis Parès, Montpellier.
le Docteur Rémy-Roux, Avignon.
le Professeur Louis Sauvage, Marseille.
le Professeur Eugène Tassilly, Paris.
le Docteur Louis-André de Vulpian, Paris.

Croix de Guerre :

MM. le Docteur Alexandre Barillet, La Dauphinerie-de-Vihiers (Maine-et-Loire).
Louis Chassaigne, Ruffec.
le Sergent A. Gérardin, Nancy.
le Docteur Nogier, Lyon.
le Docteur Rémy-Roux, Avignon.
le Lieutenant-Colonel M. d'Ocagne, Paris.
le Docteur Louis-André de Vulpian, Paris.

ORDRE DU SAUVEUR DE GRÈCE :

M. le Professeur Stanislas MEUNIER, Commandeur.

ORDRE ROYAL DE SAINT-SAVA (Serbie) :

MM. Auguste MAHAUT, Marseilles-les-Aubigny, Officier.
le Docteur RÉMY-ROUX, Avignon, Chevalier.

Prix et subventions.

ACADÉMIE DES SCIENCES

Prix Gay (*Géographie*) *:* M. CHUDEAU, Paris.
Fondation Clément-Félix : M. Ch. FERRY, Paris.
Prix Jeker : M. E. FOURNEAU, Paris.
Prix Cahours : M. G. MIGNONAC, Paris.
Prix Delesse : M. F. ROMAN, Lyon.
Prix Raulin : M. L. JOLEAUD.
Prix Thora : M. le Professeur SARTORY, Strasbourg.
Prix de Coincy : M. le Professeur HOUARD, Caen.
Prix Rufz de Lavison : M. R. COMBES, Paris.
Prix Montyon (Statistique) : M. le Docteur CHERVIN, Paris.
Grand Prix des Sciences Physiques : M. le Professeur ROULE, Paris.
Prix Barbier : M. Albert GORIS, Paris.
Prix Bréant : M. le Docteur Lucien CAMUS.
Prix Philippeaux : Mme Lucie RAUDOIN, Paris.
Fondation Bonaparte : MM. le Professeur BRUMPT, Paris, et GUILLIERMOND, Lyon.
Prix fondé par l'État, Grand Prix des Sciences physiques : M. le Professeur Louis ROULE, Paris.
Prix Henri de Parville : M. LEGANGNEUX, et M. le Docteur Adrien LOIR, Le Havre.
Prix Fanny Emden (arrérages) : Mme Ve Albert DASTRE, Paris.
Prix Houllevigue ; feu Camille TISSOT.
Prix Lacaze (*Physiologie*) *:* M. le Professeur Raphaël DUBOIS, Lyon.
Prix de Navigation : M. le Docteur André BROCA, Paris.
Fondation Clermont Félix : M. le Professeur Paul LANGEVIN, Paris.
Fondation Loutreuil (*Subventions accordées à la demande des Établissements désignés par le Fondateur*) *:*

Muséum national d'Histoire naturelle; Observatoire de Paris.

Fondation Loutreuil (*Subventions accordées sur demandes directes*) *:*

Observatoire de Ksara (le Père BERLOTY, Directeur) : MM. Henri DESLANDRES, Meudon; Charles MARIE, Paris; LESNE, Paris; le Docteur Albert PEYRON, Marseille: le Docteur Ch. NOGIER, Lyon.

PRIX DE L'ACADÉMIE DE MÉDECINE :

Prix Apostoli : M. le Docteur ZIMMERN, Paris.
Prix Itard : M. le Docteur ALBERT-WEILL, Paris.
Prix Monbinne : M. le Docteur ROY, Paris.

M. Lucien PERQUEL,

Agent de change, Trésorier de l'Association.

LES FINANCES DE L'ASSOCIATION EN 1919-1920.

(062) (44.36) (AFAS) 2

MESDAMES, MESSIEURS ET CHERS COLLÈGUES,

J'ai l'honneur de vous présenter au nom du Conseil d'Administration, l'état des recettes et des dépenses pour l'année 1919.

A la séance de clôture du 28 juillet, j'aurai à vous demander l'approbation définitive des comptes que je vais vous présenter :

Recettes :

Cotisations	25.324 »
Recettes diverses	228 95
Intérêts du capital	53.921 88
TOTAL	79.474 83
Réserve des exercices antérieurs	4.421 02
TOTAL	83.895 85

Dépenses :

Loyer, contributions, assurance, achat et réparations du matériel	3.936 50
Appointements	11.705 »
Frais d'administration (bureau, impressions, frais de poste, téléphone, divers)	1.858 95
Recouvrements de cotisations	1.114 40
Frais afférents aux rentes et valeurs	8 30
Frais d'Assemblée générale	980 30
Subventions	31.050 »
Conférences en dehors du Congrès	30.285 95
Bulletin trimestriel	2.897 65
Dépenses imprévues	58 80
TOTAL	83.895 85

SUBVENTIONS DE 1919

Le Conseil d'Administration, dans sa séance du 2 mars 1920, a voté, après examen des propositions des Commissions des Finances et des Subventions, les sommes suivantes :

MM.

GÉRARDIN (A.), Correspondant du Ministère de l'Instruction publique, Nancy. — Construction d'une machine permettant le calcul mécanique de problèmes d'un grand intérêt mathématique	1.500 »
LEBON (E.), Professeur honoraire de l'Université, Paris. — Publication d'une nouvelle table de caractéristiques de base 30030	1.000 »
A reporter	2.500 »

MM.	*Report.*	2.500 »
INSTITUT D'OPTIQUE THÉORIQUE ET APPLIQUÉE, Paris. — Création de l'Institut d'Optique		100 »
MEUNIER (J.), Chargé de cours à l'École centrale des Arts et Manufactures, Paris. — Continuation et publication de travaux scientifiques (spectrographie)		800 »
NAVARRO (E.), Pharmacien, Saint-Germain-du-Bel-Air (Lot). — Cristallisation du carbone (acquisition d'un appareil).		400 »
l'Abbé BERLOTY, Directeur de l'Observatoire de Ksara (Syrie). — Observatoire de Ksara, remise en pleine marche de la section météorologique, achat et installation d'instruments coûteux. . .		1.500 »
COSSMANN, Ingénieur des Arts et Manufactures, Paris. — Publication de la XIIe livraison de ses essais de Paléoconchologie comparée .		800 »
le Professeur KILIAN, Membre de l'Institut, Grenoble. — Répertoire de bibliographie alpine sur fiches.		1.000 »
LAMBERT J.), Président honoraire du Tribunal civil, Troyes. — Fin de la publication d'un essai de nomenclature raisonnée des échinides		800 »
MENGAUD (L.), Professeur au Lycée, Toulouse. — Études géologiques de la région cantabrique (province de Santander et Asturies, Espagne).		1.000 »
RAMOND (G.), Assistant au Muséum national d'Histoire naturelle. — Études géologique et hydrologique des aqueducs d'amenée d'eau potable à Paris		200 »
REPELIN (J.), Professeur à la Faculté des Sciences, Marseille. — Fouilles dans le gisement de Nicot, près de Laugnac.		1.200 »
SAVORNIN (J.), Chef de travaux à la Faculté des Sciences, Alger. — Publication d'une étude géologique de la région du Hodna et du plateau Sétifien		500 »
ALLORGE (P.), Licencié ès Sciences, Paris. — Publication et continuation de ses recherches de géographie botanique synécologique sur le bassin de Paris		700 »
DENIS, Licencié ès Sciences, Paris. — Recherches de planktologie d'eau douce.		500 »
GUILLERMOND (J.), Lyon. — Recherches sur les mitochondries des cellules végétales		1.000 »
SARTORY (A.), Professeur à la Faculté de Pharmacie, Strasbourg. — Recherches mycologiques et biologiques des pnychomycoses et onychogryphoses		500 »
SOCIÉTÉ D'ÉTUDES SCIENTIFIQUES D'ANGERS. — Achèvement de l'impression d'une publication commencée en 1917.		300 »
ALLEMAND-MARTIN, Professeur au Lycée, Lyon. — Études de biologie appliquée à la culture des éponges sur les côtes tunisiennes . . .		1.200 »
CHABANAUD, Correspondant du Muséum national d'Histoire naturelle, Paris. — Études des reptiles et des batraciens		1.200 »
CHAPPELLIER (A.), Préparateur à la Faculté des Sciences, Paris. — Recherches sur les oiseaux hybrides..		1.200 »
	A reporter.	17.400 »

Report. . . . . 17.400 »

MM.

DEHORNE (A.), Préparateur à la Faculté des Sciences, Lille. — Recherches sur : 1° la biologie et la cytologie des diptères; 2° les vers marins	500 »
DUFRENOY (J.), Assistant à la Station biologique, Arcachon. — Continuation de ses recherches à la Station biologique d'Arcachon .	500 »
le Docteur GERBER (Ch.), Chargé de cours à la Faculté de Médecine, Toulouse. — Recherches sur les ferments protéolyliques végétaux et sur les pancréatines végétales	800 »
le Docteur PELLEGRIN (J.), Assistant au Muséum national d'Histoire naturelle, Paris. — Publication sur les poissons du bassin du lac Tchad	500 »
PÉREZ (Ch.), Professeur adjoint à la Faculté des Sciences, Paris. — Résorption phagocytaire sous l'influence du follicule que subissent les spermatozoïdes des tritons dans l'intervalle des périodes génitales (publication d'un mémoire)	800 »
le Docteur WINTREBERT (P.), Préparateur à la Faculté des Sciences, Paris. — Continuation des recherches et leur publication sur l'automatisme locomoteur des embryons des sélaciens	1.000 »
LAHY (J.-M.), Chef de travaux à l'École des Hautes Études, Paris. — Recherches sur l'organisation scientifique du travail humain .	500 »
le Docteur MOURGUE (R.), Médecin adjoint des Asiles d'aliénés, Villejuif. — Publication d'un mémoire sur la fonction psychomotrice d'inhibition étudiée dans un cas de chorée de Huntington. . . .	400 »
PIÉRON, Directeur de laboratoire à l'École des Hautes Études, Paris. — Études sur les réflexes et les réactions sensorielles.	300 »
ANTHONY, Assistant au Muséum national d'Histoire naturelle, Paris. — Recherches sur le développement du cerveau des singes . . .	500 »
l'Abbé FEUTRY. — Recherches historiques sur la commune de Saint-Epain	200 »
MÜLLER (H.), Conservateur du Musée Dauphinois, Grenoble. — Publication des résultats des expériences (taille du silex, emploi des outils obtenus, moulage, fonte, martelage du bronze, etc., trépanation, etc.)	1.200 »
le Docteur DE SAINT-PÉRIER (R.), Morigny-Champigny (Seine-et-Oise). — Fouilles préhistoriques dans une grotte paléolithique à Lespugne (Haute-Garonne)	1.500 »
l'Abbé PHILIPPE, Curé, Breuillepont (Eure). — Exploration d'une enceinte préhistorique : le Fort-Harrouard, commune de Sorel (Eure-et-Loir)	800 »
le Docteur RIVET, Assistant au Muséum national d'Histoire naturelle, Paris. — Recherches sur la métallurgie précolombienne	1.000 »
SOCIÉTÉ POLYMATHIQUE DU MORBIHAN, Vannes. — Impression du catalogue du Musée archéologique de la Société Polymathique du Morbihan	600 »

A reporter. . . . . 28.700 »

Report	28.700 »
MM.	
le Docteur Bablet, Paris. — Achat d'un microscope (étude des spirochétoses)	800 »
le Docteur Benoit (Ch.), Paris. — Traitement de la tuberculose pulmonaire par l'héliothérapie artificielle	400 »
le Docteur Joly, Directeur de laboratoire à l'École des Hautes Études, Paris. — Publication d'un livre original en l'histologie du sang	1.500 »
Association des Naturalistes de la vallée du Loing, Moret (Seine-et-Marne). — Hydrographie de Moret et de ses environs.	500 »
Girardin (P.), Professeur à l'Université de Fribourg (Suisse). — Morphologie en haute montagne.	500 »
Bossière (R.), Le Havre. — Essai d'équilibre économique social positif	250 »
Total.	32.650 »

Fonds commun.	31.050 »
Fonds Girard.	1.400 »
Don anonyme	200 »

Des voix plus autorisées qu la mienne vous diront la joie que nous éprouvons en venant faire notre Congrès à Strasbourg.

Strasbourg, pour moi, enfant de Nancy, c'est le monde nouveau qui apparaît, c'est l'avenir qui s'illumine, faisant presque oublier tous les troubles et toutes les souffrances d'hier.

Notre Association est dans une bonne situation, malgré les difficultés qu'elle a rencontrées; elle a tenu à ne pas augmenter, comme d'autres, le montant de sa cotisation annuelle et cependant elle a mis en réserve quelques fonds destinés à grossir le chiffre des subventions pour les années qui viennent.

Mme *Guézard* a voulu contribuer au succès de notre grande œuvre en nous donnant une nouvelle preuve de son fidèle attachement à l'Association. Elle s'est inspirée du souvenir, si cher à tous parmi nous, de son mari qui nous a rendu tant de services dans l'étude des affaires financières. Nous l'assurons de notre respectueuse reconnaissance et de la part que prennent ses nombreux amis de l'Association au nouveau malheur qui l'a frappée. Le Conseil a décidé que le nom de Mme *Guézard* figurera à côté de celui de M. *Guëzard* sur la liste de nos fondateurs.

M. *Benjamin Cohen* nous a également fait un versement s'élevant à 3.000 francs, en mémoire de son fils mort au Champ d'honneur.

Nous adressons à cet ami de l'Association nos remerciements et nos regrets dans le malheur qui l'a frappé.

Enfin, nous avons reçu l'avis que M. *Dufayel* avait disposé en faveur de plusieurs Associations d'un certain nombre d'actions de ses établissements et que l'Association Française pour l'Avancement des Sciences était inscrite pour 130 actions.

Nous nous inclinons devant les libéralités de M. *Dufayel* et notre reconnaissance va à sa mémoire. Cet homme de bien avait compris que la fortune doit s'employer en dehors des affaires à l'encouragement des Sciences, des Lettres et des Arts qui garantissent le développement intellectuel et moral de la Nation.

En terminant, je demande aux Alsaciens de bien comprendre le rôle que l'Association Française doit jouer dans le monde savant et de nous aider en provoquant l'admission de nouveaux membres qui, je vous l'assure d'avance, seront les bienvenus parmi nous.

SÉANCES DE SECTIONS.

1er Groupe.

SCIENCES MATHÉMATIQUES.

1re et 2e Sections.

MATHÉMATIQUES, ASTRONOMIE, GÉODÉSIE ET MÉCANIQUE.

Président . . . M. ESCLANGON, professeur à la Faculté des Sciences de Strasbourg.
Secrétaire . . . M. A. GÉRARDIN, correspondant du Ministère de l'Instruction Publique, Nancy.

M. L. AUBRY,

Jouy-les-Reims (Marne).

UNE ERREUR DE DIRICHLET — SON THÉORÈME SUR LA PROGRESSION ARITHMÉTIQUE N'EST PAS DÉMONTRÉ

511.6

26 Juillet.

On sait que *Dirichlet* a donné une démonstration du théorème : Toute progression arithmétique dont le premier terme et la raison sont des entiers sans diviseur commun contient une infinité de nombres premiers (*Journal de Liouville*, t. 4, 1832, p. 393-422), or sa démonstration n'est pas du tout concluante.

En effet, il prouve bien d'abord que pour $s > 1$ et seulement > 1, à cause de la convergence de la série

$$\zeta(s) = \frac{1}{1^s} + \frac{1}{2^s} + \frac{1}{3^s} + \ldots\ldots + \frac{1}{h^s} \cdots$$

dont la somme est plus grande en valeur absolue que celle des séries L, on a l'équation

$$(1) \qquad \Pi \frac{1}{1 - \omega^\gamma \frac{1}{q^s}} = \Sigma \qquad \omega^\gamma \frac{1^s}{n} = \mathrm{L}$$

avec $\omega^{p-1} = 1$ et le produit du premier membre étendu à tous les nombres premiers q.

Ensuite, il continue sa démonstration par des procédés d'analyse infinitésimale qui exigent la supposition $s = 1 + \rho$ avec ρ infiniment petit et par suite ne sont absolument valables que pour la limite $s = 1$; il y a donc déjà une première contradiction puisque, pour cette valeur de s, l'équation (1) est inexacte ou non démontrée.

Mais voici la plus grave, *Dirichlet* a admis à plusieurs reprises, que pour la valeur de s choisie dans sa démonstration, on avait $\log L_0 = \infty$, (notamment p. 408 et 411, loc. cit.), je mets intentionnellement ∞ pour infiniment grand, parce qu'il n'est assigné aucune quantité assez grande que $\log L_0$ doive dépasser et qu'il est seulement spécifié : une quantité positive quelconque; or, si l'on a $\log L_0 = \infty$, on a à beaucoup plus forte raison $L_0 = \infty$ et puisque, par construction $L_0 < \zeta(s)$, on a encore à plus forte raison la série $\zeta(s) = \infty$ et non convergente pour la valeur choisie de s, il en résulte donc que la démonstration de l'équation (1), basée formellement sur la convergence de $\zeta(s)$, ne s'applique pas pour cette valeur de s et n'est aucunement concluante.

M. Maurice FRÉCHET,

(Université de Strasbourg)

SUR UNE NOUVELLE EXTENSION DU « THÉORÈME DE BOREL-LEBESGUE »

26 Juillet.

J'avais généralisé le *théorème de Borel-Lebesgue* au cas d'un ensemble appartenant à une classe où la limite peut être définie au moyen de la distance (*). M. *R.-L. Moore* l'a étendu ensuite au cas où les éléments d'accumulation sont définis par l'intermédiaire de la notion de suite convergente et où tout ensemble dérivé est fermé. Il utilise dans ce but une généralisation de la notion d'ensemble compact (**).

On peut étendre encore une fois, au moyen de cette nouvelle notion, le *théorème de Borel-Lebesgue*.

Disons qu'un ensemble E est *parfaitement compact en soi* si, quelle que soit la suite monotone S de sous-ensembles G de E, il existe un élément de E qui est commun à tous les G ou qui est commun à tous leurs

(*) *Sur la Notion de voisinage dans les ensembles abstraits*, par M. Fréchet, *Bull. Sc. Math.*, 2e sér., t. XLII, 1918, p. 1-18.

(**) *On the most general class* (L) *of* Fréchet *in which the Heine* Borel-Lebesgue *theorem holds true; Proceedings of the* National Academy of Sciences, vol. V, 1919, p. 206-910.

dérivés. (Une suite S d'ensembles G est dite *monotone* si de deux quelconques d'entre eux, l'un est toujours contenu dans l'autre.)

Ceci étant, on obtient le théorème suivant :

La condition nécessaire et suffisante pour qu'un ensemble E *possède la propriété de Borel-Lebesgue est que cet ensemble soit parfaitement compact en soi.*

(Dire que E possède la propriété de *Borel-Lebesgue,* c'est dire que si tout élément de E est intérieur à l'un au moins des ensembles G d'une certaine famille F, on peut toujours supposer que F est finie.) Le théorème précédent est vrai non seulement dans le cas considéré par *R.-L. Moore,* mais aussi *dans le cas plus général* des classes (H), c'est-à-dire des classes (V) satisfaisant aux conditions 2° et 5° de mon mémoire (*).

Et même la condition nécessaire est vraie dans une classe (V) quelconque.

M. R. GOORMAGHTIGH,

Ingénieur, Professeur à l'École Industrielle, La Louvière (Belgique).

SUR UNE NOUVELLE DIRECTION FIXE ASSOCIÉE AUX HÉLICES CYLINDRIQUES

516.4

26 Juillet.

Soit une hélice de cylindre, caractérisée par la relation $\tau = a\rho$ entre ses rayons ρ et τ de courbure et de torsion ; on peut lui associer une première direction fixe remarquable, celle des génératrices du cylindre. Mais il existe une autre direction remarquable, associée à l'hélice, et sur laquelle on n'a pas — croyons-nous — attiré jusqu'ici l'attention. La notion de cette direction résulte des développements qui vont suivre.

Considérons d'abord une courbure gauche quelconque (M) et prenons comme axes mobiles Mx, My, Mz la tangente, la binormale, la normale principale en un point variable M de (M), caractérisée par la valeur s de l'arc. Si ρ et τ désignent les rayons de courbure et de torsion de (M) en M, les cosinus directeurs α, β, γ d'une direction fixe satisfont aux équations

$$(1) \qquad \frac{d\alpha}{ds} = \frac{\gamma}{\rho}, \qquad \frac{d\beta}{ds} = \frac{\gamma}{\tau}, \qquad \frac{d\gamma}{ds} = -\frac{\alpha}{\rho} - \frac{\beta}{\tau}.$$

Portons maintenant à partir de M, parallèlement à la direction α, β, γ, un segment MT égal à l'arc s de la courbe (M) en M, et étudions le lieu (T)

(*) *Sur la Notion de voisinage dans les ensembles abstraits*, par M. Fréchet, *Bull. Sc. Math.*, 2e sér., t. XLII 1

de T. On voit facilement que les cosinus directeurs de la tangente en T à (T) sont proportionnels à $\alpha + 1$, β, γ.

On peut d'abord remarquer que ce résultat se traduit par la propriété suivante :

La tangente en T *à la courbe* (T) *passe par le point obtenu en portant, sur la tangente en* M *à* (M), *vers l'origine des arcs, un segment égal à l'arc en M.*

C'est l'extension aux courbes gauches d'un théorème de *M. d'Ocagne*, en vertu duquel, si l'on porte, à partir des centres de courbure d'une courbe plane, des segments parallèles égaux aux rayons de courbure correspondants, la tangente en un point du lieu obtenu passe par le point correspondant de la courbe plane donnée.

D'autre part, le calcul des rayons de courbure ρ_1 et de torsion τ_1 de la courbe (T) donne

$$\rho_1 = 2\sqrt{2}\,\rho\,\frac{(\alpha+1)^{\frac{3}{2}}}{\sqrt{2(\alpha+1)-\gamma^2}}, \qquad \tau_1 = \frac{(\alpha+1)^2+\beta^2}{\dfrac{\alpha+1}{\tau}-\dfrac{\beta}{\rho}}.$$

La courbe (T) sera donc plane si

$$\alpha + 1 = \left(\frac{\tau}{\rho}\right)\beta,$$

relation qui, transformée en tenant compte des égalités (1), devient

$$\beta\,\frac{d}{ds}\left(\frac{\tau}{\rho}\right) = 0,$$

ou, le cas $\beta = 0$ étant écarté, $\tau = a\rho$; c'est l'équation qui caractérise les hélices.

Posant enfin

$$\varphi = \frac{\sqrt{a^2+1}}{a}\int_0^s \frac{ds}{\rho},$$

on trouve

$$\alpha = \frac{a^2\sin\varphi - 1}{a^2+1}, \qquad \beta = \frac{a(\sin\varphi + 1)}{a^2+1}, \qquad \gamma = \frac{a\cos\varphi}{\sqrt{a^2+1}}.$$

Telle est la loi qui détermine, pour chaque position du point M sur une hélice (M), les cosinus directeurs de la direction remarquable que nous envisageons. Le théorème que nous obtenons peut s'énoncer ainsi :

Une hélice cylindrique étant donnée, il existe une direction fixe parallèlement à laquelle on peut mener, à partir de chaque point de la courbe, un segment égal à l'arc en ce point et tel que le lieu des extrémités de ces segments soit une courbe plane.

Il est d'ailleurs aisé de reconnaître que le plan de cette dernière courbe est perpendiculaire aux génératrices du cylindre.

M. R. GOORMAGHTIGH

SUR LA COURBURE DES COURBES EXPONENTIELLES TRIANGULAIRES

26 Juillet.

Dans un système de coordonnées projectives ξ_1, ξ_2, ξ_3 dont Ω est le pôle (1, 1, 1), considérons une courbe exponentielle triangulaire

$$\alpha_1 e^{n\xi_1} + \alpha_2 e^{n\xi_2} + \alpha_3 e^{n\xi_3} = 0; \tag{1}$$

$\alpha_1, \alpha_2, \alpha_3$ sont des constantes, e est la base des logarithmes népériens, n l'*indice* de la courbe.

Soient A_1, A_2, A_3 les sommets du triangle de référence d'aire $\frac{1}{2}a^2$, μ_1, μ_2, μ_3 les coordonnées barycentriques du point (ξ_1, ξ_2, ξ_3) de la courbe (1), $\omega_1, \omega_2, \omega_3$ celles du pôle Ω ; on a donc $\xi_i = \frac{\mu_i}{\omega_i}$. Si x_i, y_i désignent les coordonnées cartésiennes des points A_i par rapport à la tangente et la normale au point M de la courbe (1), où l'arc est s et $\frac{1}{\rho}$ la courbure, on aura

$$\frac{d\mu_1}{ds} = \frac{y_2 - y_3}{a^2}, \dots, \qquad \frac{d^2\mu_1}{ds^2} = -\frac{x_2 - x_3}{a^2\rho},$$

$$\sum_1^3 \omega_i = \sum_1^3 \mu_i = 1, \qquad \Sigma \mu_2\mu_3 y_1(y_2 - y_3)^2 = -y_1y_2y_3. \tag{2}$$

La dérivation de l'équation (1), par rapport à s donne

$$\Sigma \frac{\alpha_1}{\omega_1} e^{n\xi_1} \frac{d\mu_1}{ds} = 0, \tag{3}$$

et l'on voit que

$$\frac{\alpha_1 e^{n\xi_1}}{\frac{y_3 - y_1}{\omega_2} - \frac{y_1 - y_2}{\omega_3}} = \frac{\alpha_2 e^{n\xi_2}}{\frac{y_1 - y_2}{\omega_3} - \frac{y_2 - y_3}{\omega_1}} = \frac{\alpha_3 e^{n\xi_3}}{\frac{y_2 - y_3}{\omega_1} - \frac{y_3 - y_1}{\omega_2}}. \tag{4}$$

L'équation obtenue en dérivant (3) pourra donc s'écrire, eu égard à (4),

$$\frac{1}{a_2} \Sigma \left(\frac{y_2 - y_3}{\omega_1}\right)^2 \left(\frac{y_3 - y_1}{\omega_2} - \frac{y_1 - y_2}{\omega_3}\right) - \frac{1}{\rho} \Sigma \frac{x_2 - x_3}{\omega_1} \left(\frac{y_3 - y_1}{\omega_2} - \frac{y_1 - y_2}{\omega_3}\right)^2 = 0. \tag{5}$$

Cette équation montre que la courbure en un point de la courbe (1) ne dépend que de la direction de la tangente en ce point; par conséquent, pour déterminer le rayon de courbure de la courbe en un de ses points. il suffira de considérer la courbe exponentielle qui passe par Ω et y a sa tangente parallèle à celle de la courbe (1) au point envisagé, et de chercher son rayon de courbure en Ω. En supposant l'équation (5) appliquée au point Ω et en tenant compte des identités (2), on trouve

$$\rho = n\frac{\omega_1\omega_2\omega_3}{y_1 y_2 y_3}.$$

La courbure d'une courbe exponentielle triangulaire en l'un de ses points vaut n *fois celle de la conique, conjuguée au triangle, qui passe par le pôle* Ω *et* y *a sa tangente parallèle à celle de la courbe exponentielle au point considéré.*

Il résulte de cette proposition que la radiale d'une courbe exponentielle est homothétique au lieu des centres de courbure des coniques du faisceau ponctuel (A_1, A_2, A_3, Ω) correspondant au point de base Ω.

La radiale d'une courbe exponentielle triangulaire est une cubique.

En particulier :

La trisectrice de G. de Longchamps est la radiale d'une courbe exponentielle représentée, dans un triangle de référence équilatéral, par l'équation barycentrique

$$e^{\mu_1} + e^{\mu_3} + e^{\mu_2} = 0.$$

M. Eugène NAVELLE,

Saint-Léger-en-Yvelines (Seine-et-Oise).

1° CONSIDÉRATIONS SUR LES SCIENCES DITES « SUBJECTIVES »
(RÉSUMÉ)

5 (01)

26 Juillet.

La science est la connaissance de tout ce qui est et de la place exacte que chaque chose occupe dans la nature, c'est-à-dire dans l'espace et dans le temps. Cette définition simple et claire ne paraît pas contestable, et, en effet, elle n'est contestée par aucun savant, du moins en théorie, Mais en pratique, dans la construction de la science, elle est souvent méconnue, et de grands savants, comme *H. Poincaré,* qui l'acceptent lorsqu'il s'agit des sciences physiques, la rejettent lorsqu'ils traitent des sciences exactes, telles que l'arithmétique et la géométrie. Dans ces dernières sciences ils commettent cette erreur, trop commune encore malgré les progrès des sciences positives, qui consiste à déplacer l'objet observé, à transporter dans le monde extérieur des choses ou des phénomènes qui se trouvent seulement dans leur esprit, et dans cette partie de leur esprit la plus sujette à caution, dans leur imagination. Ils introduisent ainsi parmi les notions objectives de la science des notions subjectives, dues à l'activité inventive de leur cerveau, notions qui ne correspondent à aucune réalité, qui, par conséquent ne peuvent servir à l'édification de la science. Elles s'opposent même à ses progrès, à sa marche vers cette unité de principe qui est le mobile de nos recherches ; elles maintiennent un dualisme philosophique démenti par la logique des choses et perpétuent le désordre intellectuel qui règne dans le domaine scientifique où se mêlent et se combattent les idées positives, métaphysiques et mystiques.

Il est facile d'établir le bien-fondé de cette critique en lisant les livres de nos philosophes scientifiques, comme par exemple : *La Science et l'Hypothèse,* de *H. Poincaré.* On y trouve des assertions absolument contraires à la définition de la science, telles que celles-ci : « Les hypothèses, celles qui se rencontrent surtout dans les mathématiques, se réduisent à des définitions ou à des conventions déguisées. Ces conventions sont l'œuvre de la libre activité de notre esprit qui dans ce domaine ne connaît pas d'obstacle. Là notre esprit peut affirmer parce qu'il décrète. » — On ne peut nier plus catégoriquement la part de la nature dans la science. D'ailleurs il sépare délibérément la nature et la science. — « Ces décrets, dit-il, s'imposent à notre science, mais ils ne s'imposent pas à la nature. » — Nous avons donc d'un côté la nature et de l'autre *notre* science qui sont ainsi étrangères l'une à l'autre. C'est la négation pure de notre définition : la science est la connaissance de ce qui est.

Lorsque M. *Poincaré* nous dit que les « principes des mathématiques (les notions de grandeur, d'espace, de temps) sont créés par nous, qu'ils ne sont que des conventions et qu'ils pourraient être remplacés par d'autres dans un monde différent du nôtre, qu'ils ne nous sont pas imposés par la logique, comme l'a prouvé *Lobatchewsky* en créant une géométrie non-enclidienne » on peut l'accuser de jouer sur les mots. Car il est bien évident que nous pouvons, non pas imaginer, non pas concevoir nettement, mais supposer verbalement un monde différent du nôtre ; on peut supposer verbalement la Logique Réelle remplacée par une autre logique, mais il nous est impossible de l'imaginer avec précision et de la formuler ; on peut supposer verbalement que l'espace n'a que deux dimensions, mais il est impossible d'imaginer cet espace et *H. Poincaré* l'avoue lui-même en disant « qu'il cherche à l'imaginer ». Et lors même qu'il y réussirait, quelle utilité en tirerait-il ? A quoi ont servi toutes les entités métaphysiques inventées par les esprits mystiques, sinon à nous éloigner de la connaissance du réel, la seule qui puisse nous aider à vivre en société. La vérité est que nos principes mathématiques les plus purs, les notions les plus élevées de la science ont leur origine dans les impressions que les réalités produisent sur nos sens.

Les erreurs de principes contenues dans les œuvres des spéculatifs se sont malheureusement répandues dans nos livres didactiques et l'on enseigne aux débutants des absurdités qui déforment leur intelligence et leur donnent des habitudes d'illogicité qui ne les quittent plus. Les auteurs de nos livres classiques ne paraissent pas bien fixés sur la nature des définitions, sur leur utilité et leur nécessité. Un « Traité d'arithmétique à l'usage des élèves de mathématiques A et B et des candidats aux Écoles » donne du 0 deux définitions inconciliables. Selon la première, 0 est un chiffre, un symbole occupant dans un nombre la place des unités absentes; selon la seconde, 0 est un nombre comme un autre. Ce même traité introduit en arithmétique les notions métaphysiques du néant et de l'infini. Le néant représenté par 0, a d'abord une vertu destructive, car il suffit de multiplier un nombre réel par le nombre 0 pour que le nombre réel se trouve du coup anéanti; il a aussi une valeur créatrice, car le nombre réel divisé par le même 0 devient immense, infini; de sorte que quand il multiplie il diminue, et qu'en divisant un nombre il l'augmente. Il importerait de faire comprendre aux jeunes intelligences que le néant et l'infini sont des idées subjectives qui n'ont aucun rapport avec les réalités, qui n'ont point de place dans la science exacte ; il faudrait leur démontrer que toute opération arithmétique dont l'un des facteurs est 0 est une opération impossible et ne doit pas être tentée.

Dans les traités de géométrie élémentaire on relève des erreurs de même nature. Ainsi l'un de ces traités classiques nous affirme qu'on ne peut définir la ligne droite : comme si la ligne droite n'appartenait à aucune espèce d'aucun genre de choses réelles. Il ignore que le Postulat d'Euclide est tout simplement la constatation d'un fait réel, d'un phénomène naturel que nous reproduisons à volonté et qu'il n'y a pas lieu de chercher son explication dans on ne sait quelle mystérieuse essence de parallélisme. Il donne comme des théorèmes des propositions imprécises, particulières indûment généralisées, telles que celles-ci : 1° la surface d'un parallélogramme est le produit de sa base par sa hauteur, ce qui est vrai seulement si le parallélogramme est rectangulaire ; 2° tout triangle est la moitié d'un parallélogramme, ce qui est vrai seulement du triangle équilatéral ; dans tout autre cas, il peut être la moitié de trois parallélogrammes de surfaces différentes ; 3° la surface d'un triangle est le produit de sa base par la moitié de sa hauteur, ce qui est vrai seulement si le triangle est équilatéral, autrement la surface varie avec le côté pris pour base. C'est sur ces propositions à demi vraies à demi fausses qu'est fondée la démonstration du théorème de Pythagore qui est ainsi entachée d'erreur dans son principe et qui par suite est illusoire et fallacieuse. Le théorème de Pythagore n'est vrai que dans les conditions requises pour que le théorème arithmétique sur les trois nombres carrés dont l'un est la somme des deux autres se trouve réalisé par la construction d'un triangle rectangle dont l'hypoténuse et les petits côtés sont dans le rapport des nombres 3, 4, et 5. Pour mettre cette vérité en évidence il suffit de considérer que le triangle ACB se trouve être à la fois égal à la moitié du carré ACBD, et au quart du carré ABEH. ACB étant un triangle rectangle si AB = 10 on a AC = CB = 7,09. La surface est à la fois égale à :

$$\frac{\overline{AC}^2}{2} = 25{,}134 \text{ et à } \frac{\overline{AB}^2}{4} = 25$$

d'où 25,134 = 25, ce qui est absurde. Il faut laisser la concorde régner entre l'arithmétique et la géométrie.

La conclusion de qui précède est qu'il y a lieu de réviser et de corriger

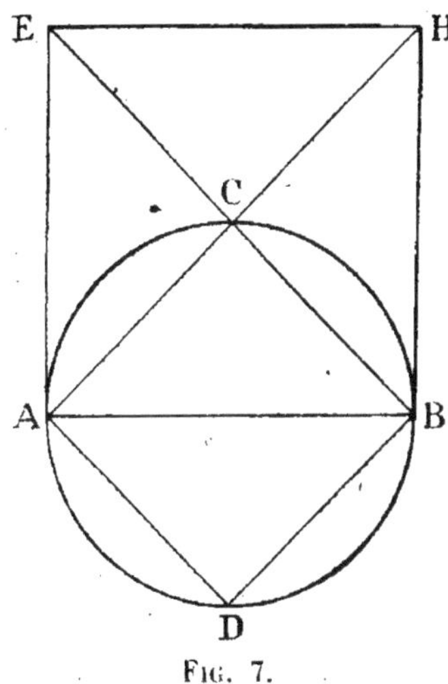

FIG. 7.

tous nos livres classiques de mathématiques, qu'il y a urgence d'en expulser toutes les idées subjectives, tous les faux principes qu'y a introduits l'esprit mystique de nos anciens maîtres ; qu'il est nécessaire, si l'on veut que la science pure progresse, de purifier ses sources et de s'en tenir strictement à la constatation et à la classification des réalités. Hors de la nature il n'y a ques rêverie et folie.

*
* *

2° RÉFLEXIONS SUR L'ESPRIT DE SYSTÈME

(RÉSUMÉ)

112

26 juillet.

J'appelle esprit de système l'attachement irréfléchi et obstiné de notre intelligence à un principe admis primitivement et provisoirement pour expliquer l'univers ou une classe de phénomènes. Je ne confonds pas avec l'esprit de systême le procédé employé nécessairement d'abord et spontanément pour synthétiser nos connaissances acquises. L'histoire de l'esprit humain est l'histoire des systèmes théologiques, métaphysiques et positivistes qu'il a imaginés pour s'expliquer la nature et cette histoire est celle de nos erreurs. Tous les systèmes connus sont erronés parce qu'ils sont l'œuvre de notre esprit, affranchi des nécessités logiques, qui substitue aux causes réelles des phénomènes, des causes imaginaires, à l'évolution naturelle, des enchaînements fantaisistes. Pour combattre cet esprit de système il faut dévoiler ses méfaits dans les sciences exactes.

A. Comte partage les systèmes en trois groupes, les théologiques, les métaphysiques et les positivistes. On peut apprécier la valeur de ces systèmes d'après la nature de leur critérium. Celui des systèmes théologiques est la révélation qui est proprement la négation de la connaissance scientifique. Celui des systèmes métaphysiques est l'évidence qui est notoirement insuffisant. Celui des positivistes est le *consensus hominum* qui est également inacceptable puisque tous les humains peuvent être et se sont trouvés d'accord sur certaines erreurs. Ces trois critériums ont le vice commun d'être fondés sur des idées subjectives. C'est de ses rêves et de ses hallucinations que le primitif a formé ses systèmes religieux ; c'est de l'apparence, souvent trompeuse, des choses, que notre raison a tiré ses abstractions métaphysiques ; c'est des conventions admises arbitrairement par le plus grand nombre que le positivisme a tiré son concept scientifique. Mais ces conventions, lors même qu'elles seraient universelles et unanimes, ne peuvent prévaloir contre les faits constatés, et la constatation de ce qui est réellement est la seule base possible, solide de la connaissance.

Les positivistes ont dit avec raison que la science est faite d'abstractions, mais ils ont le tort de confondre en un seul bloc toutes les espèces d'abstractions. Leur chef illustre ne se piquait pas de psychologie ; il la dédaignait à tort, car il n'est pas inutile, quand on raisonne, de connaître les procédés et les moyens de son intelligence. Il aurait pu savoir que les concepts abstraits sont plus ou moins abstraits et qu'il y a des abstractions de diverses natures. Il est absolument nécessaire de savoir qu'il y a des abstractions directes, des abstractions dérivées et des abstractions chimériques. Ne pas tenir compte de ces diversités c'est courir le risque de confondre le réel avec l'imaginaire, avec l'inimaginable. — Du mépris de la psychologie et de l'emploi du critérium du *consensus* il est résulté chez *A. Comte* d'une part, l'indécision, l'obscurité et les assertions contradictoires que l'on remarque dans la deuxième leçon de son cours de Philosophie positive, et, d'autre part, l'imprécision de la discussion qu'il institue sur les équations et les fonctions. S'il avait tenu compte du fait que les symboles x^1, x^2, x^3 réprésentent des abstractions directes, que les fonctions x^4, x^5 ..... x^n représentent des abstractions dérivées, et que l'équation qui comprend des fonctions de ces deux espèces constitue une abstraction chimérique, il n'aurait pas exprimé son étonnement de voir que nous ne savons pas résoudre l'équation $a^x + b^x = c^x$; il aurait vu que cette équation ne représente aucune réalité, aucune loi naturelle et que par suite sa solution, fût-elle possible, ne nous serait d'aucune utilité.

Si les géomètres n'étaient pas aveuglés par l'esprit de système et par leurs vieilles croyances métaphysiques ils mettraient plus d'ordre dans leurs concepts et ne chercheraient pas dans l'arithmétique la solution d'un problème de géométrie tel que celui qui consiste à trouver le côté d'un carré ou d'un cube dont on connaît la superficie ou le volume. Ils se sont en effet donné beaucoup de peine pour chercher à extraire, selon leur mauvaise expression métaphorique, la racine carrée, cubique, n[ienne] d'un nombre donné. Il était simple et facile de considérer les deux premières opérations dans l'ordre géométrique ou des abstractions directes et les suivantes dans l'ordre des abstractions dérivées. Ils obtenaient ainsi les formules à appliquer :

$$\sqrt{a} = 2\sqrt{\frac{a}{4}};\ \sqrt[3]{a} = 2\sqrt[3]{\frac{a}{8}};\ \sqrt[4]{a} = 2\sqrt[4]{\frac{a}{16}};\ \sqrt[5]{a} = 2\sqrt[5]{\frac{a}{32}}\ \text{etc.}$$

Il est à peine besoin de faire remarquer que si l'on divise un carré en quatre carrés égaux, ses côtés se trouvent être divisés seulement en deux parties égales; que si l'on partage un cube en huit cubes égaux ses côtés sont partagés de même seulement en deux parties égales. Donc quelque grand que soit le carré ou le cube donné, il sera toujours possible de le réduire à un carré ou à un cube de dimension telle que le nombre exprimant sa surface ou son volume soit contenu dans des tables dressées *ad hoc* et ne contenant que les petits carrés ou cubes de 1,01 à 5 par exemple. On agira de même avec les abstractions dérivées a^4, a^5, a^n en ayant soin de construire les tables nécessaires. J'ai calculé ces tables pour les nombres de 1,01 à 5 jusqu'à leur dixième puissance inclusivement. L'épreuve de ces tables et la démonstration de leur utilité sont faciles à faire en opérant sur une puissance dont le nombre initial est connu d'avance. Soit à trouver le nombre dont la cinquième puissance est 100.000. Nous avons successivement :

$$\sqrt[5]{100.000} = 2\sqrt[5]{\frac{100.000}{32}};\ \sqrt[5]{3.125} = 2\sqrt[5]{\frac{3.125}{32}}\ \text{ou}\ 2\sqrt[5]{97.65625}.$$

Notre table des puissances 5 nous dit que 97.65625 est la cinquième puissance de 2,50. Si donc nous multiplions 2,50 autant de fois par 2 que nous avons divisé le nombre donné par 32, soit 2^2 ou 4 nous obtenons 10 dont, en effet, la cinquième puissance est 100.000. Il me semble que cette épreuve est suffisante; mais il faut insister sur la nécessité de traiter les abstractions scientifiquement. Si l'on examine l'équation $a^x + b^x = c^x$ on voit qu'elle peut appartenir à l'un ou à l'autre des trois ordres d'abstractions selon la valeur donnée à x, et que par suite elle sera possible ou toujours, ou quelquefois, ou jamais. En effet dans le cas de $x = 1$, il s'agit d'une abstraction directe et elle est toujours possible puisqu'elle représente les fonctions *somme et différence*. Dans le cas de $x = 2$, l'abstraction est encore directe mais elle n'est possible que sous certaine condition; c'est la représentation du théorème géométrique de Pythagore, corrélatif du phénomène arithmétique qui a lieu quand les nombres a, b et c sont proportionnels à 3, 4 et 5. Le cas de $x = 3$ est la notation du dernier *théorème de Fermat*, abstraction dont chaque terme est dérivé, mais dont l'ensemble est chimérique puisqu'aucun phénomène naturel, ni arithmétique, ni géométrique ne lui correspond : ce qui se prouve par le fait que $a^3 + b^3 + n^3 = c^3 - n^3$ est possible pour a, b, n, c respectivement égaux à 3, 4, 5, 6 et donne $a^3 + b^3 = c^3 - n^3$. Le dernier théorème de *Fermat* se trouve donc démontré par cette progression : $a + b = c$ toujours possible ; $a^2 + b^2 = c^2$ pas toujours possible ; $a^3 + b^3 = c^3$ jamais possible ; $a^4 + b^4 = c^4$ et les suivantes (toutes abstractions chimériques) *a fortiori* toujours impossibles. On peut affirmer qu'on ne trouvera pas une autre *démonstration générale* de ce théorème de *Fermat*.

L'esprit de système et la multiplicité des systèmes nous empêchent de saisir l'ensemble du phénomène mondial qui est, dans sa plus haute généralité, un phénomène de mécanique. Mais pour comprendre ce phénomène il faut le concevoir comme un mouvement vraiment général, c'est-à-dire comprenant tous les mouvements de la matière, depuis les mouvements des masses inertes jusqu'à ceux de la matière impondérable, radiante, ceux des particules électriques, ceux de l'éther, ceux de la vie et de la pensée. Or ce mouvement général n'est autre que ce que nous appelons l'évolution.

L'évolution intégrale de la matière est donc ce phénomène global qu'il faut observer et reconnaître si l'on veut comprendre tous les phénomènes, les distinguer, les définir et les classer dans leur ordre logique. Adopter ce point de vue, ce n'est pas construire un nouveau système, c'est plutôt renoncer à tout système et constater simplement ce qui est ; ce n'est pas systématiser nos connaissances et les répartir en sciences distinctes, c'est classer dans leur ordre naturel tous les êtres et phénomènes parvenus à notre connaissance ; ce n'est pas arranger la nature sur un plan préconçu, c'est conformer nos concepts à nos constatations, c'est astreindre notre activité intellectuelle à se soumettre aux lois logiques de la nature. Ainsi donc disparaissent tous les systèmes et à leur place apparaît l'ordre naturel des choses et des faits dans l'espace et dans le temps. Ainsi encore toutes les sciences se rejoignent et se fondent dans l'unique science des mouvements et de leurs modalités. Comme il n'y a qu'une nature il ne peut y avoir qu'une science. Ainsi enfin s'établit l'unique critérium du vrai qui est : l'accord logique et réel de chaque chose avec toutes les choses de son ordre, et l'accord de chaque ordre avec tous les ordres de choses, fondant l'unité de la science sur l'unité de la nature constante et logique dans son évolution.

M. Alexandre VÉRONNET,
Astronome à l'Observatoire de Strasbourg

CONSTITUTION, ÉVOLUTION ET FORMATION DES ASTRES

52.31

26 Juillet.

Les données physiques connues relatives aux astres sont assez nombreuses pour nous en permettre l'étude théorique et mathématique. On leur a appliqué jusqu'alors la loi de *Mariotte-Gay-Lussac* ou des gaz parfaits. Cette loi exige des températures de millions de degrés pour expliquer l'équilibre interne du Soleil et des étoiles. Elle exige que la température varie en raison inverse du rayon de l'astre. Elle n'explique donc ni la constitution, ni l'évolution des astres.

J'ai appliqué à ce problème la *loi des gaz réels*, qui introduit la densité limite vers laquelle ils tendent aux hautes pressions. On obtient alors pour la constitution des astres un noyau stable, homogène, qui se sépare nettement de l'atmosphère, dont on peut déterminer la composition et les dimensions. Le noyau se comporte comme un liquide stable, dont les conditions de densité et de température ont dû très peu varier au cours de l'évolution, ce qui permet d'étudier d'une façon assez précise l'évolution du soleil et la nôtre, au moyen des lois du rayonnement. Enfin le calcul permet de déterminer l'attraction d'une masse supplémentaire dans une nébuleuse homogène indéfinie, de déterminer aussi le temps et la température de formation d'un astre, éléments qui se limitent assez étroitement l'un par l'autre.

Tous les résultats résumés et groupés ici ont fait l'objet de notes publiées aux *Comptes rendus de l'Académie des Sciences* de 1917 à 1920.

1° *Constitution interne.* — J'ai fait les calculs avec deux hypothèses limites qui encadrent sûrement la réalité. On peut supposer d'abord la température uniforme, ce qui donne un accroissement maximum de la densité. On peut supposer la densité uniforme, ce qui donne un accroissement maximum de la température. Ces deux hypothèses donnent des résultats également intéressants.

Si on admet que la température est partout la même, dans un astre gazeux, l'étude mathématique de la formule des gaz réels nous montre que *la densité croît brusquement*, au voisinage de la couche où elle atteint le tiers de la densité limite du gaz (*Comptes rendus.* t. 165, p. 1035 (1917), t. 166, p. 109 (1918), et t. 167, p. 722 (1918). Sur le Soleil cette densité doit doubler pour une profondeur de deux kilomètres seulement. Elle atteint les quatre-vingt-dix-neuf centièmes de sa valeur limite à cent kilomètres de profondeur, ce qui correspond à un kilomètre sur la Terre relativement au rayon. La densité est donc très sensiblement uniforme dans toute la masse et égale à la densité moyenne du Soleil.

Si on considère un mélange gazeux, l'accroissement de densité a lieu sensiblement à peu près à la même pression, voisine de 1.500 atmosphères. La composition reste sensiblement homogène dans tout le noyau et la densité reste encore uniforme.

Il se forme donc ainsi *une couche de niveau parfaitement définie et stable, qui délimite nettement le noyau*. Cette constitution se maintient, même avec une dilatation considérable, et peut s'appliquer ainsi à toutes les étoiles normales et rayonnantes, comme aussi à tous les stades de leur évolution.

Au-dessus du noyau la densité et la composition de l'atmosphère varient également vite. Les vapeurs lourdes ne comptent presque plus dans la densité à partir de 30 à 40 kilomètres et l'hydrogène domine à peu près seul au delà de 100 kilomètres. La photosphère à surface brillante sera constituée par cette zone relativement peu épaisse. Selon la température de l'astre les nuages brillants s'élèveront plus ou moins haut dans ces couches, ce qui donnera les différents spectres d'absorption, depuis les étoiles blanches jusqu'aux étoiles rouges.

Enfin la théorie cinétique permet de déterminer la pression limite et la hauteur limite d'une atmosphère. (*Comptes rendus*, t. 167, p. 528, 636 et 722 (1918). Sur la Terre une atmosphère d'oxygène et d'azote s'élèverait seulement à 150 kilomètres, mais la moindre proportion d'hydrogène la prolongera à 500 kilomètres et au delà, distance de visibilité des étoiles filantes. Sur le Soleil l'hydrogène seul s'élèverait à 5.000 kilomètres seulement ou 6 secondes d'arc. Il faudrait un milieu plus léger, probablement formé d'électrons libres, pour qu'il puisse s'élever plus haut comme on l'a observé.

Si nous faisons pour le noyau la seconde hypothèse que la densité est rigoureusement constante nous trouvons une variation correspondante de la température. (*Comptes rendus*, t. 168, p. 398 (1919). Elle croît d'abord brusquement pour tendre vers une limite qui ne peut pas dépasser le triple et probablement le double de la température à la surface du noyau.

Ainsi donc nos deux hypothèses limites, qui encadrent la réalité possible, nous indiquent que la densité et la température, à l'intérieur d'un astre gazeux, ne peuvent varier tout au plus que de un à trois. Il en a été de même au cours de l'évolution. *Les conditions physiques sont donc restées voisines de celles que nous connaissons*. Nos calculs peuvent donc s'y appliquer encore, au moins comme première approximation.

2° *Évolution.* — La loi des gaz réels montre qu'un astre gazeux se refroidit et se contracte en rayonnant de la chaleur, dès que la densité atteint le quart de la densité limite du gaz. Ceci a lieu pour tout le noyau qui se comportera donc comme un liquide stable. On détermine ainsi un *maximum théorique de température,* jamais atteint d'ailleurs pour les étoiles, (*Comptes rendus*, t. 166, p. 286. t. 167, p. 67 (1918) ; et t. 168, p. 679 (1919).

Si l'on étudie les causes capables d'entretenir le rayonnement du Soleil on trouve que la théorie de la contraction, due à *Helmholtz*, permet seule de fournir une quantité de chaleur appréciable. Cette quantité serait de 15 à 30 millions d'années de chaleur, au taux actuel. (*Comptes rendus*, t. 158, p. 1649 (1914). Mais le Soleil était autrefois plus gros et plus chaud, la perte a été plus rapide et même très rapide, car la chaleur rayonnée est proportionnelle à la quatrième puissance de la température. En reliant la température au rayon par les lois de dilatation on obtient la vitesse de contraction et la vitesse de refroidissement. *En toute hypothèse*, le rayonnement du Soleil une fois formé ne daterait guère que d'*un million d'années*. (*Comptes rendus*, t. 166, p. 642, 812 et 901 (1918).

Cependant les géologues ont calculé que la formation des couches sédimentaires aurait exigé des millions d'années, mais à la vitesse de formation actuelle. Or si l'on tient compte du rayonnement du Soleil il y a 150.000 ans on trouve sur la Terre une température de 11 degrés plus élevée qu'actuellement, ce qui donne une évaporation et une chute de pluie double. L'érosion était quatre fois plus grande. Puis, 120.000 ans plus tôt ces nombres étaient encore quadruplés. Le Soleil a pu produire ainsi en un million d'années le travail de plusieurs centaines de millions d'années.

Il y a 250.000 ans la température du Soleil était de 400° plus élevée, avec un rayon à peine plus gros. La température sur la Terre était de 60° à l'équateur, y rendant la vie à peu près impossible, et de 34° à la latitude de Paris, y produisant la végétation tropicale de la période secondaire. L'évolution dans l'avenir serait moins rapide que dans le passé. La température tomberait à zéro degré à Paris dans 200.000 ans et à zéro à l'équateur dans 600.000 ans, et la Terre serait gelée.

3° *Formation*. — On admet que tous les éléments qui forment les astres étaient dispersés à l'état de nébuleuse dans tout l'espace. Une nébuleuse isolée se contracterait trop vite. On peut supposer d'abord ce milieu homogène et indéfini. L'addition d'une masse supplémentaire y produit un centre d'attraction. On peut calculer mathématiquement le temps de chute d'un élément attiré par cette masse supplémentaire, le temps exigé pour la formation d'une masse analogue à celle du Soleil, la température de formation de cet astre (*Comptes rendus*, t. 169, p. 844 (1919), et t. 170, p. 40 et p. 1565 (1920).

Les masses formées restent proportionnelles à la masse initiale, supplémentaire, dans le même milieu. Une différence de densité assez faible entre deux régions de l'espace peut y produire une grande différence d'évolution, créer des régions à nébuleuses en formation et des régions à étoiles formées, comme la Voie Lactée. La formation est lente au début, s'accélère et *finalement le temps et la température de formation des 999 millièmes de la masse ne dépendent que de la densité du milieu.*

Si on diminue cette densité on augmente le temps de formation, mais on diminue la température. On trouve ainsi des limites intéressantes. Le temps de formation du Soleil ne saurait dépasser 20 millions d'années ni sa température 20.000°. En tout cas le milieu nébulaire serait très instable. Un atome de plus suffit pour former un soleil.

En résumé la loi des gaz réels, appliquée aux astres, permet donc d'établir solidement leur constitution physique et leur équilibre interne. Appuyés sur cette première base nous pouvons entrevoir leur évolution et esquisser même les conditions de leur formation.

M. C. CLAPIER,

Docteur ès Sciences.

NOTE SUR LES SURFACES DE RÉVOLUTION A COURBURE MOYENNE CONSTANTE

516.4

27 Juillet.

Dans l'étude de la capillarité, on réalise à l'aide du liquide glycérique, des surfaces de révolution à courbure moyenne constante qui peuvent être engendrées par des *courbes de Delaunay*. Je me propose de démontrer que ce sont les seules surfaces de révolution jouissant de cette propriété géométrique :

Prenons pour axe des x, l'axe de révolution; la normale MN en un point M (xyz) rencontre l'axe et ses cosinus directeurs C, C', C″ sont proportionnels à $(x - \xi;\ y,\ z)$; la sous-normale $\mathrm{PN} = \xi - x$ est une fonction de la distance à l'axe $\rho = \sqrt{y^2 + z^2}$; cette fonction dépend de la forme de la méridienne que nous nous proposons de déterminer. Nous poserons

$$C' = \frac{y}{f(\rho)},\ C'' = \frac{z}{f(\rho)} \text{ et par suite } C = \frac{\sqrt{f^2(\rho) - \rho^2}}{f(\rho)}.$$

L'expression $C dx + C' dy + C'' dz = 0$, nous donne l'équation différentielle de la méridienne,

$$dx = \frac{-\rho d\rho}{\sqrt{f^2(\rho) - \rho^2}}$$

Exprimons que la courbure moyenne est constante et égale à $\frac{1}{b}$; nous avons d'après une formule connue (*)

$$\frac{1}{b} = -\left(\frac{\partial c}{\partial \omega} + \frac{\partial c'}{\partial y} + \frac{\partial c''}{\partial z}\right),$$

ce qui nous permet de déterminer $f(\rho)$, à l'aide de l'*équation de Bemouilli*

$$2bf - \rho bf' + f^{2'} = 0 ;$$

en intégrant on trouve

$$f(\rho) = \frac{2b\rho^2}{2b\alpha + \rho^2},$$

avec α constante d'intégration.

L'équation différentielle des méridiennes cherchées est :

$$dx = \frac{-dy\,(y^2 + 2b\alpha)}{\sqrt{4b^2\rho^2 - (\rho^2 + 2b\alpha)^2}}$$

Cette équation montre que ces courbes peuvent s'obtenir comme lieu du foyer d'une conique fixe qui roule sur l'une de ses tangentes ox :

Soit par exemple dans le plan du xy une ellipse invariable ayant pour axes A et B, qui roule sur la tangente fixe ox ; M étant le point de contact et F un foyer d'ordonnée $FP = y$; si on désigne par φ l'inclinaison du rayon vecteur FM sur l'axe du x. nous avons $y = r \sin \varphi$.

Cherchons l'équation intrinsèque de l'ellipse qui donne la relation entre l'angle $\overline{FMP} = \varphi$ et la distance $FP = y$, du foyer à une tangente. Nous avons, en passant par l'équation en coordonnées polaires :

$$r = \frac{P}{1 + e \cos \omega,}, \qquad tg\varphi = \frac{r\,d\omega}{dr};$$

d'où on déduit :

$$tg\varphi = \frac{P}{\sqrt{\rho^2 r^2 - (p - r)^2}};$$

élevant au carré et remplaçant r par $\frac{y}{\sin \varphi}$, il vient

$$e^2 y^2 - (p \sin \varphi - y)^2 = p^2 \cos^2 \varphi$$

et par suite

$$\sin \varphi = \frac{p^2 - (\rho^2 - 1)\,y^2}{2py} = \frac{B^{2'} + y^2}{2Ay}.$$

Or il suffit de poser,

$$b = A, \qquad 2b\alpha = \frac{B^2}{A},$$

pour trouver

$$C' = \sin \varphi = \frac{2b\alpha + \rho^2}{2b\rho}.$$

(*) Voir ma *Thèse sur les surfaces minima*, Gauthier-Villars (1919).

D'après la valeur de C′ précédemment trouvée

$$C' = \frac{y}{f(\rho)} = \frac{2b\alpha + \rho^2}{2b\rho} \qquad (y = \rho);$$

on voit que la méridienne trouvée, est la trajectoire du foyer d'une conique qui roule sans glisser sur l'axe de révolution.

La grandeur de l'axe de la conique est b, et son demi-paramètre $= \alpha$.

Les surfaces correspondantes à l'ellipse ou l'hyperbole s'appellent onduloïde et nodoïde; le caténoïde a pour méridienne la chaînette dont l'équation différentielle est

$$dx = \frac{a\,dy}{\sqrt{y^2 - a^2}};$$

elle est engendrée par le foyer de la parabole ayant pour paramètre $2a$.

M. J. DAVID,

Membre de la Société des Sciences de l'Yonne, Auxerre.

SUR LES SPHÈRES INSCRITES ET CIRCONSCRITES AU DODÉCAÈDRE ET A L'ICOSAÈDRE

513.41

27 Juillet.

Dans l'intervalle compris entre deux sphères concentriques dont les rayons sont dans le rapport de 5 à 4 (plus exactement : rapport du rayon intérieur au rayon extérieur 0,79482), on peut placer aussi bien un dodécaèdre (12 faces) qu'un icosaèdre (20 faces).

Le volume de l'icosaèdre est 0,605436 de celui de la sphère circonscrite. Augmentant de 1/10 on a 0,6660, c'est-à-dire pratiquement le volume du dodécaèdre lequel est 0,6656, nombre ne différant du précédent que de 4 : 10.000. Le volume du dodécaèdre est donc bien près des 2/3 de celui de la sphère circonscrite (différence 0,0011).

Remarquer encore que le volume de la sphère intérieure est la moitié de celui de la sphère extérieure; plus exactement les 5018/10000.

La formule du volume de l'icosaèdre inscrit dans une sphère de diamètre égal à 1 est $\frac{5\sqrt{2}}{12} \times \frac{(1+\sqrt{5})^2}{(1+\sqrt{5})^{\frac{3}{2}}} = 0{,}31702.$

Le volume du dodécaèdre s'obtient avec le coefficient 0,3486.

La somme de ces deux polyèdres équivaut à 1/1000 près par défaut aux 2/3 du cube dont le côté est égal à l'unité.

— Si l'on représente par a le côté de l'icosaèdre, le rayon de la sphère extérieure est $\frac{a}{2}\sqrt{\frac{5+\sqrt{5}}{2}}$; le rayon de la sphère intérieure est $\frac{a}{2} \times \frac{(1+\sqrt{5})^2}{8\sqrt{3}}$ ou $\frac{a\sqrt{3}\,(1+\sqrt{5})^2}{48}$.

La *Grande Encyclopédie*, dirigée par *Berthelot*, donne pour r la formule $\frac{a\sqrt{2}}{12}(3+\sqrt{5})$, formule erronée.

— Réduite en fraction décimale, on aurait $r = 0{,}6171 \times a$ au lieu de $0{,}7557 \times a$. Ce dernier coefficient est d'ailleurs en parfaite concordance avec une épure tracée spécialement.

M. H. MULLER,

Bibliothécaire de l'École de Médecine de Grenoble.

LE CADRAN SOLAIRE DU LYCÉE DE FILLES DE GRENOBLE
(Résumé)

---

27 juillet.

Le cadran solaire du Lycée de filles de Grenoble, dessiné en 1673, par un Jésuite, le R. P. Bonfa, est peu connu. Il vient d'être classé (mars 1920) comme monument historique, sur les instances de M. A. Rome, architecte départemental et des monuments historiques. M. de Rey-Pailhade, ex-président de la Société de Géographie de Toulouse, a pris l'initiative de sa restauration en 1918, avec la collaboration de M. Aug. Favot. Les travaux sont terminés.

Le cadran donne les heures françaises en noir, les heures italiques en rouge, les heures babyloniques en jaune. Des arcs d'hyperbole indiquent les signes du zodiaque; les saisons et les mois sont aussi indiqués.

On y voit encore les calendriers de la Société de Jésus, de la Vierge et du Roi; les heures du lever et du coucher du soleil et celles des crépuscules; les maisons célestes et une table des épactes.

Le calendrier civil de la lune permet de calculer rapidement l'âge de cet astre et enfin, l'Horloge nouvelle, œuvre peut-être unique, donne « *la situation de la lune par le soleil, celle du soleil par la lune et, par l'un et par l'autre, les jours de la lune dans le monde entier.* »

Le cadran du Lycée de filles de Grenoble couvre environ cent mètres carrés de surface.

Des plans permettent de se rendre compte de l'importance de ce travail.

M. A. GÉRARDIN,

Correspondant du Ministère de l'Instruction Publique, Nancy.

1° RÉSULTATS ACQUIS DEPUIS 1912 AVEC LES MACHINES A CONGRUENCES A. GÉRARDIN. — MODÈLE DE DÉMONSTRATION

681.14

27 Juillet.

Depuis 1906, je fais connaître les innombrables questions de la Théorie des Nombres qui peuvent se résoudre par des équations de la forme

$$ax^2 + bx + c = y^2, \qquad (1)$$

en nombres entiers. J'emploie des procédés puissants et depuis 1912, mes machines m'ont permis d'allonger de beaucoup les limites d'étude de ces questions.

J'ai exposé dans les congrès français, anglais et internationaux de 1912, 1913, 1914 et 1920, ainsi que dans un grand nombre d'articles mes méthodes, et je dirai simplement ici que mes machines ont déjà résolu près de *sept mille problèmes.*

Ces équations se rencontrent dans la factorisation des grands nombres, dans beaucoup de questions d'analyse indéterminée, sous une forme différente dans l'établissement automatique de la liste définitive des nombres premiers, etc.

Les résultats obtenus sont surtout intéressants lorsque l'on étudie en série un lot de nombres d'une même forme, par exemple, ou une liste d'inconnues répondant à des conditions différentes faisant partie d'une liste de conditions possibles. J'établis alors sur l'une de mes machines les bandes répondant à ces conditions et les résultats recherchés s'obtiennent à une vitesse de 200 nombres par seconde, lorsque l'on sait utiliser convenablement ces instruments de travail, et généraliser les résultats obtenus.

Ainsi, j'ai trouvé des équations de la forme (1) admettant une solution fractionnaire évidente, et qui, par mes procédés donnent immédiatement les solutions entières.

Exemple : $a = 4h - 1, \qquad b = 1,$

$$c = p^2 + p - \{(4h - 1)\, n^2 + 4hn + h\}$$

où les variables sont p, h, n. J'ai la solution générale de ces problèmes et d'autres connexes :

$$4\,(4h - 1)\, c + 1 = [(8h - 2)\, x + 1]^2 - (4h - 1)\,(2y)^2$$

$$4\,(4h - 1)\, n^2 + 16hn + (4h + 1 - 4\,\mathrm{R}) = z^2$$

$$(4h - 1)\, p^2 + (4h - 1)\, p + [h\,(4\mathrm{R} + 1) - \mathrm{R}] = t^2$$

et de beaucoup d'autres équations, dont j'obtiens les solutions ***entières, positives ou négatives.***

Les 6.000 équations résolues de la forme $x^3 \pm y^2 = \pm a$ ou $a < 2.000$ en valeur absolue et y inférieur à 12.000 représentent 72.000.000 d'opérations effectuées à la vitesse indiquée ci-dessus.

Des équations choisies par les congressistes sont résolues sur place.

*
* *

2° MÉTHODE INÉDITE DE DÉCOUVERTE DES FACTEURS D'UN NOMBRE COMPOSÉ DE GRANDEUR QUELCONQUE. — EXEMPLES SIMPLES

Ed. Lucas a indiqué en 1878-79 dans l'*Amer. J. Math.* une remarquable méthode permettant de démontrer en un nombre d'opérations fixé à l'avance si un *Nombre de Mersenne* de la forme $M = 2^p - 1$ est premier ou composé. Il suffit par exemple étant donné une loi

$$x_{n+1} = x_n^2 - 2 \qquad (2)$$

et prenant pour x_0 l'un des nombres 3, 4 ou 6 suivant la forme de p, de trouver au rang p un zéro (mod. M) pour que le nombre soit premier; sinon il est composé; de très intéressants résultats ont été trouvés à l'aide de cette méthode par MM. *E. Fauquembergue et Powers.*

Mais *Lucas* ajoutait qu'il n'avait pu trouver de critérium analogue pour avoir les facteurs si le nombre étudié est composé.

Je suis parvenu, en 1912, à trouver ce critérium simple, qui généralise la belle *méthode de Lucas*, et qui est applicable à un nombre quelconque. On peut utiliser beaucoup d'autres lois modulaires que celles employées par *Lucas*, et d'autres nombres initiaux aussi; mais on ne peut, en général, savoir à l'avance le nombre d'opérations nécessaires. Supposons encore l'étude d'un nombre de *Mersenne*. S'il est composé, on ne trouve pas de résidu nul, mais je dis que lorsqu'on rencontre un même résidu deux fois (c'est alors un *nœud*), le nombre est factorisé.

Exemple : $N = 2^{11} - 1 = 2047$ (loi 2)

3, 7, 47, **160**, 1034, 620, 1609, 1471, **160** (mod. N)

Les facteurs sont toujours donnés par *la différence des carrés des résidus modulaires qui précèdent les nœuds.*

En effet
$$1471 + 47 = 1518 = 66 \times \mathbf{23}$$
$$1471 - 47 = 1424 = 16 \times \mathbf{89}$$

J'ai obtenu d'innombrables et curieux résultats. Ainsi, étant donné un nombre composé 2P + 1, on peut répartir *tous les nombres au plus égaux à P, en h arbres géométriques modulaires, suivant une certaine loi* (*troncs, branches, nœuds*). L'un quelconque de ces arbres fournit la solution désirée.

Les efforts doivent donc maintenant, suivant les formes à étudier, porter sur les lois à choisir et les nombres initiaux, qui influent sur la longueur de la période.

Il faut aussi noter, parmi beaucoup d'autres résultats acquis les trois formes suivantes de séries obtenues, qui toutes conduisent à la solution.

$$\ldots\, a\, b\, g\, \mathbf{L} \ldots\, x\, y\, f\, \mathbf{L}$$
$$\ldots\, c\, d\, k\, \mathbf{L} \ldots\, z, -\mathbf{L}$$
$$\ldots\, u\, w\, t\, t\, t \ldots$$

Mon procédé modulaire se ramène, en réalité, à la solution en nombres minima de

$$4xy\,\mathrm{N} = \mathrm{A}^2 - a^2$$

mais il donne des identités et beaucoup d'intéressants problèmes connexes, des séries innombrables formées de nombres toujours composés et immédiatement factorisés, etc.

***

3e MÉTHODE INÉDITE DONNANT LA SOLUTION MINIMA DE $x^2 - \mathrm{A}y^2 = \pm 1, \pm \mathrm{D}$ (3), ET ÉQUATIONS ANALOGUES

Lorsqu'on a obtenu une solution d'une question, on les obtient toutes dans certains cas à l'aide de la solution minima de (3) ; mais si l'on connaît les *tables de Legendre* (A inférieur à 1003), *Bickmore* (de 1.000 à 1.500), *Whitford* (de 1.500 à 1.700) (ces dernières, en 1912, avec bibliographie complète de 300 auteurs, surtout à l'aide des fractions continues), on est dans le cas général en présence de calculs inextricables et parfois fastidieux.

J'ai annoncé, en 1917, ma méthode, dans l'*Enseignement Mathématique* et dans l'*Intermédiaire des Mathématiciens*. Elle est simple et féconde; basée sur l'étude des équations doubles, elle s'étudie facilement aussi à l'aide de mes machines à congruences, qui en donnent des séries infinies, dont quelques-unes sont montrées à la Section.

Je compte publier mes résultats jusqu'à 3.000, mais je ne puis indiquer ici, même en un bref résumé, mon procédé utilisant les formes et les congruences. Je dirai simplement que parfois une inconnue auxiliaire très petite conduit à des nombres extrêmement grands.

Ces trois méthodes juxtaposées, employées simultanément avec une de mes machines, et avec des généralisations ultérieures, fournissent actuellement la méthode de travail la plus précieuse et la plus rapide pour les recherches difficiles en nombres entiers, positifs ou négatifs, de sujets quelconques de la Théorie des Nombres.

*
* *

4° JEUX SCIENTIFIQUES INÉDITS A. GÉRARDIN SUR LES NOMBRES ENTIERS (DRAPEAU DU JAPON, JEU DE PAILLE-MAILLE, JEU DE CACHE-CACHE...)

Ces jeux forment une suite naturelle de la belle série d'*Ed. Lucas*. Mes jeux donnent :

a) Un mot français à lettres ou syllabes permutables choisi parmi trente;

b) Des « jeux de cartes »;

c) Par juxtaposition de cartons perforés d'après des lois mathématiques simples (que j'exposerai plus tard en détail), un nombre ou objet pensé, choisi parmi *n* autres.

M. René THIRY

SUR UN POINT PARTICULIER DE LA THÉORIE DES TOURBILLONS

517.3

27 Juillet.

Dans un mémoire paru en 1906 (*Nachrichten von der königlichen Gesellschaft der Wissenschaften zu Gottingen*, math.-phys., 1906, page 81), M. *J. Weingarten* reprenant par une méthode particulière la théorie du mouvement d'un anneau de tourbillon de révolution autour d'un axe fixe dans un liquide incompressible, illimité, au repos à l'infini, signale dans le cas où l'anneau a une section très petite une discordance entre les résultats auxquels il arrive et ceux trouvés par les géomètres anglais. Cette divergence porte sur la partie principale de la vitesse de translation de l'anneau que M. *J. Weingarten* trouve deux fois plus grande que la valeur habituellement adoptée. Elle est du reste signalée dans l'*Encyclopédie des Sciences mathématiques*, édition française, t. IV, vol. 5, fasc. 2, p. 141.

En conservant les notations de M. *Weingarten* (qui sont du reste les mêmes que celles de *Kirchhoff*, *Vorlesungen über Mathematische Physik*, t. I, 20e leçon), et sans vouloir reprendre naturellement tous les calculs, on ramène la détermination de l'état de mouvement du liquide en fonction des tourbillons supposés connus à la détermination d'une fonction R $(z - z', \rho, \rho')$, z' représentant la cote du plan d'un des filets de tourbillon constituant l'anneau, ρ' son rayon, z et ρ étant les coordonnées d'un point quelconque du liquide dans un des plans méridiens. On suppose de plus que le rayon c de la section méridienne de l'anneau est très petit et l'on a besoin de connaître comment se comporte la fonction R et ses dérivées partielles premières lorsque le point (z, ρ) est dans le voisinage immédiat du point (z', ρ').

Pour résoudre ce problème, M. *Weingarten* se sert d'une formule qu'il emprunte à *Riemann* (*Riemann-Hattendorf* : *Schwere, Elektricität und Magnetismus*, Ire partie, § 17), en regardant la fonction R comme le potentiel d'un cercle de rayon ρ' recouvert d'une masse attirante de densité linéaire $\frac{\cos\varphi}{\rho'}$ pour le point (z, ρ) situé dans celui des plans méridiens pour lequel φ est nul.

Il obtient ainsi la formule :

$$R(z - z', \rho, \rho') = \frac{2}{\rho'} \log \frac{1}{r} + 2g.$$

avec $r = \sqrt{(z - z')^2 + (\rho - \rho')^2}$, g étant une fonction des arguments $z, \rho, z'\ \rho'$ restant finie et continue même pour $z = z'$, $\rho = \rho'$ et il poursuit le calcul en admettant que les parties des intégrales provenant de g sont négligeables devant celles fournies par le terme principal.

Le procédé de calcul habituellement employé consiste au contraire à se servir de la théorie des fonctions elliptiques pour trouver un développement limité de la fonction R. Cette méthode conduit à poser :

$$R(z - z', \rho, \rho') = \frac{2}{\sqrt{\rho\rho'}} \log \frac{1}{r} + 2\,\gamma.$$

la fonction γ étant elle-même finie et continue pour $z = z'$, $\rho = \rho'$.

Il est facile de voir du reste que la différence des valeurs de ces deux fonctions g et γ reste limitée et même tend vers zéro quand r devient très petit; en effet, en posant $\rho = \rho' + r\cos\theta$, $z = z' + r\sin\theta$, on a :

$$g - \gamma = \frac{\cos\theta}{\rho'\sqrt{\rho}\,(\sqrt{\rho'} + \sqrt{\rho})}\, r \log r$$

expression qui, quel que soit θ, tend évidemment vers zéro avec r.

On vérifie de même immédiatement que la différence $\frac{\delta g}{\delta \gamma} - \frac{\delta \gamma}{\delta z}$ conserve elle aussi une valeur finie dans les mêmes conditions.

Mais il n'en est plus ainsi de la différence des dérivées par rapport à ρ :

$$\frac{\delta g}{\delta \rho} - \frac{\delta \gamma}{\delta z} = \frac{1}{2\rho\sqrt{\rho\rho'}} \log r + \frac{\cos^2\theta}{\rho'\sqrt{\rho}\,(\sqrt{\rho'} + \sqrt{\rho})}.$$

Cette différence se comporte comme $\frac{1}{2\rho'^2} \log r$ pour les petites valeurs de r.

C'est précisément dans ce fait que se trouve la divergence observée, les deux valeurs asymptotiques ne pouvant pas toutes deux constituer une bonne approximation pour la suite des calculs.

Or il est facile de montrer que la fonction γ a ses dérivées partielles premières finies pour $r = 0$ et que par conséquent c'est l'application de la formule de *Riemann* qui, dans les conditions présentes, conduit à une approximation défectueuse.

En effet, en posant $k^2 = \frac{4\rho\rho'}{(z-z')^2+(\rho+\rho')^2}$ on met R sous la forme :

$$R(z-z', \rho, \rho') = \frac{2}{\sqrt{\rho\rho'}}\left[\left(\frac{2}{k}-k\right)K - \frac{2}{k}E\right]$$

E et K désignant les intégrales elliptiques connues (cf. *Kirchhoff, loc. cit.*),

$$E = \int_0^{\frac{\pi}{2}} \sqrt{1-k^2\sin^2\varphi}\,,\ d\varphi, \qquad K = \int_0^{\frac{\pi}{2}} \frac{d\varphi}{\sqrt{1-k^2\sin^2\varphi}}$$

Le module complémentaire k' est alors donné par la formule :

$$k'^2 = 1-k^2 = \frac{(z-z')^2+(\rho-\rho')^2}{(z-z')^2+(\rho+\rho')^2}$$

il est de l'ordre de $\frac{r}{2\rho'}$ quand r est petit.

Il est alors facile en se servant de développements connus (cf. p. ex. *Tannery* et *Molk*, formules $CXXII_{11}$), de mettre R sous la forme :

$$R = \frac{2}{\sqrt{\rho\rho'}}\log\frac{k'}{4}+\ldots\ldots$$

les termes non écrits étant, soit des puissances positives entières de k', soit des termes de la forme $k'^{2p}\log k'$.

En remarquant que $\frac{\delta k'}{\delta z}$ et $\frac{\delta k'}{\delta\rho}$ restent finis, on conclut tout de suite que les termes non écrits donnent dans R et ses dérivées partielles premières une contribution négligeable lorsque r est très petit.

Cette remarque étant faite, la suite des calculs de M. *Weingarten* s'effectue sans modifications sensibles. On trouve pour la fonction de courant introduite la valeur :

$$\Phi = \frac{m}{\pi}\sqrt{a\rho}\left\{\log\frac{a}{c}+\frac{1}{2}\,\frac{c^2-(\rho-a)^2-(z-b)^2}{c^2}+h\right\}$$

et pour l'expression asymptotique de la vitesse de translation de l'anneau infiniment mince :

$$w = \frac{m}{2a\pi}\log\frac{8a}{c}$$

(a désignant la valeur de ρ au centre du cercle méridien), c'est-à-dire précisément la valeur indiquée par les auteurs anglais.

Quant à la partie la plus importante du mémoire de M. *Weingarten*, celle où il montre que la pression dans un tel mouvement peut dépasser toute valeur négative donnée à l'avance, et que par suite il y a lieu d'émettre des restrictions sur la possibilité physique de la naissance de tels tourbillons annulaires, elle subsiste entièrement avec le développement rectifié que j'ai mentionné plus haut pour la fonction R.

COMMANDANT E. LITRE,
Toulouse.

DÉMONSTRATION DIRECTE DE LA LOI DES AIRES

531.22

28 Juillet.

1. — On peut, à tout instant, dans un système quelconque de points matériels, considérer un *centre de gravité*. Supposons menés de ce centre des axes de coordonnées qui conservent des directions toujours parallèles, le mouvement du système pourra être décomposé en deux parties : l'une *externe*, par laquelle le système en bloc sera transféré d'une position dans l'espace à une autre position; et l'autre, *interne*, comprenant la variation des points du système par rapport aux axes susdits. C'est du mouvement interne que nous allons exclusivement nous occuper.

On appelle *solide invariable*, un système de points tel que la distance entre deux quelconques de ces points n'éprouve pas de variation. Cette définition ne vise pas une qualité intrinsèque, mais un état de fait, état qui n'est pas nécessairement permanent : un système de points peut être invariable pendant une certaine durée et ne pas l'avoir été antérieurement ou encore cesser de l'être par la suite.

Au repos tout système est invariable.

Et encore tout corps, tout système, peut être regardé comme invariable pendant un intervalle de temps infiniment petit. Il n'y a donc lieu de distinguer l'invariabilité que si l'on considère le solide pendant au moins deux intervalles infiniment petits consécutifs. Il nous suffira, d'ailleurs, d'examiner ce qui se passe durant deux de ces intervalles.

2. — Dans le mouvement interne, chacun des points du solide se déplace à la surface d'une sphère, de rayon invariable, et ayant son centre au centre de gravité.

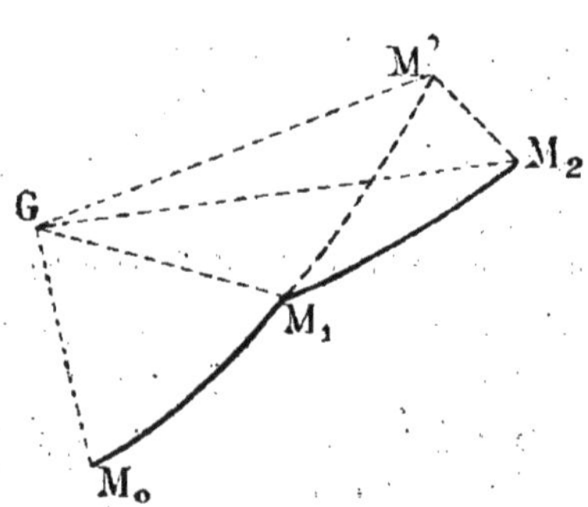

Fig. 1.

Soient (*fig. 1*) sur la sphère de rayon R, décrite autour du centre de gravité G, M_0, M_1, M_2, les positions d'un même point matériel M, aux trois instants t_0, t_1, t_2, séparés par les intervalles de temps Δt_0, Δt_1, que nous supposerons infiniment petits.

On sait que, sur la sphère, le déplacement selon un grand cercle correspond au déplacement rectiligne envisagé dans l'espace; et il lui correspond seul. L'espace, en effet, est, pour chacun de nous, une sphère de rayon illimité, dont notre œil est le centre : quel que soit le rayon que l'on suppose, un déplacement sphérique selon un grand cercle sera, étant vu du centre, rigoureusement plan ; il ne déviera ni à gauche, ni à droite, et pourra nous apparaître rectiligne. Mais tout déplacement selon un petit cercle sera la base d'un cône et paraîtra nécessairement curviligne, ayant une courbure dans un sens déterminé : et, comme tel, il est décomposable en éléments infiniment petits selon de grands cercles.

Joignons donc nos points M_0 et M_1, M_1 et M_2 par des arcs de grand cercle : en général M_1M_2 différera en longueur de M_0M_1 et sa direction sera différente. Que si la direction était la même, soit en M_1 M', le mouvement s'effectuerait sur un grand cercle. Quand les deux éléments successifs forment un angle, nous dirons que le mouvement est *dévié* et nous désignerons par ε l'angle $M'M_1M_2$. Si le mouvement du point M est continu, la longueur M_1M_2 diffère infiniment peu de M_0M_1 et l'angle ε est infiniment petit.

3. — *Supposons*, en premier lieu, *qu'aucune action nouvelle n'intervient pendant le double intervalle* t_0-t_2, *le solide, auquel appartient le point M, restant livré à lui-même, sous la seule influence des actions auxquelles il a été soumis jusqu'à l'instant* t_0 *et des liaisons qui rendent ce solide invariable.* Il est clair que, dans ces conditions, le mouvement du point M sera nécessairement continu.

Le cas le plus général est qu'il sera dévié. Portons sur le prolongement de M_0M_1 une longueur égale, M_1M', et joignons $M'M_2$ par un arc de grand cercle. L'angle ε étant infiniment petit, la longueur de $M'M_2$ est un infiniment petit du deuxième ordre.

Nous pouvons, pendant l'intervalle Δt_1, substituer à l'élément infiniment petit, M_1M_2, le parcours $M_1M'M_2$, qui ne peut en différer que par un infiniment petit du deuxième ordre, ou pendant l'intervalle entier t_0-t_2, le parcours $M_0M'M_2$ au trajet réel $M_0M_1M_2$. Ce sera comme si le mobile effectuait : 1° un déplacement uniforme dans la direction acquise à l'instant t_0, et 2° un déplacement de déviation, les deux déplacements s'opérant sur des grands cercles.

Soit ω la vitesse angulaire du premier dans son plan : une accélération centripète s'applique de ce chef au point M_1 égale à ω^2R ; soit ω' la vitesse angulaire du second : l'accélération angulaire appliquée de ce chef au point M est ω'^2R. Ces deux accélérations représentent pour le point toutes les conditions de liaison ou de mouvement auxquelles il est soumis. On peut supposer ces accélérations appliquées, l'une et l'autre, au point M_1, milieu du trajet infiniment petit ; elles sont dirigées toutes les deux vers le point G : elles se superposent donc et s'ajoutent toujours positivement. L'accélération totale est donc $(\omega^2 + \omega'^2)$ R. L'accélération du mouvement dévié est plus grande que celle du mouvement sur un grand cercle, mais la différence n'est qu'infiniment petite.

4. — *Admettons maintenant qu'une action nouvelle intervienne à l'instant* t_1. Si cette action ne détruit pas l'invariabilité du système, le mouvement du point M demeure sphérique. Le parcours M_0M_1 effectué dans l'intervalle précédant l'instant t_1 subsiste tel quel; l'action nouvelle ne peut donc modifier que le déplacement de déviation $M'M_2$. Et, si l'action intervenante n'est pas infiniment grande, par rapport à celles que le solide a subies jusqu'alors, le mouvement du point M ne laissera pas d'être continu et la déviation de demeurer infiniment petite par rapport à la portion du parcours comptée selon le grand cercle.

La condition énoncée, que l'action intervenante ne soit pas infiniment grande, n'est pas une restriction réelle. Car, dans le monde autour de nous, des solides invariables n'existent que dans des conditions relatives. Les actions qu'ils peuvent supporter sont limitées : s'il en survient une qui dépasse la limite, l'invariabilité ne persiste plus. Une action infiniment grande par rapport à celles qui ont permis au solide de se mouvoir, en restant invariable, jusqu'à l'instant d'avant, détruirait cette invariabilité avant que d'imposer à un point de ce solide une déviation finie dans le temps infiniment petit, Δt_1, que l'on considère.

5. — Ainsi, lorsqu'un solide invariable se meut, soit librement, soit en étant soumis à des actions extérieures qui permettent à son invariabilité de se maintenir, toutes les liaisons et conditions du mouvement, se résument, pour chaque point, en une accélération dirigée vers le centre de gravité.

Mais exprimer la condition que le solide n'est pas détruit ou qu'il existe, et énoncer qu'il se meut, ce qui est la condition nécessaire pour qu'on puisse le distinguer, ne sont que des tautologies. En supprimant toute redondance, on dira :

Tout point d'un solide invariable est soumis à une accélération (ou force) *dirigée vers le centre de gravité, et proportionnelle à sa distance à ce centre.*

Tel est, dans toute sa généralité, le Principe de la Gravitation qui existe dans tout système invariable. Il n'y a pas là une qualité inhérente à toute matière, ni à certaines formes ou natures de matière, mais une propriété découlant d'un état de fait d'ordre mécanique.

6. — Supposons mené par le centre de gravité un plan fixe quelconque et projetons cylindriquement sur ce plan le mouvement du point M : l'accélération du mouvement projeté étant la projection de l'accélération totale, sera dirigée constamment vers le point G ; et le mouvement projeté sera décrit en déterminant des aires uniformes autour du point G.

C'est là la *Loi des Aires*, et nous voyons qu'elle n'est, elle aussi, qu'une traduction de l'invariabilité actuelle du système. Nous voyons, en même temps, que cette propriété, commune à chaque point du système, de décrire des aires égales dans des temps égaux, n'existe pas seulement lorsque le solide est abandonné à lui même, mais aussi quelles que soient les actions qui peuvent intervenir sur lui, sans le détruire.

Ces actions venant à varier, la trajectoire d'un point donné, M, pourra s'en ressentir et variera en conséquence; mais l'uniformité aréolaire persistera, puisque l'accélération du mouvement ne cesse d'être dirigée vers le centre de gravité. Ce sera, au contraire, la variation de la trajectoire qui se subordonnera à la loi des aires, et ne pourra s'opérer que d'une manière insensible et progressive pour ne pas troubler l'uniformité des aires décrites.

7. — Concevons le plan tangent à la sphère au point M_1 et soient, (*fig. 2*) rapportées sur ce plan les positions déjà indiquées du point matériel M

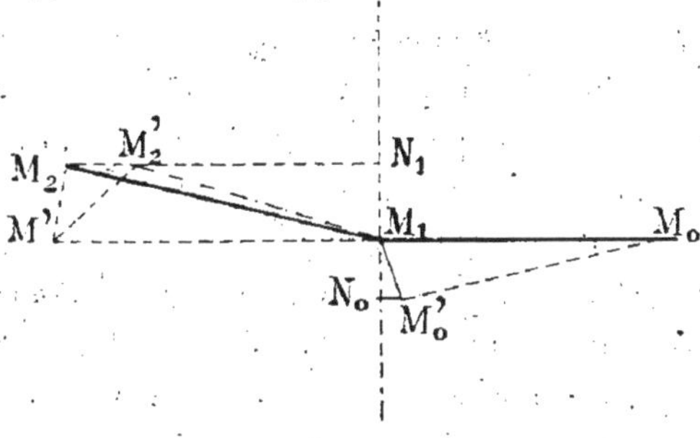

Fig. 2.

dans les intervalles de temps Δt_0, Δt_1. Les arcs des grands cercles passant par M_1 sont sur ce plan des lignes droites; et des longueurs égales comptées sur les divers arcs à partir du point M_1 se projettent en des longueurs égales entre elles.

Menons par le point M_1 le grand cercle normal à M_0M_1M' : le plan de ce cercle normal passe aussi au centre de gravité G, et sa trace sur le plan de la figure 2 est la perpendiculaire, élevée de M_1, sur M_0M_1M'.

Le mouvement du point M projeté sur ce plan normal doit donner, pour les deux intervalles de temps considérés, des aires égales; et puisque ces aires ont même sommet leurs bases doivent être égales et avoir sur la normale N_0N_1 des projections rigoureusement égales.

Si, durant Δt_0, le point mobile s'est déplacé exactement sur le grand cercle M_0M_1, il a, en projection sur le plan normal, une aire nulle et qui devra rester nulle en Δt_1 : il continue donc à se mouvoir sur le grand cercle M_0M_1, et, comme sur le plan de ce grand cercle les aires décrites doivent aussi être égales, la position de M à l'instant t_2 sera au point M', tel que $M_1M' = M_1M_0$. Par récurrence, on voit qu'il en irait ainsi indéfiniment.

Par contre, si dans l'intervalle Δt_1 le mouvement est dévié et comporte un parcours $M_1M'M^2$, donnant en projection sur la normale une longueur de base M_1N_1, c'est donc que dans l'intervalle précédent, le trajet M_0M_1 que nous lui avions attribué n'est que la résultante d'un parcours dévié, tel que $M_0M'_0M_1$ et ayant en projection sur la normale une longueur $N_0M_1 = M_1N_1$.

Nous voyons ainsi que mouvement sur le grand cercle ou mouvement dévié sont deux modalités distinctes et qui ne peuvent se ramener l'une à l'autre, tout autant que le solide demeure invariable.

8. — Dans le mouvement dévié on peut concevoir que la déviation reste la même pour les deux intervalles $\Delta\, t_0$, $\Delta\, t_1$. Les deux parcours $M_0M_0'M_1$, $M_1M'M_2$ sont alors superposables.

Ce cas n'est peut-être que théorique. Aucun système matériel ne peut être abstrait du milieu où il se meut, et ce milieu ne laisse pas d'offrir quelque résistance qui agit incessamment; il peut, d'ailleurs, se produire dans ce milieu des perturbations dont le retentissement ne peut être prévu; il peut survenir directement sur le système envisagé des actions plus vives venues de l'extérieur. La déviation ε est donc généralement appelée à varier, tantôt de peu, tantôt de beaucoup; mais elle ne peut jamais obéir que dans une limite très étroite pour chaque intervalle de temps infiniment petit.

Dans l'intervalle $\Delta\, t_1$, par exemple, et *fig. 2*, le parcours possible est contenu par l'obligation d'avoir, à la fois, une projection sur le prolongement de M_0M_1 égale à M_1M', et une projection sur la normale, égale à M_1N_1. Menons par N_1 une parallèle à M_1M' : l'extrémité du parcours possible, M'_2, devra se trouver sur cette parallèle. Soit $+\, d\, \varepsilon$ la variation de l'angle ε, le trajet résultant dans l'intervalle $\Delta\, t_1$, qui eût été M_1M_2 avec la déviation ε, sera $M_1M'_2$ avec la déviation $\varepsilon + d\, \varepsilon$, c'est-à-dire moindre; et ce trajet serait plus grand si la variation $d\, \varepsilon$ était négative, en se maintenant toutefois dans les limites susdites.

Désignons par dl la variation de longueur du trajet. Dans le triangle $M_2M_1M'^2$ la différence des deux grandes côtés est moindre que le troisième côté, ou $dl < M_2M'_2$. D'autre part, $M_2M'_2$ appartient au triangle $M_2M_1M'_2$. Puisque, le solide demeurant invariable, le mouvement du point ne cesse pas d'être continu, l'angle $M_2M'M'_2$ est infiniment petit; le côté M_1M_2 est, d'ailleurs (paragraphe 3), un infiniment petit du deuxième ordre; $M_2M'_2$ ne peut donc être qu'un infinimnnt petit du troisième ordre. Le trajet l, dans l'intervalle Δt_1 peut s'exprimer par $R\omega dt$: sa variation dans l'intervalle susdit devant être du troisième ordre, la variation du trajet, ramenée à l'unité de temps, sera du deuxième ordre. La variation ramenée à l'unité de temps est celle de la vitesse $R\omega$: cette vitesse ne peut donc varier, d'un instant à l'instant suivant, que d'une valeur infiniment petite du deuxième ordre.

Tel est le principe de la résistance opposée par les corps tournants à la variation de leur vitesse de rotation : et telle la raison de la régulation procurée par les volants.

M. Henri TRIPIER,
Ingénieur des Arts et Manufactures, Paris.

SUR L'APPLICATION DE LA MÉTHODE DES APPROXIMATIONS SUCCESSIVES A LA RÉSOLUTION DES ÉQUATIONS NUMÉRIQUES

512.2

28 Juillet.

Vu l'importance pratique de la méthode des approximations successives dans son application à la résolution des équations numériques, nous avons pensé qu'il pouvait y avoir intérêt à signaler un artifice très simple grâce auquel le succès de la méthode peut être assuré dans des cas très généraux où l'application sur les fonctions directement en jeu tomberait en défaut.

Au Congrès de Nîmes, en 1912, nous avons considéré le cas d'une équation à une inconnue. Nous allons montrer comment l'idée indiquée alors peut être utilisée dans le cas d'un système d'équations à plusieurs inconnues.

Nous n'envisageons que le domaine réel.

Appliquée à l'équation

$$x = \varphi(x),$$

pour la recherche d'une valeur approchée de la racine a, la méthode réussit lorsque :

$$|\ \varphi'(x)\ | < 1$$

pour les valeurs de x suffisamment voisines de a.

Ainsi que nous l'avons montré à Nîmes, s'il n'en est pas ainsi la recherche sera appliquée à l'équation précédente mise sous la forme :

$$x = (1 - k)x + k\varphi(x) = \psi(x),$$

la constante k étant prise telle que :

$$|\ \psi'(x)\ | = |\ 1 - k + k\varphi'(x)\ | < 1$$

pour les valeurs de x suffisamment voisines de a;
et la convergence vers a sera d'autant plus rapide que $|\ \psi'(x)|$ sera plus faible, pour x voisin de a.

Considérons à présent un système, aux deux inconnues x et y, mis sous la forme :

$$\begin{cases} ax + by = f(xy), \\ cx + dy = g(xy). \end{cases}$$

Il est équivalent au système :

$$\begin{cases} x \times \begin{vmatrix} a & b \\ c & d \end{vmatrix} = \begin{vmatrix} f(xy) & b \\ g(xy) & d \end{vmatrix}, \\ y \times \begin{vmatrix} a & b \\ c & d \end{vmatrix} = \begin{vmatrix} a & f(xy) \\ c & g(xy) \end{vmatrix}, \end{cases}$$

tant que :

$$\begin{vmatrix} a & b \\ c & d \end{vmatrix} \neq 0,$$

et peut alors s'écrire :

$$\begin{cases} x = s(xy), \\ y = t(xy). \end{cases}$$

Par la méthode des approximations successives, recherchons des valeurs approchées de la solution (x_0y_0), de ce système. Soit (x_1y_1) la valeur approchée initiale, et (x_2y_2) la valeur suivante. On a :

$$\begin{cases} x_0 = s(x_0y_0) \\ y_0 = t(x_0y_0), \end{cases}$$
$$\begin{cases} x_2 = s(x_1y_1) \\ y_2 = t(x_1y_1), \end{cases}$$

d'où :

$$x_2 - x_0 = s(x_1y_1) - s(x_0y_0) = (x_1 - x_0) \times s'_x(\xi_s\eta_s) + (y_1 - y_0) \times s'_y(\xi_s\eta_s),$$
$$y_2 - y_0 = t(x_1y_1) - t(x_0y_0) = (x_1 - x_0) \times t'_x(\xi_t\eta_t) + (y_1 - y_0) \times t'_y(\xi_t\eta_t),$$

où ξ_s et ξ_t sont des valeurs comprises entre x_0 et x_1, et η_s et η_t des valeurs comprises entre y_0 et y_1.

Par suite :

$$| x_2 - x_0 | \leqslant | x_1 - x_0 | \times | s'_x | + | y_1 - y_0 | \times | s'_y |,$$
$$| y_2 - y_0 | \leqslant | x_1 - x_0 | \times | t'_x | + | y_1 - y_0 | \times | t'_y |.$$

Donc, si μ_1 est le plus grand des deux modules $|x_1 - x_0|$ et $|y_1 - y_0|$; si M est la plus grande des valeurs desmodules $|s'_x|$, $|s'_y|$, $|t'_x|$ et $|t'_y|$, pour $|x - x_0| \leqslant \mu_1$ et $|y - y_0| \leqslant \mu_1$; μ_2, le plus grand des deux modules $|x_2 - x_0|$ et $|y_2 - y_0|$, sera tel que :

$$\mu_2 \leqslant 2\mu_1 M.$$

En conséquence, lorsque $2\,M = r < 1$, en passant de (x_2y_2) à (x_3y_3) comme on est passé de (x_1y_1) à (x_2y_2), et ainsi de suite, on est conduit successivement aux inégalités suivantes :

$$\mu_2 < r\mu_1 < \mu_1,$$
$$\mu_3 < r\mu_2 < r^2\mu_1 < \mu_1,$$
$$\mu_n < r\mu_{n-1} < r^n\mu_1 < \mu_1,$$

qui montrent que μ_n tend vers zéro lorsque n augmente indéfiniment;

autrement dit, les valeurs approchées successives convergent progressivement vers la solution considérée, et cela d'autant plus rapidement que la valeur M est plus faible.

Plaçons-nous dans le cas où l'on n'a pas $M < \frac{1}{2}$, pour (xy) suffisamment voisin de (x_0y_0). Reprenons alors l'idée indiquée pour le cas où il n'était question que d'une seule inconnue et où la méthode tombait en défaut. Cette idée conduit à remplacer ici le système donné,

$$\begin{cases} x = s(xy) \\ y = t(xy); \end{cases}$$

par le suivant :

$$\begin{cases} k_1[s(xy) - x] + k_2[t(xy) - y] = 0 \\ k_3[s(xy) - x] + k_4[t(xy) - y] = 0, \end{cases}$$

tel que :

$$\begin{vmatrix} k_1 & k_2 \\ k_3 & k_4 \end{vmatrix} = 0.$$

Pour l'application de la méthode, ce nouveau système sera mis sous la forme :

$$\begin{cases} x = (1 - k_1) \times x + k_1 \times s(xy) + k_2 t(xy) - k_2 y = u(xy), \\ y = k_3 s(xy) - k_3 x + k_4 t(xy) + (1 - k_4) y = v(xy). \end{cases}$$

Le succès sera assuré si les valeurs k_1, k_2, k_3 et k_4 sont telles que :

$$|u'_x| < \frac{1}{2}, \ |u'_y| < \frac{1}{2}, \ |v'_x| < \frac{1}{2}, \ v'_y| < \frac{1}{2},$$

uniformément, pour (xy) suffisamment voisin de (x_0y_0); il s'agit là d'une condition simplement suffisante.

Voyons qu'il sera possible de déterminer pour les k des valeurs constantes avec lesquelles cette condition sera satisfaite, lorsque les quatre dérivées partielles seront des fonctions continues de x et de y, le point (xy) évoluant à l'intérieur d'un domaine fini, continu et comprenant certainement le point (x_0y_0).

Les k étant des constantes, on aura :

$$\begin{gathered} u'_x = 1 - k_1 + k_1 s'_x + k_2 t'_x = 1 + k_1(s'_x - 1) + k_2 t'_x, \\ u'_y = k_1 s'_y + k_2 t'_y - k_2 = k_1 s'_y + k_2(t'_y - 1), \\ v'_x = k_3(s'_x - 1) + k_4 t'_x, \\ v'_y = k_3 s'_y + k_4(t_y - 1) + 1. \end{gathered}$$

Soient m, n, p et q les valeurs respectives de $(s'_x - 1)$, t'_x, s'_y et $(t'_y - 1)$, en un point certainement voisin de (x_0y_0), appartenant au domaine de continuité dont l'existence a été admise, et tel que :

$$\begin{vmatrix} m & n \\ p & q \end{vmatrix} \neq 0.$$

Prenons pour k_1 et k_2 les valeurs déterminées par le système d'équations :

$$\begin{cases} 1 + k_1 m + k_2 n = 0 \\ \qquad k_1 p + k_2 q = 0, \end{cases}$$

et pour k_3 et k_4 celles que donne le système :

$$\begin{cases} k_3 m + k_4 n = 0 \\ k_3 p + k_4 q + 1 = 0. \end{cases}$$

En un point quelconque du domaine de continuité considéré, les valeurs de $(s'_x - 1)$, t'_x, s'_y et $(t'_y - 1)$ étant respectivement $(m + \Delta m)$, $(n + \Delta n)$, $(p + \Delta p)$ et $(q + \Delta q)$, on aura :

$$\begin{aligned} u'_x &= 1 + k_1(m + \Delta m) + k_2(n + \Delta n) = k_1 \Delta m + k_2 \Delta n, \\ u'_y &= \qquad k_1(p + \Delta p) + k_2(q + \Delta q) = k_1 \Delta p + k_2 \Delta q, \\ v'_x &= k_3 \Delta m + k_4 \Delta n, \\ v'_y &= k_3 \Delta p + k_4 \Delta q, \end{aligned}$$

et la condition visée sera satisfaite si, à la fois :

$$| k_1 | \, . \, | \Delta m | + | k_2 | \, . \, | \Delta n | < \frac{1}{2},$$

$$| k_1 | \, . \, | \Delta p | + | k_2 | \, . \, | \Delta q | < \frac{1}{2},$$

$$| k_3 | \, . \, | \Delta m | + | k_4 | \, . \, | \Delta n | < \frac{1}{2},$$

$$| k_3 | \, . \, | \Delta p | + | k_4 | \, . \, | \Delta q | < \frac{1}{2}.$$

K étant le plus grand des modules des k, $| k_1 |$, ; $| k_2 |$, $| k_3 |$ et $k_4 |$, il suffira pour qu'il en soit ainsi que, simultanément :

$$| \Delta m | + | \Delta n | < \frac{1}{2K} \text{ et } | \Delta p | + | \Delta q | < \frac{1}{2K}.$$

Donc, les valeurs constantes k ayant été déterminées comme il vient d'être dit, pour que la méthode réussisse, appliquée au système :

$$\begin{cases} x = u(xy) \\ y = v(xy), \end{cases}$$

en vue de la recherche de valeurs approchées de la solution $(x_0 y_0)$, il suffit que la valeur initiale $(x_1 y_1)$, ainsi que les valeurs approchées suivantes, soient assez voisines de $(x_0 y_0)$ pour qu'aux différents points correspondants on ait :

$$| \Delta m | + | \Delta n | < \frac{1}{2K} \text{ et } | \Delta p | + | \Delta q | < \frac{1}{2K},$$

ce qui est réalisable lorsque le domaine de continuité envisagé existe; si les valeurs m, n, p et q correspondent au point initial, $(x_1 y_1)$, en ce point on aura :

$$\Delta m = \Delta n = \Delta p = \Delta q = 0,$$

et les deux inégalités seront à vérifier aux points suivants.

Pour la vérification, on pourra observer que :

$$|\Delta m| \leqslant |\Delta x| \times |s''_{x2}| + |\Delta y| \times |s''_{xy}|,$$
$$|\Delta n| \leqslant |\Delta x| \times |t''_{x2}| + |\Delta y| \times |t''_{xy}|,$$

de sorte que :

$$|\Delta m| + |\Delta n| \leqslant |\Delta x| (|s''_{x2}| + |t''_{x2}|) + |\Delta y| (|s''_{xy}| + |t''_{xy}|);$$

et de même :

$$|\Delta p| + |\Delta q| \leqslant |\Delta x| (|s''_{xy}| + |t''_{xy}|) + |\Delta y| (|s''_{y2}| + |t''_{y2}|).$$

Il résulte de là que, si L est une limite supérieure, relative au domaine où évolue la valeur approchée, à la fois

de $(|s''_{x2}| + |t''_{x2}|)$, de $(|s''_{xy}| + |t''_{xy}|)$ et de $(|s''_{y2}| + |t''_{y2}|)$,

il suffira d'avoir :

$$(|\Delta x| + |\Delta y|) < \frac{1}{2KL},$$

inégalité dont la vérification sera très facile.

On voit, par analogie, comment l'idée signalée sera utilisée dans le cas d'un système de trois équations à trois inconnues; plus généralement dans celui d'un système à inconnues en nombre quelconque égal à celui des équations.

PRÉSENTATION DE TRAVAUX IMPRIMÉS

H. Brocard et T. Lemoyne. — *Courbes géométriques remarquables (courbes spéciales) planes et gauches.*

3e et 4e Sections.

NAVIGATION, AÉRONAUTIQUE, GÉNIE CIVIL ET MILITAIRE

Président . . . . M. le Dr P. AMANS, Docteur ès Sciences, Montpellier.
Vice-Président. . M. P. VAUDREY, Ingénieur-constructeur, Paris.

M. LE Dr AMANS,

Montpellier.

SUR LES PROGRÈS ET L'AVENIR DE L'AVIATION *

26 Juillet

Il y aura bientôt quarante ans, nous étions un petit nombre d'aérophiles réunis à la Société Française de Navigation aérienne, et nous échangions nos idées sur le travail de sustentation, des cerfs-volants, des oiseaux, des aéroplanes ; on discutait dans l'*Aéronaute* le plus léger et le plus lourd que l'air. Nous avions du reste vite fait le tour de nos connaissances et des appareils ébauchés.

Actuellement les progrès de l'aviation sont tels qu'il est difficile à un seul homme d'en parler savamment ; ces progrès sont dus au concours d'un grand nombre de sciences (architecture aérienne, métallurgie, mécanique des moteurs, chimie, sans-fil, armement, etc.). Ils ont été réalisés en quatre ans pendant la guerre, à une allure qui aurait été impossible en temps de paix.

Je laisse à de plus autorisés et mieux documentés le soin d'exposer ces progrès, Je signalerai seulement ceux qui ont trait à la voilure, au fuselage, aux propulseurs, et je vous demanderai si ces progrès sont suffisants pour faire de l'avion un appareil aussi utile et pratique en temps de paix, qu'il a été nuisible en temps de guerre.

Voilure. — On a, avant tout, cherché à voler le plus vite possible, et on a réussi. Prenons les formules fondamentales de l'aéronautique :

(1) (Poids total) $P = aSv^2$

(2) Résistance à l'avancement) $R = (bS + \varphi)\, v^2$

(3) (Travail de poussée) $T = (bS + \varphi) \left(\frac{P}{aS}\right)^{3/2}$

(*) Allocution prononcée à l'ouverture de la première séance par le président de la section.

dans lesquelles S est la surface, v la vitesse à la seconde, a et b des coefficients propres à la voilure, et φ un produit spécial, dû au fuselage, haubans, câbles et saillies diverses. On voit immédiatement que la vitesse sera d'autant plus grande que (a) sera plus faible, ce qui pour une voilure donnée revient à voler à un plus petit angle, mais si on peut diminuer le travail de poussée, il faut aussi diminuer b et φ, d'une manière générale tous les coefficients de traînée.

Si on consulte les mesures prises au laboratoire Eiffel pendant la guerre (*), on lit que la résistance à l'avancement a été réduite au point de faire réaliser un gain de vitesse de 42 0/0. Cette amélioration serait due, croit-on, à ce qu'on a fait en France les ailes de plus en plus plates. Il ne faudrait pas accepter sans réserves cette conclusion, car il y a creux et creux, et du reste dans le même ouvrage de M. *Eiffel*, il est question de l'avion *Senemaux*, qui aurait donné des résultats remarquables avec une voilure très réduite, et très creuse.

En 1920, on serait arrivé à $\frac{b}{a} = 0{,}11$ et $\frac{b}{a^{3/2}}$ voisin de 1/2 ; le premier rapport est dit un coefficient de *finesse*, le second de *puissance*. Le gain dans la consommation pour franchir une distance donnée atteint 50 0/0. Enfin il y a quelques semaines à peine, on faisait grand bruit d'un nouveau type d'ailes de la *maison Handley-Page* qui donnerait un coefficient de puissance encore plus faible : à vitesse égale on aurait la puissance réduite d'un cinquième par rapport aux meilleures voilures ; on pourrait ainsi envisager la construction d'une sorte de taxi-cab aérien, pouvant aller de Montpellier à Strasbourg en cinq heures avec un moteur de 25 ch., le pilote et un passager. La vitesse moyenne serait de 170 km/h, en plein vol, de 60 seulement à l'atterrissage.

Le *grand écart* entre la vitesse normale et celle d'atterrissage est passé pendant la guerre de 1,33 à 1,98, mais celui de l'aile susdite serait de 3, ce qui est un progrès sérieux, insuffisant cependant pour ceux qui ont défini l'aéroplane : appareil permettant à un homme jeune encore de se suicider avec tous les honneurs religieux, militaires et mondains.

Il faut remarquer que les ailes plates ne favorisent pas le grand écart. Il faudrait, comme je l'avais proposé jadis, construire une aile à creux variable ; on augmenterait ce creux, au moment de l'atterrissage, de manière à freiner, faire cabrer, et en même temps augmenter le coefficient de sustentation. Je préférerais cette méthode à celle du *biplan Schmidt*, construit avant la guerre, où les deux ailes formaient un ensemble rigide à incidence variable. M. *Schmidt* comptait réduire la vitesse d'atterrissage au tiers de la normale.

L'idéal serait évidemment de la réduire à zéro, comme font les insectes et les oiseaux dans le vol sur place. L'appareil capable d'une telle perfor-

---

(*) *Résumé des principaux travaux exécutés pendant la guerre au laboratoire Eiffel* par M. Eiffel (1915-1918), chez Chéron.

mance gagnerait sûrement le *prix Michelin* de 500.000 francs, car pour gagner ce prix, il faut pouvoir s'élever et atterrir sur un espace de 5 mètres de rayon; c'est du vol quasi vertical. Il faut dans ce but changer complètement la structure de l'appareil. Faut-il un hélicoptère, un ornithoptère, pour ne citer que les plus anciens projets? Les partisans de l'hélico (propulseurs à axe vertical) reprennent courage depuis que le poids unitaire des moteurs est tombé à un kilogramme par cheval, et même au dessous.

Les partisans de l'ornitho sont plus timides : leurs devanciers ont eu tant de déboires! Mais M. *Gillet*, ingénieur belge, ex-capitaine du génie, a fait pendant la guerre des mesures très intéressantes sur les résistances comparées d'une pale battant d'un mouvement varié, ou glissant d'un mouvement continu; il nous a même adressé ici une note à ce sujet, montrant l'augmentation énorme du coefficient de sustentation, due au battement (*).

On a fait observer en restant sur le terrain zoologique, que les oiseaux les plus lourds ne sont pas batteurs et qu'un animal même de 200 à 300 kilogrammes seulement, à ailes battantes, serait une monstruosité irréalisable.

Qu'à cela ne tienne, répond le docteur, *Nimführ* de Vienne : nous agirons sur l'air au moyen d'un grand nombre de petites surfaces (*pulsirende Tragflächer*), à vibrations de grande fréquence et faible amplitude. J'ai exposé ailleurs (**) les principes directeurs de *Nimführ*. Il s'insurge, avec raison du reste, qu'on ait jusqu'ici appliqué si rigoureusement à l'aéronautique les formules de l'hydrodynamique, sans tenir compte que l'air est éminemment compressible, et sans faire intervenir les chaleurs spécifiques. La formule de *Nimführ* pour le travail de battement est séduisante si on admet toutes les hypothèses qui sont à la base de ses calculs, entre autres l'application du théorème de *Poisson* (***). Ce travail serait très petit relativement au poids, et à la charge unitaire $\left(T = 0{,}023\, P \times \frac{P}{S}\right)$.

A propos de charge unitaire, les naturalistes pourraient faire observer que cette charge augmente directement avec le poids des oiseaux. Comment se fait-il alors que le poids relatif des muscles moteurs de l'aile va en diminuant? *Nimführ* pourrait répondre que les oiseaux de plus en plus gros font de moins en moins de battements de grande amplitude, deviennent voiliers et empruntent le plus possible aux forces externes de l'atmosphère. Il pourrait ajouter, fort de mes propres expériences, que les

(*) Les résultats ont été exposés dans la *Conquête de l'air*, par Adhemar de la Hault en 1919.

(**) In *Bulletin de l'Ac. sc. et lettres de Montpellier*, en 1915. (*Die grundlage der Physic des Fluges*, publié à Vienne en 1913.)

(***) C'est la *loi de Mariotte*, corrigée par le rapport $\frac{c}{c'}$ des chaleurs spécifiques (c à pression constante, c' à pression variable). La constante PV de Mariotte devient $PV^{c/c'}$.

vibrations de haute fréquence et faible amplitude doivent jouer un rôle important dans le vol à voile (*).

Entre l'aéro-vibrant et l'aéroplane actuel, il y aurait place pour un appareil intermédiaire, que j'appellerais l'*aéro-voilier*. Cet appareil breveté par *Nimführ* aurait une aile très mobile; les moindres variations de courant et de pression atmosphériques sont transmises par des dispositifs spéciaux à des servo-moteurs; ceux-ci suivant les cas portent l'aile en AV ou en AR, l'étendent, la fléchissent, l'élargissent, augmentent ou diminuent la courbure, etc. Grâce à ces manœuvres le moteur principal peut se reposer ou n'avoir qu'une partie de la charge unitaire à supporter, par exemple dans les montagnes et sur mer. Il faut en outre des indicateurs d'accélération du fuselage en tout sens, permettant aux servo-moteurs de rétablir l'équilibre ou de voiler.

La construction d'un tel appareil exige une mécanique très fine, une mise au point délicate, mais le principe est plus naturel que celui des voiliers sans moteur; j'ai fait remarquer aux partisans du vol sans moteur (**), que les meilleurs voiliers avaient tout de même de puissants pectoraux; et qu'ils s'en servent à l'occasion. Ils ont en outre de petits moteurs, que dans mes dissections j'appelle les *muscles manœuvriers*, satellites indispensables dans tout genre de vol, particulièrement développés dans le vol à voile. Les servo-moteurs susdits seraient l'analogue de ces muscles, et les indicateurs automatiques joueraient le rôle des corpuscules de *Pacini*, si abondants dans la peau des ailes des oiseaux.

Propulseurs — On a fait peu de modifications pour la forme des hélices; le rendement atteint péniblement 75 0/0 dans les cas les plus favorables. On a beaucoup perfectionné la méthode des planches superposées en lames d'éventail, mais la métallurgie nous donne maintenant des alliages aussi résistants que le bois, sans être plus lourds; les hélices métalliques ont fait leur apparition, menaçant de supplanter le bois. Que l'hélice soit en bois ou en métal, il faut la rendre indépendante du moyeu, et à incidence variable sur l'équateur. Cette manœuvre automatique ou commandée serait particulièrement indiquée pour les vols au-dessus de 10.000 mètres; grâce aux turbo-compresseurs de M. *Rateau* nous pouvons naviguer dans ces hauts plafonds et même plus haut. Les progrès nouveaux dans la souplesse des moteurs demanderont corrélativement des hélices plus souples, à incidence variable, extensibles, et parfois à pales multiples.

Quant à la forme de l'hélice, on a peu à peu lâché la rampe d'escalier tournant, et on est entré dans la voie que j'indiquais au Congrès de l'Association Française pour l'Avancement des Sciences en 1891.

Fuselage. — Ici encore, on a une tendance à se rapprocher des formes

(*) *Sur quelques formes et mouvements des rémiges*, par Amans, in *Bulletin Ac. sc. et lettres de Montpellier*, 1914.

(**) Dans mon analyse et commentaires sur *Flugwiderstand und Segelflug de* Carl Steiger (in *Bulletin Ac. sc. de Montpellier*, 1914).

animales (contours apparents d'horizon et de profil à gros bout en avant, couples à gros bout en haut). Si on rogne les ailes de plus en plus, de manière à dépasser 300 km/h, si on transforme l'avion en une sorte de bombe à ailettes, il faudra soigner particulièrement la forme de cette bombe, de manière à avoir un maximum de sustentation.

En 1901 dans une communication sur les lignes à double courbure, et leurs applications industrielles (*), j'ai signalé les propriétés des profils trygloïdes; j'en ai reparlé au Congrès de Tunis (1913). Nous retrouvons ce profil dans d'énormes monoplans allemands de transport; les ailes sont basses comme dans l'*avion de chasse Junker-Fokker de 1918*, imité lui-même du *L.-E. Bréguet de 1917*. Le profil trygloïde doit favoriser les évolutions rapides dans le plan sagittal.

Le volume des fuselages a augmenté, de manière à porter 4 ou 5 tonnes de charge utile. C'est très utile en temps de guerre, mais la tonne kilométrique sera plus chère que celle d'un dirigeable. Les adversaires de l'aéroplane prétendent que cet appareil est à un tournant de son histoire, et qu'il a épuisé tous les progrès dont il est capable. Cette conclusion pessimiste est prématurée; on peut encore espérer de notables perfectionnements pour la sécurité et le grand écart, si on se décide à améliorer les formes du fuselage, à désankyloser et rendre mobiles les ailes de sustentation et celles de poussée.

Discussion. — M. Vaudrey déplore qu'une communication aussi intéressante soit faite devant un nombre trop restreint d'auditeurs et il s'efforce d'en établir les causes.

Passant en revue les congrès antérieurs depuis une quinzaine d'années, il remarque que malgré l'intérêt que présentent pour la science et l'industrie les travaux des 3e et 4e Sections (génie civil et militaire), peu de membres fréquentent ses séances. S'efforçant d'en découvrir les motifs, il constate que le plus grand nombre des membres de ces sections sont des fonctionnaires de l'État, ingénieurs éminents des Ponts et Chaussées, des Mines, de la Marine, du Génie, des Manufactures nationales, etc., à qui leurs occupations absorbantes, leurs responsabilités ne permettent pas d'assister le plus souvent aux congrès. On ne pourra remédier efficacement à cette situation et rendre aux 3e et 4e sections toute leur importance et même la première place parmi les autres qu'en intéressant à leurs études les industriels qui y ont, par leur définition même, le plus grand intérêt.

M. Froger fait remarquer que l'avant-dernier discours prononcé à la séance d'ouverture du Congrès laisse espérer que, dès maintenant, des directives nouvelles seront données au Comité directeur pour favoriser le développement pratique des applications des sciences à l'industrie, pour le recrutement de nouveaux membres dans les diverses branches de l'activité nationale afin d'associer plus étroitement encore que par le passé la science et l'industrie.

M. le Président approuve les idées qui viennent d'être exposées en en donnan divers exemples des plus saisissants et il émet l'espoir que le prochain congrès redonnera à nos sections délaissées toute l'ampleur qu'elles méritent.

(*) Congrès international de Zoologie (Berlin, 1901).

M. le Capitaine P. GILLET,

Bruxelles.

ÉTUDE COMPARÉE DES RÉSISTANCES AÉRIENNES DANS LE MOUVEMENT UNIFORME CONTINU ET DANS LE MOUVEMENT VARIÉ OSCILLANT

533.6

27 Juillet.

On sait que dans le mouvement uniforme la résistance aérienne d'une surface obéit sensiblement à la loi quadratique de la vitesse : $R = KSV^2$. Pour un plan se mouvant normalement à sa surface $K = 0{,}07$ environ.

Dans le mouvement rapidement varié cette loi n'est plus applicable. La résistance aérienne, pour une surface légèrement incurvée, varie suivant une loi complexe d'allure ondulatoire que mes expériences ont mise en évidence. Elle augmente, diminue et même change de sens dans le cours d'un même battement. Sa valeur moyenne pendant un court intervalle de temps peut être beaucoup plus grande que dans le mouvement uniforme : 80 à 100 fois.

L'observation de l'air de part et d'autre d'une surface battant orthogonalement permet d'ailleurs de se rendre compte de la possibilité de ces variations de la résistance.

C'est donc à tort que certains auteurs ont voulu mettre en équation les mouvements du vol de l'oiseau en prenant pour base la formule $R = KSV^2$. Si cependant, on le faisait, à l'effet d'avoir un point de comparaison pour le mouvement uniforme, il faudrait adopter pour K la valeur de 1,7 et même plus.

Discussion. — M. Amans donne quelques détails et commentaires sur les expériences de M. le Capitaine *Gillet*, exécutées en Hollande pendant la guerre, en insistant sur les cas suivants :

1° La surface expérimentée se meut autour d'une charnière basilaire;

2° Elle se déplace d'un mouvement de translation;

3° Comparaison avec le battement des ailes animales;

4° Travail approximatif du battement animal.

M. FROGER,
Officier de marine en retraite, Lorient.

EXAMEN DES MOUILLAGES PAR LES MOYENS DU BORD

656.61

27 Juillet.

Examen des mouillages par les moyens du bord. — On en compte six : 1° Mouillage sur une seule ancre *qu'on retrouve*, en permanence dans les cinq autres; 2° Affourchage pour les vents à craindre; 3° Mouillage simultané de deux ancres; 4° Affourchage en rivière; 5° Mouillage sur trois ancres en barbe; 6° Mouillage en plomb de sonde.

Mouillage sur une ancre. — Chaque ancre à jas ou articulée est reliée au navire par sa chaîne ou ligne de mouillage, dont le premier dormant

Fig. 1.
Mouillage sur une seule ancre.

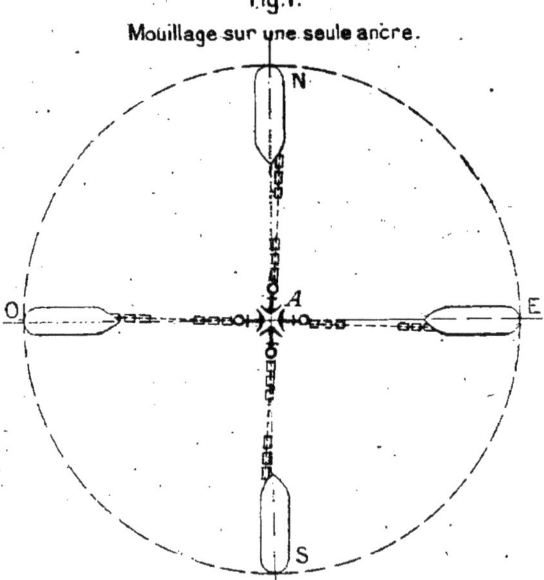

s'effectue sur la *cigale* de l'ancre et le deuxième dormant dans le *manchon* de l'écubier correspondant, écubier qui, comme on sait, est situé à l'extrémité du bras de levier qui sépare le centre de carène de l'étrave de tout navire, démontrant bien que chaque ancre est reliée au navire par un mode de liaison linéaire-pendulaire.

Avec les ancres à jas ou articulées, il faut, étant données leurs formes empruntées aux instruments arables, *pioche* à deux ou un seul bec les mouiller *en vitesse* en avant ou en arrière à l'intersection d'un angle de relèvement ou d'alignement *(fig. 1 et 6)*.

Supposons que le point de chute de cette ancre coïncide *(tout à fait par hasard*) avec cette intersection, on se demandera comment est tombée cette ancre, la position dans laquelle elle tombe ; à quelle distance du point de chute elle se retournera et à quelle distance de ce nouveau point finira-t-elle par s'enfouir dans sa souille ?

Autrefois, *après le mouillage*, au moyen d'un orin et d'une bouée on pouvait le savoir, la vapeur a supprimé ce moyen de contrôle, de sorte que le meilleur marin continue *à agir en aveugle*, il imite, sans discuter, ce qu'il a vu faire, ou ce qu'on lui a appris dans nos écoles.

L'ancre mouillée, la touée filée, le navire retenu par sa chaîne faisant dormant dans son écubier, de mouillage, *constitue bien un mode de liaison linéaire-pendulaire*, d'où oscillations pendulaires, rappels par les tensions de la chaîne du navire vers son ancre et reculs par les tractions du navire sur sa chaîne.

Défectuosités de ce mouillage. — La souille de l'ancre est déformée par les causes suivantes : 1° Par le sillon que creuse l'ancre avant de s'enfouir ; 2° Les oscillations pendulaires l'élargissent comme les rappels et les reculs l'allongent avec d'autant plus de facilité que la touée est moins longue, sa légèreté plus grande, la chaînette de la chaîne plus faible et le temps moins maniable ; 3° Dans les rappels brusques d'un navire, très fin de formes, il arrive que le navire prend de la vitesse, entraînant avec lui sa chaîne et que celle-ci vient se capeler sur la patte extérieure de l'ancre à jas et l'arrache du fond en culant ou encore, avec l'ancre à jas articulée, qu'après l'amortissement de sa vitesse en avant, il repart en arrière avec une vitesse telle, que la force vive dépensée par le navire devient plus grande que la force vive emmagasinée dans la souille, l'ancre chasse alors, ou encore dans la chaîne et *cette* dernière se rompt ; 4° Enfin, à toutes ces causes de déformations de la souille, on peut ajouter encore les évolutions partielles ou totales du navire dans les deux sens dont l'ancre est le pivot, qui ne sont pas négligeables (*fig. 1 et 6*) puisqu'elles la déchaussent.

Toutes ces raisons réunies nous amenèrent à inventer une « Ancre dormande » qui, par son poids et sans vitesse, s'enfoncera dans tout fond pénétrable et dont nous parlerons à la fin de cet exposé.

2° *Affourchage pour les vents à craindre.* — Si le meilleur marin ignore où est accrochée son ancre, lorsqu'il n'en mouille qu'une, il lui sera bien plus difficile de savoir où se trouvent mouillées les ancres A et B (*fig. 2*). Comme deux points déterminent une droite, nous mouillons l'ancre de tribord A que nous remorquons jusqu'à ce qu'elle s'accroche en filant sa chaîne que nous traînons à l'extérieur et à l'intérieur du navire, tendant à faire venir le navire sur tribord où nous mouillons, pour des vents de Nord à craindre, la deuxième ancre B, ensuite nous égalisons les touées sur chaque ancre.

Si l'orientation de la ligne AB qui est (*fig. 2*) S. 79° E. N. 79° O *était connue*, il est bien évident que, si les oscillations pendulaires du navire étaient supprimées ainsi que les rappels, reculs et évolutions, *comme sur le papier*, avec un vent soufflant uniformément de la bissectrice de l'angle **ACB**, c'est à dire du N. 11° E., la tension des chaînes pourrait être uniforme,

Fig. 2.

Mouillage pour les vents à craindre.

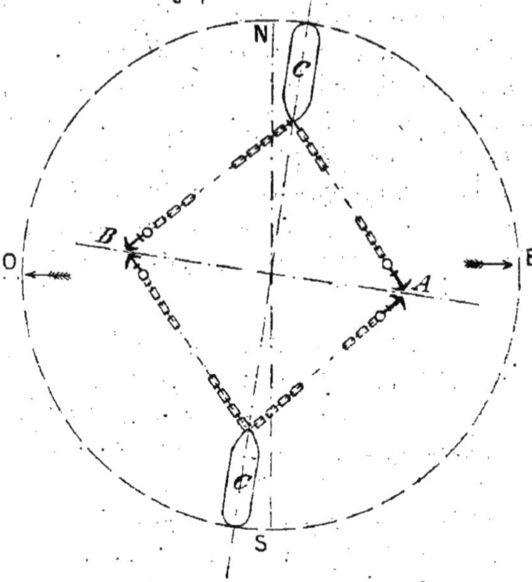

mais pour cette direction du vent seulement ou pour la direction opposée du vent S. 11° O. en inversant le raisonnement *(fig. 2)*.

3° *Mouillage simultané de deux ancres.* — Les ancres **A** et **B** tomberont comment, s'accrocheront à quelle distance du point de chute, etc....? Personne ne peut le savoir.

Fig. 3.

Mouillage simultané de deux ancres

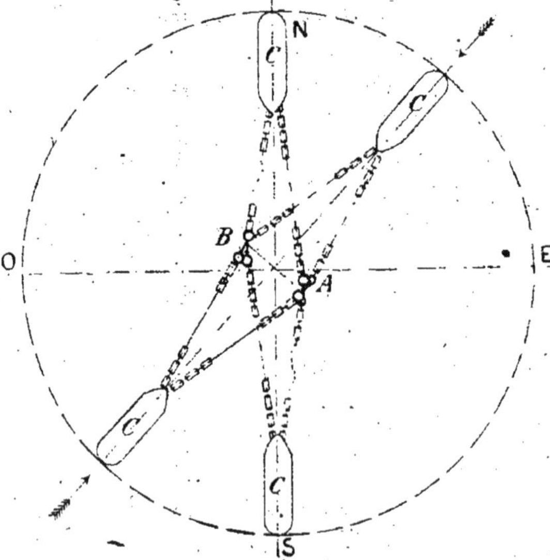

En reliant les deux ancres **A** et **B** par une ligne droite **A B** que nous supposerons orientée N. 40° E. — S. 40° O., comme la touée est égale sur chaque ancre, toute normale à AB, d'où soufflera le vent, tendrait à répartir uniformément la traction du navire sur chaque chaîne, *si tout se passait comme sur le papier (fig. 3)*.

4° *Affourchage en rivière.* — Comme pour le mouillage des vents à craindre, l'objectif est de réduire le champ d'évitage. On mouille par exemple l'ancre de tribord, de flot et l'ancre de babord pour le jusant *(fig. 4)*. On égalise les touées et alors le navire peut évoluer du nord au

Fig. 4.
Affourchage en rivière.

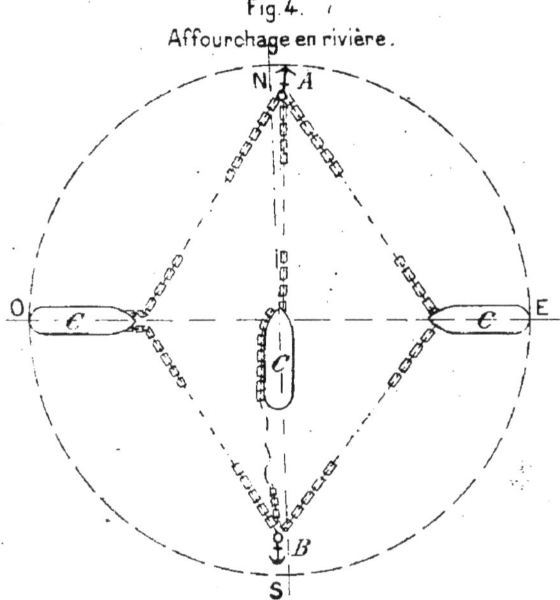

sud et du sud au nord par l'ouest sans qu'il se produise, dans cet arc de 180° décrit par le navire, la moindre anomalie dans les chaînes des ancres mais si le navire continue à tourner, dans le même sens, on verra apparaître des croix et des tours dans les chaînes et il en sera de même si, par suite du vent, le navire évolue du nord au sud par l'est.

C'est le mouillage, sur une seule ancre, avec tous les inconvénients que nous venons de signaler en plus.

5° *Mouillage en barbe sur trois ancres.* — Ce mouillage *(fig. 5 et 5 bis)*, représente trois ancres A, B et C dont les touées auront des longueurs de

Fig. 5.
Mouillage en barbe sur trois ancres.

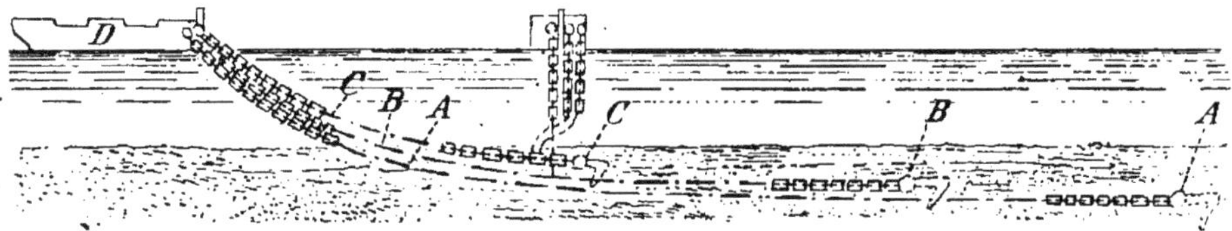

trois L sur A, de deux L sur B et de L sur C. Avec des *vents d'Est seule-*

ment, le poids des chaînettes des chaînes des ancres A et B rappellera, très légèrement le navire vers ses ancres, mais à la plus courte des chaînes de l'ancre C *sera confiée la sécurité de l'équipage et du navire (fig. 5)*.

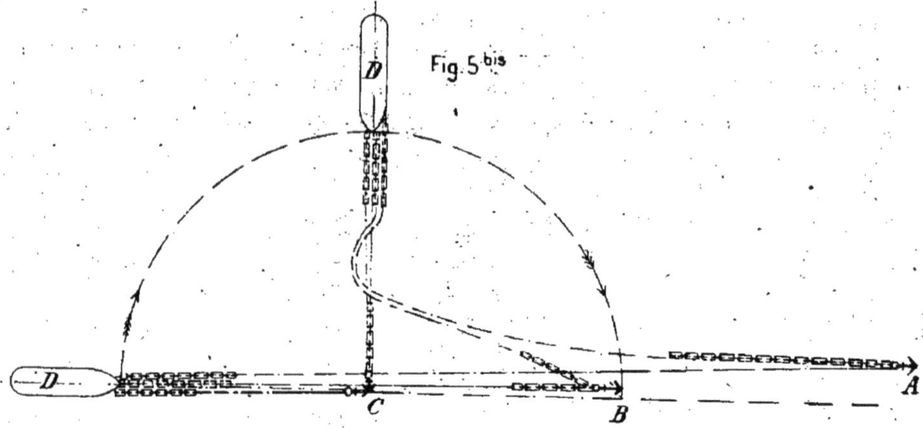

Fig. 5 bis

Si le vent tourne au Sud, puis à l'Ouest, le navire pivote sur l'ancre C *et sa chaîne seule travaille*, les ancres et chaînes A et B arrivent par le travers du navire en attendant qu'il prenne celles-ci par l'arrière *(fig. 5 bis)* lorsqu'il fera face à l'ouest.

6° *Mouillage en plomb de sonde.* — Ce mouillage est aussi empirique que les précédents. Il faudra que la première ancre chasse pour que la seconde travaille et, comme on le sait, ce sera l'ancre de tribord seule et

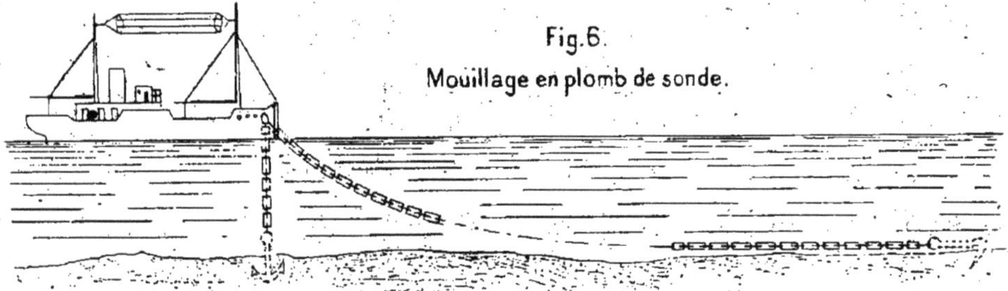
Fig. 6.
Mouillage en plomb de sonde.

sa chaîne qui retiendront le navire au fond de la mer *(fig. 6 et 6 bis)*, c'est-à-dire la plus courte.

On remarquera que, après examen de ces six modes de mouillage par

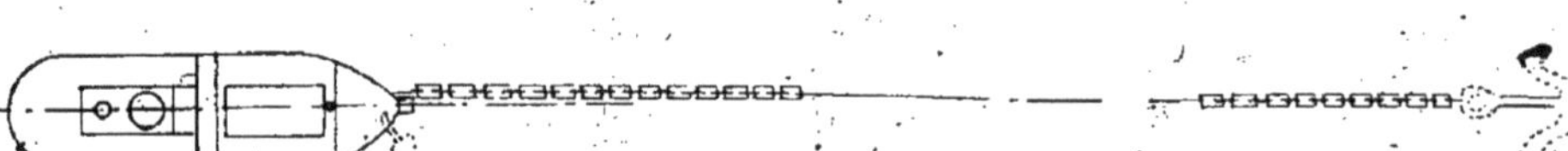
Fig. 6 bis

les moyens du bord, pas un ne peut donner satisfaction aux marins qui ont la pratique des choses du métier de la mer et du bâtiment.

A quoi doit-on cette situation inquiétante ? Aux ancres et aux modes linéaires pendulaires de liaison.

Conclusion. — Un navire ne peut être bien mouillé que sur une seule ancre.

Mais alors, objectera-t-on, comment affourcherez-vous un navire en rivière? Je l'embosserai pour le flot et pour le jusant.

Toutes ces critiques sur les mouillages, universellement pratiqués de la même façon dans toutes les marines mondiales, se répercutent sur les embossages aussi bien que sur les remorquage et renflouage, lancement et halage sur cale.

Soumises à la Société des Ingénieurs Civils de France, elles furent analysées par M. l'Ingénieur *Laubœuf*, connu par ses remarquables travaux et découvertes sur les sous marins, membre de l'Académie des Sciences, qui voulut bien reconnaître, avec nous, qu'un navire ne peut être bien mouillé que sur une seule ancre.

Après avoir démontré l'insuffisance de ces mouillages universellement employés dans toutes les marines mondiales, il convenait de tenter d'en tirer quelques idées pratiques.

Ancre dormante. — Elle est constituée par une crapaudine à ailettes 1 de forme tronconique, dont le centre de gravité est voisin de la base d'assise et qui, *sans vitesse du navire*, s'enfonce dans tout fond pénétrable

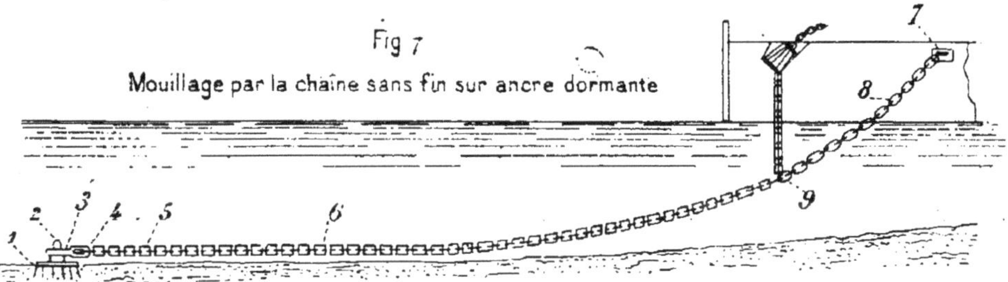

(fig. 7 et 7 bis) surmontée d'une axe fixe 2 qui reçoit un collier armé d'une chape à la cardan 3, tournant autour de l'axe 2 horizontalement dans les deux sens et de droite à gauche de 180° au-dessus de l'axe 2. Dans la gorge 4 de la chape passe une chaîne pantoire mobile elle-même 5, à

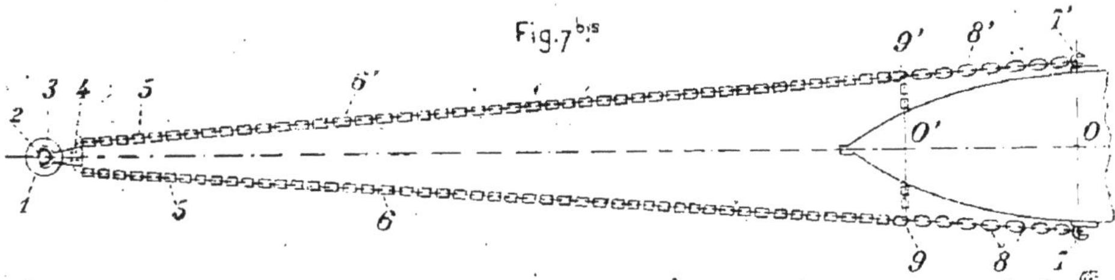

chaque extrémité de laquelle vient se mailler chacune des chaînes de mouillage 6. (Les manilles d'assemblage formeront butoirs de chaque côté de la gorge 4 quand il y aura lieu de s'en servir.)

Dès ce moment, si l'on mouille cette ancre 1 sur chacune des chaînes 6 venant de chaque écubier de mouillage, on constituera une véritable girouette hydraulique ou aérienne qui s'orientera en permanence dans l'axe du courant ou du vent et dont chaque cordon 6 du palan supportera la moitié de la traction du navire ou T : 2, *mais la stabilité de direction dans la propulsion reste à établir dans ce mode de liaison*.

Construction rapide des triangles semblables indéformables de mouillage. — Avec notre seule ancre, nous doublons déjà la résistance de la chaîne, il reste donc maintenant à supprimer les oscillations pendulaires du navire et à lui permettre, dans une tempête, *de se défendre contre les éléments déchaînés en présentant à leurs coups sa moindre section*.

Dans un plan parallèle, voisin et de même largeur que la maîtresse section, nous fixons deux pitons 7 — 7′ dans le même plan que le point O de l'axe du navire, sur chacun desquels vient se mailler chaque pantoire 8 — 8′ en chaîne de longueur, diamètre et résistance appropriés comme chacune des griffes 9 — 9′ qui termine chaque pantoire.

L'ancre mouillée, la touée filée sur les deux chaînes 6 au repos dans

Fig. 7 ter

Evolution du navire sur son ancre dormante.

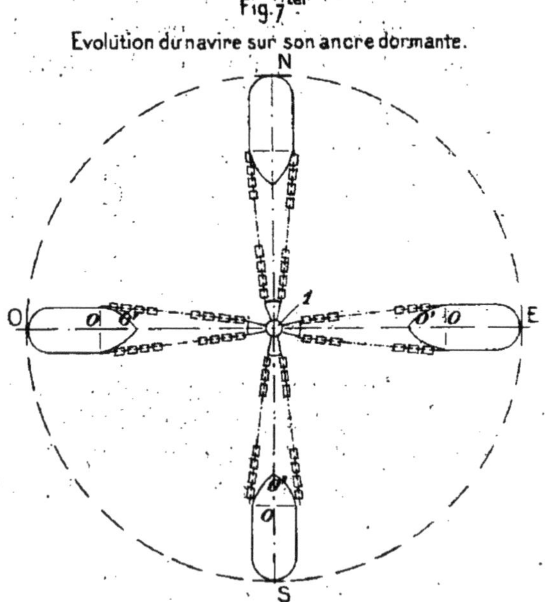

chaque écubier de mouillage, on crochera chaque griffe 9 — 9′ sur chaque chaîne 6 en avant de chaque écubier, on filera, sur chacune des chaînes 6 du bord, une *longueur égale de chaîne* et l'on aura ainsi les points O et O′ de l'axe longitudinal du navire et la partie de celui-ci, comprise entre ces deux points O et O′, équilibrée. On obtiendra ainsi deux triangles indéformables semblables mobiles autour de l'axe 2 et dont les côtés s'équilibreront en longueur, poids et tension.

La *figure 7 bis* montre bien les deux triangles semblables indéformables, nous n'avons plus qu'à démontrer comment, d'après la même formule, les points O et O′ sont tenus en équilibre. Le point O est équidistant des points d'attache 7 et 7′ comme O′ l'est des griffes 9 — 9′ dans les triangles isocèles semblables. On aura donc, dans le grand triangle, la somme algébrique des moments M. F1 + M. F2 = 0 quand le moment de la résultante R ou M R est nul lui-même et dans le petit triangle, *m. f1* + *m. f2* = 0 quand m. R = 0.

M. le Docteur AMANS

1° SUR LES HÉLICES A PALES MULTIPLES

629.13 014

27 Juillet.

Le problème des hélices à pales multiples a été l'objet de nombreuses recherches dans la navigation aquatique. On visait surtout à diminuer l'envergure, ainsi que les trépidations et les chances de rupture. On expérimentait généralement des pales semblables géométriquement à celles d'une bipale de plus grande envergure, ou plus simplement des pales de même envergure, mais à profils plus courts.

La quadrupale *Mangin* était obtenue, en divisant radialement chaque pale ordinaire en deux pales identiques, par conséquent à profils deux fois plus courts; on les fixait en croix sur le moyeu dans le même équateur et on avait ainsi moins de trépidations.

Dans les expériences du steamer *Charbich* on a constaté moins de trépidations avec une hélice à six pales qu'avec une tripale, et avec celle-ci qu'avec une bipale *Griffith*. Faut-il attribuer ce résultat soit au plus grand nombre de pales sur le même équateur, soit au raccourcissement des profils, soit aux deux facteurs réunis? J'ai constaté aussi l'influence d'un troisième facteur, celui des *incidences critiques;* il y a des incidences déterminant dans le fluide un régime instable. Ces incidences peuvent très bien se produire dans un fluide agité, à vagues et remous. Il est possible que leur influence soit moins nuisible avec des ailes étroites et en plus grand nombre.

Dans des expériences plus récentes d'hélices aquatiques, l'adjonction d'une troisième pale, pour un même nombre de tours donne 20 0/0 de plus de poussée, et réclame 23 0/0 en plus de puissance (d'où un indice de poussée (*) moindre). Cette légère diminution de poussée relative serait compensée par une moindre envergure que celle d'une bipale équivalente, et par de moindres trépidations.

(*) J'appelle indice de poussée ou poussée relative le rapport $\frac{\text{A (poussée).}}{\text{T Puissance.}}$

La même observation m'a été faite pendant la guerre par **M. *Malouet***, pour une tripale aérienne, étudiée et expérimentée comparativement avec une bonne Levasseur, de plus grande envergure et bipale : la *tripale Malouet* donnait moins de trépidations. Cependant les hélices aériennes à pales multiples sont peu goûtées des constructeurs ; les bipales, disent-ils, fonctionnent aussi bien, sinon mieux, et sont plus faciles à construire et à monter sur le moyeu. Ce dernier motif perdra de sa valeur, si on arrive à faire des alliages métalliques, aussi résistants que le bois, à poids égal. On pourrait alors construire des pales interchangeables, n'ayant avec le moyeu que des rapports d'encastrement et de fixation. On les fixerait à une incidence convenable, soit *ne varietur* pendant le vol, soit variable au gré du pilote.

Il reste quand même une cause sérieuse de défaveur, pour l'emploi des pales multiples, c'est l'absence de principes directeurs, de règles pratiques. Étant donnée une bonne bipale d'une certaine envergure, on désire la remplacer par une hélice à pales multiples de moindre envergure, ayant même poussée, et sensiblement même puissance. On suppose que la multiplicité des pales a compensé la diminution d'envergure, sans exiger un excès de puissance. Cependant si on n'est pas avare de chevaux, on peut se poser le problème différemment :

Étant donnée une bipale ayant un bon indice de poussée, on désire la remplacer par une hélice à pales multiples de même envergure, donnant pour un même nombre (n) de tours, une poussée absolue beaucoup plus grande, et une poussée relative $\frac{A}{T}$ aussi bonne que possible.

Les expériences effectuées jusqu'à ce jour ne donnent aucune indication pratique pour les solutions des deux problèmes. Il peut y avoir des solutions équivalentes pour le même cas ; l'inventeur doit avoir toute latitude pour le choix des formes, diamètres, profils, nombre de pales, mode de répartition (sur le même équateur ou en tandem), inclinaison de l'axe proximo-distal, mode de torsion, etc. La simple énumération de ces facteurs montre la complexité du problème. Je n'apporte pas de solution dans ma présente communication ; j'effleure seulement quelques-uns de ces facteurs dans les questions suivantes :

1° Étant donné un certain nombre de pales identiques, mesurer les poussées et les puissances en fonction de l'incidence des pales sur l'équateur, et du nombre de tours, lorsque l'on met deux, quatre ou six pales sur le même équateur ;

2° Lorsqu'on met quatre ou six pales en tandem ;

3° Dans la disposition en tandem à quatre ailes, y a-t-il avantage à modifier le diamètre, l'incidence et même la forme de la paire postérieure, ainsi que l'inclinaison de l'axe proximo-distal ;

4° Effets de la force centrifuge et de la résistance aérienne, suivant que l'axe de la pale passe par l'axe de rotation, ou en dehors.

En 1907 j'écrivais (*) que si on se servait de quatre pales identiques, il valait mieux (meilleur $\frac{A}{T}$ pour une même poussée) les disposer en *tandem* que sur le même équateur, surtout si on donnait à la paire postérieure une incidence plus grande. J'étais un peu guidé par mes études antérieures sur les insectes tétraptères, mais point n'en était besoin pour prévoir les résultats. On comprend *a priori* qu'un moulin à vent peut avoir un très grand nombre de pales sur le même équateur, chaque pale étant identiquement placée par rapport au vent moteur, mais qu'il n'en est plus de même pour une hélice active où les pales s'éclipsent mutuellement, où chacune travaille plus ou moins dans la zone de dépression dorsale de celle qui la précède. On comprend aussi qu'en tandem, la paire postérieure reçoit un courant d'air, déjà travaillé par l'antérieure, qui lui communique une certaine vitesse; tout se passe comme si la postérieure avait elle-même une telle vitesse de translation, et l'on sait que dans ce cas, une plus grande vitesse réclame une plus grande incidence, ou un plus grand pas, s'il s'agit d'hélice géométrique.

J'ai repris ces expériences en perfectionnant les instruments de mesure. Je me sers toujours d'un puissant train d'engrenage avec des poids moteurs variant de 6 à 60 kilogrammes. L'arbre porte-hélice est éloigné du bâti moteur par une longue courroie, de manière que les courants d'air ne soient pas influencés par le voisinage du bâti. La poupée de l'arbre est sur un chariot à course micrométrique, si bien qu'on peut donner à la courroie la tension voulue, et c'est absolument indispensable, car la moindre variation hygrométrique change la valeur de la tension, et par suite celle du couple moteur. Il est indispensable d'avoir toujours les mêmes constantes si on veut constater des différences parfois très faibles dans les valeurs de A et $\frac{A}{T}$ et, si on opère à plusieurs jours d'intervalle.

Le nombre de tours est toujours le même; il est basé sur les lueurs d'une lampe électrique, qui s'éclaire à chaque tour du treuil moteur; on évalue le temps au moyen d'un chronomètre au 1/5e de seconde; comme on sait exactement le nombre correspondant de tours de l'arbre porte-hélice, on en déduit le nombre de tours à la seconde. La poussée de l'arbre est transmise directement au fléau d'une balance spéciale. La valeur du couple moteur est mesurée par un frein à corde, ressort à boudin, et contrepoids.

Dans une première série d'expériences, je choisis quatre pales identiques en bois, ayant les caractères suivants : torsion nulle; proximum creux; distum creux dans le sens radial, mais plat dans les profils; gros bout avant dans les sections de profil. Le moyeu a 40 millimètres de diamètre;

(*) *Bulletin de l'Académie des Sciences et Lettres de Montpellier. — Sur les hélices multiples.*

l'envergure totale est de 418 millimètres. On peut monter plusieurs moyeux en tandem, de manière à étudier diverses combinaisons à pales multiples; on peut faire varier les distances des moyeux, et les faire tourner et fixer à un angle quelconque (*angle frontal*) sur l'arbre.

J'ai choisi ces pales comme base de comparaison, et non comme modèle d'hélice propulsive : ceci est une question d'espèce, que je n'examine pas en ce moment. Dans les tableaux qui suivent :

II signifie une bipale; chaque pale a son distum à 15° sur l'équateur. Cet angle est celui de la corde du profil, situé aux 4/5es du rayon; je désigne par δ_1 l'angle de l'aile antérieure, δ_2 celui de l'aile postérieure, quand il y a deux paires en tandem.

III est une tripale.

IV_m est une quadrupale, où les pales sont sur le même équateur.

IV_t est une quadru où les pales sont en tandem.

M_u est une bipale, chaque pale ayant les mêmes caractères que les précédentes, mais plus large, avec courbures différentes des lignes d'entrée et de sortie.

R_2 est une bipale flexible, très étroite; c'est une des premières rémiges digitales de *Meleagris*. Sa largeur maxima est seulement de 32 millimètres, celle de II est de 50, et celle de M_u de 75 millimètres.

R_4 est une quadru formée de quatre rémiges; la paire antérieure a même envergure que les pales en bois, mais la paire postérieure a un peu moins (395 au lieu de 418).

n nombre de tours à la seconde. A poussée en grammes. T puissance en grammètres. δ incidence distale.

	n	A	T
II, $\delta = 15°$	9,5	36	71
	12,8	68	179
	14	83	238
	16,5	118	420
III, $\delta = 15°$	10,3	56	145
	11,2	69	207
	14,4	107	367
IV_m, $\delta = 15°$	10,2	62	173
	12	92	306
	14	125	493
IV_t, $\delta = 15°$	10,3	65	175
	12,4	87	316
	14,2	115	362
IV_t, $\delta_1 = 15°$, $\delta_2 = 18°$	9,2	62	158
	11,2	92	285
	12,8	122	448

	n	A	T
M_u	7,9	34	59
	10,2	62	143
	11,2	77	190
	13,4	112	341
	15	142	480
R_2, $\delta = 20°$	11,2	26	59
	14,2	33	106
	16,8	39	173
	18,6	42	230
R_4, $\delta_1 = 20°$, $\delta_2 = 25°$	8	26	60
	11,7	58	163
	13	72	221
	15,7	100	400

Au moyen de ces chiffres on peut construire les courbes de A et T en fonction de *n*; on peut ensuite comparer les valeurs de deux quelconques de ces facteurs, en fonction du troisième. Prenons par exemple successivement $n = 12$, A = 75 gr., T = 200. Nous avons pour les diverses pales les chiffres suivants :

		R_2	R_4	II	III	M	IV_m	IV_t
Largeur		64	128	100	150	150	200	800
$n = 12$	A	28	62	62,5	80	89	92	104,5
	T	65	175	150	195	235	305	360
	A/T	430	354	416	410	378	301	288
A = 75 gr.	n		13,3	13,2	11,6	11,1	11	10,1
	T		240	195	180	183	230	210
	A/T		312	384	416	409	326	357
T = 200	n	17,6	12,5	13,3	12,1	11,4	10,6	9,95
	A	40	66	77	80	79	67,5	72
	A/T	200	330	385	400	395	337	360

$\delta_1 = 15°$, $\delta_2 = 18°$

Remarques. — 1° A vitesse de rotation égale, c'est la bipale II qui a la plus forte poussée relative A/T, comparée à celles de III et IV, mais la tripale est supérieure à poussée égale, ou à travail égal. Ceci est intéressant pour le problème de la voiturette à hélice.

2° A douze tours, la tripale augmente la poussée de la bipale de 27 0/0, la quadru IV_m de 47 0/0, et la quadru en tandem de 67 0/0. Ces proportions varient avec n.

3° La disposition en tandem avec pales identiques et mêmes incidences est presque équivalente à la disposition cruciale sur le même équateur. Avec le mode actuel de construction d'hélices en bois, le constructeur préférera la quadru-tandem ; il peut en outre à poussée égale ou travail égal, obtenir un plus grand A/T, s'il donne à la paire postérieure une incidence plus grande.

Il est rationnel, si on met des pales sur le même équateur, de les faire toutes identiques et identiquement placées ; mais si on les place en tandem, il y aurait intérêt à les faire dissemblables, et inégales d'envergure et d'incidence.

4° Des trois bipales R_2, II et M, c'est la plus étroite R_2 qui à douze tours a la plus forte poussée A/T, mais à poussée égale et travail égal, c'est la plus large M. Au-dessus de douze tours, le rapport optimum est donné par la bipale II.

Cette comparaison ne permet pas d'isoler le facteur largeur, parce que les trois pales sont trop dissemblables.

A douze tours, les T de II, III et IV_m sont sensiblement proportionnels aux largeurs, mais R_4 dépense plus que II tout en ayant une largeur totale moindre ; elle est handicapée par d'autres facteurs (*).

Il ne faut pas oublier que tous les facteurs d'une hélice sont solidaires,

(*) Je regrette, faute de place, de ne pouvoir donner d'autres tableaux avec commentaires inédits.

et que la modification d'un seul d'entre eux doit entraîner des modifications plus ou moins profondes des autres. La loi de corrélation de *Cuvier* s'applique aussi aux hélices; pour appliquer correctement cette loi, il faut avoir beaucoup expérimenté, et ne pas trop s'hypnotiser sur la formule des hélicoïdes $tg\ \alpha = \frac{H}{2\pi r}$.

Dans de prochains mémoires, je montrerai les résultats de certaines combinaisons, et les applications possibles dans le vol à hauts plafonds.

***

2° SUR LA POSSIBILITÉ DE L'UTILISATION DES GAZ RARES DE L'ATMOSPHÈRE DANS L'AÉRONAUTIQUE

629.13 : 546.29

28 juillet.

M. *Amans*, docteur ès sciences, président de la section, attire l'attention sur les travaux de M. *Constantin Massa*, ancien lieutenant-colonel de l'aéronautique russe, lesquels portent sur l'emploi des gaz rares de l'atmosphère.

Ces gaz, sous l'action d'un fort courant électrique, dégagent une énergie considérable, dénommée par les Anglais « anti-gravitie ». Entre autres applications, il suggère l'aéronautique que cette découverte pourrait modifier totalement.

Discussion. — M. Froger, estimant que le sujet mérite une étude et des discussions approfondies qui ne peuvent être réalisées en cette fin de session propose que la question soit retenue et reportée également à l'ordre du jour du prochain Congrès.

M. Amans informe les membres de la section qu'il se propose de solliciter l'adhésion de M. *Massa* à l'Association, pour venir à Rouen en 1921 exposer ses idées.

M. Vaudrey, chargé, comme vice-président de la section, de la préparation du programme des 3e et 4e sections au Congrès de Rouen, assure qu'il prendra en temps voulu les dispositions utiles pour attirer à cette occasion d'autres communications du même ordre qui renforceront l'intérêt de ces travaux.

M. Pierre LARUE,

Ingénieur à Gurgy (Yonne).

SUR LES TRANSPORTS SANS CHEMINS DE FER

625.01

28 juillet.

Les grèves de chemins de fer ont été une leçon pour ceux qui avaient coutume de dire que les distances ne comptaient plus et refusaient à certaines régions de profiter de leur situation topographique sous prétexte qu'on produisait meilleur marché ailleurs.

On a trop combiné les transports uniquement par rapport aux chemins de fer. Sans négliger le réseau de ces derniers, on peut concevoir un réseau : " canaux-routes " par bateaux et camions automobiles.

Dans le nord et l'est de la France, on peut admettre que la distance entre deux voies navigables dépasse rarement 100 kilomètres. Il suffirait donc de recouper cet intervalle par des « lignes » plus ou moins sinueuses de camions automobiles transportant les marchandises à 50, 60 kilomètres au plus.

Les transports organisés dans ces conditions seraient presque aussi économiques qu'en chemin de fer car ils éviteraient certains transbordements et le transport par eau redeviendra bon marché en même temps que baisseront les prix de l'avoine, du foin, des chevaux, des denrées alimentaires et des bois.

Il y a peu à espérer sur le bas prix des essences et de la houille.

J'exprime donc le vœu qu'en vue de doubler le réseau des chemins de fer, de pallier aux arrêts des trains, de préparer les transports en cas de guerre, il soit étudié un réseau canaux-routes avec bateaux et camions avec expériences sur des points particuliers et organisation en cas d'événement présentant un intérêt général.

Discussion. — M. Vaudrey fait remarquer l'intérêt de tout premier ordre que présente cette question. Malheureusement, le nombre restreint d'auditeurs ne permet pas une discussion suffisamment étendue pour justifier l'adoption d'un vœu de cette importance.

Il propose donc que le sujet soit maintenu et reporté à l'ordre du jour du prochain Congrès.

D'ailleurs, M. Vaudrey se propose de traiter alors une question subsidiaire du même ordre :

L'utilisation des tramways urbains et interurbains pour la desserte des établissements industriels et commerciaux concernant le transport non seulement des voyageurs (ouvriers et employés), mais aussi des marchandises (matières premières, produits fabriqués).

M. SALMIN,

Ingénieur des Arts et Manufactures, Sevran (S.-et-O.),
Licencié ès-Sciences Mathématiques.

LE FLAMBAGE DES POTEAUX EN TREILLIS CHARGÉS EN BOUT

539.4 : 624.221.3

27 Juillet.

J'ai communiqué au Congrès du Havre une étude sur les pièces chargées en bout qui diffèrent de celles connues :

1° Par la méthode élémentaire qui évite les intégrations, ne les utilise que pour la généralisation des résultats et m'a permis, en particulier, de calculer très simplement les profils les plus économiques; ce qui, je pense, n'avait pas encore été fait.

2° Par le problème envisagé qui n'est pas simplement l'étude de la forme de la fibre moyenne mais celle de la stabilité proprement dite telle qu'on la définit en mécanique rationnelle.

Poteaux en treillis. — Les montants des poteaux en treillis ou composés se calculent comme ceux des poteaux à âme pleine; on ne s'attarde pas à justifier cette assimilation; quant aux âmes, rivures et croisillons aucun traité n'en parle et pour cause.

La méthode qui suit et que je ne peux que résumer permet de calculer tous les éléments de tels poteaux.

Considérons *(fig. 1)*, une maille ABCD de poteau en treillis dont les

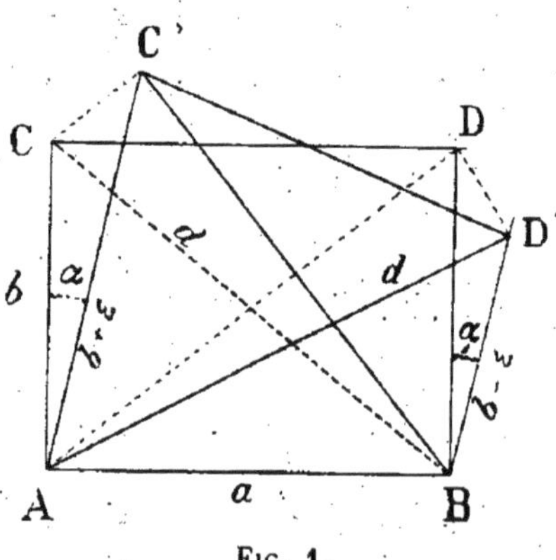

Fig. 1.

2 montants AC, BD sont seuls élastiques, les autres barres indéformables; A, B, C, D, étant des articulations.

Soit α une déviation angulaire très petite; elle est la même pour BC que pour BD; soient ε et ε' les allongements et accourcissements correspondants de ces montants. On reconnaîtra, en établissant les deux équations de liaison, qu'au 2e ordre près $\varepsilon = \varepsilon' = a\alpha$.

Considérons un poteau vertical formé d'un certain nombre de mailles

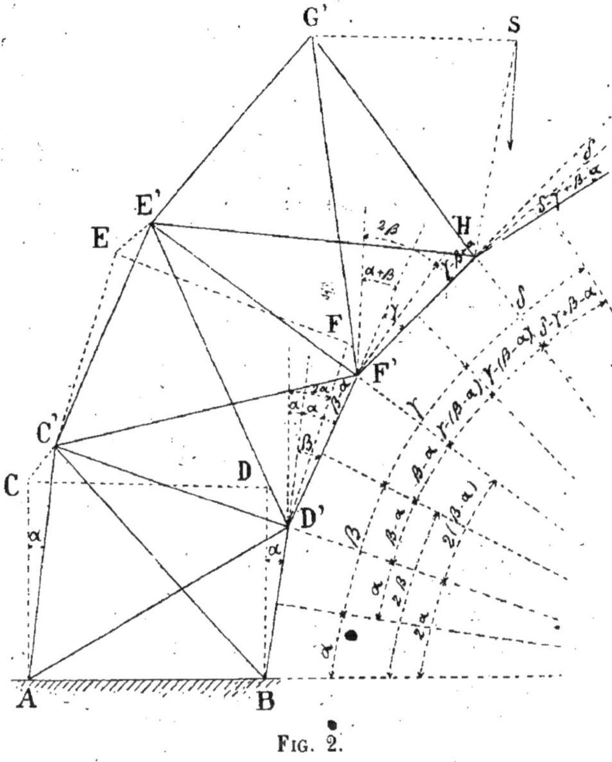

FIG. 2.

semblables, de base fixe invariable AB, chargé au sommet de son axe vertical d'un poids P.

Soit α l'angle de déviation du segment de montant inférieur avec la verticale et β, γ, δ, les angles successifs des segments de montant entre eux.

ω étant la section d'un montant, l'équation des travaux virtuels donne :

$$(1)\quad Pb\left[\alpha d\alpha + (\alpha+\beta)(d\alpha + d\beta) + (\alpha+\beta+\gamma)(d\alpha + d\beta + d\gamma) + \ldots\right]$$

$$= E\omega\frac{2a^2}{b}\left[\alpha d\alpha + (\beta-\alpha)(d\beta - d\alpha) + (\gamma-\beta+\alpha)(d\gamma - d\beta + d\alpha) + \ldots\right]$$

Désignant par I le moment d'inertie d'une section fictive normale aux montants $I = 2\omega\frac{a^2}{4}$ et posant $K = \frac{4EI}{Pb}$ on tire de l'équation (1) un système de n équations homogènes à n inconnues qui admettent pour solutions :

1° $\alpha = \beta = \qquad = \xi = 0$

2° Une infinité de valeurs de ces variables, non toutes nulles, à la condition que leur déterminant ci-dessous soit nul :

$$\begin{vmatrix} n(1-K) & (n-1)(1+K) & 1+K \\ (n-1)(1+K) & (n-1)(1-K & 1-K \\ \\ 1+K & 1-K & 1-K \end{vmatrix}$$

Posant $\frac{1-K}{1+K}=m$, divisant tous les termes par $1+K$, retranchant les unes des autres les colonnes, puis les lignes de même parité on arrive à

$$\Delta_n = \begin{vmatrix} 2m & 1 & 0 & 0 & 0 & 0 \\ 1 & 2m & 1 & & & \\ 0 & 1 & 2m & & & \\ 0 & & & & 1 & 0 \\ 0 & & & 1 & 2m & 1 \\ 0 & & & 0 & 1 & m \end{vmatrix}$$

On voit que $\Delta_n = 2m\Delta_{n-1} - \Delta_{n-2}$.

Comme dans l'étude de la pièce pleine les racines de Δ^n, toutes réelles et distinctes sont séparées par celles de Δ_{n-1}, et $\pm\infty$

on a $P=\frac{4EI}{l^2b^2}=\frac{4n^2}{K}\frac{EI}{l^2}$. l longueur totale de la pièce
n nombre de mailles.

Je ne considère que les valeurs de P les plus élevées dans chaque système; on verra comme dans l'étude précitée que celles-là seules correspondent à l'équilibre stable.

On trouve $P_4 = 2{,}53\,\frac{EI}{l^2}$

$P_5 = 2{,}50$

$P_6 = 2{,}48\,\frac{EI}{l^2}$

Je démontre plus loin que pour n infini $\lim \frac{Pl^2}{EI}$ est bien $\frac{\pi^2}{4} = 2{,}4674$

Étude des croisillons. — A la déformation de la figure 1 superposons-en une seconde dans laquelle les montants restent indéformables tandis que les croisillons AD', BC' sont élastiques. Soit α' la déviation angulaire de BD'', α'' celle de AC''; on verra par projection de contour que $\alpha'' = \alpha'$ à une quantité près d'ordre supérieur à α, α', α'' et que $PC'' = QD''$ à $R\,\frac{a}{b}\,\alpha'^{2}\alpha$ près *(fig. 3)*.

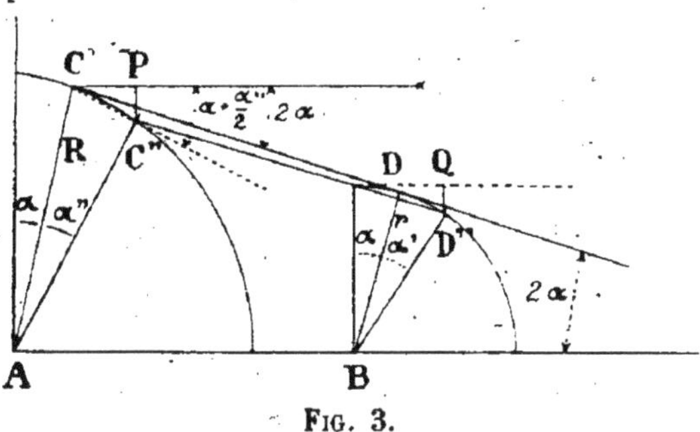

Fig. 3.

La droite C'D' peut donc être considérée comme se déplaçant parallèlement à elle-même; de plus elle n'est soumise à aucun effort longitudinal.

Considérons une déformation analogue du poteau; soient α', β_1, γ_1, les

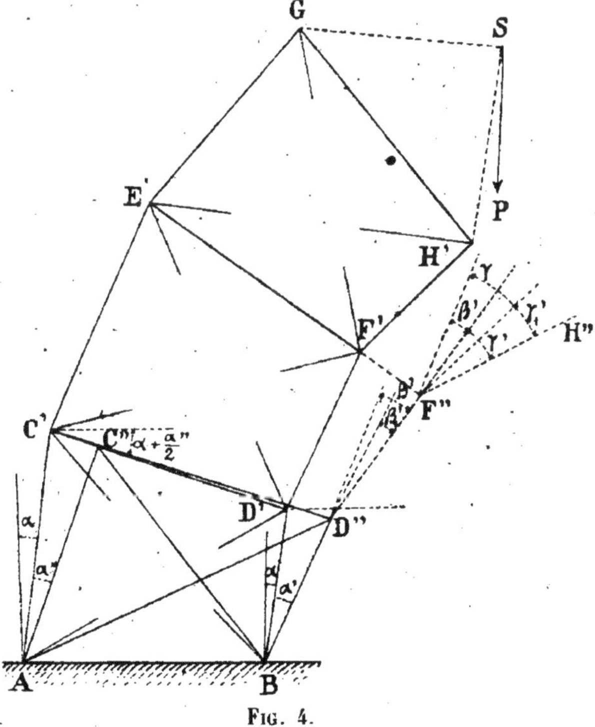

Fig. 4.

angles respectifs des barres BD'', D''F'', F''H'', avec BD', DF' FH' *(fig. 4)*, soit Δ_f le nouveau déplacement du sommet.

$$\frac{\Delta_f}{b} = \left.\begin{array}{r} \alpha' \\ +\beta'_1 \\ +\gamma'_1 \end{array}\right| d\alpha + \left.\begin{array}{r} \beta'_1 \\ +\gamma^1 \end{array}\right| d\beta + \gamma'_1 d\gamma + \ldots + \left.\begin{array}{r} \alpha \\ +\alpha' \end{array}\right| d\alpha' + \left.\begin{array}{r} \alpha \\ +\beta \\ +\beta'_1 \end{array}\right| d\beta'_1 + \left.\begin{array}{r} \alpha \\ +\beta \\ +\gamma \\ +\gamma_1 \end{array}\right| d\gamma'_1$$

Soit ϖ la section d'un croisillon, d sa longueur.

le travail élastique est $2E\varpi \dfrac{a^2b^2}{d^3}(\alpha' d\alpha' + \beta'_1 d\beta'_1 + \gamma'_1 d\gamma'_1)$;

posons $\qquad \dfrac{2E\omega}{P}\dfrac{a^2}{b^2} = K \qquad \dfrac{2E\varpi}{P}\dfrac{a^2b}{d^3} = L$

En introduisant ces nouveaux termes dans les équations du travail virtuel, posant encore $\dfrac{1-K}{1+K} = m$, puis $(1+K)(1-L) = T$ et opérant comme précédemment on arrive au déterminant :

$$\begin{vmatrix} 2m & 1 & 0 & 1 & 1 & 0 \\ 1 & 2m & 1 & 0 & 1 & 1 \\ 0 & 1 & m & 0 & 0 & 1 \\ 1 & 1 & 0 & T & 0 & 0 \\ 1 & 1 & 0 & 0 & T & 0 \\ 0 & 1 & 1 & 0 & 0 & T \end{vmatrix}$$

$$= \Delta_3 T^3 + (-8m^2 + 4m + 1)T^2 + (9m - b)T - 1.$$

Pour limiter les signes, je me borne à étudier le système à 3 mailles : m variant de la racine de Δ_3 à -1, T varie de $-\infty$ à une racine d'une équation en T^3. Portant en coordonnées les valeurs de K et de L on trouve une courbe analogue à une hyperbole; lorsque le coefficient de sécurité choisi est suffisant, K étant grand, m voisin de -1 on a l'hyperbole équilatère $(1+K)(1-L) = C^{te}$.

Les calculs sont longs; il est plus simple de supposer successivement chaque croisillon déformable, tous les autres restant indéformables. Cette étude ne peut trouver place dans ce résumé; on trouve que lorsque le nombre des mailles augmente L tend vers l'unité.

***

Effets des goussets aux articulations A, B, C, D, E, F, G, H.

Ces goussets forcent les montants à se déformer suivant des courbes successives qui se raccordent en ces points les unes aux autres, normalement aux traverses CD, EF (*fig. 5*).

Considérons d'abord une pièce formée d'un seul de ces montants, appliquons-lui le principe des travaux virtuels :

Soit b_0 la longueur du montant pour une maille, Δh l'abaissement du sommet dû aux courbures imprimées à la pièce.

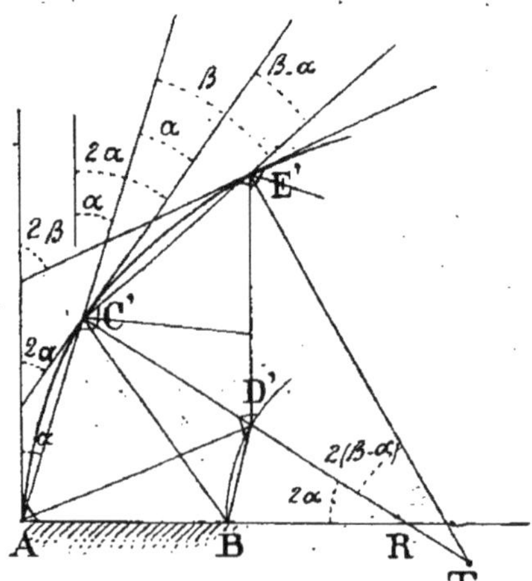

Fig. 5.

Nous trouvons pour la 1re maille $\frac{\Delta h}{b_0} = \frac{4\alpha}{3}\, d\alpha$;

pour les deux premières $\frac{\Delta h}{\beta_0} = \frac{4\alpha}{3}\, d\alpha + \frac{4\alpha + 2\beta}{3}\, d\alpha + \frac{4\beta + 2\alpha}{3}\, d\beta$.

On voit sur la figure 5 que les angles successifs à considérer sont :

$\alpha, \beta, \gamma + \alpha, \delta + \beta, \varepsilon + \gamma + \alpha, \xi + \delta + \beta, \eta + \varepsilon + \gamma + \alpha, \theta + \xi + \delta + \beta, \ldots$

Soit Γ l'un de ces angles affecté à l'extrémité inférieure d'un segment b_0 de montant, L l'angle affecté à l'extrémité supérieure, l'expression à ajouter à la somme des précédentes est $\frac{4\Gamma + 2L}{3} \times d\Gamma + \frac{4L + 2\Gamma}{3}\, dL$.

Le 2d membre de l'équation des travaux virtuels se déduit de ce que le travail élémentaire dû à une rotation η de l'une des extrémités d'un segment b_0 de montant par rapport à l'autre est $dT = \frac{EJ}{b_0}\eta d\eta$ J étant le moment d'inertie du montant et de ce que η joue ici *(fig. 5)* le même rôle que α dans la figure 2.

Le second membre se forme donc comme dans l'étude précédente.

En posant $N = \frac{EJ}{Pb_0^2}$ puis $\frac{1 - 3N}{1 + 6N} = \mu$ on obtient, pour le système à 5 termes, par exemple :

$$\Delta_5 = \begin{vmatrix} 4\mu & 1 & 0 & 0 & 0 \\ 1 & 4\mu & 1 & 0 & 0 \\ 0 & 1 & 4\mu & 1 & 0 \\ 0 & 0 & 1 & 4\mu & 1 \\ 0 & 0 & 0 & 1 & 2\mu \end{vmatrix}$$

En se reportant à l'étude précédente on voit que $2\mu = m = \frac{1 - K}{1 + K}$

d'où on tire $$K = 4N - \frac{1}{3}$$

Quand N et K sont suffisamment grands on a $K = 4N = 4\frac{EJ}{Pb_0^2}$.

C'est la même solution que pour la pièce en treillis.

Ici, il est évident *a priori* que, pour un nombre d'éléments b_0 infini, la solution sera donnée par la formule connue $P = \frac{\pi^2}{4}\frac{EI}{l^2}$. Il en résulte que pour un nombre de mailles infini le problème de la pièce en treillis admet une solution identique.

Revenons au système en treillis complet; désignons par K_1, N_1 les variables correspondant à K et N dans les études précédentes.

$K_1 = \frac{4EIn^2}{Pl^2}$ I moment d'inertie de la section fictive de la pièce en treillis articulée.

$N_1 = \frac{EJn^2}{Pl^2}$ J moment d'inertie de la section d'un montant *p. r.* à son *cdg.*

Posons $\frac{1 - 6N_1}{3} = R_1$ $\frac{1 + 12N_1}{3} = S$, $\lambda = \frac{4R - K_1}{2S - K_1}$;

on trouve par la combinaison des deux systèmes précédents :

$$\Delta_n = \begin{vmatrix} 2\lambda & 1 & 0 & 0 & 0 \\ 1 & 2\lambda & 1 & 0 & 0 \\ 0 & 1 & 2\lambda & 0 & 0 \\ & & & & \\ 0 & 0 & 0 & 2\lambda & 1 \\ 0 & 0 & 0 & 1 & \lambda \end{vmatrix}$$

On trouve donc pour λ les mêmes solutions que celles trouvées précédemment pour m.

On a donc : $\frac{1 - K}{1 + K} = \frac{4R - K_1}{2S + K_1}$ d'où $K = K_1 + 8N_1 - \frac{1}{3}$

K étant la variable étudiée au début.

On obtient donc finalement $P = \frac{E\,(I + 2J)}{l^2} \times \frac{4n^2}{K + \frac{1}{3}}$.

$I + 2J$ correspond bien au moment d'inertie de la section fictive totale CD_1.

Remplaçons cette somme par le symbole I.

Quand K croît indéfiniment $\frac{4n^2}{K + \frac{1}{3}}$ tend vers la limite de $\frac{4n^2}{K} = \frac{\pi^2}{4}$

et on retrouve encore la formule $P = \frac{\pi^2\,EI}{4l^2}$.

Influence de la rivure en M (fig. 6). — Cette rivure force les croisillons à s'incurver en prenant les flèches $NP = f = NP'$.

On trouve $2b = 2d \sin \frac{CMA}{2}$; l'angle CMA est invariable à une quantité près d'ordre supérieur à α.

On trouve aussi $NP = f = \frac{d}{2} \times \frac{\varepsilon}{a}$.

Soit F l'effort normal, en P, qui produit la flexion $F = 24\,\frac{EJ_I}{d^2} \times \frac{\varepsilon}{a}$, moment d'inertie de la section du croisillon.

Soit M le moment de flexion $= \frac{F}{2}\,\sigma$ de A en S.

Le travail de flexion de A en D est $T = 2 \times \frac{1}{2EJ_1} \int_0^{\frac{l}{2}} \frac{F^2}{4} \varsigma^2 d\varsigma$

$= \frac{6EJ_1}{d} \alpha^2.$

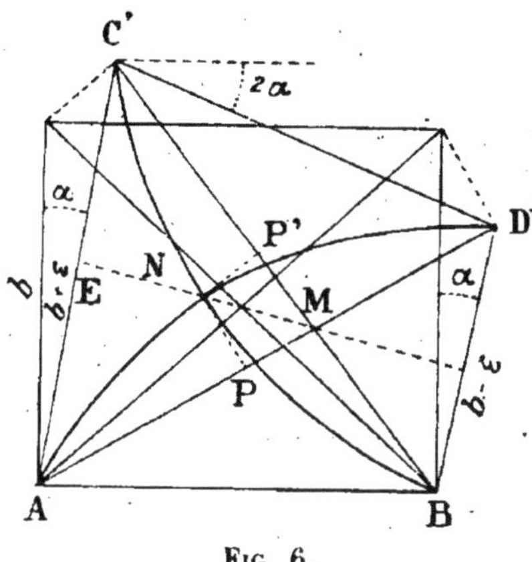

Fig 6.

On complétera donc l'équation des travaux virtuels par le terme :

$24 \frac{EJ'}{Pd} \left[\alpha d\alpha + (\beta - \alpha)(d\beta - d\alpha) + (\gamma - \beta + \alpha)(\ldots\ldots) \ldots\ldots \right]$ pour les deux croisillons.

Soit : $\frac{24EJ_1}{Pbd} 4N_2.$

Le terme 4N devra être remplacé par $4(N + N_2)$.

La valeur de P trouvée ci-dessus devient :

$$P = \frac{E\left(I + 2J + 6J_1 \frac{b}{d}\right)}{l^2} \times \frac{4n^2}{K + \frac{1}{3}}$$

et pour $n = \infty$ en renfermant $I + 2J$ dans le symbole unique I

$$P = \frac{\pi^2}{4} \frac{E\left(I + 6J_1 \frac{b}{d}\right)}{l^2}$$

OUVRAGES IMPRIMÉS PRÉSENTÉS AUX 3e ET 4e SECTIONS

M. A. Mahaut. — Divers ouvrages relatifs aux fleuves et aux canaux.

Le clou et la plaque d'acier.

2e Groupe.

SCIENCES PHYSIQUES ET CHIMIQUES

5e Section.

PHYSIQUE

Président d'Honneur. M. le professeur GUYE, Genève.
Président . . . . . . M. FAUCON, professeur à la Faculté des Sciences de Montpellier.
Secrétaire . . . . . M. le capitaine METZ, Metz-Sablons.

M. le Dr Stéphane LEDUC,
Professeur à l'École de Médécine de Nantes.

DÉCHARGE ÉLECTRIQUE EN BOULE

26 Juillet.

La lecture des livres donne l'opinion que le tonnerre en boule est une illusion, et l'éclair en trait la réalité.

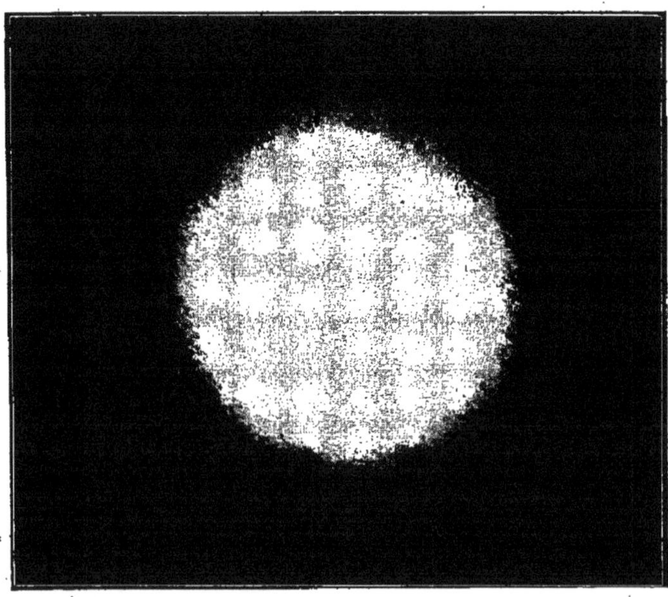

Fig. 1. — Photographie de la décharge en boule négative.

L'étude des faits donne l'opinion que le tonnerre en boule est la réalité et l'éclair en trait une illusion provenant de la persistance sur la rétine des impressions de la boule négative lumineuse se déplaçant très rapidement.

En 1899 nous avons décrit sous le nom d'étincelle globulaire ambulante la décharge d'une pointe négative sur une plaque sensible sous forme d'un

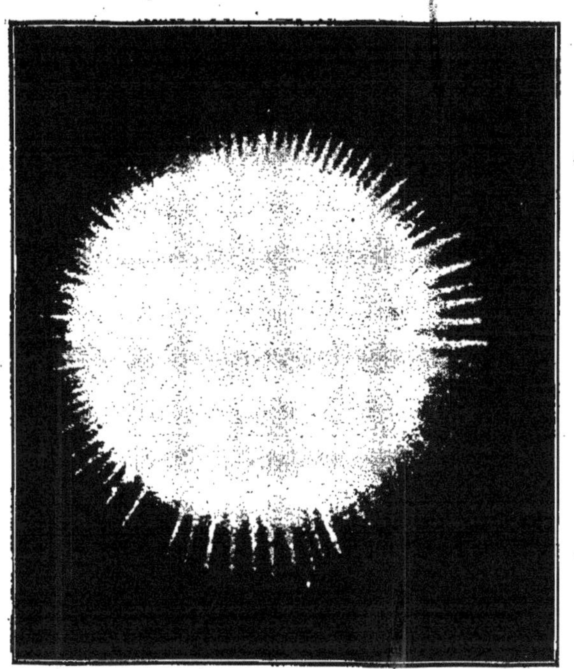

FIG. 2. — Photographie d'une décharge de boule négative lancée d'une plus grande distance.

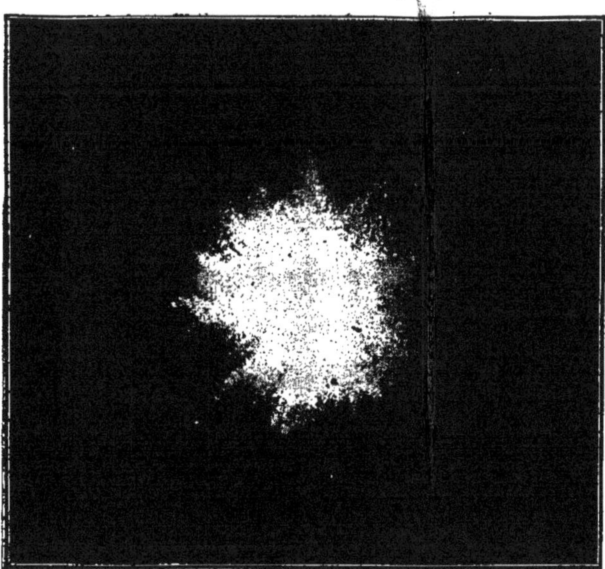

FIG. 3. — Décharge positive enveloppant de ses bras une boule négative.

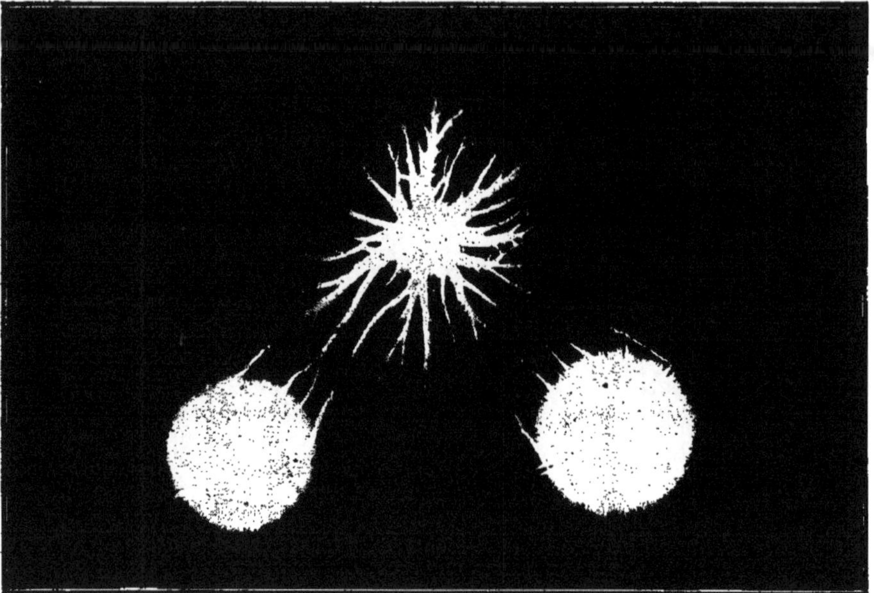

Fig. 4. — Décharges négatives et positives voisines.

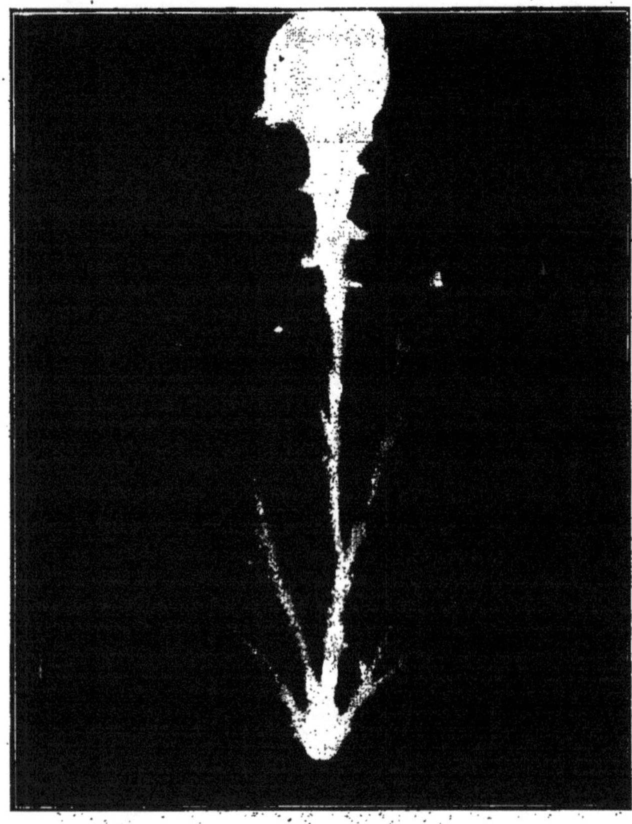

Fig. 5. — Décharge positive s'en allant envelopper complètement une boule négative immobile.

globule lumineux qui réduit l'argent et avance très lentement en faisant lui-même sa route conductrice.

En mettant une plaque sensible dans un champ électrique uniforme, parallèlement aux armatures dans l'air formant le diélectrique d'un condensateur à plateau, et en provoquant une forte décharge, on enregistre simultanément sur la plaque la décharge positive et la décharge négative. La décharge positive est toujours un effluve peu lumineux, peu photogénique. La décharge négative, dans ces conditions s'enrègistre comme une boule très lumineuse *(fig. 1 et 2)*; lorsque les décharges positive et négative se superposent, la décharge positive en effluve entoure de ses bras la boule négative *(fig. 3)*. Si les décharges ne se superposent pas, mais sont voisines, les branches de l'effluve positif se dévient pour entourer la boule négative *(fig. 4)*. Enfin la *figure 5* enregistre parallèlement à la décharge un effluve positif allant entourer complètement une boule négative immobile.

M. A. METZ,

Metz-Sablon.

LA RÉACTION UNIVERSELLE (*)

26 Juillet.

Le but de ceux qui étudient les phénomènes de la nature est de découvrir les relations entre ces phénomènes, et on estime avoir réalisé un grand progrès en démontrant qu'un ordre de faits connus se rapproche d'un autre ordre de faits (son et vibration; lumière et ondulations électriques).

Établir d'une manière certaine l'identité des phénomènes de la nature vivante et de la nature inanimée — et je crois fermement que c'est possible — serait un progrès indiscutable.

Mécanicistes et vitalistes. — Actuellement, il y a des mécanicistes et des vitalistes; mais il est difficile de trouver un point précis de contradiction entre les deux théories, leurs défenseurs n'abordant pas les mêmes sujets.

Les mécanicistes mettent en avant les progrès constants de la chimie biologique, qui nous montrent, dans les détails, que les phénomènes de la vie se ramènent, un à un, à des faits d'ordre chimique; extrapolant les progrès futurs d'après les résultats acquis, ils voient le domaine des faits biologiques inexpliqués par la Physique et la Chimie, qui se restreint

(*) Mémoire présenté aussi à la section de zoologie.

tous les jours, condamné à disparaître définitivement dans un avenir rapproché.

Les vitalistes, sans contester les progrès de la bio-chimie, se placent à un autre point de vue : « Il y a, disent-ils, entre les êtres vivants et la matière des différences essentielles, non seulement inexpliquées mais inexplicables : l'être vivant réagit et se défend, la matière est inerte. »

L'argument est le même chez tous les vitalistes, depuis l'abbé *Moreux* jusqu'à *Bergson* ; chez ce dernier il est un peu transformé, l'individu y est remplacé par *l'espèce évoluant* : l'espèce se perfectionne de manière à s'adapter d'une manière toujours plus parfaite à son milieu ; la sélection naturelle, seule interprétation causaliste de l'évolution, ne permet pas, d'après l'auteur de l'*Évolution créatrice* d'expliquer certains phénomènes remarquables (comme la formation de l'œil) ; il ne reste que l'interprétation finaliste : tout se passe comme si la nature animée, essentiellement différente en cela de la nature inanimée, obéissait à une *fin* de progrès constant et *tendait* à former, au cours d'une lente évolution, un être supérieurement adapté, l'homme.

De leur côté, les mécanicistes passent généralement sous silence cette difficulté, ils ne discutent même pas : pour eux, il n'y a pas de réaction ou de défense véritable de l'organisme : il n'y a que des apparences ; il n'y a pas de causes finales, et en parler est antiscientifique ; il y a seulement des actions chimiques à l'intérieur des cellules et entre les cellules, qui peuvent donner un résultat apparemment en harmonie avec une fin de défense de l'individu ou d'adaptation de l'espèce ; mais en réalité ces actions sont déterminées par des œuvres efficientes que les progrès de la science découvriront un jour, si ce n'est déjà fait.

La réaction universelle. — Mais est-il vrai que la réaction, ou l'adaptation (c'est la même chose) soit propre aux êtres vivants ? Il semble bien, au contraire, que la matière soit un élément qui toujours résiste, réagit, s'adapte ; on pourrait même prendre cette propriété comme la définition de la matière, puisque le vide ne résiste pas.

Dans toutes les manifestations naturelles nous retrouvons des lois qui s'énoncent d'une manière analogue : *lois de Berthollet* sur les mélanges chimiques ; loi de *Lenz* en électricité ; lois du déplacement de l'équilibre en thermodynamique ; lois de l'élasticité des solides et des gaz en mécanique. — Toutes ces lois peuvent, dans ce qu'elles ont d'essentiel, être ramenées à un énoncé commun :

« *Étant donné un système en équilibre avec le milieu environnant, toute modification extérieure agissant sur lui, suffisamment petite, produit une transformation du système qui, réagissant sur le milieu extérieur, amène un nouvel état d'équilibre aussi voisin que l'on veut du premier.* »

Interprétation. — Quelques remarques sur cet énoncé :

Un système *en équilibre* est un cas pratique extrêmement général : la Physique, la Chimie, la Mécanique nous apprennent que les phénomènes qui se réalisent autour de nous aboutissent (en théorie, *asymptotiquement*; mais, en pratique, très rapidement) à des états de repos apparent ou de « régime permanent » qui constituent « l'équilibre ». — La loi précédente s'applique, par continuité, à ces cas d'équilibre pratique suffisamment voisins de l'équilibre théorique.

Les équilibres de la nature sont *stables* ou *faux*, l'équilibre instable étant irréalisable. Le « faux équilibre » est caractérisé par ce fait (dû à des « frottements ») qu'une modification extérieure suffisamment petite *n'agit pas* sur le système considéré; il est donc écarté par l'énoncé même. — Reste donc l'équilibre stable : l'énoncé est presque semblable, dans ses termes, à la définition de l'équilibre stable; mais il met surtout en lumière le fait, très important, qu'il se produit un nouvel équilibre.

Ce qui est également très important, c'est que, pour une modification extérieure *suffisamment petite*, le nouvel état d'équilibre est *aussi voisin que l'on veut du premier*, car cela indique que l'on passe d'un état à l'autre d'une *manière continue*,

La rupture. — D'ailleurs on sait par expérience que si les perturbations extérieures deviennent suffisamment fortes, dans presque tous les cas l'équilibre se trouve *rompu* pendant un temp splus ou moins long, et il y a alors une succession de phénomènes dynamiques (ruptures, explosions, chutes) qui finissent par amener un nouvel état d'équilibre, mais après une *discontinuité*.

Élasticité et déformations permanentes. — L'étude des phénomènes physiques et mécaniques, en particulier l'étude d'un barre d'acier étirée sous l'action d'une force de traction, nous montre qu'on peut décomposer les déformations en deux périodes distinctes, lorsque, partant du repos, l'action extérieure va en croissant :

D'abord une période de déformations dites « élastiques », telles que, si la modification extérieure cesse, le système revient exactement à son état premier.

Puis une période où les perturbations extérieures, plus fortes, laissent leur empreinte sur le système sous la forme d'une *déformation permanente* subsistant même après leur disparition.

Enfin, pour une valeur suffisamment forte de la perturbation, il y a *rupture* du système.

La deuxième période, celle des déformations permanentes, peut sans doute s'expliquer par des sortes de ruptures *partielles* affectant des fractions de l'ensemble qui constitue le système considéré.

Ces phénomènes de résistance de la matière aux agents extérieurs, nous les retrouvons dans toutes les manifestations de la nature; l'existence des deux périodes (élasticité et « déformations permanentes ») est le cas général; dans certains ordres de phénomènes, ou dans certains cas particuliers, l'une des périodes peut manquer. Mais le principe de la « réaction universelle » énoncé plus haut s'applique toujours.

L'adaptation chez les êtres vivants. — Les phénomènes d'adaptation chez les êtres vivants ne sont qu'un cas particulier rentrant dans la règle de la réaction universelle.

Les êtres vivants sont des transformateurs d'énergie constamment en action, et à ce titre ils semblent ne pas devoir rentrer dans la catégorie des systèmes en équilibre; en réalité, d'après les constatations expérimentales, les transformations qui s'y passent sont extrêmement voisines, au point de vue thermodynamique, des transformations *réversibles*, c'est-à-dire que les êtres vivants sont constamment dans un état extrêmement voisin de *l'équilibre avec le milieu extérieur*, à ce point qu'on peut leur appliquer sans crainte les lois de l'équilibre que nous appliquons pratiquement tous les jours à des systèmes qui méritent beaucoup moins cette assimilation.

Ceci posé, nous ne pouvons pas encore suivre en détail, dans l'état actuel de la Science, le processus de toutes les réactions qui aboutissent à produire les merveilleuses adaptations des êtres vivants; mais nous pouvons, en examinant ces phénomènes, constater qu'ils sont du même ordre que les adaptations de la matière, en ceci qu'ils obéissent à la loi de la réaction universelle.

On observe, en effet, dans les phénomènes de réaction de l'individu, comme dans ceux de transformation des espèces, les périodes *d'élasticité*, de *déformation permanente*, de *rupture* (j'emploie à dessein les expressions de la mécanique).

Par exemple, les *maladies* des êtres vivants ne sont (c'est la science moderne qui nous l'enseigne) dans leur évolution comme dans leur guérison, que des séries de réactions successives de l'individu et de ses organes, se terminant par : la guérison complète; une demi-guérison qui laisse au patient des traces permanentes de la maladie; ou enfin la mort, suivant le degré de gravité de l'affection et de la résistance de l'individu.

Les *régénérations* ne sont que le résultat de l'élasticité de l'être vivant, qui fait qu'après une perturbation, il tend à reprendre le *même* état qu'auparavant; lorsque la régénération ne se fait pas, le fait s'interprète, par analogie avec les propriétés mécaniques de la matière, en disant que dans le cas envisagé la limite d'élasticité est dépassée : il y a rupture partielle et déformation permanente, subsistant après disparition de la perturbation.

La *reproduction* n'est, dans cette interprétation, qu'un cas particulier de la régénération, une seule cellule pouvant régénérer tout l'individu pour rétablir l'état d'équilibre.

Les *instincts*, les *réflexes* et tous les actes conscients ou non de l'individu se ramènent à des réactions; les instincts collectifs se rapportent au cas où une société d'êtres vivants forme un tout dont les éléments se complètent l'un l'autre, en équilibre avec le milieu.

L'évolution des especes. — Si l'on veut parler de l'évolution, on voit d'abord se poser le problème de l'*hérédité.* — Je crois qu'on peut admettre à l'heure actuelle que la ressemblance entre un être vivant et ses parents est due à deux facteurs, *nécessaires* tous deux, mais dont aucun pris isolément n'est *suffisant :*

1° La cellule initiale a *quelque chose* (sans qu'on puisse savoir encore la nature de ce quelque chose) qui lui vient de ses parents et qui le distingue des autres cellules (part de la « prédétermination » dans l'hérédité) ;

2° Ses conditions d'existence — surtout les conditions initiales — sont les mêmes, sensiblement, que celles de ses parents aux stades correspondants de son développement (c'est la part des « causes actuelles »).

Ceci posé, si nous supposons qu'une modification de milieu (au sens très étendu du mot milieu) s'est produite à une époque donnée de l'histoire de l'espèce, et si depuis de longues générations elle a persisté, l'espèce se sera adaptée; au bout d'un temps suffisant, les enfants se trouvant régulièrement dans les mêmes conditions que leurs parents à chaque stade de leur développement, leur ressemblent (*).

Mais supposons que la modification du milieu disparaisse; les individus vont-ils revenir à la forme primitive? *Oui*, si la limite d'élasticité vis-à-vis de la transformation considérée n'a pas été dépassée. — Si cette limite a été franchie, les descendants pourront garder *une trace* de la modification subie par leurs ancêtres; c'est ce qu'on appelle un *caractère fixé.* Deux conditions sont nécessaires pour cela :

1° Que la modification du milieu ait déjà amené une « déformation permanente » chez les individus des générations qui ont subi la modification, puis le retour à l'état antérieur;

2° Que cette déformation ait réagi (par l'intermédiaire des fonctions vitales qui font que dans l'être vivant tout se tient) sur les cellules germinales contenues dans ces individus, de manière à donner, chez ceux

(*) Cela ne veut pas dire nécessairement que, si la première modification du milieu s'est produite au cours de la vie adulte de certains individus, leurs descendants, qui ont subi le milieu modifié depuis leur conception, soient semblables à leurs parents qui l'ont subi sur le tard; dans ce sens *l'hérédité des caractères acquis* ne semble pas nécessaire. Ce qui est certain, c'est l'utilité des caractères acquis : ceux qu'ont acquis les descendants, comme ceux qu'avaient acquis les parents, sont, en effet, des adaptations au nouveau milieu.

Cependant il est remarquable de constater que chez beaucoup d'espèces, surtout parmi les plus « évoluées » l'une des réactions de l'espèce au milieu consiste à faire *protéger* le jeune individu par sa mère, et à le préserver, en particulier, du milieu modifié jusqu'à ce qu'il soit en âge de supporter la modification; on peut considérer l'œuf des ovipares, la gestation des vivipares, les instincts maternels et familiaux comme destinés à reconstituer pour le jeune être les milieux successifs où a vécu l'espèce aux stades antérieurs de son évolution. — Cette interprétation, se basant sur la théorie des causes actuelles, permettrait d'expliquer à la fois l'hérédité des caractères acquis et les ressemblances ancestrales des embryons.

de la génération suivante, une déformation permanente (pas forcément la même que celle des parents). A partir de là, la nouvelle forme étant, elle aussi, un état d'équilibre, subsistera tant qu'il n'y aura pas une cause suffisante pour la modifier encore.

Les caractères *fixés* après déformations subies par une seule génération sont très rares (les amputations, par exemple, ne se fixent pas) : cela vient sans doute de ce que ces déformations subies à l'état adulte, viennent en général trop tard pour pouvoir exercer sur les cellules germinales une influence donnant lieu à déformation permanente.

Sélection et lutte pour la vie. — La théorie précédente est conforme à la *thèse de Lamarck* : « La fonction crée l'organe. »

La *sélection naturelle*, unique base de l'évolution d'après les *néo-darwiniens*, n'a plus dans cette interprétation qu'un rôle secondaire; elle élimine, lors d'une modification de milieu suffisamment forte, les individus moins bien constitués pour lesquels celle-ci se trouve trop forte et provoque la rupture, c'est-à-dire la mort.

La *concurrence vitale* force les êtres vivants à rechercher des conditions d'existence de plus en plus compliquées, de plus en plus éloignées des conditions primitives; elle force un être ainsi exilé à se défendre contre de nombreux périls différents les uns des autres, et à se plier à des conditions de vie pouvant varier dans de larges limites; l'adaptation à de telles conditions ne peut se faire que par une complication croissante; c'est ce qu'on appelle *le progrès*; c'est donc la lutte pour la vie qui transforme l'*adaptation* en *progrès*; c'est ainsi que se créent des organes et des systèmes de plus en plus compliqués, aboutissant à la formation des espèces supérieures.

Conclusion. — La théorie ou plutôt l'esquisse de théorie qui précède, ne peut avoir la prétention de pousser, en quelques lignes, jusqu'au bout de la discussion; ce qui m'a frappé c'est l'*assimilation* possible des phénomènes de la vie à ceux de la nature inanimée, qui semble devoir trancher le différend entre vitalistes et mécanicistes.

Personnellement je ne crois pas à l'assimilation possible entre l'esprit humain et la matière; mais d'après ce qui précède je crois que *les faits de la vie des plantes et des animaux sont essentiellement du même ordre que les phénomènes du reste de la nature.*

6e Section

CHIMIE

Présidents d'honneur. . Le Professeur GESCHÉ, Gand.
Le Professeur MOURÊLO, Madrid.

Président . . . . . . Le Professeur DE FORCRAND DE COISELET, Montpellier.

MM. LE Dr TIFFENEAU,

Agrégé à la Faculté de Médecine,

ET

OREKHOFF,

Paris.

TRANSPOSITIONS MOLÉCULAIRES DANS LA SÉRIE DE L'HYDROBENZOINE

547.64.

27 Juillet.

Dans la déshydratation des alcoylhydrobenzoïnes par l'acide sulfurique dilué à chaud, il y a formation d'acétaldéhydes trisubstitués avec transposition phénylique (*Tiffeneau* et *Dorlencourt*), tandis que par l'acide sulfurique concentré à froid, on obtient tantôt des alcoyl-désoxybenzoïnes sans transposition (*Orekhoff*), tantôt ces mêmes produits accompagnés de diphénylacétones formés à la suite d'une transposition phénylique (*Tiffeneau* et *Orekhoff*). Tandis que dans le premier cas, qui est normal, il y a élimination de l'oxhydrile tertiaire et persistance, sous la forme aldéhydique, de l'oxygène de l'oxhydrile secondaire, dans le dernier cas, c'est l'oxhydrile secondaire qui paraît éliminé, alors que l'oxygène qui persiste sous la forme cétonique est fourni par l'oxhydrile tertiaire. Ainsi, la qualité du réactif conditionne la nature de l'oxhydrile éliminé et son mode d'élimination.

Les substitutions sur le noyau benzénique exercent une influence analogue, c'est ainsi que le trianisylglycol se transpose en trianisylacétaldéhyde, tandis que le triphénylglycol se transforme sans transposition en cétone ou en oxyde d'éthylène correspondant. D'une façon générale, dans les cinq cas étudiés, chaque fois qu'il existe un groupe anisyle fixé près de la fonction alcool secondaire, il y a transposition et non quand c'est un groupe phényle ; quant à l'oxhydrile éliminé, c'est tantôt le secondaire, tantôt le tertiaire.

M. TIFFENEAU,

Paris.

1° ACTION SYMPATHOMIMÉTIQUE DE LA PELLETIÉRINE

27 juillet.

Au point de vue cardiovasculaire, la pelletiérine se comporte comme les bases sympathomimétiques en provoquant une vasoconstriction intense qui se traduit par une élévation brusque et passagère de la pression artérielle coïncidant avec une diminution de volume du rein. Comme pour l'adrénaline, cette action sympathique ne s'accompagne pas d'accélération cardiaque mais bien d'un ralentissement très marqué avec pulsations d'une amplitude démesurée; cela tient à l'excitation secondaire des centres des vagues dont les effets sont prédominants. Après atropine, ce ralentissement fait place à l'accélération due à l'excitation du sympathique. L'isopelletiérine (pelletiérine urémique) agit de même mais avec une intensité moindre. La pseudo-pelletiérine, la méthylpelletiérine, ainsi que la cicutine qui constitue le support chimique de la pelletiérine, n'ont pas d'action sympathomimétique.

2° DIFFÉRENCIATION DES ONABAÏNES PAR LEUR TOXICITÉ

L'onabaïne *Arnaud* actuellement dans le commerce est extraite du *Strophantus gratus;* sa toxicité sous-cutanée chez le cobaye et intraveineuse chez le lapin ne correspond pas à celle donnée en 1888 par *Gley* pour l'onabaïne de l'onabaïo, bien que l'identité chimique de ces deux onabaïnes ait été démontrée alors par *Arnaud.* D'autre part, deux onabaïnes *Arnaud* très anciennes, l'une antérieure à 1900, l'autre datant de cette époque, présentent des toxicités atténuées qui dans un cas atteignent une valeur trois ou quatre fois moindre. La toxicité sur la souris, animal relativement réfractaire, a été également étudiée : on observe, chez cet animal, pour une dose moitié moindre que la dose toxique une paralysie des membres antérieurs et postérieurs qui peut servir de seuil pour l'étude comparative des onabaïnes.

De ces faits, on peut tirer les conclusions suivantes : 1° l'onabaïne du *strophantus gratus* et celle de l'onabaïo, qui ont été considérées par *Arnaud* comme chimiquement identiques, présentent certaines différences dans leur toxicité pour divers animaux; 2° L'onabaïne *Arnaud* conservée à l'état cristallisé, paraît subir sous l'influence du temps, certaines transformations qui, sans changer son aspect physique, atténuent notablement sa toxicité.

MM. LE PROFESSEUR PAUL HENRY,

ET

LE PROFESSEUR R. DE FORCRAND (*)

SUR LES POINTS DE FUSION DES CARBURES FORMÉNIQUES (**)

547.21

27 Juillet.

Nous savons tous depuis longtemps que, dans une même série homologue les points d'ébullition varient d'un terme à l'autre progressivement. Le cas des alcools primaires naturels normaux, celui des acides gras, et d'autres sont classiques. Il en est de même par exemples des carbures forméniques.

Mais lorsqu'on cherche à étendre la même remarque aux points de fusion on éprouve tout de suite une déception. Elle est due en partie à l'absence de données certaines pour un trop grand nombre de termes. Elle est due surtout à ce que, dans les cas où quelques résultats sont connus, l'aspect de la courbe apparaît irrégulier, les variations se faisant par saccades, et ne semblant plus obéir à une loi simple.

Pourtant, pour quelques séries on a pu déjà mettre un peu d'ordre dans ce chaos apparent. C'est ainsi que *Baeyer*, dès 1877, puis *Louis Henry*, en 1885 (*), ont remarqué une alternance très frappante des points de fusion dans la série homologue des acides oxaliques. Si, disent-ils, le nombre d'atomes de carbone d'un de ces acides est pair, la courbe s'abaisse lorsque l'on passe à l'homologue immédiatement supérieur impair ; de là elle se relève pour passer au suivant qui est pair, et ainsi de suite. De sorte que la courbe qui rejoint tous les points figuratifs consécutifs est « en dents de scie », présentant une suite de points plus élevés qui alternent avec des points moins élevés les premiers correspondant à une condensation paire, les autres à une condensation impaire.

Dans un travail d'ensemble sur les points de fusion des acides gras saturés, notre savant collègue M. *Massol* est arrivé à des conclusions ana-

---

(*) Je dois m'excuser de ne pouvoir présenter au Congrès qu'un travail encore très incomplet sur les variations des points de fusion des carbures d'hydrogène aliphatiques. Je l'avais commencé à Montpellier avec la collaboration précieuse du Professeur PAUL HENRY, de l'Université de Louvain. Il fut interrompu par la mort de notre savant collègue, le 1er janvier 1917.

C'est du moins pour moi un devoir de faire connaître les quelques résultats que nous avions obtenus ensemble et qu'il se proposait de compléter avec moi. Ce sera un faible hommage rendu à sa mémoire.

(**) *C. R.* t. 100, p. 60 (1885).

logues. Il y a en réalité deux courbes à considérer, l'une pour les termes de condensation paire C^{2n}, l'autre pour les acides C^{2n+1}, la première passant toujours au-dessus de l'autre, et les deux courbes tendant à se confondre pour une condensation en carbone très grande.

En outre le graphique de M. *Massol*, indique pour les cinq premiers termes (de C^1 à C^5) une irrégularité spéciale, mais encore toujours l'alternance.

La question en était là lorsque nous nous proposâmes, *P. Henry* et moi de faire une étude pareille des points de fusion des carbures aliphatiques, et d'abord des carbures saturés normaux.

En nous reportant aux travaux déjà publiés nous vîmes d'abord que notre courbe se composait de deux parties :

La première correspondait aux faibles condensations en carbone :

C 89°,4 (absolu) C^2 100°,5 $C^3 < 83°$ C^4 138° C^5 125°,5 C^6 179°,5
Différence : + 11°,1 — $>$ 17°,5 + $<$ 55° — 12°,5 + 54°

et, dans cette première région l'alternance est très marquée.

Puis nous avions une interruption pour l'heptane normal $C^7 4^{16}$, dont le point de fusion n'a pas été déterminé. L'octane, en C^8 nous donnait 174°,8 d'après *L. F. Guttmann* (*), et le nonane normal : 222 degrés.

Enfin, à partir de C^9 venait une suite de points alternants qui montrent que d'un terme à l'autre il y a élévation du point de fusion, mais plus grande toujours lorsqu'on passe d'un impair à un pair que de ce dernier à son homologue impair. Les différences d'ailleurs s'atténuent peu à peu.

En un mot cette seconde région ressemble tout à fait à celle des acides gras de grande condensation : deux courbes en réalité, l'une pour les carbures de degrés pair, l'autre pour ceux de degré impair, les deux courbes se rapprochant peu à peu et tendant à se confondre vers le haut du graphique, à s'éloigner vers le bas.

Mais il est aisé de voir sur notre dessin que les deux régions ne se raccordent pas.

C'est pourquoi nous avons cru devoir reprendre la détermination du point de fusion de l'octane normal, dont nous possédions un échantillon (Kahlbaum) très pur (**) ; nous avons trouvé ainsi pour ce point de fusion — 57°, 4 soit 215°,6 abs., et non pas — 98°,2 soit 174°,8 comme l'indique *L. F. Guttmann*. Nous avons fait deux fois cette mesure, et la différence : 98°,2 — 57°,4, de plus de 40 degrés nous paraît inexplicable.

Il suffit de se reporter à notre graphique pour voir que le point C^8 se relie désormais très régulièrement avec C^4, C^6, C^{10} et forme avec eux une

(*) *I. Am. Chem. Soc.* t. 29 p. 345 à 348, 3. 1907. — Extrait dans le *B. Soc. Ch. F.* 4e série t. 4 p. 299 1908.

(**) Nous avons trouvé, pour notre échantillon + 125°,2 comme point d'ébullition sous 760mm et 0,7184 comme densité 0/4°, tandis que Thorpe (*I. Chem. Soc.* t. 37 p. 217 1880) donne pour l'octane normal : + 125°,46 sous 760mm, et 0,7178 à 0/4°.

courbe bien nette, les deux régions se reliant alors l'une à l'autre par le haut.

Nous avons d'ailleurs vérifié que l'hexane normal fond réellement à — 93°,5, soit 179°,5 abs. comme l'indique *L. F. Guttmann.*

A vrai dire il eût été désirable de déterminer le point C^7, mais nous ne possédions pas d'échantillon d'heptane normal pur. Nous nous proposions d'en préparer, projet que nous ne pûmes pas, hélas, réaliser, mais en vérité le point C^7 restant seul inconnu dans cette région, il n'est guère utile d'avoir une détermination directe. Il suffit de tracer la courbe des condensations impaires passant par C^5, C^9, C^{11} pour fixer, avec une approximation bien suffisante la place de C^7, soit 179° abs.

Et dès lors nos deux courbes donnent un fuseau très régulier.

Quant au point C^3 il demeure incertain. Lors de ses recherches sur le propane M. *Lebeau*(*) a constaté que ce carbure restait liquide dans l'air liquide récemment préparé, soit à — 195° (plus exactement sans doute — 190°, soit 83° abs.). On voit sur notre graphique que si l'on prolonge la courbe passant par les points C^5, C^7, C^9, C^{11}, on arriverait à fixer le point de fusion du propane un peu au-dessous de — 223° soit 50° abs (**). C'est, de tous les carbures forméniques normaux celui qui se solidifie à la température la plus basse. Il joue ici le même rôle que l'acide valérique (C^5) dans la famille des acides gras.

Je ne proposerai pas de modification pour le point correspondant à l'éthane (C^2), bien que M. *Lebeau* ait constaté aussi qu'il restait liquide dans l'air liquide (83°) et que le prolongement de notre courbe indique en effet 75° environ, car ici nous touchons aux tout à fait premiers termes de la série pour lesquels il faut toujours s'attendre à des irrégularités. D'ailleurs le point de fusion de l'éthane a été déterminé deux fois, et, semble-t-il, avec beaucoup de soin, d'abord par *Ladenburg* et *Krugel* en 1900 (100°,9), puis par *Cordoso* et *Bell* en 1912 (100°,5) ; la concordance de ces deux expériences inspire confiance ; d'autre part l'observation de M. *Lebeau* peut s'expliquer par la surfusion ; il n'est pas impossible qu'un corps se solidifie à 100°,5 abs. reste liquide à 83° abs. En somme le prolongement de notre courbe C^4, C^6, C^0 peut aussi bien passer par 100°,5 pour C^2 et aller rejoindre le point de fusion du méthane à 89°,4.

Nous aurions désiré étendre ces recherches à d'autres séries, notamment aux carbures non saturés ; mais dans ce domaine c'est toute une étude expérimentale à faire car parmi les carbures éthyléniques et acétyléniques seuls l'éthylène et l'acétylène ont un point de fusion connu. Il en est à peu près de même pour les carbures cyclaniques, bien que là pourtant on ait quelques déterminations indiquant aussi l'alternance.

Pour les *silanes*, les belles recherches de *Stook* et de ses élèves nous permettent déjà d'amorcer la courbe des silanes saturés, grâce aux quatre

---

(*) *C. R.* t. 140 p. 1454. 1900

(**) La question vient d'être tranchée pour le propane par M. I. Timmermans (*I. Chimie physique*, t. 18, p. 134, juillet 1920) qui a trouvé : 187°,8 soit 85°,2 abs.

premiers termes connus. La courbe part de 88°, pour $Si H^4$ (qui se solidifie presque à même la température que $C H^4$), puis elle passe par Si^2, Si^3, Si^4, indiquant une alternance très nette et des les premiers termes; donc deux courbes encore, l'une en haut pour la condensation paire, l'autre plus basse, mais tendant à rejoindre la première, pour la condensation impaire. Par extrapolation on peut fixer à environ 189°,5 et 205° respectivement les points de fusion des silanes en Si^5 et Si^6.

Il faudrait pourtant se garder de trop vite généraliser, car il est des familles comme celles éthers sels auxquelles ces remarques ne s'appliquent certainement pas.

M. le Professeur Marcel DELÉPINE,

Paris.

SUR QUELQUES CAS D'ISOMÉRIE DANS LES COMPLEXES DE L'IRIDIUM

546.93

27 Juillet.

L'action de la pyridine sur un chloro-iridite conduit aux pyridino-pentachloro-iridites $Ir (C^5 H^5 N) Cl^5 M^2$, si elle a une courte durée; mais si on la prolonge, elle donne des dérivés dipyridinés $Ir (C^5 H^5 N)^2 Cl^4 M$. Comme le prévoit la théorie de *Werner*, il y a deux séries de dérivés dipyridinés, les uns jaunes orangés, les autres rouges.

M. *Delépine* expose comment on prépare ces corps. Il s'est demandé quelle constitution pouvaient avoir respectivement les sels rouges et les sels jaunes ; cela a nécessité une longue série de recherches non encore terminées qui ont consisté à rattacher l'une ou l'autre de ces séries à d'autres dérivés dipyridinés dont la constitution eût été connue.

A cet effet, il a introduit de la pyridine dans $Ir (C^2 O^4) Cl^4 M^3$, $Ir (C^2 O^4)^2 Cl^2 M^3$, $Ir (C^2 O^4)^3 M^3$. Il a obtenu les sels $Ir (C^5 H^5 N) (C^2 O^4) Cl^3 M^2$ et $Ir (C^2 O^4)^2 (C^5 H^5 N)^2 M$. Ceux-ci se forment identiquement à partir des deux derniers sels. On pouvait supposer que le dipyridino-dioxalato-iridite dérivé de l'irido-trioxalate était dissymétrique et dédoublable optiquement comme l'est le trioxalate lui-même. Ses sels de strychnine sont cependant indédoublables. Il y a donc eu transposition pendant l'introduction de la pyridine.

En effet, le sel $Ir (C^2 O^4)^2 Cl^2 K^3$ (celui de *Vèzes* et *Duffour*) a pu être dédoublé. Il n'en formait pas moins le même dérivé dipyridiné indédoublable. Il s'est donc transposé pendant l'opération. Mais s'il est transposable, il doit pouvoir se transformer en l'isomère possible (trans, avec

Cl^2 en 1.6). M. *Delépine* montre un échantillon magnifique de ce sel indédoublable par la strychnine ; il ajoute que dans la préparation du premier il se fait toujours de l'indédoublable (ainsi que des matières incristallisables).

Le Ir $(C^2O^4)^2$ Cl^2K^3 indédoublable donne très facilement le même dérivé dipyridiné que le dédoublable et le trioxalate, ce qui vient confirmer la transposition supposée, lors de l'action de la pyridine sur ces derniers.

Enfin, M. *Delépine* montre les relations existant entre les sels rouges et les dipyridino-dioxalates, ceux-ci pouvant donner les premiers dans des conditions où la pyridine ne change certainement pas de place. Les sels rouges seraient donc les isomères trans Ir $(C^5H^5N)^2_{1,6}$ Cl^4 K.

Lors de la préparation de Ir $(C^5H^5N)^2$ C^2O^4 K par Ir $(C^2O^4)^2$ Cl^2K^3 ou Ir $(C^2O^4)^3$ K^3 il se fait toujours de grandes quantités (7/10) de matières incristallisables. Celles-ci se rattachent au dipyridiné jaune Ir $(C^5H^5N)^2$ Cl^4, K en lequel on a pu les transformer. Ce qui confirme le résultat précédent.

Ces recherches établissent donc que dans les complexes de l'iridium, il peut se présenter toutes sortes d'isoméries et de transpositions ; l'exposé précédent n'est qu'un coin bien faible du champ à explorer. M. *Delépine* a aussi insisté sur la lenteur des diverses réactions qu'il a dû utiliser en vue de ses démonstrations. Plusieurs heures de chauffage à 130° sont souvent nécessaires.

M. P.-Th. MULLER

SUR L'ÉNERGIE LIBRE DES SYSTÈMES CONDENSÉS AUX TRÈS BASSES TEMPÉRATURES

541.11

27 Juillet.

L'énergie libre dégagée lorsqu'un système liquide amorphe, tel que l'eau, passe à l'état cristallisé est donnée par la formule RT log. Nép. $\frac{f}{f'}$, où T est la température absolue, f la tension de vapeur du système amorphe et f' la tension de vapeur du système cristallisé. — Cette formule qui n'invoque que l'application de la loi des gaz parfaits aux vapeurs très diluées semble devoir s'appliquer jusqu'aux plus basses températures. — Par conséquent il faut admettre que l'énergie libre relative au passage de l'état amorphe à l'état cristallisé devient nulle vers le zéro absolu ; à moins que nous ne supposions que la tension de vapeur du système amorphe dépasse infiniment celle du système cristallisé. — Si nous écartons provisoirement cette dernière hypothèse et si, conservant la formule précitée, nous appliquons en outre le *théorème de Nernst* au système condensé, il est aisé de trouver des formules en $\alpha T^2 + \beta T^3 + \gamma T^4$ où α, β, γ sont des constantes et qui, chose surprenante, semblent représenter avec exactitude l'allure de la chaleur de fusion de la glace, le rapport $\frac{f}{f'}$ dans la région où ces quantités ont été déterminées expérimentalement et aussi les valeurs de la différence entre la chaleur spécifique de l'eau liquide et celle de la glace.

Ces formules présentent plusieurs singularités dans la région non encore explorée du zéro absolu. — L'auteur se propose en conséquence de continuer quelques recherches théoriques dans cette direction.

MM. le Professeur Marcel DELÉPINE,
Paris,
et
Pierre JAFFEUX

SUR LE SULFURE DE PROPYLÈNE $CH^3\,CH - CH^2$ (CH — CH² liés par —S—)

547.212.3. — 4

27 Juillet.

Les travaux entrepris jusqu'à ces temps derniers avaient montré que la formation de chaînes fermées à trois éléments, dont un de soufre, était très difficile. On n'y avait jamais réussi et même, un savant russe, *Grichkévitch-Trokhimovsky*, ayant pu préparer les noyaux supérieurs à 4, 5, 6 et 7 éléments, dont un de soufre et ayant constaté que la stabilité diminuait de ceux de 6 à ceux de 4, en avait conclu que les noyaux à trois éléments ne semblaient pas devoir exister.

M. Delépine a montré tout récemment que l'on pouvait parfaitement préparer le sulfure d'éthylène monomère correspondant à l'oxyde d'éthylène connu depuis longtemps.

$$\underbrace{CH^2 - CH^2}_{S} \text{ correspondant à } \underbrace{CH^2 - CH^2}_{O}$$

En son nom et au nom de son collaborateur, *M. Jaffeux*, il expose à la

Section que les réactions qu'il avait utilisées dans ce but conviennent aussi à la préparation du sulfure de propylène. On fait agir le sulfure de sodium neutre sur le chlorosulfocyanate 1,2 ou le disulfocyanate 1,2 de propylène.

$$CH^3\,CHCl.\,CH^2.\,SCN + Na.\,S.\,Na = \begin{matrix}Cl\\ |\\ Na\end{matrix} + \begin{matrix}CH^3.\,CH.\,CH^2\\ \diagdown\ \diagup\\ S\end{matrix} + \begin{matrix}SCN\\ |\\ Na\end{matrix}$$

$$CH^3.\,CH(SCN).\,CH^2.\,SCN + Na.\,S.\,Na = 2\,CNSNa + \begin{matrix}CH^3.\,CH.\,CH^2\\ \diagdown\ \diagup\\ S\end{matrix}$$

Le sulfure de propylène C^3H^6S est un liquide incolore, d'odeur forte, non alliacée; Eb. 75-77°; $d_4^0 = 0{,}9642$. $N_D^{19} = 1{,}4729$. Il se combine à l'iodure de méthyle.

M. Délépine fait ressortir les propriétés de ce corps, comparées à celles de son isomère, le sulfure de triméthylène : plus faible densité, plus faible point d'ébullition, que laissaient déjà prévoir les propriétés du sulfure d'éthylène (éb. 56°, $d_4^0 = 1{,}035$).

M. le Professeur V. GRIGNARD,

Lyon.

ACTION DE L'OXYDE DE MÉTHYLE SUR LE CHLORURE DE PYROSULFURYLE

547 — 41 — 434

27 Juillet.

Dans une première phase de la réaction l'oxyde de méthyle réagit sur le chlorure de pyrosulfuryle en fournissant le chlorosulfonate de méthyle. Ce dernier composé peut à son tour fixer une deuxième molécule d'oxyde de méthyle en conduisant à l'éther triméthylique de l'acide chloro-orthosulfurique.

$$\begin{matrix}SO^2\diagup Cl\\ \diagdown\\ O\\ \diagup\\ SO^2\diagdown Cl\end{matrix} + O\begin{matrix}\diagup CH^3\\ \diagdown CH^3\end{matrix} = 2\,Cl\,SO^2\,O\,CH^3$$

$$Cl\,SO^2\,O\,CH^3 + O\,(CH^3)^2 = Cl\,SO\,(O\,CH^3)^3$$

MM. le Professeur V. GRIGNARD

ET

P. CROUZIER,

Ingénieur-Chimiste.

SUR LA PRÉPARATION DU BROMURE ET DE L'IODURE DE CYANOGÈNE

547.14

27 Juillet.

Les méthodes de préparation des halogènures de cyanogène reposent d'une manière générale sur l'action des halogènes sur le cyanure de mercure, les cyanures alcalins ou l'acide cyanhydrique ; dans les laboratoires on emploie ordinairement les cyanures alcalins. Dans tous les cas, le processus réactionnel revient à la réaction (*) :

$$X^2 + MCN = MX + XCN$$

c'est-à-dire que la moitié de l'halogène passe à l'état de sel métallique et est, de la sorte, mise hors de cause pour la préparation considérée. Il faut récupérer le sel halogéné et en séparer à nouveau l'halogène pour le faire rentrer en fabrication.

Dans le cas du bromure de cyanogène qui avait reçu une application industrielle [dissolution de certains minerais d'or qui résistent aux cyanures alcalins (**)], on avait tourné la difficulté en faisant réagir l'acide sulfurique sur un mélange de bromure, bromate et cyanure de sodium, suivant la formule :

$$2NaBr + BrO^3Na + 3NaCN + 3SO^4H^2 = 3BrCN + 3SO^4Na^2 + 3H^2O.$$

Si l'on fabrique ce bromate par action directe du brome sur la soude, on obtient $5NaBr + BrO^3Na$, c'est-à-dire que la moitié du Br passe encore à l'état de sel alcalin inutilisé dans la réaction. Si la préparation est faite au moyen du Cl, il faut en employer la quantité correspondante. Nous allons voir qu'on peut utiliser le Cl beaucoup plus simplement.

Si l'on compare, en effet, les réactions du chlore, du brome et de l'iode sur les cyanures alcalins, on constate immédiatement, sans aucune mesure, que la combinaison du brome ou de l'iode est pratiquement instantanée, tandis que celle du chlore ne s'effectue qu'avec une certaine lenteur (dans la *méthode de Drechsel*, pour préparer ClCN, il faut attendre environ 24 heures pour que la réaction soit complète). D'autre part le chlore décompose instantanément les bromures et iodures alcalins, mais il est sans action immédiate sur l'iodure ou le bromure de cyanogène. Il

(*) Nous n'avons pas à nous préoccuper des combinaisons doubles qui peuvent prendre naissance, comme par exemple $KI, 4ICN + 4H^2O$, décrite par *Langlois*.

(**) Voir *Th. Ewan; Chem. Ind.*, 1906, p. 1130.

paraît donc possible de déplacer l'iode, ou le brome, au sein même de la liqueur contenant le mélange KI + ICN, par exemple, pour lui permettre de réagir sur une nouvelle quantité de cyanure. C'est ce que l'expérience a vérifié. Il ne faut pas oublier toutefois pour la conduite de ces réactions, que les halogénures de cyanogène, lorsqu'ils se trouvent en présence d'un cyanure alcalin, se décomposent avec formation de paracyanogène et de produits azulmiques :

$$n(KCN + ICN) = nKI + (C^2N^2)^n.$$

Quoique cette réaction soit peu intense, dans le cas de l'iodure de cyanogène, tout au moins, il est évidemment préférable de l'éviter, et on y arrive à peu près complètement en n'introduisant le cyanure que peu à peu, au fur et à mesure que l'halogène est régénéré. Voici à titre d'exemples, la marche d'une opération dans chaque cas.

Iodure de cyanogène. — On met dans un ballon 63 grammes d'iode et 100 grammes d'eau, puis on y fait tomber, peu à peu, en agitant, une solution de 12gr,5 de NaCN dans 250 grammes d'eau. Au début l'eau iodée se décolore à chaque addition, puis l'iode se dissout dans l'iodure de sodium engendré, en donnant une solution très foncée qui ne se décolore plus qu'à la fin de l'opération. Il fut même nécessaire d'ajouter un petit excès de cyanure pour obtenir la décoloration complète, car notre échantillon ne titrait que 97 0/0. On envoie alors, dans le ballon, un courant de Cl et, sans cesser d'agiter, une nouvelle solution de 12gr,5 de NaCN, dont on règle le débit de façon qu'il y ait toujours un peu d'iode libre. On ajoute à la fin un faible excès de cyanure pour atteindre la décoloration ou plutôt la coloration minima ; celle-ci est très faible et est due à une trace de produits azulmiques.

On épuise la liqueur à l'éther qui laisse une quantité absolument insignifiante de flocons bruns de paracyanogène et manifeste une magnifique fluorescence verte due vraisemblablement à l'acide azulmique. L'évaporation de l'éther a donné 67gr,5 d'iodure de cyanogène bien cristallisé, sensiblement pur, soit un rendement de 88,9 0/0 par rapport à l'iode, supposé pur.

Bromure de cyanogène. — 1° Nous avons d'abord essayé d'appliquer à la préparation de ce corps le procédé dont nous avons parlé plus haut, mais en remplaçant le bromate de sodium par le chlorate, comme l'a fait *M. Moureu* dans ses recherches sur la bromuration de l'acétone ; la réaction (*) devient alors :

$$NaClO^3 + 3NaBr + 3NaCN + 6SO^4H^2 = 6SO^4NaH + NaCl + 3BrCN + 3H^2O.$$

L'opération marche régulièrement en faisant tomber la solution des trois sels, goutte à goutte, dans l'acide sulfurique à 30 0/0 et en maintenant la température au-dessous de 25°. Cependant le rendement en bromure de

(*) On pourrait sans doute réduire de moitié l'acide sulfurique.

cyanogène distillé, pur, n'a pas dépassé 75 0/0, mais on pourrait certainement améliorer ces résultats.

2° Nous avons appliqué la même méthode que pour l'iodure de cyanogène, dans un ballon à 3 tubulures, pourvu d'un agitateur central, d'une ampoule à robinet, d'un réfrigérant ascendant, d'un tube abducteur de Cl et d'un thermomètre. On y introduit 171 grammes de brome industriel à 93,5 0/0, soit Br^2, et 50 grammes d'eau et on y fait tomber goutte à goutte uue solution de 53gr,4 de cyanure de sodium à 91,6 0/0 (soit NaCN) dans 150 grammes d'eau, suivant la *méthode de Scholl.* En refroidissant dans la glace et agitant, la température interne n'a pas dépassé 22°. Quand tout le brome a disparu, il reste 4 grammes de la solution de cyanure, soit 1 gramme de ce sel.

On fait alors passer le courant de Cl en même temps que tombe, goutte à goutte, une nouvelle solution de cyanure identique à la première et l'on règle les débits pour qu'il y ait toujours du brome libre. Déjà pendant la première phase, il avait commencé à se déposer un précipité cristallin, peut-être une combinaison double de NaBr et de BrCN; pendant la seconde phase, il change, en effet, d'aspect et devient beaucoup plus abondant; il est alors constitué par de belles aiguilles de BrCN.

Le liquide brunit légèrement, au cours de l'opération, par formation d'un peu de matières azulmiques qui résultent de la chute directe de gouttes de cyanure sur des cristaux accrochés à la paroi, en dehors du liquide; aussi a-t-on quelque peine, vers la fin, à constater la présence du brome libre. On arrête l'opération après avoir introduit la quantité théorique de cyanure.

Pour séparer le bromure du cyanogène, on peut distiller directement tout le contenu du ballon ou bien essorer au préalable les cristaux. La différence est peu sensible; cela prouve que l'hydrolyse du BrCN n'acquiert une vitesse appréciable qu'à une température à laquelle la majeure partie du produit a déjà distillé. Par essorage, par exemple, on a isolé 186 grammes de BrCN encore légèrement humide, titrant 97 0/0; les eaux-mères ont été distillées en faisant passer les vapeurs à travers un tube de chlorure de calcium sec chauffé à 80°; on a recueilli ainsi 8 grammes de BrCN pur et sec. Le rendement ressort de cette manière à 188 grammes de produit pur. soit 90 0/0 de la théorie et l'on constate que les eaux résiduelles contiennent encore un peu de bromure qui pourrait être recupéré.

Il est bien évident que pour des opérations en grand on pourrait utiliser des bromures ou des iodures alcalins industriels plus ou moins souillés de chlorures et d'autres sels et limiter l'opération à la seconde phase.

Il est probable que la méthode précédente pourra s'appliquer dans d'autres cas, chaque fois que la vitesse de réaction de l'iode ou du brome sera sensiblement supérieure à celle du chlore dans les mêmes conditions.

MM. V. GRIGNARD,
Professeur à la Faculté des Sciences de Lyon ;

G. RIVAT,
Ingénieur-Chimiste,

ET

G. SCATCHARD,
Professeur à l'Université de Amherst, Massachusetts (États-Unis).

SUR LA DÉTECTION ET LE DOSAGE DE L'YPÉRITE ET DU THIODIGLYOL

547.422

27 Juillet.

Le terrible *gaz moutarde* ou *ypérite* dont les funestes effets se sont fait sentir sur les troupes alliées pendant les dix-huit derniers mois de la guerre est, comme on sait, le sulfure d'éthyle β-β′ dichloré

$$S\,(CH^2\,CH^2\,Cl^2).$$

Ce corps dont les propriétés spéciales et complètement inattendues furent signalées pour la première fois par *V. Meyer*, en 1886 (*), agit non seulement sur les muqueuses et les voies respiratoires, mais encore sur la peau où il détermine des brûlures profondes, douloureuses et très difficiles à guérir. Lorsqu'il est pulvérisé dans l'air par l'explosion de l'obus qui le contient, son action se fait encore sentir à des doses extrêmement faibles, de l'ordre de $0^{gr},1$ par mètre cube d'air et l'atmosphère peut rester dangereuse pendant plusieurs heures après la cessation du tir, par temps sec et calme. S'il est répandu en gouttelettes ou en flaques sur le sol ou les parois des abris, il ne s'hydrolyse que très lentement, même par temps humide et sa persistance peut atteindre plusieurs jours. Il importait donc de pouvoir le déceler rapidement sur le front par un procédé sûr et d'exécution facile. On aurait pu penser que l'odeur spéciale de ce corps qui lui a valu son surnom de *gaz moutarde* et qui est due surtout aux impuretés qu'il contient et plus particulièrement au sulfure d'éthylène polymérisé, permettrait de le différencier aisément. Le nez est en effet un excellent détecteur de l'ypérite lorsque celle-ci est seule, mais sur le front, son odeur se confond rapidement avec toutes celles qu'apportent les explosifs et les autres gaz asphyxiants ; bientôt, d'ailleurs, le sens olfactif s'émousse et n'est plus d'aucun secours.

Le problème nous fut posé au printemps de 1918 et son étude nous a conduits à un procédé de détection très simple qui est, croyons-nous, le

(*) *D. ch. Ges.*, 1886, p. 3259.

seul spécifique que l'on possède actuellement. De plus, nous avons pu utiliser le même principe pour le dosage de l'ypérite et aussi du thiodiglycol qui en est la matière première dans le procédé allemand de fabrication.

Le sulfure de chloréthyle est remarquable par la mobilité de ses deux atomes de Cl; par exemple, il peut être hydrolysé facilement par l'eau et transformé en thiodiglycol; de même le sulfure de sodium le convertit très vite en sulfure d'éthylène plus ou moins polymérisé.

En le chauffant entre 50 et 70 degrés en solution acétique avec de l'acide iodhydrique de concentration convenable, nous avons pu le transformer intégralement en dérivé di-iodé correspondant :

$$S\,(CH^2\,CH^2\,Cl)^2 + 2HI = S\,(CH^2\,CH^2I)^2 + 2HCl.$$

Ce corps se présente en petits prismes incolores, fusibles à 62 degrés (de l'alcool), solubles dans l'alcool et l'acide acétique, très solubles dans l'éther, insolubles dans l'eau et stables à la lumière quand ils sont bien purs. L'analyse a montré qu'il n'y avait plus de chlore et a donné :

	I = 74,6	S = 9,8
calculé pour $S\,(C^2\,H^4\,I)^2$	74,3	9,4

Nous avons complété sa détermination en le reproduisant par éthérification directe du thiodiglycol au moyen de l'acide iodhydrique. Cette expérience a, en même temps, fixé le mécanisme de la transformation précédente. On pouvait, en effet, se demander s'il n'y avait pas préalablement hydrolyse de l'ypérite en thiodiglycol, puis éthérification de ce dernier. Il n'en est rien, car la transformation de l'ypérite en dérivé di-iodé s'effectue visiblement dans l'eau à la dose de 1/25000, tandis que l'éthérification du thiodiglycol, dans les mêmes conditions, n'est déjà plus manifeste à la concentration de 1/100. Ce genre de réactions est déjà connu et a été étudié, en particulier, par *Lieben* qui a transformé le chlorure d'éthyle et le chlorure de benzyle en éthers iodhydriques correspondants, mais il a dû, pour cela, employer de l'acide iodhydrique de densité 1,9, en grand excès, et chauffer à 130 degrés ou agiter pendant 2 à 3 semaines. Dans notre cas, au contraire, l'acide iodhydrique à 7 0/0, environ, suffit pour réaliser une transformation complète, en quelques minutes, à 60-70 degrés.

Nous avons été ainsi conduits à examiner si le déplacement du chlore ne pourrait être aisément réalisé par action d'un iodure alcalin. C'est, en effet, un procédé couramment employé, mais qui exige d'ordinaire des solutions fortement concentrées. Dans le cas présent, nous avons reconnu qu'en restant dans les limites de la solubilité de l'ypérite dans l'eau (0gr,48 par litre d'après *M. L.-J. Simon*), l'iodure de sodium NaI + 2Aq, à la concentration de 6 0/0 réagit apparemment plus vite encore que l'acide iodhydrique à 7 0/0.

Les réactions précédentes, parce que pratiquement complètes et très sensibles, nous ont permis d'instituer un procédé de dosage du thiodiglycol et de l'ypérite, ainsi qu'un procédé de détection de ce dernier corps.

Dosage du thiodiglycol. — Le procédé de dosage est le même pour les deux corps : il consiste, en principe, à les transformer, l'un et l'autre, en sulfure d'iodéthyle par action d'une quantité déterminée d'acide iodhydrique, puis à titrer l'excès de cet acide. Dans la pratique, l'opération se trouve un peu compliquée de ce fait que l'acide iodhydrique employé contient toujours un peu d'iode libre et qu'une nouvelle quantité d'iode est libérée au cours de la réaction, soit par décomposition d'un peu d'ypérite iodée, soit plutôt par suite d'une réaction secondaire de l'acide iodhydrique (hydrogénation).

Sans entrer ici dans l'examen critique du procédé, voici comment nous opérons :

Dans une petite fiole conique, de 40 à 50 centimètres cubes, on pèse $0^{gr},7$ à $0^{gr},8$ de thiodiglycol, on ajoute 5 centimètres cubes d'acide iodhydrique, à 54-55 0/0, et l'on chauffe pendant 15 à 20 minutes, à 70-75 degrés. On refroidit alors sous un courant d'eau, puis on filtre le précipité d'ypérite iodée sur un tampon de coton de verre et on le lave rapidement jusqu'à ce que l'eau de lavage soit incolore et neutre. Sur l'ensemble du filtrat, on titre d'abord l'iode libre par l'hyposulfite N/10, en présence d'empois d'amidon, puis l'acidité iodhydrique par la soude N, en présence de phénol-phtaléine; soit A le volume en centimètres cubes de la soude N, et B le volume de l'hyposulfite employés. Une opération semblable à blanc (sans thiodiglycol), dans les mêmes conditions de chauffage et de dilution, permet de déterminer les valeurs initiales A_0 et B_0. En admettant que l'iode libéré est dû tout entier à un phénomène d'hydrogénation, on arrive aisément à la formule suivante :

$$\text{Thiodiglycol } 0/0 = \frac{6{,}1}{P\ (gr)}\left[A_0 - A - \frac{B - B_0}{20}\right]$$

L'erreur est au maximum de 5 0/0 par défaut.

Dosage de l'ypérite. — Lorsqu'il s'agit de doser le sulfure d'éthyle dichloré contenu dans une ypérite industrielle, la distillation dans le vide sera suffisante pour les ypérites au thiodiglycol qui sont à peu près pures, mais il n'en est plus de même pour celles qui sont préparées par action des chlorures de soufre sur l'éthylène. Celles-ci se décomposent partiellement à la distillation, même dans le vide, et le distillat contient d'autres corps à point d'ébullition voisin ou facilement entraînables, sulfures d'éthylènes, dérivés surchlorés ou sulfurés de l'ypérite, etc. Nous avions songé à effectuer le dosage par pesée du sulfure d'iodéthyle, mais dans le cas des ypérites au chlorure de soufre, il est toujours souillé d'un peu de goudron. Il faut donc doser l'acide iodhydrique restant, mais le dosage direct n'est plus possible à cause de la présence de l'acide chlorhydrique (*). Après différents essais, nous avons adopté la méthode par décomposition de l'acide iodhydrique et dosage de l'iode.

(*) La méthode de Lancelot et Andrews (*Zeits. anal. Ch.*, 1903, p. 76) ne peut s'appliquer parce que l'action oxydante de l'iodate de K se porte également sur le S libre, sur le sulfure d'éthylène et sur les dérivés surchlorés ou leurs produits d'hydrolyse.

Disons tout de suite qu'il est bien préférable de déplacer l'iode par l'acide nitreux plutôt que par le perchlorure de fer. La précipitation de l'iode est beaucoup plus rapide; on peut l'enlever totalement par 4 ou 5 extractions, tandis qu'il en faut 30 au minimum en présence de $Fe\,Cl^3$.

Nous n'allons pas entrer dans le détail des recherches qui ont été nécessaires pour déterminer l'influence des différents constituants de l'ypérite, ainsi que les facteurs de correction correspondant au rendement de la réaction fondamentale et à la légère décomposition de l'ypérite iodée pendant le traitement. Voici comment il convient d'opérer pour le dosage :

1° On détermine la valeur en iode total de la solution d'acide iodhydrique (à 54 0/0 environ) que l'on veut utiliser. Pour cela, dans un petit ballon contenant 15 centimètres cubes d'acide acétique cristallisable, on ajoute 5 centimètres cubes, exactement mesurés, d'acide iodhydrique. On surmonte le ballon d'un tube ascendant effilé, pour éviter la rentrée des poussières, et l'on porte au bain-marie, à 70 degrés, pendant un quart d'heure. On refroidit, on étend à 500 centimètres cubes exactement, et l'on prélève 50 centimètres cubes sur lesquels on déplace l'iode par addition de 10 centimètres cubes d'une solution de nitrite de soude à 10 0/0. On extrait l'iode par CCl^4 (20 centimètres cubes, plus 4 fois 10 centimètres cubes), et l'on réunit tout le solvant dans une fiole contenant environ 100 centimètres cubes d'eau distillée. On agite pour laver le CCl^4 et, après décantation, on reprend les eaux de lavage par un peu de CCl^4 que l'on joint au précédent. On ajoute enfin à cette solution d'iode 100 centimètres cubes d'eau et l'on titre par l'hyposulfite de sodium N/10, en présence d'empois d'amidon. Soit A_0 centimètres cubes le volume d'hyposulfite employé; il restera le même tant qu'on emploiera le même acide iodhydrique et le même acide acétique (*).

2° On recommence la même opération, mais en ajoutant un gramme environ (Pgr.) d'ypérite, exactement pesée. Après chauffage, puis refroidissement, on verse tout le contenu du ballon (magma cristallin d'ypérite iodée et liquide) dans un ballon jaugé de 500 centimètres cubes, bouchant à l'émeri et contenant déjà 100 centimètres cubes de CCl^4 et 200 centimètres cubes environ d'eau distillée. On agite vigoureusement pour dissoudre l'ypérite iodée (**), puis on complète à 500 centimètres cubes avec de l'eau distillée et on homogénise par agitation. Après repos et séparation des deux liquides, ou prélève 50 centimètres cubes de la portion aqueuse (400 centimètres cubes) dans lesquels on déplace et titre l'iode comme précédemment. Soit A_1 le volume d'hyposulfite employé. D'autre part, on décante très soigneusement les 100 centimètres cubes de CCl^4 contenus dans la fiole jaugée; on rince avec un peu de CCl^4 et, sur l'ensemble, on dose l'iode libre; soit A_2 le volume d'hyposulfite correspondant.

Nous avons établi la formule :

$$\text{Ypérite } 0/0 = \frac{0,82}{P}\left[10A_0 + 1,5 - (8A_1 + A_2)\right]$$

Pour apprécier les résultats fournis par cette méthode, il faut tenir

(*) L'acide acétique peut, en effet, contenir des impuretés, comme l'alcool, qui fixent de l'iode.

(**) Dans le cas des ypérites aux chlorures de soufre, il reste, en général, un peu de goudron insoluble dans le CCl^4.

compte de ce que les dérivés surchlorés de l'ypérite ne subissent qu'incomplètement la réaction et par suite titrent partiellement. Ainsi l'ypérite surchlorée du Professeur *Irvine*, constituée surtout par du sulfure d'éthyle trichloré, titre comme 18,7 0/0 de son poids d'ypérite pure; le sulfure d'éthyle pentachloré du Professeur *Job* titre seulement comme 3,1 0/0 d'ypérite. La présence de ces corps dans les portions supérieures des ypérites aux chlorures de soufre peut relever le titre apparent de 2,5 à 3 0/0, au maximum. De même, si l'on titre des ypérites au thiodiglycol, non rectifiées, la présence de ce dernier corps peut entraîner une erreur maxima de 4 0/0 par excès.

Détection de l'ypérite. — La détection de l'ypérite se fera sur sa solution aqueuse, que celle-ci soit obtenue par lavage d'objets contaminés (étoffes, boiseries, métaux, terre, aliments, etc.), ou par barbotage d'un volume d'air suffisant.

On peut employer comme réactif l'acide iodhydrique, mais l'iodure de sodium est préférable parce que plus facile à conserver et, en même temps, un peu plus sensible.

La présence de l'ypérite dans la liqueur aqueuse se manifeste par l'apparition d'un louche qui tarde d'autant plus que la concentration est plus faible. On peut même ainsi, en se plaçant dans des conditions identiques et à température constante, réaliser une véritable analyse chronométrique. Mais dans la pratique, le problème se pose autrement : il faut pouvoir opérer vite, tout en évitant l'emploi des moyens de chauffage. Nous avons réussi à résoudre cette difficulté de deux manières :

1° En ajoutant au mélange réactionnel un peu d'acide sulfurique concentré qui élève la température de 30 à 40 degrés;

2° Mais il est préférable encore d'accélérer la réaction au moyen d'un catalyseur. Voici la formule à laquelle nous nous sommes arrêtés pour la détection dans l'air :

Na I, 2Aq	20 grammes.
Solution de SO^4Cu, 5Aq à 7,5 0/0. . . .	40 gouttes ($1^{gr},64$).
Solution de gomme arabique à 35 0/0 . .	2 centimètres cubes.
Eau distillée, q s, pour	200 centimètres cubes.

On ajoute d'abord le sulfate de cuivre à une solution assez concentrée de l'iodure de sodium, puis la gomme arabique et l'on complète à 200 centimètres cubes, en agitant. S'il se produit un louche au bout de quelques heures, on filtre et la conservation est ensuite excellente, à l'abri de la lumière.

Le catalyseur est comme on voit l'iodure cuivreux (*); la gomme arabique diminue très légèrement son activité, mais elle empêche le précipité d'ypérite iodée de prendre l'état cristallin (sous l'influence du barbo-

(*) Pendant que ces recherches étaient en cours, MM. Desgrez et Labat ont préconisé comme catalyseur le chlorure de platine qui possède à peu près la même activité, mais qui a l'inconvénient d'être extrêmement cher et que, pour cette raison, nous avions écarté, *a priori*.

tage d'air) et permet d'apercevoir beaucoup plus facilement le louche colloïdal engendré.

L'influence de ce catalyseur est extrêmement nette. Ainsi à 21 degrés, la solution aqueuse d'ypérite a $0^{gr},3125$ par litre précipité par l'iodure de sodium, seul, en 4 minutes 10 secondes; avec le réactif iodocuivreux à la même concentration, on a un louche instantané; la solution à $0^{gr},0625$ qui exigeait 23 minutes 45 secondes, avec le premier réactif, louchit en 3 minutes 35 secondes, avec le second.

Dans la pratique, au moyen de petits appareils à soufflet ou à pompe, on fait barboter l'air (6 à 8 litres) dans 5 centimètres cubes du réactif. A partir d'une concentration de $0^{gr},05$ par mètre cube (7/1.000.000 en volume) l'ypérite a donné régulièrement, en été (21 degrés), le louche caractéristique dans des temps variant de 3 à 5 minutes; en hiver, bien entendu, il faudrait attendre un peu plus longtemps, ou réchauffer légèrement le réactif.

En dehors de sa facile réalisation, ce procédé présente l'avantage d'être sensiblement spécifique. Il ne donne rien, ou tout au moins, rien de comparable, ni avec les produits d'hydrolyse de l'ypérite (thiodiglycol) qui sont inoffensifs, ni avec les autres produits toxiques employés pendant la dernière guerre.

MM. le Professeur H. GAULT et R. WEICK

CAS D'ISOMÉRIE DANS LA SÉRIE DES ACIDES CÉTONES ET AROMATIQUES

547.727

27 Juillet.

L'éther phénylpyruvique existe sous trois formes isomériques (α, β, γ) présentant un certain nombre de propriétés communes (semi-carbazone, phénylhydrazone et combinaison bisulfitique identiques) et d'autre part de caractères chimiques distinctifs.

Les formes α et β, colorées en vert par le perchlorure de fer, fournissent par bromuration à — 15 degrés un dérivé *d'addition* dibromé. Ce dérivé, incolore et cristallisé (F. 55-60°), est peu stable et perd facilement HBr en fournissant un dérivé monobromé monomère identique à celui que l'on obtient par bromuration directe à température ordinaire.

La forme γ n'est pas colorée par le perchlorure de fer, ne se laisse bromer qu'à température du B.M. et fournit dans ces conditions le dérivé monobromé de l'éther phénylbenzyl-cétovalérolactone-carbonique (F. 151°).

On est ainsi conduit à considérer les formes α et β comme répondant aux deux formules énoliques cis et cistrans que la théorie permet de concevoir, la forme γ n'étant autre que la forme cétonique correspondante.

M. TIAN,
Maître de Conférences à la Faculté des Sciences, Marseille.

SUR LA DISSOCIATION HYDROLYTIQUE DES SELS

537.333 : 541.3

27 Juillet.

Les réactions réalisées entre ions se font avec une très grande vitesse, pratiquement infinie dans la majorité des cas. Il semble donc que l'hydrolyse des sels, qui résulte de l'action des ions H et OH, provenant de la très faible dissociation électrolytique de l'eau, sur l'anion et le cathion du sel, devrait se produire dans presque tous les cas d'une manière presque instantanée.

Il n'en est rien ; car si les sels alcalins, alcalino-terreux et les sels d'argent sont dissociés lorsqu'ils entrent en solution, de manière à donner instantanément leur état d'équilibre, la plupart des sels des métaux lourds, par exemple les sels cuivriques, ferriques, d'aluminium, etc..., subissent une décomposition fort lente qui ne permet, à la température ordinaire, d'atteindre pratiquement l'état d'équilibre résultant de la dissociation hydrolytique qu'au bout de quelques semaines et même de quelques mois.

Cette hydrolyse *progressive* ne se produit que lorsque les bases mises en liberté se présentent sous forme de solutions colloïdales. Cette particularité permet de fournir l'explication suivante : les granules du colloïde qui se forment dès le début de l'hydrolyse, se réuniraient entre eux, grâce aux phénomènes de tension superficielle et malgré les répulsions électriques. Cette floculation partielle étant nécessairement accompagnée, pour un poids donné de l'hydrate métallique, d'une diminution de surface, on conçoit que la réaction inverse de l'hydrolyse — saturation de la base par l'acide — soit contrariée et que l'hydrolyse puisse se poursuivre. Cette hydrolyse *complémentaire* serait lente parce que l'agglutination des particules serait elle-même lente.

Une expérience bien nette permet de confirmer cette manière de voir : si l'on gélatinise une solution étendue de chlorure ferrique en train de subir l'hydrolyse progressive, le phénomène s'arrête. Or, on sait qu'en un tel milieu les réactions entre ions ne sont pas altérées, tandis que les granules colloïdaux sont immobilisés. Il semble donc bien que l'hydrolyse *progressive* des sels ne soit pas due à une action des ions entre eux, comme l'est l'hydrolyse ordinaire, mais à une réaction entre micelles d'hydrates métalliques, réaction d'une nature toute particulière, ce qui explique sa vitesse anormale.

PRÉSENTATION D'UN TRAVAIL IMPRIMÉ

Graham Lusk (New York) et Jean Le Goff (Paris). — *Une édition américaine du « Traité élémentaire de Chimie » de Lavoisier*, publiée à Philadelphie en 1799.

7e Section.

MÉTÉOROLOGIE ET PHYSIQUE DU GLOBE

Présidents. . . M. ROTHÉ, professeur à la Faculté des Sciences de Strasbourg.
M. STEIB, professeur au Lycée Fustel de Coulanges, Strasbourg.

M. CLARTÉ,

Ingénieur Agronome
Météorologiste agricole, Montpellier.

VARIATIONS DU POIDS DU MÈTRE CUBE D'AIR AUX DIFFÉRENTES ALTITUDES

551.377.11

26 Juillet.

Les Tables des corrections de la portée en fonction des variations du poids du mètre cube d'air ont été calculées par la *Commission de Gâvres* pour les pièces de marine et d'A. L. G. P. en se servant de la formule :

$$\Delta y = \Delta_0 e^{-hy} \tag{1}$$

dans laquelle Δy est le poids du mètre cube d'air à l'altitude y, Δ_0 le poids du mètre cube d'air au niveau de la mer, h un coefficient que l'on considère comme fixe et égal à $\frac{1}{10000}$.

Depuis la guerre, on a cherché à calculer le poids du mètre cube d'air en utilisant les observations de montagnes et les observations faites au moyen de ballons-sondes, en appliquant la formule :

$$\Delta y = \frac{10^6 \times 0{,}001293 \times \mathrm{H}}{76(1 + \alpha t)} \tag{2}$$

y étant toujours la hauteur, H étant ici la pression barométrique à l'altitude y et t la température.

Cette seconde formule donne des valeurs de Δy qui diffèrent sensiblement des valeurs trouvées au moyen de la formule 1, les écarts atteignant 40 et 50 grammes.

Comme une erreur de 30 grammes dans le poids du mètre cube d'air entraîne une variation de l'ordre de 150 mètres dans la portée pour les pièces d'A.L.G.P., il paraît du plus haut intérêt de pousser plus avant les recherches dans cette voie.

Le Lieutenant *Rothé,* attaché à la Direction des Inventions, nous a demandé de faire cette étude.

Nous possédons à l'*Institut Aérodynamique de Nancy* la collection des sondages aériens publiés par la *Commission Internationale pour l'Aérostation scientifique* de 1906 à 1912.

Après un examen attentif des sondages et des modes opératoires des différentes stations, nous avons été conduits à choisir ceux de *Linderberg* parce que ses ballons sont presque tous suivis à l'aide de deux théodolites et que par conséquent les hauteurs y sont déterminées et non pas calculées d'après la pression H en admettant l'exactitude de la formule de *Laplace.*

Objet de nos recherches :

Nous nous sommes proposés de rechercher, d'après les indications du Lieutenant *Rothé,* jusqu'à quelle approximation on peut admettre la constance de h dans la formule 1. Existe-t-il une valeur de h de saison, de mois, de jour et de nuit?

Connaissant les deux formules 1 et 2, nous allons calculer Δy au moyen de la formule 1 en faisant $y = 0, 500, 1000, 1500, 2000$, etc..., de 500 en 500 mètres, puis nous porterons ces valeurs dans la formule :

$$h = 2{,}30259 \times \frac{\log \Delta_0 - \log \Delta y}{y}$$

Nous porterons les hauteurs y en abcisses et les valeurs de h en ordonnées.

Pour une même ascension, le même jour, h doit être constant si la formule 1 est exacte. Par conséquent, nous devons avoir comme courbe une parallèle à l'axe des abcisses.

Nous avons calculé la valeur de h pour les douze mois de l'année de

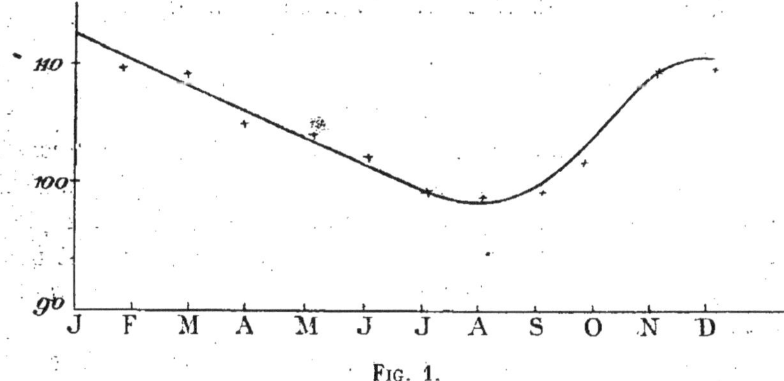

FIG. 1.

1906 à 1912, il est à remarquer que tous nos calculs conduisent à la même particularité à savoir que la fonction $h = 2{,}30259 \times \frac{\log \Delta_0 - \log \Delta y}{y}$ n'est pas une droite le plus souvent entre 500 et 2.500 mètres. Dans la grande majorité des cas, nous avons, en effet, des perturbations très marquées qui toutes disparaissent à partir de 2.500 mètres. A partir de là, on peut très aisément faire passer une droite par les points correspondants et trouver une valeur moyenne acceptable de *h*.

La cause de cette perturbation marquée en deçà de 2.500 mètres est sans doute due à l'influence du sol. Ce point pourrait faire l'objet d'une étude intéressante en utilisant les ballons d'observation jusqu'à 2.500 mètres.

Cette variation est surtout importante pour les pièces de petit calibre, mais elle n'est pas sans influence pour l'artillerie à grande puissance.

Le tableau que voici indique ces valeurs moyennes à partir de 2.500 mètres seulement.

Janvier	112,5	Mai	105,1	Septembre. . .	100,0
Février	110,3	Juin	103,2	Octobre	106,6
Mars	109,0	Juilllet	100,0	Novembre . . .	110,5
Avril	106,4	Août	99,0	Décembre . . .	109,7

Si maintenant nous traçons la courbe des *h* moyens par mois, nous verrons qu'elle a l'allure suivante (*fig. 1*). *Il existe donc bien un* h *de mois.* Les variations ne sont pas très grandes, mais elles existent néanmoins et les écarts sont *maxima* entre Janvier et Août.

M. CLARTÉ

RECHERCHE DU NOMBRE DE GOUTTES ET DE LA MASSE D'EAU CONTENUS DANS UN MÈTRE CUBE D'AIR PLUVIEUX (*)

551.57

26 Juillet.

Nombre de gouttes tombant à la seconde sur une surface de 1 mètre carré. — A cet effet, on peut recevoir pendant un certain temps les gouttes de pluie sur une feuille de papier buvard de surface connue, puis compter les taches ainsi formées. Pour rendre l'opération plus facile, il est bon de sensibiliser au moyen d'éosine par exemple la face du papier buvard non exposée à la pluie.

Les gouttes d'eau forment ainsi des cercles fortement colorés que l'on aura toute facilité de dénombrer quand le papier sera sec.

Soit *n* le nombre de gouttes tombées sur la surface considérée S pen-

(*) Ces recherches ont été entreprises sur la demande de M. Cotton, Professeur à l'École Normale Supérieure en vue d'étudier l'influence de la pluie sur le tir de l'artillerie.

dant le temps t, le nombre N de gouttes tombées sur un mètre carré de surface en une seconde, est donné par l'égalité :

$$N = \frac{n}{t} \times \frac{10^4}{S}.$$

Un dispositif très simple nous a permis de prendre facilement des empreintes de pluies dont on trouvera ci-joint une photographie (*fig. 1*).

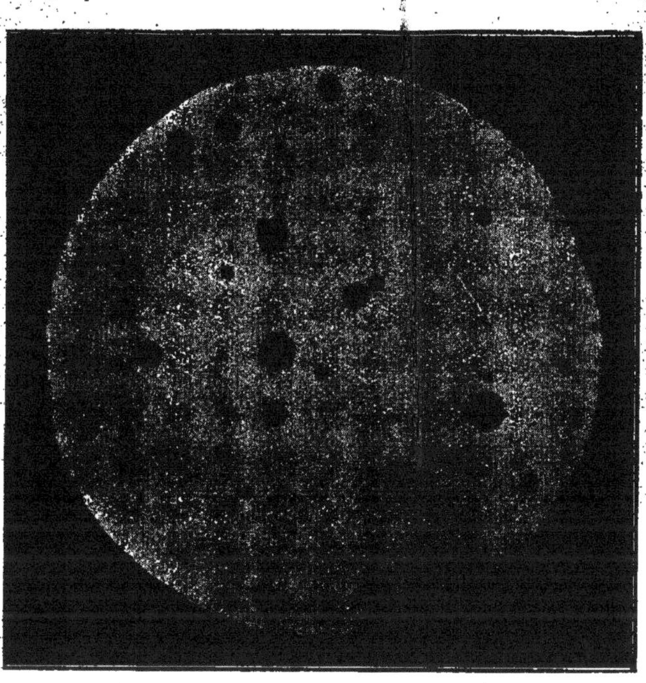

Fig. 1. — Goutte d'eau.

Les feuilles de papier buvard utilisées sont des *filtres Durieux*, n° 111, de 9 centimètres de diamètre (bande rouge), ce papier est très homogène et présente une épaisseur constante, qualités absolument indispensables.

Recherche du poids des gouttes de pluie. — Tarage du papier. — Pour sensibiliser les filtres nous nous sommes servis de poudre de tribromofluorescéine simplement déposée à la surface du papier et étendue au moyen d'un pinceau. Nous avons fait tomber sur la face non sensibilisée des gouttes dont le diamètre a été compris entre $0^{mm},4$ et $3^{mm},3$. *M. Ollivier*, Professeur à la Faculté des Sciences de Strasbourg, a bien voulu, pour ces expériences, monter et mettre à notre disposition un appareil spécial permettant de produire des gouttes de très petit diamètre (*).

(*) Thèse de M. Ollivier, « Recherches sur la capillarité ». (Gauthier Villars 1907.)

La photographie (*fig. 2*) représente les empreintes de gouttes de $0^{mm},4$ de diamètre dont le poids est de $0^{mgr},03$.

Fig. 2. — Goutte d'eau.

Les courbes de la *figure 3* résument ces expériences (*) qui, répétées plusieurs jours de suite ont donné des résultats tout à fait concordants.

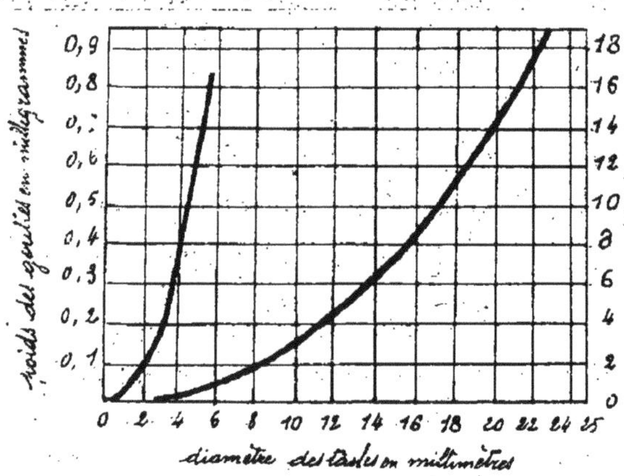

Fig 3

Diamètre des gouttes et poids correspondants. — Les trois courbes de la

(*) Rapport des abscisses aux ordonnées : courbe 1 = 1/20, courbe 2 = 1.

figure 4 représentent le poids des gouttes d'eau en fonction de leur diamètre (*).

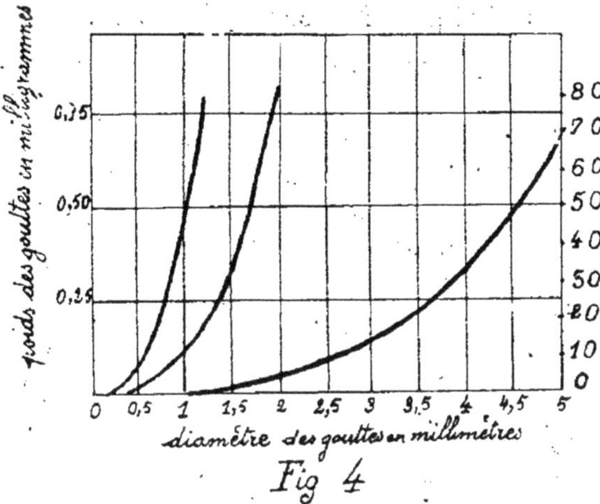

Fig 4

Diamètre des gouttes en fonction du diamètre des taches. — Au moyen des *figures 3 et 4* nous avons tracé la courbe 1 de la *figure 5* qui nous

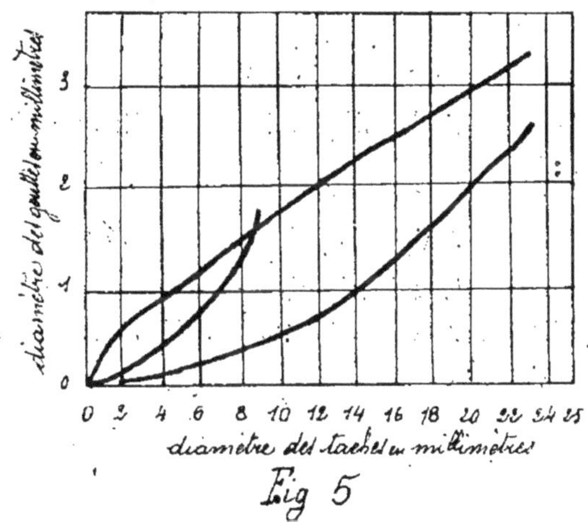

Fig 5

donne le diamètre des gouttes connaissant celui des taches sur le filtre (**).

Nombre de gouttes contenues dans l'unité de volume. — D'après les *nombres de Lénard* (***), nous avons tracé la courbe de *figure 6* donnant la vitesse de chute des gouttes d'eau en fonction de leur diamètre (****).

Supposons pour un instant que la pluie soit composée de gouttes de même diamètre D_1, nous connaissons le nombre N_1 de gouttes qui tombent

(*) Rapport des abscisses aux ordonnées : courbe 1 = 1/4, courbe 2 = 1,25, courbe 3 = 25.

(**) Rapport des abscisses aux ordonnées : 1,5.

(***) *Meteorologische Zeitschrift*, 1904, p. 250.

(****) Rapport des abscisses aux ordonnées : 2,5.

par seconde sur l'unité de surface, ainsi que leur vitesse V_1, nous pouvons donc dire que ces gouttes étaient contenues dans un volume ayant pour base 1 mètre carré et pour hauteur la vitesse V_1.

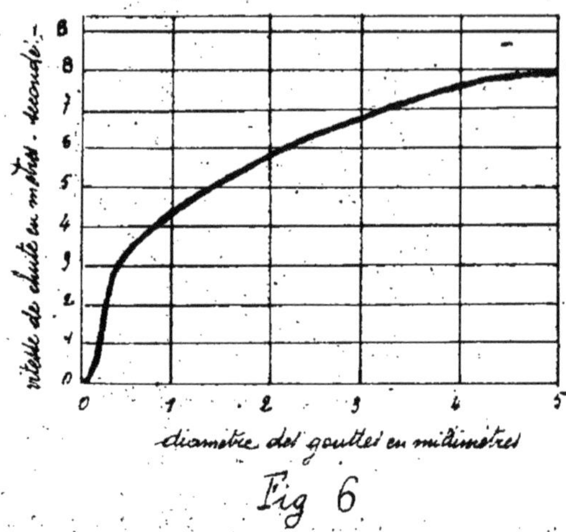

Fig 6

Le nombre $\mathcal{N}_1$ de gouttes de diamètre D_1 contenues dans 1 mètre cube sera donc de :

$$\mathcal{N}_1 = \frac{N_1}{V_1}$$

Le même raisonnement s'appliquant aux gouttes de diamètre D_2, D_3...., etc, nous aurons :

$$\mathcal{N} = \frac{N_1}{V_1} + \frac{N_2}{V_2} + \ldots\ldots = \sum \frac{N}{V}$$

Masse d'eau contenue dans l'unité de volume. — Connaissant pour chaque diamètre des gouttes leur nombre dans l'unité de volume, la masse d'eau sera définie par l'égalité :

$$\mathcal{M}_1 = \frac{1}{6} \pi D_1^3$$

en posant :

$$\frac{1}{6} \pi D_1^3 = p_1 \qquad \frac{1}{6} \pi D_2^3 = p_2 \ \ldots \text{etc.}$$

nous écrirons :

$$\mathcal{M}_1 = N_1 \frac{p_1}{V_1}$$

$$\mathcal{M}_2 = N_2 \frac{p_2}{V_2}$$

. . . .

$$\mathcal{M} = N_1 \frac{p_1}{V_1} + N_2 \frac{p_2}{V_2} + \ldots = \sum N \frac{p}{V}$$

Ce qui nous intéresse donc c'est $\frac{P}{V}$.

Les courbes 2 et 3 de la *figure 6* nous donnent ces valeurs de $\frac{P}{V}$ en fonction du diamètre des taches de pluie sur le papier buvard (*).

Conclusion. — Nous allons par cette méthode, rechercher le nombre de gouttes d'eau tombées à la seconde sur 1 mètre carré de surface et trouver leur nombre dans 1 mètre cube d'air ainsi que leur masse totale (**).

En nous reportant à la *figure 1*, nous voyons qu'il existe pour la chute de pluie considérée, quatre types de taches bien nets :

a) des taches dont le diamètre moyen est de $5^{mm},0$ au nombre de 3
b) — $3^{mm},5$ — 8
c) — $1^{mm},5$ — 12
d) — $1^{mm},0$ — 12

Le tableau ci-dessous groupe toutes les opérations décrites précédemment :

Diamètre des taches	V	n	N	$\mathfrak{N}$	$\frac{P}{V}$	$\mathfrak{M}$
5,0	1,01	3	94	20	0,135	12,69
3,5	0,8	8	251	61	0,076	17,57
1,5	0,48	12	377	110	0,017	6,41
1,0	0,38	12	377	121	0,010	3,77

Nombre total de gouttes au mètre carré à la seconde . . . 1.099
— au mètre cube 312
Masse totale de ces gouttes au mètre cube . . . . 40,44 gr.

La méthode est donc très simple, il suffit de posséder du papier filtre taré et de construire les trois courbes de la *figure 6*.

M. COURTY,

Astronome, Bordeaux.

LA PROTECTION CONTRE LA GRÊLE

551.578

26 Juillet.

M. *Courty* communique les fascicules relatifs aux orages dans la Gironde de 1912 à 1918. Il s'ensuit une discussion relative aux paragrêles, à laquelle prennent part MM. *Dongier*, *Mathias* et *Rothé*.

(*) Rapport des abscisses aux ordonnées : courbe 2 = 1/5; courbe 3 = 1/20.
(**) Chute de pluie du 13 mai 1918, à 17 h. 10, Durée d'exposition du papier sensible : 5 secondes.

L'ABBÉ MICHEL LALIN,
Curé de Viévigne (Côte-d'Or).

LES TACHES SOLAIRES ET LES DÉPRESSIONS BAROMÉTRIQUES

52.374 + 551.54

26 Juillet.

Il y a plus d'un tiers de siècle, l'abbé *Fortin* pretendait établir une relation entre les précipitations atmosphériques et l'activité solaire, manifestée par les taches et les champs de facules. Sa théorie, violemment contredite à cette époque, a trouvé d'ardents défenseurs. Les coïncidences relevées au cours de leurs observations, la vérification de nombre de leurs prévisions, nous inclinent à croire que dans l'hypothèse du curé de l'Orléanais, il y a une part de vérité.

Rien en météorologie ne prévaut contre les faits. Les tenants de cette méthode, d'après l'aspect de certaines zones du Soleil, établissent dès prévisions assez exactes, 4 ou 5 jours à l'avance. On pourrait dans bien des cas obtenir davantage.

Parmi les taches solaires, les unes disparaissent rapidement, les autres se maintiennent plusieurs mois. Les mouvements conjugués du Soleil et de la Terre les ramènent au méridien central, après une période de 27 jours environ. Il sera donc possible, parfois, de prévoir 4 semaines à l'avance, une dépression barométrique si la tache n'est point modifiée. D'ordinaire, le foyer d'activité solaire diminuant avec le temps d'intensité, les perturbations atmosphériques iront en décroissant.

En 1912 le baromètre descendait du 5 au 9 janvier au-dessous de la normale, 732 mm. avec 11 et 10 mm. d'eau le 6 et le 9 à Paris. 27 jours après, nouvelle dépression; à partir du 31 janvier, en 2 jours, chute de 28 mm. Le 29 février la dépression se comble, mais un fléchissement de 10 mm. 766.756 détermine une pluie abondante (9 mm.).

Sur le diagramme de janvier, on relève une baisse du baromètre le 23 janvier, avec 11 mm. d'eau. Le 19 février, les instruments indiquent une baisse d'une douzaine de millimètres, et à Viévigne le pluviomètre enregistre 7 mm. d'eau. Le 18 mars, la pression à Paris est 732, avec 3 mm. de pluie le 17, 5 le 18 et 4 le 19. Cette dépression considérable m'avait amené à conjecturer une baisse pour le 14 avril. La tache disparut et si un mouvement descendant fut signalé, il n'a aucune relation probablement avec le foyer d'activité remarqué au 23 janvier, au 19 février et au 18 mars.

Le 5 mars le baromètre marque 746 mm. avec 6 mm. de pluie. 27 jours après, le 1er avril, la chute est de 18 mm. et 11 mm. d'eau. Le 27 avril, Paris note 749 avec 3 mm. d'eau, mais Lyon accuse 9 mm. Quant à Perpignan,

64 mm. et 58 mm. M. *Mengel* écrit : « Les pluies torrentielles des 24, 27 et 28, » quoique ayant provoqué des inondations dans les parties basses de la plaine, » ont mis fin à la longue et inquiétante sécheresse de l'hiver. » Le 23 mai, je note à Viévigne 12 mm., Paris enregistre 5 mm. Faut-il continuer cette série en mentionnant les pluies orageuses du 19 juin ? Paris 14 mm. — Non, sans doute, car les orages sont des perturbations locales.

Le 15 mai, le baromètre enregistre une baisse de 12 mm. à Paris, avec une petite averse ; la veille, pareille baisse était signalée à Nantes avec 11 mm. d'eau. Le 11 juin : dépression à Paris d'une quinzaine de millimètres ; l'orage menace, mais pas d'eau. Viévigne 10 mm. de pluie ; je croyais à un crochet d'orage. Mais Nantes et Lyon accusaient semblable dépression, et Saint-Genis recueillait 37 mm. d'eau. Le 6 juillet, la chute est faible, 7 mm. seulement, mais avec une pluie appréciable ; 7 mm. à Paris et à Nantes.

Le 4 mai, le baromètre enregistre un fléchissement d'une douzaine de millimètres. Le 1er juin, il descend à 745 avec 11 mm. de pluie le 1er, 5 le 2 et 9 le 4. Le 28 juin le baromètre commence à baisser. On recueille 7 mm. à Paris le 29, 11 le 30 et 5 le 1er juillet. Saint-Genis accuse 22 mm. le 30.

Il me semble inutile de pousser plus loin l'étude de ces coïncidences : étude que tout le monde peut faire à l'aide des cahiers d'observations personnelles, ou des diagrammes du *Bulletin du Bureau central météorologique*. Nous avons dit : coïncidences. Provisoirement conservons cette expression, encore que certaines lois de physique soient dites « approchées » ! En tenant compte du fait que les taches solaires se modifient brusquement, et en laissant à la période de 27 jours une certaine élasticité, nous pouvons prévoir des dates critiques.

M. Henri MÉMERY

CONTRIBUTION A L'ÉTUDE DES VARIATIONS PÉRIODIQUES DE LA TEMPÉRATURE. LEUR CAUSE PROBABLE.

551.522

26 Juillet.

La question des variations périodiques de la température a fait l'objet d'un certain nombre de travaux et a donné lieu à des recherches du plus haut intérêt au point de vue de la fixation des dates auxquelles on observe, presque chaque année, soit des retours de froid au printemps et en été, soit des hausses de la température en automne et en hiver.

Les recherches effectuées sur les températures de plusieurs localités de l'Europe occidentale : Paris, Bruxelles, Bordeaux, Montpellier, Perpignan,

Lausanne, etc., et portant sur diverses séries d'années, ont fait apparaître des variations à peu près annuelles, ayant un caractère nettement périodique, sensiblement aux mêmes époques pour les diverses localités citées plus haut; la plupart des météorologistes s'accordent pour reconnaître que ces variations paraissent dues à des causes générales, mais que l'on n'a pu jusqu'ici arriver à déterminer.

Nous nous bornerons à citer, parmi les auteurs qui se sont occupés de cette question :

Ed. Roche, pour le climat de Montpellier et celui de Bruxelles. Nous trouvons dans *L'Astronomie* (1883, p. 291 et suiv.), sous la signature de *A. Roche*, cette conclusion :

« ..... De cette concordance, nous concluons que les causes auxquelles sont » dues les variations thermométriques s'exercent sur une immense échelle, » qu'elles se développent à la surface du globe suivant une progression régu- » lière et se maintiennent constantes pendant une longue durée. Ces causes » sont encore peu connues, mais il est d'un haut intérêt d'en établir expéri- » mentalement la permanence et l'universalité. Comme le Soleil est, au fond, » le grand régulateur de la température, ainsi que des autres influences si » diverses qui agissent sur elle indirectement, tout doit en réalité être réglé sur » son mouvement. »

E. Duclaux (*Cours de Physique et de Météorologie*, p. 481 et 482) :

« M. *Renou* a pu tracer la courbe de la température moyenne des divers jours » de l'année, à Paris, pour 130 ans (1757-1886). Cette courbe révèle des ano- » malies régulières et par là singulières.

» ... Tous ces résultats sont en ce moment inexplicables pour nous, ce qui » prouve que le réseau dans lequel nous nous efforçons de renfermer tous les » phénomènes météorologiques a encore ses mailles très larges et laisse échapper » beaucoup de faits. »

Le Dr *Fines*, dans un mémoire présenté à l'Association Française (La Rochelle, 1882), sur la climatologie du Roussillon, rappelle les recherches d'*Ed. Roche* et conclut dans le même sens :

« M. *E. Roche* a fait une étude sur le climat actuel de Montpellier comparé » aux observations du siècle dernier; pour lui comme pour nous, l'explication » du plus grand nombre de ces variations périodiques reste inconnue. »

M. *Marcel Moye* (*Météorologie populaire*, p. 65 et 66) :

« La courbe des moyennes de chaque jour de l'année présente ce fait remar- » quable que dans beaucoup de stations il existe des anomalies persistantes » dues à des causes non encore déterminées.

» ... A Montpellier et à Nancy, on a relevé des irrégularités non identiques, » mais de même nature, ce qui indique une cause générale et inconnue. »

Cette concordance d'opinions sur la cause inconnue des variations anormales périodiques de la température, est digne de remarque. Il ne semble pas que cette question ait fait quelques progrès en ces dernières années.

Il y a lieu de noter l'idée exprimée par plusieurs auteurs qu'il faut peut-être chercher dans le Soleil la cause de ces variations. Mais dans cet ordre d'idées, il ne paraît pas que ni le mouvement apparent annuel, ni la rotation de cet astre qui ramène chaque point de la surface solaire en face de la Terre tous les 27 ou 28 jours, puissent expliquer les phénomènes en question, ces derniers n'offrant pas une régularité aussi marquée et les variations anormales de la température n'étant pas séparées par des intervalles égaux. D'autre part, aucune des influences cosmiques mises en avant : essaims de météores, régions froides ou chaudes traversées par le système solaire dans sa translation à travers l'espace, etc..., ne paraît de nature à donner une explication suffisante de ces variations périodiques.

Or, il semble que l'on peut trouver dans l'aspect changeant des phénomènes solaires, et principalement dans celui connu sous le nom de *taches*, l'explication des variations anormales de la température.

L'étude de l'influence des taches solaires sur les variations des principaux éléments atmosphériques, n'a pas encore donné de résultats positifs, très probablement parce que les méthodes habituellement employées dans ce genre de recherches ne tiennent pas compte de certains facteurs que l'observation suivie des phénomènes solaires révèle comme paraissant avoir une action assez importante, savoir : la forme des taches, — leur position en latitude sur la surface du Soleil, — le sens de l'activité solaire (activité ascendante ou descendante) les jours qui précèdent ou qui suivent l'époque considérée, etc...

En tenant compte de ces diverses particularités, l'observation montre que, sur les régions de l'ouest de l'Europe : — les hautes températures coïncident généralement, soit avec la présence de taches nombreuses, soit avec un accroissement dans le nombre et l'étendue des taches visibles, et les basses températures coïncident généralement, soit avec l'absence de taches solaires, soit avec une diminution dans le nombre et l'étendue des taches.

D'autre part, les recherches entreprises pour découvrir dans les variations des taches des périodes autres que celle de *Schwabe* (période undécennale), ne paraissent pas avoir donné de résultats concluants.

Mais si, au lieu de représenter les variations des taches solaires par année ou par rotation de 25 ou 27 jours, on effectue le total — ou la moyenne — du nombre ou de l'étendue des taches du Soleil *à une même date pour une série d'années* (30 ans, par exemple), c'est-à-dire en opérant comme on le fait couramment en météorologie pour l'établissement des *normales quotidiennes* de la température, on observe alors un fait des plus curieux et qui n'a pas encore été mis en évidence d'une manière complète ; c'est le suivant :

L'examen des moyennes quotidiennes des taches solaires (nombre ou superficie des taches) pour une série d'années, montre qu'au cours de l'année certaines époques sont caractérisées par une grande fréquence de taches, tandis que d'autres époques sont marquées par une faible étendue de taches solaires.

Or, si l'on met en regard d'une part, la courbe représentant la normale quotidienne de la température pour une série d'années ; d'autre part, la courbe représentant la moyenne quotidienne des taches solaires pour la même série, on observe un parallélisme des plus frappants entre ces deux courbes, les *recrudescences anormales de la température correspondant aux époques de plus grande fréquence des taches solaires* et les *retours de froid correspondant aux époques de diminution dans le nombre ou l'étendue des taches.*

L'étude détaillée de ces phénomènes exigerait des développements hors de proportion avec le cadre de cette communication ; aussi, nous bornerons-nous à l'examen de deux époques intéressantes à divers titres :

1° Celle du 10 au 20 avril, et principalement du 15 au 20, marquée presque chaque année par un abaissement de la température. La plupart des gelées de printemps des soixante dernières années, sont survenues du 10 au 20 avril ;

2° Celle du 5 au 15 juin, remarquable par un abaissement de la température survenant après un réchauffement sensible les premiers jours de juin.

Les pluies qui accompagnent d'ordinaire un refroidissement s'étendant sur plusieurs jours pendant la saison chaude, ont donné naissance, à cette époque de l'année, au dicton de la Saint-Médard. Or, il est à remarquer que la quantité de pluie, à Bordeaux, par exemple, tombée pendant une série d'années à la date du 8 juin, jour de la Saint-Médard, est l'une des plus élevées du mois de juin. Ce dicton paraît donc avoir une base, à savoir que le jour de la Saint-Médard est une date généralement pluvieuse.

Cet abaissement de la température du 5 au 15 juin est l'un des plus marqués sur toutes les courbes établies par les auteurs cités plus haut.

Or, la courbe représentant le nombre ou la superficie des taches solaires pour une série d'années un peu étendue, montre aux époques dont il vient d'être question : 10-20 avril et 5-15 juin, une diminution des plus sensibles dans l'activité solaire. Voici, pour ces deux époques, les chiffres se rapportant, d'une part, aux températures normales quotidiennes de *Paris (Parc-Saint-Maur)* et de *Bordeaux (Observatoire de Floirac)* et, d'autre part, les moyennes quotidiennes normales de la superficie des taches solaires déduites des relevés de l'Observatoire de *Greenwich*. Nous donnons deux séries d'années : 1874-1903 et 1878-1913, pour montrer que les variations s'observent à peu près aux mêmes dates, quelles que soient les séries d'années. (Pour 1878-1913, nous avons indiqué, pour Bordeaux, la quantité totale de pluie tombée à la même date pendant ces trente-six années.)

1er au 20 avril.

MOYENNES NORMALES QUOTIDIENNES

		1874 - 1903		1878 - 1913	
		Température Paris (en degrés)	Taches solaires (superficie)	Température Bordeaux (en degrés)	Taches solaires (superficie)
Avril	1er	8,5	646	10,9	620
—	2	8,6	700	11,0	698
—	3	8,9	722	11,0	738
—	4	9,6	692	10,9	739
—	5	9,1	651	11,1	751
—	6	9,3	641	11,1	727
—	7	9,2	591	10,8	665
—	8	9,2	590	11,0	654
—	9	9,4	576	11,1	622
—	10	9,1	585	11,4	617
—	11	8,6	574	11,3	575
—	11	8,3	620	11,5	601
—	13	8,3	598	11,6	571
—	14	8,7	605	11,7	580
—	15	9,5	646	11,5	533
—	16	9,2	618	11,1	561
—	17	9,0	674	11,1	590
—	18	9,8	691	11,7	607
—	19	10,4	678	11,9	605
—	20	11,0	689	11,9	618

1er au 20 juin.

		Température Paris (en degrés)	Taches solaires (superficie)	Température Bordeaux (en degrés)	Taches solaires (superficie)	Pluie (Bordeaux) en millimètres
Juin	1er	16,0	675	17,4	665	136
—	2	16,2	688	17,5	678	99
—	3	17,1	701	17,7	679	132
—	4	17,2	669	18,2	644	86
—	5	16,8	619	18,4	603	114
—	6	16,7	588	18,3	582	111
—	7	16,2	556	18,1	529	68
—	8	16,2	535	18,1	483	121
—	9	16,0	522	17,6	466	110
—	10	15,7	535	17,5	481	78
—	11	15,4	521	17,1	469	110
—	12	15,8	507	17,2	479	122
—	13	15,4	566	17,5	530	93
—	14	15,6	598	17,6	577	93
—	15	15,5	642	18,0	632	52
—	16	15,4	721	18,0	735	95
—	17	15,4	793	18,4	770	85
—	18	15,8	825	18,4	797	36
—	19	16,4	893	18,8	843	68
—	20	16,4	889	18,3	839	73

Si l'on effectue des comparaisons du même genre avec les variations d'autres éléments atmosphériques, la pluie par exemple, on observe que les dates de l'année correspondant aux plus grandes hauteurs de pluie, coïncident généralement avec les dates de moindre activité solaire et, inversement, les époques de moindre hauteur de pluie coïncident généralement avec les époques de plus grande abondance de taches solaires.

En présence de ces concordances, il semble difficile de trouver en dehors du Soleil une explication plus rationnelle des variations anormales des divers éléments météorologiques.

M. Jean MEUNIER,
Docteur ès sciences, Paris.

SUR LA DIFFUSION UNIVERSELLE DES HYDROCARBURES NATURELS

549.88.

26 Juillet.

Les hydrocarbures ou pétroles, contrairement à ce qui a lieu pour la houille, n'ont pas de gisement géologique déterminé; ils se rencontrent dans des terrains d'origine et d'âge variés. Aussi, l'explication de leur formation a-t-elle conduit à des controverses. On se rappelle la brillante hypothèse soutenue, il y a quelques années, par des savants illustres qui attribuaient la production des pétroles à l'action de l'eau sur les carbures métalliques.

Cette assertion est difficile à soutenir sans réserve; elle n'a pas remplacé pour tout le monde l'ancienne manière de voir, où l'on admet que le pétrole prend naissance par la fermentation forménique des boues des marécages. Dans ce milieu, à l'abri de l'air, les détritus d'origine animale ou végétale, subissent une action réductrice intense, qui fait bientôt apparaître l'huile. On l'observe d'une manière frappante dans les marais salants et dans leurs annexes, quand les eaux-mères atteignent leur maximum de concentration, pendant les fortes chaleurs de l'été. Il a été reconnu du reste que de l'eau salée se trouve presque toujours dans le voisinage du jaillissement de l'huile. Mon intention n'est pas d'insister actuellement sur ces faits; ce mode de formation semble insuffisant pour expliquer toutes les observations, et je voudrais aborder des considérations d'ordre plus général, qui ne résoudront pas entièrement la question, mais contribueront peut-être à l'éclaircir.

1° Les hydrocarbures existent dans les espaces interplanétaires et voici comment je puis le démontrer. Les comètes traversent en biais (par rapport à l'écliptique) ces espaces et, ce sont elles qui en font pour nous l'analyse. Je l'ai déjà signalé dans ma note au *Congrès du Havre* (*Compte rendu de la 43e session*, p. 324), elles rencontrent sur leur trajet des masses gazeuses, auxquelles elles impriment un mouvement tourbillonnaire et qu'elles enflamment; ainsi se forment la tête, la chevelure, les aigrettes, etc. J'ai reproduit toutes ces apparences, dont quelques-unes semblent bizarres et incohérentes entre elles, simplement en dirigeant un jet de chalumeau sur des masses gazeuses combustibles. Le jet de chalumeau, animé d'une vitesse relativement grande, remplace virtuellement le noyau de la comète, qui, lui, se meut rapidement en suivant son orbite; la masse gazeuse traversée est, au contraire, stabilisée ou douée d'une vitesse beaucoup plus faible. La forme de la figure engendrée dépend surtout de l'obliquité de l'attaque et de la composition gazeuse. Telle est, sommairement exposée, la reproduction artificielle des phénomènes cométaires.

Mais les têtes de comètes présentent indiscutablement le spectre des hydrocarbures en combustion, appelé ordinairement *spectre de Swan*, comme les reproductions que j'en fais. On a dit, il est vrai, que le spectre de *Swan* pouvait se produire également dans les comètes par l'illumination électrique des hydrocarbures. Soit; mais l'existence des hydrocarbures n'en est pas moins manifestée. L'illumination électrique suppose des phénomènes électriques intenses dans les comètes, et l'on s'attendait à constater ceux-ci, lors du passage de la Terre dans la queue de la *comète de Halley* en mai 1910; or, les instruments les plus sensibles n'ont donné aucun signe particulier de phénomènes électriques : c'est donc bien la combustion qui a lieu dans les comètes.

Les masses gazeuses interplanétaires contiennent-elles simplement des hydrocarbures légers, comme le méthane et ses homologues immédiats? La lueur bleuâtre observée sur certaines comètes, mais non pas sur toutes, tendrait à prouver l'existence du méthane, il existe toutefois des hydrocarbures plus condensés, sinon la lumière de la comète serait trop pâle pour être visible, et raison plus démonstrative encore, le spectre de *Swan* est toujours accompagné d'un spectre continu, comme cela a lieu dans une flamme blanche ordinaire riche en carbone.

Je puis aller plus loin dans une telle analyse. J'ai reproduit les apparences cométaires en dirigeant le jet de chalumeau, soit dans la flamme du gaz d'éclairage donnée par un bec dit « papillon »; dans ce cas, les apparences caractéristiques sont encadrées de la flamme, soit en le dirigeant sur la partie fumeuse d'une lampe à pétrole. La similitude d'apparence avec les comètes est alors absolument complète : c'est-à-dire que la combustion se borne à la portion fumeuse entraînée par le jet dans le mouvement tourbillonnaire produisant la tête et la queue de la comète artificielle et ne s'étend nullement au reste. J'ai réussi à photographier ces formes, malgré la rapidité avec laquelle elles se modifient, et ces photographies reproduisent exactement les dessins que les astronomes ont donnés de ces objets, depuis nombre d'années.

Cela conduit à admettre qu'il existe dans les espaces interplanétaires et particulièrement dans le voisinage du Soleil, des masses gazeuses d'hydrocarbures comparables à ceux qui se dégagent d'un combustible fuligineux. J'ai démontré ailleurs que l'inflammation limitée décrite ci-dessus a lieu par suite de la vitesse du jet inflammatoire et, s'il s'agit d'astres, par suite de la vitesse du noyau de la comète.

On ne peut donc révoquer en doute l'existence des hydrocarbures, même à poids moléculaires élevés (1), en conséquence analogues aux pétroles, dans ces milieux sidéraux. Ils s'y trouvent mélangés à de l'oxygène comburant, dont on pourrait peut-être fixer approximativement la proportion.

2° Les hydrocarbures existent aussi dans le Soleil. Jusqu'à ces dernières années, on avait méconnu la présence des bandes cannelées du spectre de *Swan* au milieu des innombrables raies du spectre solaire. Certains spectroscopistes les soupçonnaient pourtant et, de fait, quand on tire sur une même plaque au spectrographe le spectre de *Swan* et le spectre du Soleil avec des durées d'exposition appropriées, on constate que cette juxtaposition fait ressortir des coïncidences. Les spectroscopistes *Newall, Baxandall* et *Butler*, de l'Observatoire de Cambridge, ont étudié de près la question et ils ont reconnu dans le spectre solaire toutes les cannelures de la bande violette des hydrocarbures dont la tête est située à λ 4314, tout près de la raie G′ ou *f* de l'hydrogène solaire. L'identification est même si facile, qu'ils ont exprimé leur étonnement que personne ne l'ait faite avant eux. Les autres bandes des hydrocarbures s'y retrouvent aussi. Mais le fait beaucoup plus intéressant pour nous qu'ils ont constaté, c'est que les cannelures sont renversées et qu'elles demeurent renversées dans le spectre-éclair, celui que l'on observe seulement dans les éclipses et dans lequel la plupart des raies renversées du spectre solaire ordinaire se montrent brillantes : il faut en conclure que l'inflammation des hydrocarbures n'atteint pas les couches basses de la chromosphère et se produit au-dessous, dans la photosphère. Les hydrocarbures se dégagent donc des profondeurs de l'astre qui, comme la Terre, contient des pétroles. Ainsi localisés, ils ne sont pas portés à une température très élevée, sinon ils seraient dissociés en hydrogène et carbone. On voit par là avec quelle réserve il faut accueillir les hypothèses de certains calculateurs, qui assignent à l'intérieur du Soleil des températures croissantes fantastiques. La structure du Soleil n'est pas sans analogie avec celle de notre globe, et il est vraisemblable qu'ayant la même origine nébulaire, il est formé par des éléments identiques qui sont manifestés du reste par son spectre. En un mot, les hydrocarbures existaient dans la nébuleuse initiale.

3° La diffusion des hydrocarbures n'est pas particulière au système solaire; il existe, notamment dans la Constellation des Poissons et dans

(1) Dans la flamme fumeuse d'une lampe, les hydrocarbures subissent la pyrogénation; leurs molécules sont par suite décomposées : une partie devient plus riche en carbone, d'où, poids moléculaires plus élevés.

celle de l'Hydre, des étoiles dites *carbonées*. Leur spectre présente nettement les bandes des hydrocarbures, accompagnées de la raie D du sodium et de la raie E solaire, raie verte du fer. Leur température paraît être relativement moins élevée que celle des autres étoiles; leur couleur rouge rubis l'indique. L'hydrogène libre n'y serait contenu qu'en faible quantité, ou même en serait absent, et leur élément combustible se montrerait principalement constitué par des hydrocarbures.

Que conclure de tous ces faits au point de vue spécial qui nous occupe, celui des origines des pétroles terrestres? C'est qu'il faut vraisemblablement attribuer à une partie de ceux-ci une origine cosmique. Les matériaux solides, en se réunissant pour former notre globe, ont entraîné, emprisonné même, ces hydrocarbures. Sans doute, suivant leur localisation, ils ont été soumis à des températures différentes et une partie a subi des modifications de composition par pyrogénation. Ainsi s'expliquerait la différence si marquée des pétroles d'Amérique et de ceux du Caucase. La température de 450 degrés est suffisante, ainsi que je l'ai établi, pour transformer l'huile et faire passer ses carbures de la série saturée aux carbures de la série éthylénique, spontanément polymérisables.

Une foule de causes peuvent intervenir pour agir sur une matière aussi plastique chimiquement que les pétroles, et produire des effets en apparence contradictoires. En réalité, dans la nature il n'y a rien de contradictoire, les faits naturels dérivent les uns des autres et s'enchaînent d'une manière parfaitement continue.

M. ROUCH,

Lieutenant de vaisseau.

VARIATION DE LA VITESSE DU VENT AVEC L'ALTITUDE

551.511.3

26 Juillet.

La plupart des sondages aérologiques que nous avons étudiés présentent la particularité suivante :

La vitesse moyenne du vent ne croît pas d'une façon continue avec l'altitude. Généralement le vent augmente de vitesse entre le sol et une altitude qui varie de 500 mètres à 1.500 mètres suivant les stations, puis il reste stationnaire dans une couche dont l'épaisseur est d'un millier de mètres, pour augmenter de nouveau plus haut.

Ces résultats ne sont pas nouveaux. Ils ont été, à ma connaissance, mis en évidence pour la première fois par M. *Fabris*, d'après des sondages exécutés dans les environs de Rome.

Le tableau suivant donne la vitesse moyenne du vent (en mètres à la seconde) à diverses altitudes pour plusieurs stations dépendant du Service de la Météorologie maritime ;

	0m	200m	400m	600m	800m	1.000m	1.500m	2.000m	3.000m	4.000m
Marquise-Rinent . .	4m,4	6m,0	7m,6	8m,2	8m,4	8m,4	9m,0	9m,2	9m,8	»
Le Havre. . .	3m,5	5m,1	6m,4	6m,7	6m,6	6m,7	7m,3	»	»	»
Rochefort . .	2m,7	6m,9	7m,4	7m,1	6m,8	7m,5	7m,4	7m,7	»	»
Bayonne . . .	3m,3	4m,5	4m,9	4m,9	4m,9	5m,2	5m,9	6m,2	6m,8	9m,9
Cette.	4m,4	6m,5	7m,2	7m,3	7m,6	8m,2	8m,6	»	»	»
Oran.	3m,8	5m,6	5m,6	5m,4	5m,3	5m,5	5m,9	6m,8	9m,4	10m,9
Saint-Cyr. . .	3m,0	»	»	»	»	5m,6	»	5m,9	6m,6	7m,8

Nous avons montré qu'il fallait attribuer en partie l'allure de cette variation à la variation diurne (*C. R. Académie des Sciences*, 11 août 1919). Il arrive en effet souvent que le matin le vent augmente de vitesse avec l'altitude entre 0 et 2.000 mètres, l'après-midi le vent diminue de vitesse, ou reste stationnaire, entre 0 et 1.000 mètres. Mais matin et soir beaucoup de sondages présentent l'inflexion signalée. On peut dire que sept sondages environ sur dix présentent cette allure pour les stations dont nous avons étudié les résultats. L'explication de ce phénomène est intéressante au point de vue de la structure du vent. Sans pouvoir présenter une explication définitive, je me permettrai de rapprocher de la variation de la vitesse du vent avec l'altitude les données acquises en hydraulique sur la loi de la répartition des vitesses dans la section d'un canal. On sait que les expériences de *Bazin*, de *Cunningham*, d'*Humphreys* et d'*Abbot* ont permis d'énoncer la loi suivante : « Sur une verticale, la vitesse maximum des filets d'eau ne se trouve que très rarement à la surface libre, mais elle se rencontre à une certaine distance au-dessous de cette surface. La loi de la variation des vitesses sur une même verticale est grossièrement représentée par une parabole à axe horizontal. »

D'autre part, d'après certains travaux anglais et français, il parait hors de doute que le vent en l'air est en relation directe avec la distribution des isobares au sol (*vent du gradient* ou *geostrophic wind*). L'étude de la variation du vent avec l'altitude montre que ce vent du gradient souffle dans une large tranche dont l'épaisseur peut atteindre un millier de mètres. Dans toute cette couche, la distribution moyenne de la pression barométrique ne changerait donc pas avec l'altitude. Les documents nous manquent pour élucider ce point important de la dynamique de l'atmosphère.

Quoi qu'il en soit, au point de vue pratique, il est intéressant pour l'aéronaute de savoir que le vent du gradient, qu'il peut inférer, en l'absence de sondages aérologiques, de la carte des isobares au voisinage du sol, se rencontre sur une épaisseur assez grande. Entre 500 mètres et 1.500 mètres, il n'y aura pas d'avantage au point de vue atmosphérique, sept fois sur dix, à voler un peu plus haut ou un peu plus bas.

M. DONGIER,

Chef de service au Bureau central météorologique.

DESCRIPTION DE L'APPAREIL QUI A ÉTÉ CONSTRUIT, SUR SES INDICATIONS POUR LE BUREAU CENTRAL MÉTÉOROLOGIQUE, PAR M. LEQUEUX, DE PARIS

533.42 : 629.10

27 Juillet.

Ce dispositif a été établi pour comparer aux étalons les baromètres destinés aux aéronefs; il permet de faire varier non seulement la pression, mais aussi la température, afin que la marche des instruments soit connue dans les conditions mêmes de leur utilisation.

Les aviateurs auront ainsi à leur disposition des instruments étalonnés, dont les indications permettront de connaître, avec une précision convenable, les altitudes atteintes en avion, par exemple lors des records d'altitude.

*

M. LABROUSTE

Maître de Conférences à la Faculté des Sciences de Strasbourg.

RÉPLIQUES DE TREMBLEMENTS DE TERRE ENREGISTRÉS A STRASBOURG.

551.22

27 Juillet.

On désigne sous le nom de répliques, les tremblements de terre de même origine se succédant à des intervalles de temps généralement petits.

Il a été enregistré le 30 mai 1920 la réplique d'un tremblement de terre survenu le 29 mai. Les deux enregistrements présentent une analogie profonde, manifestant l'identité de foyer et de chemin parcouru par les ondes depuis ce foyer jusqu'à l'observatoire enregistreur.

Il existe d'autres exemples remarquables d'une pareille identité; en particulier pendant les 15 et 16 août 1916, a été enregistrée une série de onze tremblements de terre, dont sept au moins présentent une analogie très grande, parfois une identité presque parfaite. Parmi ces répliques se rencontrent des tremblements d'intensité très différentes. Il en résulte qu'un tremblement de terre est, malgré l'extrême complexité des enregistrements, un phénomène parfaitement net, pouvant se reproduire semblable à lui-même, quelle que soit l'intensité du phénomène.

Cette constatation est illustrée par la présentation à MM. les Membres de la section d'agrandissements de sismogrammes enregistrés à Strasbourg.

Malgré l'identité parfaite de certaines parties des sismogrammes, il existe néanmoins des régions où les coïncidences sont mauvaises et où les sinuosités de l'enregistrement sont plus ou moins altérées. L'étude de ces altérations peut contribuer à la connaissance de la genèse des ondes et des accidents dans la constitution du sol qui les ont fait naître, surtout si cette étude est parallèlement entreprise par plusieurs observatoires différents.

M. Pierre LARUE,

Ingénieur Agronome, Docteur de l'Université de Paris,
Gurgy près Auxerre (Yonne).

POINTS DE VUE HUMAIN ET AGRICOLE DE LA CLIMATOLOGIE

551.56 : 63

27 Juillet.

La classification générale des climats est difficile. Les ouvrages de météorologie embrassent naturellement toutes les notions scientifiquement nécessaires.

On peut arriver à des idées plus nettes et plus utiles surtout, suivant que l'on se place par exemple au point de vue de confortable, de l'hygiène humaine ou de l'agriculture.

Point de vue du confortable. — La majorité des hommes s'enferment pour dormir pendant la nuit. Peu leur importe le temps qu'il fait au dehors.

Si l'on vise donc l'agrément, le confortable et l'hygiène pour la définition et la comparaison des climats, on doit éliminer les observations faites entre neuf heures du soir et cinq ou six heures du matin, soit au moins huit heures sur vingt-quatre ou le tiers.

Peu importe que les nuits d'hiver soient froides à Nice si les jours ensoleillés et l'abri contre le vent du Nord y rendent agréable la journée, la courte journée d'hiver.

Comparer les températures moyennes d'une autre ville à choisir comme résidence serait faux.

Il en serait de même d'une comparaison de température sans tenir compte de l'humidité, des durées d'insolation, de la direction du vent.

Une température élevée sèche est mieux supportée que la même température « humide ».

Ce que nous disions du climat diurne s'applique au climat saisonnier.

En hiver les flancs bien exposés de montagnes sont préférables aux vallées pour la résidence de l'homme. Si la moyenne de température y est plus basse, si la neige y tombe plus souvent et y séjourne plus longtemps — invitant du reste au loisir, les brouillards y sont moins fréquents. C'est ainsi que les embrumés de la vallée du Rhin *montent* se réchauffer au clair soleil dans les sites abrités et aménagés de la Forêt-Noire et des Vosges. Dans notre parallèle entre ces deux régions, nous avons présenté une photographie de la mer de nuages qui comble la vallée de Saint-Amarin.

Points de vue agricole. — Si on envisage la production des plantes cultivées, la comparaison utile des climats ne peut guère porter sur les mois de novembre, décembre, janvier ou février, durant lesquels la végétation est suspendue. Il ne reste en terre que peu de cultures annuelles.

On pourrait à la rigueur se dispenser des travaux agricoles si les loisirs des attelages et la sécheresse étaient suffisants en mars.

Donc peu importent les moyennes annuelles si les sommes de température de printemps et d'été sont convenables et si des gelées intempestives ne surviennent pas trop tard au printemps et trop tôt à l'automne.

Les Américains limitent leurs zônes culturales par le nombre de jours compris entre ces deux gelées néfastes aux cultures.

Même pour les plantes pérennes, les froids de l'hiver n'ont pas toujours une importance capitale puisque l'on couvre de terre les troncs des plantes délicates, comme la vigne.

Toutefois les climats à hiver doux offrent l'avantage de permettre deux récoltes par an ou trois récoltes en deux ans comme sur les côtes de Bretagne.

Dans les pays chauds et secs, c'est l'été qui constitue la période principale d'arrêt agricole. La moisson s'y fait de très bonne heure. On y compte en réalité deux stades de suspension de la végétation. Il y a lieu d'éviter de comparer les chiffres avec ceux de nos climats. On ne peut comparer que des choses comparables.

— On sait combien la notion des climats maritimes et des climats continentaux a d'importance en agriculture. Les moyennes diurnes même ne peuvent pas toujours servir à suivre l'évolution des plantes. Soient deux journées à moyennes égales. Si dans un cas il fait une température constante (climat marin) et que cette température soit inférieure à celle nécessaire au stade de la végétation (par exemple maturité du raisin), celle-ci n'avancera pas.

Si au contraire les nuits sont froides, mais les journées très chaudes (climat continental), la végétation profitera des quelques heures de chaleur pour s'arrêter ensuite, mais elle ne rétrogradera pas la nuit. Elle aura avancé d'un pas. Nous avons touché cette question dans notre étude sur le milieu physique de la vigne en Alsace (*Revue Scientifique*, 11 septembre 1915).

Microclimats. — Tout ce qui précède s'applique au climat où vivent l'homme et les plantes déjà élevées à un mètre par exemple.

Mais au ras du sol, le climat est tout différent. A l'abri d'une simple motte de terre, la température, l'humidité, la ventilation peuvent différer considérablement des mêmes facteurs de l'atmosphère. C'est du reste ainsi que l'on explique l'utilité des mottes dans les labours d'automne.

Même sur une surface unie, il y a parfois atténuation des variations de l'atmosphère, parfois exagération. Ainsi M. *Sprecher* a mesuré à Java une température de 67 degrés à la surface d'un semis. La température était encore de 47 degrés à la profondeur de 3 centimètres.

La plantule vit donc pendant quelques heures au milieu de la journée à la tiédeur d'au moins 50 degrés, elle l'atténue par absorption d'eau en profondeur.

Le sol constitue en effet un volant régulateur emmagasinant la chaleur, mais ce n'est pas ici le lieu de s'étendre sur cette question.

***

Manquant de moyens d'étude, nous avons voulu seulement appeler l'attention sur la nécessité de perfectionner la science des climats dans l'intérêt des applications à l'hygiène et à l'agriculture, en comparant suivant les cas : les températures du lever au coucher (*de l'homme* et non du soleil), les températures du printemps, de l'été et parfois de l'automne seulement, les dates des gelées tardives ou précoces, les variations diurnes de température estivale, les conditions agricoles ou humaines suivant les abris, depuis les montagnes jusqu'à la simple motte de terre.

M. le Professeur MATHIAS,
Directeur de l'Observatoire du Puy-de-Dôme, Clermont-Ferrand.

LE RÉGIME DE LA PLUIE DANS LE COMTÉ DE KENT ET LA RÉGION FRANÇAISE DU PAS-DE-CALAIS

551.56 (42.23) (44.27)

27 Juillet.

La géologie nous apprend que le détroit du Pas-de-Calais s'est creusé au commencement du quaternaire. Avant cette époque, il y avait continuité parfaite entre les falaises de Douvres et celles de la France et le régime de la pluie en fonction de l'altitude était, vu la faible variation de la latitude, le même dans le comté de Kent et les départements français qui lui font face de l'autre côté du détroit. Maintenant que celui-ci est creusé, on peut se demander si la coupure produite et le grand nombre des années écoulées depuis ont apporté une perturbation sensible dans le régime de la pluie, en fonction de l'altitude, identique de toute évidence à l'origine. C'est ce problème que nous allons essayer de résoudre.

Nous utiliserons, à cet effet, un travail anglais dû au service des ingénieurs de l'eau *(The Institution of Water Engineers)*, ou plutôt à son directeur actuel, M. *Carle Salter*, et intitulé : *The relation of Rainfall to configuration*. La planche I de cette publication montre, dans le sud-est de l'Angleterre, un noyau de stations pluviométriques très dense, au nombre de quarante, chacune étant désignée par un numéro. Quand on se reporte à l'*Appendice*, pp. 35-37, on trouve l'altitude en *pieds* et la hauteur de pluie annuelle moyenne en *pouces*. Un premier travail consiste à convertir les altitudes en mètres et les hauteurs de pluie en millimètres.

Au point de vue français, nous avons naturellement utilisé notre travail sur *La pluie en France*. Quand on cherche les départements qui font face au comté de Kent, on trouve le *Pas-de-Calais* et la *Somme*, qui sont caractérisés tous deux (voir p. 128) par $h_0 = 1{,}2$, ainsi que les *Ardennes*. Si on se reporte aux pages 27, 28, 29 du mémoire, on trouve, en appelant n le nombre des stations pluviométriques, k le coefficient d'altitude et h_0 la la hauteur de pluie au niveau de la mer :

	n	k	h_0
Pas-de-Calais	10	1,2	674,4
Ardennes	20	1,2	655,0
Somme	10	1,2	643,1
	40	moy. =	657,5

Une conclusion s'impose irrésistiblement : les trois départements français considérés constituent un ensemble homogène de quarante stations caractérisées par $k = 1{,}2$ et h_0 voisin de 657 millimètres. Le nombre des stations de cet ensemble étant précisément identique à celui des stations anglaises du Kent, on est dans les meilleures conditions possibles pour faire la comparaison projetée.

Si le régime pluviométrique du Kent, en fonction de l'altitude, est le même que celui des trois départements français susnommés, *les altitudes du Kent* n'atteignant pas 300 mètres, on devra avoir pour les stations régulières de ce comté

$$h = h_0 + k\text{A},$$

h étant la hauteur d'eau annuelle moyenne, en millimètres, d'une station, réelle ou *virtuelle*, d'altitude A (en mètres), h_0 et k étant les mêmes que pour les stations françaises de comparaison. Or, pour ces dernières, $k = 1{,}2$; on devra donc avoir aussi, pour les stations du Kent, $k = 1{,}2$. Dès lors, l'équation précédente pourra s'écrire :

$$h - 1{,}2\text{A} = h_0.$$

Autrement dit, en formant les différences $(h - 1{,}2\text{A})$ pour les stations anglaises et françaises, on devra obtenir des nombres pratiquement constants ayant des valeurs moyennes rigoureusement identiques. C'est ce que montrent les deux tableaux suivants :

Stations anglaises du Kent.

Nos	Stations	A^m		h^{mm}		$h - 1{,}2A$		Anomalie en *mm.* $= h - 1{,}2A - 657{,}8$	
50	Dymchurch . .	3,7		645,2		640,7		— 17,1	
76	Hythe	3,7	3,8	711,2	662,1	706,7	657,5	+ 48,9	—0,3
53	Eatsbourne . .	3,7		784,9		780,4		+ 122,6	
116	Shoeburyness .	4,0		490,2		485,4		— 172,4	
22	Bognor	4,6		660,4		654,9		— 2,9	
129	Walmer	6,1		657,9		650,6		— 7,2	
56	Emsworth (Thorney) .	7,0		678,2		669,8		+ 12,0	
91	Maidstone . . .	9,1	9,5	616,7	672,9	605,7	661,5	— 52,1	+3,7
25	Brighton . . .	9,8		729,0		717,3		+ 59,5	
20	Birling Gap . .	12,2		683,3		668,7		+ 10,9	
70	Gravesend. . .	7,3	20,6	518,2	679,9	509,5	655,6	— 148,3	—2,2
27	Buxted	28,7		779,8		745,4		+ 87,6	
127	Ventnor . . .	25,7		741,7		711,9		+ 54,1	
105	Portslade . . .	50,9		736,6		675,5		+ 17,7	
54	Edenbridge . .	49,1	52,3	657,9	727,8	599,0	665,0	— 58,8	+7,2
130	Warbleton . .	55,5		797,6		731,0		+ 73,2	
37	Cranleigh. . .	53,3		741,7		677,7		+ 19,9	
52	Eartham . . .	70,1		749,3		665,2		+ 7,4	
103	Patcham . . .	63,1	82,8	807,7	756,9	732,0	657,6	+ 74,2	—0,2
44	Detling	102,4		706,1		583,2		— 74,6	
5	Alciston . . .	52,4	108,5	861,0	773,4	798,1	643,2	+ 140,3	—14,
11	Ash	164,6		685,8		488,2		— 169,6	
99	Nutley	117,7		802,6		661,4		+ 3,6	
92	Malquoits . . .	121,9		797,6		651,3		— 6,5	
93	Maresfield. . .	75,3	129,1	792,5	805,2	702,2	650,3	+ 44,4	—7,5
58	Ewhurst . . .	182,9		817,9		598,4		— 59,4	
107	Pyecombe. . .	119,5	143,6	904,2	839,5	760,8	667,2	+ 103,0	+9,4
34	Chipstead. . .	167,6		774,7		573,5		— 84,3	
122	Tottingworth .	152,4		823,0		640,2		— 17,6	
113	Selhurst . . .	91,4	164,1	817,9	854,7	708,2	657,8	+ 50,4	0,0
38	Crowborough .	236,8		891,5		607,3		— 50,5	
137	Worth	170,1		873,7		669,6		+ 11,8	
19	Bepton	168,9	175,8	939,8	868,7	737,2	657,9	+ 79,4	0,0
136	Willingdon . .	182,6		797,6		578,5		— 79,3	
101	Paddlesworth .	186,5	187,8	970,3	885,2	746,4	659,9	+ 88,6	+2,1
73	Harrietsham .	189,0		800,1		573,3		— 84,5	
81	Lavington. . .	76,2	190,5	1018,5	880,1	927,1	651,5	+ 269,3	—6,3
106	Poynings . . .	207,3		871,2		622,5		— 35,3	
77	Ide Hill. . . .	213,4		779,8		523,8		— 134,0	
24	Botley Hill . .	265,2		850,9		532,7		— 125,1	

La valeur moyenne des différences (h — 1.2A) est $\frac{26311,3}{40} = 657,8$.

Les stations du Kent sont, avec une grande perfection, représentées par la formule :

(1) $$h = 657,8 + 1,2A.$$

La dernière colonne donne des anomalies toujours inférieures à 20 millimètres et qui, la plupart du temps, sont inférieures à 10 millimètres, indiquant que les stations réelles et *virtuelles* du Kent sont remarquablement régulières. Les stations réelles régulières sont au nombre de douze et leurs altitudes vont de 3^m 7 à 170^m 1.

STATIONS FRANÇAISES.

Dépt	Stations	A^m		h^{mm}		$h - 1.2A$		Anomalie en *mm*. $= h - 1.2A - 657.4$	
P.	Boulogne (P.C.)	7		675,9		667,5		+ 10,4	
P.	Nesle.	7	7,5	615,9	675,6	607,5	661,6	— 49,6	+ 4,5
.	Boulogne . . .	8		735,3		715,7		+ 58,6	
S.	Quend	10		683,0		671,0		+ 13,9	
S.	St-Valery-sur-S.	8	21	692,7	665,3	683,1	640,1	+ 26,0	—17,0
S.	Amiens(St.Agr.)	34		637,8		597,0		— 60,1	
S.	Rue.	10	28,3	691,3	671,3	679,3	637,3	+ 22,2	—19,8
S.	Saint-Riquier .	35		741,6		699,6		+ 42,5	
S.	Moreuil	40		580,9		532,9		—124,2	
S.	Forêt-l'Abbaye .	35		682,5		640,5		— 16,6	
P.	Gris-Nez (Sém.)	44		»		»		»	
P.	Sorrus	50		728,8		668,6		+ 11,5	
S.	Péronne . . .	52	54,5	654,6	707,6	592,2	642,2	— 64,9	—14,9
S.	Doullens . . .	57		760,5		692,1		+ 35,0	
A.	Tagnon	96		742,1		628,1		— 29,0	
A.	Asfeld	66	104,5	634,3	756,0	555,3	630,6	—101,8	—26,5
A.	Chéhéry . . .	143		877,4		705,8		+ 48,7	
A.	Vouziers . . .	97	108,5	662,5	794,6	546,1	664,4	—111,0	+7,3
A.	Fumay	120		926,7		782,7		+125,6	
P.	Guigny	100	116	935,6	817,3	815,6	678,1	+158,5	+21,0
P.	Magnicourt-sur-Canche.	132		698,9		540,5		—116,6	
A.	Attigny	84	122	662,4	805,7	561,6	659,3	— 95,5	+2,2
A.	Saint-Aignan .	160		948,9		756,9		+ 99,8	
A.	Remaucourt . .	119	131,5	740,8	793,4	598,0	635,6	— 59,1	—21,5
A.	Charleville . .	144		845,9		673,1		+ 16,0	
P.	Erquières . . .	120	135	718,0	853,7	574,0	691,7	— 83,1	+34,5
P.	Hucquelières .	150		989,3		809,3		+152,2	
A.	Monthermé . .	138		1047,65		»		Anomalie résiduelle	
P.	Valhuon. . . .	150		840,8		660,8		+ 3,7	
A.	Sedan.	153		812,0		628,4		— 28,7	
A.	Signy.	155	157,5	950,4	843,4	764,4	654,4	+107,3	—2,7
A.	Mouzon	160		736,3		544,3		—112,8	
A.	Saint-Marcel. .	181	158	1148,5	855,6	931,3	666,0	+274,2	+9,1
S.	Neuville-au-Bois	135		562,6		400,6		—256,5	
A.	Carignan . . .	165	176	684,4	894,4	486,4	683,2	—170,7	+26,1
A.	Poix	187		1104,4		880,0		+222,9	
A.	Gespunsart . .	200		917,1		677,1		+ 20,0	
A.	Reuwez	267	280,5	949,7	1008,3	629,3	671,7	— 27,8	+14,6
A.	Haubert-Fontaine . .	294		1066,9		714,1		+ 57,0	
A.	Rocroy	394		1181,8		659,0		+ 1,2	

La valeur moyenne des différences ($h - 1.2A$) est $\frac{24969,7}{38} = 657,1$

Les trois départements du *Pas-de-Calais,* de la *Somme* et des *Ardennes* sont donc représentés par la formule unique

(2) $$h = 657,1 + 1,2A.$$

La dernière colonne donne des anomalies qui ne dépassent 20 millimètres que dans un petit nombre de cas. Les stations réelles et *virtuelles* peuvent donc être considérées comme régulières. Les stations réelles régulières sont au nombre de 9 et leurs altitudes vont de 7 mètres à 394 mètres; si elles sont moins nombreuses que les stations anglaises analogues, leur altitude moyenne est beaucoup plus élevée. La même raison explique pourquoi les petites anomalies des stations réelles ou *virtuelles* régulières sont un peu plus grandes que celles des stations anglaises.

La formule (2) peut être considérée comme pratiquement identique à (1). Il s'ensuit que le régime de la pluie, en fonction de l'altitude, peut être considéré comme pratiquement le même dans le Comté de Kent et dans les départements français du *Pas-de-Calais*, de la *Somme* et des *Ardennes.*

MM. le Professeur Ch. MOUREU,
Membre de l'Institut
ET
A. LEPAPE,
Chef de Laboratoire au Collège de France.

LES GAZ RARES DES GAZ NATURELS D'ALSACE ET DE LORRAINE (*)

54.629 : 622.322

27 Juillet.

I. — Pour inaugurer l'étude systématique des gaz naturels français, particulièrement au point de vue de l'hélium, et faire suite aux recherches étendues que nous avons déjà publiées à ce sujet (gaz de sources thermales et grisous) (**), la *Commission de l'Hélium,* nommée par M. le Ministre de la Marine, en juin 1919, nous a chargés, il y a un an, d'examiner les gaz naturels d'*Alsace et de Lorraine.*

A cet effet, l'un de nous s'est transporté en *Alsace-Lorraine* (août 1919),

(*) Cette étude a été présentée aux sections de chimie, de météorologie et de géologie réunies.

(**) Ch. Moureu. Recherches sur les gaz rares des Sources Thermales, (*Journ. de Chimie-Physique*, t. XI, p. 63, 1913).

Ch. Moureu et A. Lepape. Les gaz rares des grisous (*Annales des Mines*, mai 1914, ou *Annales de Chimie*, 1915 et 1916).

pour visiter tous les gisements présumés de gaz naturels (*) et prélever très soigneusement des échantillons qui ont été ensuite étudiés à *Paris*, à notre laboratoire du *Collège de France*.

Nous avons pu ainsi étudier sept échantillons de gaz naturels qui offrent une très grande variété d'origine et de composition, car on y rencontre :

1° Trois gaz de pétrole *(Péchelbronn)* ;

2° Un gaz de mine de potasse (Fosse *Théodore*) ;

3° Un grisou (Mines de houille de *Sarre et Moselle*) ;

4° Deux gaz spontanés de sources minérales, dont l'un très riche en azote *(Niederbronn)*, et l'autre très riche en anhydride carbonique *(Soultzmatt)* (**).

II. — Chacun de ces gaz a été recueilli, par déplacement d'eau, dans un flacon de verre sur cuve à eau formée soit par de l'eau native (grisou, gaz de sources minérales), soit par de l'eau ordinaire préalablement saturée de gaz naturel. Des difficultés particulières ont été rencontrées pour prélever le gaz des mines de potasse. Dans ce cas, le dégagement gazeux, consécutif au forage d'un trou de sonde d'environ trois mètres de profondeur, est souvent très fugitif. Après une dizaine d'essais infructueux, un forage a fourni un dégagement gazeux qui s'est maintenu sous pression le temps suffisant pour recueillir environ 1.500 centimètres cubes de gaz rigoureusement exempt d'air (***).

III. — Nous avons soumis ces gaz à une analyse complète, dont l'objet a été de déterminer les proportions d'anhydride carbonique, de gaz combustibles (****), d'azote, d'argon et d'hélium, et de caractériser, par leurs spectres, le néon, le krypton et le xénon.

La dessication du gaz, ainsi que la détermination directe de l'anhydride carbonique, des gaz combustibles, de l'argon et de l'hélium (et la caractérisation du néon, du krypton et du xénon) sont effectuées sur le même

(*) Le programme de cette tournée a été dressé d'après les indications que nous ont fournies M. *Schlumberger*, Directeur des Mines d'*Alsace-Lorraine*, M. *Couruu*, Ingénieur des Mines à *Strasbourg*, M. *Belugou*, Ingénieur des Mines à *Mulhouse* et M. *de Retz*, Directeur général technique des Mines sous séquestre, à *Mulhouse*, à qui nous adressons tous nos remerciements.

(**) M. Lepape a visité presque toutes les stations thermales d'*Alsace-Lorraine : Soultz-les-Bains, Morsbronn, Ribeauvillé, Chatenois, Reipertsweiler, Wattweiler, Niederbronn et Soulzmatt*, mais ce n'est qu'à ces deux dernières stations qu'il a pu constater un dégagement gazeux appréciable aux sources.

(***) En général, le prélèvement des échantillons de gaz a été délicat, mais il a toujours pu être effectué très correctement, grâce aux concours très dévoués que nous avons trouvés sur place. Il nous est agréable de remercier ici tout particulièrement : M. *Paul de Chambier*, Directeur général, et MM. *Rougeot*, *Dumas* et *Haas*, Ingénieurs des Mines de pétrole de *Péchelbronn ;* M. *Bucherer*, Directeur de la Mine de potasse *Amélie ;* M. *Kissel*, Directeur, et M. l'Ingénieur de la Mine de potasse *Théodore ;* M. *Vouters* et M. *Delaglière*, Ingénieurs des Mines de houille de *Sarre et Moselle* et MM. les Maires de *Niederbronn* et de *Soultzmatt*.

(****) Nous n'avons effectué qu'un dosage global des gaz combustibles, mais ces derniers sont principalement ou totalement constitués par du méthane.

échantillon de gaz et dans un appareil unique, d'où le gaz, une fois introduit, ne sort plus.

L'oxygène est reconnu et mesuré sur la cuve à mercure, au moyen d'une solution de pyrogallate de potasse, soit sur le gaz brut, soit sur le résidu obtenu après élimination de l'anhydride carbonique.

L'appareil, tout en verre soudé, qui nous a servi pour ces délicates expériences est basé sur le même principe que ceux utilisés pour nos recherches antérieures (*). Il comprend essentiellement une trompe à mercure à une chute dont l'extrémité inférieure peut s'engager sous une cloche barométrique à robinet. Entre la cloche et la trompe, on dispose les tubes à réactifs destinés à éliminer, par formation d'un composé solide non volatil, un ou plusieurs des composants du gaz traité. L'ensemble de l'appareil constitue un circuit fermé permettant de réaliser une circulation continue du gaz sur les réactifs, jusqu'à absorption intégrale des composants à éliminer.

Nous avons réuni sur le même appareil plusieurs circuits destinés :

1° A la dessication du gaz, par l'anhydride phosphorique ;

2° A l'élimination de l'anhydride carbonique, par la potasse solide ;

3° A l'élimination des gaz hydrocarbonés, par combustion sur l'oxyde de cuivre et absorption de l'anhydride carbonique et de la vapeur d'eau formés par le potasse solide et l'anhydride phosphorique ;

4° A l'élimination de l'azote, par fixation sur le calcium métallique chauffé au rouge ;

5° Au fractionnement des gaz rares, au moyen de charbon de noix de coco refroidi.

Le volume du gaz est mesuré avant et après l'élimination de chacun des composants.

Après l'élimination chimique successive des gaz ordinaires de l'échantillon de gaz naturel de 200 centimètres cubes environ d'où nous partions généralement, il n'est fréquemment resté qu'un résidu de gaz rares s'élevant à quelques dizaines de millimètres cubes, ou même, à quelques millimètres cubes. Nous avons pu cependant mesurer ces faibles volumes, grâce à un dispositif très simple, imaginé par M. *Lepape*, et qui comprend une jauge de *Mac Leod* dont le tube manométrique porte une trompe à mercure (**).

Après leur mesure et la vérification spectrale de leur pureté, les gaz rares sont traités par 0gr,1 de charbon de noix de coco refroidi dans l'oxygène liquide (— 184°).

Dans ces conditions, l'argon, le krypton et le xénon (gaz lourds) sont intégralement absorbés et il ne reste, à l'état gazeux, que l'hélium et les traces de néon qui l'accompagnent (gaz légers). En réchauffant ensuite

(*) *Loc. cit.*

(**) Nous avons été très intelligemment aidés dans ces laborieuses et délicates expériences par M. *M. Geslin*, que nous remercions ici bien cordialement.

progressivement le charbon, on peut mettre en évidence, dans la dernière portion d'argon qui se dégage, les raies principales des spectres du krypton et du xénon.

IV. — Les résultats de nos expériences sont réunis dans le tableau suivant, nous les traduisons en exprimant la composition centésimale, en volumes, des gaz bruts secs que nous avons étudiés (nous y ajoutons l'air atmosphérique à titre de comparaison) :

TABLEAU I.

Composition centésimale, en volumes, de quelques gaz naturels d'ALSACE-LORRAINE

ORIGINE	DATE de PRÉLÈVEMENT	Anhydride carbonique CO^2	OXYGÈNE O^2	GAZ combustibles	AZOTE N^2	GAZ RARES		
						EN BLOC	ARGON + traces de Krypton et de Xénon	HÉLIUM + traces de Néon
I. — *Mines de pétrols de Péchelbronn.*								
1° Puits n° 1 (souflard).	2/8/19	traces	néant	98,40	1,56	0,040	0,032	0,008
2° Sondage n° 2141.	1/8/19	traces	néant	98,98	1,00	0,020	0,017	0,003
3° Source thermale (*).	1/8/19	26,05	néant	6,77	65,31	1,87	0,78	1,09
II. — *Mines de potasse de Mulhouse.*								
1° Fosse Théodore .	6/8/19	0,60	néant	96,67	2,69	0,038	0,0294	0,0087
III. — *Mines de houille de Sarre et Moselle.*								
1° Puits n° 5 (souflard).	5/8/19	0,67	néant	98,26	1,047	0,018	0,0156	0,0023
IV. — *Sources minérales.*								
1° Niederbronn. . .	3/8/19	5,16	néant	néant	92,15	2,69	1,01	1,68
2° Soulzmatt (source communale). . .	5/8/19	96,16	0,12	non rech.	3,71	0,011	0,0104	0,0006
Air atmosphérique. .		0,0003	20,99	0,0001	78,03	0,935	0,933	0,00235 (dont 0,00181 de Néon)

(*) La composition de ce gaz a été déjà déterminée, en 1912, par *E. Czako*, qui a trouvé : CO^2 : 47,75 0/0 ; O^2 : 0,10 0/0 ; CH^4 : 5,65 0/0 ; N^2 (+ Ar ?) : 46,1 0/0 ; He : 0,38 0/0. Nous ne nous expliquons pas les divergences importantes que ces résultats présentent avec les nôtres.

A notre demande, M. *de Chambrier*, Directeur général des Mines et Usines de *Péchelbronn*, a fait mesurer le débit gazeux du sondage n° 2141 et celui de la Source Thermale de ces Mines ; d'autre part, on estime, aux Mines de houille de *Sarre et Moselle*, que le volume de grisou extrait par le ventilateur est de un mètre cube par seconde. En combinant les nombres obtenus pour les débits de ces gisements gazeux avec les proportions de gaz rares indiquées dans le tableau précédent, on obtient les résultats suivants pour les volumes de gaz rares dégagés annuellement :

TABLEAU II.

Débits gazeux en mètres cubes, par an.

ORIGINE	GAZ NATUREL	ARGON	HÉLIUM
I. — *Mines de pétrole de Péchelbronn.*			
1° Sondage n° 2141	47.815*	8	1,4
2° Source thermale	3.504	27	37,9
II. — *Mines de houille de Sarre et Moselle*	31.536.000	4.800	725

(*) Il est pratiquement impossible d'évaluer le débit annuel exact d'un dégagement gazeux aussi variable que celui fourni par un gisement de ce genre, aussi les chiffres que nous indiquons ne peuvent-ils représenter que l'ordre de grandeur.

V. — Des données précédentes découlent des enseignements qu'il est intéressant de dégager et que la comparaison avec les résultats analogues obtenus par nous antérieurement mettra pleinement en relief.

Nos études antérieures ont porté sur soixante-dix gaz de sources minérales, un gaz volcanique et cinq grisous. On peut résumer ainsi les faits qu'elles établissent (*) :

1° *Dans tous les mélanges gazeux naturels, on rencontre, sans exception,* et quel qu'en soit le constituant principal (azote, anhydride carbonique, méthane) ou l'origine (air atmosphérique, gaz de source minérale, gaz volcaniques, grisous, etc...), *l'azote et les cinq gaz rares : hélium, néon, argon, krypton et xénon.*

(*) Nous renvoyons, pour plus de détails, à nos publications générales, déjà citées.

2° *L'oxygène est généralement absent*, lorsque le gaz a été soigneusement recueilli. Cependant nos recherches antérieures et des expériences toutes nouvelles et encore inédites nous permettent d'affirmer que *l'oxygène fait certainement partie intégrante des gaz thermaux très riches en anhydride carbonique.*

3° Au point de vue quantitatif, les proportions des gaz rares dans la composition centésimale des gaz naturels varient dans de très larges limites (depuis 0,01 0/0 jusqu'à 10,88 0/0 à *Santenay*, Source *Lithium)* et les deux plus abondants sont toujours l'argon et l'hélium. Mais, alors que nous n'avons jamais rencontré de gaz naturel contenant notablement plus d'argon que l'air atmosphérique, *les teneurs de certains gaz de sources thermales en hélium sont souvent énormes* (jusqu'à 10,16 0/0 à *Santenay*, Source *Lithium)* (*).

4° Nous avons même constaté une curieuse concentration géographique, et probablement aussi géologique, des sources thermales riches en hélium : *celles-ci se groupent sur une bande relativement étroite du territoire français, orientée sensiblement S.-O.— N.-E.* et dont l'axe passe par les villes de *Moulins, Dijon et Vesoul* (**). Certaines d'entre elles *(Néris, Santenay, Bourbon-Lancy)* qui dégagent de 10 à 34 mètres cubes d'hélium par an, à la concentration de 1 à 10 0/0, constituent de véritables *gisements d'hélium*, susceptibles d'exploitation industrielle.

5° Si l'on envisage l'*azote brut* (azote et gaz rares) des gaz naturels, on constate, aux points de vue qualitatif et quantitatif, une uniformité de composition hautement significative. Partout l'azote brut présente la même composition : azote, hélium, néon, argon, krypton et xénon, avec prédominance importante de l'azote, puis de l'argon ou de l'hélium et proportions négligeables de néon, de krypton et de xénon. Bien plus, si l'on calcule les *rapports argon-azote, krypton-argon, xénon-argon et xénon-krypton*, il se dégage de la comparaison des résultats une loi de constance absolument générale : *chacun de ces rapports est sensiblement constant et très voisin, mais généralement un peu plus élevé, dans les gaz naturels que dans l'air atmosphérique.* En outre, *les rapports entre l'hélium, d'une part, et, d'autre part, l'azote, l'argon, le krypton et le xénon, sont variables et tout à fait irréguliers*, et celà quelle que soit le catégorie du mélange gazeux (gaz de sources thermales, grisous, etc...).

Si, par exemple, nous considérons le rapport hélium-argon et que nous prenions pour unité sa valeur pour l'air atmosphérique, nous avons trouvé qu'il varie, dans les gaz naturels, entre 7,49 (*Grisy*, Source n° 2) et 31.095 (Grisou de *Mons*).

(*) Devant l'argon et l'hélium, les proportions de krypton et de xénon sont toujours et les proportions de néon presque toujours, négligeables.

(**) Ch. Moureu et A. Lepape, C. R. t. 155, p. 197, 1912.

La constance des rapports que présentent entre eux ces quatre gaz : azote, argon, krypton et xénon dérive selon nous : *a*) du fait que *ces éléments sont toujours restés libres*, parce que *chimiquement inertes* (dans les réactions géologiques l'azote se comporte comme un gaz pratiquement inerte) et *gazeux* entre de larges limites de température et de pression; *b*) de l'hypothèse très vraisemblable *de l'uniformité approximative de leur distribution dans la nébuleuse génératrice du système solaire.* Au cours de l'évolution continue de la Terre, à partir de la masse gazeuse incandescente initialement homogène d'où elle provient, tandis que les autres éléments contractaient des combinaisons mutuelles, les gaz rares et l'azote sont demeurés libres et leurs rapports quantitatifs réciproques, dans l'atmosphère externe du globe, comme dans les mélanges gazeux souterrains qui furent emprisonnés ou occlus dans les roches de l'écorce au moment de sa solidification, n'ont pu être altérés que par des *actions physiques* (diffusion, occlusion, dissolution, etc...) relativement peu importantes.

Quant à l'exception à cette loi présentée par l'hélium, elle découle nécessairement du fait que *ce gaz est l'un des résidus inertes de la désintégration des corps radioactifs* et que ceux-ci, quoique partout présents, sont très inégalement répartis dans l'écorce terrestre.

VI. — Les nouveaux résultats que nous apporte l'étude des gaz naturels d'*Alsace-Lorraine* viennent confirmer en tous points les conclusions déduites de nos recherches précédentes, et, *à cause de la variété de leur origine et de leur composition, ils élargissent singulièrement la base expérimentale de la loi de constance de composition qualitative et quantitative de l'azote brut des gaz naturels que nous venons de formuler.*

Dans chacun de ces gaz, en effet, nous avons rencontré l'azote et les cinq gaz rares (*) et dans un seul d'entre eux, précisément celui qui est très riche en anhydride carbonique *(Soultzmatt)*, nous avons trouvé de l'oxygène.

N'ayant pu doser, jusqu'ici tout au moins, le krypton et le xénon, nous ne pouvons calculer toute la série des rapports indiqués ci-dessus. En voici cependant deux : argon-azote et hélium-argon, qui résultent de nos déterminations; les rapports correspondants dans l'air étant pris pour unité :

(*) Avant nous, l'hélium et le néon avoient été mis en évidence dans le gaz de la mine de potasse de *Leopoldshall* (0,17 0/0 He), par *Erdmann (Kali*, IV, p. 137; 1910) et dans les gaz de pétrole de *Péchelbronn*, par *E. Czako* (*Beiträge zur Kenntnis natürlicher Gasausstramüngen, Karlsruhe*, 1913).

TABLEAU III.

ORIGINE	Ar/N² (Gaz) / Ar/N² (Air)	He/Ar (Gaz) / He/Ar (Air)
I. — *Mines de pétrole de Péchelbronn.*		
1° Puits n° 1 (soufflard)	1,68	457
2° Sondage n° 2141.	1,44	288
3° Source thermale.	1	2.394
II. — *Mines de potasse de Mulhouse.*		
1° Fosse Théodore	0,91	515
III. — *Mines de houille de Sarre et Moselle.*		
1° Puits n° 5 (soufflard)	1,25	257
IV. — *Sources minérales.*		
1° Niederbronn.	0,916	2.869
2° Soultzmatt (source communale).	2,48	9,5

Le rapport argon-azote ne varie qu'entre 0,9 et 2,48, nombres compris entre les limites extrêmes (0,64—2,85) précédemment trouvées. Nous pouvons donc dire que la loi de constance (qui n'est qu'assez approximative pour le rapport argon-azote) est ici vérifiée. Quant au rapport hélium-argon, il est, comme on devait s'y attendre, très variable ; il oscille entre 9 et 2.869.

Ces considérations nous permettent d'étendre aux gaz étudiés, et particulièrement aux gaz de pétrole de *Péchelbronn*, aux gaz des mines de potasse et au grisou de *Sarre et Moselle*, une conclusion déjà formulée à propos des grisous que nous avons examinés autrefois (*), à savoir : que l'azote de ces gaz riches en gaz hydrocarbonés ne sauraient avoir une origine *organique*, c'est, selon nous, de cet azote brut disséminé partout dans l'écorce terrestre et dont l'origine (sauf pour une partie au moins de l'hélium) doit remonter jusqu'à la nébuleuse génératrice du système solaire.

Quant à l'hélium, nous pouvons remarquer que les rapports hélium-argon peuvent se grouper en deux séries dans chacune desquelles la variation est faible : *a*) les deux rapports 2.394 et 2.869 (source thermale de *Péchelbronn* et source de *Niederbronn*) ; *b*) les rapports compris entre 257 et 515 (autres gaz, sauf *Soultzmatt*).

Or, les deux rapports élevés caractérisent des gaz d'origine profonde (la

(*) Ch. MOUREU et A. LEPAPE : Les gaz rares des grisous (*Loc. cit.*).

source thermale de *Péchelbronn* a été rencontrée, dans un sondage, à la profondeur de 940 mètres) (*), tandis que les rapports compris entre 237 et 515 sont relatifs à des gaz dont le gisement est situé entre 200 et 550 mètres de profondeur (**).

Quoi qu'il en soit, les gaz des sources de *Péchelbronn* et de *Niederbronn* se rangent parmi les gaz riches en hélium et il serait intéressant de rechercher si, au point de vue géologique, ils ne présentent pas quelque affinité avec les autres gaz français riches en hélium.

Le gaz de la source thermale de *Péchelbronn*, à cause de sa haute teneur en hélium et de son débit abondant, peut fournir plus de 100 litres d'hélium par jour, et à ce point de vue, il mériterait sans doute d'être exploité industriellement.

M. le Professeur ROTHÉ,

Strasbourg.

ORGANISATION DU SERVICE MÉTÉOROLOGIQUE RÉGIONAL D'ALSACE ET LORRAINE

551.59 (43.44)

27 Juillet.

Le service météorologique d'Alsace et Lorraine (anciennement *meteorologisches Landesanstalt*) est actuellement rattaché à la Faculté des Sciences de l'Université de Strasbourg et fait partie intégrante de l'Institut de physique du globe de cette université.

La station principale est à Strasbourg, provisoirement dans un local loué, quai de la Porte-de-l'Ill. C'est un véritable observatoire muni des instruments d'observation de tous les éléments météorologiques soit à lecture directe, soit à inscription; parmi les observations journalières qui y sont faites il y a lieu de citer celles de la température du sol à quatre profondeurs $0^m,30$, $0^m,60$, $0^m,90$, $1^m,20$, et de la température de l'eau de l'Ill. La station est munie d'un pluviomètre enregistreur.

Deux stations annexes lui sont rattachées, celle de l'observatoire astronomique pour les mesures de température et d'insolation, celle de la cathédrale de Strasbourg pour la nébulosité, la température et l'anémométrie. Le poste de la cathédrale joue un rôle dans la météorologie générale; l'anémomètre est au sommet de la flèche à 140 mètres au-dessus du sol; c'est donc une station du genre de la Tour Eiffel et tout indiquée pour

---

(*) P. de Chambrier : Historique de *Péchelbronn* (Libr. *Attinger*, *Paris*, 1919).

(**) Cette relation, qui n'est peut-être pas fortuite, ne saurait être regardée comme générale; ainsi, pour les grisous de *Liévin*, *Anzin*, *Lens* et *Mons*, dont les gisements sont voisins et situés à la même profondeur (500 mètres), le rapport précédent varie de 15 à 31.095 (Ch. Moureu et A. Lepape, *loc. cit.*).

Il est cependant naturel de penser que des sondages profonds (1.000 mètres), effectués dans la région de *Péchelbronn-Niederbronn*, auront chance de donner issue à des dégagements gazeux riches en hélium.

les comparaisons de vitesse du vent aux diverses altitudes. Elle vient d'être rétablie après plusieurs mois d'interruption.

C'est à Strasbourg, à la porte de l'Ill, que se trouvent les bureaux du service, dont le personnel comprend, outre le directeur, professeur de physique du globe à la Faculté des Sciences et le sous-directeur, maître de conférences de météorologie, un assistant qui est classé parmi les préparateurs de la Faculté des Sciences, un calculateur qui remplit aussi le rôle d'observateur à la station principale, une calculatrice qui est aussi chargée du service de réception des radiotélégrammes, un garçon de laboratoire; une sténo-dactylographe qui consacre seulement au service une partie de son temps. Ce personnel est nécessaire pour collationner et vérifier les observations des stations d'Alsace-Lorraine et procéder aux calculs de moyennes et préparer les publications.

Le service comprend en outre des stations de première classe (1) où l'on fait toutes les observations directes et qui sont en outre munies d'enregistreurs, des stations de second ordre (2) qui ne sont pas munies d'enregistreurs, des stations de troisième ordre (3) où on ne fait pas les lectures du baromètre. Toutes ces stations portent le nom de stations « *météorologiques* » par opposition aux stations *pluviométriques* (4) dont il existe un réseau serré. Dans le tableau ci-dessous les stations sont réparties par bassins et chacune d'elles est affectée d'un numéro qui indique sa nature; les stations météorologiques sont en outre écrites en italique.

A cette liste il convient d'ajouter les stations pluviométriques de la *Société industrielle de Mulhouse*.

Les stations météorologiques et pluviométriques en Alsace et Lorraine, réparties par bassins.

Rhin: Salzlecke 4, Neuf-Brisach 4, Rhinau 4, Pont de Kehl 4, Breitlach 4, Lauterbourg 4, *Strasbourg obser. 3, Plateforme 3.*

Lutzel: Saint-Pierre 4.

Ill: Wolschwiller 4, *Colmar 2, Strasbourg 1.*

Canal du Rhône au Rhin: Wolfersdorf 4, Mulhouse écluse 4, *Mulhouse lycée 1.*

Doller: Lac d'Alfeld 3, Sewen 4.

Thur: Wildenstein 4, Oderen 4.

Weiss: Lapoutroie 4.

Fecht: Mittlach 4, Lac Noir 4, Saint-Gilles 4.

Leber: Petit-Haut 4.

Andlaubach: Melkereifelsen 3.

Strengbach: La Pépinière 4, Aubure 4.

Bruche: Weissenberg 4, *Rothau 2,* Eckbolsheim 4, Ergersheim 4.

Mossig: Bischoflãger 4.

Eberbach: Eberbach 4, Schwarzlach 4.

Moder: Herrenwald 4, Drusenheim 4.

Brumbach: Dachshübel 4.

Seltzbach: Seltz 4.

Sauerbach: Oberbetschdorf.

Canal de la Marne au Rhin: Lützelbourg 4, Lagarde 4.

Zinsel: Wolfenhütte 4, Zinswiller 1.

Schwarzbach: Erlenmoos 4.

Thur et Lauch: Ballon de Guebwiller 2.

Eichel-Sarre: Neumatt 3.

Sarre: Carlsthal 4, *Sarreguemines 2,* Longeville 4, *Abreschwiller 3* (Sarre rouge).

Canal des houillères: Remelfing 4, Mittersheim 4.

Nied: Foulquemont 4.

Étangs de Lorraine: Gondrexange 2.

Moselle: Ars 4, Veymerange 4, *Metz 1,* Novéant 4, *Haut-Sierck 3.*

Plaine: La Glacimont 4.

Bist: Creutzwald 4.

Petite-Seille: Toussaint 4.

Ce service d'Alsace et Lorraine forme un tout; il a son budget propre et ce qui le distingue des services similaires existant en France, c'est que ses agents sont rémunérés. Ainsi les agents des stations météorologiques touchent suivant leur ancienneté et aussi l'importance des services rendus des sommes qui varient de 150 francs à 400 francs par an.

Les observateurs des stations pluviométriques touchent 75 francs par an. Quelques-uns sont d'ailleurs rétribués par leurs administrations: ce sont ceux des Ponts et Chaussées et des Améliorations agricoles. Je me plais à reconnaître que le service météorologique trouve en Alsace et Lorraine un bienveillant appui auprès de tous les services publics au premier rang desquels il y a lieu de placer l'Administration des eaux et forêts: les agents de cette administration qui nous prêtent un concours aussi habile qu'assidu sont nombreux dans le service.

Récemment, ayant voulu organiser un réseau pour l'observation des orages, j'ai fait un appel dans les journaux et ai demandé à MM. les Préfets et Chefs d'administration le concours d'observateurs de bonne volonté. De nombreux forestiers ont répondu à cet appel ainsi que des instituteurs, qui seront ainsi, comme à l'intérieur de la France, intéressés au service météorologique, ce qui n'avait pas lieu autrefois.

Avant la guerre, le budget d'Alsace et Lorraine consacrait à ce service 32.000 marks; si on considère que chaque pays ressortissant de l'empire allemand possédait un service analogue, aussi bien ou mieux doté, on peut se faire une idée de l'important effort que l'Allemagne avait fait en faveur de la météorologie. Avec les difficultés actuelles, l'augmentation du prix des instruments, des transports, des impressions et publications notre situation est moins brillante et il est indispensable que les crédits ne nous soient pas marchandés dans l'avenir. C'est seulement ainsi qu'on pourra apprécier *les services que peut rendre une organisation régionale.*

Le premier de ces services, c'est l'envoi quotidien d'avertissements aux communes. C'est le sous-directeur du service qui effectue le plus souvent les prévisions: il n'a actuellement à sa disposition pour ce travail que les dépêches envoyées par nos stations de Metz et de Mulhouse (les communications téléphoniques du Grand Ballon seront prochainement rétablies) et surtout les radiotélégrammes recueillis et traduits par la calculatrice. Ce n'est guère que sur les radiotélégrammes que l'on peut compter aujourd'hui (*): M. le Directeur du bureau central météorologique veut bien adresser tous les jours à Strasbourg un télégramme spécial contenant les observations des principales stations européennes; mais le plus souvent il ne nous parvient que dans l'après midi alors que la prévision locale faite à 11 heures est expédiée. *Avant la guerre le service recevait de la Seewarte de Hambourg plusieurs télégrammes par jour.* Il serait désirable qu'une réforme de nos communications télégraphiques fût promptement réalisée et nous mît à même d'effectuer nos prévisions dans des conditions plus avantageuses. La prévision est faite pour quatre régions: Jura, Haut-Rhin,

Bas-Rhin, Lorraine. Le plus souvent, la prévision est la même pour les quatre régions ; mais, dans des cas particuliers, des télégrammes spéciaux peuvent être nécessaires.

La prévision est téléphonée au bureau télégraphique de Strasbourg qui procède à l'envoi de télégrammes aux communes abonnées et qui *actuellement* paient au bureau télégraphique une redevance semestrielle de 20 francs pour la période s'étendant du 1er mai au 31 octobre; ce n'est là qu'une faible dépense. Mais les maires des communes étaient habitués à recevoir sous l'occupation allemande ce telégramme gratuitement; l'an dernier quatre seulement s'abonnèrent. Cette année il y a une quarantaine d'abonnés et il n'est pas douteux que l'an prochain la plupart des maires accepteront sans protester davantage la réglementation nouvelle.

Le service publie chaque mois un résumé dans la *Correspondance de Strasbourg*, dans le *Bulletin de Statistique d'Alsace et Lorraine* et dans celui de l'*Office municipal*.

Chaque année il publie un important annuaire contenant le détail des observations des stations, ainsi que les moyennes mensuelles et annuelles.

Travaux spéciaux. — La station principale de Strasbourg est équipée pour le lancer des *ballons-sondes et des ballons-pilotes*. Elle collaborera aux ascensions internationales dès que ces ascensions seront de nouveau organisées.

En outre l'Institut de physique du globe a entrepris l'étude détaillée des orages et des expériences seront entreprises sur leur *radiogoniométrie*: les résultats acquis jusqu'à présent permettent d'espérer qu'on pourra définir la direction et la marche des orages.

Le service d'Alsace et Lorraine réalise en résumé ce que demandent un certain nombre de météorologistes français, la réunion de plusieurs commissions départementales par région. Cette idée est combattue par d'autres savants qui préfèrent la centralisation. Ce n'est pas à moi qui ai l'honneur de diriger le seul service régional existant à prendre parti. Mais j'émets le vœu que le fonctionnement de ce service d'Alsace et Lorraine soit *sérieusement* étudié dans ses détails et que ses résultats en soient discutés dans l'intérêt général du pays.

(*) J'ai pu réunir et installer dans ce but, grâce au bienveillant concours de M. le général Ferrié, un abondant matériel moderne de radiotélégraphie.

M. J. STEIB,

Professeur au Lycée Fustel-de-Coulanges, Strasbourg.

LES APPLICATIONS DE LA BALANCE D'EÖTVÖS A LA GÉOLOGIE, EN PARTICULIER A LA RECHERCHE DU PÉTROLE.

622 — 19 — 223

27 Juillet.

Sur la proposition de l'éminent président de notre Section, M. le Professeur *Rothé*, je me permets de vous donner un résumé des applications de la *balance d'Eötvös* à la géologie. Je sollicite votre indulgence, si je ne puis vous présenter des résultats nouveaux ou décisifs ; voilà trois semaines que je m'occupe de la question, et il va sans dire que ma compétence soit limitée par les quelques ouvrages publiés là-dessus qui se trouvent dans la bibliothèque de l'*Institut de Physique du Globe.*

L'appareil d'*Eötvös* est une balance de torsion, composée d'une tige horizontale légère suspendue à un fil très fin. Les masses sur lesquelles agissent les forces d'attraction sont fixées aux deux bouts de celle-là, soit dans le même, soit dans différents niveaux. Les déviations sont mesurées par la *méthode de Poggendorff*. Je n'insisterai pas sur la théorie mathématique, qui est basée sur la théorie du potentiel. Il est clair qu'une barre suspendue à un fil sans torsion nous ferait connaître, par sa direction et ses oscillations, le siège et la grandeur d'une masse troublante, mais il est non moins évident qu'un tel fil de suspension n'est pas réalisable, que l'élasticité de torsion ne reste pas absolument constante, que le moindre courant d'air, produit par des différences de température dans la cage qui abrite l'instrument, et d'autres influences faussent les indications très sensiblement. Et, en effet, le physicien hongrois a dû surmonter bien des difficultés d'ordre technique, particulièrement pour éviter les erreurs causées par l'inconstance des températures.

Ce que nous permet de déterminer l'instrument, c'est le gradient du potentiel et sa direction en un point donné, donc les variations de l'intensité de la pesanteur, et ceci avec une sensibilité surprenante. La balance réagit sur des attractions de l'ordre du cent millionième de dyne et permet de mesurer des différences d'un à deux millionièmes dans la valeur de g.

Une détermination précise du champ de gravitation terrestre est naturellement du plus haut intérêt pour la géodésie. Je citerai principalement les expériences qui ont pour but de reconnaître la figure de la Terre. Il est vrai que, dans ces sortes de mesures la balance de torsion ne remplacera jamais les pendules, mais elle complétera et confirmera leurs indications.

sentiel est de déceler des masses trop faibles pour agir sur ceux-là, de donner des indications très précises dans un terrain, dans lequel la distance des stations ne dépassera pas 500 mètres à 1 kilomètre. Elle permet en outre de déterminer la direction des forces troublantes, et, sous ce rapport, sa supériorité est incontestable. Les expériences d'*Eötvös* et de ses collaborateurs ont donné un accord satisfaisant entre les valeurs de la déviation de la verticale, calculées d'après les indications de la balance, et celles obtenues par des opérations astronomiques et géodésiques combinées. Des études systématiques faites dans ce domaine pourraient bien nous éclairer encore sur des phénomènes, dont les causes précises nous échappent. A titre d'exemple, je ne citerai que la grande anomalie de la verticale autour de Moscou.

Le pendule de torsion peut être très utile pour contrôler la *théorie de l'isostasie*. Ainsi : une chaîne, comme les Alpes, doit exercer jusqu'à 200 ou 300 kilomètres de distance une influence appréciable sur la barre. Si l'isostasie est réalisée par un défaut de masses dans l'écorce, il y aura, à grande distance, compensation, et l'attraction se trouvera annulée.

Un autre problème : depuis longtemps on a remarqué des coïncidences entre les anomalies du magnétisme et de la pesanteur d'une région; dans ses grandes lignes, le phénomène paraît répondre à l'idée qu'on peut s'en faire, c'est-à-dire que l'anomalie de la pesanteur se fait sentir surtout au centre d'un compartiment formé par des affaissements du sol, tandis que les influences magnétiques ont leur origine plutôt sur ses bords. On relate aussi parfois des troubles magnétiques survenus à la suite de certains tremblements de terre. Or, il ne serait pas étonnant qu'une dislocation produise un effet magnétique sensible en déplaçant les lames aimantées que constituent les couches géologiques. La physique du globe pourra certainement tirer parti de l'appareil d'*Eötvös* pour étudier en détail ces questions. On en a également proposé l'emploi pour reconnaître, par son attraction, la montée de la lave dans la cheminée d'un volcan et prédire ainsi une éruption prochaine.

Outre la physique du globe, la géologie peut, dans certains cas, obtenir des renseignements utiles sur la tectonique d'un pays par les indications de la balance. Je ne m'étendrai pas sur la recherche des dislocations; il s'impose un autre problème d'utilité éminemment pratique et où le pendule de torsion a donné des résultats encourageants. Il s'agit de la constatation des plissements de terrains sédimentaires, qui, souvent ensevelis sous d'épais dépôts récents disposés horizontalement, se dérobent aux investigations directes.

Si nous portons sur une carte topographique les données des mesures de pesanteur en joignant par une ligne tous les points d'égale intensité de g, nous obtiendrons des courbes plus ou moins régulières que nous nommerons isogammes. Une courbe fermée annoncera la présence, en son centre, d'une matière de densité différente de celle des couches avoisinantes, peut-être des minerais qui auraient provoqué une augmentation, peut-être du sel qui, au contraire, aurait causé une diminution de la pesanteur. Pour préciser l'ordre de grandeur des variations, je dirai que le géophysicien hongrois M. *Pekár* a calculé qu'une masse de sel lenticulaire de 250 mètres d'épaisseur et 4.000 mètres de diamètre produit une diminution de la pesanteur de 0,0015 unités *CGS*, en supposant la densité du sel 2,16, celle des couches qui l'entourent 2,4 et en admettant que le sel affleure à la surface. C'est donc bien appréciable.

Supposons des assises plissées, dont la densité augmente avec la profondeur, recouvertes de couches horizontales. Un regard sur la figure nous

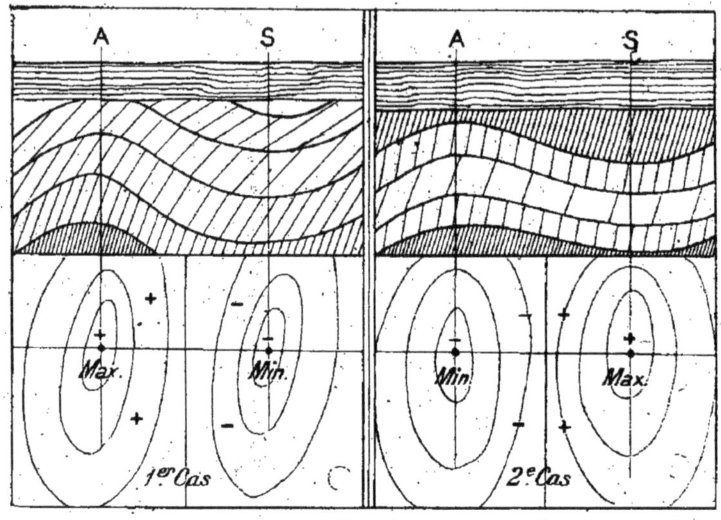

Fig. 1.

démontre la nécessité de l'existence de maxima de g en A, dans les voûtes, les anticlinaux, comme disent les géologues; les minima se trouvent en S, les cuvettes, les synclinaux. Les isogammes représenteront en quelque sorte un négatif des formes de la roche lourde. Examinons alors le cas de sédiments plus légers situés entre des couches plus denses. Cette fois, au contraire, le minimum correspondra à l'anticlinal. On voit que la méthode d'*Eötvös* est capable de donner des résultats intéressants.

L'expérience a montré que le sel est fréquemment lié aux anticlinaux. D'après une théorie soutenue par *Arrhenius* et d'autres, il serait pressé vers les voûtes. Or, très souvent, le sel se trouve entouré de couches pétrolifères. Du reste, *Oldham* avait reconnu. dès 1835, la présence de l'huile minérale exclusivement dans les anticlinaux. En 1867 *Hunt* constate que « toutes les sources productives de l'Amérique du Nord sont situées uniquement dans les axes des anticlinaux ». Les recherches de M. *Mrazec* en Roumanie l'ont conduit à considérer les lignes anticlinales au moins comme lignes d'orientation, la répartition des puits de ce pays dépendant encore de certains bouleversements des terrains. Quant aux hypothèses qui expliqueraient la présence de ce combustible aux anticlinaux et son association fréquente avec le sel, aucune ne paraît bien satisfaisante. On a parlé d'une migration, vers les sommets des plis, de l'huile ayant formé avec la solution de sel une émulsion. Ces problèmes nous conduisent aux théories sur l'origine des pétroles. Vous n'ignorez pas que nous pouvons en somme discuter trois modes de formation : 1° la théorie minérale considère des carbures métalliques formés au sein de la Terre, amenés vers la surface à la suite de bouleversements et de soulèvements, et décomposés par des eaux d'infiltration; — 2° la décomposition lente ou distillation de matières végétales; des exemples à l'appui sont le dégagement du grisou de la houille et les mines où suintent des hydrocarbures liquides; — 3° la décomposition très lente de graisses animales sous la vase avec le concours de chlorures, bromures, etc., indispensables. — La première théorie doit admettre la montée des hydrocarbures dans des fissures de l'écorce et rendrait plausible la présence de ces combinaisons dans les lignes de soulèvement, la rencontre du sel et du pétrole serait fortuite. Les seconde et troisième théories combinées, partant de la décomposition d'algues et micro-organismes, rendent parfaitement compte de l'association du sel et de l'huile minérale, sans pouvoir bien satisfaire sous le rapport de la localisation. Une théorie très intéressante traitée hier dans une communication de M. *Meunier* se base sur le fait que des astres en voie de refroidissement et des comètes donnent parfois le spectre de *Swan*, identifié avec celui des hydrocarbures qui sont mélangés avec plus ou moins d'oxyde de carbone. D'autre part ces gaz se trouvent dans les exhalaisons volcaniques. On peut donc supposer que ces composés de carbone sont répandus partout à l'intérieur du globe et montent comme dans la théorie minérale.

Mais, revenons au côté pratique de notre problème. Je crois que les explications précédentes démontrent que, dans des terrains qui ne sont pas trop morcelés par des failles, les chances de trouver, des huiles minérales sont infiniment plus grandes quand on effectue les sondages aux anticlinaux. Nous avons démontré la possibilité de poursuivre les axes de soulèvement par les méthodes de gravitation, plus particulièrement la balance de torsion. — La conclusion s'impose. — En effet, le géologue hongrois M. *von Böckh* a pu suivre en Transylvanie aisément huit plissements successifs des couches tertiaires allant du N.-O. au S.-E, avec minimum d'attraction aux anticlinaux. Il a ainsi non seulement complété la connaissance de la tectonique de ce pays, mais il a, par le procédé, trouvé en différents endroits, sinon du pétrole, au moins des gaz inflammables.

Une question d'ordre local peut encore nous préoccuper : pouvons-nous, dans le bassin pétrolifère du Bas-Rhin, espérer quelque succès de l'application des méthodes développées? Je crois devoir répondre négativement. Les nappes de pétrole y sont coupées par de trop nombreuses dislocations, et ne paraissent fixées nettement à aucune ligne tectonique. Tantôt les sables bitumineux forment des masses lenticulaires dans les marnes oligocènes, tantôt ils s'étendent en nappes. D'après M. *van Werweke* nos pétroles se seraient formés à l'endroit même de leur gisement actuel par décomposition de myriades d'organismes tués au contact de l'eau douce et de l'eau salée.

Quoique la structure de nos terrains tertiaires ne nous permette pas d'attendre des résultats d'utilité pratique des mesures de pesanteur, il est certain que dans d'autres régions de tectonique différente, et plus encore dans des pays dont la géologie n'est qu'imparfaitement connue, l'instrument du savant Hongrois rendra les meilleurs services à l'ingénieur. Dans notre province son rôle sera plus modeste, dans tous les cas plus limité. On pourrait demander des temps futurs une balance de torsion plus sensible et notablement perfectionnée qui nous indiquerait les moindres discontinuités de densité, les moindres détails topographiques, et qui se prêterait ainsi à des investigations aujourd'hui hors de notre portée : nous aurions la baguette divinatoire idéale.

BIBLIOGRAPHIE :

EÖTVÖS. — *Bericht über die geodätischen Arbeiten in Ungarn*, dans les comptes-rendus de la 15e conférence générale de l'Association géodésique internationale à Budapest, 1906.

EÖTVÖS. — *Geodätische Arbeiten in Ungarn und Beobachtungen mit der Drehwage*, 1909.

V. BÖCKH. — *Der Nachweis von Brachyantiklinalen und Domen mittelst der Drehwage*, dans *Petroleum*, XII, 16, 1917.

BONASSE. — *Géographie mathématique*, 1919.

V. BOCKH. — *Uber die erdgasführenden Antiklinalzüge des Siebenbürger Beckens*, 1911.

SIEBERG. — *Der Erdball*, 1909.

DE LAPPARENT. — *Traité de Géologie.*

VAN WERWCKE. — *Uber die Entstehung der elsässischen Erdöllager* dans *Mitteilungen der geologischen Landesanstalt von Els.-Lothr.*, VI, 1909.

ORTON. — *The Trenton limestone as a source of Petroleum and inflammable gas.*

ANDREAE. — *Beiträge zur Kenntnis des Elsässer Tertiärs*, dans *Abhandlungen zur geologischen Spezialkarte von Els.-Lothr.*, II, 1884.

M. J. TOURNEUR-AUMONT,
Membre de l'Association de Géographie française,
Nancy.

POUR LA CARTE CLIMATIQUE DÉTAILLÉE

912 : 551.56 (44)

27 *Juillet.*

La climatologie régionale. — Montrer la légitimité de la climatologie régionale, son prix, son attrait, siérait mal devant une Association scientifique fondée par le créateur des Commissions métérologiques régionales, Le Verrier, et qui a depuis un demi-siècle apporté dans ce domaine tant de contributions précieuses. Mais on doit constater quelques témoignages que la climatologie régionale connaît aujourd'hui une faveur nouvelle. La climatologie régionale n'a jamais été négligée. On était habitué à la voir sous des noms divers, à côté de la climatologie générale adonnée à la recherche des lois et préoccupée des liaisons terrestres et cosmiques, étudier terre à terre dans leur complexité réelle les accidents climatiques locaux qui touchent le plus ordinairement les intérêts humains, l'hygiène l'agriculture, l'élevage, l'alimentation en eau potable, la préparation et la conservation des aliments, la chasse, la pêche, la construction, la visibilité, l'économie urbaine etc.. Aujourd'hui les besoins de la navigation aérienne ont élevé d'un coup la climatologie régionale à un rang où l'eussent d'ailleurs portée peu à peu les monographies savantes qu'on voit se multiplier sur les vents locaux, les grains, l'influence climatique des forêts, des étangs, de l'inclinaison du sol, des nuances locales de la température et du régime pluviométrique (*). La prévision du temps doit devenir pour une large part, suivant des avis désintéressés, une affaire régionale.

« La prévision du temps, écrit M. *Rouch* dans son récent manuel, ne doit pas » être faite par un service central qui la communique à distance aux inté- » ressés; elle peut et doit être faite sur place par les intéressés eux-mêmes, en » utilisant les renseignements généraux communiqués par un service central. » De nos jours enfin où la production agricole est une grave question nationale en tous lieux, on s'intéresse plus anxieusement et plus communément qu'autrefois « au rapport des récoltes et du temps qu'il fait ».

Dans ces progrès récents, qu'il serait aisé de décrire et de justifier plus longuement, la climatologie régionale n'est pourtant pas encore entrée en possession de tous ses moyens d'enregistrement et d'interprétation des faits.

(*) *Annales de Géographie*, 1916, pp. 399-400. — Arctowski, *Studies on climate and crops*, s. l., 1912. — J. Rouch et L. Gain, *Les cartes des vents à l'usage des aéronautes*, (*Revue générale des Sciences*, 30 mars 1919).

Elle se sert encore avec quelque gaucherie de l'un d'eux, la cartographie de précision, qui pourrait être parmi les plus utiles. Il y a entre ces progrès et cette timidité une contradiction qu'il est opportun d'essayer d'expliquer et de résoudre.

La cartographie climatique détaillée. — Le Comité météorologique international a recherché en 1907 (*) l'échelle la plus convenable aux cartes météorologiques. Mais il n'a pu que s'occuper de la cartographie à petite échelle, qui est une cartographie de reconnaissance, non une cartographie de précision. Faute de directions cartographiques, la climatologie régionale, en France et à l'étranger, s'est contentée, au hasard, d'une cartographie qui convient plutôt à la climatologie générale. En France, les Commissions météorologiques départementales se servent de fonds de carte chorographiques à des échelles diverses, dont le choix apparaît mal. La Nièvre utilise un beau fond en couleurs à 1/400.000; la Seine-et-Marne, le 1/400.000 ; les Deux-Sèvres et l'Ille-et-Vilaine, un fond chorographique rudimentaire sans échelle indiquée ; les Ardennes, le 1/300.000; la Meuse, le 1/270.000, emprunté aux anciennes cartes d'orages ; les Bouches-du-Rhône, le 1/500.000; la Gironde, le 1/725.000 ; le Doubs, le 1/320.000 ; le Vaucluse, le 1/600.000, etc.... Des bulletins luxueux, comme ceux de l'Hérault, sont pauvres en cartes. Dans l'état présent de la cartographie de précision en France, les fonds de carte les plus commodes sont la carte d'état-major à 1/80.000 et sa réduction à 1/320.000.

Le climat est d'ailleurs un facteur géographique si puissant qu'on peut obtenir des renseignements climatiques par l'analyse de diverses cartes non climatologiques par leur objet; cartes phénologiques, cartes botaniques et forestières (**), cartes topographiques (***), cartes de géographie médicale (****) etc. L'œil exercé décèle çà et là des traces terrestres de l'activité céleste, dans les cultures, dans la figuration des eaux stagnantes ou courantes, dans des noms de lieux expressifs comme ceux de Ventoux et d'Aygoual.

Mais on n'a point véritablement une cartographie climatique détaillée. On se demande pourquoi les cartes à grande échelle du Service géographique de l'Armée, le 1/80.000 et le 1/50.000, les cadastres communaux, les plans de villes ne sont pas couramment utilisés comme fonds de carte en climatologie régionale, ainsi qu'ils le sont devenus de tant de manières, directement ou sous des transparents, en géographie physique et en géographie humaine (*****).

(*) Voir les *Procès-verbaux*, appendice VII; et dans les *Annales du B. C. M.* pour 1897, t. I, 1890, p-p 151-158, *La nouvelle carte du Bulletin international*, par A. Angot.

(**) J. Massart, *Quelques adaptations végétales au climat de la côte d'Azur* (*Annales de Géographie*, 15 mars 1917, pp. 94-115, cinq tableaux).

(***) Emm. de Martonne, *Le climat facteur du relief* (*Scientia*, XIII, 1913, pp. 339-355).

(****) R. de C. Ward, *The relative humidity of our houses in winter* (*Boston medical and surgical Journal*, CXLII. 1900, pp. 217-219).

(*****) L. Gallois, *Revue historique*, 1889. — *Les fonds de carte.*

Les signes conventionnels. — La principale difficulté provient peut-être de ce que les signes conventionnels proposés par le Comité météorologique international ne sont pas encore assez connus ou employés le plus utilement. Les cartes climatiques régionales sont trop souvent construites sous l'influence de la climatologie générale. Bien que la cartographie climatique régionale permette la fixation précise d'épisodes météorologiques suivant leur distribution spatiale c'est cependant leur succession dans le temps, saisonnière, mensuelle, annuelle, qu'on s'attache le plus souvent à y figurer, dans un groupement conventionnel de cinq cartes (les quatre saisons et l'année), ou de treize cartes (les douze mois et l'année). De même la méthode des damiers et des carrés des cartes nautiques ne convient pas sur une carte topographique. Aligner sur une carte à petite échelle des signes de chutes de grêle à côté d'un nom de station météorologique ne renseigne pas très notablement plus que de juxtaposer dans les colonnes d'un tableau un nom et un chiffre. Les courbes d'égale intensité, fréquence ou anomalie, les isoplèthes de tout genre, les teintes plates ou dégradées conviennent peu sur une carte à grande échelle, qui exige la rigueur dans la localisation.*

Il faudrait donc que la cartographie climatique détaillée adoptât un répertoire de signes conventionnels. Ceux qu'offrent le Comité météorologique international s'imposent. Ils servent à désigner la grêle, le grésil, la rosée, la gelée blanche, le givre, le verglas, le brouillard, le brouillard sec, le sol couvert de neige, etc.(**). Il y a en cartographie climatique une planimétrie et un nivellement d'une technique particulière et perfectible. Comme signes représentatifs, on peut utiliser des symboles, des chiffres de grosseur et couleur variables, figurant des valeurs relatives. Le but est d'enregistrer avec précision une chronique climatique non seulement pour perpétuer des souvenirs, mais pour permettre l'étude, pratique et théorique, de faits qui, conservés le plus ordinairement sous forme de diagrammes et de colonnes de chiffres, peuvent être examinés aussi très utilement dans un plan perspectif, qui fixe les aspects et fait évoquer la complexité du milieu naturel.

Chroniques phénologiques locales. — Il y a un intérêt scientifique et pratique (***) bien connu à suivre dans une chronique ininterrompue non seulement les aspects changeants qu'étudie la climatologie, mais toute la vie de la nature. Cette chronique existe déjà sous deux formes, dont aucune ne satisfait. Quelque valeur peut être attribuée encore à la forme

(*) MATHIAS, *Sur la construction et l'utilisation des cartes magnétiques. Application au bassin de la Garonne* (*Mémoires de l'Académie des Sciences de Toulouse*, 9e série, IX, 1897, p. 438-464).

(**) *Annales du B. C. M. de France,* année 1914, II, observations, Paris 1919. — Voir *les Procès-verbaux, des séances du Comité météorologique international de 1919.*

(***) E. IHNE, *Uber praktische Anwendung von phanologischen Karten. — Meteorologische Zeitschrift*, XXVI, 1909, 2, 81.

ancienne, à la chronique météorologique des registres paroissiaux, annales monastiques, minutes de notaires, archives communales, mémoires et notes diverses d'observateurs curieux. La forme moderne se rencontre dans les publications de services officiels : *Annales du Bureau Central Météorologique* (*) *Atlas de statistique agricole, etc.* Mais les cadres et les points de vue sont encore ici ceux de la climatologie générale, qui procède par questionnaires uniformes afin d'obtenir des données comparables, et classe les faits non scientifiquement mais officiellement, suivant des circonscriptions administratives.

Cependant on voudrait savoir et voir obligatoirement noté quand telle source a tari, de combien telle forêt a reculé, quelles températures vraies s'accumulent sur ce coteau pendant une saison. Pour prévoir le temps là où on est, là où on va, il faut, outre des indications générales, des séries d'observations très locales. Pour remembrer scientifiquement la propriété au village (**), adapter pleinement des cultures, des engrais à un sol, il faut connaître le temps habituel en un lieu précis, la longueur d'ombre d'une colline, la moyenne journalière de l'éclairement (***), de l'évaporation aux points intéressants (****). Ce sont ordinairement le hasard, la routine, les dictons qui transmettent sans garantie l'ensemble si précieux des connaissances sur la phénologie particulière d'un canton (*****). Il n'est pas inévitable de laisser la richesse rurale à la merci de cet empirisme. La *carte agronomique*, le *plan cadastral*, la *carte topographique* sont des fonds excellemment disposés pour recevoir, conserver dans les services communaux ou cantonaux (******), et transmettre comme un bien collectif, la chronique phénologique. Le cadastre, la carte topographique peuvent indiquer beaucoup plus que la dimension et la qualité édaphique des parcelles. Des séries de cartes, organisées en archives phénologiques peuvent être, dans l'histoire naturelle du canton, l'équivalent des registres de l'état civil dans l'histoire sociale, des registres de délibération dans l'histoire politique. On pourrait, sans s'abandonner à rêver une anticipation par trop chimérique, imaginer ainsi un dépôt des cartes phénologiques, communales ou cantonales, déroulant comme une série cinématographique cette

---

(*) A. Angot, *Résumé des études sur la marche des phénomènes de la végétation et la migration des oiseaux en France pendant les dix années 1881-1890.* (*Annales du B. C M.* pour 1893, t. I, pp. 159-211, 4 pl. 1894).

(**) W. L. Milham, *The variations of... temperatures within the confines of a village* (*Monthly weather Review*, XXXIII, 1905. pp. 305-308).

(***) J. Levainville, *Moyenne journalière de l'éclairement des différents points de la vallée de Barcelonnette*, carte à 1/500.000 (*Annales de Géographie*, XVI. p. 225).

P. Schreiber, *Die Meteorologie in der Landwirschaft* (*Der Sonnenschein*, Leipzig. 1899).

(****) E. Ihne, *Uber phänologische Jahereszeiten.* (*Naturwissenchaftliche Wochenchrift*, X, 1896).

(*****) M. Villard, *Météorologie régionale*, Valence, 1889.

(******) Ad. Carnot, *Cartes agronomiques et musées cantonaux* (*Annuaire de l'Association normande*, 1903).

histoire naturelle, la suite des temps, toute la vie physique du pays sous le regard de l'homme d'étude et du praticien (*).

Les Commissions météorologiques locales. — Un organe de direction régional est presque tout préparé. Les commissions météorologiques fondées par *Le Verrier* n'ont pas seulement un devoir de scrupuleuse fidélité envers le Bureau central ; elles ont des devoirs envers la région qu'elles observent et un droit à l'initiative, Elles utilisent le personnel des grands services régionaux du pouvoir central. Mais elles corespondent aussi avec tous les volontaires que suscitent l'intérêt local bien entendu, l'amour du pays, l'amour de la science. Des mémoires leur sont adressés par des observateurs locaux (**). Les pays qui, comme la Suisse, ont un vif patriotisme cantonal, produisent les plus belles œuvres de climatolagie régionale (***). L'activité des observateurs volontaires pourrait être stimulée par des moyens choisis : l'enseignement universitaire (****), les visites des professeurs d'agriculture, la diffusion des *Instructions abrégées de A. Angot*, le don d'instruments enregistreurs, la propagande des Pouvoirs, sociétés et particuliers intéressés. Le tourisme, la navigation, le service militaire obligatoire, la guerre de 1914 ont accru l'usage de la cartographie et la pratique des instruments. Si la téléphonie sans fil se répand comme la radiotélégraphie au service de la météorologie (*****), un réseau de guetteurs se formera. Des villages de vignerons champenois ont déjà un service de guetteurs de jour et de nuit. qui surveillent le ciel avec l'attention inquiète de pilotes. Enfin par ses commissions cantonales des orages, *Le Verrier* a inauguré une organisation d'archivistes cartographes qu'il suffit d'aider à renaître et à évoluer.

La carte climatique détaillée apporte ou appelle des renseignements bien propres à intéresser partout largement à la fois les hommes d'étude et l'opinion. Elle peut même ainsi non seulement servir une branche de la géographie pure et appliquée, mais éveiller en général la curiosité scientifique.

(*) GR. PETERMANNS MITTEILUNGEN, 1881, *Vergleichende phänologische Karte von Mitteleuropa.*

(**) *Annuaire de la Société météorologique de France*, 1883, p. 300.

(***) J. MAURER, R. BILLWILLER et C. HESS *Das Klima der Schweiz. — Frauenfeld* 1909-1910, 2 vol. ; cartes.

(****) R. DE C. WARD, *Meteorology as a University course.* (*American meteorological Journal*, XII, 1895-1896 [plaidoyer en faveur de la climatologie régionale]).

(*****) A. ANGOT, *Rapport sur les applications de la radiotélégraphie à la météorologie* (Bureau des Longitudes, Conférence internationale de l'heure, Paris, 1912).

M. Rothé, directeur de l'*Institut de Physique du Globe*, a fait une conférence accompagnée de projections en couleurs sur *Le Climat d'Alsace et Lorraine*, dans l'amphithéâtre de minéralogie de la Faculté des Sciences.

Les auditeurs se sont ensuite rendus à la Station sismologique et à la Station météorologique, où ils ont pu examiner par groupes, sous la direction du professeur, des maîtres de conférences et de tout le personnel de l'Institut de Physique du Globe, les instruments servant aux études de tremblements de terre, de sondages aérologiques et de phénomènes électriques de l'atmosphère.

3e Groupe.

SCIENCES NATURELLES

8e Section.

GÉOLOGIE ET MINÉRALOGIE

Président d'Honneur.	M. HAUG, membre de l'Institut, Paris.
Président.	M. GIGNOUX, professeur à la Faculté des Sciences de Strasbourg.
Vice-Président . . .	M. EMMANUEL DE MARGERIE, directeur du Service Géologique d'Alsace et de Lorraine.
Secrétaire	M. BOURGERY, membre de la *Société Géologique de France*, Nogent-le-Rotrou.
Secrétaire adjoint . .	M. MORET, préparateur à la Faculté des Sciences de Strasbourg.

M. L. COLLIN,

Chargé de Conférences de Géologie à la Faculté des Sciences de Rennes.

NOTE SUR LA POSITION DU GRÈS ARMORICAIN DES ROCHERS DE PLOUGASTEL

551.74 (44.11)

26 Juillet.

La carte géologique de Brest indique une grande faille (que je désigne par F sur la figure de cette note) se dirigeant du sud de Landivisiau vers Landerneau et se continuant sur la rive gauche de l'estuaire de l'Elorn, pour venir percer la côte un peu à l'ouest du village de Traouidan, à peu de distance d'un petit port désigné dans le pays sous le nom de Pors-Keralliou.

Or, cette faille est indiquée comme séparant des quartzites de l'ordovicien inférieur (assimilés au grès armoricain, sans cependant en présenter les caractères paléontologiques) (2 *sur la figure*), d'un grès dévonien qui la longe sur une distance de plusieurs kilomètres.

La bande de grès armoricain ainsi dessinée sur la carte géologique et qui semble reposer en discordance sur les schistes algonkiens (1 *sur la figure*) de la vallée de l'Elorn, est extrêmement étroite et ne présente pas l'aspect général des massifs de grès armoricain de Bretagne.

De plus, cette discordance du grès armoricain sur les schistes algonkiens, sans qu'il y ait entre ces deux niveaux les schistes intermédiaires assimilés au cambrien en Bretagne, montre, à mon avis, un accident tectonique plus important qu'une simple discordance.

Je n'ai pas la prétention de donner ici la solution de ce qui me semble être un problème très important, mais il est peut-être utile d'indiquer le

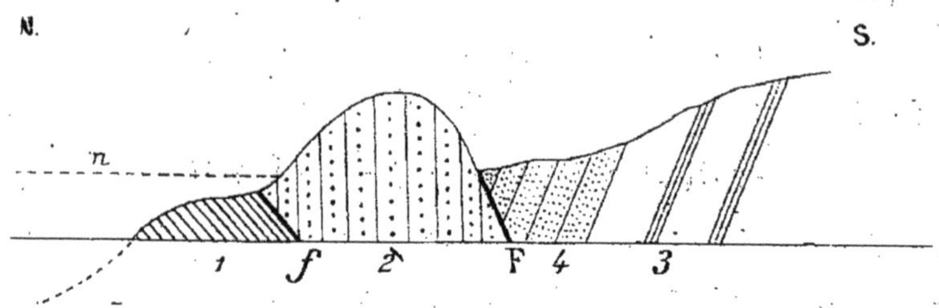

LÉGENDE DE LA FIGURE.

Coupe N.-S. de la côte de la rade de Brest, à l'ouest de Plougastel à 500 mètres à l'ouest du village de Roc'h-Quilliou.

Échelle des longueurs $\frac{1}{10.000}$. (Les hauteurs sont exagérées trois fois environ.)

1. Schistes algonkiens. — 2. Grès Armoricain : Ordovicien Inférieur. — 3. Schistes et Quartzites de Plougastel : Gédinnien. — 4. Grès à Orthis Monnieri Rou : Taunusien. — *f*. Contact anormal par faille. — F. Grande faille. — *n*. Niveau des hautes mers.

La ligne de terre est prise au niveau des basses mers.

résultat de quelques observations relatives au pendage des différentes couches intéressées.

Bien qu'il y ait peu de différence entre le pendage et la direction des couches algonkiennes et ordoviciennes contre le contact anormal *f* indiqué plus haut, on peut cependant observer les faits suivants :

1° Les schistes algonkiens (1), dont on peut observer les affleurements depuis Landivisiau jusqu'à Brest et même sur la rive nord de la rade, jusqu'à la pointe Mengam (Goulet), sont, dans la vallée de l'Elorn, des schistes verts nettement stratifiés avec intercalations gréseuses ou quartziteuses de puissance très variable. Ces intercalations bien régulières permettent d'observer avec assez de précision le pendage et la direction des couches.

De nombreuses observations faites aux environs de l'estuaire de l'Elorn, tant sur la rive droite que sur la rive gauche, m'ont donné comme direction la moyenne E.-W. et, comme pendage, 60 degrés vers le sud, rarement un pendage nord, quelquefois un pendage sud avec des couches presque horizontales, et ceci lorsqu'on s'approche des grès ordoviciens.

Pour le grès ordovicien dont la bande longe l'Elorn depuis le sud de Landivisiau jusqu'au nord-ouest de Plougastel (Pors-Keralliou, il est plus difficile d'observer le pendage des couches à cause des nombreuses diaclases qui viennent souvent masquer la stratification.

Cependant, les couches de grès semblent être complètement verticales et par conséquent ne pas avoir absolument le même pendage que celui des couches algonkiennes. Elles n'ont pas non plus la même direction ici, elles sont N.-E. — S.-W.

Le contact de ces deux terrains est généralement caché par des couches d'argile épaisses dans lesquelles sont d'énormes blocs de grès ordovicien qui ont descendu les pentes et sont venus rouler jusque sur les schistes algonkiens, à une certaine distance des rochers dits Rochers de Plougastel.

A mon avis, ce contact anormal *f* doit se faire par faille. Et la position relative du grès ordovicien par rapport aux schistes algonkiens doit être assez semblable à celle qui existe pour le grès armoricain du Toulinguet, qui semble avoir été charrié sur les schistes algonkiens de Pors-Naye. J'émets cette opinion d'après le manque des couches assimilées aux couches cambriennes et aussi d'après la divergence du pendage et de la direction des couches algonkiennes et ordoviciennes.

Du côté sud de la bande de grès armoricain vient buter, par faille F le grès dévonien (4) nettement caractérisé par ses fossiles.

La faille est très nette, surtout à l'endroit où elle coupe la côte, elle se présente sous la forme d'une grande coupure avec un miroir de faille très apparent sur la lèvre N.-W.; elle est remplie de fragments de schistes et de grès appartenant aux deux niveaux, ainsi que de fragments de quartzites dévoniens (3) dont les bancs en place forment soubassement au grès dévonien, le tout empâté à la base dans une argile jaune.

On trouve alors à 50 mètres au sud le grès à Orthis-Monnieri-Rou, très fossilifère.

Homalonotus.	Rhynchonella Thebaulti Rou.
Orthis Monnieri Rou.	Tentaculites.
Orthis cf Hamoni Rou.	Encrines.

Le pendage des couches du grès est de 50 degrés vers l'ouest et leur direction à cet endroit est presque N.-S.

A mon avis, cette bande de grès qui occupe la côte de la grève et s'étend de Pors-Kералliou presque jusqu'à la pointe ouest de Kernisi, en s'appuyant sur les schistes et quartzites de l'anticlinal de Plougastel et le flanc sud d'un petit synclinal dévonien analogue à ceux que l'on trouve plus au sud et dont le bord nord a disparu dans la faille.

Donc, dans cette région de l'estuaire de l'Elorn, on peut voir le résultat de deux mouvements orogéniques distincts.

Le premier, par lequel le grès ordovicien a été charrié sur les schistes algonkiens, sans cependant qu'on puisse y reconnaître de véritables nappes de charriage.

Le deuxième, par lequel le dévonien a buté contre la bande de grès ordovicien en laissant disparaître dans une faille une grande partie d'un de ses synclinaux.

M. Paul COMBES fils,
Paris.

APERÇU SUR LA CONSTITUTION GÉOLOGIQUE DE LA VALLÉE DE L'AIRE ET DE SES ABORDS ENTRE FLEURY-SUR-AIRE ET CLERMONT-EN-ARGONNE (MEUSE).

551.31 (44.381)

26 Juillet.

Entre Fleury et Clermont, l'Aire, affluent de l'Aisne, coule sensiblement du S. 20° E. au N. 20° O., sur les calcaires du Barrois, à leur limite occidentale, au moment où ils plongent sous les sables verts albiens.

Le fond de la vallée, qui est, à Fleury, à l'altitude + 211, n'est plus qu'à + 207 à Autrécourt, + 205 à Lavoye, + 201 entre Lavoye et Froidos, + 197 à Rarécourt et + 193 à Auzéville, à la hauteur de Clermont, soit une chute de 18 mètres sur un parcours de 11 kilomètres.

Le portlandien est représenté, dans cette région, par des alternances, plusieurs fois répétées, de calcaires et de marnes.

Les bancs calcaires sont peu homogènes et ne sont exploités que pour moellons ou pour l'empierrement des routes; ils sont caractérisés par la présence, dans leur masse, de très nombreuses géodes, tapissées de cristaux de calcite.

Les lits marneux qui s'intercalent entre les bancs calcaires sont littéralement pétris d'*Exogyra virgula* Defr, variété *portlandica*. La présence de ces nombreux fossiles a fait donner aux marnes, dans la région, le nom de « terre à oreilles de souris ».

Une très belle coupe de ces alternances de marnes et calcaires portlandiens se voit en bordure de la gare de ravitaillement de Froidos, au sud de Rarécourt, le long de la ligne 6 *bis*, construite pendant la guerre.

Immédiatement à l'ouest du cours de l'Aire, le portlandien disparaît sous les sables verts albiens. Dans la masse de ces sables sont creusés, en bordure de la forêt d'Argonne, de nombreux puits où l'on exploite les nodules phosphatés dits « coquins ».

La zone forestière proprement dite ne commence que sur les argiles du gault superposées aux sables. Plusieurs tuileries exploitaient jadis ces argiles, dans lesquelles la tranchée de la gare de Clermont-en-Argonne est ouverte.

Le sommet des hauteurs qui dominent à l'occident le cours de l'Aire est constitué par la *gaize* albienne qui surmonte les argiles. C'est cette *gaize* qui forme la masse du promontoire de Clermont-en-Argonne (cotes 302 et 308). Elle s'est admirablement prêtée, à cet endroit, comme dans toute la région, au creusement d'abris et d'observatoires pendant la guerre.

C'est également dans cette roche qu'est ouvert l'énorme entonnoir de mine qui sectionne la butte de Vauquois.

La situation et la direction du cours de l'Aire ont été nettement provoquées par le contact du jurassique supérieur et de l'infracrétacé, la falaise albienne ayant retenu les eaux jusque plus au nord, à Grandpré.

L'Aire qui, primitivement, constituait le cours supérieur de la Bar et appartenait au bassin de la Meuse, a été captée par l'Aisne, grâce à l'érosion qui a ouvert la trouée de Grandpré.

M. G. COURTY,

Professeur à l'École des Travaux publics, à Paris.

LE PHÉNOMÈNE VOLCANIQUE DANS SES CAUSES VRAIES

551.21

26 Juillet.

> Le feu n'est pas, comme on le croit communément, l'agent primitif et originaire des volcans.
>
> R. DE MONTLOSIER.

MM. *de Montessus de Ballore* et *A. Lacroix*, ont montré qu'il n'existe pas toujours une relation entre le tremblement de terre et la fonction volcanique. Ces deux phénomènes paraissent en effet, bien distincts, car la vraie cause du volcanisme ne naît pas directement du fait de la rétractilité générale du globe, mais elle émane d'un agent primitif : l'eau. Et en parlant de l'eau, nous ne comprenons pas seulement celle qui peut provenir de l'infiltration des océans, mais encore celle des rivières et des lacs, c'est-à-dire de surface en général, qui arrive à circuler souterrainement à la faveur des cassures terrestres. Nous ne supposons pas que l'eau soit venue de très loin, car nous savons que les régions disloquées sont susceptibles de renfermer dans des dépressions, des masses d'eau plus ou moins considérables qui insensiblement arrivent à jouer par l'entremise des failles, le rôle principal, dans le mécanisme des volcans. *A. de Lapparent* admet que toute la vapeur d'eau et les gaz qui s'échappent des volcans, sont contenus dans les roches ignées. *A. Gautier* avec plus de justesse, pense que les vapeurs ne préexistent pas dans les roches de profondeur, mais qu'elles proviennent de réactions qui s'effectuent dans les roches, lorsque celles-ci se trouvent ramenées par glissement au voisinage de la pyrosphère.

Notre éminent maître *M. Stanislas Meunier* rattache, dans son volume sur la géologie générale, la fonction volcanique, à la contraction de la croûte terrestre. Celle-ci en déterminant un dénivellation du sol, situe les roches imbues d'eau de carrière, sur la partie vois de la région chaude. Vient-il à se produire une cassure secondaire : « Les choses se passent comme si on supprimait le bouchon d'une bouteille de vin de champagne ».

Dans le phénomène volcanique, toute la question se réduit à ceci : quel est le vrai foyer qui alimente les éruptions des volcans ?

Selon nos observations personnelles, nous répondons par cette simple parole : ce n'est pas le feu, c'est l'eau.

Quant à savoir si les volcans sont en relation directe avec le magma igné, nous pensons pouvoir répondre par l'affirmative. Les failles restent toujours des conduits naturels qui sont susceptibles de mettre en communication l'air extérieur avec la portion du globe voisine de la région chaude; seulement, pour que l'action volcanique se produise, il faut que des infiltrations d'eau s'effectuent dans les alentours mêmes du volcan apparemment éteint. Les grandes cassures serviront alors de passage aux épanchements gazeux, liquides et solides. Pour ce qui regarde les manifestations volcaniques, leur paroxysme peut être en rapport avec la quantité d'eau qui parvient aux abords de la pyrosphère. Il est possible que l'introduction de l'eau de surface soit assez lente, mais la rapidité de sa pénétration doit être subordonnée à la dimension des fissures de la croûte terrestre qui tendent insensiblement à se refermer à la longue.

Dans l'Amérique Centrale, à San Salvador, les Indiens d'autrefois, depuis la plus haute antiquité, avaient observé ce fait, que lorsque la rivière située non loin du volcan San Salvador, soi-disant éteint, atteignait un niveau supérieur à celui qu'elle a d'ordinaire, le volcan ne tardait pas à donner des signes manifestes d'activité.

Ces Indiens avaient également appris que l'obstruction d'une *barranca* connue d'eux, était la cause de ce phénomène, aussi veillaient-ils avec un soin très grand à ce que ladite barranca ne s'obstrue jamais en retirant soigneusement de sa base les éboulis charriés par les eaux météoriques. Naturellement les Indiens ne s'expliquaient point scientifiquement ce qui se passait exactement dans l'action volcanique.

Il doit vraisemblablement arriver que les eaux de la « *barranca* » en augmentant le niveau de la rivière, permettent alors aux eaux fluviales de pénétrer profondément dans le sol soit à la faveur de terrains perméables qu'elles atteignent, soit encore par l'intermédiaire de grandes fissures peu apparentes pour déterminer ensuite l'éruption volcanique.

Ainsi, notre théorie explicative basée sur des observations nettement constatées, montre bien l'indépendance des phénomènes tectoniques avec la fonction volcanique. Quoiqu'il en soit, cette dernière fonction ne s'en relie pas moins à la rétractilité du globe, d'où dépendent les grandes cassures qui favorisent à leur tour l'introduction en profondeur des eaux de surface. C'est ainsi que la portion corticale de la Terre vient peu à peu s'enrichir de matériaux nouveaux aux dépens de sa masse fluidale dont elle reste naturellement inséparable.

M. LE Dr ADRIEN GUÉBHARD,
Agrégé des Facultés de Médecine, Saint-Vallier-Thiey (A.-M.).

1° LA VRAIE CAUSE DU VOLCANISME

26 Juillet.

Aucune croûte solide n'ayant jamais pu prendre naissance et se refermer sur le globe de fonte initial s'il n'avait eu la propriété qu'ont l'eau, le fer, et presque tous les silicates et métaux, de se dilater au moment de la solidification, il est inutile de chercher ailleurs la cause immanente du volcanisme. Car, aussitôt la coque fermée, son intérieur, mis en état de surfusion, cherche à rompre les plus faibles lignes de soudure et à déverser son trop-plein sur les bords des déchirures qui, pliant sous la surcharge, ébauchent, de part et d'autre d'une crête volcanique en anses, ovales et guirlandes, les premiers géo-synclinaux, sous forme de canaux jumelés [Cf. HAUG, *Traité de Géologie*, t. I, p. 317, fig. 132], destinés à recevoir dorénavant la suite des distillations des substances restées suspendues dans l'atmosphère. Tandis qu'en bas s'enfonce l'isogéotherme de solidification (si mal dénommée le *feu central*) et s'épaissit une voûte ferrugineuse, réfractaire à toute communication du dehors au dedans, en haut se multiplient les obstacles aux éjections du dedans au dehors, dont les volcans hawaïens, vrais manomètres à déversement, attestent la force continue. Ailleurs, les colonnes montantes, plus ou moins obturées, doivent attendre de quelque réaction accidentelle, dans les chambres laccolithiques branchées sur leur trajet supérieur, le supplément de pression nécessaire pour déclancher, sous forme cataclystique, leur énergie potentielle contenue. Mais la cause directe de celle-ci est la propriété naturelle de foisonnement du magma se refroidissant, cause profonde et permanente, même lorsque ses manifestations externes sont dues à des interventions toutes superficielles et temporaires.

2° LA VRAIE CAUSE DU DIASTROPHISME CORTICAL

Le coefficient de résistance à l'écrasement étant, pour chaque roche, une constante physique définie, tandis que, pratiquement, la durée de la lithogénèse est indéfinie, c'est mathématiquement qu'il y a lieu d'envisager, pour tout dépôt peu consistant du fond d'un géosynclinal, le moment où sa cohésion, incue par la surcharge croissante des assises supérieures, provoquera l'effondrement de celles-ci sur leur base écrasée. Mais cela n'a pu se produire sans un déplacement de matière et sans un dégagement d'énergie énormes : l'un n'aurait-il pas été l'équivalent de l'autre? Telle est la question que je me posai, à Castellane (B.-A.), en face des apparitions pseudo-éruptives du gypse triasique à la base de toutes les dislocations dont trente ans d'étude minutieuse de la Basse Provence m'avaient prouvé qu'elles ne pouvaient être attribuées à des « forces tangentielles », démenties par maints témoins de pierre, tandis qu'il n'est pas un détail du terrain qui ne s'éclaire, à considérer une vague de fond plastique ayant débité en soulèvements fragmentaires de sa superstructure, jusqu'à échappement final, sa mise sous pression par un effondrement central.

La même interprétation, adjuvée, quant aux roches granitoïdes, des conditions thermiques du jeu de l'isotasie, mettrait fin à la fois au préjugé de leur origine infra-corticale, au mystère des « deux temps de consolidation » et aux fantasmagories tectoniques de la théorie des Alpes... et d'ailleurs. En tout cas, il est certain qu'à maintes reprises, au cours de la lithogénèse, ont dû se renouveler de la sorte des crises de diastrophisme, chaque fois que sur un plancher suffisamment résistant, une couche suffisamment plastique s'est trouvée écrasée par une surcharge suffisante.

3° LA SÉDIMENTATION IGNÉE

Sitôt occluse à la surface du géoïde primitif une coque solide, ce fut sur celle-ci que furent retenus dorénavant les dégorgements liquides d'une atmosphère encore gravide de tout ce qui devait, avec les éjections volcaniques, édifier la croûte sédimentaire. Mais ici apparaît une extraordinaire lacune dans l'enseignement classique, nul n'ayant jamais envisagé d'autre sédimentation possible que celle, tout aqueuse ou éolienne, que nous montre le spectacle des causes actuelles, alors que ce n'est qu'à 365° qu'a pu apparaître la première goutte d'eau liquide et qu'auparavant (depuis 1850°, d'après M. *H. Douvillé*) a dû régner une ère immense de sédimentation purement ignée, qui, joignant à un degré paroxystique toutes les ardeurs de la température à toute la fluidité de l'état liquide, sans exclure les solidifications en « glaces » brûlantes, balaya un sol rougé, de lourdes averses de sels divers, entraînant en torrents de fonte, vers des mers de feu, les produits mélangés de l'érosion et de la corrosion, prêts pour toutes les décantations, liquations, combinaisons, cristallisations, etc. élaborant, à chaud et sous de formidables pressions, les roches fondamentales de la lithosphère.

Non seulement cette considération ôterait toute raison à la déplorable confusion qui se perpétue entre les « roches de profondeur » *supra*-corticales (granites, etc.) et les vraies *laves* infra-corticales, ainsi qu'à l'éternelle dispute des Plutoniens et des Neptuniens quant à la métallogénèse, mais encore elle justifierait amplement qu'on détachât de l'ère *primaire* des géologues une ère antérieure *ignée*, infiniment plus importante, qu'il conviendrait d'étendre jusqu'aux véritables débuts de la vie et dont il y a tout lieu de croire que la planète Mars, en ce moment, nous offre le spectacle en action.

M. Ch. DEPÉRET,
Membre de l'Institut, Lyon.

et M. GIGNOUX,
Professeur à la Faculté des Sciences de Strasbourg.

SUR LA PRÉSENCE DU MENISCODON EUROPÆUM RUTIMEYER DANS LES CALCAIRES ÉOCÈNES DE BOUXWILLER (Bas-Rhin) (1)

551.781.1 (43-445)

26 Juillet.

Grâce à une subvention accordée à l'Institut géologique de l'Université de Strasbourg par *M. Achille Lebel*, l'un de nous a pu entreprendre des fouilles systématiques dans le fameux gisement de Bouxwiller (Bas-Rhin), où des calcaires lacustres d'âge éocène contiennent une faune de mammifères depuis longtemps célèbre, caractéristique de la partie supérieure du lutécien moyen.

A côté de nombreux restes de *Lophiodon*, bien connus dans ce gisement, nous avons été assez heureux pour y rencontrer une pièce tout à fait intéressante et nouvelle pour ce gisement.

Il s'agit d'une branche mandibulaire gauche d'un Ongulé Suillien, voisin des *Dichobune*; elle se rapporte indubitablement à un très curieux animal signalé pour la première fois dans le sidérolithique d'Egerkingen par *Rütimeyer*, qui l'attribua d'abord au genre américain *Phenacodus*, sous le nom de *Phenacodus europœus* Rütimeyer; puis *M. Sthelin* montra ses affinités avec les Dichobunidés. En 1888, *Rütimeyer* en fit le type du genre nouveau *Meniscodon*. de sorte que *M. Sthelin*, qui en a donné une description détaillée, l'a définitivement classé sous le nom de *Meniscodon europœum* Rütimeyer.

Le type d'Egerkingen était basé sur des molaires isolées. Depuis, l'un de nous a retrouvé également des molaires isolées dans le sidérolithique de Lissieu (Rhône).

La pièce de Bouxwiller montre en place la série des trois arrière-molaires, des quatre prémolaires et de la canine, ce qui nous fixe sur les caractères de la dentition antérieure, jusqu'ici à peine connus; la canine est formée d'une pointe presque droite, comprimée en travers, et dépassant un peu le niveau des prémolaires. Les deux premières prémolaires (p^1 et p^2) sont peu allongées et formées d'une seule pointe assez élancée,

(1) M. Steib, Professeur au Lycée de Strasbourg, nous a offert pour ces fouilles une aide dont nous sommes heureux de le remercier ici.

avec de très faibles talons antérieur et postérieur. La troisième prémolaire (p^3) fait défaut sur la pièce, mais sa place dans l'os de la mandibule est bien visible. La dernière prémolaire (p^4) est plus haute et plus allongée que les précédentes : les talons antérieur et postérieur sont plus développés, et ce dernier est assez fortement épaissi en travers.

Les arrière-molaires (m^1 et m^2) sont en place : elles ont une couronne rectangulaire allongée avec quatre denticules dont les deux externes ont une tendance crescentoïde, tandis que les deux internes sont de gros denticules coniques tout à fait bunodontes. La dernière arrière-molaire (m^3) a été détachée de la pièce et fortement brisée : elle portait, outre les denticules ordinaires, un cinquième denticule sous forme d'un gros talon.

Tous ces caractères confirment entièrement les vues de *M. Sthelin* sur les affinités du *Meniscodon* avec les Dichobunidés. Enfin, la découverte du *Meniscodon* dans un gisement stratifié et d'âge bien connu nous fixe définitivement sur l'époque précise à laquelle a vécu ce genre.

Dans une publication ultérieure, nous nous proposons de décrire plus en détail et de figurer cette pièce intéressante.

M. Paul JODOT,

Chef des Travaux de Géologie générale à l'École Nationale Supérieure des Mines, Paris.

LA GÉOLOGIE APPLIQUÉE A L'ART MILITAIRE PENDANT LA GUERRE

---

55 : 623 « 1914-1918 »

26 Juillet.

Appelé à l'État-Major d'une armée pendant la guerre, pour y organiser un service de renseignements géologiques, j'ai eu, de ce fait, l'occasion de publier un certain nombre de cartes et de rapports basés sur la géologie appliqué et la géographie physique.

J'attirerai l'attention sur les *cartes des sols*, spécialement intéressantes, car ce sont, à ma connaissance, les premières cartes de ce genre qui aient été publiées. Elles ont été dressées en interprétant les cartes géologiques et les cartes géologico-agronomiques, modifiées d'après les renseignements de personnes connaissant bien la région. Elles avaient pour but de renseigner l'État-Major sur toutes les questions liées à la nature superficielle du sol, dans la zone de marche de l'armée sur les territoires occupés par l'ennemi.

Les renseignements géologiques utilisés dans l'art militaire peuvent se répartir en plusieurs catégories :

1° *La géologie superficielle basée sur la nature des sols, en vue de préciser les régions marécageuses ou les sols peu stables*, devait rechercher l'utilisation du terrain la meilleure dans le cheminement des colonnes (infanterie, cavalerie, artillerie légère et lourde ou encore les colonnes des camions du ravitaillement). Les lignes de cheminement de ces diverses unités, dont les besoins étaient différents, devaient, pour progresser perpendiculairement au front d'attaque, utiliser au mieux les sols défectueux.

Les cheminements spéciaux des tanks pendant la bataille ont souvent été difficiles à indiquer, pour concilier, avec la nature du sol, le poids énorme de ces machines écrasant tout sur leur passage en vue d'atteindre un objectif rendu nécessaire par les besoins militaires.

2° *La géologie basée sur la stratigraphie dans le but d'éviter les niveaux aquifères.* — Il s'agissait de l'utilisation du terrain pour préciser l'emplacement, soit des tranchées, soit des fourneaux de mines et des positions de batteries, ou bien encore du tracé des lignes téléphoniques en sous-plomb; et quand ces travaux étaient envahis par les eaux, il fallait trouver le moyen de procéder à leur assèchement.

3° *Documentation sur les excavations souterraines.* — En Champagne, la craie permettait de creuser facilement des excavations à système de ramifications très complexes, dont on pouvait se rendre aisément compte sur les photographies d'avions par la couleur et le volume des matériaux extraits.

En de nombreux endroits, l'ennemi a utilisé les hypogées sépulcrales préhistoriques ou historiques, ou bien encore les grottes naturelles, pour la documentation desquels les ouvrages touristiques et préhistoriques ont été d'un très grand secours.

D'autre part, dans le Soissonnais les « creutes » du calcaire grossier permettaient à l'ennemi de se fortifier et de se mettre à l'abri des bombardements.

Les minutes du Service des Carrières souterraines ont permis d'indiquer la nature de la roche (pierre dure ou tendre), ainsi que l'épaisseur de la couche solide au-dessus de la carrière, enfin la surface de l'excavation. Tous ces renseignements furent utilisés très utilement pour le *pilonnage* par l'artillerie lourde de campagne.

4° *La nature des fonds de rivières* jouaient un grand rôle pour fixer l'emplacement des ponts à jeter, ainsi que les points de passage à gué en cherchant à éviter les zones marécageuses où les tourbières. Il importait aussi de préciser la position des barrages sur les cours d'eau pour déterminer des inondations qui gêneraient l'ennemi, et réciproquement les travaux à effectuer sur les canaux ou les cours d'eau pour les assécher.

5° *Hydrologie pour l'alimentation des troupes.* — Le service des eaux de l'armée a eu de très nombreux travaux à exécuter pour fournir l'alimentation en eau potable pour les troupes. La géologie et l'hydrologie ont joué un grand rôle pour déterminer l'emplacement des sources à capter et leur périmètre d'alimentation, et aussi pour fixer la position des sondages profonds qui devaient ramener l'eau de la profondeur.

Par ces quelques exemples, on peut voir que la géologie appliquée a joué un grand rôle pendant la guerre.

Du reste nos ennemis avaient compris l'utilité de constituer un service géologique militaire, et la plupart des nations belligérantes avaient également mobilisé leur corps de géologues.

M. O. MENGEL,

Directeur de l'Observatoire de Perpignan.

DE L'EXISTENCE EN AMPURDAN (Catalogne) DES CORDONS LITTORAUX DE 225 MÈTRES ET DE 280 MÈTRES

551.351 (46.71)

26 Juillet.

J'ai récemment attiré l'attention sur deux terrasses anciennes caractéristiques du pourtour de la dépression roussillonnaise.

Une première terrasse appartenant au Néogène supérieur atteint la cote 225, mètres à Bouleternère ou l'on trouve encore les traces d'un ancien *trottoir* méditerranéen. Un épais cailloutis a couvert ultérieurement cette formation littorale. J'ai montré que ce cailloutis à galets de toutes provenances et de toutes grosseurs accusait sur tout le pourtour du Roussillon un palier à la cote 280 mètres avec galets recouverts de tubulures de serpulides, c'est ce que j'ai dénommé *littoral de 280 mètres*.

Le régime post-pliocène ayant vraisemblablement passé par les mêmes phases dans les deux dépressions qui bordent au nord et au sud l'extrémité orientale de la chaîne pyrénéenne, j'ai cherché sur le pourtour de l'Ampurdan les terrasses de ces paliers.

Les cartes espagnoles ne portant que de très rares cotes d'altitude, je fis mes relevés au baromètre, en me basant pour leur réduction sur les courbes de variation de l'Oservatoire de Perpignan. Le gradient étant resté très faible sur la Catalogne, pendant toute la durée de mon excursion, du 15 au 20 septembre 1915, je pouvais obtenir, en procédant ainsi, une approximation suffisante. — Voici les cotes des principaux méplats ou terrasses qui ont attiré mon attention. Le lecteur qui pourra se procurer la récente carte éditée par le génie militaire pour la région de Gérone pourra juger de la valeur des nombres sur lesquels sont basées mes déductions :

35 mètres : Figueras; les Hostalets de Llers;

90 mètres : Terrasse inférieure d'Agullana et du Sud de la Junquera;

120 mètres : Terrasse supérieure d'Agullana, et ancien cône de déjection nord de la Junquera (120 mètres à 150 mètres); cailloutis du plateau de San-Sadurni au sud de La Bisbal :

170 mètres : Cailloutis de Llers; plateau de la Casa-Cistella sur la route de Figueras à Olot; croupe de l'église de Vilademiras; terrasse de la Fluvia, à Besalu; plaine et lac de Bañolas (profond de 60 mètres et dû vraisemblablement à un effondrement par dissolution du gypse par lequel débute l'oligocène de toute cette région).

225 mètres : Sommet des collines liasiques au sud de Llers, près Figueras; cailloutis du village de Maya, au pied de la Mare de Deu-del-Mont; quelques plateaux à droite de la route de Besalù à Bañolas; sur le revers nord de Montes-Gabarras, toute la série des méplats qui portent les groupes de fermes auquel appartient le mas Cazeille, sur la route encore inachevée, de La Bisbal à Casa de la Selva; le plat et les étangs de Camp-Forcat entre la Junquera et Cantallops.

280 mètres : Cailloutis de galets à tubes de serpulides de la Croix-de-Segarro, au pied de la Mare de Deu-del-Mont; cailloutis des collines situées entre Maya et Tortella, fragments d'un cordon littoral de galets s'appuyant sur les contreforts du massif de la Mare Deu-del-Mont, dont ils sont séparés actuellement par l'ancienne vallée éteinte de Saint-Aniol-Tortella-Beuda (vallée dont les apports constituent le large cône de déjection qui de Beuda s'étale en plan incliné vers la Fluvia. A droite de la route de Besalu à Bañolas on voit une série de paliers à 280 mètres. Dans les « Montes Gabarras » la ligne 280 est assez indécise; les cultures de la région de Santa-Pelaya, en contre-bas de la route, paraissent appartenir au palier 280, mais il en existe d'autres avec alluvions schisteuses bréchoïdes au-dessus de la route à l'altitude de 350 mètres. Le cailloutis du col du Perthus semble appartenir également à la formation 280, ainsi que le plateau au sud-ouest de l'Écluse-Haute.

En somme les deux paliers de 225 mètres et 280 mètres, les seuls qui m'occupent pour l'instant paraissent tout aussi nettement accusés sur le pourtour des deux dépressions jumelles : le Roussillon et l'Ampurdan. A remarquer également que le cailloutis de 280 mètres repose par places (Maya, Besalu, Serinia) en stratification discordante sur un substratum constitué par une alternance de poudingues, de grès et d'argiles à végétaux du Néogène supérieur (1) équivalent des alluvions sableuses de Bouleternère, ondulées comme elles et affleurant également (Maya) à la cote 225.

(1) En cours d'impression de cette note, j'ai repéré sur le pourtour du Roussillon et de l'Ampurdan une ligne de rivage à la cote 100; d'autre part le tracé que j'ai fait pour le service de la Carte géologique de France, des contours géologiques de la feuille de Prades, m'a conduit à conclure que le littoral de 280 mètres était contemporain d'une glaciation de la fin du Pliocène, et que celui de 100 mètres était en relation avec une seconde période glaciaire du début du Pléistocène.

M. E. PASSEMARD,
Biarritz.

NOTE PRÉLIMINAIRE SUR LES TERRASSES ALLUVIALES DE LA NIVE ET LEURS RAPPORTS AVEC L'ABRI MOUSTÉRIEN D'OLHA

571.81 (44.79)

26 Juillet.

On trouvera au compte rendu de la 11e Section du Congrès les principales caractéristiques de la faune et de l'industrie du *gisement d'Olha*, fouillé en 1917-18-19 avec le concours des trois subventions accordées par l'Association.

J'ai été amené à essayer de rechercher les rapports qui existaient entre les nappes alluviales de la rivière Nive et le niveau le plus inférieur à cailloux roulés et à industrie paléolithique de cet abri.

Ne seront exposés ici que les résultats sommaires des premières recherches.

La Nive se dégage définitivement de l'emprise de ses parois rocheuses, au sortir du *Pas-de-Roland* à Itxassou; elle décrit alors un grand coude pour contourner le massif calcaire de Cambo, puis s'écoule lentement à travers la plaine élargie qui va de Cambo à Bayonne, où elle se jette dans l'Adour tout près de l'embouchure de cette rivière,

Les larges méandres de la Nive sont dominés par des collines de moyenne altitude appartenant à la pénéplaine qui va buter contre les derniers contreforts des Basses-Pyrénées.

Lorsque d'un point de cette vallée, de la ligne de chemin de fer par exemple on examine ces collines on distingue immédiatement un grand niveau horizontal très net, puis en certains autres points des lambeaux à surface également horizontale qui indiquent à des altitudes moindres des terrasses plus divisées et moins continues.

Un examen un peu plus approfondi permet très rapidement de distinguer au-dessus du lit majeur de la rivière trois terrasses d'altitudes différentes. La plus élevée atteint 50 mètres, elle s'étend surtout sur la rive gauche d'une façon très régulière et presque continue, ses alluvions composés en majeure partie de cailloutis et de sable, viennent buter très vite contre des collines très érodées et à peine sensibles qui forment une seconde ligne parallèle au cours d'eau. Dans cette région le substratum est généralement composé de schistes gris rapportés au cénomanien.

La composition des alluvions est sensiblement la même pour les trois niveaux alluviaux. les quartzites et les grès en provenance d'amont dominent.

La terrasse la plus inférieure n'est vraiment nette qu'en deux points. Elle su orte d'abord la artie haute du bourg d'Ustaritz, puis nous la retrouvons derrière la gare de Cambo elle a à cet endroit une altitude de 16 mètres au-dessus de l'étiage (plus basses eaux), nivellement spécial des Ponts et Chaussées.

Entre ce niveau de 50 mètres et ce niveau de 16 mètres on distingue plus difficilement à cause d'une végétation exubérante une autre série de surfaces horizontales toujours coiffées de cailloutis ou de sables qui sont très nettes à la pointe de Cambo avec 30 mètres d'altitude relative et tout à fait en avant, à Campagnet, avec 27 mètres.

Il semble donc que ces premiers résultats nous conduisent à des chiffres voisins de ceux donnés généralement pour les trois plus basses terrasses.

Nous aurons l'occasion du reste d'aborder cette question au moment de la publication des résulats définitifs de ces recherches.

D'un nivellement spécial des Ponts et Chaussées il résulte que le niveau archéologique compris dans le sable et les cailloux roulés déposés sur la corniche calcaire de l'abri Olha est à 12 mètres au-dessus de la Nive. Il me semble donc possible le rattacher à la nappe qui a déterminé la terrasse de la gare de Cambo qui donne en altitude relative 16 mètres. Ce serait donc la plus basse terrasse au-dessus du lit majeur de la Nive.

M. Louis de SARRAN-D'ALLARD,

Membre correspondant de l'Institut des Hautes-Études Marocaines, Correspondant du Ministère de l'Instruction publique, Ingénieur-géologue conseil, Casablanca (Maroc).

NOTE PRÉLIMINAIRE GÉOLOGIQUE, MINÉRALOGIQUE ET MÉTALLOGÉNIQUE SUR LES GISEMENTS DE MINERAIS DE FER PERMO-TRIASIQUES DU MAROC CENTRAL.

(RÉSUMÉ)

533.3 (64)

26 Juillet.

La région étudiée s'étend de Sidi-Ali jusqu'à la falaise du plateau de Settat. La coupe schématique est la suivante, de bas en haut :

1° *Terrains antérieurs au Trias.* — Ils constituent la *meseta marocaine*, ancienne chaîne *hercynienne*, transformée en une pénéplaine par les érosions subséquentes. La série comprend des schistes et quartzites, rapportés au *silurien* et au *devonien* (cambrien douteux; carbonifère absent, au moins dans la région étudiée). Sur certains points, ces terrains sont métamorphisés : schistes à séricite, micaschistes, etc. ;

2° *Permo-trias.* — On considère comme permo-triasique, un complexe formant le soubassement du plateau de Settat. Le Permo-Trias, presque toujours rubigineux, surtout à la base, est d'origine saumâtre; il renferme, par laces des concentrations salines (gypse et même sel gemme), lesquelles pourraient masquer en profondeur des dépôts d'hydrocarbures, — si toutefois la séduisante hypothèse, émise par plusieurs savants, vient à se vérifier au Maroc. Quoi qu'il en soit, c'est dans le Permo-Trias, mieux encore que dans le Primaire que l'on trouve des minerais de fer interstratifiés, à gangue tantôt calcaire, tantôt siliceuse, dont la richesse est généralement supérieure à la moyenne : de 45 à 60 0/0 de fer métallique (teneur théorique : 70 0/0).

Le minerai habituel est de l'*hématite rouge*, compacte, riche en *fer oxydulé magnétique*. Traces notables de *manganèse*. Peu ou pas de *soufre*. Teneur variable en *phosphore*. — D'après l'analyse chimique, cette hématite ne proviendrait pas directement de l'oxydation de *minerais sulfurés* pouvant exister en profondeur. Cependant, tout comme le Primaire, le *Trias* peut présenter des filons également minéralisés en fer.

En outre, on y a signalé des filons de sulfures complexes : type B. G. P. de *Louis de Launay*.

L'auteur n'a pas encore rencontré en place, ni Blende, ni Calamine; mais il a vu des filons de pyrite plus ou moins cuivreuse. La Galène se montre à l'état sporadique.

Bien que dans son ensemble, le *Trias* affecte une allure tabulaire, quasi-horizontale, il paraît certain que, plus que tous les autres terrains antérieurs au Miocène, il a subi les contre-coups des formidables refoulements d'âge tertiaire, auxquels on doit la formation de l'Atlas marocain, qui n'est lui-même qu'un segment de la grande Chaîne alpine. Et, de fait, on rencontre dans cette région, non seulement des failles, stériles ou minéralisées, affectant le Permo-Trias, mais encore de véritables plissements, accompagnés de roches volcaniques, de filons de quartz calcédonieux, etc...

Il y a tout lieu de croire que c'est à ces mêmes plissements Atlasiques qu'est due la remontée au jour ou tout au moins le rajeunissement du relief du massif primaire du Djebel Lakhdar qui, du haut de ses 853 mètres, semble commander l'orogénie et l'hydrologie de toute la région.

3° *Terrains postérieurs au Trias.* — Non étudiés par l'auteur. Ils constituent la table du plateau de Settat, dit de Melgou. Crétacé supérieur. Dans le grand synclinal, situé bien plus vers l'Est, se montre l'Eocène, avec ses couches riches en phosphate de chaux : gisements d'El-Boroudj, de l'Oued-Zem, etc...

Conclusion. — Étude qui mériterait d'être poursuivie en détail, avec méthode, au double point de vue théorique et pratique.

M. M. COSSMANN,

Directeur de la *Revue critique de Paléozoologie*, Paris.

DESCRIPTION DES PÉLÉCIPODES JURASSIQUES RECUEILLIS EN FRANCE (IIe Série, 1er Article)

---

26 Juillet.

(Mémoire publié hors volume)

9e Section.

BOTANIQUE

Président . . M. BRAEMER, Professeur à la Faculté de Pharmacie de Strasbourg.
Secrétaire . . M. GARNIER, Chef de Travaux à la Faculté de Pharmacie de Strasbourg.
(Les communications ont été faites les 26 et 27 juillet.)

M. Gaston ASTRE

BIOLOGIE DES MOLLUSQUES DANS LES DUNES MARITIMES FRANÇAISES ET SES RAPPORTS AVEC LA GÉOGRAPHIE BOTANIQUE

575 : 551.311.3

L'étude malacologique et botanique que nous avons poursuivie au cours de ces dernières années dans les dunes maritimes du littoral océanique français (1) nous a fourni sur la biologie de ces régions pseudo-désertiques les généralités sommaires suivantes :

I. — Au point de vue malacologique, la dune maritime est un milieu caractérisé par sa facilité de dessiccation ; à ce titre, sa faune proprement dite est une faune xérophile. Au point de vue botanique, elle est caractérisée d'abord par sa salinité, ensuite par sa facilité de dessiccation ; il y aura donc une flore halophile et une flore xérophile.

La distribution biogéographique des dunes est une conséquence directe de ce caractère de sécheresse et de l'anhydrobiose qui en résulte. Ainsi peut-on distinguer, selon le degré de sécheresse, quatre zones successives :

a) Zone abiotique.

b) Zone oligobiotique, où la vie commence à apparaître.

Végétaux : *Psamma arenaria*, *Eryngium maritimum*, *Convolvulus Soldanella*, *Cakile maritima*, etc.

Mollusques : *Helix* à test crétacé : *variabilis*, *palavasensis*, *barbara*, *pisana*, *intersecta*.

c) Zone mésobiotique, où la vie rencontre ses conditions moyennes.

Végétaux : *Hippophae rhamnoides*, *Solanum Dulcamara*, etc.

Mollusques : *Helix nemoralis*, *Helix aspersa*, *Sphyradium strentulum*, etc.

---

(1) Résumé des conclusions générales présentées dans une thèse de doctorat en pharmacie du Laboratoire de Botanique de la Faculté de Médecine de Toulouse (juillet 1920). 158 pages in-8°.

a) Zone pléistobiotique, à humidité notable: Pannes de Belgique, Lettes d'Aquitaine.

Végétaux: *Rubus*, *Mentha*, *Salicaria*, *Salix*, etc.

Mollusques: *Helix pulchella*, *Buliminus obscurus*, *Hyalinia nitida*, etc.

Ces zones sont disposées les unes par rapport aux autres, soit d'une manière concentrique, comme dans les Flandres, soit d'une manière parallèle, comme en Aquitaine, suivant la disposition topographique des dunes.

La disposition des zones botaniques par rapport aux zones malacologiques affecte un même plan général, sauf les deux distinctions suivantes:

a) Tandis que la partie la plus dénudée des zones oligobiotiques présente une flore halophile, il n'existe pas dans les dunes une faune malacologique correspondante différenciée;

b) Les zones oligobiotiques, botanique et malacologique, ne commencent pas au même endroit dans le voisinage de l'Océan, parce que l'on rencontre des végétaux sur le versant marin des premières croupes littorales, alors que les mollusques ne peuvent vivre qu'en arrière de la première crête de dunes. Par conséquent, selon que les dunes du bord de la mer seront en plateau allongé ou en monticule abrupt, les mollusques s'approcheront plus ou moins de la côte, la zone oligobiotique malacologique sera plus ou moins étendue.

II. — Le facteur sécheresse, auquel est due la disposition des zones, est aussi, dans une grande mesure la cause des principales réactions que présentent les mollusques envers le monde extérieur. Les mieux adaptés de ces animaux à la sécheresse luttent en s'enfonçant de plus en plus dans la coquille et en sécrétant un épiphragme. Il est curieux de remarquer que les espèces les plus susceptibles de vivre en anhydrobiose se rencontrent souvent au sommet des tiges de graminées, parce qu'elles sont ainsi éloignées des couches d'air surchauffé voisines du sol. Comme le test calcaire de ces animaux est généralement blanchâtre, l'échauffement par rayonnement est très diminué et ils n'ont guère à subir comme température que celle des couches d'air assez distantes du sol. De plus, leur isolement derrière un épiphragme les maintient dans une atmosphère relativement saturée. Ces trois causes réunies leur permettent de résister à des conditions particulièrement défavorables.

III. — La sécheresse possible des dunes a eu en outre, pour autre conséquence, de ne permettre la vie sur les sables maritimes qu'aux mollusques les mieux adaptés à l'anhydrobiose. Cette condition se traduit par le courant migrateur d'origine méridionale et l'association littorale faunistique, si souvent signalés par les auteurs. Ce ne sont pas des gastéropodes habitant l'arrière-pays, n'ayant donc que quelques centaines de mètres à parcourir, qui ont pénétré dans la dune presque aride pour la coloniser:

les formes qui ont apparu sur le sable sont celles qui avaient déjà des caractères d'adaptation à la sécheresse dans les régions lointaines plus méridionales et qui ont eu de longues étapes à franchir pour arriver dans ces contrées côtières. En dehors de quelques modifications secondaires peu importantes, la faune malacologique des dunes n'est pas une faune ayant évolué en vue d'une adaptation à un milieu spécial, mais une faune qui était déjà préadaptée dans les pays circa-méditerranéens et qui a simplement étendu son aire de distribution dans les lieux dont les conditions physiques se rapprochent de celles des territoires où elle habitait déjà.

IV. — A côté de la dessiccation, qui est le facteur physique essentiel de la dune maritime, se rencontrent des causes secondaires dont l'action se traduit par le polymorphisme des espèces, la costulations du test, la desquamation de la coquille et enfin un très curieux cas de mélanisme que nous avons observé dans les Flandres sur les téguments d'*Helix nemoralis*.

M. LE Dr BRAEMER,

Professeur à la Faculté de Pharmacie de Strasbourg.

1° LES PHARMACIENS-BOTANISTES ALSACIENS

---

26 Juillet.

1° *J.-R. Spielmann*. Pendant quatre générations les *Spielmann* ont joué un rôle professionnel et académique à Strasbourg. Le deuxième du nom *Jacques-Rimbaut* (*Jacob-Reinbold*, 1722-1783) a pratiqué la pharmacie, enseigné la chimie, la botanique, la matière médicale, la poésie classique, analysé les sources hydrominérales, démontré la chimie expérimentale devant ses élèves et les gens du monde, dirigé le Jardin botanique, inspiré et présidé de nombreuses *dissertations* sur toutes les matières du savoir humain qu'il cultivait, enseignait, propageait par la parole et les écrits.

Il a publié des *Éléments de Chimie* (1763), de *Matière médicale* (1766), une *Pharmacopée générale* (1783) et, sous le titre de *Prodromus floræ argentinæ*, le catalogue des plantes du Jardin académique le « *Docter Garte* » qui n'a disparu comme tel qu'après la destructive annexion de 1871.

2° *Apollinaire Fée* (1789-1874). Berrichon d'origine, *A.-L.-A.* Fée n'appartient pas à l'Alsace par sa naissance, mais il a passé à Strasbourg la plus grande partie de sa carrière comme *pharmacien militaire* et *professeur* à l'Hôpital d'Instruction (1832-1849) et à la Faculté de Médecine (1833-1870).

Il a débuté dans la carrière comme pharmacien sous-aide à l'armée d'Espagne (1809). Il a publié le récit de ses pérégrinations et de ses tribulations dans la Péninsule Ibérique (*Souvenirs de la guerre d'Espagne*, Strasbourg 1856). Ayant passé par tous les degrés de la hiérarchie de la pharmacie militaire jusqu'au grade de pharmacien principal de 1re classe, il fut retraité comme tel en 1852, mais il a pu poursuivre sa carrière professorale jusqu'en 1870.

Ses publications sont aussi nombreuses que variées et, comme *Cl. Bernard*, il a débuté par une tragédie non représentée.

Nourri de lettres classiques, il a étudié en botaniste *Homère* et *Théocrite*, *Virgile* et *Pline*.

La *Cryptogamie* lui doit de nombreuses publications, en particulier sur les *Lichens* et une série de 12 mémoires sur la classe des *Fougères*.

En botanique générale et appliquée, il a publié un *Traité d'histoire naturelle pharmaceutique* (2 volumes, Paris 1828 ; 2e édition, 1837). De nombreuses notes sur des sujets variés de botanique et de matière médicale s'ajoutent à son vaste bagage scientifique.

Observateur des hommes comme des plantes, il a écrit de nombreuses études littéraires, morales et philosophiques. Par profession comme par goût il a beaucoup voyagé et a laissé de nombreux et très intéressants récits de voyage en Espagne, en Corse et dans différentes provinces de l'Empire français.

Chassé de Strasbourg par l'Annexion, il est allé mourir à Paris en 1874.

2° LA FLORE DES RUINES D'ALSACE

A côté des espèces pariétales indigènes les murs écroulés des châteaux et des monastères de la plaine et des coteaux sous-vosgiens offrent de nombreuses formes acclimatées. Textes en main, on peut indiquer la date de ces naturalisations et, par comparaison, l'origine géographique de ces formes. Ce sujet si attirant de l'histoire de la flore d'une région a tenté, il y a près de soixante ans, *Ad. Chatin* pour les grands châteaux de la vallée de la Seine. *F. Kirschleger*, a plusieurs reprises (*Végétation alsato-vosgienne*, *Flore d'Alsace*, t. II, et *Bull. Soc. Bot. de France*, 1862), a consacré à cette question des notes résumant ses observations depuis les portes de Bâle jusque dans le Palatinat. Dans les dernières années du XIXe siècle, *Ernest Krause* a complété ces observations (*Mith. der philomat. Gesell.* IV, 1896). Il en résulte que, contrairement à une légende trop accréditée, les Croisés n'ont pas rapporté d'Orient des végétaux dont ils auraient orné les jardins de leurs burgs, mais qu'il faut remonter jusqu'au IXe siècle (Capitulaire *de Villis* de Charlemagne pour les plantes médicinales, et au XVIe siècle pour les plantes d'ornement. Les unes et les autres viennent directement ou indirectement surtout d'Italie.

MM. LES Drs L. BRAEMER ET R. KUENY,

Professeurs à la Faculté de Pharmacie de Strasbourg.

LES PLANTES MÉDICINALES DE L'ALSACE

26 Juillet.

Pour échapper au tribut très lourd que le commerce de l'herboristerie paie à l'étranger, il importe d'organiser la cueillette et la culture des plantes médicinales indigènes ou susceptibles de s'acclimater.

Cette organisation est le but de l'*Office national des matières premières pour la droguerie* qui a créé, dans chacune des régions économiques du pays, un comité régional et des sous-comités locaux.

L'Alsace est plus particulièrement favorisée par l'abondance et la variété de ses richesses naturelles et culturales. Ainsi les *Vosges* fournissent des sortes supérieures de certaines plantes très actives comme la digitale et l'aconit ou très usuelles comme la gentiane et l'arnica. Les forêts de sapins pourraient livrer comme naguère la térébenthine de Strasbourg. Les champs de myrtilles et de framboises donnent d'abondantes moissons. Nos houblonnières livrent cônes et racines de houblon. Toutes nos routes sont bordées de tilleuls ou de cerisiers et pourraient suffire non seulement à la consommation de la région, mais alimenter un important commerce d'exportation. La mélisse, la menthe et le bouillon-blanc sont cultivés et leur culture, très rémunératrice, pourrait s'étendre. Dans chaque jardinet croît un pied de romarin qu'il serait facile de multiplier. Nombreuses sont les espèces sauvages qui viennent grossir cette liste.

Un faible effort suffirait pour régulariser, étendre et organiser non seulement la cueillette et la culture, mais pour transformer les galeries qui ornent nos maisons rurales en autant de séchoirs de plantes médicinales comme cela se pratique déjà pour le tabac.

Les auxiliaires les plus efficaces de cette œuvre utile seront les maîtres et surtout les maîtresses de l'enseignement primaire et moyen. On ne fait jamais appel en vain à leur dévouement pour la chose publique.

M. P. LAVIALLE,

Professeur à la Faculté de Pharmacie de Strasbourg.

SUR LE TÉGUMENT OVULAIRE DES COMPOSÉES

27 Juillet.

On sait que le tégument ovulaire des Composées se trouve envahi de très bonne heure par un agent de désintégration, qui le divise rapidement en deux zones : l'une externe intacte, l'autre interne gélifiée. Cette gélification paraît en rapport avec la différenciation de l'assise interne du tégument qui tapisse le sac embryonnaire après la résorption du nucelle.

Expériences personnelles. — *a*) Des ovules de *Cynara Scolymus* et d'*Helianthus annuus*, pris bien avant la fécondation, mais après la différenciation du tissu tégumentaire, sont broyés finement et mis à macérer dans de l'eau distillée pendant quatre heures. Le liquide filtré est additionné de quatre volumes d'alcool à 95°. Le précipité obtenu redissous, est précipité de nouveau par l'alcool, puis repris, après essorage, par quelques centimètres cubes d'eau distillée.

b) Des coupes d'ovules d'*Helianthus* et de *Cynara* jeunes, chauffées à 100°, pendant un quart d'heure, sont placées dans la solution précédente. Les parois cellulaires du parenchyme tégumentaire se gonflent d'abord et disparaissent ensuite.

c) Des coupes semblablement traitées sont placées dans la même solution préalablement chauffée à 100°. Les membranes cellulaires restent intactes.

d) L'assise interne du tégument ovulaire soumise, à chaud, à l'action du réactif de Millon (nitrate acide de mercure) prend, dans sa région différenciée, soit autour du sac, une coloration rouge noirâtre.

Conclusion. — La gélification de la zone interne du tégument est bien due à l'activité d'un ferment soluble, ou d'un groupe de ferments solubles (cytase), s'adressant à la membrane d'une part, et au contenu cellulaire (noyau en particulier), d'autre part.

Les caractères histologiques qui précèdent et accompagnent la résorption centrifuge progressive de cette zone, ne permettent pas de douter que les ferments sont sécrétés par la partie interne différenciée du tégument ovulaire.

M. E. CHEMIN,

Professeur au Lycée Malherbe, Caen.

INTOXICATION DU SOL PAR LES PLANTES

58.11

Les plantes empoisonnent-elles, par leurs racines, le sol dont elles tirent, en partie, leur nourriture? Y a-t-il excrétion, par les organes souterrains, de principes pouvant compromettre une seconde récolte d'une même plante sur un même terrain?

Historique. — *A.-P. de Candolle* (1) insiste assez longuement sur cette excrétion possible. Il cite, d'après de *Humboldt* et *Plenck*, un certain nombre de plantes qui nuisent au développement d'autres plantes. D'après lui :

« Un pêcher gâte le sol pour lui-même à ce point que, si, sans changer la » terre, on replante un pêcher dans un terrain où il en a déjà vécu un autre » auparavant, le second languit et meurt, tandis que tout autre arbre peut y » vivre. »

---

(1) A.-P. de Candolle, *Physiologie végétale*, t. III, pp. 1674 et suivantes, Paris, 1834.

Il rappelle les expériences de *Macaire:*

« Des haricots languissent et meurent dans de l'eau qui renferme la matière » préalablement exsudée par les racines d'autres individus de la même espèce, » tandis que des plants de blé prospéraient dans cette même eau chargée des » excréments d'une légumineuse. »

Ce n'est pour lui qu'une hypothèse, mais il a pleine confiance en des recherches nouvelles:

« C'est un sujet de recherche délicat, mais important, que j'ose proposer aux » chimistes, de reconnaître dans le terrain, la nature des excrétions de divers » végétaux. »

Liebig (1) parle aussi de:

« tous ces principes malfaisants qui nuisent à la prospérité des générations » végétales à venir. »

S'il admet la fatigue du sol par des cultures répétées, il l'explique surtout par un appauvrissement en éléments fertilisants et par l'existence dans le sol de matières organiques provenant de la décomposition des racines; par l'addition de chaux on peut annihiler l'action nuisible de ces dernières.

Les expériences de *Lawes* et *Gilbert* (2), sur la culture continue du blé, en particulier, poursuivies pendant de longues années et conçues principalement dans le but de déterminer la nature et la quantité des éléments organiques et minéraux puisés dans le sol, ont paru détruire l'hypothèse de l'intoxication du sol. *P.-P. Dehérain* (3) en rendant compte de ces expériences, constate une diminution graduelle dans le rendement; il le met sur le compte de l'épuisement et il ajoute:

« Le processus de cet épuisement diffère considérablement des idées préconçues » qu'on s'était faites à cet égard. »

Il considère bien la culture continue comme « *fâcheuse* » (4); il n'ose pas condamner la pratique des assolements; mais il prétend qu'une bonne aération du sol, l'enlèvement des mauvaises herbes par des sarclages répétés, comme cela fut fait à Rothamsted assurent un rendement suffisant dans la culture continue du blé.

---

(1) J. DE LIEBIG, *Lettres sur l'agriculture moderne.* — 7e lettre, traduction SWARTS, 1862.

(2) J.-B. LAWES et J.-H. GILBERT, *The Journal of the royal Agricultural Society.* — Années 1864 et 1884.

(3) P.-P. DEHÉRAIN, *Sur la culture continue du blé à Rothamsted.* — *An. Agron.*, 1885.

(4) P.-P. DEHÉRAIN, *La culture du blé en France.* — *Revue générale des Sciences*, 1902.

L'hypothèse de *de Candolle*, abandonnée par les plus célèbres agronomes fut reprise par *Milton Whitney* (1) et son école. *Whitney* dit:

« Comme les animaux les plantes rejettent des excreta dont elles doivent se » débarrasser. Il faut donc assainir les terres comme on assainit les écuries et » les étables. »

Il cite l'expérience suivante: des plants de blé en plein développement dans un pot sont coupés et remplacés immédiatement par d'autres plants de blé, la seconde récolte est moitié moindre que la première. Les mauvaises herbes nuiraient aux plantes cultivées surtout par la production de toxines. Il ajoute:

« Nous n'avons pas pu séparer des substances toxiques et les mettre dans un » récipient avec l'étiquette: ceci est une toxine. Mais je compte que nous pour- » rons identifier sous peu quelques-uns de ces excreta toxiques. »

Ce fut là le point de départ de toute une série de recherches.

En 1907, *J. Dumont* et *Ch. Dupont* (2) montrèrent que, contrairement aux affirmations de *Lawes* et *Gilbert* qui prétendaient que la luzerne peut revenir indéfiniment sur une terre de jardin, les légumineuses donnent un rendement bien moindre sur une terre de luzerne que sur une terre de vigne.

Pouget et *Chouchak* (3) ont pu extraire, par l'eau, de la terre d'une luzernière épuisée, un principe qui affaiblit le développement de la luzerne sur terre vierge. Un même extrait aqueux, et calciné, est sans effet. L'alcool n'enlève pas ce principe à la terre. « L'action nocive de l'extrait de terre de luzerne est donc nécessairement due aux sécrétions de la luzerne elle-même. »

Différentes substances toxiques: acide picoline-carbonique, acide dioxy-stéarique, etc., ont été isolés du sol par *Schreiner* et *Shorey*, *Schreiner* et *Lathrop* (4) et leur nocivité pour les plantes a été déterminée.

De nombreux chercheurs ont essayé différents antiseptiques pour rendre au sol sa productivité (5). Le sulfure de carbone, le toluène, l'aldéhyde formique, ont donné de bons résultats.

Prianichnikov (6), sans nier formellement l'existence d'excrétions nuisibles, attribue la baisse de récolte principalement à des facteurs physiques, biologiques et physiologiques. *M. Molliard* (7), opérant en milieu

---

(1) M. WHITNEY, *La fertilité du sol.* — Analysée par D. ZOLLA dans la *Revue annuelle d'Agronomie.* — *Revue générale des Sciences*, 1907 et 1908.

(2) J. DUMONT et CH. DUPONT, *Sur la culture des légumineuses fourragères.* — *C. R. Ac. Sc.*, 1er sem. 1907, p. 985.

(3) POUGET et CHOUCHAK, *Sur la fatigue des terres.* — *C. R. Ac. Sc.*, 2e sem. 1907, p. 1200.

(4) Voir G. ANDRÉ. — *Chimie agricole.*

(5) Voir *Revue annuelle d'Agronomie* par D. ZOLLA. — *Revue générale des Sciences*, 1915.

(6) PRIANICHNIKOV. — *Sur la question des excrétions nuisibles des racines. Rev. générale de Bot.*, 1914, t. XXV *bis.*

(7) M. MOLLIARD. — *Sécrétions par les racines de substances toxiques pour la plante. Rev. générale de Bot.*, 1915, t. XXVII.

rigoureusement aseptique, a montré que, dans les premières phases du développement, il y avait production de substances toxiques. Pour lui, ces substances résistent à une température de 120°.

La question, très complexe, est donc loin d'être résolue. Aucune contribution à cette étude ne doit être négligée. C'est ce qui nous encourage à publier les résultats de quelques expériences faites sur le blé.

Expériences. — Dans un champ de Saint-Aubin-sur-Mer (Calvados), à sous-sol calcaire de l'étage bathonien, après une bonne récolte de blé exempte ou à peu près de mauvaises herbes, nous avons prélevé, en surface, quelques kilogrammes de terre fin septembre 1919. La terre fut débarrassée avec soin des fragments de racines et conservée en sac jusqu'à fin octobre. On en fit alors quatre parts sensiblement égales et chaque part bien émiettée fut mise en pots. Deux de ces pots, ainsi remplis, furent portés dans un four à flamber et maintenus à une température de 70° à 80° pendant trois heures. On s'assura, au moyen d'un thermomètre, que la chaleur avait pénétré toute la masse de terre ; à la fin le thermomètre plongé dans la terre marquait la même température que celui du four.

Les quatre pots ainsi préparés furent ensemencés le 3 novembre. Nous choisîmes pour cela des grains de blé de la récolte précédente, appartenant

Fig. 1. — Culture de blé et avoine sur terre ayant déjà porté du blé : 1. Blé sur terre non traitée. — 2. Blé sur terre préalablement chauffée. — 3. Avoine sur terre non traitée. — 4. Avoine sur terre préalablement chauffée. — Photographies prises le 28 février 1920.

à une variété de blé rouge non barbu désigné dans le pays sous le nom de « *chicot rouge* », et des grains d'avoine de la variété dite « *d'hiver* » fréquemment semés dans le pays après une récolte de blé. Le pot n° 1 rempli de terre non chauffée et le pot n° 2 avec terre préalablement chauffée reçurent chacun une dizaine de grains de blé ; les pots n° 3 (terre non chauffée) et n° 4 (terre chauffée) reçurent un même nombre de grains d'avoine.

Les pots furent alors disposés dans une des plates-bandes du jardin botanique de Caen, enfoncés à peu près de toute leur hauteur dans le sol pour y maintenir une humidité relative, et exposés également au soleil et à la pluie.

La germination fut normale et ne présenta aucune particularité; après germination le nombre des pieds fut ramené à huit dans chaque pot.

Dès le 21 décembre, une différence très nette se manifeste entre les deux blés, tandis qu'entre les deux avoines il n'y a pas de différence appréciable; en 1 la végétation était moins active qu'en 2. A ce moment nous avons relevé les dimensions suivantes:

	Hauteur moyenne.	Largeur moyenne des feuilles.
	—	—
N° 1	$7^{cm},8$	$3^{mm},8$
N° 2	10^{cm}.	$4^{mm},2$

A la fin de l'hiver, le 28 février l'état comparatif des cultures est le suivant *(fig. 1)*: en 1 la végétation est maigre, en 2 elle est plus dense, plus élevée et peut être évaluée au double de la première; les deux

Fig. 2. — Photographies prises le 26 juin 1920 des cultures de la figure 1.

cultures d'avoine présentent une légère différence, en 4 la végétation est un peu plus active qu'en 3.

Ces états relatifs se maintiennent en s'accentuant jusqu'à la floraison *(fig. 2)*. Dans le n° 1, un pied est mort, deux autres n'ont pas fourni d'épis; les cinq derniers n'ont donné que de courts épis; la hauteur moyenne est de $0^{m},30$. Dans le n° 2, les huit pieds se sont développés, mais aucun n'a tallé, tous ont fourni des épis dont la longueur varie de 4 centimètres à 8 centimètres; la hauteur des pieds est comprise entre 0m,75 et 0m,95. Les huit pieds d'avoine du n° 3 ont donné 16 tiges, ceux du n° 4 en ont donné 19; il y a eu tallage et certains pieds ont donné jusqu'à 3 tiges; la taille est à peu près la même dans les deux pots, toutefois la végétation est moins dense et plus irrégulière dans le n° 3; les inflorescences sont normales et en rapport avec la taille des tiges. Dans l'ensemble la végétation n'est nettement très affaiblie que dans le pot n° 1, si ailleurs elle n'est pas très vigoureuse cela tient à l'exiguïté du milieu où les racines sont confinées.

A la récolte, le 16 juillet, les résultats suivants ont été notés:

	Nombre de grains.	Poids des grains.	Poids de la paille.
N° 1	10 (mal conformés)	»	2gr,6
N° 2	113	3gr,5	15gr,5
N° 3	312	6gr.	15gr,8
N° 4	393	6gr,8	25gr,5

Sur les racines, aucune anomalie n'a été remarquée. Les racines étaient chétives et le chevelu rare dans le n° 1; dans les autres vases les racines étaient bien développées avec un abondant chevelu qui s'efforçait de s'étendre en passant par l'ouverture inférieur du pot.

Conclusions. — Dans la terre non chauffée, le blé n'a produit qu'une récolte maigre, presque insignifiante, dans la terre chauffée, son développement fut beaucoup plus grand. Pour l'avoine le résultat a été aussi un peu meilleur dans la terre chauffée, surtout en paille, mais la végétation en terre non chauffée a été bien supérieure à celle du blé dans pareille terre.

Peut-on admettre que la première récolte avait épuisé le sol en éléments fertilisants pour le blé seulement? Nous n'avons point fait d'analyse du sol. Mais la chaleur, ayant rendu sa fertilité à la terre, sinon en totalité, du moins en partie, n'a apporté certainement aucun élément fertilisant, et d'autre part elle n'a pu modifier la nature des éléments restants et les rendre plus assimiliables, car son action se serait fait sentir avec la même intensité sur les cultures d'avoine.

Les racines de la précédente récolte avaient été éliminées avec autant de soin que possible; il est difficile d'admettre que les fines radicelles, qui pouvaient rester ou qui s'étaient déjà décomposées avant prélèvement de la terre, aient donné naissance à des substances toxiques pour le blé seulement et que la chaleur aurait détruites.

La chaleur a pu modifier la flore microbienne. *G. Truffaut* et *H. Berssonoff* (1) ont rappelé qu'une stérilisation partielle par la chaleur ou

(1) G. Truffaut et H. Berssonoff, *Influence de la stérilisation partielle sur la composition de la flore microbienne du sol.* — *C. R. Ac. Sc.*, 25 mai 1920.

par des agents chimiques diminue le nombre des protozoaires et augmente celui des bactéries. Sans se livrer à des recherches microbiologiques, on peut dire que, si c'était là la cause des différences constatées, les différences entre les cultures d'avoine devraient être sensiblement de même ordre qu'entre les cultures de blé.

Nous sommes donc obligés de conclure à une « fatigue du sol », et nous sommes ramenés à l'*hypothèse de de Candolle* et à la *théorie de Whitney. Le blé exsuderait par ses racines des principes qui nuiraient au développement d'une nouvelle récolte ; ces principes ne résisteraient pas à une température prolongée de 80° ; ils se comporteraient comme des toxines.*

Les différences constatées peuvent ne pas être aussi importantes dans tous les sols. On peut admettre qu'à ces poisons il y a des antidotes ; la chaux éteinte pourrait en jouer le rôle, puisque, d'après *Liebig*, elle donne une nouvelle fertilité à un sol fatigué. Sur un sol pauvre, se prêtant mal à la culture du blé, comme celui de *Rothamsted*, les effets de l'empoisonnement peuvent être moins sensibles. La circulation facile de l'eau, dans un sol léger, peut entraîner plus rapidement et éloigner les toxines produites.

Les toxines du blé nuiraient également au développement de l'avoine, mais à un moindre degré. *A.-P. de Candolle* (1) le prévoyait déjà lorsqu'il écrivait :

« Les excrétions de certaines espèces sont nuisibles à leur propre famille ».

Il ajoutait :

« Et favorables à d'autres familles. »

Nous rappellerons à ce propos ce que nous avons établi pour des plantes parasites du genre *Lathræa* (2); ces parasites émettent par leurs organes souterrains des principes qui activent la végétation des graminées voisines. Ce sont là autant de faits nouveaux qui viennent confirmer l'hypothèse émise pour la première fois par *A.-P. de Candolle.*

M. le Docteur DALMON,

Bourron (Seine-et-Marne).

LES VIEILLES FUTAIES DES RÉSERVES DE LA FORÊT DE FONTAINEBLEAU (XXIe SÉRIE) CONSIDÉRÉES COMME RÉSERVES BIOLOGIQUES. LEURS CARACTÈRES, FAUNE ET FLORE

63.49 (44.361)

Dans la forêt de Fontainebleau, il existe une réserve dite artistique de 1.200 hectares, retirée à toute exploitation.

Cette réserve se compose de rochers et de quelques vieilles futaies déjà décrépites en 1720 (voir rapport du Maître des Eaux de Faluère).

---

(1) A.-P. de Candolle, *loc. cit.*

(2) E. Chemin, *Observations anatomiques et biologiques sur le genre Lathræa.* — Thèse, Paris, 1920.

Dans ces futaies, composées de chêne, hêtre et charme, l'arbre accomplit son cycle complet. Arrivé au terme de la décrépitude, il s'effondre et ses débris resteraient sur le sol si les naturalistes réclamaient leur conservation.

A ce cycle ligneux complet et à l'évolution du massif, correspondent des associations végétales et animales très riches et très rares.

Il est donc intéressant de signaler ces réserves, uniques dans le bassin de Paris, très connues des botanistes et des entomologistes, mais considérées surtout comme matériel d'études picturales et non comme un ensemble œcologique, dont le caractère est particulièrement précieux à une époque où l'étude des phénomènes est toujours faite en fonction du milieu.

M. Marcel DENIS,

Préparateur à la Faculté des Sciences de Paris.

CONTRIBUTION A LA FLORE ALGOLOGIQUE DES ENVIRONS DE PARIS

58.83 (44.361)

I. — Desmidiées des mares de Fontainebleau.

Si la flore phanérogamique de la forêt de Fontainebleau (Seine-et-Marne) est parfaitement connue, il n'en est pas de même de sa flore cryptogamique et particulièrement des algues d'eau douce. Les seuls renseignements que l'on possède sur ces végétaux se trouvent dans les deux notes que *Petit* (1) et *Mirande* (2) ont consacrées à de rares récoltes faites çà et là dans les mares de la forêt. D'ailleurs la pauvreté de notre documentation algologique n'est pas un fait particulier à la région ni même aux environs de Paris. Tandis que dans les pays voisins de nombreux travaux floristiques, systématiques et écologiques ont été entrepris sur les algues d'eau douce, il y a à peu près tout à faire, en France, dans cet ordre d'idées.

Au cours de trois années de recherches sur la végétation des mares de Fontainebleau, j'ai réuni un certain nombre de données concernant leur flore cryptogamique. Une place de premier ordre y est tenue par les Desmidiées; cette note qui a simplement pour but d'en donner l'énumération ne constitue que l'introduction préliminaire à un travail d'ensemble pour lequel je réunis toujours des matériaux.

Les mares de la forêt de Fontainebleau sont des masses d'eau d'origine exclusivement météorique qui viennent s'accumuler dans les parties basses à la surface d'affleurement des bancs de grès rupéliens. Il existe une étroite relation entre la pluviosité de la région et la quantité d'eau qui est rassemblée dans les dépressions gréseuses.

Les variations saisonnières du niveau aquatique marquent la résultante des effets de la pluviosité combinés à ceux de la sécheresse et, selon les cas, le déplacement vertical change de signe. Jusqu'en avril, le niveau

---

(1) P. Petit. — *Liste des Desmidiées observées dans les environs de Paris. Bul. Soc. Bot. Fr.*, XXIV, 1877.

(2) R. Mirande. — *Note sur quelques Algues du plancton récoltées à la mare aux Pigeons près Franchard (Forêt de Fontainebleau). Bul. Soc. Bot. Fr.*, LVIII, 1911.

des eaux monte; à partir de cette époque, l'évaporation l'emporte et le niveau s'abaisse jusqu'aux pluies d'automne pour remonter ensuite jusqu'au printemps. Ce balancement annuel ne produit guère de variations dans la concentration du milieu. Les eaux météoriques ne lavent qu'un substratum siliceux absolument insoluble aussi leur teneur en matières dissoutes reste-t-elle en toute saison extrêmement faible. On peut s'en rendre compte très facilement en mesurant le degré hydrotimétrique de ces eaux ce qui indique d'une manière approximative mais suffisamment exacte pour une investigation écologique (1) leur teneur en carbonate de calcium. La différence entre le degré hydrotimétrique total et le degré après ébullition ne dépasse jamais 1 ce qui correspond à des traces de calcaire.

Ces eaux pauvres sont particulièrement favorables au développement des sphaignes et des plantes de tourbière à *Sphagnum*. Le relevé des hydrophytes et des hélophytes qu'on y rencontre a été donné par *Evrard* (2).

Autour des mares s'étend généralement une ceinture de *Molinia cærulea* qui fait le passage vers la lande à *Calluna* qui occupe sur les plateaux à mares tourbeuses des espaces souvent considérables.

Dans la masse aquatique même végète un grand nombre d'algues appartenant aux groupes les plus divers (Myxophycées, Péridiniens, Flagellates, Diatomées, etc., et surtout Protococcacées et Desmidiées). Soit dans la région la plus éloignée du bord où on peut les pêcher avec une gaze à blutter, soit sur les bords où il suffit de recueillir l'expression des touffes de *Sphagnum*, les algues sont à certains moments de l'année particulièrement nombreuses et pour nous en tenir actuellement aux Desmidiées, c'est pendant la belle saison que se manifeste leur maximum numérique et leur plus grande variété spécifique. J'ai indiqué dans le tableau ci-dessous les espèces que j'ai déterminées jusqu'ici (+). Le signe — indique les espèces que *Mirande (loc. cit.)* a touvées dans la mare aux Pigeons et que je n'ai pas revues; celles qui sont marquées ± ont été vues par *Mirande* et par moi.

Je me suis limité à dessein dans ce premier essai à 5 mares : mares du Mont Ussy, aux Pigeons, aux Couleuvreux, aux Fées et d'Épisy.

Tout ce qui était nouveau pour les environs de Paris a été marqué d'un * et par ** j'ai désigné les formes qui ont été rencontrées pour la première fois en France.

Les genres ont été classés dans l'ordre adopté par *West* (3) et les espèces jusqu'au genre *Staurastrum* ont été énumérées dans l'ordre des *British Desmidiaceæ* (4). J'ai suivi, pour les autres espèces, l'ordre adopté par *Cooke* (5).

(1) M. Langeron. — *Valeur de l'hydrotimétrie en géographie botanique pour l'étude des accidents locaux. Bul. Soc. Bot. Fr.*, LVIII, 1911.

(2) F. Evrard. — *Les faciès végétaux du Gâtinais français*, etc. *Thèse Fac. Sc. Paris*, n° 1565, 1915.

(3) G. S. West. — *Algæ I.* — Cambridge, 1916.

(4) W. West et G. S. West. — *Monography of the British Desmidiaceæ. Ray. Soc.*, London (I, II, III, IV — 1904, 1905, 1908, 1912).

(5) C. Cooke. — *British Desmids.* London, 1887.

	MARES				
	Ussy	Pigeons	Couleuvreux	Fées	Epizy
A. — **SACCODERMÆ**					
I. — *Gonatozygæ.*					
1. *GONATOZYGON, de Bary.					
**G. Brebissonii*, de Bary				+	
II. — *Spirotæniecæ.*					
2. NETRIUM, Näg.					
N. Digitus (Ehrenb), Itzigs et Rothe	+	+	+		
N. interruptum (Bréb) Lütkem.			+		
3. MESOTÆNIUM, Näg.					
**M. Endlicherianum*, Näg			+		
B. — **PLACODERMÆ**					
III. — *Closteriæ.*					
4. CLOSTERIUM, Nitzsch.					
C. Archerianum, Clève			+		
C. didymotocum, Corda		+	+	+	
**C. costatum*, Corda		+	+		
C. striolatum, Ehrenb		±	+		
C. Venus, Kütz			+		
C. Dianæ, Ehrenb		±		+	
C. Jenneri, Ralp		—			
C. Jenneri, var **robustum*, G. S. West				+	
C. Leibleinii, Kütz				+	+
C. Ehrenbergii, Menegh					+
C. Lanceolatum, Kütz		+			
**C. gracile*, Bréb	+	+	+	+	
C. pronium, Bréb					+
***C. subulatum* (Kütz), Bréb				+	
**C. Ralfsii* var **hybridum*, Rabenh			+		
**C. Kützingii*, Bréb	+		+		
C. setaceum, Ehrenb		±			
IV. — *Cosmarieæ.*					
5. PLEURTOÆNIUM, Näg.					
**P. Ehrenbergii* (Bréb), de Bary		+		+	+
6. TETMEMORUS, Ralfs.					
T. granulatus (Bréb), Ralfs		+	+	+	+

	MARES				
	Ussy	Pigeons	Couleuvreux	Fées	Epizy
7. EUASTRUM, Ehrenb.					
E. oblongum (Grev.), Ralfs		—	+		
E. ansatum var ****pyxidatum*, Delp		+	+		
E. elegans (Bréb.), Kütz		±	+		
E. binale (Turp.), Ehrenb.		±			
forma ****Gutwinskii*, Schmidle			+		
E. pectinatum, Bréb.		±	+		
E. verrucosum, Ehrenb.			+		
***E. insulare* (Wittr.), Roy			+		
8. MICRASTERIAS, Agardh.					
M. truncata (Corda), Ralfs		+	+		+
M. papillifera var ****glabra*, Nordst			+		
M. apiculata var *fimbriata* (Ralfs), Nordst		—			
M. rotata (Grev.), Ralfs	+	±	+		
M. Crux. — Melitensis (Ehrenb.), Hass	+		+	+	
9. COSMARIUM, Corda.					
C. tinctum, Ralfs		+	+		
C. pyramidatum, Bréb		+	+		
C. venustum forma *minor*, Wille		+			
**C. moniliforme* (Turp.), Ralfs		+			
**C. connatum*, Bréb			+	+	
**C. pseudoconnatum*, Nordst			+	+	
***C. rectangulare* var *Cambreuse* (Turn.), West et G. S. West			+	+	
C. quadratum, Ralfs			+		
**C. sphagnicolum*, West et G. S. West			+		
**C. pygmæum*, Arch.		+	+		
***C. abbreviatum*, Racib.				+	
C. Meneghinii, Bréb.		—		+	
**C. Cucurbita*, Bréb.			+		
**C. reniforme* (Ralfs), Arch.				+	+
C. margaritiferum, Menegh.		+			
**C. humile* (Gay), Nordst.				+	
**C. Blyttii*, Wille		+			
C. tetraophthalmum, Bréb.				+	
C. Botrytis, Menegh.	+	—		+	+
C. conspersum, Ralfs		+	+	+	
C. amœnum, Bréb.			+		
***C. pseudamœnum*, Ville					

	MARES				
	Ussy	Pigeons	Couleuvreux	Fées	Epizy
10. Xanthidium, Ehrenb.					
X. antilopæum (Bréb), Kütz.			+		
X. cristatum, Bréb.			+		
X. fasciculatum, Ehrenb.		—			
11. Arthrodesmus. Ehrenb.					
**A. Incus* (Bréb.), Hass var ***Ralfsii*, West et G. S. West		+	+		
***A. triangularis*, Lagerh.		+	+		
A. convergens, Ehrenb.		—	+	+	+
**A. octocornis*, Ehrenb.		+			
12. Staurastrum, Meyen.					
S. dejectum, Bréb.		±	+	+	
***S. lunatum*, Ralfs				+	
**S. cristatum* (Næg.), Arch.			+		
***S. Reinschii*, Roy			+		
S. teliferum, Ralfs		±			
S. punctulatum, Bréb.		—			
S. alternans, Bréb.		—		+	
S. dilatatum, Ehrenb.		+	+		
S. gracile, Ralfs		—			
S. paradoxum, Meyen				+	
S. aculeatum (Ehrenb.), Menegh.		—			
S. furcigerum, Bréb.			+		
13. Sphærozosma. Corda.					
S. vertebratum (Bréb.), Ralfs		—			
S. excavatum, Ralfs		+	+		
**S. filiforme* (Ehrenb), Rabenh.				+	+
***S. pygmæum*, Rabh.		+		+	
**S. pulchellum*, Arch.		+		+	
14. Hyalotheca, Ehrenb.					
H. dissiliens (Smith), Ralfs	+	+	+	+	
H. mucosa, Ehrenb.		+			
15. Desmidium, Agardh.					
D. Swartzii (Ag.), Ralfs	+		+	+	
16. Gymnozyga, Ehrenb.					
G. moniliformis, Ehrenb.		+	+		

Trois faits principaux relatifs à la localisation stationnelle, à la variété spécifique et à la répartition géographique des Desmidiées se dégagent de ce tableau. Je m'empresse tout d'abord de faire remarquer que bien que situées sur des grès tertiaires les mares de Fontainebleau ont une riche flore desmidiale. J'attire l'attention sur ce fait parce que, pour certains auteurs (1) (2) ce serait surtout sur les terrains paléozoïques que l'on rencontrerait en abondance des Desmidiées. Lorsque les terrains anciens, généralement imperméables et pauvres en calcaire supportent des masses aquatiques, les Desmidiées s'y développent d'une façon abondante parce que les eaux sont pures. Mais, dans des conditions analogues de pauvreté saline réalisées sur des terrains géologiques d'un âge différent — comme c'est le cas à Fontainebleau — les mêmes algues peuvent tout aussi bien se développer pourvu que les autres nécessités vitales soient satisfaites. Il n'y a donc qu'une relation apparente entre l'ancienneté du terrain et la richesse en Desmidiées des eaux qu'il supporte.

Le second fait que met en évidence la liste ci-dessus c'est la variété spécifique qui est très différente de mare à mare. Les sphaignes du Mont Ussy *(Sph. cuspidatum* var *plumosum)* se déssèchent très tôt et ce fait explique que les Desmidiées qui s'y trouvent mêlées rencontrent de bonne heure un milieu trop sec qui entrave leur développement. Les eaux des autres mares ne disparaissent jamais quelle que soit la sécheresse estivale aussi leur flore aquatique est-elle beaucoup plus riche. Elle est d'autant plus riche aussi que l'ombre des arbres voisins est moins intense. Dans la mare d'Épisy très enfoncée sous bois les Desmidiées y viennent mal parce que l'ombre est trop forte.

Sur les 84 espèces que j'ai déterminées actuellement 33 sont nouvelles pour les environs de Paris soit 39 0/0. Parmi elles 9 n'ont jamais été trouvées en France. Enfin le genre Gonatozygon est nouveau pour les environs de Paris.

Tous les éléments qu'on rencontre dans les différents groupements systématiques qui habitent une station bien définie n'ont pas la même valeur synécologique. On trouve côté à côte des espèces qui sont exclusives à un genre de station donnée *(Closterium gracile, Cosmarium amœnum, Cosmarium sphagnicolum* pour les tourbières à-*Sphagnum*) et des espèces moins exigeantes qui se rencontrent aussi dans des eaux plus riches *(Closterium Leibleinii, Closterium lanceolatum, Cosmarium Botrytis, Cosmarium reniforme)*.

Pour se faire une idée de la « fidélité » stationnelle de telle ou telle espèce il est nécessaire d'entreprendre un travail de triage basé sur la connaissance comparée des peuplements algologiques de diverses stations. D'autre part lorsque l'on compare la flore de stations analogues on retrouve un

(1) W. West et G. S. West. — *On the periodicity of the phyto-plankton of some British Lakes. Journ. Lin. Soc. Bot.*, VL, 1912.

(2) W. J. Dakin et M. Latarche. — *The plankton of Lough Neagh.* — *Proc. Roy. Irish Acad.*, XXX, 1913.

certain nombre d'espèces qui se répètent, on peut donc juger de leur degré de constance. Ainsi le peuplement desmidial des mares de Fontainebleau comparé à celui des marais de Stockem (1) en Belgique offre une très grande analogie ; très peu d'espèces n'y sont pas en commun. A des conditions écologiques analogues correspond une liste d'espèces très comparable, en un mot on a affaire à la même association.

Mais, pour entreprendre une étude synécologique, il est nécessaire d'avoir une très large documentation locale et ne pas se limiter à définir simplement l'*éthos* de chaque station pour employer l'expression de deux algologues anglais (2). Entrepris dans un sens écologique les relevés floristiques ont un rendement qui dépasse la valeur de l'énumération pure des formes rencontrées. Ceci doit réhabiliter un peu les floristes dans l'esprit des biologistes !

M. A. FÉRET,

Toutainville (Eure).

LE SAHARA FORESTIER

63.49 (66.16)

(RÉSUMÉ)

L'auteur, établissant un parallèle entre les dunes maritimes et les hauts plateaux sablonneux, ainsi que les étendues désertiques, cherche dans l'histoire les causes de leur état actuel, causes auxquelles il ajoute la teneur du sol en sel. Il montre les avantages de tout ordre qui résulteraient de leur peuplement par des espèces végétales, surtout arborescentes, appropriées au climat et à la nature du sol. Il cite un certain nombre d'espèces susceptibles d'être utilisées dans ce but et préconise comme moyen économique leur semis ou plantation par les caravanes qui jalonneraient ainsi une route suivant les « oueds » ; ce serait à la fois un point de départ et un essai dont il espère les meilleurs résultats.

M. JEAN FRIEDEL,

Chef des Travaux de Botanique à la Faculté des Sciences de Nancy.

REMARQUES SUR L'ANATOMIE DE L'AXE FLORAL DANS LE GENRE ANÉMONE

58.144

Dans un mémoire fondamental, *Van Tieghem* (3) a montré que la structure anatomique de l'axe de la fleur, à un niveau donné, dépend étroitement de la disposition des pièces florales situées au dessus de ce

---

(1) H. KUFFERATH. — *Contribution à l'étude de la Flore algologique du Luxembourg méridional. Bul. So . Roy. Belgique Bot.*, LIII, 1914.

(2) W.-J. DAKIN et M. LATARCHE, *loc. cit.*

(3) VAN TIEGHEM : *Sur l'anatomie de la fleur* (Mémoires des Savants étrangers à l'Acad.).

niveau. Des travaux plus récents (1) ont conduit à dégager la conception de *Van Tieghem* des légères réserves qu'il avait cru devoir conserver et à ne plus attribuer à l'axe de la fleur aucune individualité anatomique. Cet axe peut être considéré comme « *la somme des queues* » des pièces florales dans le sens où *Gaudichaux* appelait la tige « *une somme de queues de feuilles* », les pièces florales étant parfaitement assimilables à des feuilles, comme *Gœthe* l'a montré. Or, dans la plupart des plantes, les divers verticilles floraux présentent un même type de symétrie : le type 3 dans le lis ou l'iris, le type 5 dans la pervenche, par exemple. Mais il est des cas où les verticilles floraux n'ont pas tous la même symétrie. C'est ce qui se produit dans le genre *Lychnis* où la corolle et l'androcée ont le type 5 et le pistil le type 3 et chez le *Passiflora cœrulea L.* (2) qui présente de curieuses alternances entre le type 3 et le type 5.

Les Renonculacées se prêtent très bien aux recherches de ce genre ; leurs parties aériennes sont, en général, dépourvues de formations secondaires, ce qui facilite la lecture des coupes. Dans le genre *Anemone*, la fleur est située au-dessus d'un involucre de 3 bractées, le calice pétaloïde comprend des sépales en nombre variable, la corolle fait défaut, les étamines et les carpelles sont en nombre considérable et indéfini.

Mes observations ont porté sur les espèces suivantes :

Anemone stellata L., var. *hortensis* Lam.

A. nemorosa L. ; *A. ranunculoides* L. ; *A. coronaria* L. ; *A. pulsatilla.*

J'ai étudié en outre l'*Hepatica triloba* Chaix, plante fort voisine du genre *Anemone*, dans lequel les anciens botanistes la faisaient entrer.

Sur chaque espèce, des coupes ont été pratiquées au-dessous et au-dessus de l'involucre.

Anemone stellata.

Au-dessous de l'involucre : 5 grands faisceaux alternant avec 5 plus petits situés un peu plus à l'extérieur.

Or les 3 bractées de l'involucre ont chacune 5 nervures, ce qui fait 15 faisceaux libéro-ligneux passant de l'involucre dans l'axe.

15 étant un multiple simple de 5, nous voyons immédiatement comment la symétrie de l'axe au-dessous de l'involucre dépend de la structure foliaire des bractées.

Au-dessus de l'involucre, la symétrie de l'axe est la suivante : 8 grands faisceaux et 8 petits ; c'est un type 4 très net. Dans l'*A. stellata*, les sépales sont en nombre indéfini, la présence du type 4 au-dessus de l'involucre montre seulement que la symétrie est profondément modifiée au-dessous de l'involucre par les nervures des bractées.

Chez l'*Anemone nemorosa* et l'*A. ranunculoides*, les trois bractées ont une forme de feuilles composées, le nombre des nervures est toujours 5 par bractée.

---

(1) Voir par exemple, G. Bonnier et J. Friedel : *Sur les entrenœuds de la fleur* (*Rev. gén. Bot.*, 1917).

(2) Jean Friedel, *Rev. gén. Bot.*, t. XXV *bis*, 1914.

Anemone nemorosa.

Dans l'*A. nemorosa*, si l'on pratique une coupe au-dessous de l'involucre, on trouve la même disposition par 5 que dans l'*A. stellata* : 5 grands faisceaux alternant avec 5 petits.

Les sépales sont en nombre variable suivant les individus, le nombre le plus fréquent est 6. Au-dessus de l'involucre, le nombre des faisceaux varie de 11 à 13 sans qu'on puisse établir de différences bien nettes et bien constantes entre les fleurs présentant tel ou tel nombre de sépales.

D'ordinaire chaque tige florifère porte une fleur unique. J'ai étudié un échantillon anormal à deux involucres superposés. Un premier involucre présente 4 bractées au lieu de 3 : de cet involucre partent deux pédoncules, l'un normal et sans bractées, l'autre muni d'un involucre à 2 bractées.

Une coupe pratiquée au-dessous de l'involucre inférieur a montré 8 grands faisceaux alternant avec 8 petits au lieu de la symétrie habituelle par 5. Or cet involucre présentant 4 bractées à 5 nervures chacune, on conçoit que le nombre des faisceaux du pédoncule puisse se rattacher à une symétrie par 4.

Au-dessous du second involucre, on retrouve la symétrie par 5, ce qui correspond bien aux 10 nervures fournies par les deux bractées.

Anemone ranunculoides.

La fleur d'*Anemone ranunculoides* possède habituellement 5 sépales. Dans ce cas, on trouve le type 5 dans le pédoncule aussi bien au-dessus et au-dessous de l'involucre.

Chez les *Anemone pulsatilla* et *coronaria*, le nombre des faisceaux est plus grand et les résultats moins nets.

Anemone pulsatilla : au-dessous de l'involucre 20 faisceaux, 22 au-dessus.

J'ai étudié deux échantillons horticoles d'*Anemone coronaria*; les résultats ont été fort différents pour les deux.

Sur une fleur de petites dimensions, j'ai trouvé 15 faisceaux au-dessous de l'involucre, 16 au-dessus, ce qui cadrerait parfaitement avec la loi indiquée. Sur l'autre échantillon beaucoup plus volumineux et dont les bractées présentent un grand nombre de nervures, il y a 23 faisceaux au-dessous de l'involucre, 27 au-dessus.

Dans l'*Hepatica*, où toutes les parties de la fleur sont du type 3, il y a en général 12 faisceaux au-dessus des bractées, 9 au-dessous dont 6 sont prédominants.

Sur quelques échantillons, on observe un type 7 assez inattendu provenant du dédoublement de l'un des gros faisceaux.

Il y aurait intérêt à étudier méthodiquement les cas, en somme assez peu nombreux, où dans une même fleur des symétries différentes se superposent. Ces quelques observations sur les *Anémones* sont une contribution à cette étude.

M. E. WALTER,

Strasbourg.

1° LES ESPÈCES ALPINES DE LA VALLÉE DU RHIN

Le Rhin, dont les alluvions ont formé en grande partie la plaine s'étendant des Vosges à la Forêt-Noire, a eu une influence prédominante sur la flore de cette région en y amenant toute une série de plantes des Alpes qu'on ne trouve ni dans les Vosges ni dans la Forêt-Noire.

On peut diviser les éléments alpins en cinq catégories :

1° Espèces ayant un caractère transitoire, et qui se rencontrent sur les bords immédiats du fleuve. Ex. : *Linaria alpina, Campanula pusilla.*

2° Espèces habitant les sables et graviers le long du fleuve. Ex. : *Myricaria germanica, Hippophae rhamnoïdes, Equisetum trachyodon,* et *evariegatum.*

3° Espèces ligneuses composant les bois de la plaine rhénane. Ex. : *Alnus incana,* et différents *Salix.*

4° Espèces habitant les prairies marécageuses à sol noir (Rieds) entre l'Ill et le Rhin. Ex. : *Gentiana utriculosa, Geranium palustre, Gladiolus paluster, Viola stagnina.*

5° Espèces ayant gagné les collines. Ex. : *Buphthalmum salicifolium, Tofieldia calyculata, Biscutella laevigata, Salvia glutinosa.*

2° LES ROSIERS HYBRIDES DES VOSGES

L'étude des rosiers sauvages n'est pas aussi difficile que beaucoup de commençants se l'imaginent. Tout en offrant une grande variété de formes, les espèces ont été, grâce aux travaux de *Burnat, Gremli, Christ* et *Crépin,* bien délimitées et n'offrent pas les fluctuations que présentent les *Rubus.*

La question de l'hybridité ne joue pas, chez les églantiers de l'Est de la France, un rôle aussi important que chez les saules ou les cirses.

Il n'y a que deux groupes qui ne peuvent se rencontrer sans se mélanger, ce sont les *Rosa arvensis* et *Rosa gallica,* et les *Rosa alpina* et *Rosa pimpinellifolia.*

Parmi les autres rosiers des Vosges, les hybrides sont rares et ne se rencontrent qu'isolément.

Les rosiers hybrides se distinguent généralement par la grandeur de leur corolle et par la vivacité du coloris de leurs pétales.

M. J. GARNIER,
Chef de Travaux à la Faculté de Pharmacie de Strasbourg.

DISPOSITIF SIMPLE ET ÉCONOMIQUE DE PHOTOGRAPHIE MICROSCOPIQUE

77.831

Ce dispositif, basé sur un procédé connu depuis de longues années, permet d'adapter instantanément à l'usage photomicrographique le microscope que l'on possède et l'appareil photographique, quel qu'il soit, dont on se sert habituellement pour tous autres usages.

Il suffit de faire dresser par un menuisier une planche longue de 60 centimètres, large de 22 centimètres, et épaisse de 2 à 3 centimètres; une autre planche de même largeur, moins épaisse et moins longue (35 centimètres), peut coulisser sur la première à l'aide d'une bordure latérale et de deux encoches faites sur 10 centimètres de longueur et dans lesquelles

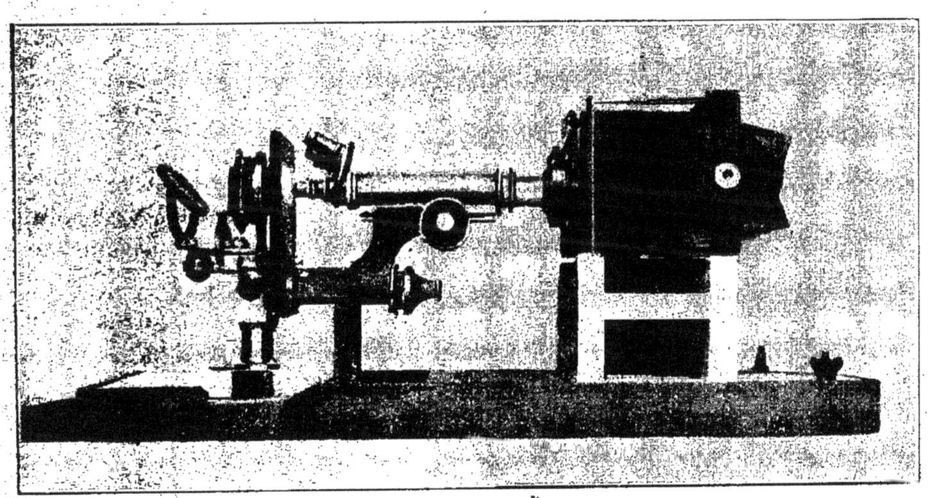

Fig. 1.

sont engagés deux petits boulons avec écrous à oreillettes. Le microscope se place en position horizontale sur la première planche; la petite reçoit l'appareil photographique; les deux instruments doivent, à l'aide de cales et de taquets convenablement posés, trouver leur place de telle sorte que les deux objectifs arrivent presque au contact et que tout mouvement soit impossible, sauf le glissement prévu pour la mise au point avec des objectifs de divers foyers ou pour le tirage du tube du microscope.

L'étanchéité du joint, contre la lumière extérieure, est assurée très suffisamment par une feuille de papier noir ou mieux par une rondelle de liège noircie, qui empêche en même temps les lentilles de se rayer mutuellement. Le parallélisme entre le plan de la platine du microscope et celui du verre dépoli doit être aussi exact que possible.

Les résultats sont très satisfaisants, surtout pour les grossissements relativement faibles usités en général dans les recherches botaniques. La dépense se réduit à un très simple travail de menuiserie; cette considération, ainsi que la rapidité du montage et la simplicité du maniement, sont des avantages sérieux sur les appareils spéciaux, parfois d'un modèle « colossal », souvent très compliqués, toujours fort onéreux et, en tous cas, inaptes à tout autre usage courant.

M. J.-E. GÉROCK,
Bibliothécaire de l'Université de Strasbourg

UN BOTANISTE ALSACIEN : F. KIRSCHLEGER

92 — (Kirschleger, F) : 58

L'*Association française pour l'Avancement des Sciences* ayant pris en main la continuation, après la guerre de 1870-71, des anciens *Congrès scientifiques* de France, il n'est pas inopportun de rappeler ici le souvenir de celui qui s'est tenu à Strasbourg, voici soixante-huit ans écoulés, en septembre et octobre 1842.

Cette 10e session du *Congrès scientifique* a été un des événements marquants dans la vie, non seulement scientifique, mais politique aussi, de notre petit pays. Il a réuni un nombre considérable de participants; car le fait de voir venir à Strasbourg à une époque où il n'y avait guère, en fait de chemins de fer, que celui de Strasbourg à Mulhouse, environ 500 personnes étrangères à la ville, parmi lesquelles il y avait une forte proportion de non-français : Allemands, Suisses, Italiens, etc..., est en lui-même fort remarquable.

Il bénéficiait justement de l'attraction particulière qu'excitait le nouveau chemin de fer d'Alsace, une des plus grandes lignes de l'époque, et d'une période de détente dans les relations franco-allemandes. Elle n'a pas duré longtemps mais elle est, néanmoins, nettement accusée entre les suites directes des guerres du commencement du siècle et la poussée de la politique de la Grande-Allemagne que la Prusse allait, quelques années plus tard, mettre au service des ses desseins d'expansion et de domination. Et comme la Prusse voyait dans la France l'obstacle à ses projets d'hégémonie européenne, c'est contre celle-ci qu'elle a fanatisé par tous les moyens l'opinion publique dans tous les pays de langue germanique.

Les Allemands qui ont participé au Congrès (un certain nombre d'entre eux y ont joué un rôle marquant) ont signé, au moment de rentrer chez eux, une adresse collective de remerciements non seulement correcte, mais cordiale, dans laquelle il n'y a pas trace des entreprises de revendication que la période subséquente a vu se produire à tout propos envers l'Alsace et les Alsaciens.

Le *10e Congrès* nous a laissé la trace de ses travaux par les seize numéros d'un *Bulletin quotidien* qui était en lui-même une innovation heureuse, et les deux forts volumes de ses *Procès-verbaux* et *Mémoires*. Dans cette Section de Botanique, nous évoquerons la mémoire d'une des figures marquantes de la réunion scientifique de 1842, du botaniste alsacien *Frédéric Kirschleger* qui en a été l'un des principaux organisateurs. Né à Munster, près de Colmar, en 1804, professeur à l'École de Pharmacie et à la Faculté de Médecine, il en était alors à ses débuts dans la carrière universitaire, mais son caractère, son activité particulière et l'entrain communicatif qui lui était propre l'ont, dès ce moment, mis à la place qu'il a conservée sa vie durant, celle de représenter l'élément spécifiquement alsacien dans le cadre de la science française.

L'œuvre capitale de sa vie a été de doter sa province d'une *Flore* conçue naturellement, au point de vue systématique, d'après les conceptions de son temps, mais à laquelle il a su procurer en outre une valeur considérable par les développements qu'ils lui a donnés.

Cette *Flore d'Alsace*, parue en trois volumes de 1852 à 1862, dans laquelle sont combinés, avec une connaissance approfondie des travaux des autres botanistes de la région à toutes les époques, les résultats de ses explorations personnelles et l'amour enthousiaste qu'il portait à sa patrie, n'a pas seulement été un ouvrage de botanique descriptive. Le *Guide pratique du Botaniste* qui en constitue presque tout le troisième volume, dépasse considérablement ce que ce sous-titre semblerait indiquer et a été, on peut dire, une révélation de l'Alsace elle-même à un moment particulier de son histoire : celui du développement rapide des moyens de communication nouveaux par les chemins de fer. C'est précisément le Guide de *Kirschleger*, qui donnait non seulement des itinéraires botaniques et des listes de stations de plantes, mais des indications de tout genre sur le pays en général, qui a été le premier en date des Guides du voyageur dans les montagnes des Vosges comme dans la plaine d'Alsace.

La fortune de ce livre remarquable, presque unique en son genre, dure encore. En effet, c'est toujours encore à la *Flore de* KIRSCHLEGER qu'il faut revenir en matière vogéso-rhénane. En un demi-siècle écoulé depuis l'apparition de la deuxième édition (1869-1870) qui, soit dit en passant, n'a pas été un progrès sur la première, il a bien paru d'assez nombreux travaux de détail dont certains ne sont pas sans mérite, dûs à des botanistes de tout genre, mais aucune œuvre d'ensemble n'a remplacé *Kirschleger* qui est resté la base de toute notre floristique régionale.

Mais notre *Kirschleger* n'a pas seulement été un savant spécialisé dans une branche du savoir humain, un vulgarisateur dans le meilleur sens du terme, il a été un patriote aux conceptions élevées. S'il a toujours visé à maintenir les droits de la petite patrie dans la grande, pour le plus grand bien des deux, il a également défendu, par la plume et par la parole, les droits et le patrimoine moral de la France vis à vis de l'étranger. Et l'étranger, c'était ici l'Allemagne alors en train de se prussifier, que nul mieux que les Alsaciens éclairés comme il en était un, ne pouvait connaître dans ses desseins et juger quant à ses procédés. Le destin lui a épargné de voir l'aboutissant de cette évolution dont il avait pu suivre les étapes. Il est mort à la fin de 1869, plus heureux en ce sens que son collègue et ami *Émile Küss*, le dernier maire français de Strasbourg, qui est allé mourir à Bordeaux le 1er mars 1871, le cœur brisé, le jour même que l'Assemblée nationale, où l'Alsace l'avait député, décidait d'abandonner au vainqueur insolent trois départements du sol national.

Le souvenir de *Kirschleger* vit encore parmi nous par une de ses créations. En 1861 il a fondé, avec un succès marqué, l'*Association philomatique vogéso-rhénane*, réunion libre de tous ceux qui s'intéressaient aux sciences naturelles et à la région en elle même. Elle n'avait pu survivre à la désorganisation produite par les événements de 1870-71, mais, quelque vingt-deux ans plus tard, un groupe d'Alsaciens a repris la tradition interrompue et reconstitué dans le même esprit une nouvelle Association à laquelle il fallut bien donner, dans une autre langue, un nom un peu différent. Celle-ci, fortement fondée dans le pays, a résisté à la tempête que nous venons de traverser; elle a repris le nom tout à fait analogue d'*Association philomathique d'Alsace et de Lorraine* et a été heureuse de trouver une place dans l'ensemble des sociétés savantes de France sous l'égide morale de l'Université de Strasbourg. Elle a participé au Congrès des Sociétés savantes de cette année, où plusieurs de ses membres ont, par des communications variées, marqué honorablement son rang.

Elle avait réussi, il y a une douzaine d'années, par la voie d'une souscription publique, à ériger à son fondateur originaire, dans sa ville natale de Munster, un monument d'une haute tenue artistique dû à un artiste alsacien. Les Allemands n'ont su mieux faire que de le détruire en enlevant les parties en bronze qui en constituaient l'élément principal.

Peut-être la Section de Botanique du Congrès voudra-t-elle, par un vote formel, faire une manifestation qui ne sera pas sans valeur à l'effet de demander à qui de droit de faire toutes démarches et revendications utiles pour arriver à reconstituer le monument que nous avions dédié à la mémoire de *Kirschleger*, le botaniste alsacien et le savant français.

M. A. GRAVIS,
Professeur à l'Université de Liége.

STRUCTURE DE L'HYPOCOTYLE

58.144

L'hypocotyle est cette partie de l'axe de l'embryon qui porte le ou les cotylédons et qui se termine inférieurement par la radicule. Considérée dans l'ensemble des Phanérogames, la structure de l'hypocotyle présente de notables modifications. Trois cas principaux sont à considérer :

1° Les faisceaux libéro-ligneux, qui descendent des cotylédons et des feuilles primordiales, parcourent toute la longueur de l'hypocotyle et ne rencontrent le cylindre central de la racine que dans la région basilaire de celle-ci *(fig. A)*. Il en résulte que dans toute l'étendue de l'hypocotyle,

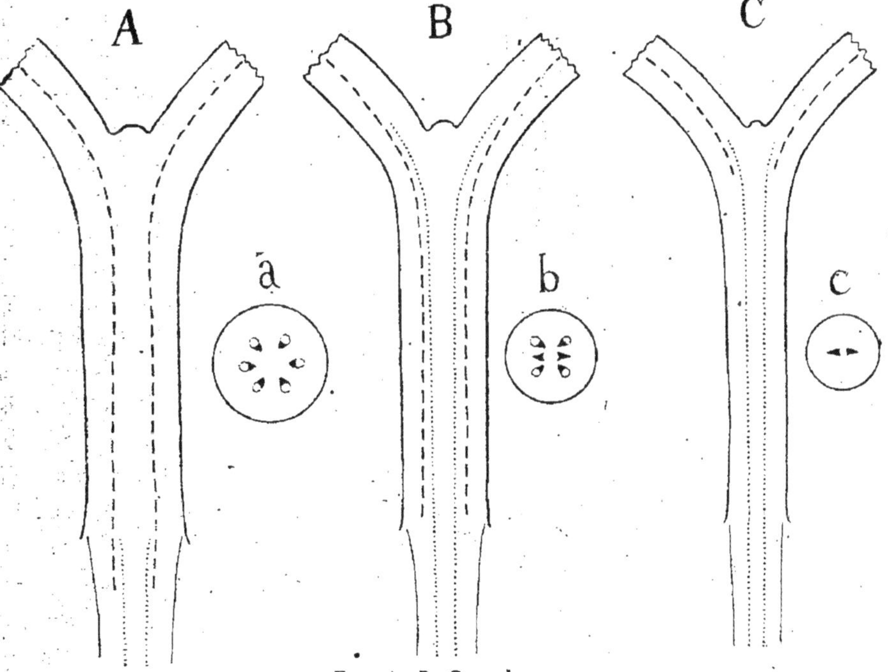

Fig. *A*, *B*, *C*, *a*, *b*, *c*.

on trouve plusieurs faisceaux libéro-ligneux à bois centrifuge comme dans une tige. En ce cas, nous dirons donc que la structure de l'hypocotyle est *cauloïde (fig. a)*;

2° Les faisceaux cotylédonaires et foliaires ne pénètrent pas, ou à peine dans l'hypocotyle. C'est dans la région du nœud cotylédonaire, ou un peu en dessous, que les faisceaux libéro-ligneux se raccordent à un cylindre central, composé de plusieurs pôles ligneux centripètes alternant avec des

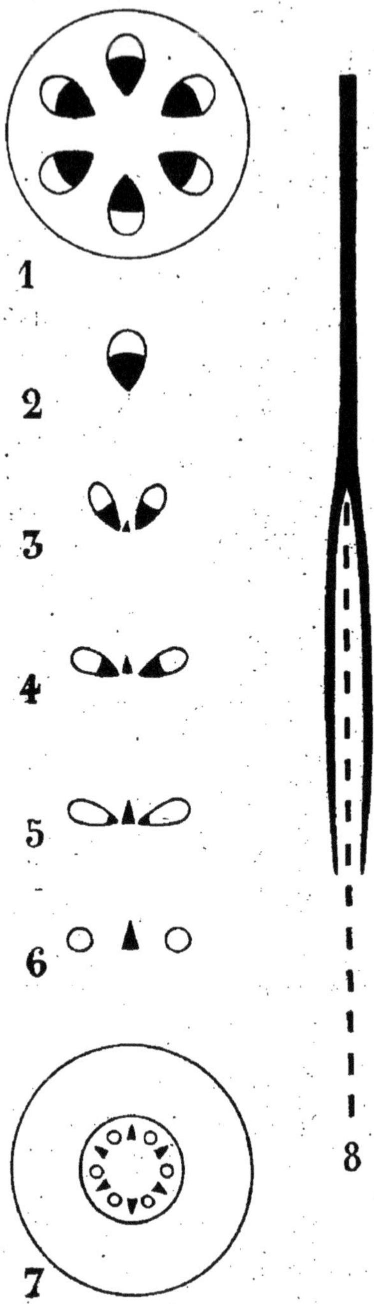

Fig. 1 : Schéma d'une tige. — Fig. 2 : Un faisceau libéro-ligneux à bois centrifuge. — Fig. 3, 4, 5 : Triade à trois niveaux. — Fig. 6 : Un pôle ligneux centripète alternant avec deux massifs libériens. — Fig. 7 : Schéma d'une racine. — Fig. 8 : Schéma du raccord du bois centrifuge au bois centripète (ce dernier est représenté par un trait interrompu).

pôles libériens comme dans une racine *(fig. C)*. Dans toute l'étendue de l'hypocotyle, la structure est donc *radicoïde (fig. c)* ;

3° Les faisceaux cotylédonaires et foliaires descendent jusque tout en bas de l'hypocotyle et sont en contact avec le cylindre central de la racine qui, lui aussi, existe dans toute la longueur de l'hypocotyle *fig. B)*. Celui-ci a, par ce fait, une structure mixte, *caulo-radicoïde (fig. b)*.

D'une façon générale, on observe que les trois structures qui viennent d'être signalées sont liées au diamètre de l'hypocotyle embryonnaire. Lorsque l'hypocotyle de l'embryon est épais, sa structure, pendant la germination, est cauloïde *(Cucurbita)*. Lorsqu'il est grêle, sa structure est radicoïde *(Nigella)*. Dans les cas intermédiaires, nous observons une structure caulo-radicoïde *(Mercurialis)*.

Lorsqu'une graine germe, la radicule s'allonge et se garnit de poils absorbants. La circulation ne tarde pas à s'établir, grâce à la différenciation du bois et du liber. Dès ce moment, les faisceaux cotylédonaires et foliaires se raccordent au cylindre central de la racine. Ce raccord se fait par le moyen de groupements libéro-ligneux, qu'il convient de désigner sous le nom de *triades*. Conformément à ce qui vient d'être dit, c'est dans la région inférieure, dans la région supérieure ou dans toute l'étendue de l'hypocotyle que les triades sont localisées.

Une triade se compose essentiellement d'un groupe de trachées centripètes compris entre les deux moitiés d'un faisceau libéro-ligneux à bois centrifuge. A un niveau supérieur, les trachées centripètes n'existent pas et les deux moitiés du faisceau sont unies en un faisceau normal. A un niveau inférieur, c'est le bois centrifuge qui fait défaut, tandis que les massifs libériens alternent avec le bois centripète.

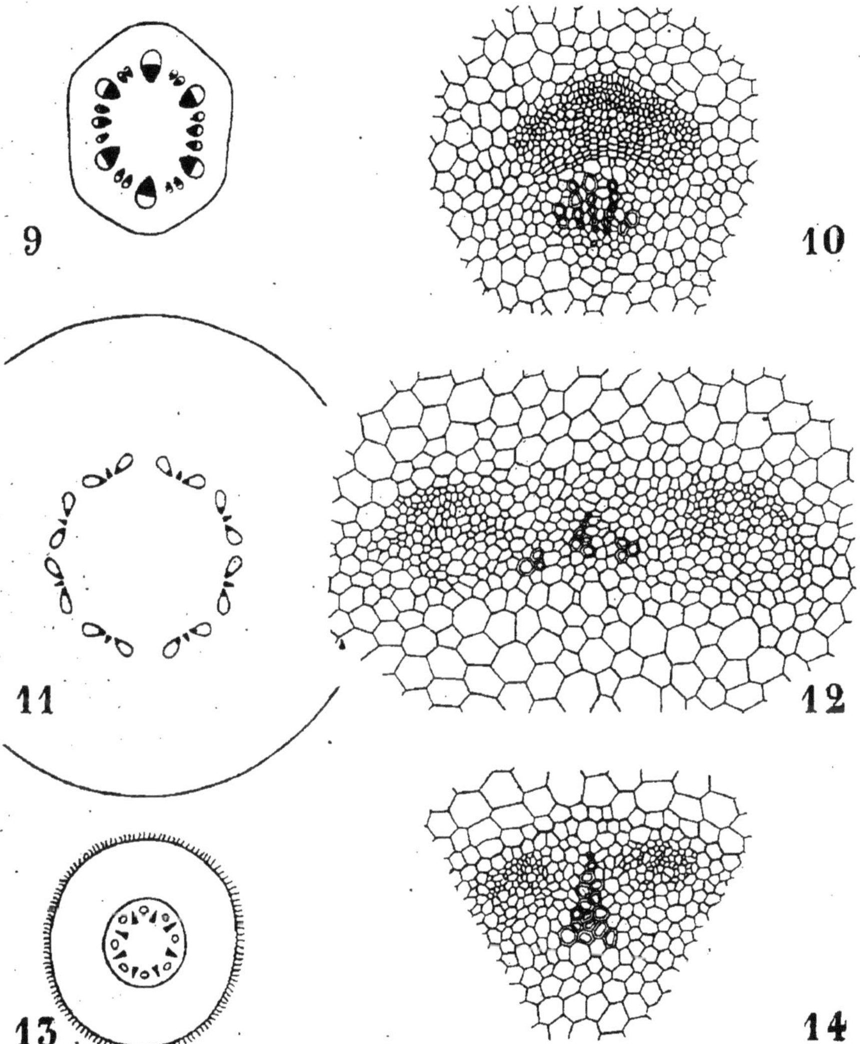

Fagus sylvatica L. — FIG. 9 : Entrenœud de la tige principale. — FIG. 10 : Un de ses faisceaux libéro-ligneux. — FIG. 11 : Hypocotyle. — FIG. 12 : Une de ses triades. — FIG. 13 : Racine principale. — FIG. 14 : Un de ses pôles ligneux centripètes entre deux massifs libériens.

Pour reconnaître la présence et l'organisation des triades, il est nécessaire d'étudier les plantules à divers stades dès le début de la germination, et de les scruter dans toute leur étendue par le moyen de coupes transversales successives. Lorsque l'hypocotyle s'allonge beaucoup, les trachées centripètes, différenciées généralement très tôt, sont étirées et plus ou moins résorbées lors de l'accroissement intercalaire : elles sont alors très difficiles à retrouver.

Les faisceaux qui entrent dans la constitution des triades, et que nous appellerons faisceaux triadants, sont les faisceaux cotylédonaires, parfois aussi les faisceaux foliaires descendant des feuilles primordiales, plus rarement les faisceaux sympodiques (résultant de la réunion de faisceaux foliaires descendant des feuilles supérieures). Les faisceaux triadants peuvent être en nombre égal, inférieur ou supérieur à celui des pôles ligneux de la racine. Le premier cas est le plus régulier; dans le deuxième cas, il y a un ou plusieurs pôles ligneux de la racine qui se terminent en pointe libre sans entrer dans la constitution de triades; dans le troisième cas, il y a des triades normales et aussi des triades bi ou plurivalentes : ces dernières correspondent à deux ou à plusieurs nervures et non pas à une seule.

Les triades affectent, d'ailleurs, diverses manières d'être; elles deviennent parfois presque méconnaissables. Dans les espèces qui ont un très gros embryon, les triades sont assez nombreuses : il y en a douze dans le *Castanea vesca;* huit dans le *Quercus Robur;* six dans l'*Æsculus Hippocastanum;* quatre dans le *Juglans regia;* trois dans le *Pisum sativum;* enfin, le nombre est réduit à deux chez beaucoup de Dicotylées dont l'embryon est de petite taille : *Nigella damescena, Urtica dioïca,* etc.

Dans ce dernier cas, l'organisation est fort condensée et profondément modifiée. C'est malheureusement par ces exemples particulièrement difficiles, que les anatomistes ont débuté. Aussi, pouvons-nous maintenant concevoir qu'il n'était pas possible, par cette voie, de se rendre compte du type primitif et de ses variations.

L'existence des triades est un fait général, qui ne cesse de se manifester que dans les cas de différenciation trop peu marquée des tissus conducteurs (plantes aquatiques ou plantes terrestres à embryon minuscule).

La structure des hypocotyles a été généralement étudiée sous le titre de *Passage de la racine à la tige,* et a fait l'objet de nombreuses recherches en France, et plus récemment en Angleterre. J'ai eu l'occasion d'examiner attentivement ces publications et d'observer moi-même l'organisation de plantules appartenant à plus de deux cents espèces de Gymnospermes et d'Angiospermes. Je me propose de faire prochainement l'exposé complet de ce travail. Une note préliminaire intitulée *Connexions anatomiques de la tige et de la racine,* a été insérée au *Bulletin de la Classe des Sciences de l'Académie royale de Belgique* (avril 1919, p. 227).

M. LE Dr ISSLER,

Professeur à Colmar.

ASSOCIATION DU CHÊNE LANUGINEUX

(*Quercus lanuginosa* Lam. = *Q. pubescens* Willd.)

63.49.192 (43.445)

Sur les coteaux calcaires de la Haute-Alsace, les taillis de chênes sur roches siliceuses des contreforts se continuent en descendant sur les calcaires des collines sous-vosgiennes. Situées dans le voisinage immédiat des localités, ces forêts, autrefois assez importantes, ont été presque complètement extirpées pour étendre les pâturages, les champs, les vignobles.

Uniquement sur le sol impropre à la culture des restes médiocres se maintiennent, en particulier sur les cimes rocheuses de la colline de Sigolsheim et du Florimont, sur le versant septentrional escarpé et frais du Bollenberg. Malheureusement, cette formation végétale est menacée par l'extension des plantations de pins déjà existantes et par les tentatives de substitution d'autres essences.

Au moins, une de ces forêts à forme buissonneuse, mériterait d'être conservée aux générations futures comme un monument historique naturel.

Même l'observateur superficiel est frappé de l'aspect singulier du paysage : les pentes des collines couvertes de vignes en gradins; dans les vignes, des amandiers et des pêchers; sur les plateaux, des pâturages à herbe courte, rôtis dès le début de l'été par le soleil qui leur donne un ton brunâtre; des buissons disséminés, des rochers calcaires dénudés. Les influences locales du terrain et du climat — un sol perméable et des précipitations peu importantes — ont réussi à faire se développer, au loin sous une latitude élevée, un îlot de sécheresse, rappelant une contrée méditerranéenne qui trouve son expression la plus typique près de Westhalten, à l'ouest de Rouffach.

L'essence dominante n'est pas le chêne blanc, mais le chêne lanugineux. Nous ne voulons pas examiner si ce sont les qualités chimiques ou physiques qui déterminent cette prédominance. L'étude de l'influence des différents sols sur la répartition des végétaux, est le sujet d'un chapitre ultérieur. Dès à présent nous pouvons dire : tandis que sur les rochers siliceux, le chêne blanc, accompagné des plantes dites silicicoles, compose les taillis de chênes, c'est le chêne lanugineux qui, sur les collines calcaires sous-vosgiennes prédomine, associé aux plantes dites calcicoles.

Les espèces qui accompagnent le chêne lanugineux sont celles des taillis du chêne blanc, en soulignant toutefois la fréquence bien plus grande de *Coronilla Emerus* où elle constitue, par endroits, le sous-bois. Sur les pentes chaudes est cantonné *Colutea arborescens*, qui fait défaut sur les roches siliceuses.

A côté de buissons de (*Cornus sanguineus, Viburnum lantana, Ligustrum vulgare, Berberis vulgaris, Rhamnus cathartica, Ribes grossularia, Lonicera xylosteum, Sorbus Aria, S. torminalis, S. domestica, S. latifolia, Amelanchier vulgaris, Pirus malus, P. communis, Crataegus monogina, Prunus spinosa* des rosiers rares (*Rosa micrantha, R. agrestis*), attirent l'attention.

Rosa pimpinellifolia frappé de nanisme, ne dépasse pas sur les pâturages la hauteur du gazon. *Rosa gallica* et *R. elliptica* manquent.

Il est surprenant que le buis (*Buxus sempervirens* fasse défaut dans les taillis de chênes des contreforts et des collines sous-vosgiennes.

M. J. Braun, parlant de la flore des Cévennes méridionales (p. 92) dit :

A l'égard du climat, le buis partage les exigences du *Quercus sessiliflora v. pubesecens* (= *Q. lanuginosa*), dont il forme le sous-bois principal.

Et plus loin (p. 93), après avoir signalé l'étude détaillée du Dr H. Christ :

« Leurs listes floristiques (celles des buxaies du Jura suisse et d'Alsace), montrent la même dépendance du buis à l'égard des associations arborescentes, notamment des taillis de chênes. »

En Alsace, le buis ne parait que sur les collines calcaires du Sundgau et dans le Jura alsacien, où il est étroitement associé aux peuplements mixtes de *Q. sessiliflora* et *Q. lanuginosa*.

Bromus erectus est l'herbe dominante. Il forme une association particulière, le *Xéro-Brometum erecti*. Nous nous bornerons ici à caractériser brièvement la forme la plus stérile de cette association, particulièrement aride et singulièrement indigente qui s'est développée sur un sol rocailleux, là où la forêt de chênes lanugineux a été complètement détruite. Primitivement limitée aux rochers et à leurs alentours non garnis d'arbres, elle a certainement gagné en étendue à la suite des travaux de défrichement.

Outre *Bromus erectus* contribuent à la formation du gazon court et clairsemé les espèces suivantes : *Carex humilis, Koeleria pyramidata* sub. sp. *gracilis, K. Vellesiana, Festuca ovina* sub. sp. *duriuscula* et *Bromus erectus* en qualité d'herbes principales, alors que *Poa bulbosa, Andropogon schœmon* qui ne paraissent qu'en colonies restreintes, ne sont que des éléments accessoires. *Carex humilis* prend parfois sur sol rocheux une extension telle que l'on peut parler d'un facies de *Carex humilis* du *Brometum erecti*. *Brachypodium pinnatum* et *Phleum Boehmeri* ne font leur apparition que sur un sol de meilleure qualité.

Les vides entre les touffes d'herbes sont remplis par *Potentilla arenaria* et *P. verna, Teucrium chamaedrys* et *T. montana, Thymus chamaedrys, Linum tenuifolium, Cirsium acaule, Globularia vulgaris, Eryngium campestre, Alsine tenuifolia, Cerastium glutinosum* et d'autres xérophytes des stations analogues. Très significative est la série suivante : *Hutschinsia, petraca, Fumana procumbens, Alsine fasciculata, Trinia glauca, Scilla autumnalis, Micropus erectus, Trifolium scabrum, Cladonia endiviæfolia.*

Sur les rochers se joignent aux espèces précitées :

Stipa pennata, Melica ciliata sub. sp. *nebrodensis, Arabis auriculata Artemisia camphorata. — Festuca vallesiana* manque.

Aussitôt que l'humus devient plus profond, il se développe une végéta-ion plus variée, composée d'herbes de haute taille, une formation onnue sous le nom de « garrigue ou *Felsenheide* ». Elle est caractérisée ar les espèces suivantes :

Thalictrum minus, Pulsatilla vulgaris, Linum tenuifolium, Geranium sanguineum, tamnus albus, Trifolium montanum, T. rubens, Vicia tennifolia, Coronilla varia, ippocrepis, Anthyllis, Bupleurum falcatum, Laserpitium latifolium, Seseli nnuum, Libanotis montana, Peucedanum Cervaria, P. alsaticum, Asperula glauca, . tinetoria, Aster Amellus, Linosyris, Inula salicina, I. hirta, Buphthalmum salici olium, Chrysanthemum corymbosum, Gentiana ciliata, G. Cruciata, Euphorbia errucosa, Vincetoxicum officinale, Veronica Teucrium, V. prostrata, Orobanche ame-ystea, O. Alsatica, O. Fenerii, O. caryophyllacea, Melampyrum cristatum, uphrasia lutea, Stachyse rectus, Brunella grandiflora, B. alba, Thesium linophyl-m, Polygonatum officinale, Anthericum ramosum, A. Liliago, Allium sphæra-halum.

La riche flore des Orchidées est représentée par *Ophrys muscifera, Ophrys ara-ifera,* sub. sp. *pseudospeculum, O. fuciflora, O. apifera, Orchis purpureus, O. Rivini, . Simia, Aceras anthropophora, Anacamptis pyramidalis, Himantoglossum hirei-um, Herminium monorchis.* Les trois espèces de Cephalanthera (C. alba, longi-lia, rubra) sont limitées aux parties plus humides de la forêt, là où le *Bromus ectus* et le *Carex humilis* sont remplacés par le *Brachypodium pinnatum* et le *ırex montana* en société de *Hepatica triloba, Viola mirabilis, Galium silvaticum, pis praemorsa, Melittis melissophyllum, Mercurialis perennis, Euphorbia dulcis, ium martagon, Sesleria cœrulea, Thlaspi montanum,* qui sont cantonnés sur les ntes rocheuses septentrionales ou occidentales, établissent déjà la liaison avec e flore à caractère plutôt jurrassique que méditerranéen. Elle trouve son pression la plus pure sur les collines de Muschelkalk, près de Winzfelden et nbach.

Les plantes que l'on considère comme étant les éléments caractéristiques la garrigue sont, de fait, naturellement répandues dans l'Europe méri-nale chaude et l'Europe orientale sèche, c'est-à-dire dans les pays tourant la Méditerranée, en Bohême, Hongrie, dans la Russie méridio-le, jusqu'en Asie occidentale et centrale. Elles sont singulièrement ctaires au froid du nord et l'humidité de l'ouest de l'Europe. On peut nc comprendre les végétaux en question sous la dénomination *Groupe ridional et continental.* Si l'on veut établir une distinction, on appelle éditerranéennes » les espèces particulièrement répandues dans les s méditerranéens et « pontiques », celles qui se concentrent autour de mer Noir

Nous ne possédons ni les plantes qui caractérisent la flore méditerranéenne, ni celles de la flore des steppes pontiques, parce que la chaleur et la sécheresse ne sont pas d'une intensité suffisante pour permettre l'existence de ces thermo et xérophytes.

C'est pourquoi la flore de la forêt de chêne lanugineux n'est que subméditerranéen et substeppique. On est allé jusqu'à considérer les plantes en question comme étant introduites. (Conf., *Bulletin de l'Association Philomathique d'Alsace et de Lorraine*, t. III, p. 467). Donc, leurs stations seraient des colonies récentes. Cela peut être le cas des quelques associés de la culture, par exemple, des mauvaises herbes des champs et du vignoble. A notre avis, les espèces caractéristiques du *Quercetum lanuginosi* sont dans le pays depuis que cette association s'est formée. Elles forment avec celles-ci, un tout homogène, une forme de végétation harmonieusement circonscrite qui a des analogues ailleurs, sauf que les espèces méridionales vont en augmentant vers la vallée du Rhône, en diminuant dans la direction inverse. Ne pas reconnaître l'authenticité du peuplement de chêne lanugineux, avec son cortège floristique, serait mettre en doute le caractère primitif de toutes les colonies de plantes xériques entre les vallées du Rhône et du Rhin.

Elles suivent de façon singulière les bords nord-ouest et sud-est du Jura. Pour l'historique de la colonisation floristique de notre pays, l'arc nord-occidental du Jura, la « zone sous-jurassique française » (Thurmann, *Essai de Phytostatique appliqué à la chaîne du Jura*, t. I. p. 190) est particulièrement importante. Elle est précisée par les endroits suivants : Besançon, Salins, Arbois, Lons-le-Saulnier, Saint-Amour, Ceyseriat, Pont-d'Ain, l'Huis, Cordon.

Dans l'arc sud-oriental « zone sous-jurassique suisse » (Thurmann, t. I, p. 190), c'est à Bienne, Neufchâtel, Yverdon, Orbe, Gex, Collonge, Port l'Écluse, Seyssel, le Bourget, Chambéry où sont localisées les station xériques des plantes méridionales.

Artemisia camphorata, *Scilla autumnalis*, *Kœleria Vallesiana* font un exception, les deux premières espèces en sautant complètement l Jura; la dernière, en suivant l'arc intérieur. Après Grenoble, c'est tout d suite Rouffach (Haut-Rhin) la station la plus prochaine. Ce sont le mêmes espèces qui n'ont pas franchi le Rhin. *Quercus lanuginosa*, *Orch simia*, *Trifolium scabrum* ont tout juste passé le fleuve sans s'étendr davantage vers l'est.

Si donc, les espèces méridionales de l'association du chêne lanugineu n'ont pas été importées par l'homme, comment sont-elles parvenues leurs stations actuelles en Alsace?

Il paraît plausible d'admettre qu'elles ont immigré de la vallée d Rhône, en suivant le Jura, ce qui serait impossible, il est vrai, dans le conditions actuelles, où les territoires riches en forêts humides de la troué de Belfort et du Sundgau se glissent entre le Jura, les Vosges et la plain

ériode lus sèch

que la nôtre, qui n'était pas nécessairement plus chaude que l'époque actuelle, en utilisant comme voie de pénétration les terrasses diluviennes de sables et de graviers, riches en carbonate de chaux, ordinairement couverts de lœss qui, par suite de leur perméabilité et de leur sécheresse, ont été longtemps dépourvus de forêts. C'est à la même époque que la flore des steppes immigrait dans l'Europe centrale, occidentale et septentrionale. L'homme se bornait à favoriser l'avancement des espèces méditerranéennes et pontiques en défrichant les forêts qui allaient toujours en s'étendant.

Grâce à la force d'expansion qui leur est propre, les xérophytes sont à même de se propager encore de nos jours. Nous citerons *Fumana procumbens*, *Arabis auriculata*, les Orchidées. *Fumana procumbens* qui, du temps de Kirschleger, n'était connue que dans la région de Rouffach, a été trouvée, dans les dernières années, à plusieurs endroits de la zone sous-vosgienne en étendant son aire de distribution vers le Nord jusqu'à la vallée de la Bruche. *Arabis auriculata*, constaté par nous au Limbourg, dans le Kaiserstuhl à un endroit si souvent visité par les botanistes badois, a été inconnu en Bade jusqu'à 1903. L'année dernière, j'ai trouvé cette espèce sur la rive gauche du Rhin, entre Neuf-Brisach et Geiswasser, en société de *Himantoglossum hircinum*.

Tout à fait nouveau pour la flore d'Alsace est *Plantago Cynops*, une espèce méridionale qu'on a découverte sur la colline de Sigolsheim en 1901 et sur le Muschelkalk, près de Mutzig, en 1915.

M. Charles KŒNIG,

Président de la Société d'Histoire naturelle de Colmar.

BSERVATION FAITE SUR LA DIGITALE POURPRÉE, DIGITALIS PURPUREA (FAMILLE DES PERSONÉES, SOUS-FAMILLE DES RINANTHÉES)

58.38.19

Un cas curieux d'aberration morphologique constaté sur la digitale ourprée, cultivée dans ses variations avec la variété blanche, à Colmar n 1913, dans les promenades de la ville encadrant le château d'eau.

Les extrémités de deux massifs d'arbustes contigus à une pelouse de erdure, ornée dans son centre d'une corbeille de fleurs, alors garnie de éranium zonal avaient été complantées, comme bordure, de jeunes plants de digitales, provenant de croisements entre le type pourpré et variation blanche.

Lors de la plantation, le jardinier avait sans doute pincé les extrémités, ou celles-ci avaient été détruites par l'opération du déplacement.

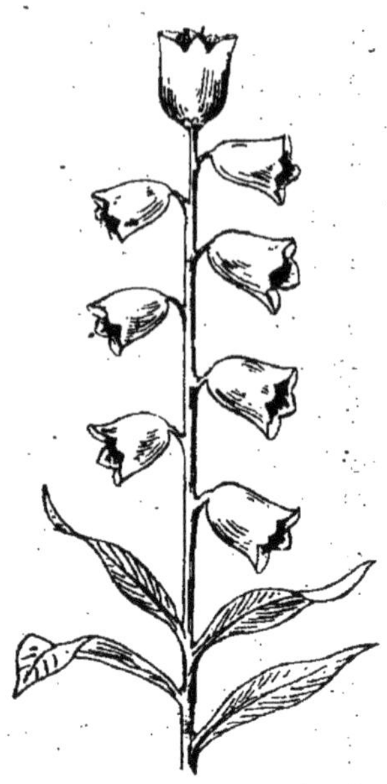

Digitale surmontée d'une cloche régulière, résultant d'un pincement de la tige florale.

Or, lors de l'épanouissement de la floraison, la fleur de l'extrémit supérieure avait une corolle de la forme d'une cloche, présentant son ouverture au ciel et affectant une régularité parfaite et un diamètre à son renflement près du double de celui des corolles normales, alors que les fleurs inférieures conservaien les formes ordinaires de la digitale.

Plus de la moitié des sujets présentaien cette anomalie qui me frappa chaque fois qu je passais devant cette plantation, durant l période de floraison.

Je ne puis m'expliquer le fait qui, au di d'un forestier de nos montagnes vosgiennes l'aurait observé dans l'état sauvage, au milieu des clairières, à la suite de chute d grêle ayant décapité les jeunes tiges d cette plante, opérant ainsi un pincemen accidentel.

Sans doute, l'état de culture n'est pas san avoir exercé son influence.

Il semblerait que la disparition de l'extrémité a eu pour conséquence de resserrer la croissance des fleurs devenue terminales, en l'arrêtant dans son expansion et en a provoqué comm la doublure, par l'accolage de deux fleurs l'une à l'autre, ce qui aura donné la forme régulière d'une cloche, les parties inégales étant avortée

Cette supposition, je la reconnais comme bien hasardée, cependan lorsqu'il y a doublure de la corolle, pour la transformation des étamin en pétales, la disparition des parties de la corolle plus ou moins multipl s'emboîtent l'une dans l'autre, ce qui dans notre observation n'est p le cas.

Il y a donc une cause qui paraît être différente puisqu'elle provoque u action, un caractère spécial. Je reviens au fait que j'ai cité, parce qu'il paraît devoir intéresser les botanistes qui pourront en vérifier l'exactitu dans des conditions expérimentales analogues ou semblables et en étudi plus en détail le développement des différentes phases.

D'autres plantes ne seraient-elles pas susceptibles d'un même exempl

Quoi qu'il en soit, j'ai cru intéresser la réunion qui, si le fait a déjà é étudié, me laissera la satisfaction de sa vulgarisation.

Discussion. — M. le Professeur A. Gravis. — Depuis six ans, j'ai eu l'occasi d'étudier au Jardin botanique de Liége, de nombreux cas d'anomalie sem s à celui si nalé ar M. Koenig. La première fois, quelques plantes portai l'extrémité de leur tige une fleur en forme de cloche parfaitement régulière. — Par la suite les fleurs anomales sont devenues de plus en plus nombreuses. Elles avaient une corolle très grande, étalée horizontalement en forme de roue irrégulièrement découpée. Leur pistil fortement renflé contenait des bourgeons pressés les uns contre les autres. — Cette année, enfin, outre des fleurs campanulées et des fleurs rotacées, se sont montrées aussi des fleurs à grande corolle étalée dont l'ovaire déchiré laissait sortir une seconde inflorescence dans e prolongement de la première.

Les anomalies du premier degré sont des *pélories*; celles du troisième sont des *oliférations* de l'axe de l'inflorescence. Il est à observer que dans nos cultures, es digitales sont très vigoureuses et que leur tige principale est bien intacte : lle mesure souvent deux mètres de hauteur. Les fleurs simplement péloriques nt fertiles. J'ai pu les polliniser entre elles et obtenir des graines qui ont rfaitement germé.

M. le Chanoine de LARMINAT,
Professeur au Grand Séminaire de Soissons.

INFLORESCENCES MONSTRUEUSES RELEVÉES SUR UN PIED SAUVAGE DE DAUCUS CAROTA

58.12.198

Dans l'été de 1919, dans une terre demeurée inculte depuis la guerre, ur le terroir de Margival (Aisne), j'ai relevé un cas assez complexe 'inflorescence tératologique sur un pied de Daucus Carota. Le pied était rès vigoureux et les ombelles très nombreuses, mais d'un aspect singulier ui me fit douter un instant de son identité.

Voici les principaux phénomènes observés : Les deux premiers étaient, i j'ai bonne mémoire, les plus répandus, le troisième et le quatrième 'ont été authentiquement relevés que dans trois ou quatre ombelles :

1° Je mentionne pour mémoire que les pétales, dont beaucoup avaient rsisté sur l'ovaire déjà notablement accru, étaient tous de teinte roueâtre très accentuée;

2° Les deux styles étaient, dans un grand nombre de fleurs, transformés n expansions foliacées de deux à trois millimètres de long, si j'ai bonne émoire; dans ce cas, comme de juste, les ombelles étaient ordinaiment stériles;

3° Sur certaines ombellules où les styles avaient sans doute pu remplir ncore partiellement leur fonction propre, l'ovaire s'était développé; mais, et c'est là ce qui m'avait le plus dérouté au premier abord, le fruit au lieu d'être elliptique, était devenu quasi linéaire, tout en restant hérissé ou au moins fortement rugueux ;

4° Enfin, et c'est le cas le plus remarquable et qui m'a paru valoir la peine d'être signalé, dans une ombelle au moins, que j'ai encore dans mon herbier, un assez grand nombre d'ombellules étaient encore plus profondément modifiées, et chaque pédicelle floral portait lui-même une ombellule de second ordre si on peut ainsi parler.

J'avais trouvé le même jour sur un pied de Lolium perenne plusieurs inflorescences anormales, l'épi composé étant transformé en panicule, mais le fait ne doit pas être rare, et j'ai vu l'autre jour dans une revue signaler un cas analogue. En tout cas, j'aurais chez moi quelques spécimens à distribuer à ceux que cela pourrait intéresser.

M. F. PELLEGRIN,

Docteur ès Sciences, Préparateur au Muséum National d'Histoire Naturelle, Paris.

ET

M. R. SARGOS,

Ingénieur agronome, Inspecteur adjoint des Eaux et Forêts.

QUELQUES FACIÈS DE LA FORÊT DU MAYOMBE CONGOLAIS

63.49 (675)

La production forestière française se trouve, d'après une toute récente évaluation, en déficit chaque année de huit millions de mètres cubes de bois estimés à plus d'un milliard de francs. A ce chiffre énorme viennent s'ajouter les bois convertissables en pâtes, nécessaires à conjurer la crise actuelle du papier. La France fait donc un sacrifice considérable en achetant à l'étranger. Plus conforme à ses intérêts serait de tirer un meilleur parti des ressources inépuisables des forêts de ses colonies dont la surface est deux fois plus grande que celle de la métropole.

Seuls jusqu'ici, des bois d'ébénisterie destinés à des usages très spéciaux, comme les acajous, ébènes, palissandres, étaient nécessairement demandés aux régions tropicales, ces essences ne s'accommodant pas d'un climat froid ou tempéré. Mais la forêt équatoriale est caractérisée par la diversité des espèces arborescentes qui s'y mêlent pied à pied. Dans ces conditions la recherche d'une seule sorte de bois, l'acajou par exemple au Gabon, devient très onéreuse, exige des frais de transport considérables qui augmentent de jour en jour, puisque l'espèce visée se raréfie vite dans le voisinage des grandes voies de communication.

Il faut donc remplacer ce procédé par une exploitation générale de proche en proche qui est beaucoup plus économique, baisse le prix de revient des bois spéciaux d'ébénisterie et en outre peut alimenter les marchés de la métropole en bois d'œuvre de toutes sortes, analogues au chêne, au frêne, au peuplier, si nécessaires à la reconstruction de nos régions dévastées. Cette exploitation plus rationnelle permet d'exporter ou d'utiliser sur place un nombre toujours croissant d'essences arborescentes dont l'importance commerciale est en train de se développer. Or, pour qu'un commerce soit loyal, la première condition est de s'entendre nettement sur la qualité et la valeur des marchandises. Il importe donc que chaque bois dont on fait trafic soit bien défini, que les sortes les meilleures une fois choisies puissent être demandées à nouveau, exigées sur les marchés sans que soient possibles les substitutions par ignorance ou par fraude de bois analogues, mais de qualités quelquefois toutes différentes. Or, le seul moyen d'arriver à ce résultat, est d'avoir recours à une détermination scientifique sûre. C'est pourquoi nous nous sommes efforcés de faire un inventaire aussi rigoureux que possible des principaux bois utilisables de l'Afrique équatoriale française, dans une région définie et d'accès facile du *bas Kouilou*, entre *Magne* et *Congotali*. Ces essences furent récoltées avec le plus grand soin par l'un d'entre nous au cours de nombreuses prospections. Aux documents susceptibles d'une détermination botanique, correspondent, portant le même numéro d'ordre, des échantillons de bois en billes assez grosses pour pouvoir juger des qualités et des applications de chacun d'eux.

L'étude au point de vue pratique a été poursuivie, dans le Service des Bois coloniaux du commandant *A. Bertin* avec toute la rigueur que permettait à l'un de nous son expérience dans les Services des Eaux et Forêts; l'étude scientifique a été faite dans le laboratoire de M. *le Professeur H. Lecomte*, au Muséum, où l'autre d'entre nous poursuit déjà depuis plusieurs années l'inventaire méthodique des richesses botaniques de nos possessions continentales africaines (1).

Sans pouvoir donner dans cette courte note la liste complète des bois les plus communs du Gabon et de leurs usages présumés ou reconnus, ce qui fera l'objet d'un travail ultérieur plus étendu, il nous a paru intéressant de noter les espèces dominantes dans chaque terrain et de signaler les principales associations d'arbres de cette partie de la forêt du Mayombe. Simples essais qui peuvent pourtant, pensons-nous, être de quelque utilité aux chercheurs et aux exploitants et permettre des comparaisons fructueuses. Ces données qui n'ont rien d'absolu bien entendu, à

(1) Voir entre autres notes : Bonnet et F. Pellegrin, *Énumération des plantes recueillies par* M. Chudeau, *dans le nord-ouest de la Mauritanie*, in *Comptes rendus de l'Association Française pour l'Avancement des Sciences*, 1914, p. 463.

cause de la diversité des essences qui composent la forêt équatoriale, sont cependant les résultats très condensés de l'application, pour la première fois dans cette région du *Bas Kouilou*, des méthodes rationnelles de prospections telles qu'elles sont pratiquées dans les services forestiers en France même.

1. Forêt de montagne, versants et plateaux montagneux de 50 à 120 mètres d'altitude en terrains sablo-argileux, en amont de Magne :

Pachylobus balsamifera Guill. (1), f. 6,6; — c. 4,5; — *Gambeya africana* var. *Lecomteana* Pierre f. 6,5; — c. 12,4; — *Coula edulis* Bn. f. 6,2; — c. 1,9; — *Trichilia Kissoko* De Wild. f. 5,8; — c. 2,6; — *Staudtia gabonensis* Warb. f. 5,3; — c. 5,4; — *Pachylobus Büttneri* et *fraxinifolius* Engl. (2), f. 4,4; — c. 10; — *Strombosia grandifolia* Hook. f. 3,8; — c. 1,4; — *Terminalia superba* Engl. et Diels f. 3,3; — c. 6,7; — *Xylopia Dunaliana* Vallot et *Brieyi* De Wild.; — f. 3,3; — c. 2,1; — *Diospyros* et *Maba* f. 3,2; — c. 1,2; — *Enantia chlorantha* Oliv. f. 3,1; — c. 0,9; — *Enantia* sp. f. 3,1; — c. 0,8; — *Daniella Klainei* Pierre et *Ogea* Harms f. 1,2; — c. 3,1.

2. Forêt des vallées de montagnes et des montagnes basses de moins de 100 mètres d'altitude, au voisinage du Kouilou en amont de Magne :

Terminalia superba E. et D. f. 30; — c. 52; — *Sorindeia trimera* Oliv. f. 7; — c. 1,6; — *Irvingia gabonensis* Bn., f. 6,4; — c. 3,3; — *Berlinia bracteosa* Btk et *acuminata* Sol. f. 5; — c. 3,6; — *Pachylobus Büttneri* Engl. et *fraxinifolius* Eng. f. 3,9; — c. 6,3; — *Pseudospondias microcarpa* Engl. f. 3,6; — c. 1,9; — *Klainedoxa gabonensis* Pierre f. 2,6; — c. 3,1; — *Gambeya africana* Pierre f. 1,5; — c. 3,6; — *Ceiba pentandra* Gaernt. f. 0,7; — c. 3,2.

3. Forêt des mamelons sablonneux de 20 à 100 mètres d'altitude au nord et au sud de la vallée du Kouilou :

Coula edulis Bn. f. 7,1; — c. 2,6; — *Strombosia grandifolia* Hook. f. 4,9; — c. 2,2; — *Berlinia* sp. f. 4,8; — c. 4,7; — *Tasmannia africana* Harms, f. 4,3; — c. 2,4; — *Pycnanthus Kombo* Warb.; — f. 4,2; — c. 2,6; — *Vitex pachyphylla* Baker f. 4,1; — c. 7,4; — *Xylopia Dunaliana* Vallot et *Brieyi* De Wild. f. 4; — c. 1,8; — *Cynometra Le Testui* Pellegrin f. 3,5; — c. 1,6; — *Staudtia gabonensis* Warb. f. 3,1; — c. 2,9; — *Erythrophlœum guineense* G. Don f. 2,3; — c. 5; — *Terminalia superba* f. 2,4; — c. 4,7.

4. Forêt de marigots toujours humides, a sol vaseux d'une altitude inférieure a 20 mètres :

Anthostema Aubryanum Bn. f. 32,6; — c. 17,7; — *Mitragyne macrophylla* Hiern. f. 19,6; — c. 12,1; — *Vitex pachyphylla* Bak. f. 17,5; — c. 29,9; — *Berlinia bracteosa* Bth. et *acuminata* Sol. f. 6,5; — c. 9,9; — *Uapaca guineensis* Mull. Arg. et *Le Testuana* A. Chev. f. 5,8; — c. 4,4; — *Saccoglottis gabonensis* Urb. f. 4,8; — c. 15,2; — *Symphonia gabonensis* Pierre f. 3,6; — c. 2,8.

(1) Dans les listes qui suivent la lettre *f.* suivie d'un chiffre indique l'indice de fréquence pour cent, et la lettre *c.* le cube pour cent.

(2) Lorsque deux noms d'espèces ou de genres, réunis par la conjonction « *et* », sont suivis d'un seul indice de fréquence et d'un seul indice de cube, c'est que la distinction a été impossible sur le terrain.

5. Marais des bords des lacs du Kouilou inférieur :

Premier stade de boisement après exhaussement du fond du lac par les alluvions succédant au peuplement de papyrus et précédant la forêt marécageuse alluvionnaire :

Alstonia congensis Engl. f. 64,5 ; — c. 47,6 ; — *Anthostema Aubryanum* Bn. f. 16,2 ; — c. 23,8 ; — *Mitragyne macrophylla* Hiern f. 9,7 ; — c. 14,3 ; — *Uapaca guineensis* M. Arg. et *Le Testuana* A. Chev. f. 6,5 ; — c. 9,5 ; — *Sarcocephalus Trillesii* Pierre, var. *paludosus* Sargos et Pellegrin f. 3,1 ; — c. 4,8.

6. Forêt de plaine alluvionnaire du Kouilou, en amont de Magne, non marécageuse mais par endroits inondée lors des crues ; altitude 15 a 20 mètres :

Terminalia superba E. et D. f. 20,7 ; — c. 42,4 ; — *Hexalobus crispiflorus* A. R. f. 8,2 ; — c. 2,1 ; — *Homalium africanum* Bth. et *Lonchocarpus sericeus* Baill. f. 7,9 ; — c. 2,5 ; — *Irvingia gabonensis* Baill. f. 7,6 ; — c. 4,9 ; — *Sarcocephalus Trillesii* Pierre f. 5,8 ; — c. 11,4 ; — *Berlinia bracteosa* Bth et *acuminata* Sol. f. 5,7 ; — c. 3,9 ; — *Maba* et *Diospyros* f. 4 ; — c. 1 ; — *Klainedoxa gabonensis* Pierre f. 3,7 ; — c. 5,1 ; — *Pseudospondias microcarpa* Engl. f. 3,1 ; — c. 1,2 ; — *Ceiba pentandra* Gaertn. f. 1,1 ; — c. 3,6 ; — *Khaya Klainei* Pierre f. 1,4 ; — c. 3,2.

7. Forêt de plaine alluvionnaire du Kouilou, en aval de Magne, sèche en saison sèche, inondée ou marécageuse en saison des pluies ; altitude 10 à 15 mètres :

Vitex pachyphylla Bak. f. 25,4 ; — c. 18 ; — *Berlinia bracteosa* Bth et *acuminata* Sol. f. 10,6 ; — c. 8 ; — *Homalium africanum* Bth et *Lonchocarpus sericeus* Bak. f. 8,4 ; — c. 3,9 ; — *Terminalia superba* E. et D. f. 8,3 ; — c. 24,4 ; — *Anthosema Aubryanum* Baill. f. 7,2 ; — c. 2,6 ; — *Irvingia gabonensis* Baill. f. 5,3 ; — c. 5,3 ; — *Cynometra Le Testui* Pellegrin f. 4,3 ; — c. 2,5 ; — *Sarcocephalus Trillesii* Pierre f. 3,3 ; — c. 9,8 ; — *Mitragyne macrophylla* Hiern. f. 3,3 ; — c. 1,2 ; — *Ceiba pentandra* Goertn. f. 1,1 ; — c. 6,4 ; — *Erythrophlœum guineense* G. Don. f. 1,8 ; — c. 3,9.

8. Forêt de plaine alluvionnaire du M'Filou :

Homalium africanum Bth. et *Lonchocarpus sericeus* H. B. K. f. 10 ; — c. 3,8 ; — *Maba* et *Diospyros* f. 9,6 ; — c. 4,1 ; — *Irvingia gabonensis* Bail. f. 8,4 ; — c. 5,1 ; — *Cola acuminata* R. Br. et *Ballayi* Cornu f. 7,7 ; — c. 2,1 ; — *Terminalia superba* E. et D. f. 6,7 ; — c. 25,6 ; — *Sorindeia trimera* Oliv. f. 6,7 ; — c. 2,2 ; *Klainedoxa gabonensis* Pierre f. 6,4 ; — c. 12,3 ; — *Picralima nitida* Pierre et *umbellata* Stapf. f. 5,2 ; — c. 0,9 ; — *Symphonia gabonensis* Pierre f. 4,9 ; — c. 1,8 ; — *Khaya Klainei* Pierre f. 4,6 ; — c. 11,9 ; — *Hexalobus crispiflorus* A. Rich. f. 3,5 ; — c. 1,2 ; — *Sarcocephalus Trillesii* Pierre f. 3,2 ; — c. 8,6 ; — *Oxystigma Buchholzii* Harms, var. *elata* Pellegrin et Sargos, f. 1,1 ; — c. 3,8.

9. Forêt de plaine alluvionnaire de N'Zila Zambi :

Terminalia superba E. et D. 16,2 ; — c. 49,4 ; — *Homalium africanum* Bth. et *Lonchocarpus sericeus* H. BK. f. 15 ; — c. 4,8 ; — *Klainedoxa gabonensis* Pierre f. 12,2 ; — c. 11,9 ; — *Sorindeia trimera* Oliv. f. 8,2 ; — c. 2,5 ; — *Maba* et *Diospyros* f. 7 ; — c. 1,9 ; — *Cola acuminata* R. Br. et *Ballayi* Cornu, f. 4,5 ; —

c. 1,1; — *Hexalobus crispiflorus* R. Br. f. 4; — c. 2; — *Mammea Ebboro* Pierre f. 3,7; — c. 5,6; — *Irvingia gabonensis* Baill. f. 9,5; — c. 1,7; — *Symphonia gabonensis* Pierre f. 3; — c. 1,4; — 11. *Daniella oblonga* Benth. f. 1,7; — c. 3; — *Khaya Klainei* Pierre f. 0,5; — c. 3,1. — A ajouter 120 palmiers à huile (*Elaeis guineensis*) qui ont été comptés sur une surface de cinq hectares.

10. Autre parcelle de la même plaine :

Khaya Klainei Pierre f. 19,4; — c. 45,6; — *Homalium africanum* Bth. et *Lonchocarpus sericeus* Bak. f. 16,7; — c. 3,4; — *Terminalia superba* E. et D. f. 12,4; — c. 31,5; — *Hexalobus crispiflorus* A. Rich. f. 10,8; — c. 2,5; — *Maba* et *Diospyros*, f. 10,3; — c. 1,6; — *Anthosema Aubryanum* Baill. f. 6,5; — c. 0,9; — *Irvingia gabonensis* Baill. f. 4,3; — c. 1,3; — *Picralima nitida* Pierre et *umbellata* Stapf, f. 3,2; — c. 0,3; — *Sarcocephalus Trillesii* Pierre f. 2,2; — c. 7,3.

Au point de vue de la densité de population végétale correspondant à chaque faciès ci-dessus étudié, la récapitulation des prospections donne :

	Nombre d'arbres à l'hectare	Mètres cubes
Pour la forêt de montagne nº 1.	53	279
Pour la forêt des vallées de montagne et des montagnes basses nº 2	45	215
Pour la forêt des mamelons sablonneux nº 3	44	144
Pour la forêt de marigots nº 4.	73	142
Pour le marais à Emien (*Alstonia congensis* Engl.) nº 5	62	121
Pour la forêt de plaine alluvionnaire non marécageuse nº 6.	45	204
Pour la forêt de plaine marécageuse nº 7. .	38	109
Pour la forêt de plaine alluvionnaire de M'Filou nº 8.	66	256
Pour la forêt de plaine alluvionnaire de N'Zila Zambi nº 9	80	333
Pour une autre parcelle de la même plaine, nº 10	49	375

Ce rapide aperçu donne une idée des stations où l'on peut rencontrer, dans le bas Kouilou, en abondance, certaines essences comme le *Terminalia superba* Engl. (*Limbo*), *Mitragyne macrophylla* Hiern. (*Bahia*), *Berlinia bracteosa* Bth. et *acuminata* Sol. (*Ebiara*), *Pachylobus* (*Ozigo*), etc., dont les bois sont les succédanés du chêne de France, des sapins et des pins, du peuplier ou du grisard, etc.

Commandant Maurice PERAGALLO,
Sceaux-Robinson (Seine).

1° CONTRIBUTION A L'ÉTUDE DE LA FLORE DIATOMIQUE DE L'ÉTANG DE THAU

58.96.11

Complétant sur le point spécial des Diatomées littorales les travaux ébauchés par *Pavillard, Guinard* et *H. Peragallo*, l'auteur catalogue soigneusement les espèces rencontrées par lui dans une série de récoltes effectuées sur un espace de plusieurs années. Cette liste comprend de nombreuses espèces et variétés nouvelles, avec leurs descriptions et figures. Au total, cent quatre-vingt-quatorze espèces ou variétés observées.

2° LES DIATOMÉES SAUMATRES DES SALINES DE CHAMBREY (LORRAINE)

Les documents sur les Diatomées lorraines sont rares et ne mentionnent que des espèces d'eaux douces, alors que la vallée de la Seille, riche en gisements de sel, renferme des espèces propres aux eaux saumâtres.

Après avoir cherché une explication à la présence des Diatomées saumâtres dans des eaux évidemment salées mais fort éloignées de la mer, l'auteur énumère les espèces observées dans des prélèvements faits à l'étang de Chambrey à différentes époques depuis 1905, le dernier en 1919, après une période de cinq années pendant lesquelles l'eau en question avait cessé d'être utilisée pour les sondages de la couche salifère. Il constate que, de ce fait, le pourcentage en Diatomées saumâtres a diminué. Les stations sont indiquées dans un catalogue synoptique; des variétés nouvelles sont décrites.

M. W. RUSSELL,
Docteur ès Sciences, Paris.

1° LES PLANTES CALCIPHILES ET LA TENEUR EN CALCAIRE DU SOL

L'ancienne classification des terrains en calcaire et siliceux n'a plus, on le sait, qu'une valeur relative, car il est bien peu de sols qui ne renferment pas au moins quelques traces de carbonate de calcium; toute la question de l'influence du carbonate de calcium sur la distribution des espèces dites calciphiles est basée sur le point de savoir quel est le minimum de calcaire indispensable à chacune d'elles.

Les renseignements fournis par les géographes botanistes sont parfois contradictoires et, de plus, ne reposent, le plus souvent, que sur de simples observations non contrôlées par l'étude de la composition chimique du sol.

Dans le but de serrer la question d'un peu plus près, j'ai, pendant plus de dix ans, procédé à des analyses calcimétriques dans des domaines éloignés les uns des autres et soumis à des conditions écologiques différentes. De la sorte, j'ai pu obtenir une vue d'ensemble qui contribuera peut-être à faciliter la solution du problème.

Le fait important que je crois avoir mis en évidence est que la quantité de calcaire suffisante pour permettre aux plantes calciphiles de se maintenir et de prospérer dans un sol est relativement peu élevée, une proportion d'environ 1 0/0 de calcaire permanent dans la terre au contact de racines satisfait aux besoins des plantes les plus exigeantes; c'est à quelques millièmes et, fréquemment même, à quelques dix-millièmes que se limite l'appétence des autres.

Le tableau suivant indique les doses minima de carbonate de calcium qui paraissent nécessaires aux plantes calciphiles les plus répandues en France :

Indice calcimétrique 1 0/0 CO^3Ca. — *Fumana procumbens, Coronilla minima, Globularia vulgaris* (1), *Teucrium montanum, Orchis purpurea, Ophrys aranifera, Cephalanthera grandiflora.*

Indice calcimétrique 0,10 0/0 CO^3Ca. — *Diplotaxis tenuifolia, Coronilla varia, Hippocrepis comosa* (2), *Buplevrum falcatum* (3), *Stachys recta* (4), *Marrubium vulgare, Loroglossum hircinum.*

Indice calcimétrique 0,04 0/0 CO^3Ca. — *Anemone Pulsatilla, Sedum acre, Origanum vulgare* (5), *Teucrium Chamædrys* (6), *Calamintha Acinos, Daphne Laureola.*

---

(1) *Globularia vulgaris* vit dans le jardin botanique de Nantes dans un compost dont l'indice calcimétrique est d'environ 0,90 0/0, mais il s'y développe mal.

(2) *Hippocrepis comosa* est commun dans la vallée de la Sioule (Allier) sur des micaschistes dont l'indice calcimétrique moyen est de 0,12 0/0.

(3) *Buplevrum falcatum* vit sur le mont Darbon, à Voreppe (Isère), au milieu de plantes calcifuges, mais ses racines s'alimentent dans un sous-sol dont l'indice calcimétrique approche de 1 0/0.

(4) Dans la vallée de Valbonne (Pyrénées-Orientales), à Ancenis (Loire-Inférieure) et dans la vallée de la Sioule (Allier), *Stachys recta* vit dans des sols dont l'indice calcimétrique est peu supérieur à 0,10 0/0.

(5) J'ai trouvé *Origanum vulgare* à Woincourt (Somme) dans un sol à indice calcimétrique inférieur à 0,01 0/0, mais la plante était chétive et ne portait pas de fleurs.

(6) *Teucrium Chamædrys* abonde près de Collioures (Pyrénées-Orientales) sur des schistes à indice calcimétrique voisin de 0,05 0/0.

Indice calcimétrique 0,01 0/0 CO^3Ca. — *Helleborus fœtidus*, *Helianthemum vulgare*, *Anthyllis Vulneraria*, *Vincetoxicum officinale*, *Asperula cynanchica* (1), *Inula Conyza* (2), etc,

Bon nombre de plantes classées comme calcicoles dans certaines régions sont très peu exigeantes dans d'autres: *Helleborus fœtidus*, qui est caractéristique des terrains calcaires du Nord de la France, vit fort bien dans le Centre (Lozère, Puy-de-Dôme, Cantal, Allier), et dans le Midi (Pyrénées-Orientales), dans des sols dont l'indice calcimétrique est inférieur à 0,04 0/0; *Centaurea Scabiosa* et *Linaria striata* qui, dans le Nord et, en particulier, dans les Ardennes, ne se trouvent que dans les sols calcaires, croissent dans les terrains granitiques de la Haute-Loire et de la Lozère, très pauvres en carbonate de calcium; le *Loroglossum hircinum*, généralement ami des sols calcaires, prospère aux environs d'Ancenis dans des schistes dont l'indice calcimétrique moyen est de 0,15 0/0.

Le *Vincetoxicum officinale*, dans le nord de la France et sur le littoral de la Bretagne, croît dans les sols riches en carbonate de calcium; aux environs de Paris, ainsi que dans la Corrèze (orgues de Bort), je l'ai souvent rencontré dans des terres en partie décalcifiées.

Les essais de culture dans des sols dont l'indice calcimétrique était inférieur à 0,04 0/0 m'ont permis de confirmer les résultats fournis par l'analyse chimique; les tentatives faites pour naturaliser dans ces terrains *Globularia vulgaris*, *Coronilla varia* et *Buplevrum falcatum* ont complètement échoué.

Le *Marrubium vulgare* s'est maintenu de 1911 à 1919 dans un sol dont l'indice calcimétrique moyen était de 0,07; il fleurissait régulièrement chaque été, mais ses *fruits ont toujours avorté!*

Les plantules issues de graines de *Vincetoxicum officinale* semées dans un terrain à indice calcimétrique nul ont disparu à la fin de la belle saison, par contre, des pieds de cette plante, provenant de la Forêt de Saint-Germain, et transplantés dans ce même sol, ont réussi à se maintenir grâce à l'adjonction d'une petite quantité de carbonate de calcium. Ces *Vincetoxicum* se couvrent tous les ans de fleurs, mais ne forment pas de fruits. *Helianthemum vulgare*, *Anthyllis Vulneraria* et *Origanum vulgare*, semés dans des sols à indice calcimétrique moyen de 0,06 0/0, se sont parfaitement adaptés et fructifient normalement.

---

(1) *Helianthemum vulgare* est commun dans les terres basaltiques du Cantal et de la Lozère où, souvent, il se contente de quelques traces de calcaire, On le trouve aussi sur le granit à Royat et à Saint-Flour; l'indice calcimétrique dans ces deux localités dépasse rarement 0,01 0/0.

(2) Sur les flancs des Albères, à Cerbère (Pyrénées-Orientales), *Asperula cynanchica* est commun sur des schistes dont l'indice calcimétrique est de 0,01 0/0.

Au Rouchat (Lozère), on le trouve dans des arènes granitiques dont l'indice calcimétrique est de 0,02 0/0.

(3) *Inula Conyza* est, d'ordinaire, chétif dans les sols dont l'indice calcimétrique est inférieur à 0,02 0/0.

En résumé, la distribution des plantes calciphiles est liée d'une façon étroite à la répartition du calcaire dans le sol et, pour chacune d'elle, il y a un minimum au-dessous duquel sa végétation normale ne peut s'effectuer.

***

2° SUR L'ÉDAPHISME CHIMIQUE DE LA CORONILLE VARIÉE

58.43

La Coronille variée (*Coronilla varia, L.*) est une plante vivace qui se rencontre assez communément dans toute la France (1). Au cours de mes études de géographie botanique, je l'ai parfois trouvée sur des sols considérés comme siliceux, mais l'analyse calcimétrique m'a toujours montré que la terre qui hébergeait la plante contenait une proportion appréciable de calcaire; Ainsi, à Royat (Puy-de-Dôme), la Coronille variée vit sur des arkoses, roches provenant de la désagrégation du granit et, d'ordinaire, pauvres en calcaire; mais, dans cette station, les arkoses ont été recouvertes autrefois par un banc de marne qui, du reste, subsiste encore çà et là. La lixiviation de la couche marneuse a mis en liberté du calcaire qui est venu imprégner la roche sous-jacente, de sorte que l'indice calcimétrique des arkoses est d'environ 0,10 0/0.

A Brioude (Haute-Loire), la Coronille variée abonde dans des terrains argilo-sableux contenant des graviers basaltiques; l'indice calcimétrique moyen est de 0,40 0/0.

Sur la molasse décalcifiée près de Voreppe (Isère), à la base du Mont-Darbon se trouvent quelques pieds de Coronille variée qui voisinent avec *Sarothamnus scoparius* et *Calluna vulgaris;* cette station est irriguée par des eaux issues des massifs calcaires voisins, aussi le calcimètre permet de constater que la terre recueillie auprès des racines de Coronille recèle de 0,08 à 0,12 0/0 de calcaire.

Aux environs de Paris, près de Soisy-sous-Étioles, la Coronille variée vit dans un sol argileux dont l'indice calcimétrique est de 0,05 à 0,10 0/0 dans sa partie superficielle, et atteint jusqu'à 19 0/0 à $0^{m},50$ de profondeur.

La Coronille variée est cultivée dans le jardin botanique de Nantes dans un sol schisteux qui contient environ 0,20 0/0 de calcaire.

Il m'a paru intéressant de vérifier expérimentalement les résultats

---

(1) L'aire de *Coronilla varia* s'étend sur une grande partie de l'Europe (Europe centrale et Europe méridionale) et couvre la partie occidentale de l'Asie jusqu'à la Perse. En France, elle manque dans le Pas-de-Calais (Masclef) et en Bretagne (Llyod); elle est rare en Normandie (Corbières) et dans la Somme (Gonse).

Ivolas (*Les plantes calcicoles et calcifuges de l'Aveyron*, in *Bull. Soc. Bot. de Fr.* 1886) considère *Coronilla varia* comme une calcicole exclusive, tandis que Contejean (*Géographie botanique*, 1881) la range parmi les calcicoles indifférentes, cependant plus nombreuses sur sol calcaire. D'après Bras (*Catalogue des Pl. vasc. de l'Aveyron*); Callay (*Catalogue des pl. vasc. des Ardennes*, 1900); Ravin (*Flore de l'Yonne*, 1883); Corbières (*Nouvelle Flore de Normandie*, 1893); Godron (*Flore de Lorraine*, 1857); Llyod (*Flore de l'Ouest de la France*, 1898), *Coronilla varia* est une plante des terrains calcaires.

fournis par l'observation. Dans ce but, j'ai entrepris deux sortes d'essais culturaux, les uns dans un milieu naturel, les autres dans une solution nutritive; pour la première série d'expériences j'ai semé des graines, les unes dans des pots contenant de la terre additionnée de marne, les autres, partie dans une terre sans calcaire de même provenance (1) et partie en pleine terre sur le plateau de Villejust (Seine-et-Oise) (2).

La germination s'est effectuée normalement, aussi bien en sol calcaire

Fig. 1. — Coronille variée cultivée en sol calcaire et en sol non calcaire.

qu'en sol non calcaire; mais bientôt les plantes privées de calcaire se sont laissées distancer par celles qui s'alimentaient normalement; leur accroissement a été sans cesse en s'affaiblissant et quatre mois environ après leur germination, c'est-à-dire à la fin de juillet, les plantes avaient toutes succombé. Les plantes issues des semis effectués en pleine terre ont prolongé un peu plus longtemps leur végétation languissante et n'ont complètement disparu qu'au début d'octobre.

(1) La terre qui à servi à mes expériences provenait d'un bois de Châtaigniers situé dans la vallée d'Aulnay (Seine) ; après essai j'ai constaté qu'elle ne contenait pas de calcaire dosable au calcimètre.

(2) Les semis en pleine terre ont été faits le 2 mars 1913 dans un sol argilo-sableux occupé par des plantes franchement calcifuges (*Erica cinerea*, *Sarothamnus scoparius*, *Hypericum humifusum*, etc.) ; j'ai, au préalable, bien sarclé la place afin d'en faire disparaître toute la végétation spontanée.

Aussi bien dans les cultures en pots que dans celles en pleine terre, les Coronilles sans calcaire n'ont pas émis d'autres feuilles que leurs feuilles primordiales (au nombre d'environ 3 ou 4), jamais elles n'ont pu s'accroître suffisamment pour porter les feuilles composées pennées que deux mois après leur germination, déployaient les pieds vivant en sol calcaire (v. *Fig.*).

En ce qui concerne les essais de culture dans une solution nutritive j'ai procédé de la manière suivante :

J'ai mis les graines dans un germoir sur une couche d'ouate imbibée d'eau distillée; aussitôt la germination effectuée, j'ai choisi un certain nombre de plantules aussi comparables les unes aux autres que possible; ces plantules furent placées pendant trente-quatre jours dans une solution titrée.

La solution mère avait la composition suivante (1) :

Eau distillée, 1000 grammes;
Nitrate d'ammoniaque, 0,400;
Sulfate de magnésium, 0,250;
Phosphate de potassium, 0,400;
Azotate de potassium, 0,250;
Sesquioxyde de fer, traces.

J'ai réparti cette solution dans neuf flacons dans lesquels j'ai versé des proportions graduées de nitrate de calcium variant de $0^{gr},01$ à 1 pour 1000 (2).

Le premier	lot contenait	$0^{gr},01$
Le deuxième	—	$0^{gr},02$
Le troisième	—	$0^{gr},04$
Le quatrième	—	$0^{gr},10$
Le cinquième	—	$0^{gr},15$
Le sixième	—	$0^{gr},20$
Le septième	—	$0^{gr},30$
Le huitième	—	$0^{gr},50$
Le neuvième	—	1^{gr}

Lorsque j'ai mis fin à l'expérience les sujets du premier lot, très chétifs, n'avaient produit qu'une seule feuille; ceux du deuxième lot portaient trois très petites feuilles et leur racine, presque filiforme, était restée très courte; les sujets du troisième lot étaient munis de trois feuilles assez développées mais d'un vert très pâle, leur racine offrait quelques ramifications. Dans les milieux contenant 10 à 30 centigrammes de nitrate, les plantes, vigoureuses, possédaient une longue racine abondamment ramifiée et leurs feuilles, au nombre de quatre dans les échantillons du quatrième lot, avaient augmenté de deux unités dans les échantillons du

(1) Formule indiquée par M. Amar : *Sur le rôle de l'oxalate de calcium dans la nutrition des végétaux* (*Ann. des Sc. nat.*, 1904).

(2) J'avais préparé une solution concentrée de nitrate de calcium à 10 grammes pour 1000; 1 centimètre cube de cette solution correspondait donc à $0^{gr},01$ de nitrate.

sixième et du septième lot. Avec 0,50 centigrammes les plantes étaient moins belles et, avec 1 0/0, elles étaient presque comparables à celles du premier lot.

Une forte dose de nitrate paraît être aussi préjudiciable qu'une faible dose, ce fait a, d'ailleurs, été constaté dans des expériences entreprises sur d'autres plantes par *Amar* (1) et par *Dassonville* (2). Ce dernier auteur n'a pu affirmer si cette action nocive du nitrate de calcium doit être attribuée à un excès d'acide azotique ou à un excès de calcium; dans le cas présent où j'ai expérimenté sur une plante qui peut supporter des doses considérables de calcaire (3), il est admissible que l'acide azotique peut être mis en cause.

Quoi qu'il en soit il semble que l'optimum pour la Coronille variée est compris entre 0,20 et 0,30 $(NO^3)^2Ca$, ce qui correspond à environ 0,07 de calcium; cette proportion de calcium, tout en paraissant très modérée, est relativement élevée si l'on songe qu'il se trouve sous une forme directement assimilable (4).

En résumé, la Coronille variée ne peut vivre dans un sol privé de calcaire, une dose d'environ 0,07 de calcium directement assimilable est nécessaire pour assurer son complet développement : cette plante constitue, par conséquent, en agronomie, un précieux réactif, car, partout où on la rencontre, on peut être assuré que le sol contient du calcaire.

M. A. SARTORY,

Professeur de Bactériologie à la Faculté de Pharmacie de Strasbourg.

CONTRIBUTION A L'ÉTUDE DES AFFECTIONS DES ONGLES SURNOMMÉES ONYCHOGRYPHOSES ET ONYCHOMYCOSES

612.799.012

Nous avons eu l'occasion pendant la guerre de rencontrer un certain nombre de lésions unguéales que l'on nomme le plus souvent sous les vocables d'onychogryphoses et onychomycoses.

Le service du docteur *Petges*, hôpital n° 2, à Nantes, et du docteur *Gratiot*, de la Ferté-sous-Jouarre, ainsi que plusieurs services de Nancy et

(1) AMAR, *loc. cit.*, p. 269.

(2) DASSONVILLE : *Influence des sels minéraux sur la forme et la structure des végétaux* (*Revue générale de Botanique*,, 1898).

(3) Les indices calcimétriques les plus élevés que j'ai observés sont : 63 0/0 (Montaigu, près Lons-le-Saulnier) ; 54 0/0 (Veurey, Isère) ; 49,60 0/0 (Le Chevalon, Isère) ; 48,80 0/0 (Coteau des Célestins, près de Mantes-la-Jolie).

(4) Mlle ROBERT, dans ses recherches sur le rôle physiologique du calcium chez les végétaux (Thèse de Doctorat, 1915) a constaté que l'optimum pour le blé correspond à 0,10 de nitrate de calcium par litre.

de Strasbourg nous ont fourni les éléments précieux de travail, ce qui peut nous permettre de formuler dès aujourd'hui quelques remarques intéressantes sur ces affections à localisation particulière (1).

On nomme *onychogryphoses* une hypertrophie de l'ongle qui se fait tantôt d'une manière régulière dans tous les sens, tantôt d'une manière irrégulière (ongle en massue, ongle cannelé transversalement, ongle épaissi) ayant la forme d'un ongle recourbé légèrement en arrière ou d'une griffe courbée en avant.

Jusqu'ici les onychogryphoses étaient considérées comme résultant d'un trouble trophique de l'ongle, nous verrons dans un instant qu'elles sont toutes dues à une infection mycosique (*A. Sartory*, *P.-E. Weil* et *L. Gaudin*) et qu'elles méritent le nom d'onychomycoses.

On connaissait déjà des onychomycoses produites par l'achorion favique et les trichophytons (Tr. tonsurans, Tr. Sabouraudi. En 1910 *Brumpt* a signalé dans son *Précis de Parasitologie*, page 902, deux cas d'onychomycoses dans la même famille causées par *Scopulariopsis brevicaulis var. hominis* qu'il étudia en collaboration avec *Langeron*.

En même temps que nous étudions ces affections *P.-E. Weil* et *L. Gaudin* (1) faisaient paraître un mémoire fort intéressant sur les *Onychomycoses* et décrivaient un certain nombre de champignons nouveaux dont nous donnons ici les caractères principaux.

Vuillemin signale tout dernièrement les observations de son élève *L. Jannin* au sujet d'un champignon isolé d'un cas d'onychomycose, champignon dont on ne peut préciser le nom, vu les données insuffisantes (2).

Onychomycoses causées par Scopulariopsis cinerea, Weil et *L. Gaudin.* — Nous avons nous aussi comme *Weil* et *Gaudin* rencontré dans les ongles effrités des gros orteils d'un malade un champignon présentant les mêmes caractères culturaux que *Scopulariopsis cinerea.* Dans l'ongle il se présente sous forme de filaments toruleux, de temps en temps on remarque d'énormes vésicules qui ne sont que des chlamydospores. Nous avons cru pendant un certain temps pouvoir le classer dans le genre *Scopulariopsis* mais une étude botanique approfondie démontrait que nous avions affaire à un Aspergillus assez polymorphe puisque nous trouvions sur une même culture en gouttes pendantes des formes oïdiennes simples, des formes plus compliquées (Scopulariopsis) et enfin des appareils conidiens d'*Aspergillus*. Le fait n'est pas unique et chez beaucoup d'espèces parasites des animaux nous avons pu constater des phénomènes semblables.

Ce champignon donne des périthèces.

Longueur des conidies : 4 à 5 μ de long sur 2 μ,50 à 3 μ de large. —

(1) A. Sartory, *Onychogryphoses et onychomycoses*, *C. R. Académie de Médecine*, janvier 1920.

(2) Paul Vuillemin, *Fructifications de champignons découvertes dans l'ongle*, par Louis Jannin. — *C. R. Ac. Sc.*, 29 mars, 1920, p. 788.

Chlamydosposes de 30 à 110 μ. — Périthèces possédant des asques mesurant, légèrement ovoïdes de 8 à 9 μ sur 12 à 14 μ contenant *huit ascospores* brunes avec sillon longitudinal de 3 à 3 μ, 50 sur 6 à 7 μ.

En réalité le *Scopulariopsis* de *Weil* et *Gaudin* est un *Aspergillus* qui doit prendre le nom d'*Eurotium* puisqu'il donne des périthèces.

Onychomycoses causées par Spicaria unguis. — *Weil* et *Gaudin* ont observé dans deux ongles tachés et dans deux cas d'onychogryphoses, un champignon du genre Spicaria. L'examen microscopique montre dans l'ongle un mycélium grêle de 1 μ, 50 à 3 μ. Cloisonné, souvent étroitement enchevêtré et portant parfois des corpuscules arrondis ou ovalaires terminaux ou latéraux. Ce champignon pousse fort bien sur milieu de Raulin où il donne une culture granuleuse blanche, sur milieu maltosé, sur carotte, sur pomme de terre, etc.

Onychomycoses causées par Sterigmatocystis unguis : *Weil* et *Gaudin* signalent également un cas d'onychogryphose siégeant au gros orteil du pied gauche provoqué par un sterigmatocystis qu'il nomme *Sterigmatocystis unguis*. Les principaux caractères sont les suivants :

Conidiophores de longueur variable 250 à 300 μ, largeur 5 μ, tête sphérique de 12 μ de large, ou piriforme de 8 μ de large sur 14 à 16 μ de long. — *Basides*, longueur 5 μ, largeur 3 μ. — *Sterigmates*, longueur 6 μ, de la base à l'étranglement, largeur 3 μ. Conidies 3 μ.

Recherches personnelles.

Vingt et un cas d'onychogryphoses cliniquement définies ainsi furent examinés par nous et *toujours* nous avons pu déceler et cultiver un des champignons appartenant aux quatre genres suivants : *Scopulariopsis*, *Aspergillus*, *Penicillium* et *Trichophyton* (1).

Dans la majorité des cas nous avons isolé un Scopulariopsis répondant à la diagnose, aux caractères biologiques et culturaux du Scopulariopsis brevicaulis var. hominis *Brumpt-Langeron*.

Dans trois cas il nous a été permis de décrire un Scopulariopsis différent dont nous résumons ici les caractères (2).

Mycélium clair, d'abord blanc, puis coloré en jaune tirant sur le brun, mais jamais couleur cacao, de 0 μ,5 à 1 μ,5, très ramifié, et ayant des tendances à s'agréger. Conidies de 4 à 5 μ.

Caractères biologiques : Cette espèce liquéfie la gélatine au bout de cinq à six jours; sur gélose nous ne remarquons aucune dislocation ni liquéfaction, l'amidon de riz n'est pas attaqué, le lait est coagulé le dixième jour, le vingtième jour la caséine est complètement précipitée et

(1) L. Matruchot et P. Sée : *Sur un cas d'onychomycose vraie.* — *C. R. Soc. Biol.*, 12 février 1921.

(2) A. Sartory, *Onychomycoses provoquées par un champignon du genre Scopulariopsis. C. R., Soc. Biologie*, juillet 1919, t. LXXXII, p. 808.

commence à subir la peptonisation. Le glycose est dédoublé, le saccharose est consommé, le maltose est également dédoublé. Le lactose et le galactose ne subissent aucune transformation. Nous n'avons pu malgré nos expériences nombreuses sur les animaux (chiens, lapins, cobayes et souris) obtenir de lésions en injectant ou en saupoudrant, avec des conidies des plaies obtenues par scarification. Ce *Scopulariopsis* n'est certainement pas le même que celui décrit par *Brumpt* et *Langeron*. Nous le considérons cependant comme une espèce voisine.

Favus des ongles : Dans un cas seulement nous avons constaté cette affection. Elle est d'ailleurs toujours secondaire à un favus de la tête ou du corps auto-inoculé. Les ongles présentent d'abord des taches jaunâtres, qui grandissent et soulèvent la lame unguéale, celle-ci se trouble, s'épaissit, s'effrite et il ne reste finalement que des débris striés.

Onychomycoses à Aspergillus : Nous avons découvert (1) chez un Chinois travaillant en France un champignon nouveau du genre Aspergillus auquel nous avons donné le nom d'*Aspegillus Gratioti*.

Caractères morphologiques : Mycélium blanc, grisâtre, puis brun et noir de 0 µ,6 à 1 µ,5, cloisonné, richement ramifié. Hyphe fertile courte à paroi délicate mesurant 4 à 5 µ de diamètre et renflant à son extrémité supérieure en forme de massue, le renflement est sphérique de 8 à 20 µ de diamètre dans sa plus grande largeur. Sterigmates elliptiques longs d'environ 6 µ et plus, très serrés, recouvrant la presque totalité du renflement terminal. Conidies arrondies brunes, mesurant 3 µ à 3 µ,5 de diamètre. Sclerotes et périthèces n'ont pas été observés.

L'*Aspergillus Gratioti* liquéfie la gélatine dès le cinquième jour. *Sur gélose*, nous ne remarquons aucune dislocation ni liquéfaction. Le lait est coagulé dès le douzième jour, il y a précipitation de la caséïne et peptonification de cette dernière. Le glucose et le maltose sont dédoublés. Le lactose, le galactose et le saccharose sont inattaqués.

Onychomycoses à Penicillium : Dans trois cas nous avons isolé un Penicillium que nous étudions à l'heure actuelle, mais qui d'ores et déjà peut être classé comme espèce nouvelle vu ses caractères morphologiques et biologiques. Ce Penicillium sécrète un pigment rouge orangé dont l'étude sera faite très prochainement.

Conclusions. — 1° Un même parasite peut réaliser des onychomycoses d'aspect clinique différent.

2° Tous les cas d'onychogryphoses sont des cas d'onychomycoses.

---

(1) A. Sartory, *Sur un champignon nouveau du genre Aspergillus isolé d'un cas d'onychomycose. C. R. Ac. Sc.*, 1er mars 1920.

3° Sur 21 cas d'onychomycoses et onychogryphoses que nous avons observés nous avons rencontré *14 fois* le *Penicillium brevicaule* (var. hominis) *3 fois* un *Scopulariopsis* voisin de celui de *Brumpt* et *Langeron* mais que nous considérons comme une espèce différente, *1 fois* le *Favus*, *3 fois* un *Penicillium* à pigment rouge qui fera l'objet d'une description spéciale.

4° Nous nous rangeons à l'avis de *Weil* et *Gaudin*, à savoir que les conditions d'ensemencement et de prolifération ne se réalisent qu'avec grande difficulté. La température des souliers, l'humidité des pieds ne sont pas suffisantes, une lésion de l'ongle ou des tissus avoisinants est nécessaire.

Nous pensons que l'action pathogène de ces champignons serait secondaire.

5° Le meilleur traitement consiste en un grattage profond (jusqu'à la pulpe) de l'ongle, application de teinture d'iode à 1 p. 100 et de pommade iode-chrysarobine à 1 p. 100.

MM. A. SARTORY et L. MAIRE

1° ESPÈCES RARES OU PEU CONNUES DE LA FLORE MYCOLOGIQUE FRANÇAISE

58.92

1. Corticium pelliculare Karst. ? (C. mutabile v. H. et L. Beit. Cort., 1908, p. 24 ?, non Bres. F. T. t. 2, p. 58). Bourdot, Hym. de F^ce in Bull. S. M. F., *sp.* n° 154. Herbier Sartory-Maire, n° 1.108.

Récoltée à Andelot (Haute-Marne), en août 1919, sur branche pourrie d'Abies, cette curieuse espèce est à suivre encore plusieurs années ; elle se sépare de *pelliculare K.*, par l'absence de subiculum bien distinct. Elle est voisine d'*ochroleucum Bres.* (F. T. t. 2, p. 58). Il y a des formes nombreuses entre *ochroleucum, pelliculare, olivaceo-albun et Merulius paucirugus*, mais elles ne sont pas assez constantes pour être nommées. Pour l'instant, nous désignerons cette espèce sur *f^a inaequalis*.

2. Tomentella spongiosa Schw. — [*Coniophora* (Schw.) Fr. — *Hypochnus spongiosus* (Schw.) Burt. — *Hypochnus arachnoïdeus* (B. et Br.) Bres. — *Thelephora floridana* (E. et Ev.) Bres. F. pol., p. 108. — V. H. et Litsch. West Cort. sp., n° 37 (Oest. bot. Zeit. n° 9, 1908)].

Herbier Sartory-Maire, n° 1.141.

Nous avons récolté cette espèce à Andelot (Haute-Marne), le 20 août 1919, dans le bois de Conifères, dit « Coteau Soleil ». Elle formait de mœlleux tapis sous les roches enfouies dans l'humus desséché de cette station. Bourdot considère cette espèce sub. f^a *isabellino-atra*, pas typique, par conséquent, et semblant tendre vers *Tomentella fuliginea Burt.*

Tom. spongiosa Schw., extrêmement fréquent, se reconnaît micrographiquement à sa spore régulière franchement operculés; ses hyphes (4, 5-7μ) brun-noir, bouclées, les basilaires plus rigides, et à parois plus épaisses.

Dans nos spécimens, la spore est un peu moins régulière, les hyphes presque homomorphes, et macrographiquement surtout, l'hyménium discolore.

3. *Coniophora arida* Fr. — [Fr. H. Eur., p. 659; Elench., p. 197. — Karst. Myc. fenn., p. 319, (*Tom. brunnea* Schroët. ; *Con. lurida*, Karst; *Con. subcinnamomea*, Karst.) V. H.et L. West. Cort., n° 24.]

Herbier Sartory-Maire, n° 1.019, camp de Satory (Versailles), octobre 1918, sur des fagots pourris, dans les tranchées.

Cette espèce, rapportée par Bourdot à arida Fr. est considérée par lui, comme une forme assez près de *Con. laxa*, *Pers.*

4. *Corticium caeruleum* (*Schrad.*) Fr. — [Fr. Hym. Eur. — Quél. F. M. p. 10. — Pers. M. E. I., p. 147.] Herbier Sartory-Maire, n° 1.128.

Sur pieux d'acacia, Meaux (Seine-et-Marne), legit Dumée; sur poutres de chêne (Haute-Marne).

5. *Corticium coronatum* Schroët, — [(Schroët, Sacc., 6 p. 654, etc.) Bourdot, Hym. de F[ce], n° 177.] Herbier Sartory-Maire, n° 1.145.

Sur charme, souche pourrie, 20 août 1919, Andelot (Haute-Marne), spores ayant pour mesure $6 \times 3{,}5\mu$. Hyphes caractéristiques du groupe *botryosa*.

6. *Aleurodiscus disciformis* D. C. — [*Stereum*, Fr. H. E., p. 642; Quél. F. M.; Aleurodiscus (Thel. D. C.). Pat. S. M. F., 1894. — V. H. et L., 1907. Beit., p, 60.]

7. *Solenia anomala Pers.* — [Peziza Pers. M. E. I., p. 270; Solenia, Fr. H. E., p. 596; Quél. F. M., p. 29; Bourdot, Hym de F[ce], sp. n° 132.] — Herbier Sartory-Maire, n° 1.118.

8. *Cytidia flocculenta* Fr. (Cyphella ampla Fr.). — Bourdot, Hym. F[ce], n° 114.

Herbier Sartory-Maire, n° 1.125.

9. *Elaphomyus variegatus* Vitt. — Herbier Sartory-Maire, n° 1.142.

Dans l'humus, au pied des charmes, dans les bois avoisinant la station de Conifères, dit « Coteau-Soleil », Andelot, août 1919, (Haute-Marne). Espèce reçue aussi des environs de Lyon, de M. Usuelli.

10 *Poria obducens* Pers. — HERBIER SARTORY-MAIRE, n° 1.154. Août 1919, sur érable, Andelot (Haute-Marne).

Espèce à suivre ! Il serait intéressant de voir, si elle ne passerait pas à Polyp. (Coriolus) connatus ?

11. *Mycoleptodon fimbriatum, Pers.* — HERBIER SARTORY-MAIRE, n° 1.170. Curieuse espèce, assez commune dans la Haute-Marne. Elle forme des plaques membraneuses, plus ou moins épaisses, et étendues, à la base des souches d'arbustes, de noisetiers ; nous l'avions sur genêt (Vosges), nous la retrouvons sur chêne, tilleul, tremble, sureau, etc., en Haute-Marne.

12. *Poria undata* Pers. — HERBIER SARTORY-MAIRE, n° 1.155.
Espèce reçue de M. DUMÉE, et récoltée par lui, en août 1919, sur hêtre, dans la forêt de Fontainebleau, où elle forme de grandes plaques, présentant une teinte légèrement verdâtre.

13. *Pol. albo-sordescens* Romell. — HERBIER SARTORY-MAIRE, n° 1.156.
Espèce récoltée par M. DUMÉE, qui l'avait d'abord rapportée à P. *rubiginosus* Fr. Elle a été récoltée sur hêtre, août 1919, dans la forêt de Fontainebleau.

Cette rare espèce, blanche, puis brun fauve, et décrite par LLOYD, Syn. Apus, p. 319, sub. P. *fissilis Berk.* = rubiginosus Bres. F. Kmet., non Fr. = Pol. albus Bres. Fl. pol. (non Fr.?). L'identification de cette espèce est due à M. l'abbé BOURDOT, à qui nous l'avions adressée. Depuis, nous l'avons reçue de Lyon, de M. USUELLI (n° 29) lequel l'avait récolté sur souche de châtaignier.

14. *Peniophora Molleriana* Bres. — HERBIER SARTORY-MAIRE, n° 1.158.
Sur chêne tombé, septembre 1919. Andelot (Haute-Marne).
[(Bres. F. Lusit.) Sacc. XI; Cort. Roumeguerii Bres. F. T. p. 36 t. 144 *f.* 1 ; Kneiffia, F. pol. p 102]. BOURDOT, Hym. de F[ce], n° 299.

15. *Tomentella botryoides* Schw. HERBIER SARTORY-MAIRE, n° 1.165.
Sur écorce de hêtre, septembre 1919, Andelot.
Subiculum en bordure floconneuse fauve, et hyménium noirâtre (métallique ?) granuleux.

16 *Tomentella rubiginosa* Bres. — HERBIER SARTORY-MAIRE, n° 1.159.
Sur l'humus des bois de pins, Andelot (Haute-Marne), sous des tas de pierres, comme *T. spongiosa* et *fulvo-cincta*.
Teinte uniforme rubigineuse, permettant de la distinguer à première vue de *fulvo-cincta*, à hyménium nettement discolore.

17 TOM. CORIARIA TECK. — HERBIER SARTORY-MAIRE, n° 1.171.
(= fulvo-cincta Bres.)
Cette espèce se distingue de la précédente par l'hyménium discolore.
La bordure est la même que dans *Tom. rubiginosa*.
Même station que la précédente.

A propos de cette espèce et de la précédente, nous aurons lieu d'en reparler. Cette espèce, T. *fulvo-cincta* Bres., est mise en synonyme, par v. H. et L. de T. elaeodes Bres. (sub Hypochnus; nous avons récolté aussi dans la même station, ce Tom. *fulvo-cincta* sur *Tom. spongiosa Schw.*, et il est à remarquer, que nous n'avons pas confondu *Tomentellina ferruginea V. H. et L*, sur *Tomentella spongiosa* avec Tom. fulvo-cincta, lesquels ayant souvent cet habitat, ont en plus, une teinte qui pourrait les faire facilement confondre.

18. *Peniophora sanguinea* L. — Herbier Sartory-Maire, n° 1.181.
Espèce reçue de M. Maudhuit, pharmacien à Valognes (Manche).

19. *Cyphella alboviolascens*, P. — Herbier Sartory-Maire, n° 1.179.
Sur ceps de vigne, Andelot, 20 septembre 1919 (Haute-Marne). C'est une forme ou variété de *Cyphella villosa Pers.*

20. *Poria racodioides Pers.* (M. E., 2 p. 113). Herbier Sartory-Maire), n° 1.175.

Cette espèce tapissait entièrement, d'une couche uniforme, toutes les parties creuses d'un vieux saule; Andelot (Haute-Marne), 20 septembre 1919.

Nous possédions déjà un spécimen (Herb. n° 1.136), récolté par M. Dumée, en octobre 1919, de cette espèce qui tapissait le creux d'un chêne. Nous l'avons reçue aussi de M. Usuelli, récoltée par lui sur néflier.

La forme, n° 1.175, sur saule, est un peu différente d'aspect des autres spécimens que nous possédons. Elle se relierait peut-être par extension, à la forme, répondant à Poria racodioides (Pers.) Bres. !

21. *Aleurodiscus alliaceus* B. et G. — Herbier Sartory-Maire, n° 1.176.
Sur saule, 22 septembre 1919, Andelot (Haute-Marne).

22. *Acia uda L.* — Herbier Sartory-Maire, n°s 1.186, et 1.187.
[Fr. S. M. I., p. 422; Odontia Bres, F. Kmet, n° 10]. Bourdot et Galzin, Hym. de F^{ce}, n° 326.

Cette curieuse espèce s'étalait, partie citrine, partie couleur saumon, sur un pieu de chêne, dans une clôture, avec *Corticium caeruleum.* Septembre 1919. Andelot (Haute-Marne).

23. *Leptoporus tephroleucus* Fr. — Herbier Sartory-Maire, n° 720.
Sur humus des bois de pins; sur souches de hêtre.

24. *Leptoporus stypticus* Pers. — Herbier Sartory-Maire, n° 143.
Andelot, septembre 1919, sur souche de pins.

Cette espèce, caséeuse, puis dure, étant desséchée, est considérée par M. Lloyd, sub *trabeus, non trabeus Rost.* (sensu Bres.) des auteurs français.

Hymenochaete cinnamomea Fr. — Herbier Sartory-Maire, n° 1.205.
Rare, sur branche de charme. Andelot (Haute-Marne).

26. *Radulum orbiculare L. var. junquillina Quél.* — HERBIER SARTORY-MAIRE, n° 1.214.

Rare, sur branches de pin tombées. Andelot (Haute-Marne).

27. *Poria terrestris, D. C.* — 1° *f^a albo-fuliginea.* Nous désignons ainsi la forme qui vient sur conifère.

D'abord blanc, puis fuligineux-cendré au toucher, enfin noir, à la dessiccation, à bord s'enroulant de droite à gauche. Toute l'espèce devient dure, cornée (Vosges : Gérardmer, bords des lacs, etc; en général, sur bois, et racines de pins, sur tourbières).

2° *f^a albo-ochracea.* Nous désignons ainsi la forme qui croît sur les souches des autres essences, dans les forêts feuillées.

D'abord blanc, puis devenant roux-ocracé au toucher, enfin devenant ou orangé ou même restant blanc à la dessiccation. Nous avons en herbier, une série de collections, représentant toutes ces formes, et provenant de diverses stations.

En mai 1920, M. L. MAIRE a fait au sujet de ces espèces, une communication à la Société Linnéenne de Lyon, dans laquelle il expose les vues de M. l'abbé BOURDOT, qui considère que cette espèce, souvent étiquetée *terrestris D. C.* n'est pas le vrai *terrestris*, mais n'est autre que le *Poria sanguinolenta A et S.*

28. *Trametes subsinuosa Bres.* — HERBIER SARTORY-MAIRE, n° 1.199.

Espèce non décrite dans les flores françaises, assez rare, à odeur suave sur le frais, crème jaunâtre, sur les branches tombées et sèches de pin.

Andelot, septembre 1919; nombreuses récoltes.

29. *Cyphella erucaeformis* Batsch. — HERBIER SARTORY-MAIRE, n° 1.201.

Répond aussi à *C. albissima Pat.* et à C. *albocarnea Quél.* qui ne sont peut-être pas assez distincts.

Récoltée sur tremble, septembre 1919, Écot (Haute-Marne).

Après récoltes nouvelles, et étude approfondie de l'espèce par BOURDOT, elle doit être rapportée à C. *albocarnea Quél.*

30. *Gloeocystidium pallidum* Bres. — HERBIER SARTORY-MAIRE, n° 1.203.

Sur Abies, septembre 1919, Andelot (Haute-Marne).

31. *Exidiopsis grisea (Pers.) Bres.* — HERBIER SARTORY-MAIRE, n° 1.189.

Cette belle plante du genre Sebacina Tul. n'est bien typique que sur *Abies pectinata*. Nos spécimens des Vosges, d'un beau gris ardoisé, diffèrent d'aspect des spécimens récoltés, sur Cornus, à Andelot, septembre 1919.

Micrographiquement, ce sont les mêmes espèces, et il y aurait lieu de rechercher si cette espèce est constante, sur une autre essence que sur *Abies pectinata*.

32. *Polyporus destructor, Schrad.* — Herbier Sartory-Maire, n° 1.193, (f^a^ resupinata). Andelot (Haute-Marne).

Espèce assez commune, en Haute-Marne, dans les bois de pins, très touffus, où elle se développe surtout à la base des arbres, dans l'humus, et dont le mycélium, très byssoïde, s'étendant entre l'aubier et l'écorce, s'infiltre assez vite dans le bois des pins secs, et leur donne ainsi une fragilité telle qu'ils sont facilement arrachés, ou brisés par le vent.

33. *Coniophora betulae* Pers. — Herbier Sartory-Maire, n° 1.194.

Rare, sur branches tombées de pin, Andelot (Haute-Marne).

34. *Tomentella cinerascens Karst.* — (Tom asterigma, R. Maire, An. myc. 4., p. 335, 1906.) Herbier Sartory-Maire, n° 1.191. Andelot (Haute-Marne).

Dans des troncs cariés des bois de pins.

35. *Tomentellina ferruginea V. H. et L.* — (V. H. et L., Beit, zur. Kenntnis, der Cort. I, p. 56; West. Cort., n° 41). Herbier Sartory-Maire, n° 1.207.

Forme des plaques jaunes, tomenteuses, sur un mycélium vieux, probablement mort, brun, presque noir, de *Tomentella spongiosa Schw.*, et ce mycélium forme un véritable tissu cotonneux, serré et résistant, tapissant les pierres, accumulées *sous l'humus* des bois de Conifères. Septembre 1919. Andelot (Haute-Marne).

36. *Tomentella elaeodes Bres.* — Herbier Sartory-Maire, n° 1.207.

Partie à teinte *olive, grenelée.* Encore sur *Tomentella spongiosa*, ou du moins, sur le mycélium mort, tenace, noir, de cette espèce, sur lequel s'étale l'espèce précédente et dans la même station.

Tomentella fulvo cincta Bres. est caractérisée par sa partie centrale granulée olive ou même vert assez vif, et une large bordure fauve-rouillé. Elle a la même structure que *elaeodes* qui n'a pas de bordure, et M. V. Hoenel a considéré *elaeodes* et *fulvo cincta* comme une seule et même espèce. Nous ne somme pas convaincus de cette façon de voir. Burt les maintient distinctes respectivement, sub *coriaria* et *granulosa.* Si l'on veut les réunir, il faudrait alors aussi y joindre *rubiginosa* Bres., parce que *fulvo cincta* (*coriaria*) sur le vif, est souvent unicolore.

Vous le placez en herbier sous le nom de *rubiginosa*, et, quelques mois après, vous vous apercevez que votre détermination est fausse, et que c'était *fulvo-cincta*. Ce fait n'arrive pas pour *rubiginosa*; donc, il y a, dans ces formes, un principe colorant différent, et, comme elles sont d'ordinaire, assez distinctes, il faut les maintenir au moins comme sous-espèces ou variétés.

37. *Gloeocystidium argillaceum*, V. H. et L. — Herbier Sartory-Maire, n° 1.231.

Espèce très voisine et très peu distinctes de *Gl. pallidum* mais a une teinte rosée, assez nette, à la dessiccation. Septembre 1919, sur Abies pectinata, Andelot (Haute-Marne).

38. *Tomentella sub fuliginea*, Bourdot et Galzin. — Herbier Sartory-Maire, n° 1.227.

C'est une de ces espèces trop nombreuses, dans ce genre, qui demandent une quantité de récoltes pour être déterminées de façon définitive, ou ramenées à une autre espèce, qui serait, pour celle-ci : *Tom. fuliginea* Burt. Andelot (Haute-Marne), septembre 1919. Tapisse, par endroits, de vieux trous faits par les sangliers, dans les bois feuillés.

39. *Corticium flavescens* Bon. — (Hypochnus, Bon.). Herbier Sartory-Maire, n° 1.232.

Nous avons déjà, en herbier, des spécimens récoltés aux environs de Montbéliard (Herbier Maire, n°s 728, 730), dont la teinte est quelque peu différente des spécimens cités ci-dessus. Les premiers étaient sur conifères, ceux-ci sont sur l'écorce d'un charme vivant, à la base enfouie dans l'humus profond de la pinaie de Signéville (Haute-Marne). Cette forme mériterait d'être distinguée. Nous reviendrons sur ce sujet, après de nouvelles récoltes de l'espèce.

40. *Peniophora glebulosa* Fr. — Herbier Sartory-Maire, n° 1.235.

Septembre 1919, Andelot (Haute-Marne), sur pin, branche tombée. Nous rapportons, *pro tempore*, à cette espèce, une forme curieuse, intermédiaire entre *glebulosa Fr.* et *subalutacea Karst.*

41. *Hygrophorus marzuolus (Fr.) Bres.*

Nous venions de donner une petite note sur cette espèce (Lorraine pharmaceutique, Thiriet, Nancy, 1920), quand nous recevons de M. Usuelli, un lot important de spécimens recueillis par lui dans un bois de sapins des environs de Lyon. Les spécimens étaient tout à fait enfouis dans l'humus moussu, à environ 500 mètres d'altitude. Ils sont, en tous points, conformes à ceux figurés par M. le Professeur R. Maire (Bull. Soc. myc. de F^ce^, t. 28, 3e fasc., t. 15). Nous croyons devoir signaler cette récolte la plus précoce que nous connaissions. Remarquons par contre, la clémence du temps, et la végétation cryptogamique particulièrement avancée cette année. Cette belle et rare espèce a fait aussi l'objet d'une intéressante communication à la Soc. Linn. de Lyon, par notre éminent confrère, le Docteur Riel.

42. *Odontia pruni Lasch.* et *Odontia junquillea Quél.* — Herbier Sartory-Maire, n° 1.107.

M. Bourdot, à qui nous avons adressé cette espèce, sub *junquillea* Quél. pense qu'elle doit être étiquetée *O. pruni Lasch.*

O. pruni Lasch. n'est pas compris dans Bourdot et Galzin (Hym. de F^ce^, bull. S. M. F.), mais il le serait dans la description de *O. junquillea*, non parce qu'elle est trop large, puisqu'elle a été établie sur tous les spécimens de l'herbier Bourdot, dans lesquels l'éminent autour n'a rien trouvé de bien conforme à *O. pruni*, mais parce que cette espèce est très près de *O. junquillea*, et ne fait peut-être qu'une seule et même espèce.

O. pruni se distingue à ses petits aiguillons très serrés, ses spores plus petites, ayant pour mesure $5-7 \times 3-4\mu$, et l'absence de cystides. Ces caractères peuvent rentrer dans *O. junquillea* et O. pruni serait la forme qui les possède simultanément.

43. *Polyporus corrugis* Fr. — Herbier Sartory-Maire, mars 1920, sur souche d'abies, bois de Neuhof (Strasbourg).

Les spécimens récoltés sont azonés, alors que, dans le type, ils devraient être zonés et sillonnés.

Espèce rare, récoltée aussi dans les Vosges, mais plus caractéristique.

44. *Eichleriella spinulosa* ? Bk. et Curt.

Nous pensons que cette espèce, recueillie sur bois mort de tilleul (mont Sainte-Odile) est la même que celle que nous possédons en herbier sous le nº **1.161.**

Burt assimilerait cette espèce à E. Kmetiir Bres ?

Doit-on réunir ces deux espèces, qui paraissent s'éloigner nettement, par l'aspect et la couleur ? Il y aurait lieu d'étudier ici les spécimens des auteurs pour être certains de l'identification.

*
* *

2° ÉTUDE SUR LE TRICHOLOMA TIGRINUM, SCHAEFF

58.92

1° *Synonymie et bibliographie relatives à l'espèce.*

A. — Synonymie.

Secrétan, *Myc. suisse*, nº 717 (1833); Quélet, *Jura*, 2, p. 339 t. 1, f. 1, sub *pardinum* (1873); Fries, *Epier.*, p. 45, sp. nº 151 pp. (1836); Quélet, *Enchir.*, p. 12 (1886); Cost et Dufour, *Nouvelle Flore*, p. 14.

Non *Fr. Ic. sel*, I, p. 37, t. 41, fig. inférieures, nec Quélet, *Jura*, 2, p. 340.

Ag. fritillarius, Batsch, *El.* p. 50 (1783); *Ag. tigrinus* Schaeffer, t. 89, index p. 38 (1774).

Barla, *Ch. Alpes mar.*, t. 42, f. 1-5.

Bigeard et Guillemin, *Flore ch. France*, p. 77, t. 14, f. 6; *Bres. F. m.*, t. 25.
Venturi, *Misc. Bresc.*, t. 20, f. 1-2.

B. — Bibliographie.

Courtet, *Cas d'empoisonnement par T. tigrinum, Bull. Hist. Nat. du Doubs*, 1907, nº 14, et planche 4.

R. Maire, *Bull. Soc. Myc. de France*, 1911.

Mathey, *Bull. Soc. Myc. de France*, 1914, fasc. 3.

R. Maire, Grandjean et Dumée, *Affinités de Trich. tigrinum, etc., et de l'Hygrophorus marzudus Fr.*, in *Bul. Soc. Myc. de France*, 1912, t. 28, 3e fasc, et pl. 15.

L. Maire, *Étude synthétique sur le genre Tricholoma, Thèse Doctorat Pharmacie*, Nancy, 1916.

Sartory et Maire, *Synopsis du genre Tricholoma* (Lefrançois, Paris, 1918).

Konrad, *Observation sur le Trich. tigr. Sch.*, in *Bull. Soc. Myc. de France*, 1919.

A. Sartory, *Toxicité du Tricholoma tigrinum. — Syndrome tricholomien. C. R. Ac. de Médecine*, janvier 1920.

2º *Les documents.*

Ce paragraphe comprend tous les documents originaux intéressant la question qui nous occupe. Ils sont ici classés par ordre chronologique, et serviront de base au paragraphe suivant, dans lequel ils seront revisés et discutés.

Ces documents ont trait aux agarics décrits sous les noms spécifiques de *tigrinus*, *frititlarius*, *pardinus*, etc., réunis dans la synonymie (A) exposée au premier paragraphe.

Les documents en question sont :

1772. Scopoli (*Fl. carn.*).
1774. Schaeffer (*Index triplex*).
1780-98. Bulliard (*Champ. de France*).
1783. Batsch (*Elenchus fungorum*).
1801. Persoon (*Synopsis fungorum*).
1805-15. De Candolle (*Fl. française*).
1821. Fries (*Systema mycologicum*).
1833. Secrétan (*Myc. suisse*).
1836-38. Fries (*Epicrisis syst. myc.*).
1844. Rabenhorst (*Deutsch. krypt. Flora*).
— — (*Planche dans Myc. Eur.*).
1873. Quélet (*Les champ. du Jura et des Vosges*).
1874. Fries (*Hyménomycètes d'Europe*).
1886. Quélet (*Enchiridion fungorum*).
1888. Quélet (*Flore myc.*).

Depuis 1888, divers traités, flores, notes, etc., ont apporté une importante ontribution à l'étude de cette espèce.

Nous diviserons ce paragraphe en deux parties, la première qui omprendra les documents dont l'énoncé forme la bibliographie bien tablie de l'espèce, et la seconde, qui donnera les documents qui avec les remiers ont présidé à l'étude magistrale faite par le Professeur R. Maire *Bull. Soc. Myc. de France*, 1911).

Première partie.

I. Scopoli : *Ag. tigrinus* (*Fl. Carn.* II, p. 440, sp. nº 1517).

« Pileus lacerus, stipes filamentosus, aequalis, silvis. Pileus planus, obscure luteus. Lamellae secedentes, Stipes Quatuor digitos transversos longus, quae mensura est etiam diametri pilei. »

II. Schaeffer : (*Index triplex, Ag. tigrinus*, sp. p. 38, et t. 89).

III. Bulliard (*Champ. de France*). — L'espèce décrite, sub. *tigrinus*, n'est ni un Hygrophore, ni un Tricholoma, mais un *Lentinus*, n'ayant aucun rapport avec notre espèce.

IV. Batsch (*Elenchus fungorum*, p. 56), décrit sub. *fritillarius*, l'Ag. *tigrinus Schaeff.*, d'après Schaeffer.

V. Persoon (*Syn. fung. : Ag. myomyces*, sp. nº 162 a, var. de *pardinus*) : [non Persoon, syn., p. 458 (= *Lentinus tigrinus Bull.*)].

« Pilco carnoso campanulato squamoso; squamis badio lividis nigrescentibus, lamellis candidis, stipite solido fibrilloso albido. Rarius in faginetis.

» Potius distincta species? Pileus cinerascens, squamae pilosae. Lamellae saepius erosae. 3-4 lin. latae. »

VI. De Candolle. — Lamarck et De Candolle, *Flore française*, 1815, t. 2, sp. nº 452, p. 169 : *Ag. tigrinus*.

(Bull., t. 70, Sow., t. 68, Persson, *syn.*, 458. *Amanila tigrina Lam. Dict.*, I, p. 107).

Cette espèce est encore le *Lentinus* tigrinus Bull., non notre espèce.

VII. Fries (*Systema myc.*) et (*Epicrisis*) : *A. tigrinus*.

a) *Fr. S. M.*, I. p. 53 (sp. inquir.) [Schaeffer, t. 89, *Ag. fritillarius* Batsch.]

« Pileus canus, undulatus, maculis obscurioribus. Lamallae sordide albae, stipes brevis bulbosus. »

b) *Fr. Epicr.*, sp. nº 151, p. 45 [Schaeffer, t. 89. *S. M. I.*, p. 53. *Clus. Esc. gen. VI*, sp. 3, etc. *A. fritillarius* Batsch. *A. camarophyllus* Secr. n. 757 (nil saltim cum meo, et A. S., prorsus ident. commune habet)].

« Pileo carnoso e conico, convexo expanso difformi rimosove udo glabro nigro maculato, margine laevi, stipite solido valido subpruinato striato basi tumido, lamellis dente decurrente adnexis demum distantibus ex albo fuligineis. Sub. pinubus caespitos.; Majo; sola sp. hujus gregis in pineto montanis obvia. Major, mollis, in cibariis vilior, pileo ex albo cano demum nigromaculato. Evitenda quidem homonyma, quae a synonymis differre quidem nesciunt !, inter Agaricinos, sed cum nemo cum Secr. *Lentinum tigrinum* Bull. Pers. ! cum Tricholomatibus comparabit, Schæfferi tolerandum. »

VIII. Secrétan, *Myc. suisse II. Ag. pardinus* : Agaric faux-hydne écailleux. II, sp. nº 717, p. 159 [Persoon, *syn.*, p. 346. *Myomyces var. d.*, *A. pardinus*, Fries, *Obs. Myc.*, I, p. 27. *A. imbricatus*.]

« *Chapeau.* — Tout couvert d'un grivelage noir à grosses mèches, sur un fond blanc jaunâtre; jouant tout à fait l'Hydre écailleux (*H. imbricatum*). Le centre est brun noir. Je ne l'ai vu que concave, les bords irrégulièrement relevés. Diam. 5 µ.

» *Feuillets.* — Blanc tirant sur le jaunâtre; pas très nombreux, épais, fragiles.

très arqués, rentrant après avoir formé un angle presque droit; ils sont larges de 4 l. De 1 à 3 demi-feuillets; les extérieurs très petits.

» *Pied.* — Blanc; assez mat; long de 2 p., d'une épaisseur presque égale à sa longueur; un peu comprimé; chargé de stries rousses et légèrement courbé vers le pied. L'odeur indifférente. On trouve cet agaric en septembre, sous les hêtres. Il est fort rare. »

IX. QUÉLET, *Jura*, 2, p. 339, sub. *Tr. pardinus* (*Pers.*) *Q*[t] *n. s. ?*

« Stipe plein, ventru 2-3 centimètres, striolé, villeux, blanc. Chapeau globuleux, ondulé, puis aplani, 10-15, fragile, *gris clair*, grivelé de mèches *fibrilleuses et cendrées;* marge amincie, enroulée et *glabre*. Chair molle, insipide, blanc fixe. Lamelles très larges, arrondies sinuées, blanches à *reflet vert d'eau*, spore (0,01) ovale, subtilement pointillée.

» Été. En groupe dans les sapinières humides du Jura. »

X. FRIES. *Ag. tigrinus*, *Fr. Hym. Eur.*, sp. nº 187, p. 68 [SCHAEFFER, t. 89. FRIES, *Ic.*, t. 41, infér. GONN. et RAB., t. 13, f. 2. COOKE BRIT., p. 32; *Camarophyllus*, SECRÉTAN, nº 757, c. descr. (saltim nil commune habet cum A. et S. et meo)].

« Pileo... repando, glabro, *fusco maculato*, margine involuto; stipite... pruinoso albo;... sub pinis Majo, solitarius l. caespitosus; legi etiam autumno. Major, obesus, pileo in meo pallide brunneo, ex aliis cano, nigro maculato. Icones haud parum differunt, sed eadem sistere speciem non dubito (v. v.). »

XI. QUÉLET : a) *Enchir.*; b) *Fl. myc.*

a) *Gyrophila tigrina*, QUÉLET, *Enchir.* p. 16 [FRIES, *Ic.*, t. 41, inf.; SCHAEFFER, t. 89 ?], sub var. de *graveolens*.

« Pileo cano, vel fuligineo, fusco-maculato; lamellis albo fuligineis, stipite albo. »

b) *Gyrophila tigrina*, QUÉLET, *F. M.*, p. 282 [SCHAEFFER, *Ic.*, t. 89. *pardina*, QUÉLET, *Jura*, II, p. 327, t. 1, f. 1].

« Stipe épais (2-3), tendre, striolé, villeux et blanchâtre. Péridium campanulé convexe (10-30), festonné, tendre, gris clair, grivelé de mèches fibrilleuses, cendrées ou bistre. Marge enroulée, amincie, glabre et blanchâtre. Chair molle, blanche, insipide. Lamelles arrondies sinuées, très larges, blanc verdoyant. Spore pruniforme 10 µ, pointillée. — Été. En cercle dans les sapinières montagneuses. Vénéneux. C'est la plus grande espèce du groupe des Villosae. »

DEUXIÈME PARTIE.

Nous citerons simplement ici la liste des documents qui, sub *tigrinus*, ne correspondent pas à l'espèce.

1º *A. tigrinus*, BULLIARD, *Champ. de France*.

2º *A. tigrinus*, PERSOON, *Syn.*, p. 458.

3º DE CANDOLLE, fr. l. c.

4º FRIES, *Ic. sel.*, I, p. 37, t. 41, fig. inférieures.

5º QUÉLET, *Jura*, II, p. 340.

6º RABENHORST (*Deutsch. krypt. Flora*), I, p. 556, nº 3933.

« Agar. tigrinus — Getigerter B. — Hut weich fleischig, erst kegelförmig, dann ausgebreitet, verschiedengestaltig, rissig, feucht, erst weiss, später grau, endlich schwarzfleckig, am Rande eben; stiol kurz, kräftig, knollig bereift; Lamellen entfernt unter einander, angehelfet, mit einen Zahne herablaufend, anfangs ueisslich, dann rauchgrau. SCHAEFFER, t. 89, FR. l. c.

» In rasenförmigen Haufen unter Nadelgehölz in den gebirgen des südlichen gebietes, in Frühjahr, seltner in sommer. »

Cette réponse est celle d'Hygr. marzuolus, non de Trich. tigrinum Schaeff.

De l'exposé de ces documents, il résulte qu'à leur examen, il est facile de voir que dans la plupart des cas, les auteurs ont interprété deux espèces, l'une l'Hygrophorus marzuolus, l'autre le vrai Tricholoma tigrinum Schaeff.

La synonymie relative à la première espèce, a été établie par le Professeur R. MAIRE, et son étude a été faite complètement (*Bull. S. M. F. T.* 28, t. 15, 1912).

A cette espèce, se rapportent les descriptions sub. *tigrinus*, des auteurs suivants : FRIES, *Epicr.*, p. 45; RABENHORST, *Krypt.*, *l. c.*; QUÉLET, *Jura*, 2, p. 740.

A la seconde se rapportent les diagnoses données par les auteurs cités dans la synonymie de l'espèce (A).

Plusieurs de ces descriptions, accompagnées ou non d'Icones, sont à supprimer. L'étude de ces descriptions et leur interprétation raisonnée a été faite par R. MAIRE, de façon détaillée, à la suite de l'étude de l'*Ag. camarophyllus*, in *Bull. S. M. F.* (l. c.), et il n'y a lieu de tenir compte, pour le Tricholoma tigrinum Schaeff., que de la synonymie établie au début de notre mémoire.

3° *Toxicologie.*

TOXICITÉ DU TRICHOLOMA TIGRINUM.

Nous avons (avec des échantillons provenant de Neufchâtel et de la région de Heiligenberg en Alsace), fait une série d'expériences sur des cobayes, des lapins et des chiens.

Voici les résultats de nos expériences :

Par ingestion du suc frais du champignon, cobayes et chiens sont incommodés au bout de trois quarts d'heure. Même syndrome pour ces deux espèces animales, frissons, tremblements, vomissements abondants et diarrhée au bout de trois heures. Faiblesse générale. Le cobaye meurt en 48 heures. L'autopsie révèle des lésions, notamment à l'appareil digestif (congestion de l'estomac et du gros intestin). Le chien résiste et guérit au bout de 4-5 jours.

Le cobaye meurt en 5 heures avec une quantité de champignons ingérés variant entre 15 et 20 grammes.

Le chien peut résister malgré l'ingestion d'une quantité équivalente à 30 grammes, mais il souffre atrocement pendant 48 heures.

Le lapin ne mange pas volontairement ce cryptogame. Nous avons pu à grand'peine lui faire absorber 20 grammes de suc frais du champignon. Cet animal est incommodé pendant 2-3 jours, mais il parvient à se rétablir en moins de 5 jours.

En injection sous-cutanée 3 centimètres cubes de suc frais détermine la mort du cobaye en *3-4 heures*. 5 centimètres cubes de suc frais injectés au lapin produisent le même résultat en *7 heures*.

Des expériences semblables répétées avec du suc frais porté à la température de + 100 degrés démontrent qu'il existe dans le *Tricholoma tigrinum* a côté d'un poison *thermolabile* (hémolysine) facilement détruit à + 70 degrés, un poison *thermostabile* résistant à + 100 degrés. Ce poison semble se rapprocher beaucoup de celui contenu dans l'*Entoloma lividum*.

Des travaux en cours préciseront la nature de ces toxiques.

Nous reproduirons et comparerons en terminant les deux syndromes, le syndrome entolomien et le syndrome tricholomien.

Syndrome entolomien (SARTORY)	**Syndrome tricholomien** (SARTORY-KONRAD-MAIRE)
Début.	*Début.*
Rapide, bruyant.	Rapide.
Incubation.	*Incubation.*
1 à 2 heures après l'ingestion.	1 à 2 heures après l'ingestion.
Symptômes.	*Symptômes.*
Vomissements incoercibles.	Douleurs stomacales, nausées.
Diarrhée persistant parfois 4-5 jours.	Frissons. Vomissements abondants et répétés.
Troubles gastro-intestinaux.	Diarrhée fétide.
Rémission très atténuée:	Douleur abdominale.
Urine légèrement colorée.	Céphalalgie, crampes dans les mollets.
Parfois troubles pupillaires et période de syncope.	Grande faiblesse.
Soif atroce, gorge desséchée à ne pouvoir parler.	Impossibilité pour le malade d'absorber quoi que ce soit.
L'intelligence est supprimée.	Durée 2 à 6 jours.
Terminaison.	Rétablissement complet.
Guérison de 2 à 6 jours.	

Conclusions. — Ce champignon est incontestablement vénéneux et doit être classé à côté de l'*Entolama lividum Bull* avec le vocable *dangereux*. Ce n'est pas un champignon mortel.

Les cas d'empoisonnements dus au *Tricholoma tigrinum* sont nombreux et se répètent d'année en année dans la région de Neufchâtel (KONRAD), toujours identiques à eux-mêmes (voir *Bull. Soc. d'Hist. Nat. Doubs*, 1907, A. COURTET, sur un cas d'empoisonnement survenu en septembre 1907 à Pontarlier; voir aussi *Bull. Soc. Mycol. de France*, t. XXX, 3e fascicule, 1914. J.-ED. MATHEY, sur deux cas d'empoisonnement survenus en octobre 1913 à Neufchâtel). KONRAD de son côté, a pu en constater presque chaque année. Les plus récents datent de 1916 (deux familles à Neufchâtel et à Saint-Blaise, en juillet et en septembre), et de 1918 (une dizaine de personnes ayant dîné au restaurant à Bondry, en octobre 1918).

Il est donc indispensable de faire connaître aux amateurs et surtout aux amateurs mycophages le Tricholoma tigrinum assez fréquent en Suisse et les départements français limitrophes.

10ᵉ Section.

ZOOLOGIE, ANATOMIE ET PHYSIOLOGIE

Présidents d'honneur. . . MM. BRACHET, professeur à l'Université de Bruxelles, et Léon FRÉDÉRICQ, professeur à l'Université de Liége.

Président . . . . M. BATAILLON, doyen de la Faculté des Sciences de Strasbourg.

Secrétaire. . . . . M. BARTHÉLEMY, chef des travaux à l'Institut Zoologique de Strasbourg.

M. Maurice BOUIN,

Professeur adjoint de Zoologie appliquée à la Faculté des Sciences de Nancy.

CONTRIBUTION A L'ÉTUDE DES VARIATIONS DE LA COMPOSITION DU LAIT DE VACHE AU COURS DE LA LACTATION

612.664.1 + 59.9.75

26 Juillet (matin).

Au cours de recherches entreprises sur les variations de la composition du lait de vache sous l'influence de différents états physiologiques, j'ai été rapidement arrêté par l'insuffisance de nos connaissances sur l'étendue des variations normales.

En effet, si tout le monde est d'accord pour reconnaître que la composition du lait varie dans des limites étendues, on est loin d'être d'accord sur les facteurs susceptibles d'influencer cette composition : la physiologie de la sécrétion lactée est encore à peine ébauchée.

Malgré le nombre considérable de travaux publiés sur ces questions, quelques points à peine semblent nettement établis, et encore la plupart de ces résultats n'ont-ils qu'une valeur locale. L'influence des conditions de milieu est telle, que ce qui est vrai pour une région peut ne pas l'être pour une autre, même relativement peu éloignée.

Pour arriver à déterminer l'influence des agents extérieurs qui agissent sur la production du lait, il importe avant tout de connaître les variations normales causées par la lactation et les saisons, dans le milieu où l'on veut expérimenter.

C'est à cette tâche que je me suis attaché depuis plusieurs années. J'ai réuni un très grand nombre de données analytiques qui m'ont permis de constater un certain nombre de faits que je vais résumer brièvement.

Les modifications de la composition du lait au cours de la période de lactation d'un même lot d'animaux, n'apparaissent pas nettement à la simple inspection des chiffres d'analyses. Aussi ne faut-il pas s'étonner de voir ces variations considérées par la majorité des auteurs, comme tout à fait négligeables ou même inexistantes (celles concernant la matière grasse exceptées).

Pour se bien rendre compte de ces modifications dans la composition des laits, il est indispensable d'adopter la méthode de représentation graphique.

L'étude des graphiques montre :

a) Que le taux de matière grasse, variable dans le colostrum, est en général assez faible dans le lait des vaches fraîches à lait, puis il augmente progressivement du commencement à la fin de la période de lactation, tout en montrant un minimum très net au mois de mai ou juin, fait qui a été constaté antérieurement par *Crowther*, *Hamoth*, *Hogxtröm*, *Ujhelgi*, *Eckles*, *Brioux*, *Richemond*, etc. Les variations du taux de matière grasse peuvent être très étendues et dépasser même 50 0/0.

b) Le taux de matières protéiques totales, très élevé dans le colostrum, tombe rapidement et se maintient pendant les 5 ou 6 premiers mois autour de 30 grammes par litre. Il augmente ensuite assez rapidement et peut atteindre et même dépasser 50 grammes dans le lait des vaches très vieilles à lait. Les variations du taux de matières protéiques peuvent donc atteindre normalement 30 à 40 0/0.

La courbe de la caséine suit presque fidèlement celle des matières protéiques totales, et on peut dire que le taux de caséine est sensiblement égal aux 8/10es du taux de matières protéiques totales.

c) Les cendres brutes totales, très élevées dans le colostrum, s'abaissent rapidement jusqu'à un taux souvent inférieur à 7 grammes par litre. Ce taux se maintient sensiblement pendant les 6 à 7 premiers mois de la lactation, avec quelques oscillations, puis il augmente, lentement d'abord, rapidement en fin de la lactation où il atteint souvent 8 gr. 50 par litre, soit une variation de 18 à 20 0/0. Nous sommes loin de la constance remarquable que MM. *Bordas* et *Touplain* signalent. (*Laiterie*, 1913, p. 191.)

d) Le lactose, très faible dans le colostrum des premiers jours, augmente rapidement pour atteindre un maximum généralement très voisin de 52 grammes par litre. La teneur en lactose diminue ensuite, très lentement pendant les 6 à 7 premiers mois, plus rapidement ensuite, pour s'abaisser vers 42 ou 43 grammes dans le lait des vaches très vieilles à lait. Nous avons donc ici des variations qui peuvent atteindre normalement 18 à 20 0/0, comme pour les cendres, mais en sens inverse.

Nous voyons en résumé, que tous les éléments du lait varient au cours de la lactation, mais tous ne varient pas de la même manière.

Si on néglige la période colostrale, on voit que la matière grasse, les matières protéiques et les cendres augmentent, tandis que le lactose diminue, du commencement à la fin de la lactation.

Aucun des éléments constitutifs du lait ne présente une constance suffisante pour mériter de servir de base à l'appréciation de la pureté des laits, aussi les auteurs qui se sont occupés de la recherche des fraudes et spécialement du mouillage ont-ils proposé toute une série de constantes dont nous allons pouvoir apprécier la valeur à la lumière des faits que nous venons de résumer.

L'*extrait dégraissé,* improprement appelé *constante de Duclaux,* est pratiquement égal à la somme lactose + protéiques totaux + cendres. Il varie comme ses constituants. La courbe de l'extrait dégraissé suivra donc celle des protéiques, mais avec des oscillations atténuées par les variations inverses du lactose.

L'extrait dégraissé non seulement accuse des variations très étendues (plus de 20 0/0), mais il présente en outre le grave inconvénient d'être d'une détermination incertaine comme nous l'avons montré. (Gobert et Bouin. *Revue Générale du Lait*, n° 9-10, 1907.)

La constante de Cornalba n'est somme toute que l'expression *extrait dégraissé moins caséine*. Le lactose d'une part, les cendres et les matières protéiques autres que la caséine, d'autre part, ont des variations inverses qui tendent à se contrebalancer.

Dans le lait colostral, l'influence de la forte proportion d'albumine, donnera un *cornalba* élevé, mais après la période colostrale le cornalba subira l'influence prépondérante du lactose et la courbe de cette constante sera sensiblement parallèle à celle du lactose.

Le cornalba obtenu par la technique de *Bordas* et *Touplain* (précipitation des matières protéiques totales par l'alcool acétique) correspond sensiblement à la somme lactose + cendres. Les variations du lactose ne sont ici compensées que par celles inverses des cendres, aussi faut-il nous attendre à trouver des variations de plus grande amplitude que dans le cornalba.

La faible proportion des cendres dans le lait n'aura que peu d'influence sur la constante *Bordas* et *Touplain*, aussi la courbe de cette constante est-elle presque rigoureusement parallèle à celle du lactose. A l'inverse de la précédente et à cause de l'élimination totale des protéiques, elle sera très faible dans les laits colostraux.

L'*extrait délactosé* proposé par *Ackermann* est tout à fait irrationnel. C'est pratiquement la somme : Protéiques totaux + cendres. C'est en définitive prendre pour base de l'appréciation, l'élément qui, normalement, présente dans le lait les variations les plus grandes, 30 à 40 0/0. (Matières grasses exceptées bien entendu.)

Prétendre que tous les laits purs doivent avoir au minimum 40 grammes d'extrait délactosé, revient à dire que tous les laits doivent avoir au minimum 32 à 33 grammes de matières protéiques, autrement dit c'est vouer à la police correctionnelle presque tous les laits de vaches fraîches à lait.

La constante moléculaire simplifiée (C M S R) de *Mathieu* et *Férée* est la somme Lactose + chlorures exprimés en ClNa × 11,9. Très précieuse pour l'appréciation des laits anormaux, elle subit cependant dans les laits normaux l'influence prépondérante du lactose; dès lors, il est logique de trouver une C M S R très faible dans les laits colostraux, faible également dans les laits de vaches très vieilles à lait.

Sirot et *Joret* admettent que la C M S réelle, c'est-à-dire corrigée du volume de l'insoluble (C M S R) peut varier de 70 à 80,2. *Mathieu* et *Férée* admettent même 82,2 (1916), cela fait un taux de variation de 14,7 0/0. Nos observations, dont quelques-unes sont consignées dans le tableau ci-après, nous obligent encore à étendre ces limites et à admettre des variations possibles de 16,7 0/0.

Nous avons vu que les cendres et le lactose sont les éléments les moins variables du lait et que leurs variations se produisent en sens inverse, ils ont donc une tendance à se compenser mais par suite de la faible proportion des cendres la compensation pondérale n'existe pas. Ces constatations nous ont tout naturellement amené à l'idée de rechercher si la somme « lactose + cendres », ces dernières affectées d'un certain coefficient, ne donnerait pas une « *constante* » *moins variable* que celles usitées jusqu'ici.

Dans le tableau ci-après, n'ont été consignés que quelques résultats analytiques choisis parmi les plus typiques et les plus *extrêmes*. Tous ces laits prélevés à l'étable sont authentiquement purs.

Nous avons adopté le coefficient 5, à la suite de calculs que nous espérons pouvoir développer dans un prochain mémoire plus étendu.

L'examen du tableau ci-après montre que la somme *Lactose* + *Cendres* × 5 présente une variabilité deux fois moindre que la plus précise des constantes chimiques que nous possédions jusqu'ici. Nous pouvons d'ailleurs serrer le problème de plus près encore en effectuant les corrections des volumes de l'insoluble. Les variations extrêmes sont alors inférieures à 7 0/0; c'est dire que dans les cas les *moins favorables* un mouillage de plus de 7 0/0 ne saurait passer inaperçu. Un mouillage de 5 0/0 sera décelé dans la très grande majorité des cas, grâce à la constance que nous proposons.

Enfin, il y a lieu de remarquer que tous les minima ne se rencontrent pas sur le même lait, à l'inverse de ce qui se produirait sur des laits mouillés. Ainsi, dans le lait n° 7 de notre tableau et provenant d'une génisse fraîche à lait, l'extrait dégraissé (78,60), le cornalba (58,44), la constante moléculaire simplifiée réelle (69,10), permettraient d'affirmer un mouillage de plus de 10 0/0, tandis que la constante Lactose + cendres × 5 (85,38) est normale, et démontre qu'il s'agit d'un lait naturellement faible et non d'un lait fraudé.

Nous ne prétendons pas que notre constante, bien que plus précise, doive se substituer aux autres, mais seulement qu'elle doit s'y ajouter, les compléter, afin de contribuer à rétrécir le champ toujours trop vaste des erreurs possibles.

Nos	OBSERVATIONS	Extrait dégraissé	Cornalba	Bordas et Touplain	CMSR	Lactose + Cendres × 5
1	Colostrum (2e jour)	103,85	74,37	36,29	59,2	76,44
2	— (5e jour)	101,21	69,44	54,76	73,5	88,55
3	1 vache très fraîche à lait	94,2	64,60	56,90	67,41	86,70
4	6 vaches fraîches à lait (matin)	89,7	67,3	60	73,38	86,90
5	— — — (soir)	85,10	62	55,9	72,58	85,65
6	3 vaches fraîches à lait	85,50	62,6	56,4	70,59	86,35
7	1 génisse fraîche à lait	78,60	58,44	»	69,10	85,38
8	1 vache de 8 ans, lait au 3e mois	81,01	58,71	52,70	70,61	83,20
9	4 vaches, lait du soir	87,76	61,36	54,75	»	83,76
10	1 vache, lait de 3 semaines	84,72	63,32	»	73,9	84,58
11	3 vaches hollandaises, lait de 8 mois	94,29	64,49	57,79	»	87,59
12	2 vaches, dont une prête à vêler	93,27	60,26	55,22	»	85,94
13	1 vache, lait du soir	83,05	59,51	52,14	70,3	83,10
14	49 vaches, lait du matin	95,82	60,61	56,12	80,9	87,80
15	2 vaches, lait du soir	85,43	56,29	»	71,9	85,60
16	15 vaches dont 12 fraîches à lait	86,93	61,02	56,10	70,97	84,78
17	3 vaches très vieilles à lait	93,70	58,1	50,7	68,10	82
18	1 vache très vieille à lait	99,2	57,2	48,7	77,12	84,34
19	5 vaches vieilles à lait	98,8	64,9	57,4	72,5	86
20	1 vache très vieille à lait	100	68,10	55,90	70,81	86
21	1 vache encore fraîche à lait	89,1	66,5	58,4	73,9	89
	Maximum	100	68,10	60	80,9	89
	Minimum	78,60	56,29	48,7	67,41	82
	Variations 0/0	21,4	17,4	18,8	16,7	7,8

M. Paul CHABANAUD,

Correspondant du Muséum National d'Histoire naturelle, Paris.

VOYAGE D'ÉTUDES HERPÉTOLOGIQUES EN GUINÉE FRANÇAISE

59.81 (665.2

26 Juillet (matin).

La mission que m'avait fait l'honneur de me confier le Muséum National d'Histoire naturelle avait pour but principal l'étude des Reptiles et des Batraciens de l'Afrique Occidentale.

Embarqué à Bordeaux, le 29 septembre 1919, sur le courrier *Afrique*, j'arrivai à Conakry le 13 octobre. Je fis un premier séjour à Dixine, village distant de 7 kilomètres de Conakry, puis je me rendis, le 11 novembre, directement par chemin de fer, à Kankan, point terminus de la ligne. Je quittai Kankan le 18 novembre, pour Kérouané (important tata construit par Samory et dont subsistent encore les tours et les murs d'enceinte plus ou moins en ruine), où je séjournai du 22 novembre au 16 décembre. Les stations où je poursuivis ensuite mes recherches sont les suivantes : Macenta (du 22 décembre au 11 janvier 1920), N'Zébéla (du 12 janvier au 8 février), N'Zérékoré (du 10 février au 12 mars), Diéké (du 14 au 22 mars). De ce dernier point, je me rendis en territoire Libérien, où je séjournai à Sangbwé (ou Sanquelle) du 23 mars au 3 avril, pour revenir ensuite en Guinée Française, en suivant la route Lola-Boola. Arrivé à Beyla le 10 avril, j'en repartis le 18, repassai à Kérouané (20 avril) et arrivai à Kankan le 25 avril. Revenu à Conakry, par chemin de fer, le 5 mai, je m'embarquai le 17 du même mois, sur le *Braga*, qui m'amena à Marseille le 1er juin.

Exception faite des environs de Conakry (basse Guinée), la totalité de mon itinéraire se développe en haute Guinée. Kankan et Kérouané se trouvent dans la région dite des hauts plateaux (altitude moyenne : 300 mètres); toutes les autres stations, y compris Sangbwé (en Libéria) sont situées dans la région montagneuse proprement dite, à des altitudes variant entre 450 à 700 mètres. Les stations suivantes : N'Zébéla (à deux heures de marche du Diani, *alias* Saint-Paul), N'Zérékoré, Diéké (à une demi-journée de marche de Mani qui forme, en ce point, la frontière guinéo-libérienne) et Sangbwé (Libéria), appartiennent au versant ouest de la chaîne de montagnes. Toutes ces stations de haute Guinée se trouvent dans la région forestière, à l'exception de Kankan, Kérouané et Beyla, qui sont situés au milieu du pays dit de brousse (hautes Graminées).

Les collections que j'ai rapportées pour le Muséum comprennent :

Des Vers (principalement parasites de Reptiles), des Mollusques, des Arthropodes (Insectes, Arachnides, Myriapodes, Crustacés d'eau douce), des Poissons d'eau douce, quelques petits Mammifères en alcool et deux Singes vivants (*Cercopithecus callitrichus* et *C. patas*). La collection des Reptiles et des Batraciens, que j'étais spécialement chargé d'étudier, se compose de : 3 Crocodiles, 21 Tortues (dont 17 vivantes), 279 Ophidiens, 599 Lacertiliens, 3.032 Batraciens. Soit au total : 3.934 spécimens.

Bien que l'étude de ce matériel ne soit encore qu'à peine ébauchée, il me semble, d'après les diverses observations que j'ai pu faire, que, d'une façon générale, l'aire de dispersion des espèces qui habitent la forêt équatoriale (dont celle de Guinée et du Libéria, n'est que le prolongement nord-ouest) est beaucoup plus étendue que les données que nous possédons actuellement, ne le laissent à penser. Beaucoup d'entre les espèces signalées jusqu'ici de la seule région équatoriale le seront, tôt ou tard, du versant ouest de la chaîne montagneuse, et cela jusqu'au Nord de la Guinée française (Rio Pongo, Bagataïe), sinon même, pour certaines du moins, jusqu'en Casamance. Les formes en question ne semblent, il est vrai, exister dans cette partie nord-ouest de la forêt qu'à l'état sporadique; ce qui semblerait indiquer qu'elles seraient, en ce point, en voie de disparition. La formidable destruction de la grande forêt, sur laquelle, en maints endroits, les Graminées prennent le pas sans espoir de retour, peut probablement être mise en cause. Je regrette de me voir forcé de m'en tenir aujourd'hui à des généralités, car la liste que je pourrais fournir de mes captures serait par trop incomplète; mais je crois pouvoir affirmer que cette liste est de nature à augmenter sensiblement le nombre des espèces connues d'Afrique Occidentale, tout au moins au Nord de la Gold Coast.

La découverte d'une larve de Batracien Urodèle, non encore identifiée, capturée par moi dans le marigot de Diéké, me permet d'affirmer la présence de représentants de cet ordre dans la zone intertropicale du continent africain. On sait qu'aucun Batracien Urodèle n'a jamais été signalé, en Afrique, ailleurs que dans la région marocaine (au Nord de l'Atlas), si ce n'est sur la côte d'Égypte, où il aurait été trouvé une forme larvaire de Salamandride (1). L'importance du fait que je viens de signaler, n'échappera à aucun naturaliste, car il s'accorde mal avec ce que nous savions sur la distribution géographique des Urodèles dont l'aire d'habitat, confinée, tout au moins dans l'Ancien Monde, dans la zone tempérée de l'hémisphère boréal, concordait avec les limites attribuées à l'un des continents de l'Époque secondaire; argument *a posteriori* en faveur de l'ancienneté des formes appartenant à ce groupe, dont les caractères primitifs sont de toute évidence. Cette extension vers le Sud peut s'expliquer par une migration de l'une quelconque des formes marocaines (*Triton Poireti* Gervais, *Hagenmuelleri* Lataste, *Waltli* Mich.).

Une autre conséquence à tirer de ce fait important, est l'idée que nous pouvons avoir de tout ce qui nous reste encore à apprendre sur la faune herpétologique de l'Afrique tropicale, où ce genre de chasse est particulièrement difficile. A côté d'espèces communes partout en Afrique Occidentale, aussi bien dans la brousse aride que dans la forêt humide (notamment *Python Sebae* Gm., *Dendraspis viridis* Hallow., *Causus rhombeatus* Licht., *Rana mascareniensis* D. B., etc.), vivent des formes étroitement localisées et qui, abondantes en certains points, demeurent introuvables dans un rayon considérable, alors même que les conditions d'existence paraissent identiques. A cette considération, il faut ajouter les conditions saisonnières, dont les changements ont une influence prépondérante sur l'apparition de certaines espèces (Chéloniens, Ophidiens fouisseurs, nombre de Batraciens) qui subissent, généralement sous l'influence de la grande sécheresse, une période d'engourdissement (appelons-la estivation en raison de la température du pays). C'est ainsi que, surtout vers la fin

(1) Cf. G.-A. Boulenger : *Les Batraciens*, p. 103. (Paris, 1910).

de la saison sèche (avril, mai), les *Typhlops* et les *Glauconia* sont absolument introuvables en Guinée, et que même le vulgaire *Agama colonorum* Daud. se fait rare.

Cet *Agama colonorum* Daud. (le Margouillat des colons) a une tendance manifeste, qu'il partage d'ailleurs avec *Mabuia Perroteti* D. B., a se rapprocher des lieux habités. Extrêmement abondantes dans toutes les agglomérations humaines, sans excepter les grandes villes comme Conakry, Kankan et même Dakar, ces deux espèces sont à peu près introuvables, ou tout au moins extrêmement rares à une certaine distance des constructions indigènes ou européennes.

M. le Dr Jacques PELLEGRIN,

Docteur ès Sciences, Assistant au Muséum national d'Histoire Naturelle.

LES POISSONS DES EAUX DOUCES DE L'AFRIQUE DU NORD FRANÇAISE ET LEUR DISTRIBUTION GÉOGRAPHIQUE

59.7 (61)

26 Juillet (matin).

Les Poissons des eaux douces de l'Afrique du Nord française, Maroc, Algérie, Tunisie, forment un ensemble intéressant à étudier auquel il faut joindre le Sahara. Comme je l'ai montré (1), en effet, celui-ci n'est pas complètement dépourvu de faune aquatique et cela non seulement dans sa région Nord, au pied de l'Atlas, ainsi que cela a été signalé depuis longtemps déjà, mais encore dans ses parties centrales (Tassili des Azdjers) ou occidentales (Adrar) et même orientales (Tibesti, Borkou, Ennedi) récemment explorées par le Lieutenant-Colonel *Tilho* (2) et le Médecin-Major *Noël* (3).

Les Poissons de ces contrées, toutes entières placées sous l'influence française, méritent de retenir l'attention, par ce fait, sans parler de leur valeur économique et de leur utilité pour l'alimentation humaine qu'ils appartiennent à deux régions zoogéographiques entièrement distinctes.

J'ai déjà indiqué (4), en effet, que la quasi-totalité du continent africain

---

(1) Dr J. Pellegrin. — Les Vertébrés des eaux douces du Sahara (*Ass. fr. Av. Sc.*, Congrès de Tunis, 1913, p. 346.)

(2) Dr J. Pellegrin. — Poissons du Tibesti, du Borkou et de l'Ennedi récoltés par la mission *Tilho* (*Bull. Soc. Zool. Fr.*, 1919, p. 148.)

(3) Dr J. Pellegrin. — Sur un Cyprinidé nouveau du Tibesti appartenant au genre *Labeo* (*op. cit.*, 1919, p. 325.)

(4) Dr J. Pellegrin. — La distribution géographique des Poissons d'eau douce en Arique (*C. R. Ac. Sc.*, t. CLIII, 24 juillet 1911, p. 297) et les Poissons d'eau douce d'Afrique et leur distribution géographique (*Ass. fr. Av. Sc.*, Congrès de Dijon, 1911, publication hors volume).

rentre dans la *région éthiopienne* de la zone équatoriale cyprinoïde d'*A. Günther*. Au contraire une petite parcelle, la *sous-région Nord-Ouest* ou *mauritanique*, comprenant l'Atlas et ses bassins côtiers se rattache à la faune européenne, méditerranéenne, de la zone paléarctique.

Après avoir donné une liste générale avec leur habitat de toutes les espèces actuellement signalées au Maroc, en Algérie, en Tunisie et au Sahara. J'examinerai les limites et en certains cas la juxtaposition de ces deux faunes différentes.

Clupeidæ.

*1 *Alosa vulgaris* C. V. — Maroc (?), Algérie, Europe.
*2 — *finta* Cuv. — Nord de l'Afrique, Europe.

Salmonidæ.

3 *Salmo trutta* L. var. *macrostigma*, A. Dum. — Maroc, Algérie, Corse, Sardaigne, Sicile, Asie mineure et Perse.

Cyprinidæ.

4 *Labeo horie* Heckel. — Tibesti. Nil.
5 — *Tibestii* Pellegrin. — Tibesti.
6 *Varicorhinus maroccanus* Günther. — Maroc.
7 *Barbus Reini* Günther. — Maroc.
8 — *Harterti* Günther. — Maroc.
9 — *Paytoni* Boulenger. — Maroc.
10 — *Rothschildi* Günther. — Maroc.
11 — *Riggenbachi* Günther. — Maroc.
12 — *Fritschi* Günther. — Maroc.
13 — *Waldoi* Boulenger (1). — Maroc.
14 — *biscarensis* Boulenger. — Sahara algérien, Tassili.
15 — *callensis* C. V. (2). — Maroc, Algérie, Tunisie.
16 — *Setivimensis* C. V. — Maroc, Algérie, Tunisie.
17 — *Ksibi* Boulenger. — Maroc.
18 — *Antinorii* Boulenger. — Sahara tunisien.
19 — *Pallaryi* Pellegrin. — Maroc (Figuig).
20 — *Magni Atlantis* Pellegrin. — Maroc.
21 — *nasus* Günther. — Maroc.
22 — *deserti* Pellegrin. — Tassili, Tibesti, Ennedi, Chari.
23 — *anema* Boulenger. — Tibesti, Nil.
24 *Leuciscus* (*Phoxinellus*) *Guichenoti* Pellegrin. — Algérie.
25 — — *callensis* C. V. — Algérie, Tunisie.
26 — — *Chaignoni* Vaillant. — Algérie, Tunisie.
27 — — *punicus* Pellegrin. — Tunisie.
28 *Barilius Loati* Boulenger. — Tibesti, Nil, Lagos.

---

(1) Le *Barbus atlanticus* Boulenger, du Maroc me paraît difficile à séparer de cette espèce.

(2) Une variété de Figuig a été décrite par moi sous le nom de *figuigensis*.

SILURIDÆ.

29 *Clarias senegalensis* C. V. — Adrar, Sénégal, Niger.
30 — *lazera* C. V. — Algérie (Biskra), Tibesti, Syrie, Nil, Sénégal au Congo.

ANGUILLIDÆ.

*31 *Anguilla vulgaris* Turt. — Afrique du Nord, Atlantique Nord et Méditerranée.

CYPRINODONTIDÆ.

32 *Cyprinodon fasciatus* Val. — Afrique du Nord, Sud de l'Europe, Asie mineure.
33 *Cyprinodon iberus* C. V. — Algérie, Espagne.
34 *Tellia apoda* Gervais. — Algérie.

SYNGNATHIDÆ.

35 *Syngnathus algeriensis* Playf. — Algérie, Égypte.

SERRANIDÆ.

*36 *Morone labrax* L. — Afrique du Nord, Méditerranée, Côtes d'Europe.
*37 — *punctata* Boulenger. — Afrique du Nord, Méditerranée, Europe méridionale, Sénégal.

CICHLIDÆ.

38 *Tilapia galilæa* Artédi. — Adrar, Syrie, Nil au Sénégal et Niger.
39 — *borkuana* Pellegrin. — Borkou.
40 — *Zilli* Gervais. — Sahara algérien, Tibesti, Ennedi, Syrie, Nil au Niger.
41 *Astatotilapia Desfontainesi* Lacép. — Sahara, Syrie, Nil, Tchad, Tanganyika.
42 *Hemichromis bimaculatus* Gill. (1). — Sahara, Nil au Sénégal et Congo.

GOBIIDÆ.

*43 *Gobius rhodopterus* Günther. — Algérie, Méditerranée.
*44 — *paganellus* L. — Algérie, Atlantique jusqu'à Madère, Méditerranée.

ATHERINIDÆ.

45 *Atherina mochon* C. V. — Nord de l'Afrique, Méditerranée.

MUGILIDÆ.

*46 *Mugil cephalus* L. — Loire au Cap, États-Unis au Brésil, Pacifique Sud-américain.
*47 *Mugil capito* Cuv. — Atlantique de la Scandinavie au Cap, Méditerranée.
*48 — *saliens* Risso. — Gironde et Méditerranée au Cap.
*49 — *auratus* Risso. — Atlantique de la Scandinavie au Cap, Méditerranée.
50 — *chelo* Cuv. — Atlantique de la Scandinavie aux Canaries, Méditerranée.

(1) SAUVAGE a décrit une variété du Sahara sous le nom de *Saharæ*.

Gasterosteidæ.

51 *Gasterosteus aculeatus* L., var. *algeriensis* Sauvage. — Algérie.

Blenniidæ.

52 *Blennius frater* Bl. Schn. — Algérie. Europe occidentale, Dalmatie, Syrie.

Comme on le voit 14 familles, 21 genres et 52 espèces sont représentées dans les eaux douces du Maroc, de l'Algérie, de la Tunisie et du Sahara. Un seul genre *Tellia* est spécial à ces régions, mais 23 espèces et 3 variétés ne se retrouvent pas ailleurs.

Au point de vue de la distribution géographique, l'intérêt présenté par ces divers Poissons est loin d'être semblable. Les uns, en effet, semi-marins comme les Aloses, les Bars, les Muges et les Gobies qui remontent plus ou moins haut dans les rivières pour y frayer, les autres comme les Anguilles qui descendent à la mer pour s'y reproduire et qui tous possèdent un habitat des plus vastes ne doivent pas être pris en considération (1). De même certaines espèces qui se rattachent à des formes marines et ont constitué dans les eaux douces des colonies plus ou moins stables comme le Syngnathe algérien, l'Athérine mochon, la Blennie cagnette peuvent aussi être négligées.

Il en va tout autrement des Poissons franchement dulcaquicoles, Cyprinidés, Cyprinodontidés, Cichlidés, etc. Or, parmi ceux-ci, les uns comme la Truite, un certain nombre de Barbeaux, les Phoxinelles, les Cyprinodons, l'Épinoche appartiennent à des types européens ou méditerranéens. Au contraire parmi les Cyprinidés le *Varicorhinus*, certains Barbeaux, les Labéons, le *Barilius*, les Siluridés du genre *Clarias* et les Cichlidés sont de type franchement africain.

Si en Algérie et en Tunisie la séparation est assez bien marquée entre les deux faunes (2), les formes européennes se rencontrant dans l'Atlas, les hauts plateaux, et les bassins côtiers méditerranéens, les espèces africaines apparaissant dans le Sahara, immédiatement au pied du versant méridional de la chaîne montagneuse, il n'en va plus de même au Maroc. Là, en effet, on trouve mélangés dans les fleuves côtiers qui se jettent dans l'Atlantique à l'ouest de l'Atlas, notamment parmi les Cyprinidés, à côté de Barbeaux à écailles à stries divergentes nombreuses, à troisième rayon osseux de la dorsale denticulé, se rapprochant de notre Barbeau européen (*Barbus fluviatilis* Ag.), des Barbeaux (*Labeobarbus*) à écailles à stries parallèles, à rayon sans dentelures, du type du *Barbus bynni* Forskal du Nil, et même un *Varicorhinus* à facies africain encore plus prononcé.

Les matériaux envoyés au Muséum de Paris de points variés du Maroc,

(1) Dans la liste qui précède ces espèces sont précédées du signe *.

(2) Il y a naturellement une bande plus ou moins étroite où les deux faunes sont en contact et même le *Barbus biscarensis* Boulenger, d'origine paléarctique descend jusqu'au Tassili.

par le Médecin major *H. Millet*, *M*me *du Gast*, *M. Pallary*, *M. Alluaud* et étudiés par moi (1) montrent tous cette pénétration réciproque des deux faunes.

M. Boulenger a donné de la constation que j'avais faite une interprétation ingénieuse (2). Pour lui ces *Labeobarbus*, ces *Varicorhinus* d'origine africaine sont venus du Sud et ont pu se maintenir et se développer au Maroc parce qu'ils ne s'y sont pas trouvés en concurrence avec des *Distichodus* et des *Citharinus*, Characinidés à régime végétarien semblable au leur et qui y font défaut. Réciproquement partout où les Characinidés herbivores abondent, les Cyprinidés à nourriture identique et d'origine plus récente leur cèdent le pas. En généralisant ce fait on explique ainsi que dans l'Amérique du Sud où il y a tant de Characinidés végétariens ou autres les Cyprinidés manquent, tandis que dans le Sud de l'Asie où les premiers son absents, les Cyprinidés ont pris un développement considérable.

Quoi qu'il en soit de ces considérations il n'en demeure pas moins incontestable que la faune ichtyologique de l'Afrique du Nord française appartient à deux régions distinctes assez nettement délimitées par le versant sud de l'Atlas en Algérie et en Tunisie, beaucoup plus enchevêtrées dans les bassins atlantiques du Maroc où seul la presqu'ile tangitane se rattache complètement à la faune européenne.

M. Louis ROULE,

Professeur au Muséum national d'Histoire naturelle.

LA BIOLOGIE MIGRATRICE DU SAUMON *(Salmo salar L.)* DANS LE RHIN

59 — 15.2 — 7

26 Juillet (matin).

La migration de montée du Saumon comprend deux phénomènes consécutifs : 1° l'entrée en estuaire, c'est-à-dire le passage du milieu marin à celui des eaux douces, et la pénétration dans le bassin hydrographique ; 2° la remonte de ce dernier jusqu'aux régions à frayères, situées pour la plupart au voisinage de la tête du bassin. Le premier de ces phénomènes sera seul envisagé dans les présentes considérations ; du reste, sa conduite

(1) Dr J. Pellegrin. — Les Vertébrés des eaux douces du Maroc (*Ass. fr. Av. Sc.*, Congrès de Nimes. 1912, p. 149) et Sur la faune ichtyologique des eaux douces du Maroc (*C. R. Ac. Sc.*, t. CLXIX, 1919, p. 809.)

(2) G. A. Boulenger. — La distribution en Afrique des Barbeaux du sous-genre *Labeobarbus* (*C. R. As. Sc.*, t. CLXIX, 1919, p. 1016).

règle partiellement celle du second quant aux passages des migrateurs en des lieux déterminés.

Les fleuves français à saumons appartiennent tous au versant atlantique ; ceux du versant méditerranéen n'en ont point. Tous présentent, à l'égard du régime de l'entrée en estuaire, des dispositions communes et sensiblement uniformes. Après une interruption sur laquelle l'attention va être appelée, la montée commence en novembre, et parfois en octobre. Les saumons migrateurs quittent le milieu marin pour s'introduire dans les bassins fluviaux. Ces individus appartiennent à la catégorie des *Grands Saumons d'hiver*, caractérisés, comme l'expression l'indique, par leurs grandes dimensions et leur fort poids, atteignant parfois 15 et 16 kilogrammes. L'entrée des migrateurs appartenant à cette catégorie se prolonge pendant toute la saison hivernale, et une partie du printemps ; elle a son maximum habituel de février à avril. Avant qu'elle ne cesse, d'autres migrateurs plus petits, pesant ordinairement de 4 à 8 ou 9 kilogrammes, appartenant à la catégorie dite des *Petits Saumons de printemps*, effectuent leur entrée dans les eaux fluviales ; cette accession nouvelle débute en février et mars pour atteindre son maximum en mai, et se terminer en juin, parfois en juillet. Enfin, à dater du mois de mai, d'autres migrateurs encore plus petits, dits *Madeleineaux* ou *Castillons*, pesant 3 kilogrammes en moyenne, font à leur tour leur entrée dans les fleuves, parviennent à leur maximum numérique en juin, puis décroissent en nombre pour finir en juillet, parfois en août. Après quoi, aucune entrée venant de la mer n'a plus lieu dans les eaux fluviales jusqu'à la période future des grands saumons d'hiver ; l'abstention est complète, et son époque concorde avec celle des eaux les plus basses, les plus chaudes et les moins riches en oxygène dissous. J'ai désigné cette époque, caractéristique des fleuves de l'ouest de notre pays, et plus longue dans le Midi que dans le Nord, par l'expression : *Période d'interruption estivale*.

Il n'en est pas ainsi pour le Rhin. Ce fleuve, parmi ceux de l'Europe occidentale, est celui qui a le mieux conservé sa richesse en saumons, richesse amplement exploitée par les pêcheries néerlandaises, situées dans les bras de son estuaire. La presque totalité des saumons pêchés en Hollande sont pris dans leurs eaux. Les statistiques officielles (*Verslag betreffende den staat der Binnenvisscherij*) donnent à cet égard des chiffres élevés :

21.161 individus capturés pendant l'année 1916, 27.425 en 1915, 28.298 en 1914, 43.594 en 1913, 34,580 en 1912, 39.376 en 1911, 24.447 en 1910. Le chiffre le plus bas, depuis 1898, est celui de 1916 ; il est suivi de près par celui de 1908, qui égale 23.557. Les deux chiffres les plus élevés sont ceux de 1898 (55.834 individus), et de 1913 (43.594).

Quel que soit le chiffre, le régime ordinaire de l'entrée, accusé par les nombres en série des captures opérées dans les pêcheries des estuaires, ne subit pas de variations et se présente de la même manière. L'année 1916, l'une des moins avantagées, et l'année 1913, l'une des mieux pourvues, peuvent servir d'exemples en les considérant mois par mois.

	Grands Saumons d'hiver	Petits Saumons de printemps	Madeleineaux
	—	—	—
Janvier 1913. . .	913	1	0
Février — . . .	2.862	0	0
Mars — . . .	7.434	0	0
Avril — . . .	7.714	0	0
Mai — . . .	4.809	1.632	1
Juin — . . .	1.597	3.680	4
Juillet — . . .	474	4.362	1.707
Août — . . .	397	3.691	997
Septembre — . . .	42	778	34
Octobre — . . .	5	43	1
Novembre — . . .	31	10	0
Décembre — . . .	286	0	0
Janvier 1916. . .	75	0	0
Février — . . .	923	0	0
Mars — . . .	2.936	0	0
Avril — . . .	3.175	1	0
Mai — . . .	3.127	1.746	1
Juin — . . .	968	5.314	2
Juillet — . . .	215	3.203	119
Août — . . .	196	1.455	349
Septembre — . . .	29	219	6
Octobre — . . .	1	4	0
Novembre — . . .	4	2	0
Décembre — . . .	3	0	0

Les deux années, malgré leurs différences de nombre, qui vont parfois du simple au double, ou même dépassent cette proportion, montrent une concordance complète. Les grands saumons d'hiver entrent en estuaire pendant l'année entière ; leur nombre est au plus bas d'octobre à décembre, au plus haut de février à mai, atteint son maximum en avril, baisse brusquement en juin pour descendre peu à peu au chiffre minimum d'octobre. Les petits saumons de printemps font défaut, ou peu s'en manque, pendant la saison froide ; ils apparaissent fin avril et en mai ; se montrent rapidement en nombre, atteignent le maximum en juin et juillet, déclinent quelque peu en août, puis cessent d'arriver de septembre à novembre. Les Madeleineaux ont une période d'entrée plus brève encore ; elle va de mai à octobre, avec un maximum très accentué en juillet et en août.

Ainsi, par opposition avec les fleuves de l'ouest de notre pays, le Rhin ne subit pas d'interruption estivale dans l'entrée en estuaire de ses saumons ; bien mieux, les petits saumons de printemps et les Madeleineaux présentent en juillet et en août une part de leur période de maximum numérique. Toutefois, cette période passée, et dès la seconde moitié de l'été, le nombre des entrants diminue progressivement pour tomber à son minimum en automne. En définitive, le Rhin ne se distingue des autres fleuves occidentaux que par le fait de retarder la date de la diminution des entrées, et de ne point pousser cette dernière, malgré son accentuation, jusqu'à l'interruption complète. La raison doit en être cherchée dans le régime hydrographique du fleuve, dont la période de basses eaux est ordinairement plus tardive et moins prononcée que dans nos cours d'eau atlantiques. Quoiqu'il en soit, la conséquence quant à la capacité du rendement des pêcheries est considérable, car le Rhin se trouve nettement avantagé.

M. A. ALLEMAND-MARTIN,

Docteur ès Sciences, Professeur au Lycée de Lyon-Parc.

SUR L'ÉTUDE DES MÉTHODES A EMPLOYER POUR LA MISE EN VALEUR DE NOS RICHESSES MARITIMES : ROLE DE LA BIOLOGIE APPLIQUÉE

63.922

27 Juillet (matin).

Dans son bel ouvrage *Créer*, qui renferme la documentation la plus complète qui ait été donnée jusqu'à ce jour, sur les méthodes aptes à servir à la régénération de notre pays, M. le député *Herriot*, sous le titre *Les Industries de la Mer* envisage, en particulier, la réorganisation des pêches maritimes, et étudie les moyens à adopter pour l'exploitation la plus rationnelle de nos côtes métropolitaines et coloniales.

Pour notre part, le séjour de plusieurs années qu'il nous a été donné de faire dans le milieu des pêcheurs, ainsi que les études de biologie marine poursuivies pendant ce temps, nous ont permis de nous rendre compte sur place (1), de la façon dont il serait possible d'obtenir le rendement maximum des productions naturelles de nos côtes, et nous avons été amenés à adopter un principe qui, à notre avis, peut servir de base à cette réorganisation.

Nous nous sommes posé, depuis longtemps, les questions suivantes : Quel peut être le rendement maximum d'une région maritime au point de vue de l'exploitation de ses produits naturels? De quelles conditions dépend ce rendement maximum? Notre conclusion est celle-ci : on n'a envisagé jusqu'ici, l'exploitation des richesses naturelles de la mer, qu'au simple point de vue du rendement brut de la pêche intensive, en

---

(1) Allemand-Martin. *Étude de Physiologie appliquée à la Spongiculture sur les côtes de Tunisie.* Thèses doctorat, Lyon 1906. Imp. Picard, Tunis.

employant des engins offrant le maximum de gain immédiat au pêcheur, mais cela, en écartant toute autre considération, même celle de la conservation des fonds ; l'engin serait-il destructeur, peu importe ! On pêche encore, sans tenir compte de l'évolution de la science. Or, on sait qu'il ne faut pas entendre par rendement maximum dans l'industrie des pêches, le chiffre d'une excellente année, ou celui obtenu sur une période de deux ou trois années seulement, mais bien le chiffre régulier moyen, basé sur une durée aussi longue que possible et répondant à l'observation consciencieuse d'une réglementation vraiment rationnelle. C'est pour cela que la pêche doit être envisagée au triple point de vue, *pêche intensive, conservation des fonds* et *culture ;* la culture devant intervenir pour régulariser la pêche intensive : il ne faut pas, en tout cas, qu'un rendement trop élevé une année nuise à la production des années suivantes.

Mais un plan d'études, reposant sur ces considérations, se trouve subordonné fatalement à une méthode scientifique précise ; ainsi que le fait très justement remarquer *M. Herriot*, la base de toute organisation industrielle sérieuse, doit être le laboratoire. C'est de là que doivent venir les données qui serviront : 1° a une règlementation rationnelle ; 2° au choix des engins ; 3° à l'établissement de parcs de culture ; 4° à la meilleure utilisation possible des produits recueillis (alimentaires ou industriels), à leur transport (frigorification), à leur conservation de longue durée (usines de conserves), ou à leurs transformations diverses.

L'œuvre du laboratoire maritime est donc fort complexe, puisqu'elle englobe des études *biologiques, zoologiques* et *chimiques ;* elle mérite les encouragements, non seulement de l'Administration, mais des industriels eux-mêmes. Il serait même à souhaiter, comme nous l'avons demandé dans la *Revue Générale des Sciences* en 1917, que l'industrie privée arrive, un jour, à subordonner toute exploitation aux travaux d'un laboratoire technique lui appartenant.

Examinons quel pourrait être le programme de laboratoire à élaborer, tant au point de vue théorique que pratique, pour répondre à ces différents buts. Bien qu'il soit susceptible de modifications, le plus rationnel paraît être, dans ses grandes lignes, le suivant :

1° Étude approfondie de la localité au point de vue zoologique et botanique (détermination du plankton, du necton et du benthos plus spécialement ;

2° Étude des conditions biologiques précises de l'habitat, en tenant compte de la topographie, des conditions géologiques, de la température des eaux, de la salinité, des marées, enfin du milieu organisé ;

3° Étude du rendement maximum d'après les modes d'exploitations *tolérés actuellement ;*

4° Étude de l'augmentation possible de ce rendement par l'application des procédés mixtes de culture et de pêche, secondés par la réglementation la plus rationnelle ;

5° Étude du transport et de la manufacture des produits de la mer.

Ces études seraient grandement facilitées par la création de *Zones de pêche d'après les conditions biologiques* et en attribuant à chaque zone ou région un petit établissement peu coûteux, permettant de recueillir les documents locaux et de maintenir un lien constant avec le laboratoire central ; le petit laboratoire de Sfax, rattaché scientifiquement à Lyon, peut servir d'exemple, et ainsi que l'avait demandé *M. Caustier* dans la *Revue Générale des Sciences*, en 1907, aurait dû être conservé.

Enfin, il serait nécessaire de tenir compte des *desiderata* des pêcheurs, en cherchant à concilier les intérêts du commerce avec ceux de la science ; et pour cela, il y aurait lieu d'instituer une commission mixte d'administrateurs, de scientifiques et de maîtres-pêcheurs, qui aurait pour but d'éclairer chaque parti sur les concessions réciproques possibles ; les Chambres de Commerce devraient être consultées.

Et pour compléter et coordonner cet ensemble d'éléments, il serait indispensable de faire comprendre à la nouvelle génération de pêcheurs, le but poursuivi et l'importance des résultats obtenus : cela pourrait être, par la création de véritables écoles techniques mixtes de pêche et de navigation (1), subordonnant leur enseignement aux découvertes du laboratoire et suivant les progrès de la science. On obtiendrait ainsi la main-d'œuvre experte et éclairée, qui fait la supériorité de toute industrie, et qui ne se montrerait plus hostile, comme elle l'est encore trop souvent, à toute application et à tout progrès. Nous avons d'ailleurs exposé, dans le *Bulletin de la Ligue Maritime Française*, en janvier dernier, le premier essai de cette méthode tenté en Tunisie, sous l'administration de M. le Résident général *Pichon*, et montré que les résultats produits avaient, malgré la modicité des moyens employés, répondu aux désirs des pêcheurs et de l'administration, puisque la réglementation actuelle est basée sur ces premières études.

Nous devons donc conclure que l'industrie des pêches maritimes, dans tous ses détails, doit être comme tout autre industrie, subordonnée aux recherches des Laboratoires. C'est, par conséquent, à l'organisation des laboratoires qu'il faut procéder pour obtenir des résultats durables.

---

(1) Rappelons l'École de Navigation indigène créée par M. Capriata, capitaine du port de Sfax, en 1905 (qui aurait pu être perfectionnée par l'étude des pêches) et qui donna de bons résultats.

M. le Docteur J.-P. BOUNHIOL,
Professeur à la Faculté des Sciences d'Alger, Inspecteur général des Pêches maritimes en Algérie.

SUR LA BIOLOGIE DE L'ALLACHE (*Sardinella aurita*, Valenc.) DES COTES D'ALGÉRIE

51 — 1 — 7

27 Juillet.

La Sardinelle ou Allache, *Allecia* des Italiens, est une Clupe très abondante sur tout le littoral algérien. Elle ressemble, dans son jeune âge, beaucoup à la sardine (*Alosa sardina* L.), tant que la taille des deux espèces reste comparable. Les pêcheurs la vendent communément sous le nom de sardine, réservant le nom de vraie sardine (*Sarda vera*) aux représentants de l'*Alosa sardina*, L. En réalité, l'absence de stries en éventail sur l'opercule, l'absence de tache noire à la région scapulaire et la présence d'une ligne jaune d'or bordant, sur chaque flanc, la teinte bleue de la région dorsale, permettent d'opposer très facilement l'Allache aux divers représentants du genre *Alosa* tout entier.

Mais d'autres caractères, morphologiques et biologiques, accentuent fortement l'individualité de cette espèce, dont les bancs littoraux se mélangent volontiers à ceux de la sardine pendant la plus grande partie de l'année.

La taille de notre petite sardine ne dépasse pas 16 centimètres pour les mâles et 17 centimètres pour les femelles (1), à la limite de sa longévité, qui est de cinq ans. La taille de l'Allache atteint et dépasse 32 centimètres à l'âge de 6 à 7 ans. Nous avons observé ce double maximum, surtout dans les captures de juin et juillet, chaque année.

A taille égale, l'Allache est, par conséquent, beaucoup plus jeune que la sardine. C'est ainsi qu'un mélange d'individus de même taille, capturés ensemble et appartenant aux deux espèces, comporte des sardines de 2 ans et des Allaches de 10 mois à peine pour une taille commune de $13^{cm},6$ et des sardines de 4 ans, des Allaches de 16 mois pour la même dimension de 16 centimètres.

L'accroissement de l'Allache est très rapide pendant les deux premières années, très ralenti pendant les deux dernières. A la fin de la deuxième année, la longueur totale atteint 20 à 21 centimètres pour les femelles. La taille maxima, soit 32 à 33 centimètres, se trouve sensiblement atteinte à la fin de la quatrième année ou entre la quatrième et la cinquième.

(1) J.-P. Bounhiol, *Le Diphormisme sexuel chez la sardine des côtes d'Algérie* (Soc. Biol. Janvier 1917). — *Sur la Détermination de l'âge de la sardine algérienne* (C. R. Acad. Sc. Juin 1912. — *Un Chronomètre de la sardine algéerinne*. (Congrès de l'A. F. A. S., Août 1912).

Il existe, chez cette espèce, comme chez la sardine et chez l'Alose finte (1), un dimorphisme sexuel très net : les mâles, à âge égal, sont toujours beaucoup plus petits que les femelles.

Mais c'est surtout au point de vue reproducteur que l'Allache présente des caractères très particuliers et presque inattendus. Tandis que la sardine pond l'hiver (2), de novembre à fin février et l'Alose finte au printemps (15 mars-30 mai), l'Allache ne se reproduit qu'en été, à une période correspondant au maximum thermique de nos eaux algériennes.

La précocité sexuelle est un peu plus grande que celle de la sardine. Dès l'âge de 10 mois, on peut observer chez des femelles de $13^{cm},5$ et des mâles de 12 centimètres l'apparition des glandes génitales qui, encore incapables de fonctionner, se développent cependant rapidement.

La germination ovulaire débute tous les ans en juillet ou même en juin, si l'été est précocement chaud, par une vascularisation intense de l'ovaire. La ponte commence fin juillet et se contiuue jusqu'à la fin de septembre. Les individus les plus âgés pondent les premiers ; les retardataires, plus petits, sont encore porteurs d'un petit nombre d'ovules mûrs, en octobre, à la condition que les premières pluies ne soient pas tombées à cette époque. Mais, — et quelle qu'en soit la date — les premières pluies orageuses, généralement très abondantes, qui marquent la fin de l'été, clôturent aussi la ponte d'une manière définitive.

Tous les individus qui n'ont pas alors achevé leur ponte et sont porteurs de glandes encore actives, subissent la régression et la résorption de leurs ovules non expulsés.

La cause de cette régression brusque réside-t-elle dans le notable abaissement de température qui suit les premières pluies ou dans le fléchissement momentané de la salure des eaux superficielles? Les deux facteurs ont vraisemblablement une influence convergente. Toujours est-il que les bancs d'Allaches plongent à ce moment et disparaissent de la surface pendant un certain temps.

Pour chaque individu, la durée de l'expulsion des ovules paraît être d'une quinzaine de jours environ. Des examens en série, pratiqués quotidiennement sur des individus ayant sensiblement le même âge, nous ont permis d'établir ce point que la comparaison des résultats de plusieurs années différentes a toujours été confirmé.

Une fois commencée, la régression de l'ovaire, vidé et flasque, est fort lente. La glande n'a repris, anatomiquement et histologiquement, son aspect normal, caractéristique du repos génital, que vers le milieu de décembre. Au début de janvier, nous n'avons jamais trouvé un seul individu qui n'eût ses glandes sexuelles au repos complet.

---

(1) J.-P. Bounhiol, *Sur la Biologie de l'Alose finte des côtes d'Algérie* (*Soc. Biol.*, mai 1917).

(2) J.-P. Bounhiol, *Sur la Reproduction de la sardine algérienne.* (*C. R. Acad. Sc.*, 19 mai 1913). — *Nouvelles observations sur la reproduction de la sardine algérienne* (*C.R.. Acad. Sc.*, 26 mai 1913).

Au cours des années normales, l'adiposité saisonnière de l'Allache est très prononcée de mars à novembre, surtout chez les jeunes, jusqu'à trois ans. Cependant, en 1909 et en 1911, la grande majorité des individus capturés pendant la belle saison, resta maigre. La valeur marchande des pêches ainsi réalisées se trouva fort diminuée.

L'Allache est, avec la Sardine, le *pain de la mer* du pêcheur algérien. Tous les individus jeunes sont consommés à l'état frais, salés ou mis en conserve, comme la Sardine elle-même. Les individus âgés sont quelquefois consommés à l'état frais, mais le plus souvent, ils sont salés et mis en barils.

Gastronomiquement, cette grande Clupe est inférieure à la Sardine ; sa chair est plus sèche, moins tendre, mieux pourvue d'arêtes et ces défauts s'aggravent rapidement chez les sujets âgés et de grande taille.

Malgré tout, son abondance est telle que cette espèce occupe, après la Sardine, l'un des premiers rangs comme importance économique, parmi les nombreux poissons pélagiques de notre littoral. Le jour où elle sera pratiquée par les méthodes modernes, sa pêche, comme celle de la Sardine et pour les mêmes raisons, deviendra en Algérie, l'une des plus riches industries de la mer.

M. CHAPPELLIER,

Ingénieur-agronome, Paris,

Licencié ès sciences, Chef de travaux à l'École pratique des Hautes Études.

GÉNÉRALITÉ DE LA NOTION D'INTERSEXUALITÉ

59.12.6

27 Juillet (matin).

Des recherches sur les oiseaux hybrides, commencées en 1910 et interrompues par la guerre, ont pu être terminées après démobilisation (1).

Une partie des résultats obtenus, ceux qui touchent au vivant, avaient été rédigés avant août 1914 ; c'était la mise au point des observations journalières, recueillies sur fiches mobiles.

Le dépouillement de toutes ces notes fit ressortir la constatation que les femelles hybrides étudiées — femelles de Fringillidés en plus grand nombre — présentent une grande irrégularité génitale.

Dans leur comportement sexuel, ces femelles se montrent très incom-

---

(1) Une subvention de l'*Association française pour l'Avancement des Sciences*, m'a permis de franchir les difficultés pécuniaires du moment.

plètes et très capricieuses. Elles ont rarement des manifestations femelles bien caractérisées, mais le plus souvent des attitudes, des gestes, des actions qui sont à peine d'une femelle, sans être parfaitement habituels aux mâles.

Quelques faits plus frappants avaient déjà attiré mon attention sur cette anomalie génitale ; le groupage des notes la mit complètement en lumière. C'est à la reprise du travail, à la fin de 1918, que je pris contact avec l'intersexualité, par les travaux de *Goldschmidt* et de *Riddle*.

Il suffit de lire les résultats de leurs recherches pour voir que l'étiquette seule manquait à mes observations et à mes remarques, qui s'éclairaient et s'animaient à la notion d'intersexualité.

Celle-ci pénètre tout ce qui touche aux hybrides, à tel point que j'ai, avec reconnaissance, ajouté le mot « Intersexualité » au titre choisi pour le travail. Et quand on regarde autour de soi, quand on raisonne le comportement des êtres, qu'ils soient hybrides ou non, on sent s'étendre, envahissante, l'intersexualité. Elle permet de comprendre et d'expliquer, de grouper et de synthétiser des faits qui paraissaient, jusqu'ici, sans lien entre eux ou sans cause saisissable.

La sexualité domine la vie des êtres — il faudrait dire : l'intersexualité — car le sexe pur, nous le voyons maintenant, n'est qu'une conception, théorique, pourrait-on dire. Nous n'avons jamais affaire qu'à des individus plus ou moins fortement ou faiblement sexués, qu'à des intersexuels.

Dans toutes recherches zoologiques, même très éloignées des manifestations proprement dites du sexe, on ne devra jamais perdre de vue que l'intersexualité rôde partout et qu'il faudra toujours compter avec elle.

Rien n'est plus frappant que de sonder la vie de chaque jour, autour de nous : à quel point chez l'Homo, dit *Sapiens*, l'intersexualité imprime sa griffe sur tous les actes, sur tout le comportement !

Les termes les plus vulgaires du langage courant, qui désignent des imperfections, des manque ou des trop chez l'homme ou la femme, ne pointent-ils pas, sans le savoir, des cas typiques d'intersexualité ?

Et combien il nous apparaît, à la réflexion, que cette intersexualité explique des actes, des drames, des comédies, des vulgarités, des héroïsmes et des bassesses dont les auteurs se sont inspirés à la scène ou dans leurs romans, sans avoir pu en saisir le sens profond qu'ils ne devront plus ignorer maintenant. L'art de l'écrivain psychologue, du dramaturge disséqueur d'âme, frémira quand il connaîtra l'intersexualité et rougira peut-être à la pensée que ses trouvailles, ses finesses d'analyse sont presque enfantines, si on les passe au crible de l'intersexualité !

Puisque nous sommes à ce point certains de la dominance intersexuelle dans le monde animal, pourquoi ne pas penser que des faits de même ordre et de même valeur se retrouvent chez les plantes?

La vie psychologique des végétaux, plus loin de nous, nous échappe et nous aurons, certes, peine à la dépouiller pour y rechercher l'intersexualité et ses effets. Il se peut que, sous une de ses manifestations plus grossières — dans la texture même des organes génitaux — l'intersexualité soit assez facile à mettre en évidence chez les plantes. Déjà, la lecture de quelques mémoires récents — celui de *Julien Tournois*, sur le Houblon, notamment, — montrent que des recherches dans ce sens ne pourraient qu'être fécondes en heureux résultats.

M. HUGUES CLÉMENT,
Lyon.

QUELQUES EFFETS DE LA CENTRIFUGATION SUR LE BOMBYX MORI

59.57.87

27 Juillet (matin).

Dans une série d'études antérieures (1) nous avons montré :

1° Que la centrifugation donne un pourcentage d'œufs parthénogénétiques supérieur à la normale. (Si les œufs n'éclosent pas, leur développement se poursuit fort loin);

2° Que les œufs fécondés, dont les ascendants furent centrifugés, produisent surtout des mâles ;

3° Que les œufs pondus par des papillons centrifugés, eux-mêmes issus de parents semblablement traités, ont des dimensions inférieures a celles des témoins ; que les vers nés de ces œufs grimpent mal, et que leurs cocons déposés au ras du sol sont de très faible volume ;

4° Que les chrysalides peuvent perdre une forte quantité de liquide et malgré tout se transformer en papillons ;

5° Que les insectes parfaits, nés à la fois d'œufs et de chrysalides centrifugés, ont une éclosion très rapide ;

6° Que si l'on continue la centrifugation pendant toute la période nymphale, ou si on la reprend sur la fin, les papillons formés restent jusqu'à leur mort dans les cocons, sans pouvoir les percer.

Poursuivant nos recherches, nous avons expérimenté cette année sur les larves du Bombyx mori, prêtes à se transformer.

Voici nos premiers résultats : Tandis que les Bombix mori normaux sont à l'état chrysalidaire cinq à six jours après avoir commencé leur

---

(1) H. CLÉMENT, *Contribution à l'étude de la Centrifugation expérimentale en Biologie*, Th. Lyon 1917. — *Contribution à l'étude de la Centrifugation expérimentale en Biologie*, in. *Rev. Gén. Sciences pures et appliq.* 1917, n° 18, p. 505 à 510.

cocon, il nous fût loisible de retarder pendant plus d'un mois les métamorphoses nymphales.

Une simple centrifugation continuelle des *vers* à 650 tours par minute, permit l'obtention de cette anomalie.

Au sortir de la centrifugeuse nous avons observé, soit des sujets légèrement transformés comme aspect extérieur, soit des sujets présentant tout à fait le faciès larvaire.

Ceux qui éprouvèrent le moins de modifications morphologiques avaient cependant subi une évolution interne considérable.

Les schémas 1, 2, 3 montrent quelques-uns de ces derniers animaux, plus ou moins rectilignes, plus ou moins recourbés, suivant la manière

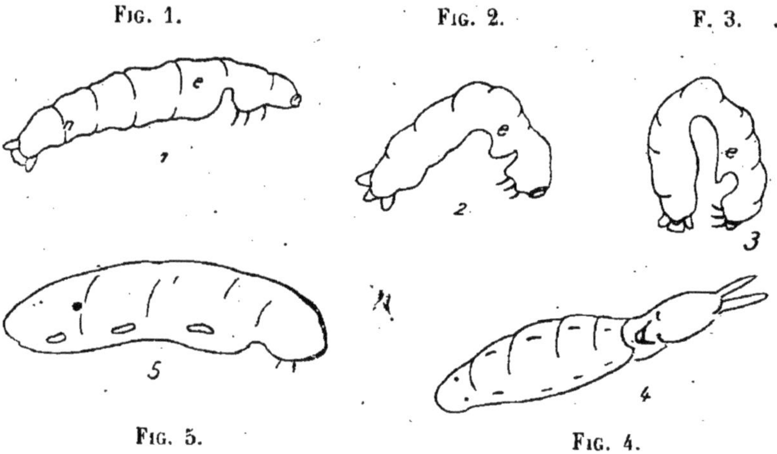

dont ils furent orientés. Tous présentent un étranglement caractéristique *(e)* entre les fausses pattes et les vraies.

Leurs téguments allèrent se fonçant chaque jour davantage, se ratatinant sans cesse, puis se durcissant à l'extrémité postérieure, pour former trois lobes épais.

Deux semaines de traitement suffisent à donner des transformations chrysalidaires marquées. Mais des sujets analogues considérés quinze jours plus tard offrent des modifications autrement curieuses.

A peine fendus, leurs tissus protecteurs laissent échapper un liquide noirâtre, puis permettent d'apercevoir une forme jaune foncée, d'aspect chitineux.

Il ne s'agit pas d'une chrysalide normale, mais d'un être beaucoup plus allongé *(fig. 4)*, faisant songer à la fois à une larve, à une nymphe et à un insecte parfait privé d'ailes (1).

Nous venons de décrire les types purement larvaires, conservés au cours de la centrifugation; voyons maintenant ceux qu'au début de cette

(1) A la dépression *(e)* dont nous avons parlé correspond ici une cavité *(a)* de forme ovale.

note nous qualifions de « modifiés ». Certes, à première vue ils semblent changés, mais le sont en réalité beaucoup moins qu'il appert.

Ces produits schématisés en (5) donnent l'impression de larves aplaties sur les côtés, tout à fait comparables à des haricots « feuille morte » tachetés de jaune et de noir.

L'étranglement *(e)* des *figures 1, 2, 3*, n'existe pas. Quant à la dissection, elle montre une autolyse des tissus beaucoup moins avancée que dans les cas précités. Les vestiges de l'appareil sericigène sont toujours manifestes.

Disons pour terminer deux mots sur les cocons.

Tous, sans exception, présentent l'aspect d'une gouttière mi-circulaire, très dense, très jaune, à peine garnie sur les bords d'un léger feutrage blanc.

M. Pierre LESNE,
Assistant au Muséum National d'Histoire Naturelle.

CLASSIFICATION DES COLÉOPTÈRES XYLOPHAGES DE LA FAMILLE DES BOSTRYCHIDES

59.57.6

27 Juillet (matin).

Les Coléoptères de la famille des Bostrychides réalisent sans doute le type le plus parfait d'adaptation au régime xylophage. D'une part, ces Insectes s'alimentent effectivement de tissus ligneux, aussi bien à l'état adulte qu'à l'état de larve; d'autre part, leur conformation est sous la dépendance étroite de leurs mœurs térébrantes, du moins dans la majorité des cas. Les larves, hexapodes et scarabéiformes, ayant des antennes normalement développées, mais privées de spinules tégumentaires dorsales, creusent en plein bois des galeries orientées dans la direction des fibres du bois. Chez la plupart des espèces, l'adulte passe lui-même la plus grande partie de son existence à l'intérieur des galeries qu'il creuse dans le bois, soit pour prendre de la nourriture, soit pour y déposer ses œufs. Très souvent, comme chez les Scolytides, ces travaux de forage sont poursuivis en commun par un couple.

Le corps des Bostrychides, cylindrique et souvent armé de cornes ou de dents à l'avant du prothorax ou sur la troncature apicale des élytres, est en quelque sorte, moulé sur les galeries. Les pattes, ne pouvant se mouvoir que dans l'étroit espace subsistant entre le corps de l'Insecte et la paroi des galeries, sont comprimées dans le sens tangentiel. Leurs tarses notamment, se trouvent rabattus contre le corps et doivent se mouvoir suivant la paroi des galeries, ou plutôt suivant la surface d'un cylindre enveloppant le corps. C'est sans doute à cette cause qu'il faut attribuer la tendance presque générale à l'atrophie du premier article tarsien qui se manifeste chez les Bostrychides. Ce premier article est presque toujours réduit à une pièce trochantériforme destinée à dévier le tarse de sa direction normale et à lui permettre de décrire le mouvement dont il vient d'être question.

Telle est, selon toute vraisemblance, l'explication de l'une des particularités adaptatives les plus importantes parmi celles que présentent les Bostrychides, lorsqu'on envisage ceux-ci au point de vue systématique. Je signalerai encore un autre trait des plus remarquables offert par ces Insectes, les curieux phénomènes de pœcilandrie métamérique que j'ai observés chez un certain nombre d'espèces appartenant aux genres *Heterobostrychus*, *Bostrychopsis* et *Schistoceros*, et qui, du moins à ma connaissance, n'ont pas été signalés avec le même caractère chez d'autres organismes.

Je ne m'étendrai pas ici sur ces particularités. Mon but n'est pas aujourd'hui de définir les Bostrychides, ni de rechercher comment a pu se produire leur évolution, mais simplement de donner un tableau des principales subdivisions de la famille, tableau établi d'après une conception nouvelle de la famille, et rendant compte, mieux que les essais antérieurs, des liens de parenté qu'offrent ces êtres entre eux.

Tableau des sous-familles et des tribus.

1-8. Lèvre inférieure portant des paraglosses allongés, digitiformes, écartés de la languette. Vestiture dorsale du corps composée de poils courts, épais, souvent tronqués ou claviformes, ou à surface hispidule. Cornes prothoraciques toujours absentes. Pointes des mandibules croisées au repos. Ovipositeur constamment grêle et long.

2-3. Dernier article des tarses beaucoup moins long que l'ensemble des précédents; premier article bien développé, très distinct, nullement trochantériforme; deuxième article plus long que le premier, troisième et quatrième moins longs que le deuxième et diminuant graduellement en longueur. Deuxième article du galéa velu sur toute la longueur de son bord interne. Hanches antérieures subarrondies, conoïdes, contiguës. Sternites abdominaux rebordés latéralement. Vertex granuleux. Au bord inférieur de l'œil, un canalicule destiné à recevoir la base des antennes dans l'attitude du repos. Taille relativement grande : 6-21 millimètres . . . . Subfam. I. — **Dysididæ.**

3-2. Dernier article des tarses aussi long ou presque aussi long que les précédents réunis; articles 2 à 4 petits, subégaux; premier article généralement très petit et peu visible, mais quelquefois plus développé que les trois suivants (*Dinoderastes*). Deuxième article du galéa velu seulement à son extrémité apicale. Vertex lisse ou ponctué, non granuleux. Taille petite : 1,7-7 millimètres.

4-.7 Hanches antérieures subcirculaires, séparées par un lobe prosternal. Massue antennaire composée de deux ou très rarement de trois articles, le dernier seul étant villeux et couvert d'organites sensoriels. Plan du labre parallèle à celui de l'épistome. Une courte fissure médiane longitudinale attenant à la base du pronotum. Tête portée en avant du prothorax et visible en dessus; pronotum plus ou moins déprimé et privé de denticules râpeux. Saillie intercoxale de l'abdomen très large. Corps plus ou moins déprimé. . . . . Subfam. II. — **Lyctidæ**.

5-6. Cuisses claviformes. Ponctuation et pubescence des élytres plus ou moins régulièrement sériées . . . . Trib. 1. — *Lyctini*.

6-5. Cuisses comprimées, subellipsoïdes. Ponctuation et pubescence des élytres diffuses, nullement sériées . . . . Trib. 2. — *Tristariini*.

7-4. Pas de lobe prosternal interposé entre les hanches antérieures; celles-ci plus ou moins transverses. Massue antennaire composée de trois articles, tous villeux et garnis de nombreux pores sensoriels, au moins dans leur portion terminale (*Stephanopachys*). Plan du labre angulé sur celui de l'épistome. Base du pronotum sans fissure longitudinale. Tête portée à la partie inférieure du prothorax et invisible en dessus; pronotum très convexe, muni sur sa déclivité antérieure d'aspérités râpeuses disposées suivant des lignes concentriques. Saillie intercoxale de l'abdomen étroite. Corps convexe, cylindrique . . . . Subfam. III. — **Dinoderidæ**.

8-1. Lèvre inférieure sans paraglosses distincts. Vertex granuleux ou plissé. Massue antennaire composée de trois ou quatre articles, tous criblés de nombreux pores sensoriels. Labre situé dans un plan parallèle à celui de l'épistome.

9-10. Vestiture dorsale du corps composée de poils courts, épais, bifurqués. Deuxième article du galéa glabre à son bord interne. Premiers articles des tarses tous petits, subégaux, le premier étant moins développé que les suivants. Tête portée sous le prothorax. . . . . Subfam. IV. — **Hendecatomidæ**.

10-9. Vestiture dorsale du corps composée de poils sétiformes ou squamiformes. Deuxième article du galéa velu à la face interne. Premier article des tarses petit, trochantériforme (quelquefois soudé avec le suivant); deuxième article, grand; troisième et quatrième, décroissant graduellement en longueur; dernier article, grand, mais moins long que l'ensemble des précédents (sauf chez l'*Heterobostrychus brunneus* Murr.). Hanches antérieures conoïdes ou cuboïdes, saillantes, non transverses.

11-12. Tête rétrécie en cou à la base, portée sous le prothorax. Hanches exsertes. Vertex plissé transversalement. Pronotum gibbeux et offrant seulement quelques saillies râpeuses localisées au sommet de sa partie convexe, où elles sont disposées suivant deux rangées longitudinales. Premier article des tarses assez allongé, bien visible. Mandibules assez longues, affrontées par leur pointe au repos. Sternites abdominaux non rebordés latéralement. Ovipositeur court. Subfam. V. — **Chileniidæ** (1).

12-11. Tête nullement rétrécie en cou, encapuchonnée dans le prothorax. Vertex granuleux ou carinulé longitudinalement. Saillies râpeuses du prono-

(1) Genre unique : *Chilenius*, nov. gen., ayant les mêmes caractères que ceux de la tribu. Type : *Exopioides spinicollis* Fairm. et Germ., 1861.

tum nulles ou occupant la déclivité antérieure de cette région, où elles atteignent leur maximum de développement au voisinage des angles antérieurs. Premier article des tarses toujours très petit . . Subfam. VI. — **Bostrychidæ.**

13-16. Tête portée en avant du prothorax, visible en dessus. Pronotum peu convexe, sans surface râpeuse en avant.

14-15. Hanches antérieures séparées par un lobe prosternal. Intermaxillaire bien développé. Tibias antérieurs armés de deux calcars dissemblables ou d'un seul calcar très fort et recourbé . . . . Trib. 1. — *Polycaonini.*

15-14. Hanches antérieures contigues. Intermaxillaire atrophié. Tibias antérieurs armés de deux calcars droits et égaux ou d'un seul calcar très petit et droit. Premier article des tarses parfois soudé au deuxième. Trib. 2. — *Psoini.*

16-13. Tête portée sous le prothorax et invisible en dessus, au moins dans sa presque totalité. Pronotum très convexe, garni, sur sa déclivité antérieure, de denticules dirigés en dessus et en arrière.

17-24. Premier et deuxième articles de la massue antennaire comprimés latéralement ou flabelliformes. Ovipositeur grêle et très long.

18-19. Cavités coxales du premier sternite apparent de l'abdomen incomplètement marginées. Saillie intercoxale de l'abdomen non tabulaire. . . . . Trib. 3. — *Bostrychini* (1).

19-18. Cavités coxales du premier sternite abdominal complètement marginées.

20-23. Saillie intercoxale de l'abdomen tabulaire.

21-22. Mandibules plus ou moins atténuées en pointe, chevauchant au sommet lorsqu'elles sont fermées. . . . . Trib. 4. — *Bostrychopsini.*

22-21. Mandibules larges et très courtes, tronquées au sommet et aussi larges à l'apex qu'en leur milieu. Lorsqu'elles sont fermées, leurs bords terminaux, semblables aux mors d'une tenaille, s'appliquent l'un à l'autre dans toute leur longueur. . . . . Trib. 5. — *Sinoxylini.*

23-20. Saillie intercoxale de l'abdomen en lame coupante. . . . . Trib. 6. — *Xyloperthini.*

24-17. Premier et deuxième articles de la massue antennaire calcéiformes, leur lobe interne uniformément et très densément poreux.

25-26. Saillie intercoxale de l'abdomen tabulaire. Tibias armés, à leur côté externe, de larges dents plates et pointues. Ovipositeur long et grêle. . . . . Trib. 7. — *Dinapatini.*

26-25. Saillie intercoxale de l'abdomen en lame, non dilatée en plateau sur son bord ventral. Tibias sans grandes dents triangulaires le long de leur bord externe. Ovipositeur large et très court. . . . . Trib. 8. — *Apatini.*

(1) Genre unique : *Bostrychus* GEOFFROY ap. MÜLLER.

FAMILLE DES BOSTRYCHIDES.

Sous-famille		
Sous-famille I. — **Dysididæ**		
— II. — **Lyctidæ**	Tribu 1. — *Lyctini.*	— 2. — *Tristariini.*
— III. — **Dinoderidæ.**		
— IV. — **Hendecatomidæ.**		
— V. — **Chileniidæ.**		
— VI. — **Bostrychidæ**	Tribu 1. — *Polycaonini.* — 2. — *Psoini.* — 3. — *Bostrychini.* — 4. — *Bostrychopsini.* — 5. — *Sinoxylini.* — 6. — *Xyloperthini.* — 7. — *Dinapatini.* — 8. — *Apatini.*	

M. F. MAIGNON,

Professeur de Physiologie à l'École Vétérinaire de Lyon.

RECHERCHES SUR LE ROLE DES GRAISSES DANS L'UTILISATION DES PROTÉINES ALIMENTAIRES ET LA PROTÉOGENÈSE

612.397.2

27 Juillet (matin).

Le rôle des graisses dans la nutrition était encore entouré de la plus grande obscurité alors que celui des albuminoïdes et des hydrates de carbone nous était parfaitement connu depuis les mémorables travaux de *Magendie* et de *Chauveau.* On considérait les aliments gras comme destinés à fournir, en commun avec les hydrates de carbone, de l'énergie aux organes en activité, soit directement, soit après transformation en glycogène.

L'étude de la répartition dans l'organisme de la graisse et du glycogène permet déjà de penser que cette opinion ne doit pas être exacte. En dehors des grandes réserves générales de ces éléments ternaires dont le siège est le foie pour le glycogène et le tissu adipeux pour la graisse, il existe des réserves d'organes dont l'importance peut nous éclairer sur les rôles présumés de ces principes nutritifs.

Tandis qu'il existe de très grandes différences dans la teneur en glycogène des divers tissus, la répartition de la graisse en dehors du système adipeux est à peu près uniforme comparée à celle des hydrates de carbone. On remarque d'autre part, que l'abondance du glycogène dans les organes est étroitement en rapport avec leur degré d'activité physiologique : on en trouve des proportions importantes dans les muscles, moins dans les reins, et des traces dans les autres tissus.

Les hydrates de carbone et les graisses apparaissent donc comme devant avoir deux destinations bien différentes. Pour les premiers, le rôle de pourvoyeur d'énergie en vue de la production du travail physiologique cadre admirablement avec ces constatations. La répartition beaucoup plus uniforme des graisses semble indiquer au contraire une intervention dans les processus généraux de la nutrition. C'est précisément la conclusion de nos recherches qui mettent en lumière le rôle des graisses dans l'utilisation des albuminoïdes alimentaires.

Dans des travaux antérieurs, nous avons contribué à établir définitivement la non transformation de la graisse en glycogène chez les animaux à sang chaud, non hibernants.

Cet aliment est impuissant à assurer la reconstitution du glycogène hépatique et musculaire chez le chien inanitié; d'autre part l'ingestion abondante de corps gras et d'huile par des sujets diabétiques, au lieu d'accroître la glycosurie a pour effet d'amener la disparition complète du sucre lorsque ces graisses sont données en substitution des hydrates de carbone de la ration alimentaire.

Nous en avons déduit un traitement du diabète par les corps gras qui a donné chez l'homme exactement les mêmes résultats que chez le chien.

Ce sont précisément les résultats obtenus par l'application de ce traitement dans les cas de diabètes très graves avec amaigrissement rapide et dénutrition azotée intense, qui nous ont porté à penser que les graisses devaient intervenir d'une façon heureuse dans le métabolisme des matières protéiques. Nous avons été frappé de constater, outre la disparition du sucre et le relèvement de l'état général, l'arrêt immédiat de l'amaigrissement et de l'hyperazoturie. Pour vérifier cette hypothèse, nous nous sommes proposé d'étudier comparativement le rôle des hydrates de carbone et des graisses dans l'utilisation de l'albumine. Dans ce but nous avons tout d'abord recherché les conséquences d'une alimentation exclusivement protéique, pour étudier ensuite l'influence de l'adjonction d'amidon ou de graisse sur l'utilisation de l'élément azoté.

La première catégorie d'expériences qui ont porté sur le rat blanc et le chien avec l'ovalbumine, la fibrine, la caséine et les protéines musculaires nous a amené à étudier la toxicité des protéines alimentaires, et à résoudre la question de *Magendie* relativement à la suffisance ou à l'insuffisance de ces aliments.

Nous nous bornerons à résumer très brièvement les résultats obtenus. Les animaux soumis au régime exclusif des protéines meurent au bout d'un temps qui varie de trois jours à deux mois. La mort est le résultat de l'intoxication ou de l'épuisement des réserves. L'intoxication peut être aiguë, subaiguë, ou chronique. Dans les deux premiers cas, il s'agit d'une intoxication du système nerveux central, les sujets meurent dans le coma avec troubles respiratoires, après avoir traversé une période de vive excitabilité. L'intoxication chronique se traduit par des lésions viscérales dégénératrices ou inflammatoires : dégénérescence granulo-graisseuse des organes d'élimination, foie et reins, hépatite aiguë, cirrhose porte, artério-sclérose du myocarde. L'allure des résultats obtenus ainsi que la nature de l'intoxication varient suivant les protéines et l'espèce animale envisagées. Tandis que la fixité prolongée du poids n'est jamais réalisée chez le rat blanc, quelle que soit l'albumine ingérée, ce résultat est facilement atteint chez le chien avec la caséine et les protéines musculaires, cet animal en sa qualité de carnivore jouissant d'une faculté d'utilisation des aliments azotés bien supérieure à celle du rat blanc, omnivore, et souvent végétarien. Toutefois le poids ne peut être équilibré chez le chien avec l'ovalbumine.

L'espèce animale exerce également une grande influence sur la nature des phénomènes toxiques observés. C'est ainsi que les lésions de l'intoxication chronique toujours légères chez le rat et impuissantes à entraîner la mort (altérations dégénératives légères du foie et des reins), sont beaucoup plus graves chez le chien qui succombe brusquement après avoir présenté une longue période de fixité de poids (caséine : désintégration graisseuse de l'épithélium rénal, artério-sclérose du myocarde).

L'intoxication nerveuse chez le rat blanc nous a permis de constater avec l'ovalbumine une influence très manifeste des saisons sur la sensibilité de l'organisme à l'intoxication azotée. Tandis que les sujets meurent en été et en hiver, au bout de 18 à 21 jours, d'épuisement des réserves, dans un état d'amaigrissement extrême avec des pertes de poids égales ou supérieures à celles des sujets soumis à la diète hydrique (40 à 42 0/0), au printemps et à l'automne (mai et octobre), avec la même albumine, la mort se produit brusquement au bout de trois à cinq jours bien avant l'épuisement des réserves, la perte de poids pouvant n'être que de 20 0/0. La survie est notablement plus courte que chez les sujets soumis à la diète hydrique qui mettent six à sept jours à mourir. Il s'agit donc bien d'une intoxication, et d'une intoxication nerveuse centrale, car l'animal passe brusquement, après deux ou trois jours d'alimentation, d'un état normal dans une période de vive excitation avec crises rabiformes, à laquelle succèdent sans transition le coma et la mort. Du mois de mai aux mois de juillet-août, on voit progressivement et régulièrement la survie s'allonger en même temps que l'intoxication devient subaiguë.

En été et en hiver, août et décembre, la mort tardive est le résultat de l'épuisement des réserves. Cette influence saisonnière est à rapprocher de celle que nous avons observée sur la glycogénie et les combustions respiratoires. Nous avons vu que les courbes de variations du glycogène musculaire (chien, cobaye, carpe) et de l'intensité des combustions respiratoires (cobaye) passent par deux maxima au printemps et à l'automne et deux minima en été et en hiver, et cela en dehors de toute question thermique.

L'alimentation du rat blanc à l'aide de protéines nous a permis en outre de constater un fait intéressant — celui de la transformation de la caséine et de la fibrine en graisse dans l'organisme de cet animal. Le rat blanc nourri à la caséine présente, au bout de peu de temps, dès le troisième jour, de la surcharge graisseuse hépatique. De gros globules graisseux se déposent dans les cellules et au bout d'une quinzaine de jours l'organe présente tout à fait l'aspect du foie gras, avec un volume doublé, des bords arrondis, un toucher onctueux et une coloration jaunâtre. Le noyau des cellules n'est nullement altéré et parfaitement colorable. La localisation de la graisse sur le trajet du sang veineux porte et non sur celui de l'artère hépatique prouve bien qu'il ne s'agit pas d'un phénomène de migration, mais d'une formation sur place aux dépens des produits venant de l'intestin, c'est-à-dire de la caséine. Avec la fibrine, nous avons constaté aussi de la surcharge, mais moins intense et moins précoce. Avec l'ovalbumine, jamais trace de dépôt de graisse.

En examinant les choses de près, nous pouvons déjà tirer de ces premiers résultats expérimentaux des arguments en faveur du rôle des graisses dans l'utilisation des matières protéiques :

1° Chez le rat blanc l'ovalbumine dont l'ingestion n'est jamais suivie, comme c'est le cas pour la fibrine et la caséine, de surcharge graisseuse hépatique, est la seule de ces trois protéines qui subisse l'influence saisonnière et présente au printemps et à l'automne des périodes de grande toxicité. Faisons remarquer en outre que l'adjonction d'une petite quantité de graisse (1/5) à cette même albumine, supprime ces grandes toxicités, ce que ne fait pas l'amidon dans les mêmes conditions.

2° Lorsque la mort n'est pas le résultat de l'intoxication, les animaux succombent dans la cachexie et le marasme, avec des pertes de poids égales ou supérieures à celles des sujets soumis à la diète hydrique. La mort se produit dès la disparition complète des graisses de réserve; l'animal est alors réduit à l'état squelettique. Il semble que l'albumine ne soit plus utilisable par l'organisme lorsque celui-ci ne renferme plus de graisse.

3° La survie moyenne des rats alimentés avec l'ovalbumine, la fibrine et la caséine est respectivement de huit jours, vingt-et-un jours et quarante-deux jours. D'autre part, la surcharge graisseuse hépatique est nulle avec l'ovalbumine, moyenne avec la fibrine, et intense avec la caséine. La durée de la survie est donc en rapport direct avec l'aptitude de ces protéines à faire de la graisse.

La perte de poids quotidienne est en outre de 1,98 0/0 avec l'ovalbumine, de 1,78 0/0 avec la fibrine et de 0,81 0/0 avec la caséine.

La destruction des graisses de réserve au cours de l'utilisation des protéines est donc en rapport inverse avec la quantité de graisse contenue à l'état potentiel dans la molécule protéique ingérée. Une quantité minimum

n'cessaire à l'utilisation de l'albumine, que cette

graisse existe à l'état potentiel dans la molécule protéique, ou qu'elle soit empruntée aux réserves de l'organisme, ce qui se traduit par de l'amaigrissement et de la perte de poids.

4° La caséine qui est utilisée chez le chien, sans le concours des graisses de réserve du moment que la fixité du poids est obtenue, est beaucoup plus toxique chez cet animal (désintégration graisseuse de l'épithélium rénal, artério-sclérose du myocarde) que chez le rat où l'amaigrissement est la règle.

Chez le chien, la caséine est donc un aliment complet au point de vue nutritif, mais c'est un aliment qui ne tarde pas à entraîner la mort par sa toxicité. Le pouvoir nutritif n'est donc pas nécessairement lié au défaut de toxicité.

Le moment est venu de formuler une réponse à la question de *Magendie* qui peut être posée de la manière suivante : « La graisse qui existe à l'état potentiel dans la molécule albumine permet-elle l'utilisation non toxique des groupements azotés de cette molécule ? » Nous pouvons sans crainte répondre non, étant donné que l'administration exclusive et prolongée de protéines entraîne fatalement la mort, soit par épuisement des réserves, soit par intoxication. Dans le premier cas, l'animal emprunte à ses réserves dès le début de l'expérience, la graisse qui manque à sa ration, et il meurt à l'épuisement de celles-ci avec des lésions très légères (rat blanc).

La conclusion de ces premières expériences est que les graisses paraissent jouer un rôle important dans l'utilisation des matières protéiques dont elles diminuent et même suppriment la toxicité.

Dans une autre série de recherches nous avons fait une étude comparative du rôle des substances ternaires, hydrates de carbone et graisses, dans l'utilisation des matières azotées, en alimentant des rats blancs avec des mélanges ovalbumine-amidon, ovalbumine-saindoux, et cela en faisant varier les proportions relatives de l'albumine et de la substance ternaire. Ces rations étaient additionnées de sels minéraux et de bicarbonate de soude en vue d'éviter la déminéralisation et l'acidose.

Toutes ces expériences dont les résultats sont contenus dans les propositions suivantes, établissent nettement la supériorité des graisses sur les hydrates de carbone dans l'utilisation des protéines.

1° Les mélanges ovalbumine-graisse permettent d'obtenir beaucoup plus facilement que les mélanges ovalbumine-amidon, la fixité prolongée du poids. Tandis que ce résultat est atteint avec tous les mélanges expérimentés d'ovalbumine-graisse quelles que soient les proportions relatives des deux substances, seul le mélange ovalbumine-amidon parties égales s'est montré doué de cette propriété. Avec la graisse, la toxicité de l'albumine est à peu près nulle, tandis qu'avec l'amidon, nous avons relevé fréquemment à l'autopsie des lésions congestives et hémorragiques de la muqueuse gastro-duodénale, de l'hypertrophie du foie et des reins, et une coloration verte de l'urine, autant de signes de l'intoxication albuminique observés chez les rats nourris exclusivement de protéines.

2° La quantité minimum d'albumine qu'il est nécessaire d'introduire dans la ration pour obtenir la fixité prolongée du poids, est trois fois plus élevée avec l'amidon qu'avec la graisse.

3° La ration optima ovalbumine-graisse susceptible d'équilibrer le poids, contient un cinquième en moins de calories que la ration correspondante ovalbumine-amidon.

Ces résultats parlent dans le même sens que les précédents, ils montrent que l'albumine est mieux utilisée avec la graisse qu'avec les hydrates de carbone, d'une façon moins toxique et plus économique. Le rendement nutritif de l'albumine est plus grand avec la graisse qu'avec l'amidon du moment qu'il en faut trois fois moins dans le premier cas que dans le second pour couvrir les besoins azotés chez le rat blanc. Avec la graisse, l'utilisation de l'albumine est donc plus complète; les déchets sont réduits au minimum et l'on s'explique ainsi la moindre toxicité.

Cette supériorité des graisses ne saurait tenir à une question de vitamines, du moment que le saindoux auquel nous avons eu recours pour les expériences, est dépourvu de ces substances au même titre que l'amidon (absence du facteur A de *Mc Collum*). Les résultats obtenus ne doivent être attribués qu'à la nature chimique de l'élément ternaire. Les graisses interviennent par leur glycérine dont *L.-C. Maillard* a montré l'importance dans la protéogénèse comme agent de condensation des acides aminés et par leurs acides gras, très voisins au point de vue chimique des acides aminés protéiques, susceptibles de fusionner avec eux et de faire subir à ces derniers des remaniements propres à rendre utilisables à l'édification de molécules protéiques déterminées, des amino-acides qui ne l'eussent pas été sans le concours des graisses.

On s'explique ainsi le meilleur rendement de l'albumine en présence des graisses ainsi que l'action atténuante de ces substances sur la toxicité des protéines par la réduction au minimum des déchets inutilisables.

Le rapport *adipo-protéique* de la ration alimentaire prend de ce fait une importance nouvelle en même temps que se dégage la notion du *minimum de graisse nécessaire à l'utilisation économique et non toxique de l'albumine.*

Cette théorie de la supériorité des graisses sur les hydrates de carbone dans l'utilisation des albuminoïdes reçoit une confirmation éclatante de la pratique de l'élevage et de la clinique. Les zootechniciens et les éleveurs ont constaté depuis longtemps que l'introduction dans la ration d'huile ou de graines oléagineuses exerce une action favorisante sur l'assimilation.

Crüsius dès 1859, montra l'influence de la richesse du lait en graisse sur l'accroissement des veaux soumis au régime lacté. Avec du lait écrémé, la quantité de matières sèches nécessaire pour obtenir une augmentation de poids de 1 kilo était de $1^{kg},90$, tandis qu'avec le bon lait additionné de crème, ce résultat était obtenu avec une quantité moitié moindre : $0^{kg},85$.

Pour ce même auteur, les rations qui conviennent le mieux aux animaux à l'engrais, formateurs de tissus, sont les plus riches à la fois en protéine et en graisse.

Les effets cliniques obtenus par l'administration d'huile végétale dans les maladies cachectisantes telles que le diabète et la tuberculose, accusent un arrêt de l'amaigrissement et de la dénutrition azotée, ce dernier ne pouvant s'expliquer que par une intervention des graisses dans le métabolisme protéique. Les bons effets de l'huile de foie de morue dans la tuberculose sont bien connus et l'on sait aujourd'hui que ces mêmes effets peuvent être obtenus avec une huile végétale. C'est donc par sa qualité de corps gras que ce médicament agit dans ce dernier cas. Enfin, l'action favorisante des graisses (huile de foie de morue, huiles végétales) sur la croissance, s'explique par le rôle de ces dernières substances dans la protéogénèse. Pour l'huile de foie de morue, il est possible que la présence de vitamines (*facteur A de Mc Collum*) renforce encore cette action en exerçant une influence distincte qui viendrait s'ajouter à la première.

M. WINTREBERT,

Chef des Travaux à la Faculté des Sciences de Paris.

LES CARACTÈRES ANATOMIQUES EXTERNES DES EMBRYONS DE SÉLACIENS (*Scylliorhinus Canicula*, L. GILL) PENDANT LES PREMIERS STADES DU MOUVEMENT.

---

59 — 13.3 — 73.1

27 Juillet (matin).

Les embryons de Sélaciens ont fait l'objet de nombreux travaux, mais ils ont été surtout étudiés par la technique des coupes. L'abandon de l'observation morphologique externe a été presque complet depuis *Balfour (1876)* et, malgré les tentatives de *van Wyhe (1882)* et des *Ziegler (1892)*, la sériation des embryons n'a fait aucun progrès. La plupart des auteurs négligent même de signaler les stades de *Balfour* et se contentent d'indications illusoires sur la longueur sur le nombre des myotomes, caractères variables suivant les conditions de milieu et différents chez les individus d'une même espèce. Cependant, sans une chronologie précise des faits de développement, tout raccord entre les divers travaux, toute synthèse de l'évolution embryonnaire est impossible. Frappé de ce desideratum, j'ai préconisé (*1917*[a]), l'emploi d'un procédé pratique de classement, basé sur la gradation des transformations anatomiques, et je l'ai utilisé pour la sériation des embryons de Sélaciens. Depuis quelques années un revirement se dessine en faveur de l'examen externe et des travaux américains récents (*Landacre, 1916; Johnson, 1917*) ont mis en relief l'aspect des embryons à une période avancée de l'ontogénie. Les stades G, H. I., de

Balfour, que j'ai étudiés, sont ceux pendant lesquels se manifeste la contraction aneurale rythmée des myotomes (*Wintrebert, 1917*[b], *1918*).

L'étude systématique des formes extérieures conduit à cette conclusion intéressante et inattendue qu'avec le perfectionnement actuel des procédés d'examen (éclairage et microscope binoculaire d'une part, variété des liquides fixateurs, colorants, éclaircissants, d'autre part), la plus grande partie des dispositions internes décrites par les coupes peut être discernée sur l'embryon transparent. La netteté des reconnaissances fait regretter que les deux procédés de recherche, interne et externe, n'aient pas été employés simultanément. Chacun a son importance et son intérêt. Les coupes et leurs combinaisons, utilisées pour la reconstruction, permettent d'atteindre à une exactitude de détails que la vue en surface ne saurait donner; mais, d'un autre côté, les résulats obtenus par ce procédé sont fragmentaires et la reconstruction plastique, qui les rassemble, exige des soins très minutieux; les structures qui font l'objet spécial de la recherche sont évidemment tracées avec une grande précision, mais les rapports avec les organes voisins sont trop souvent négligés. L'inspection extérieure de l'animal *in toto* montre, au contraire, avec une incomparable facilité la topographie des régions; non seulement elle indique les points intéressants qui peuvent faire l'objet de l'étude histologique, mais encore elle permet, avec le perfectionnement actuel des techniques, de résoudre beaucoup de problèmes qui jusqu'ici ne paraissaient point de son ressort. Elle a le grand avantage, souvent méconnu, de pouvoir être employée sur le vivant, et en montrant les phases successives des transformations ontogénétiques, elle réussit le plus souvent à élucider leur déterminisme et leur signification.

Je me suis servi de *Scylliorhinus canicula* L. Gill, dont l'élevage est facile dans les laboratoires, même éloignés de la mer. L'exfoliation superficielle de la coque opaque (*His, 1897*), la rend transparente et l'on peut suivre tout le développement sur le même embryon. Les faits principaux, recueillis par l'étude anatomique externe, peuvent être ainsi résumés (1).

1° *Le blastopore*, formé par le rétrécissement graduel de la très large fissure périblastodermique (*Wintrebert, 1917 C*) et réduit à un étroit goulot placé à la partie postérieure de la cavité germinale ou gastrulaire, semble persister jusqu'à la fin du stade G; en effet, le profond sillon, qui creuse à ce moment le bord inférieur du bourgeon terminal, conduit en avant à un orifice situé juste à la limite postérieure du plancher endodermo-vitellin, c'est-à-dire à la place même où se trouvait primitivement l'orifice gastrulaire.

2° *La papille cloacale* n'est pas encore organisée au stade H; je ne l'ai jamais vue au milieu du segment post-pédiculaire, comme le figure *Balfour* (*Pl. 8, fig. H, M. E.*) chez *Pristiurus*; on n'aperçoit, le long du bord ventral de ce segment, aucun contact entre l'ectoderme et l'endoderme (*fig. 1*). L'ouverture blastopo-

(1) Le mémoire détaillé paraîtra prochainement dans les *Archives de Zoologie expérimentale et générale*, t. 60, fasc. 4.

rique du stade G, est obturée; le canal digestif est complètement clos du côté de la face ventrale; mais il reste en communication avec le tube neural par le canal neurentérique. La papille cloacale naît, à ce stade, de la masse commune des cellules émanées du centre de croissance terminal; on aperçoit nettement

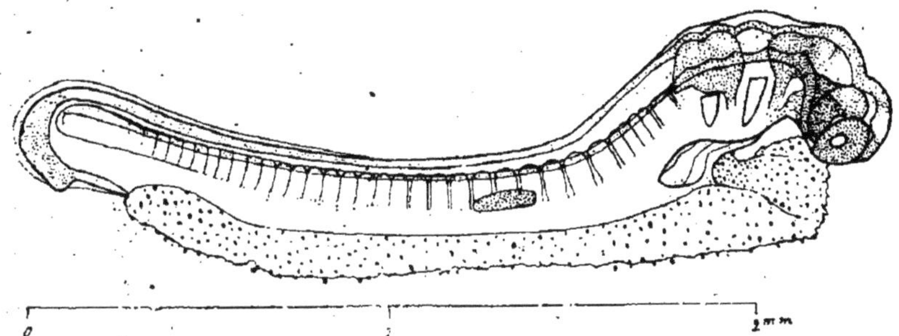

FIG. 1. — Embryon du stade H, fixé au Formol-Zenker, éclairci dans le Baume du Canada et regardé par transparence. Deux poches branchiales présentes, placées derrière la cavité mandibulaire (2e somite de V. WYHE). Prosencéphale, mésencéphale, rhombencéphale délimités. Quatre rhombomères visibles, trigéminal, intermédiaire sans racine dorsale, facial, glossopharyngien. En avant, massif du trijumeau, d'où part vers l'œil le nerf ophthalmique profond; en arrière massif acoustico-facial et glossopharyngien. L'angle dorso-cervical correspond à la limite future de la tête et du tronc. La rampe cervicale présente l'indication d'un dédoublement de certains myotomes. Le pronéphros se montre sous l'aspect d'une bande sombre située au niveau des 3e, 4e, 5e myotomes du tronc. Canal neurentérique visible. La papille cloacale naît de la masse commune du bourgeon terminal. Longueur totale : vivant, 4mm,3; deshydraté et inclus dans le Baume, 2mm,4.

son ébauche sur la figure 1, sous l'aspect d'une petite protubérance ventrale qui interrompt le liséré limbique du bouton postérieur. C'est seulement au stade I qu'elle se dégage de celui-ci, et que *la queue apparaît derrière elle;* pendant le stade H, tout le segment postpédiculaire, en avant du bouton terminal, appartient au tronc.

3° *Les placodes acoustiques* sont nettement visibles dès le début du stade G (*fig. 2*); l'embryon vivant, regardé par la face dorsale, montre leurs bords supérieurs brillants, concaves en dedans, encadrant le neuromère du facial. Au stade H, les placodes ont reculé (*Locy, 1894*) entre les renflements du facial et du glossopharyngien et leur bord dorsal est devenu concave en dehors. Au stade I, ils sont déprimés en leur centre et prennent l'aspect d'une cuvette, puis d'une coupe (*fig. 3*).

4° *Les neuromères cérébraux* apparaissent successivement. *Le premier formé est celui du facial;* il date du début du stade G (*fig. 2*); il est déjà bien délimité alors que son plafond présente encore une fissure, dernier vestige de la fermeture de la « gouttière médullaire ». Devant lui, l'archencéphale et la région antérieure du rhombencéphale sont confondus en une seule cavité très large; derrière lui, le neuromère du glossopharyngien est à peine visible. A la fin du stade G, à l'apparition des premiers mouvements du corps, la division de l'archencéphale en prosencéphale et mésencéphale n'est encore qu'ébauchée et le pli dorsal rhombo-mésencéphalique n'est pas constitué. Cependant, en avant du neuromère facial un nouveau neuromère, qui ne postède pas de racine nerveuse dorsale est apparu; au-devant de lui, la cavité mésencéphalique et la partie antérieure trigéminale du quatrième ventricule restent confondues. Au stade H, l'embryon montre enfin de façon distincte les trois grandes vésicules cérébrales dites « primaires » : l'antérieure ou prosencéphale, la moyenne ou mésencéphale, la postérieure ou rhombencéphale; mais celle-ci est déjà composée de quatre vésicules, qui sont d'avant en arrière, la trigéminale, l'intermédiaire, la faciale, et celle du glosso-pharyngien. La naissance des neuromères sur le tube neural commence donc par celui du facial, et se poursuit ensuite en arrière et en avant de lui. Indubitablement les trois vésicules véritablement

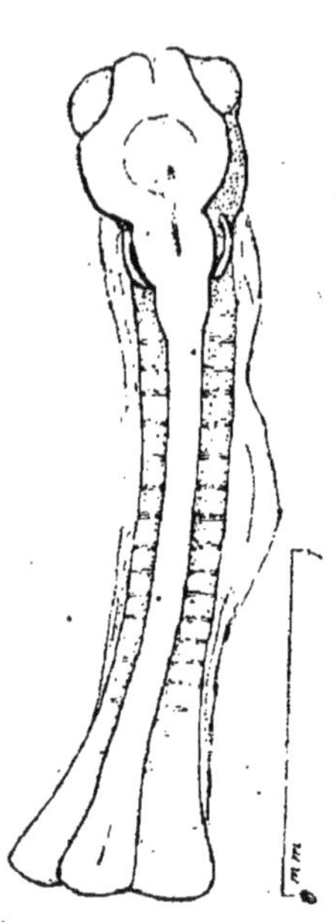

Fig. 2. — Embryon vivant, au début du stade, G. de Balfour aperçu à travers la coque, 22 heures avant le mouvement, à une température de 18 degrés centigrades. Neuromère facial très net, le premier apparu, flanqué latéralement des placodes acoustiques. Vésicules cérébrales, dites *primitives*, non encore délimitées. Échancrure neuroporale visible en avant. Traces de fermeture de la gouttière médullaire sous l'aspect de deux fissures médianes, l'une située au niveau du neuromère facial, l'autre placée au-dessus du canal neurentérique. Longueur totale sur le vivant : 2mm,8.

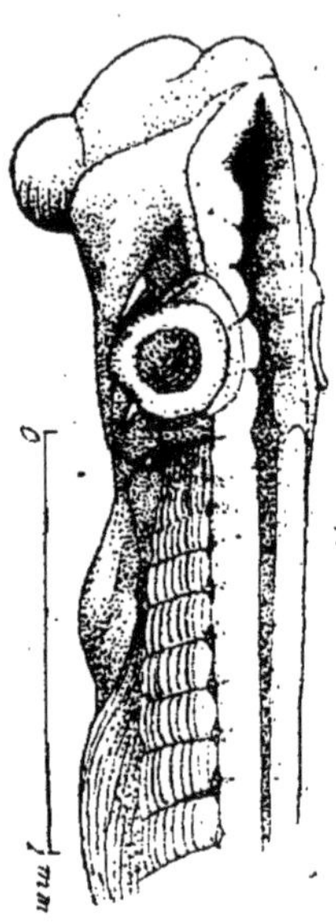

Fig. 3. — Embryon du stade I, fixé au Formol neutre à 20 0/0. Face dorsale de la tête montrant l'intérieur du ventricule rhombencéphalique, à travers le voile épendymaire et cutané. Apparition des angles antéro-latéraux; en avant de chacun d'eux, le neuromère cérébelleux se précise et présente une subdivision postérieure, trochléaire; en arrière, entre les trois rhombomères suivants (trigéminal, intermédiaire, facial) et le rhombomère glosso-pharyngien, déjà présents au stade H, s'interpose un neuromère acoustique, et à la partie postérieure du ventricule naît le rhombomère du pneumogastrique, indécis en arrière. Longueur totale de l'embryon vivant : 5 millimètres.

« primaires » sont les trois dilatations postérieures primitives du rhombencéphale, celles du facial et du glosso-pharyngien et l'intermédiaire; leur délimitation est plus précoce que celle du prosencéphale et du mésencéphale. Au stade I (*fig. 3*), entre les rhombomères du facial et du glosso-pharyngien s'intercale un nouveau neuromère, que l'on peut désigner sous le nom d'acoustique, bien qu'il ne présente pas de racine nerveuse; en outre, au-devant de l'angle antéro-latéral du ventricule rhombencéphalique, apparaît un autre neuromère que l'on peut appeler cérébelleux et qui présente parfois une subdivision postérieure, dite trochléaire.

5° *Le cœur* ne commence à battre que dans la seconde moitié du stade I, alors que l'oreillette et le ventricule sont déjà nettement distincts, séparés par un orifice, étroit et que le sinus est ébauché. Les mouvements du corps, beaucoup plus précoces que ne le pensait *Balfour*, commencent plus tôt que ceux du cœur, à la fin du stade G.

6° *Le pronéphros* apparaît par transparence au stade H (*fig. 1*), sous l'aspect d'une bande sombre. placée au niveau des 3e, 4e, 5e segments du tronc (*van Wyhe*). L'aspect continu de cette bande confirme la découverte de *Burlend*, (*1914*), qui a montré que l'organe n'avait pas une origine segmentale. Le pronéphros devient saillant vers l'extérieur et visible par réflexion au stade I; on l'aperçoit jusqu'au milieu du stade K; on peut ainsi constater que sa position reste fixe, par rapport aux somites au niveau desquels il a pris naissance (*Burlend*). Le segment pronéphrotique antérieur, présente de ce fait, un point de repère topographique extrêmement important; car entre lui et l'oreille il devient possible de dénombrer avec sûreté le nombre des somites occipitaux, pendant la période des transformations qui aboutissent à l'organisation de la région postérieure du crâne.

7° *Les somites occipitaux* présentent, d'après les constatations faites sur les embryons du stade H, une multiptication sur place de quelques-uns de leurs éléments. La rampe cervicale ascendante montre par transparence, d'abord 4, puis 5, puis enfin 7 myotomes: on voit assez nettement sur la *fig. 1* un dédoublement des deux myotomes placés au-devant du dernier cervical. L'angle qui se trouve à la jonction du dos et du cou, chez les embryons des stades H et I, correspond au septe intermétamérique qui sépare les 7e et 8e myotomes métotiques, et se trouve correspondre ainsi à la limite de la tête et du tronc, telle qu'elle a été établie par *Braus* (*1899*) chez les Scyllidés.

On voit donc que l'examen anatomique externe des embryons de Sélaciens permet de recueillir des faits intéressants et suggère des aperçus nouveaux qui peuvent conduire à la solution des problèmes les plus controversés de l'ontogénie. Il est donc justifié de penser qu'il doit être pratiqué par les embryologistes avec le même soin que le procédé des coupes.

INDEX BIBLIOGRAPHIQUE DES AUTEURS CITÉS.

1876. BALFOUR, FR. M. A Monograph on the development of Elasmobranch Fishes. *Journ. of Anat. and Phys.* (Reprinted in the M. E., vol 1, pp. 203-520, 15 pl., London, 1886.)

1899. BRAUS, H. Beitrage zür Entwichelung der Muskulatur und des peripheren Nervensystems der Selachier. I. Teil. Die metotischen Urwirbel und spino-occipitalen Nerven. *Morphol. Jahrb.*, Bd. XXVII, Taf. XIX-XXI und 6 fig. im Text, pp. 415-497.

1914. BURLEND, T. H. The pronephros of *Scyllium canicula*. *Zool. Jahrb.* Jena Abt. f. Anat., 37, 223-266, 8 Taf.

1897. HIS, W. Ueber den Keimhof und den Periblast der Selachier. *Arch. f. Anat, u. Entw.*

1917. JOHNSON, S. E. Structure and development of the sense organs of the lateral canal system of Selachians (*Mustelus canis* and *Squalus acanthias*). *Journ. comp. Neurology* vol. 28. n° 1, pp. 1-75, 83 fig.

1916 LANDACRE, F. L. The cerebral ganglia and early nerves of *Squalus acanthias*. *Journ. comp. Neurology*, vol. 27, pp. 20-55, 13 fig.

1894. LOCY, W. A. Metamerie segmentation in the medullary folds and embryonic rim. *Anat. Anz.*

1918. Neal, H. V. Neuromeres and metameres. *J. Morphol.*, Phila., xxxi, 293-315.

1917a. Wintrebert, P. Sur les principes d'une méthode pratique de sériation embryonnaire. *Soc. Biol.*, 2 juin 1917, pp. 532-535. — *1917* b. L'automatisme des premiers mouvements du corps chez les Sélaciens. *C. R. Acad. Sciences*, t. *165*, p. 369. — *1917c*. La gastrula des Sélaciens. Id. t. 165, p. 411. — *1918* a: Le début de l'intervention nerveuse et la position du problème expérimental dans l'automatisme embryonnaire des Sélaciens. *C. R. Soc. Biol.*, t. lxxxi, pp. 534-537. — *1918* b. L'apport du système nerveux à l'automatisme de l'appareil locomoteur, chez les embryons de Sélaciens. *C. R. Soc. Biol.*, t. lxxxi, p. 585-588.

1882. Van Wyhe, J. W. Uber die Mesoderm segmente und die Entwickelung der Nerven des Selachierkopfes. Apart 1882. (Auch in *Verhandel d. Kon. Akad. van Wetenschappen*. Deel xxii, 1883. (Réédité : Groningen, 1915.)

1892. Ziegler, H. E. und Ziegler, F. Beitrage zur Entwickelunsgeschichte von *Torpedo Archiv fur mikr. Anat.*, Bd. xxxix, pp. 56-102, Taf iii u iv, u 10 fig.

M. P. de BEAUCHAMP,

Chargé de Cours à la Faculté des Sciences de Dijon.

SUR QUELQUES RHABDOCŒLES DES ENVIRONS DE DIJON

27 Juillet (soir).

Les animaux signalés ici proviennent d'uue petite mare à l'entrée du village de Perrigny-lès-Dijon, qui héberge une faune de Rhabdocœles particulièrement riche et variée par rapport aux autres collections d'eau de la région. Je mentionnerai quelques particularités de deux espèces rares qui y étaient abondantes au début de cet été, et un parasite d'une troisième.

1° Dalyellia diadema *von Hofsten et son spermatophore.*

Cette espèce (le genre est celui qui porta longtemps le nom de *Vortex*) a été décrite en 1907 (1) et son auteur n'en avait eu que quelques exemplaires en Suisse, dans le lac de Thoune et des mares de montagne, jusqu'à plus de 2.000 mètres; elle paraît n'avoir été revue qu'en Angleterre par *Whitehead* en 1914 (*Essex Naturalist*, XVII) dont je n'ai encore pu consulter le travail. Elle est bien caractérisée par l'armature cuticulaire du pénis, en forme d'anneau incomplet, finement réticulé, portant neuf (de huit à dix d'après mes observations) gros aiguillons creux.

---

(1) Je renvoie pour toute la bibliographie à la revision de von Graff, Turbellaria Rhabdocœlida « *Das Tierreich* », Berlin 1913 (voir aussi pour l'anatomie le même auteur, *Bronn's Tierreich* 1904 à 1908). Je n'ai pu, d'ailleurs, dans les circonstances actuelles, me procurer la littérature plus récente, sauf un travail de von Hofsten (*Naturwiss. Untersuch. des Sarekgebirges in Schwedisch-Lappland, Bd. IV, Zoologie* p. 697, Stockholm 1917) où il compte *D. ornata* et *D. diadema* comme espèces « arctiques-alpines » connues uniquement en Suisse (l'indication de *Whitehead* pour la seconde paraît lui avoir échappé).

Au point de vue de la forme générale, très sommairement décrite par H., j'ajoute qu'elle est assez effilée, mais renflée au milieu, que l'intestin occupe environ le tiers moyen de la longueur du corps, dont le pharynx occupe un quart. Les vitellogènes forment deux cordons cylindriques, réunis à leur extrémité inférieure qui, lorsqu'ils sont très développés seulement, paraissent incisés plutôt que véritablement lobés. Les testicules sont au niveau du bout inférieur de l'intestin, l'ovaire un peu plus bas au niveau de l'œuf quand il est formé; celui-ci est elliptique, légèrement aplati sur une face. L'organe copulateur frappe d'abord par sa grosse vésicule séminale sphérique, séparée de l'armature cuticulaire par une masse aussi haute qu'elle de cellules finement granuleuses que surmontent, au contact de la vésicule, deux amas de grains très réfringents, la sécrétion accessoire si caractéristique des Rhabdocœles. Au même niveau la bourse copulatrice, qui vide est formée d'un long boyau contractile terminé par un cul-de-sac sphérique. Mais elle renferme en général un spermatophore sur lequel il faut insister car c'est la particularité intéressante de l'espèce.

Il a déjà été vu par H. qui rapproche à juste raison sa structure de celle qu'il faisait connaître en même temps chez sa *D. expedita*. Le mode de formation en est tout à fait aberrant, et mes observations complètent heureusement les siennes à ce point de vue: je puis affirmer, ce qu'il laisse encore dans le doute, qu'il n'est point sécrété dans les voies ♂ avant la copulation comme il est habituel dans le règne animal, mais se forme après coup dans la bourse, partie de l'appareil ♀. Sa forme en ampoule à col allongé, ayant la même orientation que celle-ci et la remplissant alors que l'orientation serait inverse s'il s'était moulé dans le canal éjaculateur, suffit à le faire soupçonner. Mais de plus j'ai observé des stades précoces, où le réservoir ne renferme que la masse de spermatozoïdes issue de la vésicule séminale, entourée de boules protoplasmiques très vacuolisées. Cette couche ne fait pas partie de la bourse, dont les parois sont uniquement musculaires; c'est certainement une partie détachée des cellules granuleuses déjà signalées à l'intérieur du pénis (et qui sont en effet expulsées partiellement quand la fixation détermine une contraction). C'est à ses dépens que se forme autour de la masse spermatique une couche cuticulaire d'abord très mince qui s'épaissit et se régularise en se moulant dans la bourse et son col. Au premier stade on retrouve au pôle supérieur du spermatophore les grains réfringents qui ont été eux aussi éjaculés avec le reste; mais je n'ai pu m'assurer qu'ils représentaient la matière nécessaire à sa formation, comme le soupçonne H. En tous cas ils disparaissent quand il est complet, ainsi que la couche vacuolaire. Il semble qu'une autre cuticule puisse être formée à la périphérie de celle-ci, ce qui explique la double paroi constatée par H. chez *D. expedita*, mais dans notre espèce la paroi reste mince et régulière. Les spermatophores présentant un aspect plissé et ratatiné sont ceux que la contraction de la bourse a vidés de leur contenu dans les voies ♀, effectuant ainsi la fécondation proprement dite. On peut alors, fait déjà noté par H., trouver à son intérieur un second spermatophore formé par une autre copulation, refoulant le premier et d'abord de forme presque régulière (sa disposition prouve encore qu'ils ne sont pas sécrétés par la paroi de la bourse), puis se vidant et se ratatinant à son tour.

2° Dalyellia ornata *von Hofsten et les formes voisines.*

La *D. ornata* était un peu moins abondante dans ma station que l'espèce précédente, dont elle se distingue aisément par son corps un peu plus petit et plus linéaire, son pigment presque noir en traînées réticulées au lieu d'être couleur café et diffus, son pharynx, entouré de glandes à sa base, ne faisant guère que le huitième de la longueur du corps dont l'intestin fait au contraire la moitié. La disposition de l'appareil génital est analogue, sauf la présence d'un réceptacle séminal pédonculé et l'armature du pénis sur laquelle nous allons revenir. Elle a été également signalée par H. en 1907, puis en 1911, dans diverses collections d'eau en Suisse jusqu'à près de 2.000 mètres. On aurait donc pu regarder avec lui ces deux espèces comme des formes d'eau froide si on ne les retrouvait dans cette mare de Perrigny où la température est fort élevée pendant l'été; mais nous avons déjà eu plus d'une surprise analogue avec de prétendus résidus glaciaires! Elle ne paraît pas avoir été retrouvée ailleurs, mais nous allons voir qu'elle n'est peut-être pas distincte de certaines espèces voisines.

Beaucoup d'espèces en effet ont été uniquement fondées sur les parties dures du pénis; or, d'après mes observations, celles-ci peuvent présenter une variabilité individuelle assez considérable. L'appareil en question forme comme chez *D. diadema* un anneau incomplet dont les deux bouts s'effilent et se rabattent et qui donne insertion vers le bas à une rangée d'aiguillons légèrement cintrés, ici beaucoup plus fins et plus nombreux. Il est difficile de les compter avec certitude, j'en trouve généralement un peu plus que H., entre vingt et trente et plus souvent les nombres élevés. Le ruban annulaire lui-même a une structure fibreuse, mais la base des aiguillons se prolonge à sa surface et au-dessus de lui par une rangée supérieure d'épines cuticulaires beaucoup plus courtes. Plus exactement ces épines alternent avec les aiguillons, mais de façon assez irrégulière car on les voit s'incliner, se bifurquer, disparaître plus ou moins complètement par place. Enfin l'extrémité de ces épines est réunie par une seconde bague cuticulaire à paroi plus mince et sans structure apparente, de sorte que se trouve réalisé le type de H.: deux anneaux réunis par des trabécules plus ou moins régulièrement perpendiculaires. Tout cet ensemble est sujet à de grandes variations tenant simplement au degré de cuticularisation plus ou moins avancé du canal éjaculateur qui le différencie: l'anneau supérieur est souvent plus large que l'inférieur, comme dans la figure de H., il peut être assez développé pour paraître se fusionner avec lui au moins sur une partie de sa longueur en une bande unique percée de quelques trous irréguliers, mais au contraire il peut manquer complètement et l'ensemble se réduit à l'anneau fibreux portant en bas les aiguillons, en haut les épines dont le nombre, la longueur et l'épaisseur sont aussi très variables (1).

Or toutes ces dispositions ont été décrites comme caractéristiques d'espèces différentes. Il existe une *D. caucasica (Plotnikow, 1906)* présentant un anneau large, dont la partie inférieure est seule fibreuse, mais traversée par les racines des aiguillons qui pénètrent dans la partie homogène ; cette espèce présente des zoochlorelles dans l'intestin, mais c'est un caractère qui peut être inconstant dans une même espèce de Rhabdocœles. La *D. rhombigera* décrite par le même auteur en 1905 présente d'autre part un anneau mince, avec des pointes des deux côtés, alternant entre elles, qui correspond absolument d'après sa figure fort schématique au dernier cas que nous avons décrit, la ligne qui réunit les supérieures est évidemment le bord d'un second anneau peu différencié. De plus le caractère qui a donné son nom à l'espèce, la forme en losange très arrondi de la coupe optique de l'œuf, existe très nettement chez mes *ornata* (et n'est pas un artefact comme le soupçonne *von Graff*). Je ne doute guère que ces trois formes, dont les autres caractères sont très analogues, et d'autres encore certainement, n'appartiennent au cycle de variation d'une même espèce. Il faudra néanmoins une étude plus approfondie d'un matériel de provenance variée pour établir cette synonymie, je me borne à attirer là-dessus l'attention des systématiciens.

3° *Champignon parasite de* Mesostoma lingua (*Abildg.*).

Cette espèce, banale d'ailleurs et très répandue dans les eaux stagnantes de la région, se montrait au mois de juin à Perrigny infectée dans plus de la moitié des exemplaires par un champignon filamenteux. Le mycélium, très fin et souvent difficile à voir, cloisonné de façon peu distincte, semble se développer d'abord dans les cellules intestinales et surtout dans le vitellogène, où se forment les nombreuses spores assez grosses (10 µ), rondes, à membrane épaisse donnant les réactions de la cellulose, et couvertes de crêtes dessinant des aréoles polygonales régulières. Elles sont complètement pédonculées et rattachées aux filaments par de courts rameaux latéraux. Mais les individus très infectés, reconnaissables à l'œil nu par leur teinte blanche opaque, sont stériles et n'ont plus guère d'autre organe que le pharynx au milieu d'un parenchyme très raréfié et bourré de spores détachées. *Von Graff* dans son relevé des parasites de Rhabdocœles n'a signalé aucun champignon et je n'ai moi-même connaissance d'aucune autre observation.

(1) Bien plus, ces aspects peuvent varier suivant le mode de préparation. Contrairement à ce qu'on dit en général, la cuticule du pénis des Rhabdocœles n'est pas de la chitine véritable ; comme celle des Rotifères et des Nématodes elle est, M. Schulze l'a déjà vu, soluble dans la potasse, et si rapidement chez les *Dalyellia* qu'on ne peut de cette façon l'isoler des parties molles. Il faut employer au contraire un acide, le lactophénol d'Amann est en particulier un excellent médium. Mais même alors les parties les plus minces peuvent se dissoudre, et j'ai vu des armatures qui montraient nettement les deux anneaux sur l'animal entier n'avoir plus que l'inférieur une fois montées.

M. C. HOUARD,
Professeur à la Faculté des Sciences de Strasbourg.

LA COLLECTION CÉCIDOLOGIQUE DU LABORATOIRE D'ENTOMOLOGIE DU MUSÉUM DE PARIS

58.12.198.3

27 Juillet (soir).

La Collection de Zoocécidies que j'ai établie en 1911 au Laboratoire d'Entomologie du Muséum national d'Histoire naturelle a pour objet de réunir en un faisceau unique:

1° Les diverses collections de galles conservées dans ce Laboratoire (Collections du Dr *Giraud*, 1877; du Dr *Sichel*, 1867; du Dr *Fairmaire*, 1906; de *Mayr* et *Müllner*, 1905; etc.).

2° Les nombreux matériaux isolés qui étaient accumulés dans le Laboratoire d'Entomologie depuis un demi-siècle, et qui provenaient d'Europe, d'Algérie, de Tunisie, du Maroc, de l'Afrique centrale, de l'Australie, de la Nouvelle-Calédonie, des deux Amériques (échantillons de *Guenée, Seurat, Lesne, Chevalier, Roubaud, Alluaud, Verreaux;* récoltes du Laboratoire d'Entomologie et des savants qui le fréquentent, etc.).

3° Les galles qui ne cessent d'arriver au Laboratoire d'Entomologie de tous les points du globe, et qui me sont remises au fur et à mesure.

4° Les Collections ou les matériaux isolés sollicités par moi près de divers naturalistes ou qui m'ont été aimablement offerts.

Ici, à ce sujet, je dois des remerciements à M. *P. Marchal* pour ses galles inédites du nord de l'Afrique, à M. *Pitard* pour ses cécidies marocaines, à M. *Le Testu* pour ses déformations végétales du Congo français, à M. *Lemée* pour ses galles normandes. M. *Lecomte* m'a autorisé à prélever pour la Collection cécidologique les nombreux échantillons que ses collaborateurs rencontrent dans les Herbiers du Muséum, en particulier dans ceux de la Nouvelle-Calédonie, de l'Afrique occidentale, de l'Indo-Chine et de la Chine, de la Guyane française, etc.

5° La grande Collection du Muséum contient en outre ma Collection cécidologique personnelle que j'ai tenu à offrir en 1916 au Laboratoire d'Entomologie et à faire monter sous ma direction. Cette collection comprend exactement mille numéros représentés dans la grande Collection par les nombres de 2.001 à 3.000. Ces numéros représentent plusieurs milliers d'échantillons et correspondent aux récoltes que j'ai effectuées, au cours de mes voyages en France, en Corse, en Algérie, en Europe centrale, ainsi qu'aux échantillons types qui ont servi à mes descriptions originales ou qui m'ont procuré des éclosions. Ils renferment aussi de nombreux matériaux de l'Afrique occidentale française et du Dahomey (envois de *A. Houard*), de même que les cécidies trouvées en France et dans le nord de l'Afrique par mes nombreux et dévoués collaborateurs : MM. *Chassignol*, *Lemée*, *Darboux*, *Cotte*, *Maire*, *Seurat*, *P. de Peyerimhoff*, *Ducellier*, *Nicolas*, etc.

6° La Collection du Muséum renferme enfin les cinq cents premiers numéros du *Recueil de galles italiennes* (« *Cecidotheca italica* ») publié par *Trotter* et *Cecconi* de 1900 à 1909, et qui était ma propriété. Ces échantillons occupent les numéros 3001 à 3500.

En raison de la difficulté d'établir un classement rationnel d'un nombre aussi considérable de cécidies, désireux avant tout de les placer dans les meilleures conditions de conservation et d'examen, je me suis arrêté à la disposition suivante :

Les cécidies ont été fixées dans des cartons liégés à double fond, de 29 centimètres de long sur 19 de large et 9 d'épaisseur totale, établis spécialement pour la Collection. Elles y sont disposées en deux séries verticales séparées par un cordonnet noir. Chacune d'elles est accompagnée d'une étiquette portant un numéro d'ordre imprimé, le nom latin de l'animal cécidogène quand il est connu, le nom latin de la plante hospitalière, l'indication du collecteur de la galle avec la date de la récolte ou bien l'indication de la collection partielle dont elle fait partie, avec la date d'entrée de cette collection au Laboratoire d'Entomologie, enfin le nom du déterminateur et l'année de la détermination.

Les annotations originales ainsi que les notes manuscrites des collecteurs ont été autant que possible conservées.

Les échantillons fragiles ont été protégés par de petits tubes de verre, par des boîtes vitrées de format variable ou par de petites lames de gélatine transparente.

Tous les exemplaires de la Collection sont empoisonnés.

Les boîtes munies extérieurement de leurs numéros sont conservées dans les vitrines de la Galerie d'Entomologie appliquée au Muséum d'Histoire naturelle de Paris.

A l'heure actuelle (juillet 1920), la Collection cécidologique comprend 3128 numéros constitués par plus de dix mille échantillons ; ceux-ci sont contenus dans 452 boîtes.

Elle renferme les groupements suivants de galles :

Collection du Dr Giraud (nos 1 à 170) ; *Collection du Dr Sichel* (nos 171 à 222) ; *Collection du Dr Faimaire* (nos 223 à 356) ; *Collection du Dr G. Mayr et F. Müllner* (nos 357 à 392) ; *Galles d'Algérie et de Tunisie* (no 393 à 437) ; *Collection du Dr P. Marchal* (nos 438 à 490) ; *Galles du Maroc* (nos 491 à 504) ; *Galles d'Afrique et d'Asie* (nos 505 à 552) ; *Galles de Burséracées* (nos 553 à 611) ; *Galles d'Océanie* (n°s 612 à 636); *Galles marocaines, collection Pitard* (n°s 637 à 690); *Galles de France* (n°s 691 à 803); *Collection E. Lemée* (n°s 804 à 1054); *Galles d'Afrique, d'Asie et d'Océanie* (n°s 1055 à 1100); *Galles du Congo français* (n°s 1101 à 1230); *Galles de Nouvelle-Calédonie* (n°s 1231 à 1531); *Galles d'Asie et d'Océanie* (n°s 1532 à 1539); *Cécidies marocaines, collection Pitard* (n°s 1540 à 1542); *Galles extra-européennes* (n°s 1543 à 1593); *Galles du Nord de l'Afrique* (n°s 1594 à 1628); *Collection C. Houard* (n°s 2001 à 3000); *Cecidotheca italica* (n°s 3001 à 3500).

J'ai réuni en de petites Notes ou en des Mémoires parfois assez volumineux, illustrés de figures originales, tous les renseignements relatifs aux collections particulières ou aux groupements de galles qui constituent la grande Collection cécidologique du Laboratoire d'Entomologie. Je les ai publiés presque tous dans la « *Rivista internazionale di Cecidologia* » (Marcellia) sous le titre général : *Les Collections cécidologiques du Laboratoire d'Entomologie du Muséum d'Histoire naturelle de Paris.*

Ce sont les suivants : *L'Herbier du Dr Sichel* (1909); *L'Herbier du Dr Fairmaire* (1912); *Galles de Mayr et Müllner* (1912); *Galles d'Algérie et de Tunisie* (1913); *Galles du Dr P. Marchal* (1913); *Galles du Maroc* (1913); *Galles de Burséracées* (1913); *Galles d'Afrique et d'Asie* (1913); *Galles de France* (1914); *Galles nouvelles d'Afrique, d'Asie et d'Océanie* (1914); *Galles du Congo français* (1915); *Galles de E. Lemée* (1915); *Galles de Nouvelle-Calédonie, Premier Mémoire* (1915); *Galles de Nouvelle-Calédonie, Deuxième Mémoire* (1917); *Galles de l'Ancien Continent, extra-européennes* (1917); *L'Herbier de Galles du Dr Giraud* (1918).

Enfin, les *Cécidies récoltées au Maroc par C.-J. Pitard* sont en cours de publication dans les « *Travaux de la Mission scientifique marocaine* » et le manuscrit de *L'Herbier de Galles de C. Houard* est prêt pour l'impression.

Tel est l'état d'avancement de la grande Collection cécidologique que j'ai fondée au Laboratoire d'Entomologie du Muséum de Paris.

Quand le classement des échantillons d'Amérique sera terminé et les publications correspondantes achevées, il me sera possible de dresser :

1° La liste numérique de toutes les cécidies, avec les annotations bibliographiques correspondantes;

2° La table alphabétique des cécidozoaires;

3° La table alphabétique des plantes hospitalières.

Ces listes et ces tables permettront de retrouver avec rapidité tout ce qui concerne une galle déterminée, dont les échantillons sont disséminés dans la Collection cécidologique, et d'utiliser cette dernière au mieux des intérêts de la Science.

M. R. CHUDEAU,
Docteur ès Sciences, Paris.

REMARQUES SUR QUELQUES MAMMIFÈRES DU SAHARA ET DU NORD DU SOUDAN

59.9 (661)

27 Juillet (soir).

Au cours de mes diverses missions en Afrique, j'ai pu rapporter quelques exemplaires de petites espèces et surtout prendre des notes sur la distribution géographique des grandes.

Je résume les indications recueillies en suivant l'ordre zoologique.

Le Lion habite toute l'année les bords du Sénégal, du Niger et du Tchad, ainsi que de toutes les mares permanentes (Menaka, Keïta, Gossi, etc.). Pendant la saison des pluies il suit les troupeaux autour des mares d'hivernage; il atteint ainsi, au moins accidentellement, la Tamourt en Naja (nord du Tagant) et la partie méridionale de l'Adrar des Iforas jusqu'à Bou Ghessa. Il semble se trouver toute l'année dans l'Aïr dont les montagnes volcaniques contiennent quelques flaques d'eau permanentes. Quand les mares deviennent rares, le lion peut ne boire que tous les trois ou quatre jours.

La Panthère a un habitat analogue, mais pénètre plus loin vers le nord. On la trouve dans tout le Tagant jusqu'au Khat. Il en a été tué une à Tijikja, à 500 mètres du village en juin 1911.

Le Guépard semble très répandu. En 1911, il en existait un au poste de Tijikja, pris au voisinage.

Felis serval. Un exemplaire apprivoisé au poste de Moudjeria, pris jeune dans la falaise du Tagant.

En 1905, j'ai vu deux jeunes Lynx au poste de Gouré (Moundo).

Hyæna crocuta (Gaboun en maure, Tahourit ou Tachourit en tamachek) remonte très au nord dans la zone sahélienne; elle semble assez commune dans l'Adrar mauritanien et dans l'Adrar des Iforas. Les indigènes la redoutent plus que le Lion.

L'Hyène rayée est commune partout où il y a un peu d'eau. On a pu observer à Gouré (territoire de Zinder) qu'une hyène captive se passait de boire pendant sept à huit jours.

Le Chacal ne manque que dans les Tanezrouft (partie du Sahara où pendant quatre à cinq jours, les caravanes ne rencontrent ni eau ni pâturage; c'est le désert au sens absolu du mot). Auprès des puits médiocrement profonds, il creuse des galeries qui lui permettent d'atteindre l'eau. Un exemplaire tué en Mauritanie (1908) est le *Canis Anthus* *.

Le Fonok (*Canis Zerda*), tout le Sahara, même loin des points d'eau, et le nord de la zone sahélienne. En 1905, à mi-chemin d'In Ouzel à Timissao, à 100 kilomètres de tout point d'eau, un terrier contenait des Fenek tout jeunes. Le Fenek se nourrit d'insectes et de lézards et aussi de végétaux. En 1913, entre Araouan et Guir, j'ai pu m'assurer qu'il mangeait le *Phelipœa violacea*, dont les indigènes consomment aussi, en temps de disette, les parties charnues.

*Vulpes famelicus** un exemplaire d'Atar (Mauritanie), 1911.

*Ratelus mellivora**. Un individu a été tué en 1908 en Mauritanie, au sud de Nouakchott. D'après les pistes, le Ratel paraît avoir la même limite nord que les termitières (encore fréquentés dans la moitié méridionale de la zone sahélienne).

*Zorilla zorilla** (Jerbo en maure) semble très répandu dans la zone sahélienne. Se trouve souvent dans les cases indigènes.

Il existe d'assez nombreux autres petits carnassiers sur lesquels je n'ai pas de renseignements précis.

H. Duveyrier (*Les Touaregs du Nord*, 1864, p. 224), mentionne un grand carnassier, *adjoulé* en Tamachek qu'il croit être un loup. Un peu plus loin, page 230, il indique que ce fauve dangereux est très rare et ne se trouve que dans les régions montagneuses. Le *P. de Foucauld* a recueilli les mêmes renseignements; l'adjoulé très redouté des indigènes, existerait encore dans la Tifedest.

En Mauritanie, il existe aussi un *Kelb El Khela* (chien de brousse) fort redoutable, paraît-il; on m'a signalé aussi l'existence d'un grand fauve, qui n'est pas une hyène, dans le Timétrin (Azaouad).

Il y a là une question intéressante à élucider.

Dans l'Adrar mauritanien j'ai pu prendre *Gerbillus validus**, *G. pygargus*, *G. gerbillus* et *G. longicaudis*. D'après les récoltes de *L. Quiroga*, *P. Martinez y Saez* a cité, du Rio de Oro, *Meriones Shawi* et *Bifa lerotina*.

Le Porc-épic semble exister dans toute la zone sahélienne; il est commun à Aleg (Mauritanie); je l'ai noté près de Chingetti (Adrar-mauritanien) et dans l'Adrar de Tigirirt (300 kilomètres E.-N.-E. de Gao). Il est connu à El Goléa.

Les Lièvres sont assez répandus, même au Sahara; il semble que l'on en a décrit trop d'espèces.

Le genre *Ctenodactylus*, Goundi en arabe du Nord, téloui en maure, telout en tamachek) se trouve dans toutes les régions rocheuses du Sahara (Timissao, Adrar des Iforas, Adrar mauritanien, etc.). Grammaticalement, telout est le féminin de elou (éléphant); mais il a un sens tout différent. Près de Tlemcen il existe un Aïn Telout; il ne semble pas que

Les espèces marquées d'un * ont été déterminées au Muséum.

e nom de cette fontaine soit un souvenir des éléphants, mais plutôt des *tenodactylus*; il n'est pas certain qu'il indique un changement de climat St. Gsell, *Le climat de l'Afrique du Nord dans l'antiquité. — Revue afriaine*, 1911, 55, p. 343-410).

Le genre *Acomys* (1) n'était connu que de l'Afrique orientale et australe ; 'ai pu le rapporter d'Atar, (Max Kollman. — *Bulletin du Muséum*, 1911, . XVII, p. 402); son existence m'avait été signalée, en 1908, à Porttienne.

Un individu d'*Akaokao*, espèce déjà signalée par *H. Duveyrier*, a été nvoyé au Muséum par le *P. de Foucauld*; c'est un Daman (2) dont l'exisnce dans l'Ahaggar est ainsi établie (*Procavia Bounhioli, Bull. Muséum*, 1912, p. 281).

Les Éléphants sont beaucoup plus méridionaux en général; cependant pendant l'hivernage, ils arrivent au nord du Tchad; un troupeau existait y a quelques années à Gao; on en signale quelques uns au sud du Tagant. Un groupe de trois éléphants était connu à Thiés; le dernier a été tué il y a deux ou trois ans.

Phacochærus Africanus Gmell., commun le long du Sénégal et du Niger, remonte pendant la saison d'hivernage assez au nord; il parvient jusqu'au nord du Tagant et dans le sud de l'Adrar des Iforas. En 1905, il en a été tué plusieurs à l'ouest d'Agadez, à Tegidda N' Taguei, où il y a une petite mare permanente.

Le genre Phacochærus qui du sud saharien vit jusqu'au Zambèze, est connu dans le quaternaire algérien et marocain.

L'Hippopotame, devenu très rare dans le Sénégal, est encore abondant ans le Niger et le Tchad. Il faut remarquer surtout qu'il en existe quelques-uns dans plusieurs des petites mares que l'on trouve entre le Mounio et le Tchad. Ces mares sont aujourd'hui complètement isolées du Tchad.

La Girafe est assez commune dans l'Hacera (partie méridionale du Tagant); pendant l'hivernage elle pénètre jusqu'à l'Adrar Timétrin (19° l. N.) et l'Adrar Tigirirt (17° l. N.).

Le Mouflon (*Ovis Tragelaphus*, Arouï en arabe et maure, oudad en tamachek) répandu du Maroc à l'Égypte, se trouve dans presque toutes les parties accidentées du Sahara. Il est commun dans tous les petits massifs montagneux du Rio de Oro (Zoug, Aussert, Adrar Sotof, Guelb Djouali, etc.). Il existe aussi dans le Koudiat d'Idjil, l'Adrar mauritanien et probablement le nord du Tagant. Il manque autour de Taodeni dans le Hamada El Haricha, mais se trouve un peu plus au nord dans le massif d'El Eglab.

Le mouflon est commun dans l'Ahaggar et les plateaux voisins

(1) Thomas a signalé un Acomys en Tunisie.

(2) Un Daman, *Hynax Latastei*, est connu des chutes du Félou (Sénégal); il se trouve dans tout le plateau Mandingue.

(Mouidir Ahnet); on le rencontre aussi dans l'Adrar des Iforas et dan l'Aïr (dans le nord tout au moins), ainsi que dans le Tiberti.

Contrairement à ce que j'ai indiqué antérieurement (*Ann. de Géographie*, 1918, p. 58), le mouflon se rencontre dans les hauteurs voisines du la Faguibine, où il est rare. Son extrême limite méridionale se trouve donc vers le 17e degré L. N.

L'Ouerg (*Oryx Leucoryx*, Pallas) se trouve dans tout le nord de la zone sahélienne de l'Atlantique au Tchad: il devient très rare dans le sud du Sahara. Cependant en avril 1913, un ouerg a été tué entre In Echaïe et El Gattara, au voisinage du Djouf. Toutefois en Mauritanie il reste commun jusque dans les plaines du Rio de Oro.

L'*Addax nasomaculatus*, de Blainville, (Méhi (maure), Lebgar El Ouach arabe) est commun au contraire dans toutes les plaines et pénéplaines du Sahara, sauf en Mauritanie où à partir d'El Moënan, il devient rare et est remplacé par l'Ouerg.

Le 5 avril 1911, près de Bouarnouar, un méhi, suité d'un veau de quelques jours a été tué. Le jeune avait une robe café au lait avec le ventre à peine plus clair.

Le 18 août 1909, dans l'Azaouad, où le méhi est très commun, à une heure au sud du puits de Taganet Keïna, j'ai croisé un gros troupeau d'Addax (300 têtes au moins). C'était le moment de la pariade et ils se laissaient approcher à quelques mètres. Si comme il est probable l'accouplement à lieu à la même époque en Mauritanie, cela ferait environ sept mois pour la durée de la gestation.

En temps ordinaire les Méhis vivent par petits troupeaux (une dizaine de têtes, souvent moins).

Les noms maures de ces deux espèces, Méhi et Ouerg, font allusion à la couleur claire de ces deux antilopes qui, de loin, paraissent blanches.

Les mâles des grandes antilopes sont désignés par les Maures sous le nom de « sour », parce qu'ils défendent le troupeau. Il y a bien un mot arabe « sour » qui veut dire muraille, rempart, mais il y a aussi « thor » qui est le taureau. Dans les dialectes méridionaux, le *th* passe souvent au *z* emphatique ou à l'*s*; il se pourrait qu'il y ait confusion entre les deux radicaux chez les Maures médiocrement instruits en général.

Gazella Mohor (mohor en arabe, inir en tamachek) ne se rencontre que dans la moitié occidentale du Sahara méridional; on la trouve en Mauritanie jusqu'à Idjil; plus à l'est elle ne devient commune qu'au sud de l'Ahaggar. En 1908, avec *Gruvel*, nous n'en avons pas vu une seule le long du littoral mauritanien.

Des fœtus de *Mohor* à terme, provenant de femelles tuées au Tchad dans la deuxième quinzaine de février avaient la robe fauve, avec à peine une origine de balsane. Des jeunes, observés en novembre dans le Damergou, âgés de huit à neuf mois, avaient à peu près exactement la robe de la gazelle commune.

Les Gazelles (*G. Dorcas* et *leptoceros*) se trouvent dans tout le Sahara; lles deviennent plus rares dans la zone sahélienne. J'ignore la distribution xacte de chacune de ces espèces.

Sur la foi de *Duveyrier* on a admis longtemps l'existence d'un âne uvage (*Equus Tœniopos*), dans l'Ahaggar; il semble bien que tous les roupeaux ont un propriétaire, et qu'il n'y a que des ânes demi domes-ques, tout au plus marrons. Ils savent très bien se faire abreuver par les ravanes et le fait cité par E. F. Gautier (*La conquête du Sahara*, 1910, . 231), n'est pas une exception. L'existence de zébrures sur les canons t d'ailleurs extrêmement fréquente au Sahara et en Mauritanie chez les nes domestiques.

Le Rhinocéros pénètre certainement jusqu'au Tchad; son aire d'habitat t plus étendue que ne l'indique le catalogue de Trouessart. Il ne se uve pas au nord du golfe de Guinée, comme l'indique Osborn (*The age f Mammals*, p. 505).

L'Oryctérope est commun dans les parties méridionales de la zone hélienne. Il y en a de nombreux terriers à l'est de Guimi (Mauritanie); 'en ai noté également à 50 kilomètres au sud de l'Adrar Tigirirt (à l'est e Gao) et jusqu'à 40 kilomètres au nord du lac Faguilin.

Le Lamantin n'est pas limité à l'estuaire des grands fleuves; on le rouve dans tout le Niger jusqu'à Kouroussa; il est particulièrement bondant dans le lac Debo. Les indigènes le connaissent bien et il a des oms dans les langues nègres.

Pour les animaux domestiques, le chameau (dromadaire) existe dans ut le Sahara comme animal de selle; comme animal porteur, son xtension est beaucoup plus grande au nord comme au sud.

Au Sahara, le cheval se trouve en petit nombre dans les oasis; quelques efs touaregs en possèdent dans l'Ahaggar; mais au Sahara, il est une te de luxe d'emploi incommode.

Pour les bœufs j'ai donné antérieurement (*Clermont-Ferrand*, 1908, . 106), quelques renseignements sur les bœufs du Tchad.

Au Sahara, les bœufs n'existent guère qu'en Mauritanie; la limite des ufs soudanais (zébu) et des bœufs marocains se trouve dans le Rio de o. Les races de chèvre et de mouton ont la même limite.

Les Chiens, des lévriers, sont communs chez les Touaregs, beaucoup lus que chez les Chaamba. On trouve aussi dans les tentes touaregs des chats très familiers et qui ont souvent un collier.

La connaissance des mammifères du Sahara et du nord du Soudan est ncore trop lacunaire pour permettre des conclusions nettes.

Fort peu ont une localisation étroite; les *Gazella Mohr* sont spéciales au hara occidental; la plupart des autres vont de l'Atlantique à la mer ouge et pénètrent souvent en Asie, ou tout au moins sont représentées dans toutes ces régions par des espèces voisines (races géographiques).

Les espèces soudanaises ne semblent pas pénétrer au Sahara. Seuls les singes sur lesquels je suis mal renseigné atteignent des latitudes asse hautes dans la zone sahélienne (Adrar des Iforas, Aïr, Tagant).

Une espèce méditerranéenne, le Mouflon traverse tout le Sahara et attein la zone sahélienne.

Au quaternaire, à l'époque où les grands fleuves sahariens coulaie encore, la barrière était moins nette; l'éléphant et le phacochære se trouvaient jusqu'en Berbérie; l'Hyœna crocuta est connue dans le quaternaire européen.

M. Charles PÉREZ,
Professeur à la Faculté des Sciences de Paris.

ATROPHIE SAISONNIÈRE ET RÉGÉNÉRATION DANS LE TESTICULE DES BATRACIENS URODÈLES

59 — 14.63 — 76

27 Juillet (soir).

Il y a bien des années déjà, j'ai signalé dans une courte note (*C. R. Soc. Biologie*, t. 56, 1904, p. 783), les processus atrophiques dont le testicule des Tritons est le siège après la période d'activité génitale. Cette communication est généralement passée inaperçue, et la région du testicule qui résulte de l'atrophie a même été interprétée comme une glande interstitielle. Il n'est donc peut-être pas inutile de revenir sur ces faits.

Il n'y a pas, chez les Batraciens Urodèles, de glande interstitielle, au sens que l'on attache à ce terme dans le testicule des Mammifères par exemple. La glande mâle est exclusivement composée de lobules ou cystes, agglomérés les uns contre les autres, et qui présentent, suivant la région où on les considère, diverses étapes de la spermatogénèse. Chaque année, après la période génitale, un certain nombre de cystes, au voisinage immédiat de la région des spermatogonies en réserve pour l'année suivante, dégénèrent par un processus atrophique : l'enveloppe folliculaire du cyste se met à manifester une grande activité phagocytaire; elle englobe, morcelle et digère les spermatozoïdes formant le contenu du cyste; la cavité de celui-ci s'oblitère peu à peu, par l'avancée dn tissu phagocytaire, et le cyste se réduit progressivement de volume, en même temps qu'il se transforme en un îlot de tissu d'aspect tout particulier. Le processus est identique à lui-même chez les diverses espèces de Tritons et chez la Salamandre; il est vraisemblablement général dans tout le groupe des Urodèles; c'est un processus physiologique d'involution saisonnière, qui se produit en liberté dans la nature aussi bien que chez les animaux conservés en captivité.

Au début de son avancée dans la cavité du cyste, la paroi folliculaire paraît comme un plasmode ténu dont la surface terminale n'est pas jours aisée à bien délimiter. Au fur et à mesure que le processus phago-ytaire s'accomplit, le protoplasme des éléments folliculaires devient plus ense, et en même temps d'autant plus aisément repérable qu'il se bourre e plus en plus d'inclusions diverses : les plus récemment englobées sont ttement reconnaissables pour des fragments, encore chromatiques, de rmatozoïdes, souvent tordus, pelotonnés sur eux-mêmes, ou enroulés n spirales serrées ; d'autres, à un état de digestion plus ou moins avancée, présentent sous forme de boules prenant les colorants plasmatiques, ou ême de gouttelettes de graisse neutre. A cette phase, on distingue uvent les limites cellulaires des éléments folliculaires qui reprennent si leur individualité. Dans les stades avancés, les cystes atrophiques t remplacés par de petits massifs bourrés de graisse, où achèvent de paraître les dernières inclusions chromatiques encore reconnaissables ur des débris de spermatozoïdes. Dans les préparations où la graisse a dissoute par les réactifs, ces régions ne sont pas sans analogie avec un ssu glandulaire clos ; mais il suffit d'avoir suivi les étapes antérieures ur en reconnaître la véritable signification. Une lente résorption de la isse achèvera de faire disparaître ces anciens cystes, et les confondra vec un banal tissu mésenchymateux.

Mais, avant que cette disparition ne s'achève, le tissu phagocytaire est vahi sporadiquement, à partir semble-t-il de la surface du testicule, par e grosses cellules, à noyau lobé d'allure bourgeonnante, à chromatine persée d'aspect poussiéreux : ce sont des spermatogonies primitives, e l'on peut voir parfois se multiplier par mitose, début du processus de roliferation qui repeuplera d'éléments germinaux cette région du testi-ule, et deviendra l'origine de nouveaux cystes pour une période génitale ltérieure.

M. Charles PÉREZ,
Professeur à la Faculté des Sciences de Paris.

LA DÉDIFFÉRENCIATION DES CELLULES

59.11

27 Juillet (soir).

Dans les phénomènes de la métamorphose des Insectes interviennent rois grands ensembles de processus histologiques : 1° Les organes les lus spéciaux et les plus différenciés de l'imago se développent entière-ent pendant la nymphose, aux dépens de disques imaginaux ou histo-lastes, qui prolifèrent et évoluent suivant les règles d'une épigénèse ordinaire; 2° les organes les plus spéciaux et les plus différenciés de l larve disparaissent pendant la nymphose, frappés d'atrophie par histolys phagocytaire; 3° à ces deux premiers ensembles se surajoutent des ph nomènes plus complexes, dont sont le siège certains organes, moin spécialisés, qui passent de la larve à l'imago, en subissant sur place d simples remaniements.

Le trait commun de ces remaniements, sur lequel j'ai à diverses repris attiré l'attention, est la *dédifférenciation* des cellules. Dans les cas les plu simples, le phénomène se manifeste de la façon suivante : la cellule présenté, pendant l'organogénèse embryonnaire une première différencia tion histologique; elle a pris un aspect déterminé, correspondant à l'organ larvaire dont elle fait partie, et sous cet aspect, elle a fonctionné penda toute la vie larvaire. Au moment de la nymphose, cette différenciatio première s'oblitère plus ou moins; la cellule prend un aspect banal, indi férencié, de masse protoplasmique contenant un noyau; elle subsiste cet état pendant le début de la crise nymphale; puis, elle s'oriente ver une nouvelle différenciation progressive, la différenciation imaginale, e même temps que se façonne, dans sa forme définitive, l'organe de l'insect parfait dont elle continue à faire partie. Éventuellement, pendant l phase de dédifférenciation, la cellule se divise en éléments plus petits, q resteront tels ultérieurement, sans s'accroître dans des proportions notables et ainsi se fait, pour des organes qui subsistent, le passage du type grosses cellules, ou *macrocytaire*, caractéristique de la larve, au type petites cellules, ou *microcytaire*, caractéristique de l'imago. Souvent l dédifférenciation s'accompagne d'une sorte de mérotomie spontanée, qu élimine de la cellule les parties les plus différenciées. Ainsi une cellul hypodermique servant à l'insertion d'un muscle élimine ses tonofibrilles condensées sous forme d'une boule de dégénérescence; ainsi encore u muscle abandonne son myoplasme contractile pour ne conserver que so sarcoplasme, et son noyau. Parfois les noyaux eux-mêmes éliminent, sou forme de boules pycnotiques, une partie de leur chromatine. Tous ce processus apparaissent comme une sorte d'épuration partielle, aprè laquelle la cellule larvaire, dédifférenciée et rajeunie, se divise avant de repartir vers la différenciation imaginale. Les faits les plus curieux à cet égard sont fournis par le tissu musculaire, étant donné qu'il s'agit d'éléments histologiques plus hautement différenciés. Le plus généralement, il y a disparition progressive des fibres striées et le muscle larvaire passe à l'état de syncytium à protoplasme homogène, qui se peuple d'une façon plus ou moins intense de myoblastes imaginaux venus se fusionner à lui; il présente ensuite des phénomènes de division nucléaire directe, souvent multiple; puis la masse se clive en fibres étroites, où réapparaît un myoplasme de fibrilles striées. Ainsi les muscles larvaires à larges fibres accolées, à gros noyaux superficiels, se transforment en muscles imaginaux, faisceaux épanouis de fibres grêles, à chapelets de petits noyaux alignés dans l'axe de chaque fibre.

On peut donc dire que, dans ces phénomènes de métamorphose, la ;ellule a présenté une première différenciation, en même temps qu'elle prenait place dans la coordination physiologique de l'organisme larvaire; elle présentera ensuite une nouvelle et autre différenciation, en même emps qu'elle prendra place dans la coordination de l'organisme imaginal; t, dans l'intervalle, elle subsiste sous une forme dédifférenciée, vivant, mble-t-il, d'une vie plus banale, moins spécialisée, qui correspond à la rise de la coordination que constitue la métamorphose, et elle se transorme en s'adaptant aux conditions nouvelles réalisées autour d'elle.

Des processus analogues de dédifférenciation cellulaire ont été observés ans des phénomènes qui paraissent, à première vue, d'un ordre tout ifférent. Ainsi, par exemple, dans les organismes qui régénèrent après mputation une partie de leur corps, la dédifférenciation des cellules joue n grand rôle dans les processus cicatriciels, qui préparent la restauration e la partie supprimée. Et si, dans certains cas, comme la régénération 'un appendice autotomisé, chez un Phasme ou un Crabe, la perturbation araît localisée au niveau même de la plaie d'amputation; dans d'autres as, au contraire, elle a sur l'organisme une répercussion à distance et étermine des remaniements plus ou moins étendus, que l'on a groupés ous le nom de *morphallaxis*, et qui ont beaucoup de traits communs avec es phénomènes de métamorphose (travaux de Nusbaum et d'Oxner sur la égénération des Némertes; de Child sur celle des Planaires à partir de ragments qui apparaissent rajeunis, etc.).

Il en est de même dans les phénomènes dits de *réduction*, ou d'involuion physiologique saisonnière, que peuvent présenter divers organismes, t qui ont été en particulier bien étudiés chez les Spongilles (K. Müller); — ou encore dans les phénomènes de réduction provoquée, lorsqu'on dilacère les tissus d'un organisme et qu'on exprime à travers une gaze l'émulsion cellulaire extraite des parties broyées (expériences de H.-V. Wilson et de K. Müller sur les Éponges, de H.-V. Wilson sur divers Cœlentérés).

Enfin, dans les expériences de culture *in vitro* de fragments d'organes d'animaux supérieurs, on a observé aussi la dédifférenciation des cellules spécialisées des tissus (Cultures de tissu rénal par Champy).

Tous ces faits relèvent, semble-t-il, d'une interprétation commune. Ce qui détermine la différenciation cytologique d'un élément d'un tissu, c'est précisément qu'il fait partie de ce tissu; qu'il est, à une place donnée, l'organe élémentaire d'une fonction spéciale. La différenciation cytologique est la marque visible d'un rôle défini, d'une participation à la physiologie coordonnée de tout l'organisme; la différenciation n'est définitive 'autant que cette coordination est stable. Mais que la coordination vienne à être rompue pour une raison quelconque : addition brusque d'une foule d'éléments nouveaux, comme cela résulte dans la métamorphose de la poussée soudaine des histoblastes; ou, au contraire, suppression brutale d'une plus ou moins grande partie de l'organisme, comme dans les diverses expériences rappelées plus haut; dans un cas comme dans l'autre, les connexions physiologiques des cellules sont tout à coup supprimées. Deux alternatives peuvent alors se présenter : ou bien les cellules étaient irréversiblement spécialisées; elles ne pouvaient vivre que dans la coordination établie; elles succombent et sont éliminées ou résorbées; ou bien, au contraire, d'une spécialisation moins stricte, elles sont capables de survivre au premier désordre de la crise; elles persistent, d'une vie d'abord banale, individuelle, sous un aspect dédifférencié; puis, peu à peu, elles s'agencent avec leurs voisines et se réassocient en une vie coordonnée nouvelle, marquant dans leur différenciation morphologique réacquise, l'empreinte d'une solidarité retrouvée.

M. Charles PÉREZ,

Professeur adjoint à la Faculté des Sciences de Paris.

DIVISIONS NUCLÉAIRES DIRECTES DANS LE SPADICE DES GONOPHORES CHEZ LA PHYSALIE

59.11

27 Juillet (soir).

Au milieu d'avril 1919, à la suite d'une période de gros temps, de nombreux organismes de la région des Alizés, Vélelles, Physalies, Janthines, furent jetés à la côte sur la plage de Guéthary (Basses-Pyrénées). Les Physalies, en particulier (*Physalia caravella* Esch.), étaient encore bien vivantes, et leurs tissus en parfait état.

J'ai retrouvé, dans l'axe endodermique ou spadice des gonophores mâles, les cellules à noyaux multiples que O. Steche (*Zeit. f. wiss. Zool.* t. 86, 1907) a signalées en passant, et désignées sous le nom de cellules géantes, en les considérant comme nées de la fusion de plusieurs cellules uninucléées. Il ne s'agit nullement de cellules fusionnées, mais bien de cellules épithéliales ordinaires, dont le noyau se subdivise progressivement en plusieurs nappes, par un processus d'étranglement direct.

Les auteurs qui ont étudié les processus de division nucléaire directe et qui en ont discuté la signification, ne se sont pas toujours préoccupés de faire un départ attentif entre les véritables multiplications cellulaires par voie directe, et les simples morcellements du noyau en nappes multiples dans un territoire cytoplasmique insegmenté. Il n'est pas rare, dans un organisme adulte, que certaines cellules soient normalement binucléées. Tel est le cas de certaines cellules du foie, des cellules à noyaux géminés dans divers épithéliums stratifiés des Mammifères; des œnocytes ou des cellules péricardiales de beaucoup d'Insectes. Pour ces cellules, on peut re d'une façon générale que leur origine primitive est due à des proliférations caryocinétiques; la fragmentation de leur noyau en deux ou plusieurs nappes se fait ensuite par de simples constrictions, qui ne méritent pas, à proprement parler, le nom d'amitose; c'est simplement l'évolution individuelle vers leur type histologique achevé, et qui comporte une répartition plus morcelée des substances nucléaires. Au point de vue morphologique, ce processus n'est pas essentiellement différent de celui qui, dans d'autres cellules, ramifie le noyau de façons diverses, sans arriver cependant à le fragmenter (cellules des glandes séricigènes des Chenilles, cellules vitellogènes de divers Insectes, *Icerya*, *Bombus*, etc.), glandes des *Anilocra*, des *Phronima*, etc.). Les Infusoires Ciliés fournissent, depuis les *Stylonychia* et les *Stentor* jusqu'aux *Opalina*, *Opalinopsis*, *Rhizocaryon*, *Fœttingeria*, *Trachelocerca*, etc., toutes les alternatives possibles de fragmentation du noyau depuis deux globes jumeaux jusqu'à une poussière de chromidies. Les Métazoaires présentent, sans atteindre un pareil terme extrême d'éparpillement, des exemples tout comparables; et sans vouloir les énumérer tous, j'en rappellerai ici quelques-uns.

La formation première du follicule ovarien des Insectes, autour des jeunes oocytes, est due à une prolifération caryocinétique de cellules; plus tard, ces divisions ayant cessé, s'installe une période de différenciation histologique, éventuellement accompagnée d'étranglement des noyaux, qui a souvent été qualifiée d'amitose (Hémiptères). Il ne s'agit là, en réalité, que d'une augmentation de la surface d'échanges entre le noyau et le cytoplasme, comme le montrent d'autres Insectes, où les noyaux deviennent polymorphes et lobés sans se morceler véritablement (*Diapheromera femorata*). La même interprétation est valable pour les phénomènes observés par Marshall dans les tubes de Malpghi de ce dernier Orthoptère : dans les embryons, il y a exclusivement prolifération mitotique; et chez les adultes, les cellules arrivent à être toutes binucléées, par simple étranglement du noyau. C'est la même interprétation qu'a donnée récemment Nakahara pour les cellules binucléées, que l'on peut rencontrer dans le corps gras de divers Insectes. Tel est encore le cas ...ur la séreuse embryonnaire des Scorpions, dont les cellules aboutissent ...à un état binucléé, mais où une vraie division directe des cellules ... indiscutablement établie.

... fractionnement peut se poursuivre jusqu'à donner de véri... ...aux agglomérés. Ainsi Dogiel a observé, dans la ...de la Souris, une prolifération mitotique dans la ...fonde, et des divisions directes successives, nom... ...ts superficiels qui vont être éliminés; les faits ... dans la muqueuse utérine de la Lapine, sont ...a même interprétation. Enfin, on peut encore ...nble de faits les morcellements successifs du ...os des Hyménoptères parasites (Marchal), ou ...Dicyémides.

C'est un cas tout analogue à ceux qui viennent d'être rappelés, que j'ai observé dans le spadice des Physalies; les stades les plus jeunes montrent des mitoses typiques dans le feuillet endodermique, aussi bien que dans le nodule médusaire; c'est la période de multiplication proprement dite des individualités cellulaires; ensuite, les cellules grandissent, et dans chacune d'elles le noyau se fragmente par voie directe : c'est la phase de différenciation histologique définitive.

Dans la plupart des cas cités plus haut, les éléments à noyaux multiples sont le siège d'un métabolisme intense; souvent ils sont parcourus par un flux nutritif qu'ils empruntent autour d'eux et déversent à nouveau suivant une polarité déterminée. La multiplication des surfaces de contact entre noyau et cytoplasme doit être en rapport avec l'intensité de cette activité physiologique.

Tel est bien le cas dans le spadice des Physalies; il emprunte les matériaux nutritifs au liquide qui circule dans la cavité endodermique, et les transmet au massif germinal en active prolifération. Chun s'est arrêté à une interprétation analogue pour les cellules à noyaux multiples qu'il a observées dans l'endoderme des canaux radiaires des cloches natatoires chez divers Calycophorides.

M. Charles PÉREZ,

Professeur adjoint à la Faculté des Sciences de Paris.

VARIATION ET ANOMALIES CHEZ LES TUBULAIRES

59 — 12 — 57.95

27 Juillet (soir).

Parmi les caractères des *Tubularia*, certains sont essentiellement fluctuants : tels sont les nombres des blastostyles, ou des tentacules de l'un et l'autre cycle; les diagnoses des espèces ne peuvent qu'indiquer les limites habituelles entre lesquelles ces nombres varient d'un hydranthe à l'autre. Les caractères anatomiques tirés des différenciations
la cavité gastrale, de la subdivision de la cavit
d'insertion des tentacules distaux, etc., me para
grande fixité. Les constrictions transversales d
donner par place aux hydrocaules un aspect
grandes variations (*T. larynx, T. mesembryanth*
fication des blastostyles est assez constant; on
des blastostyles rameux dans une espèce où il

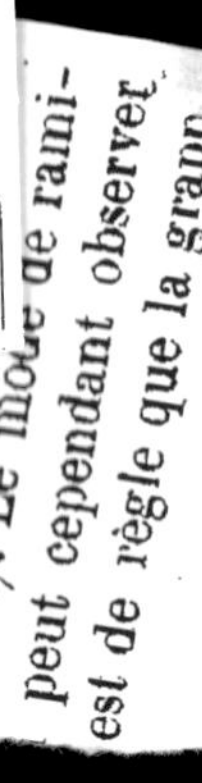

des gonophores soit simple, sans ramification de son axe principal (*T. ceratogyne*, Ch. Pérez. *Bull. Soc. Zool. France*, t. 45, 1920).

La forme et la constitution des gonophores est ordinairement un des meilleurs caractères permettant de distinguer les espèces; mais à cet égard aussi on peut observer des anomalies. Ainsi, chez la *T. ceratogyne*, il existe normalement un dimorphisme sexuel assez net : le gonophore femelle présente une ramification de son pédoncule qui, accolée latéralement au gonophore lui-même, simule un canal radiaire, et se termine distalement en une sorte de cimier qui ressemble à un tentacule unique; le gonophore mâle est normalement dépourvu de cette ramification. Mais on peut exceptionnellement, dans la grappe de gonophores portés par un même blastostyle, observer dans le sexe mâle quelques gonophores à cimier, ou dans le sexe femelle quelques gonophores qui en soient dépourvus. Il me paraît y avoir aussi une grande variabilité chez la *T. mesembryanthemum*, en ce qui concerne les prolongements tentaculiformes qui couronnent le sommet du gonophore; ils peuvent parfois faire complètement défaut. Dans cette même espèce, on observe aussi des variations dans le nombre (0,2 ou 4) des tentacules distaux déjà existants au moment où éclôt la jeune *Actinula*.

Outre ces faits de variation, on peut rencontrer aussi parfois de véritables anomalies. Ainsi, dans un individu mâle de *T. mesembryanthemum*, j'ai observé un blastostyle présentant une fasciation accompagnée de torsion, analogue aux faits de même ordre qui sont bien connus chez les plantes. Cette anomalie est due à une séparation tardive des ramifications du blastostyle : 2, 3 ou 4 tubes endodermiques continuent à courir côte à côte sous une enveloppe commune d'ectoderme, avant de s'individualiser dans des pédoncules distincts.

Je signalerai enfin une véritable monstruosité. Je l'ai observée chez la Tubulaire hermaphrodite déjà signalée à Wimereux, et que je suis porté à considérer comme une variété définie, *monoica*, de la *T. larynx* Ell. et Sol. Il s'agit d'un blastostyle qui, au-dessus d'un groupe normal de gonophores de l'un et l'autre sexe, se termine par une formation singulière, que l'on pourrait comparer à une sorte d'actinula, bifurquée en Y, et portant des tentacules distribués d'une façon tout à fait irrégulière. La monstruosité n'ayant été observée qu'à l'état de complet développement, il est difficile de suggérer quelque hypothèse sur le déterminisme de sa production. Le principal processus histologique que l'on y remarque est une différenciation tout à fait anarchique de cellules endodermiques en cette espèce de parenchyme d'aspect chordal, qui caractérise d'ordinaire les éléments de soutien constituant l'axe des tentacules.

M. Henri PIÉRON,
Directeur de laboratoire à l'École des Hautes Études

LES RÉACTIONS TONIQUES DANS LES RÉFLEXES TENDINEUX

59.11.81

28 Juillet (matin).

Dans certaines conditions, un muscle de grenouille, sous l'influence d'une excitation électrique, présente, outre une secousse, un raccourcissement plus durable qui se traduit, dans les myogrammes, par une ondulation allongée, souvent désignée sous le nom de *Nez de Funke*, succédant à la secousse initiale.

Or, le myogramme de la réponse musculaire d'un réflexe tendineux chez les mammifères, par exemple de la contraction du quadriceps après percussion du tendon patellaire, présente très nettement un *nez de Funke.*

On admet actuellement que le muscle fatigué, refroidi, par suite d'une exagération de sa contractilité tonique, répond à l'excitation électrique, non seulement par le raccourcissement clonique, myofibrillaire, mais par un raccourcissement tonique, qui constitue le *nez de Funke.*

En ce qui concerne la réponse réflexe, on pouvait penser, par analogie, — et j'y ai été conduit — que cette réponse comportait à la fois une secousse et une ondulation tonique, mais cette dualité était-elle d'origine musculaire, comme dans le premier cas, ou d'origine nerveuse (1), ce qui implique une innervation différente pour les réponses cloniques et les réponses toniques du muscle.

La pathologie de guerre, avec son champ expérimental malheureusement si vaste, m'a permis d'établir la dualité nerveuse, clonique et tonique, de la réponse réflexe (2).

En effet, dans les états hypotoniques, par suite de commotion ou de lésions cérébelleuses, on constate que le myogramme du réflexe rotulien ne comporte qu'une secousse, sans ondulation tonique.

Inversement, dans les hypertonies d'origine médullaire, à la suite de commotions, on trouve parfois, — quand il n'y a pas spasmodicité, c'est-à-dire hyperréflectivité générale, clonico-tonique, dont le type est fourni par

(1) Cf. H. Piéron. Du mécanisme physiologique du tonus musculaire comme introduction à la théorie des contractures. *Presse Médicale*, 18 février 1918.

(2) Cf. H. Piéron : Analyse de la réponse musculaire dans les réflexes musculo-tendineux : Dissociation en une réponse myoclonique et une réponse myotonique. *C. R. Soc. Biologie*. avril 1917, pp. 410-415. De la dualité de la réponse musculaire dans les réflexes musculo-tendineux. *Journal de Physiologie*, 1921.

la réflectivité des tétaniques — une réponse tonique avec ondulation allongée et persistante sans secousse initiale; c'est ce que j'ai constaté à la suite, de contractures généralisées en extension des membres inférieurs, lorsque les contractures rétrocédaient, laissant une hypertonie résiduelle.

Ces faits concordent avec ceux de *Sherrington* (1), qui a noté, chez le chien et le chat, dans la période hypotonique suivant une transsection spinale, un réflexe rotulien caractérisé par une secousse sans ondulation tonique et, dans l'état de « decerebrate rigidity », une exagération manifeste de l'ondulation tonique consécutive à la secousse.

On peut donc affirmer que la réponse musculaire des réflexes tendineux résulte de la juxtaposition de deux réponses réflexes, une réponse clonique, celle des cellules motrices des cornes antérieures de la moelle, qui sont sous la dépendance du système pyramidal et des centres moteurs de l'écorce, et une réponse tonique qui, à mon avis, est celle des cellules autonomes des cornes latérales sous la dépendance du système Deitéro-spinal et des centres toniques cérébelleux (système proprioceptif de Sherrington).

M. R. ANTHONY,

Assistant au Muséum national d'Histoire naturelle
Professeur à l'École d'Anthropologie,

ÉTUDE D'UN CERVEAU DE FŒTUS DE MACAQUE

---

59 — 14.81 — 98

28 Juillet (Soir).

Les cerveaux de fœtus de Singes étudiés jusqu'ici sont extrêmement peu nombreux. J'ai consacré récemment aux cerveaux fœtaux des Anthropoïdes un mémoire qui synthétise l'ensemble de nos connaissances à leur sujet (2). En ce qui concerne les Singes inférieurs, nous sommes encore beaucoup moins informés qu'en ce qui concerne les Anthropoïdes; les études récentes d'*Hulshoff Pol* (3) touchant le Semnopithèque et qui ne sont, d'ailleurs, ue des études partielles, une courte mais fondamentale indication de *Pansch* (4) sur un cerveau de fœtus de *Cebus*, une note incidente de *Zuckerkandl* (5) relative à la région postérieure d'un cerveau fœtal de *Macacus rhesus* Audeb., la représentation enfin que j'ai donnée ailleurs 'un cerveau de très jeune fœtus de *Cebus* (6) constituent à peu près l'ensemble des matériaux dont nous disposons à cet égard.

---

(1) Cf. BRAIN, novembre 1915, pp. 191-234.
(2) *Annales des Sciences naturelles, Zoologie*, 1916.
(3) *Koninglijke Akademie van Wetenschappen te Amsterdam*, 1916 et 1917.
(4) *Arch. f. Anthropologie*, 1868.
(5) *Sitz. d. Kaiserl. Akad der Wissenschaften*, 1908.
(6) *Revue anthropologique*, 1917, p. 202.

En raison de son caractère rare le document que j'apporte est donc précieux pour l'avancement de nos connaissances sur l'embryologie du cerveau chez les Singes.

Le fœtus de Macaque, dont le cerveau fait l'objet de cette étude, est un hybride de *Macacus rhesus* Audeb. (♀) et de *Macacus cynomolgus* L. (♂) né prématurément à la Ménagerie du Muséum national d'Histoire naturell le 16 mars 1897. Il porte sur nos catalogues le numéro 1901-420; la présence d'une queue longue le fait plus ressembler à son père qu'à sa mère.

Ce fœtus dont, en raison de son âge peu avancé, il est difficile de pré

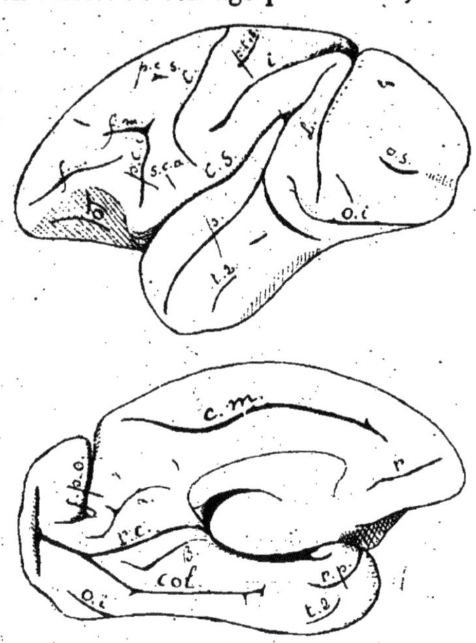

Fig. 1. — Hémisphère gauche de *Macacus cynomolgus* L. (fœtus très avancé), n° A, 8520 En haut, face externe. En bas, face interne. — C. S. Entrée du complexe sylvien. *p* Parallèle. — *t.* 2. Temporal 2. — L. Lunatus. — *o. s.* Occipital supérieur. — *o. i.* Occipital inférieur. — *i.* intra-pariétal. — *p. t. s.* Postcentral supérieur. — C. Central. *p. c. s.* Précentral supérieur. — *f. m.* Frontal moyen + *p. c. i.* Précentral inférieu = arcuatus. — *f. i.* Frontal inférieur (rectus). — *s. c. a.* Subcentral inférieur. — *o.* Orbtaire. — *r. c.* Rétrocalcarine. — *r. p.* Rhinale postérieure. — *f. p. o.* Fosse pariéto occipitale. — *c. m.* Calloso-marginal. — *col.* Collatéral. — *r.* Rostral. G. N.

ciser le sexe, mesure en longueur déployée 108 millimètres du vertex la naissance de la queue et 143 millimètres jusqu'à l'extrémité de cet dernière.

Avant d'entreprendre la description du cerveau de ce très jeune fœtu il convient de rappeler brièvement les caractères généraux du cerveau d Macaque adulte (1).

(1) Pour comprendre cette description succincte ainsi que celle du cerveau de fœt qui lui fera suite, se reporter aux mémoires suivants : R. Anthony : Le développeme du cerveau chez les Singes. Première partie : Préliminaires. Anthropoïdes, *Ann. des S naturelles. Zoologie*, 1916. R. Anthony : La morphologie du cerveau chez les Singes chez l'Homme, *Revue anthropologique*, 1917. On trouvera citées, dans ces mémoires, l recherches que j'ai faites avec A. S. de Santa Maria et qui servent de base aux concl sions que j'utilise ici.

La *figure 1* représente : en haut, la face externe; en bas, la face interne de l'hémisphère gauche d'un cerveau de fœtus de *Macacus cynomolgus* L. (Nº A. 8520) très près de la naissance. Ce cerveau est déjà semblable à un cerveau d'adulte. La légende très complète de cette figure dispense d'une description détaillée. Nous nous bornerons à noter simplement :

1º *Sur la face externe :* L'absence d'*Incisura opercularis* visible, d'où il résulte que l'insula antérieure de *Marchand* se continue avec l'opercule sylvien supérieur; l'absence de fronto-orbitaire différencié (ces deux caractères étant communs à tous les singes non anthropoïdes); la dispo-

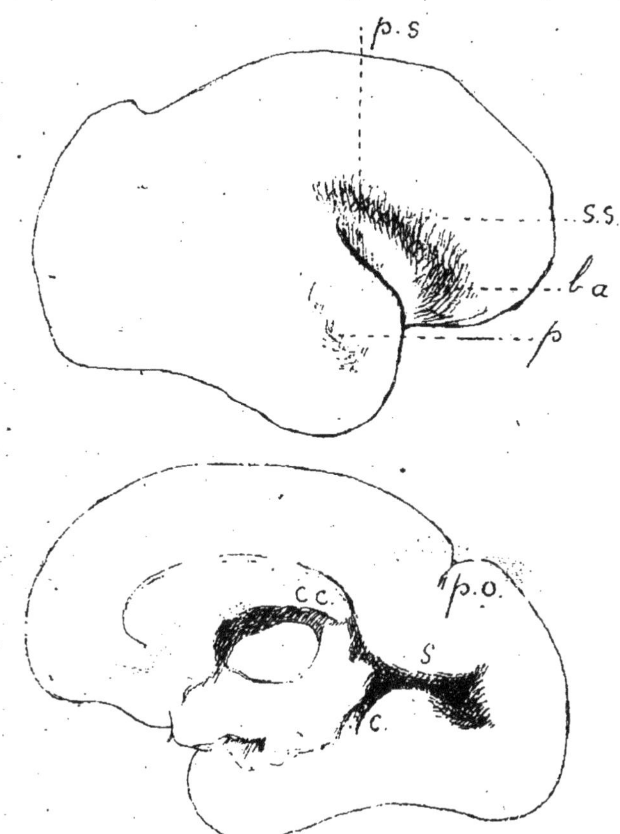

Fig. 2. — Hémisphère droit de fœtus très jeune de Macaque, nº 1901-420. En haut, face externe. — En bas, face interne. — *s. s.* Suprasylvia. — *p. s.* Pseudo-lvia. — *b. a.* Brevis anterior. — *p.* Postsylvia. — *p. o.* Fosse pariéto-occipitale. — . fosse striée. — *c.* Calcarine. — *c. c.* Corps calleux. Double de G. N.

ition de l'*Arcuatus* enveloppant en arrière le *Rectus*; la confusion presque mplètement réalisée du parallèle et de l'ouverture du complexe sylvien, sposition extrêmement fréquente chez les Cercopithécinés; le passage de partie postérieure de l'intrapariétal (avec les sillons qui en dépendent) r la face interne de l'hémisphère, disposition caractéristique des Cercoithécinés; le grand développement de l'opercule occipital (lèvre postéeure du *Sulcus lunatus*; l'absence presque complète de sillons sur le lobe ipital qui caractérise les Cercopithécinés de petite taille;

2° *Sur la face interne :* L'aspect particulier de l'entrée de la fosse pariéto-occipitale, laquelle contient à son intérieur, non seulement le *Limitans precunei* et la paracalcarine, sillons toujours situés sur la face interne de l'hémisphère, mais aussi l'*Incisura opercularis* ainsi que la branche terminale de l'intrapariétal (occipital transverse et branche ζ) qui, chez les Singes autres que les Cercopithécinés, sont constamment situés sur la face externe; le grand développement de la rétrocalcarine ; et, l'absence enfin de calcarine vraie, caractère commun à tous les Singes.

Le cerveau de jeune fœtus qui fait l'objet de cette étude (voir *figure 2*) présente les dimensions suivantes :

Longueur : 31 millimètres;
Largeur : 24 millimètres;
Hauteur : 22 millimètres.

On peut, à l'aide de ces chiffres, établir les rapports suivants :

$$\frac{\text{Largeur} \times 100}{\text{Longueur}} = 77{,}4,$$

$$\frac{\text{Hauteur} \times 100}{\text{Longueur}} = 70{,}9,$$

$$\frac{\text{Hauteur} \times 100}{\text{Largeur}} = 91{,}6.$$

Sur la face externe du neopallium on aperçoit la fosse sylvienne (voir *figure 3*) très nettement indiquée et largement ouverte ; son sillon limite

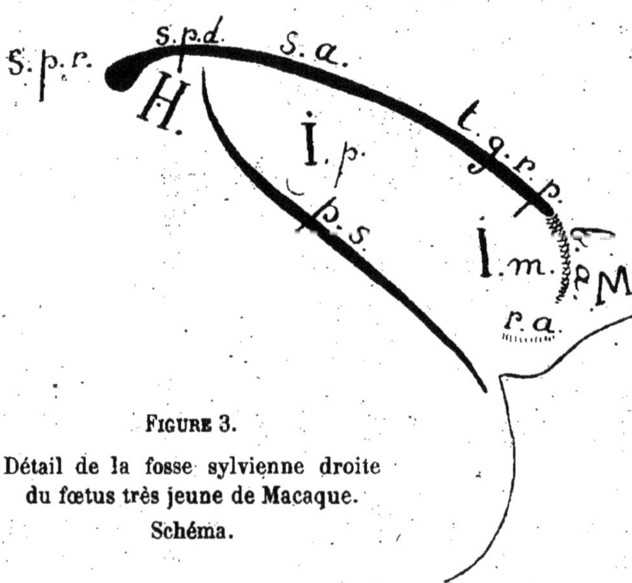

FIGURE 3.

Détail de la fosse sylvienne droite du fœtus très jeune de Macaque.

Schéma.

supérieur (circulaire supérieur de *Reil*) comprend évidemment une *Supra sylvia, pars anterior* (S. a.) à laquelle fait suite un *Transversus Gyri reunientis, pars posterior* (t. g. r. p.), ce dernier se continuant à droite seulement par un sillon à peine indiqué, fortement incliné vers le bas et qui n'est autre que le *Brevis anterior* (b. a.). Au delà du sommet de la fosse sylvienne, on voit l'ébauche de la *Suprasylvia, pars posterior;* sa portion directe (s. p. d.) est très courte, et sa portion réfléchie (s. p. r.) plus courte encore; à gauche même, elle ne semble pas être encore indiquée.

Le circulaire postérieur de *Reil, pseudo sylvia* (p. s.) est très marqué. Sur la face supérieure du lobe temporal, on distingue nettement en arrière une surélévation qui marque l'ébauche des gyri de *Heschl* (H.). (I. p. = Insula postérieure. — I. m. = Insula moyenne. — M. = Insula antérieure de *Marchand*).

L'insula est dépourvue de tout sillon; une légère dépression à sa base, surtout nette à droite, correspond à la rhinale antérieure (r. a.) qui disparaîtra chez l'adulte; à la limite inférieure de l'*Insula*, on aperçoit aussi

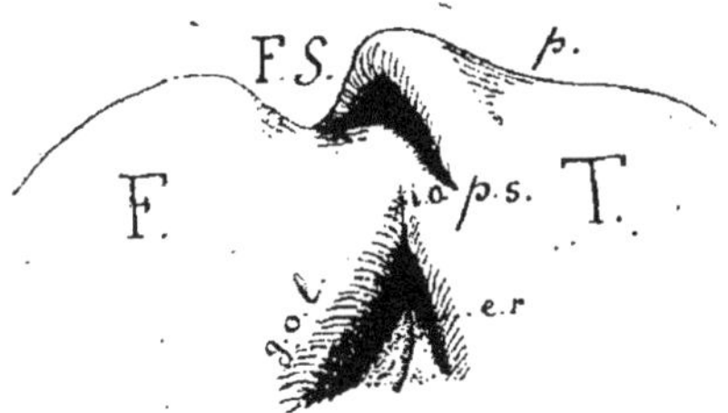

Fig. 4. — Détail de la marge inférieure de l'hémisphère gauche (région moyenne) du fœtus très jeune de Macaque.

l'*Incisura olfactoria* (i. o.) se terminant en bas au sommet de l'angle que constituent les endorhinales antérieure et postérieure (e. r.) (voir *figure 4*). (g. o. l. = gyrus olfactorius lateralis. — p. s. = pseudosylvia. — F. s. = Fosse sylvienne. — F. lobe frontal. — T. lobe temporal).

En arrière de la fosse sylvienne est une longue et large dépression qui représente l'ébauche du sillon parallèle *(post-sylvia)* (p.).

Sur la face interne : Le complexe calcarin (voir *figure 5*) se présente

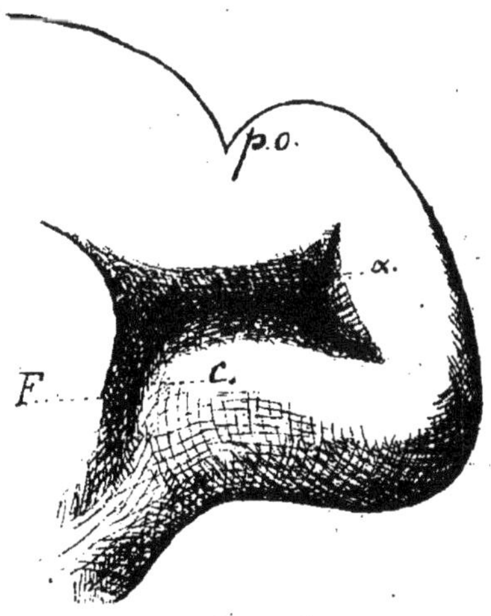

Fig. 5. — Détail de la fosse striée droite du fœtus très jeune de Macaque.

sous l'aspect d'une fosse striée, largement ouverte, s'élargissant en arrière et montrant ainsi les ébauches des deux branches de bifurcation qui caractérisent la rétrocalcarine de l'adulte. Au fond de la branche supérieure on distingue nettement un sillon qui n'est autre que le rameau dorsal de la fosse striée (α) *(Ramus dorsalis sulci intrastriati mesialis)*. La fosse striée est limitée en avant par une calcarine véritable (c.) ici encore superficielle, mais qui sera, ainsi que le *Gyrus fornicatus* (F.), complètement recouverte chez l'adulte par la lèvre inférieure de la fosse considérablement accrue. Il n'existe point encore d'indication du *limitans inferior areæ striatæ* dont on constate la présence chez l'adulte sur la lèvre inférieure invaginée de la rétrocalcarine.

La fosse pariéto-occipitale est nettement indiquée, mais indifférenciée pour encore ; elle coïncide avec une dépression post-mortem à cheval sur le bord mésial et qui doit être rapportée au reploiement de la membrane suturale lambdoïdienne.

La rhinale postérieure est nettement indiquée des deux côtés.

Conclusions. — Il résulte de cette description qui concerne un cerveau fœtal de Macaque chez lequel les plissements commencent seulement d'apparaître :

1° Que chez les Singes comme chez l'Homme les premiers plissements néopalleaux qui se développent sont, sur la face externe : la *Suprasylvia* et la *Pseudosylvia ;* sur la face interne : la fosse striée (conclusion corroborée par un cerveau de fœtus très jeune de *Cebus* où ces plissements sont les seuls existant (1).

2° Que le sillon qui se développe ensuite sur la face externe chez les Singes est la *Postsylvia* (conclusion qui vient appuyer l'observation plus ancienne de *Pansch* sur le *Cebus* où le même fait avait été constaté), alors que chez l'homme c'est généralement le sillon de *Rolando.*

3° Qu'il existe de bonne heure chez les Singes comme chez l'Homme, sur la face externe, une indication de rhinale antérieure qui disparaît ultérieurement.

4° Que la fosse pariéto-occipitale, si développée chez les Singes, apparaît de très bonne heure, au moins chez le Macaque, sous l'apparence d'une dépression triangulaire d'abord indifférenciée.

5° Que la fosse striée commence de très bonne heure à se différencier chez le Macaque, et que la calcarine, toujours très courte et operculisée chez les Singes adultes est, à ce stade, visible extérieurement (conclusion corroborée par mes observations chez le Gorille et le Chimpanzé) (2).

6° Que la rhinale postérieure est d'une apparition précoce sur la face interne de l'hémisphère.

---

(1) Voir *Revue anthropologique*, 1917, p. 202.
(2) Voir *Annales des Sciences naturelles, Zoologie*, 1916.

D'une façon générale, chez les Singes comme chez l'Homme, les sillons qui apparaissent les premiers sont aussi les sillons fondamentaux au point de vue de la morphologie comparée (Fosse striée, Suprasylvia, Pseudosylvia). C'est encore un sillon fondamental (Postsylvia) qui apparaît ensuite chez les Singes, alors que chez l'Homme c'est le sillon de *Rolando*, sillon d'importance morphologique secondaire, mais dont le développement est en rapport avec l'accroissement du neopallium et la forme subsphérique acquise du télencéphale.

M. J.-J. KIEFFER,

Docteur ès sciences, Professeur à Bitche.

NOTES SUR QUELQUES CHIRONOMIDES ÉTRANGES HABITANT LES LACS DU SLESWIG-HOLSTEIN

---

28 Juillet (soir).

L'examen d'un grand nombre de Chironomides, dont les larves habitent les lacs du Sleswig-Holstein, m'a fait voir que cette région héberge des Diptères extrêmement intéressants. Parmi les nombreuses espèces nouvelles, je me contente d'en signaler ici quelques-unes à forme insolite. Toutes m'ont été envoyées par M. le Dr Thienemann, chef de la Station hydrobiologique de Ploen, à qui je dédie le genre suivant :

1° *Thienemanniola* n. g. Corps trapu. Yeux pubescents, ovalaires, séparés de plus de leur longueur, chez la ♀ même de 2 fois leur longueur. Palpes de 2 articles. Antennes du ♂ de 12 articles, dépourvues de panache, celles de la ♀ de 11 articles ; scapes comme chez les *Chironomariae*, mais séparés de *plus de leur diamètre* (♂ ♀), dernier article long (♂ ♀). Thorax couvrant un peu la tête. Aile glabre, graduellement amincie basalement, *tronquée* à l'extrémité, à nervation de *Chironomus*, mais peu marquée. Pattes antérieures du ♂ plus grêles et *bien plus longues* que les autres, *dirigées latéralement* et formant un angle droit avec le thorax, métatarse de 2/3 plus long que le tibia empodium et pulvilles n'atteignant pas le milieu des crochets; pattes antérieures de la ♀ normales, métatarse égalant le tibia ; les 4 tibias postérieurs *dépourvus de peigne*, éperon unique, court, en crochet. Articles terminaux de la pince aussi gros et plus longs que les basaux, faiblement arqués, guère plus de 2 fois aussi longs que gros à la base, graduellement un peu amincis, pubescents, *dépourvus des longs poils latéraux des Chironomariae* ; chaque branche a 4 appendices à l'article basal, comme dans le groupe *Tanytarsus*; le supérieur mince, glabre, graduellement en pointe; l'inférieur le plus grand, atteignant l'extrémité des articles basaux, ayant à son sommet les longs poils arqués, comme d'ordinaire; le 3e situé plus proximalement, aussi long et un peu plus large que le 1er, de moitié aussi large que le 2e, glabre, sublinéaire, un peu aminci distalement, où il porte quelques courtes soies; le 4e ou la brosse, sortant de la base de l'article, le plus court et le plus mince, linéaire, sa moitié distale à longs poils simples. Segment anal de la ♀ transversal, son bord postérieur prolongé au milieu en une pointe triangulaire aussi large que longue et atteignant l'extrémité des deux cerci situés en dessous, ce qui fait paraître ce segment trilobé, ou même quinquelobé, les deux angles latéraux du segment étant aussi un peu prolongés en arrière; cerci distants l'un de l'autre, pubescents, allongés, arrondis au bout, graduellement amincis à la base. Ce genre est voisin du curieux insecte de Laponie, *Corynocera crassipes* Zett. (*ambigua* Zett.), qui se trouve aussi au lac de Ploen et qui se distingue de suite par un faisceau de longues soies à l'angle antérieur de l'extrémité alaire.

T. ploenensis n. sp. ♂ ♀. Blanc sale (♂) ou jaunâtre (♀), subglabre. Bouche petite, formée de 3 lobes, le médian triangulaire et le plus court. Article 1er du palpe subglobuleux, le 2e plus de 2 fois aussi long que gros, dépassant la bouche. Antennes brunes, scapes noirs, séparés d'un peu plus de leur diamètre (♂) ou de 2 fois leur diamètre (♀); 2e article du ♂ presque double du 3e, 3-11 graduellement un peu amincis, serrés, cylindriques, 3-5 aussi longs que gros, 6-11 un peu transversaux et *plus courts*, verticilles formés de 4 ou 5 poils peu longs, 12e article aussi long que les 6 (♀) ou 7 (♂) précédents réunis, dépourvu de verticille. Métanotum, 3 bandes raccourcies du mésonotum et mésosternum noirs; balanciers blancs. Aile blanchâtre, très finement pointillée, faiblement ciliée au bord antérieur, cubitale double de la radiale, *très éloignée* de la pointe alaire, bien plus que le rameau antérieur de la posticale, celui-ci densément poilu comme la discoïdale, subdroit et continuant la direction de la tige, rameau postérieur court et oblique, bifurcation peu distale de la transversale, qui est petite; discoïdale droite, atteignant l'extrémité de l'aile; bord costal continuant encore sur le bord postérieur de l'aile; chez le ♂, l'aile atteint le milieu ou parfois l'extrémité de l'abdomen, chez la ♀, au moins l'extrémité de l'abdomen. Pattes subglabres, à poils microscopiques, blanches, à articulations sombres, inégales dans les deux sexes; fémur antérieur du ♂ de deux tiers plus long que le tibia, égalant le métatarse, 2e article tarsal égalant le tibia, pas distinctement plus long que le 3e, 3-5 graduellement raccourcis, le 5e encore long, 8 fois aussi long que gros; pattes intermédiaires les plus courtes, un peu moins grosses que les postérieures, tibia égalant tout le tarse, celui-ci très court, métatarse égalant le 2e et le 3e article réunis, le 3e un peu plus long que gros, 4e subglobuleux, 5e à peine plus long que le 3e; pattes postérieures les plus grosses, fémur d'un tiers plus long que le tibia, celui-ci trois fois aussi long que le métatarse, articles tarsaux 1-4 graduellement raccourcis,

4e et 5e un peu plus de deux fois aussi longs que gros. Pattes de la ♀ non grossies, tibia antérieur plus court que le fémur, égalant le métatarse, celui-ci égale les 4 suivants réunis, 2-4 graduellement raccourcis, 5e un peu plus long que le 4e, 3 fois aussi long que gros, crochets moins grands que chez le ♂; pattes intermédiaires les plus courtes, tibia plus court que le fémur, égalant presque le tarse, celui-ci comme chez le ♂; pattes postérieures les plus longues, tibia un peu plus court que le fémur, égalant les 3 articles suivants réunis, ayant sous le crochet terminal une soie grosse et longue, comme chez le ♂, 3e article aussi long que le 4e et le 5e réunis, ceux-ci subégaux, 3 fois aussi longs que gros. Abdomen du ♂ plus de 2 fois aussi long que le reste du corps, graduellement aminci dans sa moitié postérieure, tergites 1-5 ayant en avant, de chaque côté, une petite tache ou trait transversal sombre, 6e et 7e le long du bord antérieur et des bords latéraux noirs, comme tout le pourtour du 8e, celui-ci obconique, aussi long que large, 7e plus long que large, 1-6 transversaux; pince brun noir. Abdomen de la ♀ brun jaunâtre en entier, à peine 2 fois le reste du corps, faiblement aminci en arrière. L. ♂ 4,5mm., ♀ 2,5mm. Grand lac de Ploen, 12. IV.

2° *Allochironomus crassiforceps* Kieff. La description du ♂, sur lequel j'ai établi ce nouveau genre, paraîtra prochainement dans un travail que publieront les *Annales Scientifiques de Bruxelles*. La ♀, qui m'a été envoyée plus récemment, a les yeux séparés de 3 fois leur diamètre; antennes de 6 articles, dont le 2e sans col et non rétréci au milieu, 3-5 avec un col un peu allongé, 6e presque double du 5e, ayant aussi un verticille, mais près de sa base et n'ayant que 2 ou 3 poils, scape noir, flagellum jaune; abdomen plus de 2 fois aussi long que le reste du corps. L. ♀ 4,5mm. Grand lac de Ploen, éclosions le 23. IV.

3° *Proriethia* n. g. Voisin du genre australien *Riethia* Kieff., mais chez ce dernier, le métatarse antérieur est plus long que le tibia, la cubitale plus proche de la pointe alaire que la discoïdale et la pince n'a que 2 appendices à chaque branche.

P. plœnensis n. sp. ♂ ♀. Jaune pâle. Tête transversale vue de devant, 2 fois aussi haute que la bouche. Yeux glabres, arqués fortement, séparés de leur longueur, très amincis en haut. Palpes assez longs, de 4 articles graduellement plus longs. Antennes du ♂ et panache d'un jaune brunâtre, scapes noirs, séparés du 1/4 de leur diamètre, 2e article plus long que le 3e, 3-13 très transversaux, 14e pointu, 2 fois aussi long que 2-13 réunis. Antennes de la ♂ jaunes, 6e article brun noir, un peu plus de 2 fois le 5e, à long poil distal, 2e plus long que le 3e, 3-5 subfusiformes, verticilles à 5 ou 6 longs poils, 6e sans verticille. Métanotum, 4 bandes raccourcies du mésonotum et mésosternum noirs (♂) ou vitellins (♀). Aile blanchâtre, atteignant le milieu de l'abdomen et peu développée, chez les ♂ ♀ immatures, hyalines et dépassant l'abdomen chez les ♀ matures, finement pointillée, cubitale double de la radiale, plus distante de la pointe alaire que la discoïdale, transversale courte et oblique, bifurcation de la posticale à peine distale. Pattes blanches en entier (♂ ♀ immatures) ou jaune clair, avec l'extrémité des tibias et tous les tarses brun noir (♀ mature); métatarse antérieur un peu plus court que le tibia, 4e article plus long que le 5e, celui-ci 4 fois aussi long que gros, empodium dépassant un peu le milieu des crochets; éperons d'un noir profond, celui du tibia antérieur simple, grêle, plus long que la grosseur du tibia, ceux des 4 tibias postérieurs à 2, *grands, élargis en ellipse dans leur moitié basale*, où ils portent de chaque côté 7 dents obtuses, moitié distale très mince; *peignes nuls*. Abdomen $2\frac{1}{2}$ fois aussi long que le reste du corps (♂ ♀ immatures) ou guère plus long que le reste du corps et verdâtre ventralement (♀ mature). Articles terminaux de la pince droits, aussi longs et au moins aussi larges que les basaux, un peu amincis distalement, pubescents, *dépourvus de longs poils latéraux*, mais ayant dorsalement des soies médiocres, plus courts que la largeur de l'article; appendices des articles basaux à 3, le supérieur glabre, très arqué, graduellement terminé en pointe; l'inférieur sort du milieu de l'article basal, qu'il dépasse un peu, graduellement élargi, pubescent, avec les longs poils distaux ordinaires; le 3e sortant de la base de l'article, dont il atteint le milieu, courbé par en haut, densément pubescent, de moitié aussi large que le supérieur; lamelle triangulaire. Cerci 2 fois aussi longs que larges. L. ♂ ♀ 6-6,5^{mm}. (immature), ♀ 4,5^{mm}. (mature). Lac de Ploen. 16. VI.

4° *Xenotanytarsus miriforceps* n. g. et n. sp. ♂. Noir. Tête transversale de devant, un peu couverte par le thorax. Yeux glabres, arqués, séparés de leur longueur, graduellement et brièvement amincis en haut. Bouche petite, dépassant à peine le 1er article des palpes, égalant la demi-hauteur de la tête. Article 1er des palpes à peine plus long que gros, 2e un peu plus court que le 3e, au moins 3 fois aussi long que gros, 4e le plus long. Scapes noirs, se touchant, flagellum brisé. Scutellum brun. Balanciers blancs. Aile hyaline, non lobée, poilue au 1/3 distal et sur les nervures, transversale non formée, 1re nervure atteignant le tiers basal de la radiale, cubitale de moitié plus longue que la radiale, assez proche de la pointe alaire, 2e un peu plus près du radius que du cubitus, discoïdale aboutissant en arrière de la pointe alaire, bifurcation de la posticale un peu distale. Pattes noires ou brun noir, tibia antérieur à écaille obtuse et aussi longue que large, métatarse égalant le fémur, presque de moitié plus long que le tibia, 2-5 graduellement raccourcis, empodium et pulvilles très courts, n'atteignant pas le tiers des crochets, 5e article encore long; 4 tibias postérieurs à 2 peignes séparés, occupant chacun 1/4 du pourtour, l'un à éperon court, dépassant le peigne de sa longueur, l'autre plus long, spinules obtuses, libres dans leur moitié distale. Abdomen brun noir, grêle, au moins 2 fois aussi long que le reste du corps, à tergites allongés, plus minces que la pince, l'anal obconique. Pince jaune sale, presque 2 fois aussi grande que chez d'autres insectes de la même taille, remarquable entre tous par la forme des articles terminaux, *qui sont tronqués et le plus larges à l'extrémité,* aussi longs que les basaux, pubescents, parsemés de poils médiocres et moins longs que la largeur de l'article; articles basaux plus larges que les terminaux, à 4 appendices, le supérieur glabre, sa moitié basale mince et linéaire, moitié distale élargie en ellipse, avec quelques soies courtes; le 2e aussi mince que la base du supérieur, à peine plus court, un peu aminci distalement, tous deux à peine arqués; l'inférieur aussi large que la base des articles terminaux, dont il atteint le 2e tiers, pubescent, à poils distaux longs et arqués; la brosse sortant près de la base de l'inférieur, courte, à poils simples dans sa moitié distale. L. 3,5 mm. Lacs et sources, 6. V. et 26. IV.

5° *Ortroya grandiforceps* n. g. et n. sp. ♂. Noir. Yeux séparés de leur longueur. Antenne brun noir, comme le panache, 2e article campanulé, plus de 2 fois le 3e, 3-13 très transversaux et plus gros que le 14e, celui-ci $2\frac{2}{3}$ fois aussi long que 2-13 réunis, scapes se touchant. Aile sans lobe mais à transversale oblique; glabre, partie apicale poilue, cubitale assez éloignée de la pointe alaire, bifurcation à peine distale. Balanciers brun noir. Pattes antérieures brisées; 4 tibias postérieurs à 2 peignes très séparés, dont chacun occupe un 1/4 du pourtour, à spinules pointues, libres dans leur moitié distale, chacun avec éperon, empodium très court, n'atteignant pas le milieu des crochets, pulvilles indistincts. Pince grande, articles terminaux subdroits, côté médial graduellement très élargi au milieu, extrémité amincie fortement; articles basaux à 3 appendices, le supérieur glabre, sa moitié basale large, transversale et terminée par 4 fortes soies alignées transversalement, moitié distale droite, cylindrique, formant le prolongement du tiers distal de la moitié basale; appendice inférieur médiocrement large, dépassant le milieu de l'article terminal, arqué, pubescent, à longs poils distaux sur le dessus; brosse sortant de la base de l'article, presque aussi large et un peu plus courte que l'appendice inférieur, très arquée, à poils simples dans sa moitié distale; lamelle triangulaire. L. 5mm. Lac de Ploen, 12. IV.

M. Max KOLLMANN,
Maître de Conférences à la Faculté des Sciences de Toulouse.

LES FOSSES NASALES DES TARSIERS

611.212

28 Juillet (soir).

Dans un travail déjà ancien dont les résultats essentiels ont été communiqués au Congrès du Havre (1914) (1), j'ai étudié les dispositions anatomiques des fosses nasales et spécialement des cornets chez les Lémuriens. J'ai dû laisser de côté les Tarsiidés faute de matériaux suffisants. Je suis en mesure de combler cette lacune aujourd'hui à la suite de l'examen de deux crânes de *Tarsius spectrum*, dont un très jeune qui a pu être débité en coupes sériées.

Les fosses nasales des Lémuriens et celles des Primates, leurs plus proches voisins dans l'opinion courante, sont construites sur des plans essentiellement différents. Par ailleurs les tarsiers avec leur habitus extérieur, leur organisation généralisée, (dentition, larynx, glandes accessoires de l'appareil génital), se rapprochent incontestablement des Lémuriens primitifs, et la question de leur position systématique serait tranchée, si la séparation de la fosse temporale et de la fosse orbitaire et surtout l'existence d'un placenta décidué (2) n'invitaient à quelque réserve. Par ces caractères ils s'apparentent aux Primates inférieurs, sans qu'on doive nier cependant leurs relations avec les véritables Lémuriens.

Or, à première vue, les fosses nasales du tarsier sont du type primate. On ne saurait conclure trop rapidement cependant car le prodigieux développement des orbites a déterminé manifestement dans la face des Tarsiers des transformations considérables. Je me propose de rechercher quel est le type véritable des fosses nasales de ces animaux.

Forme générale des fosses nasales. — On peut y distinguer deux parties. La première en quelque sorte vestibulaire, s'ouvre à l'extérieur par les narines externes; elle ne contient qu'un prolongement antérieur du maxillo-turbinal. Elle se prolonge en arrière par un canal naso-pharyngien limité en haut par l'adossement des os planum soudés à la lame perpendiculaire de l'ethmoïde, constituant une lame interorbitaire très développée. Enfin, une troisième région s'abouche au point de réunion

(1) Les fosses nasales des Lémuriens. Congrès du Havre, 1914, p. 192.

(2) HUBRECHT. — Fürchung und Keimblattbildung bei *Tarsius spectrum*. *Verh. Kon. Ak. Wet.*, Amsterdam, 1902.

des deux précédentes et remonte en entonnoir jusqu'à la très petite lame criblée dont j'ai décrit la disposition ailleurs (1). Cette dernière région contient les cornets ethmoïdaux.

Comparée à la fosse nasale des Lémuriens proprement dits, celle des Tarsiers en semble bien différente; la lame basilaire notamment, ce prolongement du sphénoïde, n'existe pas ici. Au contraire, les ressemblances s'accentuent avec les Primates. Même position, non plus en avant mais sous la partie antérieure de la boite cranienne, d'où même forme générale de pyramide triangulaire. Il suffirait en effet de réaliser l'écartement des os planum de façon à supprimer la cloison interorbitaire pour reconstituer une fosse nasale de singe. Or cette cloison interorbitaire n'est due qu'à l'énorme développement des yeux, et des orbites. En conséquence, la ressemblance de la fosse nasale des Tarsiidés et de celle des Primates devient bien plus remarquable. Cette forme commune peut être considérée comme résultant des mêmes causes, grand développement de la boîte cranienne, rotation des yeux en avant, qu'on trouve en effet chez les uns comme chez les autres.

Cornets. — Trois cornets seulement sont visibles et ils sont situés l'un au-dessus de l'autre suivant une ligne oblique, comme chez les Singes.

Maxillo-turbinal. — Ce premier cornet s'insère sur la face interne du maxillaire supérieur. En avant, il se prolonge jusqu'aux narines mais en restant cartilagineux. Plus en arrière, il se détache de la paroi interne du sinus maxillaire, ou si on préfère, sa lame basale forme cette paroi interne. Sans quitter le maxillaire, il se prolonge assez loin en arrière dans le canal naso-pharyngien.

Sa forme est simple. C'est une lame horizontale en arrière et au milieu, oblique en avant et verticale au niveau des narines où elle présente même un bord élargi en forme de T, vague indice d'enroulement bilatéral.

L'identité de ce cornet avec un maxillo-turbinal n'est pas douteuse : le canal lacrymal débouche au-dessus dans ce qu'on pourrait appeler le *méat moyen* entre ce cornet et le premier ethmo-turbinal ; des coupes sagittales dans le crâne d'un jeune m'ont montré de plus qu'il s'ossifie individuellement, et on sait que le maxillo-turbinal est un os indépendant synostosé ultérieurement au maxillaire.

Naso-turbinal. — Ce cornet très grand chez les Lémuriens proprement dits est réduit chez l'Homme et les Primates à une crête appelée, *agger-nasi* et à une *apophyse onciforme* qui fait partie de la cloison supérieure et interne du sinus maxillaire. Grand développement à part, il en est encore ainsi chez les Lémuriens autres que les Tarsiers (2).

---

(1) Sur l'os planum des Lémuriens. *Bull. Mus. Hist. Nat*, Paris, 1919.

(2) SEYDEL. — Ueber die Nasenhöhle der höheren Saügetieren und des Menschen. *Morphol. Jahrb.*, XVII, p. 44. — Voir aussi ZUCKERKANDL (1892, 1895) et KOLLMANN, Congrès du Havre, 1914.

Chez ceux-ci, rien ne rappelle l'agger-nasi. Par contre, une assez forte saillie, insérée sur la paroi nasale dans la région du lacrymal au-dessous et en dehors du premier ethmoïdal et au-dessus du maxillo-turbinal représente sans aucun doute l'apophyse onciforme. C'est une lame triangulaire, verticale, fortement concave en dehors, qui concourt à former la cloison interne du sinus maxillaire et délimite par son bord inférieur l'*ostium maxillare*. De cet ostium part, chez les Primates et les Lémuriens proprement dits un sillon qui conduit dans le sinus frontal. Ici, rien de semblable, et d'ailleurs, le sinus frontal n'existe pas.

Ajoutons que ce rudiment de naso-turbinal est relié au cornet suivant par une crête osseuse horizontale.

Premier ethmo-turbinal. — C'est le plus grand des cornets, le *cornet moyen* à parler au sens purement descriptif. Il est en effet situé *au-dessus* du maxillo-turbinal et *au-dessous* du second ethmoïdal. Dans son ensemble, c'est une forte saillie triangulaire, insérée tout entière sur l'os planum. Il se compose, en haut et en arrière d'une bulle osseuse complètement close, en bas et en avant, d'une lame triangulaire un peu oblique recourbée en volute sur son bord libre.

Second ethmo-turbinal. — Ce dernier cornet situé en position de *cornet supérieur* est une simple saillie triangulaire, insérée sur l'os planum, et creusé d'une étroite cavité bulleuse. Immédiatement en arrière de son insertion, les deux os planum se soudent aves la lame perpendiculaire et la cavité nasale déjà très étroite s'oblitère complètement dans sa partie moyenne.

En résumé, l'appareil des cornets des Tarsiidés se compose d'un maxilloturbinal, de deux ethmo-turbinaux (appartenant à la série interne) et d'un seul ethmo-turbinal de la série externe, le naso-turbinal, très peu développé.

Ce dernier étant caché par le premier ethmo-turbinal on pourrait facilement décrire trois cornets superposés suivant le schéma, partiellement inexact du reste devenu classique en anatomie humaine descriptive (1).

Les différences avec les Lémuriens proprement dits sont grandes, aucune trace des nombreux ethmo-turbinaux ; grandes de même sont les ressemblances avec les Primates.

Mais d'autre part, il est absolument évident que le rapprochement des os planum des Tarsiers pour concourir à la formation de la cloison interorbitaire a dû empêcher le développement du plus grand nombre des ethmo-turbinaux de telle sorte que cette réduction ne signifie pas nécessairement l'existence d'une parenté étroite entre les Primates et les Tarsiers.

---

(1) L'embryogénie a en effet montré qu'il y a chez l'homme plus d'ethmo-turbinaux qu'on ne croyait. (SCHWALBE, ZUCKERKANDL, etc.).

Cependant, si la découverte de *E. Fischers* (1) que les Singes possèdent à l'état embryonnaire un véritable septum interorbitaire est complètement exacte, et elle semble l'être, la question devient beaucoup plus claire. Il est évident que l'existence de ce septum doit empêcher le développement d'un grand nombre de cornets. Que ce septum qui disparaît chez les Singes persiste et même s'accentue chez les Tarsiers au point d'intéresser une grande partie des os planum, alors, la réduction du nombre des cornets peut être rapportée dans l'un et l'autre groupe à une même cause; et l'affinité des Tarsiidés et des Primates inférieurs devient beaucoup plus évidente.

Sinus. — Il n'existe ni sinus sphénoïdal ni sinus frontal; par contre le sinus maxillaire est assez bien développé. C'est une volumineuse cavité en forme de pyramide à base triangulaire, limitée par la région orbitaire du maxillaire et une partie de l'os planum en dehors, par le corps du maxillaire en bas, et par la lame basilaire du maxillo-turbinal et l'apophyse onciforme en dedans.

Sur le squelette, la paroi interne est très incomplète l'ostium maxillaire très grand. Ce cloisonnement osseux si rudimentaire du sinus maxillaire est un caractère de généralisation que nous avons déjà signalé chez les Nycticébidés et les Galagidés, Lémuriens, de type assez primitif.

Il est trop évident que l'énorme développement des orbites est la cause de la disparition du sinus frontal et qu'il n'y a aucune déduction à en tirer relativement aux affinités des Tarsiers.

Conclusion. — A considérer, la forme et la structure générale des fosses nasales des Tarsiidés, le nombre, le dévoloppement relatif, les dispositions des cornets, il semble évident que les mêmes facteurs morphogéniques ont réglé chez les Singes, d'une part, les Tarsiers de l'autre, l'arrangement de toutes ces parties.

L'étude des fosses nasales vient confirmer les données fournies par d'autres organes. Si Singes et Lémuriens proprement dits ont une origine commune, — très lointaine — les Tarsiers constituent un petit groupe latéral détaché du tronc commun.

---

(1) Zur Entwickelungsgeschichte des Affenschädels. *Zeitsch fur. Morph. u. Anthrop*, V. 1903.

M. J. NAGEOTTE,

PRÉSENTATION D'AUTOCHROMES RELATIFS AUX TRANSFORMATIONS SUBIES PAR LA FIBRINE AU SEIN DE L'ORGANISME

612.115.1

28 Juillet (soir).

La fibrine, lorsqu'elle reste au contact des tissus vivants, subit une série de transformations que j'ai étudiées en détail dans plusieurs notes publiées soit dans les comptes rendus de la *Société de Biologie*, soit dans ceux de l'*Académie des Sciences*. Les autochromes que j'ai l'honneur de présenter reproduisent les aspects les plus caractéristiques que l'on observe au cours de ces transformations.

Le processus est complexe et évolue suivant des modalités multiples, en rapport avec les différentes circonstances réalisées.

1° Si l'on fait coaguler du sang dans une petite éprouvette de collodion et si l'on introduit cette éprouvette, non fermée, dans le péritoine d'un animal de même espèce, on constate au bout de quelques jours que le réseau fibrineux du caillot cruorique a subi un remaniement complet et a été le siège de phénomènes de croissance. Le corps étranger s'est enkysté dans l'épiploon et le caillot contenu dans l'éprouvette est en contact sur une petite étendue avec la membrane fibreuse d'enkystement : c'est à partir de cette surface de contact que s'effectuent les modifications subies par le réseau fibrineux, sous l'influence des humeurs de l'animal en expérience. Il se passe là un phénomène qui, à certains égards, rappelle celui que l'on provoque en *nourrissant* un cristal dans une solution saturée. Les mêmes aspects s'observent à la périphérie des hématomes expérimentaux.

Le point sur lequel je désire plus particulièrement attirer l'attention, est la similitude qui apparaît entre la morphologie du réseau fibrineux en voie de croissance et celle des différents édifices que constitue la trame conjonctive dans l'organisme. Je ferai remarquer aussi que les formes observées ne peuvent s'expliquer que par une croissance par intussusception de la fibrine, analogue à la croissance par intussusception de la trame conjonctive des tissus et très différente, en réalité, de la croissance par apposition du cristal.

2° Le sang épanché dans les tissus se coagule, ainsi qu'on le sait. Le réseau fibrineux des caillots présente tout d'abord un processus de croissance, puis, sous l'influence des fibroblastes qui l'ont envahi, il se transforme sur place en un réseau de substance conjonctive, par un processus auquel j'ai donné le nom de *métamorphisme*.

Ce processus évolue différemment suivant qu'il s'agit de petites hémorrhagies punctiformes, ou bien d'hématomes plus volumineux.

a) Dans le premier cas, il se forme, au sein de la cicatrice en voie d'évolution, ce que j'appelle des *taches fibrineuses*. Le réseau fibrineux de ces taches présente toujours à son centre un petit point de désintégration, avec phagocytose de la fibrine; mais à sa périphérie, on peut suivre toutes les phases de la transformation de ses travées en une trame collagène, qui se continue avec celle des tissus environnants. Cette transformation est graduelle et elle s'accuse par des modifications progressives portant tout à la fois sur la morphologie du réseau et sur ses affinités à l'égard des matières colorantes.

b) Lorsqu'il s'agit d'hématomes plus volumineux, les phénomènes de croissance pure et simple du réseau fibrineux se poursuivent beaucoup plus longtemps avant qu'intervienne le métamorphisme. Il se forme des pièces fibrineuses semblables, par leur configuration générale, aux pièces collagènes des tissus cicatriciels, mais dont la texture intime est différente, puisque les filaments de fibrine dont elles sont faites n'affectent ni la forme ni la disposition des fibrilles collagènes dans les édifices conjonctifs.

Après cette phase de construction, qui est poussée très loin, il survient brusquement une transformation de la fibrine en substance collagène, sans modification de la forme générale de l'édifice, mais avec un remaniement complet de sa texture.

Ce processus est facile à saisir lorsque l'on choisit des objets favorables; il s'observe avec une grande netteté à la périphérie des hématomes expérimentaux, dont la membrane d'enkystement est lamelleuse : dans ses couches externes, cette membrane est fibreuse; dans ses couches internes, elle est fibrineuse. Le métamorphisme s'effectue dans les lames fibrineuses déjà modeléos et les envahit les unes après les autres, sans modifier leur disposition architecturale en quoi que ce soit.

Dr H. GUILLEMINOT,
Paris.

SUR UNE LOI PHYSICO-CHIMIQUE IMPOSÉE A LA MATIÈRE VIVANTE PAR LA SÉLECTION NATURELLE. LA LOI D'OPTION ET LES PRÉVISIONS DU CALCUL DES PROBABILITÉS

28 Juillet.

Si l'on met de côté les phénomènes idéalement abstraits de la nature par la mécanique rationnelle et qui peuvent par leur enchaînement constituer des cycles réversibles, on constate que tout changement qui se produit dans la nature est corrélatif d'une dégradation de l'énergie mise en jeu, et que la grandeur de cette dégradation mesure la tendance qu'ont ces phénomènes à se produire.

C'est pourquoi on regarde la deuxième loi de l'énergétique comme assignant un sens, une direction aux phénomènes de la nature.

Pourtant quand on essaie d'expliquer les phénomènes biologiques et l'évolution de la vie terrestre par la seule application de cette loi, on se heurte à un non-sens manifeste. Et comme le hasard seul, c'est-à-dire les prévisions du calcul des probabilités ne suffit pas à rendre compte des directives apparentes de la vie, une autre loi juxtaposée à la loi de *Carnot* doit être mise en lumière.

Le propre des phénomènes physico-chimiques de la matière vivante est de se passer dans le voisinage des états d'équilibre, ou de procéder par rupture de faux équilibre sous l'action d'agents lytiques variés.

Ordinairement chacun de ces phénomènes, au moment où il va se produire, n'est pas le seul possible, et il se trouve en concurrence avec d'autres phénomènes, également dégradateurs de l'énergie mise et jeu, et ayant aussi tendance à se produire.

Quelquefois les phénomènes en concurrence sont isodégradateurs ; plus souvent, quoique inégalement dégradateurs, ils sont commandés par l'entrée en scène d'agents lytiques indifférents devant la loi de *Carnot*. Dans l'un et l'autre cas, c'est le calcul des probabilités qui seul régit leurs chances de production.

Mais les prévisions de ces calculs sont mises en défaut par une propriété de la matière vivante, la plus facile répétition du déjà fait, liée à l'un de ses caractères essentiels : l'instabilité. Cette propriété contredit le deuxième postulat du calcul des probabilités : l'indépendance des « coups de roulettes » successifs, et constitue, pour chaque être les tendances spécifiques triées par la sélection naturelle, et érigées ainsi en *loi d'option*. La loi d'option s'impose comme une directive supérieure aussi bien aux actes de la vie de relation qu'à ceux de la vie de nutrition.

M. Edmond PERRIER,

Directeur honoraire du Muséum National d'Histoire naturelle, Paris.

LE CATALOGUE RAISONNÉ ET DESCRIPTIF DES COLLECTIONS D'OSTÉOLOGIE COMPARÉE DU MUSÉUM NATIONAL D'HISTOIRE NATURELLE (1)

---

27 Juillet.

Je me permets d'attirer l'attention des membres de la Section de Zoologie sur une très importante publication entreprise et poursuivie par *M. R. Anthony*, Assistant au Muséum d'Histoire naturelle et Directeur adjoint du laboratoire de zoologie comparative de l'École des Hautes Études.

---

(1) Chez MM. Masson et Cie, éditeurs, 120, boulevard Saint-Germain, Paris.

De cet ouvrage qui a pour titre : *Catalogue raisonné et descriptif des collections d'ostéologie comparée du Muséum d'Histoire naturelle*, trois fascicules ont déjà paru, le premier concernant les Pangolins, le second les Oryctéropes et le troisième les tatous du genre *Dosypus*.

Chaque fascicule contient deux parties, l'une descriptive, abondamment illustrée de dessins tous originaux, l'autre qui constitue le catalogue proprement dit.

La publication répond à un double but : fournir d'une part la liste exacte et précise de ce que contiennent nos riches collections d'ostéologie comparée; apporter d'autre part aux chercheurs un guide sûr et complet qui leur a manqué jusqu'ici.

A n'envisager que sa partie descriptive, cette publication sera à la fois un véritable traité de zoologie des vertébrés permettant par ses exposés détaillés et les clefs analytiques qu'il contient, la détermination des formes jusqu'à l'espèce inclusivement, et, un traité aussi d'ostéologie comparée conçu dans les idées scientifiques modernes, et infiniment plus complet que tous ceux qui actuellement existent tant en France qu'à l'étranger.

Outre qu'il met en valeur les riches collections d'anatomie comparée du Muséum d'Histoire naturelle de Paris, l'ouvrage de *M. R. Anthony* dont l'achèvement demandera plusieurs années comble une importante lacune; il présente en même temps un intérêt scientifique général de tout premier ordre sur lequel je tenais à attirer tout particulièrement l'attention du Congrès de l'Association française pour l'Avancement des Sciences.

M. P. WINTREBERT,

Paris.

L'IRRITABILITÉ, PAR LA TEMPÉRATURE, DES MYOTOMES DE SÉLACIENS (SCYLLIORHINUS CANICULA, L. GILL), AU TEMPS DE LA CONTRACTION RYTHMÉE ANEURALE

---

27 Juillet.

Les deux bandes myotomiques latérales, isolées l'une de l'autre dans leur fonctionnement et toutes deux indépendantes de l'action nerveuse, aux stades G, H, I, de Balfour, sont particulièrement irritables par la température.

En milieu constant, entre 8° et 20° C., elles présentent une contraction régulièrement rythmée, dont la révolution n'a pas une durée tout à fait égale pour chacune d'elles; mais la vitesse des deux rythmes augmente ou diminue, de manière parallèle avec le degré de la chaleur.

Entre 20° et 23° C., les battements deviennent irréguliers, précipités et moins amples; ils cessent à 23°; au-dessous de 8° C., ils deviennent très lents et arythmiques. Les embryons sont sténothermes, et un changement rapide de quelques degrés suffit à affoler les rythmes. L'élévation de la température diminue le temps de la détente plus vite qu'elle n'accélère le temps de la contraction. La réversibilité des réactions à une température donnée et constante, n'existe que pour les embryons élevés dans des conditions voisines de celles du milieu naturel, c'est-à-dire entre 9° et 17° C.

Le ralentissement comparé du rythme, en milieu normal indique une fatigue, une altération, que l'histoire des antécédents thermiques peut le plus souvent expliquer.

Sous-Section de

PSYCHOLOGIE PHYSIOLOGIQUE

Président. . . . . M. Marcel FOUCAULT, Professeur à la Faculté des Lettres de Montpellier.

Vice-Président . . . . . M. Ch. BLONDEL, Professeur de psychologie à l'Université de Strasbourg.

Secrétaire . . . . M. H. PIÉRON, Directeur du Laboratoire de Psychologie à l'École des Hautes-Études.

M. Julien FONTÈGNE,

Professeur à l'École Nationale Technique de Strasbourg.

DU ROLE DE LA PSYCHOLOGIE DANS L'ORIENTATION PROFESSIONNELLE

(RAPPORT)

---

115 : 331

26 Juillet.

Nul ne méconnaît plus, aujourd'hui, l'impérieuse nécessité qu'il y a de fournir au commerce comme à l'industrie, à l'agriculture aussi bien qu'aux administrations publiques et privées des *hommes qualifiés,* c'est-à-dire des travailleurs — ce mot étant pris dans l'acception la plus noble — qui, dans un minimum de temps raisonnable, arriveront à l'optimum de rendement avec un minimum de fatigue et un maximum de joie au travail.

Le problème d'orientation professionnelle côtoie, en plus d'un point, ce triptyque de la *psychologie économique* qui comporte la fatigue, l'étude des mouvements et l'organisation scientifique du travail; il constitue, à vrai dire, un panneau supplémentaire qui a droit à tous nos soins et à toute notre science.

Qu'il s'agisse d'un enfant, d'un mutilé de guerre, d'un accidenté du travail, d'un chômeur, d'un homme âgé ou d'une femme, il faut que nous trouvions pour eux une profession qui tienne compte de leurs goûts, de leurs dispositions, de leurs connaissances, de leurs aptitudes natives ou acquises, tout en ne négligeant pas leur situation de famille, ainsi que les besoins économiques présents ou futurs.

Ce n'est d'ailleurs pas la première fois que se pose un problème semblable. N'est-ce pas celui qu'ont à résoudre les *médecins* des administrations publiques, ceux qui assistent aux Conseils de Révision ? Leurs investigations ont bien porté sur l'acuité visuelle, la constitution générale, la musculature, mais presque toujours les aptitudes psychologiques du sujet restèrent dans l'ombre.

Pour orienter rationnellement un *enfant* donné vers une profession donnée ou — ce qui n'est pas tout à fait la même chose — pour conseiller à un enfant donné une profession où il ait toutes chances de réussir, la connaissance de trois facteurs est absolument nécessaire :

1° L'objet : la profession;

2° Le sujet : en l'espèce, l'enfant;

3° Le milieu : le marché du travail,

qui se présentent à nous avec leur complexité parfois déconcertante, leurs contradictions souvent frappantes, leur dynamisme toujours présent.

* * *

Comment arriver à connaître la profession? Nous n'étudierons que le point de vue psychologique, les considérations d'ordre technique, énergétique, économique ou social ayant été présentées ailleurs.

L'interrogatoire des patrons et ouvriers sur ce qui conduit à la supériorité professionnelle ne suffit pas; le *questionnaire*, même très complet, comme ceux de *Lipmann* et de *Martha Ulrich* pour les professions moyennes et supérieures, ne peut que servir à dresser une liste provisoire d'aptitudes; seule, *l'expérimentation* permet d'obtenir une liste définitive des aptitudes essentielles.

Deux méthodes s'offrent à nous pour déterminer quelles aptitudes font la supériorité professionnelle d'un travailleur donné :

1° Une méthode analytique qui consiste, après que le processus de travail d'une profession a été décomposé en une série de fonctions particulières, à examiner chacune d'elles pour reconnaître à quel degré d'intensité elle se trouve chez des sujets reconnus professionnellement bons, moyens ou mauvais ;

2° Une méthode synthétique ou globale qui tend à imiter au laboratoire les faits et gestes professionnels de la pratique, à présenter au sujet examiné une sorte de miniature de sa future profession, pour déterminer, ensuite, dans quelle mesure, des sujets reconnus professionnellement bons, moyens ou mauvais, répondent aux exigences de cette profession.

La première a l'avantage d'être relativement simple, de permettre l'utilisation de tests facilement exécutables et éprouvés dans des recherches d'un autre ordre, et surtout, de faire trouver aisément la cause d'une non-réussite chez le sujet. Peut-être lui objectera-t-on qu'elle fait appel à des gestes, des mouvements totalement étrangers à la réalité et qu'ainsi une influence affective, fâcheuse, s'exerce sur le candidat qui ne voit pas nettement le but des expériences auxquelles on le soumet.

Il semblerait que, durant la guerre, les psychologues allemands, en particulier, se fussent efforcés d'utiliser la méthode globale, *die komplexe Prüfung*.

Étant donné la complexité réelle de l'expérimentation — ce qui, du reste, ne peut que troubler le candidat — il nous apparaît qu'actuellement, tout au moins, la meilleure voie à suivre sera celle qui permettra la fusion des deux méthodes en empruntant à la vie professionnelle les « gestes » divers qui doivent entrer dans les différentes expériences partielles.

C'est de cette manière que nous avons procédé, en 1918, pour nos recherches de sélection et d'orientation professionnelle des téléphonistes.

* * *

Comment arriver à connaître le sujet? Un examen minutieux de l'enfant comportera des données d'ordre médical (physiologiques et anthropométriques), d'ordre scolaire (quantité et qualité des connaissances acquises), d'ordre moral, d'ordre psychologique.

Procéder à l'examen psychologique d'un enfant en quête d'une profession, c'est :

a) Arriver à connaître ses goûts, ses intérêts prédominants;

b) Déterminer ses aptitudes intellectuelles, physiques, morales et sociales;

c) Pronostiquer si ces goûts, intérêts et aptitudes divers conviennent ou non pour telle profession donnée dont on connaît les caractéristiques essentielles, et, dans la négative, pour quelle profession elles désignent le sujet.

Nous connaîtrons les goûts et intérêts de l'enfant par les renseignements de toutes sortes que nous fournira le maître, grâce au *fichier individuel* et par ceux que nous donnera l'enfant dans un *entretien* particulier que nous aurons avec lui.

Quant à ses aptitudes, nous les découvrirons par le fichier précité; par l'observation attentive de ses « faits et gestes » dans des enseignements spéciaux (gymnastique, travaux manuels, classes de préapprentissage) où surgissent plus facilement des aptitudes qu'une éducation souvent mal comprise empêche de se montrer; par *l'expérimentation*.

Nombreux sont les problèmes qu'auront à résoudre les théoriciens et les praticiens de la psychologie appliquée à l'orientation professionnelle. Citons-en quelques-unes : Quelle créance accorder aux réponses d'un enfant de 13-14 ans? Comment amener l'instituteur à « tenir » un fichier individuel? Quelle valeur attribuer au psychogramme collectif d'une classe? Quel rôle peut et doit jouer la psychanalyse dans l'examen psychologique de l'enfant? Que valent nos méthodes d'étude de la mémoire, de l'attention, des temps de réaction? Quelle est la puissance de l'habitude, de l'entraînement ? Comment établir la démarcation entre les aptitudes natives et les aptitudes acquises? Etc., etc....

* * *

C'est suffisamment dire combien est complexe la question d'O. P. En tous cas, qu'il s'agisse d'orienter de jeunes apprentis, de sélectionner, dès l'école primaire, les bien doués en vue d'en faire les cadres d'une sérieuse élite intellectuelle ou manuelle, d'organiser l'école — qui sera avant tout professionnelle, ce mot étant pris dans l'acception la plus large — sur une base de psychologie différentielle, d'analyser les aptitudes spéciales (mathématique, linguistique, graphique, musicale ou autre), de jeter les grandes lignes d'une psychologie de l'adolescence, du travailleur, du travail et des métiers, de donner les assises de méthodes rationnelles d'apprentissage consécutives à une O. P. rationnelle d'apprentis, etc., etc., c'est à la *psychologie* qu'il faudra, avant tout, faire appel.

Et si nous ne voulons pas rester en arrière des nombreux pays qui ont mis au premier plan de leurs préoccupations économiques et sociales, la question d'un meilleur rendement humain, il nous faudra créer, au plus tôt, des laboratoires de psychologie appliquée à l'orientation professionnelle (1).

Discussion. M. Blondel. N'y aurait-il pas lieu de distinguer tout d'abord dans le sujet qui nous occupe et dont l'intérêt ne fait de doute pour personne, entre l'orientation et la sélection professionnelles? Pour sélectionner des spécialistes, c'est-à-dire exclure d'un emploi qualifié certains des candidats qui le postulent, il me semble qu'il faut être armé de connaissances et de techniques beaucoup plus précises et beaucoup plus éprouvées que pour orienter vers une carrière, c'est-à dire donner à un enfant, sur les métiers qui répondent à ses aptitudes, un conseil qu'il est libre de ne pas suivre. Une première démarche me paraît donc nécessaire pour fixer notre pratique : savoir déterminer les professions pour lesquelles l'état de nos connaissances nous permet dès maintenant d'assurer une sélection, celles pour lesquelles il nous faut nous en tenir provisoirement à la simple orientation, celles enfin, peut-être pour le moment les plus nombreuses, pour lesquelles nous sommes encore incapables aussi bien d'orientation que de sélection. Tout l'effort devra être ensuite d'accroître le nombre des professions pour le choix ou le recrutement desquelles le psychologue pourra être en mesure d'intervenir efficacement. Pareil résultat ne peut être atteint que par des recherches minutieuses, précises, éprouvées par le contrôle répété de

(1) On trouvera dans le Bulletin de juin-juillet de l'*Association française pour la lutte contre le Chômage* une bibliographie assez complète de la question d'*O. P.*

Voir également notre ouvrage : *L'Orientation professionnelle et la détermination des aptitudes*. (Collection d'actualités pédagogiques), Neuchâtel (Suisse), 1921. Delachaux et Niestlé.

l'expérience. C'est assez dire le danger que je vois aux vastes conceptions, telles que celles de *Piorkowski*, que nous a rappelées *M. Fontègne*, dont la précision et l'ampleur apparaissent toutes verbales. Il n'y a jamais rien à gagner à des généralisations et à des systématisations prématurées.

M. Piéron. — On ne saurait trop insister sur l'importance actuelle des applications psychologiques à la sélection professionnelle et à l'organisation du travail. Un mouvement se dessine en France : A l'Institut de Psychologie dont le Conseil de l'Université de Paris vient de décider la création, il y aura trois sections d'applications, une de technique générale, une de pédagogie (ancien Institut de pédagogie), et une d'orientation et sélection; la Commission de Physiologie du travail de l'Institut Lannelongue d'Hygiène sociale a mis à l'ordre du jour la question des tests psychophysiologiques de fatigue; enfin, le Comité d'Hygiène mentale a chargé une commission spéciale d'étudier la question de la sélection et de la surveillance, médicale et psychophysiologique, des agents chargés d'un service de sécurité publique.

Il faut se défier tout autant des applications hâtives que des retards d'application. Mais actuellement des recherches sont nécessaires; l'étude des professions par monographies complètes, comme celles de *M. Fontègne* sur les téléphonistes, d'une part, la détermination de la marge de développement que l'apprentissage peut assurer aux aptitudes naturelles de l'autre, sont de nature à diriger les préoccupations actuelles des chercheurs.

Quant au choix de la méthode, analytique ou synthétique, de sélection, nous ne sommes peut-être pas encore à même d'en décider en toute connaissance de cause.

M. Devolvé. — Deux points de vue à distinguer : 1° sélection à la porte de la profession spéciale. Elle est d'intérêt expressément social; déjà elle s'effectue, il ne s'agit que de la perfectionner et des moyens psychologiques de perfectionnement existent, pratiquement utiles; 2° orientation de l'écolier vers la catégorie professionnelle au long des séries diverses d'exercices scolaires et préprofessionnels. Ceci est une tâche infiniment plus complexe pour laquelle est requise une base psychologique beaucoup plus difficile à constituer. Des progrès théoriques importants sont à accomplir, avant que nous soyons en mesure de substituer aux modes empiriques d'orientation des procédés psychologiques offrant des garanties scientifiques.

M. Foucault, à titre de renseignement complémentaire, signale le fait que, plusieurs années déjà avant la guerre, *M. Truc*, professeur d'ophtalmologie à la Faculté de Médecine de Montpellier, remettait aux familles des enfants, à leur sortie de l'école, unc fiche indiquant leur acuité visuelle, avec une liste des professions pour lesquelles cette acuité était suffisante ou insuffisante.

M. A. IMBERT,

Professeur à la Faculté de Médecine de Montpellier.

SUR LA DÉTERMINATION DES APTITUDES PROFESSIONNELLES

331.7 : 331.86

26 Juillet.

Il est une catégorie d'épreuves, non utilisées encore à ma connaissance, qui semble *a priori* pouvoir fournir quelques indications utiles; les premiers essais auxquels j'ai procédé sur des écoliers ont du moins montré qu'il existait à ce point de vue, surtout pour quelques-unes des épreuves, de notables différences individuelles chez mes jeunes sujets.

Si donc je ne puis préciser le degré d'importance pratique réelle de telles épreuves, celles-ci apparaissent du moins comme pouvant aboutir à un classement dont la signification reste à chercher.

Les épreuves en question consistent à faire apprécier des directions, des grandeurs, des situations relatives, des arrangements, des formes, etc.; voici quelques-unes de celles que j'ai utilisées et auxquelles il sera facile d'en ajouter d'autres plus ou moins analogues, si ce genre d'épreuves est reconnu comme susceptible de fournir des indications pratiquement utiles.

a) *Appréciation de l'horizontalité et de la verticalité.* — A cet effet, une cordelette est tendue de haut en bas, où elle se réfléchit sur deux poulies successives, l'extrémité libre de la cordelette étant tenue à la main par le sujet. Celui-ci en tirant sur la cordelette, qu'un faible ressort antagoniste tend à ramener à sa position oblique initiale, doit immobiliser cette cordelette lorsqu'elle lui paraît être devenue horizontale ou verticale. Une partie seulement de la cordelette apparaît aux yeux du sujet, à travers une ouverture circulaire d'un diamètre de $0^{m},50$, percée dans un écran carré de deux mètres de côté, et une graduation masquée permet à l'observateur d'évaluer les erreurs commises (1).

b) Disque métallique, muni d'un manche à main, percé d'ouvertures circulaires de diamètres variables disséminées sans ordre, et série de tubes également métalliques de diamètres exactement égaux à ceux des ouvertures.

Le sujet tenant le disque d'une main choisit de l'autre les tubes pour les enfiler dans l'ouverture correspondante, et l'observateur note, pour chaque tube, le nombre d'essais, c'est-à-dire d'erreurs commises.

c) Marquer le centre de circonférences, de divers diamètres, tracées sur une feuille de papier que l'on donne au sujet; marquer de même le milieu de

(1) Je signale seulement ici ce fait, sur lequel je me réserve de revenir, à savoir, l'erreur commise dans l'appréciation de la verticalité, erreur qui peut dépasser 30 degrés lorsque le sujet soumis à l'épreuve est couché horizontalement.

droites diversement orientées, et de longueurs variables, tracées encore sur une feuille de papier.

d) Des droites diverses, des angles, des carrés, des rectangles, etc., étant tracés sur une feuille de papier disposée en face du sujet, inviter celui-ci à reproduire, en grandeur et en direction, les droites, angles, etc., avec le seul emploi d'une régle, sans prendre aucune mesure sur le modèle.

e) Après avoir découpé une feuille de papier de grandeur déterminée en un certain nombre de morceaux de grandeur et de forme différentes, à bords rectilignes ou courbes, inviter le sujet à disposer tous ces découpages sur une feuille de papier, double de celle qui a été découpée, de manière à recouvrir la plus petite surface possible, c'est-à-dire à perdre le moins de papier possible si la seconde feuille devait être découpée comme la première.

f) Pour explorer la mémoire des formes, faire apparaître à travers l'ouverture d'un objectif photographique, et pendant un temps très court pouvant être augmenté ou diminué, des figures simples, lignes parallèles, croix, rectangle, vase, etc., et inviter le sujet à les reproduire à main levée sur une feuille de papier.

Après avoir constaté les différences individuelles fournies par de telles épreuves, qui se rapportent à des actes de divers travaux professionnels et qui peuvent être facilement variées, il y aura lieu de rechercher, sur les sujets ayant fourni les résultats les plus défectueux, l'influence de la répétition des épreuves, le degré d'exactitude auquel chacun d'eux peut atteindre, ainsi que le temps nécessaire pour achever cette sorte d'apprentissage.

Il serait utile encore de soumettre aux mêmes épreuves de bons ouvriers choisis dans les métiers auxquels ces épreuves se rapportent.

M. A. VAUTRIN,

Directeur de l'École pratique de Commerce, Colmar.

DE LA FATIGUE ET DE SON ACTION DANS LE TRAVAIL PROFESSIONNEL

331.87

26 Juillet.

Le principe directeur de toute activité économique est le suivant : arriver à l'optimum de rendement avec une dépense minimum de temps et d'énergie.

La réalisation n'est possible que par une originisation scientifique du travail.

Le principal facteur, dans tout travail, c'est l'homme avec ses caractéristiques psycho-physiques, qui varient, d'ailleurs, d'individu à individu. C'est pourquoi l'intérêt primordial, dans toute organisation du travail, se portera sur l'homme.

Du coup se posent les quelques problèmes suivants :

1° Incorporation du facteur « homme » dans l'organisme du travail, d'après ses dispositions (aptitudes) physiques et intellectuelles de façon à mettre « the right man in the right place » : *Problème de l'appropriation professionnelle.*

2° Développement et perfectionnement de son activité dans le domaine qui lui est assigné par la vie professionnelle : *Problème de la formation professionnelle.*

3° Adaptation des conditions extérieures (salle de travail, durée du travail, repos, instruments de travail, etc.) aux aptitudes psycho-physiques du travailleur : *Problème de l'adaptation professionnelle.*

Pour résoudre ces problèmes la science nouvelle d'organisation du travail a besoin du concours d'autres disciplines : psychologie, physiologie, technique.

La communication présente a pour but de signaler les moyens qui peuvent être employés pour remédier aux effets pernicieux du facteur fatigue dans le rendement du travail. (L'étendue du préjudice causé par ce facteur a été déterminée par des recherches scientifiques.)

Il est nécessaire :

1° De pouvoir examiner le travailleur en particulier au point de vue de sa courbe de fatigue et sa fatigabilité.

La psychologie et la physiologie possèdent, pour le faire, un certain nombre de méthodes de mensuration.

Les travailleurs seront groupés en *types de fatigue :* ceux qui ne se fatiguent que difficilement, ceux qui accusent une résistance moyenne à la fatigue, ceux qui succombent facilement à la fatigue;

2° De pouvoir analyser les différentes espèces de travaux relativement à leur influence au point de vue fatigue, de façon à former des *catégories de travaux.* Les méthodes à cet usage sont très peu nombreuses; les instruments de mesure employés jusqu'ici extrêmement compliqués.

Mais les observations faites au cours de la vie professionnelle permettent un tel groupement, comme le prouve d'ailleurs celui qui, durant la guerre, était à la base, en Allemagne, de la « politique d'alimentation ouvrière » (travail pénible, travail dur, travail léger) ;

3° De mettre en accord le travail et les travailleurs en se basant justement sur ce principe de fatigue; autrement dit de diriger vers les travaux pénibles ceux chez qui la résistance à la fatigue est le plus accusée, et inversement;

4° D'exclure de la vie professionnelle tout ce qui serait de nature à augmenter le degré de fatigue et d'y introduire tout moyen susceptible de reculer aussi loin que possible la limite à laquelle commence véritablement la fatigue (adaptation professionnelle générale psycho-physique, organisation appropriée des processus de travail, de la durée du travail, des repos et de toutes autres conditions pouvant exercer une influence quelconque comme température, état de l'air, lumière, vêtements, outils, etc.

La présente communication est le résultat d'une étude entreprise en 1918 à l'Institut d'Organisation du Travail de l'École Supérieure de Commerce de Mannheim, où, comme sous-directeur de l'Institut d'Organisation du Travail, je dirigeais les travaux de la Section Organisation du Travail.

On en trouvera le développement dans la revue anglaise *Iron Age* et dans le périodique allemand *Technik und Wirtschaft.*

M. CHAVIGNY,

Professeur à la Faculté de Médecine de Strasbourg.

ORGANISATION DU TRAVAIL INTELLECTUEL. — SON ENSEIGNEMENT

371

26 Juillet.

(RÉSUMÉ)

A propos de l'enseignement professionnel général, M. *Chavigny* rappelle qu'aux divers degrés de l'enseignement primaire, secondaire ou supérieur, on devrait s'attacher à enseigner aux élèves quelles sont les méthodes du travail intellectuel personnel. Ces méthodes existent, elles sont assez précises déjà pour fournir matière à un enseignement qui rendrait aux élèves un signalé service. Elles orienteraient et amélioreraient toute leur vie intellectuelle ultérieure.

Cet enseignement est pour ainsi dire inexistant.

Il mériterait qu'on lui fasse une place dans les programmes d'enseignement.

M. G.-L. DUPRAT,

Laboratoire de Psychologie expérimentale, Agen.

CONTRIBUTION A LA PSYCHOLOGIE APPLIQUÉE AU TRAVAIL PROFESSIONNEL

331 (01)

26 Juillet.

Fondements de la psycho-motricité. — I. L'activité neuro-musculaire mise au service d'un dessein animal ou humain est subordonnée à des synthèses d'images motrices. Partout où nous constatons combinaison répétée de mouvements, nous pouvons admettre une synthèse psychique résultant de la motricité antérieure, aux coordinations fondamentales non intentionnelles, fortuites. Le rôle du psychisme dans l'être biologique est en effet celui d'une synthèse progressive des images, sortes de résidus des modifications corporelles et de *tendances* persistantes à reproduire ces modifications.

La définition de l'*image*, ou modification psychique en général, a une importance capitale. Si on la considère comme le produit d'une empreinte (selon la vieille conception scolastique venue d'Épicure), on est bien embarrassé pour dire de quelle matière est fait le sujet qui reçoit l'empreinte et comment elle devient manière d'être consciente. Si l'on admet, selon la loi universelle d'*habitude*, une tendance de tout être à reproduire ses modifications antérieures, cette aspiration déterminée à être ceci plutôt que cela, à cause d'un précédent précis, constitue au contraire une base solide de la psychologie.

L'image étant telle que jamais elle ne peut se constituer que par suite de modifications sensorielles et musculaires ou articulaires ou cutanées (tendant à se reproduire), les synthèses d'images peuvent comprendre des tendances divergentes ou peu harmonieuses. Ici intervient une nouvelle loi fondamentale de la psycho-motricité : *loi de systématisation spontanée* et d'*inhibition systématique. Tout processus psycho-moteur tend à éliminer les ébauches de mouvements ou actes qui ne tendent pas au même résultat final ou contrarient son évolution dans la direction précédemment imposée.* L'adaptation spontanée et progressive, sans intelligence, qui est à l'origine des impulsions héréditaires ou *instincts*, rend manifeste cette loi. L'unité synthétique et synergique de l'individu ne peut admettre normalement des actes complexes incohérents ou des processus dont les effets successifs s'entre-détruisent : la sélection naturelle des réflexes et de leurs combinaisons s'effectue donc au détriment des mouvements et tendances qui ne sont pas dans la direction du courant vital personnel ou individuel.

D'elle-même, et sans aucune préadaptation intellectuelle, sans intention préalable, la psycho-motricité élémentaire est donc déjà nettement systématique, disons le mot « finaliste », mais sans finalité métaphysique. D'elle-même, elle se différencie en s'adaptant aux besoins et circonstances de plus en plus variés, et l'intégration en un système d'actes portant tous la marque de l'orientation individuelle suit autant que possible la différenciation, parce que l'unité synergique du début, de la période des réactions relativement simples, tend à se maintenir comme conséquence de la structure individuelle et comme condition de l'adaptation efficace.

La psycho-motricité sensorielle est la condition des images d'objets constituant le monde extérieur, celui des phénomènes étendus visibles ou tangibles ou situés hors de nous. La représentation d'un objet n'est que la synthèse des modifications psychiques résultant de l'adaptation sensori-motrice en un cas donné, avec tendance à reproduire cette adaptation, même en l'absence d'excitants sensoriels. Qui n'admet pas cette notion fondamentale se heurte aux plus grosses difficultés dans la conception de la psycho-motricité. Au contraire, en l'admettant, on conçoit aisément comment toute image, issue de la motricité organique, puisse être motrice, en tant que virtualité, non scolastique mais réelle, aptitude permanente et ordinairement inconsciente à renouveler un processus déterminé.

Mais de même que nous imaginons les objets extérieurs selon nos modes d'adaptation sensori-motrice, nous imaginons cet objet immédiat qu'est notre moi selon nos modes d'activité biologique les plus constants, si nombreux que nous ne pouvons en avoir qu'une représentation confuse, « coenesthésique » dans la plupart des cas. L'image coenesthésique est ordinairement négligée au profit de l'image nette, spatiale du corps visible, des organes aisément représentés. Cependant n'y aurait-il pas un intérêt considérable à étudier nos perceptions confuses de nous-mêmes, surtout quand il nous faut agir intentionnellement, utiliser les images motrices spontanément formées et organisées. Les difficultés de l'apprentissage d'un métier manuel ne seraient-elles pas réduites par une notion plus claire des données kinesthésiques que nous possédons en grand nombre, mais si confuses, si obscures, subconscientes ou inconscientes, que nous ne pouvons guère les utiliser sciemment?

II. — Le pianiste qui donne à ses doigts sans les regarder l'écartement voulu pour atteindre une touche du clavier a une mémoire kinétique des distances : les modifications musculaires, articulaires, tendineuses, cutanées et sous-cutanées, qui se sont produites dans les divers cas auxquels correspond la même note, se répètent en imagination inconsciente, au moment où cette note est de nouveau donnée, et l'ensemble, imaginé ainsi, tend à l'acte, y passe en effet automatiquement. Or des expériences nombreuses montrent que l'on peut parvenir par une attention bien dirigée à une « discrimination » de plus en plus sûre des images motrices correspondant aux divers modes du doigter. Il en est de même pour la machine à écrire : des sujets exercés n'ont pas besoin de regarder le clavier dactylographique et utilisent avec la plus grande précision les images kinétiques correspondant à la lettre à taper : il y a un grand nombre de données articulaires, musculaires, cutanées, qui déterminent la manœuvre requise, et que l'on parvient fort bien à distinguer des plus semblables.

Ce n'est pas sans image motrice complexe que l'écolier saisit son porte-plume et trace telle ou telle lettre : on peut l'exercer à distinguer les perceptions musculaires et articulaires requises pour le tracé d'un *A* de celles qui résultent du tracé d'un *V*, et ainsi de suite : la perception visuelle ne permet de constater que le mouvement accompli ; l'image kinétique permet de préadapter la motricité à l'acte à accomplir. La mémoire kinétique joue d'ailleurs un rôle si important chez certains sujets que nous avons pu en observer en grand nombre qui ne se fiaient pour l'orthographe d'un mot qu'à la reconnaissance des mouvements graphiques habituels (par exemple le mot « affliction » ne paraissait à J... devoir prendre 2 *f* que grâce à l'impossibilité pratique (pour J...) de tracer rapidement le mot sans effectuer le mouvement correspondant à la juxtaposition de 2 *f*).

L'imagination visuelle est généralement un obstacle à la discrimination des images kinétiques ; aussi les aveugles-nés se montrent-ils particulièrement aptes à se souvenir et à imaginer avec précision les modifications musculaires, articulaires et autres du même genre que comprend un mode défini de psycho-motricité. Les hypochondriaques d'autre part, toujours penchés sur eux-mêmes pour découvrir des indices de malaise ou de trouble biologique, se montrent parfois bien doués au point de vue de cette introspection que l'on a appelée « endoscopique » et qui n'est que le produit d'une analyse souvent anxieuse des états coenesthésiques. Qu'est d'ailleurs l'accroissement d'acuité sensorielle par l'exercice (par exemple de la sensibilité tactile par la répétition des expériences au moyen de l'esthésiomètre), sinon un effet d'une plus grande discrimination des petites modifications psychiques correspondant à de faibles changements de la motricité des organes sensoriels ? Comment un œil exercé parvient-il à l'appréciation de plus en plus exacte des distances, des contours, des dimensions et des formes, si ce n'est par une discrimination croissante des minuscules altérations musculaires connexes de l'adaptation visuelle ? Si nous tenons compte d'une infime contraction ou expansion des muscles de l'œil, bien que nous n'en ayons pas une image distincte (faute de nous la représenter sous forme spatiale et comme état d'un organe visible, tactile et étendu), pouvons-nous nier l'existence d'une modification psychique inconsciente ou subconsciente qui résulte de ce phénomène biologique à peine perceptible pour quiconque observe du dehors ?

Dans le domaine de l'intelligence comme dans celui des émotions et appétitions, sentiments et tendances, nous nous apercevons chaque jour davantage du rôle joué par notre psycho-motricité : quel intérêt ne présenterait pas pour celui qui étudie les idées ou les concepts, la connaissance approfondie des états psychiques correspondant aux attitudes biologiques qui donnent un sens à nos termes généraux ? L'étude des sentiments même les plus intellectualisés ne deviendra féconde que du jour où l'on pourra analyser les ébauches de motricité animale qui constituent nos tendances et transforment une représentation d'objet distinct en désir. Nos émotions ne seront-elles pas d'autant plus aisément dominées que nous sentirons mieux les modes de psycho-motricité troublée qui les distinguent nettement de phénomènes purement intellectuels? Nous ne saurions donc nous dispenser de mettre à l'ordre du jour de nos travaux de laboratoire l'étude des perceptions et souvenirs plus ou moins endoscopiques.

III. — L'intérêt en est surtout considérable dans le domaine de l'activité technique. En pénétrant dans l'atelier le psychologue ne se bornera pas désormais à étudier le travail par le dehors au point de vue ergographique ou dynamométrique; la fatigue au point de vue cardiographique ou pneumographique; il lui faudra pénétrer davantage *intus et in cute* pour faire une véritable physiologie de l'effort : non de l'effort et de la fatigue en général, mais de chaque effort nettement distingué, par chaque sujet, de tout autre plus ou moins analogue, perçu aussi distinctement que possible, afin de pouvoir être imaginé dans des circonstances semblables, avant l'action; ce qui permettra de savoir clairement comment on s'y prendra pour réaliser les mêmes fins et même de se préparer à dépasser le but déjà atteint.

Nous avons fait l'expérience sur des enfants et des adolescents s'exerçant à sauter un ruisseau ou des obstacles : le saut est un acte très complexe, dominé par une représentation très synthétique et ordinairement confuse des modifications neuro-musculaires et articulaires de mieux en mieux coordonnées dans les exercices précédents. Le sujet, habitué à l'introspection provoquée, étudie successivement les états psychiques par lesquels se préparent la concentration, puis l'élan, la détente ou l'impulsion, la chute avec souplesse. Il saute d'abord un fossé étroit, puis un ruisseau de plus en plus large (ou un obstacle de plus en plus élevé) et chaque fois, il s'observe, décompose ses mouvements et les images kinétiques qui en résultent, qui préparent les nouveaux efforts; ainsi il sait d'une façon très sûre, à quelle distance et à quelle hauteur il peut sauter, comment il lui faut se contracter, se raidir, se détendre, aux différents moments de son acte. Son savoir en un sens n'est pas communicable, parce que la terminologie relative aux exertions musculaires et aux perceptions des états organiques est presque inexistante; mais chacun n'en distingue pas moins un mode de contraction des muscles du bassin et des jambes d'un autre mode moins efficace ou moins harmonieux. Le lancement des poids de plus en plus lourds à la même distance est encore un bon moyen d'exercer à la discrimination souhaitée. Si donc on passe du gymnaste au travailleur qui manie la charrue et sait d'avance comment il s'y prendra pour parvenir à un labour plus profond ou plus superficiel; au serrurier qui sait bien donner un coup de lime correspondant à un dixième de millimètre d'acier à enlever; au chirurgien qui sait limiter la portée de son coup de bistouri, etc., on voit combien la psychologie expérimentale peut projeter de clartés sur la psycho-motricité la plus variée : transformer des empiriques aux images kinétiques inconscientes en artisans conscients de leurs procédés, de leurs « habiletés », de leurs aptitudes progressives.

La psycho-motricité convenablement étudiée, objectivement et subjectivement, avec le concours de l'anatomie, de l'histologie et de la physiologie d'une part, grâce d'autre part à une introspection provoquée e dirigée de telle façon qu'elle devienne de plus en plus discriminative, aboutira à une étroite subordination des mouvements plus ou moins com plexes, des actes actuellement accomplis et répétés par pure routine, des synthèses psychiques — perceptives, mnémoniques et imaginatives — puis à des schèmes communs d'action technique. Ainsi le problèm psychologique de l'apprentissage intelligent sera résolu.

Mme JAËLL,

Paris.

1° LA GRANDE ŒUVRE DE L'ÉDUCATION DE LA MAIN

152.5

26 Juillet.

Toutes mes recherches sur la *résonance du toucher* ont pour base l capacité *d'entendre par la main* que beaucoup de musiciens ignorent. (I leur suffirait peut-être d'essayer pour se rendre compte de l'existence d cette audition supplémentaire par la main.) Or ces recherches m'ont mené à la découverte d'un merveilleux perfectionnement de l'intelligen véritable but des travaux dont je vais vous exposer sommairement quelque résultats.

En principe, tous nos gestes usuels font obstruction à la libération de instincts tactiles droits et gauches dont la cohésion du *toucher musi* dérive. Nous ne pensons pas simultanément à nos deux mains durant ce gestes usuels. Or, ne pas penser aux deux mains à la fois, semble un anomalie à celui qui s'est découvert une double force de penser dès qu sa symétrie manuelle lui a fait découvrir une double force de sentir.

Chaque fois que cette double force de sentir est acquise, tous les mou vements deviennent aisés, les tensions se coordonnent, les images multiplient, se groupent. Chaque fois qu'elle disparaît, c'est la dérou Il n'y a plus de cohésion mentale, plus d'adresse manuelle spontanée.

Le fait est évident. On peut par un nouvel effort cérébral, passer de l'état d'incohérence mentale et de désagrégation tactile à l'état de cohésion mentale et de coordination tactile. Corrélativement l'audition mentale et la vision mentale se coordonnent. Dès que j'analyse proportionnellement mes sensibilités manuelles droites et gauches j'analyse proportionnellement aussi le déroulement des sons ascendants et descendants et les rapports linéaires de mes systèmes papillaires droits et gauches bons conducteurs de ma musique intérieure.

C'est cette simultanéité des efforts éducateurs qui constitue une *intellectualité nouvelle*.

Or, à cette intellectualité, une première entrave s'oppose : c'est l'état inculte de la main. Non seulement notre champ sensitif manuel est chroniquement obstrué, mais personne ne s'en plaint. Personne ne songe à la perte provoquée chez celui qui par des efforts aussi assidus qu'inintelligents herche à diriger ses dix doigts sans s'apercevoir que (dans toute activité anuelle affinée) il faut au contraire apprendre *à se laisser diriger ar eux*.

C'est donc seulement lorsque nous libérons cette main obtuse, qui 'honore pas le genre humain, de toutes les associations fautives qu'elle evient *initiatrice féconde*.

Quelques faits instructifs au sujet des instincts sensitifs et auditifs des oigts homologues du musicien. — Si un musicien écoute par exemple un ême son, *Ré*[3] par alternances réitérées dans ses deux mains *libérées*, il marque immédiatement quelques faits précis, selon que les pressions nductrices sont effectuées par deux doigts homologues ou non. Avec ntervention de deux doigts homologues (les index) les pressions droites et es pressions gauches se succèdent par alternances si rapides qu'il obtient imultanément dans les deux doigts une résonance continue à l'unisson.

Si, au contraire, deux doigts non homologues interviennent (index roit, médius gauche) il provoque deux genres de sons, deux genres de ressions, deux genres de doigts. L'état sensitif de l'index semble normal, ais dans le médius la résonnance est diluée, sans consistance, les pressions sont effectuées comme par un corps étranger totalement insensible t le doigt lui-même (comparé à l'index) paraît démesurément agrandi.

Autre exemple, mais si l'on procède ensuite par audition de deux sons scendants, les états de conscience se désagrègent même par intervention es deux index. Voici pourquoi.

Chaque pression conductrice de l'index droit étant suivie pour l'audition cendante *Ré-Mi* d'un léger roulement vers la droite, l'index gauche se mporte immédiatement en doigt réfractaire dès qu'on veut obtenir la ême *ascension* auditive *Ré-Mi* par un roulement vers la droite : ses imensions s'amplifient, la résonance est diluée, éphémère, le roulement ès ralenti s'opère avec une surface atone dépourvue de conduction. Que passe-t-il?

Le problème se résout aisément. Dès que le musicien procède par deux sons descendants et par léger roulement vers la gauche, les propriétés du doigt homologue s'affirment. L'audition descendante gauche *Ré-Ut* est acquise invariablement (comme par réponse spontanée) à la suite de chaque audition ascendante droite. C'est sans arrêt que les intervalles alternés (*Ré-Mi*, *Ré-Ut*) droits et gauches se suivent.

Ce sont ces forces contradictoires qu'on a ignorées qui vivifient notre raisonnement.

Donc, nos deux mains ne sont pas faites pour que l'une répète le langage de l'autre. Elles se sont faites *pour se contredire.*

Ce sont là les causes cachées par lesquelles les instincts artistiques de la main double se manifestent. C'est parce qu'elles sont imprégnées de directions contraires que nos mains sont résonnantes. On le sent bien, le contrôle est permanent et c'est parce qu'il est permanent que nos auditions musicales manuelles exercent une si prodigieuse influence sur notre développement artistique.

Par exemple, un musicien qui maintient les extrémités de ses doigts homologues superposés peut changer la conception qu'il se fait d'une œuvre musicale en l'entendant se dérouler (par pressions conductrices légères) dans ses doigts superposés. Les rythmes inhérents à cette audition silencieuse transforment spontanément toutes les forces régulatrices de sa pensée. S'il se met au piano, c'est par un *perfectionnement spontané* de son toucher musical que ces rythmes s'incarnent dans l'œuvre interprétée.

Autre exemple, si un musicien d'élite fait dérouler sa résonance mentale en posant l'extrémité de ses dix doigts sur les doigts homologues d'un autre musicien moins affiné, il peut lui communiquer par ses contacts coordonnés un perfectionnement auditif et sensitif personnel. Dès lors, dans l'exécution d'une œuvre musicale, c'est comme par une *bienfaisante contagion* que l'harmonie du toucher de l'un est extériorisée spontanément aussi par la main de l'autre.

Voilà à quels résultats imprévus les recherches sur la *résonance du toucher* nous mènent.

*
* *

2° LES BOUSSOLES TONALES DU MUSICIEN DÉCOUVERTES PAR LA STRUCTURE SYMÉTRIQUE DE LA MAIN

152.2

26 Juillet.

Chacun se souvient de l'infirmité spéciale de ces idiots qui, lorsqu'ils entendent un son, ne regardent jamais dans la direction d'où il émane. La localisation auditive leur manque. Or, par une impuissance similaire, nous ne savons pas dans quelles directions il faut regarder pour entendre mieux intérieurement tels ou tels sons, telles ou telles tonalités. Ces directions favorables existent. Elles sont découvertes. Elles nous assurent des facultés musicales nouvelles.

Voici un exemple très simple : Lorsqu'orienté face au nord, j'ai comparé attentivement la résonance de deux sons : *Ut*³ et *Si*³, des faits imprévus m'ont frappé : le *Si* est de résonance instable et éphémère; l'*Ut* est de résonance stable et consistante. Durant l'audition du *Si* instable je n'entends qu'un son *simple*; durant l'audition du son stable, une *image tonale* se forme : j'entends avec l'*Ut* aussi la *tierce Mi* et la *quinte Sol.*

Ces observations, si délicates soient-elles, se renouvellent à volonté. On entend toujours le *Si instable* par audition simple, l'*Ut stable* par triple audition : *tonique, tierce* et *quinte.*

Or ces auditions supplémentaires, ces *harmoniques* inhérents à la mentalité du musicien ne sont que des *résonances fantômes* d'une fantastique ténuité. Si bien, qu'au premier abord, en percevant ces sons infiniment réduits, on ne croit pas à leur existence. C'est par la précision de leur réapparition à chaque nouvel essai, que leur existence s'impose.

Il faut l'avouer, on est comme saisi d'effroi à l'idée que l'état fluide de la résonance mentale du musicien (que nous connaissons tous) ne constitue qu'une *musique de premier plan* derrière laquelle une autre musique intérieure infiniment plus lointaine, plus transparente apparaît.

On peut se rendre intuitivement compte du mécanisme de sa musique de premier plan, du moins le musicien sent qu'il la pense, mais il ne décèle aucun des rapports secrets par lesquels sa musique de deuxième plan se relie à sa pensée. Elle paraît plutôt diffuse au dehors, éveillant par contingences inconnues l'impression d'un lointain illimité d'une transparence miraculeuse.

Or, quelque effort que je fasse, je n'ai pu désagréger la triple résonance acquise durant l'audition de l'*Ut*³, inversement par un fait encore plus incompréhensible, je n'ai pu joindre volontairement à l'audition du *Si*³ les deux intervalles supplémentaires *tierce* et *quinte.*

Orienté face au nord, je suis aussi incapable de faire entrer dans ma tête la *tierce* et la *quinte* durant l'audition du *Si naturel* que de les en faire sortir durant l'audition de l'*Ut naturel*, mais un revirement brusque se produit dès que je m'oriente face au sud. En direction sud, c'est avec l'audition du *Si*³ devenue stable que l'image tonale s'impose.

C'est avec l'audition de l'*Ut*³ devenue instable que l'image tonale disparaît.

Or, ces transformations auditives brusques correspondent à des transformations sensitives non moins brusques dans la main du musicien.

Si, avec orientation nord, je prolonge l'audition tonale de l'*Ut*³ (pendant trente secondes), j'effectue pendant cette triple audition avec contacts minuscules de l'index droit, 120 pressions qui me font entendre, par répétitions, 120 fois l'image tonale en *Ut maj.*

Des entraves nettement sensibles se forment si je veux procéder de même durant l'audition prolongée du *Si*³. Les contacts de l'index s'agrandissent démesurément; le doigt paraît insensible, les pressions se ralentissent au point que durant 30 secondes je ne réalise que 36 pressions qui ne me font entendre que 36 fois le *Si*³ instable.

Si je renouvelle ces explorations avec direction sud, le renversement des rapports auditifs s'établit aussi nettement par la sensibilité de la main que par l'audition de l'oreille.

Les orientations auditives du musicien par un classement des tonalités majeures

La direction nord intensifie l'audition des tonalités majeures énergiques, éclatantes : *Ut maj.*, *Mi maj.*, *Sol maj.* et *La maj.*

La direction Est intensifie l'audition des tonalités déjà adoucies *Fa maj.* et *Ré maj.*

La direction Ouest intensifie l'audition des tonalités bémolisées plus adoucies encore : *Mi ♭ maj.*, *La ♭ maj.*, *Si ♭ maj.*, *Ré ♭ maj.* et *Sol ♭ maj.* (Toutefois les tonalités enharmoniques *Ut ♯ maj.* et *Fa ♯ maj.* sont favorisées par direction Est.)

La direction sud intensifie l'audition de la tonalité *Si maj.* (mais la tonalité enharmonique *Ut ♭ maj.* est favorisée par la direction nord).

Quant aux tonalités mineures, elles peuvent être considérées comme une espèce d'altération des tonalités majeures, car leur *tierce* n'acquiert la justesse voulue que si l'expérimentateur tourne le dos à la direction qui est favorable aux auditions majeures respectives.

Par exemple, face au nord l'audition en *Ut maj.* atteint son maximum de cohésion, l'audition *Ut min.* son maximum de désagrégation. Mais face au sud, les résultats sont inverses.

Donc, si deux musiciens placés face au nord se dirigeaient (en décrivant un demi cercle de sens contraire) vers le sud, l'un perdrait sa vitesse auditive majeure pendant que l'autre perdrait son audition ralentie mineure. Tandis qu'ils auront atteint une égalisation passagère des rythmes majeures et mineures en direction est et ouest, ils retrouveront, arrivés en direction sud, les états contradictoires inverses de leur audition intérieure. On pourrait supposer que, en cours de route, celui qui était intelligent est devenu obtus, celui qui était obtus est devenu intelligent. Mais la continuité de la résonance des auditions lentes constitue un perfectionnement aussi évident que l'accélération superlative des auditions tonales.

Il se pourrait que les activités contradictoires figurées ici par nos deux musiciens *majeurs* et *mineurs* imaginaires symbolisent dans une certaine mesure les activités contradictoires inconnues que déploieraient simultanément les deux hémisphères cérébraux d'un musicien supérieurement affiné.

Or, par un mécanisme inconnu, toutes les tonalités favorisées par une même direction se coordonnent entre elles. Grâce à son orientation appropriée, le musicien peut en entendre plusieurs à la fois sans qu'aucune confusion se produise. Chacune garde son *enveloppe harmonique* propre. Si bien que 2 *Sol* entendus, par exemple, avec direction nord, en *Sol maj.* comme *tonique* et en *Ut maj.* comme *quinte*, ne peuvent se confondre. Le *Sol quinte* paraît au musicien attentif bien plus haut que le *Sol tonique*.

Les auditions tonales doubles, triples, quadruples n'ont en réalité rien de surprenant, d'incompréhensible : elles sont la conséquence logique des *images tonales* acquises lorsque le musicien écoute un son soi-disant unique en direction favorable. Si, en bonne direction je me représente volontairement plusieurs sons simples, j'entends involontairement autant d'images tonales différentes que j'entends de sons différents. Dans ces conditions chaque tonalité doit garder son unité intangible. Loin de s'annuler réciproquement dans l'oreille du musicien, les tonalités sont entendues comme par transpositions simultanées. Elles subsistent les unes par les autres. On calcule à la fois leurs ressemblances et leurs dissemblances.

Or, c'est sous l'influence de ces auditions nouvelles que la résonance mentale du musicien se stabilise et prend une *survie* dont la haute importance est ignorée. C'est grâce à cette survie superlative des sons entendus mentalement que le musicien se découvre des localisations auditives imprévues.

Par exemple si c'est une direction nord que je procède par quadruple audition, j'entends non seulement les quatre tonalités énergiques favorisées par direction nord, mais c'est dans la main gauche et l'oreille gauche que je puis localiser l'audition des deux tonalités inférieures, dans la main droite et l'oreille droite l'audition des deux tonalités supérieures. Par contre si je m'oriente en direction nord-est j'entends aussitôt très distinctement une tonalité favorisée par direction nord dans l'oreille gauche, une tonalité favorisée par direction est dans l'oreille droite.

Au contraire, si c'est face à l'ouest que j'écoute, je peux percevoir simultanément quatre tonalités en localisant par exemple, à intervalle de *quinte ascendante*, les tonalités *Re* ♭ à *La* ♭ et majeures dans l'oreille droite à intervalle de *quarte descendante*, les tonalités *Mi* ♭ et *Si* ♭ majeures dans l'oreille gauche. Si je procède en direction ouest par intervention de trois tonalités, je puis entendre, par trois localisations bien distinctes, la tonalité intermédiaire dans les dix doigts, les tonalités inférieures et supérieures dans l'oreille gauche et l'oreille droite.

Or, quoi qu'on en pense, ces facultés auditives multiplicatrices restent aisées. Orienté en bonne direction, le musicien écoute même ces accumulations de sons dissonants, considérés jusqu'ici comme inextricables, avec un bien-être évident. Du reste, la proportionnalité de ces auditions tonales multiples est si bien acquise que la vitesse du déroulement des intervalles augmente chaque fois que le nombre des tonalités entendues simultanément augmente. On entend moins vite avec une seule tonalité qu'avec deux; comme on entend moins vite avec deux qu'avec trois, avec trois qu'avec quatre. Même, cela ne me paraît pas impossible d'arriver, par exemple, à entendre simultanément toutes les tonalités majeures. J'en entends déjà simultanément cinq, six et même davantage. Évidemment ces états de conscience auditifs multiples surprennent d'autant plus que, durant la réalisation de ces expériences, on peut joindre à l'impression d'entendre à la fois dans *toutes les directions*, l'impression de voir corrélativement aussi dans toutes les directions sans changer de place.

Si succinct qu'il soit, cet exposé fait pressentir l'immense amplification que l'activité cérébrale du musicien doit atteindre sans intervention d'aucun instrument de musique.

La musique est en nous.

C'est par l'harmonie musicale que j'ai pénétré l'harmonie sensitive de la main, et inversement c'est par l'harmonie sensitive de la main que j'ai pénétré l'harmonie musicale.

C'est parce que j'ai reconnu la cohésion profonde inhérente à nos sensibilités tactiles droites et gauches et à nos auditions musicales ascendantes et descendantes que j'ai découvert le sens des directions destiné à nous faire mieux comprendre l'universelle beauté, par l'immense *force éducatrice* qu'il nous apporte.

M. FOUCAULT

Professeur à la Faculté des Lettres de Montpellier.

SUR LA NATURE DE L'ATTENTION

(Rapport)

153.1

27 Juillet.

La Psychologie, en devenant scientifique à notre époque, a en général abandonné la méthode substantialiste d'explication par les facultés. Mais les traditions de langage et de pensée sont tellement fortes qu'il subsiste encore aujourd'hui plusieurs de ces idées de facultés : la mémoire, l'imagination, les sens, l'attention. Cette dernière n'apparaît pas comme une faculté simple, mais comme l'application de la volonté à l'intelligence : c'est donc une faculté formée par l'union de deux facultés fondamentales. Je veux essayer de montrer qu'il n'existe rien de pareil.

I. Exemple du travail d'addition sur les cahiers de *Kräpelin*. Si l'on élimine la fatigue, le travail qui se prolonge devient plus rapide et meilleur, non pas parce que l'attention s'y applique avec plus de force, mais parce que la prolongation du travail entraîne le renforcement d'associations anciennes et la formation d'associations nouvelles : on tend ainsi vers un automatisme visuel-moteur. — Si, après que l'exercice est assez avancé pour que les sujets ne fassent plus que des progrès insignifiants, on leur fait faire une page de calculs sans repos, on observe des faits de fatigue, et, en première ligne, un ralentissement du travail. Faut-il dire que l'attention se relâche sous l'influence de la fatigue? Non, mais l'examen détaillé des faits montre que le ralentissement du travail est dû avant tout à ce que les associations s'affaiblissent, au cours d'un travail rapide, sous l'influence de l'inhibition concurrente et de l'inhibition régressive. — C'est d'une manière analogue, et non pas par des variations de l'attention, que l'on peut expliquer d'autres faits, tels que l'organisation d'une défense contre la fatigue, l'établissement d'une vitesse normale de travail, l'apparition du rythme comme caractéristique du travail parfait.

II. Exemple de la fixation des souvenirs. Elle ne dépend pas du degré d'attention, ou plutôt on n'explique rien en disant qu'elle en dépend. Elle est gouvernée par des lois analytiques, dont les premières connues concernent l'influence du rang, la vitesse de lecture, la longueur des séries, etc. J'ajoute deux lois supplémentaires, qui expliquent ce que l'on met au compte de l'attention : *a*) la fixation est d'autant plus rapide (et durable) que les associations ont un caractère plus intellectuel, et *b*) que les perceptions évoquent des images plus complexes et plus riches.

III. Exemple de la perception. Ce que l'on appelle une perception attentive est une perception développée, à partir de sensations élémentaires très pauvres. Le développement peut être plus ou moins avancé, il peut se faire dans des directions différentes. Mais on ne l'explique pas en l'attribuant à l'attention. On ne peut l'expliquer que par une analyse de la perception qui découvre les faits élémentaires et les lois de ces faits.

IV. Les différences entre les personnes, et, chez une même personne, les différences d'un moment à l'autre : la somnolence, le sommeil, la veille. A quoi tiennent toutes ces variations? Nous ne le savons guère, mais nous pouvons affirmer qu'elles ne tiennent pas aux variations d'énergie d'une faculté, et que l'on ne peut les comprendre que par les lois de la psychologie analytique.

V. Ce qu'on appelle attention et inattention existe bien comme caractéristique des états du moi. Mais : 1° c'est une résultante, et non pas un principe créateur et distributeur d'énergies psychiques; 2° c'est la résultante de forces psychiques, de phénomènes et de lois qui varient à l'infini, et qui n'ont pas plus l'uniformité d'une faculté qu'elles n'en ont la simplicité; 3° enfin c'est peut-être une coordination de mécanismes en vue de fins théoriques et pratiques, de sorte qu'elle ne se comprendrait que par des lois de finalité. Je suis prêt à en admettre avec M. *Goblot*, en excluant seulement de la psychologie les facultés et les substances.

Discussion : M. Piéron. — Je crois que le concept d'attention résulte de la transformation en une dangereuse entité d'un jugement de valeur que l'on est conduit à porter sur l'efficience mentale d'un individu à un moment donné. Mais peut-être les variations d'efficience sont-elles conditionnées, non seulement par des facteurs divers, qui dépendent du genre d'activité mentale, mais par un facteur physiologique commun répondant au niveau mental de *Pierre Janet*, et consistant en une canalisation d'énergie nerveuse qui implique des phénomènes d'inhibition dont le rôle est essentiel. Je regrette d'ailleurs que l'absence de M. *Pierre Janet* ne permette pas de discuter utilement les notions de « quantité » et de « tension » mentales, dont la dualité, très séduisante, ne me paraît pas absolument indispensable à l'interprétation des faits, même de pathologie de l'attention, ou mieux de pathologie de l'efficience mentale. La critique du concept d'attention apportée par M. Foucault me paraît en tout cas très importante et très féconde.

M. J. DEVOLVÉ,

Professeur à la Faculté des Lettres de Montpellier.

LA NOTION PÉDAGOGIQUE D'ATTENTION

153.1

27 Juillet.

La plupart des travaux contemporains de psychologie portant sur l'attention la définissent d'abord comme un état spécial de la pensée donné dans l'expérience commune (monoïdéisme, sélection, concentration, etc...), et s'appliquent ensuite à préciser analytiquement cet état et ses conditions de production. Or. il semble qu'à l'analyse la notion de l'état défini comme original se dissolve, et au terme des recherches on se trouve en face d'une théorie générale du processus intellectuel, faisant simplement ressortir telle ou telle phase de ce processus comme ayant une importance capitale pour son bon développement : adaptation (*Binet*), schématisation (*Revault d'Allonnes*), discrimination (*Daws Hicks*), etc... Par où l'on semble assez logiquement induit à conclure que la notion initiale, ne résistant pas à l'analyse, n'a que l'apparence d'un ensemble consistant de rapports psychiques et doit être exclue comme encombrante du domaine des études psychologiques (*Foucault*).

Cependant cette exclusion rencontre des résistances qui ne proviennent pas seulement de la routine, mais aussi et surtout de l'intérêt pratique qui s'attache à la notion d'attention. Or une notion pratiquement utile a des chances de déterminer utilement un champ d'études scientifiques. — La pédagogie fait de la notion d'attention un usage particulièrement assidu : our l'éducateur l'attention est une notion réelle, dont l'usage technique est indispensable et précieux. Cette conviction des éducateurs n'a pas été sans stimuler les recherches expérimentales sur l'attention, celles notamment qui tendent à en effectuer la mesure. Peut-être le tort de ces recherches est-il de n'avoir pas considéré d'assez près les données fournies par la technique qu'elles prétendent servir. C'est à cette considération que je veux m'appliquer ici.

Au cours d'une leçon de botanique, le maître invite les écoliers à considérer une fleur avec *attention*. Qu'entend-il par-là? — 1° Que les enfants tournent leurs regards sur la fleur et non ailleurs; 2° qu'ils y considèrent spécialement le nombre et les aspects des éléments qu'il désigne ou qui sont déjà connus en vertu d'un enseignement antérieur; 3° qu'en conclusion de cet examen, leurs esprits conçoivent la classification de la plante en question ou telle autre notion botanique à laquelle il a prétendu les conduire: bref que le mouvement continu de leur pensée soit tel qu'il aboutisse à la connaissance nouvelle dont l'acquisition est la *fin* de la leçon. Il appelle *attentifs* les enfants dont la pensée se dirige constamment vers cette fin; inattentifs ceux dont la pensée dévie de la fleur sur tout autre objet, ou s'attarde à jouir de l'éclat, du parfum de la fleur, à suivre les évocations liées à ces émotions et étrangères à la fin botanique. Le problème pédagogique de l'attention est heureusement résolu, quand l'éducateur obtient la connexion constante des mécanismes associatifs de l'enfant avec la fin proposée; il ne l'est pas, quand l'automatisme des associations reste rebelle à la domination de cette fin ou quand plusieurs fins incoordonnées dirigent alternativement les associations.

Sans doute la fin qui détermine pédagogiquement l'attention est d'abord conçue par le maître; mais celui-ci s'efforce d'introduire comme notion active dans l'esprit des écoliers soit cette fin même, soit une série de fins intermédiaires coordonnées à la principale : de sorte que la considération pédagogique conduit à une notion psychologique de l'attention, qui ne coïncide pas avec celle de travail mental. Le travail mental accompli dans l'unité de temps résulte d'une foule de conditions psychiques variables et ne saurait représenter avec exactitude la coordination des mécanismes élémentaires avec des fins intellectuelles conçues : il est très possible que la coordination maxima, chez un écolier dit attentif, de la notion finale du problème de calcul à résoudre et des éléments possédés utiles à la solution du problème produise un travail mental inférieur à celui que fournit un écolier dit peu attentif, chez qui la coordination envisagée est intermittente, inhibée par des distractions fréquentes, mais qui est mieux servi par les notions acquises et par les mécanismes d'association dont il dispose.

La notion d'attention tirée de l'usage pédagogique ne concorde pas avec le monoïdéisme, car elle implique essentiellement un mouvement mental relatif à une fin conçue, qui en marque le terme. Peu importe d'ailleurs qu'il s'agisse d'une succession d'idées rationnelles ou d'états esthétiques ;

aussi bien que la rêverie, les obsessions et ruminations, malgré la fixité du principe attractif, sont des processus d'inattention, tandis que la méditation de l'artiste qui organise des images et des émotions autour d'une préoccupation idéale ou sentimentale conçue comme fin est un processus d'attention. Peu importe encore que les liaisons s'opèrent entièrement à la surface consciente de l'esprit ou en partie dans l'inconscient, pourvu que la fin conçue commande les mécanismes.

La notion tirée de l'usage pédagogique, qui est celle de la mise en œuvre des éléments psychiques sous l'action d'une idée finale, ne coïncide pas non plus avec celles de schématisation (simple condition favorable à cette mise en œuvre), ni de discrimination (ce terme ne désignant qu'un effet de cette mise en œuvre, savoir la sélection qui s'opère dans les représentations). Ces dernières notions théoriques cherchent à caractériser un *état* de la pensée, tandis que la considération pédagogique nous invite à étudier le *mouvement* de la pensée, en tant que lié à des fins intellectuelles déterminées. — Plus proche, et pour cause, de la notion tirée de la pédagogie est la notion d'adaptation de *Binet*. Mais cette *adaptation mentale à un état nouveau*, *Binet* ne l'a guère envisagée que comme un phénomène global, dont il a cherché la mesure et les concomitances, tandis que la notion tirée de l'usage pédagogique est celle d'un rapport dynamique défini, dont il y a à étudier les conditions et modalités.

Remarquons que ce rapport est parfaitement exprimé par le mot *attention* (*tendere ad* pris dans son acception la plus usuelle. Remarquons enfin que le caractère dynamique de la notion pratique d'attention incline généralement les éducateurs, lorsqu'ils passent à la psychologie, à considérer l'attention, à la façon de la philosophie populaire, comme un pouvoir original, en relations avec la volonté. Il va de soi qu'une psychologie pénétrée d'esprit scientifique se doit d'exclure une telle conception, en tant que lui serait attribuée une valeur explicative. Mais elle dédaignerait à tort l'indication fournie par les praticiens, qui cherchent à éclairer la liaison des fins intellectuelles aux mécanismes mentaux, en la rapprochant du processus des actions volontaires. — Pour la recherche du « comment » de cette liaison, problème posé par la notion pédagogique d'attention, il y a encore du fruit à recueillir de l'examen des procédés pédagogiques employés pour soutenir l'attention des écoliers.

Ces procédés se ramènent aux types principaux suivants : *a*) Limitation de la durée et alternance convenable des divers exercices ; *b*) soutien du mouvement de la pensée par des représentations sensibles (choses, images, schèmes) ; *c*) renforcement des mobiles propres de l'étude par des mobiles accessoires ; *d*) appels à « l'attention », aux motifs de travail, à la « force de volonté » ; *e*) sanctions (notes d'application, punitions et récompenses).

Chaque point de cette technique est riche de suggestions psychologiques, comme on va tâcher de le faire entrevoir.

a) *Limitation de la durée et alternance des divers exercices.* — Pourquoi?

i uent· 2° arce ue l'alternance assure le

renouvellement de l'intérêt. — La fatigue se représente expérimentalement par la diminution du travail effectué dans l'unité de temps. On peut admettre, en attendant le progrès de l'interprétation analytique, qu'en partie elle est due à une sorte d'usure momentanée de l'énergie propre aux mécanismes en jeu, qu'en cela elle s'apparente et se lie étroitement à la fatigue déterminable physiologiquement. Mais pour une autre part le procédé pédagogique nous met sur la voie d'une analyse proprement psychologique : il met en évidence dans la fatigue mentale la dégradation de l'idée de fin, qui dirige le jeu du mécanisme. Soit un travail d'additions : au début l'écolier a la curiosité de savoir s'il atteindra un résultat correct, le désir et l'espoir de l'atteindre, de l'atteindre avant les camarades; ces tendances et émotions forment faisceau avec l'idée du résultat mathématique à obtenir. Au bout d'un certain temps d'exercice de cette idée finale se détachent les autres éléments constitutifs du faisceau; d'autres fins refoulées envahissent le champ de la pensée claire ou deviennent actives dans les profondeurs. Dès lors le fonctionnement mécanique des opérations élémentaires de l'addition est fréquemment interrompu par l'action alternante de plusieurs fins et par la mise en œuvre, au moins amorcée, d'autres mécanismes liés à chacune d'elles. De là la valeur pratique du procédé de l'alternance des intérêts pédagogiques, substituant de nouvelles idées de fins à celle qui cesse d'occuper effectivement la pensée.

b) *Soutien du mouvement de l'esprit par des représentations sensibles* : elles servent toujours à maintenir par association l'idée de fin directrice des mécanismes. Leur simplification schématique ferme les voies de déviation du mouvement mental par rapport à la fin pédagogique; au terme la figure géométrique manifeste les données du problème, ou mieux, sa solution supposée, marquant ainsi la fin où doit tendre le raisonnement.

c) *Mobiles accessoires* : artifice de renforcement du faisceau psychique constitué autour de l'idée finale. Au plus simple, la mimique associée à la prononciation d'un son syllabique aide le retardataire de l'élocution à déclencher par une représentation motrice efficace le mécanisme de prononciation de la syllabe. Les jeux mêlés à l'enseignement, d'un très large usage, ont une fonction plus complexe, mais d'ailleurs semblable.

d) e) *Exhortations et sanctions* : renforcement encore de l'idée de fin, mais d'un autre ordre; renforcement de la fin pédagogique conçue par une fin plus générale où la première est comprise. On reconnaît ici comment l'usage technique induit les praticiens à considérer l'attention comme pouvoir de direction volontaire de l'intelligence; et l'analyse de la technique permet de donner à cette conception un développement qui est tout autre chose qu'un retour à la « psychologie des facultés » : car elle conduit à considérer à la fois et l'attention et la volonté simplement comme l'ensemble des rapports dynamiques des mécanismes élémentaires soit de la connaissance, soit de l'action, à des idées de fins organiquement liées entre elles. L'éducateur réclamant un *effort d'attention* entend par-là quelque chose de très analogue à *l'effort physique volontaire* nécessaire pour accomplir un travail pénible (porter loin une lourde charge). Dans l'effort physique les mécanismes d'innervation motrice sont directement commandés par des représentations motrices liées à la représentation précise du travail à accomplir; mais ces représentations elles-mêmes sont soutenues par des représentations d'intérêts et de fins capables de les défendre de l'éviction, dont elles sont menacées par les représentations et émotions inhibitrices, qui accompagnent la dépense d'énergie physiologique. C'est en raison de cette implication de fins supérieures que l'effort est dit *volontaire* et qu'il lui est communément attribué une *valeur morale*. Or il en est exactement de même de l'attention, quand l'accomplissement du travail intellectuel ne s'effectue qu'à la faveur de la liaison des mécanismes élémentaires avec des fins générales, qui retiennent et soutiennent les fins immédiates du travail mental : au terme la forme de l'attention la plus parfaitement développée consiste dans la direction des mécanismes intellectuels par le système centralisé des idées pratiques, réalité psychique qui correspond à la notion pratique commune de conscience morale. De là l'opportunité dans certains cas de la sanction appliquée à la faute dite d'inattention (quand la distraction a lieu au profit d'une fin étrangère aux fins pédagogiques) et son inopportunité en d'autres cas (quand la distraction a lieu au profit d'une fin pédagogique supérieure, comme il advient dans le cas des fautes d'orthographe ou de calcul dues à l'insuffisante automaticité des mécanismes intellectuels correspondants). — Ainsi l'analyse du procédé pédagogique conduit à l'interprétation psychologique des faits; celle-ci en retour éclaire l'application pédagogique.

Les indications contenues dans la présente note ne prétendent nullement constituer une théorie de l'attention; mais elles peuvent servir à déterminer une notion d'attention non arbitraire, mais objectivement tirée d'une technique lentement édifiée par l'usage; une notion réelle et précise conduisant à poser des problèmes psychologiques d'un autre ordre que les problèmes de *mesure* que se sont proposés plusieurs théoriciens désireux d'atteindre des résultats pratiquement utiles. Ce sont des problèmes *d'organisation mentale*, qui ne paraissent susceptibles d'être traités, pour le moment du moins, qu'au moyen de l'analyse descriptive, aboutissant à déterminer, du point de vue de l'attention, différents types mentaux. Peut-être ce type d'investigation psychologique est-il moins séduisant que les recherches portant sur des phénomènes isolés comme simples et étudiés mathématiquement en fonction du temps. Mais le véritable esprit de science ne consiste-t-il pas à adapter les procédés d'investigation au caractère des faits étudiés? Quant à l'intérêt pratique, il semble bien que l'étude psychologique des faits d'organisation mis en lumière par l'observation des procédés pédagogiques doive fournir des données utiles pour la meilleure solution de plusieurs problèmes actuellement proposés à la pédagogie.

M. CHAVIGNY

OBSERVATIONS D'APROSEXIE

(RÉSUMÉ)

153.8

27 Juillet.

M. Chavigny rappelle le tableau symptomatique de quelques sujets qu'il a observés au cours de la guerre et qui étaient atteints d'aprosexie. Ayant déjà étudié les rapports qui existent entre les faits d'attention et la mémoire, il signale que les périodes passées en état d'aprosexie ne laissent aucun souvenir dans l'esprit de ceux qui en ont été atteints. La phase d'aprosexie se termine par une sorte de réveil du sujet, qui en quelques heures, en deux ou trois jours au plus, prend conscience du lieu dans lequel il se trouve et demande pourquoi il y est, comment il y est arrivé. La lacune amnésique ne se comble pas, elle paraît définitive.

M. le Dr HESNARD,

Professeur à l'École de Médecine navale de Bordeaux.

UNE MALADIE DE L'ATTENTION INTÉRIEURE : LA DEPERSONNALISATION.

153.8

27 juillet.

L'attention intérieure n'a rien de foncièrement différent de l'attention extérieure, dont elle partage les caractères subjectifs et objectifs, y compris les caractères psychognomoniques (physionomie, attitude corporelle, etc..). Elle ne s'en distingue que par le sens dans lequel elle se dirige : vers le dedans.

Elle doit rester ce qu'elle est, une fonction utile et pratique, et non pas se transformer en un phénomène moins adapté à son but — l'exercice même de l'activité psychique — en une analyse subjective des faits psychologiques considérés en eux-mêmes et en dehors de leur objet.

En tout cas elle ne doit jamais aller jusqu'à cette réflexion aux multiples angles qui aboutit à la recherche du *sujet* de ces fonctions s'exerçant à vide.

Ce vertige de l'attention intérieure repliée sur elle-même est un danger ou un vice très répandu chez les psychologues de l'introspection. « Par l'analyse, disait *Amiel,* ce dilettante de l'intimisme adonné à ce qu'il appelait « *sa morphine* à lui » (l'exagération morbide de la vie intérieure), je me suis annulé ». — Or, *Amiel* n'avait qu'un défaut, celui de pousser trop loin cette recherche de lui-même. Il avait dépassé les limites de l'attention intérieure pour atteindre la névrose.

Il est en effet une maladie de l'attention intérieure, maladie qui fait dire à une foule de névropathes ou de gens simplement fatigués passagérement « *qu'ils sont poussés à s'analyser; qu'ils constatent en même temps qu'ils ne sentent plus comme avant, que tout leur paraît étrange y compris leur propre personne, que le son de leur voix, leur propre pensée leur apparaissent comme étrangers*.,..

Au point de vue psychologique ces impressions sont d'autant plus intéressantes qu'elles sont analysées chez des sujets les présentant à l'état pur — habituellement de façon paroxystique — et suffisamment atténuées pour qu'ils puissent s'étudier eux-mêmes.

Dugas qui a si finement analysé le mécanisme de ce sentiment de dépersonnalisation n'a pas manqué de le considérer — entre autres aspects — dans ses relations avec l'analyse introspective. Il constate avec sagacité que loin d'affaiblir l'introspection, la dépersonnalisation la développe au contraire et la porte à l'état aigu. Cette *analyse* d'ailleurs n'est pas la conscience normale, laquelle disparaît dès que se termine le travail psychique dont elle serait la raison d'être même. Elle est un supplément, un luxe de conscience « une attention morbide que l'esprit donne à ses idées ».

La dépersonnalisation consiste-t-elle donc seulement dans ce « narcissisme » intellectuel? Non. Loin de causer la dépersonnalisation, l'analyse en provient; elle en est la réaction. Le sujet s'étonne non de ce qu'il éprouve mais de ne point éprouver personnellement tout ce qu'il éprouve; et pour ressaisir les états qui lui paraissent s'échapper il s'analyse de plus en plus. L'analyse est une lutte engagée contre la dépersonnalisation, lutte qui la renforce et l'aggrave suivant un cercle vicieux (1). Donc la dépersonnalisation préexiste à l'analyse. Avant d'en être un effet elle en est une cause. En résumé l'analyse, elle-même exagération artificielle de l'attention intérieure, serait une cause favorisante et aggravante de la dépersonnalisation. Mais elle n'en serait pas la cause première incitante

(1) Ces troubles du sentiment de la personnalité ont été étudiés par une foule d'auteurs, parmi lesquels ont peut citer : *Krishaber, Taine, Ribot, Janet, Oesterreich*. — *Dugas* en a fait une étude très complète (*Dugas et Moutier*. La Dépersonnalisation, Alcan, 1911). Nous avons nous même rassemblé une série de cas de ce genre dans notre thèse parue en 1909 (*Hesnard:* Les troubles de la personnalité dans les états d'asthénie psychique, Alcan). — On a pris l'habitude après les premiers travaux de *Dugas*, d'appeler cette curieuse maladie bénigne : la dépersonnalisation. Nous aurions préféré, pour en marquer le caractère foncièrement subjectif, la voir dénommer : le sentiment de dépersonnalisation.

ou déterminante : cette cause première, *Dugas* la voit dans un désordre diffus de l'activité mentale et avant tout dans *l'apathie affective*. « Nous imprimons à tout ce qui nous touche une certaine teinte affective et c'est la perte de ce sentiment banal qui constitue la dépersonnalisation. »

***

Cette explication nous paraît constituer un progrès sur les précédentes. Mais elle ne nous semble pas définitive et risque d'amener une confusion avec d'autres impressions morbides.

Tous les auteurs qui ont étudié la mentalité des « dépersonnalisés » savent que ces sujets sont en effet malades de ce qu'on peut appeler avec *Bergson* « l'attention à la vie présente » ou avec *Janet* « la fonction du réel ». Ils s'intéressent à eux-mêmes beaucoup plus qu'à la réalité et la dépersonnalisation paraît être comme un paroxysme très significatif de cet inintérêt au présent avec rupture d'équilibre en faveur de l'intérêt à leur personne et à leurs états intérieurs.

Mais prenons garde de confondre ces sujets avec d'autres sujets très différents, qui sont, eux, bien plus franchement malades dans leur affectivité ou leur émotivité. Une quantité de gens en effet sont incapables de prendre goût à la vie, d'imprimer une teinte affective normale à ce qui les entoure. — Les uns sont des inaffectifs vrais ou à un degré moindre des inémotifs vrais — ce qui est toujours un phénomène morbide autrement grave de signification et de conséquences. D'autres affirment ne plus sentir, ne plus avoir d'intérêt à vivre et cependant souffrent manifestement et de façon paradoxale de cette pseudo-apathie, en montrant qu'ils sont bien au contraire des hyperaffectifs, des sensibles, dont l'émotivité est seulement morbide par la direction anormale dans laquelle elle reste engagée. Ce sont des concentrés qui se replient en eux-mêmes et reportent sur leur personne tout l'intérêt affectif dont ils sont capables. Ce changement de direction s'accompagne d'ailleurs d'un changement de sens, le plaisir normal de vivre se muant au cours de cette intériorisation affective en douleur ou en angoisse. Or, aucun de ces malades — inémotifs ou émotifs intériorisés — ne tient le langage caractéristique des dépersonnalisés; ils clament leur douleur morale ou ne se plaignent de rien, suivant qu'ils sont des déprimés douloureux ou des diminués affectifs; il n'y a pas d'inémotifs purs.

D'un autre côté, il faut insister sur ce fait essentiel, qui domine toute la psychologie des dépersonnalisés et la caractérise; c'est que ceux-ci ne sont pas des dépersonnalisés permanents — bien qu'ils s'en aperçoivent peu par eux-mêmes. — Si l'on arrive à attirer leur attention sur un objet extérieur (ou même intérieur, comme une recherche de souvenirs très intéressants), tout disparaît. La dépersonnalisation disparaît par la fixation de l'attention. Le relachement de l'attention est donc une condition primordiale de la dépersonnalisation. Avant d'être des inémotifs — et nous ne croyons pas qu'ils le soient — les dépersonnalisés sont des distraits.

Mais alors, dira-t-on, nous revenons à la théorie que nous avons critiquée : la dépersonnalisation est causée par un relachement de l'attention. Or l'attention est guidée, attirée par l'intérêt. La dépersonnalisation est donc causée par un relachement de l'intérêt ?

Sans doute, mais cet « intérêt » n'est pas la teinte affective que nous imprimons aux choses — sauf chez les mélancoliques dont nous parlions plus haut, chez lesquels le phénomène est d'une autre nature. — De plus, c'est un inintérêt assez spécial : qui peut cesser d'un moment à l'autre, au hasard des circonstances extérieures ou intérieures. C'est une apparence d'inintérêt plutôt qu'un véritable inintérêt. C'est un intérêt qui, sans jamais cesser de faire apparemment défaut, ne fait que se fixer ailleurs. En effet, le dépersonnalisé continue bien à s'intéresser, mais il ne s'intéresse plus aux choses qui l'entourent, ni même à ses propres états — sinon il n'aurait ni le loisir ni la possibilité même de sa dépersonnalisation ; — il s'intéresse à un autre but.

Quel est donc le but de la recherche passionnée, anxieuse même du dépersonnalisé? C'est une recherche sans fin, une recherche de lui-même. *Je me cherche, jamais ne me trouve* pourrait être sa devise. *Je suis à la recherche de mon Moi* nous affirmait dans sa langue universitaire un de nos dépersonnalisés philosophe.

Pourquoi se cherche-t-il? Parceque le trouble diffus, primordial de son fonctionnement psychique, fait d'asthénie ou d'émotion inadéquate, endogène — peu importe (1) — pousse invinciblement cet homme — de tempérament par ailleurs sensible, affectif, vibrant, mais peu capable

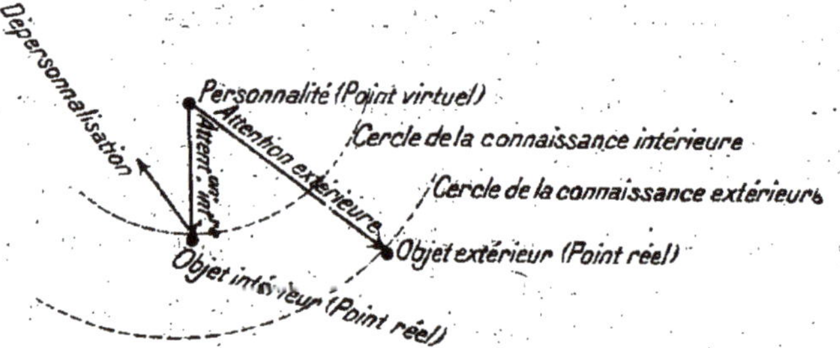

Schéma du mécanisme de la dépersonnalisation (2).

d'action soutenue — à tenter d'affirmer sa personnalité, à en faire sans cesse état, à l'insinuer dans toutes ses opérations psychiques, surtout dans celles ou elle n'a que faire.

Pourquoi ne se trouve-t-il jamais? Parcequ'on ne peut trouver ce qui n'existe pas. On ne peut appréhender avec sa sensibilité une notion méta-

(1) Le trouble parait asthénique à l'origine. Chez les anciens dépersonnalisés, il parait surtout du à un déséquilibre émotif spécial. Comme toutes les névroses, la dépersonnalisation a une évolution ; elle appartient au début à un trouble général du fonctionnement psychique et physique ; puis elle évolue pour son propre compte en revêtant généralement une forme plus intellectualisée.

(2) Dans ce schéma, la recherche du dépersonnalisé part de l'attention intérieure pour se perdre dans le virtuel, en quête d'un point non matériel, la personnalité vue par le dedans.

physique. Le *Moi*, la personnalité ne sauraient exister et se manifester qu'objectivement, par le fait que tout converge et agit dans l'être psychique. Le dépersonnalisé cherche au dedans ce qu'on ne peut apercevoir que du dehors. Il cherche sa personne non dans le point central, virtuel qui la représente abstraitement et théoriquement et qui n'est pas accessible réellement, mais dans un espace incertain qui le contient et dans lequel il n'est point de but ni de limite : le cercle de sa connaissance intérieure, ou plutôt l'intérieur de ce cercle.

Il ne pourrait se retrouver qu'en renonçant à cette recherche stérile; en fixant de nouveau son attention, c'est-à-dire en reprenant la vie, l'action, où il l'avait laissée.

*
* *

En conclusion, il n'y a pas vraiment dépersonnalisation. Le sujet ne perd rien de ses états, ne se dissocie pas, ne se dédouble pas même vraiment : il est distrait de la réalité — extérieure ou intérieure — distrait d'une façon toute superficielle, qui ne l'empêche pas de sentir et de répondre, d'agir même complétement; mais qui l'empêche seulement de sentir, de répondre, d'agir avec toute son activité psychique disponible, et qui l'oblige à détourner pour un instant une faible partie de cette activité dans une recherche intérieure sans issue, allant parfois jusqu'à l'angoisse la plus franchement morbide.

Nous ne savons vraiment pas comment appeler cette théorie — si théorie il y a — que nous esquissons ici. Elle n'est ni *qualitative* ni *intellectualiste* ni *asthénique* ni *émotionnelle* et ne répond à aucun des points de vue partiels de la psychologie traditionnelle.

La recherche de soi, ébauche de ce que les Neuropsychiatres d'Outre-Rhin appellent l'*autisme*, forme paroxystique, chez nos sujets dépersonnalisés, de cette intériorisation si fréquente en psychologie pathologique, nous parait un phénomène primordial de fatigue mentale, de désordre émotionnel, de névrose.

Quant à la question de savoir si c'est bien parcequ'ils perdent leur *fonction du réel* que nos sujets se replient ainsi en eux-mêmes, nous croirions plus volontiers au contraire que c'est parcequ'ils se replient en eux-mêmes qu'ils perdent leur sens du réel. Supposer une fonction (raison ou sens du réel) pour expliquer un symptôme morbide (folie ou névrose) qui consisterait dans la suppression de cette fonction, c'est un peu revenir à la scolastique. Mieux vaut décrire et analyser un fait morbide que de créer une hypothèse de psychologie normale pour l'interpréter.

Quoiqu'il en soit, il nous semble conforme à l'analyse scientifique de penser que les dépersonnalisés « perdent leur personnalité » non parcequ'ils ne savent la conserver devant les vicissitudes de la vie pratique, mais parcequ'ils la cherchent trop souvent et trop intensément, en vertu d'une tendance morbide primordiale, encore mal connue, à rompre l'équilibre des intérêts en faveur de leur égotisme irréductible.

M. R MOURGUE,

Médecin des Asiles publics d'aliénés, Villejuif (Seine).

NOTE SUR LA LOCALISATION INTRA-SEGMENTAIRE AU NIVEAU DE LA SURFACE CUTANÉE PALMAIRE DANS UN CAS DE CHORÉE DE HUNTINGTON

152.7

27 Juillet.

M. *Foucault* a étudié, avec une grande pénétration, au Congrès pour l'Avancement des Sciences, qui s'est tenu au Havre, en 1914, *les perceptions locales de la peau.* Nous désirerions, dans cette note, attirer l'attention sur deux points seulement de cette communication. M. *Foucault* énonce ainsi la quatrième loi qu'il a établie :

« Les articulations et les bords des segments constituent *des points de repère, dans le voisinage desquels l'erreur est très faible, tandis qu'elle grandit à mesure qu'on s'en éloigne, pour recommencer à diminuer quand on s'approche d'une autre extrémité du segment.* »

Il a observé en outre que :

« *L'erreur locale est d'autant plus faible que le sujet est doué d'une plus grande activité intellectuelle.* » (Cinquième loi.)

Vierordt avait déjà remarqué, à propos d'expériences d'esthésiométrie, que :

« La finesse du sens de lieu des divers lieux de la peau d'une région du corps, toujours mue dans sa totalité, est toujours proportionnelle aux distances moyennes de ces lieux à leurs axes communs de rotation » (1).

En 1897, *Féré*, dans une intéressante étude, avait montré que l'exercice de la motilité volontaire des doigts s'accompagnait, au bout d'un certain temps, d'un abaissement du seuil de la sensation de pression ainsi que d'un perfectionnement de la différenciation du double contact (2). *Van Biervliet* (3), *Kassowitz* et *Schilder* (1908), *Basler* (1913) sont arrivés à des résultats analogues. Nous ne connaissons pas d'étude systématique analogue pour les perceptions locales de la peau.

---

(1) Cf. VIERORDT. — *Sur la cause du développement différent du sens de lieu de la peau.* — *Journal de l'Anatomie et de la Physiologie,* t. VI (1869) ; et : *Dépendance du développement du sens de lieu de la peau et de sa mobilité sur les parties du corps qu'elle recouvre.* Ibid, t. VII (1870-1871).

(2) Cf. *Revue philosophique,* décembre 1897.

(3) Cf. VAN BIERVLIET : *Le toucher et le sens musculaire.* — *Année psychologique,* 1907.

Nous avons eu récemment l'occasion d'étudier d'assez près un cas de chorée de *Huntington* (1), qui nous a paru réaliser une dissociation, que seule la pathologie est à même de nous offrir, et que nous ne croyons pas sans intérêt pour le double problème du facteur mouvement et activité intellectuelle supérieure dans le processus des perceptions locales de la peau.

Le malade que nous avons étudié présentait, en effet, des mouvements choréo-athétosiques continus des doigts de la main, durant depuis trois ans au moins lorsque nous l'avons observé, et ne cessant même pas durant le sommeil. Nous ajouterons que toute sa musculature était agitée de mouvements choréiques, ainsi que cela est classique dans cette affection. Au point de vue mental, la caractéristique essentielle de notre sujet était l'impossibilité de fixer son attention (c'est en quoi consiste, pour une part du moins, ce que les auteurs ont désigné du terme de *dementia choreica.*). En outre, fait important pour ce qui va suivre, nous avons pu mettre en évidence chez lui de gros troubles de l'orientation spatiale subjective.

Dans ces conditions qui réalisent une dissociation du facteur moteur et du facteur mental, nous avons pensé qu'il était intéressant de faire quelques expériences sur la localisation intrasegmentaire au niveau de la face palmaire des deux mains. Le malade dont le caractère est extrêmement irritable, s'est prêté d'assez mauvaise grâce à ces expériences; cela explique le nombre relativement restreint des déterminations que nous avons pu effectuer correctement. Dans ces conditions nous nous sommes borné à une notation qualitative des faits. Voici comment nous avons procédé :

Le sujet ayant les yeux bandés, nous exercions une pression assez forte avec la pointe mousse d'un crayon au niveau d'un point donné de la surface cutanée palmaire, agitée de mouvements continus, après lui avoir dit : « *Attention* » !, nous notions le point touché sur un calque de la main en le désignant avec le chiffre 1 ; puis nous invitions le sujet à toucher le même point avec l'extrémité mousse d'un crayon qu'il tenait de l'autre main. A chaque instant nous renouvellions cette consigne. Nous reportions le second point (n° 2) sur le calque en le réunissant par un trait au point précédent. Nous avions préalablement mesuré sur la peau, avec une échelle millimétrique, la distance séparant les deux points. Nons avions donc sur notre calque la valeur de l'erreur en direction et en grandeur millimétrique. Lorsque l'erreur était nulle, c'est-à-dire que le malade touchait exactement le point sur lequel nous avions exercé une pression, autant que possible toujours égale à elle-même, nous inscrivions le résultat par la notation **1 + 2.**

(1) Cf. *La fonction psychomotrice d'inhibition étudiée dans un cas de chorée de Huntington.* (travail du laboratoire de l'Asile de Villejuif), in *Archives suisses de neurologie et de psychiatrie*, t. V, fasc. 1 et 2 (1919). L'observation clinique est rapportée in : *Bulletin de la Société clinique de médecine mentale*, novembre 1919.

Étant donné les gros troubles de l'attention, qui auraient pu fair prendre notre sujet pour un paralytique général avancé, en l'absence d mouvements choréiques, nous nous attendions à relever des erreur grossières. L'expérience, comme on peut s'en apercevoir en jetant les yeu sur les figures 1 et 2, s'est montrée en contradiction avec cette prévision.

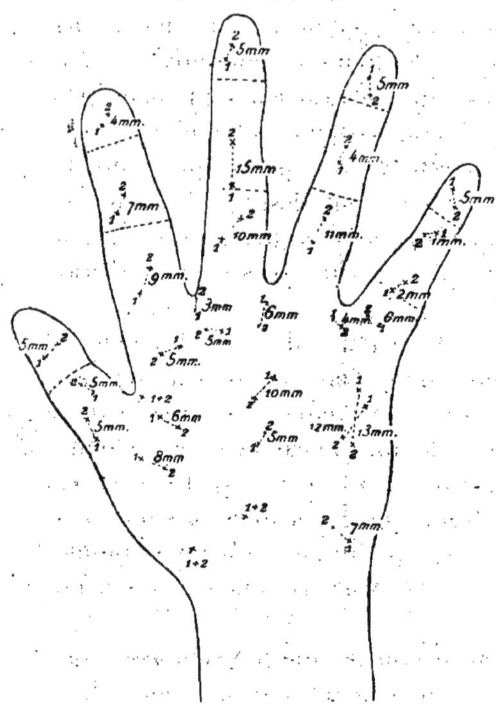

Fig. 1.
Main gauche, face palmaire.

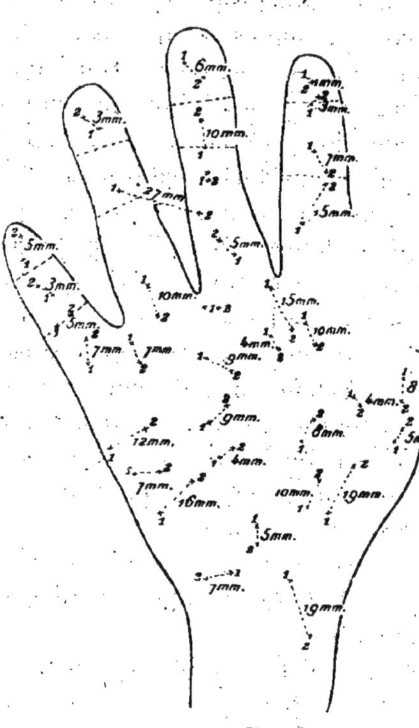

Fig. 2.
Main droite, face palmaire.

Si, en effet, sans tenir compte provisoirement de l'endroit où s'est effectuée l'erreur, nous considérons globalement l'ensemble de la surface cutanée palmaire, nous pouvons représenter graphiquement nos données numériques en inscrivant en ordonnées les fréquences des principales valeurs, portées en abcisses, suivant leur ordre de grandeur croissante. En omettant, bien entendu, trois réponses justes à gauche et deux à droite (notées 1 + 2), il est facile de se rendre compte que les valeurs le plus souvent obtenues ne sont pas d'un ordre très élevé; elles sont comprises entre 4 millimètres et 6 millimètres à gauche et entre 5 millimètres et 7 millimètres à droite. Les erreurs particulièrement élevées (au-dessus de 10 millimètres) ne se rencontrent qu'à l'état isolé ou peu fréquemment; et nous ne sommes pas sûr qu'elles ne soient pas dues à la mauvaise volonté du sujet, qui était incapable d'attention.

Si maintenant nous jetons un coup d'œil sur les figures 1 et 2, nous oyons que l'erreur n'a jamais excédé 6 millimètres au niveau de la ace palmaire de la première phalange. D'autre part il est aisé de se rendre

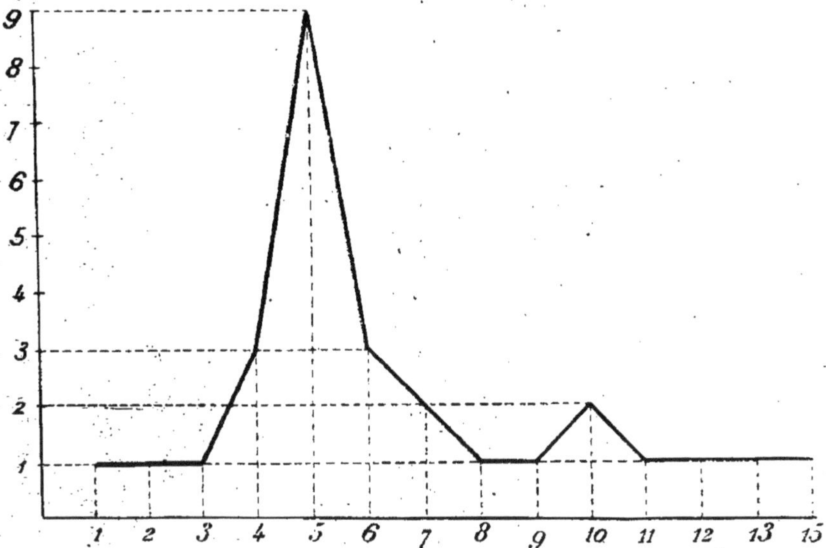

Fig. 3. — Erreurs de localisation au niveau de la surface cutanée palmaire de la main gauche.

compte qu'au niveau des plis de flexion et, d'une façon générale, là où la peau est la plus mobile (*éminence thénar*), les erreurs sont faibles.

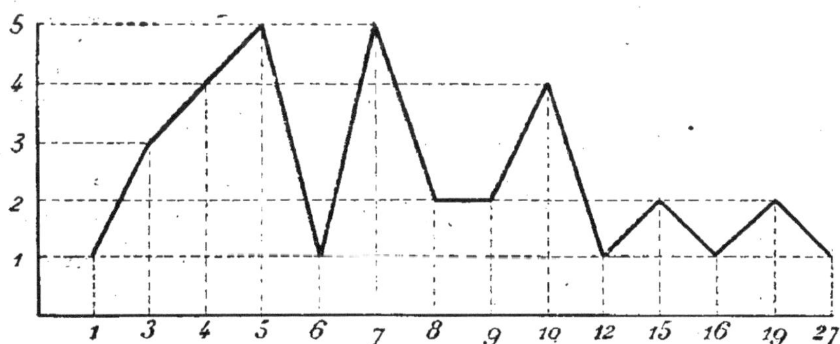

Fig. 4. — Erreurs de localisation au niveau de la surface cutanée palmaire de la main droite.

Ainsi, pour la surface cutanée palmaire, du côté gauche, on peut se rendre compte, en se reportant à la photographie de cette surface (*fig. 6*) que c'est au niveau des plis de flexion et au niveau de l'éminence thénar qu'ont été relevées les réponses exactes. La même remarque peut être faite pour la main droite (ici deux réponses justes au niveau des plis de flexion) (*fig. 5*).

Comment interpréter les faits précédents? Nous croyons pouvoir les rapporter aux mouvements choréo-athétosiques dont les doigts du sujet sont constamment agités ; il est aisé de s'apercevoir, en examinant les photographies ci-jointes, que ces mouvements incessants ont développé d'une façon remarquable les plis de flexion au niveau des articulations et au niveau de la paume de la main. Les crêtes papillaires, ainsi qu'il est facile de s'en rendre compte soit par la simple inspection, soit par le

Fig. 5.
Photographie
de la surface cutanée palmaire droite.

Fig. 6.
Photographie
de la surface cutanée palmaire gauche.

procédé des empreintes digitales, sont particulièrement bien développées. Déjà, en 1869, *Vierordt* avait remarqué que si nous imprimons un mouvement à notre doigt étendu, la troisième phalange décrit un espace plus de deux fois plus grand que celui décrit par la première : est-ce l'extrémité supérieure étendue qui se meut? alors la troisième phalange du médius décrit un espace plus de sept fois plus grand que celui décrit par les points situés à la limite du premier et du second tiers du bras. *Vierordt* ajoutait que ces énormes différences de vitesse et d'espace parcouru doivent avoir quelque influence sur les sensations de chaque partie, surtout sur le jugement que nous formons sur leur position relative (1).

Nous ne pouvons nous empêcher de rapprocher cette opinion du fait que, dans notre cas, les erreurs décelées au niveau de la troisième phalange (face palmaire) ont toujours été très faibles. Nos expériences nous montrent, en outre, que si tout se passe comme si le facteur mouve-

(1) Loc. cit. p. 589.

ent entraînait un affinement de la perception locale de la peau, il n'est nullement nécessaire, comme cela paraît s'être produit dans les expériences de *Féré* (*loc. cit.*), que ce soit la motilité volontaire qui entre en jeu.

Dans tous les cas, il est certain que dans notre cas le facteur intellectuel était à peu près annihilé, par suite de l'incapacité du sujet à fixer son attention, sur laquelle nous avons insisté dans une autre publication. A ce point de vue il est non moins intéressant de signaler que l'orientation subjective spatiale du sujet paraît très atteinte, nous ne disons pas sa mémoire visuelle (1).

Sans nier, par conséquent, l'importance du facteur intellectuel, que nous avons eu l'occasion de mettre en évidence chez un autre malade, il est certain que, dans ce cas de *chorée de Huntington*, il intervient au minimum dans le processus de la perception locale. Dans tous les cas il ne paraît pas avoir l'importance primordiale que *Bonaventura* lui a, par exemple, attribuée (2). Il semble s'agir ici d'une sorte de *réflexe de localisation*. D'ailleurs, comme *Head* l'a fait remarquer, celle-ci se développe dans une seule dimension de l'espace; elle représente donc, au point de vue de la *localisation chronogène de la fonction* (V. *Monakow*) une acquisition phylogénétiquement et ontogéniquement bien plus ancienne que la perception stéréognostique par exemple. Il n'est donc pas étonnant que la localisation intra-segmentaire puisse subsister, même lorsque les fonctions intellectuelles ont déjà subi une grave atteinte, à condition qu'un des autres facteurs dont elle dépend subisse une hypertrophie compensatrice.

M. M. TOULOUSE,

Directeur du Laboratoire de psychologie expérimentale de l'École des Hautes-Études,

ET

R. MOURGUE,

Médecin des Asiles publics d'aliénés.

DES RÉACTIONS RESPIRATOIRES AU COURS DE PROJECTIONS CINÉMATOGRAPHIQUES.

157

27 Juillet.

En ces derniers temps, la psychologie a reçu de nombreuses applications notamment aux États-Unis et en Allemagne, où elle tend à être de plus en plus utilisée dans la sélection des travailleurs et le contrôle du travail.

(1) Cf. *Loc. cit.*

(2) Cf. E. Bonaventura — *L'attività del pensiero nella percezione sensoriale.* — *Rivista di psicologia*, marzo-giugno 1917.

Münsterberg a montré aussi qu'elle pouvait servir à déterminer la sélection des produits d'après la réaction qu'ils provoquent dans le public auquel ils sont destinés, notamment dans l'étude de la publicité commerciale. Les recherches résumées dans la présente note se rapportent à cette seconde tendance. Nous pensons qu'elles sont les premières dans ce sens.

Elles apportent un commencement de réponse à la question suivante qui nous fut posée : Est-il possible d'apprécier d'une manière objective la valeur d'un film, c'est-à-dire l'intérêt qu'il est capable de susciter dans le public ?

Nous avons limité nos recherches à ce seul point : Peut-on apprécier la réaction provoquée par un film sur des spectateurs, quelle que soit sa valeur esthétique, que nous n'envisageons nullement? En partant de ce fait que le but d'un film est d'exciter soit l'attention, dans les films documentaires, soit l'émotion, dans les films dramatiques, soit le sentiment du comique, dans les films comiques, nous avons recherché systématiquement l'influence de ce spectacle sur la respiration, qui, après essais nous a paru le phénomène à la fois le plus sensible et le plus commode à utiliser.

Notre attention avait été attirée sur l'enregistrement de la respiration dans ses rapports avec l'activité psychique par les travaux importants de MM. *Zoneff* et *Meumann*, qui étaient arrivés à une grande précision dans l'analyse de ces phénomènes physiologiques. A y regarder cependant de près, ces travaux, ainsi d'ailleurs que de nombreux autres ont été viciés semble-t-il, à la base par l'hypothèse d'un parallélisme psycho-physiologique par trop étroit. *Lehmann*, *Weber*, *Berger*, *Zoneff* et *Meumann* sont partis de cette idée *a priori* qu'à tout état psychique, artificiellement isolé et non moins artificiellement provoqué, correspondait un état particulier *spécifique*, de la respiration, du pouls ou du volume d'un membre. Nous devons à M. *Cellérier* (1) une critique approfondie des résultats de ces auteurs, dont il a mis en lumière les contradictions manifestes. Pour lui *le stimulant provoque une excitation tendant à l'activité et ayant pour but l'adaptation nécessaire à une situation nouvelle, qu'il s'agisse d'attention d'action musculaire de défense contre un état de douleur ou de déplaisir C'est cette activité, et non la nature de l'état affectif, dont on trouve la manifestation dans la réaction corporelle* (loc. cit., p. 296).

Nous acceptons cette interprétation générale, en ce qu'elle explique la réaction globale du psychisme, notamment — comme nous le verrons plus loin — dans l'impression de réalité. Mais nous avons remarqué que ces réactions avaient aussi des formes plus ou moins spécifiques en rapport avec la nature des films.

Quant à savoir si les films provoquent des émotions réelles, nous devons déclarer que nous nous sommes placés ici au point de vue de la psycho-

(1) M. Cellérier : *Des réactions organiques accompagnant les états psychologiques.* — *Archives de psychologie*, t. XVII, décembre 1919.

ie objective du comportement. Nous n'avons pas fait d'analyse psycho-ique, ou tout au moins nous avons réduit celle-ci à de simples tiquettes. Un seul fait nous importait : *savoir ou non s'il y avait réaction.* mme celle-ci n'est vraisemblablement pas le fait d'un travail musculaire olontaire, force nous est d'admettre qu'elle est en rapport avec *l'état sychique global du sujet.* Et de ce point de vue objectif nous devons dire ue les réactions sont de même ordre que celles qu'on observe dans des tats intellectuels et affectifs.

Après avoir expérimenté sur divers sujets et sur nous-mêmes, dans les onditions habituelles des expériences de psychologie, notre choix s'est rrêté à deux personnes du sexe féminin, l'une très émotive, l'autre très u sensible, représentant un milieu populaire, dont nous avons pris la spiration costale supérieure dans cent expériences environ. A l'intensité rès les résultats ont été les mêmes et nous ont servi de contrôle iproque.

On commençait par inscrire la respiration avant toute projection, pour voir un terme de comparaison. M. *Cellérier* (loc. cit.) critique cette éthode, parce qu'on n'est jamais sûr que cette période préliminaire soit n *état normal.* En ce qui concerne la respiration cette objection n'a pas e sens, puisque *Ponzo* a montré qu'il n'y a pas de type normal de respi-tion (types familiaux par exemple), ni au point de vue du rythme ni à lui de la fréquence (*Marey*, 1865 ; *Ponzo*, 1916).

Voici les résultats que nous avons obtenus chaque fois que le film rovoquait la réaction recherchée par l'auteur.

1° *Films documentaires.* — Le phénomène caractéristique à mettre en

Avant l'expérience.

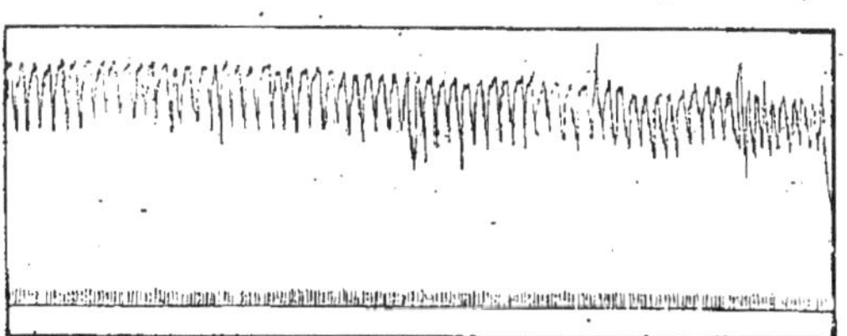

Au cours de l'expérience.

Film documentaire :
Technique commune à tous les tracés : Respiration costale supérieure (Pneumographe de Verdin).
itesse du cylindre : 1/15e de tour par minute. Temps inscrit au Jacquet : 1/5e de seconde.

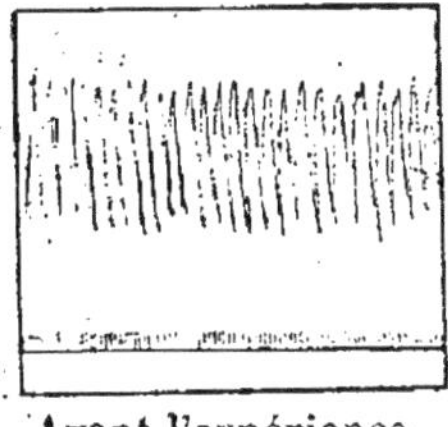

Avant l'expérience.

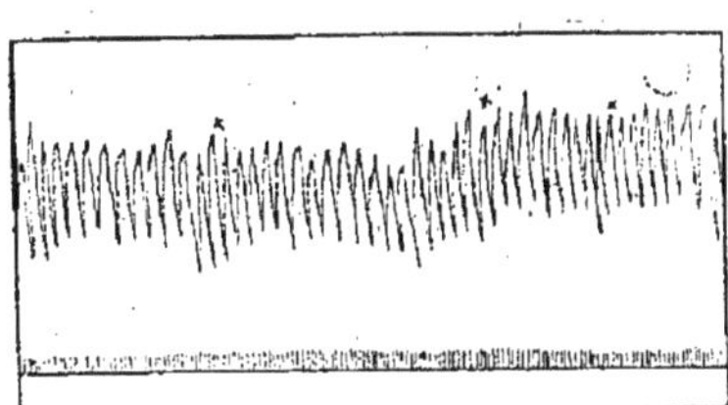

Au cours de l'expérience.

Film documentaire :
Déplacement d'ensemble par rapport à l'axe (attention plus intense).

lumière est la *réaction d'intérêt.* Celle-ci s'est constamment manifestée par un aplatissement de la hauteur (ordonnée) du tracé et de l'augmentation du nombre des éléments, qui traduisait une amplitude moindre et une accélération plus grande du mouvement respiratoire.

Lorsque la réaction d'intérêt est fortement excitée, on note en outre un déplacement d'ensemble du tracé par rapport à l'axe déjà noté par *Zoneff* et *Meumann* dans les réactions à un travail mental intense.

2° *Films comiques.* — Le phénomène caractéristique est ici l'état émotif qui se traduit extérieurement par le rire. Cet état s'est toujours manifesté

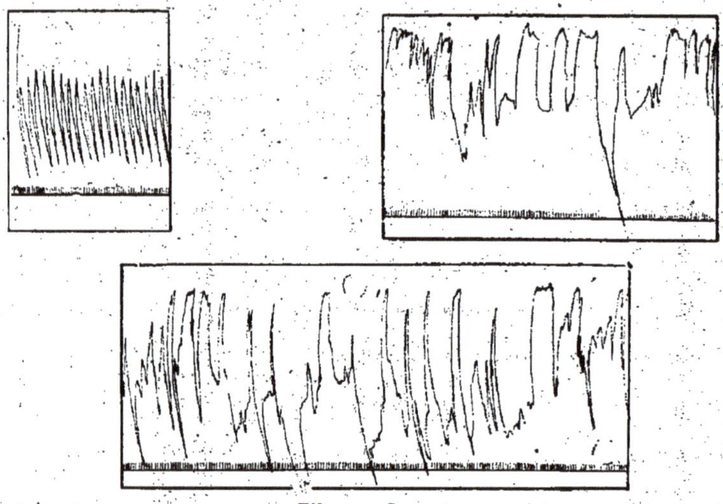

Film comique :
Le premier tracé donne la respiration du sujet avant l'expérience.

par un tracé très irrégulier de hauteur et de rythme, dont la caractéristique était une longue inspiration coupée de nombreux crochets.

Ces graphiques traduisent le rire perceptible pour l'observateur et aussi les mouvements moins perceptibles en rapport avec le même état psychique.

3° *Films dramatiques.* — Le phénomène caractéristique est ici cet état affectif dont nous ne nous sommes pas proposés de faire l'analyse et dont l'élément essentiel était, dans les films les plus dramatiques, une forme d'angoisse. Cet état se manifestait par un tracé très irrégulier dans sa hauteur et dans son rythm, et dont le caractère essentiel était des plateaux, qui traduisent un état d'apnée transitoire se produisant au moment de l'inspiration. L'intensité du trouble respiratoire observé ici permet de supposer l'action que le cinéma peut exercer sur le métabolisme du sujet.

* * *

Les résultats de nos expériences sont d'accord avec ceux obtenus par *Zoneff* et *Meumann* (1903) et divers autres auteurs qui provoquaient des ctions d'intérêt par des excitations élémentaires (sons, couleurs, etc.).

Mais nos épreuves nous permettent en outre de faire les remarques suivantes :

1° Les résultats obtenus traduisent la mentalité d'un public déterminé, représenté par nos sujets; ces épreuves ont le même intérêt que les

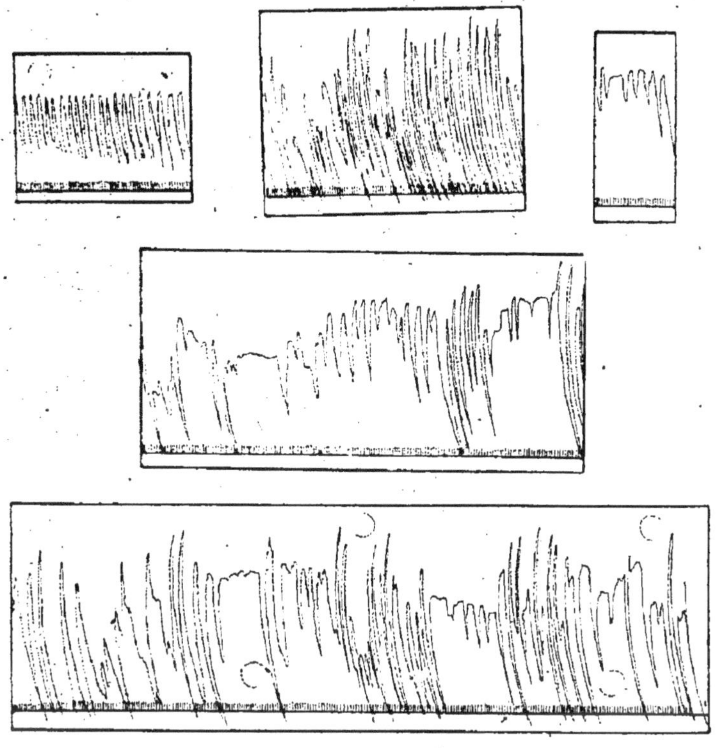

Film dramatique :
(Passages particulièrement émouvants. Acteur principal : M. Gémier.)
Le premier tracé donne la respiration du sujet avant l'expérience.

expériences portant sur la publicité commerciale qui vise elle aussi un public déterminé (*Münsterberg*).

2° Cette méthode permet d'apprécier objectivement la nature des *reactions* d'un certain public à un film déterminé. A la simple inspection il est en effet facile de voir si le film agit et s'il agit selon l'intention de l'auteur, aux endroits prévus. Cette méthode a donc une valeur d'application pratique.

3° Le film agit très puissamment sur la vie affective, car le sentiment de réalité, dû au mouvement dans les trois dimensions de l'espace, évoluant dans un décor souvent réel, y est très intense.

Quelle est la source essentielle de ce sentiment de réalité ? Il nous parait devoir être rattaché à la *suggestibilité motrice* de nos sujets. La perception du mouvement fait naître, comme on le sait, l'ébauche du mouvement correspondant. Il est permis de se demander si tout au moins certains films ne font pas naître en nous certains *complexes moteurs*, dont la respiration serait d'ailleurs un élément très important (1), complexes moteurs constituant la charpente essentielle du sentiment de réalité. Il se produirait ici un phénomène du même genre que la suggestion hypnotique pratiquée après avoir mis le sujet dans une attitude donnée. C'est de ce côté, croyons-nous, qu'il faut chercher une des raisons psychologiques du grand succès des représentations cinématographiques parmi les masses populaires.

Cette caractéristique psychologique du cinéma, sur laquelle d'ailleurs *Münsterberg* avait attiré l'attention, pourrait également permettre d'interpréter les phénomènes d'illusions survenant au cours des représentations. Ainsi il est arrivé dernièrement à l'un de nous « d'entendre » le bruit des rames frappant en cadence la surface calme de la mer, alors que l'écran représentait au même moment le mouvement cadencé d'un grand nombre de rameurs manœuvrant un bateau de sauvetage. *Ponzo* a rapporté des auto-observations analogues, mais il ne les interprète pas dans le même sens que nous.

4° On doit encore noter la part prépondérante qui revient dans le comique à l'élément objectif extérieur : ce sont le geste, l'attitude, la position qui éveillent surtout en nous le sens du comique. Cet élément objectif nous paraît expliquer le succès de certains films comiques américains.

Le sentiment du comique est, semble-t-il, une attitude plutôt qu'une série d'images; nous avons essayé plusieurs fois de faire raconter le scénario d'un film comique à nos sujets; ils faisaient généralement de grossières erreurs ou des oublis importants, ce qui ne s'observait pas avec la même intensité pour les autres films.

5° Ceci doit être retenu pour l'hygiène mentale. Les films comiques ont un grand pouvoir récréatif; et les films dramatiques peuvent provoquer des émotions fortes chez des sujets dont la suggestibilité est grande. Nous avons observé que le rythme respiratoire provoqué par un film dramatique persiste quelques minutes lorsqu'on fait apparaître à sa suite un film documentaire.

6° Du point de vue pédagogique, l'étude physiologique des films, dont on demande l'emploi dans les écoles, serait très utile, puisque nous avons montré qu'il était très facile de se rendre compte de la réaction d'intérêt que provoquait un film documentaire.

---

(1) E. Küppers. — *Ueber die Deutung der plethysmographischen Kurve.* — *Zeitschr. f. Psychol*, Bd 81, H. 4 bis, 6 (1919).

Mr. Henri PIÉRON,
Directeur du Laboratoire de Psycho-physiologie de la Sorbonne.

TEMPS D'ACTION LIMINAIRE ET TEMPS DE RÉACTION SENSORIELLE

152

27 *Juillet.*

Ayant vérifié la *loi de Wundt* sur la diminution des temps de réaction sensorielle en fonction de l'augmentation des intensités excitatrices et ayant donné à cette loi des expressions numériques pour un certain nombre de sensations (Cf. *Congrès du Havre,* 1914), j'ai été conduit à penser, ces expressions numériques différant notablement suivant les sensations, bien que la décroissance se fasse toujours suivant une allure hyperbolique, que la diminution des temps de réaction était due, pour une très grande part, à la diminution du temps nécessaire à la transformation périphérique de l'excitant extérieur en influx nerveux.

De fait, étudiant la décroissance des temps de réaction à une excitation électrique cutanée, je trouve une loi de forme identique à celle qui vaut pour la décroissance des temps d'action dans l'excitation électrique des nerfs, en première approximation du moins, d'après la *loi de Hoorweg-Weiss* : $it = a + bt$, d'où on tire $t = \frac{a}{i - b}$, branche d'hyperbole asymptote à une ordonnée parallèle à l'axe des y et distante de cet axe d'une valeur b (1).

Mais, pour que la loi de décroissance des temps d'action puisse expliquer celle des temps de réaction, il faut deux conditions : la première, c'est que, théoriquement, le rôle prédominant des temps d'action soit possible; la seconde, c'est qu'en fait l'ordre de grandeur des temps d'action soit bien celui qui est requis par la marge de décroissance des temps de réaction.

Or, théoriquement il est très vraisemblable que les temps d'action jouent un rôle important : pour que l'on réagisse à une excitation sensorielle que l'on attend, il faut et il suffit que le seuil de la sensation soit atteint; or, plus on s'approche du seuil absolu, du seuil de base, qui correspond à une durée d'excitation indéfinie, plus, par suite d'un phénomène de sommation, il faut de temps pour que le seuil soit atteint. Le retard nécessaire à la sommation, aux environs du seuil de base, peut être rendu très manifeste quand un signal vous avertit du début de l'excitation, la sensation — auditive ou visuelle par exemple — n'apparaissant que notablement après. Et le fait que ce retard est très appréciable permet

(1) Cf. *C. R. Ac. des Sciences*, 1919, t. CLVIII, p. 1123; *C. R. Soc. de Biologie*, 1919, t. LXXXII, pp. 1116 et 1162. — Cf. aussi : H. Piéron. — Essai d'analyse expérimentale des temps de latence sensorielle. *Journal de Psychologie*, 15 avril 1920, pp. 289-308.

de penser que la valeur des temps d'action est de nature à rendre compte de l'allongement des temps de réaction pour des excitations très faibles, voisines du seuil de base.

Pour préciser ce point, j'ai étudié, en diverses conditions, les temps d'action de l'excitation lumineuse de la rétine, et établi la loi de variation des énergies liminaires (produit de l'intensité par la durée de l'excitation) en fonction des temps d'action (1).

J'ai constaté que, suivant la région rétinienne excitée, les conditions d'adaptation, les radiations excitatrices, et la surface d'excitation, la limite de sommation était comprise entre 0″600 et 3″600. Cela veut dire que le seuil de base n'est atteint qu'au bout d'un temps égal à 0″6 au moins. Dès lors, dans les meilleures conditions possible, le temps de réaction, pour une excitation juxtaliminaire, doit être allongé de 60 centièmes de seconde.

Cela indique l'importance du temps d'action : dans certaines conditions, au seuil, il représentera à lui seul 300 centièmes de seconde, alors que, pour une excitation assez forte, le temps de réaction total ne dure que 15 centièmes.

Il y a donc là une vérification complète de l'hypothèse d'après laquelle la décroissance des temps de réaction, quand croissent les intensités d'excitation, est fonction de la décroissance des temps d'action liminaire. Toutefois cela ne veut pas dire que cette dernière rend compte *en totalité* de la décroissance des temps de réaction.

En effet, en utilisant des excitations très brèves, de quelques millièmes de seconde, de manière à éliminer pratiquement l'influence des temps d'action liminaire, j'ai constaté qu'il y avait encore — mais dans une marge plus étroite — décroissance des temps de réaction à l'excitation lumineuse. Seulement, pour ce qui est de la lumière, si nous disposons des temps d'action « photochimique », nous ignorons le temps d'action nerveuse, conditionné non seulement par la réaction photochimique, mais par l'excitation nerveuse due aux produits de la réaction. Des expériences, d'une part, sur l'excitation électrique cutanée, plus directe, et, d'autre part, sur certains phénomènes relatifs aux sensations lumineuses, doivent nous permettre de faire la part du second processus du temps d'action, et de rechercher ce qui, dans la décroissance des temps de réaction à des excitations sensorielles d'intensité croissante, peut être dû à un franchissement plus rapide des synapses dans le parcours des voies sensorielles et centrales.

(1) Cette loi est assez complexe : A partir d'une certaine limite de sommation, et quand les temps d'action diminuent, l'énergie liminaire s'abaisse presque linéairement — ce qui serait conforme à la *loi de Blondel* et *Rey*, identique à celle d'*Hoorweg-Weiss* — en réalité suivant un arc dont la loi linéaire représenterait la corde ; mais l'énergie passe par un minimum pour une durée optima des temps d'action, autour de laquelle l'énergie paraît sensiblement constante (ce qui était impliqué par la « *loi de Bloch* », la première en date) ; puis, pour les temps très courts, l'énergie remonte, comme l'avaient vu déjà *Grijns* et *Noyons* (Cf. *C. R. Ac. des Sciences*, 1920, t. CLXX, pp. 525 et 1203 ; *C. R. Soc. de Biologie*, 1920, t. LXXXIII, pp. 753 et 1072.)

M. LE Dr ROGUES DE FURSAC,
Médecin-Chef à l'Asile de Ville-Évrard.

UN CAS D'OBSESSION AMOUREUSE D'ORIGINE ONIRIQUE CHEZ UN PERVERTI SEXUEL CONSTITUTIONNEL

157

27 Juillet.

Appelé à donner mon avis sur un malade présentant des troubles d'ordre démentiel, je priai son fils, un homme de 34 ans exerçant la profession de libraire, de me fournir des renseignements sur la famille.

Il nia d'abord toute maladie mentale ou nerveuse, mais ajouta qu'il avait éprouvé lui-même, quelques mois auparavant, un phénomène bizarre et qui l'inquiétait encore passablement. Il se décida, non sans quelque embarras, à m'exposer le fait. Je reproduis ici ce qu'il y a d'essentiel dans son récit.

« J'ai, me déclara-t-il, un frère que je n'ai pas vu depuis plus de deux ans, en raison d'une brouille survenue à l'occasion de discussions d'intérêt. Sa femme, que je n'ai pas vue depuis le même temps, est intelligente, cultivée, mais, à mon avis, sans aucun attrait physique. Je dois même dire que certaines particularités de son visage, notamment des yeux un peu obliques, comme chez les Chinois, me déplaisent carrément. De plus, elle use avec libéralité du blanc, du rouge et du noir et j'ai horreur des femmes qui se fardent. C'est vous dire que je ne nourrissais pour elle aucun sentiment coupable. Or, une nuit de janvier de cette année — exactement la nuit du 4 au 5 — il m'arriva de rêver à elle. Je n'ai de ce rêve qu'un souvenir incomplet. J'étais seul avec elle, où ? je n'en sais rien ; nous étions complètement vêtus l'un et l'autre, sans que je puisse dire comment elle était habillée ; nous marchions et nous causions, mais je n'ai aucune idée de ce que nous nous sommes dit ; ce dont je suis à peu près certain, c'est qu'il ne s'est rien passé entre nous d'amoureux, je ne crois pas l'avoir embrassée, ce qui était cependant dans mes habitudes quand je ne l'avais pas vue depuis longtemps. Je ne sais combien dura ce rêve, il me semble qu'il fut court. Il se termina par le réveil, vers 6 h. 1/2 du matin, l'heure habituelle de mon lever. Aussitôt réveillé, je m'aperçus, avec stupeur, que j'étais amoureux de ma belle-sœur. Je me rendis compte que c'était la suite de mon rêve et cela commença par m'amuser, car j'étais convaincu que cette passion saugrenue allait disparaître. Mais il n'en fut rien. Vingt fois dans la journée, ce sentiment amoureux me revint à l'esprit, me troublant et me gênant dans mon travail, sentiment amoureux d'une violence que je n'avais pas connue jusque-là, s'accompagnant d'une représentation visuelle de la personne, mais d'une représentation vague, floue et où ne se voyaient notamment ni les yeux chinois, ni les fards qui me déplaisent chez elle, comme je l'ai dit, souverainement. Cela m'agaça, puis me devint tout à fait pénible. Je fis tout ce qui me fut possible pour me débarrasser de ce que je considérai dès lors comme une obsession. Non seulement je ne donnai pas suite à l'ardent désir que j'avais de revoir ma belle-sœur, ce qui eût été facile, sous couleur d'une réconciliation familiale, mais je m'accablai de reproches et même d'ironie. Je me dis que ce sentiment d'amour pour la femme de mon frère était une chose coupable, répugnante, presque un inceste. Je me rappelai le peu de goût que j'avais pour le physique de ma belle-sœur. J'évoquai les yeux chinois et les fards, et quand je réussissais à voir mentalement l'image vraie et suffisamment nette de la personne, je la trouvais parfaitement déplaisante. Mais l'image vraie disparaissait presque aussitôt, pour faire place à la forme vague et trompeuse et je me retrouvais plus amoureux que jamais. Pendant deux semaines environ tous mes efforts furent vains et la situation resta la même. Puis, peu à peu, l'obsession se fit plus rare, moins violente, l'effet sensible (affectif) fut de plus en plus atténué et je finis par en être délivré, sans avoir d'ailleurs suivi aucun traitement médical ni même avoir consulté aucun médecin. Je crois, ajoutait en terminant le sujet, que ce qui m'a le plus aidé à me débarrasser de ce sentiment amoureux stupide, c'est la certitude que j'avais qu'il venait d'un rêve. »

Ce récit est du 28 mai. C'est tout ce que j'appris ce jour là. Mais tout récemment, le 6 juillet, je revis le sujet. Nous causâmes longuement. Il fut plus confiant que la première fois et me dévoila ses tares psychopathiques — une partie tout au moins, car avec de tels individus on n'est jamais sûr qu'ils ont tout dit. L'obsession amoureuse n'avait pas reparu, mais il m'avoua qu'il était depuis son enfance atteint de « *bizarreries* » sexuelles. Il s'agissait de sadisme (plaisir à voir couler le sang, au point qu'il va, chaque fois que cela lui est possible, se promener dans des abattoirs) et de fétichisme, relié d'ailleurs évidemment au sadisme (satisfaction à voir et à toucher des objets tranchants et piquants), l'un et l'autre s'accompagnant d'excitation génésique et parfois de masturbation. — Nous sommes donc ici en présence d'un grand anormal et l'obsession amoureuse, dont on vient de lire la description, n'est qu'un épisode au cours d'une existence psychopathique.

Ce simple petit fait — l'obsession amoureuse — me parait cependant mériter d'être rapporté, comme contribution à l'étude de l'influence du rêve sur la vie consciente, plus exactement sur la vie affective. Il est frappant, en effet, que l'état de conscience pathologique né du rêve ait été exclusivement d'ordre affectif. C'est le sentiment que le sujet avait pour sa belle-sœur qui a été transformé, non le jugement qu'il portait sur elle. Si paradoxal que cela paraisse, il en est devenu amoureux, tout en continuant à la juger, quand il arrivait à la voir mentalement avec une netteté suffisante, comme peu agréable et même franchement déplaisante par certains côtés.

Cette dissociation de l'élément affectif et de l'élément intellectuel d'un même complexe est un phénomène très remarquable et qui rappelle un peu l'action de certains poisons (opium, hachich) qui ont pour effet de modifier la coloration affective des perceptions et des souvenirs. Elle a également son analogie dans certains états suggérés, en particulier dans certains états hypnotiques et, tout comme dans les états de suggestion artificielle, elle laisse subsister les notions intellectuelles et morales essentielles, qui empêchent l'individu de se livrer à l'acte condamnable que semblerait devoir entraîner la suggestion.

Tout est fort clair dans cette histoire, mais seulement grâce au fait que le rêve a laissé un souvenir. Supposons qu'il en ait été autrement, que le rêve n'ait laissé aucune trace consciente. On aurait été en présence d'une obsession d'origine impossible à déterminer, d'un effet sans cause connue. Et cette ignorance où se serait trouvé le malade — et par conséquent le médecin — n'aurait pas eu pour seul inconvénient l'impossibilité de satisfaire la curiosité de l'un ou de l'autre, elle aurait créé une situation infiniment plus difficile au point de vue thérapeutique. On sait en effet que, quand on réussit à mettre sous les yeux d'un obsédé la cause et le mécanisme du processus obsédant, un grand pas est fait dans la voie de la désagrégation du système morbide, c'est-à-dire de la guérison. Le malade nous l'a dit spontanément : « Je crois que ce qui m'a le plus aidé à me débarrasser de ce sentiment amoureux stupide, c'est la certitude que j'avais qu'il était né d'un rêve ». C'est là d'ailleurs toute la raison d'être de la psychoanalyse, qui, si l'on se refuse légitimement à en faire la panacée universelle que voudraient en faire certains de ses adeptes, n'en a pas moins sa place — et une place de premier ordre — en thérapeutique psychiatrique (1).

Malheureusement, dans une foule de cas, le point de départ psychologique d'une obsession est impossible à découvrir et bien souvent, sans aucun doute, l'origine du phénomène est à jamais cachée dans la vie onirique, dont une petite partie seulement, chez la plupart des individus, peut être ramenée à la conscience sous forme de souvenir. Qui peut dire notamment, à ne considérer que le cas présent, si le sadisme et le fétichisme qui, depuis l'enfance, dominent toute la vie sexuelle du sujet, n'ont pas leur source dans quelque rêve précoce, où se sont à jamais soudés la sensation de volupté sexuelle, la vision sadique et l'image du fétiche?

---

(1) Je fais allusion ici à l'extension excessive qui a été donnée par des disciples trop zélés aux conceptions si séduisantes — et par certains côtés géniales — de Freud. — On trouvera un exposé de la doctrine de Freud dans le livre de E. Régis et A. Hesnard *La psychoanalyse des névroses et des psychoses*, Paris, Félix Alcan, 1914.

M. Henri PIÉRON

L'AUTOTOMIE ET LA DYNAMOGÉNIE ÉMOTIONNELLE (1)

157

27 Juillet.

Suivant la conception très satisfaisante de *Lapicque* (2), l'émotion consiste essentiellement en un débordement d'énergie nerveuse hors des voies frayées par les réactions adaptées.

Les relâchements sphinctériens, la dilatation pupillaire, l'horripilation, les perturbations vaso-motrices, l'accélération ou le ralentissement du cœur, les tremblements, etc, se rencontrent, non seulement chez l'homme, mais chez les vertébrés supérieurs : mammifères, oiseaux, etc.

Chez les invertébrés, on ne rencontre pas de ces manifestations à grand fracas. Dès lors, est-on en droit de parler chez eux d'émotion?

Il me semble que le premier stade de l'émotion comporte une libération d'énergie nerveuse insuffisante pour se répandre dans les voies anormales de la vie végétative, mais suffisante pour réaliser une dynamogénie exceptionnelle dans le sens des réactions réflexes ou instinctives.

Un exemple de cette dynamogénie m'a paru fourni par certaines réactions autotomiques. Il y a quatorze ans, j'ai été conduit par l'observation de certains crabes, les Grapses, à soutenir que l'autotomie n'était pas toujours régie par le mécanisme réflexe étroit décrit dans les beaux travaux de *Léon Frédéricq* : dans certains cas, l'autotomie était conditionnée par des impressions sensorielles variées, par des circonstances particulières de lieu et de temps (3). Et je parlai d'autotomie psychique, autotomie dont je signalai le caractère probablement émotionnel. Le caractère émotionnel apparaissait surtout chez le crabe commun, le *Carcinus maenas*; en effet, alors que l'autotomie semble bien toujours régie uniquement chez lui par une excitation violente du nerf de la patte, celui-ci pourtant, d'après une observation ancienne de *Parize* dont je vérifiai, à mon grand étonnement, l'exactitude, était capable d'abandonner un membre par lequel il était retenu lorsqu'il était menacé d'être saisi par un poulpe.

Des expériences systématiques d'un élève de *L. Frédéricq*, *Jacques Roskam* (4), ont nettement élucidé ce point : des crabes dont l'autotomie

(1) Communiqué dans la séance tenue avec la Section de Zoologie.

(2) *Journal de Psychologie*, t. VIII, 1911, p. 1.

(3) Cf. H. Piéron, *Archives internationales de Physiologie*, juin 1907, pp. 110-121, et *Bulletin scientifique*, 1908, pp. 185-246.

(4) *Archives internationales de Physiologie*, 1912, XII, pp. 474-482.

paraît exclusivement réflexe qui, attachés, se défendent contre les Labres sans autotomiser, en présence de Poulpes autotomisent les pattes par lesquelles ils sont retenus pour s'enfuir.

Reprenant des expériences sur des Grapses, sur des Pagures, et sur divers Acridiens et Locustides, je me suis convaincu du caractère émotionnel de l'autotomie proprement évasive, qui n'est pas déterminée par la simple réponse réflexe à l'excitation violente du nerf de la patte. C'est quand on les saisit ou quand, venant de les saisir, on les retient et on les menace brusquement, que cette autotomie, d'ailleurs assez irrégulière, se produit. Un animal excité au préalable paraît avoir perdu sa capacité autotomique.

Des Œdipodes attachés par la patte et menacés par des Mantes sont aussi capables d'autotomiser pour s'enfuir que les Crabes menacés par des Poulpes.

Il semble donc qu'il faut un choc émotionnel dynamogénique pour déclancher la réaction. Mais l'épuisement est rapide. Et cela tient probablement à ce que la quantité d'énergie nerveuse qui est susceptible d'être libérée est assez limitée et s'épuise vite : le volume des centres nerveux œsophagiens n'est pas considérable en effet, de ces centres d'où part l'impulsion autotomique, comme l'ont montré des expériences d'excitation directe ou de section.

Et c'est probablement cette faible quantité d'énergie nerveuse qui limite les effets du choc émotionnel à une dynamogénie restant canalisée dans les voies de réactions réflexes ou instinctives. Chez les vertébrés supérieurs et chez l'homme en particulier, la quantité d'énergie libérée peut être assez grande pour inonder le système autonome et entraîner des perturbations souvent graves dont la pathologie de guerre nous a montré tant d'exemples (1). L'épuisement est aussi moins rapide, mais il peut être également obtenu à la suite d'émotions violentes et répétées qui laissent l'individu inerte pendant une longue période, après laquelle se manifeste, au contraire, une sensibilisation plus grande vis-à-vis des chocs émotionnels quand les réserves d'énergie nerveuse se sont reconstituées.

L'émotion paraît donc bien consister en une libération excessive des réserves d'énergie nerveuse et non en une réaction spéciale, en une sorte d'instinct de la vie végétative, selon la conception de Cannon, qui n'a pas été vérifiée par les faits (2).

---

(1) Cf. MAIRET et PIÉRON, Le syndrome émotionnel. *Annales médico-psychologiques*, avril 1917, pp. 183-206.

(2) Cf. H. PIÉRON. Les formes élémentaires de l'émotion dans le comportement animal. La dynamogénie émotionnelle. — *Journal de Psychologie*, 1920.

Mlle Marie GOLDSMITH,
Docteur ès sciences.

LA « CONVOLUTA ROSCOFFENSIS » ET SES RÉACTIONS

28 Juillet.

La *Convoluta roscoffensis* a depuis longtemps attiré l'attention des biologistes aussi bien par sa structure — la plus simple peut-être de tous les Métazoaires — que par sa physiologie — profondément modifiée par la présence d'une algue verte symbiotique, — et surtout par son comportement particulier, qui soulève à la fois toutes les questions qui se rattachent aux premiers degrés de l'évolution psychique : tropismes, sensibilité différencielle, rythmes organiques, mémoire, etc. C'est de ces réactions à allure psychique qu'il sera question ici. Les observations dont nous exposons les résultats ont été faites tant dans l'habitat naturel de l'animal, sur les plages de sable que la mer découvre à marée basse, qu'au laboratoire : à la station biologique de Roscoff, localité qui partage avec Trégastel le privilège de posséder ce curieux animal.

Le mode d'existence des *Convoluta* est connu depuis longtemps; rappelons seulement qu'il est étroitement subordonné à sa symbiose avec l'algue : les *Convoluta* adultes n'absorbent aucune nourriture et ne se nourrissent que par l'algue, soit qu'elles assimilent l'amidon fabriqué par celle-ci, soit qu'elles digèrent l'algue elle-même, qui, après avoir atteint un certain degré de développement, s'hypertrophie et dégénère. On comprend, dans ces conditions, que la lumière, nécessaire à la photosynthèse de l'algue, soit pour l'existence des *Convoluta* un facteurs des plus importants.

Action de la lumière. — On sait que la lumière est nécessaire aux *Convoluta*. On peut cependant les garder assez longtemps à l'obscurité, mais la dégénérescence finit toujours par arriver. Vers le dixième jour, on voit s'affaiblir toutes les réactions normales de l'animal (enfoncement par suite d'une secousse, mouvement de descente du soir, etc.); seule, la sensibilité à la lumière augmente, comme c'est généralement le cas pour tous les animaux après un séjour à l'obscurité. Après 10 à 15 jours, on observe une réduction de taille; en même temps, les algues symbiotiques jaunissent et meurent, à partir de l'extrémité postérieure de l'animal qui, elle-même, commence à se désagréger (contrairement à ce qui aurait dû se produire si la *gradation physiologique* de Child était un fait général).

La lumière attire les *Convoluta* d'une façon très énergique à partir d'un certain minimum supérieur à celui strictement nécessaire pour suivre les mouvements des animaux; l'optimum paraît se confondre avec le maximum. Ce phototropisme ne devient jamais négatif, même lorsque les animaux s'enfoncent dans le sol. Lorsque, au laboratoire, on tient des *Convoluta* dans un vase de verre avec un fond de sable, on les voit, dans les moments où elles sont enfoncées, se réunir dans l'épaisseur du sable, du côté de la paroi tournée vers la lumière, ou même au fond, si on établit un éclairage par en bas. Aucun changement de signe du tropisme ne s'observe, dans les conditions naturelles, du moins. Les jeunes *Convoluta* (de un ou deux jours), qui renferment déjà l'algue symbiotique, sont plus phototropiques encore; l'attraction par la lumière est la première réaction qui apparaît; celle de la descente à la suite d'un choc ne s'établit que plus tard.

C'est abusivement d'ailleurs, nous semble-t-il, qu'on désigne ces réactions sous le terme de « phototropisme ». Le mouvement ne se fait nullement en ligne droite, dans la direction des rayons, mais toujours en zig-zag, et il est le même sous les rayons directs qu'à la lumière diffuse. Il est difficile dans ces conditions de faire intervenir l'égalité d'éclairement des points symétriques du corps de l'animal, d'autant plus que les *Convoluta* se déplacent en masse et les différents individus présentent avec la direction des rayons les rapports les plus divers.

Les *Convoluta* sont sensibles — modérément — aux différences de couleur : sur des fonds colorés, leurs « préférences » (s'il est permis d'employer, pour abréger, ce terme éminemment impropre) se classent, comme chez tous les animaux attirés par la lumière, dans l'ordre suivant : blanc, bleu et vert, jaune, rouge.

Action des autres facteurs. — Tous les autres facteurs que l'on voit agir sur les *Convoluta* sont des facteurs perturbateurs de leur existence normale : chocs, dessiccation, température trop élevée (au-dessus de 20-22°), eau insuffisamment aérée ou infectée par des débris organiques, obscurcissement brusque ou même éclairement brusque (1). Tous, ils provoquent de la part de l'animal la même réaction : l'enfoncement dans le sol, la descente. On l'a attribuée au géotropisme positif, comme le mouvement ascendant au géotropisme négatif; mais il semble bien que cette explication, qui d'ailleurs n'en est pas une (surtout pour le « géotropisme négatif »), ne soit aucunement nécessaire. La tendance à se cacher, à chercher un abri pour échapper aux conditions fâcheuses, à ramper sur un corps solide, est naturelle à tous les vers. et les *Convoluta* la partagent avec eux. Leur adhésion aux corps solides (est-il utile de faire intervenir le « thigmotactisme »?) est facilitée par la sécrétion muqueuse dont leur corps est entouré et qui agglutine quelquefois les animaux eux-mêmes entre eux, en en faisant de véritables grappes.

Ces deux réactions : le mouvement vers la lumière et l'enfoncement

(1) Un éclairement brusque fait d'abord esquisser un mouvement de descente, après lequel l'ascension commence, rapide et nette.

dans le sol à la suite d'une influence perturbatrice quelconque, constituent tout le comportement des *Convoluta*, y compris ces mouvements synchrones des marées qui ont attiré l'attention de tant d'auteurs (depuis Geddes, 1879) et suggéré tant d'explications diverses, parfois fort compliquées (tropismes interférants, inhibition des tropismes par les secousses, changement de signe des tropismes, facteurs psychiques, etc.). Lorsqu'on observe les *Convoluta* dans leurs conditions naturelles, sur une plage de sable où elles sont suffisamment abondantes pour que leurs mouvements soient nettement visibles (1), et cela pendant toute la durée d'une marée descendante, on arrive à des constatations qui sont loin d'être conformes à la manière de voir classique.

A mesure que la mer se retire, les grandes taches vertes que forment les *Convoluta* sur le sable se réduisent de plus en plus; les couches supérieures du sable se désséchant, les animaux s'enfoncent sur place à la recherche d'un niveau plus humide. Certaines taches disparaissent complètement vers la fin de la marée basse. Ensuite, lorsque la mer revient humecter le sable par dessous, les *Convoluta* reparaissent, dans les creux d'abord, à la surface ensuite, et, au moment où la mer vient les recouvrir, loin d'être enfonçées par crainte du choc des vagues, elles sont, au contraire *toutes étalées* (2) et on les voit dans l'eau aussi longtemps que l'œil peut les suivre. D'autre part, lorsque la mer se retire, les taches vertes des *Convoluta* deviennent visibles dans l'eau à une profondeur d'un mètre environ. Il est légitime d'en inférer qu'elles y sont restées dans l'intervalle et qu'ainsi, elles passent dans l'eau, à la surface du sable, la plus grande partie de leur existence, sauf un moment très court où, pour éviter la dessiccation, elles s'enfoncent. Le maximum de dessiccation coïncidant pratiquement avec le moment où, au loin, la mer monte déjà, on comprend comment on a pu interpréter l'enfoncement des *Convoluta* comme une disparition devant le flot montant. En réalité, il n'est pas utile de faire intervenir ici un facteur à venir (ce qui donne toujours à l'explication une allure téléologique), puisqu'une cause actuelle et palpable suffit pour rendre compte des phénomènes.

L'action de cette cause actuelle est facile à vérifier expérimentalement. Dans un bac à fond de sable et à marées artificielles (obtenues à l'aide d'un dispositif réglant le débit de l'eau de façon à ce qu'il soit, à l'entrée, double de celui de la sortie) (3), les *Convoluta* obéissent, dès qu'elles sont apportées de la plage, à ces marées artificielles, qu'elles soient ou non synchrones aux marées naturelles : elles restent à la surface du sable tant que l'humidité est suffisante et s'enfoncent à mesure que le sable se des-

(1) A cet égard, la plage de l'île de Batz, en face de Roscoff, est beaucoup plus propice à ces observations que celle de Roscoff même.

(2) Il faut remarquer, d'ailleurs, que ce ne sont pas les mouvements de l'*eau*, mais ceux du *support solide* qui influencent les *Convoluta*.

(3) L'idée de ce dispositif appartient à M. F. Vlès, à qui j'exprime ici tous mes remerciements.

sèche. Mais comme, dans la profondeur du sable, elles se massent contre la paroi en verre, du côté de la lumière, on voit très bien, par transpa-

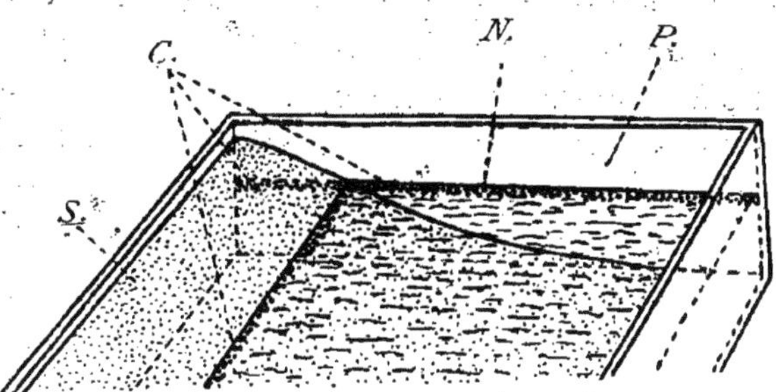

Fig. 1. — *Aspect schématique du bac à marées en perspective.* — *n*, niveau de l'eau. — *s*, sable en voie de dessiccation. — *c*, *Convoluta*, disposées à la limite du niveau de l'eau. — *p*, paroi du bac tournée vers la lumière.

rence, la ligne verte des *Convoluta* à la surface de l'eau et plus loin, dans le sable, au même niveau (voir *fig. 1*). De même, une ligne verte marque le niveau auquel affleure l'eau.

Persistance des mouvements rythmiques. — La persistance, après transport des *Convoluta* au laboratoire, de leurs mouvements synchrones des marées offre une analogie complète avec ce que l'on connaît chez certaines plantes (oscillations des Diatomées, rythme nycthéméral des feuilles d'Acacia, etc.) qui conservent leurs mouvements en dehors des conditions qui les ont provoqués. Les premiers observateurs qui ont fait connaître l'existence chez les *Convoluta* de cette « mémoire organique » (Gamble et Keeble, 1903) ne lui ont assigné qu'une durée d'un jour; d'autres, plus tard, ont indiqué deux ou trois jours. Une autre question, celle de savoir si le mouvement ascendant (dans la nature ou au laboratoire) a lieu la nuit, a reçu des réponses divergentes (niée par Gamble et Keeble, Martin, cette ascension a été affirmée par Bohn).

Des observations faites quotidiennement pendant plusieurs semaines nous permettent de formuler sur ces questions les conclusions suivantes. Les mouvements, tels qu'on les constate au laboratoire, ne sont que très approximativement synchrones des marées; le contraire, d'ailleurs, eût été incompréhensible, car les *Convoluta* prises dans différentes flaques d'eau, à des niveaux différents, n'ont pu emporter avec elles d'autre « habitude » que celle des marées de leur flaque particulière, plus ou moins en retard sur le retrait de la mer. Si, s'inspirant de la conception admise, on s'attend à voir les *Convoluta* s'enfoncer à l'approche de la mer. à une heure précise, et émerger lorsque la plage est découverte, à une heure précise également, on s'expose à des déboires et on se trouve porté à assigner à la durée de ce souvenir une durée très courte ou à croire à des causes de trouble accidentelles. C'est ainsi que, lors de mes premières expériences, j'attribuais les résultats aberrants observés par moi à l'existence anormale que mènent les *Convoluta* sur la plage de Roscoff, constamment foulée par les pieds des baigneurs. Mais lorsqu'on a vu une fois dans les conditions naturelles quel est véritablement le mouvement qui doit persister, le comportement au laboratoire n'apparaît plus comme irrégulier. Pendant 8 à 10 jours, les mouvements d'ascension et de descente gardent l'allure qu'ils ont dans la mer : c'est-à-dire que le mouvement de descente se place toujours après l'heure de la basse mer. Des courbes de ces mouvements, correspondant l'une au 3e jour, l'autre au 4e, la troisième au 8e le montrent (voir *fig. 2, 3,* et *4*).

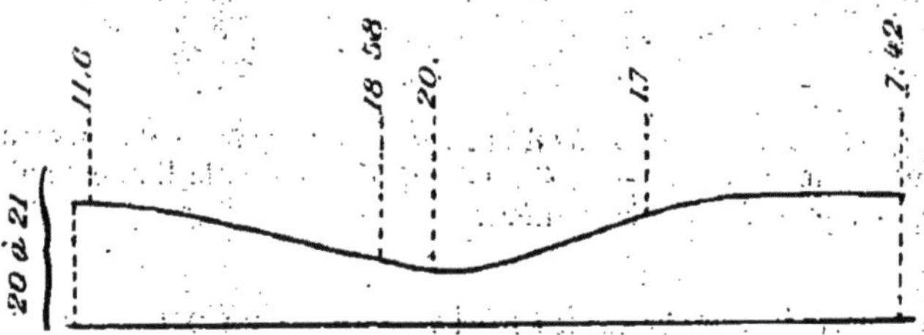

Fig. 2. — *Courbe des 20-21 août*, comprenant deux marées hautes (à 11 h. 6 m. et 1 h. 7 m.) et deux marées basses (à 18 h. 58 m. et 7 h. 42 m.). Le maximum de descente se place à 20 heures.

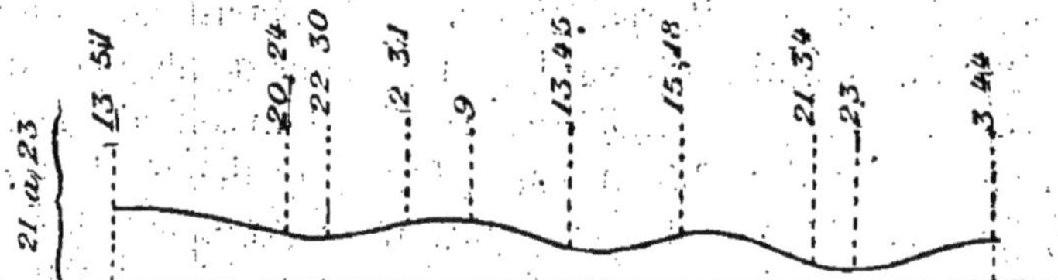

Fig. 3. — *Courbe des 21-23 août*, comprenant quatre marées hautes (à 13 h. 51 m., 2 h. 31 m., 15 h. 8 m. et 3 h. 34 m.) et trois marées basses (à 20 h. 24 m., 9 heures et 21 h. 34 m.) Les autres heures indiquées marquent le maximum de descente.

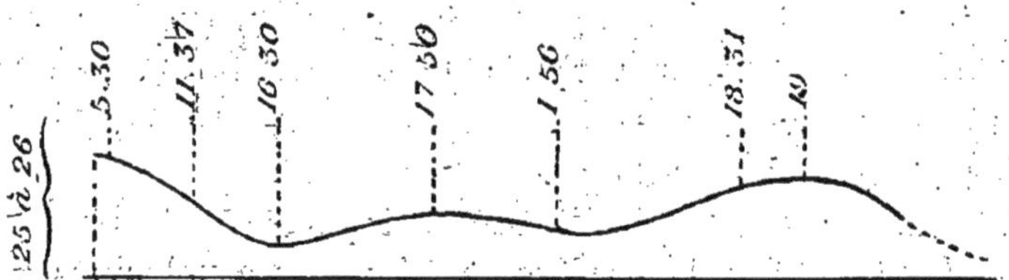

Fig. 4. — *Courbe des 25-26 août*, comprenant trois marées hautes (à 5 h. 30 m., 17 h. 50 m. et 18 h. 31 m.) et deux marées basses (à 11 h. 37 m. et 1 h. 56 m.). Les autres chiffres indiquent le maximum de descente.
Le pointillé qui termine la courbe indique que l'ascension de nuit ne se produit plus.

L'ascension, pendant cette période, se fait aussi bien le jour que la nuit, en obscurité complète. Puis, lorsque le « souvenir » commence à s'effacer, c'est le mouvement ascensionnel de la nuit qui se perd en premier lieu : les animaux, descendus le soir en vertu du « rythme nycthéméral » qui, comme on sait, vient compliquer chez eux le rythme des marées, ne remontent plus jusqu'au matin, quelle que soit l'heure. Ce rythme nycthéméral persiste beaucoup plus longtemps — entre 15 jours et 3 semaines. — On peut se demander pourquoi le mouvement ascendant normalement provoqué par la lumière, se produit en l'absence de celle-ci? Il est possible qu'au cours de l'évolution le séjour à la surface soit devenu pour les *Convoluta* un état normal qui n'exige pas de stimulus spécial et que ce soit, au contraire, l'enfoncement qui réclame une cause agissante. Ce qui rend cette explication probable, c'est que, après la perte du rythme, les *Convoluta* restent *toujours* montées dans les bocaux, ne s'enfonçant jamais dans le sable.

***

Quelles sont les indications que ces faits fournissent relativement à l'évolution psychique des êtres? La persistance du rythme, si elle n'est pas encore la mémoire, si elle ne dépasse pas les mouvements de l'*Acacia* où la courbure géotropique de la racine à la suite d'excitations emmagasinées, observées par Czapek (1898), est incontestablement quelque chose dont la véritable mémoire est née. Ici, elle n'est encore que la persistance des tropismes, qui, eux-mêmes, n'ont rien de psychique. Mais des tropismes on passe insensiblement aux réflexes dont ils ne diffèrent en rien d'essentiel : ce sont des réflexes sans système nerveux différencié et dont nous ne connaissons pas les voies. A des stades d'évolution où les organes de sens se différencient, les tropismes ne peuvent pas être distingués des réflexes. Ensuite, aussi insensiblement, l'instinct se constitue, lorsque des mouvements, constants et héréditaires, se groupent en des ensembles systématisés et indissolubles. Une autre voie de l'évolution des réflexes les amène à un enchaînement plus plastique et susceptible de varier au cours de l'existence individuelle : les associations et la mémoire apparaissent. Quel est le niveau à partir duquel on peut parler de psychisme? Il est impossible et il sera peut-être toujours impossible de le dire; mais cette absence de lignes de démarcation nettes n'est-il pas le propre de toute évolution?

11e Section

ANTHROPOLOGIE

Présidents d'honneur .	MM. E. CHANTRE, Directeur honoraire du *Muséum des Sciences naturelles* de Lyon, le Docteur FORRER et F. KESSLER, archéologues.
Président	M. L. GIRAUX, Membre de la *Société d'anthropologie* de Paris.
Secrétaire	M. G. COURTY, Professeur à *l'École des Travaux publics de Paris*.
Secrétaire-adjoint. . .	M. CH. GÉNEAU, Préparateur à la Faculté des Sciences de Paris.

M. G. COURTY,

Professeur à l'École des Travaux publics de Paris.

L'ÉCRITURE PRÉHISTORIQUE

571.72

26 Juillet.

Ubi historia silet....

Où l'histoire se tait, les pierres parlent. Ce vieil adage s'applique parfaitement aux roches écrites de la France, de la région fontainebleaudienne par exemple, dont nous poursuivons l'étude depuis vingt ans. Notre première note scientifique sur l'écriture préhistorique remonte à l'année 1901, époque où nous communiquions dans les bulletins de la Société d'Anthropologie de Paris, un article relatif à des instruments utilisés pour graver par frottement des pétroglyphes. C'étaient des morceaux de grès qui, après un débitage sommaire et une taille en biseau, servaient à entamer des roches gréseuses. Toute la région parisienne où des blocs de grès affleurent, est riche en gravures linéaires et c'est principalement dans les cavités naturelles des rochers stampiens que les graffites sont les plus abondants. Il semble que l'idée de les préserver contre les injures du temps ait hanté l'esprit des hommes qui les ont tracés.

Nous ne reviendrons pas ici sur les raisons qui nous ont permis de rapporter nos graffites aux temps préhistoriques; nous ajouterons seulement que des traits du même groupe situés dans des grottes magdaléniennes de France, d'Espagne et du Portugal, affirment, de la manière la plus éloquente, leur origine primitive. Il est vrai qu'au Magdalénien nous sommes, géologiquement parlant, au début de la période néolithique. A cette époque, en effet, à part quelques crues résultant de précipitations atmosphériques abondantes, les grottes et les abris sous roche sont complètement creusés, les rivières se trouvent dans leur état actuel d'approfondissement et les éboulis des pentes ont, à peu près, la même puissance qu'aujourd'hui. Il n'y a guère que le système météorologique qui diffère. Un froid vif et sec se poursuit, c'est le régime des steppes et le Renne restera en France jusqu'au moment où les conditions de vie lui seront favorables, c'est-à-dire jusqu'à l'établissement du Gulf Stream dans l'Atlantique, qui assurera à l'Europe une température clémente. L'homme de la Madelaine était en possession d'un langage écrit très abstrait, langage que l'on retrouvera pendant tout le néolithique, voire même pendant le bronze, bien qu'à ce moment-là l'écriture semble être devenue de plus en plus concrète par voie évolutive. La stylisation des figures à l'époque du Renne est déjà une abstraction. L'homme primitif, comme l'enfant, à l'idée de l'abstrait avant celle du concret, aussi les figurations magdaléniennes qui se mêlent souvent à l'ornement représentent des idées sous une forme essentiellement schématique.

Comment pouvions-nous essayer de déchiffrer nos graffites magdaléniens et robenhausiens autrement qu'en employant la méthode scientifique qui consiste à aller du connu à l'inconnu? Nous nous sommes donc servis de pétroglyphes mieux définis, plus reconnaissables, de l'époque du bronze, parce que plus concrets, pour comprendre le langage écrit des grottes et des abris des bords de la Vézère ainsi que celui des ossements et des galets coloriés ou gravés, sans omettre les graffites du Hurepoix, de l'Orléanais, du Maine, de Bretagne, etc... Dans les grottes de la Dordogne, on reconnaît nettement la liaison du signe idéographique avec les motifs de décoration comme on le constate également dans les écritures lapidaires du Mexique et du Haut Pérou ou dans les autres écritures du monde entier, qui n'ont en somme de commun que le développement logique. En France, les premières manifestations de l'écriture datent de l'époque du Renne. On trouve bien dès le Moustiérien quelques ossements entaillés, mais sont-ce bien là des signes d'écriture? Jusqu'ici, nous ne l'affirmons pas, bien que nous soyons loin de nier la possibilité de l'existence antérieure d'un langage écrit abstrait tracé sur os, sur bois ou sur peaux qui ne nous est pas encore parvenu ou qui a bien pu disparaître. Le langage écrit a toujours été plus développé que le langage parlé chez les populations primitives. Ne voyons-nous pas actuellement les Boschimans (Bushmen) ne point s'entendre dans l'obscurité lorsque le dessin et le geste ne viennent plus illustrer la parole. On conçoit, pour cette raison, les difficultés devant lesquelles nous nous sommes trouvés en présence des tableaux écrits sur rochers pour en saisir le sens. Néanmoins, nous sommes arrivés à comprendre la représentation des signes rupestres, en tant que prototypes et quelles que soient les variantes qu'ils nous offrent, nous avons pu les rattacher par moyen de comparaisons à l'être vivant ou à l'objet inanimé qu'ils étaient censés représenter, Il ne convenait toutefois point, pour effectuer ce travail, de réunir sans distinction, sans esprit critique, tous les pétroglyphes disséminés ça et là sur le globe, car ils sont loin d'être de la même époque. Il y en a d'anciens qui voisinent à côté de modernes, mais leur facture heureusement très différente, permet de distinguer leur âge. Nous avons donc groupé par catégories les signes européens, aussi bien ceux des cavités naturelles des rochers écrits que ceux des menhirs ou des dolmens qui paraissaient identiques, et c'est ainsi que nous avons pu entrevoir les conditions d'existence des peuplades de l'Europe pendant toute la durée du Néolithique comprise, selon nous, depuis le Magdalénien jusqu'à la fin du Robenhausien. Il nous a été possible, en outre, de constater qu'à côté de pétroglyphes très reconnaissables de l'époque du bronze, il y en avait de très schématiques, que ceux-ci s'expliquaient par ceux-là; ainsi la recherche du sens des pétroglyphes ne nous a pas semblé vaine.

Nos premières observations relatives à l'écriture préhistorique remontent exactement à l'année 1900. Un rocher incisé du Bois de la Briche, situé dans l'arrondissement d'Étampes (Seine-et-Oise) fut, pour nous, un point de départ révélateur. Ayant ensuite trouvé, dans la même région, d'autres roches écrites, nous avons observé leur communauté d'origine et conclu que nous étions en face des plus anciennes tablettes écrites de l'humanité.

A dater de ce moment-là, un grand horizon s'ouvrait pour nous dans l'histoire primitive de l'homme. Notre ancêtre avait laissé, autrement que par des silex taillés, la trace de son passage sur la terre, il avait gravé sur la pierre le récit de sa vie journalière et, qui sait peut-être, celui de ses exploits.

Les rochers écrits de Seine-et-Oise (1) sont à ce point intéressants que leurs graffites sont identiques à d'autres situés dans les mêmes conditions en Irlande, à Russ Glass et à Glaut Hane (Comté de Cork) et dans le pays de Galles, à Carreg Saethau; en Bretagne, dans les Vosges, en Alsace, en Espagne; au Portugal, à Eira Dos Mouros; dans les Apennins, en Italie, etc... Ces graffites sur rochers sont aussi tout à fait semblables à ceux du dolmen de l'Ethiau (Maine-et-Loire) ou de Montsabert (fide Bodin), à ceux de la grotte magdalénienne de Chabot (Gard), etc... Ils figurent des lignes cunéiformes à la manière des stries de polissage qui s'entrecroisent. Cependant, avec un peu d'attention, on reconnait vite que les graffiti en forme de fuseau ne résultent pas du polissage de haches en silex, mais d'un travail spécial, traduisant des idées qui devaient se transmettre en Europe de tribus en tribus, de populations en populations.

L'examen approfondi des rochers écrits de la région parisienne nous a fait apercevoir que les surfaces destinées à être gravées avaient été, au préalable, aplanies au moyen de brunissoirs pour faire disparaître les aspérités naturelles des roches sinon les écritures antérieures. Ainsi la roche à graver, une fois préparée, était entamée par de menus morceaux de grès ou de limonite qui servaient à produire, par frictions répétées, des entailles fusiformes représentant alors des idées. Cette facture, d'ailleurs, nous a servi à distinguer les signes vraiment préhistoriques de ceux que les modernes se sont amusés à graver tout à côté, probablement pour cette raison instinctive que d'autres en avaient tracés avant eux. En poursuivant l'étude de l'écriture préhistorique en Europe, nous nous sommes aperçus que certains graffites, vraisemblablement les plus anciens, qui se relient d'après nous à ceux de l'époque magdalénienne étaient obtenus par frottement; d'autres au contraire, comme ceux des dolmens armoricains ou du dolmen de Maintenon dit « Le Berceau », en Eure-et-Loir (2), étaient le résultat d'une sorte de piquage et que, par ce caractère, ils se rattachaient aux pétroglyphes du Lac des Merveilles, dans les Alpes-Maritimes. Les uns, les premiers, datent du début du Néolithique, les autres, les seconds, de la fin de cette même période et peut-être du commencement du bronze. Il résulte que l'on peut ainsi arriver, d'après la facture des graffites, à les dater d'une façon approximative. Nous ne nous sommes pas contentés de sérier les

---

(1) G. Courty. *Sur les signes gravés des rochers de Seine-et-Oise.* Association française pour l'Avancement des Sciences, Montauban, 1902.

(2) G. Courty. *A propos d'une découverte récente de pétroglyphes au pays chartrain. Homme préhistorique*, 8e année, n° 2, 1910.

pétroglyphes d'après leur facture, nous avons voulu encore connaître la signification des signes schématiques abstraits qui forment des séries de lignes cunéiformes enchevêtrées les unes dans les autres et dont le sens avait apparu comme devant être cabalistique aux premiers observateurs. Nous avons été amenés, à la suite d'observations personnelles faites sur des rochers écrits de la vallée de l'Essonnes, à considérer une partie des graffites de Seine-et-Oise comme étant bien d'âge néolithique par suite de la présence de figurations très nettes de haches polies avec et sans emmanchement. D'autre part, comme des grottes magdaléniennes possèdent des graffites du même groupe, il s'ensuit que le langage écrit préhistorique s'est, depuis l'époque du Renne, enrichi de nouveaux signes, en conséquence d'un développement ininterrompu dans la marche de la civilisation.

En partant de ce principe que l'abstrait avait précédé le concret, ce qui est tout à fait conforme à la thèse bergsonienne, il nous a été facile de nous aider des tableaux écrits sur rochers de Scanie et du Lac des Merveilles qui appartiennent à l'âge du bronze, pour identifier nos graffites schématiques. Nous avons pu, de cette façon, classer les principaux prototypes des signes de l'âge de la pierre avec leurs variantes : haches polies emmanchées et non ; pointes de flèches emmanchées et non ; boucliers ronds, ovales ou quadrangulaires ; frondes ; guerriers ; représentations féminines, personnages accroupis et debout ; arbres et végétaux rappelant des conifères et des fougères ; jeux de marelles et dérivés ; araires et herses ; chariots à deux roues attelés et non ; attelages (timons et jougs) ; tentes et huttes de campement ; bœufs et chevaux ; barques montées et non ; pieds humains et d'animaux (chevaux et bœufs, empreintes en creux). Certains préhistoriens ont, bien à tort, rapporté l'empreinte de pieds de chevaux et de bœufs sur des rochers, à la figuration de fers à cheval ; la forme même du modelé dément absolument cette assertion.

Dans le groupement des graffites de Seine-et-Oise, nous voyons que l'enchevêtrement apparemment inextricable des signes n'est pas l'effet d'un pur hasard, et que la conjugaison des lignes répond à l'expression de plusieurs idées. Il en est de même ainsi lorsque le schème des représentations reconnaissables se trouve placé à l'envers. Nous avons été frappé lorsque *Don Juan Cabré Aguiló* a publié, en 1916, un excellent travail sur l'art préhistorique de la Galice et du Portugal, de constater l'identité des pétroglyphes d'Eira dos Mouros avec ceux de la région parisienne. Il est vrai que le professeur *Arturo Issel* a publié des graffites de la Ligurie occidentale qui rappellent également nos graffites de Seine-et-Oise. C'est ainsi que nous suivons de la Grande-Bretagne, de l'Écosse, de l'Irlande, en passant par la France, l'Espagne, le Portugal, la Suisse, l'Allemagne, l'Italie, et même la Crète, la trace d'un langage écrit préhistorique d'où pourrait bien être issu notre alphabet (1).

---

(1) A. Reinach. *A propos de l'origine de l'alphabet. Revue épigr.*, t. II, n° 1, 1914.

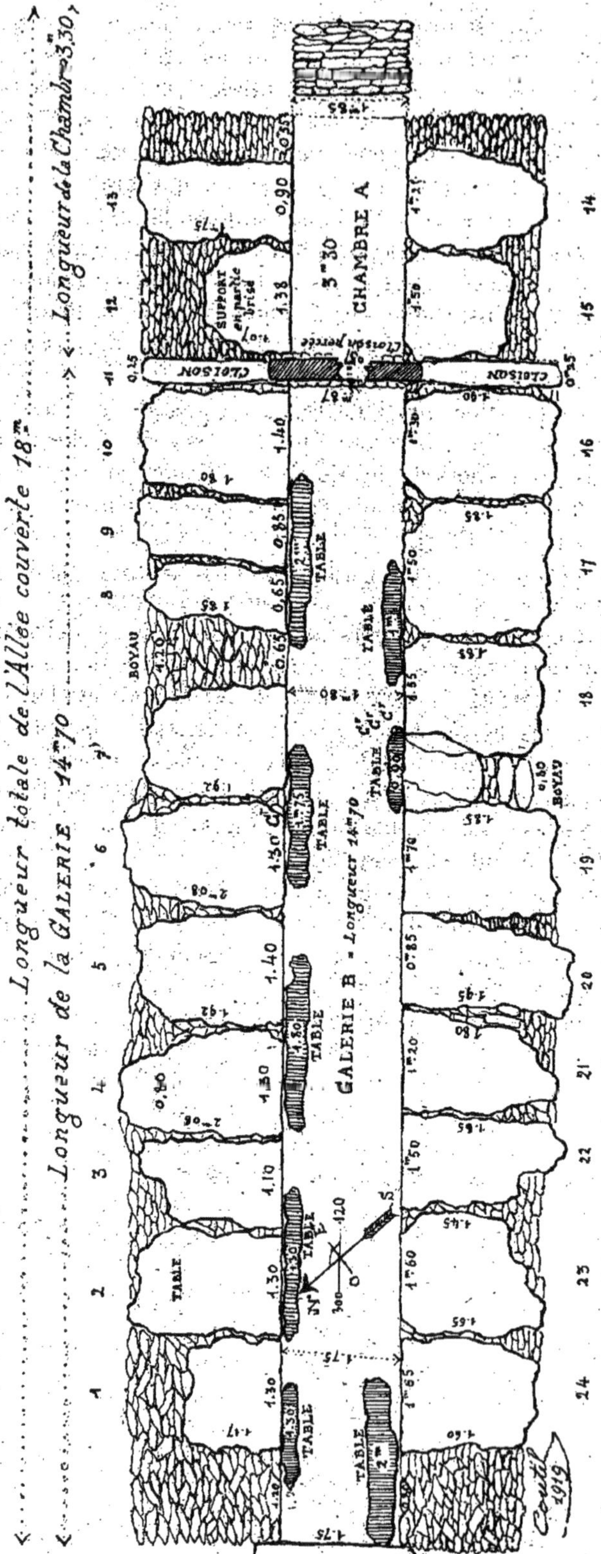

FIG. 1. — Plan de l'allée couverte de Vaudancourt (Oise).

M. L. COUTIL

1° ALLÉE COUVERTE DE VAUDANCOURT (OISE)

571.8

26 Juillet.

Les tranchées militaires exécutées en février 1915 pour la défense de Paris amenèrent la découverte de l'entrée d'une allée couverte avec cloison percée. M. *Pommeret*, professeur à Nevers, se trouvant en villégiature à Boury, près Vaudancourt (Oise), écrivit une note à ce sujet dans le journal *l'Avenir du Vexin*; son collègue, M. *Desforges*, prévint à son tour le Dr *Baudouin* qui, à son tour, nous pria d'aller étudier cette découverte.

Malgré la neige, nous avons pu alors, grâce à l'amabilité de la propriétaire, Mme *Meaudre*, de Vaudancourt, qui voulut bien nous faire conduire et nous accompagner au monument, où nous avons dressé un premier plan, recueilli quelques ossements humains, et obtenu la promesse d'y faire des fouilles après la guerre.

A plusieurs reprises, il nous fallut agir auprès des officiers qui étaient chargés de surveiller et réparer les tranchées et qui essayaient aussi de fouiller; on peut affirmer que, sans les dalles qui s'étaient jadis effondrées sur la couche osseuse, tout aurait été saccagé.

Enfin, en octobre 1918, on fit exécuter de nouvelles tranchées à 50 ou 60 mètres de distance par des soldats insoumis qui essayèrent de vider l'allée couverte. Aussi, le 8 novembre, nous décidâmes de commencer les fouilles, l'armistice étant à la veille d'être signé.

Description du monument. — Nous avons d'abord dégagé la partie située entre le boyau qui traversait l'allée jusqu'à la cloison et l'autre partie opposée à la cloison allant vers l'ouest, qui offre 14m,70 de longueur; le vestibule, situé vers l'est et au delà de la cloison, mesure 3m,50 de lon-

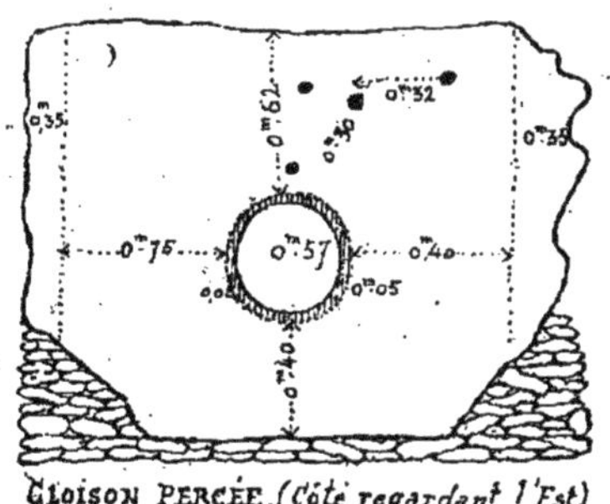

CLOISON PERCÉE. (Côté regardant l'Est)

FIG. 2.

gueur, ce qui donne 18m,20 de longueur totale de la galerie et 1m,75 à 1m,85 de largeur. L'axe est orienté à 120° du S.-E. vers le N.-O. Les sup-

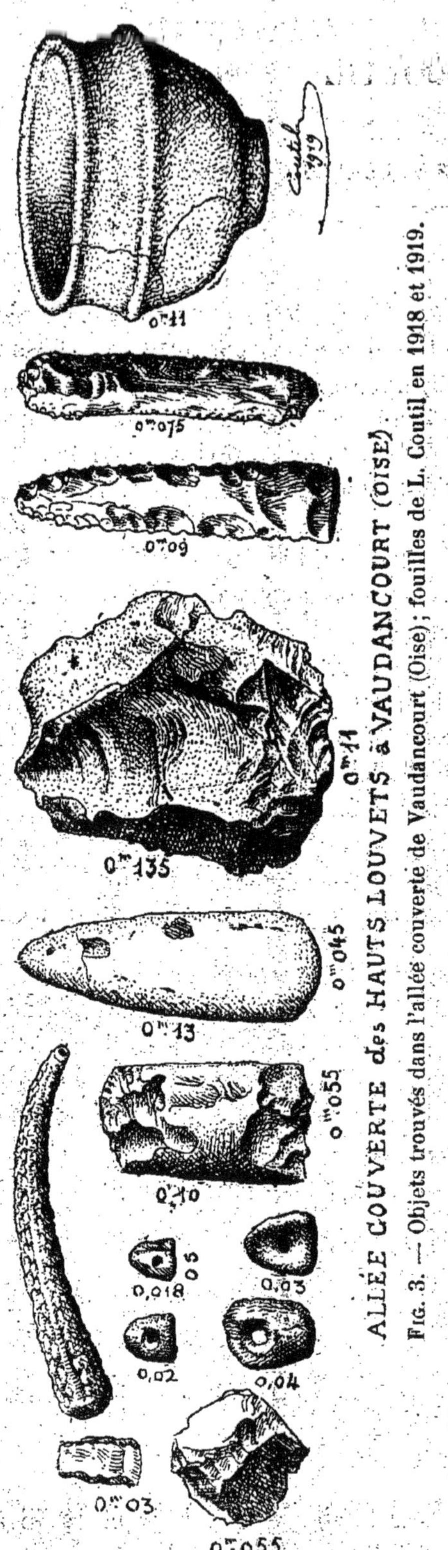

ALLÉE COUVERTE des HAUTS LOUVETS à VAUDANCOURT (OISE)

FIG. 3. — Objets trouvés dans l'allée couverte de Vaudancourt (Oise); fouilles de L. Coutil en 1918 et 1919.

ports, très plats comme si on les avait dressés et aplanis, mesurent en moyenne $1^m,75$ à $2^m,08$ de hauteur sur $0^m,90$ à $1^m,40$ de largeur.

Nous avons bouché, avec des pierres plates, une partie du support 8 brisé par les soldats du génie et, en face, également avec une petite dalle et un mur en pierres sèches, la partie du support 18 échancrée pour le passage de la tranchée.

Le pavage de la galerie était composé de petites dalles bien appareillées et se touchant; nous l'avons souvent soulevé pour nous assurer que des ossements ou objets ne se trouvaient pas en dessous; nous n'avons pas osé enlever le tout pour conserver l'aspect primitif. Il y avait deux couches d'ossements séparées par des pierres plus petites de $0^m,20$ à $0^m,25$ ne se touchant pas et situées à $0^m,10$ ou $0^m,15$ au-dessus. Le niveau osseux depuis la cloison jusqu'au support 5 était formé d'os enchevêtrés les uns dans les autres, formant un magma avec la terre plastique qui les réunissait.

De plus, la gelée compliquait encore l'enlèvement de cette couche osseuse. Nous avons trouvé un squelette d'adolescent en partie complet; en outre, 86 mâchoires, dont 79 maxillaires inférieurs et 7 supérieurs, plus ou moins complets; l'un d'eux portait une très curieuse fracture réparée sur le vivant, que le Dr *Baudouin* a communiquée à l'*Académie de Médecine*; un autre offrait des canines très anormales; des calottes craniennes portaient des grattages, une sorte de T syncépital et des trépanations. Nous n'avons trouvé qu'une seule fois des os en connexion, le long du support 16, ce qui permet de supposer que les squelettes étaient déposés et décharnés au dehors, puis apportés et jetés pêle-mêle.

Nous n'avons trouvé que trois crânes complets entre les supports 7 et 19, distants seulement de 0m,12 l'un de l'autre; le quatrième était à peu de distance, en face le support 7.

Le mobilier funéraire était sommaire et se composait d'une hache polie en silex; une autre polie et retaillée aux deux extrémités; un long ciseau,

Fig. 4. — Allée couverte de Vaudancourt (Oise). Vue prise à l'Est, en avant du vestibule, après les fouilles et restauration du monument en 1919.

un long grattoir double et étroit; une moitié de poignard; un grand nucleus; quatre pièces perforées provenant d'un collier dont deux en silex, une en diorite grise et la dernière formée d'une petite plaquette d'os; un andouiller de cerf scié à une extrémité et retouché, avec un évidement pour servir de manche; des débris de poterie grise ou rose peu cuite et les morceaux d'un bol de 0m,11 de hauteur.

Ce modeste mobilier funéraire rappelle celui des allées couvertes peu éloignées des Mureaux et de la Justice (Seine-et-Oise), qui se trouvent au musée de Saint-Germain-en-Laye : nous l'avons offert au laboratoire de la Société préhistorique française, ainsi que tous les ossements humains.

Nous tenons à remercier le Conseil de l'Association française d'avoir mis entre les mains de la Société préhistorique française la subvention a servi en partie à effectuer ces fouilles.

TUMULUS DE LA HOGUE,
à FONTENAY le MARMION.
(CALVADOS).
EXPLORATION et RESTAURATION de L. COUTIL
en 1904 1906-1908-1917-1918

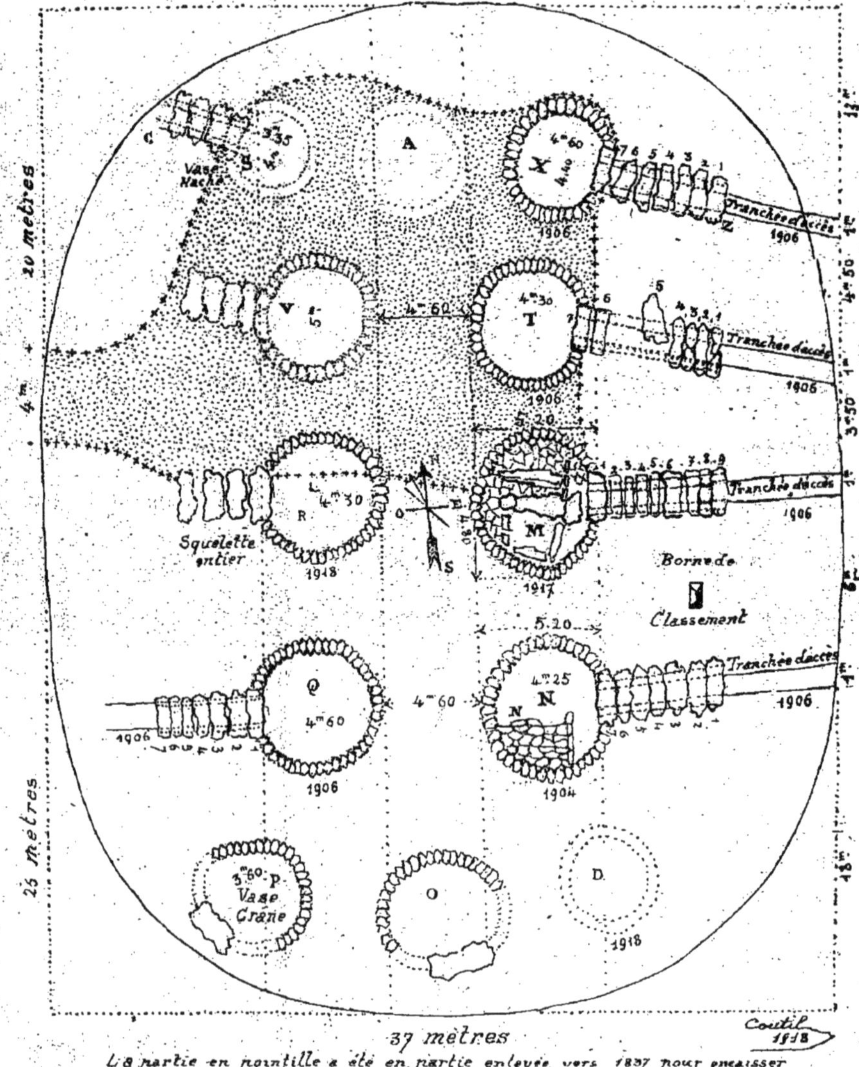

La partie en pointillé a été en partie enlevée vers 1837 pour encaisser la route de May à Fontenay le Marmion

2° LE TUMULUS DE LA HOGUE A FONTENAY-LE-MARMION (CALVADOS)

Ayant déjà publié le récit de nos fouilles de 1904, 1906 et 1908, dans e tumulus de la Hogue, nous nous bornons à mentionner la fouille et la

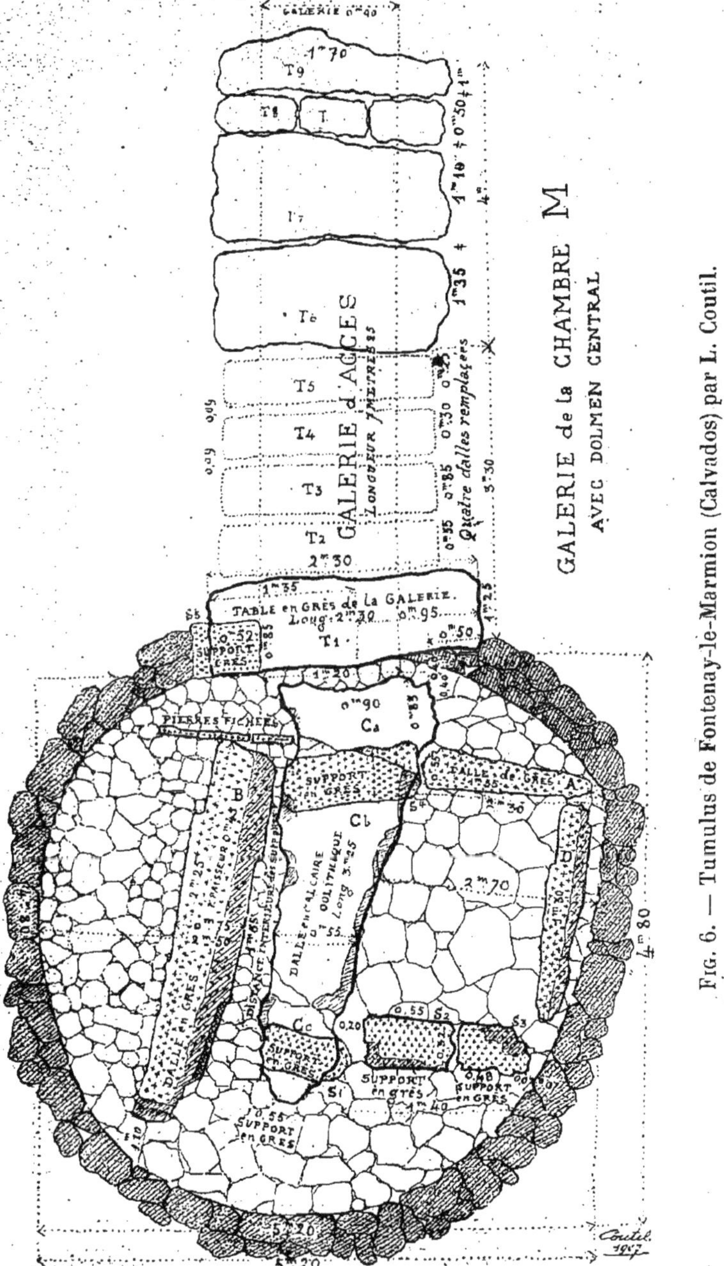

Fig. 6. — Tumulus de Fontenay-le-Marmion (Calvados) par L. Coutil.

restauration de la galerie et de la chambre M, dite du dolmen. Nous avions négligé précédemment ce travail, craignant l'éboulement d'une chambre complète voisine N; mais, à cause des attaques dirigées contre nos travau par le Dr *Gidon*, nous avons tenu à apporter de nouvelles preuves pou convaincre les lecteurs.

Tumulus de Fontenay-le-Marmion (Calvados). Vue prise à l'intérieur, après la fouille et restauration de la chambre M avec dolmen.

Malgré les prélèvements considérables de matériaux dans cette galerie M, ous avons retrouvé, dans un petit coin oublié, des ossements d'enfants, 'adolescents et d'adultes.

La table du dolmen étant brisée en trois morceaux et ses supports incli-és; nous ne pouvions supposer, lors de nos premières fouilles, que 'étaient bien les éléments du dolmen figuré peu exactement sur le plan e 1830.

Maintenant, les visiteurs ont une opinion complète de ce qu'était ce onument unique en France, grâce à nos fouilles et restauration succes-ives de la face Est, avec ses quatre galeries, dont une seule chambre a pu tre sauvée et dont les autres n'ont conservé que le pourtour.

Les figures que nous donnons dispensent d'une plus longue description ue nous avons, donnée dans le bulletin de la Société préhistorique nçaise en 1918 (138 pages, 24 figures).

Ce dernier travail a été aussi encouragé par une subvention de l'Asso-iation française pour l'Avancement des Sciences, ce dont nous remercions e Conseil pour son précieux encouragement.

M. Louis FRANCHET,

Asnières (Seine).

COMPTE RENDU D'UNE MISSION EN ORIENT

571.55 (499.8)

26 juillet.

J'ai été chargé, en 1912, par le Ministère de l'Instruction publique, d'une mission en Crète et en Égypte dont le but était de poursuivre des recherches sur l'évolution de la technique céramique dans ses rapports avec le développement des premières civilisations. Il était indispensable aussi pour moi d'étudier non seulement la céramique primitive, mais aussi les autres industries préhistoriques.

La subvention de 4.500 francs qui m'était allouée par le Ministère était notoirement insuffisante pour mener à bonne fin les travaux que j'avais en vue et cela pendant une période que j'avais prévue et qui fut en effet de près d'une année. Si la main-d'œuvre, en Orient, est relativement peu élevée, en revanche son faible rendement nécessite un nombreux personnel de travailleurs lorsque les fouilles sont de quelque importance, comme celles que j'effectuai. Fort heureusement l'Association Française pour l'Avancement des Sciences vint à mon aide en m'accordant sur le legs

Girard, une subvention de 3.000 francs sans laquelle il m'eût été impossible d'entreprendre aucun travail de fouilles (j'employais une moyenne de 80 travailleurs).

En quittant la France au mois de septembre 1912, je me rendis en Crète où je fis un premier séjour de trois mois et demi, pendant lequel j'étudiai spécialement les innombrables céramiques découvertes dans l'île depuis l'origine des fouilles et qui sont déposées intégralement au Musée de Candie dirigé avec tant de compétence par mon savant ami, le Dr Hazzidakis, directeur des antiquités crétoises.

La saison des pluies qui approchait ne me permit pas alors d'entreprendre des fouilles importantes; cependant j'allais étudier sur place les sites archéologiques si célèbres qui embrassent la longue période comprise entre le début de l'Énéolithique et la fin de l'âge du Bronze.

Le Néolithique ancien était encore inconnu dans l'île, car l'industrie trouvée dans les couches profondes de Cnossos par Sir J. Evans, appartient en réalité à la fin du Néolithique récent, et même à l'aurore de l'Énéolithique.

J'effectuai particulièrement des recherches dans cette vaste région si désolée comprise entre le plateau de Tripiti et le mont Kakon-Oros, sur la côte nord de l'île. J'y retrouvai tout d'abord, en place, la plupart des variétés de calcaires polychromes qui étaient utilisés à l'Enéolithique pour la fabrication de ces superbes vases dont M. Seager a retrouvé à Mochlos les beaux spécimens qui sont au musée de Candie. Ces calcaires passaient, jusqu'alors, pour avoir été importés dans l'île.

Mais je fis dans cette région, qui porte le nom de Roussès (terre rouge), une découverte beaucoup plus importante : celle d'outils en calcaire (seule roche que l'on rencontre en ces lieux) du type campignien, outils accompagnés d'une abondante industrie d'obsidienne, répandue autour de fonds de cabanes taillés dans la roche. Il n'est donc pas douteux qu'une période néolithique beaucoup plus ancienne que celle de Cnossos existe en Crète.

Au cours de mon exploration je relevai de nombreux vestiges préhistoriques, entre autres des tumuli que je me proposai de fouiller après la saison des pluies, lorsque je reviendrais d'Égypte.

Je m'embarquai pour l'Égypte le 9 janvier 1913 et après quelques jours de travail au musée j'arrivai le 19 à Louqsor où je retrouvai M. Maspero, à bord de sa dahabieh ancrée sur le Nil, en face du temple édifié par Aménophis III.

Il eut la bienveillance d'aplanir les difficultés suscitées par toute demande faite pour pratiquer des fouilles et je fus autorisé à en effectuer dans l'enceinte même de Thèbes et plus spécialement dans une partie encore intacte, située au sud-ouest du grand temple d'Amon et au delà du lac Sacré.

Mes fouilles furent très fructueuses; je pus en faire la stratigraphie, toujours difficile dans ces anciens limons du Nil, et établir ainsi que Thèbes qui connut tant de splendeur aux temps du Nouvel Empire, était déjà occupée dès l'Énéolithique.

En ce qui concerne la céramique, celle-ci était d'une abondance inouïe et j'en extrayai plusieurs mètres cubes, parfaitement datés. Au point de vue de mes dates, j'avais comme moyens de détermination des couches, soit des types déjà connus, soit d'autres éléments tels que l'industrie lithique, la statuaire représentée en ce lieu par de superbes spécimens et enfin par des objets religieux.

Grâce à la richesse de cette fouille, il m'a été possible de reconstituer complètement la technique céramique à partir de l'Enéolithique jusqu'à l'époque copte, au IVe siècle de notre ère.

Ces travaux sont déjà publiés dans mon *Rapport*, paru en 1916.

Lorsqu'ils furent terminés, je me consacrai spécialement aux recherches sur l'industrie lithique préhistorique dans les importants gisements qui se trouvent situés sur les crêtes du plateau qui sépare la vallée du Nil du désert lybique. J'ai réuni de belles séries paléolithiques et néolithiques, surtout dans la région de Biban-el-Molouk et de Biban-el-Harim, d'autant plus que jusqu'ici les voyageurs qui se sont occupés de cette question, se sont principalement attachés à la récolte des beaux types classiques chelléens et acheuléens, négligeant une multitude d'autres pièces du plus grand intérêt. Je publierai ultérieurement les résultats de ces recherches.

Entre temps, j'étudiai également la céramique au point de vue ethnographique, question très intéressante en Égypte où les vieilles traditions se sont transmises de siècle en siècle depuis les temps préhistoriques.

Je pus ainsi faire des observations très importantes pour la technique antique, notamment à Nag-el-Fakhoura situé dans la région thébaine, sur les confins du désert arabique, d'où les indigènes tirent quelques matières premières.

En quittant Thèbes, je me rendis à Assouan, c'est-à-dire à la première cataracte du Nil où je fis dans l'île Éléphantine, d'intéressantes trouvailles céramiques. Par contre, mes recherches dans cette partie du désert arabique demeurèrent infructueuses au point de vue de l'industrie de la pierre taillée, mais cela n'implique pas qu'il n'y existe pas de gisements.

La saison était trop avancée pour me permettre un séjour plus prolongé; je repris donc la route du nord et le 20 mars j'étais de retour au Caire.

En dehors de mes travaux au musée du Caire, j'entrepris une exploration aussi complète que possible, au point de vue préhistorique : 1° dans la région du désert lybique comprise entre Abou-Roach et Dahchour; 2° dans le désert arabique. Dans le désert lybique je relevai un grand nombre de stations des âges de la pierre et trouvai des types néolithiques que je n'avais jamais observés dans le sud et qui me paraissent spéciaux au nord de l'Égypte.

Dans le désert arabique, je dus borner mes recherches aux région voisines du Caire : Gebel-Ahmar, Gebel-Khachab et Bir-el-Fahme, l saison m'empêchant de pousser plus loin mes investigations. L'industri lithique que j'ai rencontrée dans cette région est complètement différent de celle du désert lybique : c'est un autre type d'outillage qu'il y aurai lieu d'étudier sur place, moins sommairement. J'y ai trouvé notammen des outils en grès rouge lustré d'une grande dureté et se travaillant trè difficilement.

Le 7 avril je partis pour le Fayoum pensant faire à Arsinoë des obser vations intéressantes sur la céramique ancienne, mais je n'ai rie découvert de nouveau au point de vue technique, dans les formidable accumulations de poteries au milieu desquelles je poursuivais me recherches.

En revanche je pus faire une étude complète, dans les environs d Medinet, de la fabrication indigène de certaines poteries préhistoriques dont j'avais observé antérieurement les types exacts. Le matériel sommair servant aux indigènes est en pierre et nous reporte aux temps néolithiques J'ai acquis le modeste, mais si curieux outillage, d'un de ces potiers.

Le 29 avril, je m'embarquai pour la Crète où j'arrivai seulement l 5 mai après une pénible traversée sur un déplorable petit bateau grec.

Aussitôt réinstallé à Candie, je partis pour Tylissos où le Dr Hazzidaki continuait les fouilles qu'il poursuivait depuis trois années; là grâce au beaux travaux de mon ami, je fus à même d'étudier, bien mieux qu'à Cnossos, la stratigraphie des périodes de l'âge de Bronze et de me convaincr que la nouvelle chronologie crétoise que j'avais établie au moyen de l technique céramique, lors de mon premier séjour en Crète, était exacte celle de Sir J. Evans ne pouvant plus concorder avec les nouvelles décou vertes. Sir J. Evans avait surtout cherché, comme il le dit lui-même, à faire cadrer sa chronologie avec les légendes d'Homère, tandis que j ne m'étais basé que sur les faits archéologiques les plus probants et le mieux établis.

Pendant mon séjour à Tylissos, j'explorai les environs qui possèden plusieurs stations de l'âge du Bronze, notamment à Marathotephala et à Kavrochiri, stations aujourd'hui complètement détruites. J'eus la bonn fortune de pouvoir étudier dans tous ses détails un atelier de potier, installé en plein air, à Castelli. On y fabrique encore les grands pithoi d l'âge du Bronze, par les mêmes procédés, comme j'ai pu m'en rendr compte en comparant ces pièces modernes avec les pièces antiques d Tylissos, Cnossos, etc.... (Documents publiés dans mon *Rapport* de 1916.)

Je quittai Tylissos le 25 mai et dès mon retour à Candie je me mis en mesure de reprendre l'exploration de la région désertique de Roussès e de procéder aux fouilles des tumuli dont j'avais précédemment relevé la présence. (Ces fouilles ont été publiées dans mon *Rapport*.)

Grâce à la poterie, je pus dater à l'âge du Bronze I, ces tombes si curieuses et d'un type nouveau pour la Crète.

Je procédai également à la fouille d'un très grand four, situé dans le oisinage des tumuli et qui me donna en abondance des débris de cette tière vitreuse si spéciale qui fut employée à Cnossos exclusivement à la n du Bronze III. Il est donc à présumer que le four date de cette époque.

Je dus malheureusement interrompre ma fouille le 25 juin, alors que n'étais qu'à la moitié du travail, mes ouvriers refusant de travailler plus ongtemps dans le désert brûlant qu'est Roussès à cette époque de l'année. e leur donnais cependant l'exemple en maniant moi-même le pic et pelle.

Jusqu'à la fin de juillet, je continuai mes études au Musée de Candie, à nossos et dans divers sites préhistoriques, réunissant de nouveaux matéaux qui sont actuellement encore déposés dans une chambre du musée, n attendant que je puisse retourner dans l'île, non seulement pour les tudier, mais aussi pour y continuer mes fouilles.

Au commencement d'août je reprenais le chemin de la France après e fructueuse campagne de onze mois.

La publication des résultats de ma mission n'a pu être faite en raison de a guerre, car les collections que j'ai rapportées sont nombreuses et nécesitent un long travail de laboratoire qui n'est pas encore terminé. Cepennt j'ai déjà publié :

1° *Le Néolithique dans l'île de Crète.* (*Revue anthropologique*, 1914.)

2° *Essai de chronologie crétoise.* (*Revue archéologique*, 1916.)

3° *Rapport sur une Mission en Crète et en Égypte. Céramique antique.* 131 pages, 1 figures et 6 planches hors texte. (*Nouvelles Archives des missions scientifiques*, asc. XV, 1916.)

Mais j'ai laissé, là-bas, une œuvre inachevée et si les difficultés actuelles ne m'ont pas permis de partir de nouveau cette année, j'espère que la ituation s'améliorant, je pourrai compléter mes recherches de façon à ouvoir publier alors un travail d'ensemble. J'espère aussi obtenir les rédits suffisants, car cette première campagne s'est soldée pour moi par un déficit important. En tous cas, je suis heureux de l'occasion qui n'est offerte par le Congrès de Strasbourg, d'exprimer publiquement na gratitude à l'Association Française pour l'Avancement des Sciences ans laquelle il m'eût été impossible de donner à mes travaux en Orient, ne aussi large envergure.

M. LE Dr BOISMOREAU,
Saint-Mesmin-le-Vieux (Vendée)

LE MENHIR DE LA PIERRE FOLLE
(Commune de Monsireigne, Vendée)

571.94 (44.61)

27 *juillet.*

L'historique de la découverte de ce menhir est assez intéressant :

En 1857, *Léon Audé*, dans son étude sur les monuments celtiques de la Vendée (1) signale « le menhir de la Pierre-Folle, près de la Chauvinière, au nord de ce village, renversé il y a une quinzaine d'années. Il est de la nature des pierres sur lesquelles il repose. Sa hauteur est de $2^{m},50$, sa largeur de $1^{m},50$. Suivant une tradition, qu'on ne croit plus, il se promène *en dansant*, la nuit de mardi-gras (2) ».

La carte du canton de Pouzauges dressée par *F. Billet* en 1861 le localise parfaitement (3).

En 1864, l'abbé *Baudry* signale ce mégalithe au Congrès archéologique de

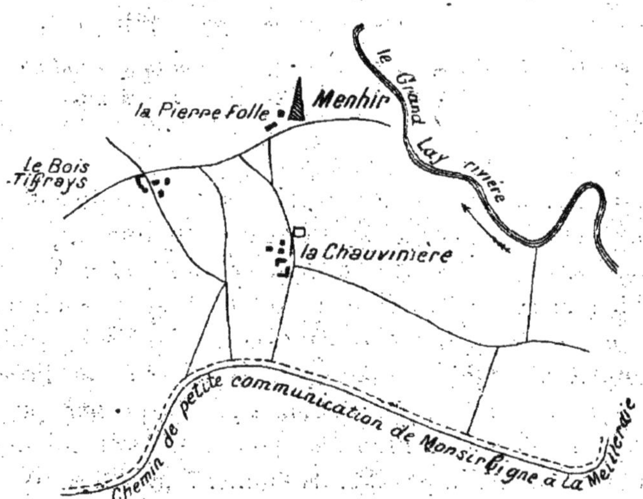

FIG. 1. — Menhir de la Pierre-Folle, près la Chauvinière, commune de Monsireigne.

Fontenay-le-Comte : « le menhir de la Chauvinière, avant sa chute dansait, dit-on, en plein minuit. » (4).

(1) L. AUDÉ, *Monuments celtiques de la Vendée* et *Ann. Soc. Émulation de la Vendée*, 1857, t. III, p. 294.

(2) Pour d'autres auteurs c'est pendant la nuit, la nuit de Noël surtout.

(3) Carte gravée par ERHARD, rue Bonaparte, 42, Paris

(4) ABBÉ BAUDRY, *Congrès archéologique de France*, XXXIe Session. Fontenay-le-Comte, 1864. Pour cet auteur le menhir est en grès.

En 1873, dans un de ses ouvrages, le même auteur le mentionne encore : Au temps où la baguette des fées avait le pouvoir de mettre tout en mouvement, e menhir de Monsireigne entrait en danse à minuit et le sabbat se tenait ur le plateau de Puy-Morin » (1).

L'*Inventaire des monuments mégalithiques de France* signale également ce enhir (2), ainsi que la *Géographie de la Vendée* de *Paul Joanne* (3).

En 1890, l'*Annuaire administratif* de *la Vendée* indique : « près de la Chauvinière, le menhir de la Pierre-Folle », (p. 254).

Courseulle-Seneuil l'avait mentionné antérieurement, vers 1883 en même mps que celui de la Bonnelière (4).

Enfin un auteur vendéen, M. *Brochet*, en parle également dans un de ses uvrages (5).

En résumé ce mégalithe avait été identifié d'une façon suffisante dès le lieu du XIXe siècle. Sa situation était telle qu'il ne pouvait passer naperçu.

Localisation. — Il se trouve sur la rive gauche du Grand-Lay, à 00 mètres au plus de la rivière. La vallée est une voie de communication réhistorique importante. Le mégalithe a donné son nom à la métairie. se trouve dans la petite cour qui s'étend devant la porte de la maison ; l est à quelques mètres de l'angle Est de cette dernière. Il est impossible e ne pas l'apercevoir avant même de pénétrer dans la cour. Pour s'y ndre il faut passer devant le château de la Chauvinière, ne pas pénétrer ans le parc, suivre tout droit pendant 400 à 500 mètres. Le chemin onduit directement à la métairie de la Pierre-Folle.

1° Folklore :

« Au temps où la baguette des fées, dit *Brochet*, avait le pouvoir de mettre out en mouvement, le menhir de Monsireigne entrait en danse à minuit et le abbat se tenait sur le plateau de Puy-Morin. » (6).

Puy-Morin, dans la commune de la Meilleraie, voisine de Monsireigne, tait, en 1462, le siège d'un château, complètement détruit aujourd'hui. vec vaste étang, chapelle, *souterrains-refuges*.

Une voie romaine, celle de Rom à Nantes traversait Puy-Morin. Ces estiges antiques ne sont pas suffisants pour expliquer l'importance du *lateau du Puy-Morin* dans la légende. En réalité, non loin de Puy-Morin, quelques centaines de mètres, au nord, sur la hauteur, près de Pylose, se

(1) Abbé Baudry. *Monuments celtiques.* — *A. S. E. V.*, 1873, p. 15.
(2) *Bulletin de la Société d'anthropologie*, Paris, 1880.
(3) Paul Joanne. — *Géographie de la Vendée*. Hachette, Paris, 1906.
(4) *Bulletin Soc. Géog. Rochefort*, 1883, p. 165. Le menhir de la Bonnelière près aint-Michel-Mont-Mercure est détruit.
(5) Louis Brochet. — *Zigzags d'un Vendéen dans la région de Fontenay, etc.*.. Gouraud, ontenay-le-Comte, 1909, p. 131. Tous ces auteurs ne consacrent que cinq à six lignes ce menhir.
(6) Brochet. — *Loc. cit.*

trouve le *Chillou* qui est constitué par d'énormes blocs de granite don l'un est creusé de *bassins néolithiques*, de grande dimension. C'est un lie cultuel préhistorique !

2° Une autre version de la légende m'a été confiée par Mme *Chamberlain*

« A *minuit*, la *nuit de Noël*, la *Pierre-Folle* se soulève et s'en va, sans bruit portée par les mains des fées, *se baigner* dans la rivière, qui coule en b dans la vallée, le Lay, aux eaux tour à tour moirées ou écumantes. A l'au elle reprend sa place, bien calée sur ses assises et reste tranquille tou l'année. » (1).

Dans la première version le menhir participe au sabbat infernal qui tient, certains jours, près du *Chillou*, rochers mal famés, pierres à sorciers à l'entour desquelles on a trouvé des squelettes (2).

Dans la seconde la *Pierre Folle* exécute la petite randonnée obligatoir aux menhirs, dolmens, mégalithes du pays, qui virent sur eux-mêmes l nuit de Noël ou vont se baigner dans les rivières (3), vague survivance d culte des fontaines (4).

Nous voici au pied du menhir Bien assis sur ses blocs de calage, bie droit, à fleur du sol, il se dresse vers le ciel.

Dimensions. — Il fait 2m,15 à 2m,20 de hauteur. En tenant compte de l portion enfouie dans le sol, il faut compter 2m,20 au moins. Il est irrégulière ment cylindrique, mais cependant ne présente point de bosses ou de crev trop accentuées. Il est même très régulier pour un menhir.

La circonférence moyenne est de 4m,50. Cette circonférence est assez régulière elle n'est pas suffisamment ovalaire pour permettre de déterminer le grand ax et le petit axe du mégalithe. Il s'agit d'un menhir rond, presque phallique.

Volume. — Le rayon de la circonférence de base étant donné par :

$$R = \frac{c}{2\pi} = 0^{m},60 \text{ environ.}$$

Le volume du menhir est :

$$V = R^2H$$

soit :

$$V = \pi \times 0,360 \times 2,20 = 2,487.$$

La densité du granit étant de 3,

Le *poids* du menhir est de 7.463 kilos ; soit 7.500 kilos environ.

Description du menhir. — Affectant une forme cylindrique, on peut lui considérer une base, une face zénithale, une circonférence latérale.

(1) Dans la commune de l'Orbrie, en Vendée, une pierre gigantesque, la Pierre Sorcelière, descend chaque jour du coteau, pour se baigner dans la Vendée. Cf. Gaston Guillemet. : *Au pays vendéen*, Clouzot, Niort, 1906, p. 5.

(2) Ainsi que me l'assurait une fermière habitant tout près du *Chillou*, Mme G....

(3) Comme le fait le dolmen de la pierre qui vire de Cheffois qui tourne sur elle-même, la nuit de Noël.

(4) Cf. Marcel Baudouin. — *Les déplacements et virements des pierres mégalithiques*. — *Homme préhistorique*, Paris, 1914, n° 11, pp. 11-16, Tiré à part, in-8°, 6 pages.

La base repose sur le sol, presque au niveau du sol, elle est à peine rée en terre. Le bloc de granit affectant une forme légèrement conique cet endroit, la base est moins large que la circonférence moyenne.

On remarque des blocs de calage, *en pierre du pays*, en porphyrite ugitique. Au nombre d'une dizaine ces grosses pierres maintiennent t bien que mal le mégalithe et ne lui sont guère d'utilité. En fait, il repose sur le sol semble-t-il, par suite de son propre poids.

Mais ces blocs de calage sont *modernes*, ainsi que nous l'expliquerons plus loin.

Les faces latérales, ou plutôt les parties du cylindre exposées au nord, au sud, à l'est et à l'ouest ne présentent pas de caractères particuliers. On remarque des lichens en abondance qui donnent un aspect foncé et sombre au menhir. Pas de gravures, quelques anfractuosités naturelles dans le rocher, pas de travail humain.

La partie zénithale est irrégulièrement ronde, avec quelques crevasses aturelles. Rien de particulier à signaler.

L'orientation du menhir est très difficile à déterminer, puisque la pierre est ronde et ne présente ni grand ni petit axe. De même l'axe de direction et l'axe d'érection sont impossibles à retrouver.

Il est donc très difficile de savoir dans quelle direction pouvait se trouer la sépulture dont ce monument était en somme le poteau indicateur. ans le voisinage immédiat il ne subsiste aucun amas de rochers, aucune élévation de terrain qui puisse orienter les recherches. Il est probable que le dolmen a tenté les ouvriers qui ont construit les premières maisons dans la contrée et qu'il a été détruit depuis bien longtemps.

Histoire du menhir. — Sa chute. — Érection moderne. — Les détails qui suivent m'ont été donnés par M. *Babut*, avec une bonne grâce dont je le remercie.

Il y a quelques cinquante ans, ce menhir gisait, tombé, à l'emplacement exact où il se trouve actuellement (1). Cette chute peut s'expliquer par des fouilles maladroites faites à la base de la Pierre-Folle dans le but de chercher un trésor. M. *Germain*, beau-père de M. *Babut*, propriétaire de la métairie, lut de le relever. Initiative rare, en Vendée, où le vandalisme moderne a détruit tant de souvenirs préhistoriques !

Avec des crics et des outils appropriés on parvint à redresser le mégalithe; mais ce travail fut assez laborieux. Une fois relevé le menhir *se tint debout*, sans aide. Par mesure de précaution, on mit cependant quelques blocs de calage, qui précisément se trouvaient sous la main. Depuis la Pierre Folle n'a pas bougé.

Il semble bien qu'elle ait été remise à sa place ou peu s'en faut. Cependant cette tion moderne sufirait pour fausser le résultat de l'orientation, si elle était ible.

(1) La fille de M. Chamberlain se souvient très bien de s'être amusée, étant enfant, à auter sur la pierre, quand elle était *renversée*,

Dès ma première visite, j'avais été frappé du mode de calage du mégalithe. Ce travail rudimentaire n'était pas du tout l'œuvre méticuleuse et soignée des néolithiques (1).

Depuis cette érection moderne, la Pierre-Folle a toujours été respectée et tout fait croire que son distingué propriétaire la conservera dans son intégrité.

Origine du mégalithe. — Autant qu'un examen permette de l'identifier sur place, ce menhir est en *granite*, mais présente dans son ensemble des noyaux de *porphyrite augitique*, amalgamés à la roche. Cette union de

Fig. 2. — Menhir de la Pierre folle, près La Chauvinière, commune de Monsireigne.

deux formations géologiques est connue. Dans la *figure 2*, à la base de la Pierre-Folle, à droite du côté opposé au mètre qui donne l'échelle, on remarque assez nettement la différence de tonalité de la pierre noire (porphyrite augitique) d'avec le granite.

D'où provient, en somme, le mégalithe? Le granite se trouve au delà de

(1) Ma dernière fouille de menhir à l'île d'Yeu m'a révélé ce travail, Cf. E. Boismoreau. : *Découverte d'un menhir à la Vrimonière en l'île d'Yeu, Vendée* [études, fouilles, description, trouvailles] avec quatre figures. — *Bull. S. P. F.*, t. XVI, nos 8, 9, 10 et 11, 1919.

Pouzauges, à six kilomètres au moins. Une vallée profonde, celle du Lay, aux rives abruptes et d'un accès difficile sépare la Pierre-Folle de cette région.

Si ce bloc de plus de sept tonnes provient des environs de Pouzauges il a été transporté, il y a quelque dix mille ans par des hommes disposant d'un matériel et de machines rudimentaires. Mais il se peut également que quelques noyaux granitiques soient englobés dans la porphyrite augitique des abords immédiats de la Chauvinière, qui ne sont pas signalés dans la carte géologique de la région. En tous les cas dans la vaste carrière de *Port-Sec*, à la Meilleraie, on n'a pas trouvé de granite parmi la porphyrite augitique.

En admettant que le menhir provienne de la grande lentille granitique du Bocage vendéen, ni le poids, ni la distance ne sont un motif suffisant pour écarter *à priori* cette hypothèse puisqu'il est démontré que certains menhirs...

« ont été apportés de plusieurs kilomètres, et qu'ils se trouvent plantés à une altitude supérieure à celle de leur carrière d'origine. » (1).

M. LE Dr E. BOISMOREAU,

Saint-Mesmin-le-Vieux (Vendée).

DÉCOUVERTE ET FOUILLE DU DOLMEN AUJOURD'HUI DÉTRUIT DU PUY-BERTONNEAU

(Commune de Saint-Mesmin-le-Vieux, Vendée)

571.94 (44.61)

27 juillet.

J'ai découvert ces vestiges d'un dolmen sur les indications d'un propriéaire, cultivateur au Puy-Bertonneau. Depuis plusieurs années il me faisait parvenir, à diverses reprises, des silex néolithiques intéressants. Une tation préhistorique importante se révélait dans cette région. Comme je ui demandai, au cours de nos conversations, s'il n'y avait pas autrefois ne *chapelle aux druides* dans les environs, il comprit immédiatement le ens de ma question et se souvint d'avoir connu, près du village, une orte de « galerie, en grosses pierres », sous laquelle il se glissait étant nfant.

(1) *Manuel des recherches préhistoriques de la S. P. F.*, 1906, p. 246. La table du dolmen e Pérotte, Charente, qui pèse 40 tonnes a été transportée et a parcouru *30* kilomètres.

Sur ses indications je fis des recherches dans l'endroit qu'il me désigna. Je reconnus bientôt des piliers de dolmen épars, mais caractéristiques. Je pus identifier ensuite assez facilement les trois parties de la table du monument. Deux de ces grosses pierres servaient de seuil de portes!

La destruction du dolmen s'était faite il y a quinze ans, environ. Sa situation était telle qu'il gênait la circulation des charrettes. Des maçons

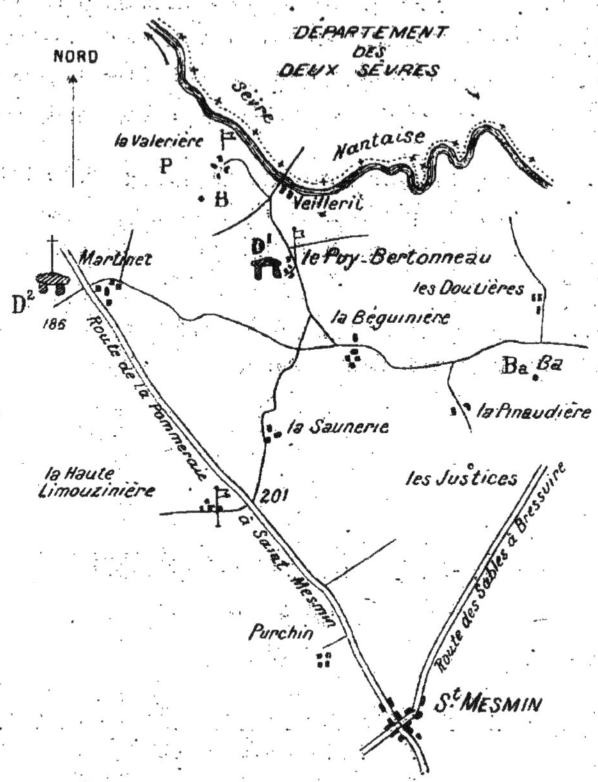

FIG. 1. — Voies d'accès au Puy-Bertonneau. D¹, D², dolmens, le dolmen fouillé e D¹. Près de Veillerit en α, station paléolithique et néolithique. P, polissoir de l Valerière. B, pierre à bassins jumelés. Les chiffres donnent l'altitude. Les petits dra peaux indiquent les habitations seigneuriales avant 1789. Le dolmen D² surmonté d'u calvaire est christianisé. — Les justices : rocher à bassin et à rigoles. — *Ba*, au-dess de la Pinaudière, pierre à bassin.

utilisèrent la plupart des pierres; quelques piliers restèrent en place, l reste fut dispersé.

Les piliers servant, en somme, de repère, je localisai mes recherch dans le rectangle délimité et décidai de faire une fouille. J'étais persuad qu'il s'agissait bien d'un dolmen; la description que m'en avait faite, tr intelligemment, le cultivateur de l'endroit, était un indice précieux et l vestiges semblaient assez caractéristiques. Au reste cette partie de vallée de la Sèvre Nantaise est très intéressante au point de vue préhis rique. Une station existe, tout près, à Veillerit (α de la carte). On y trou du paléolithique et surtout du néolithique ; lames longues ou larg tranchets à décarniser, burins, grattoirs, racloirs, perçoirs, couteaux, fragments de haches réutilisées, etc.... Les outils sont assez volumineux, le silex est gris ou noirâtre. Non loin de Veillerit, j'ai découvert un polissoir à cupule et un rocher sur la face zénithale duquel sont creusés deux bassins jumelés. Cette pièce fait actuellement partie de ma collection. A quelques centaines de mètres du Puy-Bertonneau, à l'ouest, on remarque le dolmen christianisé de Martinet. Dans la région immédiate j'ai recueilli des haches et un polissoir à large cuvette.

En somme, région habitée depuis fort longtemps. L'altitude est de 145 à 160 mètres et domine un *gué* de la rivière, dont l'importance préhistorique est connue.

Le sol est constitué par du granite type avec des alluvions anciennes ou modernes dans la vallée.

Le village du Puy-Bertonneau possède quatre feux. Le dolmen se trouvait à la partie ouest du village, derrière la maison de M. *Bodin*, à l'entrée de l'*Aire*. Inutile d'insister sur la localisation, le dolmen étant détruit.

Au point de vue bibliographique il n'existe aucun document à ce sujet. Le folklore ne révèle rien de particulier.

A la première visite je ne découvris tout d'abord qu'un tas de ronces et de détritus de toute sorte. Dans le fond cependant trois gros blocs de anite, affectant la forme d'un parallélipipède irrégulier, étaient tombées plat sur le sol. Ces pierres étaient des *piliers* du dolmen. Voici leurs caractéristiques :

Numéros	Hauteur	Largeur	Épaisseur
I	$1^{m},40$	$0^{m},70$	$0^{m},35$
II	$1^{m},40$	$0^{m},70$	$0^{m},40$
III	$1^{m},15$	$0^{m},65$	$0^{m},30$

Du dolmen proprement dit il ne subsistait plus rien. Toutefois une rosse pierre émergeant du sol me fit supposer un bloc de calage. Je la epérai soigneusement et délimitai un quadrilatère dans lequel je supposai rouver les soubassements du monument.

La fouille eut lieu le 19 avril 1919. Elle fut aisée et ne demanda que uelques heures de travail. M. *Rousseau* et moi, aidés d'un ouvrier, irent à jour les blocs de calage du dolmen, disposés sur deux lignes arallèles avec une sorte de petite *murette*, au fond.

Ces blocs étaient au nombre d'une dizaine. Ils étaient constitués par des ierres de granite, irrégulières, dont les plus volumineuses faisaient $^{m},40 \times 0^{m},60$, avec une épaisseur de $0^{m},25$. Le schéma de la figure nne la disposition de ces blocs (*fig. 2*).

Du côté gauche : deux blocs calage; à droite : cinq ; au fond : quatre, sposés sur une ligne assez régulièrement droite, sauf le bloc VII qui entre dans la chambre.

Au fond, les blocs sont plus près à près.

La chambre ainsi délimitée fait 3m,50 de profondeur sur 1m,80 de largeur.

Nous avons creusé le sol jusqu'à une profondeur de 0m,30 en moyenne. Plus bas, nous rencontrions l'arène granulitique ancienne.

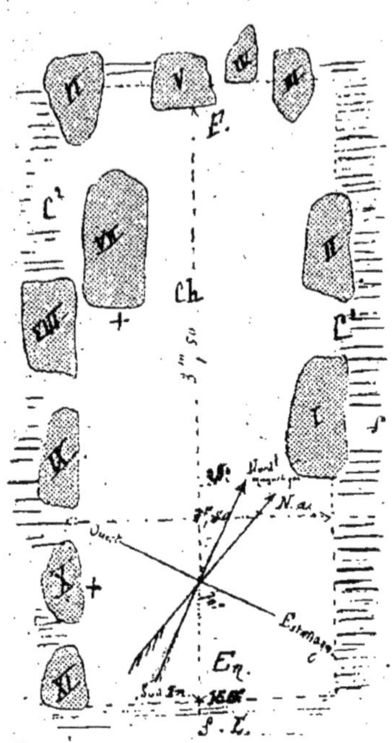

Fig. II. — Fouille du dolmen du Puy-Bertonneau. — Aspect du soubassement du dolmen après dégagement des blocs de calage des piliers. — I, II, III, IV, V, VI, VII, VIII, IX, X, XI, blocs de calage; E, entrée du dolmen; F, fond; C¹, C², côtés; *Ch*, chambre du dolmen; l'orientation est donnée par la flèche; les + indiquent les emplacements des outils de silex trouvés au cours de la fouille; S, sol entourant le dolmen.

L'axe de la chambre fait avec la ligne nord-sud magnétique un angle de 20° à peine ouvert à l'ouest. Le monument, autant que l'on puisse en juger d'après la direction des soubassements, était orienté au sud-est, même très au sud pour un dolmen. Cela correspond à 160° S.-E. de la boussole.

Vestiges dispersés du dolmen. — J'ai pu reconstituer une grande partie du monument. Les pièces dispersées n'ont pas été emportées très loin, elles sont encore dans le village.

Un fragment de la table forme le seuil de la porte d'habitation de M. *Bodin*, tout près gît un pilier qui mesure 1 mètre sur 0m,45. Un autre fragment d table est près du toit aux porcs du même cultivateur.

Le plus gros fragment, peut-être une deuxième table entière, constitue l seuil de la porte de M. *Ripaud*. Celui-ci est plat, assez régulier. Il est regret table que son épaisseur ne puisse être mesurée.

Le rôle primitif de ces pierres paraît assez peu discutable. Voici leurs dimensions.

Tables	Largeur	Longueur	Épaisseur	Observations
—	—	—	—	—
1	2m	1m,10	(?)	*taillée* en partie, très légèrement.
2	1m,90	1m.	(?)	
3	2m	1m,40	(?)	*taillée* en partie, légèrement.

De ces données, on peut conclure que la largeur totale de la table du dolmen avait une moyenne de 2 mètres. Le soubassement étant de 1m,80 ces mesures semblent bonnes.

La longueur, c'est-à-dire la mesure comprise entre l'entrée et le fond, atteignait 1m,10 + 1 mètre + 1m,40 = 3m,70 (le soubassement fait 3m,50). La hauteur était petite, un peu plus d'un mètre. La hauteur des piliers étant de 1m,30, il faut bien compter 0m,25 pour la partie enfouie en terre.

Trouvailles. — Dans un monument aussi dévasté on ne pouvait pas récolter grand'chose. Il était de toute évidence que la sépulture était violée depuis fort longtemps et le résultat des fouilles semblait bien illusoire. Cependant je pus

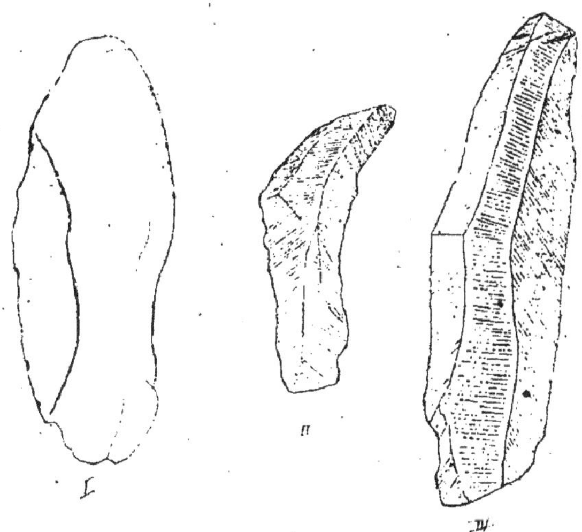

Fig. III. — Fouille du dolmen du Puy-Bertonneau. — Silex trouvés dans le sous-sol. — I, *lame* plate; II, silex courbe, en *perçoir*; III, *couteau* (silex de patine verdâtre).

recueillir trois pièces *entières*. L'endroit précis de ces trouvailles est marqué d'un + dans la figure II.

La première est une belle lame mesurant 0m,11 sur 0m,035. Elle est en silex gris verdâtre avec retouches latérales.

La seconde est une pièce moins importante, entière cependant. Elle fait 0m,06 sur 0m,0025. Silex gris bleuâtre.

La troisième est une lame *plate*, d'un silex gris noirâtre. Elle fait 0m,10 de long sur 0m,04 de large. Elle présente de fines retouches sur les côtés et à la pointe.

M. A. AYMAR,

Directeur des Contributions directes, Montauban.

CONTRIBUTION A L'ÉTUDE DES SILEX DES GISEMENTS TERTIAIRES DES ENVIRONS D'AURILLAC

(Le Puy Courny, le Puy de Boudieu et Belbès).

571.14 (44.592)

27 Juillet.

Nous n'avons pas l'intention de refaire l'historique de la question, ni, par conséquent, de donner, encore une fois, la description géologique des fameux gisements connus de tous les préhistoriens. Notre objectif est de verser de nouvelles pièces au dossier d'instruction, dussent ces pièces apporter une confusion plus grande.

Ce résultat même ne serait pas de nature à nous inspirer des regrets, car il restera sans influence sur l'attitude de ceux qui ont déjà pris position dans l'affaire. Les croyants et les négateurs se montreront toujours irréductibles ; les premiers, estimeront que nous donnons aujourd'hui des preuves indéniables pour le soutien de leur thèse ; les seconds verront, au contraire, dans ces preuves, les meilleures armes de défense de leur arsenal.

Et les effets des causes naturelles (par exemple : l'action des cours d'eau torrentiels, l'action des tassements et des pressions), continueront à soulever des discussions, devant lesquelles ne peuvent que pâlir les classiques querelles philosophiques du moyen âge.

Il faut avouer que ces causes naturelles — si on les admet, bien entendu — atteignent parfois une telle perfection, qu'elles ne redoutent aucune comparaison avec la main des plus habiles ouvriers.

Pour le démontrer, nous choisirons, dans nos séries, un échantillon des trois gisements du *Puy Courny*, du ***Puy de Boudieu*** et de ***Belbès***.

Ces gisements, on le sait, se présentent sur les mêmes horizons géologique et paléontologique ; leur valeur est donc absolument semblable au point de vue spécial qui nous occupe.

L'auteur d'un excellent travail sur la *Question de l'Homme tertiaire* (1), prétend que :

Juger des pièces soigneusement triées dans les casiers d'une collection et les examiner sur le terrain, mélangées à tous les autres matériaux du même genre, après les avoir vues en place sur la paroi de la tranchée, conduit à des interprétations très différentes des mêmes pièces.

---

(1) Dr L. MAYET. — L'*Anthropologie*, t. XVII, 1906.

Evidemment, cela est vrai en ce qui concerne la détermination de la *cause générale*, toute *cause particulière* restant indépendante d'ailleurs, mais, quant à l'appréciation de l'effet, elle ne saurait être différente, qu'elle soit effectuée en chambre ou sur le terrain, en présence de pièces plus ou moins nombreuses, plus ou moins bonnes. Les casiers d'une collection ne renferment que *l'effet* et parfois, nous allons le voir, celui-ci rendrait invraisemblable la cause qu'on lui attribue.

Silex n° 1 (2). — Provenance Puy Courny. — Patine brun foncé. La plus grande partie de la base manque, mais on aperçoit facilement les dernières ondulations du bulbe de percussion. La face supérieure (1 *a*) est munie de deux arêtes tranchantes et d'un large éclat médian. La face inférieure (1 *b*) est lisse.

Au sommet de la face supérieure, une pointe est soigneusement dégagée ; des retouches d'avivage s'étendent, sur une longueur, de 2 centimètres environ à droite et à gauche. La pointe est arrondie et un peu recourbée à l'intérieur. Les retouches, appliquées avec symétrie, s'arrêtent à des points précis et n'existent pas sur les autres parties. Inutile de souligner l'importance du fait.

Ce silex (poids : 30 grammes) a été recueilli, *in situ*, par nous-même en 1900, en même temps que 2 dents d'*Hipparion gracile* et qu'un autre silex (n° 4 *a* et *b*, poids : 22 grammes), dont nous donnons la reproduction pour montrer la ressemblance des deux types, abstraction faite des retouches.

Silex n° 2. — Origine : Puy de Boudieu. — Prélevé *in situ*, par *M. Rieuf*, ingénieur des Ponts et Chaussées, le 21 mai 1907. Patine brun foncé. Forme trapézoïdale. La face supérieure (2 *b*), plane, est revêtue d'un cortex grisâtre. La face inférieure (2 *a*) présente deux plans, dont la convergence forme une croupe arrondie. Les deux extrémités ont été brisées, mais à une époque lointaine, car le silex a, sur ces points, le même lustre qu'aux autres endroits.

Un des bords de la face supérieure offre, sur toute sa longueur, un alignement de 12 à 13 retouches d'avivage, remarquables par leur régularité exceptionnelle et leur patine d'un magnifique *luisant*. Elles ont permis d'obtenir un excellent grattoir qui paraît n'avoir pas été beaucoup utilisé.

Certainement, l'époque néolitique n'a pas de plus belle pièce en ce qui concerne la régularité des retouches. Poids : 20 grammes.

Silex n° 3. — Toujours trouvé en place par nous, en 1901, dans la terre de Belbès, à gauche de la route d'Ytrac, où l'on découvre, à une faible profondeur, la couche des sables quartzeux. Patine acajou foncé. La face supérieure (3 *a*) présente 2 larges éclats, qui occupent la plus grande partie de l'objet et, sur un côté seulement, 2 petits éclats latéraux. L'extrémité, arrondie à l'aide de fines retouches, est terminée par une pointe aiguë. La face inférieure (3 *b*) est plane avec bulbe de percussion très saillant. Poids : 8 grammes.

Ce magnifique spécimen a l'allure incontestable des instruments désignés sous le nom de *becs de perroquet*.

---

(2) Par suite de la couleur foncée des silex, il était difficile d'obtenir des reproductions satisfaisantes au moyen de la photographie. Nous avons pensé que de bons dessins, dont nous garantissons l'exactitude absolue, vaudraient beaucoup mieux. Les silex n°s 1 et 3 ont été déjà sommairement publiés dans la *Revue de la Haute-Auvergne*. (Année 1905), A. AYMAR : *Les Éolithes*.

Les silex que nous venons de décrire n'ont pas été roulés ; leurs arêtes témoignent suffisamment de cette constatation.

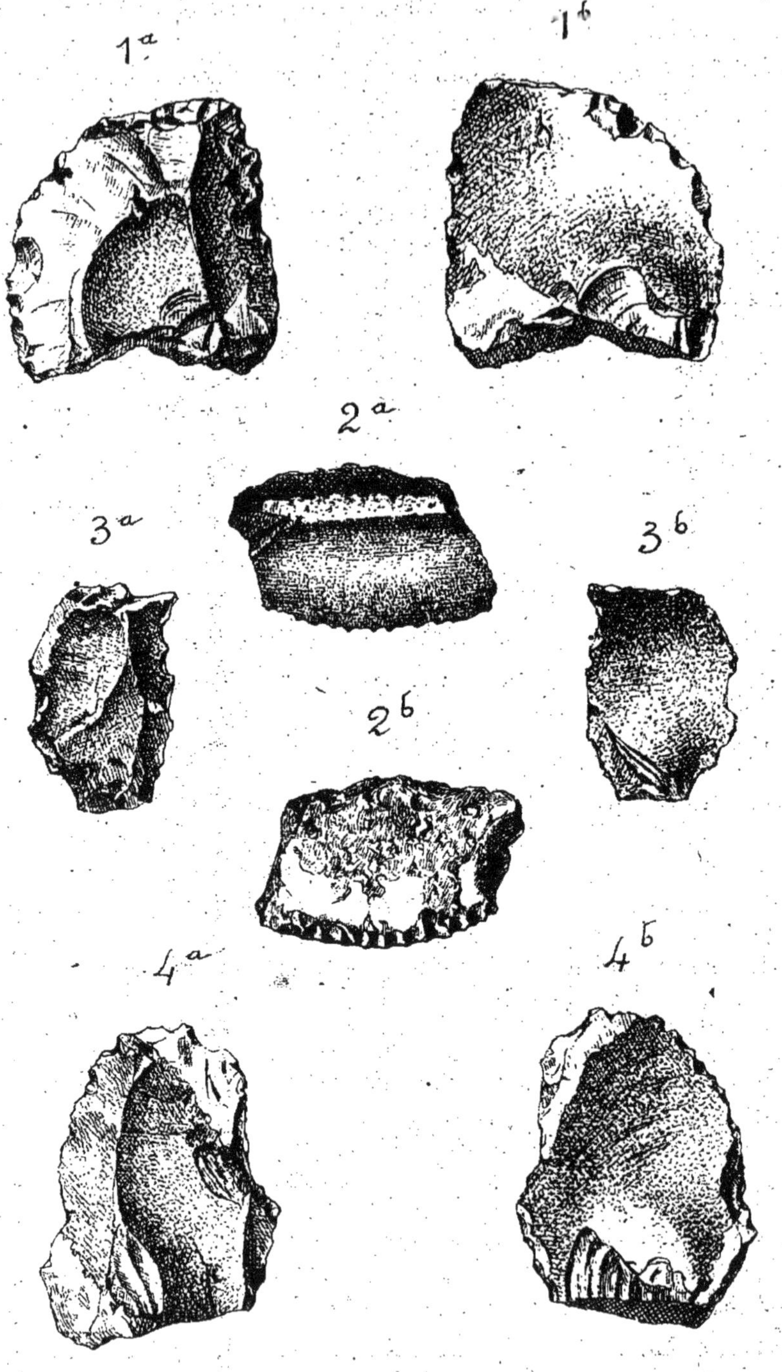

Grandeur Naturelle

Par leurs facies, par leur symétrie, par leur petit volume, par leur *fini*, en un mot, par une adaptation que l'on dirait intentionnelle, ils s'éloignent de l'industrie éolithique; ils seraient dignes, à tous égards, d'une industrie beaucoup plus évoluée. On les classerait dans une série moustérienne (nos 1 et 4) ou néolithique (nos 2 et 3), que leur forme ne choquerait pas et que la plupart, pour ne pas dire la totalité, des archéologues non prévenus, songeraient bien peu à la possibilité d'un anachronisme.

Comment expliquer cette *jeunesse* de type dans la plus vieille époque de l'industrie humaine?

Ne faudrait-il pas supposer qu'en dehors des éolithes, éclats de fortune partout et toujours utilisés, le véritable outillage tertiaire est caractérisé par ces formes exceptionnelles, aussi rares que les silex taillés des alluvions quartenaires par rapport au grand nombre d'éclats quelconques qui les entourent? N'y aurait-il pas vraiment, avant le paléolithique, une de ces industries microlithiques représentée par le *Tardenoisien* à l'aurore de l'âge de la Pierre polie?

Ces questions s'adressent évidemment aux partisans de la taille intentionnelle des éolithes.

Nous dirons aux négateurs :

Pensez-vous que nos quatre silex soient simplement « des morceaux de cailloux choisis et triés parmi d'autres morceaux de cailloux, sans que l'intervention du travail intentionnel et humain soit absolument nécessaire pour expliquer leur aspect? » (1)

Pensez-vous que des chocs naturels aveugles, et partant inharmoniques, puissent produire une telle harmonie?

Nous n'avons pas la témérité de préjuger des réponses. Mais nous sommes de plus en plus convaincu, ainsi que nous le disions au début, que notre communication apportera plus de confusion que de lumière.

C'est à un *ludus naturæ* pour les uns, à l'*Anthropopithecus Ramesi* pour les autres, que nous devrons des objets dans lesquels l'*Homo Sapiens* pourra lui aussi reconnaître sa facture! Quel curieux problème que celui des Éolithes du Cantal!

MM. Auguste et Louis CATELAN,
Le Buis-les-Baronnies (Drôme).

LA GROTTE DU LEVANT DE LEAUNIER, *Malaucène* (*Vaucluse*).

571.8 (44.92)

27 Juillet.

Les carrières de silex de Veaux, hameau de Malaucène (Vaucluse), ont été visitées ou décrites par le Professeur *Flahault*, de Montpellier, le Docteur *Paul Raymond*, *Franki Moulin* et notre regretté ami *Deydier*. Nous les

(1) Dr L. Mayet. — In *loc. cit.*, p. 651.

prospectons nous-mêmes depuis 1908 et nous les avons fait visiter à *H. Muller* et au *baron Blanc*. Nous ne les décrirons donc pas aujourd'hui, nous réservant pour plus tard une étude plus approfondie au point de vue géologie, travail du carrier, maillets, technique de débitage des rognons de silex et taille grossière des pièces retouchées qui s'y rencontrent.

Aucun des auteurs ou visiteurs précités n'a trouvé l'habitat du carrier préhistorique. Nous avions bien avec *H. Muller* vu des cendres et du charbon au fond d'un entonnoir de mine, mais nous cherchions des traces plus certaines.

La montagne de Rissas, ce dernier contrefort du mont Ventoux au nord-ouest, s'étale au nord en une sorte de plateau coupé de profonds ravinements. Les auteurs ont parlé des combes du Vallon, de Combe-Belle, de Bouche-Grasse, de Leaunier (et non Oulagnier) et de Puy-Martin, en allant de l'est à l'ouest.

Ces combes, creusées dans les puissantes strates rocheuses de l'Urgonien, offrent des falaises assez abruptes, percées d'anciens lits de sources, qui forment des cavernes en couloir inhabitables. Toutefois, dans le ravin de Leaunier, au pied des falaises, béent comme deux bouches entr'ouvertes, deux baumes qui se font face, l'une à l'ouest, l'autre à l'est, et dont nous allons nous occuper. Avant le reboisement et les défenses de pacage, elles ont servi de bergeries. A présent, elles sont abandonnées, et il a fallu brûler buissons et broussailles pour pouvoir les apercevoir et y pénétrer. Leur accès est d'autant plus difficile que l'effritement permanent de la roche a laissé comme une pente d'éboulis caillouteux tout le long du pied de la falaise est.

Peut-être d'autres grottes existent-elles cachées par ces déjections. En tout cas la grotte, objet de nos fouilles, a reçu sa quote-part de cailloutis qui ont glissé à l'intérieur comme ils se sont amoncelés à l'extérieur. Ce cône de déjection nous occasionnera beaucoup de perte de temps.

La large baie d'entrée de la grotte du Levant, dans laquelle on pénètr en se courbant, était, à droite et à gauche, fermée par une murette e pierres sèches appuyée au cône de déjection extérieur. On descend un marche et on se trouve dans la baume-bergerie. C'est une assez belle sall d'environ 17 mètres de largeur sur 15 mètres de profondeur. Le sol e contre-bas de l'entrée, mais surélevé par les débris d'habitats successifs e surtout par l'énorme amas de cailloutis venu de l'extérieur, permet d toucher le plafond avec la main et les stalactites avec la tête. Les parois e la voûte sont constellées de rognons de silex. On distingue des cuvette arrondies qui ne sont que des alvéoles de rognons siliceux enlevés.

Nous nous sommes assuré le droit de fouiller les deux grottes et avon fait dans celle du Levant deux sondages très importants : l'un à droite d l'ouverture, l'autre presque en face de l'entrée. La difficulté de sortir n déblais rendra très pénible toute fouille ultérieure.

La tranchée, ouverte en face de l'entrée, a 5 mètres de longueur su [illegible] n iron. Nous avons [illegible]oussé le sondage ju[illegible]u'

3^{m},80 de profondeur sans trouver le rocher. Sous un énorme amas de gravier, plein du fumier en poussière des troupeaux, s'est présentée une couche de cendre noire de 10 à 15 centimètres d'épaisseur. Cette couche n'était pas horizontale, mais suivait la pente de 25 0/0 donnée par un ancien cône d'éboulis rocheux venant de l'extérieur. Cependant, vers la base, à 1^{m},80 de profondeur, nous avons rencontré un sol battu de 4 à 6 centimètres en argile que le feu a durcie et rougie comme de la poterie. Ce foyer est daté par trois clous et un anneau de fer et par trois morceaux de tuile plate gallo-romaine, ainsi que par des tessons de poterie tournée, les uns en terre grossière, les autres, plus fins, recouverts d'une belle engobe rousse, et quelques-uns d'un beau lustré noir campanien. Cette couche gallo-romaine donne du bœuf et du cerf.

Sous le cône de déjection, à un mètre en contre-bas, était un foyer néolitique horizontal avec lames en silex local et débris lamelliformes de taille. A droite du foyer, nous avons trouvé un maillet à rainure, en pierre verte, brisé, qui a dû servir ensuite de percuteur, car il est arrondi et martelé presque jusqu'au niveau de la rainure. La couche néolithique donne de la brebis, de la chèvre, du sanglier et de gros os d'oiseaux.

Nous avons poussé le sondage encore un mètre plus bas dans de grosses pierres, mais sans succès.

En somme, sauf découverte ultérieure, le néolithique s'est établi sur un sol de grosses pierres, mais horizontal. Après lui s'est formée, venant de l'entrée, une forte pente caillouteuse sur laquelle le Gallo-Romain a fait son feu sans rien niveler. Peut-être s'était-il fixé, sauf pour le foyer en terre cuite du bas, sur un palier situé entre notre fouille et l'entrée de la grotte. Nous le retrouverons cet automne, s'il y a lieu.

En tout cas les infiltrations d'eau, fortement chargée de sels calcaires, ont bâti terre, cendre, pierres entre elles sans souci des strates archéologiques. Les stalactites, situées en général sous la partie antérieure de la voûte, mal défendue par la falaise supérieure, sont cependant peu importantes. Ce ne sont que de grosses tubérosités verdâtres sans aucun pendentif.

La fouille faite à droite de l'entrée a donné des résultats plus intéressants. Malheureusement la stalagmite a envahi la partie la plus riche, et il nous a été très difficile de piocher dans un tuf, parfois si dur, que la pierre se brisait plutôt que son ciment.

Les trouvailles les plus importantes ont été, disons-le tout de suite, une belle marmite néolithique et deux valves, à deux faces chacune, d'un moule du bronze III.

Chose curieuse, tandis qu'en face de l'entrée le Néolithique est à 2^{m},80 de profondeur, à droite de la baie il est presque en surface. Il est vrai qu'à cet endroit la voûte retombait au ras de terre et que les Gaulois ni les Romains n'ont pu enir s'y établir.

Les foyers sont nombreux. Ils se présentent, chevauchant irrégulièrement les ns sur les autres, sous la forme de lentilles fort aplaties. Ils nous donnent des nuclei de silex et des centaines de fines lames de 3 à 13 centimètres, sans compter des quantités d'éclats lamelliformes. Une seule lame est retouchée. Du reste, les ateliers du Ventoux fournissent très peu de pièces retouchées. Néanmoins, c'est peut-être le cas de dire ici un mot d'une technique observée dans notre dernier sondage et confirmée mille fois dans les ateliers de débitage des abords des puits à silex.

Nous trouvons des disques allongés, formés de plaques de silex de 4 à 6 millimètres d'épaisseur, des hachoirs, des couperets, tous outils dont le dos est abattu perpendiculairement à l'épaisseur. Mais l'outillage grossier le plus répandu est une pointe de silex à coupe triangulaire, dont la forme ne saurait mieux être comparée qu'à une tranche d'orange un peu allongée. Le dos en est abattu par percussion. Cette technique d'adaptation du silex à la main se retrouve non seulement dans notre foyer, ce qui nous a donné l'éveil, mais dans tout le Rissas et a servi aussi bien pour de petits poinçons et racloirs de quelques centimètres de longueur que pour des pics de carriers de 17 centimètres,

Nous citerons pour mémoire un boulet calcaire de 58 mm et trois billes, fort communes dans certaines grottes du sud-est, de 25, 26 et 28mm. La plus petite, dégagée du tuf, est aussi lisse qu'une bille à jouer actuelle ; les deux autres sont grenues, et la plus grosse est même assez irrégulière.

La stalagmite nous donne un nouveau débris de maillet à rainure, un éclat de lame de grande hache et finalement une hache refendue dans son épaisseur. Ces trois pièces sont en pierre verte.

Dans la pierraille étaient cinq fragments de petites meules en molasse. La qualité de réfractaire a valu à ces pierres d'aller sur la braise ardente et de servir de table chauffante ou de gril à notre ancêtre.

La poterie a beaucoup souffert de son séjour dans ces lieux humides. Elle s'est décomposée dans le tuf. Néanmoins, on peut suivre toute la gamme des bords et des mamelons non percés ou percés d'un, de deux ou même de trois trous de peu de hauteur. Un ornement à grands chevrons sur poterie grossière et trois motifs formés par des coups rapprochés d'ébauchoir sur trois autres débris sont à noter. Il faut noter aussi des mamelons à peine visibles sur le bord d'une poterie quasi sphérique, ce qui ne pouvait être d'aucun usage. Par contre, un mamelon pendant, que nous avons trouvé, eût été très pratique si sa forme rabattue avait été volontaire ; mais nous avons rencontré le même mamelon relevé, ce qui prouve que c'est le poids de l'argile et non la volonté de l'homme qui a été cause de l'inclinaison. Encore un progrès que l'on aura manqué, quoique l'ayant touché de la main, mais sans le voir.

Une pièce importante est une grande marmite à bords droits, à fond arrondi, munie de quatre gros mamelons. Elle était cachée sous une retombée très basse de la voûte, scellée par la stalagmite à de grosses pierres qui l'entouraient, la remplissaient et la recouvraient. La calotte du fond est décollée en plusieurs morceaux très facilement ajustables. Elle mesure environ 33 centimètres de diamètre à la panse et 35 centimètres de hauteur. Sa forme, ses mamelons, sa matière et sa cuisson la datent parfaitement.

Les ossements et dents recueillis appartiennent à la brebis, au sanglier, au cerf et à une sorte de chevreuil.

Comme outillage osseux, nous avons récolté une extrémité de poinçon et une de burin, ainsi qu'un lissoir fait d'un gros os refendu, puis équarri et dressé par frottement encore visible.

Une grande surprise nous est réservée. Tandis que nous jetons la grosse pierraille de surface pour continuer la découverte, dans l'obscurité le poids relativement léger d'une pierre, de la dimension d'une forte brique, attire notre attention. Au grand jour, nous voyons que cette pierre, dégagée de son tuf, est une valve à deux faces pour moule de hache. Plus large à une extrémité qu'à l'autre, elle mesure au centre 125^{mm} de largeur pour 245^{mm} de longueur et 58^{mm} d'épaisseur.

Une de ses faces, concave d'environ 3^{mm} au centre, offre le demi-moule d'une *hache à talon* de 165^{mm} de longueur, 38^{mm} de largeur de lame et 35^{mm} de largeur au talon, ce qui représente une hache droite ou hache en coin. La lame va s'épaississant sur une longueur de 90^{mm}, tandis que le talon s'amincit sur le restant de la longueur, soit 75^{mm}. Cette dernière partie est creusée de cornières de 25^{mm}, ce qui donnerait 50^{mm} pour la hache entière, sans tenir compte de la concavité générale de la valve.

A côté se dessine un couteau à double incurvation, dos fort, lame évidée d'environ 135^{mm} de long, soie ou trou de coulée non compris.

A signaler quatre trous de fixation accouplés deux par deux.

Le revers de la valve est un moule de hache de même modèle. Seulement, au lieu d'un couteau, c'est un trait de 190 à 200^{mm} de longueur tout compris, et de 3 à 4^{mm} qui se dessine, incurvé de 1 à 2^{mm}. C'est le moule d'une aiguille ou d'un jet de bronze pour un mince bracelet, la longueur de 190 à 200^{mm} étant suffisante. A signaler seulement deux trous d'ajustage : les autres sont oblitérés.

Cette découverte nous a mis en grand éveil et nous inspectons minutieusement chaque pierre. Nous finissons par trouver la valve correspondante de notre moule, mais hélas ! en bien piteux état. Elle est brisée probablement en trois morceaux. Nous en retrouvons deux très altérés. La couleur blanche de la stalagmite sur la cassure, nous indique seule le creux des cornières de la hache. La nervure dorsale du couteau se distingue également sur une des faces.

L'autre face est presque indéchiffrable, et ce n'est que par déduction que nous pouvons reconstituer une hache et un trait.

Ces moules sont en molasse tendre, pierre réfractaire très friable, utilisée encore de nos jours pour la construction des fours de boulanger. On peut remarquer que des carrières de cette pierre se trouvent de l'autre côté du torrent du Thoulourenc, à quelques centaines de mètres de notre grotte, dans une couche sableuse et très fine de mollasse burdigalienne ou peut-être helvétienne, marquée M^{2} [1] sur la carte géologique du Buis, n° 211.

C'est donc un objet d'une grande rareté que nous avons trouvé, puisque *Déchelette*, en ne tenant pas compte d'un fragment de coquille en bronze, n'indique dans son appendice II que trois moules de couteau, provenant du lac du Bourget, fouilles de 1868-1869, et déposés au musée de Chambéry, n°s 2794, 2807 et 2815. Notre moule, sauf addenda, est donc le seul trouvé en France, en terre ferme.

Nous avons dû, après quatre mois de fouilles, arrêter nos travaux pour en rendre compte au Congrès. Nous allons les reprendre pendant les vacances et vider la grotte de l'est avant de passer à celle de l'ouest, que nous avons sondée plus sommairement.

Nous ne terminerons pas ce premier compte rendu sans mentionner une trouvaille, peut-être aussi attachante sinon plus que celle des deux moules :

a) Nous avons dit qu'il fallait se courber pour entrer dans la grotte. Mieux acclimatés, nous nous présenterons le front droit, et la première chose qui frappera notre vue sera, sur un petit méplat noirci du plafond de l'entrée, une croix dessinée à double trait blanc et encadrée de trois arcs de cercle, le premier au-dessous, les deux autres par côté, se rejoignant par leurs extrémités. On dirait un écusson de croisé, celui de la maison de Savoie, par exemple. Un grand trait insignifiant à gauche et quelques petits traits horizontaux. Qui a fait ces dessins? Entrons et nous en verrons d'autres.

A gauche de l'entrée, inspectons les méplats du plafond et les alvéoles d'où se sont détachés les rognons de silex.

b) Nous distinguons, dans un de ces petits panneaux, des croix et des croisillons au trait. Une roue est constituée par un cercle maladroit et de nombreux croisillons.

c) A 50 centimètres plus à gauche, dans une grande alvéole, des grattages au trait, des croisillons, une croix à traits doubles parallèles dans un double cercle formé par deux traits équidistants. A remarquer que les deux bras de la croix sont arrêtés et barrés avant d'arriver à la jante.

Dans le même petit plafond, un dessin enfantin au charbon représente une tête humaine, tournée à gauche, dont la mâchoire inférieure, énorme, égale presque la poitrine (?) bombée qu'elle surmonte.

Deux traits voisins, également au charbon, peuvent figurer l'avant-train d'un animal.

d) On voit dans une autre alvéole une croix obtenue non par un trait aigu, mais par une sorte de frottement.

e) En face de l'entrée, des traits en zigzag paraissent reproduire des profils humains. Dans le même panneau, trois traits verticaux surmontés d'un trait horizontal.

f) Dans l'alvéole voisine, en s'enfonçant dans la grotte, sont des croisillons au trait et quelques fins zigzags.

g) Nous avons gardé pour la fin le dessin le plus intéressant, croyons-nous, au point de vue archéologique.

A droite et à hauteur de l'entrée, à un mètre du surplomb extérieur de la grotte, une grande alvéole de rognon de silex, de 30 centimètres de diamètre, est couverte de dessins à l'ocre rouge. D'abord, au nord, sont deux rouelles, placées : une à l'est, l'autre à l'ouest du panneau. Elles sont constituées chacune par un moyeu ou petit cercle central et huit rayons cunéiformes, la pointe allant vers le centre. En examinant attentivement, on s'aperçoit que les rayons, dans l'esprit du dessinateur, ont été disposés de façon à s'accoupler deux à deux et à ne former que quatre branches, comme pour une croix de Malte.

Le midi de l'alvéole est orné d'un autre dessin à l'ocre, grand comme la main, que nous n'avons pu déchiffrer. Tout au plus, pourrait-on deviner la forme d'un quadrupède dans l'angle sud-ouest. Le dessin a été quadrillé après coup par des traits à la pointe.

Que peuvent signifier toutes ces figurations de croix, de croisillons et de roues? Ne nous trouvons-nous pas en présence de rouelles se rapportant au culte solaire?

Un dessin représente des rayons avec moyeu; d'autres nous montrent des croisillons entourés de jantes. Or, les croix n'ont ni jantes, ni moyeux. Ce seraient donc bien des roues que l'on aurait voulu tracer. Et la roue est considérée généralement comme le diminutif du char solaire et l'emblème du soleil lui-même.

Le problème serait très intéressant à résoudre, et l'explication des derniers *graffiti* pourrait jeter un jour nouveau sur cette question.

Nous tâcherons d'en avoir une bonne reproduction pour la soumettre à l'examen de nos savants collègues.

Avant de quitter le Rissas, signalons deux trouvailles faites dans les environs immédiats de notre grotte :

1° Une grosse meule en grès coquillier de Beaumont ou de Mollans. Elle a 57 centimètres de longueur et 38 centimètres de largeur. Elle est presque rectangulaire. Son aire, rectiligne dans le sens de la largeur, se relève à ses deux extrémités; la flèche est de 3 centimètres et demi. C'est une meule dormante navicellée de 45 kilos ;

2° Un maillet à rainure en quartzite jaunâtre. Quoique brisé et amputé d'environ un tiers de son volume, il pèse encore 10 kilos. S'il était entier, il tiendrait le record des maillets du Ventoux et autres lieux.

En somme, la fouille de la grotte du Levant-de-Leaunier, exécutée très péniblement par nos propres moyens, à cause de la rareté et de la cherté de la main-d'œuvre et de l'éloignement de toute habitation, nous a bien dédommagés de nos efforts. Il nous reste à ouvrir une grande tranchée et nous aurons à sortir plus de 1.000 mètres cubes de déblais. Mais nous espérons vous apporter l'an prochain d'aussi bons résultats que ceux que nous venons d'obtenir cette année.

M. Ernest CHANTRE,

Directeur honoraire du Muséum des Sciences naturelles de Lyon.

LES PALAFITTES DES TOURBIÈRES DU DAUPHINÉ

(RÉSUMÉ)

571.83 (44.99)

27 Juillet.

M. Ernest Chantre présente un mémoire sur des palafittes néolithiques, dont il vient de confirmer l'existence dans les tourbières des vallées de la Bourbre et de la Bièvre. Il avait en effet annoncé dès 1867, dans ses *Recherches paléo-ethnologiques dans le nord du Dauphiné*, que des vestiges nombreux de l'époque néolithique découverts dans les tourbières de cette région, devaient provenir de palafittes élevées sur des lacs actuellement envahis par la tourbe. Des observations d'ordre divers, montrent que ces anciens lacs devaient communiquer entre eux jadis par un cours d'eau important. Il paraît actuellement certain qu'une partie des eaux du Rhône, abandonnant, vers la fin de l'époque quaternaire, le bras principal du fleuve, courant du sud au nord, se creusa un lit nouveau à travers les alluvions fluvio-glaciaires, qui comblent le fond des vallées dans la direction ouest. On en trouve des traces depuis le cours actuel du fleuve, entre Evieu, Brégnier et Cordon, dans toutes les parties déclives des abords des Avenières, de Vezeronce, de Bourgoin, de la Verpillère et de Crémieu, d'où il rejoignait son lit principal, près de l'embouchure de la rivière d'Ain.

C'est en partie à la présence de cet ancien bras occidental du Rhône que les lacs en question ont dû leur existence.

L'extraction de la tourbe n'a permis jusqu'à présent de reconnaître que quatre stations palafittiques de quelque étendue, mais les recherches continuent.

Les unes ont donné jusqu'ici des ustensiles en pierres dures : haches-marteaux, haches emmanchées dans des bois de cerf, des couteaux, grattoirs et pointes de flèche en silex, puis des poinçons, spatules, etc., en os et en bois de cervidés.

Les autres ont fourni, en plus de pièces de bois travaillées, des ustensiles en bronze tels que : haches, faucilles, lances, poignards, etc.

M. Gustave CHAUVET,

Membre non résidant du Comité des Travaux historiques et scientifiques, Poitiers.

LA PRÉHISTOIRE A POITIERS

---

571 (44.64)

27 Juillet.

Au début des recherches sur les premiers temps de l'humanité, le Poitou, très riche en stations et en monuments préhistoriques, avait occupé une bonne place dans ce genre d'études. *André Brouillet* père, découvrait (1834-1845) la première gravure quaternaire sur os de renne connue en Europe; le Dr *Leveillé* signalait au Grand-Pressigny les grands ateliers de l'industrie néolitique; de nombreuses notices publiées par *Amédée Brouillet, de Longuemar, Trémeau de Rochebrune*, etc., etc., montraient l'activité des recherches faites en Poitou.

Après un temps d'arrêt de plusieurs années, *A.-F. Lièvre,* dans son cours à la Faculté des Lettres, 1889, donna à la Préhistoire une impulsion nouvelle, qui ne fut pas activement continuée.

La *Société des Antiquaires de l'Ouest* fait actuellement un sérieux effort pour faciliter ces études, en leur donnant une base solide de faits précis et de matériaux soigneusement recueillis.

Dans son Musée des Grandes-Écoles, une vaste salle est en bonne voie d'aménagement pour donner — avec des matériaux de la région — une *leçon de choses*, montrant au grand public et aux étudiants de l'Université, le développement de l'industrie humaine et les modifications de la faune depuis l'apparition de l'homme dans l'ouest de la Gaule, jusqu'aux temps mérovingiens.

Cette courte note ne peut indiquer les nombreuses pièces déjà réunies et classées par ordre chronologique :

Silex craquelés de Thenay; haches chelléennes et éclats utilisés des alluvions de la Vienne et de la Charente; hachettes acheuléennes des plateaux poitevins; pièces diverses provenant des fouilles *G. Chauvet*, à la Quina, Haute-Roche, abri de la grotte à Melon, grotte du Placard (Charente), la Micoque (Dordogne); Pièces du département de la Vienne recueillies par *Amédée Brouillet, Bonsergent, de Longuemar, Lavergne, Richard,* comte *Raoul de Rochebrune*, etc.

Quelques séries attireront surtout l'attention des spécialistes, notamment les mobiliers de deux importantes grottes poitevines, dont les industries différentes n'ont pas été, jusqu'à ce jour, suffisamment exposées dans un musée (1).

a) La grotte des Cottés, commune de Saint-Pierre-de-Maillé (Vienne), montre l'industrie la plus ancienne du quaternaire supérieur, époque aurignacienne [don du comte *Raoul de Rochebrune;* ses fouilles de 1881] : lissoirs en bois de renne, pointes plates à base fendue, os creux de renne, utilisé comme flacon à ocre; grattoirs épais, grattoirs à bec, grandes lames retouchées en silex, lames à doubles coches, etc., qui disparaissent à la fin du quaternaire dans la grotte magdalenienne du Chaffaud; faune habituelle du quaternaire supérieur avec abondance du renne et du *Rhinoceros tichorinus.*

b) La grotte magdalénienne du Chaffaud, près de Civray (Vienne), — dont on a souvent parlé à l'occasion du précieux os gravé, trouvé par *André Brouillet* (*fig. 1*), conservé au Musée de Saint-Germain-en-Laye, — est connue

FIG. 1. — La gravure sur os de renne trouvée par André Brouillet, père.

surtout par les dessins hâtifs et insuffisants d'*Amédée Brouillet.* Deux grandes vitrines et de nombreux tiroirs, montrent pour la première fois l'ensemble de son industrie par de très nombreuses pièces soigneusement groupées. Ces objets

(1) G. CHAUVET. — *Les Premiers habitants du Poitou.* (*Bull. de la Soc. des Antiquaires de l'Ouest,* 1920. Tiré à part.

provviennent des fouilles *Gaillard de la Dionnerie*, inédites et restées en caisses depuis 1864 (1).

On pourra ainsi étudier l'industrie et la faune de l'époque magdalénienne en Poitou ; avec survivance probable du *Rhinoceros tichorinus*.

A signaler plus particulièrement :

Un poisson à contours découpés, en bois de renne, orné sur une face de très

Fig. 2. — Grandeur réelle. Poisson à contours découpés ; vu sur deux faces.

fines rayures (*fig. 2*), et les petits burins en silex qui ont servi à le graver (*fig. 3*).

Un bloc de stalagmites, empâtant des silex taillés, des os cassés et de nom-

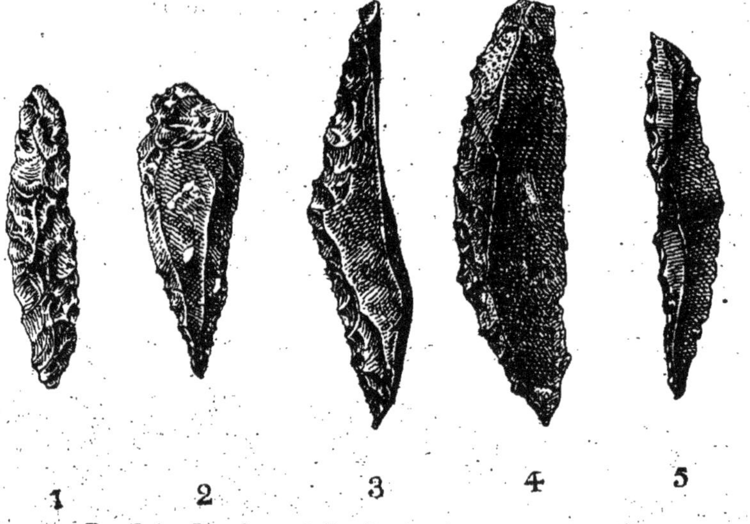

Fig. 3. — Grandeur réelle. Burins de graveur, en silex.

breuses dents de rennes percées à la base, ayant servi à faire un collier ou orner une coiffure.

Plusieurs fins poinçons en silex ont servi à percer ces dents.

L'industrie néolithique des dolmens poitevins est largement représentée polissoirs, haches polies, grandes lames retouchées en silex, flèches à ailerons poteries.

A noter particulièrement :

Le riche mobilier recueilli par *A.-F. Lièvre*, dans le dolmen sous tumulus

(1) Gustave Chauvet, *Grottes du Chaffaud. L'Art primitif.* — *Mem. Soc. des Antiquaire de l'Ouest*, 1918, 176 pages, 39 figures, 4 planches Tiré à part.

it La Motte-de-la-Garde, arrondissement de Ruffec (Charente), comprenant randes lames finement retouchées sur les bords, haches polies, dont l'une est emmanchée dans un bois de cerf, grains de collier, pendeloques, vase et support de vase en argile.

Des pièces rares provenant des ateliers du Grand-Pressigny et environs, notamment un grand nucleus quadrangulaire long de 0^m,28, large de 0^m,17.

La vitrine consacrée à l'âge du bronze n'est pas complètement organisée; mais lle contient déjà les importantes cachettes de Notre-Dame-d'Or, du Verger-Gazeau, de Biard, etc.

Elle doit recevoir bientôt un lot intéressant de poteries, avec ornementation éométrique en creux, caractérisant la fin de l'âge du bronze dans l'Ouest.

La vitrine consacrée à l'âge du fer sera installée le plus tôt possible.

A l'Université le doyen *Welsch*, au cours de ses conférences et de ses cursions géologiques, consacre un sérieux examen à la Préhistoire, en udiant les époques glaciaires, les mouvements de l'écorce terrestre, la lassification paléontologique et industrielle des temps quaternaires.

Dans les riches collections géologiques de la Faculté des Sciences, il a ait une place convenable aux matériaux destinés à éclairer les temps priitifs de l'humanité, faune et industrie.

Des musées régionaux sont indispensables pour le progrès de la Préistoire.

De nombreux ouvrages ont été publiés sur le genre de vie des premiers abitants de l'Europe; des classifications générales ont été présentées, s les grands musées où nous pouvons voir, côte à côte, de magnifiques ièces venues de régions — souvent très éloignées les unes des autres. Il a certainement là des groupements très utiles, facilitant les vues 'ensemble.

Mais le musée régional a aussi sa réelle utilité. Il permet de mettre en umière et en relief l'industrie et la faune d'une contrée, quelquefois orinale, et d'examiner, sur place, avec des matériaux du pays, dans quelle esure les classifications générales des livres peuvent s'appliquer à une égion déterminée.

C'est sous l'impression de cette idée que les Antiquaires de l'Ouest réoranisent leur Musée des Grandes Écoles, à Poitiers.

Je remercie l'Association Française pour l'Avancement des Sciences, 'avoir donné son aide à cette réorganisation (subvention de 1917), conforément au but du legs *Girard*.

M. J. COTTE,

Professeur à l'École de Médecine de Marseille.

ÉTUDE DE RÉSIDUS ALIMENTAIRES NÉOLITHIQUES (1)

571.93 (44.949)

(27 Juillet).

M. le *Chanoine de Villeneuve* a eu l'obligeance de me communiquer de tessons de poteries, provenant de la grotte néolithique des Bas-Moulins (2). Certains possédaient un enduit noir, qui a servi aux recherche dont le détail va suivre. Je n'ai rien à dire au sujet des technique employées. Je suis déjà entré à ce sujet, soit en collaboration avec moi frère, soit seul, dans des détails assez complets pour que je puisse m contenter de renvoyer à ces travaux (3) le lecteur qui voudrait des précisions sur ce point. D'une manière générale, cependant, j'indiquerai que l plupart des examens ont porté sur des produits qui avaient macéré dan la solution de carbonate de soude à saturation.

Tesson 1. — Les débris noirs de cet échantillon sont surtout composés d minuscules fragments de viande, qui se trouvent ici en grande abondance. Un cellule épidermique est à signaler, avec noyau bien visible: longueur 52μ, largeur 40μ; le noyau ovoïde avait 12μ dans son plus grand diamètre.

On trouve aussi du parenchyme amylifère, sans doute de céréales, en petit fragments; les grains d'amidon ont subi une déformation extrême, sous l'influence de la cuisson. Certains d'entre eux ont sensiblement la taille des grain d'orge, de blé, ou même de beaucoup de grains de seigle. Mais il semble qu'u hile étoilé apparaîtrait chez certains au moins des grains, s'il s'agissait du seigl et que l'œil pourrait reconnaître un certain nombre de grains plus volumineux Je pense avoir affaire à du blé ou de l'orge, plutôt du blé.

En même temps se voient aussi des groupes de petits grains, rendus polyédriques par pression réciproque. Leur taille moyenne est de 10μ environ; ell est de 6 à 7μ environ pour les petits grains du blé et de l'orge. Un fragmen d'un gros grain composé, profondément altéré par la cuisson, avait conserv

---

(1) Recherches effectuées avec l'aide de la subvention de l'Association française pou l'Avancement des Sciences (1918).

(2) R. Verneau et L. de Villeneuve, *La Grotte des Bas-Moulins (principauté Monaco). — L'Anthropologie*, t. XII, p. 1 - 27, 1901.

(3) J. et C. Cotte, *Analyses de résidus organiques de l'époque préhistorique (caverne d l'Adaouste). — Bull. Soc. Anthrop.*, p. 1 - 51, 1917. — J. Cotte, *Méthode d'analyses résidus organiques préhistoriques. — Rhodania, C. R. Congrès Pertuis* (1919, paru e 1920), p. 75.

encore son aspect général. C'est là, selon toute vraisemblance, la petite céréale qui nous a préoccupés, mon frère et moi, dans les débris de l'Adaouste, et que nous avons rapportée à l'avoine.

Au total, le vase culinaire qui a fourni ces débris doit avoir servi à faire des préparations différentes, entre lesquelles il était nettoyé de manière assez sommaire. Il doit avoir contenu des pâtées végétales et des préparations animales; les premières semblent avoir été à base de céréales, et parmi celles-ci on peut inscrire avec assez d'assurance le nom de l'avoine, d'une manière plus dubitative celui du blé.

Tesson 2. — La solution carbonatée se colore rapidement et avec une grande intensité. En aspirant à la pipette un peu du dépôt qui se trouve au fond du tube où agit le réactif, il est prélevé presque uniquement des débris à apparence anhyste, donnant l'impression d'albuminoïdes coagulés par la chaleur. En certains points, cependant, se rencontrent des fragments sur lesquels la striation des fibres musculaires finit par être reconnue avec une netteté suffisante. Il existe aussi quelques cellules épidermiques, parfois groupées en petits amas. Mais on peut voir beaucoup de corps à peu près sphéroïdaux, généralement groupés en amas, qui possèdent en moyenne la taille, sensiblement, des hématies de l'homme; ils peuvent avoir un diamètre double ou jusqu'à moitié moindre; ils sont restés assez fortement colorés en brun et leur nature est énigmatique. Les cellules végétales sont rares, déchirées, méconnaissables; à peu près pas d'amidon, méconnaissable lui aussi.

Nous paraissons avoir affaire là à des restes d'un plat non végétarien, composé de chair musculaire et d'albumines (sang?, œuf?, etc.) coagulées par la chaleur. La vaisselle dans laquelle il avait été préparé devait être tenue dans un état de propreté relativement assez grand, ce que semble indiquer la faible proportion de débris végétaux.

Tesson 3. — Des moisissures avaient envahi le dépôt de ce vase, avant qu'il ne fût profondément enfoui. Nous avons encore ici des débris de chair animale et des cellules épidermiques. J'en ai mesuré une dont la longueur était de 42μ, la largeur de 25μ, et dont le noyau ovoïde avait 5μ dans son plus grand diamètre. D'assez nombreuses formations analogues, dont la longueur oscillait entre 30 et 40μ, devaient être aussi des cellules épidermiques, mais il est impossible d'émettre une affirmation à ce sujet, car leur noyau n'était pas visible.

Parmi les restes végétaux, il faut citer en premier lieu de menus débris de bois de conifère, à fibres aréolées, qui n'étaient pas carbonisés. Ces fragments n'avaient certainement pas subi l'action du feu et, dès lors, je ne sais pas s'il est bien possible de leur assigner un âge précis. Il est seulement probable que ces restes de bois de conifère sont contemporains des autres éléments végétaux qu'il me reste à signaler.

Ce sont des cellules scléreuses de bonne taille (jusqu'à 50μ sur 35), isolées, à lumière assez faible, et un parenchyme amylifère assez grossièrement broyé. L'immense majorité des grains d'amidon isolés n'appartient pas au blé ni aux céréales voisines: orge et seigle. Les grains ont de 5 à 15μ dans leur plus grand diamètre et sont habituellement pourvus d'un hile punctiforme. Ils sont parfois en petits groupes. Je ne pense pas qu'il s'agisse là de grains composés; il a dû y avoir agglutination de plusieurs grains ensemble, au cours de la cuisson. Mais aucune affirmation ne peut être émise à ce sujet.

Nous avons donc encore ici un mélange de restes animaux et de restes végétaux. Ceux-ci sont incaractérisables pour moi, et n'appartiennent certainement pas aux grandes céréales, au moins pour l'immense majorité d'entre eux.

Tesson 4. — Les fragments de muscles animaux sont ici peu nombreux; il semble exister aussi quelques rarissimes débris de tissu conjonctif. En général, on peut dire que le produit de raclage est composé principalement de restes végétaux, profondément carbonisés, à grains d'amidon très déformés en général par la cuisson et impossibles à caractériser. La taille de quelques-uns d'entre eux, rares, qui ont un contour encore régulier, est à peu près celle des grains d'orge ou de blé. Il persiste aussi quelques amas que l'on pourrait rapporter à une céréale à grains d'amidon composés, comme l'avoine.

Tesson 5. — Les restes animaux, assez bien conservés, relativement, forment la plus grande partie des particules noirâtres. Certains fragments de muscles sont très fortement décolorés après un séjour de vingt-quatre heures dans la solution saturée de carbonate de soude et montrent, d'une manière vraiment remarquable, la striation de leur surface. Chez d'autres, d'ailleurs, cette striation se voyait déjà avant l'action de tout réactif. Des fragments de tissu conjonctif se remarquent aussi, mais partiellement transformés en collagène, tout recouverts de granulations; ses fibres ressemblent à des chapelets de granules. Un groupe de trois éléments, que j'ai cru pouvoir caractériser comme fibres tendineuses, était également très granuleux à sa surface. Un morceau d'aponévrose, en partie enroulé sur lui-même, montrait fort bien ses fibres, orientées suivant deux directions perpendiculaires l'une à l'autre (*fig. 1*).

Ces restes animaux constituaient le fond de la partie intéressante des préparations. A côté d'eux existaient aussi des débris végétaux peu nombreux, des

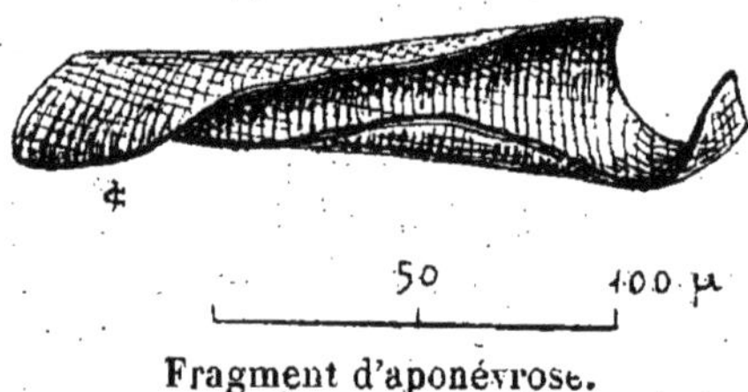

Fragment d'aponévrose.

parois cellulaires, assez profondément carbonisées et à cassure déjà vitreuse. Et, naturellement, les grains d'amidon étaient rares et généralement incaractérisables, très déformés par la chaleur, avec hile punctiforme grossi et stries bien plus marquées qu'à l'état normal. S'il fallait émettre une hypothèse sur leur nature, il y aurait lieu de penser plutôt aux grandes céréales.

Dans les préparations se montraient aussi de fines gouttelettes qui ressemblaient à de la graisse. J'ai traité par l'éther la solution de carbonate de soude dans laquelle avait macéré ce produit de raclage. L'éther, évaporé dans un verre de montre, n'a pas laissé de dépôt gras visible; le résidu, chauffé sur une flamme, a dégagé une odeur nette, qui était bien voisine de celle des graisses rances.

Nous avons affaire là à un des restes culinaires les plus intéressants que m'ait fournis la grotte des Bas-Moulins. Il nous permet de comprendre, une fois de plus, comment étaient utilisées les poteries néolithiques, dans lesquelles passaient successivement des préparations culinaires de compositions différentes. L'état de fragmentation des débris observés de tissu conjonctif nous permet de nous demander si les viandes n'avaient pas été soumises à un broyage assez soigné, avant d'être mises à cuire dans le vase.

Tesson 6. — Des fragments de viande encore, profondément altérés; il est presque impossible d'y voir aucune striation. Une cellule épidermique colorée en brun très clair, avec noyau bien visible. Il existe aussi du parenchyme végétal amylifère, mais à amidon extrêmement déformé.

Le tesson a été trop fortement chauffé, peut-être après la rupture du vase auquel il a appartenu. La caractérisation des parcelles qui constituent son revêtement interne est devenue presque impossible, en ce qui concerne la viande; elle est complètement impossible pour les végétaux.

Tesson 7. — Les parcelles sont examinées après un séjour plus ou moins prolongé dans la glycérine, qui finit par y faire apparaître, par places, la striation caractéristique. Parmi elles se trouve aussi un fragment de fibre tendineuse, ainsi que des groupes de fibres de tissu conjonctif; des cellules épidermiques sont peut-être à ajouter à cette liste; mais le noyau n'est visible sur aucune d'elles.

A ces restes de viande, qui constituent la majeure partie de la substance examinée, sont mélangés un certain nombre de débris végétaux: fragments très divisés de parenchyme et grains d'amidon. Certains d'entre eux sont empâtés par des matières brunes dont l'origine animale est certaine. Leur petit nombre relatif empêche de croire que la préparation culinaire dont j'ai examiné les restes ait été un mélange, finement divisé, de plantes et de chair animale. Il paraît plus logique de voir dans ces grains d'amidon les témoins d'une pâtée qui avait été primitivement mise à cuire dans le même vase, et dont les résidus, restés adhérents aux parois, avaient été repris et remaniés lors de la confection du nouveau plat animal.

Les grains d'amidon sont de deux tailles. Les gros, en disque plutôt circulaire, mais à contour un peu irrégulier, ont de 25 à 30μ dans leur plus grand diamètre; il en est, parmi eux, qui sont bien elliptiques. Le hile n'est visible que sur quelques uns; il est alors punctiforme, un peu excentrique, ou linéaire, parfois étoilé; mais il est difficile d'attacher une très grande importance à la forme de ces hiles, sur lesquels l'action de la chaleur s'est évidemment fait sentir. Les stries d'accroissement sont parfois bien plus visibles qu'à l'état normal. Les petits grains, disposés parfois en groupes (jusqu'à sept), ont une taille moyenne de 6 à 8μ. Ils montrent souvent un hile punctiforme. Il n'existe guère de termes de passage entre les deux sortes de grains; ce détail, joint à la forme de ceux-ci et à leur taille, permet de se demander si nous n'avons pas là affaire à une céréale comme le blé ou l'orge, plutôt l'orge, semble-t-il.

Et un fait qui plaide en faveur de cette attribution à une céréale est l'existence de fibres textiles dans ce produit de raclage. Je n'en ai pas observé dans les autres, malgré que mon attention fût très en éveil de ce côté. Je signalerai un long bouquet de plusieurs fibres, que je pense être du lin, car elles en ont la taille et l'aspect extérieur. Puis deux fragments de fibres écrasées au cours des triturations; la largeur de ces fragments est de 20 à 22μ environ, dans leur partie moyenne.

J'ai été heureux de retrouver là ces fibres textiles. Voilà une nouvelle observation, qu'éclairent celles que nous avions pu faire, mon frère et moi, sur les objets provenant de la grotte de l'Adaouste. Ces fibres broyées sont les témoins que le parenchyme végétal auquel appartenaient les grains d'amidon, et que j'attribue à des céréales, a subi un broyage soigné, comme les céréales de l'Adaouste. Ce petit détail projette donc une vive lumière sur le soin avec lequel étaient préparés les aliments par les habitants de la grotte des Bas-Moulins.

Conclusions. — Nous retrouvons donc encore la viande morcelée en infimes débris dans les enduits noirs des tessons qui proviennent de la grotte des Bas-Moulins. Le travail de raclage que j'ai effectué contre les tessons a pu augmenter beaucoup ce morcellement, il est vrai ; mais il n'a pas suffi à le produire, à lui seul. La présence du débris d'aponévrose enroulé, dont j'ai parlé plus haut, l'indique d'une manière suffisamment précise. Aux Bas-Moulins, comme à l'Adaouste et à la Font-des-Pigeons, des viandes finement broyées étaient cuites dans les vases ; peut-être, en remuant avec soin dans le vase chauffé la viande qui « s'attrapait » contre sa paroi, la cuisinière déterminait-elle involontairement le morcellement, poussé très loin, des parties qui avaient adhéré à celle-ci.

Et ici encore, comme à l'Adaouste et à la Font-des-Pigeons, ce sont des débris d'une alimentation animale qui fournissent la principale coloration du revêtement interne des tessons. Il sera intéressant de voir si les archéologues arriveront à des résultats identiques dans les autres régions, et si la couleur du revêtement interne des poteries leur permettra de reconnaître, à l'œil nu, la nature des aliments qui ont cuit pour la dernière fois dans leur intérieur. On pourrait se demander, dans ce cas, si la facilité avec laquelle les viandes se carbonisaient et adhéraient aux vases, lors de la cuisson, n'était pas pour quelque chose dans la rupture de ceux-ci. D'autre part, j'ai déjà émis l'hypothèse que dans nos grottes les fragments végétaux ne se conserveraient guère, en tronçons un peu importants, qu'après avoir été carbonisés par le feu et transformés en vrais charbons ; les autres se dissocieraient habituellement en débris microscopiques.

Les graines alimentaires des Bas-Moulins comprennent de petites céréales, ou plutôt une petite céréale, l'avoine, et, parmi les grandes céréales, l'orge ou le blé. Il est impossible vraiment d'arriver à la certitude, quand on travaille sur des grains d'amidon déformés par la cuisson, quand on n'a pas pu trouver les éléments vraiment caractéristiques (poils de la surface, débris de l'assise protéique, etc.) et que l'on n'a aucune notion sur la flore fossile de la grotte. Quoi qu'il en soit, l'étude précédente nous montre que les néolithiques des Bas-Moulins se nourrissaient de pâtées de farines, comme ceux de l'Adaouste.

La présence de débris de fibres textiles broyées dans la poudre 7 est plein d'intérêt. Cette observation nous reporte immédiatement aux résidus de l'Adaouste, qui contenaient les mêmes impuretés ; celles-ci y étaient associées, d'une manière assez étroite, aux préparations à base de blé ou d'orge, et manquaient dans celles où l'avoine figurait seule. Et voici que nous les retrouvons dans des résidus où se montrent des grains d'amidon qui rappellent singulièrement ceux de l'orge. Je prends la liberté de poser à nouveau aux archéologues le problème de la cause qui associe ainsi ces fibres broyées et les farines de blé ou d'orge.

M. Léon COUTIL,
Correspondant du Ministère de l'Instruction Publique, Saint-Pierre du Vauvray (Eure).

LES TUMULUS DE LA RÉGION DE HAGUENAU ET BISCHWILLER

571.91 (43.445)

27 Juillet.

Les premières fouilles des nombreux tumulus de la forêt de Haguenau remontent vers 1837, elles furent faites et rapportées par l'abbé *Guerber*, curé de Haguenau, elles comprenaient les groupes de Schirmein, neuf tumulus d'Harthausen; trois d'Houlounien; environ cinquante à Kirlack; d'autres à Fischerhubel, le long des ruisseaux Brun et Ebers; enfin à Auberfel et à Mecktul. *Clément de Grandprey* a dressé deux autres cartes de cette région et mentionné d'autres groupes de tumulus dans la forêt de Kœnisbrug, aussi riche que celle de Chirkeim.

De 1860 à 1861, *de Ring* avait ouvert des tumulus à Chirkeim, Kirbach. Fickerhubel, fouilles auxquelles assistait *Nessel*. Une partie du produit de ces fouilles se trouve au musée de Saint-Germain-en-Laye avec d'autres objets de la forêt de Haguenau.

En 1867, *X. Nessel*, avocat et maire de Haguenau, commença l'exploration des tumulus de la colline et des bois de Bechdorf, il en a publié le résultat. Depuis 1867 et surtout depuis 1870, il a fouillé chaque année et pendant près de quarante ans, jusqu'en 1905, sur 30 kilomètres de longueur et 10 kilomètres de largeur, environ 700 tumulus, c'est-à-dire à peu près tous les tumulus visibles de la forêt; le résultat est exposé dans le beau musée de Haguenau qu'il a fondé.

Ce sont les tumulus les plus élevés qui lui ont donné le plus d'objets de métal; toutefois, les petits ont fourni aussi quelques objets; ils sont ronds et ordinairement disposés par groupes.

M. *Nessel* y a reconnu une population de l'*âge du bronze* qu'il divise en trois périodes.

La première s'était surtout installée au bord de la forêt, elle est caractérisée par des poignards triangulaires et des épingles terminées en fer de lance; elle fait à peu près défaut à Haguenau et les rares sépultures sont superposées les unes aux autres.

La seconde période présente de nombreuses incinérations qui deviennent plus rares par la suite; elles sont d'ailleurs difficiles à reconnaître; cette période est caractérisée par des poignards effilés à manche de bois, des haches à talon et des épingles, prototypes des fibules, un ou deux bracelets massifs, presque toujours un ou deux vases ornés de dessins géométriques.

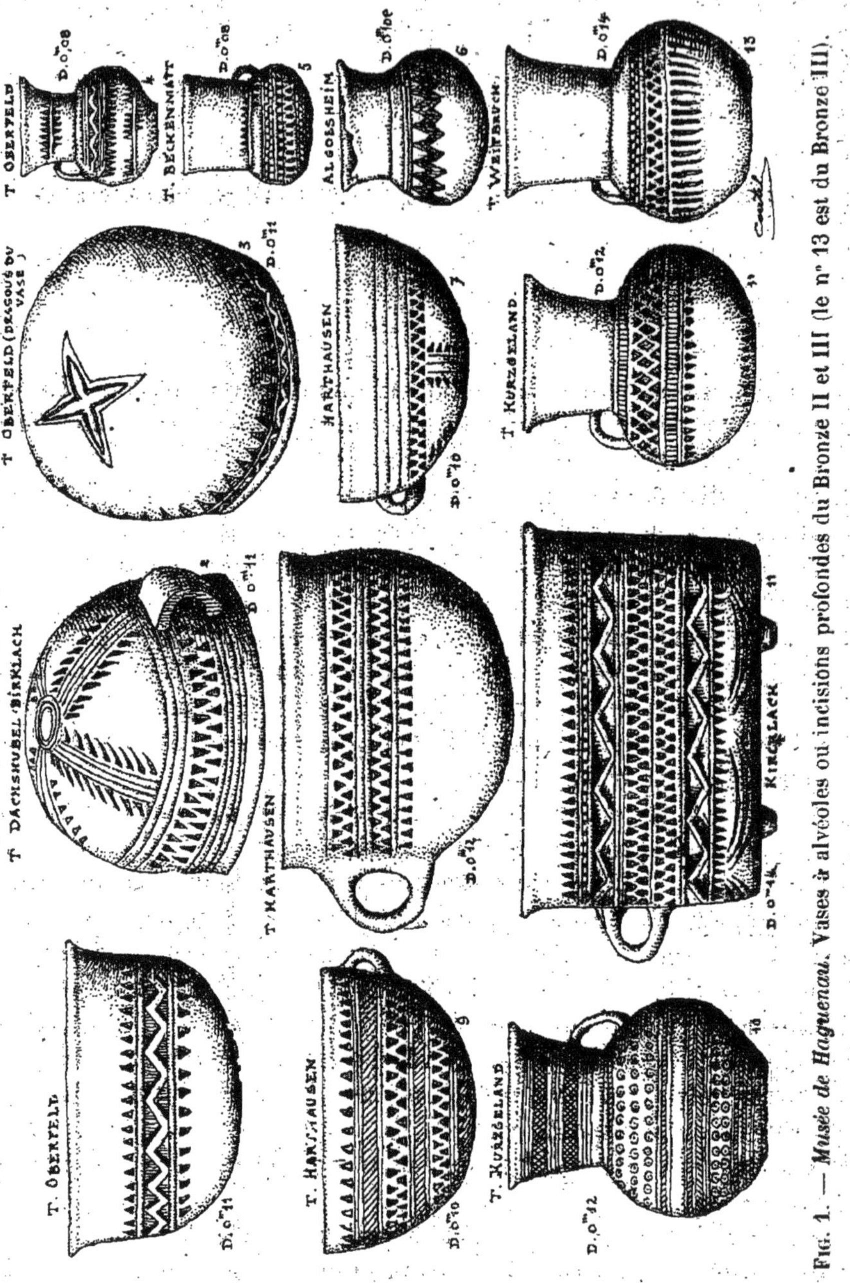

Fig. 1. — *Musée de Haguenau.* Vases à alvéoles ou incisions profondes du Bronze II et III (le n° 13 est du Bronze III).

Les troisième et quatrième périodes présentent encore le même inventaire, mais les armes apparaissent plus rarement; aux bras, on trouve des spirales en fil de bronze plat; et aux pieds, les bracelets à tige pl terminée par deux spirales concontriques; les épingles à têtes rondes jourées et rayonnantes s'y rencontrent, car les fibules ne reviennent que plus tard; les vases ne sont pas rares et souvent incisés, quelques-uns sont

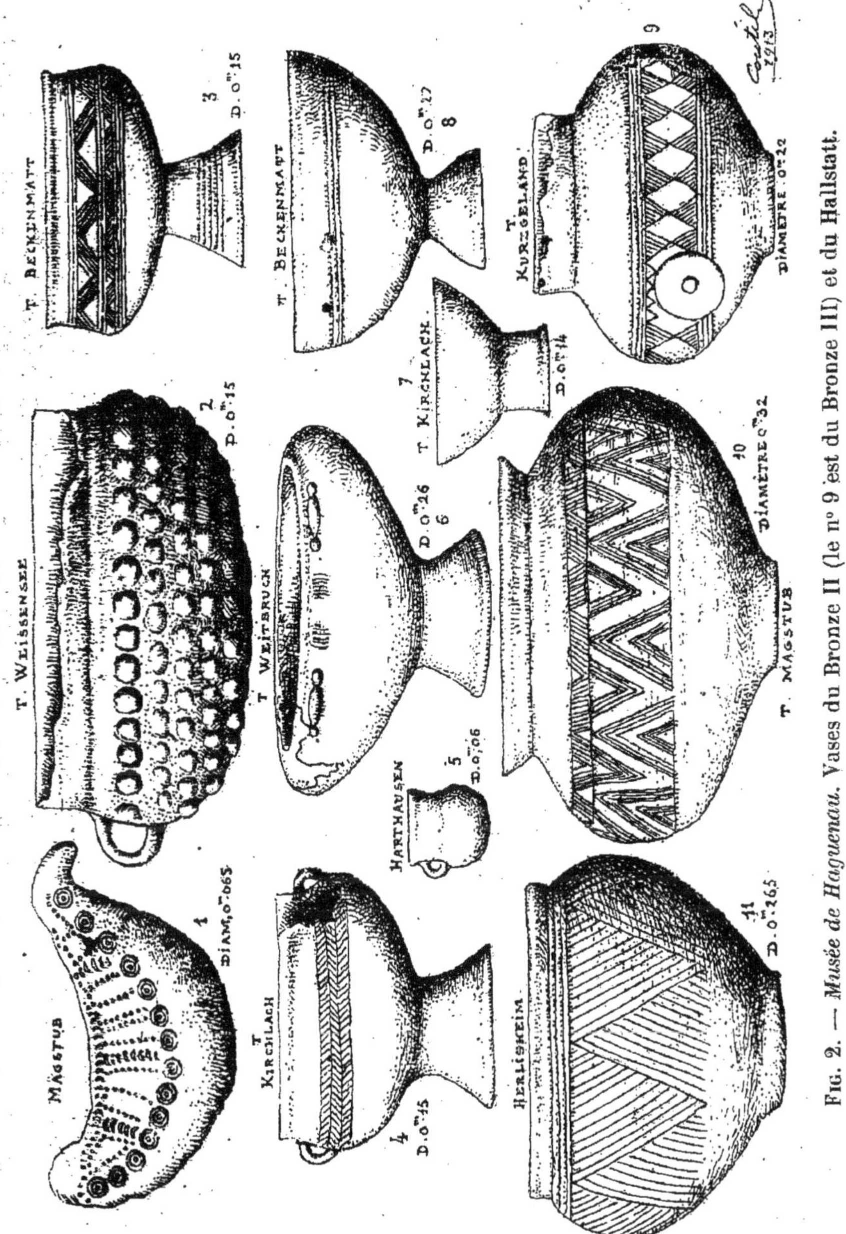

Fig. 2. — *Musée de Haguenau.* Vases du Bronze II (le n° 9 est du Bronze III) et du Hallstatt.

revêtus de graphite qui indique la transition avec la période hallstattienne.

Les tumulus du bronze sont moins riches en objets que ceux de la période suivante dite du Hallstatt; les sépultures étaient superposées; l'incinération dominait à l'âge du bronze et l'inhumation au Hallstatt.

2° A la *période hallstattienne* le mobilier est plus varié, plus abondant et le fer assez rare accompagne parfois le bronze; chaque tumulus donne un ou plusieurs objets.

Les épingles disparaissent et sont remplacées par des fibules; les grandes

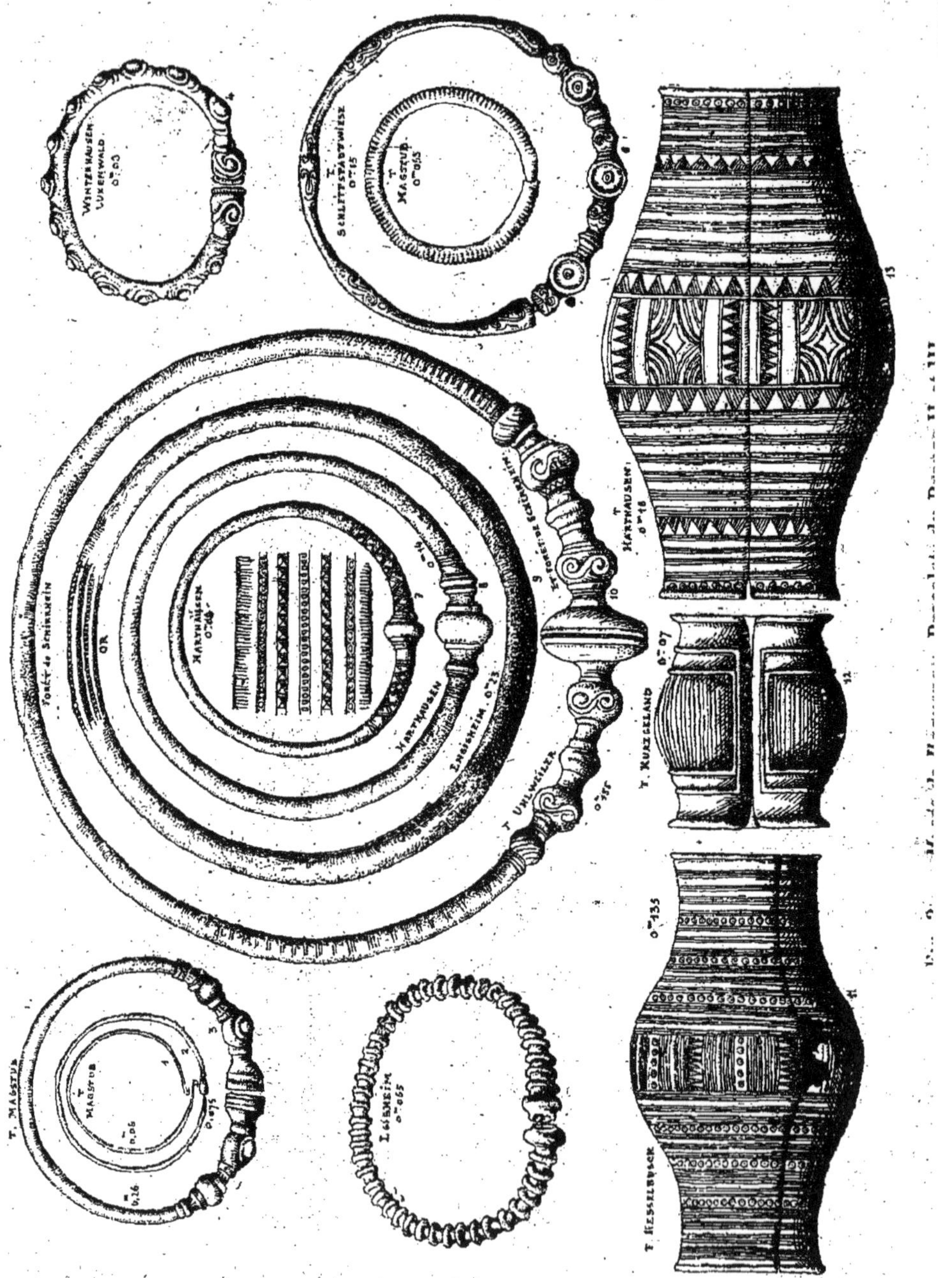

plaques de ceinturon en bronze mince estampé et les bracelets en forme de tonnelets rappellent ceux des tumulus de la Franche-Comté (forêt des Moidons, Jura), de la Suisse, du duché de Bade et de la Bavière: nous citerons ceux de Hesselbach, Harthausen, Kurzeland; on y trouve des boucles d'oreilles semi lunaires, des colliers creux, etc. Les vases sont très rares et parfois ornés de bandes colorées d'ocre, de grenat ou de graphite;

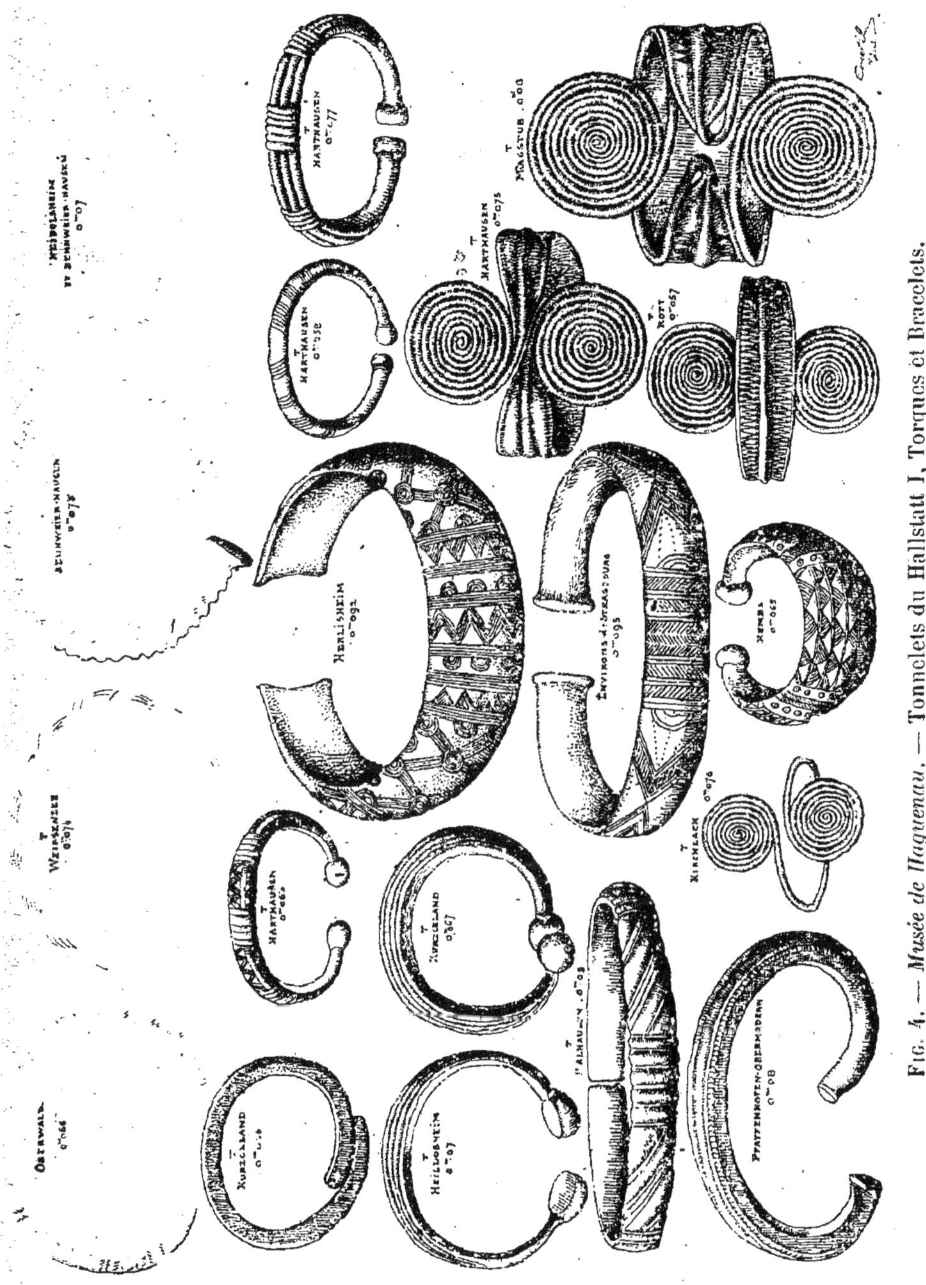

FIG. 4. — *Musée de Haguenau.* — Tonnelets du Hallstatt I, Torques et Bracelets.

il n'y avait pas de cercles de pierre autour des tombes parce que la pierre manque dans la région.

Une seconde période de Hallstatt amena la transition avec la Tène; les beaux torques de Uhlweiler et de la forêt de Schirkeim, fondus à cire perdue, datent de cette époque, on en mettait aux enfants comme aux adultes. L'ambre joue un grand rôle dans la série des bijoux. L'incinération devient très rare; le fer commence à prendre un grand développement et alors on arrive à *la Tène,* avec son industrie typique, mais généralement peu représentée dans la forêt de Haguenau. Dans cette forêt, à l'époque du Hallstatt, la première sépulture était sans fosse. L'incinération était à peu près générale à l'age du bronze, tandis que l'inhumation domine au Hallstatt; un gros tumulus a donné sept squelettes de femmes placés parallèlement.

Nous avons décrit plus complètement la céramique et les objets métalliques de ces tumulus en 1914 dans la revue l'*Homme préhistorique* (1914, n° 11).

M. Louis FRANCHET,

Asnières (Seine).

SUR LA CÉRAMIQUE ÉNÉOLITHIQUE A MALTE

571.55 (45.82)

(27 Juillet.)

Lors de mon séjour en Crète, le docteur *Hazzidakis*, directeur du Musée de Candie, m'a communiqué plusieurs spécimens de poteries qui lui avaient été envoyées par le directeur du Musée de Malte. Elles avaient été trouvées dans l'île, mais le lieu exact de la trouvaille n'était pas spécifié.

Les onze échantillons que j'ai examinés représentent une céramique déjà passablement évoluée. Je n'y ai pas reconnu en effet cette poterie grossière et friable des premiers âges de la céramique: en outre le décor incisé témoigne d'une technique tout autre que celle que l'on observe pendant le néolithique.

Caractères généraux. — Ces poteries, fumigées dans la masse, sont engobées. La pâte ne contient pas de gros éléments dégraissants, c'est donc une pâte demi-fine; elle est peu compacte et présente en général de nombreuses petites cavités visibles à la loupe; elle appartient à la catégorie des pâtes maigres, riches en éléments non plastiques. Ceux-ci n'ont sans doute pas été ajoutés intentionnellement, mais se trouvaient naturellement dans l'argile, car il est probable qu'ils auraient été ajoutés en quantité moindre de façon à obtenir une pâte plus facile à travailler.

L'engobe est d'une grande finesse, ce qui n'implique nullement, du reste, que le potier ait fait usage d'une terre préalablement lavée. Les belles engobes employées en Égypte sous l'Ancien et le Moyen Empire, comme celles qui sont en usage aujourd'hui chez les potiers indigènes, sont constituées par des argiles non lavées, mais existant dans la nature dans un état de très grande finesse.

Les poteries de Malte ont été cuites vers 700° en feu réducteur, mais qui fut légèrement oxydant à la fin de la cuisson.

Les échantillons ne comportaient qu'un seul type d'anse: l'anse plate appliquée verticalement et s'épanouissant largement aux points supérieur et inférieur de jonction avec la panse. C'est l'anse que l'on retrouve partout à la fin du néolithique et surtout aux premiers âges du métal.

Décor. — Au point de vue du décor, ces poteries se divisent nettement en deux catégories:

a) Poterie lissée à décor géométrique incisée profondément.

b) Poterie peu ou pas lissée, incisée peu profondément.

Les poteries du type *a* nous montrent un décor exécuté avec une netteté et une vigueur de trait qui indiquent qu'il est l'œuvre d'un artiste expérimenté.

L'incision est large et profonde (2 millimètres sur 2 millimètres), faite dans la pâte molle au moyen d'un burin à pointe arrondie (et non pas acérée).

L'un des fragments porte un dessin formé par un système de lignes

Fig. 1.

brisées parallèles associées par paires, alternant avec une ligne ondulée *(fig. 1)*.

Un fragment d'une anse massive, mamelonnée, présente à la partie supérieure une surface plane, décorée d'une série de losanges inscrits les

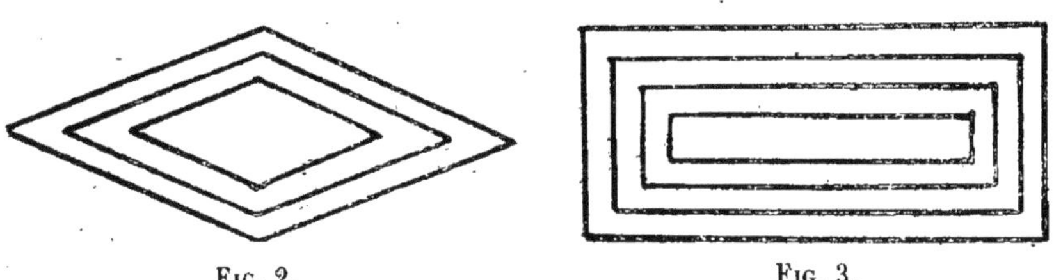

Fig. 2. Fig. 3.

uns dans les autres *(fig. 2)*, disposition que l'on voit également sur un fragment de panse, mais obtenue alors avec des rectangles *(fig. 3)*.

Ces incisions n'ont reçu aucune incrustation de matières blanches ou colorées.

La poterie du type *b* est très différente car elle n'a pas été lissée, sauf un échantillon qui présente des traces de lissage. Le décor de cette poterie, dont nous n'avions malheureusement que de petits fragments, consiste en grands traits largement tracés, mais très légèrement, avec une pointe

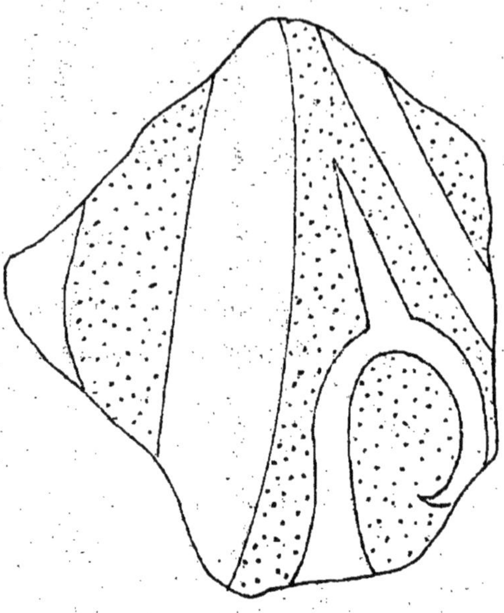

Fig. 4.

acérée. Ces incisions ont été faites sur la pâte cuite, ce que démontre l'éclatement de leurs bords. Elles représentent des lignes droites, courbes ou spiraliformes qui correspondaient peut-être à une composition d'ensemble *(fig. 4, 5)*.

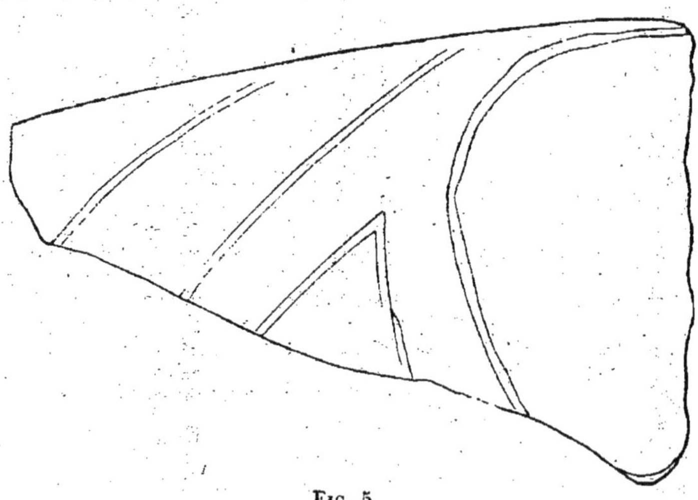

Fig. 5.

Un des fragments doit retenir particulièrement l'attention *(fig. 6)* car il porte un dessin spiraliforme surmonté d'un éperon et le champ où se ve gravé le dessin présente un pointillé également gravé. Ce mode e décoration est caractéristique non seulement dans la céramique mal-se, mais il s'observe aussi sur les monuments en pierre découverts ans l'île.

Dans les poteries du type *b* le décor incisé a été rempli avec une matière uge qui paraît être de l'argile cuite pulvérisée.

M. *Dussaud* en signalant la céramique maltaise gravée dit, au sujet de eur âge :

« Le décor des vases, reliefs ou incisions, rempli de matière blanche atteste que le site remonte à la fin du néolithique. » (1)

La poterie que je viens de décrire est tout à fait analogue à celle qu'a écrite et figurée M. *Dussaud* et je les considère comme étant de même poque, mais je l'attribue non pas à la fin du néolithique, mais à une phase éjà avancée de l'énéolithique.

Cette question possède une certaine importance d'autant plus que . *Dussaud* ajoute :

« Par sa position même, Malte est un trait d'union entre la Méditerranée identale, l'Afrique et la Méditerranée orientale, sans qu'on puisse définir le ns du mouvement, il apparaît notamment d'après le caractère stéatopyge des rines que des tribus apparentées ont peuplé pendant l'époque néolithique les rds de la Méditerranée. Elles se sont développées parallèlement dans ces ons assez éloignées et se sont de plus en plus différenciées les unes des tres. C'est ainsi que la population maltaise primitive a utilisé des principes mmuns à l'Espagne, à l'Afrique du Nord et à la Crète, mais a constitué une vilisation autonome ; sa céramique notamment ne se confond avec aucune tre ; elle est à relief ou incisée. Un détail singulièrement frappant est la uence du décor en points incisés et remplis de matière blanche qui répond u pointillé dont sont criblées certaines pierres de Hagiar Kim. Il n'est pas usqu'à la spirale qui ne se mêle à ce décor aussi bien en céramique que sur monuments en pierre. »

Je ne partage pas l'avis M. *Dussaud* quant à l'attribution de cette poterie u néolithique [illegible] je ne vois à Malte aucune influence crétoise, plus [illegible] ouvrir en Crète la moindre influence égyptienne, [illegible] dans le décor de la poterie.

[illegible] nique maltaise à l'énéolithique je me base [illegible] que du décor géométrique déjà très évo-[illegible] ne compréhension très nette de la ligne [illegible] eut en tirer ; puis sur la cuisson à peine [illegible] un facies que j'ai observé sur un grand [illegible] la pleine époque du cuivre. Cette céra-

[illegible] es dans le bassin de la mer Egée. — 2e édit., [illegible] ss. t. XIII, p. 385, 1916. ... appliquées à la chronologie ... les vases ... class

mique maltaise ne rappelle en rien la céramique néolithique de la M terranée.

Un rapprochement qui, à la rigueur, pourrait être fait avec la poteri égéenne, se trouve dans l'emploi de la spirale, fréquente sur les monuments maltais, mais ce rapprochement ne repose pas sur une base solide car, jusqu'ici, la spirale n'apparaît qu'à partir du Bronze I, en Crète qui fu le principal foyer de l'art céramique dès la fin du néolithique.

A Malte la puissante industrie céramique de la Crète ne paraît avoir eu la moindre influence. De même en Sicile, ce point reste fort douteux M. *Eric Peet* (1) qui a beaucoup étudié la préhistoire sicule a cru retrouve dans la poterie néolithique de la Sicile quelques points de ressemblanc avec celle de la Crète, mais il ne reconnaît pas une influence certaine d l'une sur l'autre.

Je crois qu'à Malte, comme en Sicile, l'art céramique fut spontané (comme il l'a été en Crète), au moins pendant le néolithique et l'énéolithique et qu'on s'exagère encore trop, malgré le revirement qui s produit depuis quelques années, les influences qu'à ces âges reculés, l'ar d'un peuple a exercées sur celui d'un autre peuple : il n'est pas douteux qu la spirale, à laquelle on a accordé une si grande importance, a pri naissance dans de nombreuses contrées, de même que les types paléolithiques de Chelles, de Saint-Acheul, du Moustiers se retrouvent presqu toujours identiques comme technique de taille et comme forme, dans l monde entier.

Par conséquent, il me paraît impossible d'admettre aujourd'hui que l spirale puisse être considérée, ainsi que l'ont pensé MM. *Montelius* et *Sophu Muller*,, comme une preuve de la diffusion de l'influence égéenne.

Comme je l'ai dit tout à l'heure la plus ancienne spirale que j'ai p observer en Crète est peinte sur les vases du Bronze I trouvés à Mochlo et à Vasiliki. Elle devient très commune au Bronze III, sur la poterie qu atteint alors son apogée (2). Le Bronze III correspond à cette époque s malencontreusement appelée *époque de Kamarès*, cette localité n'ayan fourni que des céramiques à décor polychrome d'une facture très médiocr comparativement à celles, de même époque, des autres sites de la Crète (Il est indispensable pour éviter de regrettables confusions, de supprime de la chronologie crétoise le nom de Kamarès.)

M. *Coutil*, dans un travail récapitulatif sur *L'ornementation spirali forme*, a figuré (3) des objets attribués, d'après les mémoires originau qu'il a consultés, aux Ages du cuivre et du bronze. Le plus ancien q relève, sur la planche 12, est un vase authropomorphe de Mochl jadis dans l'énéolithique mais qui appartient au Bronze I av décor spiraliforme de Vasiliki.

(1) Eric Peet, *The stone and bronze ages in Italy and S*
(2) L. Franchet, *Céramique antique. Recherches te*
— *Nouv. Archives des Missions scientifiques*, fasc.
(3) *Bulletin de la Société préhistorique franc*

En Egypte, la spirale apparaît sur les vases de la période énéolithique ntemporaine de la première dynastie Thinite qui n'en a sans doute vu 'une phase déjà très évoluée, car son prolongement dans la deuxième nastie est douteux.

En Susiane, la spirale s'observe sur des vases trouvés dans la nécropole néolithique, bien caractérisée par la présence du cuivre pur associé au ilex, du tell de l'acropole de Suse. Cette spirale est formée par un éveloppement exagéré des cornes d'un bouquetin très stylisé (musée du uvre). Sur d'autres vases, le corps de l'animal a été supprimé par 'artiste qui n'a conservé que l'élégant enroulement des cornes. Cette céra-ique est déjà très évoluée et la spirale peut avoir été utilisée en Susiane ès le néolithique, mais rien, jusqu'ici ne le prouve. Quoi qu'il en soit ous avons à Suse, un bel exemple de la formation spontanée de la spi-le dérivée d'un modèle naturel.

M. Louis FRANCHET

CONTRIBUTION A L'ÉTUDE DE LA PÉRIODE ÉNÉOLITHIQUE

571 (12.32) (12.33)

27 Juillet.

La période *énéolithique*, période de transition entre le Néolithique et âge du Bronze a toujours fait l'objet de nombreuses controverses. Admise r les uns qui en font une période distincte, elle est rejetée par les autres ui la rattachent soit au Néolithique, soit au premier âge du Bronze.

Déchelette qui fait autorité en la matière reconnaît (*Manuel*, t. II, p. 98) ue :

« Pendant une longue période le cuivre fut le seul métal employé »

ncurremment avec l'outillage néolithique. Plus loin (p. 99) il ajoute :

« L'existence d'une époque du Cuivre fut tout d'abord reconnue en Irlande et Hongrie, où l'on a recueilli de nombreux outils de cuivre pur. Beaucoup de historiens, croyant à une introduction soudaine des métaux due à des enva-urs étrangers, se refusaient à admettre cette phase industrielle dans les tres régions européennes. En réalité, la France, comme presque tous les tres pays d'Europe, a passé par cette période initiale de la métallurgie qu'il rait cependant excessif de désigner comme un âge distinct et que les Italiens t nommé *énéolithique* pour indiquer son caractère de transition. »

« Cette phase du cuivre, dit-il encore (p. 400), est abondamment représentée dans toute l'Europe du Sud, en Hongrie, en Suisse (palafittes), en Bohême (sépultures d'Aunêtitz), en Saxe, dans la France méridionale et en Irlande. Ses types les plus caractéristiques, la hache plate et le petit poignard, se rencontrent plus ou moins sporadiquement dans les autres régions. Les pays riches en minerai de cuivre, ou voisins des grandes voies commerciales, furent abondamment et rapidement approvisionnés en objets confectionnés avec ce métal, tandis que les populations pauvres ou isolées conservèrent plus longtemps l'ancien outillage de pierre. »

« La période du Cuivre est bien représentée dans les Cévennes. Elle y fut étudiée par Jeanjean qui lui donne le nom d'époque *Durfortienne*, du nom de la grotte sépulcrale de Durfort (Gard).

Les assertions de Déchelette sont déjà suffisantes pour nous permettre de ne pas rejeter l'existence d'une véritable période du cuivre.

C'est pourquoi, on ne voit pas sans étonnement qu'après en avoir donné les preuves, il la supprime (p. 105) et l'incorpore dans la première période du Bronze, en raison, dit-il plus haut « de la difficulté de tracer actuellement une délimitation très nette entre le Néolithique et la période du Cuivre dans plusieurs régions, par exemple dans la France méridionale où le cuivre est apparu de bonne heure. »

On peut objecter que cette délimitation n'est pas toujours très nette entre les diverses périodes préhistoriques.

En outre, je signalerai à titre documentaire, que dans la planche I où il représente les types caractéristiques de cette première période du Bronze, il donne comme exemple de céramique, les vases du dolmen de Rogarte qui, tant par leur technique que par leur décor se classent à la fin du Néolithique où, du reste, *Déchelette* lui-même semble bien les avoir placés (*Manuel*, t. I, p. 550).

Lorsque j'ai entrepris l'étude de la céramique préhistorique orientale dans deux de ses principaux foyers d'expansion, c'est-à-dire en Crète et en Égypte, je ne possédais sur la réalité d'une période du Cuivre que les renseignements si bien résumés par Déchelette et j'avais adopté sa théorie du rattachement de l'Enéolithique au Bronze I.

L'examen de la céramique crétoise la plus ancienne modifie complètement cette manière de voir, car, en même temps que se rencontraient les outils en cuivre caractéristiques de l'époque de l'apparition du métal, je me trouvais en présence d'une technique céramique ne pouvant être confondue avec celle du Néolithique, pas plus qu'avec celle du Bronze I.

A l'Enéolithique nous voyons apparaître des modifications radicales dans la forme et dans le décor : la panse du vase devient sphérique; l'anse à section circulaire et le pied apparaissent, la peinture monochrome limitée strictement au décor géométrique, apparaît également. Enfin, le bec accuse déjà une proéminence qui laisse prévoir le développement exagéré qu'il acquerera au Bronze I.

Les tombes de Kakon-Oros récemment explorées par M. Xanthoudidis, mais non publiées encore, ont donné avec des haches plates en cuivre par une série de belles coupes à pied tubulaire dont la technique appartient à l'extrême fin de l'Enéolithique et nous ne les retrouvons plus dans les nombreuses stations du Bronze explorées jusqu'à ce jour.

Au Bronze I, la céramique subit en Crète une nouvelle évolution. La *tournette* est inventée, permettant de réaliser une multiplicité de formes inconnues auparavant et une généralisation du piédouche à peine entrevu à l'Enéolithique. Le bec prend un tel développement, qu'il restera caractéristique de cette époque, car il disparaît avec elle. Enfin, l'engobe est supprimée et remplacée par la peinture : la polychromie prend, en effet, naissance et la spirale apparaît pour la première fois. La cuisson évolue également, car l'atmosphère du four qui était jusqu'alors tantôt oxydante, tantôt réductrice, devient neutre, seule condition rigoureusement indispensable pour obtenir cette couleur noire (à base de fer) remplaçant l'engobe qui disparaît jusqu'au Bronze III.

Il n'est pas possible, en Crète, de confondre l'énéolithique avec le néolithique ou le Bronze I.

En Égypte, l'Enéolithique, étudié par M. Henry de Morgan lors de ses célèbres fouilles en Haute-Égypte, puis plus tard par moi-même, nous révèle une évolution céramique qui se manifeste très nettement à l'époque des sépultures à corps repliés, du type El Amrah, qui ont donné, en même temps que le cuivre, des types nouveaux de vases. Au point de vue des formes, nous voyons avec le vase piriforme à base très acuminée, des vases globulaires sur lesquels apparaît la peinture monochrome rouge, mais toujours blanche sur les vases cylindroïdes.

C'est encore à cette époque qu'appartiennent les remarquables vases à engobe rouge brillante dont la partie supérieure est recouverte de ce bel enduit noir lustré qui constitue l'une des manifestations les plus curieuses de l'art égyptien. Mais ici nous ne sommes plus en présence d'une peinture, ni même d'un enduit de graphite, comme on l'a si souvent avancé à tort : j'ai démontré que cet enduit était constitué par un dépôt de carbone obtenu par un procédé spécial de cuisson ou plutôt par un procédé d'enfournement que j'ai décrit (1).

En Égypte, l'Enéolithique est contemporain de la première dynastie, mais son début est peut-être plus ancien; cette dynastie remonte à 3300 av. J.-C. environ. Le bronze a été constaté à la troisième dynastie sans qu'on puisse affirmer qu'il n'était pas déjà connu à la deuxième.

Si dans les premiers temps de l'âge du Bronze, nous rencontrons la ·ramique dont je viens de parler, ce n'est que comme survivance de l'art énéolithique.

En Sicile, la céramique énéolithique occupe une place très importante, heureusement je ne puis en faire état ici, ne l'ayant pas vue. D'autant lus que d'après Modestow, qui lui a consacré un chapitre intéressant,

(1) L. Franchet : *Rapport sur une Mission en Crète et en Egypte. Céramique antique, echerches techniques appliquées à la chronologie. (Nouv. Archives des Missions scienti-*, fasc. XV, 1916.)

dans son *Introduction à l'Histoire romaine*, il me paraît y avoir un mélange de poteries de plusieurs époques, tant au point de vue des formes qu'il décrit, qu'en raison de la présence des peintures polychromes.

En tous les cas, la peinture, au moins la peinture monochrome, est apparue à l'Enéolithique en divers points de l'Europe méridionale, notamment en Crète, en Sicile, en Espagne et en Italie. Cette évolution dans le décor se manifeste généralement en même temps dans la forme.

J'ai étudié tout particulièrement la céramique énéolithique en Suisse où j'ai vu également se manifester une évolution très remarquable. Le résultat de mes observations faites au Musée de Zurich, mais surtout dans la palafitte de Weheïr, près de Schaffhouse, va paraître le mois prochain dans l'*Indicateur des Antiquités suisses*. Je n'en donnerai donc qu'un résumé.

Si, en Suisse, l'Enéolithique a conservé son mode de façonnage au moyen d'outils en os, le tour étant encore inconnu, en revanche nous voyons apparaître là, comme dans les autres contrées, des formes nouvelles, mais, fait curieux, ces formes s'éloignent de la sphéricité, généralement adoptée dans le bassin méditerranéen, et deviennent anguleuses, ce qui les distingue parfaitement des formes néolithiques. La forme dite « en tulipe » surgit pour donner naissance à ces formes biconiques si communes à l'âge du Bronze. Cette forme « en tulipe » se rencontre également en Alsace.

Le col évolue et se dégage nettement de la panse. Le mamelon, perforé ou non, disparaît et l'anse à section ronde ou elliptique se rencontre constamment. Le piédouche apparaît.

Le décor gravé au poinçon ou incisé à la corde est pratiqué; la peinture elle-même se montre sous l'aspect de pointillés ou de coulures noires, mais contrairement à ce qui se passe dans le bassin de la Méditerranée, elle reste inconnue des potiers de l'âge du Bronze jusqu'à l'extrême fin du Bronze IV, pour devenir commune au Hallstatt.

En résumé, de toutes les observations que j'ai faites, il m'a semblé qu'il se dégageait, au moins dans le domaine de la céramique, un ensemble de preuves en faveur d'une évolution progressive autorisant l'adoption, pour ma chronologie céramique, d'une période énéolithique qui se distingue si bien du Néolithique et du Bronze I.

Il n'est pas cependant, dans ma pensée, d'admettre un seul instant que du jour où le cuivre, du jour où le bronze ont été soit découverts, soit introduits dans un pays, les arts industriels ont été subitement révolutionnés. Il y eut toujours des survivances qui durèrent longtemps.

La question de l'Enéolithique est loin d'être tranchée, mais supprimer cette période, en tant que période distincte, en la rattachant soit au Néolithique, soit au Bronze est, à mon avis, excessif, même dans l'état actuel de nos connaissances.

Discussion. — M. Forrer : M. Franchet nous parle de l'âge du cuivre et des poteries de cette époque. Il y a 35 ans, en 1885, j'ai publié en Suisse, dans la Revue préhistorique *Antiqua* (que j'ai dirigée de 1882 à 1892), une statistique des objets en cuivre pur trouvés en Suisse et dont le nombre s'élevait alors, d'après mes observations à deux ou trois cents, nombre qui s'est fortement accru depuis. J'ai également étudié la céramique trouvée avec les objets en cuivre pur et pouvant, par conséquent, caractériser l'époque *énéolithique*.

Ce sont des poteries décorées par le procédé dit « à la corde » ou bien par un dessin en pointillé formant autour de la panse une série de dents de loup généralement reliées entre elles en lignes ininterrompues. Cette poterie affecte la forme d'une cloche à bords peu évasés et à fond aplati sans piedouche.

On a trouvé tout récemment en Alsace (et pour la première fois dans ce pays) dans la station d'Achenheim, un petit vase décoré *à la corde*, appartenant à l'Énéolithique, ce qui ne peut nous surprendre, car cette époque avait déjà été reconnue dans le Haut et le Bas-Rhin, à la suite de la découverte de plusieurs haches en cuivre pur et d'outils en pierre de formes caractéristiques.

J'ai groupé sur la planche 110 de mon *Dictionnaire d'Archéologie*, les différents types d'objets en cuivre, caractérisant cette période proprement dite, mais j'ai spécifié qu'elle a été chez nous une *époque de transition* rattachée par les uns au néolithique, en raison de l'abondance des haches et des haches-marteaux en pierre; les autres à l'âge du Bronze, en raison de la présence, à côté du cuivre pur, d'objets en bronze.

J'ai distingué trois phases de la période du cuivre.

La *première phase*, que je ne sépare pas du Néolithique, est caractérisée par la céramique de Mundolsheim (Alsace) et de Michelsberg (grand-duché de Bade), à facies lacustre et par la céramique à tulipi ou caliciforme. Le cuivre commence à apparaître (haches ou ornements) *importé du sud*, matière précieuse et rare. C'est dans cette phase que je classe Robenhausen et Weiher-Thayngen.

La *seconde phase* emploie le cuivre en assez grande quantité (Hongrie, Espagne, Suisse, Vendée, etc.) et les objets en métal sont fabriqués sur place (en Suisse, les stations de Saint-Blaise, Locras, etc.). La hache en pierre emprunte à celle en cuivre, sa forme plate. Céramique à ficelle, cordée et pointillée.

La *troisième phase* est en somme l'âge du Bronze I avec apparition d'objets en bronze mélangés aux objets en cuivre. Au début l'alliage est pauvre en étain. La céramique est celle du premier âge du Bronze.

J'ajouterai, en ce qui concerne la céramique cordée, qu'il y a lieu, à mon [illegible]is, de distinguer deux types: le premier, le plus ancien, possède un décor [illegible] par l'empreinte d'une corde dans la terre encore molle; le second, plus [illegible] j'appelle *céramique cordée d'imitation*, présente un décor imité du [illegible]u au moyen d'incisions faites avec un poinçon et non plus par [illegible] corde. Cette gravure au poinçon est aussi celle qui se [illegible]ur les haches primitives du début du Bronze.

[illegible] si on attribue la céramique cordée à l'Énéolithique, il [illegible]lipes, qui les ont précédés, entre le vrai Néolithique [illegible]t dit (la seconde phase dont j'ai parlé tout à l'heure) [illegible]x périodes, ce qui est dangereux pour le moment [illegible] n'a pas trouvé d'objets en cuivre dans nos stations [illegible]me.

[illegible] comme de même époque la céramique cordée [illegible]tative ne voyant que des différences de technique dues non pas à une évolution dans la décoration, mais à des *tours de main* d'ouvriers.

Quant à la céramique tulipiforme, elle apparaît en même temps que se produit une révolution dans l'art céramique. En outre, la nature de sa pâte et le mode de façonnage m'obligent à la disjoindre de la céramique néolithique, d'autant plus que le fait que dans les stations terrestres on n'a pas encore trouvé le cuivre associé avec elle, alors qu'on trouve cette association dans les stations lacustres, n'implique nullement, à mon avis, que le métal était inconnu à l'époque où ont existé ces stations terrestres.

En résumé, je fais débuter l'Enéolithique dès l'apparition des vases en tulipe, en prenant comme station-type les palafittes de Weiher-Thayngen (1).

M. Philippe HÉLÉNA,

Narbonne.

L'INDUSTRIE « TARDENOISIENNE » DANS LA RÉGION DE NARBONNE (AUDE)

571.14 (44.87)

27 Juillet.

Chacun connait cette curieuse industrie caractérisée par des instruments de très petite dimension affectant des formes géométriques et répandue non seulement dans la plupart des pays d'Europe, mais encore en Syrie, dans l'Inde et dans tout le Nord de l'Afrique, depuis l'Égypte jusqu'au Maroc.

En France, c'est en raison de son abondance dans le Tardenois (Aisne), que *G. de Mortillet* l'a désignée sous le nom de *tardenoisienne*.

D'après cet auteur, l'industrie des petits silex à contours géométriques appartiendrait à une phase initiale du néolithique et se serait développée parallèlement au campignien, c'est-à-dire avant l'apparition de la pierre polie.

Déchelette estimait au contraire que : « L'indu[strie ...] l'épo[que ...] constitue à proprement parler, un facies spécial de [...] beaucoup plus qu'un niveau distinct de cette époq[ue.] » (2)

S'il m'est, à mon tour, permis de donner m[on sentiment,] mes observations dans le pays que j'explore[...], ne me perme[...] partager dans son intégrité l'avis du glorieux [...] et regretté savant.

---

(1) L. Franchet, *Étude technique sur la céramique* [...] des palafittes de la Suisse (Indicateur d'Antiquités suisses, XXII, 1920, p. 82 et 166).

(2) J. Déchelette. — *Manuel d'Archéologie*, t. I, [...] p. 510.

Des silex pygmées se sont montrés en divers points de la région narbonnaise : d'abord dans quelques stations en plein air dont celle d'*Aussières* est la plus importante et la plus typique, ensuite et surtout dans la *Grotte de la Crouzade* qui s'ouvre dans le massif de la Clape, commune de Gruissan, sur la côte de la Méditerranée, à une quinzaine de kilomètres de Narbonne.

Les fouilles que, depuis 1913, j'ai pratiquées avec mon père dans ce dernier gisement, ont été des plus instructives. Elles nous ont révélé dans le dépôt de remplissage, les niveaux suivants se succédant de haut en bas :

1° Couche jaune ou noire, argileuse par places, avec tessons de poterie et objets divers s'échelonnant depuis le début de l'âge du fer jusqu'à l'époque préromaine ;

2° Couche très noire néolithique, avec poteries grossières façonnées à la main, silex taillés, poinçons en os de ruminants, haches en pierre polie, etc. ;

3° *Couche de cendres blanchâtres, très différente comme aspect de la précédente. Industrie microlithique : nombreux et minuscules silex à formes géométriques très délicatement ouvrés. La plupart des instruments de la couche sous-jacente, mais de dimensions plus réduites et en moins grande abondance* ;

4° Couche de cendres brunes rougeâtres, avec nombreux débris de charbon. Industrie azilienne : grattoirs sur bout de lame, burins latéraux, grattoirs arrondis, pointes à dos rabattu et en lame de canif, etc. Poinçons en os poli. Amas de péroxyde de fer. Galets coloriés semblables à ceux du Mas-d'Azil ;

5° Couche noire magdalénienne, à minces foyers superposés, avec silex caractéristiques, harpons en bois de renne à un rang (base de la couche) et à deux rangs (partie supérieure) de barbelures, sagaies en même matière et en ivoire, aiguilles en os, quelques gravures, etc. ;

6° Couche jaune, onctueuse, recouverte d'un lit de petits cailloux roulés. La partie supérieure de cette couche qui s'enfonce très profondément, renferme des foyers aurignaciens à industrie typique (pointes de la Gravette, grattoirs, rabots, etc.). Un peu plus bas quelques formes moustériennes ont été observées. La base du dépôt reste encore à explorer.

L'assise n° 3 qui nous a livré les petits silex qui font le principal objet de cette note, est la seule qui doive me retenir. Nous y avons rencontré des os appointés à l'affûtoir, des coquilles percées et une industrie lithique bien spéciale qui se compose, comme je viens de le dire, *de quelques types aziliens de dimensions réduites et de nombreux petits instruments à contours géométriques* dont la figure 1 suffira, j'espère, à donner une idée. On ne manquera pas d'observer les curieuses petites lames droites, étroites et effilées, aux bords abattus par de fines retouches et à la base façonnée en burin ; les originales « tranches de melon » et les segments de cercle proprement dits dont elles dérivent ; les minuscules pointes en forme de feuilles ; les percoirs variés ; enfin, les triangles et les rhomboèdres... Ce sont, suivant l'expression de *M. Cartailhac* à la vue de ces trouvailles, *les plus africains des silex géométriques français*

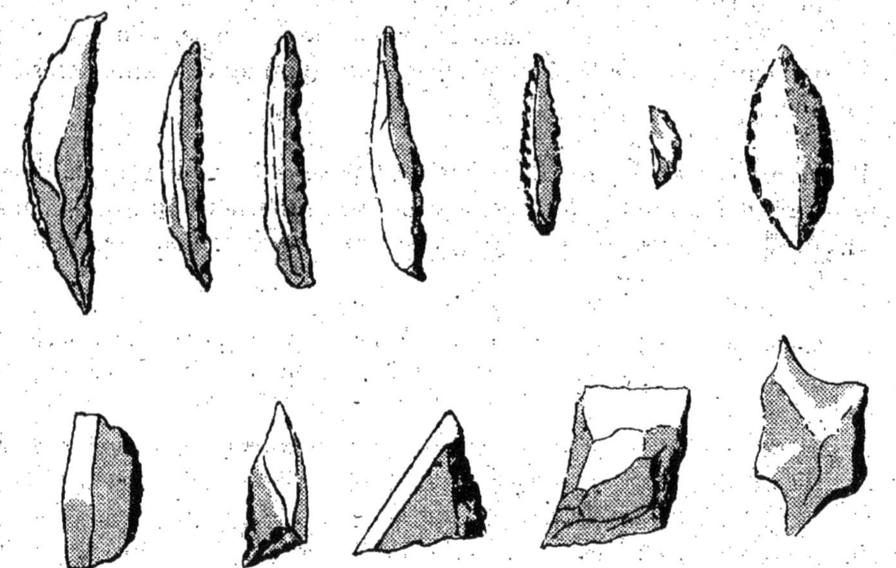

Fig. 1. — Petits silex à contours géométriques de la Grotte de la Crouzade (Gr. nat.).

A cela il faut ajouter quelques beaux instruments dont le mode de taille fait déjà songer au néolithique, des coquilles percées employées comme parure, des fragments de sanguine, etc. Pas de pierre polie, aucune trace de poterie.

La faune est exactement la même que celle du niveau azilien sous-jacent avec, cependant, le lapin en moins grande abondance. Le cerf y domine. On y relève encore, avec de nombreuses coquilles de la méditerrannée, le cheval, le bouquetin, le sanglier, le loup, des oiseaux, des poissons...

Cette assise paraît être la véritable transition du paléolithique au nouvel âge de la pierre.

Bien moins ancienne est la station qui, à dix kilomètres de Narbonne, dans le beau domaine d'Aussières, s'étend en plein air sur le bord du ruisseau de Veyret. Il y avait là, à l'abri d'un petit escarpement, des fonds de cabane circulaires qu'un cultivateur mit au jour et détruisit en défrichant, pour en faire une vigne, le coin de garrigue qui les renfermait. Aujourd'hui la vigne est prospère et l'on peut encore, après chaque labour, recueillir les débris que remonte la charrue.

Ces restes de l'industrie humaine sont d'abord de grandes meules à broyer le grain, des polissoirs en grès, des tessons d'une poterie noire, grossière, façonnée à la main, des lissoirs en pierre, des haches polies; ensuite une énorme quantité de silex parmi lesquels des grattoirs ronds des flèches barbelées, triangulaires ou en forme de feuille, et enfin une petite série d'instruments géométriques *(fig. 2)* qui rappellent, mais combien vaguement! les instruments tardenoisiens de Gruissan.

La place dont je dispose est trop restreinte pour qu'il me soit possible de comparer les industries microlithiques des deux gisements. Mais j'espère

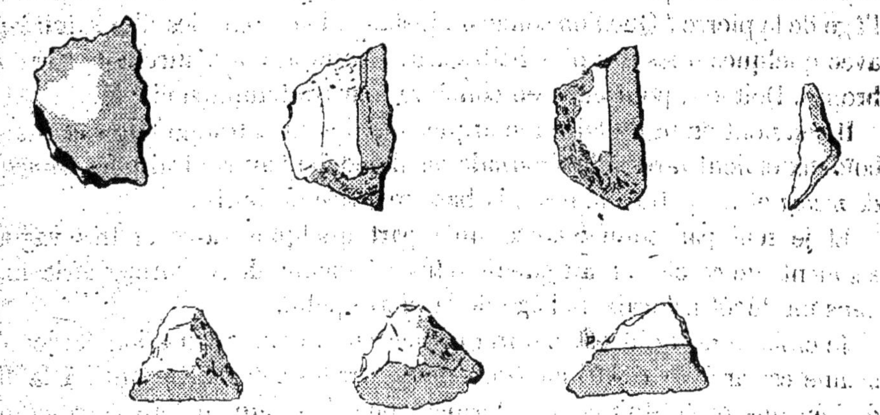

FIG. 2. — Petits silex à contours géométriques de la station en plein air d'Aussières. (Gr. nat.).

que le rapprochement des figures ci-contre suffira à combler en grande partie cette lacune. On remarquera, en particulier, l'absence à Aussières des rhomboïdes et des mignonnes petites pointes de la Crouzade où, d'un autre côté, n'échappera pas la pénurie complète des trapèzes taillés dans des fragments de lames, qui sont de petits tranchets caractéristiques de l'époque néolithique.

Et il est bien regrettable que le terrain siliceux d'Aussières ne nous ait pas conservé les ossements ! La faune aurait certainement confirmé mes conclusions quant au peu de rapport qui existe entre la station en plein air et celle de la caverne.

Quelles sont maintenant les déductions à tirer de ces différences ?

Tout d'abord, à mon avis, que ces deux industries appartiennent à deux civilisations bien distinctes que l'on a parfois eu le tort de confondre. De l'examen des faits enregistrés à la Crouzade (superposition des couches aziliennes et tardenoisiennes sans caractère de discontinuité, identité des faunes et présence au niveau supérieur de types industriels du niveau inférieur) il se dégage l'impression très nette que *l'assise à silex pygmées ne correspond pas à une période du néolithique, mais qu'elle est paléolithique au même titre que l'azilien* (1). Les silex d'Aussières, au contraire, sont franchement néolithiques comme en font foi les objets caractéristiques auxquels ils se trouvent associés.

A cette manière de voir, on objectera peut-être que certaines formes sont communes aux deux gisements et que cela n'est pas un effet du hasard puisqu'elles se sont montrées ailleurs (et parfois en abondance) en contact avec des haches polies et des fragments de céramique.

(1) Je dois rappeler que les préhistoriens belges ont attribué, voilà déjà longtemps, l'industrie des petits silex géométriques à la fin du paléolithique.

La réponse serait aisée. Ne voit-on pas plusieurs types d'instruments en silex, le grattoir rond par exemple, apparaître au début du quaternaire supérieur et se reproduire à tous les niveaux jusqu'à l'extrême déclin de l'âge de la pierre? Que l'on songe un instant à l'analogie des silex solutréens avec quelques unes des plus belles armes lithiques de l'aurore de l'âge du bronze. Doit-on, pour cela, en conclure leur contemporanéité?

Il convient enfin de faire remarquer que les silex triangulaires et rhomboïdaux étaient rares à la Crouzade où abondaient au contraire les *tranches de melon* et les petites lames à la base retaillée en burin.

Et je n'ai pas connaissance qu'à part quelques rares et très vagues segments de cercle, on ait jamais retrouvé aucune de ces formes africaines dans un dépôt français de l'âge de la pierre polie.

Je crois donc qu'il est naturel de penser que la civilisation tardenoisienne est arrivée d'Afrique (sans doute par les côtes d'Espagne) à la fin de l'époque paléolithique à la dernière phase de laquelle elle correspond, et, qu'après son déclin, durant le nouvel âge de la pierre, quelques uns des types qu'elle avait apportés se sont perpétués en Europe jusqu'à l'apparition des métaux.

M. J. LEROY,

Membre de la *Société Préhistorique française*, Saint-Paul-sur-Risle (Eure).

ÉTUDE SUR LES LIMONS QUATERNAIRES DE L'ARRONDISSEMENT DE PONT-AUDEMER, ET SUR LES SILEX TAILLÉS QU'ILS RENFERMENT

571.14 (12.31) (44.24)

27 Juillet.

(RÉSUMÉ)

De l'ensemble ds faits, que l'auteur a étudiés, qu'il a consignés dans son étude, et qu'il est obligé de résumer, se dégagent plusieurs points qu'il lui paraît intéressant de souligner :

1° Similitude de gisement des silex taillés, chelléens, acheuléens et moustériens : dans chaque formation limoneuse quaternaire le petit lit de silex anguleux à limon collant et rougeâtre étant identiquement le même dans chaque formation ;

2° Analogie des gisements locaux des plateaux et des versants, avec ceux étudiés par *M. d'Acy* dans le nord de la France, d'où il s'ensuit que le phénomène a été général et s'est poursuivi sur une même échelle et sans interruption ;

3° Faits infirmant la théorie d'*Acy*, partisan de la simultanéité des industries alors que dans les formations limoneuses de la vallée de la Risle, l'industrie est nettement chelléenne, et que si quelquefois, plusieurs industries : acheuléenne et moustérienne y ont été reconnues, il ne s'ensuit pas de là que ces industries soient de la même époque; le phénomène moustérien, les ayant englobées dans ses limons, ensevelissant d'un même coup : et l'industrie des hommes de Chelles et de Saint-Acheul, et l'industrie des hommes du Moustier, ces farouches habitants des cavernes.

M. Louis MARSILLE,

Président de la *Société Polymathique du Morbihan*, Vannes.

LISTE DES DÉPOTS DE L'AGE DU BRONZE DANS LE MORBIHAN

571.35 (44.13)

27 Juillet.

L'appendice II du *Manuel de Déchelette* accorde au Morbihan la neuvième place dans la liste par départements avec 16 dépôts de l'âge du bronze portés sous les numéros 561 à 576. En réalité le département du Morbihan occupe la cinquième place avec 47 dépôts, après le Finistère (104), la Manche (61), les Côtes-du-Nord (58), la Gironde (50).

J'en ai publié 31 dans le *Bulletin de la Société Polymathique* de 1913. Ce travail m'a valu d'autres renseignements et je puis ajouter à la liste *16 autres dépôts inédits* dont trois entrés en totalité ou en partie au Musée de la *Société Polymathique du Morbihan*.

Ces 47 dépôts doivent être classés de la manière suivante :

Age du bronze I. — Un seul dépôt de haches plates.

Age du bronze II. — Aucun dépôt de haches à rebords.

Age du bronze III. — Haches à talons avec ou sans anneau latéral, pointes de lances à douille, épées à soie ou à languette, bracelets massifs et ouverts... 17 dépôts.

Age du bronze IV. — 27 dépôts se répartissant ainsi :

6 dépôts dans lesquels les haches à ailerons sont accompagnées de haches à douille normale (1) et d'une grande abondance d'objets divers;

1 dépôt où l'on retrouve la hache à talons avec la hache à ailerons et la hache à douille normale au milieu d'une quantité de fragments de bronze et de moules en terre (2);

---

(1) Je distingue la hache à douille normale plus courte, à tranchant élargi et la hache à douille quadrangulaire plus allongée, plus étroite du *type armoricain*.

(2) Un dépôt, celui de Kerboulard-en-Elven, ne comprenait que des fragments de lames d'épées : je l'attribue à l'âge IV.

19 dépôts dans lesquels la hache à douille quadrangulaire du type armoricain est seule comme type de hache et rarement associée à quelques autres objets. Sur ces 19 dépôts, 5 contiennent des haches en bronze plombeux ou en plomb pur. Non seulement ces dépôts sont les plus nombreux mais ils sont encore les plus riches : le dépôt d'Augan, contenait plus de 200 haches à douille quadrangulaire en bronze, celui de Roudouallec se composait de 170 haches semblables aux précédentes, quelques-unes ornées ; celui de Nivillac de 150 haches du même type en plomb ou en bronze plombeux, etc.

2 dépôts qui ne contenaient que des culots ou lingots ne sont pas classés.

Déjà quelques remarques s'imposent :

Sur 47 dépôts, 44 se classent aux âges III et IV. Tous montrent une extraordinaire homogénéité : aucun mélange, aucune association de types disparates ; ces dépôts sont classiques, si je puis ainsi m'exprimer.

Enfin, les analyses déjà faites et celles que j'ai provoquées, et qui sont encore inédites, conduisent aux conclusions suivantes :

a) La hache plate du Morbihan contient plus souvent que partout ailleurs une assez forte proportion d'étain ;

b) La hache à bords droits renferme un peu de plomb mais pas d'une façon appréciable ;

c) La hache à ailerons montre l'addition intentionnelle du plomb dans le bronze en fusion ;

d) La hache à douille quadrangulaire du type armoricain est faite d'un alliage incohérent allant du bronze d'étain pauvre ou riche à l'excès au bronze plombeux et au plomb pur ;

e) Le Morbihan occupe le centre de l'aire de dispersion géographique du plomb en Armorique à la fin de l'âge du bronze.

Age du bronze I.

1. — *Pluherlin* (Lanvaux), vers 1901, 2 haches plates semblables de $0^m,13$ de longueur (l'une appartient à *M. Autissier*, ancien ingénieur-directeur des Ardoisières de Rochefort, l'autre à *M. Aveneau de la Grancière*).

Aveneau de la Grancière, les haches plates en bronze de *Pluherlin. Bull. Soc. Polym. du Morbihan*, 1907, p. 115.

Age du bronze II.

Aucun dépôt dans le Morbihan.

Age du bronze III.

2. — *Bangor*, 1800. Deux moules de haches en bronze, l'un pour haches à talons sans anneau, l'autre pour haches à talons et à anneau latéral.

Je manque de renseignements sur cette découverte signalée par *John Evans* dans son ouvrage l'*Age du bronze*, p. 480, d'après *Arch. Journ.*, vol. VI, p. 386, vol. XVIII, p. 166 et enregistrée par *Déchelette* sur cette indication.

3. — *Bignan* (Kerhan), avril 1914. Sous un bloc de quartz 18 bracelets massifs, ouverts (sauf un), la plupart ornés de dessins géométriques ; deux bou-

ns de coulée; deux rivets à têtes hémisphériques; deux tranchants de haches talons; un lingot (*Musée de la Société Polymathique*).

4. — *Carnac* (Kervihan). Deux pointes de lance à douille enfouies en bordure 'un petit tumulus néolithique (*Musée de la Société Polymathique*).

5. — *Caudan* (La Montagne du Salut), vers 1885. Haches à talons et à anneau atéral, pointes de lances à douille, fragments de lames d'épée, etc., remplissant n vase en terre.

(Deux haches et un fragment de lame d'épée dans la famille de *M. Le Strat*, ncien notaire à Rosporden, de qui je tiens les détails de la découverte.)

Louis Marsille. Dépôt de La-Montagne-du-Salut-en-Caudan, *Bull. Soc. Polym.*, 913.

6. — *Erdeven* (près et au sud du bourg), vers 1907. Deux haches. Je n'ai de nseignements que sur l'une d'elles à bords droits avec languette réunissant rebords et formant talons. Les côtés sont ornés de nervures en relief. (*Coll., Louis Marsille.*)

Louis Marsille. Note sur quelques trouvailles de haches en bronze. *Bull. Soc. olym. du Morbihan*, 1909.

7. — *Guern* (Fourdan), 1898. A 0m,40 de profondeur, dix haches à talons et anneau latéral, plus un fragment d'une onzième; deux marteaux à douille; trois bracelets; un rasoir; deux lames de poignards à crans et fragment d'un troisième; trois pointes de lances à douille et fragment de la douille d'une quatrième; débris divers. A deux mètres de distance à droite et à gauche de ce dépôt, deux grands vases à bords droits et sans anses, en argile grossière, contenant de la terre noirâtre et l'un d'eux quelques fragments de minerai de fer. (*Coll. Aveneau de La Grancière.*)

Aveneau de La Grancière. Cachette de fondeur découverte à Fourdan-en-Guern. *Bull. Soc. Polym. du Morbihan*, 1898, p. 158.

8. — *Inzinzac* (Brangolo), avant 1859. Sept haches à talons sans anneau latéral. (Deux au *Musée de la Société Polymathique.*)

Rosenzweig. Répertoire archéologique du Morbihan, 1863, p. 29.

9. — *Nivillac* (Sect. G., n° 1208 du plan cadastral), 1900. Dix-sept haches à talons sans anneau, dans un vase. (Neuf dans la *Coll. de MM. Paul de Berthou* et *Paul de la Jousselandière.*)

10. — *Noyal-Pontivy* (bord de l'étang de Kergoff), 1903. Deux lames d'épée à languette et à crans; deux pointes de lance à douille; une hache à talons et et à anneau latéral; un ciseau à douille quadrangulaire. (*M. Coudrin*, ingénieur à Vannes.)

Aveneau de la Grancière, Trouvaille de l'époque du bronze faite à Kergoff, en Noyal-Pontivy, *Bull. Soc. Polym. du Morbihan*, 1905, p. 144.

11. — *Pleucadeuc.* Plusieurs pointes de lance à douille. (Une au *Musée de la Société Polymathique*, une seconde au *Grand Séminaire de Vannes.*)

Ces deux pointes de lances avaient été données par *M. Faglin* à *M. le chanoine Le Mené.*

12. — *Plescop* (Marais de Brenolo). Au moins six haches de l'époque morgienne et très probablement à talons et anneau latéral. (Une au *Musée de la Société Polymathique.*)

Louis Marsille. Le dépôt de Brénolo, en Plescop. *Bull. Soc. Polym. du Morbihan*, 1913, *Bull. Soc. Polym.* Procès-verbal de la séance du 27 juin 1899.

13. — *Pluherlin* (Coat-Daly), 1914. Huit haches à talons sans anneau; deux bracelets. (Renseignements de *M. Roger Grand.*)

14. — *Saint-Barthélemy* (fondations du mur de l'école libre), 1889. Trois haches à talons, l'une de 0m,09 à 0m,10 de long, chez le curé *M. l'abbé Carel.*

15. — *Saint-Dolay*. Moule en bronze pour haches à talons, *Mortillet*. Fonderie, *Musée de Vannes* (*E. Chantre*).

M. Déchelette mentionne ce dépôt sous le n° 576 et donne comme indications bibliographiques : *G. de Mortillet, loc. cit.*, p. 132. *E. Chantre*, Age du bronze I, p. 32.

Je ne retrouve aucun objet provenant de ce dépôt au *Musée de la Société Polymathique*. Plusieurs haches à talons et anneau latéral et des pointes de lances à douille dont nous ignorons la provenance en faisaient-elles partie ? Le catalogue de 1881 en enregistre un certain nombre sous la seule rubrique *provenances diverses*, nos 33, 67 (vitrine K), 11, 12, 13 (vitrine M). Aujourd'hui (vitrine A').

16. — *Saint-Tugdual* (Cornospital), 1888. Quatre haches à talons rectangulaires et à anneau latéral; deux pointes de lances à douille; un important fragment d'une lame d'épée. Ce dépôt était dans un vase en terre. (*Musée de la Société Polymathique.*)

Louis Marsille. La cachette de Cornospital en Saint-Tugdual, Morbihan. *Bull. Soc. Polym.*, 1913.

17. — *Surzur* (Trégorf), 1890. Quatre haches à talons et anneau latéral, une pointe de lance à douille, une matrice à gaufrer des feuilles de bronze. Vendues par l'inventeur, *M. Pédron*, à *M. Rialan* à Vannes, dont le fils a donné au *Musée de la Société Polymathique*, la matrice et une hache de 0m,160 pesant 590 grammes.

18. — *Treffléan*. Plusieurs haches à talons sans anneau. (Deux furent données par le Maire à *M. le chanoine Le Mené* qui les a offertes au *Grand Séminaire à Vannes.*)

Age du bronze IV.

19. — *Bangor*, Belle-Ile-en-Mer (Calastrène), vers 1820. Un grand vase en terre recouvert d'un culot renfermait les objets suivants : deux haches à ailerons; moitié de moule pour haches à ailerons; une belle hache à douille ronde et à anneau latéral et tranchant élargi, entière, sans ornementation; une hache à douille ronde et à anneau latéral et tranchant élargi, le col manque : des lignes courbes en relief simulent des ailerons à la partie supérieure des faces; fragment de la douille d'une pointe de lance et des ailes d'une seconde; un anneau (bague) uni; un bracelet à côtes; fragments de deux épées; fragments de deux poignards, dont un à douille; petit tube à tige côtelée (pièce de harnachement ?); moitié d'un étui en forme de croissant muni d'un trou de suspension à ses deux extrémités (Amulette ?). Un objet semblable figurait dans la cachette de Questembert (V. Infra) d'après le Dr *de Closmadeuc*, ces petits étuis avaient une ouverture circulaire au milieu de la partie concave; deux objets rentrant dans la catégorie des boutons ou des appliques; mince feuille de

bronze découpée en dents de loup avec petite bélière et plaque ovale découpée aux extrémités en trèfle avec deux petites et courtes tiges à tête élargie, tenant à la partie postérieure; un troisième objet dont la destination m'échappe est représenté en vraie grandeur dans le *Bull. de la Soc. Polym.*, 1913. (*Musée de la Société Polymathique du Morbihan*, sauf le moule et les haches à ailerons restés entre les mains du donateur.)

Charles de la Touche, Histoire de Belle-Ile-en-Mer, Nantes 1852. *Bull. de la Soc. Polym.*, 1863, p. 21. *Pitre de Lisle du Dréneuc*, épées et poignards trouvés en Bretagne, *Mém. Soc. Emul., Côtes du Nord*, 1883, pp. 144, 145, 148, 150. *Rosenzweig, Répertoire archéologique du Morbihan*, 1863, p. 16.

20. — *Belz* (Ilôt du Nihuen), 1884. Hache à ailerons; fragments d'épées, de poignards, de pointes de lance à douille; bracelets, boutons, anneaux. Collier de 42 grains de bronze avec spirale. (*Musée de Kernuz, près Pont-l'Abbé*, Finistère.)

21. — *Elven* (Kerboulard). Fragments d'épées en bronze. *Bull. Soc. Polym.*, 1877, procès-verbal, p. 189.

22. — *Groix* (*Ile de*) (Men-Stang-Roh), 1909. Moitié de moule en bronze pour hache à ailerons; 6 haches à ailerons; trois haches à douille ronde ou octogone et à tranchant élargi; fragments de poignée et de lame d'une épée; fragment d'une autre épée; fragment de poignard; une boucle; six culots. (*Musée de la Société Polymathique du Morbihan.*)

Louis Marsille. Le dépôt de Men-Stang-Roh, île de Groix. *Bull. Soc. Polym. du Morbihan*, 1913.

23. — *Guidel* (Kergal), 17 mai 1876. A $0^m,30$ de profondeur, dans un vase d'Argile : deux haches à ailerons et à anneau latéral de $0^m,13$ à $0^m,14$ et nombreux fragments de haches à ailerons; fragments de haches à douille ronde et à tranchant élargi: l'une présentait sur les faces et sous le col un point en relief, une autre des ailerons simulés par des lignes en relief; trois pointes de lances à douille de $0^m,12$ et $0^m,09$ et fragments de deux autres; fragments de quatre ou cinq épées : *a*) soie plate percée au centre de trois trous de rivets; *b*) soie en forme de poignée à légers rebords avec trois trous; *c*) soie en forme de poignée à rebords saillants et fente médiane ovale avec trou de rivet de chaque côté de la base de la lame et crans très prononcés; *d*) soie en forme de poignée avec deux trous de rivets à la base; *e*) huit fragments de lames à nervure centrale arrondie et deux filets sur les bords; deux poignards, l'un à soie plate, l'autre à soie rectangulaire de $0^m,13$ à $0^m,16$; quatre fragments de rasoirs quadrangulaires à un tranchant et trous de suspension près de l'arête dorsale, semblables à ceux de Questembert et de Kerhar-Guidel; petit tube à tige côtelée; deux têtes d'épingles, l'une large et arrondie; deux petits objets indéterminés, l'un courbé, l'autre rigide, terminés par une boucle ronde pour l'un, ovale pour l'autre, à chaque extrémité; nombreux fragments de bracelets divers, fibules, anneaux, bagues, petites tiges cylindriques, etc.; quatre pièces d'applique portant chacune à la partie interne deux petites bélières, deux sont en forme de tonnelet coupés longitudinalement par le milieu; la troisième est une feuille plate coupée sur un bord en demi-cercle avec deux ondulations parallèles; la quatrième est en forme d'anneau creux, coupée transversalement par le milieu; un coulant ou fort bouton en forme de calotte hémisphérique

avec traverse à l'intérieur; fragments de deux vases en bronze, l'un à parois très minces et rebords épais, l'autre à parois plus épaisses; petites plaques ornées de lignes parallèles ondulées ou concentriques; fort morceau d'un culot en forme de disque et du poids de 1.600 grammes. (*Musée de la Société Polymathique du Morbihan.*)

Abbé Euzenot. Les instruments de bronze de Kergal en Guidel, *Bull. Soc. Polym. du Morbihan*, 1876, p. 110. *Pitre de Lisle de Dréneuc.* Epées et poignards trouvés en Bretagne, *Mém. Soc. Emul. Côtes-du-Nord*, 1883, pp. 141-145, n°s 4-8; p. 148-150, n°s 2-3. Les deux trouvailles de Kergal et de Kerhar-en-Guidel ont été très insuffisamment enregistrées jusqu'à ce jour : c'est ainsi que j'ai retrouvé des haches à douille fragmentées parmi les objets divers. Ces objets divers eux-mêmes, quelques-uns intacts, sont d'un grand intérêt.

24. — *Guidel* (Kerhar), 8 juin 1876. Dans une cavité circulaire, une masse considérable d'objets en bronze enfouis pêle-mêle : une hache à ailerons et à anneau latéral et les fragments d'une deuxième; fragments d'une hache à douille ronde et à tranchant élargi, avec ailerons simulés sur les faces par des lignes en relief; trois pointes de lances à douille de de 0^m^,15, 0^m^,13, 0^m^,12 et fragment d'une quatrième; cinq épingles, dont quatre à tête de pavot et une à tête plate; trois boutons, deux coniques et un hémisphérique et fragments d'un quatrième semblable à ce dernier; un pommeau de manche de poignard ou d'épée ?; une pièce d'applique en forme de petit tonnelet coupé par le milieu avec deux bélières à l'intérieur; deux échancrures permettaient de l'appliquer sur une tige ronde ou à section demi-cylindrique. Cet ornement est complet. Dans la cachette de Kergal, il existe seulement un fragment d'un objet en tous points identique; trois fragments d'une mince feuille de bronze ornée sur les bords de six lignes parallèles tracées au burin; petite tige d'où partent trois étages superposés de rayons. Un objet semblable mais avec deux étages de rayons seulement, existait dans la cachette de Ploudalmézeau (Finistère). *MM. Chauvet* et *de Mortillet* y voient des jets de fonte provenant de moule à plusieurs étages ayant servi à la fabrication d'anneaux ou autres menus objets. *M. du Chatellier* en fait des têtes d'épingles qui n'ont pas été séparées à la sortie du moule. Je préfère la première explication; fragments de bracelet divers : massifs ou creux, à côtes ou lisses, ou à tige torse; deux petits bracelets; un petit tranchet de 0^m^,03, mais sans soie, pièce d'ornementation : rangée de disques tangents portant des cercles concentriques en fort relief et point au centre; trois bagues : l'une faite d'un fil cylindrique décroissant, une autre d'une lame mince et étroite de bronze. Une bague semblable à cette dernière existe dans les débris venant de Kergal; trois anneaux dont deux fermés à facettes, l'autre ouvert; fragment de moule (?); vingt petits grains de collier en bronze, dans l'un desquels était engagée une tige en bronze à courbure sensible; une grande plaque, très mince, repliée sur elle-même. Autant qu'on peut en juger, elle affectait, dépliée, la forme d'un disque de 188 millimètres de rayon. Au milieu un cercle au repoussé et quelques trous pouvant, au moins celui du centre, être un trou de rivet. Les bords de la feuille sont repliés sur eux-mêmes et forment tout autour un petit ourlet martelé. Mais je n'ai relevé aucun trou de rivet le long de ces bords; garniture de l'extrémité d'une pièce de bois ronde, par exemple d'un timon de char ?, faite d'une plaque de bronze de 0^m^,06 de diamètre ornée d'un bouton conique central, en relief, entouré de cercles concentriques : cette plaque a des rebords ornés de nervures parallèles

en relief et percés de trous permettant de la fixer sur l'objet en bois qu'on y introduisait. La cachette de Ploudalmézeau (Finistère) renfermait un objet semblable; fragments de plusieurs vases en bronze ornementés; tronçon de poignée d'épée avec deux trous de rivets, crans carrés très prononcés; fragments de lames d'épées à nervure centrale et deux filets sur les bords; fragments de lames de poignards; petite pointe à douille de dimension et de forme particulières, avec tiges saillantes à la naissance des ailettes; fragment d'un grand ciseau ou hache (?). avec appendices latéraux triangulaires tranchants.

Nombreux débris. Fragment d'un culot en forme de disque.

(La totalité de ce dépôt appartient au *Musée de la Société Polymathique du Morbihan.*)

Abbé Euzenot : Les instruments de bronze de Kerhar, en Guidel, *Bull. Soc. Polym. du Morbihan,* 1976, p. 109. *Pitre de Lisle du Dréneuc, loc. cit., Bull. Soc. Emul., Côtes-du-Nord,* 1883, pp. 141-145, n°s 9-10.

25. — *Noyal-Pontivy* (Le Couédic), mai 1908. Cinq haches à ailerons et à anneau latéral dont une à ailerons médians, et fragments de deux autres; quatre fragments de haches à douille; deux gouges à douille ronde; trois pointes de lances à douille; quatre fragments d'épées différentes; une pointe d'épée; deux pommeaux; un fragment de couteau ou de rasoir; deux bracelets massifs à section triangulaire renflés aux extrémités et fragment d'un troisième constitué par une tige plate; deux fragments d'un ou deux colliers ou torque de disque ou phalère à bossette muni d'une bélière; un fil de bronze; trois lingots; débris divers; fragment du vase. (*Coll. Aveneau de la Grancière,* château de Traveday, par Guérande.)

26. — *Questembert* (Le Parc-aux-Bœufs), 24 janvier 1863. A un kilomètre au nord de la ville, dans la lande de Parc-aux-Bœufs. Un grand vase en terre entouré d'une sorte d'enceinte en pierres sèches et recouvert d'un grand lingot formant couvercle, renfermait 38 kilos d'objets divers en bronze : nombreux fragments appartenant à au moins sept épées; un poignard; plusieurs pointes de lances à douille, l'une ornée de cercles sur la douille et sur les ailettes; une petite hache à talons et à anneau latéral et fragment d'une autre; une hache à douille ronde et à tranchant élargi et fragments d'autres haches du même type; une herminette à ailerons et à anneau; vingt haches ou fragments de haches à ailerons et à anneau; quatre rasoirs à un seul tranchant avec trous médians rapprochés du bord [...]sal. Un seul de ces rasoirs est intact; trois gouges à douille, une [...]me; un marteau à douille; treize boutons ou cônes de coulée, [...]nt encore adhérente la terre rouge du moule; huit cul[...]e pesant à eux seuls plus de 15 kilos; un objet en [...]en bronze en forme de croissant ayant un orifice [...]uni d'un trou de suspension à chaque extrémité. [...] pulvérulente. Un objet semblable, mais brisé [...]Calastrène). Celui de Questembert a disparu au [...]nbreux débris de moules en terre. (*Musée de* [...])

[...]idérations archéologiques sur les bronzes [...]e Questembert, *Bull. Soc. Polym. du* [...]ffisamment détaillé et accompagné de [...]*Pitre de Lisle* a donné la description détaillée des épées et poignard de Questembert dans les *Mem. Soc. Emul des Côtes du Nord*, 1883, pp. 141 à 145 et 148. Pour le surplus de la bibliographie, voir *Déchelette*, appendice I au manuel, t. II, p. 85.

Je rectifie, comme on l'aura remarqué, quelques indications erronées, entre autres celle concernant les moules qui sont à l'état de nombreux débris en *terre* (l'inventaire portait deux moules en bronze) ; le *Dr de Closmadeuc* avait à tort assimilé l'étui pendeloque et un bracelet creux, ouvert, renflé aux extrémités.

Haches a douille quadrangulaire et a anneau latéral.

27. — *Augan* (mamelon de Quénédan dépendant du manoir du Bois-du-Loup), 1820. Plus de 200 haches à douille quadrangulaire, à anneau latéral et à lame longue et étroite. (*Cayot-Delandre, Le Morbihan*, p. 305.)

28. — *Belz* (Kercadoret), 1888. 70 haches à douille quadrangulaire et à anneau latéral de 125 millimètres de longueur. Quelques-unes étaient ornées, d'autres étaient en bronze plombeux.

(16 au *Musée de la Société Polymathique*, dont une ornée de trois lignes en relief terminées par des points et 5 en bronze plombeux.) *Abbé Le Mené, Histoire des Paroisses du diocèse de Vannes*, t. I, p. 57. *Louis Marsille, Bull. Soc. Polym. du Morbihan*, 1913.

29. — *Belz* (Kerclément), 1886. 66 haches à douille quadrangulaire et à anneau latéral dont 3 ornées de lignes verticales et de globules. Dispersées. (Renseignement de *M. Z. Le Rouzic, du Musée Miln.*)

30. — *Belz* (Kerhuen), 1874. Haches à douille du même type que les précédentes réunies par un fil métallique passant dans l'anneau. (Renseignement du même.)

31. — *Bieuzy*. Haches à douille quadrangulaire en nombre inconnu. (Quelques-unes coll. *Aveneau de la Grancière.*)

Aveneau de la Grancière : Le Préhistorique et les époques gauloise, gallo-romaine et mérovingienne, Bull. Soc. Polym., 1902. p. 159.

32. — *Brandivy* (Castelguen), 1910. Dans un vase en terre, 30 grandes haches à douille quadrangulaire ornées sur les faces de lignes et de points en relief diversement combinés. (22 entières, et 4 ou 5 fragmentées au *Musée de la Société Polymathique.*)

33. — *Caden*. Haches en plomb en nombre inconnu. *Bull. Soc. Polym. du Morbihan*, procès-verbal, 1888, p. 30.

34. — *Le Faouët* (Kerauval), 1909. 14 haches à douille quadrangulair[illegible] un talus. (*M. Robic*, avocat à Lorient.)

Louis Marsille : Note sur quelques trouvailles de haches en br[illegible] *Polym. du Morbihan*, 1909, p. 145.

35. — *Kerfourn* (Governe). 31 haches à douille qu[illegible] latéral sans ornementation. (*Musée de la Société* [illegible] seignement de *M. J. Le Brigand.*)

36. — *Malguénac* (sur le bord de la route de Malguénac à Cléguérec), avant 1900. Une douzaine de haches à douille quadrangulaire. (Vendues par l'inventeur à un orfèvre de Pontivy.)

Aveneau de la Grancière : Le préhistorique et les époques gauloise, gallo-romaine et mérovingienne dans le centre de la Bretagne-Armorique, Bull. Soc. Polym. du Morbihan, 1901, p. 332.

37. — *Moréac* (Boëdic), vers 1894. 52 haches à douille quadrangulaire placées dans un vase en terre, en couches superposées et soigneusement rangées, la douille de l'une reposant sur le tranchant de l'autre.

(Dispersées dans la région de Moréac, Bignan, Locminé. Plusieurs au château de Kerguéhennec, une chez *M. Aveneau de la Grancière,* deux au *Musée de la Société Polymathique.*)

Aveneau de la Grancière : La cachette Larnaudienne de Boëdic, en Moréac, Bull. Soc. Polym. du Morbihan, 1909, p. 51.

38. — *Nivillac* (Branrue), 1869. 150 haches à douille quadrangulaire de deux dimensions : $0^{m},12$ et $0^{m},07$; les unes en plomb pur ; les autres en plomb additionné d'un peu de cuivre : dix parties de plomb et une partie de cuivre.

(*Musée de la Société Polymathique*, collections *P. du Bois-Chevalier, P. de Lisle, Rév. Greenwell*, à Durham, Grande-Bretagne, etc.)

Pitre de Lisle du Dréneuc : Découvertes de haches en Bretagne, Revue archéol., 1881, t. II, p. 337. *Louis Marsille : Le dépôt de haches en plomb de Branrue, en Nivillac, Bull. Soc. Polym.*, 1913. *Evans : L'âge du bronze*, p. 485, n'en cite qu'une dans la collection *Greenwell*, mais d'après *M. l'abbé Breuil*, il y en aurait plusieurs.

39. — *Pleucadeuc* (Kermarie-Gournava), 1913. 40 haches à douille quadrangulaire entières ou fragmentées, dont *23 en plomb pur, 17 en alliage fait de dix parties de plomb pour une partie de cuivre.* Une seule hache de ces dernières mesure $0^{m},07$, toutes les autres $0^{m},12$; 13 culots ou lingots de plomb pur ; une plaque (?) et deux culots en plomb allié à un peu de cuivre (collection *Louis Marsille*) ; une vingtaine d'autres haches ou fragments trouvés postérieurement ont été distribués par *M. E. Talvande* qui en a gardé une ; une à *M. P. de Lisle*, à Nantes.

Louis Marsille : Le dépôt de haches en plomb de Kermarie-Gournava, en Pleucadeuc. Bull. Soc. Polym., 1913.

40. — *Plœmeur* (Lanénec). Haches à douille quadrangulaire, du type le plus commun, en nombre inconnu.

(7 ou 8 brisées, furent portées à *M. le Commandant Le Pontois*, de Lorient, qui me communiqua ce renseignement.)

Louis Marsille : Dépôt de Lanénec, en Plœmeur, Bull. Soc. Polym., 1913.

41. — *Ploërmel.* 10 haches à douille quadrangulaire et à anneau latéral. (Une de ces haches avec baguette sous le col a été donnée par *M. de la Monneraye* à *M. Aveneau de la Grancière.*)

G. de Mortillet : Cachettes de l'âge du bronze en France, Bull. Soc. Anthr., Paris, 1894, p. 322.

42. — *Quéven* (Kerhor), 1822. Haches à douille quadrangulaire renfermant

chacune un petit lingot de plomb près de deux vases remplis de cendre brune, le tout caché sous une grosse pierre couchée près de deux autres petits blocs.

Louis Marsille : La cachette de Kerhor, en Quéven, Bull. Soc. Polym., 1915.

43. — L'appendice porte 573 : Quéven, 1856. 11 haches « fin du larnaudien ». *G. de Mortillet : loc. cit.*, p. 332.

(Est-ce un autre dépôt, ou se confond-il avec celui de Kerhor, sur lequel j'ai apporté plus haut quelques détails nouveaux ? Je ne peux rien affirmer.)

44. — *Riantec* (Toulan). Haches à douille quadrangulaire et à anneau latéral en nombre indéterminé (30 ou 40) vendues par l'inventeur, *M. Macé*.

45. — *Roudouellec* (Kerhon), mars 1896. Dans un vase en terre jaunâtre dentelé symétriquement sur le bord, un lingot pesant 5 kilos ; 170 haches à douille quadrangulaire de 0m,12 à 0m,13 de longueur, quelques-unes ornées de lignes avec points, ou de cercles avec point au centre.

(Beaucoup dispersées, quelques-unes coll. *A. de la Grancière* et coll *Le Norcy*, à Pontivy ; 5 ou 6 chez *Mme Dunot*, au Faouët.)

Aveneau de la Grancière : Cachette de fondeur découverte à Kerhon, en Roulec, Bull. Soc. Polym., 1896, p. 147.

Dépôts non classés. — 46. — *Hennebont* (Saint-Caradec), (Kerorch), 1902. Quatre culots de 2 à 3 kilogrammes chacun et de même forme ; plats d'un côté, bombés de l'autre trouvés sous un rocher plat.

(Deux chez *M. Louis Denoël*, à Hennebont ; deux autres déposés par *M. Cormier*, propriétaire du terrain, au *Musée d'Hennebont*.)

Louis Marsille : Dépôt de Kerorch, en Saint-Caradec-Hennebont, Bull. Soc. Polym., 1913.

47. — *Plougoumelen* (près le bourg). Plusieurs lingots de bronze furent exhumés du fond d'une petite excavation survenue après l'incendie des herbes d'une prairie située au nord du bourg.

L'instituteur en exercice en 1909, en possédait trois. Il me remit le moyen, du poids de 350 grammes. Le maire et le curé devaient en posséder chacun un autre.

Dépôts d'objets d'or. — 1. — *Plouharnel* (Rondossec). Deux colliers, larges rubans dont la partie centrale est divisée par des incisions horizontales, ont été trouvés dans un vase de terre déposé dans l'une des trois allées mégalithiques recouvertes par le tumulus de Roch-Guyon, à Rondossec, près Plouharnel. L'un de ces colliers est dans la coll. *Costa de Beauregard*, Paris ; l'autre au *Musée de Kernuz, près Pont-l'Abbé* (Finistère).

2. — *Roudouallec*. Deux bracelets ouverts, massifs, tige à section cylindrique légèrement renflée à ses extrémités et unie.

3. — *Erdeven*. Deux bracelets faits d'un ruban épais terminé aux extrémités par un crochet, sans ornementation.

4. — *Kervignac* (bois de Coëtmado, en Lothuern). Lingot d'or du poids de 1k,400. (Vendu à un horloger de Lorient.)

Moules. — L'inventaire des moules de l'âge du bronze découverts dans le Morbihan doit être rectifié et complété comme suit :

1. — *Saint-Dolay*. Moule en bronze pour haches à talons. (*Chantre : Age du bronze*, t. I, p. 32.)

2. — *Belle-Ile-en-Mer* (Bangor). Moule en bronze pour haches à talons sans eau.

3. — *Belle-Ile-en-Mer* (Bangor). Moule en bronze pour hache à talons et à anneau latéral.

(*Evans : Age du bronze*, p. 480. *Déchelette : Manuel I, appendice II*, p. 134.

4. — *Belle-Ile-en-Mer* (Bangor). Moule en bronze pour hache à ailerons. (Renseignement trouvé récemment dans les *Archives de la Société Polymathique.*)

5. — *Groix* (*Ile de*). Moule en bronze pour haches à ailerons. (*Musée de la té Polymathique du Morbihan.*)

(*Louis Marsille : Les dépôts de l'âge du bronze du Morbihan, Bul. Soc. Polym. u Morbihan*, 1913.

6. — *Questembert* (lande du Parc-aux-Bœufs). Nombreux moules en terre. *Musée de la Société Polymathique du Morbihan.*)

De Closmadeuc, Bull. Soc. Polym. du Morbihan, 1863, p. 10.

M. Charles MATTHIS,

Niederbronn-les-Bains

SIGNES RUPESTRES DE LA RÉGION DE NIEDERBRONN (DÉPARTEMENT DU BAS-RHIN)

571.71 (43.445)

27 Juillet.

I. Steinkopf. — Le *Steinkopf* est une montagne de 525 mètres de hauteur située au sud-est du château de Windstein, dans les Vosges septentrionales.

Voir les cartes pour cette partie de l'Alsace n° 3572 (de la triangulation feuille Lembach) et celle du Club-Vosgien Niederbronn-Wœrth et Bitche-Stürzelbronn.

Sur la pointe extrême nord-ouest du Steinkopf se trouve une grotte ouverte de l'ouest à l'est de 12 mètres de largeur, 4 à 6 mètres de profondeur et 1 à 3 mètres de hauteur. Dans la partie la plus abritée, on voit sur trois rayons de rochers superposés plus de 60 stries formant entre eux des dessins très variés (voir feuille I).

Leur fond à la forme longitudinale d'un V et d'U.

A l'entrée de cet abri qui se trouve à l'est, le sol est à une grande profondeur, mêlé de cendres de charbons de bois et de débris d'os calcinés, la roche effritée est roussie.

Près de cet abri furent trouvés en 1875, lors d'une coupe, plusieurs haches en pierre polie, un couteau ou double poignard en silex taillé (objets que j'avais présentés au Congrès de Strasbourg cet été).

Au nord-est du Steinkopf se trouvent d'autres abris sous roche et l'on voit des polissoirs et stries sur la crête du *Grüneberg*, du *Wittsberg* et du

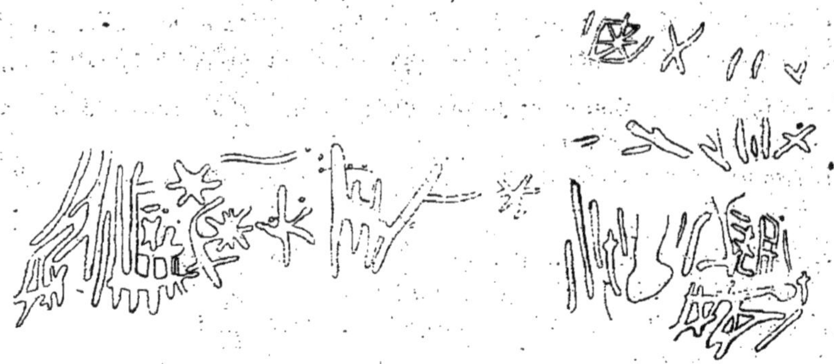

Fig. 1. — Pétroglyphes de Steinkopf, vallée de Windstein (canton de Niederbronn) (Bas-Rhin).

Lindenkopf. Près des stries de ce dernier abri j'ai trouvé, dans le sol, un outil en grès très dur avec des stries et dont la forme arquée s'adaptait dans le modèle.

II. Muckenthal. — Rocher à polissoirs de la Hohle-Hœhle (*Muckenthal*) à Dambach. Le versant méridional du Hohenfelser Schlossberg et le sommet de cette montagne de 300 mètres d'altitude à l'ouest du village de Dambach, près de Niederbronn (voir les cartes précédemment indiquées) est couverte d'énormes rochers en grès rouge qui, la plupart, sont remarquables par leurs grottes (peu profondes), mais donnant un abri suffisant à l'homme qui y séjournait. Il a laissé d'ailleurs des traces de son passage dans le rocher même.

La grotte percée que l'on voit de fort loin du village possède un magnifique polissoir (*fig. 2*) posé en plan incliné sur une autre roche et laissant

Fig. 2. — Rocher Polissoir, rocher creux du Mukenthal à Dambach (canton de Niederbronn, Bas-Rhin).

une place pour l'ouvrier. Ses 40 stries, toutes longitudinales, très caractéristiques, sont merveilleusement conservées (grâce à l'isolement de l'endroit et à la grande difficulté d'y parvenir).

III. Burgberg. — Toute aussi intéressant est le polissoir du *Burgberg* (montagne du château) situé sur le versant est de la grotte précédemment citée.

FIG. 3. — A banc à polissoir, B graffiti de l'abri sous roche du Burgberg à Dambach (canton de Niederbronn, Bas-Rhin).

Ici également on voit de nombreux graffiti longs, larges, profonds, prenant toutes les formes et un espace libre de $0^{m},50$ entre le bloc et l'abri à cet endroit se remarque l'image gravée A *(fig. 3)*.

IV. Lindenberg. — Au sud-est de Neunhoffen, entre ce village et le hameau de Neudoerfel, se trouve le Lindenberg de 376 mètres de hauteur.

D'énormes rochers, que l'on voit de fort loin, couvrent la crête où l'on

FIG. 4. — Lindenberg près de Neunhoffen-Neudœrfel (canton de Niederbronn) (Bas-Rhin).

arrive par un chemin forestier prenant à droite à 200 mètres d'une croix posée de ce côté de la route (direction de l'Est). Le premier abri sous roche que l'on rencontre garantit les graffiti de la figure 4.

Le système pour employer les eaux reçues par le côté ouest battu par la pluie n'y est pas moins curieux que ses nombreuses stries.

V. Armersberg. — Les abris de l'Armersberg se trouvent au-dessus du village d'Obersteinbach dans un lieu entièrement écarté, ignoré, où nul chemin conduit.

L'Armersberg est à une altitude de 460 mètres et les rochers, cachan les plus belles stries, sont voisins de la frontière du Palatinat.

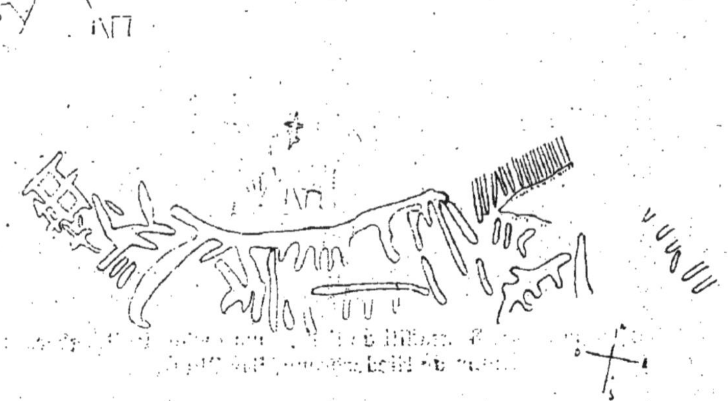

FIG. 5. — Armersberg près d'Obersteinbach (arrondissement de Wissembourg) (Bas-Rhin).

Toutefois la série de mégalithiques qu'on longe présentent généralemen des preuves de séjour prolongé, pierres effritées par le feu, terre mêlée d charbon et de cendres.

Les graffiti de la figure 5 se trouvent au pied de l'abri et sont orient vers le Sud.

VI. Le Vatersthal. — La grotte du Vatersthal se trouve à l'extrémité septentrionale de cette vallée profonde et enserrée de montagnes dépassant 400 mètres et formant la frontière de notre pays avec le Palatinat.

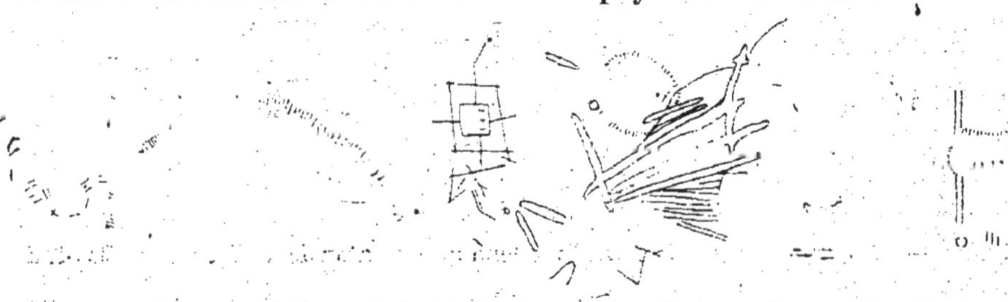

FIG. 6. — Grotte du Vatersthal, 3 kilomètres à l'est de Stürzelbronn (Moselle) région de Niederbronn.

Le site où se trouve cet abri est d'une beauté sauvage; pêche, chasse, pâture en abondance où l'homme était absolument isolé du monde.

Le rocher supérieur formant abri s'ouvre en éventail de 20 mètres d'envergure orientée vers le Sud où coule, à 20 mètres de profondeur, un ruisseau; les graffiti couvrent le sol de la grotte.

M. A. DE MORTILLET,
Professeur à l'École d'Anthropologie.

LE DOLMEN D'ANTEQUERA (ANDALOUSIE)

571.94 (46.81)

28 Juillet.

La péninsule hibérique possède, comme la France, de nombreux monuments mégalithiques. Ceux du Portugal sont depuis longtemps connus des préhistoriens, grâce aux travaux des savants de ce pays. Il en existe dans toutes les provinces, depuis l'Algarve, au sud, jusqu'au Minho et au Tras-Montes, au nord.

Suivant toute apparence, l'Espagne n'est pas moins riche en monuments de ce genre, mais leur étude a été jusqu'à ces dernières années quelque négligée. Il semble y en avoir à peu près partout, sauf peut-être dans les fs montagneux et sur les plateaux élevés du centre, particulièrement les Castilles. On en a signalé en Galice, dans les Asturies, dans la rovince de Santander, dans les Pays Basques, dans la Navarre, en Aragon, en Catalogne, dans le royaume de Valence, en Estremadure et en Andalousie.

C'est dans cette dernière région, où ils sont assez abondants, que se trouve le plus beau et le plus grand dolmen connu, celui d'Antequera.

Située dans la vallée du Guadalhorce, à 500 mètres d'altitude, Antequera, l'antique *Anticaria*, est une très ancienne ville, qui possède encore es restes de constructions romaines. Ses maisons s'étagent au pied d'une colline escarpée que courone un *Castillo* construit par les Arabes, imposante forteresse aux multiples tours, dans laquelle sont conservées des armes et des armures mauresques.

En sortant de la ville, vers l'est, on rencontre à environ un kilomètre, sur le bord du chemin qui conduit à Archidona, une légère éminence naturelle de terrain sur laquelle repose un vaste tumulus ne mesurant pas moins de 30 mètres de diamètre. Ce tertre artificiel recouvre une belle allée couverte, nommée dans le pays : *Cueva de Menga* ou *de Mengal*.

On ignore l'origine et la signification de ces derniers mots, qu'on suppose empruntés à la langue des Gitanos. *Don Manuel de Assas* rapporte dans le *Semanario Pintoresco*, année 1857, que les deux mots « Menga Mengal », se retrouvent, accolés, dans une chanson bohémienne touchant un autre mégalithe andalou, un menhir haut de 3m,40, situé aux environs de Baena. Il se pourrait fort bien que ce soit là le nom de quelque vieux géant légendaire maniant avec autant de facilité que Gargantua les blocs les plus volumineux.

Le dolmen d'Antequera a été visité dès 1842 par *Don Rafael Mitjana y Ardison*, architecte à Malaga, qui fut le premier à le signaler à l'attention des archéologues dans un mémoire paru cinq ans après (1).

Depuis cette époque, il a été souvent cité et décrit. Les publications en différentes langues dans lesquelles il en est question sont malheureusement, pour la plupart, l'œuvre d'auteurs ne l'ayant pas vu ou ne l'ayant examiné que d'une manière assez superficielle. Aussi les renseignements qu'elles fournissent sont-ils en général d'une exactitude peu rigoureuse, et même parfois contradictoires.

Il en existe, en revanche, une excellente représentation, due au talent de l'architecte français *Henri Nodet*. Elle consiste en un grand tableau à

Fig. 1. — Vue de l'entrée du dolmen d'Antequera, province de Malaga.

l'aquarelle et au lavis, contenant un plan, des coupes, ainsi que des vues de l'intérieur et de l'extérieur du monument. C'est d'après cet intéressant document, qui appartient aujourd'hui au Musée archéologique national de Madrid, qu'ont été faites les figures que j'ai dessinées pour l'ouvrage d'*Émile Cartailhac* sur : *Les âges préhistoriques de l'Espagne et du Portugal* (1886).

Ayant eu, en 1913, l'occasion de voir ce remarquable monument, j'ai pu le mesurer dans tous les sens et en dresser un plan plus complet que ceux qui ont été jusqu'à présent publiés.

(1) *Memoria sobre el templo druida hallado en las cercanias de Antequera*. Malaga, 1847.

La *Cueva de Mengal* se compose d'une belle et spacieuse chambre précédée d'un couloir d'accès. Sa longueur totale actuelle, depuis l'entrée du vestibule jusqu'à la paroi du fond de la chambre, est de $25^{m},37$. La chambre mesure intérieurement $16^{m},24$ de longueur sur $5^{m},50$ de plus grande largeur et $3^{m},20$ de plus grande hauteur. Elle n'a pas une forme tout à fait rectangulaire; ses parois latérales sont légèrement cintrées, celle de gauche un peu plus fortement que celle de droite. Au point de contact avec le vestibule, la chambre se rétrécit et n'a plus que $2^{m},20$ de largeur. Le vestibule, qui a peut-être été primitivement plus long, n'a maintenant qu'une longueur ne dépassant guère 9 mètres, et sa largeur varie de $1^{m},92$ à $3^{m},05$.

Dans son ensemble, le monument comprend : vingt-cinq supports, cinq tables et trois piliers, soit en tout trente-trois pierres de fortes dimensions. Parmi les supports, quinze forment les parois de la chambre (sept de chacun des grands côtés et un au fond). Les dix autres supports, disposés aussi en nombre égal de chaque côté, font partie du vestibule. Quatre de ces pierres dressées, les deux premières de droite et de gauche (N°s 19 à 22), moins élevées que leurs voisines, ne semblent pas être dans la position qu'elles occupaient anciennement. Elles ont probablement été déplacées récemment pour dégager et régulariser l'entrée. Les grandes tables qui constituent le plafond recouvrent l'allée sur une longueur d'environ vingt et un mètres. Quant aux piliers dressés dans l'axe de la chambre afin de donner plus de solidité à la construction, ils sont tous les trois très ingénieusement placés au-dessous des jointures des tables, de sorte que chacun sert à la fois d'appui à deux d'entre elles.

Tous les matériaux qui entrent dans la construction du monument sont en calcaire dur et compact, d'origine jurassique selon quelques auteurs; mais, d'après *Mitjana*, ce serait un calcaire tertiaire, provenant du lieu dit le *Calvario*, distant d'un kilomètre à peine.

Ces pierres portent presque toutes des traces plus ou moins reconnaissables de travail. Les grandes dalles verticales, notamment, ont leur face antérieure, la seule visible, assez soigneusement aplanie. Le reste semble avoir été laissé à l'état brut. Les piliers médians sont grossièrement équarris, bien que leur forme, carrée ou rectangulaire, ne soit pas d'une très grande régularité.

Le monument est orienté, dans son grand axe, de l'*Ouest-Sud-Ouest* à l'*Est-Nord-Est*, l'entrée regardant l'*Est-Nord-Est*.

Quelques chiffres donneront une idée de son importance. La chambre couvre à elle seule une surface de 67 mètres carrés, et son volume intérieur est d'environ 200 mètres cubes. Les blocs de pierre qui la composent sortent aussi des proportions ordinaires, comme l'indiquent les mesures que nous avons pu prendre (voir les tableaux qui se trouvent à la fin de l'article). Ces mesures ne rendent même qu'imparfaitement compte de la grandeur des pierres, mais on est obligé de s'en contenter, car il n'est pas

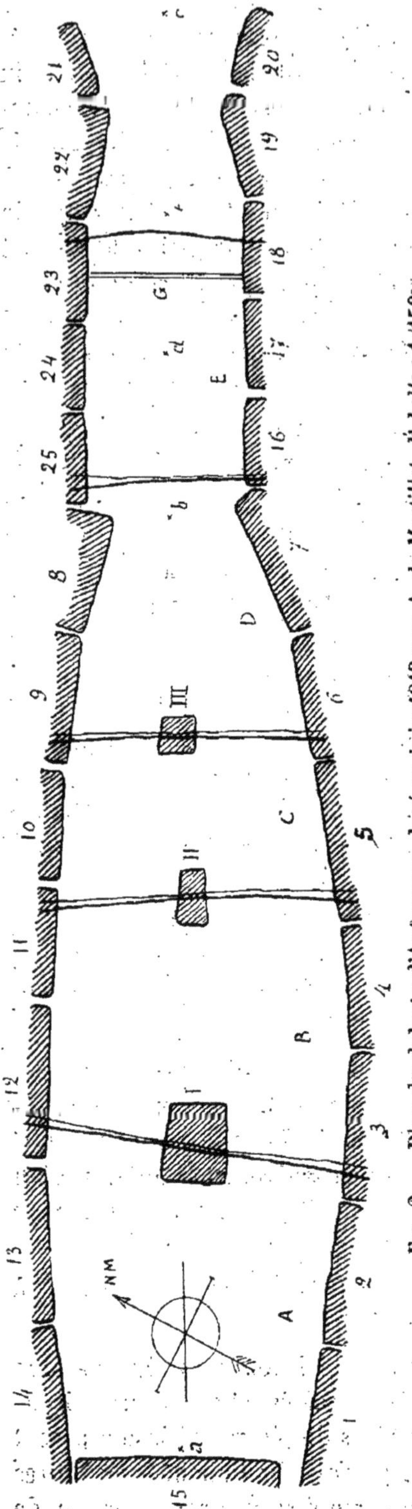

Fig. 2. — Plan du dolmen d'Antequera, levé en juin 1913 par *A. de Mortillet. Échelle* : 1/150e.
Légende. — 1 à 15 : supports de la chambre ; 16 à 25 : supports du vestibule ; A à E : tables de recouvrement ; I à III : piliers médians ; G : grille en fer.

possible de relever exactement toutes leurs dimensions, le dolmen étant encore presque totalement engagé dans les terres du tumulus qui le couvre.

Suivant *Mitjana*, les supports ont leur base enterrée de 1 mètre à 1m,25. Ceux du fond de la chambre auraient donc plus de 4 mètres de hauteur L'épaisseur des dalles des parois et de la couverture serait d'au moins 1 mètre. Dans la partie la plus épaisse de la table qui est à l'entrée du vestibule (E), elle atteindrait 1m,80. La plus grande table, celle du fond de la chambre (A) mesurerait 7m,50 sur 6m,30, d'après *Mitjana*, et même 8 mètres sur 6m,50, d'après *Charles Lucas* (1) ; ce qui, avec une épaisseur de 1 mètre, représenterait un volume de 50 mètres cubes et un poids de 100.000 kilogrammes.

Des fouilles, entreprises dans le dolmen par *Mitjana*, n'ont abouti à aucun résultat. Il ne rencontra à l'intérieur du monument qu'un remplissage moderne, mais pas le moindre ossement humain, ni le moindre objet d'industrie pouvant fournir une utile indication sur son âge. Vidée depuis longtemps de son contenu primitif, la chambre semble avoir été ensuite utilisée comme cave ou comme étable de la maison dont on voit les restes en mauvaise maçonnerie sur le petit plâteau qui couronne le tumulus. C'est sans doute à cette époque ainsi que le pense *Édouard*

(1) *Comptes rendus de la Société française de Numismatique et d'Archéologie*, t. II, 1870, p. 319.

Harlé (1), que l'ouverture qui se trouve au bout de la chambre a été pratiquée, afin d'établir une communication directe entre l'habitation et le caveau. Ce trou, visible sur la photogravure ci-jointe (*fig.* 1), a, comme le dit *Harlé*, la forme d'un carré irrégulier de 1 mètre, obtenu en brisant l'angle supérieur de droite du support qui ferme le fond de la chambre ; ses deux côtés libres sont bornés par la dalle verticale voisine et la table de couverture.

Signalons finalement un détail dont personne n'a jusqu'ici fait mention. Il s'agit de deux petites niches rectangulaires, creusées en face l'une de l'autre dans les piliers II et III, à 1m,40 au-dessus du sol de la chambre. Ces cavités, qui paraissent avoir été destinées à recevoir les extrémités d'une pièce de bois permettant l'établissement d'une cloison, sont selon toute apparence bien postérieures à la construction du dolmen. Elles doivent dater de l'époque où ce dernier a servi à des usages domestiques.

Classée comme « Monument National », la *Cueva de Mengal* est actuellement entretenue avec soin et fréquemment visitée. Une légère grille en fer en clôt l'entrée.

Mesures du dolmen d'Antequera.

I. — Supports de la Chambre.
(Largeur mesurée à la base.)

Nos		Mètres	Nos		Mètres
1.	Paroi de gauche, plus de	2 »	9.	Paroi de droite	2,30
2.	—	2,40	10.	—	1,90
3.	—	2,58	11.	—	1,85
4.	—	2,12	12.	—	2,75
5.	—	2,95	13.	—	2,70
6.	—	2,15	14.	— plus de	2,30
7.	—	2,75	15.	Fond de la chambre	3,70
8.	Paroi de droite	2,10			

II. — Supports du Vestibule.
(Largeur mesurée à la base.)

Nos		Mètres	Nos		Mètres
16.	Paroi de gauche	1,62	21.	Paroi de droite	1,35
17.	—	1,70	22.	—	2 »
18.	—	1,76	23.	—	1,87
19.	—	1,84	24	—	1,50
20.	—	1,50	25.	—	1,70

III. — Tables de Recouvrement.
(Largeur mesurée dans l'axe de la galerie.)

	Mètres		Mètres
A. — Plus de	5,50	D.	4,30
B.	4,20	E.	4,20
C.	2,80		

(1) *Matériaux pour l'histoire de l'homme*, 1887, p. 80.

IV. — Piliers.

(Largeur des côtés à la base.)

Mètres.

I. — 1,10 — 1,26 — 1,22 — 1,30;
II. — 0,45 — 0,90 — 0,57 — 0,90;
III. — 0,52 — 0,60 — 0,62 — 0,60.

V. — Dimensions de la Chambre.

(Mesures prises à l'intérieur.)

	Mètres
Longueur, du support du fond (N° 15) au pilier I	4,80
— entre les piliers I et II	3,12
— entre les piliers II et III	2,08
— du pilier III à l'entrée de la chambre	3,45
— totale (de *a* à *b*)	16,24
Largeur, au fond (en *a*)	4,20
— au pilier I	5,50
— au pilier II	4,82
— au pilier III	4,15
— à l'entrée de la chambre (en *b*)	2,20
Hauteur, au fond de la chambre, entre les supports 1 et 14	3,20

VI. — Dimensions du Vestibule.

(Mesures prises à l'intérieur.)

	Mètres
Longueur de l'entrée de la chambre à la grille (de *b* à G)	4,13
— de la grille à l'extrémité du vestibule (de G à *c*)	5 »
— totale (de *b* à *c*)	9,13
Largeur, à l'entrée du vestibule (en *c*)	3 »
— entre les supports 19 et 22	1,92
— à la grille, entre les supports 18 et 23	2,73
— entre la grille et l'entrée de la chambre, du support 17 au support 24 (en *d*)	3,05
Hauteur, à la grille (en G)	2,35

M. LE Dr LUCIEN MAYET,

Docteur ès-sciences, Chargé de cours d'anthropologie et paléontologie humaine à l'Université de Lyon.

CORRÉLATIONS GÉOLOGIQUES ET ARCHÉOLOGIQUES DES TEMPS QUATERNAIRES

571 (12.3)

27 Juillet.

En présentant à la Section d'Anthropologie le volume qui résume les recherches poursuivies avec mon ami et collaborateur *Jean Pissot*, à La Colombière, près Poncin (Ain), en 1913-1914, j'avais l'intention de dire quelques mots de l'intérêt présenté par ce gisement au point de vue de la chronologie géologique et archéologique du Quaternaire. Plusieurs de nos collègues m'ont demandé d'élargir le cadre de cette communication et d'exposer l'état actuel de cette dernière question. Elle tient, en effet, en tête du programme des travaux de notre section, et il m'est tout à fait agréable de déférer au désir exprimé.

Jusqu'à maintenant, la grande place occupée par les phénomènes glaciaires dans la succession des temps quaternaires a fait prendre comme base de la chronologie du Pléistocène d'Europe à peu près exclusivement les différentes phases d'avancement ou de retrait des glaciers issus du massif alpin ou du massif scandinave. En regard des glaciations — phases d'extension glaciaire — et des interglaciations — phases de régression glaciaire — on a placé les faunes quaternaires d'une part, et, d'autre part, les acquisitions faites dans le domaine de la paléontologie humaine, de l'archéologie préhistorique. Ainsi s'est trouvée constituée une série de divisions dont chaque élément reste encore plus ou moins discuté et dont les corrélations sont loin d'être établies de façon à obtenir une approbation unanime.

Au cours des deux dernières années, dans une suite de « notes » publiées s les comptes rendus de l'Académie des Sciences, un savant d'une ommée mondiale, *Ch. Depéret*, a exposé une vaste synthèse dont les

(1) Lucien MAYET et J. PISSOT. *Abri sous roche préhistorique de La Colombière, près n (Ain)*. Un volume in-8° de 206 pages, avec 102 figures dans le texte et 25 planches hors texte comprenant 684 figures. *Annales de l'Université de Lyon*, 1915. REY et Cie, éditeurs, Lyon.

éléments lui ont été fournis par une connaissance approfondie des dépôts marins et des terrasses jalonnant les vallées fluviales. Les travaux analytiques ayant permis cette synthèse portent les noms de *Depéret*, *Gignoux*, *de Lamothe*, *Kilian*, *de Stéfani*, *Commont*, *Chaput*, etc. Les faits mis en lumière modifient ou précisent les données anciennes et entraînent, sur bien des points, une conception nouvelle de la géologie du Quaternaire comme de ses rapports avec les industries paléolithiques.

***

Il ne saurait être question d'entrer ici dans la discussion des travaux publiés par les glaciairistes depuis un demi-siècle. Certains, déjà anciens — par exemple, les publications de *Falsan* et *Chantre* — délimitent une seule extension des glaciers alpins alors que les premières recherches de *Geikie* aboutissaient à six périodes glaciaires et à cinq phases interglaciaires. Entre ces chiffres extrêmes, tous les intermédiaires

Aujourd'hui, on s'appuie plus spécialement sur les recherches de *Du Pasquier*, de *Penck*, puis de *Penck* et *Bruckner*, de *Depéret*, de *Kilian*, se rapportant à l'époque glaciaire dans les Alpes. C'est, en effet, dans la région périalpine que peuvent être étudiés, avec les vues les plus nettes, les « complexes fluvio-glaciaires », leurs formations morainiques (vallum, amphithéâtres, etc.), leurs nappes d'alluvions subordonnées (cônes de transition et terrasses constituant celles-ci). Dans les vallées de cette même zône périalpine, on peut voir s'étager une série de terrasses : les plus élevées au-dessus du thalweg actuel se rattachent aux *moraines externes* (les plus éloignées du centre du massif alpin) qui marquent le maximum de l'extension glaciaire et qui sont plus anciennes; les plus basses, c'est-à-dire les plus rapprochées du niveau actuel de la rivière, se relient aux moraines internes (= moraines en dedans des précédentes, plus rapprochées du centre du massif alpin) qui témoignent d'une extension moindre des glaciers et qui sont plus récentes.

Les mêmes constatations peuvent être faites, avec peut-être encore plus de netteté, dans certaines vallées des Pyrénées.

On peut relever, en outre, quatre *nappes de cailloutis* étagées à quatre niveaux différents et se reliant à quatre formations morainiques distinctes (celles-ci séparées quelquefois par d'assez grandes distances ou de notables différences d'altitude). Ces quatre couches de graviers correspondent à quatre glaciations différentes : *alluvionnement* glaciaire. Pendant la première phase de chaque interglaciation, s'est produit un *creusement* plus ou moins intense, mais toujours rapide, par les eaux abondantes nées de la fonte des glaces et établissant leur lit dans le cailloutis glaciaire.

De chaque côté du cours d'eau actuel, contre les pentes de sa vallée, peut persister une partie de la nappe de graviers non entamée et non entraînée par les eaux : ainsi se trouve constituée la *terrasse*, témoin de la surface topographique constituée au cours de la précédente glaciation et se trouvant reliée aux moraines de celle-ci.

Se rattachent, en amont, aux moraines externes, les terrasses de 50-60 mètres ;

aux moraines intermédiaires, les terrasses de 35 mètres :

aux moraines internes, les terrassses de 18-32 mètres ;

Ces altitudes étant prises au-dessus du thalweg actuel et dans les grandes vallées, en avant des pentes souvent très fortes, des cônes de transition glaciaires.

A chaque glaciation correspond donc une valeur différente du creusement de la vallée des cours d'eaux issus des glaciers de cette période (Depéret). Ainsi se trouve mis en évidence un ensemble de repères précieux pour diviser l'époque glaciaire quaternaire, c'est-à-dire la plus grande partie du Pleistocène d'Europe.

Par *Penck*, ont été donnés, aux quatre grandes phases d'extension des glaciers, aux quatre *glaciations*, les noms suivants :

I. — Première et plus ancienne période glaciaire, celle dont les moraines sont à l'origine des « *cailloutis des plateaux* ou graviers *anciens des hauteurs* », en général à 100 mètres au-dessus du fond actuel des vallées — glaciation de *Günz* ou *Günzien*, du nom d'un affluent du Danube, entre Ulm et Augsbourg.

II. — Deuxième période glaciaire, celle dont les moraines sont reliées aux « *graviers récents des hauteurs* », en général à 60 mètres au-dessus du fond actuel des vallées — glaciation de *Mindel* ou *Mindelien*, du nom d'un autre affluent du Danube.

III. — Troisième période glaciaire, celle dont les moraines ont, comme dépendance, les « graviers de la haute terrasse », en général à 30-35 mètres au-dessus du fond actuel des grandes vallées — glaciation de *Riss* ou *Rissien*, du nom d'un affluent de l'Isar.

IV. — Quatrième période glaciaire, celle dont les moraines sont en rapport avec les « graviers de la basse terrasse », en général à 18-22 mètres au-dessus du fond actuel des grandes vallées — glaciation de *Würm* ou *Würmien*, du nom d'une rivière coulant dans la plaine de Munich, en Bavière.

Entre ces quatre périodes d'extension des glaciers quaternaires, quatre périodes de régression de ceux-ci, dites périodes interglaciaires ou interglaciations :

1° Interglaciation *Günz-Mindel;*

2° Interglaciation *Mindel-Riss;*

3° Interglaciation *Riss-Würm;*

4° Post-glaciaire (1).

La *glaciation de Günz* n'a laissé que des traces peu importantes, aujourd'hui représentées par peu de chose et ne se retrouvant guère au-delà des vallées alpines. Vraisemblablement, ce fut la glaciation la moins étendue.

La *glaciation de Mindel* a été, de beaucoup, la plus considérable. Ses moraines sont les plus externes, les plus éloignées du centre du massif alpin. Elles marquent le maximum de l'extension glaciaire.

La *glaciation de Riss* a des moraines en retrait des précédentes et celles-ci sont loin d'avoir atteint les altitudes élevées des moraines mindéliennes. Le glacier rissien est resté au bas des pentes franchies par les glaces dans la période précédente.

La *glaciation de Würm* a laissé des moraines « fraîches », bien conservées, à éléments à peine altérés. C'est la période la plus récente, avec les moraines les plus internes et une nappe de cailloutis qui n'est jamais recouverte de lœss.

En arrière des moraines würmiennes se trouvent tout un ensemble de formations morainiques limitées, moraines stadiaires qui marquent les oscillations de retrait des glaciers jusqu'à leur limite actuelle (moraines *néo-würmiennes*, de l'oscillation d'*Achen*, du stade de *Bühl*, du stade de *Gschnitz*, du stade de *Daun*, etc.).

La question étant ainsi précisée au point de vue géologique — encore que beaucoup continueront à regarder comme d'âge rissien (doctrine erronée de *Penck* et *Bruckner*) les moraines mindéliennes qui sont les plus externes sur le pourtour des Alpes occidentales — il faut mettre en place les divisions archéologiques correspondant aux phases géologiques. Ce n'est pas chose aisée en raison de l'absence de documents probants et l'on pourrait presque dire : autant d'auteurs, autant d'opinions différentes. Les discuter n'entre pas dans le cadre de la présente communication et, pour les exposer, les tableaux suivants seront suffisants.

(1) Le Post-glaciaire peut être envisagé comme une dernière phase interglaciaire, surtout si on admet, avec M. Kilian, une courte glaciation *néo-Würmienne*, très réduite d'ailleurs, ayant précédé les stades de régression définitive.

Tableau de A. Penck, 1903.

I. Glaciation ou *Günzien* :
1° Interglaciation : Günz-Mindel.

II. Glaciation ou *Mindelien* :
2° Interglaciation : Mindel-Riss . . . . Chelléen.

III. Glaciation ou *Rissien* . . . . Moustérien froid.
3° Interglaciation : Riss-Würm :
a) à faune chaude . . . . Moustérien chaud
b) à faune de steppes. . . . . Solutréen.

IV. Glaciation ou *Würmien*.
Post-glaciaire :
a) Oscillation d'Achen.
b) Stade de Bühl. . . . . Magdalénien.
c) Stade de Gschnitz.
d) Stade de Daun.

Tableau de M. Boule, 1908.

GÜNZIEN :
1° Interglaciaire.

MINDÉLIEN :
2° Interglaciaire.

RISSIEN :
3° Interglaciaire . . . . Chelléen.

WÜRMIEN . . . . Moustérien.
Post-glaciaire . . . . Solutréen.
Magdalénien.

Tableau de H. Obermaier, 1909.

I. Époque glaciaire :
1° Période interglaciaire.

II. Époque glaciaire :
2° Période interglaciaire.

III. Époque glaciaire :
3° Période interglaciaire.
a) A faune chaude . . . . Chelléen.
b) A faune de steppe . . . . Acheuléen,
Moustérien ancien

IV. Époque glaciaire . . . . Moustérien.
Post-glaciaire . . . . Aurignacien.
Solutréen.
Magdalénien.

Tableau de L. Mayet, 1919 (1).

	NÉOLITHIQUE
	Azilien
(Glaciation néo-Wurmienne). Post-glaciaire (4e période de régression des glaciers).	Magdalénien récent Magdalénien Magdalénien ancien } Solutréen Aurignacien récent } Solutréen
Glaciation de Würm (4e période d'extension des glaciers).	Aurignacien Aurignacien ancien Moustérien récent
Interglaciation Riss-Würm (3e période de régression des glaciers).	Moustérien Moustérien ancien Fin de l'Acheuléen
Glaciation de Riss (3e période d'extension des glaciers).	Acheuléen Fin du Chelléen
Interglaciation Mindel-Riss (2e période de régression des glaciers).	Chelléen Préchelléen?

Ce dernier tableau résume notre enseignement sur ce point des corrélations géologiques-archéologiques quaternaires. Il nécessite les deux remarques suivantes :

Le *Moustérien* se place en partie dans l'interglaciation Riss-Würm. On objectera qu'alors le Moustérien à faune froide se trouve commencer dans une période interglaciaire. Mais, dans divers gisements, à Villefranche notamment — le Moustérien ancien se rencontre associé à une faune chaude à *Rhinoceros Mercki* et si une période interglaciaire suppose un réchauffement climatérique dans sa première partie (fonte et retrait des

(1) Enseignement de l'année 1919-1920 à la Faculté des Sciences de Lyon.

glaces, phase de creusement rapide des vallées...) une nouvelle extension glaciaire est, nécessairement, la conséquence d'une phase froide et surtout humide pendant la moitié ou les deux tiers terminaux de la période interglaciaire — et cela répond bien à ce que l'on peut constater pendant la longue évolution des industries et de la faune moustériennes.

Le *Solutréen* est une industrie en quelque sorte collatérale, ayant évolué en même temps que se succédaient les dernières phases de l'Aurignacien et les premiers termes du Magdalénien. Lorsqu'on rencontre l'industrie solutréenne, elle se place entre l'Aurignacien et le Magdalénien. Lorsqu'elle fait défaut — et c'est le cas de nombreuses stations non occupées par les tribus à culture solutréenne — le Magdalénien ancien succède directement à l'Aurignacien récent par évolution graduelle des formes industrielles.

Pour en terminer avec cet exposé de ce qu'on pourrait appeler les notions jusqu'ici classiques, il me semble utile de présenter le calque rapidement fait d'un graphique publié l'année dernière par *W. Soergel*, de Tübingen, à la fin d'un ouvrage que vient de me communiquer mon excellent ami le professeur *Gignoux*, Directeur de l'Institut de Géologie de Strasbourg. Il concorde en grande partie avec les données que nous avons personnellement établies à l'aide d'éléments différents et sans envisager les différents niveaux du lœss qui tiennent une si grande place dans la géologie du Pléistocène de l'Allemagne.

Tableau graphique représentant la dernière glaciation alpine en parallèle avec la succession des industries paléolithiques du Moustérien au Magdalénien, d'après *Soergel* (1).

Comment se trouve modifiée ou complétée cette chronologie du Quaternaire par les travaux récents de *Ch. Depéret* et de ses élèves? Cette question représente la seconde partie de la présente communication.

*
* *

» La période *quaternaire* ou *pléistocène*, bien que la plus récente des temps géologiques, est celle dont la classification est encore, à l'heure actuelle, la plus obscure et la moins définitive..., dit M. *Depéret* (2).

» C'est d'ailleurs un problème complexe dans lequel il est nécessaire de faire intervenir à la fois :

1° La chronologie des dépôts marins;

2° Les phénomènes de creusement des vallées et la formation des terrasses fluviales;

3° Les phénomènes glaciaires;

---

(1) Ce graphique ne pouvant être reproduit ici, le consulter dans l'ouvrage de SOERGEL. Lösse, Eiseiten und paläolithische Kulturen. In-8°, 180 pages, Iéna, Fischer.

(2) Cf. Essai de coordination chronologique générale des temps quaternaires. In *Comptes rendus des séances de l'Académie des Sciences*, 25 mars 1918, 22 avril 1918, 3 juin 1918, 16 septembre 1918, 16 décembre 1918, 5 mai 1919, 19 janvier 1920, 26 juillet 1920.

4° La succession des faunes d'animaux terrestres;

5° Enfin, les faits de paléontologie humaine et d'archéologie préhistorique.

» Pour tenter une coordination chronologique entre ces divers éléments, il convient d'abord de faire un *choix de principe* entre les divers critériums et je suis logiquement amené à appliquer au Quaternaire la méthode de classification qui a prévalu pour toutes les autres époques géologiques, en donnant la prépondérance aux caractères fournis par les dépôts marins ».

Jusqu'ici, on avait cherché la raison d'être des terrasses uniquement en amont, dans l'avancée ou le recul des appareils glaciaires. M. *Depéret* montre qu'il convient de faire une large place aux oscillations — pendant le Quaternaire — du niveau de base de la Méditerranée, de l'océan Atlantique, de la mer du Nord. Ce niveau de base s'est abaissé ou relevé et a provoqué le creusement ou le remblaiement des vallées par les fleuves cherchant leur profil d'équilibre. *Aux influences d'amont doivent être associées les influences d'aval dans la formation des terrasses alluviales.*

Aucune mer n'a été mieux étudiée au point de vue des dépôts quaternaires et ne se présente dans de meilleures conditions d'observations que la Méditerranée occidentale. Une série de lignes de rivage s'emboîtent en gradins, à des altitudes différentes, et permettent une division par étages :

4° *Étage Monastirien.* — Nom tiré de la ville de Monastir (Tunisie) bâtie sur un plateau étendu appartenant à cet horizon — qui correspond à la ligne de rivage de 18-20 mètres au-dessus du niveau actuel. Cette ligne de rivage se relie à la terrasse de 20-22 mètres elle-même en rapport avec les moraines du glacier *würmien.*

3° *Étage Thyrrhénien* — nom proposé par Issel pour désigner les couches à *Strombus mediterraneus* — horizon remarquablement caractérisé par la migration dans la Méditerranée d'une faune chaude. Ces couches à Strombes correspondent à la ligne de rivage de 28-30 mètres = terrasse de 30-35 mètres = *Rissien.*

2° *Étage Milazzien* — nom tiré de la péninsule de Milazzo, sur la côte nord de la Sicile — dont la faune indique une mer à température sensiblement plus chaude que la Méditerranée actuelle, intermédiaire entre la mer sicilienne et la mer encore plus chaude des couches à Strombes. Correspond à la ligne de rivage de 55-60 mètres = terrasse de 60 mètres = *Mindelien.*

1° *Étage Sicilien* — dont le type est dans l'ancien golfe de Palerme (Conque d'Or) — correspond à la ligne de rivage de 90-100 mètres = terrasse de 100-110 mètres = *Günzien,*

Les lignes de rivage aux altitudes de 20 mètres, 30 mètres, 60 mètres et 100 mètres se retrouvent sur les côtes de l'Atlantique, de la mer du Nord et les terrasses correspondantes, dans les vallées des fleuves aboutissant à ces rivages. Mais, en abordant la mer du Nord, le problème se complique en raison des modifications profondes apportées dans l'histoire des mers quaternaires du nord par l'invasion répétée des grandes nappes de glaces scandinaves, atteignant plusieurs milliers de mètres d'épaisseur — et aussi du parallélisme à établir entre les quatre périodes principales de progression des glaciers du nord et les glaciations alpines.

Voici comment M. *Depéret* établit cette comparaison :

« Il paraîtra tout naturel d'admettre que le maximum d'extension des glaciers alpins (Mindélien) coïncide avec le maximum d'avancée des glaciers scandinaves (Drift ancien ou Boulder-Clay inférieur des comtés du centre de l'Angleterre) = *Saxonien*, de *Geikie* (1).

Dès lors, le Rissien des Alpes correspond au Drift récent ou Boulder clay supérieur des plaines du nord de l'Angleterre = *Polonien*, et il nous faudra trouver l'équivalent du Würmien dans les glaciers locaux de l'Écosse et dans les moraines baltiques = *Mecklembourgien*. Enfin, il semblera logique de voir dans la glaciation *scanienne*, le pendant du Günzien des Alpes » (2).

Telle se présente la chronologie géologique du Quaternaire considérée au double point de vue des glaciations alpines et glaciations scandinaves avec les terrasses et les lignes de rivage marin correspondantes.

Les mouvements d'avancée ou de recul des glaciers alpins et scandinaves ne restent plus le principal criterium chronologique. En effet, si les *glaciations* représentent quelque chose de positif, de tangible, les interglaciations n'ont qu'une signification assez incertaine. Elles apparaissent constituées à leur début par une phase de creusement rapide des vallées, suivies d'une phase beaucoup plus lente de remblaiement. Celle-ci se continue pendant la glaciation suivante, atteignant son maximum avec le dépôt des moraines frontales du glacier et avec le remplissage des vallées jusqu'à un niveau dont les terrasses actuellement encore conservées sont les témoins.

D'ailleurs, si l'on envisage le Pléistocène dans son ensemble et non pas seulement aux abords du massif alpin, les glaciations et les interglaciations passent, en quelque sorte, au second plan. Les méthodes générales de la géologie reprennent tous leurs droits et aboutissent à la division de l'ère quaternaire en quatre étages marins. A chacun d'eux correspond une terrasse fluviale *d'édification lente*. précédée d'une phase de *creusement rapide*, celle-ci se trouvant répondre à la première partie d'une phase de régression (ou phase interglaciaire).

Sans plus insister, le tableau suivant (3) résume les corrélations établies entre cette nouvelle division du Quaternaire et celle, désormais désuète, exposée dans la première partie de notre communication :

---

(1) Geikie. The antiquity of man in Europe, 1914.

(2) *Comptes rendus des séances de l'Académie des Sciences*, 5 mai 1919, p. 868.

(3) Il manque à ce tableau les divisions paléontologiques. La place à donner ici aux faunes quaternaires sera l'objet d'une étude ultérieure.

CORRÉLATIONS GÉOLOGIQUES ET ARCHÉOLOGIQUES DES TEMPS QUATERNAIRES

(Dépôts marins et lignes de rivage, terrasses fluviales, glaciations, périodes régressives ou interglaciations, industries humaines).

4° Post-glaciaire.	Magdalénien Solutréen Aurignacien
IV. — Étage Monastirien. = Ligne de rivage de 18-20 mètres. = Terrasse de 20-22 mètres. = IVe Glaciation. Würmien-Mecklembourgien.	Moustérien
3e Période régressive (interglaciaire) Riss-Würm.	
III. — Étage Thyrrhénien (couches à Strombes du pourtour de la Méditerranée). = Ligne de rivage de 28-30 mètres. = Terrasse de 30-35 mètres. = IIIe Glaciation. Rissien-Polonien.	Acheuléen Chelléen
2e Période régressive (interglaciaire) Mindel-Riss.	(Préchelléen ?)
II. — Étage Milazzien. = Ligne de rivage de 55-60 mètres. = Terrasse de 60 mètres. = IIe Glaciation. Mindélien-Saxonien. (Maximum d'extension glaciaire.)	
1re Période régressive (interglaciaire) Günz-Mindel.	
I. — Étage Sicilien. = Ligne de rivage de 90-100 mètres. = Terrasse de 100-110 mètres. = Ire Glaciation. Günzien-Scanien.	

MM. Lucien MAYET,
Lyon.

Joseph MAZENOT et Émile MENAND,
Royer. Autun.

LES STATIONS PRÉHISTORIQUES DE LA VALLÉE DE L'OBIZE

A l'ouest de Chalon-sur-Saône, et au sud de la route nationale n° 78, reliant cette ville à Autun, se trouve la région des Vaux, traversée par la petite rivière *L'Orbize* (ou Orbise) et jalonnée par les villages de Barisey, Saint-Denis-de-Vaux, Saint-Jean-de-Vaux, Saint-Martin-sous-Montaigu, Mellecey, Germolles... Depuis déjà longtemps, nous y poursuivons des recherches que l'Association française a bien voulu encourager. Elles ne sont pas achevées. Voici du moins quelques résultats acquis.

Germolles. — Depuis les premières fouilles de Meray, il y a une cinquantaine d'années, divers amateurs ont partiellement vidé et surtout bouleversé les niveaux archéologiques de cette grotte à outillage aurignacien ancien.

Méthodiquement explorée, la caverne de Germolles aurait été un de nos gisements français les plus précieux. Exploitée par les collectionneurs qui en ont dispersé à Chalon, à Mâcon, à Montceau-les-Mines, à Autun, etc., faune, industrie lithique, os travaillés, elle ne présente plus qu'un intérêt très réduit. Les recherches que nous y avons poursuivies nous ont surtout montré l'étendue des dégâts et les très grandes difficultés, sinon même l'impossibilité, d'explorer les parties non encore fouillées.

Saint-Martin-sous-Montaigu. — Entre Saint-Martin-sous-Montaigu et Saint-Jean-de-Vaux existe une importante station de plein air qui par sa situation au pied d'une falaise escarpée, l'abondance des dents de cheval — seuls fossiles conservés — et des silex, rappelle absolument Solutré, mais un solutré étalé par la culture séculaire des vignes sur un espace d'un ou deux hectares.

L'outillage lithique — ramené à la surface par le travail du sol — est très abondant et les silex ont été recueillis par centaines. Certains sont taillés avec une rare perfection : racloirs, grattoirs carénés, grattoirs sur bouts de lames, pointes, armatures à cran, burin, etc. En l'absence de toute notion stratigraphique, nous divisons cet outillage en deux groupes. L'un, de beaucoup le plus nombreux, comprend les pièces d'âge aurignacien ancien, à affinités moustériennes, très différentes de celles du second groupe, plus récent, pouvant être considéré comme solutréen ou aurignacien récent.

Saint-Denis-de-Vaux. — La grotte de la *Beurne-aux-Loups* ou de la *Baume-aux-Loups*, s'ouvre dans le massif calcaire qui s'étend de Givry à la vallée de Vaux et surplombe presque à pic Saint-Denis et Saint-Jean-de-Vaux.

Nous l'avons fouillée méthodiquement, couche par couche.

Les eaux ayant amené le limon de remplissage sur plus de trois mètres de hauteur, ont remanié en partie les niveaux. Les documents archéologiques et paléontologiques extraits restent néanmoins assez homogènes :

1° A la partie superficielle : poteries, débris d'un squelette humain d'adolescent, os d'oiseaux, de blaireau, de lapin, etc.

2° Magdalénien assez pauvrement représenté par quelques sagaies de type ancien et quelques silex. Faune : renne, rhinocéros, cheval, loup, renard, marmotte.

3° Aurignacien plus riche que le Magdalénien. Grande ressemblance avec celui du Four-de-la-Baume, à Brancion ; silex assez abondants, armature en os, outillage en os intéressant surtout par le grand nombre d'os perforés. Technique du débitage de l'os par perforations rapprochées, telles les dentelures des timbres-poste.

Faune : renne, bœuf, cheval, cerf megaceros, chevreuil, hyène.

4° A l'extrême base, à 3m,75 au-dessous du niveau primitif et à la partie antérieure de la grotte, très remarquable hache acheuléenne ayant comme dimensions : 145 millimètres de longueur, 88 millimètres de largeur et 33 millimètres d'épaisseur.

Faune : hyène très abondante exclusivement.

MM. Lucien MAYET,
Lyon,

P. NUGUE,
Chalon-sur-Saône,

ET

DARESTE de la CHAVANNE,
Lyon.

DÉCOUVERTE D'UN SQUELETTE D'ELEPHAS PLANIFRONS FALCONER, DANS LES SABLES DE CHAGNY, A BELLECROIX, PRÈS CHAGNY (SAONE-ET-LOIRE)

Dans les derniers jours de mai 1920, les travaux d'avancement des chantiers de la Société des Tuileries Bourguignonnes, à Chagny, ont permis de découvrir une grande partie du squelette d'un éléphant pliocène, considéré jusqu'ici, lorsqu'on en rencontrait des débris, comme étant l'*Elephas meridionalis* Nesti et qui, en fait, est l'*Elephas planifrons* Falconer.

Nous avons actuellement : crâne malheureusement très brisé, molaires supérieures (M^3), mandibule et molaires inférieures (M_3), défenses, atlas, omoplate, fémurs, etc.

Ces ossements fossiles représentent un document paléontologique de premier ordre en raison de leur état de conservation et de l'animal auquel ils ont appartenu.

Formule dentaire de x — 40 — x, morphologie des molaires et de la mandibule, développement de l'apophyse mentonnière, aspect du crâne dans ce qui en est présentement déjà reconstitué, etc., indiquent un éléphant bien différent de l'*Elephas méridionalis* du val d'Arno, du Saint-Prestien du nord de la France et de l'Angleterre, de Durfort, des gisements du début du Pleistocène. Il est en tous points semblable à l'*Elephas planifrons* du Pliocène moyen et supérieur des Siwaliks (Inde) regardé jusqu'ici comme l'ancêtre direct de l'*Elephas meridionalis*.

Comme la faune des Sables à Mastodontes du Puy, comme celle de Perrier, avec lesquelles elle se parallélise, la faune de Mammifères des Sables de Chagny est à la base du Villefranchien. Le gisement de Senèze est un peu plus récent quoique toujours à la base du Pliocène supérieur, et a fourni une mandibule d'éléphant tout à fait comparable à celle qui vient d'être découverte à Bellecroix.

Il semble que la migration des éléphants pliocènes venus d'Asie sur notre sol se soit faite par les représentants de deux rameaux phylétiques : l'un en voie d'extinction — celui de l'*Elephas planifrons* — l'autre ayant encore une longue carrière à parcourir et dérivant vraisemblablement du précédent — celui de l'*Elephas meridionalis*.

Il est tout particulièrement intéressant de rencontrer dans la faune des sables de Chagny l'*Elephas planifrons*, déjà signalé en Bessarabie par Mme *Pawlow* et en Autriche par *Schlesinger*. Il faudra reviser le groupe de l'*Elephas meridionalis* (tel qu'il est actuellement compris), car un certain nombre de pièces des gisements classiques du val d'Arno, de Senèze, du Puy-en-Velay, etc. (Villefranchien), regardées jusqu'ici comme appartenant à ce groupe, mais présentant des caractères archaïques, sont à attribuer à l'*Elephas planifrons*.

MM. Lucien MAYET, Gabriel JEANTON, et Joseph MAZENOT,
Lyon, Mâcon, Royer.

LA FAUNE DE LA GROTTE DE MACHERON, PRÈS LUGNY (SAONE-ET-LOIRE)

A dix kilomètres au sud de la grotte du Four-de-la-Baume — qui, en 1913, nous a présenté un niveau paléolithique sans grand intérêt et un niveau archéologique récent dans lequel a été trouvé un crâne jumeau de celui de la Truchère — l'un et l'autre se trouvant datés *fin du Néolithique-Age du Bronze,* — la grotte de Macheron s'ouvre non loin de Lugny, au lieu dit Macheron.

Comme le Four-de-la-Baume, c'est un couloir souterrain dans lequel venaient s'engouffrer des eaux à certains moments, très abondantes. Ces eaux ont entraîné de nombreux ossements d'animaux, dont nous avons, par une fouille particulièrement pénible, recueilli une centaine de kilogrammes.

Ce qui frappe, c'est l'extrême fragmentation d'ossements d'une extrême dureté. Aucun silex, aucune trace de travail humain et pourtant, dans une station de la fin du Moustérien ou du début de l'Aurignacien, nombre de ces débris seraient classés comme *os utilisés* ou même comme *os façonnés*.

La faune mise au jour est banale : *Bos primigenius*, *Bison priscus*, *Equus caballus fossilis*, *Hyaena spelaea*, etc., et mériterait à peine d'être signalée, n'étaient divers débris de *Cervus megaceros*, dont une demi-mandibule remarquablement conservée.

Sans être exceptionnel, le *Megaceros* est peu représenté dans les gisements du bassin de la Saône; épaisseur et faible hauteur de la branche horizontale de la mandibule qui se présente arrondie au lieu d'être haute, relativement aplatie transversalement et amincie vers son bord inférieur comme chez les Cerfs élaphoïdes de taille analogue (*Stehlin*), permettent d'affirmer sa présence parmi les animaux du Pleistocène moyen représentés dans les limons qui remplissaient la grotte de Macheron.

M. D. PEYRONY,

Instituteur public, Eyzies-de-Tayac (Dordogne).

UNE PIERRE COLORIÉE D'ÉPOQUE MOUSTÉRIENNE

571.72 (12.31) (44.72)

27 Juillet.

Au cours de nos très importants travaux dans le gisement préhistorique de La Ferrassie, le Dr *Capitan* et moi avons recueilli, dans tous les niveaux moustériens, de nombreux morceaux de matières colorantes (ocres rouges, mais surtout oxyde de manganèse noir-bleuâtre); beaucoup présentent des traces de raclage à l'aide d'un silex ou d'utilisation par frottement sur un corps dur (1).

Les autres gisements moustériens fouillés : Le Pech-de-l'Azé, près de Sarlat, la Gare de Couze, Combe-Capelle, Le Moustier, Combe-Grenal, le deuxième abri Blanchard à Sergeac, en ont fourni de nombreux échantillons.

Dans ses recherches à Tabaterie, commune de Boulouneix, *Bourrinet* en a rencontré plusieurs spécimens.

Les Moustériens faisaient donc un usage courant de minéraux colorants. Était-ce pour se farder ? pour se peindre le corps ? pour dessiner sur les

(1) Dr Capitan et Peyrony, *Station préhistorique de la Ferrassie*. — *Revue anthropologique*, 1912.

parois rocheuses? pour orner leurs objets mobiliers? Autant de questions que je me suis posées et qui ont orienté mes travaux vers la recherche de peintures rupestres de l'homme de Néanderthal.

Mes investigations, dans les abris moustériens, n'ont abouti jusqu'ici à aucun résultat, les agents atmosphériques ayant détruit les dessins, si toutefois il en a existé.

A La Ferrassie, j'ai extrait du Moustérien plusieurs pierres calcaires présentant sur une des faces des traces brunes; mais ces matériaux étaient de nature si grossière et si tendre, qu'ils se désagrégeaient facilement et la partie coloriée disparaissait avant d'avoir pu en déterminer exactement la nature.

J'ai eu plus de chance au Moustier. D'un niveau à nombreux coups de poing représentant une phase ancienne du Moustérien, j'ai extrait une pierre calcaire dure, presque rectangulaire, de 23 centimètres de long sur 18 centimètres de large (dimensions prises au milieu), à bords mousses, portant sur ses deux faces et, par endroits, sur le champ, des taches brunes; elles sont formées sur certains points, d'un enduit noir bleuâtre, qu'on reconnaît de suite être de l'oxyde de manganèse. La couleur est assez bien conservée, la pièce se trouvant dans un milieu un peu argileux qui la protégeait.

Le noir ne couvre pas toute la surface; certaines parties mal définies n'en ont pas.

Il semble que ce soit un dessin composé de taches et de bandes irrégulières sinueuses. Il est très difficile à déchiffrer, l'humidité ayant aidé la couleur à empiéter vaguement sur les parties qui n'en avaient pas; mais il est indéniable que cette pierre a été coloriée intentionnellement, le milieu qui la recélait étant composé dans les interstices laissés par les divers matériaux, d'un limon rougeâtre ne contenant pas d'oxyde de manganèse.

On pourra peut-être objecter que cette pièce est un simple broyeur de couleurs. L'observation pourrait paraître vraisemblable si la surface était plane et à peu près unie, ou si elle portait une cupule pouvant servir de mortier; mais elle ne présente aucun de ces caractères et l'oxyde de manganèse n'est pas réparti uniformément comme sur les meules et les palettes du Paléolithique supérieur.

Mais, même en admettant cette objection, l'action de pulvériser des matières colorantes dès le début du Moustérien, n'éclaire-t-elle pas d'un jour nouveau ces temps reculés? Ne nous fait-elle pas supposer que ces populations primitives pouvaient avoir des rudiments d'art, art encore ignoré, mais qui peut nous être révélé d'un moment à l'autre? Rappelons que la découverte de l'art aurignacien est de date relativement récente. Maintenant que l'attention y est attirée, on retrouve des dessins de cette époque dans tous les déblais des anciennes fouilles.

M. D. PEYRONY,

LE MOUSTÉRIEN. — SES FACIÈS

571 (12.31)

27 Juillet.

Mes très nombreuses fouilles m'ont permis d'étudier à loisir le Moustérien. J'y ai remarqué deux faciès bien distincts : 1° *le Moustérien classique à technique moustérienne* ; 2° *le Moustérien de tradition acheuléenne*.

Le premier est le mieux connu. Il est caractérisé par des pointes et des racloirs à retouches longues, dites moustériennes, et de nombreux éclats d'os utilisés. C'est le beau Moustérien classique de La Quina, de La Ferrassie, du niveau supérieur du Moustier, de l'abri Esclafer-aux-Eyzies, de Combe-Grenal, de la grotte des Grèzes, commune de Lussas-Noutronneau (Dordogne), d'une partie de Combe-Capelle, etc., pour ne citer que les gisements les plus connus de la région du sud-ouest.

Le Moustérien de tradition acheuléenne a été confondu assez souvent avec l'Acheuléen, dont il se rapproche beaucoup par la technique. Il est caractérisé par de nombreux coups de poing, des couteaux à dos abattu (pointes et éclats longs rectangulaires) et de nombreux outils d'usage, comme il en a été signalé par le regretté *Commont*, dans l'Acheuléen de Saint-Acheul. C'est l'industrie du Pech-de-l'Azé, près de Sarlat, de la gare de Couze, du Moustier sous la couche d'inondation, d'une partie de Combe-Capelle, de l'abri Audi, de Tabaterie, commune de Boulouneix, etc.

C'est dans les importants dépôts de La Ferrassie et du Moustier, où il n'existe pas de solution de continuité de l'Acheuléen à l'Aurignacien, qu'il m'a été permis d'établir la contemporanéité de ces faciès.

Le niveau de base de La Ferrassie est caractérisé par quelques coups de poing et de nombreux outils d'usage. L'absence de restes de renne l'a fait classer au *D*r *Capitan* et à moi, dans l'Acheuléen.

La couche inférieure de la basse terrasse du Moustier, a fourni beaucoup d'outils d'usage et une quantité de petits éclats très minces, déchets de taille de coups de poing. La faune très ancienne n'a pas donné jusqu'ici de renne.

Par leur industrie et par leur faune, ces deux strates paraissent contemporaines.

Mais tandis qu'à La Ferrassie cette couche est directement sous-jacente à celle du beau Moustérien classique, au Moustier, c'est celle à nombreux coups de poing qui la surmonte. Dans les deux, le renne apparaît et le bœuf y domine. La stratigraphie et la faune les font de même âge.

L'industrie du niveau, immédiatement au-dessus, procède de la même technique que celle du précédent dans chaque gisement : A La Ferrassie, c'est le Moustérien classique un peu évolué ; au Moustier, c'est le Moustérien avec toutes les formes de l'abri Audi.

Dans cette dernière localité, cette industrie est surmontée d'une couche sableuse d'inondation, formée par une très forte crue de la Vézère (1).

Au-dessus se trouve une strate représentant la dernière phase du Moustérien ; mais au lieu d'y rencontrer l'horizon de l'abri Audi, comme le faisait prévoir l'outillage des niveaux sous-jacents, c'est celui de la belle industrie trouvée par le regretté *Bourlon* (2), et d'autres chercheurs sur la terrasse supérieure, placé sur le conglomérat. L'industrie est identique à celle qui précède immédiatement l'Aurignacien inférieur à La Ferrassie.

Et alors ?... Alors, les Moustériens à industrie à technique acheuléenne, chassés par la grande inondation, n'ont pas réoccupé leur ancien habitat ; ils ont été remplacés sur les deux terrasses par des tribus à industrie à technique moustérienne.

C'est ainsi que s'explique la présence des types de l'abri Audi dans des niveaux très anciens et leur absence dans certains du Moustérien final.

Il résulte donc de mes observations que la tradition industrielle acheuléenne s'est continuée chez certaines tribus pendant l'époque moustérienne, alors que d'autres modifiaient complètement leur manière de retoucher le silex.

M. Charles SCHLEICHER,
Paris.

FORMES BIZARRES DE QUELQUES PETITS SILEX NÉOLITHIQUES DES ENVIRONS DE COMPIÈGNE (OISE)

571.2 (12.32) (44.35)

(DEUXIÈME NOTE)

27 Juillet.

Les environs immédiats de Compiègne sont excessivement riches en silex taillés et j'ai déjà eu l'occasion de signaler les intéressantes fouilles et découvertes faites par mon collègue et ami M. *Clément Quénel*, qui depuis plus de cinquante ans, parcourt les environs de cette ville et a signalé à maintes reprises, l'intérêt que cette région offre aux préhistoriens.

(1) Peyrony : *Après une grande crue préhistorique de la Vézère.* — *Revue de Géographie commerciale de Bordeaux*, 1914.

(2) M. Bourlon : *Une Fouille au Moustier.* — *L'Homme préhistorique*, 1905.

Si les environs de Compiègne ont été occupés pendant les périodes du paléolithique, notamment aux époques chelléenne et moustérienne (1), il résulte des trouvailles effectuées, que c'est surtout pendant les périodes du néolithique et les âges du bronze et du fer, que des populations très denses campaient aux environs immédiats du confluent de l'Aisne et de l'Oise : en effet, toutes les localités riveraines, Cuise-Lamotte, Trosly-Breuil, Rethondes, Choisy-au-Bac (aux bords de l'Aisne), le mont Gannelon (situé juste en face le confluent de l'Aisne et de l'Oise), Clairoix, Margny, Venette, Saint-Germain-les-Compiègne, Royallieu (sur les bords de l'Oise), ont donné des silex néolithiques et objets divers du plus haut intérêt.

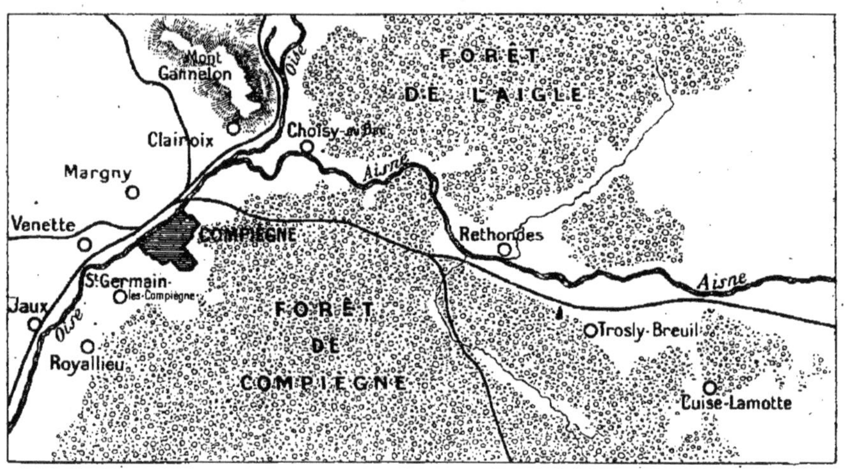

Carte des environs de Compiègne.

C'est notamment la station de Royallieu qui a fourni la plus grande quantité d'instruments variés, et notre collègue M. *Clément Quénel* y a découvert en 1895, au lieu dit Le Gord, un dolmen contenant un squelette et un mobilier funéraire assez important ; plus loin, au Hazoy, une autre sépulture dolménique contenant une douzaine de squelettes (2).

Tous les types d'instruments des *Époques tardenoisienne et robenhausienne*, sont représentés parmi les silex recueillis par M. *Clément Quénel*, au cours de ses nombreuses recherches : silex de très petites dimensions, dont les contours affectent des formes géométriques, percuteurs et broyeurs, nuclei, lames, couteaux, scies, grattoirs, perçoirs et poinçons finement retouchés, tranchets (ces derniers en très grande abondance), retouchoirs, polissoirs, haches taillées et polies en grès, serpentine, diorite ; ciseaux en pierre et en os, fragments de poteries, de bracelets, d'amulettes, pointes de lances et de javelots, pointes de flèches avec ou sans pédoncule et barbelures, etc., etc...

(1) Voir *Homme préhistorique*, 2e année 1904, p. 116.
(2) Voir *Homme préhistorique*, 2e année, 1904, p. 224.

Les foyers contenaient également une grande quantité d'os et de cornes de cerf travaillés, des os et dents de chevreuil, de cheval, de bœuf, de porc, etc...

En outre, les âges du bronze et du fer sont également représentés par de nombreuses pièces.

Les périodes gauloise et romaine ont aussi laissé de nombreux vestiges et pièces de toutes sortes, ce qui nous prouve que la région de Compiègne a été occupée pendant de longs siècles par des peuplades et populations diverses qui trouvaient, à proximité d'une vaste forêt et aux bords de deux rivières, tous les éléments nécessaires à leur existence.

Cette région est donc particulièrement intéressante pour les préhistoriens t pour tous ceux qui étudient les origines de notre humanité.

Parmi les très nombreux silex recueillis en place par mon ami M. *Clé-ent Quénel* et par moi-même, j'ai été frappé par la configuration de rtains petits silex et j'ai déjà attiré l'attention de mes collègues sur les ormes bizarres de quelques-uns d'entre eux (1).

Ce sont pour la plupart de petits éclats de lames ou petits fragments de ilex, présentant une, deux et même trois pointes, et tous ont au moins ne coche très bien retouchée, parfois deux, parfois trois coches : ces oches sont plus ou moins larges, plus ou moins ouvertes ; quelques pièces ppellent les *becs de perroquet* du magdalénien.

A première vue, ces petits instruments à formes bizarres, devaient être es perçoirs : les coches qui avoisinent en général les bases des diverses intes du même instrument, peuvent avoir été faites pour donner plus e finesse, plus de longueur à ces pointes ; pourtant, sur certains d'entre es silex, les coches ne sont pas auprès des pointes et leurs dimensions ous font penser que nous nous trouvons en présence de petits racloirs oncaves, pour le travail du bois, de l'os, de la corne, de la peau, des erfs et tendons, pour creuser, arrondir, entailler, écorcer ou couper.

D'autres petits silex présentent des pointes assez larges avec coches peu rrondies ; d'autres, des coches très ouvertes, bien arrondies et bien retou-hées. Il y a là une très grande variété de formes, voulues ou non, car uvent une cassure pouvait former un nouvel outil.

Mais certainement, tous ces petits silex ont eu des usages multiples que ous ne pouvons tous définir et qu'il serait intéressant de connaître. C'est ourquoi il serait de la plus haute importance que tous les chercheurs 'attachent à recueillir, au cours de leurs fouilles, tous les silex taillés, ns s'occuper de la beauté des formes ou du fini des pièces, de comparer s outils provenant de divers gisements, de les étudier, de les rappro-her et de tâcher de trouver pour chacun d'eux une utilisation exacte.

J'attire tout particulièrement l'attention sur les pièces de la planche I, figu-ant sous les numéros 11 à 32 et sur celles de la planche II, figurant sous les

(1) Voir *Congrès préhistorique de France*. Septième session, Nîmes, 1911, p. 226.

PLANCHE I.

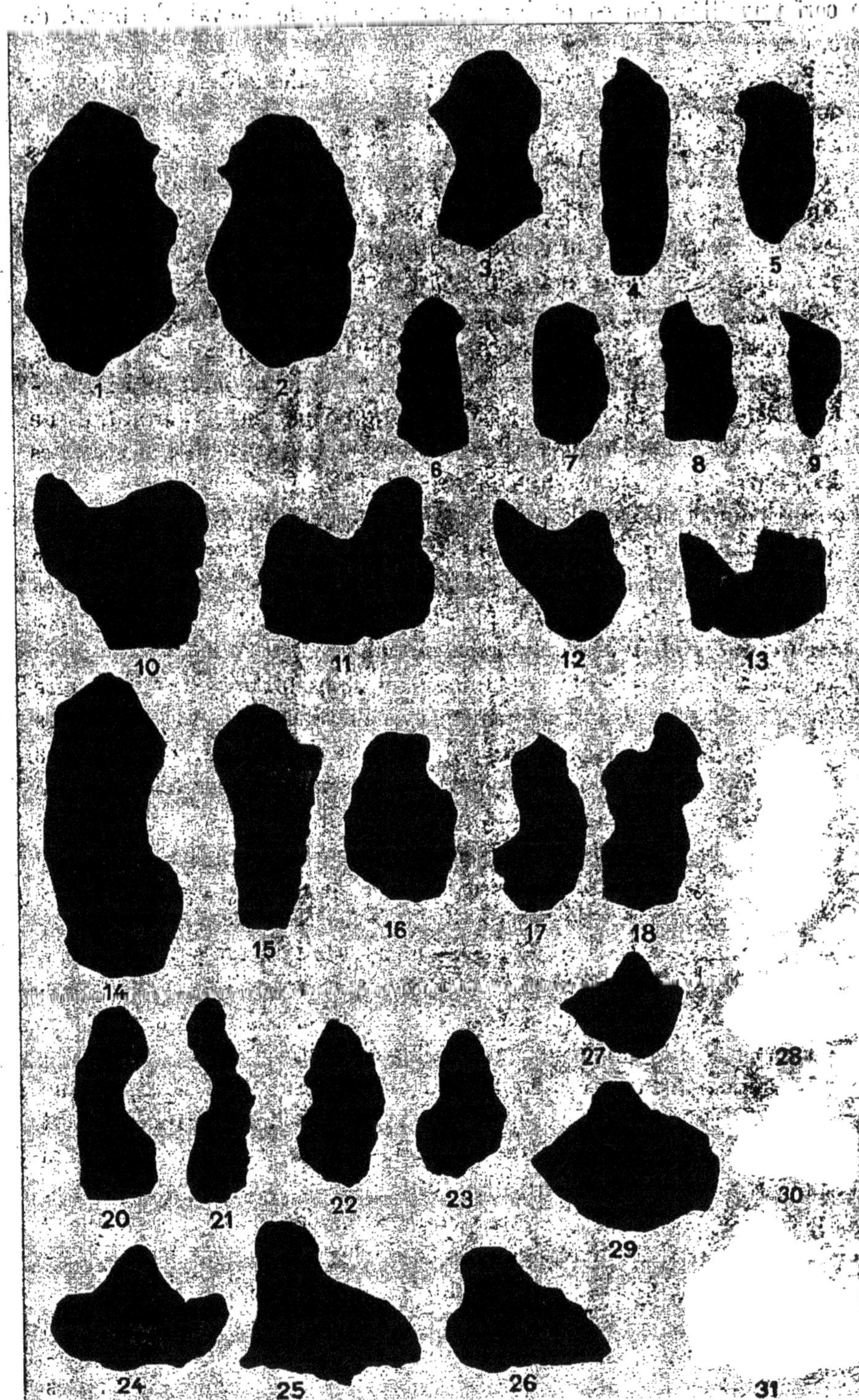

SILEX DES ENVIRONS DE COMPIÈGNE (*1/2 grandeur*).

Planche II.

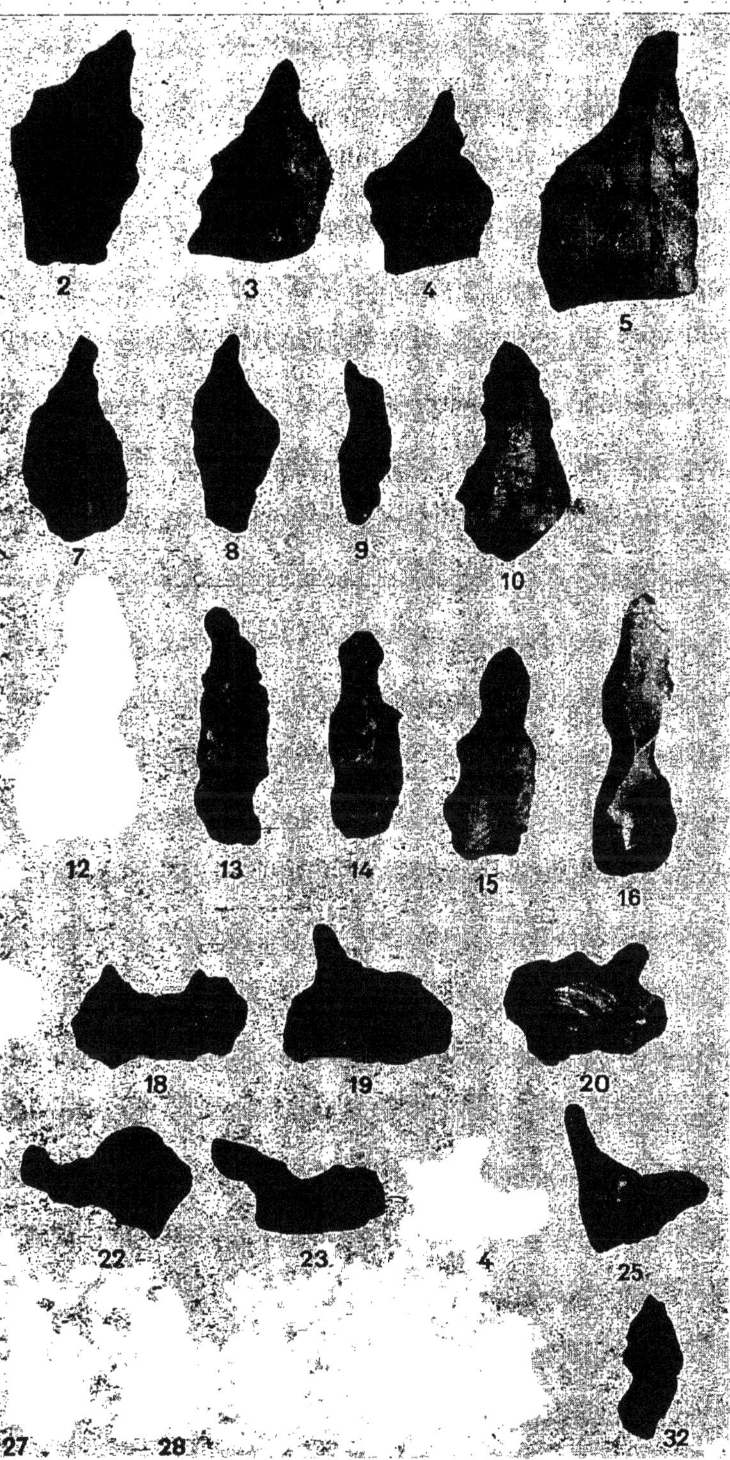

Silex des Environs de Compiègne (*1/2 grandeur*).

numéros 10 à 31. Toutes ces pièces ont des formes bizarres et toutes ont des coches plus ou moins grandes : la plupart ont, en outre, des pointes plus ou moins acérées.

On néglige trop souvent de recueillir et d'étudier les pièces de cette espèce et il serait utile de savoir si tous les gisements, si toutes les stations du néolithique en donnent plus ou moins abondamment et si les formes varient par régions. Des rapprochements pourraient être faits, des comparaisons établies entre les gisements de même époque, mais de contrées et même de pays différents.

Cela nous permettrait de mieux comprendre, de mieux voir la vie des peuplades qui ont occupé notre territoire aux époques les plus reculées, de nous immiscer plus intimement dans leur existence, de comprendre leur vie, l'état d'avancement de leur intelligence, de constater les progrès et le développement de leur ingéniosité, de les voir à l'œuvre alors que ces êtres humains, n'ayant que la pierre à leur disposition, devaient vivre, se nourrir, se vêtir, se défendre, lutter enfin à tous moments, pour assurer leur existence.

M. J. SOULINGEAS,

Paris.

NOTICE SUR LES CASSE-TÊTES EN BOIS DE L'ARCHIPEL NÉO-CALÉDONIEN

623.44 (932)

27 Juillet

A l'aurore de l'humanité, c'est-à-dire aux temps préhistoriques, l'homme, pour se défendre contre son semblable et aussi contre les grands animaux qui peuplaient alors la surface de la terre, dut se confectionner des armes de bois et de pierre ; elles furent d'abord très rudimentaires, mais avec le temps, avec les siècles, elles durent être mieux faites, l'homme dut leur donner des formes, les enjoliver, ce furent les premiers casse-têtes et certes l'époque néolithique dut voir des armes en bois, comme en avaient encore, il y a quelques années, les naturels de l'Amérique et des îles de l'Océanie.

Mon long séjour comme sous-officier dans divers postes de l'archipel néo-calédonien, il y a de cela trente-six ans, époque où les mœurs de ses indigènes étaient encore aussi primitives qu'en 1853 (1), m'a permis de prendre des notes, non seulement sur leurs coutumes, mais encore sur

(1) Prise de possession.

eurs armes et surtout sur leurs casse-têtes en bois. C'est donc de ces derniers que je vais entretenir succinctement, pensant que cette notice serait itile, non seulement au point de vue ethnographique, mais encore à itre documentaire et comparatif.

A l'opposé de plusieurs archipels océaniens, et en particulier de celui les Nouvelles-Hébrides, où chaque île possède plusieurs genres de casse-têtes, de formes toutes différentes les unes des autres, ceux des Néo-lédoniens sont, pour ainsi dire, de formes typiques, qui ne varient que rès peu du nord au sud de cet archipel.

Toutes ces armes portent l'emblème de l'homme, sont de formes phalliques ou représentent la tête et le bec d'un oiseau mâle du pays. « Celui donne la vie en se battant donne la mort », disent les Néo-Calédoniens.

Ces armes sont faites en bois divers, bois de fer *(Casuarina nodosa)*, en houp (bois incorruptible), en gaïac noir, en chêne rouge, en ébène, etc., et en santal et ébène blanc pour les armes de parade, qui sont nombreuses.

Ces bois sont travaillés verts par les vieux Canaques, sous les yeux des jeunes gens (*Piquinini*), et lorsque les casse-têtes sont terminés, après un temps assez long et avec des outils des plus rudimentaires (éclats de verres ou de cristal de roche et couteaux en coquillages aiguisés, fort heureuse-

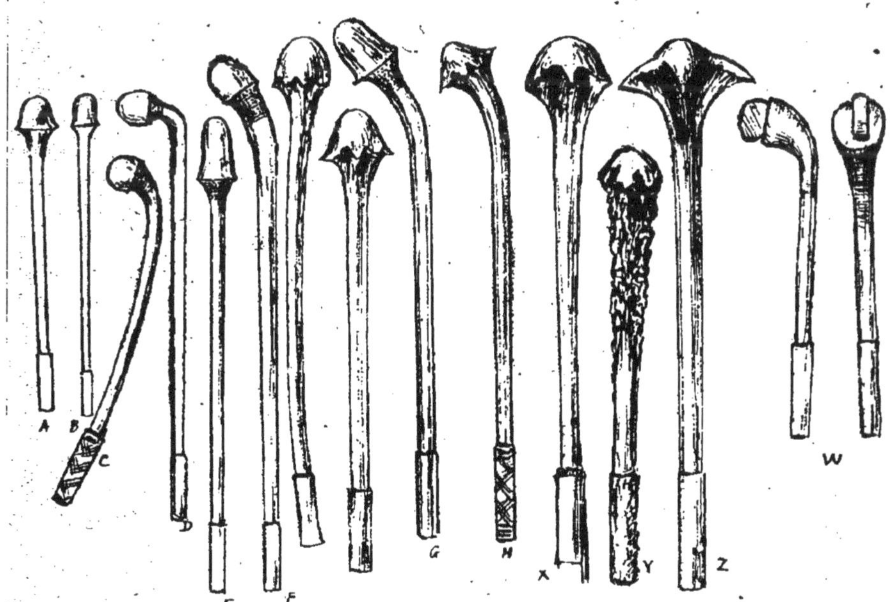

FIG. 1.

ment chez ces gens-là, le temps n'étant pas de l'argent, ils font durer le plaisir en soignant leur travail), ils sont plongés dans une rivière où on les laisse quelques semaines, afin non seulement d'en éliminer la sève, mais encore d'en raffermir le bois et les fibres. Sortis de l'eau après ce laps de temps et séchés, on les frotte avec du sable très fin, afin non seulement d'enlever les rugosités du bois, mais encore de le polir, après quoi, ils les vernissent avec un composé de suc de feuilles de l'arbre le Niaouli *(Melaleuca Veridiflora)* et de cire, et par la suite la manipulation lui donne la patine.

Jusqu'à l'âge d'environ treize ans, le petit Canaque n'a qu'un semblant de casse-tête *(fig. AB)*, puis à partir de cet âge, avec la cérémonie de la prise du *manou*, on lui donne un casse-tête ordinaire *(fig. C à G)*; il échangera cette arme avec l'âge et selon sa bravoure au combat; dans ce dernier cas, il sera armé du bec d'oiseau *(fig. Q à V)*, arme que porte le guerrier éprouvé.

Le Canaque ne se sépare de son casse-tête que pour s'armer de sagaies,

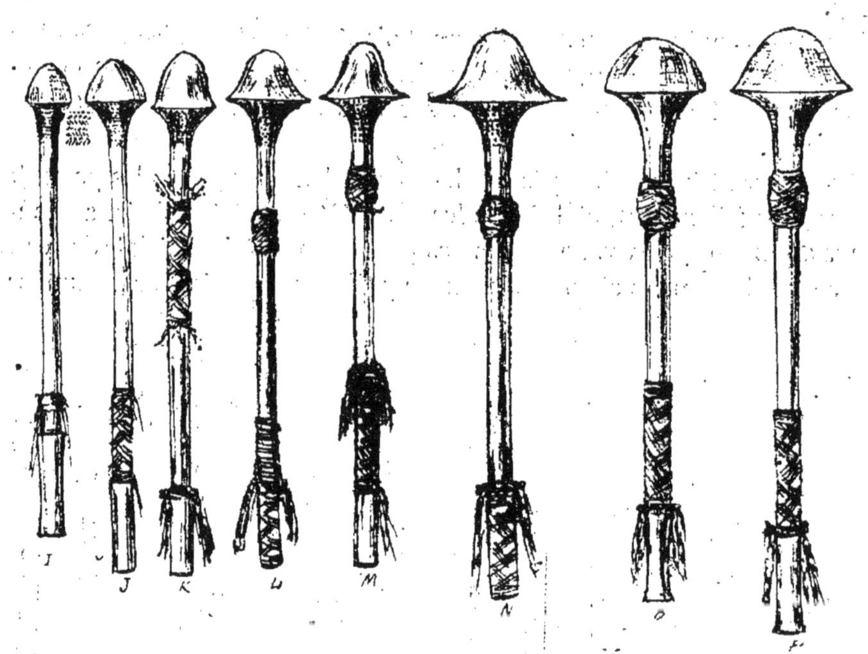

Fig. 2.

dans ce cas, il porte à l'index de la main droite une cordelette ou courroie appelée par eux « ten », dont il se sert pour envoyer sa sagaie plus loin et avec plus de pénétration dans le but, sa fronde est toujours enroulée sur sa chevelure, mais cette dernière arme ne le quitte jamais.

Il a pour son casse-tête un soin tout particulier; il recouvre la poignée avec de la peau de banian (frappée), maintenue avec des ligatures en fibres de cocotier tressées, entoure le milieu du casse-tête de feuilles de fougère, qu'il maintient avec du cordon de poil de roussette (grande chauve-souris frugivore) et termine son ornement en y ajoutant de petits coquillages blancs *(Ovula carnea)*.

Si l'homme est armé d'un beau casse-tête de forme phallique et s'il orne sa case d'un beau tabou bien sculpté et peint, la femme n'a sur la ienne qu'une simple branche d'arbre à rameaux, et comme arme une assue, prise dans la base de l'arbre, sans aucun ornement. C'est, je crois ien, emblématique. (Elle représente la souche de la génération.)

Lorsque le Canaque quitte volontairement sa tribu ou l'île qui l'a vu aître pour s'exiler, il laisse ou détruit ses armes, car il ne veut pas que, rtées chez un autre peuple, elles servent plus tard contre son pays. S'il vient plus tard, il se fait armer de nouveau.

A cette notice, j'ai joint quelques dessins de divers types de casse-têtes, avec eur destination (voir *fig. A à Z*) :

AB, casse-têtes d'enfants } dits *Toparé*.
C à H, casse-têtes ordinaires }
Les têtes sont phalliques — pour adultes.
XY, massues de femmes — *Goué.*
Z, massue de sacrifice — *N'Goué.*
W, casse-tête de projection, de l'île Maré.

Les indigènes de la Nouvelle-Calédonie avaient aussi de petits casse-

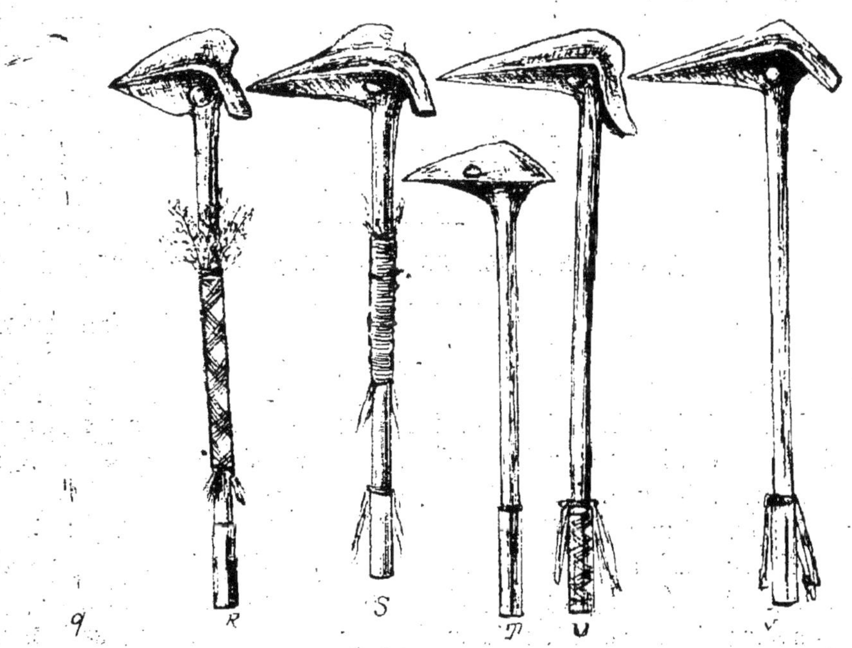

Fig. 3.

êtes de projection faits avec des fémurs et des tibias de leurs ennemis, ont ils avaient brisé la partie inférieure. Ces armes sont très rares, je n'en i vu que deux fois entre les mains de missionnaires.

De Q à V sont les casse-têtes dits becs d'oiseaux ; celui qui a la lettre Q a ppartenu à Ataï, grand chef de l'insurrection de 1878, il est donc du centre te ouest ; celui T est des îles Belep, il diffère comme forme et par le placement e l'œil ; celui R est du nord côte est, jusqu'à Canala ; celui S est du sud à artir de Nouméa ; celui V est des Loyaltis (ce sont les mieux faits) et les plus beaux avec ceux de Kounié ou de l'île des Pins, où ils sont nommés Ennoun — ces casse-têtes ont la forme d'une tête d'oiseau mâle, avec le bec, la crête (tête de notou, de cagoue de Dago et d'Apterix), que l'on trouve encore à l'île des Pins.

De la lettre I à N, sont les casse-têtes dits *mémié*, un à tête de champignon dont le dessous est piqué (comme l'indique le dessin d'anneaux) dont le premier rang est dans le sens et le second dans un sens opposé, ceci sur une longueur de 3 à 4 centimètres. Ces casse-têtes sont pour le nord et nord-est les lettres I et M, pour le centre J K L, pour le nord et l'ouest M N, ainsi que pour le centre et le sud K N, pour les îles Loyaltis F et l'île des Pins O. (*Cané Cané*).

En un mot, plus du nord l'on va vers le sud de l'archipel, plus pour les becs d'oiseaux le bec s'allonge, les oiseaux pris pour modèles ayant le bec plus long.

Il y a aussi des casse-têtes de parade en bois jaune (santal), et en bois blanc (chêne blanc) ; ces armes sont toujours tenues très propres et bien enjolivées, je veux dire par là que leur bois n'est nullement patiné, étant souvent frotté au sable.

M. Louis FRANCHET,

RECHERCHES SUR LE NÉOLITHIQUE EN BEAUCE

512.32 (44.51)

28 Juillet.

L'Association Française pour l'Avancement des Sciences m'a accordé deux subventions pour les recherches que j'ai entreprises sur le Néolithique en Beauce.

J'ai publié une première note dans le *Bulletin de la Société préhistorique* (t. XVI, p. 273, année 1919), note dans laquelle j'ai signalé les stations que j'ai étudiées et les principales observations que j'ai faites. Je pensais pouvoir présenter cette année au Congrès, dans un travail plus étendu, les formes les plus caractéristiques que j'ai rencontrées dans l'outillage, dont un assez grand nombre me paraît offrir des caractères intéressants au point de vue chronologique.

Malheureusement, les nombreux dessins que nécessite ce travail, m'obligent à ajourner cette publication puisqu'ils ne pourraient entrer dans le cadre étroit qui nous est actuellement assigné en raison des prix exagérés que réclament aujourd'hui les imprimeurs.

Je dois donc me borner, pour justifier l'emploi de ces subventions, à rappeler les conclusions que j'ai précédemment données à la Société préhistorique.

« La population néolithique paraît, dès maintenant, avoir été assez dense, vu l'importance et le nombre des gisements, dans la région Chartres, Châteaudun, Blois.

» Ces gisements se relient, par ceux de la région de Montargis, avec ceux du Sénonais que j'explore depuis une dizaine d'années, dans le vaste site préhistorique formé par le triangle Courtenay — Sens — Villeneuve-sur-Yonne. Ils vont rejoindre ceux de la vallée de la Seine par les classiques gisements de la région d'Othe.

» Lorsque j'ai entrepris mes recherches sur le Néolithique en Beauce, je me suis tout d'abord attaché aux régions qui en forment les limites naturelles, non seulement parce que la présence de l'argile à silex invitait la population néolithique à s'y fixer, mais aussi parce que les cours d'eau et la végétation ne pouvaient qu'attirer l'homme à une époque où le forage des puits profonds devait être un problème difficile, sinon impossible à résoudre.

» En effet, le plateau beauceron, constitué par le calcaire lacustre et qui doit sa sécheresse à cette constitution particulière, n'a jamais été sillonné de cours d'eau, son sol étant perméable et, par suite, il n'y a pas eu de végétation forestière. Il ne put être rendu à peu près habitable qu'à la suite d'un progrès énorme de la civilisation. Je ne puis présumer ce que me réserve l'exploration du centre de la Beauce; mais il doit être bien pauvre en gisements préhistoriques.

» Les recherches que je poursuis dans la Beauce et le Sénonais n'ont pas pour but unique la description des plus remarquables parmi les milliers de pièces que j'ai recueillies, mais j'envisage la question à un point de vue plus étendu, qui concerne la densité des populations néolithiques de la Gaule et la répartition de leurs habitats.

» Le problème intéresse directement la géographie humaine, à l'époque où la Gaule était en voie de formation. »

M. REYGASSE,

Correspondant du Ministère de l'Instruction publique, Tébessa (Algérie).

NOUVELLES OBSERVATIONS SUR LA MORPHOLOGIE DES INDUSTRIES PRÉHISTORIQUES DU NORD-AFRICAIN

---

571 (21.31) (61)

28 Juillet.

Au mois de juillet dernier, à Strasbourg, au cours du Congrès de l'Assoiation française pour l'Avancement des Sciences, il m'a été donné 'exposer longuement à nos collègues le résultat de mes découvertes dans e Nord-Africain.

J'ai pu, grâce à la bienveillance des membres de la Section d'Anthropoogie, disposer de près d'une demi-journée pour développer mes théories et présenter de très nombreuses séries de pièces provenant de mes fouilles. Ces techniques étaient encore totalement inconnues en France comme elles le sont en général aussi dans l'Afrique du Nord. Mes opinions, sur plusieurs points, diffèrent entièrement des idées reçues.

Dix années de recherches continuelles m'ont permis de réunir des séries préhistoriques bien plus complètes que celles conservées dans tous les musées du Nord-Africain et d'Europe. Je désire présenter quelques idées suggérées par l'examen de certaines techniques paléolithiques un peu spéciales.

Par suite de la place restreinte réservée à chaque auteur, je dois aujourd'hui, résumer mes théories. Aussi apporterai-je quelques développements seulement sur le sujet de quatre de mes conférences.

1° Station acheuléenne évoluée d'El-Ma-el-Abiodh. Passage de l'acheuléen au moustérien.

2° Techniques moustériennes pures du Fedj-el-Bottna et de Bir-el-Ater.

3° Techniques moustériennes à outils pédonculés de l'oued Djebbana, du puits des Chaachas, de l'oasis de Négrine, d'Oum et Tine (Tunisie) et d'El-Oubira.

4° Technique solutréenne d'El-Ouesra. Passage de l'acheuléen au solutréen sans transition.

En quelques mots, j'exposerai ensuite l'objet de mes autres communications.

1° *Station acheuléenne évoluée d'El-Ma-el-Abiodh. Passage de l'acheuléen au moustérien* (1). — C'est le 11 juin 1911 que je découvrais avec mon ami *M. Latapie*, cette remarquable station. Pour la première fois dans l'Afrique du Nord, nous trouvions en place une industrie acheuléenne évoluée très pure. Mes coups de poing au nombre d'un millier environ peuvent rivaliser avec les pièces les plus harmonieuses provenant de Saint-Acheul.

La station est située à quelques mètres du bord d'El-Ma-El-Adiodh, 28 kilomètres au sud de Tébessa. Elle est coupée par un lit d'oued actuellement désséché qui aboutit à l'oued El-Ma-el-Abiodh. Au moment de notre découverte, les beaux coups de poing se trouvaient en surface dans le lit de l'oued, où ils avaient été à peu à peu amenés par suite de l'érosion des berges. Mais plus tard, j'ai dû, avec *M. Latapie* au début de nos recherches, et ensuite seul, faire procéder à des fouilles dans les rives de l'oued afin de retrouver l'industrie en place. Les pièces se trouvaient entre $0^{m},50$ et $1^{m},50$ de profondeur environ dans une couche argileuse sans cailloutis et sans faune en présence.

Dans ce milieu, de la base au sommet, on n'observe aucune différence dans la technique. Les gros éclats de débitage sont au nombre d'un millier environ. Certains portent des traces d'utilisation et aussi quelques timides retouches.

(1) J'ai présenté au Congrès une centaine de pièces provenant de ce milieu. Des séries d'El-Ma-el-Abiodh provenant de nos récoltes avec *M. Latapie* ont été offertes aux musées d'Alger et de Constantine, au musée de Saint-Germain, à l'Institut de Paléontologie humaine, aux musées de Toulouse, des Eyzies.

Les courants qui ont lavé cette station à l'époque où se déposaient les dépôts argileux ont été sans doute assez forts pour faire disparaître toute trace de petits éclats ; les ossements ont dû être également charriés par les eaux.

Les habitants de cette station avaient choisi un emplacement remarquable. Ils étaient à quelques mètres de l'oued El-Ma-el-Abiodh qui roulait des eaux abondantes et à proximité de collines boisées. Après le départ des tribus acheuléennes, le plateau d'El-Ma-el-Abiodh me paraît avoir été inoccupé pendant de longues périodes : j'ai relevé seulement deux campements aurignaciens peu importants. Après de nouveaux siècles d'abandon, les Romains ont longuement habité les environs d'El-Ma-El-Abiodh. De nombreuses fermes donnaient de la vie à cette région recouverte d'oliveraies abondantes ainsi qu'en témoignent les nombreux pressoirs trouvés de tous côtés. Et puis ce furent ensuite des occupations éphémères. Les dominations successives n'ont laissé aucune trace de leur passage.

Le sol par suite d'un assèchement lent mais continu a perdu de sa richesse. Les belles forêts d'oliviers ont disparu. Quelques pins d'Alep sur les collines donnent encore seuls un peu d'ombre dans ce coin très sec, d'un roux monotone.

Nous nous trouvons à El-Ma-el-Abiodh en présence d'une industrie acheuléenne très évoluée qui, par ses caractères, rappelle étrangement les pièces relevées par *M. Commont* dans le moustérien ancien, à la base de l'ergeron inférieur, à Saint-Acheul.

M. Commont découvrait également une industrie analogue dans le moustérien ancien du limon brun et du limon noir à la base de l'ergeron inférieur de Montières (1).

La longueur moyenne des coups de poing d'El-Ma-el-Abiodh est d'une dizaine de centimètres. Leur dimension varie entre $0^m,19$ et $0^m,05$ de longueur ; ils sont généralement cordiformes, à base un peu épaisse. Les pièces torses sont assez nombreuses. Certains outils très affinés donnent de beaux types de poignards.

Dans ce milieu, une centaine de pièces apportent une note différente qui nous rapproche beaucoup du moustérien et laisse pressentir l'arrivée de techniques tout à fait nouvelles. Voir *fig. 1, page 510*.

Parmi ces pièces se trouvent de nombreuses pointes à main de type moustérien retouchées sur une seule face. Mais la retouche est absolument la même que celle des pièces purement acheuléennes. Ce travail a été effectué par les mêmes ouvriers en même temps que les coups de poing.

Entre ces deux extrêmes : coups de poing symétriquement retouchés sur les deux faces et les pointes à main, se trouvent aussi des pièces de transition bien marquée analogues au coup de poing moustérien ancien trouvé

(1) V. Commont : *Le Moustérien ancien à Saint-Acheul et Montières.* — *Congrès préhistorique de France*, à Angoulême, 1912, p. 297 à 320.

sur la craie à Saint-Acheul par *V. Commont*. Voir *loc. cit.* (*fig. 7*). Les caractéristiques relevées par *M. Commont* s'appliquent à ces pièces :

« Coups de poing, de forme supérieure et bombée comme les limandes acheuléennes, mais ayant la face inférieure plane, bien que taillée et qui a été obtenue par l'enlèvement de grands éclats de faible épaisseur. »

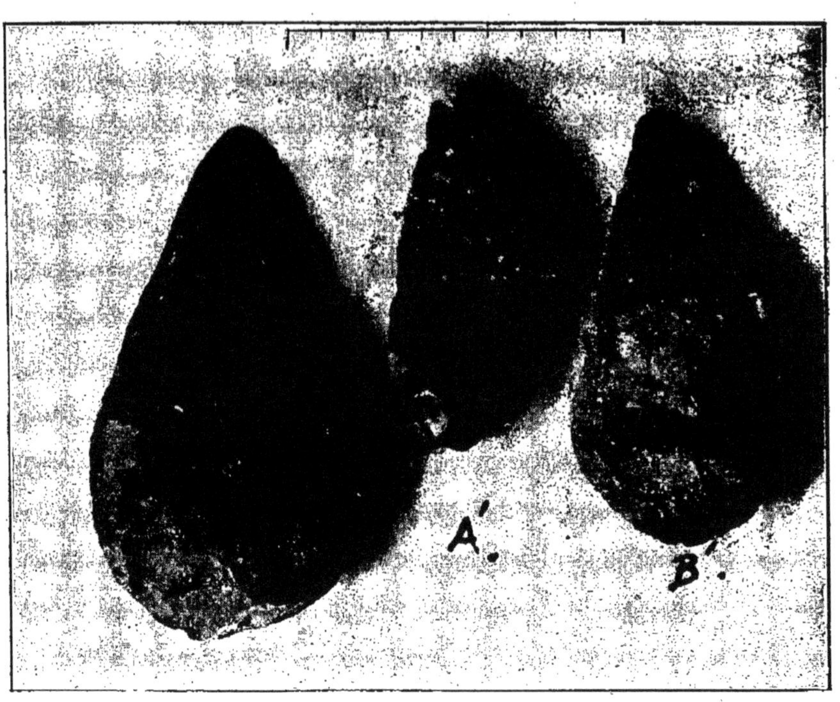

Fig. 1. — El Abiodh. Pièces de transition de l'acheuléen au moustérien.

Je dois signaler l'absence de formes triangulaires très régulières analogues aux pièces de Chez-Pouré.

Les petits coups de poing minuscules font songer à la Micoque; enfin, *M. Chauvet* constate dans son travail sur *Les premiers habitants du Poitou* (1) que mes pièces sont identiques aux haches acheuléennes recueillies sur les plateaux poitevins. De longues lames présentent des retouches sur une seule face. Ces pièces portent des traces de coches, et je viens enfin de relever trois racloirs bien caractéristiques. Le disque manque. Voir *fig. 2*.

A l'époque suivante au contraire, je trouve à Bir-el-Ater et au Bottna de nombreux disques.

Ainsi qu'ont pu le remarquer nos collègues au Congrès de Strasbourg, ces séries sont remarquables par la pureté et l'harmonie des formes. De par les caractéristiques brièvement énoncées, elles marquent le terme le

(1) G. Chauvet : *Les premiers habitants du Poitou*. — *Société des Antiquaires de l'Ouest*, 1920, p. 12.

plus évolué de l'acheuléen et devraient industriellement se placer à la base du moustérien (1).

Les beaux silex employés se trouvaient à proximité de la station et dans l'oued El-Ma-el-Abiodh. De très rares spécimens sont en grès ferrugineux provenant de la région. Une seule pièce pédonculée est absolument iden-

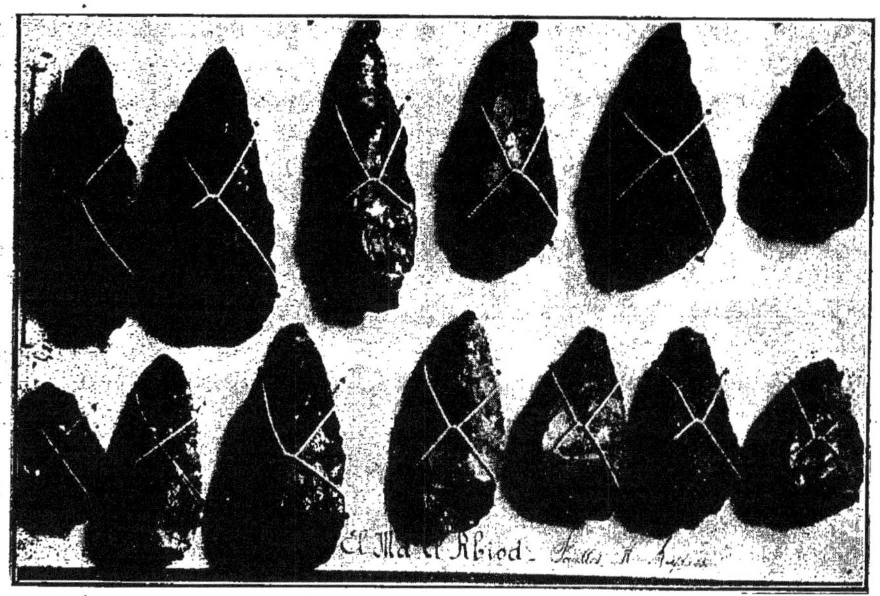

Fig. 2. — Coup de poing d'El ma el Abiodh.

tiqué à celles que signale notre distingué collègue et ami, *M. Rutot,* de l'Académie Royale de Bruxelles, dans *Un essai de reconstitution plastique des races humaines primitives* (2), p. 40, *fig. 47 et 48.* Pointes de flèches et de lames de l'acheuléen supérieur de Belgique. Strépy et Leval. Traghenies (vallée de la Haine).

Ces outils sont chez nous très nombreux dans le moustérien. Antérieurement à mes découvertes, à la suite de récoltes faites en surface, ces outils paléolithiques avaient été classés dans le néolithique.

2° *Techniques moustériennes pures du Fedj-El-Bottna et de Bir-El-Ater.* — J'ai pu découvrir en novembre 1915 la première station moustérienne africaine donnant sans mélange aucun un outillage pouvant rivaliser avec ce que les stations classiques d'Europe offrent de plus pur : la station du Fedj-El-Bottna. Ayant déjà publié mes observations au sujet de cette

(1) Les termes employés ne doivent, ainsi que je l'ai écrit dans mes publications précédentes, être évocateurs d'aucune idée de synchronisme absolu entre les industries africaines et les industries européennes. Il s'agit d'une identité constatée dans les techniques. J'espère cependant pouvoir d'ici peu préciser les relations qui ont dû exister dans le paléolithique inférieur et moyen entre le Nord-Africain et l'Europe.

(2) Bruxelles, 1920. Hayez, Imprimeur de l'Académie royale de Belgique, 1920.

remarquable industrie dans l'*Anthropologie* en 1916 (1), je ne m'étendrai pas sur ce sujet.

Je désire présenter aujourd'hui une découverte inédite et plus récente, celle de Bir-El-Ater. Cette station se trouve à 2.250 mètres du puits de Bir-El-Ater et à droite de la piste conduisant de ce puits à l'oasis tunisienne de Tamerza, à 90 kilomètres environ au sud de Tébessa, au bas du célèbre gisement de phosphates du Djebel-Onk. C'est sur une surface de 2.000 mètres de côté environ que se trouve réunie l'industrie moustérienne, au dessus de lits d'oueds entrecroisés actuellement désséchés.

En ce point le ruissellement a supprimé toutes traces de foyers, aucune cendre, aucun ossement ne sont en présence du remarquable outillage trouvé sur le sol.

Les pièces très finement ouvrées sont généralement patinées en blanc, certaines ont au contraire une « *teinte chocolat* » moins foncée que dans les pièces égyptiennes.

Dans la région cette patine appartient seulement aux outils de technique purement moustérienne. Je ne l'ai jamais trouvée sur les outils aurignaciens relevés dans des campements voisins encore inédits, pas plus que sur les pièces acheuléo-moustériennes très nombreuses à 15 kilomètres environ au nord de ce point. Il ne s'agit pas à Bir-El-Ater d'outils peu nombreux mélangés à des industries plus anciennes ou plus récentes, mais d'une industrie absolument identique aux milieux moustériens les plus classiques de l'Europe.

J'ai pu réunir 1.500 pièces bien caractéristiques et éclats typiques. Afin de rendre les comparaisons possibles, je donne ci-dessous une liste de 360 pièces remarquablement conservées et qui permettent d'avoir une idée générale de l'outillage de cette époque :

Racloirs	149
Pointes à main	129
Lames épaisses retouchées	35
Disques	16
Scies	10
Lames à encoches	8
Pièces présentant une double patine	8
Perçoirs	4
Grattoir présentant une double patine	1
Pièce pédonculée	1
Double pointe retouchée sur une face	1

La figure 3 sera suffisante pour donner une impression exacte de la technique de Bi-El-Ater. La grandeur des pièces sera aussi nettement appréciée par suite de l'échelle.

Nous avons dans ce milieu tous les outils classiques moustériens avec la double pointe que je relevais pour la première fois au Bottna et qui s'est

(1) Maurice Reygasse : *Études de Paléthnologie maghrébine.* — *Anthropologie*, juillet-octobre 1916, p. 351 à 369. Masson, éditeur, Paris.

rouvée dans presque tous nos milieux moustériens de France, et que notre llègue, *M. de Mortillet* vient de signaler encore ces jours derniers dans e gisement de Taubach.

L identité absolue de formes de cette technique et des industries mous-riennes de France est trop formelle pour permettre de supposer qu'elle

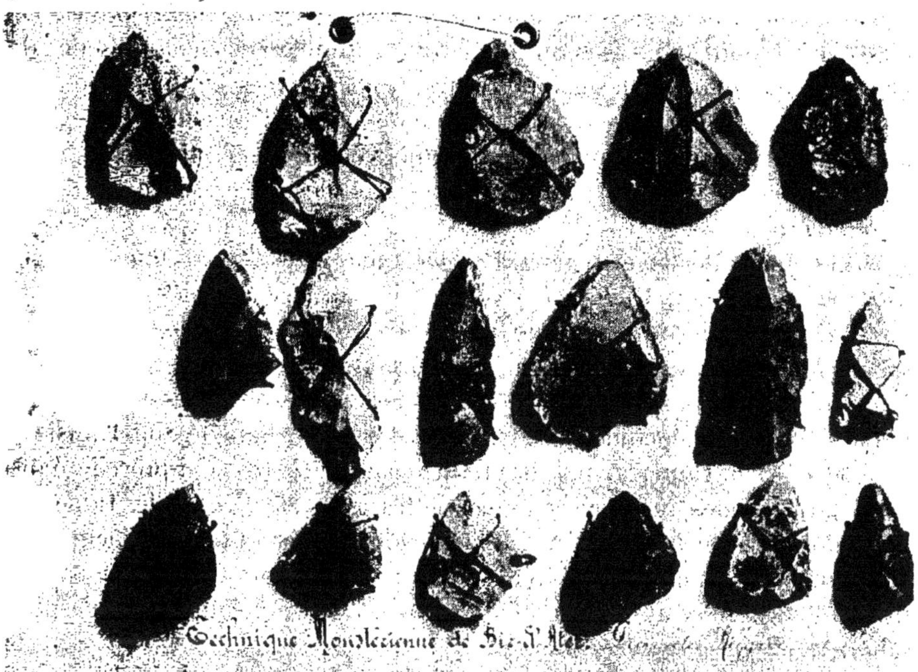

Fig. 3. — Pointes à main de Bir Elater.

t purement due à un déterminisme iudustriel. Des relations certaines ont û exister entre nos moustériens d'Afrique et ceux d'Europe.

Le milieu de Bir-El-After doit être assimilé par sa technique au mous-érien moyen. La technique du Fedj-El-Bottna avec survivance de coups e poing a un aspect au contraire plus archaïque.

3° *Techniques moustériennes à outils pédonculés de l'oued Djebbana, du its des Chaachas, de l'oasis de Négrine, d'Oum et Tine* (*Tunisie*) *et d'El-bira*. — Il est dans l'outillage préhistorique africain un outil qui a été ès souvent décrit. C'est, je crois, *M. Frédéric Moreau* qui, pour la remière fois, était frappé par ses caractéristiques troublantes. Il s'agissait e pointes de flèches retouchées sur toutes les faces, à la base, comme les utils néolithiques, « tandis que la taille unilatérale impliquait à la pièce n question un cachet nettement moustérien » (1).

La découverte de *Frédéric Moreau* a été faite dans l'oued Seldja, Sud-

(1) Fr. Moreau : *Notice sur les silex taillés recueillis en Tunisie*. — Paris, Quantin, 1888.

Tunisien en 1887. Depuis, ces pointes ont été relevées en de très nombreux milieux, en Tunisie, en Algérie et dans le Sahara.

Une théorie s'est créée, qui déclarait cet outil néolithique, tandis qu'il est au contraire, à mon avis, paléolithique. Il apparaît avec notre moustérien évolué.

En Tunisie, *M. J. de Morgan*, le Docteur *Capitan* et *P. Boudy*, dans une remarquable *Étude sur les stations préhistoriques du Sud-Tunisien* (1) classent cet outil dans le néolithique *tellien* caractérisé par la présence de *haches polies*, poterie, silex géométriques, flèches taillées sur une seule face.

Le Docteur *Gobert* (2) le trouve aussi dans le Sud-Tunisien, à Redeyef et à Tamerza-douane. Il s'agit pour lui d'une technique néolithique *de tradition moustérienne*. Pour *M. Pallary*, nous sommes en présence du néolithique berbère (3).

A El-Oubira, découvert par *M. Latapie*, étudié ensuite par *MM. Debruge*, *Pallary* et par moi, *M. Debruge* voyait un outillage à faciès néolithique mêlé à des outils de technique plus anciens (4). Tout cet outillage est bien contemporain et purement moustérien. Dans tous les cas cités, il s'agissait de stations en surface avec remaniements possibles en des lieux habités à diverses époques. J'ai pu constater ce fait dans le Sud-Tunisien, à Redeyef et à Tamerza, points étudiés par *M. Gobert*. J'ai procédé dans ces régions à des recherches personnelles avec *M. Laugé*, de Tamerza, et *Guillaume*, de Redeyef. A Tamerza-douane, les outils pédonculés se trouvent en contact avec des pièces du paléolithique ancien, du paléolithique moyen et aussi avec des pointes de flèches néolithiques d'aspect saharien.

A El-Oubira, nous avons de nombreux outils moustériens : disques, pointes à main, racloirs et pointes de flèches retouchées d'un seul côté. Dans cette station, l'outillage moustérien est nettement caractérisé; la présence d'outils pédonculés étonnait mes prédécesseurs; je dois dire qu'elle me troublait aussi. Mes nombreuses découvertes faites depuis cette époque m'ont permis de constater qu'il y avait là un fait constant; je trouve toujours l'outil pédonculé retouché sur une seule face avec le moustérien évolué.

Tel est le cas pour une station que je découvrais il y a cinq ans dans la Chebka du Chabett-El-Ahmar (oasis de Négrine). C'est également et toujours cet ensemble d'outillage paléolithique et purement moustérien avec outils pédonculés que j'ai trouvé dans le Sud-Tunisien à Oum-et-Tine. Cette station m'a été signalée par mon ami, *M. Laugé*.

Ces découvertes m'ont permis un maximum de récoltes et d'observations

(1) *Revue de l'Éc. d'Anthropologie*, t. XX, avril 1910.

(2) *Introduction à la Palethnologie*, par le Docteur Gobert, p. 152 à 162. — In *Cahiers d'Archéologie tunisienne*, 2e cahier; Gamber, éditeur, Paris.

(3) Pallary : *Le Préhistorique dans la région de Tebessa*. — *Anthropologie*, Masson, éditeur, Paris.

(4) Debruge : *Le Préhistorique dans la région de Tébessa*. — *Recueil des notices et mémoires de la Société archéologique de Constantine*, vol. XLIV, 1910; Braham, éditeur.

qui n'avaient pu être faites dans la région par mes devanciers. Deux stations offrent à ce sujet beaucoup plus d'intérêt car dans ces milieux, j'ai trouvé en place avec faune en présence, une belle technique moustérienne à outils pédonculés. Ces stations se trouvent l'une dans le douar Doukane. au puits des Chaachas, l'autre à proximité du bordj de Bir-El-Ater dans l'oued Djebbana.

Dans la première, l'outillage se trouve dans une couche de graviers entre deux couches d'argile. Aucune trace de foyer, mais simplement des dents de caractère très archaïque.

Dans l'oued Djebbana au contraire, je suis en présence d'un véritable foyer situé à 3m,60 sous des couches d'argiles et de graviers. L'outillage moustérien dans ces deux stations en place comprend des disques, racloirs, pointes à main, lames à coches et de nombreux outils pédonculés. Certains de ces outils sont des racloirs ou bien parfois ont déjà la forme de grattoirs à bout arrondi. Dans ce cas, il ne s'agit nullement de pointes de flèches cassées et retouchées ensuite, mais bien d'instruments pédonculés et non

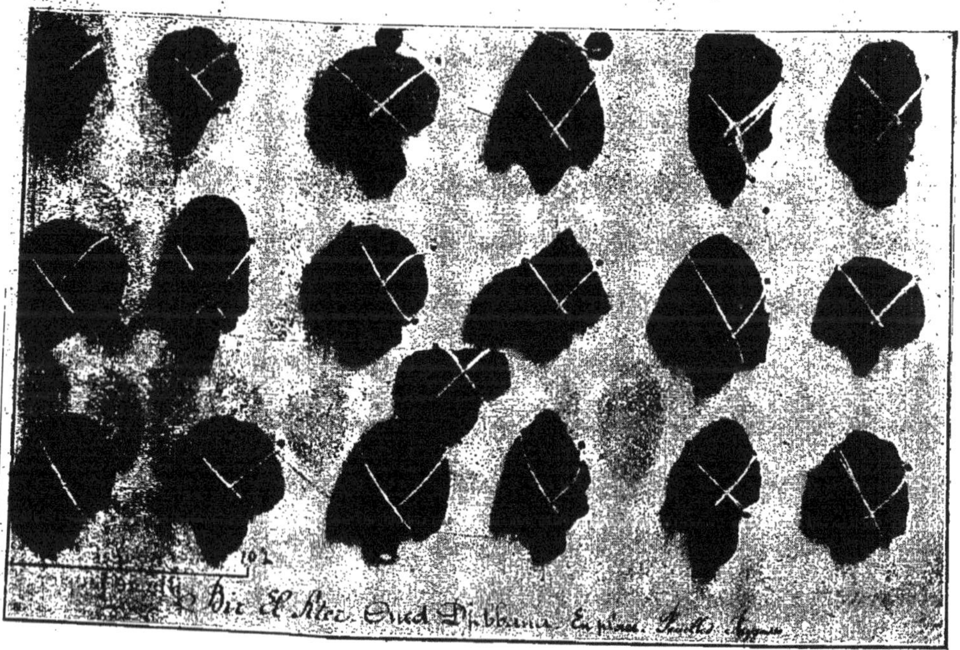

Fig. 4. — Outils pédonculés de l'Oued Djebleana.

d'ar[...] Leur grosse épaisseur eût rendu impossible leur pénétration dans le [...] animal quelconque.

[...] planches reproduisant à l'échelle des pièces provenant [...] crois, suffisamment explicatives. Voir *fig. 4.*

[...]a. *Passage de l'acheuléen au solutréen*

[...]tréen archaïque avait toujours été [...] feuilles de laurier nombreuses cependant, trouvées dans le Sahara, ramenées au néolithique. Depuis plusieurs années, j'ai pu relever environ mille pièces de technique solutréenne bien caractéristique dans la résion d'El-Ouesra, à soixante kilomètres au sud de Tébessa. Ces pièces se trouvent en surface toujours en contact avec l'outillage paléolithique extrêmement abondant. Ce milieu m'a donné, en effet, près de 3.000 haches taillées. L'examen attentif de ces séries permet de saisir par des transitions tout à fait insensibles le passage de l'acheuléen d'El Ouesra à une technique solutréenne bien caractéristique. Cette évolution me paraît être synchronique de celle que j'observais à El-Ma-el-Abiodh, mais avec des caractères bien différents. Tandis qu'à El-Ma-El-Abiodh, nous assistons au passage de l'acheuléen au moustérien, à El-Ouesra, au contraire, je remarque un affinement dans la taille du silex qui cependant conserve toujours ses caractéristiques premières. Les pièces ovales, régu-

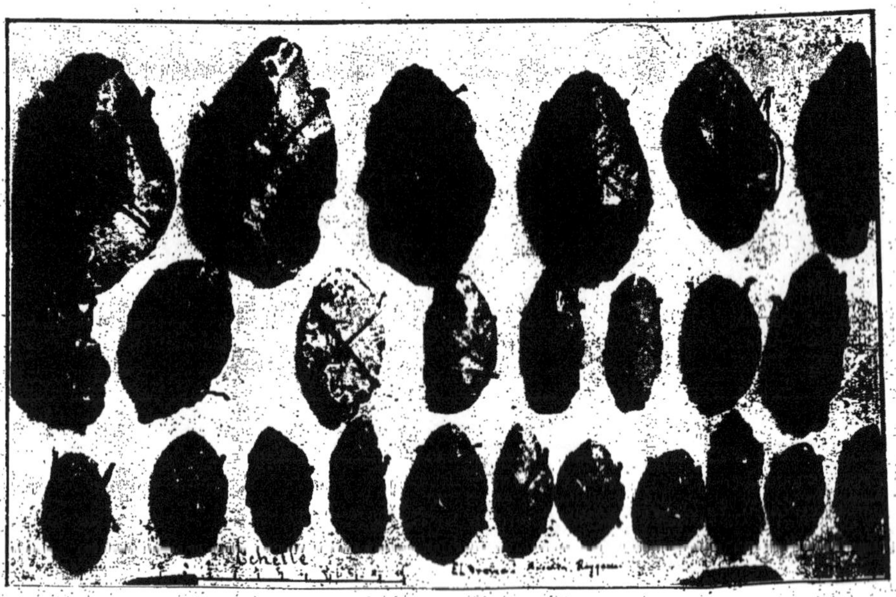

FIG. 5. — Technique solutréenne d'El Ourra. Découverte Maurice Reygasse. Pièces permettant de suivre la transition du coup de poing à la feuille de laurier.

lièrement ouvrées des deux côtés deviennent minuscules, plus plates; sur les deux faces, nous avons toujours les retouches symétriques de l'acheuléen. Ces outils, de plus en plus fins, aboutissent très nettement au solutréen.

La photographie d'une de mes séries de transition, présentée à Strasbourg, permettra de bien suivre ces termes de passage qui nous donn[illegible] un solutréen synchronique du moustérien. Voir *fig.* 5.

La place qui m'est réservée ne me perm[illegible] lon uement ces oints nouveau[illegible] discussions. Je dois me borner aussi à donnor oimplcment le titre de mes autres conférences qui seront publiées plus tard :

Technique acheuléenne spéciale de Tazbent. — Techniques de l'Aurignacien inférieur et supérieur du Sud-Constantinois. — Le néolithique du Damous-El-Ahmar. — Observations sur les classifications du préhistorique saharien.

Les photos sont dues à notre excellent collègue M. *Polge de Lacapelle-Marival.*

M. Timothée WELTER,
Notaire, Metz.

LE « BRIQUETAGE » DE LA SEILLE

571.55 (43.44)

28 Juillet.

Les archéologues et autres savants divers qui se sont, depuis tantôt eux siècles, occupés, avec plus ou moins de succès, de la préhistoire de a Lorraine ont, dans leurs travaux, appelé *briquetis* ou *briquetage* e la Seille, des amas très considérables de cylindres irréguliers de terre uite que l'on rencontre, à profondeur variable, par endroits espacés, sur e étendue de plus de 30 kilomètres sur les rives mêmes de la Seille.

Ces amas occupent des surfaces de plusieurs centaines de mètres carrés chacun de leurs sièges, et, comme leur profondeur dépasse fréquemment six mètres il ne semble pas téméraire de prétendre que leur cube ut être évalué à plus d'un million de mètres.

Il en résulte au point de vue technique que leur fabrication et l'usage uquel ils furent destinés ont duré plusieurs siècles comme l'ont établi les ouilles qui ont été faites et qui sont loin d'avoir révélé tous les emplacements et d'avoir épuisé le côté scientifique de la question.

Ces fouilles n'ont jamais été faites ni avec suite ni avec méthode et c'est cela surtout qu'est due l'ignorance complète des savants sur le but du riquetage, ignorance qui s'est maintenue et a duré d'autant plus longmps, que la plupart des auteurs ont d'autant plus écrit qu'ils ont moins ouillé, se sont servilement copiés les uns les autres et qu'aucun d'eux n'a bservé de près l'un de ces cylindres et n'a tiré de ces observations les éductions qui l'eussent amené à en comprendre l'ensemble.

Leurs idées, à ce sujet, ont quelque peu varié, mais toutes étaient radilement fausses. Il n'entre pas dans le cadre restreint de ma conférence m'étendre sur ces idées en critiquant, l'une après l'autre, les multiples éories émises par leurs auteurs; il me suffira ici de dire que la plupart d'entre eux, aveuglés par ce fait constant que le « briquetage » ne se rencontre que sur le bord immédiat de la rivière y ont vu des travaux de consolidation de ses berges, des culées de ponts, un assainissement du marécage et *tutti quanti* d'idées de ce genre.

Je renvoie à la littérature sur ce thème ceux qui voudront s'y intéresser et peut-être y trouver matière à critiquer ma théorie qui est des plus simples. Je l'ai mûrement cultivée et, si c'est à la première vue du briquetage et de plusieurs briques que j'ai, du coup, saisi la clé du système je n'en ai trouvé la solution entière et définitive qu'en y réfléchissant beaucoup dans la solitude de la prison et du long exil que m'ont infligé les Boches.

Il me semble tout indiqué avant de m'approfondir sur le sujet d'attirer, Messieurs, votre attention sur la nature géologique du terrain au pays fertile de la Seille.

C'est le terrain du pays des mares, riche en marnes et en argiles, c'est le keuper de nos marnes irisées qui s'y trouvent, le fait est capital pour ma théorie, mêlées à d'importants gisements de gypse qui est un sulfate naturel hydraté de chaux et forme la pierre à plâtre exploité de nos jours dans le pays.

Cette argile donna aux peuplades qui se campèrent sur les rives de la Seille à la fois la matière plastique nécessaire au revêtement du toit de leurs huttes et l'élément indispensable à la fabrication de leurs ustensiles industriels du briquetage.

J'ai dit *ustensile industriel*, le briquetage dans l'amplitude énorme de sa masse comme, aussi, dans chaque brique, dans chacun de ses éléments n'a pas été autre chose.

Je l'ai dit, dès la première heure, je le soutiens encore; je vais le prouver.

Le besoin, qualifié, à juste titre, comme le père des arts a, de tout temps, aiguisé le sens d'observation de l'homme au temps préhistorique comme chez le sauvage de nos jours. Or, s'il est un élément dont l'homme, en tous pays, ne saurait se passer, c'est le sel; nous en disons tout autant aujourd'hui, du fer et du charbon et notre chère Lorraine, bénie de Dieu, les renferme tous les trois.

C'est donc en s'abreuvant à une source dans la vallée de la Seille que l'homme du *briquetage* aura constaté que cette source était salée. Un hasard quelconque lui a fait voir autour de son foyer que la terre dont il l'avait entouré durcissait au feu et que cette terre malaxée par lui se revêtait dans de certaines conditions, d'une couche de sel. Il en arriva à composer différemment des morceaux de cette terre et, finalement, constata que le sel se déposait avec prédilection sur les morceaux de terre cuite dans lesquels en malaxant cette terre il avait mélangé, dans l'idée, peut-être, d'en rendre la cuisson plus intime, plus parfaite, des détritus d'herbes, de roseaux, de paille. Il se mit donc à cuire ses ustensiles dans ces conditions et établit bientôt ainsi des briques dans lesquelles la cendre ré tant de la combustion des détritus préroppolés ayant disparu dans un lavage intentionnel ou accidentel, il les avait rendues poreuses et les avait dotées d'une capillarité plus ou moins parfaite. Ceci établi il devint sédentaire au milieu de forêts giboyeuses au bord d'une rivière où il pouvait s'adonner à la pêche. Une industrie naissait, il sut l'exploiter et fabriqua le sel pour ses besoins et pour le commerce.

Revenons donc à un de ces grands amas de briquetage et reportons-nous au jour auquel la Société lorraine d'histoire et d'archéologie accomagna près de Burthécourt en 1901 le congrès de la *Société allemande d'anhropologie de Hambourg*.

La fouille faite, à ses frais, avait atteint la profondeur de près de mètres sans avoir traversé, en entier, la couche du briquetage en cet ndroit. Cette fouille avait mis au jour d'innombrables cylindres, partie ntiers, partie brisés, gîtés en désordre dans de grands amais de terre lcinée, de cendres et de charbons dont on ne s'expliquait point clairement la raison.

Une idée, cependant, dominait c'était celle que tous ces cylindres vaient pu servir d'une façon quelconque à l'industrie du sel; les noms nciens, médiévaux et nouveaux de bien des localités du pays indiquaient sez que le sel y avait dû être produit et récolté depuis longtemps; il allait tenter d'expliquer aux savants réunis ces immenses dépôts de terre uite sous la forme de ces cylindres. On entassa de ces cylindres par roisement à angle droit, on les entoura de feu, les porta au rouge blanc, uis on y laissa tomber goutte à goutte une eau préalablement saturée de l; mais l'effet attendu ne se produisit pas.

La théorie ne semblait pas vouloir naître et prendre corps quand m'étant nu, jusque-là, à l'écart et en réserve je fus interpellé et prié de dire mon pinion. Je déclarai alors à haute voix, sans qu'aucun procès-verbal n'en t fait mention, que la solution de la question était tout indiquée à qui oulait considérer avec attention un cylindre quelconque du briquetage. Il était apparent, en effet, comme le prouvent les témoins que j'ai pportés de Metz que tous les cylindres ont été, avant leur cuisson, pétris ec des matériaux végétaux pulvérisés et combustibles; que la cuisson u cylindre a brûlé ces fibres végétales dont la cendre laissa derrière elle ne porosité et, partant, une capillarité incontestables. L'argument plut ux docteurs qui avaient arboré leurs lunettes d'or et quand j'eus très mmairement expliqué que l'eau salée avait pu être saturée à haut degré r la chaleur du feu dont on entourait les bassins ou rigoles que l'on en vait remplis, on parut convaincu. Il ne vint à l'idée de personne de me mander pourquoi les stations étaient si nombreuses et pourquoi les lindres s'y trouvaient en si énormes quantités. J'eusse été en peine de pondre de suite; ce n'est que dans la solitude forcée que j'en trouvai explication que voici :

J'ai dit que les eaux salées qui, en de si nombreux endroits, arrivent à surface, traversent des terrains rich

véhiculé en dissolution par les eaux dans les fins canaux capillaires du cylindre s'y déposait à la longue en quantités d'autant plus fortes que ces eaux étaient plus chaudes ou plus saturées quand on y avait *planté* les cylindres; il obstruait ces canaux et rendait le cylindre inutilisable. Que le *saunier* de l'époque l'ait compris ou non, son outil devenait inutilisable et il le jetait pour en fabriquer d'autres selon ses besoins.

Les fouilles des environs de Burthécourt ayant relevé de petits bassins en argile mal cuite, il nous faut admettre que ces bassins renfermaient l'eau salée, plus ou moins chauffée, plus ou moins saturée. Le *saunier* ou *salinier* prenait le cylindre *préalablement chauffé* et le plantait dans le bassin, debout, à distances et profondeurs voulues et il laissait la capillarité de son outil produire son effet.

L'eau s'évaporait à la surface d'autant plus rapidement que l'air ambiant était plus vif ou sa température plus élevée et y laissait le sel que le saunier en détachait ensuite.

La masse si grande de cendres et de poussières de charbon de bois indique suffisamment que l'eau salée a dû être préalablement saturée par la chaleur et comme je viens de dire que le salinier plantait dans le bassin, son outil, le cylindre *préalablement chauffé,* il me reste à expliquer à quoi ont pu servir les petits instruments en forme de métacarpes ou osselets qui se trouvent en si grand nombre dans la masse sortie des fouilles. Ces petits outils formés au galop à la main, comme les cylindres et dont j'ai l'honneur de vous présenter quelques témoins, étaient les *tenailles* du saunier. Nous savons qu'à cette époque de cette industrie qui était la *Hallstattienne* les métaux en bronze ou en fer étaient encore rares surtout comme outils. Il fallait que le saunier sortit du feu où il l'avait chauffé son cylindre; des bâtons de bois qui eussent pris feu ne pouvaient lui être d'aucune utilité; il inventa donc cet osselet en terre cuite, pétri à la hâte entre le pouce et l'index et durci au feu et en en tenant un de chaque main, il en pinçait le cylindre brûlant et l'allait planter dans l'eau salée; c'est la présence si fréquente de ce petit instrument qui nou prouve que le cylindre était porté à chaud dans l'eau salée.

Nous n'avons aucune preuve que l'homme n'ait pu, à cette époque, procéder à froid et sans chauffer ni l'eau ni les cylindres, mais les parol explicatives que j'ai prononcées à Burthécourt en août 1901 ayant é entendues par un agent-voyer. le sieur Grosse, depuis à Richemont, qu avait surveillé les fouilles, il lui vint à l'idée de travailler à froid et i obtint un résultat analogue à celui que j'ai l'honneur de vous présenter

Grosse en fit, sans aucunement me nommer, un compte rendu qui s trouve avec celui de Keune, ci-devant directeur du musée de Metz, dan le 13e volume de l'an 1901, de *l'Annuaire de la Société d'histoire et d'archéo logie lorraine de Metz*. Je renvoie à ces deux travaux ceux d'entre vous Messieurs, qui voudront lire les détails sur ces fouilles; ces détails son ... nt été maladroite ment plagiées et j'ai voulu, par la présente conférence, remettre les choses au point.

Il resterait, par des fouilles de plus grande envergure, à achever l'étude du briquetage de la Seille et à trouver les tombes des sauniers de l'époque; on ne saurait admettre que les tumuli, bien que très incomplètement relevés dans ces parages, ont été leurs uniques nécropoles.

Il me reste à remercier la très honorable assemblée du congrès de l'attention qu'elle a bien voulu accorder à mes conférences, j'y joins le bien vif regret de ne pouvoir donner à ces captivantes études tout le temps que j'aurais voulu y consacrer mes moyens ne me le permettant pas après les pertes cruelles que j'ai subies par l'exil et la prison.

M. T. WELTER,

LES MARES

Habitations souterraines de nos ancêtres en Lorraine.

571.84 (43.45)

28 Juillet.

Le fait, constaté par tous les archéologues qui ont sérieusement fouillé la terre, que l'homme, aux âges préhistoriques, ne se campait, pour y demeurer que dans les milieux qui pouvaient convenir tant à son industrie de l'époque qu'aux exigences de sa conservation m'a amené à soutenir avec obstination, dès la fin des dernières décades du siècle passé, que l'homme des mares n'a fixé ses pénates que dans les terres à surface argileuse. Ces terres que le Lorrain appelle *fortes*, constituent pour une très grande partie la surface du département actuel de la Moselle et, géologiquement parlant, elles s'étendent au delà en Meurthe-et-Moselle, en Meuse, en Belgique méridionale et dans le grand-duché de Luxembourg. C'est le terrain des marnes irrisées, du keuper, si caractéristique des arrondissements de Sarrebourg et de Château-Salins, dans lesquels se trouvent, numériquement, les plus grandes quantités de ces excavations auxquelles nous avons donné le nom de *mares*.

Pour préciser, à mon point de vue les mares en tant qu'habitations souterraines de nos ancêtres je dirai qu'il convient de ne donner ce nom qu'à ces cuvettes artificielles, généralement pleines d'eau que nous trouvons dans les terrains dont j'ai fait mention et dont une statistique incomplète en a relevé environ 30.000 en Lorraine.

J'ai dit *généralement pleines d'eau* et j'ai parlé d'une *statistique incomplète*. Il est notoire, en effet, qu'un grand nombre de mares ne sont plus aujourd'hui, pour des raisons diverses pleines d'eau; beaucoup sont devenues sèches, ont été en partie comblées par la culture et il en est résulté que les gens chargés de leur recensement ne leur ont pas reconnu le caractère primordial d'habitations.

J'ai donc soutenu et en dernier lieu de façon absolue au Congrès allemand des anthropologues qui eut lieu à Metz en 1901, que 98 0/0 de nos mares avaient été creusées par l'homme pour y demeurer. Cette théorie ne trouva pas l'adhésion de la majorité de mes auditeurs; je ne perdis pas courage; je continuai, deux longues années durant, mes fouilles dans le canton de Réchicourt et pour pouvoir publier mes idées, je me rendis en 1903 au Congrès des mêmes anthropologues à Worms où je les développai. Mon digne et inlassable émule, feu l'abbé *Colbus*, curé à Altripp se mit, de son côté, à fouiller des mares dans son canton. Ses travaux furent publiés dans nos annales de la *Société d'histoire et d'archéologie lorraine* par *Wichmann* qui était venu s'instruire aux fouilles que je faisais en 1902 dans le domaine forestier de Ketzing, près de Gondresange, qui est, aujourd'hui, la propriété de M. *François de Curel*, de l'Académie française.

Quand j'eus quitté l'arrondissement de Sarrebourg où j'étais notaire à Lorquin pour venir m'établir, comme tel, à Metz où j'habite depuis 1904, l'abbé *Colbus* continua ses fouilles. M. *de Schlumberger* en fit dans son domaine de Bonne-Fontaine, auprès de Fénétrange; feu M. *Schlosser* en fit auprès de Druling et toutes confirmèrent ma théorie à savoir que les mares, comme telles, furent creusées par la main de l'homme à une époque où l'usage de la chaux n'était pas encore connu dans notre province. L'homme les y creusa dans l'argile, parce que celle-ci seule pouvait lui garantir un abri contre le soleil et contre les intempéries. La théorie est la suivante, quelles que soient les formes et dimensions de ces écuelles; leur forme est habituellement ronde, leurs dimensions varient de 4 à 12 mètres de diamètre; leur profondeur varie entre 2 et 4 mètres.

L'homme creusa la cuvette et se mit à pétrir la terre qu'il en sortit. Il prit ensuite des arbres de dimensions variées dont il affila parfois mais carbonisa presque toujours le pied, et disposa ces arbres en cercle au rebord intérieur de la cuvette, de telle façon que ceux-ci dont il conserva les branches supérieures se rejoignaient en cône au sommet hors terre de l'excavation. Puis il entrelaça dans les vides de longues et fortes gaules, entre celles-ci des brins plus flexibles et boucha ainsi aussi complètement que possible tous les interstices. Il recouvrit le tout d'une couche épaisse de feuilles retenues par d'autres brindilles, lissa par-dessus l'argile pétrie sortie de l'écuelle qu'il chargea d'un toit léger de paille, d'herbes et de roseaux pour l'écoulement des eaux pluviales et sa hutte se trouva faite.

C'est des flancs de ces huttes que sortirent l'arme au poing les 6.000 Gaulois qui se joignirent à Vercingétorix pour lutter avec lui contre César au début de notre ère chrétienne.

Il résulte de mes nombreuses fouilles que ces mares n'ont pu être établies que dans les terrains à base de glaise. Cette terre plastique leur était indispensable pour le revêtement extérieur de la hutte. Aussi ne rencontrons-nous les mares que dans ces terrains ou dans ceux, à proximité immédiate desquels se trouve la terre glaise.

Il en résulte en outre que l'intérieur de la hutte était rempli de feuilles dans lesquelles se couchaient leurs habitants parfois avec le bétail (des bovidés) sous un même toit.

Ces habitants avaient aussi des moutons comme l'ont prouvé les os, et, les fers que j'en ai sortis établissent qu'ils y tenaient des chevaux.

Les foyers composés de grosses pierres calcinées avec, au milieu, de gros amas de cendres prouvent en outre qu'ils y cuisinaient; de grandes claies en osier, recouvertes soit de feuilles, soit de peaux leur servaient de literie et ces mêmes claies peuvent avoir constitué les portes ou les fenêtres de leurs rustiques demeures.

C'est là que vécurent nos ancêtres jusqu'au jour où, pour des raisons quelconques, dont la principale semble avoir été le progrès dans l'art du bâtiment, ils abandonnèrent leurs huttes.

Les objets trouvés dans ces mares établissent qu'ils s'y livraient à des travaux de tissage, qu'ils possédaient des instruments en fer qui leur permettaient de tailler et de forer le bois; qu'ils labouraient avec des socs en bois de formes primitives, qu'ils cultivaient une espèce de blé et de chanvre et qu'ils pêchaient à la nasse.

Lorsque les huttes furent abandonnées, le temps en eut raison, comme de la gloire et des amours; elles s'effondrèrent et l'eau les envahit. Les feuilles surnagèrent en partie, la glaise traversa et vint s'écraser au fond arrachant au contact de l'air ce qui nous est conservé.

Ce sont ces huttes que les artistes de l'époque ont reproduites sur la colonne de Marc-Aurèle et au haut de la perche que tient en main sur le monument de Sucellus au musée de Metz la déesse celtique *Nantosvelta* de Sarrebourg.

Les débris de quelques tuiles à rebord et de vases de l'époque de Trajan nous prouveraient encore, comme la découverte d'une *trulla* dans la mare des Bachats, près de Languimbert, que ces huttes étaient encore habitées pendant l'occupation romaine.

J'admets qu'elles remontent à l'*époque de La Tène* et ont duré jusqu'à l'époque carolingienne.

Les fouilles en sont très pénibles et dispendieuses. La masse doit en être fouillée avec le plus grand soin et comme elle est putride et malpropre la besogne est difficile et peu agréable. Les bois demanderaient à être conservés dans l'eau jusqu'à ce qu'on les garantisse de la putréfaction par des procédés appropriés. Ceci demande des musées à dimensions auxquelles ne répondent pas ceux que nous possédons.

Le nombre énorme de ces habitations exigerait que l'on y apportât une grande attention; il faudrait aussi que l'on recherchât où se trouvent les nécropoles de l'époque, ce n'est qu'un travail de fouilles méthodiques de longue durée qui pourra donner la solution tant de cette question que d'une foule d'autres qui sont connexes.

Il y aurait, notamment, à rechercher en quelles relations se trouvaient ces peuplades avec les mediomatrici dont les monuments funéraires à dos d'âne que j'ai descendus des contreforts lorrains des Vosges remplissent le musée de Metz et avec les tribus plus anciennes d'origine qui se livraient, sur les bords de notre Seille, à l'industrie du sel.

M. Louis SCHAUDEL,

Membre de l'Académie de Stanislas, Badonviller.

UN SOUVENIR INTÉRESSANT LE FOLKLORE DE L'ALSACE

398 (43.445)

28 Juillet.

Dans une petite étude sur le *Culte des Astres dans les légendes de France* présentée au Congrès de Lille en 1909, j'ai noté quelques coutumes encore subsistantes et pouvant se rattacher à l'antique culte du Soleil.

Qu'il me soit permis, aujourd'hui où j'ai le bonheur et la joie inexprimables de prendre part à ce premier Congrès d'après-guerre réuni dans ma chère Alsace enfin libérée, de rappeler le souvenir d'une fête populaire traditionnelle encore observée il y a un demi-siècle à *Mothern* (1), mon village natal.

Cette fête, fixée au premier dimanche de carême et précédant par conséquent de quelques jours seulement le carnaval, était l'occasion de réjouissances se manifestant par la musique et la danse, si fort en honneur à cette époque dans toute l'Alsace, par des réunions bruyantes dans les auberges où, avec le vin clairet du pays se consommaient des pâtisseries sous forme de beignets et de gâteaux gaufrés appelés *roses* à cause de leur ressemblance avec la corolle de cette fleur.

Vers le soir, les jeunes gens se rendaient sur la hauteur voisine dite *le Hasselberg* qui domine la partie septentrionale de la localité, à gauche de la route de Lauterbourg. La plupart des garçons au-dessous de 15 à 16 ans, étaient porteurs de disques obtenus très simplement par le sciage d'un rondin de bois, de 10 à 15 centimètres de diamètre, en rondelles d'un centimètres ou deux d'épaisseur percées au centre et pouvant ainsi être enfilées pour la facilité du transport.

(1) Canton de Seltz, arrondissement de Wissembourg.

Arrivés au sommet de la côte, au lieu habituel des réunions de cette sorte, les porteurs de disques en fixaient un au bout d'une baguette, le faisaient tourner plusieurs fois autour d'eux et, par un mouvement horizontal le lançaient de façon qu'en se détachant le disque prenait un mouvement de rotation en montant; puis retombait pour rouler sur la pente de la colline. Après le coucher du soleil et à l'entrée de la nuit, le feu était mis à un bûcher formé de fagots apportés par les jeunes gens et avec les flammes jaillissantes éclataient en même temps les cris de joie de l'assistance. Les disques étaient alors exposés à l'action du feu et quand ils étaient enflammés, les jeunes discoboles leur faisaient décrire des cercles de feu, puis les lançaient dans l'espace d'où ils retombaient en une pluie d'étoiles filantes, quelques-uns roulant jusqu'au bas de la côte.

Au village, ce spectacle était suivi par les habitants groupés aux endroits les plus favorables à la vue et l'attitude de la foule peut être comparée à celle des spectateurs actuels de nos modernes feux d'artifices, avec cette différence qu'ici l'intérêt croissait en raison de la qualité des artificiers, les plus beaux coups étant généreusement attribués par les parents à l'un des leurs. Les cris poussés par les lanceurs de disques n'intéressaient pas moins la foule; ces cris commençaient généralement par une expression qui semble être empruntée au dialecte local, mais dont le sens échappe à toute traduction. Elle a été reproduite par *H. Gaidoz* (1) sous cette forme : Schiwahkeliwak! cri toujours suivi de vœux et des noms de personnes auxquelles ces vœux s'adressaient et que les disques étaient censés porter.

Dans une localité du Haut-Rhin signalée par notre excellent collègue et ami, M. *Fr. Kessler*, et où existait la même coutume, si les disques portant les vœux à l'adresse de personnes de sexe différent se rencontraient dans leur parcours, on pronostiquait un prochain mariage entre elles. Cette ancienne coutume peut donc être rapprochée de celle connue en Lorraine sous l'expression *Dôner*, consistant à proclamer les noms de deux personnes dont on souhaitait le mariage, coutume qui, par suite de nombreux abus et de désordres qui en résultaient, fut interdite en Lorraine et par les comtes de Salm, à Badonviller en particulier, dès le XVIe siècle.

Cette vieille coutume de lancer des disques rappelle aussi celle consistant à promener ou à lancer du haut d'un coteau une roue enflammée appelée roue de fortune. Un document de 1565 nous apprend que sur une hauteur dominant à l'est un faubourg d'Épinal, on lançait dans la Moselle une roue entourée de paille enflammée. Dans le pays messin également, à Rupt et à Basse-Kontz, les habitants précipitaient d'une montagne une roue enflammée pour figurer le soleil fertilisant la campagne. Mais, c'est à l'époque du solstice d'été, à la Saint-Jean, que se pratiquaient ces dernières manifestations populaires. Les feux de joie du premier dimanche de Carême avaient évidemment pour objet de fêter l'équinoxe du

(1) H. GAIDOZ. — *Le Dieu gaulois du Soleil*. — *Revue archéologique*, 1884, t. II, p. 140.

printemps. Peut-être la différence dans la forme de l'emblème solaire et le choix de l'époque répond-elle à une différence d'ancienneté de la coutume. Comme l'a fait remarquer *H. Gaidoz*, la roue image du soleil ne pouvait se présenter à l'esprit que chez les peuples ayant déjà des chars et par conséquent des roues. La conception du soleil comme une meule ou un disque est donc plus ancienne, car la meule a été inventée avant le char.

Je ne crois pas que cette antique coutume subsiste en Alsace; si elle a résisté aux défenses et aux anathèmes de l'Église à travers les longs siècles du moyen âge et même jusque dans les temps plus modernes, elle sera tombée en désuétude avec la désertion des campagnes se dépeuplant et l'indifférence des nouvelles générations à l'égard des anciennes traditions.

M. Jacques-Marie ROUGÉ,
Ligueil (Indre-et-Loire).

L'HOMME

398

28 Juillet.

Paragraphe premier. — Coutumes.

La Conception. — Pour avoir un mâle, il faut que la conception ait lieu *quand la lune croît ou que le vent est haut* (Loches).

Quand une femme a un enfant, si la lune change dans les neuf jours qui suivent la naissance, le prochain enfant sera de l'autre sexe (Ligueil).

Le jour des *relevailles*, lorsque la femme revient *d'offrir le pain au prêtre*, le nouvel enfant qu'elle « portera » sera du sexe de la première personne croisée sur la route, en sortant de l'église (Tours).

Pour avoir un mâle, il faut que le père mange des cervelles de bœuf ou de mouton (Ligueil).

Il ne faut pas qu'une femme enceinte mette des aiguilles de fils autour de son cou en travaillant car son fils aurait le cordon ombilical autour du cou (Ligueil).

Lorsqu'on fait la « buie » ou lessive, on ne doit pas laisser le cuvier sur ses tréteaux; quand il est débarrassé du linge, si la maîtresse de la maison se trouvait en *mal d'enfant* dans l'année, elle y resterait aussi longtemps que le cuvier serait demeuré vide sur ses tréteaux.

I.

La Naissance. — Dès qu'un homme a un fils on lui dit : *V'êtes renové ou renoué (renouvelé.)* C'est une grande félicitation (Loches).

Préparer le berceau d'un enfant avant l'accouchement porte malheur (Loches).

Pendant le travail de l'accouchement on fait brûler un cierge que l'on éteindra dès la venue de l'enfant (Ligueil).

Le filet de la langue se nomme le lignou (Ligueil). (par analogie avec le fil des cordonniers). Aussi dit-on dans le Lochois :

« *Celle qui t'a coupé le lignou*
N'a pas volé ses cinq sous » (Ligueil).

Ce dicton s'adresse aux enfants bavards.

Lorsque l'enfant est né on doit acheter chez le pharmacien ou la sage-femme un collier d'ambre (simili ambre).

Ce collier doit contenir la perle des convulsions et la perle du *débord* (diarrhée). *L'amulette* n'est souvent mise au cou de l'enfant que le jour du sevrage.

Pour qu'un enfant ait une belle voix il faut : *enterrer son cordon ombilical sous un rosier blanc* (Ligueil).

II.

Le Baptême et les Relevailles. — Après les onctions baptismales on coiffe l'enfant du *bonnet du Saint-Chrème.* C'est la reproduction du bonnet d'enfant, autrefois bien ouaté et entouré sur le contour de bourrelets pelucheux. Ce petit hennin n'a pas de brides. Une fille gardera ce bonnet trois jours, un garçon neuf jours. Il empêchera, plus tard, les filles qui l'ont porté d'être trop longtemps importunées par leurs règles. Les garçons le portent plus longtemps afin qu'ils soient longtemps amoureux en réalité (Ligueil).

Quand un garçon étrenne les fonts baptismaux d'une église il étrennera d'autres fonts dans sa vie (Ligueil).

Si le parrain et la marraine ne se sont pas embrassés en tirant la corde de la cloche, leur filleul bavera et sucera son pouce durant toute sa jeunesse (Cussay ; La Haye-Descartes, Indre-et-Loire).

Pour les *relevailles,* il ne faut pas que la mère soit en habits de deuil. Dans certaines communes de la Touraine elle ne doit pas même entrer plus loin que la porte de l'église jusqu'à ce que le prêtre vienne la chercher pour l'y introduire lui-même.

Le Mariage. — C'est *L'Ane Bure* (1) qui fait ou défait les mariages (Ligueil).

Avant le mariage, jamais les parents n'assistent à l'église à la publication des *bans* de leurs enfants. Pour que les mariés soient heureux, il faut qu'il pleuve le jour de leur mariage.

On ne doit pas se marier pendant le mois de mai. Ceux qui passent outre auront les yeux rouges ou des enfants fous (Ligueil).

Les fiancés ne doivent pas essayer d'alliances quand ils choisissent leurs bijoux. Le bijoutier prend seulement la mesure de leurs doigts. De même, une jeune fille ne doit pas essayer l'alliance d'une femme mariée. Pour se marier dans l'année, il faut aller piquer avec une épingle les jambes de la statue de Saint-Christophe, dans l'église de Saint-Christophe sur le Naïs (Indre-et-Loire).

La jeune fille qui boit dans le verre ayant servi à un jeune homme qu'elle aime (et vice versa) connaît la pensée du premier buveur au sujet du mariage

(1) *L'Ane Bure* ne serait-il pas l'une des souvenances des animaux « fastes ou néfastes » des croyances antiques ?

(Loches). Quand on remue la salade, si on fait tomber une feuille on se mariera un an après, si on en fait choir deux le mariage aura lieu deux ans plus tard et ainsi de suite (Preuilly-sur-Claise).

Bénir le *parquet* de la noce c'est *boire une goutte* dessus, de façon que la mariée soit heureuse (Bournan).

Jadis, un des jeunes gens de la noce chaussait la mariée avant le départ pour la messe et mettait une pièce de cinq francs ou un louis dans le soulier (Chédigny). La mariée gardait l'argent toute la journée dans sa chaussure. Elle devait marcher sur *l'obole*. Une fille qui se marie met sa fleur sous globe.

(Allusion symbolique. — La traditionnelle couronne de mariée étant, généralement, conservée sous un globe). Le jour du mariage, une mariée ne doit pas se moucher dans son mouchoir (Ligueil).

Une mariée doit être toujours longue à sa toilette. *Elle se perd d'heure en heure* (Bournan, Indre-et-Loire). Avant d'entrer à l'église, une mariée doit faire le *faux pas traditionnel*, c'est-à-dire *heurter une pierre de la place de l'église* (Ligueil) et dire mentalement : *comme les autres* (Ligueil).

A l'autel, pendant la cérémonie religieuse, on regarde quel est le cierge qui s'éteint le premier. Si c'est celui du marié il mourra le premier et inversement. Lors de la remise de l'anneau par le marié, si celui-ci l'enfonce jusqu'au bas du doigt de sa femme, il sera le maître, si, au contraire la bague s'arrête à la première phalange ou à la deuxième, la femme *portera culotte*.

Une femme ne doit jamais quitter son anneau ni pour se laver les mains ni pour des jeux. Si un devin s'emparait de son anneau, il pourrait jeter des sorts terribles à la femme et à ses enfants (Ligueil).

Au moment où la mariée se lève pour écouter l'évangile de la messe nuptiale, le *noueur d'aiguillettes*, toujours redouté, prend une corde dans la main droite et dit : *Nobal, Ribal, Vanarbi* (La Guerche-sur-Creuse, Indre-et-Loire) ou bien il récite l'évangile à l'envers (La Chapelle-Blanche, Indre-et-Loire).

Autant de fois le noueur d'aiguillette fera des nœuds à sa corde, autant de fois il répétera à mi-voix ou mentalement les trois mots secrets, autant de fois le marié *s'y reprendra* pour consommer le mariage. Au lieu de faire des nœuds à une corde, le noueur tourne, parfois, autour de lui une ceinture de cuir (Bournan, Indre-et-Loire). Si la corde pourrit ou si le noueur l'égare et la perd, les *noués* meurent dans de grandes souffrances (Bournan).

Pour empêcher le sort *de monter*, le marié doit marcher sur la robe de la mariée durant tout l'évangile, c'est-à-dire pendant que la mariée reste debout.

Après le mariage religieux, sur le chemin de la noce, on demande la *redevance des époux* (Boussay, Indre-et-Loire).

On allume, quelquefois, à la sortie de l'église, une *jouannée* ou feu de joie (Balesmes, Indre-et-Loire). La mariée, la première, doit y mettre le feu.

Au dessert du repas nuptial, les jeunes gens doivent, pour se marier dans l'année, manger du gâteau placé devant la mariée. Celle-ci, pour être heureuse, devra, elle-même, couper le gâteau (généralement une pièce montée) sans faire choir la statuette qui la surmonte. Les parrains et marraines, au banquet, ont des places d'honneur. Ils portent, comme insignes, quelquefois, le parrain une fleur rouge et la marraine une fleur blanche (La Chapelle-Blanche, Indre-et-Loire).

Au festin, on chante encore de vieilles mélopées comme celle-ci :

MA FILLE SE MARIE.

— *C'est d'main que tu t'maries, ma fille!*
— *Avec li... Ah! j'aurai ti grand ionte, ma mée!*
— *Mais, faut pas avouèrre ionte, ma fille, y aura ton pée, ta mée, ton frée, ta soeue, ton parrain, ta marraine, ton cousin, ta cousine.*
— *Et aprée, ma mée.*
— *On mange, ma fille.*
— *Avec li? Ah! j'aurai ti grand ionte, ma mée!*
— *Faut pas avoir ionte, ma fille, y aura ton pée, ta mée, etc.*
— *Et aprée, ma mée?*
— *On danse, ma fille!*
— *Avec li? Ah! j'aurai ti grand ionte, ma mée.*
— *Faut pas y avoir ionte, ma fille, y aura ton pée, etc.*
— *Et aprée, ma mée?*
— *On va s' coucher, ma fille!*
— *Avec li... Ah! j'aurai ti grand ionte, ma mée!*
— *Faut pas avouèrre ionte, ma fille, y aura pu ni ton pée, ni ta mée, ni ton frée, ni ta soeue, ni ton parrain, ni ta marraine, ni ton cousin, ni ta cousine!...*

(Recueilli à Artannes, Indre-et-Loire.)

Quand on marie la dernière fille de la maison, les garçons et *demoiselles* d'honneur *cassent les pots* (Ligueil) ou *étêtent les choux* (Vou, Indre-et-Loire).

La *jeunesse* prenant, dans ce but, tous les vieux pots qu'elle peut trouver les casse avec un grand bruit. On coupe aussi les têtes *des grands choux* pour marquer qu'il n'y a plus de personnes ou de choses à prendre dans la maison (Ligueil).

Quand on marie le dernier enfant de la famille, la mère prend une poche remplie de *Cocas*, *Cas* ou *Quécas* (noix, fruit du noyer) de dragées et de sous (Saint-Epain, Indre-et-Loire). Elle danse avec cette poche en la vidant peu à peu et tout le monde se précipite pour en ramasser le contenu qui tombe petit à petit.

Le lendemain du mariage, de bon matin, *les jeunesses de la noce* vont à la recherche des mariés et s'ils les trouvent, ils leur portent une *bolée de rotie*, soupe au vin sucré, ou bien une soupe à l'oignon. Ils doivent *frapper trois fois* à leur porte. Si les mariés ne viennent pas ouvrir eux-mêmes, on enfonce la porte et la fenêtre, ensuite, on fait tout le possible pour faire *chavirer le lit*.

Le *jour* ne doit point trouver la mariée dans sa robe nuptiale (Ligueil).

III.

La Mort. — Dès que la mort est apparente, on ferme tout dans la maison et l'on arrête la pendule de l'appartement où le décès eut lieu.

Pour qu'un mort n'effraie pas, il faut qu'on touche le cadavre.

L'enterrement de première classe, à Ligueil, est annoncé par la grosse cloche seule. Les deux petites cloches mises en branle indiquent un enterrement de deuxième classe. Pour un homme, la plus grosse des petites cloches sonne la première; pour une femme la moins grosse commence le glas. La plus petite cloche sonne la troisième classe. L'enterrement d'un jeune enfant est indiqué par une seule cloche. Elle dit : *Dors donc ! dors donc !*

Aux funérailles (Ligueil) une femme pauvre porte devant le cercueil un *cadre* en cire sur lequel se trouve un christ également en cire. C'est *le sceau de la mort*. Il est attaché à un grand cierge par un ruban noir. A l'église, ce luminaire est placé « au pied » du cercueil (Ligueil).

Suivant la fortune, la générosité et la piété des familles, il y avait, jadis, un grand nombre de femmes ou de gens qui portaient des cierges aux enterrements (Preuilly-sur-Claise).

Dans le voisinage du Berry, quand un campagnard est décédé, ses amis plantent, de distance en distance, sur le bord du chemin que doit suivre le convoi, de petites croix de bois de $0^{m},20$ à $0^{m},30$ centimètres de hauteur. (Bridoré, Indre-et-Loire).

Lorsqu'on passe un mort devant la *croix des chemins*, on doit déposer une petite croix au pied de la grande.

Si le cercueil est en bois blanc, la *croix d'offrande* sera de cette essence; le cercueil est-il en chêne, elle sera faite de ce bois (Beaumont-Village (Indre-et-Loire (Croix des Barillets).

Il y a des *pierres d'attente* pour recevoir les morts dans presque toutes les bourgades de l'arrondissement de Loches. Citons les pierres d'attente de Bournan, du Grand-Pressigny, de Cormery, de Balesmes.

A l'église, la pratique de l'offrande, pour les membres les plus proches de la famille, existe encore dans un grand nombre de « paroisses » de la Touraine.

Voici quelques années seulement, à Cinq-Mars-la-Pile (Indre-et-Loire) la famille du décédé faisait distribuer aux assistants, lors d'un enterrement, des *pièces de cinq sous* qu'on devait remettre au *plateau de l'offrande*.

Lorsqu'on entre ou lorsqu'on sort un mort de l'église, si l'heure sonne en même temps que les cloches, le mort ne sera pas le seul dans la semaine, parmi les gens de la paroisse.

Les veuves de la campagne portent la *capote* noire. Dessous, elles mettent un bonnet à fond noir ou un bonnet à fond transparent montrant le *serre-tête* noir. Sur le bonnet, elles placent un fichu noir dont la pointe d'arrière tombe presque sur le cou.

La veuve qui est fermière, doit au *bout de l'an* de son époux défunt, apporter à ses maîtres une *grigne* de pain bénit. Elle conservera, pour elle, le *chantiau*, c'est-à-dire la partie supérieure du pain bénit. (Loches, Ligueil, La Haye-Descartes, Montrésor).

Après les enterrements et les *services* dits pour un défunt, la famille fait distribuer du pain et des *sous* (Ligueil).

Aux Rameaux (dimanche dit des Rameaux) *la considération* dont jouissait le mort se montre par le nombre *de branchettes de buis* fichées sur son tertre (Ligueil).

Paragraphe II. — Légendes.

Appellations traditionnelles du Corps Humain. — Les seins se nomment *pistolos* (Le Grand Pressigny) ; les oreilles, *feuilles de choux* (Ligueil) ; le postérieur, *la lune* d'Amboise (Tours) ; la bouche, *l'angoulème*, les jambes, *équerioches*, *échasses;* les testicules les *deux petits chiens* (Mouzay) ; les parties viriles, *la charrue devant les bœufs* ; les yeux, *les luneaux*. Le nombril est un *œil fermé* (Ligueil). La rotule s'intitule *la palette* et aussi la *molette* du genou (Ligueil). L'ombilic porte le nom de *boudru* (Charnizay).

Pour guérir le *carreau* des jeunes enfants, on *pilonne le boudru*. Les cils se nomment les *plons de l'œil* (plons veut dire osiers). La matrice est le *moule à russerolles* ; (la russerolle est une pâtisserie tourangelle).

Les Premiers Hommes. — Les os trouvés dans les sables des Faluns de la ouraine (miocène moyen de l'époque tertiaire) sont les géants d'autrefois (1) (Le Louroux, Indre-et-Loire). Ces hommes se mangeaient entre eux ou bien uttaient contre de grandes bêtes. Le Falun (sable calcareux) est venu de la ussière d'un pied de géant (Le Louroux-Bossée, Indre-et-Loire).

Gargantua. — Gargantua est le fils du *Grand Bissext*, le géant mort qui pparaît en Brenne aux années bissextiles. (Légende de la Brenne tourangelle).

Gargantua *a créé* l'arc-en-ciel lorsqu'étant tout petit il urina dans l'Indre du aut du rocher de la Pinonne (entre Courcay et Cormery, Indre-et-Loire).

De cette même façon, le Géant créa l'étang Gargeau près d'Esves-le-Moutier Indre-et-Loire) — (Ligueil).

Les Danges de Sublaines (Indre-et-Loire) sont les *dépatures* de Gargantua. Il laissé ses *patins* à *Piégu* (Ligueil) à *La Grande Marche* (Manthelan, Indre-et-ire).

La *Pierre Percée* (Draché) ou menhir des Arabes, la *Pierre Palette* (Paulmy) nt les *bogues* du jeu cher à Gargantua.

Les dolmens de Crouzille, de Charnizay, la table écroulée et brisée de Saint-émy (Vienne), le *Chillou du Feuillet* (Marcé-sur-Esves, Indre-et-Loire) sont les *alets de Gargantua*.

A Cigogné (Indre-et-Loire) entre les fermes : La Champeigne et la Grandi-ière, il y a la *main de Gargantua*.

A Saint-Flovier (Indre-et-Loire) deux tumulus se nomment le *Pas de Gar-ntua*. A Vou (Indre-et-Loire) sur l'ancien *chemin vert* de Loches, à Manthelau, ı peut voir *Les Mannequins* (épouvantails pour oiseaux) de Gargantua.

Les Fées. — Avec *leur marteau d'or*, les Fées, en Touraine, ont fait les églises Saint-Ours et de Ferrière-Larçon.

Elles édifièrent pour s'y retirer le dolmen de Hys (Genillé, Indre-et-Loire).

Elles se réunissaient, jadis, à la *Pierre Levée* (dolmen écroulé à sept kilo-tres de Ligueil). Les fées habitèrent *leur chambre* au dolmen de Mettray ndre-et-Loire) dit *Grotte aux Fées*.

Les Fées dansent encore, la nuit, autour du menhir de Château-la-Vallière, n loin du castel à demi détruit de *Vaujours*.

Il y a aussi les *mauvaises fées* du Val d'Orfons (forêt de Loches) et celles de la *tte de Villeloin* (Indre-et-Loire) qui *emportent les enfants*.

---

(1) Le fameux Teutobocus, roi des Cimbres et les os des géants de la cathédrale de lencia n'eurent-ils pas, jadis, de pareilles origines traditionnelles?

Les dernières fées habitaient le Berry, aux châteaux de Rochefort et de Soudun. Les premières étaient bonnes, les autres perverses. Elles se battirent entre elles.

Depuis ce temps, on n'en vit plus sur la terre (Saint-Pierre-de Tournon).

Loups Broux ou Loups Garoux. — On pouvait, par *mauditoire, grimoires* et *secrets* ou à l'aide des devins, faire courir *l'el Brou* aux gens qu'on détestait (Loches). Ces gens qui couraient *l'el brou* prenaient alors la forme d'un animal (Ligueil). On était la *lutarne* ailée, l'oie sauvage *qui parlait*, la *marte* qui vit dans l'eau mais qui *vous attire par sa voix* — ou bien le mouton qui cause — ou le loup qui vous suit avec des yeux flambants *comme des chandelles* (Charnizay, (Indre-et-Loire).

Meneur de Loups. — L'homme qui a le pouvoir de mener les loups est payé par les loups eux-mêmes, cinq francs par patte menée et par jour et par nuit.

Il y en a qui mène douze loups à la fois (Tournon-Saint-Pierre).

MM. PISTAT ET VASSY,

Conservateur du Musée de Vienne (Isère).

DÉCOUVERTE D'UNE STATION PRÉHISTORIQUE
Commune d'Agay (Var), lieu dit Le Grenouillet

571.14 (44.94)

28 Juillet

Au cours des années 1915-1916 des recherches opérées dans l'Estere nous ont amenés sur une petite terrasse qui domine la rivière d'Aga d'environ quinze mètres, à une demi-heure de marche des bords d la mer.

Plusieurs explorations pratiquées dans une vigne, nous ont procuré un série intéressante de silex taillés, un beau galet ovoïde aplati, poli et du qui porte à chaque extrémité et des deux côtés des éraillures produites e retouchant des silex; ce galet de 103^{mm} de longueur, en roche brun jaspée, doit être classé à la fin du paléolithique.

Les nucléus rares et petits, quelques grattoirs, paraissent devoir êt classés au magdalénien.

Quelques petites lames à dos retouché des éclats dits des burins, d pointes à retouches abruptes, sont également à dater de la même époqu

Une série de petits silex vraiment microlithiques font penser au Tard noisien, tout en signalant que le silex rare dans la région et de peti dimensions, a pu être une des causes de la ténuité des instrumen employés.

Une abondante série de petits éclats de taille, employés de toute façon, complète cet ensemble dans lequel la fin du paléolithique paraît bien représentée.

Quelques débris de lames régulières, des fragments de pointes de flèches du type lancéolé sont, avec une petite lame d'*obsidienne* à mettre au néolithique. Un broyeur de grès très dur, trouvé au même point, est à classer à la même époque.

Dans le même milieu, avec cet outillage siliceux, nous avons recueillis un certain nombre d'instruments grossiers clivés à gros éclats dans des nucléus de roche, d'aspect porphyroïde, propre au massif de l'Esterel. Une belle scie de couleur fauve est le seul instrument digne de ce nom rencontré parmi ces éclats.

Il nous est impossible pour le moment de placer cet outillage grossier dans une division classique.

MM. PISTAT

ET

VASSY,

Conservateur du Musée de Vienne (Isère).

DÉCOUVERTE D'UNE STATION PRÉHISTORIQUE DANS L'ESTEREL

571.14 (44.93)

28 Juillet

Cette station située à une heure de marche de la Napoule (Alpes-Maritimes), se trouve dans un terrain cultivé formant terrasse et repose sur des alluvions post-pliocène, près de la ferme de Barbossi à environ cinquante mètres d'altitude.

Explorée en 1917, elle nous a fourni un outillage siliceux beaucoup plus volumineux que celui de la statien du Grenouillet et un peu plus caractéristique. Une douzaine de grattoirs très nets discoïdes ou sur bouts de lames sont à classer à la fin du paléolithique. Certains sont épais et en forme de rabots, d'autres plus petits ont le faciès azilien, certains sont rectilignes.

Des tronçons de lames retouchées sur les deux bords, d'autres sur un seul, d'autres en pointes aiguës se rapprochent de l'azilien des stations du Vercors.

Quatre ou cinq burins, dont deux avec grattoir, sont à classer au magdalénien ou à l'azilien.

Une série d'éclats avec un bord retouché, généralement rectiligne, présentent un aspect qui n'est pas néolithique. Un très bel éclat de 70^{mm} de longueur, ferait avec ses fines retouches une scie efficace, certains éclats ont leurs deux bords retouchés.

Les nucléus sont plus volumineux qu'au Grenouillet. De gros éclats de débitage, grossiers, larges, atteignent 70^{mm} de longueur.

Le néolithique est représenté par deux pointes de flèches lancéolées et des fragments de lames régulières.

La nature du silex est un peu grenue en général ; quelques pièces pourtant en silex brun ne sont pas altérées. Quelques fragments représentent ce silex jaspé si fréquent aux Baoussé-Roussé.

Il y a également sur ce terrain de gros instruments bruns rougis, d'aspect porphyrique ponctué, ceux verdâtres sombres sont rares. Certains ont la forme moustérienne, mais sans retouches. Quelques retouches grossières d'utilisation, se distinguent pourtant plus nettement que sur les éclats similaires du Grenouillet.

Deux disques nets viennent s'ajouter à cette série.

Il faut signaler quelques gros éclats de quartzite taillés et deux fragments d'une poterie très ancienne indéterminable.

M. Ch. COTTE,

Pertuis (Vaucluse).

MÉTHODE POUR LA RESTITUTION DES FORMES DES VASES

571.55 (01)

28 Juillet

Pour une restitution scientifique des formes de vases dont on retrouve les débris, il faut avoir des méthodes éliminant le plus possible le facteur « individu ».

La méthode que j'ai l'honneur de vous soumettre tâche de satisfaire à ces desiderata, en tant qu'il s'agit de vases circulaires (qui sont l'immense majorité) et en tant que ces vases sont réguliers.

Principe. — Étant donné un tesson, que j'appellerai le *témoin*, il s'agit de le remettre dans la position exacte qu'il avait, lorsque le vase était entier, par rapport à l'axe vertical du vase, puis de faire tourner ce témoin autour de l'axe, de manière à lui faire occuper successivement les positions qu'avaient les autres parties de la même zone horizontale et, en même temps, de noter, par des procédés pour ainsi dire mécaniques, les courbures que dessine ce tesson dans ces positions multiples. Ainsi, en supposant toujours le vase circulaire et régulier, si l'on opère méticuleusement, on restituera exactement toute la zone circulaire du vase dont ce témoin occupait la hauteur.

En pratique, on opérera généralement sur des cols réunis à une portion de la panse.

Les appareils comporteront donc essentiellement :

A. — Un axe vertical, auprès duquel on placera, à la distance et dans la position voulues, le témoin, et autour duquel ce témoin tournera dans un plan horizontal, en conservant sa position relativement à l'axe.

B. — Une chambre claire ou une chambre noire, pour noter le passage de ce tesson aux divers points de sa révolution.

Entrons dans quelques détails :

Premier appareil. Tour à reconstitution. — Pour les fragments de vases conservant la portion centrale du fond, le témoin doit être placé sur un plateau tournant, ou suspendu à une griffe tournante, de telle sorte que l'axe de révolution coïncide avec l'axe idéal du vase.

Ceci n'est qu'une modification du cas le plus fréquent où l'on se base sur une portion notable du bord, de la carène ou de la panse. Je décrirai simplement l'appareil utilisé pour les cas usuels :

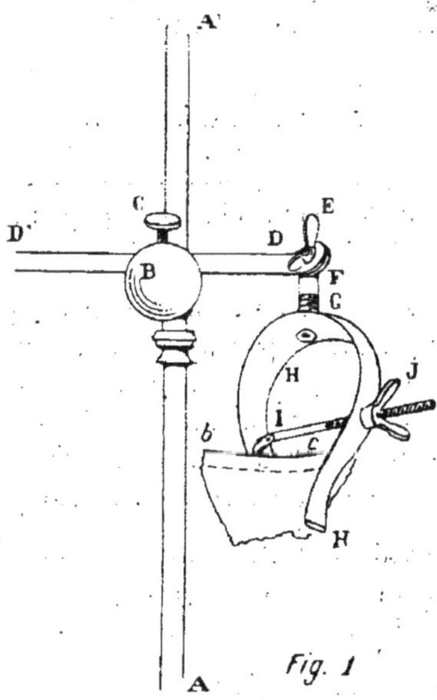

Fig. 1. — J'ai le pied vertical bien calé AA′, autour duquel tourne un collier B, qui est traversé par un conduit où peut passer une tige ronde DD′, que la vis C bloque à volonté.

Il importe peu que la tige DD′ soit horizontale.

La tige DD′ étant cylindrique, tourne à volonté dans le conduit, et s'y déplace latéralement tant qu'elle n'est pas bloquée par la vis C.

A l'extrémité de D, une articulation serrable par un écrou à ailettes E, y réunit un petit axe F, qui porte une pince en acier, en forme de lyre H. La pince tourne à frottement dur à l'extrémité de F, étant maintenue dans ses positions diverses par la pression du ressort à boudin G, qui entoure F.

Enfin cette pince H, qui tend à s'ouvrir, est serrable grâce à une petite tige articulée I, rivée d'un côté à une des branches, et traversant l'autre branche, où passe son extrémité filetée, avec écrou à ailettes J, qui assure la fixation plus ou moins énergique de l'objet à reproduire.

Deuxième appareil. Chambre claire ou noire. — On peut se servir de tous les modèles usuels, à la condition que l'image soit fixée (sans déplacements latéraux), s'il s'agit d'une chambre claire, et que l'appareil, avec objectif ne déformant pas, soit à glace dépolie, s'il s'agit d'une chambre noire.

Calibrage. — La première opération à faire est de calibrer le « témoin ». Je conseille de fabriquer une série de calibres de carton, en demi-cercle, gradués de demi-centimètre en demi-centimètre de rayon.

Avec les calibres, il est très aisé d'évaluer rapidement avec une exactitude absolue les arcs de cercle de 180°, assez parfaite ceux de 90°, très suffisante ceux de 45°. Donc un tesson représentant un huitième de la circonférence donne déjà un témoin très convenable (le vase toujours supposé régulier). Pour les poteries néolithiques, qui ne sont pas faites au tour proprement dit, l'habileté des ouvrières et probablement des procédés primitifs de tournage permettent le plus souvent à des témoins d'un huitième de circonférence de restituer assez exactement le diamètre, en négligeant les faibles inégalités de la surface. Bien entendu, certains tessons irréguliers sont inutilisables.

Position du témoin. — La partie réellement délicate est de bien placer le témoin. Situer d'abord le *tour* devant la *chambre.*

Réduction. — Commençons par placer l'axe du tour à reconstitution à une distance exactement calculée pour obtenir, après mise au point, la réduction voulue.

Niveau. — Quel que soit le niveau du vase par rapport à la ligne d'horizon, la perspective réelle est donnée par la chambre claire ou noire; mais, sau motifs spéciaux, on préférera généralement situer le bord du vase légèremen en dessous de la ligne d'horizon, de manière à laisser voir son orifice. Il e résulte une légère difficulté de théorie. Pour la clarté de l'exposition, je suppo serai donc d'abord que le bord du vase est exactement dans le plan d'horizon.

Horizontalité. — Le bord du vase (comme la carène, le pied, etc.) doit ê horizontal, c'est-à-dire dans un plan perpendiculaire à l'axe A A'. Les défau d'horizontalité sont de deux sortes : tantôt (*fig. 1*) un côté du témoin (*b*) es plus haut que l'autre (*c*); tantôt (*fig. 2*) les deux côtés (*b'* et *c'*, *b''* et *c''*) sont a même niveau, mais l'ensemble du bord dessine une courbe par rapport au pla horizontal et n'est pas dans ce plan (*b' a' c'* ; *b'' a'' c''*) au lieu d'être tout dans plan (*b a c*). Examinons ces deux défauts séparément :

1° L'œil lui-même aperçoit (*fig. 1*) que le point *b* est plus haut que le point *c* On peut vérifier le fait de façon très précise par deux méthodes :

a) Amener le point *b* devant l'axe A A' et noter exactement son niveau ; pa une rotation, amener le point *c* sur la verticale où était précédemment *b* e noter son niveau (ces notations sont toujours faites à la chambre) ;

b) Amener le témoin devant l'axe A A′, noter exactement la ligne *b c*. Faire ensuite décrire une révolution de 180° autour de A A′ et noter la nouvelle ligne *b c*. L'erreur étant inverse, pour peu que l'horizontalité ne soit pas parfaite, les deux lignes notées formeront un angle aigu très sensible.

Ce premier défaut d'horizontalité est très aisé à corriger, soit en déplaçant légèrement le témoin dans la pince, soit en faisant tourner la tige D D′. Il n'expose d'ailleurs pas à de très graves inconvénients pour la restitution de la forme.

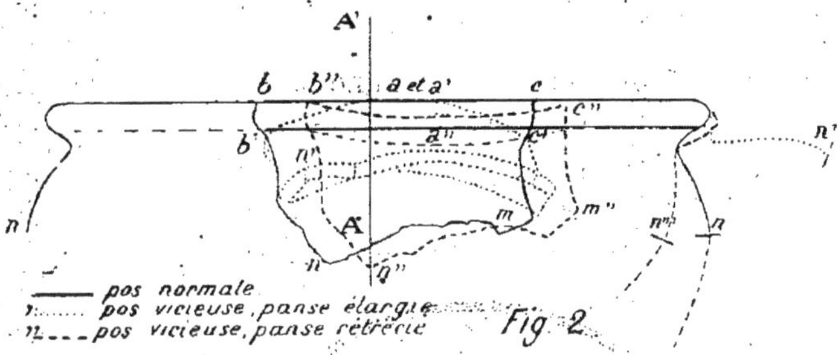

Fig. 2

2° Au contraire, l'erreur signalée par la courbure *b′ a′ c′* ou *b″ a″ c″* est très grave ; elle modifie toute la silhouette du vase. Qu'on se reporte à la figure 2. On y verra, dessiné en traits pleins, le tesson *b a c m n*, vu de face dans la position exacte qu'il doit avoir par rapport à l'axe A A′. En faisant tourner ce tesson de 90°, je l'ai amené à droite et, à la chambre claire, j'ai dessiné en traits pleins son profil à droite ; puis, je l'ai dessiné à gauche, après une révolution de 180°. J'ai ainsi le galbe et les proportions exactes du sommet de mon vase. Le fragment de panse est insuffisant pour en rétablir, même hypothétiquement, la partie inférieure. Je marque, d'un trait horizontal, le point *n* sur le profil (1).

Le tesson a été ensuite replacé d'une manière vicieuse dans la pince ; je l'ai dessiné en pointillés (*b′ a′ c′ n′*). La courbure *b′ a′ c′* dénonce la position vicieuse dont l'effet, sur le profil, est de rejeter *n* en *n′*, c'est-à-dire de simuler un vase à énorme épaulement au lieu d'un pot ordinaire.

En le replaçant d'une autre manière vicieuse, mais en sens inverse, de manière que *b″ a″ c″* forment une courbe opposée à la précédente, j'ai obtenu le tracé en traits interrompus *b″ a″ c″ m″ n″* (dessinés un peu de côté pour éviter la trop grande confusion des lignes). On voit que le profil donnerait un vase à fond conique, à bords évasés (*n″*).

Cette erreur d'horizontalité qui a une telle importance pour l'exacte forme du vase, se discerne en grande partie à l'œil ; mais il est nécessaire de repérer successivement, devant l'axe A A′, où on les amène successivement, les points *b*, *a* et *c*. En même temps on vérifie, avec une petite règle, s'ils donnent une ligne bien droite. La chambre claire ou noire est donc un des éléments essentiels de vérification dans le travail de restitution.

Il va sans dire que la seconde erreur d'horizontalité se corrige principalement à l'aide de l'articulation serrée par l'écrou E.

Vase au-dessous du plan d'horizon. — Si le bord du vase est au-dessous du plan d'horizon, son ouverture décrit, sur le dessin, un fuseau ou mieux une

(1) Observons que, sur le profil, par l'effet de la perspective, le point *n* est plus haut que sur le tesson dessiné en avant.

ellipse. Comment, en ce cas, vérifier si le bord est dans un plan horizontal ? Il est certain que l'œil et la règle, même si le tesson est bien placé, accuseront une légère courbure de *b a c*; mais cette courbure doit être en rapport avec la courbure générale de l'ellipse dessinée et, en faisant tourner le témoin, *b*, *a* et *c* devront successivement couvrir *un même point*. Donc là encore, la chambre permet de vérifier s'il y a déformation des lignes due à la perspective, ou position défectueuse du témoin (1).

Bords ondulés. — Les bords des vases non faits au tour sont à peu près toujours ondulés.

En fait, dès l'instant que l'on opère sur une portion notable du bord (un huitième de circonférence, par exemple) les petites ondulations dues aux difficultés de la fabrication, s'équilibrent assez pour que l'on puisse établir graphiquement ou à vue d'œil une direction moyenne du bord, et les erreurs possibles de forme s'atténuent assez pour que l'on puisse publier le document.

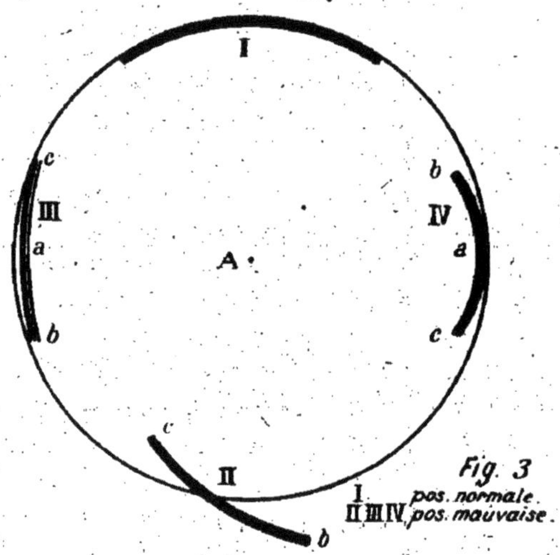

Fig. 3

Distance de l'axe (*fig. 3*). — En supposant l'axe idéal vu d'en haut (A), il faut que chaque portion d'un cercle horizontal (bord par exemple) du témoin, soit à égale distance de l'axe (position I). Il faut corriger la position de tout témoin dont :

(Position II) un côté (*c*) est plus près de l'axe que l'autre (*b*) (erreur qu'il est généralement facile de rectifier en faisant tourner la pince H autour de l'axe F) ;

(Position III) le milieu du bord du tesson (*a*) est plus près de l'axe A que les côtés (*b* et *c*), soit parce que le tesson appartient à un vase de rayon plus grand que la distance du témoin à l'axe (erreur de calibrage), soit parce que le tesson n'a pas l'horizontalité voulue (2e erreur d'horizontalité) ;

(1) Cette vérification est plus aisée qu'il ne semble à la lecture ; mais M. L. Carias m'a suggéré une méthode que l'on peut utiliser : *Faire coïncider absolument le bord du vase avec le plan d'horizon; établir la position exacte du témoin, puis élever la chambre claire ou noire de la quantité voulue; rétablir, par déplacement horizontal de la chambre seule (sans toucher au tour ni au témoin), la réduction exacte recherchée.*

(Position IV) le milieu du bord (*a*) est plus loin de l'axe A que les côtés (*b* et *c*).

Les erreurs signalées ci-dessus peuvent s'observer en mesurant avec précision.

Elles se constatent aussi en notant soigneusement les profils du vase à la chambre (claire ou noire). Il est évident que ces profils ne se superposeront exactement qu'en cas de position correcte du tesson (position I) et se brouilleront dans les autres cas.

Reproduction. Dessin. — On peut dessiner à la chambre claire (sur bristol, fixé à la table par des punaises) ou à la chambre noire (à la pointe sèche, par exemple sur un verre ciré mis à la place du verre dépoli).

On dessine en premier lieu le témoin placé à la partie antérieure du vase; puis, en faisant tourner légèrement, on amène le point *b* (d'un côté) au point *c* (de l'autre côté) ou inversement, et on dessine une nouvelle portion du bord; ainsi, successivement, on dessine l'ouverture complète. Lorsque le témoin passe de profil on note, au crayon, le profil ou les profils (1) ; on marquera d'un trait plein, à l'encre, la moyenne de ces profils. On a ainsi, dessinée régulièrement, toute la zone dont le témoin occupe la hauteur. Certains ornements (mamelons, par exemple) se succédant à intervalles réguliers, peuvent être dessinés, par restitution, à leurs places probables. Enfin, le surplus du vase peut être restitué *hypothétiquement, en pointillé.*

Ainsi, la reproduction sera entièrement loyale, montrant les témoins qui ont servi à la restitution, les lignes données par la méthode exposée, et les hypothèses pour le surplus du vase.

Photographie. — Il sera bon de prendre un cliché du témoin, dans la position qu'il aura pour le cliché suivant (on le superposera ensuite par le système des caches). — Le cliché pour la restitution de la forme peut être obtenu en enduisant de blanc (lait d'amidon non cuit) ou mieux de gris, l'extérieur du tesson et une très légère bande au *sommet de l'intérieur.* Le tour à reconstitution et le fond doivent être peints en noir mat.

Dans ces conditions, la plaque découverte, on fait tourner le tesson autour de l'axe; les photographes comprennent aisément que le cliché reproduira un cercle ininterrompu vu latéralement.

---

(1) Par la perspective le tesson vu en avant masque parfois les profils du fond sur les plans postérieurs. Les vases néolithiques ont aussi des irrégularités dont il faut prendre les moyennes.

MM. LE Dr CAPITAN
ET
PEYRONY,
Professeur au Collège de France.

NOUVELLES FOUILLES A LA FERRASSIE (Dordogne)

571 — 71 — 91 (44.72)

28 Juillet

L'Association Française pour l'Avancement des Sciences nous ayant accordé une subvention sur le *legs Girard*, nous l'avons employée à de nouvelles fouilles dans le gisement préhistorique de La Ferrassie.

Nous avons recueilli de nombreux documents des époques acheuléenne, moustérienne et aurignacienne (industrie, faune, œuvres d'art, etc.), et observé beaucoup de faits nouveaux. Tout cela fera l'objet d'un important mémoire en fin de travaux. Aujourd'hui, nous désirons attirer l'attention de nos collègues seulement sur la principale partie de nos découvertes : 1° une sépulture moustérienne; 2° une peinture aurignacienne; 3° un niveau aurignacien supérieur nouveau, celui des pièces tronquées.

1° *Sépulture moustérienne.* — La question de la sépulture à l'époque moustérienne est encore l'objet de nombreuses controverses. Si, dans certains cas, il paraît difficile de ne pas admettre l'inhumation, dans d'autres, au contraire, les circonstances ne permettent pas toujours d'arriver aux mêmes conclusions : c'est lorsque le squelette se trouve dans une couche puissante très homogène; une fosse creusée dans ce milieu, remblayée avec le même terrain, tassé par le temps, ne saurait se distinguer des autres parties : c'est ce qui a dû se produire pour les deux presquelettes de La Ferrassie.

A La Chapelle-aux-Saints et à La Ferrassie, pour les squelettes d'enfants découverts en 1912, il a été nettement constaté qu'une fosse avait été creusée, parce qu'elle avait entamé le niveau sous-jacent de nature et de coloration différentes. Au mois de mai dernier, il nous a été permis de vérifier le fait une fois de plus à La Ferrassie.

Fouillant en tranchée le dépôt moustérien très puissant, nous constatâmes qu'à un endroit il s'enfonçait brusquement d'environ 0m,05 dans la couche jaunâtre d'au-dessous. Nous avançâmes avec précaution; le creux s'élargissait, lorsque nous rencontrâmes un beau racloir posé à plat sur de petits ossements humains.

La couche moustérienne présentait sur ce point la même homogénéité que sur tous les autres; il était impossible de découvrir la moindre trace d'un trou creusé dans ce milieu; cependant, la cuvette dont nous allons parler prouve indubitablement que cette opération avait eu lieu.

Après avoir enlevé le dépôt moustérien jusqu'au niveau de la couche sous-jacente, nous avons remarqué dans celle-ci une dépression ovale de 0m,40 sur 0m,32 et 0m,05 en moyenne de profondeur, garnie de terre moustérienne. Une belle pointe et un second racloir étaient placés sur deux points différents dans le même plan que le premier. Les quelques ossements humains recueillis, avaient pénétré dans la partie argilo-sablonneuse de base qui les avaient conservés; quant à ceux qui pouvaient se trouver dans le milieu moustérien brun, ils étaient réduits complètement en poussière. D'ailleurs ces ossements provenaient d'un fœtus à terme ou d'un nouveau-né. Or, naturellement il n'en restait que de très petits fragments et sans leurs épiphyses.

Il est indéniable qu'une fosse avait été creusée, apparente seulement dans le niveau de base de nature et de coloration différentes de celui qu'il supporte, qu'un corps y avait été déposé et que trois beaux outils avaient été placés soigneusement au-dessus. C'est d'ailleurs ce que nous avions déja observé au-dessus de nos silex d'adultes, où nous avons recueilli une demi-douzaine de superbes pièces moustériennes. Ces faits ne plaident-ils pas en faveur de la sépulture? C'est à ce point de vue que notre découverte nous a paru intéressante.

2° *Peinture aurignacienne.* — Les niveaux aurignaciens moyen et supérieur nous ont donné de nombreux spécimens d'art; leur étude détaillée nous permettra le classement sûr de certaines images de nos cavernes.

Nous présentons ici la reproduction d'une peinture en noir découverte sur un bloc calcaire assez volumineux dans l'aurignacien moyen final. Ce dessin, comme tous ceux que nous avons trouvés, *était renversé la face en bas*, il mesure 0m,58 de longueur.

La partie du bloc décorée est peu régulière; elle avait reçu préalablement une couche de couleur rouge; on pourrait voir dans cette fresque l'avant-train de deux bêtes : un bison et vraisemblablement un ovidé sans corne. La ligne du dos de ce dernier est reliée au museau de l'autre par une bande de même couleur. Cette particularité montre que, dans l'idée du dessinateur, l'ensemble devait former un tout ayant une signification qui restera probablement hypothétique pour nous. Nous avons fait la même remarque sur deux bas-reliefs et une gravure trouvés à différentes hauteurs dans l'aurignacien moyen. Nous ne pensons pas que ce fait ait été jusqu'ici observé ailleurs. Bien entendu nous ne donnons cette explication que sous toutes réserves. On connaît l'enchevêtrement des images très rudimentaires des Aurignaciens.

3° *Pièces tronquées.* — Les pièces tronquées se rencontrent dans tous les niveaux, depuis le paléolithique ancien jusqu'au néolithique récent, mais ordinairement en petite quantité.

Les précédentes fouilles à La Ferrassie, dans la grotte et dans le grand abri, nous en avaient donné de nombreux spécimens. Nous les avions attribuées à l'horizon des pointes à soie.

Au cours des travaux de cette année, dans le grand abri, nous les avons trouvées dans une strate spéciale superposée à celle des pointes pédonculées.

Elles comprennent des pointes et des lames; le dos et les troncatures sont généralement abattus, du moins en partie. Les pointes sont droites (*fig. nos 1 et 2*), mais souvent à dos arqué (*fig. no 7 a*); les lames ont

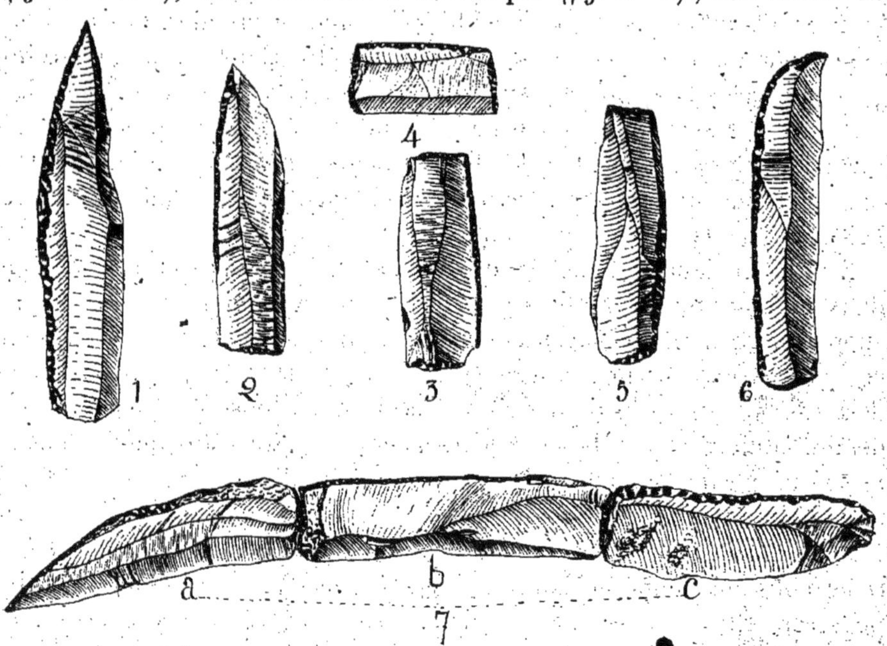

quelquefois le talon brut et l'autre bout tronqué (*fig. nos 3, 4, 5 et 7 c*).

L'industrie lithique est complétée par des grattoirs et quelques rares burins; nous n'avons pas trouvé jusqu'ici d'objets en os.

Quelle pouvait bien être la destination de ces pièces tronquées? Trois, trouvées à peu de distance les unes des autres (*fig. no 7 a, 4 c*), examinées attentivement et placées bout à bout, nous ont donné le *no 7*, à dos et tranchant à peu près réguliers qui a la forme d'un grand couteau ou poignard.

La rigidité nécessaire pour en faire une arme ou un outil utilisable, ne pouvait être donnée que par une monture en bois encastrant le dos fixé solidement par des gommes et des résines ou une substance bitumineuse. C'est ainsi que sont disposées les pièces identiques formant les faucilles néolithiques.

Nous proposons cette hypothèse pour l'emploi de ces pièces tronquées aurignaciennes et précisément par analogie avec leurs similaires d'Orient (Fayoum et Suse). Si elle est conforme à la réalité, ce serait un nouvel exemple de l'existence, à une époque fort ancienne, du prototype de la faucille néolithique.

M. Stanislas CLASTRIER,
Membre de la Société d'Archéologie de Provence. Marseille,

1° ÉTUDE MÉTHODIQUE ET PARCELLAIRE DANS LA CHAINE DE LA NERTHE

Découverte et fouille en 1913 et 1915 d'une grotte-placard, près « tante Rose », commune des Pennes-Mirabeau (Bouches-du-Rhône).

571.81 (44.94)

28 Juillet.

Cette grotte a été découverte par mon fils *René Clastrier*, puis j'en ai commencé la fouille en 1914, mais mon fils étant parti aux armées, c'est surtout en 1915 que je l'ai fouillée à fond, aidé par deux fouilleurs. Elle a donné un très beau fragment de vase, à bandes incisées très profondément, indiquant un artisan résolu et sur de son décor ; un burin, dit *bec de perroquet*, s'adapte exactement à l'incision du décor, d'autres fragments de vases ordinaires du Rabenhausien accompagnaient ce beau spécimen. Ont été trouvés aussi : des nucléus, des racloirs, dont un petit à encoche, ces racloirs sont peu retouchés, mais par endroits avec vigueur ; l'ouvrier a surtout épargné son labeur, les pièces les plus belles sont obtenues sur trois et quatre faces d'un seul coup et sans retouche ; nous ne sommes pas ici devant une industrie aux menues retouches qui, par leur précision, étonnent même les connaisseurs. Mais il semble que ce que l'artisan perdait en patience, il le regagnait en hardiesse, telle aussi la facture du vase. Puis le crible nous donna quelques minuscules pointes de flèches en triangle avec encoches d'attachement sur les côtés, un javelot et un petit poinçon en os, quelques grains de verre, tel est le mobilier de cette petite et modeste grotte, ignorée et fouillée par personne à ce jour. Aussi, lui ai-je donné le nom de grotte : *René-Clastrier*.

2° DÉCOUVERTE DE FONDS DE CABANES, SANS INDUSTRIE, PRÈS LA GROTTE-PLACARD

571.8 (44.94)

28 Juillet.

Ces fonds de cabanes faisant suite à la grotte-placard, indiquent que dans ce vallon, un groupe de chasseurs néolithiques a dû stationner dans ce lieu sauvage et éloigné. Les emplacements sont très visibles, car des murs existent encore et j'ai pu relever emplacement par emplacement le stationnement de l'homme, tout près j'ai découvert un assez bel atelier de taille du silex en plein air que je décrirai plus tard.

Mais ce qui reste déconcertant pour moi et sans solution, c'est le manque complet de toute industrie dans ces fonds de cabanes. L'*attention* et le *tamis* n'ont rien décelé. Pas de poterie, pas de cendre, encore moins de silex ! Rien.

M. Clément DRIOTON,
Membre de la Commission des Antiquités de la Côte-d'Or, Troyes.

LA STATION DE L'AGE DU FER DE MIREBEAU ET LE GUÉ DE MAUTOCHE

571 — 3 — 4 (44.42)

28 Juillet.

La quantité relativement considérable d'armes et d'objets de l'âge du fer (époque de la Tène) recueillis à différentes époques sur le territoire de Mirebeau, semblerait indiquer que cette station eut dès avant l'époque romaine une réelle importance commerciale et militaire.

Le gué de Mautoche, à douze kilomètres de cette localité, permettait le passage de la Saône au trafic et sans doute aussi aux invasions venant de l'Est. Là encore, soit dans la rivière, même aux endroits guéables, soit dans les tumulus qui s'élèvent sur ses bords, l'âge du fer est aussi bien représenté.

Nous avons cherché à établir une liste aussi complète que possible des objets antérieurs à l'époque romaine découverts sur ces deux points et dont la plupart sont inédits.

1° *Gué de la Saône* (*Mautoche*). — *Me Virot*, ancien notaire à Mautoche, avait réuni une collection d'objets trouvés dans cette localité. Nous avons acquis cette collection en 1909. Les objets provenant du gué de Mautoche sont les suivants :

Age de la pierre : Ciseau en roche verdâtre polie, hache polie en jadéite ; lame en silex du Grand-Pressigny.

Age du bronze : Épée en bronze à soie (type dérivé du poignard chypriote) ; trois pointes de lance, une épingle en bronze.

Age du fer (la Tène) : Tronçon d'épée en fer ; pointe de lance de forme effilée de 48 centimètres de longueur ; deux haches à douille carrée.

Station de Mirebeau. — En 1892, *M. Étiévant*, conducteur des Ponts et Chaussées à Dijon, offrait au Musée archéologique de cette ville une épée gauloise en fer avec l'appendice caractéristique et une pointe de javelot trouvés en défonçant une houblonnière.

M. Gascou, conducteur-voyer à Fontaine-Française, possédait dans sa collection la partie supérieure d'une épée gauloise en fer, trouvée sur le territoire de Bézanotte, qui touche à celui de Mirebeau. Cette épée est actuellement en notre possession.

En 1900, *M. F. Rey*, membre de la Commission des Antiquités de la Côte-d'Or, recueillait à la suite d'un défoncement de terrain à la sortie de Mirebeau, sur la gauche de la route de Bèze : une épée type de la Tène II avec fourreau de bronze, ornementé de motifs décoratifs en bronze estampé et dans des sépultures bouleversées par les ouvriers : quinze débris d'épées dont trois grands tronçons portant l'appendice caractéristique (1) ; un bracelet en bronze uni, des poteries.

L'année suivante, des travaux de culture dans une propriété voisine de la précédente, amenaient la découverte de nouvelles sépultures gauloises et de nombreux objets en fer : tronçons d'épées, couteaux ; pointes de lance, etc., qui furent également recueillis par *M. F. Rey*, mais n'ont pas été publiés.

M. F. Rey avait compris tout l'intérêt de ces découvertes, qu'il pensait continuer par des fouilles régulières, mais la mort vint l'enlever avant qu'il n'ait pu mettre ses projets à exécution.

La multiplicité de ces découvertes, entièrement dues au hasard, semblerait indiquer que la station gauloise de Mirebeau eut une réelle impor-nce qu'elle conserva à l'époque romaine, comme en témoignent des ubstructions qui s'étendent sur près de deux kilomètres carrés et les ombreuses tuiles légionnaires que l'on y rencontre.

Mirebeau était un nœud de routes. De là partait, en éventail, un groupe e vieux chemins se dirigeant vers les principales régions de la Gaule. Au ord, vers l'oppidum des Lingons ; à l'ouest, par le Châtillonnais vers la aute Seine et la Champagne ; par la trouée de l'Ouche vers Alixe, par le ont Afrique vers Bilracte ; au sud, par la plaine vers Chalon-sur-Saône. ette station gauloise fut peut-être l'Admagetabriga des commentaires.

M. Clément DRIOTON,
Troyes.

1° ESSAI DE CLASSIFICATION DES BRONZES COULÉS AU TYPE DU QUADRUPÈDE DÉFORMÉ

Les bronzes coulés au quadrupède déformé forment la majeure partie du uméraire en usage dans le bassin de la Saône (Éduens et Séquanes). Nous vons divisé ces bronzes en plusieurs séries issues non seulement de prototypes assaliotes, mais aussi des bronzes à la légende Nérenc c attribués à Narbonne. monnayaque qui est fort ancien nous paraît avoir pénétré dans la vallée de Saône non par la vallée du Rhône, mais par la haute Loire, Bibatte, le mont ique près Dijon. On a recueilli de ces bronzes en Suisse, en Italie et jusqu'en hème.

(1) *Bulletin de la Société des Antiquaires de France*, 1900, p. 197.

2° LES TEMPS PRÉHISTORIQUES DANS LE DÉPARTEMENT DE L'AUBE

L'industrie de l'âge du bronze est assez bien représentée dans toutes ses phases et dans les diverses parties du département de l'Aube. Par contre la grande épée en fer de Hallslatt si commune dans le Châtillonnais y fait complètement défaut et les découvertes pouvant se rapporter au Hallslatt rares et disséminées. L'époque de la Tène est représentée par d'assez nombreuses sépultures en terre libre dans le nord du département sans tumulus dans la partie méridionale qui se rattache à la Côte-d'Or.

M. G. FOUJU,

Paris.

INVENTAIRE SOMMAIRE DES POLISSOIRS DU DÉPARTEMENT D'EURE-ET-LOIR

571.23 (44.51)

28 Juillet.

En 1864, lorsque M. *de Boisvillette* publia la *Statistique archéologiqu d'Eure-et-Loir*, il signala, sous le nom de « pierres striées », les premier polissoirs du département.

Il y en avait six. Depuis, grâce aux recherches faites par quelques pré historiens, leur nombre a sensiblement augmenté. Certainement, avec l temps, il le sera encore. Il suffit d'enquêter dans les communes auprès de habitants : cultivateurs, bergers, bûcherons, ceux dont le travail se fai principalement dans la plaine ou dans la forêt.

Personnellement, je puis dire que ce sont ces personnes qui, pour me recherches préhistoriques en Eure-et-Loir, m'ont fourni le plus de rensei gnements utiles.

Les arrondissements de Chartres et de Châteaudun sont, jusqu'à présen les plus riches en polissoirs. Ce sont les arrondissements qu'il m'a ét plus facile de visiter.

Je n'en connais aucun dans l'arrondissement de Nogent-le-Rotrou. est vrai que dans cette partie du Perche les monuments mégalithiqu sont plus rares que dans la Beauce. Mais on y trouve des silex taillés. Il a certainement des polissoirs que nous ne connaissons pas encore. Qu'u fervent de la préhistoire s'applique à les chercher, je suis convaincu qu' en trouvera.

ARRONDISSEMENT DE CHARTRES

Canton d'Auneau.

La Chapelle-d'Aunainville. — Champtier de la Pierre aiguisante. Ce nom me fait croire à l'existence d'un polissoir sur ce champtier.

Voise. — Polissoir signalé par *M. Vidal*, d'Auneau, entre la rivière la *Voise* et un chemin de culture.

Cantons de Chartres-Nord et de Chartres-Sud

Chartres. — Polissoir venant de Rouvres, *collection Doré-Delente*, au musée de la Société archéologique d'Eure-et-Loir.

Polissoir venant d'Ermenonville-la-Grande, *collection Cintrat.*

Corancez. — Le Puits de Saint-Martin, au champtier du Puits de Saint-Martin.

La Pierre Bure, au champtier de Pierre-Bure.

Luisant. — Polissoir portatif, trouvé au Bas-de-Luisant, *collection de l'Instituteur.*

Morancez. — Les Pierres du Moulin-Brûlé.

Ver-les-Chartres. — La Pierre d'Houdouenne.

Canton d'Illiers

Boisvillette. — Polissoir aux Bordes.

Charonville. — Polissoir sous une table du dolmen de Quincampoix.

Ermenonville-la-Grande. — Le Griffa, au champtier du Griffa.

Polissoir, fragment, servant de borne dans une rue du village, *collection intrat*; transporté à Chartres.

Illiers. — Polissoir sur une table de dolmen détruit, venant de Saumeray, à a maison dite : le « Rocher de Mirougrain ».

Canton de Maintenon

Écrosnes. — Polissoir près et au nord de Jonvilliers. Deux roches signalées r feu *M. Mallet* à la Société archéologique d'Eure-et-Loir, sont des roches à ffiti.

Maintenon. — Polissoir à Maingournois.

Polissoir portatif de la Folie, au Château de Maintenon.

ARRONDISSEMENT DE CHATEAUDUN

Canton de Bonneval

Alluyes. — Polissoir à la Vieuville.
Polissoir du Vieux-Moutier.

Bonneval. — Polissoir du Bois de la Louvetterie.

Gault-Saint-Denis. — Polissoir du champtier des Harrelles.

Meslay-le-Vidame. — Polissoir dans les dépendances du château.

Montboissier. — Polissoir sur le chemin allant de Montboissier à la route de Bordeaux.
Deux polissoirs près la route de Bordeaux.
Polissoir du Bois-de-l'Isle.

Neuvy-en-Dunois. — Polissoir sur la table du dolmen la *Couvre-clair.*

Saumeray. — Polissoir sur une table de dolmen détruit « les Rolands », transporté à Illiers-Mirougrain.

Villiers-Saint-Martin. — La Pierre Saint-Martin, au champtier de la Pierre-Saint-Martin.
Polissoir enfoui au même lieu.
Polissoir près le bois de l'Abbaye.

Canton de Brou

Gohory. — Polissoir transporté à Châteaudun, au musée de la Société Dunoise.

Canton de Chateaudun

Châteaudun. — Polissoir de Gohory, au musée de la Société Dunoise.

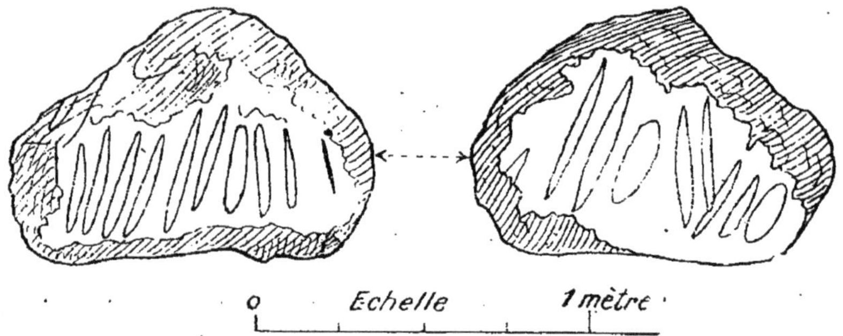

Fig. 1. — Polissoir de Gohory. Polissage sur les deux faces de la roche.

Polissoir venant de Saint-Denis-les-Ponts, au musée de la Société Dunoise.
d Viév -le-Ra é Loir-et-Cher). *Collection Lecesne.*

Civry. — Le Puits de Saint-Martin.

Le Perron de Saint-Martin (enfoui), en face Vallières.

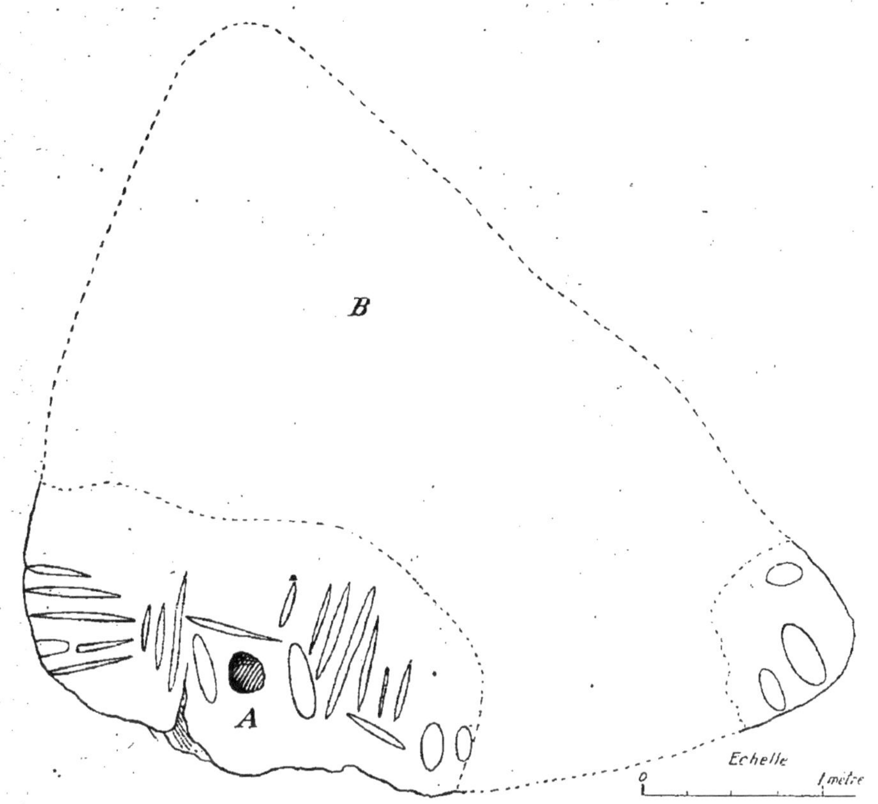

Fig. 2. — Le Puits de Saint-Martin, à Civry.
A. Trou naturel assez profond où l'eau se conserve.
B Partie de la roche recouverte de terre et de pierrailles retirés du champ environnant.
La ligne pointillée indique la limite probable de la roche.

Marboué. — Polissoir près la ferme de Thuy.

Saint-Denis-les-Ponts. — Polissoir du Bois-de-la-Roche, transporté en 1890, à Châteaudun.

Thiville. — Fragment de polissoir venant de la Ferté-Villeneuil, *collection ardiller*, aujourd'hui dispersée.

Canton de Cloyes

Arrou. — La Pierre du Diable, entre la Glomardière et Plafus.

Courtalain. — La Griffe du Diable, dans les dépendances du Château.

La Ferté-Villeneuil. — Fragment de polissoir transporté à Thiville, *collection ardiller*, aujourd'hui dispersée.

Canton d'Orgères

Nottonville. — Polissoir de la Sennerie, transporté à Varize, *collection Drivet.*
La Pierre de Saint-Martin, près la Chenardière.

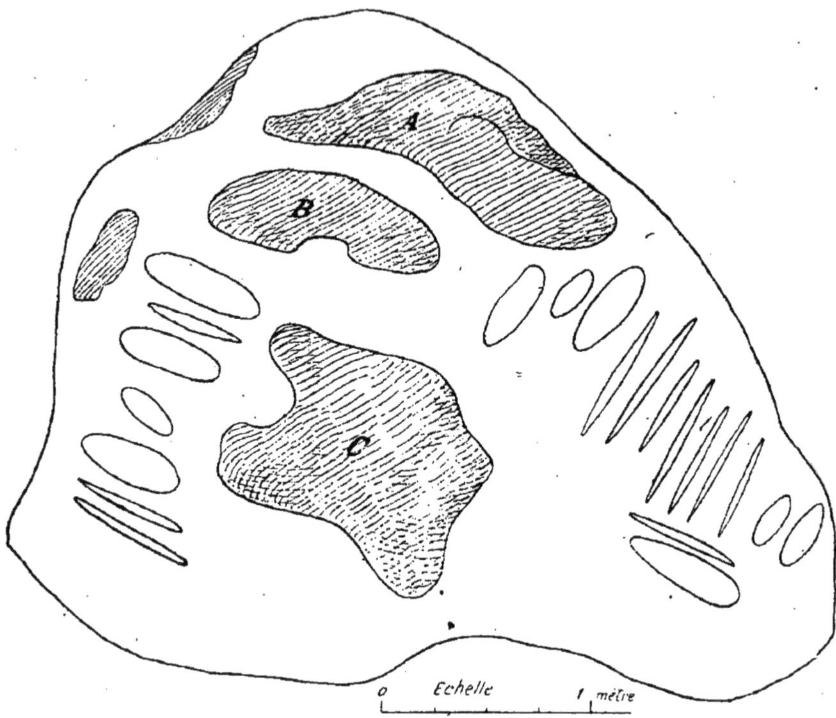

Fig. 3. — La Pierre de Saint-Martin-de-Nottonville. A. B. C., dépressions naturelles sur la surface de la roche.

Groupe de sept polissoirs, près la Grenouillère, forme un véritable atelier de polissage. L'un des plus beaux est nommé le *Bénitier du Diable.*

Trois autres polissoirs dans les couches de la Conie au lieu dit : Chambon.

Varize. — Polissoir de la Sennerie, chez *Me Drivet,* notaire.

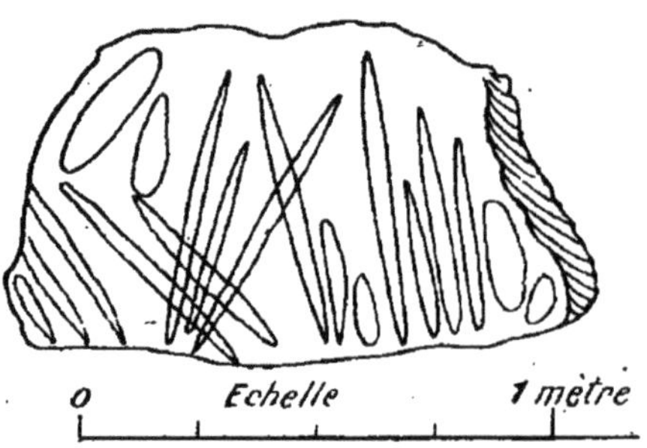

Fig. 4. — Polissoir de la Sennerie.
Offre comme particularité des rainures qui se croisent.

ARRONDISSEMENT DE DREUX

Canton d'Anet

Anet. — Deux fragments de polissoirs signalés dans la construction du mur du cimetière ont disparu par suite de la démolition du mur.

Rouvres. — Polissoir transporté à Dreux, puis à Chartres, au musée de la Société archéologique.

Sorel. — Polissoir au dolmen de la Ferme-Brûlée.

Canton de Dreux

Dreux. — Deux polissoirs dans la forêt au lieu dit : les Vieilles-Ventes.
Polissoir provenant de la forêt, *collection Lanctin.*

Beaucoup de polissoirs qui figurent dans cet inventaire sont inédits. Outre les six signalés en 1864 par *M. de Boisvillette*, quelques-uns, seulement, ont été décrits dans les *Bulletins de la Société archéologique d'Eure-et-Loir*, dans les *Bulletins de la Société Dunoise*, dans les *Bulletins de la Société d'Excursions scientifiques* et dans la *Revue des Traditions populaires*.

M. le Dr Émile BOISMOREAU,
Saint-Mesmin-le-Vieux (Vendée).

LES SILEX NÉOLITHIQUES DE L'ILE D'YEU (Vendée)

Cette étude est le résumé d'un voyage d'exploration effectué en 1919. Elle comporte dix-neuf figures, dessins, cartes ou photographies. En voici le sommaire : aperçu préhistorique de l'île d'Yeu; son importance. Principaux monuments et mégalithes. La recherche des silex : premières trouvailles. Essai de localisation des stations. Étude d'ensemble des pièces recueillies. Description des pièces typiques de la collection *Boismoreau* et celle de M. *Lucien Rousseau*. Collections de MM. le Dr M. *Baudouin* et *Bocquier*. Le couteau en silex de M. *Barbeau*.

D'où provient le silex? Les galets de mer; difficultés techniques de leur utilisation. Tentatives d'étonnement. Nécessité de faire des recherches géologiques. La subsidence des terrains à Noirmoutier. La côte des Raciatenses avant la conquête romaine. Les dolmens submergés. Les courbes de niveau des cartes marines. A l'époque néolithique Noirmoutier et Yeu sont réunis et font partie du continent. Aspect de ces régions à cette époque. Processus de subsidence. D'autres preuves. Le banc calcaire submergé d'où provient le silex. Les causes d'erreurs. Les pièces datent bien de l'époque néolithique. Les silex des dolmens. Conclusions.

M. H. MULLER,
Grenoble.

DÉCOUVERTES PRÉHISTORIQUES ET PROTOHISTORIQUES RÉCENTES AUX ENVIRONS DE GRENOBLE

Ces découvertes portent surtout sur l'âge du bronze; une épée, diverses haches, une faucille, un poignard italiote, etc., en constituent les principaux éléments.

Le deuxième âge du fer y est représenté par de beaux bracelets ornés, en bronze.

Ces quelques trouvailles comblent en partie certains hiatus dans la région dauphinoise et relient entre elles certaines stations éloignées.

ESSAI DE TECHNIQUE MANUELLE PRÉHISTORIQUE, PRÉSENTATION DE PIÈCES

Ces essais ont porté sur le sciage d'une roche dure (variolite), taille du silex, martelage, etc.

Le moulage d'outils en bronze, avec leur martelage et leur montage sur manches a été également tenté et obtenu.

Certaines pièces seront présentées.

UNE STATION EN PLEIN AIR, A MENGLON (Drôme), DU NÉOLITHIQUE ANCIEN AU IXe SIÈCLE DE NOTRE ÈRE

Cette station, située au bord du Bez, près Menglon (Drôme), que j'explore depuis dix ans, m'a donné un outillage siliceux comprenant un peu de néolithique ancien, beaucoup d'énéolithique parmi lequel l'obsidienne est représentée.

Le bronze y est très rare, le premier âge du fer également, et ce n'est qu'à la fin du deuxième âge du fer, puis pendant l'époque gallo-romaine, et jusqu'au IXe siècle que les vestiges deviennent plus nombreux. Les conclusions à en tirer montrent un habitat important pendant tout le néolithique, avec traces d'importations. Ensuite, la plupart des documents postérieurs indiquent une culture du terrain et leur apport avec les fumures. Des constatations intéressantes ont pu être faites d'après l'examen des matériaux ouvrés trouvés sur place.

M. CH. BOYARD,
Nan-sous-Thil (Côte-d'Or).

UNE STATION CAMPIGNIENNE A NAN-SOUS-THIL

Dans les recherches que je poursuis depuis longtemps dans la région de Nan-sous Thil, particulièrement riche en restes préhistoriques, j'ai toujours été guidé par la pensée d'établir la succession des habitats aux différentes périodes de l'*Age de la pierre*. J'ai été particulièrement favorisé par la fortune dans l'abri sous roche du *Poron-des-Cuèches*, où j'ai trouvé, superposés en couches stratigraphiques très nettes, le Magdalénien, le Tardenoisien, le Robenhausien, l'Hallstatien, la Tène et le Gallo-Romain. Peu de gisements, en France, sont aussi intéressants.

Mais, dans mes recherches, le *Campignien* manquait. J'ai eu la satisfaction de le trouver en 1916 alors que, pour échapper à l'obsession de ces jours pesants, j'errais à l'aventure à travers champs. C'est un gisement de surface, en terrain plat, au pied d'une montagne. Il m'a donné des pics, des racloirs, des perçoirs, beaucoup d'encoches, des becs de perroquets, des haches de forme particulière, des burins, des coins, des tranchets, quelques grands éclats type Levallois, des nucléus.

La plupart de ces pièces sont massives et mal travaillées.

La matière première est le calcaire siliceux que donne le pays. On est donc en présence d'un Campignien local, dont il serait intéressant d'établir la filiation ou l'origine, car cette industrie diffère totalement du Tardenoisien du Poron-des-Cuèches, dont il ne peut être la suite.

Les Campigniens de Nan-sous-Thil ne sont pas les descendants des Tardenoisiens. C'est une race nouvelle ayant une industrie grossière et primitive. D'où vient-elle? Cette question pose un des problèmes les plus intéressants du néolithique.

M. E. PASSEMARD,
Biarritz.

L'ABRI OLHA (BASSES-PYRÉNÉES) (1)

571.81 (44.19)

28 Juillet.

Près de Cambo (Basses-Pyrénées), en bordure de la Nive, au voisinage du passage à niveau n° 17, s'ouvre une petite vallée verdoyante d'où débouche le ruisseau Olha; sur sa rive gauche au bord de la route, se trouve l'abri qui nous occupe.

(1) Recherches faites avec l'aide des subventions de l'Association obtenues en 1917, 1918 et 1919.

Les fouilles poursuivies méthodiquement pendant trois périodes de quatre mois (1917-18-19) m'ont permis d'étudier d'une façon complète un dépôt de 13 mètres de long sur 9 mètres de puissance et environ 5 mètres de profondeur horizontale.

L'abri formé par les strates obliques d'un calcaire marneux était complètement effondré et comblé jusqu'au faîte. Plus de la moitié avait été détruite par l'extraction de calcaire, mais la partie fouillée, qui se présentait sous forme d'une coupe verticale de 9 mètres de haut, posée sur une corniche rocheuse, était complètement vierge. Elle était bordée à droite par la roche calcaire inclinée, en place, seul vestige du surplomb effondré ; à gauche, par le ruisseau.

Il faut reconnaître trois phases principales dans la formation du dépôt, séparées par deux couches épaisses de blocs énormes, résultat de l'effondrement subit de la voûte. — J'ai donc distingué des niveaux inférieurs, moyens et supérieurs F*i*, F*m*, F*s*, eux-mêmes subdivisés.

Niveaux inférieurs.

Industrie et faune de Fi_4. — C'est sur la roche nue que les premiers foyers furent allumés ; ils sont lenticulaires, espacés et assez rares. La couche elle-même est sableuse, mêlée de cailloux roulés de volume médiocre. Malheureusement la faune et l'industrie sont si rares que Fi_4

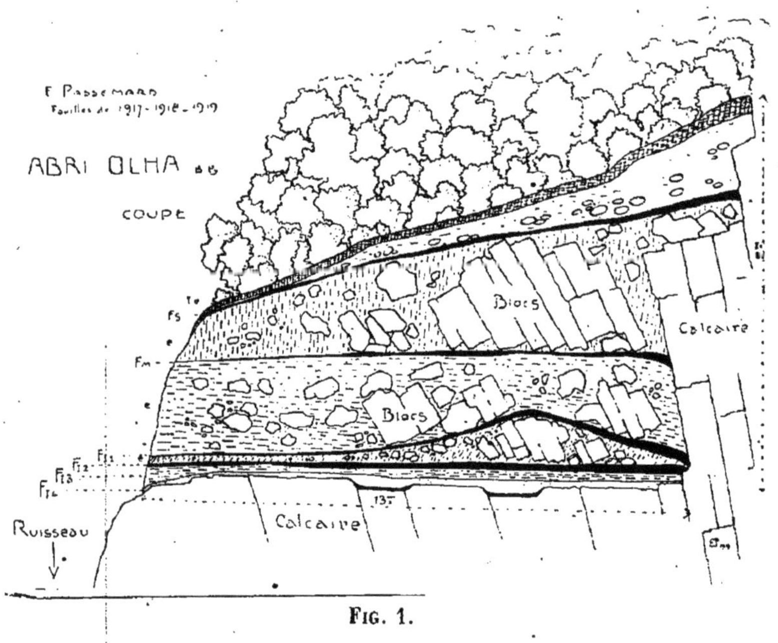

Fig. 1.

séparé des niveaux qui suivent serait à peu près impossible à caractériser.

Il faut cependant retenir : des fragments osseux d'un grand Bovidé ; une demi-douzaine de dents d'un Cervidé qui est très voisin du Cervus elaphus, quelques restes d'un petit ruminant sur lesquels il est difficile de se prononcer en raison de leur état, enfin, un fragment assez important d'un crâne de petit carnassier, région occipitale, qui semble se rapporter à un blaireau, et des dents de renard.

L'industrie, également très pauvre, comprend quelques rares fragments d'ophite et de quartzite sur la technique desquels nous nous étendrons plus longuement à propos de Fi_3. Le reste de l'industrie est de forme moustérienne et donne quelques racloirs bien typiques accompagnés d'une série de petits éclats utilisés à divers usages.

Industrie et faune de Fi_3. — Il est impossible de confondre cette couche avec la précédente; elle est en effet uniquement argileuse. La faune est nette : un Rhinocéros est représenté par de nombreuses dents et caracté-

Fig. 2.

risé par une série de quatre molaires Pm_3, M_1, M_2, M_3, d'un maxillaire supérieur droit qui le désigne comme *R. Mercki*; plus d'une centaine de dents et des fragments osseux du même Cervidé voisin de l'Elaphus déjà cité.

Un gros Bovidé et un Equidé de taille moyenne sont bien représentés; différents autres fragments appartiennent à une Hyène qui est la spelæa.

L'industrie est également très spéciale; elle est caractérisée par l'abondance de très grands éclats de roches dures, ophite, quartzite, empruntées aux gros galets de la Nive. Par un coup violent, on a détaché à une extrémité de ce caillou roulé un éclat lourd et épais, qui garde par conséquent un talon arrondi et bien lisse, puis les bords ont été retaillés ou mieux redressés sur la face convexe, mais le taillant naturel de l'extrémité, opposé au talon paraît avoir été utilisé tel que.

J'ai recueilli plus de 150 de ces outils dont quelques-uns affectent la forme de gros coups de poing très frustes, d'un aspect tout à fait archaïque; toutes ces pièces ont un taillant large ou semi-rectiligne. A côté de ces grossiers objets, de disques et de boules également en roches dures, se place une jolie série de coups de poing en silex de dimensions moyennes et de belle technique. Je citerai simplement un grand coup de poing en silex de type acheuléen, de 13^{cm},9 de long. Presque tous ces instruments sont faits de plaquette de silex à cortex gréseux et possèdent un talon formant un angle à cotés bien rectilignes.

Il existe un certain nombre d'exemplaires en calcaire marneux pris sur place; ils ont tous une surface très désagrégée; quelques plus rares spécimens sont en quartz et même en grès.

Je signale particulièrement une forme, peu connue je crois : il s'agit de petits coups de poing de silex à talon, mais dont la pointe est en quelque sorte latérale; je leur donne le nom de *coups de poings latéraux* en raison de leur direction générale par rapport au talon.

Une belle série de racloirs dont quelques-uns assez grands, pour la région, et de petites pointes montrent bien qu'il s'agit d'une industrie

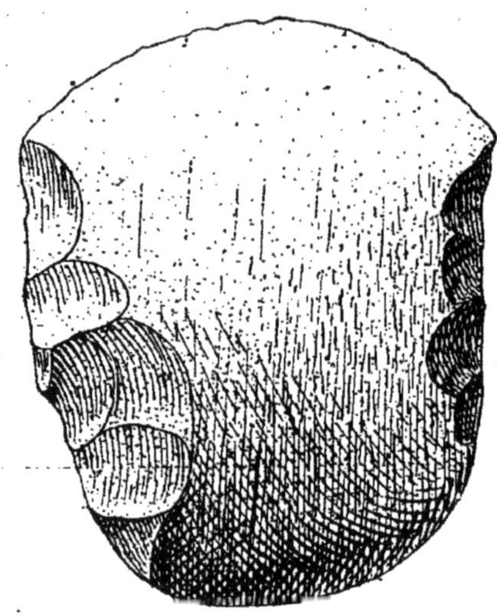

Fig. 3.

moustérienne où le coup de poing s'est perpétué. Cette impression est accentuée par le fait que nombre de diaphyses osseuses portent des traces et des cupules d'impression signalées pour la première fois dans le Moustérien par mon excellent collègue, *H. Martin;* mais je n'ai pas trouvé d'épiphyses utilisées.

Industrie et Faune de Fi_2. — Cette couche se différencie de la précédente par la présence de nombreux foyers qui ont laissé une ligne noire continue d'une certaine épaisseur. La faune ne présente pas de changements notables. Le Cervidé type élaphus domine toujours; Bœuf et Cheval sont également abondants; le Rhinoceros Mercki est représenté par des dents isolées et de lait. L'Hyène des cavernes est abondante et je note un molaire d'un Ursidé qui ne paraît pas être le spelæus; nombre d'épiphyses de petits ruminants dont l'étude est délicate, et enfin, un beau fragment de Castor : maxillaire inférieur avec deux dents, plus d'autres molaires séparées et une incisive.

L'industrie, comme la précédente, est abondante et donne des exemplaires de choix : les grands éclats redressés, de quartzite et d'ophite sont disparus, ainsi que les grands coups de poing, mais de très petits coups de poing de silex, dont le plus petit s'abaisse jusqu'à 4cm,2, s'associent à de nombreuses pointes pugiloïdes à une seule face taillée.

De beaux racloirs dont quelques-uns de grande taille et des pointes généralement petites, sont accompagnés de nombreux outils de fortune et d'éclats à coches non retouchées, multiples et successives. Les diaphyses osseuses impressionnées sont plus rares qu'en Fi_3.

Tous les silex, ainsi du reste que la plupart de ceux des couches précédentes et suivantes, ont une belle patine blanche parfois tachée d'orangé, ou sont d'un beau gris clair. Ils sont toujours profondément désagrégés.

Industrie et faune de Fi_1. — En dessus de l'éboulement partiel relativement peu important qui recouvre Fi_2, les habitants de Fi_1 ont à leur tour allumé leurs foyers qui ont laissé des traces bien visibles.

De la faune de cette couche, il y a peu à dire; elle est la même que la

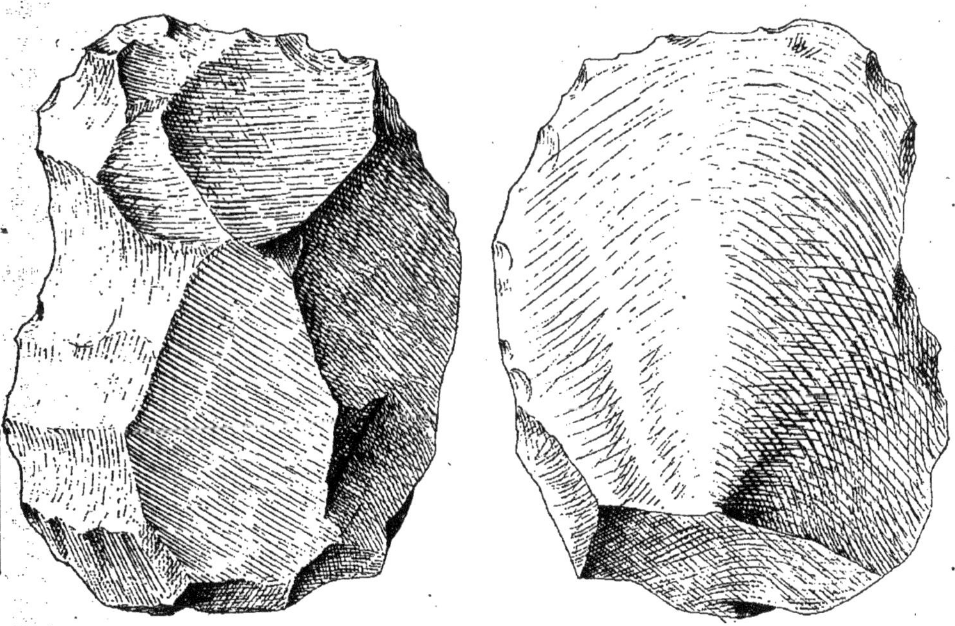

FIG. 4

précédente, Cervus elaphus, Bovidé, Cheval sont toujours abondants. Je n'ai pas trouvé de Rhinocéros à ce niveau, ni de Castor, mais j'ai recueilli un bon fragment de maxillaire supérieur d'une loutre et quelques os du bras; ces fragments sont identiques à ceux de la loutre actuelle et de taille moyenne.

L'industrie lithique est également de même type qu'en Fi_2, mais les gros outils de quartzite et d'ophite sont complètement disparus et il n'y a plus *un seul coup de poing*. Seuls des racloirs de médiocre facture et et des pointes également mauvaises qu'accompagnent des outils de fortune très atypiques viennent éveiller en nous l'idée du Moustérien.

Les diaphyses impressionnées sant rares.

Inter Fi_1 et Fm. — Avec Fi_1, nous terminons les niveaux inférieurs. Ceux-ci ont été écrasés par le premier grand éboulement. J'avais gardé l'espoir qu'au milieu de ces blocs se trouveraient peut-être quelques restes humains. Aucun débris ne s'est révélé et je n'ai pu savoir s'il en avait été trouvé par les carriers qui détruisirent une partie de l'abri il y a plus de vingt ans.

Dans cette couche intermédiaire, l'industrie est inexistante. L'Hyène seule s'est risquée de temps à autre à une visite; elle a laissé des coprolithes et quelques os. Mais tout un monde de micromammifères s'est révélé extrêmement abondant. Nous le retrouverons également au second grand effondrement sans grands changements dans sa composition. Il s'agit de débris de repas et de déjections de rapaces nocturnes et diurnes qui habitaient la paroi. Cette faune est très variée, elle sera l'objet d'une étude spéciale. Je citerai cependant quelques types principaux : Microtus type arvalis, Microtus type agrestis, Arvicola type amphibius, Mustela voisine de la vulgaris, Talpa, Erinaceus, Sorex de plusieurs tailles, une grande quantité de petits oiseaux, des batraciens nombreux, et des poissons.

Industrie et Faune de Fm. — Au-dessus de ces énormes blocs, l'habitation reprend et les traces noires sont abondantes, mais moins continues que dans les niveaux sous-jacents. Un changement de grande importance s'est effectué dans la faune. Une prémolaire caractéristique de *Renne* ne laisse pas de doute sur la présence de ce ruminant. A cette première preuve d'une faune plus froide, vient s'ajouter une molaire inférieure de Rhinocéros qui paraît par la forme carrée de ses croissants, appartenir au Rhinoceros Tichorhinus, quoique la reconnaissance des molaires inférieures, surtout isolées, soit des plus délicates.

Le reste de la faune diffère très peu des précédentes; le même Cervidé voisin de l'Elaphus reste abondant, ainsi que le grand Bovidé et le Cheval; celui-ci peut être un peu plus rare.

L'industrie n'est composée que de petits racloirs et de petites pointes dont quelques-unes très aiguës. Cette médiocre manifestation industrielle est certainement imputable au peu de sécurité qu'offrait alors la voute. Elle ne tarde du reste pas à s'affaisser.

Inter Fm et Fs. — Il n'y a rien de spécial à dire de cet énorme amas de blocs parfois impossible à dissocier en raison des infiltrations de calcite.

Nous y retrouvons sans caractères spéciaux la faune de micromammifères. Il faut noter cependant que cet éboulement a dû correspondre à la totalité du surplomb, car les habitants qui s'installèrent à sa surface étaient au-dessus de l'ancien abri, à plus de huit mètres de Fi_4.

Industrie et Faune de Fs. — Ces derniers habitants ont laissé un important dépôt bien garni de matières noires, riche en faune et en industrie.

La faune s'affirme nettement plus froide par la présence d'Elephas Primigenius, représenté par deux petites molaires et d'autres lamelles isolées d'animaux jeunes. Rhinoceros Tichorhinus révèle également sa présence par des molaires supérieures en bon état, et enfin, le Renne s'affirme par des fragments plus nombreux sans être prépondérants. Cependant, notre Cervidé voisin de l'Elaphus reste toujours très abondant, mais le même nombre d'éléments caractérise aussi le grand Bovidé. Le Cheval garde sa place. De nombreux fragments incomplets seront l'objet d'une étude plus approfondie parmi lesquels je puis cependant déjà signaler une phalange d'un grand Félidé peu différent de la Panthère.

L'industrie est particulièrement abondante et demandera une étude complète et détaillée; elle présente de beaux échantillons de racloirs et des pointes allégées qui rappellent certaines pièces des niveaux inférieurs de Grimaldi. Il y a des percuteurs arrondis, des éclats lamellaires et des formes à extrémités retouchées qui laissent prévoir celles qui vont suivre sans cependant qu'on puisse établir une parenté véritable. Enfin, il y a abondance de diaphyses impressionnées, mais les épiphyses restent toujours absentes.

Conclusions. — Les conclusions que l'on peut tirer de l'étude d'un aussi important gisement ne peuvent se résumer en quelques lignes. Il est cependant possible de fixer immédiatement certains points.

Au point de vue géologique, l'abri Olha, placé en bordure de la Nive, appartient par sa couche la plus inférieure Fi_4, sableuse et caillouteuse, à un niveau alluvial de cette rivière; ce sera l'objet d'une étude spéciale.

Au point de vue faunique et industriel, il nous montre l'évolution d'une industrie de type moustérien à travers deux tendances bien différentes et parfaitement caractérisées à sa base par une faune pour le moins tempérée avec C. Elaphus et R. Mercki; dans sa partie moyenne et supérieure, par une autre faune plus franchement froide avec R. Tichorhinus, Elephas Primigenius et Renne.

Nous assistons également à la disparition définitive des coups de poing, qui se présentaient parfois sous des dehors si primitifs que l'on aurait été tenté de les considérer comme beaucoup plus anciens si cet aspect fruste n'était simplement dû à la grossièreté de la matière.

Stratigraphiquement, par ses diaphyses impressionnées, rencontrées à tous les niveaux, il appartient entièrement au Moustérien supérieur, malgré sa faune à affinités chaudes et ses coups de poing. De ce fait, il complète par en bas la série des niveaux de la caverne d'Isturitz sa voisine, car la proximité des deux gisements ne laisse aucun doute qu'ils ont participé aux mêmes modifications de climat et de faune.

Le dernier des six niveaux d'Ohla Fs vient se placer immédiatement en dessous des deux niveaux moustériens, à faune de Renne, d'Isturitz, qui sont surmontés par une importante couche aurignacienne typique à nombreuses pointes fendues, au-dessus de laquelle s'étagent successivement deux couches aurignaciennes, un beau solutréen à feuilles de laurier, et enfin, les épaisses couches magdaléniennes si riches et si diverses qui atteignent jusqu'aux limites du Quaternaire.

Enfin, il faut remarquer que le niveau Fi_3 d'Olha présente les mêmes éclats de quartzite et d'ophite que ceux rencontrés au Castillo (Espagne), dans le Moustérien α.

Comme ce gisement a montré la persistance en Espagne de la faune dite chaude qui se prolonge jusque dans l'Aurignacien, il nous faut conclure qu'Olha avec sa faune froide qui apparaît seulement vers la fin du Moustérien est le trait d'union entre la région cantabrique représentant la tendance faunique espagnole et nos gisements français plus septentrionaux à faune plus franchement froide, ce qui est absolument conforme à sa position géographique.

M. Émile SCHMIT,

Conservateur honoraire du Musée de la ville de Châlons-sur-Marne.

LA TRÉPANATION AUX TEMPS PRÉHISTORIQUES

---

27 Juillet.

(Mémoire publié hors volume)

OUVRAGE IMPRIMÉ PRÉSENTÉ A LA SECTION

J. Hamal-Nandrin et Jean Servais, avec la collaboration de Charles Fraipont, professeur à l'Université de Liége. — *Rapport sommaire sur les fouilles effectuées de 1914 à 1919.*

Sous-Section.

HISTOIRE ET ARCHÉOLOGIE.

Président . . . M. GRENIER, Professeur d'Antiquités rhénanes à l'Université de Strasbourg.
Vice-Président . M. R. FORRER, Conservateur du Musée archéologique de Strasbourg.
Secrétaire. . . M. Ad. RIFF, Directeur du Musée historique de Strasbourg.

M. G. ARNAUD,

Professeur au Lycée Fustel-de-Coulanges, Strasbourg.

STRASBOURG, PORT DU RHIN AU MOYEN AGE ET AUX TEMPS MODERNES

---

9 (43.445 — Strasbourg)

26 Juillet.

Strasbourg a tiré de sa position géographique des avantages incontestables. Située dans la vallée rhénane au point où la navigation vers l'amont devient pratiquement impossible et à la rencontre de plusieurs voies terrestres particulièrement fréquentées : la route du Danube par la vallée de la Kinzig, celles de la Marne et de la Seine par la trouée de Saverne, celle de la Suisse et celles de la Saône et du Rhône par la plaine alsacienne, la ville était destinée à devenir une grande place de commerce.

Le commerce de Strasbourg est alimenté par le transit des marchandises de la voie d'eau à la route et réciproquement; c'est pourquoi il s'est noué autour du port, qui joue aujourd'hui un grand rôle dans le développement économique de la cité, mais qui, du XIIIe au XVIIe siècle, a joui d'une prospérité et d'une renommée que seule Cologne était en mesure d'égaler dans la basse vallée du Rhin.

* * *

Le port de Strasbourg, depuis les origines jusqu'au XIXe siècle, n'a pas eu d'autre emplacement que la berge nord de l'Ill dans les quartiers méridionaux de la ville. C'était la partie la plus ancienne de Strasbourg et le carrefour où convergeaient toutes les voies d'eau : au sud-ouest, l'Ill supérieur; au nord-est, l'Ill inférieur qui conduisait au Rhin aval, au sud-est, le Rheingiessen qui faisait la liaison avec le Rhin amont. C'est par le Rheingiessen dont le cours est recouvert aujourd'hui par les pavés de la rue de Zurich que les Zurichois apportèrent leur bouillie chaude en 1576.

A l'époque romaine, il semble qu'un débarcadère ait existé à la place du quai actuel entre l'école Saint-Thomas et la chapelle Saint-Martin; au moyen âge il était reporté une centaine de mètres plus à l'est à côté du Kaufhaus. Le Kaufhaus ou douane construit en 1358 près du pont du Corbeau existe encore. C'est un grand bâtiment qui sert aujourd'hui de marché, mais qui était alors l'entrepôt où toutes les marchandises en transit devaient débarquer en vertu du « Stapelrecht » accordé par l'empereur Sigismond à la ville en 1414 et qui lui fournissait la meilleure partie de ses ressources.

Une gravure de *Wenzel Hollar* nous donne son aspect et celui de ses abords au XVIe siècle. A côté du Kaufhaus s'étend une place encombrée de tonneaux, de charrettes vides et de charrettes chargées que trainent quatre ou six chevaux. Sur le quai, un petit bâtiment rectangulaire surmonté de deux toits pointus d'où sortent les bras de deux énormes grues qui déchargent une longue file de barques. Ces grues, comme l'indique une autre gravure du même auteur, étaient manœuvrées par un tambour dans lequel piétinaient deux hommes.

Le Kaufhaus abritait un très grand nombre d'employés, garde-magasins, peseurs, contrôleurs, facteurs des rouliers, facteurs des bateliers, brouetteurs, portefaix, emballeurs et les chargeurs-bâcheurs qui s'étaient acquis une redoutable renommée par leurs prétentions et leurs rixes. Tout autour, sur les deux rives de l'Ill, étaient les maisons de commerce, les auberges pour les rouliers : c'était le cœur marchand de la cité.

* * *

Le trafic de la ville était aux mains de la corporation ou tribu des bateliers constituée en 1350, qui tint longtemps la première place dans la cité et comptait encore près de deux cents membres en 1789. Les bateliers habitaient le quartier de la Krutenau au sud-est de la ville et tenaient leurs assises à la taverne « Zum Anker » sur le quai des Bateliers.

Ils avaient pour charge d'assurer la navigation sur le Rhin à l'origine de Bâle jusqu'à la mer, mais par le fait des concurrences, le champ de leur activité fut progressivement réduit. Au commencement de la guerre de Trente ans il s'étendait encore au sud jusqu'à Bâle pour la seule montée, au nord jusqu'à Mayence et Francfort.

C'était à cette époque une lourde mission. Le Rhin que ne contenaient pas les digues s'étalait en une multitude de faux-bras et de marécages. Le thalweg indécis se déplaçait sans cesse sous la poussée des sables mouvants, ou bien était barré par des troncs d'arbre; les brouillards étaient fréquents, les accidents nombreux :

> « Que personne ne se donne pour un batelier si son gouvernail n'a pas été mis en pièces plusieurs fois »

disait le proverbe.

Cet état ne sera pas modifié sur le Rhin supérieur avant 1840; les constructions de digues entreprises au XVIIIe siècle sans plan préconçu, sans liaison préalable, n'auront pour effet que de rendre le fleuve plus redoutable.

Les bateliers entretenaient le lit du Rhin; deux fois par an ils le nettoyaient avec des chaînes et de grandes toiles qui faisaient fonction de dragues; ils devaient faire, en outre, chaque année, deux voyages d'essai en qualité de pilotes; aucun bateau ne se lançait sur le Rhin sans que le pilote n'eût repéré en canot le cours du fleuve jusqu'à Neubourg, planté des pieux aux endroits dangereux et ne fût retourné en voiture faire son rapport. Alors seulement, à la pointe du jour suivant, le bateau qui attendait dans l'avant-port de Wanzenau, où il avait complété son chargement, levait l'ancre et quittait l'Ill au Kälberköpfe; l'équipage se découvrait et disait un *pater* tandis que le pilote s'écriait : « Au nom de Dieu ».

Les bateliers utilisaient un matériel qui n'a guère varié au cours des siècles; les barques dessinées sur les gravures du XVIIe, XVIIIe et même du commencement du XIXe siècle ressemblent étrangement à celle qui fut gravée sur une tuile romaine découverte ici même; elles avaient l'avant pointu, l'arrière fortement relevé pour porter une grande rame en guise de gouvernail, elles étaient munies d'un ou deux mâts, non pontées; les marchandises étaient protégées par une voile tendue sur une perche longitudinale. Quelques-unes étaient de dimensions notables : 120 pieds de long, 11 de large, 5 1/2 de haut; elles pouvaient porter de 800 à 1.500 quintaux. A l'ordinaire on employait aussi de grossiers radeaux recouverts d'un plancher, pourvus d'un mât autour duquel étaient entassés les ballots et les barriques, mais ils ne remontaient jamais le fleuve. Au port de destination ils étaient dépecés et servaient de bois de construction. Cette coutume est encore pratiquée sur certains fleuves de l'Europe orientale.

Les uns et les autres descendaient le fleuve à la rame et avec l'aide d'une perche à double pointe dont le modèle a été trouvé dans les fouilles de l'époque romaine. A la montée, les bateaux utilisaient la voile; le plus souvent ils étaient halés, au moyen de chevaux, de Mayence à Spire, à bras d'hommes, de Spire à Strasbourg. Le trajet offrait de grandes difficultés; le bateau suivait les bras latéraux où la vitesse du fleuve était moindre et le chemin de halage assez nettement tracé; toutefois ce chemin était souvent interrompu par les marécages et les confluents; il fallait embarquer les hommes et les chevaux et traverser à la gaffe le pas difficile. C'est ainsi que la remontée de Mayence à Strasbourg exigeait dix-huit jours, tandis que la descente pouvait se faire en trois.

*
* *

Le trafic de la ville était très important. Sur les quais du Kaufhaus les barques de l'Ill, qui paraissent avoir déjà parcouru la rivière dès l'époque du bronze, apportaient les vins de Colmar, de Ribeauvillé et de Sélestat;

les bateaux du Rhin débarquaient les marchandises exotiques, les épices, les toiles, les poissons et chargeaient, avec le vin, les autres produits alsaciens : alcool, vinaigre, blé, tabac, chanvre, oignons, anis, safran, légumes, papier et bois de construction. En 1581 Strasbourg expédia 4.531 foudres de vin (5.663 litres), 7.848 ohms de vinaigre (3.923 litres), 6.740 ohms d'alcool (3.370 litres), 10.534 viertel de blé (11.587 hectolitres). En 1657, en 57 voyages de Mayence et de Francfort, les bateaux remontèrent 26.252 quintaux métriques de marchandises, sans compter les harengs et les morues sèches destinés à l'Alsace catholique.

Les bateliers transportaient aussi des voyageurs. La voie d'eau, plus sûre que la route, était très fréquentée; les commerçants gagnant les foires, les diplomates et les princes en mission ou en quête de distractions et surtout les pélerins d'Einsiedeln, de Lorette, de Marienthal, de Cologne ou de la Sainte-Tunique de Trèves, ne cessaient de se confier au fleuve. Environ 150.000 pélerins, dont plus de la moitié étaient venus du nord, descendaient chaque année le fleuve. Le transport se faisait sur de petits bateaux. Quand des voyageurs étaient arrivés, le facteur des voyageurs se rendait auprès d'eux pour traiter, puis il avertissait la corporation. A la Taverne de l'Ancre les bateliers jouaient aux dés la désignation de celui qui devait partir, le départ devait avoir lieu dans un délai de trois heures. S'il ne pouvait l'assurer, le suivant, désigné par les dés, prenait sa place.

***

La prospérité du port de Strasbourg eut maintes fois à souffrir des événements politiques et militaires dont la vallée du Rhin fut le théâtre; cependant elle ne se démentit guère jusqu'au milieu du XVIIe siècle. La guerre de Hollande lui porta un coup sensible en 1672; dès lors s'ouvrit pour la navigation et le commerce strasbourgeois une période de décadence qui s'est poursuivie à travers tout le XVIIIe siècle. Les raisons en sont nombreuses, la principale fut la concurrence étrangère.

En 1681 le prince-électeur de Mayence, mettant à profit le trouble apporté à Strasbourg par l'entrée des Français, fit signer à la ville une convention qui dépouillait les bateliers de leur monopole séculaire; désormais les bateliers de Mayence pouvaient faire voile à Strasbourg toute l'année tandis que ceux de Strasbourg ne pouvaient prendre une cargaison au retour de Mayence que trois semaines avant, pendant et après les deux foires de Francfort.

Au milieu du XVIIIe siècle naquit le danger de Kehl qui avait été séparé de Strasbourg par le traité de Ryswick et était passé aux mains du margrave de Bade. Les bateliers de Strasbourg ayant été occupés au service du roi pendant la guerre de succession d'Autriche, le magistrat permit aux paysans badois d'équiper des bateaux et de conduire les produits alsaciens jusqu'à Mayence, à charge de payer, outre la taxe du Kaufhaus, un léger droit à la corporation de l'ancre. L'autorisation était révocable; elle fut supprimée à la paix, mais les bateaux de Kehl continuèrent à naviguer. Ils furent soutenus par leurs princes et par les facteurs du Kaufhaus de Mayence qui leur fournissaient un fret de retour pour le Brisgau et la Suisse.

Enfin les empiètements incessants du fisc, bien que Strasbourg fût compris dans les provinces, «à l'instar de l'étranger effectif», ses exigences touchant la déclaration et la visite des marchandises en transit, détournaient de plus en plus le commerce et les entreprises industrielles vers la rive droite du Rhin.

Strasbourg, écrit le Conseil souverain dans sa remontrance au roi en 1786, qui était une des premières places de commerce de l'Europe, n'est plus aujourd'hui qu'un théâtre de banqueroutes et une ville de guerre réduite à un faible commerce de détail.

La ruine de ce commerce fut consommée par la Révolution. La loi du 5 novembre 1790 et le décret du 24 juillet 1793, en prohibant la culture, la fabrication et la vente du tabac et en reculant la barrière douanière jusqu'au Rhin, portèrent un coup mortel au port de Strasbourg. La plupart des bateliers s'engagèrent dans l'armée et formèrent des compagnies de pontonniers qui eurent l'occasion de s'illustrer dans les campagnes de la Révolution et de l'Empire.

Ainsi prit fin la première grande période du développement de Strasbourg port rhénan. La seconde vient à peine de s'ouvrir.

M. le Chanoine J. GASS,

Strasbourg.

NOTES HISTORIQUES SUR LES CHATEAUX DES ROHAN A SAVERNE ET A STRASBOURG.

728.81 (Rohan) (43.445)

26 Juillet.

Dans l'histoire des résidences préférées des Rohan en Alsace, il y a encore bien des points obscurs. Après la guerre de Trente ans, le château de Saverne a été reconstruit par *François Egon de Fürstenberg*, de 1668 à 1683. Le sculpteur *Coyzevox* a travaillé à la décoration du parc (1667-1671). La construction du bâtiment était terminée dès 1677. Le cardinal *Rohan I* a fait reconstruire l'aile détruite par l'incendie de 1709 et a fait faire des changements. Les lettres de l'architecte *Neumann*, de Wurzbourg, nous fournissent une description du château en 1723 et la preuve des relations entre le cardinal et l'architecte *de Cotte*, dont les plans du château de Saverne sont conservés à Paris. Un des architectes exécuteurs était *Cabanet*. A côté de *Robert Le Lorrain*, dont nous possédons une liste des œuvres, on trouve le sculpteur *Le Prince*. Les plafonds ont été exécutés par *C. Brunetti*, les cheminées par maître *Gisquain*.

Le même architecte, *Robert de Cotte*, a fait les plans du château de Strasbourg. Le protocole de la Chambre des Comptes contient quelques indications sur les dépenses annuelles. Les archives départementales du Bas-Rhin contiennent une liste des œuvres exécutées par *Robert Le Lorrain* à Strasbourg. Les tableaux étaient des copies de chefs-d'œuvre, par exemple *la Bible* de *Raphaël*. Les Gobelins représentaient la vie de *Constantin*, d'après les cartons de *Rubens*. Les bibliothèques à Saverne comme à Strasbourg étaient des collections modernes.

M. J.-E. GÉROCK,

Bibliothécaire de la Bibliothèque de l'Université de Strasbourg.

LES « MAISONS ROUGES » ET LES VOIES DE COMMUNICATION ANTIQUES

---

26 Juillet.

Pour les besoins d'une étude sur les invasions germaniques du ve siècle dans l'est de la France et dans certaines régions avoisinantes (celles qui ont donné entre autres les colonisations à noms de lieux en *-ans* à l'ouest, en *-ens* à l'est du Jura, de prononciation identique malgré la différence graphique actuellement usitée), j'ai été amené, il y a déjà une série d'années, à m'occuper des voies de communication supposables à cette époque. Il n'existe pas de tracé à grande échelle pour la région considérée, de sorte que je dus voir à le constituer. Ce travail, fort long et pour lequel les données sont très dispersées, nécessita une recherche minutieuse dans de nombreux documents imprimés et l'emploi de cartes aussi détaillées que possible pour arriver à reporter sur un fond de carte donné par l'édition muette de la carte au 500.000^e^ (dite du Lieutenant-Colonel *Prudent*) les indications obtenues.

Ces investigations me montrèrent alors la persistance sur un vaste territoire, tant en France qu'en Suisse et dans le sud de l'Allemagne (et aussi en Italie) d'un phénomène que je connaissais déjà pour l'Alsace et ses environs immédiats. Il s'agit de la fréquence de l'appellation de *Maison-Rouge* (variantes comprises) comme de *Rothes Haus* dans les régions germanophones, pour des établissements ayant très généralement le caractère d'hôtelleries, d'auberges, situées tant comme bâtiments isolés sur des routes, souvent à des carrefours ou à des bifurcations, que dans des localités. Il apparut bientôt que non moins généralement les routes en question appartiennent évidemment à une viabilité très ancienne, tout au moins romaine, et que les localités où se trouvent ces lieuxdits sont des villes anciennes dont l'existence remonte aussi sûrement à cette époque.

Ne pouvant pas disposer ici à Strasbourg de tous les matériaux que nécessiterait une étude poussée quelque peu à fond sur l'ensemble des territoires indiqués plus haut, j'ai néanmoins réussi à rassembler plus de 250 exemples pour une partie seulement, ce qui ne laisse pas de constituer une base assez solide. Il ne peut pas être question d'en dresser maintenant le catalogue, qui ne dirait pas grand'chose par lui-même, tandis que la simple vue du canevas de carte où ils sont reportés, montre immédiatement le caractère saillant du phénomène, et il va sans dire qu'une reproduction de cette carte est actuellement tout à fait impossible.

Nous nous trouvons là en présence d'un cas nouveau et frappant de la persistance d'appellations, très anciennes assurément, dont l'importance pour l'étude de la topographie antique est certainement de tout premier ordre. Le travail qui a mené à l'établissement de la liste des *Maisons-Rouges* et congénères (*Rothes Haus*, *Rothaus*, etc., en allemand et *Casa rossa* ou *Cà rossa* en italien) en a fait apparaître d'autres encore dont je me bornerai à mentionner deux spécimens assez frappants : Sur la voie romaine qui va de Bavay par Vervins à Reims se trouve au nord d'Étréaupont la localité de *Froidestrées* qui appartient par sa deuxième moitié à la grande famille des noms dérivés de *Strata*, tous situés sur les voies antiques, et que je rapprocherai, pour la première moitié, de la station *Ad tabernam frigidam* que porte la *carte antique* dite de *Peutinger* sur la via Aurelia au nord de Pise, et de plusieurs *Kalte Herberge* sur des voies antiques en Suisse et en Allemagne, sans essayer d'expliquer ce qualificatif assurément singulier. L'autre observation s'applique au fait que les localités dont le nom est combiné avec l'idée de *pont* (aussi en allemand) sont, on peut dire sans exception, situées sur le réseau reconnu des routes romaines. Si nous prenons de nouveau comme exemple la route Bavay-Reims en la continuant jusqu'à Toul par la Croix-en-Champagne et Bar-le-Duc, nous y trouvons : Pont-sur-Sambre, Warpont, Etréaupont, Le Pont-de-Pierre à Vervins, Pont-Givard, Herpont (avec une Maison-Rouge, commune de Noirlieu au nord-ouest de Bar-le-Duc) et Guerpont, en relevant l'allitération qu'on ne peut tenir pour fortuite, entre *Warpont—Herpont—Guerpont*. On pourrait facilement multiplier ces exemples. Pour ce qui est des *Maisons-Rouges*, le problème se pose de savoir ce que signifie cet adjectif. Il n'est pas dans mes intentions de discuter ici toutes les hypothèses que l'on peut émettre à ce sujet, mais il me semble tout à fait exclu de le rapporter à la couleur des briques ou des tuiles romaines. La très grande dispersion et surtout la persistance de cette appellation ne peuvent pas se concilier avec une qualité qui ne serait due qu'à des matériaux de construction sans signification propre, qui n'étaient pas spéciaux à telle ou telle bâtisse, à n'importe quelle époque, romaine ou autre, et disparus en tout cas depuis fort longtemps. Il faut plutôt y voir un signe particulier, indépendant des matériaux eux-mêmes, indiquant le caractère de l'établissement et obtenu par une peinture ou un badigeon ; et il m'a été signalé à cet égard que dans une certaine région de la France, en particulier les environs de

Paris, et dans des temps assez proches du nôtre, la coutume existait de peindre en rouge pourpre (nuance lie-de-vin) la partie inférieure des maisons où se trouvait une auberge ou un débit de boissons. Y aurait-il là une survivance de la tradition antique? Simple tradition de coutume, ou reste d'une prescription d'ordre public, et de quelle époque ou origine? Autant de systèmes à discuter. Pour le moment, je ne possède aucun élément sortable pour m'y engager.

Les itinéraires antiques ne fournissent rien, sauf une seule exception qui doit être relevée. La *Carte de Peutinger* porte, sur une voie allant d'*Agedincum*-Sens à *Calagum* qu'on place communément à Coulommiers, une station dont le nom se lit *Riobe*. Or, sur cette voie encore parfaitement connue, à son croisement avec la voie qui vient de Melun et va vers Provins, se trouve la localité (maintenant chef-lieu de commune, autrefois écart de celle de Coutevroux) appelée *Maison-Rouge*. Riobe serait-il une variante de copiste, une transcription fautive pour *Ad rubeam*, *Domus rubea* ou *rubrea?* Cette dernière forme est précisément celle sous laquelle est désignée en 1270 (*Dictionnaire topographique du département de l'Yonne*), la *Maison-Rouge* qui se trouve vis-à-vis de Tonnerre (*Ternodorum*) sur la voie de Langres.

Quoi qu'il en soit ou puisse résulter par la suite, il me semble que cette investigation mérite d'être poursuivie, comme en général celles qui visent à l'application des noms de lieux (et il faut aller jusqu'aux lieuxdits de tout ordre) à la géographie historique. Cette entreprise dépasse de beaucoup les possibilités et les forces d'un individu isolé. Je serais très reconnaissant à quiconque voudrait bien me communiquer n'importe quelle donnée de nature à entrer dans ce cadre.

M. WALTER,

Bibliothécaire-Archiviste, Schlestadt (Bas-Rhin).

LES CATHÉDRALES CAROLINGIENNE ET ROMANE DE STRASBOURG

726.6 : 723.4 (43.445)

26 Juillet.

L'Alsace ne possède plus aucun document archéologique de l'époque carolingienne. A en juger par les rares textes et autres indices parvenus à nous, la dite « Renaissance carolingienne » de la liturgie, arts et lettres, fut inaugurée déjà sous *Pépin*. Ces vestiges font supposer une certaine culture artistique religieuse et intellectuelle qui ne nous surprend pas si nous jetons un regard sur les grands centres de culture au nord et au sud de notre pays. Reichenau, Saint-Gall, Murbach, Strasbourg et Metz étaient les foyers dont nous n'avons malheureusement presque plus aucune connaissance depuis l'incendie à jamais regrettable de la Bibliothèque de Strasbourg le 24 août 1870. Les documents de cette époque ont péri dans les flammes, entre autres un *codex argenteus* qui au point de vue art et liturgie nous donnerait de très précieux renseignements car l'histoire de la liturgie est le premier fondement des études archéologiques du Moyen Age.

L'architecture et la sculpture ne nous ont laissé aucune ou presque aucune trace, à moins que nous ne trouvions une explication fondée et précise de la célèbre description de la cathédrale de Strasbourg par *Ermoldus Nigellus* et de quelques sculptures en forme d'entrelacs remployés çà et là dans les églises romanes et gothiques de notre pays.

Pourtant nous croyons pouvoir nous faire une idée sommaire de cet art qui loin de révéler un caractère provincial se contenta de suivre des traditions romaines et orientales dans l'architecture, la peinture monumentale et la sculpture décorative; la statuaire étant pour ainsi dire inexistante. La seule branche qui permet un classement d'école c'est celles des manuscrits à miniatures, évangéliaires, sacramentaires et autres livres liturgiques à partir de l'époque mérovingienne, eux-mêmes inspirés immédiatement de l'art syrien et, selon les dernières recherches, égyptien.

Le siège épiscopal de Strasbourg était illustré en ces temps-là par des hommes remarquables. Un souffle de l'ancienne grandeur romaine les animait suivant l'illustre exemple de *Charlemagne*. Les évêques *Remi, Adeloch, Rachio* et *Bernalde* se distinguèrent particulièrement. *Remi* construisit vers 778 une crypte (*cripta quam novo opere feci*) où il voulait être enterré après sa mort. *Adeloch* est nommé dans l'inscription de son sarcophage le restaurateur d'églises. *Rachio* collectionna en vrai canoniste les décrets des conciles dont témoignait un codex également détruit en 1870. *Bernalde* est l'objet d'une ovation enthousiaste d'*Ermoldus* qui dit dans son *Carmen in landem gloriosissimi Pipini Regis*, que cet évêque d'origine saxonne excellait dans toutes les vertus pour convertir un peuple qui à cause de ses richesses n'aimait pas Dieu et n'aurait pas su de langue cultivée si elle ne lui était pas enseignée par l'évêque. Son épitaphe à Reichenau perpétua sa gloire.

Le poète *Ermoldus Nigellus* que nous venons de nommer était moine d'un couvent d'Aquitaine et fut envoyé en exil à Strasbourg par *Louis le Débonnaire* probablement à cause d'un délit politique. Il fut bien reçu par l'évêque *Bernalde*. C'est ici qu'il composa son grand poème sur la geste de *Louis* en 826 pour retrouver grâce auprès de son maître. A deux reprises il y chante aussi les gloires de la cathédrale de Strasbourg. Cette description est du plus haut intérêt pour nous au point de vue liturgique et archéologique, car nous parvenons à ranger la cathédrale de Strasbourg parmi une série d'autres églises carolingiennes pour constater alors entre elles une parenté très frappante. Pour le démontrer nous donnerons d'abord la traduction textuelle de ce passage qui se trouve dans le livre IV vers 640 à 746, donc environ cinquante distiques :

« Au moment où je chante ces louanges, dit le poète, je suis exilé, en connaissance de ma propre faute, à Strasbourg, où resplendit, ô Vierge, votre sanctuaire. On vient vous y rendre de dignes hommages ici-bas. On raconte même que souvent les habitants célestes viennent visiter cette cathédrale dont je vais vous conter quelques traits. »

Le poète cite alors une première vision nocturne du custode *Theutram* qui vit un aigle planant au-dessus du maître-autel. Cette vision ne contient rien qui puisse nous renseigner sur la topographie de l'église, par contre la seconde est de la plus haute importance. Il continue :

« Une autre fois le même serviteur de Dieu vit une chose toute merveilleuse que le collège des frères me communiqua. Comme d'habitude il avait psalmodié devant l'autel de ladite église. Son âme cherchait Dieu, les ténèbres de la nuit remplissaient le sanctuaire. *Theutram* était accompagné d'élèves chargés des vigiles et de la sonnerie des heures nocturnes. Soudain, on entendit un bruit, un tonnerre, un vent violent fait frémir la haute demeure. Les compagnons tombent çà et là et s'évanouissent. Le saint, intrépide, tend les bras au ciel et demande la cause de ce bruit. Alors il vit s'ouvrir les combles du sanctuaire et entrer des hommes vénérables, tout lumineux, revêtus d'habits blancs. Leurs corps plus blancs que la neige, leurs têtes comme du lait. Le troisième est soutenu par deux serviteurs. Dès que leurs pieds touchèrent le sol, ils s'approchèrent humblement de l'autel de la Vierge et chantèreni pieusement leurs litanies. Puis parcourant l'église, tels des mortels, ils visitèrent les autres autels en chantant des cantiques et en récitant des prières liturgiques.

» La partie droite de l'édifice se réjouit des reliques de saint Paul, la partie gauche est soutenue par l'autorité (le nom) de saint Pierre, à un pôle l'excellent maître des gentils, à l'autre le porte-clefs. Entre les deux reluit Marie, l'auguste Mère de Dieu. Le milieu de l'église est occupé par saint Michel ou la Croix. En dernier brille joyeusement l'autel de saint Jean dans l'huile (de la lumière). Or les habitants célestes, en priant, visitent aussi ceux dont ils voient les âmes en face de Dieu. Quel idiot prétendrait que les corps des saints pères ne seraient pas avec raison vénérables sur terre, puisque Dieu est vénéré dans ses serviteurs dont l'intercession nous ouvre le ciel? Pierre n'est pas Dieu, pourtant je crois que par son entremise mes péchés me seront pardonnés. Pendant la procession de ces trois saints, le toit du temple de Marie resta ouvert. Après les prières, ils rentrèrent au ciel. »

Voilà le passage essentiel qui mérite toute notre attention. Plus loin le poète nous dira que ce fut *saint Boniface* qui visita cette église après sa mort en 755.

Le récit du custode *Theutram*, quoique visionnaire, renferme une foule de détails pris de la liturgie contemporaine. Voilà trois hommes vêtus d'habits blancs se rendant d'abord au maître-autel de la Vierge en chantant leurs mélodies; ensuite ils vont d'autel en autel en faisant entendre des chants entremêlés de prières. Ce sont les litanies dans leur plus ancien usage. Nous constatons ici l'influence de la restauration liturgique selon le rit romain vis à vis de la messe dite gallicane. La nouveauté de ces cérémonies dont *Boniface* fut le premier promoteur et la nouvelle cathédrale qu'il faut supposer, ont inspiré au poète cette vision de la liturgie céleste. Nous apprenons également que l'office religieux, la visite céleste n'est autre chose, se déroula non seulement dans le chœur mais dans l'église tout entière. Sur ce point, la chronique d'*Hariulfe* de l'abbaye de Saint-Riquier dans laquelle est décrite la liturgie introduite par *Anguilbert,* gendre de *Charlemagne,* vers 800 nous renseigne fort heureusement. Un chapitre *De circuitu orationum* se rapporte aux processions liturgiques à travers toute l'église où des autels en grand nombre étaient autrement disposés que de nos jours. Dans cette même chronique est citée également une vision du moine *Hugo* qui ressemble beaucoup à celle de *Theutram.* Encore au XIIe siècle, Saint-Riquier fut témoin d'une vision analogue sous l'abbé *Gervinus.* Aux deux endroits sont racontées des visions avec les mêmes symptômes, Nous y trouvons des processions qui visitent les autels disposés dans le sanctuaire selon un système établi.

Après cette constatation il importe de localiser les autels énumérés à la cathédrale de Strasbourg. La grande difficulté est consignée d'abord dans ces deux vers :

Dextera pars aedis Pauli nam munere gaudet.
Fulcitur laeva nomine quippe Petri.

« La partie droite de l'édifice se réjouit du don de Paul,
» La gauche est soutenue du nom (de l'autorité) de Pierre. »

Or, qu'est-ce qu'il faut entendre sous partie droite et partie gauche de l'édifice dans le sens de ces temps-là? Étant donné qu'une confusion parfaite règne dans les auteurs quand ils parlent de ces deux directions — car l'idée moderne ne concorde nullement avec celle des anciens sur ce point — il est impossible de donner immédiatement une réponse nette. C'est pour cela que *Grandidier* a placé les autels des saints Pierre et Paul à côté de celui de la Vierge (situé au milieu du chœur) dans un transept qu'il fut obligé de supposer. Or, il y a deux difficultés à vaincre avant de consulter d'autres documents contemporains. D'abord il est dit que ces deux autels sont placés dans l'église comme deux pôles opposés l'un à l'autre aux deux extrémités. Ensuite le terme *partie droite et partie gauche* peut tout aussi bien signifier l'est et l'ouest que le sud et le nord, ce qui est facile à prouver par les écrits des anciens liturgistes précisément sur la position des deux princes-apôtres. Si encore la partie droite signifie la partie la plus digne il est certain que c'est celle où se trouve l'autel de la Vierge et la gauche est celle qu'occupe un saint de rang inférieur. De l'une et de l'autre façon il nous est permis de placer l'autel de la Vierge au milieu du chœur, dans l'abside même, celui de saint Paul auquel serait opposé dans une abside occidentale l'autel de saint Pierre.

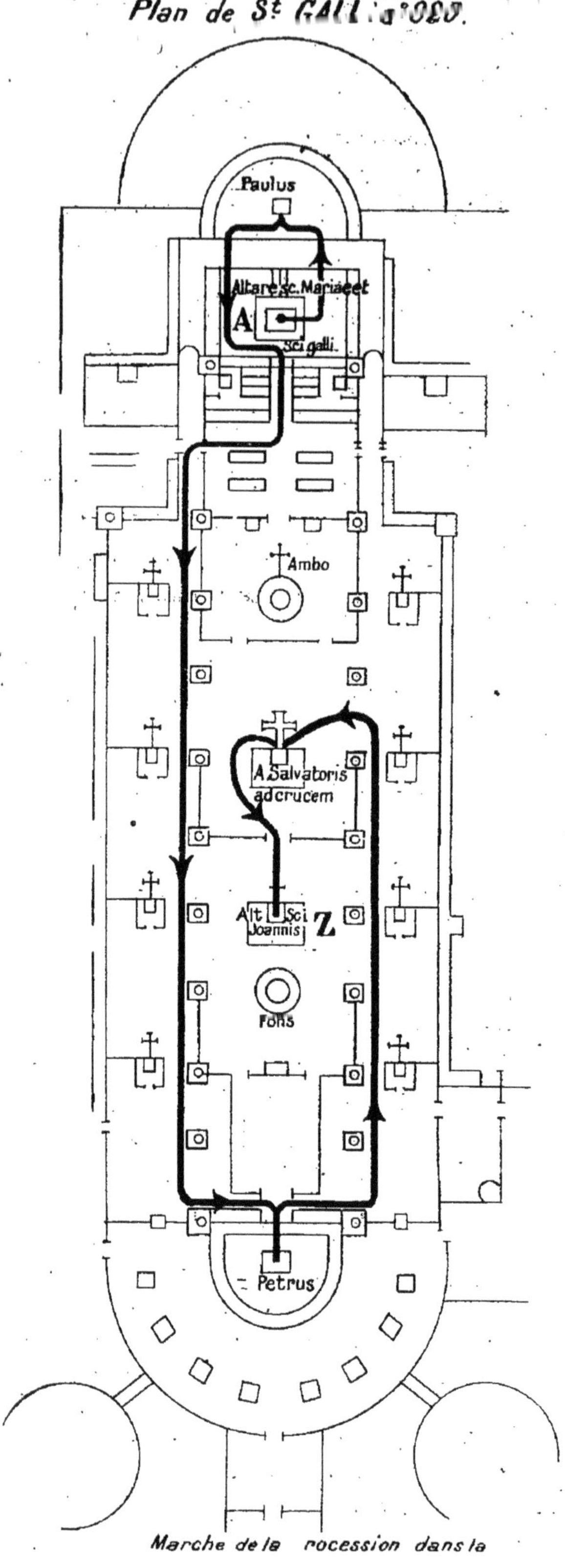

Marche de la procession dans la

La même disposition d'autels se retrouve sur une échelle plus étendue sur le fameux plan de Saint-Gall de l'année 820, contemporain à la poésie d'*Ermoldus*. Nous pouvons retracer dans ce plan pour ainsi dire chaque pas de la procession de saint Boniface. On y trouve le maître-autel dédié à la vierge et à saint Gall, dans l'abside orientale l'autel de saint Paul, à l'ouest celui de saint Pierre. Revenant sur ces pas, la procession visite l'autel de la Croix au milieu de la nef principale et un peu plus vers l'ouest celui de saint Jean-Baptiste. Ainsi est prouvée d'une façon évidente la presque identité du plan de Saint-Gall et de Strasbourg, toutefois avec cette différence que Saint-Gall signale encore d'autres autels de hiérarchie inférieure.

La disposition liturgique de la cathédrale carolingienne de Strasbourg étant ainsi fixée nous pouvons dire qu'elle n'était qu'un exemple de toute une famille d'églises de cette époque-là. D'autres recherches l'ont prouvé pour l'église Saint-Riquier, pour Fulda (construction de Baugulfe et Ratger 790 à 817), A Halberstadt l'autel de la croix était également au milieu de la grande nef.

Nous nous dispensons de poursuivre les rapprochements dans le domaine de l'histoire de la liturgie, pour laquelle le plan de Saint-Gall est un exemple classique. Une autre question capitale surgit quant à la signification des absides occidentales que nous rencontrons jusqu'à la basse époque du style roman, surtout en Germanie. Il nous est impossible de donner ici tous les détails des recherches minutieuses à ce sujet. Nous en communiquons le résultat valable tout aussi bien pour Saint-Riquier que pour Saint-Gall et Strasbourg.

Quelle que soit la raison qui ait inspiré le plan à deux absides opposées, orientale et occidentale, il faut mentionner qu'un pareil plan se compose en somme de deux églises soudées par l'extrémité et réunies en une seule, l'église conventuelle à l'est (*dextera pars aedis*), et l'église des laïcs vers l'ouest (*laeva*). Cette supposition est confirmée par une inscription sur le plan de Saint-Gall où l'*aditus populi* est mentionné de ce côté-là.

Or, l'église de Strasbourg participe vraiment à la renaissance liturgique et par ce fait même à la renaissance artistique de l'époque de Pépin à Charlemagne. L'identité de son plan avec Saint-Gall et d'autres églises nous renseigne d'une façon définitive sur les dispositions générales, surtout sur l'abside occidentale occupée par saint Pierre. Est-ce une réminiscence qui revit au XIIIe siècle qui fait que nous trouvons encore aujourd'hui à l'intérieur du trumeau du portail occidental la statue du *claviger* saint Pierre.

*
* *

Passons brièvement à la seconde partie : la cathédrale romane de Strasbourg. Nous ne sommes pas assez renseignés sur le sort de la cathédrale carolingienne. En 1873 toutes les archives brûlèrent par inadvertance. En 1002 les Alamans saccagèrent et brûlèrent l'église de Strasbourg pendant la guerre civile entre *Henri II* et le duc *Hermann de Souabe*. *Henri* donna ensuite à l'évêque *Werner I* les revenues de l'abbaye Saint-Étienne pour la reconstruction de la cathédrale. Elle brûla de nouveau en 1007, ressuscita des cendres en 1015. Elle devint de nouveau la proie des flammes en 1136, 1140, 1150 et 1174.

Il serait fort intéressant de savoir quel fut l'aspect extérieur de la cathédrale de *Werner*. Le tracé du plan nous préoccupe moins puisque les architectes gothiques se sont servis des anciens fondements.

Pour satisfaire à la curiosité sur la façade romane, on avait jusqu'à présent recours au sceau roman de la municipalité de Strasbourg connu de tout le monde. Nous y voyons en effet une véritable façade romane comme par exemple celle de l'église de Marmoutier avec tour carrée centrale flanquée de deux autres tours rondes destinées à recevoir des escaliers tournants à gros noyau. Le tout repose sur un arc trilobé sur deux colonnes comme un portail dans lequel est assise la Vierge tenant l'enfant Jésus sur ses genoux. Deux considérations nous obligent pourtant d'abandonner l'idée que le sceau reproduisait la véritable façade de Strasbourg. Dans un travail que nous avons publié en 1918 dans les *Cahiers d'Archéologie et d'Histoire d'Alsace* sur ce sceau nous avons pu démontrer que pour les parties architecturales il s'agit d'un mélange arbitraire de formes prises de l'architecture militaire et religieuse pour symboliser par une sorte de paléographie l'élément religieux et séculier. En plus il se trouve aux archives départementales du Bas-Rhin un sigille identique de provenance inconnue avec saint Pierre à la place de la Vierge. Quand enfin nous constatons que les lignes en pente derrière les tours n'indiquent ni des arcs-boutants ni la toiture mais l'enceinte qui fait d'une façon discrète le tour de la ville, nous n'insisterons plus sur la valeur archéologique de ce sceau pour la façade romane de notre cathédrale.

Voici le résultat de nos recherches : il est positif quant à la cathédrale carolingienne, négatif quant à la façade romane. La première se range parmi une série d'églises à plan bien déterminé, pour la seconde ni les recherches littéraires ni les fouilles ne nous fournissent assez de détails pour reconstruire la façade romane.

L.-G. WERNER,

Mulhouse.

LA VOIE ROMAINE DES VOSGES DANS LA HAUTE-ALSACE

26 Juillet.

Le département du Haut-Rhin possédait à l'époque romaine trois lignes principales et parallèles de communication; l'une longeait les bords du Rhin, l'autre l'Ill et la troisième les sous-collines vosgiennes. La première, partant d'Augusta Rauracorum (Bâle-Augst), traversait Cambes (Kembs), Stabula (près de Banzenheim) et le Mons Brisiacus (Vieux-Brisach), cités par l'Itinéraire d'Antonin, ainsi que quelques haltes intermédiaires, telles que Rumersheim-Burghof, Edenbourg et Grussenheim, riches en antiquités romaines. La seconde, venant d'Arialbinnum (Binningen?) longeait le castel de Robur (Blotzheim-Notre-Dame?) (1) et passait par Uruncis (Illzach?) (2) et Argentovaria (Horbourg); la troisième touchait les castella de Larga et d'Éguisheim.

---

(1) Pèlerinage très fréquenté et le seul qui s'appelle en Alsace en latin *Sancta Maria ad Robur*.

(2) L. G. Werner. — Mulhouse et ses environs à l'époque romaine. *Bull. Musée hist. Mulhouse*. 1912.

L. G. Werner. — L'arrondissement de Mulhouse à l'époque romaine. *Bull. Musée hist. Mulhouse*. 1913.

L. G. Werner. — Illzach à l'époque romaine. *Bull. Musée hist. Mulhouse*. 1919.

Une quatrième ligne importante communication coupait le Sundgau en largeur et reliait la Séquanie au pays des Rauraques. Elle partait de Vesontio (Besançon) et se dirigeait par Epomanduo (Mandeure) et Larga (près de Largitzen) vers Arialbinnum et Cambes. Enfin une cinquième ligne de trafic se détachait de la route des Vosges près de Schweighausen pour aller par le vicus de Wittels heim au Mons Brisiacus (1).

La voie romaine dite des Vosges est certainement une des plus anciennes de la haute Alsace. Partant des bords de la Méditerranée (Massilia, Marseille) elle traverse la vallée du Rhône et rentre par celle du Doubs à Vesontio, d'où elle prend la direction d'Epomanduo. Dans le voisinage d'Audincourt elle se divise en deux branches, l'une allant vers Larga sous le nom de chemin de Jules César et Vilenti (via Lentuli), l'autre vers Brognard par Étupes. Elle suit, après Trétudans, la rive droite de la Savoureuse, contourne Belfort et se dirige vers Valdoie, où elle se confond avec la voie (?) venant de Champagney. D'ici elle change de direction en appuyant fortement vers le nord-est; quoique aucune trace n'en soit restée. il y a lieu de croire qu'elle traversait la forêt d'Arsot près d'Offemont, riches en ruines et en objets romains (2). Visible entre Roppe et Saint-Germain, elle se perd dans la banlieue de Felon, mais il est certain qu'elle empruntait au delà de cet endroit la grande route actuelle, et entrait en Alsace par le Herrenwald. De Valdoie jusqu'à la frontière on a trouvé dans le voisinage du parcours de la voie des médailles et des antiquités romaines.

A partir de son entrée en Alsace la route romaine prend le nom de *Herrenweg*, qu'elle conserve jusqu'à Soppe-le-Haut. Dans les environs de ce village on a découvert, vers 1860, une colonne milliaire qui malheureusement n'a pas été conservée (3).

Soppe-le-Haut, situé sur une grande route de communication, était à l'époque romaine un point de croisement d'une certaine importance. Près de cet endroit aboutissait la voie qui partait de Gramatum (4), passait par Dirlinsdorf, longeait le castellum de Larga à l'est et traversait Dannemarie. Elle se confond sur une grande partie de son parcours avec la route vicinale moderne et porte encore aujourd'hui le nom de *Herrenweg*, sauf entre Dirlinsdorf et Moos, où elle s'appelle *Totenweg* (chemin des morts) (5).

Les traces de la grande voie romaine redeviennent visibles après Soppe-le-Haut; les villageois connaissent la route sous les noms de *Römer* et *Alte Stross* (chemin des Romains et vieille route) (6). Dans le voisinage du

(1) L. G. Werner. — *Die Römerstrasse von Epomanduo nach Monte Brisiaco. Els. Monatsschrift für Geschichte u. Volkskunde.* 1913.

(2) F. Pajot. — *Bull. Soc. Belfortaine d'Émulation*, nos 16-18-27-28.

(3) A. Ingold. — *Revue d'Alsace.* 1861, p. 111.

(4) F. Pajot. — Gramatum et le Mont Terrible. *Bull. Soc. Belfortaine d'Émulation*, t. XXI, p. 218.

(5) G. Stoffel (Christophorus). — Les Herweg. *Revue d'Alsace.* 1857, p. 559.

(6) Voir au sujet de Römerstross (Chemin des Romais) : F. Mentz. *Römererinnerungen in Weg-und Flussnamen des Ober-Elsasses. Zeitschrift für die Geschichte des Oberrheins.* 1916, t. XXXI, p. 161-166.

hameau Pont-d'Aspach elle change brusquement de direction et remonte vers le nord, traverse peu après la Doller, puis le village de Schweighausen, la plaine de l'Ochsenfeld, le vicus de Wittelsheim, pour rejoindre par Pulversheim, Ensisheim et Hirzfelden le Mons Brisiacus (1).

Dans les environs du passage de la Doller aboutissait une voie secondaire, reliant la route de Larga-Cambes-Arialbinnum à celle des Vosges par Carspach, Altkirch, Aspach, Heidwiller, Bernwiller, Buruhaupt-le-Haut, Burnhaupt-le-Bas. Un tronçon de ce chemin est parfaitement reconnaissable dans la forêt entre les deux derniers villages qui ont également fourni quelques antiquités romaines (2).

Cette jonction près de la Doller cache aussi le point de départ de la voie vosgienne qui se dirige vers Aspach-le-Bas, où elle croise la route dite *Römerstross*, allant par Michelsbach jusqu'au fond de la vallée de Masevaux.

Entre Aspach-le-Bas et Cernay la voie romaine n'a laissé aucune trace; sa direction reste néanmoins assurée. A Cernay même elle croise le chemin celtique-romain qui traverse la vallée de Wesserling, monte le col de Bussang et gagne Remiremont par Saint-Maurice (3).

A partir de Cernay, qui a fourni différents objets romains ainsi que des médailles, la route romaine dite *vieille route de la poste*, longe les premiers contreforts de la montagne et les suit jusque dans la basse Alsace.

Tout en laissant les villages d'Uffholtz et de Wattwiller à l'ouest, celui de Hartmannswiller à l'est, elle entre à Soultz, petite ville déjà citée au commencement du VIIIe siècle, et se dirige d'ici en ligne droite sur Rouffach, sans toucher Guebwiller et les nombreux villages, situés des deux côtés de la voie. De Cernay à Rouffach nous ne connaissons aucune trace visible de la route romaine sans nul doute couverte par le chemin moderne, mais nous trouvons sur tout son parcours présumé des antiquités romaines et les vestiges certains d'une habitation suivie à cette époque. On affirmait déjà au commencement du XIXe siècle que la route romaine ne pouvait ni se jeter plus à droite sans dévier, ni plus à gauche à cause des montagnes dont elle touchait le pied (4).

Les thermes de Wattwiller étaient connus à l'époque romaine, puisqu'on a trouvé dans le voisinage de la source et dans les environs des restes de substructions, des tuiles à rebords et des tuyaux ayant servi à une conduite

(1) L. G. Werner. — *Die Römerstrasse von Epomanduo nach Monte Brisiaco. Elsäss. Monatsschrift für Gesschichte und Volkskunde.* 1013, p. 241-256.

(2) *Bull. Soc. pour la Conservation des monuments hist. Alsace*, t. IV, 2. P.-V. p. 131.

(3) L. G. Werner. — Les traversées des Vosges à l'époque romaine dans la Haute-Alsace. *Revue d'Alsace*, 1911, p. 45. — Entre Moosch et Saint-Amarin on a trouvé, à une hauteur de 15 mètres au-dessus de la route actuelle un tronçon de la voie romaine, taillé dans dans le roc. On y reconnaissait les ornières parallèles des voitures, profondes de 20 à 25 cm. Cette partie ressemble au tronçon découvert à Hachimette, dans la vallée de la Weiss.

(4) P. de Golbéry. — Mémoire sur les voies romaines, 1824. Manuscrit. Bibl. universitaire et régionale de Strasbourg.

d'eau (1). Près de la vieille route, entre Cernay et Steinbach, on a découvert, en 1909, une magnifique lampe romaine en bronze figurant un masque grotesque masculin (2). Une villa opulente se trouvait sur le côteau du Schimmelrain près de Hartmannswiller; elle a été détruite vers le commencement du ve siècle, lors d'une invasion barbare (3).

La villa du Schimmelrain était certainement en communication avec le vicus de Wittelsheim, situé sur la route des Vosges au Mons Brisiacus; le chemin qui reliait ces deux établissements s'appelle encore de nos jours *vieille route de Soultz* (4). Sous la colline du Schimmelrain on a découvert, en 1851, l'orifice d'un aqueduc romain et, vers 1908, une petite lampe romaine en terre cuite (5).

D'anciens documents citent à Soultz un « chemin des Romains » (Römerweg); il devait être identique à la vieille route de la poste qui traverse cet endroit, mais qui n'a fourni jusqu'à ce jour, aucune découverte romaine. A l'est de Soultz et à la limite de son ban, on a trouvé sur l'emplacement du village disparu de Höst (6) des substructions et des tuiles romaines; en 1859, on a déterré, à la même place, une urne contenant des monnaies romaines des empereurs Gordien II et Probus (7). Il est donc probable qu'une villa s'élevait jadis à cet endroit.

Guebwiller n'a fourni aucune trouvaille d'objets romains, mais sur la hauteur dite Oberlinger, qui domine la ville au nord, *Max de Ring* doit avoir découvert un camp romain, dont les restes existaient encore vers 1860, tandis que l'abbé *Charles Braun* a constaté sur l'Unterlinger un second camp de forme elliptique, à triple fossé et à triple enceinte, peut-être en communication avec le premier. Malheureusement cette colline a été nivelée en 1840 (8).

Au lieu dit *Altschloss* (vieux château) on a cru trouver les restes d'une specula romaine (9); nous n'avons pu y reconnaître que les fondements et les murs d'un ancien château dont l'appareil n'avait rien de romain.

Les découvertes de Guebwiller et d'Orschwihr manquent de détails complémentaires; mais il est douteux qu'il s'agisse ici de constructions romaines. Nous croyons plutôt à des travaux du moyen âge.

(1) *Journal de l'arrondissement de Guebwiller*, 1874; F. X. Krauss, *Kunst und Altertum im Ober-Elsass*, t. II, p. 688.
(2) *Musée hist. de Mulhouse.* Catalogue manuscrit, n° 2119.
(3) M. de Ring. — *Bull. Soc. pour la conservation des Monuments histor. Alsace.* I, 2, . 136.
(4) L. G. Werner. — *Die Römerstrasse v. Epomanduo nach Monte Brisiaco. Els. Monatshrift*, 1913, p. 247.
(5) *Musée hist. de Mulhouse.* Catalogue manuscrit, n° 1739.
(6) L. G. Werner. — Villages disparus dans la Haute-Alsace, 1920, p. 132.
(7) Ch. Knoll. — *Revue d'Alsace*, 1862, p. 150-52.
(8) *Bull. Soc. Monuments hist. d'Alsace*, t. II, 1, p. 223; L'*Union Alsacienne*, 1858, p. 93; *euilles d'Annonces de Guebwiller*, 1858, n° 72; Rothmuller. *Musée pittoresque*, 1863, . 195; *Mossmann. Bull. Soc. Monuments hist. d'Alsace*, t. IV, 2. M. p. 47; F. X. Kraus, *unst .u. Altertum im Ober-Elsass*, t. II. p. 99.
(9) G. Stoffel. — *Dictionnaire topogr. du Haut-Rhin*, 1876, p. 10; Kraus, Op. cit. . 494.

Le Bollenberg, situé à l'est de la vieille route de la poste a fourni des découvertes de toutes les époques. Mentionnons spécialement de l'ère romaine un grand nombre de médailles de Gallien, de Tétricus, de Claude II, de Victorin, de Constantin Ier et II, quelques fibules en bronze et divers autres objets (1).

A partir de Rouffach (Rufiana de Ptolémée?) d'où nous connaissons quelques trouvailles romaines isolées, la voie redevient visible; sous le nom de *chemin des Romains* elle traverse en ligne droite les prés et les bois et débouche près de la tuilerie de Hattstatt. Elle disparaît ensuite à nouveau sur une courte distance, sans doute couverte par la voie moderne, et reparaît, sous le nom de « Herrenweg », puis de *Altstrasse* (vieille route) à quelques cents mètres avant Eguisheim.

Gueberschwihr, à gauche de la voie, a fourni quelques médailles romaine dont deux pièces en argent de Vespasien et d'Antonin (2). A Hattstatt, situé sur la voie même, on a découvert, vers 1850, lors de la réparation de la conduite d'eau, les restes d'une conduite romaine en tuyaux de terre cuite, dont quelques-uns portaient l'estampille du potier *Carpinius* (3).

Sous le nom de *Altlandstrasse* la voie romaine traverse la commune d'Eguisheim, passe à la droite du castrum (4), croise le Malzbach, tourne autour de l'angle nord-est de l'enceinte et reprend sa direction vers le nord.

Prévenu par le directeur de la tuilerie d'Eguisheim de la découverte d'un ancien chemin dans une glaisière, nous avons vérifié sur place ce tronçon qui forme la continuation directe de la *Altlandstrasse* à partir de l'angle nord-est du castrum. Cette nouvelle voie se trouve à environ 200 mètres à l'est du chemin départemental, qu'elle suit presque parallèlement. Couverte de 70 à 90 centimètres de terre végétale, sur une largeur d'environ 6 mètres, elle se compose de trois couches nettement visibles dans une coupe de près de 20 mètres de longueur. Le lit inférieur, placé sur l'argile, montre un cailloutis compact; le second est formé de tuiles et de brique cassées, entourées de mortier, tandis que le supérieur, l'aire ou le macadam de la voie, est construit de pierres taillées de grès, de gros caillou plats, bien posés et de pierres calcaires, provenant sans doute du Buhl, a sud-est d'Eguisheim ou de la colline dite Sundel.

Au pied du Buhl et à quelques mètres seulement de la vieille rout départementale. *K. Gutmann* a trouvé les traces d'un chemin plus ancien peut-être celtique; il en concluait que la route romaine fut placée vers l

(1) F. Kessler. — Le Bollenberg. *Bull. Soc. Ind. de Mulhouse*, 1884, p. 221.

(2) *Bull. Soc. Monuments hist. d'Alsace*, t. XIII, 2 P. V., p. 90.

(3) Schoepflin-Raveñez. — *L'Alsace illustrée*, t. III, p. 159.

(4) Le *castrum d'Eguisheim* a la forme d'un carré aux angles arrondis, mesurant e longueur et en largeur env. 180 mètres. Les traces d'une tour carrée ont été trouvée au nord-ouest. Tous les détails concernant cette importante station sont consigné dans le travail de K. Gutmann, *Eguisheim. Bull. Soc. Monuments hist. d'Alsace.* XX, 1 Suppl.

gauche pour passer directement sous les murs du castrum (1). Au delà elle rejoignait à nouveau l'ancienne voie.

Il est certain que la route des Vosges était déjà avant l'arrivée des Romains en Alsace une artère importante, utilisée par les Gaulois. Elle fut partiellement reconstruite par les Romains selon leurs besoins, surtout pressants à Eguisheim, où aboutissaient deux autres voies transversales, l'une militaire, l'autre commerciale, venant du Mons Brisiacus.

D'après le tronçon de cette nouvelle route au nord d'Éguisheim, il est hors doute que les Romains ont recherché une communication directe avec Colmar-Horbourg, tout en laissant subsister l'ancienne voie celtique ou gauloise. Déviant légèrement vers l'est, elle s'est retrouvée à quelques cents mètres de notre emplacement lors de travaux agricoles, ce qui prouve qu'elle maintenait bien la direction mentionnée auparavant, pour aboutir à l'ouest de Colmar, rejoignant ici la voie de Mons Brisiacus-Argentovaria (Horbourg)-Türckheim. Ce dernier endroit a fourni une série de découvertes romaines, assez conséquentes, pour y supposer l'existence d'un ou de plusieurs établissements de cette époque (2).

Tout en laissant Wettolsheim et Winzenheim à l'ouest, la grande voie celtique-romaine croise le sentier dit « chemin des Francs » qui se dirige vers Türckheim ; elle traverse ensuite la Fecht à l'est d'Ingersheim et coupe, à la droite de Sigolsheim, le chemin gallo-romain de la vallée de la Weiss (3).

Entre Wettolsheim et Ingersheim la voie romaine se confond avec la route moderne, mais après ce dernier village on peut à nouveau la suivre à travers les vignes et les champs.

Entre Sigolsheim et Bennwihr elle se perd une seconde fois, sur une courte distance, sous la route moderne et continue ensuite, en sentier bien dessiné et légèrement surélevé, jusqu'à l'ouest de Bergheim, où elle est couverte, sur une centaine de mètres, par le chemin vicinal. Après la ferme dite Langen-Schloessle, la voie suit en sentier et sous le nom de *Römerstross* (chemin des Romains), le chemin de communication des villages de Rohrschwihr et de Saint-Hippolyte et passe, toujours bien visible, dans la basse Alsace.

Presque tous les villages situés, depuis Wettolsheim, sur le parcours ou dans le voisinage de la voie, ont fourni des découvertes romaines. Nous connaissons ainsi de Wettolsheim, de Bennwihr et de Beblenheim des trouvailles isolées et de Mittelwihr une inscription romaine, trouvée dans

(1) K. GUTMANN. — *Eguisheim.* Op. cit. p. 68-69.

(2) *Bull. Soc. Monuments hist. d'Alsace*, t. III, 2, p. 110-115.

(3) L. G. WERNER. — Les traversées des Vosges à l'époque romaine dans la Haute-Alsace. *Revue d'Alsace*, 1911, p. 39. — Un tronçon de voie, découvert près de Hachimette, était pavé de grosses dalles, dans lesquelles se distinguaient nettement les ornières des voitures.

la tour de l'église, démolie en 1867; elle est datée de l'an 204 après Jésus-Christ et dédiée à la déité d'une source (1). A Ribeauvillé et dans ses environs on a rencontré fréquemment des médailles romaines, tandis qu'au nord-ouest de Bergheim on a découvert, en 1848, au canton dit *Fröhne*, la belle mosaïque, transférée depuis lors au Musée de Colmar (2). Elle provenait sans doute d'une somptueuse villa avec dépendances, dont on trouva des restes de construction, des fragments de marbres, des poteries. des tuiles à rebords, des tuyaux et des conduits de chaleur, des enduits peints, des fragments de verre, des clous, des outils, des objets en bronze, des monnaies de Vespasien à Constantin et une intéressante statuette en bronze, d'une hauteur d'environ 10 centimètres, représentant Mars casqué.

Mentionnons encore, pour terminer, les deux colonnes-indicatrices dites *Steinerne Stütz* (appui en pierre) et *Zollstæckel* (arrêt ou marque de douane), que la tradition fait remonter aux païens. La première, en grès rouge, de forme carrée et mesurant en hauteur 1m,40, se trouve à la droite de la voie romaine, au croisement de celle-ci avec le chemin vicinal de Rohrschwihr (3), la seconde, en granit porphyroïde, de forme cylindrique sur base carrée et d'une hauteur de 1m,70. à gauche de la voie, à l'intersection de trois routes (4).

Il est regrettable que nous ignorons tout de la colonne milliaire qui existait à Soppe-le-Haut et qui est restée la seule signalée dans le sud de l'Alsace; mais il y a lieu de croire qu'elle ressemblait à celles de Saint-Hippolyte. On se trouverait donc en présence de pierres-guides ou de pierres indicatrices d'un caractère spécial, placées à distance le long des voies romaines et qui mériteraient, pour cette raison, une attention particulière. Des trouvailles analogues fourniront peut-être peu à peu les éléments nécessaires pour une étude approfondie de ces monuments, que *M. Forrer* a déjà essayé à expliquer et à grouper (5).

---

(1) *Corp. inscr. lat.*, t. XIII, 5330. — *Riese. Das rhein. Germanien*, t. II, 2088.

(2) *Revue d'Alsace*, 1850, p. 143-431. — SCHOEPFLIN-RAVENEZ. Op. cit., t. III, p. 161, pl. XVI.

(3) A 325 mètres au sud du point 192, *carte Sélestat*, 3645.

(4) Point 189, *carte Sélestat*, 3645.

(5) R. FORRER. — *Els. Meilen u. Leugensteine. Jahrb. f. Sprache, Geschichte u. Litteratur in Els. Lothr*, 1917, p. 29-33.

M. le Dr Ernest WICKERSHEIMER,
Administrateur de la Bibliothèque de Strasbourg.

LES NOTES DE JEAN HERMANN SUR LES CABINETS DE CURIOSITÉS QU'IL VISITA A PARIS (1763-1764)

92 (Hermann Jean)

26 Juillet.

Jean Hermann médecin et naturaliste, né à Barr en 1738, mort à Strasbourg en 1800, peut être considéré comme le fondateur du Musée d'histoire naturelle de Strasbourg, car ses collections particulières constituèrent le noyau primitif de ce musée.

Ayant, le 22 octobre 1762, soutenu devant la Faculté de médecine de Strasbourg sa thèse inaugurale, le docteur frais émoulu hésitait quelque peu entre la carrière d'un praticien et celle d'un professeur. Avant de fixer son choix sur l'une ou sur l'autre il résolut de passer quelques mois à Paris (1), afin de perfectionner ses connaissances en fréquentant les établissements scientifiques de la capitale du royaume.

A peine débarqué, notre jeune provincial fut atteint d'une fièvre nerveuse. Il se rétablit mais perdit toute envie d'aller respirer l'air vicié des salles d'hôpitaux; peut-être ce fâcheux début de son séjour aux bords de la Seine a-t-il contribué ainsi à le détourner de l'exercice de la profession médicale et l'a-t-il décidé à suivre son penchant pour l'histoire naturelle.

Bien que sa bourse fût peu garnie — *Jean Hermann* resta pauvre sa vie durant — il assistait volontiers aux ventes à l'encan lorsqu'un cabinet d'histoire naturelle venait à être dispersé et il trouva ainsi l'occasion d'accroître ses collections de quelques bonnes pièces.

Il rapporta aussi à Strasbourg des notes restées inédites jusqu'à ce jour sur les cabinets de curiosités qu'il visita à Paris. Ces notes, où on regrette de ne pas trouver la description du Jardin du Roi, couvrent les feuillets 6-16 du manuscrit Als. 293 de la Bibliothèque universitaire et régionale, montrent que leur auteur, tout passionné qu'il fût pour les choses de la nature, n'était pas insensible aux séductions de l'art. Outre une brève notice sur l'église du Val-de-Grâce, on y trouve l'énumération des principales curiosités qu'ont offertes à ses yeux six cabinets parisiens.

(1) Lauth (Thomas). *Vita Johannis Hermann*. Argentorati, typis fratrum Levrault, an X (1801), in-8°, p. 12-14.

1° Le cabinet de *Jean de Julienne* (1686-1766), écuyer, chevalier de Saint-Michel, amateur honoraire de l'Académie de peinture, ami et protecteur de *Watteau* :

Propriétaire des manufactures de draps fins et écarlates des Gobelins.

et non pas, comme on l'a dit à tort, directeur de la manufacture royale de tapisseries établie dans le même quartier. Les collections, auxquelles *Clément de Ris* a consacré un chapitre de son ouvrage *Les Amateurs d'autrefois* (Paris, Plon, 1879, in-8°, p. 287 et suiv.), n'occupaient dans l'hôtel de la rue des Gobelins pas moins de six pièces dont une grande galerie. Elles offraient moins de curiosités naturelles que d'objets d'art; parmi les peintures, *Hermann*, que les Watteau ont laissé indifférent, cite les œuvres de Mlle *Rosalba*, de *Carrache*, de *Rubens*, de *Vanloo* et de *Raphaël*, une *Chasse*, probablement celle de *Woumans* que le Louvre finit par acquérir, un portrait de *Largillière* par le peintre lui-même que M. *de Julienne* légua à l'Académie de peinture.

2° Le cabinet de la Bibliothèque de Sainte-Geneviève, qui, à la fin du XVIIe siècle fut l'objet d'une belle publication illustrée due à *Claude Du Molinet* (Paris, A. Dezallière, 1692, in-folio).

3° Le cabinet, riche en plantes et animaux marins, du naturaliste *Henri-Louis Du Hamel du Monceau* (1700-1782), qui habitait au quai d'Anjou. On y voyait aussi :

en petit des modèles de charrues, machines, maisons, travaillés en bois

qui avaient été collectionnés par *Du Hamel* en vue de ses publications sur les arts et les métiers.

4° Le cabinet d'*Antoine-Joseph Dezallier d'Argenville* (1680-1765), qui habitait rue du Temple,

La première porte cochère après la rue Pastourelle.

M. *d'Argenville*, dit *Hermann*, est un homme âgé, roux, il a l'ouïe grave, est fort affable et montre volontiers ses curiosités, mais il en fait grand cas et dit à chaque pièce combien il lui a coûté d'argent et de peine pour l'avoir. »

Antoine-Joseph Dezallier d'Argenville a laissé des ouvrages sur la géologie et la conchyliologie, ainsi qu'un *Abrégé de la vie des plus fameux peintres*; aussi dans ses collections l'histoire naturelle faisait-elle bon ménage avec les beaux arts.

5° Le cabinet du séminaire de Saint-Sulpice était confié au bibliothécaire, M. *Moiru*,

Homme fort poli.

Jean Hermann y admira surtout

Huit groupes d'une belle incrustation de l'Hydrocératophyllon que M. l'abbé trouva dans une grotte à Issy, à une lieue de Paris et que l'on ne trouve point ailleurs.

6° Le cabinet de Mme *de Boisjourdain* était dans la rue Saint-Marc. Sa pièce la plus remarquable était une étoile marine que fit graver M. *Guettard* (*Histoire de l'Académie royale des sciences, année 1755*... mémoires, p. 224-263, pl. 8-10), et à laquelle *Linné* donna le nom de Isis asteria. Le manuscrit Gall. 70 de la Bibliothèque universitaire et régionale de Strasbourg (II, mollusques, pl. 36-38) nous apprend que cette étoile marine, du cabinet de Mme *de Boisjourdain* passa successivement dans ceux du naturaliste péruvien *Davila*, du financier *Montribloud* et de *Philippe-Laurent de Joubert*, baron de Sommières et de Montredon.

M. FLORANCE,

Président de la Société d'Histoire naturelle de Loir-et-Cher, Blois.

LE MORTIER GAULOIS EN PIERRE POUR BROYER OU MOUDRE LES GRAINS

571.27 (364)

27 Juillet.

En Gaule, le moulin circulaire à bras n'a pas succédé immédiatement à la meule néolithique, si primitive. pour broyer les grains. Pendant l'*Age du Fer*, tout au moins à l'époque gauloise et peut-être déjà à l'*Age du Bronze*, sinon au Néolithique, il y eut une autre manière d'écraser le grain, en se servant d'un mortier de pierre, que j'appellerai *mortier gaulois*, parce que, à mon avis, c'est surtout à l'Age du Fer qu'il a été employé d'une manière générale. On pouvait alors, avec un outillage en métal plus perfectionné, creuser facilement la pierre; la plupart du temps, du reste, on a utilisé de préférence le grès ou la pierre tendre.

Comment se fait-il qu'aucun préhistorien n'ait signalé l'emploi du mortier de pierre? Je ne connais aucune publication traitant ce sujet. Il est vrai qu'il reste peu de ces ustensiles dont on a dû briser, par usure, le plus grand nombre et qu'on les a souvent confondus aussi avec des vases d'époques postérieures. Au surplus, on ne trouve pas davantage de meules néolithiques qui paraissent cependant, avoir été employées pendant un plus long temps.

Déchelette, dans son *Manuel d'Archéologie*, ne cite point de mortiers en pierre. Il n'en est pas question.

Je suis cependant fixé depuis longtemps sur ce point, car en 1909, dans la 3e partie de mon travail sur le *Classement des Camps, Buttes et Enceintes du Loir-et-Cher*, présenté au Congrès préhistorique tenu à Tours, en 1910, note n° 183, sur l'enceinte du Châtellier, j'ai signalé la trouvaille que j'ai faite *d'une pierre creusée ayant dû servir à écraser le grain, à l'époque préromaine, en Gaule.*

La guerre m'a empêché de signaler une trouvaille analogue que j'ai faite à Villefranche-sur-Cher. Depuis, mon opinion s'est appuyée sur bien d'autres cas, ayant pu dresser un relevé des mortiers et des molettes ou broyeurs recueillis en Loir-et-Cher.

Les broyeurs pour mortiers sont généralements petits, tantôt plats et arrondis sur les côtés, tantôt presque ou complètement sphériques, parfois en forme de pilon; ils diffèrent sensiblement des broyeurs néolithiques, dont la longueur, 20 centimètres en moyenne, est sensiblement égale à la largeur de la meule; la largeur des broyeurs est de 10 à 15 centimètres. Les petits broyeurs pour mortiers, qui ont de 6 à 8 centimètres de diamètre auraient fait de bien piètre besogne sur les meules néolithiques, pour lesquelles ils n'avaient pas besoin d'être arrondis, ni surtout d'être sphériques. Un long examen n'est pas nécessaire pour être convaincu que les petits broyeurs n'étaient pas destinés aux meules néolithiques. Au contraire, dans des mortiers ou vases en pierre, leur forme était en rapport avec l'usage auquel ils étaient destinés : les broyeurs plats et arrondis sur le pourtour étaient destinés aux mortiers à fond plat; ceux qui étaient sphériques ne pouvaient être employés que dans les mortiers ou vases à fond concave ou hémisphérique. Rien n'est plus évident.

Cependant, dans toutes les collections que j'ai visitées, les écrasoirs gaulois sont classés parmi les broyeurs néolithiques (1).

Un des broyeurs, et je n'en ai vu que deux de ce genre, a la forme d'un pilon et c'est un des rares broyeurs trouvés avec le mortier, dans une sépulture à Artins (Loir-et-Cher). Un autre broyeur est formé d'une moitié de hache polie en silex, dont le tranchant, en arc, a été transformé en écrasoir; il n'a pu être utilisé que dans un mortier concave. Ce broyeur a été trouvé à Chandry, commune d'Ouzouer-le-Marché. De plus il existe au musée de Blois deux haches polies en diorite, intactes, dont toutes les parties sont bien polies et finies sauf ce qui devrait être le tranchant, qui est rectiligne mais arrondi et épais intentionnellement comme pour un pilon. J'en connais une autre, dans une collection particulière, hache polie en silex, très bien finie sauf le tranchant en arc, qui a 2 centimètres d'épaisseur et n'a pas plus servi que les précédentes. Ne serait-ce pas dans le but d'en faire des broyeurs, de véritables pilons? Je le crois (1).

---

(1) Après la rédaction de ma communication, j'ai eu l'occasion de voir la belle et importante collection de mon ami, M. *Franchet* et j'y ai observé deux mortiers en calcaire provenant de la station néolithique qu'il a découverte sur le plateau de Tripiti (sur la côte nord de la Crète), station qu'il a publiée dans la *Revue Anthropologique*, 24e année, 1914 et dans les *Nouvelles Archives des Missions scientifiques*, fascicule 15, année 1916.

Tout en faisant remarquer qu'il ne s'agit pas là de mortiers utilisés en Gaule, il est bon de noter que l'usage des mortiers paraît fort ancien dans le bassin égéen.

J'ai pu constater que deux mortiers gaulois provenaient de deux enceintes gauloises : l'un recueilli par mon excellent ami, M. *Renault* dans l'enceinte de Neufmanoir qui lui appartient, commune de Danzé, n° 158 de ma série; l'autre dans l'enceinte du Châtellier, commune d'Autainville, note n° 183 de ma série, déjà citée. Ce mortier, en calcaire, servait d'abreuvoir aux poules depuis un temps immémorial, je n'ai pu l'obtenir pour ce motif.

Plusieurs mortiers sont en pierre étrangère au pays, ainsi que certains broyeurs, introduits en Loir-et-Cher par le commerce.

J'ai noté qu'il avait été trouvé en Loir-et-Cher seize mortiers entiers de formes et de dimensions très diverses, et quatre gros fragments : deux sont en poudingue, deux en calcaire, deux en pierre poreuse et les autres en grès. Trois sont ou étaient à fond plat et à bords intérieurs droits, les autres à fond concave. J'ai noté aussi soixante-deux broyeurs ou molettes, arrondis ou sphériques à peu près.

Pour permettre une comparaison, je dois dire que je n'ai constaté en Loir-et-Cher que huit meules néolithiques entières, trente-huit fragments, dont plusieurs appartenaient aux mêmes meules usées et vingt-huit molettes.

Discussion. — M. L. Franchet : La première idée de creuser une cupule dans une pierre, pour faire de celle-ci un mortier, est fort ancienne et l'on se souvient des nombreux mortiers trouvés à la Madeleine, aux Eyzies, à Laugerie, etc. M. de Mortillet en a du reste parlé dans sa *Préhistoire*. Ces mortiers, ordinairement en roches dures, quartzite, grès ou granite, paraissent avoir été utilisés pour le broyage des couleurs.

Au Néolithique, l'homme a certainement fabriqué des mortiers que nous retrouverons sans doute lorsque nous les rechercherons spécialement et surtout lorsque nous pourrons les dater.

En tous les cas, les mortiers semblent bien avoir été connus en Crète, à cette époque, car j'en ai trouvé deux dans la station néolithique de Tripiti qui n'ont pas du tout la même facture que ceux, assez abondants, de l'âge du Bronze. Ils sont creusés dans un bloc de pierre calcaire qui est resté brut extérieurement, tandis que ceux de l'âge du Bronze qui affectent souvent la forme d'une coupe surbaissée reposant sur trois pieds robustes ménagés dans la masse du bloc. Le plateau de Tripiti qui a été occupé au Bronze IV, m'a donné également les mortiers à pieds, si caractéristiques de cette époque, en Crète.

Les pilons sont parfois difficiles à distinguer, car en Crète comme en Egypte, ils se confondent avec un grand nombre d'instruments en pierre dont l'usage est encore mal défini. Cependant, les pilons ronds, cylindriques ou piriformes, bien déterminés, sont communs; il en est de même des écrasoirs rappelant, par leur forme, une hache polie dont le tranchant aurait été brisé.

Quant à la meule néolithique, pierre oblongue, legèrement concave, elle est excessivement commune en Crète et en Égypte où on la trouve jusqu'à l'époque romaine, en même temps que tous les autres types de broyeurs y compris les mortiers.

Je pense qu'on pourrait retrouver en France, si on les y recherchait, un grand nombre de mortiers antérieurs à l'âge du fer : la grande difficulté est de leur assigner une date. Je souhaite que les trouvailles faites par M. Florance suscitent, pour le Congrès de 1921, de nouveaux travaux sur la question du broyage au moyen du véritable mortier.

M. BESNIER,

Professeur à l'Université de Caen.

LE NOM D'ALSACE, ALESIA ET LE DEUS ALISANUS

41.2 (43.445)

28 Juillet.

(RÉSUMÉ)

Des travaux récents ont remis en question l'étymologie du nom de l'Alsace. L'explication par les racines germaniques *ali* et *sass* signifiant « établissement à l'étranger » est définitivement abandonnée par les Allemands eux-mêmes. La forme latine *Alisatia* semble la plus ancienne et dérive sans doute, elle-même, d'un nom antérieur, celtique ou peut-être préceltique. On ne saurait préciser s'il faut en chercher l'origine dans un nom ancien de l'Ill, *Alisaca*, ou dans un nom de pays, *Alisacum*. Quoi qu'il en soit, la racine commune paraît être *ales* ou *alis* à laquelle se rattachent d'une part le nom du *deus Alisanus* récemment étudié par M. Toutain et d'autre part des noms de localités comme *Alesia*. Le nom de l'Alsace appartient donc à la même famille que celui de la dernière citadelle de l'indépendance celtique.

M J. GAURICHON,

Argelès-Gazost (Hautes-Pyrénées).

SÉPULTURE MÉROVINGIENNE DE LA NÉCROPOLE DU MONT SAINT-JEAN

571.91 (44.382)

28 Juillet.

Parmi les cimetières d'autrefois que les générations nouvelles, pressées d'oublier et de vivre, ont recouvert hâtivement de maisons, de jardins ou de cultures, la plupart n'ont pas même laissé dans le cadastre le souvenir de l'emplacement où ils s'élevaient, et, si cet emplacement pour quelques-uns a pu être retrouvé, on le doit presque toujours au hasard plutôt qu'aux recherches des érudits.

C'est ainsi qu'au cours de l'été 1915, pendant l'exécution des travaux de défense, exécutés par les armées pour creuser des tranchées sur le mont Saint-Jean, à 1.500 mètres N.-E. de Sivry (Meurthe-et-Moselle), région bien connue sous le nom désormais célèbre de Grand-Couronné de Nancy, la pioche a mis à découvert toute une nécropole mérovingienne.

Rien jusque là n'avait laissé supposer pareille trouvaille si importante et que recouvrait au loin un champ dénudé ; dans le voisinage, il faut le rappeler cependant, au mont Toulon, des archéologues avaient, disait-on, autrefois mis à découvert des remaniements de terrains, mélangés de menus débris de poterie, de fragments ; tout cela avait complètement disparu depuis.

Il ne faut point s'étonner de cet oubli : les monuments funéraires de l'époque mérovingienne ne consistaient-ils pas le plus souvent, même pour les rois de la dynastie, qu'en une grande pierre taillée en forme de voûte ? Les tombeaux ne portaient presque jamais au dehors ni inscriptions, ni ornements sculptés : c'était dans l'intérieur du sépulcre qu'étaient gravées des épitaphes, dont plusieurs ont été découvertes et parfaitement déchiffrées. On croit même que cet usage doit être attribué à la nécessité, évidente à cette époque, de soustraire les tombes à la rapacité des barbares qui violaient les sépultures, pour dépouiller les morts illustres des armes, des bijoux et des vêtements précieux que l'on avait coutume d'ensevelir avec eux. On avait peut-être aussi l'intention de dérober aux effets des révolutions de palais et des agitations des leudes, si fréquentes pendant cette période, ce dernier asile des grands qui n'était pas toujours respecté.

Le fait est que, dès les premières découvertes opérées sur le mont Saint-Jean, cette nouvelle, colportée par les journaux, attira sur les lieux de nombreux archéologues et curieux, malgré les préoccupations de l'heure critique en présence de l'invasion allemande. Malheureusement chacun ayant voulu s'approprier des objets trouvés, ceux-ci furent bientôt dispersés un peu partout et échappèrent à une étude d'ensemble de la nécropole. Quelques communications ont bien déjà paru dans des revues scientifiques sur ce sujet, il a paru néanmoins utile de les compléter en livrant à un sérieux examen les objets trouvés en particulier lors de la construction d'un emplacement de batterie par M. le capitaine d'artillerie *Plaisant*, à l'amabilité duquel je dois de posséder dans mes collections la plupart du mobilier décrit.

En passant, il me sera permis de dire pourquoi des travaux militaires importants furent entrepris à cet emplacement.

On sait que la Lorraine repose sur une ancienne pénéplaine qui allait de l'Ardenne aux Vosges inclusivement. Toute cette région était presque horizontale à l'époque du permien supérieur, au début de l'époque secondaire, puis elle a été légèrement plissée pendant les époques secondaire et tertiaire.

La plaine primitive s'est ainsi transformée en terrasses inclinées vers Paris, mais dont les bords Est formèrent corniches au-dessus des vallées concentriques au bassin de Paris.

Il serait superflu de détailler ici les divers étages sédimentaires qui affleurent dans la région; il suffira de dire que c'est sur une de ces terrasses du sinemurien que s'élève le mont Saint-Jean, dont le sommet atteint l'altitude de 423 mètres et dont le massif d'ensemble a reçu le nom de Grand-Couronné. On conçoit facilement l'importance stratégique de cette position, qui, de tout temps, a dû la faire rechercher pour opposer résistance à tout envahisseur venant de l'est.

Les travailleurs militaires avaient déjà depuis quelques jours entamé la pente de la colline; le sol était très dur; bien en place, il ne laissait rien soupçonner encore, lorsque, parvenus à une profondeur de $1^{m},50$, les ouvriers furent arrêtés dans leur creusement par de larges dalles de pierres de calcaire tendre (tuffeau?), étrangères à la région; les travaux se poursuivirent avec précaution et le déblaiement des terres fit apparaître plusieurs tombeaux en pierre, plus ou moins réguliers; leur nombre exact n'a pu être relevé.

Quelques ossements demeuraient encore dans leur position anatomique; tous les corps paraissaient avoir eu la même orientation : les pieds à l'est et la tête regardant ainsi le soleil levant avec une légère déclinaison, variation due sans doute à l'époque du solstice au moment de l'inhumation.

Toutes les tombes étaient à une profondeur variant de $1^{m},50$ à $1^{m},75$ et plus; plus celles-ci étaient riches en mobilier, plus la terre était fine et noire.

Le fond d'une des fosses se trouvait rainé d'une rigole ou gouttière creusée dans le calcaire, le long des parois et correspondant à un petit fossé plus profond aux pieds du squelette; c'était probablement pour l'assainissement de la fosse contre l'eau des pluies.

Un sarcophage plus grand, de facture plus soignée et en meilleur état, se distinguait des autres. Construit en pierres sèches, ornementées de dessins à stries, il avait l'aspect d'une caisse grossière; une longue pierre, de même nature, légèrement bombée et piquetée comme une pierre de taille, lui servait de couvercle. Bien que plusieurs des pierres, formant les bas côtés, fussent brisées en morceaux, la sépulture ne paraissait pas avoir été violée; le squelette reposait, étendu sur le dos, les jambes allongées, le bras gauche étendu le long du corps, le bras droit ramené sur la poitrine, fracture très marquée au-dessus de l'arcade sourcilière gauche. C'était le corps d'un homme de très grande taille, bien au-dessus de la moyenne et pouvant atteindre 2 mètres environ.

Autour du cou étaient répandus des grains colorés en bleu et vert, translucides, de la grosseur d'un pois et percés d'un trou par le milieu; vraisemblablement ces grains avaient dû appartenir à un collier en verroterie; parmi eux on ramassa aussi une grosse perle d'ambre jaune rougeâtre, également perforée et ressemblant à un grenat.

On sait que l'ambre jaune a joué un grand rôle dans les temps anciens et même dans la préhistoire. On l'a trouvé souvent, en effet, sous forme de perles déjà, principalement dans les sépultures néolithiques et de l'âge du bronze en Danemark, en Angleterre, en Suisse, en Allemagne et en Italie. Or, on ne connait pourtant en Europe que deux dépôts naturels de cette matière : en Sicile et sur les bords de la mer Baltique. Il n'est jamais question du premier dans les auteurs anciens; au contraire, ceux-ci, entre autres *Tacite*, indiquent nettement que l'ambre vient du nord de l'Allemagne. De ce fait faut-il conclure que l'antiquité tirait de ce côté l'ambre qu'elle employait et que le système d'échange continua entre ces pays et les populations de la Baltique. A mon avis, il n'y a pas de doute.

Les traces de parure indiquaient sûrement qu'on se trouvait en présence d'une sépulture appartenant à la classe riche; malgré cela, aucun débris de poterie, ni fibule n'y a été trouvé.

Près du poignet droit, sur la poitrine, se trouvaient encore quelques grains verts et bleus, mélangés à des grains noirs; tout donne à penser que ces grains entraient dans une parure, du genre de celles dites pectorales dont la perfection serait étonnante si on ne songeait aux procédés pourtant si simples de confection et de coloration des perles.

Pour obtenir ces dernières, on soufflait de petits tubes de verre; on colorait ces tubes en rouge, en vert ou en bleu, avec les oxydes métalliques appropriés; puis les tubes, coupés en morceaux juste aussi grands que leur diamètre intérieur, étaient jetés dans un récipient contenant un mélange de poussière de charbon et d'argile; retournés sans cesse sur le feu, ils perdaient leurs aspérités et leurs extrémités se ramollissaient. Retirés du feu, on les séparait de la poussière d'argile et de charbon, en les polissant dans un autre récipient contenant du sable. Les perles ainsi obtenues formaient des grains colorés percés d'un trou, mais elles ne pouvaient que bien difficilement avoir toutes la même grosseur.

Une agrafe de ceinture avec fragments de plaques, toutes deux en métal fort attaqué par la rouille, se trouvaient à moitié et sur le côté gauche du squelette. Ce crochet de métal devait s'engager dans un anneau appelé « porte » pour joindre les bords opposés d'un vêtement. Ces objets devaient être ornés d'émaux ou de toute autre décoration émaillée, dont des fouilles faites en d'autres lieux ont démontré la belle ordonnance et la parfaite exécution; ce qui daterait la sépulture de la fin du IVe siècle, cependant certaines lamelles de verre minuscules sembleraient devoir la reculer au siècle suivant tout au moins. En effet on ne trouve pas là le mode d'émaillage au moyen du procédé de cloisonnage par fusion; la présence des lamelles indique un procédé tout autre de décoration qui consistait à sertir à froid ces petites tables de verre diversement colorées ou des grenats taillés entre les lames minces du métal. Je pense donc que ce dernier cas est typique dans cette fouille qui a donné un superbe grenat et quelques lamelles de verre.

Ce procédé, arrivé avec les Barbares qui envahirent la Gaule semble avoir été particulier aux ve et vi^e^ siècles; mais on a constaté cependant que les Égyptiens l'avaient beaucoup employé précédemment dans la décoration de leur orfèvrerie.

On a trouvé de ces bijoux incrustés de verroteries dans des cimetières datant indubitablement de l'époque mérovingienne et beaucoup ont une importance qu'étaient loin d'avoir les émaux des époques antérieures. C'est ainsi que devait être décorée cette plaque de ceinturon.

Ce procédé, tenant plus de l'orfèvrerie que de l'émaillerie, on peut l'indiquer comme un art de transition entre celui du *champlevage* qui consistait à creuser dans l'épaisseur du métal des alvéoles séparées entre elles par des cloisons fixes, réservées ou épargnées par le burin, et l'*émaillerie* cloisonnée qui apparaîtra à Byzance à dater du ixe siècle.

Un cabochon en cuivre, trouvé à côté de la boucle confirmerait l'assertion ci-dessus.

Au côté gauche du squelette et de travers sous le tibia gisait, à plat, une épée en fer portant des traces d'ornementation en cuivre. Cette arme était brisée en deux parties; le tronçon supérieur, dépourvu de la poignée, mesure une longueur de 0^m^,63 avec une largeur moyenne de 0^m^,05. Cette lame est munie à une extrémité d'une douille en fer de 0^m^,05, qui supportait la poignée.

Passée au crible, la terre de remplissage de la sépulture n'a pas fourni d'autres objets.

Dans des tombeaux voisins de plus modeste apparence les travailleurs mirent à découvert deux vases presque entiers.

Ces vases sont d'une pâte rougeâtre assez grossière et dure; leur surface est terne, comme celle des grès. Les seuls ornements consistaient en trois cercles parallèles de points et perpendiculaires à l'axe du vase. Ces poteries mérovingiennes, si simples, étaient d'une fabrication plus primitive encore que celle des poteries scandinaves et germaines de la même époque; elles sont le témoignage le plus complet et le plus frappant d'infériorité et de décadence dans lequel étaient tombés les arts industriels à la suite du grand effondrement où devait sombrer avec l'empire romain ce qui restait de la civilisation antique. Il semble, en les étudiant, qu'on retourne de plusieurs siècles en arrière. Comme aux temps primitifs, ce sont les formes turbinées qui dominent. Bien que faites au tour, ces poteries sont lourdes, épaisses; la pâte, mal préparée, est rugueuse et manque de sonorité quoique assez bien cuite.

Des tenons épars de tous côtés portaient trace aussi d'ornementation composée de cordons circulaires ou de frises d'ornements géométriques imprimés en creux sur la terre humide au moyen d'un crochet en bois; quelques-uns présentaient une pâte jaunâtre ornés de lignes en spirale grossièrement tracées en rouge au pinceau, d'une texture fine et serrée, percée enfin de trous circulaires. Le musée de Sèvres possède une série intéressante de poteries semblables et dont l'usage était réservé pour les cérémonies funèbres. Les trous, faits après la cuisson à la base et sur l'épaulement, étaient destinés, en donnant passage à l'air, à activer la combustion des charbons sur lesquels on versait de l'encens au moment de l'inhumation.

Vers le IVe siècle de nombreux potiers s'étaient établis dans les Gaules, à côté de fabricants nationaux qui néanmoins conservèrent dans leurs œuvres le caractère vraiment gaulois. Les vases ainsi trouvés dans les sépultures n'étaient point des urnes cinéraires mais des objets qu'avaient affectionnés ceux qui dorment dans ces tombeaux, ils ne renfermaient du reste aucun vestige de cendre. Ces vases n'étaient point non plus des porte-provisions mais plutôt des sortes de *cassolettes* d'où les parfums qui devaient s'en dégager rappelaient les premiers temps du christianisme.

Ce qui peut jeter une horrible clarté sur la cruauté des Francs de cette époque, c'est qu'à côté et dans le voisinage de la sépulture de l'homme adulte et même âgé, dont je viens de parler, on trouva d'autres tombes plus modestes dans lesquelles les corps semblent avoir été mis à même la terre, sans sarcophage ni mobilier. Ce furent peut-être des écuyers, immolés sur le tombeau de leur maître, suivant la coutume des Barbares, qui égorgeaient le plus souvent sur la sépulture de leurs princes ou des personnages éminents de leur nation, les domestiques attachés à leurs services et enfin un certain nombre d'esclaves ou de captifs, destinés à former, dans l'autre vie, selon la croyance naïve des peuples scandinaves, un cortège funèbre à celui qu'ils voulaient honorer.

Aucune monnaie n'a été trouvée dans ces tombeaux; généralement on ne la trouve pas dans les nécropoles; en eût-on trouvé, cette monnaie aurait peu servi à dater la sépulture, car on se souvient que les monnaies romaines ont servi de monnaie courante pendant tout le Moyen Age; elles étaient donc très antérieures à la période d'inhumation.

Contrairement aux prétentions de quelques fouilleurs, de tout ce qui précède, on peut avancer qu'il n'y a eu là, au mont Saint-Jean, rien de gaulois ni de romain. Toute l'industrie et la parure appartiennent sans exception à l'art dit, en France, mérovingien, appelé ailleurs barbare, frank, gothique, etc., et que l'on retrouve toujours à peu près identique à lui-même en Russie, en Hongrie, en Allemagne, en Italie, en Belgique, en Espagne et même en Algérie. C'est l'art caractéristique des envahisseurs qui mirent fin à la civilisation romaine et s'établirent en France du Ve au VIIe siècle de notre ère.

Rien ne donne à supposer que la nécropole du mont Saint-Jean s'étendait beaucoup; il est même peu probable que d'autres sépultures restent à découvrir dans ce lieu si bouleversé maintenant et qui ne devait pas être un centre d'habitation important.

M. l'Abbé Lucien PFLÉGER,
Professeur au Collège Épiscopal de Strasbourg.

LES ORIGINES DE LA SYPHILIS A STRASBOURG ET LE PRÉDICATEUR JEAN GEILER DE KAYSERSBERG

616.951 (09) (43.445)

28 Juillet.

On peut trouver étonnant que le nom du plus célèbre prédicateur alsacien au moyen âge, ne figure nulle part dans la littérature vénéréologique, quoiqu'il soit un des plus importants témoins contemporains de l'introduction du mal de Naples au pays rhénan, Nous ne le trouvons ni dans l'ouvrage, si souvent cité, de *Fuchs* (1), qui pourtant allègue force témoignages alsaciens, ni dans le volume très documenté de *Iwan Bloch* (2), ni dans le travail si connu de *K. Sudhoff* (3), ni même dans la littérature purement alsacienne relative à notre sujet (4). Or seule, la connaissance de l'attitude de *Geiler*, vis-à-vis de la maladie vénérienne, met en pleine lumière ce chapitre tragique de l'histoire de notre ville.

Le prédicateur (5) en parle pour la première fois le lundi avant la Saint-Mathieu, 1496 (6), dans un sermon qui n'est pas conservé. Mais, nous avons de lui une série de sermons très curieux, intitulée : *Des péchés de la bouche* (Von den Sünden des Munds). Selon son habitude, il parla très ouvertement de la vérole.

Ce fléau, dit-il, a déjà duré huit ou neuf ans, et nous n'en voyons pas encore la fin. Les hommes ont la bouche couverte de pustules, de même les parties secrètes, bras et jambes et le corps tout entier. Jamais on n'a parlé dans les chroniques d'un si grand nombre de malades. Ces pustules apparaissent d'abord dans la gorge, puis dans la bouche et dans les parties, et elles sont dangereuses et font de grands ravages (7).

(1) C.-H. Fuchs, *Die ältesten Schriftsteller über die Lustseuche in Deutschland von 1495-1510* (Gottingen, 1843).

(2) I. Bloch, *Der Ursprung der Syphilis*, I vol. (Iéna, 1901).

(3) K. Sudhoff, *Aus der Frühgeschichte der Syphilis.* (Leipzig, 1902).

(4) Koch, *Observations sur l'origine de la maladie vénérienne et sur son introduction en Alsace et à Strasbourg*, dans les Mémoires de l'Institut national des Sciences et des Arts, Sciences morales et politiques, t. IV. (Paris, vendémiaire, an XI), p. 324 et suiv. — Ce travail est la source de l'article du docteur Goldschmidt, *De l'Introduction et de la Propagation des maladies vénériennes en Alsace et en particulier à Strasbourg*, Bulletin de la Société française d'histoire de la médecine, t. XII. (Paris, 1913), p. 395 sq. Lui aussi ne mentionne pas Geiler, pas plus que A. Wolf, dans Krieger, *Topographie der Stadt Strassburg nach ärztlich-hygienischen Gesichtspunkten bearbeitet.* (2e édit., Strasbourg, 1889), p. 454 sq.

(5) Voir à son sujet l'excellente monographie du chanoine Dacheux, *Jean Geiler de Kaysersberg* (Paris, 1876).

(6) *Annales de S. Brant*, dans Dacheux, *Fragments des anciennes chroniques d'Alsace*, III (Strasbourg, 1892), p. 144.

(7) *Das Buch der Sünden des Munds* (Strasbourg, chez Grüninger, 1518), fol. 2 *b*.

Geiler prononçait ces sermons, qui traitent en particulier de l'impureté, dans le carême de l'année 1505. L'année suivante, il parla encore avec moins de gêne de la maladie. C'est dans une suite de sermons qui porte le titre peu ambigu : « De la vérole aux parties secrètes ». La violence de l'épidémie l'invite à traiter avec une franchise, qui choquerait sûrement un pudibond auditoire moderne, des péchés qui conduisent fatalement à la vérole. Il a soin de rappeler aux parents le devoir de surveiller leurs enfants adultes :

Vous devez, leur dit-il, avoir soin de veiller sur les jeunes et jolis garçons, sur vos belles jeunes filles ; on les corrompt sans qu'ils s'en doutent, et quand ils avanceront en âge, ils pratiqueront ce qu'ils ont vu dans leur enfance. Quelle misère ! C'est pourquoi vous ne devez pas faire coucher vos enfants avec les domestiques, ni les enfants ensemble. C'est une bien lamentable chose que le vice, qui est venu d'Italie (Welschland) envahir notre pays. On me dit qu'il vaudrait mieux ne pas en parler, qu'en parler c'est l'enseigner. Point du tout — à celui qui ne l'a point connu, jusque-là mes paroles ne l'apprendront pas. Veillez-donc sur vos enfants. Ne couchez pas vos jeunes filles dans un même lit, ni avec les servantes ; il arrive que la servante galeuse et contaminée, ruine la fille également (1).

Ces conseils prophylactiques de *Geiler*, connaisseur profond et juge éminent de son temps, nous indiquent assez que la syphilis, loin d'être un danger purement fantaisiste — au dire de quelques historiens modernes — fut un péril très réel pour la population strasbourgeoise.

Jusqu'ici, nous n'avons entendu que *Geiler*, le prédicateur. Mais l'intrépide orateur ne s'en tint pas au ministère de sa chaire. Homme d'action autant que homme de cœur, il a fait davantage. En tout temps, avocat des pauvres et ami des misérables, il intervint de toute son autorité personnelle, — qui était d'un grand poids — en faveur des nombreuses victimes de l'épidémie. *Sudhoff* a fait trop grand cas de l'action du magistrat de Strasbourg qui aurait été le premier à isoler les malades et à leur assurer un traitement pratique, conforme aux règles d'une hygiène élémentaire (2). Mais ce savant s'est laissé induire en erreur par le récit d'un chroniqueur mal renseigné. En vérité, c'est *Geiler* qui mérite les éloges prodigués à l'administration strasbourgeoise. Car c'est lui qui, de toute son énergie, a réclamé qu'on s'occupât sérieusement des nombreux malades délaissés. Et ce fut précisément l'autorité communale qui fit interdire aux syphilitiques l'accès du territoire de la ville (3). On dira peut-être qu'il y a là un acte de prudence ; mais que dira-t-on de la conduite du magistrat qui fermait aux malades de la ville même les portes de l'hôpital civil ?

---

(1) *Die brösamlin doctor Keiserspergs uffgelesen von Frater Johann Pauli.* (Strasbourg, chez Grüninger, 1517), 2e partie, fol. 7 a.

(2) SUDHOFF, *Aus der Frühgeschichte der Syphilis*, p. 40.

(3) J. BRUCKER, *Strassburger Zunft und Polizeiverordnungen des 14. u. 15. Jahrhunderts.* (Strasbourg, 1889), p. 9. Voir aussi KOCH, *Observations*, l. c., 338.

Le 27 janvier 1501, *Jean Geiler* présenta au Sénat un mémoire, devenu célèbre dans l'histoire de la ville, où il résumait en vingt et un articles tous les abus que lui, le grand réformateur, voulait voir disparaître, abus qui s'étaient glissés un peu partout dans la vie religieuse et économique de la cité. Le douzième article s'occupe de l'hôpital :

Geiler insiste sur le caractère essentiellement charitable de cet établissement, qui doit son origine aux aumônes des fidèles. C'est pourquoi les syphilitiques n'en devraient pas être exclus, ces misérables qui errent dans les rues, délaissés de tout le monde, chassés de partout, voire même de l'asile des étrangers (*Elendenherberge*), mourant de faim et de froid, succombant aux douleurs de leur triste état : chose inouïe, dans d'autres villes. Il est injuste de les mettre à la charge des citoyens ; c'est à l'hôpital de les abriter et soigner. Quand on refuse le gîte à un pauvre pèlerin atteint de la vérole, où trouverait-on le bourgeois qui soit disposé à lui faire la charité ?

Ces doléances de *Geiler* ne manquèrent pas de faire impression. On y donna suite, en recevant les malades à l'hôpital civil. Toujours est-il, qu'une partie de la bourgeoisie regarda de mauvais œil l'intrusion d'un grand nombre d'étrangers, et l'on vit se répéter le spectacle navrant des malades expulsés et sans gîte. On finit, grâce à la charité privée, par affecter un local au service de ces malheureux : la maison du sieur *Guillaume Bœcklin*. Ce fut encore l'infatigable *Geiler* qui prit l'affaire en mains (1).

En 1502, il proposa à l'ammeister (maire) *Jacques Wyssebach*, de recevoir dans cette maison, changée en hospice, tous les malades étrangers, ceux que l'hôpital avait déjà recueillis, et ceux qui traînaient encore sur les ponts de la ville. Le Sénat nommerait un administrateur ; jusque-là, le prédicateur s'offrait lui-même à pourvoir un mois durant et, s'il le fallait, plus longtemps encore, aux besoins d'une cinquantaine de malades. Si, après ce temps les frais de leur entretien devenaient trop onéreux, il y aurait toujours moyen de les renvoyer. De cette façon, on sauverait l'honneur de la ville devant les hommes et l'on ne risquerait pas tant de s'attirer la colère divine, que si on les laissait périr de froid par cette saison rigoureuse (2).

Cette fois encore, le Sénat céda aux instances du prédicateur. On chargea une commission spéciale d'organiser le nouvel hospice, le *Blatterhaus* (maison de vérole), dont un sénateur, *Gaspard Hofmeister*, prit à titre gratuit les fonctions de directeur. Pour l'entretien de l'institution, il fallut faire appel à la charité publique. Afin d'enflammer la générosité des habitants de la ville, *Geiler* prononça, au jour de l'an 1503, un sermon magis-

(1) DACHEUX, *Jean Geiler*, pièces justificatives, p. XXVIII.

(2) *Ibidem*, p. 522 ; J.-A. STROBEL, *Seb-Brants Narrenschiff* (1839), p. 14 sq.

tral à la cathédrale (1). Après une description saisissante du malheur des infortunés, le prédicateur parle de l'établissement qu'on venait d'organiser, peuplé de 94 malades, dont 50 sont des étrangers ; le reste se compose de valets et de servantes des maisons bourgeoises ; mais combien y en a-t-il encore qui cachent leur misère dans leurs domiciles ? *Geiler* conseille de confier les malades aux soins des médecins et de se procurer les remèdes nécessaires, fort chers alors. Nous regrettons qu'il n'en précise pas la nature. Avec une éloquence admirable, le prédicateur invite les nombreux auditeurs à se montrer généreux.

On a conservé encore d'autres sermons de *Geiler*, où il implore le secours des fidèles pour l'œuvre de l'hospice des syphilitiques (2). Ce n'est que très tard, en 1538, que le magistrat strasbourgeois établit les finances de la maison sur des bases plus solides, en lui attribuant les revenus de l'ancien couvent des Carmes. Avant ce terme, l'hospice passa par plusieurs crises. Après la mort de *Geiler* († 1510) c'est, à la veille de la Réforme, encore l'Église qui se charge de procurer les moyens d'existence. A la prière de *Gaspard Hoffmeister*, le magistrat adressa à la Curie romaine une supplique pour demander la publication d'une indulgence. Rome s'y prêta volontiers, et dès le commencement de l'année 1518, on prêcha cette indulgence dans tout le diocèse de Strasbourg (3). Afin de la gagner, les fidèles, après s'être dûment confessés, devaient visiter certaines églises indiquées, en y faisant l'aumône. Le tiers des sommes ainsi collectionnées, serait remis à la fabrique de l'église de Saint-Pierre de Rome, le restant à l'œuvre de l'hospice des syphilitiques. Les livres de compte de la banque *Fugger* nous font connaître le montant de la somme payée à Saint-Pierre, qui est de 282 ducats en or (4). L'hospice aurait, en conséquence, bénéficié du double de cette somme.

---

(1) Le premier sermon de la série *De gemmis spiritualibus* dans les *Sermones et varii tractatus Keiserspergii* (Strasbourg, chez Grüninger, 1518), fol. 35 b. L'éditeur de ce volume, Pierre Wickram, neveu de Geiler, lui assigne l'année 1497, mais il y a erreur ; il ne peut s'agir que de l'année 1503.

(2) p. c. *Brösamlin*, l. c. fol. 47 a ; *Evangelia mit uszlegung*. (Strasbourg, chez Grüninger, 1517), fol. 33 a.

(3) Voir Nicolas Paulus, *Ablasspredigten in Strassburg und Elssas beim Ausgang des Mittelalters* (Bulletin ecclésiastique de Strasbourg, 1899, p. 145 f.

(4) A. Schulte, *Die Fugger in Rom*, 1495-1523, I (Leipzig, 1904), p. 69 f. ; II, p. 192.

M. L.-Germain de MAIDY,

Nancy.

DE LA PLACE DE LA « LÉGION D'HONNEUR » DANS LES ARMOIRIES DES VILLES

929.61

(RÉSUMÉ)

28 Juillet.

Le Gouvernement de la République n'a pas adopté les armoiries, mais les villes ont conservé les leurs et l'attribution de la *Légion d'honneur* ou d'autres décorations à un certain nombre d'entre elles pose une importante question de blason. Le décret de 1808, réglant la place de la *Légion d'honneur* dans leurs armoiries, est peu conforme aux règles traditionnelles du blason : il crée des difficultés d'ordre historique et artistique. La solution la plus favorable est celle qui a été adoptée par la plupart des villes, qui suspendent l'insigne de la *Légion d'honneur* au-dessous de leurs armoiries.

M. Émile SCHMIT,

Conservateur honoraire du Musée archéologique de la ville de Châlons-sur-Marne.

CONTRIBUTION A L'ÉTUDE DE LA NUMISMATIQUE CAROLINGIENNE. DÉCOUVERTE A BREUVERY, CANTON D'ÉCURY-SUR-COOLE (MARNE),

au lieu dit « la Tombelle », d'une sépulture dans laquelle furent recueillis douze deniers de Charlemagne et trois deniers de Louis Ier, roi d'Aquitaine.

737.1 (44.32)

Fin octobre 1912, le courrier m'apporta l'heureuse correspondance suivante :

Saint-Quentin-sur-Coole, le 27 octobre 1912.

Monsieur,

J'ai l'honneur de vous faire savoir que dernièrement mon fils, en labourant au lieu-dit « la Tombelle », territoire de Breuvery, a mis au jour un grand squelette mesurant environ deux mètres, et quinze pièces très anciennes qui paraissent être en argent et sur lesquelles il y a des chiffres et des lettres.

Si vous jugez à propos de faire des fouilles, je suis entièrement à votre disposition.

Recevez, Monsieur, etc.

Phelizon,
Maire à Saint-Quentin-sur-Coole.

Le temps de prévenir un ami, de monter en auto et, par un beau soleil automnal, nous filons sur Saint-Quentin. L'accueil fut on ne peut plus cordial. J'examinai le petit pécule et reconnus de suite qu'il s'agissait de deniers carolingiens. La lecture en était d'autant plus facile que nos aimables hôtes, selon la funeste habitude de tous ceux qui trouvent des monnaies, les avaient mises dans un bain; dure épreuve, qui avait été suivie d'un astiquage tellement consciencieux, qu'un des deniers était irrémissiblement perdu. Mais enfin, tout en déplorant ce déchet, encore ne fallait-il pas trop se plaindre.

L'emplette de ces monnaies ne souffrit aucune difficulté, j'emportai mes quatorze deniers, avant mon départ et, pris rendez-vous pour me faire transporter sur le lieu de la trouvaille.

A quelques jours de là, muni d'un tamis en plus de mon attirail de fouilleur, je débarquai au lieu dit : « La Tombelle ». Cette indication était consignée dans mes notes avec un point d'interrogation. En effet, il y avait à la fois la notation « Tombelle et tomelle ». Mais quand j'arrivai sur les lieux, aucun doute ne pouvait subsister. L'emplacement de l'exhumation faite par *M. Phelizon* fils était en contre-bas des terrains avoisinants. Il ne s'agissait donc point de tomelle, mais d'une tombelle, appellation apparemment justifiée anciennement par un exhaussement de terre en forme de catafalque sur une sépulture.

Les besoins de la culture avaient fait disparaître la forme antérieure qui recouvrait la sépulture, mais l'appellation s'en était conservée sans cause apparente. Ces relevés de terre, qui anciennement semblaient devoir protéger les sépultures, furent plutôt la cause de leur violation, tout au moins de la part des Barbares envahisseurs, qui trouvaient en ces signes extérieurs de précieuses indications d'investigations.

Disons de suite que le tamisage des terres n'offrit aucune trouvaille nouvelle et que toutes les recherches aux alentours ne permirent le constat d'aucune autre sépulture.

Mais avant d'aborder la question numismatique, qu'il me soit permis de parler d'autres objets qui furent déposés avec notre Carolingien, dans la tombe.

Aux côtés de l'inhumé, en outre des monnaies, furent recueillis un petit couteau et une pierre à aiguiser. Si le petit couteau en fer, très oxydé, n'incite à aucune mention particulière, la pierre à aiguiser mérite une petite dissertation. Tout préhistorien non prévenu, auquel on présenterait ce petit aiguisoir, le considérerait comme une amulette des temps préhistoriques.

Il est en diorite, a la forme d'un petit rectangle, il mesure $0^m,055$ de longueur sur $0^m,018$ de largeur. Il a $0^m,006$ dans le haut de la pièce et $0^m,010$ dans le bas. Cette irrégularité contribue à donner à cet objet un aspect bien primitif. Ce qui fortifie encore cette impression, c'est que le haut de cet ustensile est percé d'un trou de suspension. Or, ce trou, comme dans les pièces préhistoriques, a été obtenu par une foration pratiquée par les deux côtés, évidemont présentant la forme de deux cônes opposés, c'est-à-dire l'ouverture plus évasée à la périphérie.

A mon avis, on peut admettre que cette pièce est bien de facture carolingienne, car je possède un couteau kabyle, accompagné d'une mignonne pierre à aiguiser avec le même aspect d'amulette à cônes opposés. Au bout d'une courroie se balancent à la fois le petit couteau en sa gaine en bois et cuir, et la pierre à aiguiser suspendue par un cordonnet de cuir.

En admettant même que l'on veuille voir en cette pierre à aiguiser un objet néolithique, ce serait une unité de plus à ajouter aux nombreux instruments préhistoriques rencontrés dans les sépultures mérovingiennes.

PRÉSENTATION DES DENIERS CAROLINGIENS RECUEILLIS A BREUVERY-SUR-COOLE

Denier de Charlemagne, AR.

ATELIER DU NORD-EST (1)

1 exemplaire : Poids, 1 gr. 17.

CAROLVS en deux lignes.

R. R·F (REX FRANCORVM). Au-dessus de ces deux majuscules, un I couché, signe d'abréviation. Un point entre les deux capitales. La jambe de la lettre très allongée se termine en trèfle, c'est-à-dire en un motif à trois feuilles. La barrette médiane de la lettre F se termine également en un motif globuleux.

Denier de Charlemagne AR

ATELIER DE MOUZON

1 exemplaire, poids : 0 gr. 92.

CAROLVS en deux lignes.

R. M.MOSVO en trois lignes.

Les montants des lettres M sont constitués par trois jambages réunis dans le haut par une liaison arrondie. La lettre S est rétrograde et le mot MOS est séparé de la finale VO par une barrette soudée et surmontant l'O. Vraisemblablement, on doit lire M. MOSON pour MOSOM. M. Il se peut aussi que le premier M. soit l'abréviation de moneta.

Dans une étude des plus remarquables, reproduite dans la *Revue de Champagne et Brie*, 1894, p. 119, qui a pour titre : *Précis d'une Histoire de la ville et du pays de Mouzon*, M. GOFFART s'exprime ainsi :

« De Charlemagne, on ne cite que dubitativement un denier pour Mouzon MO-SMO écrit en deux lignes, séparées par une barre horizontale. Sans vouloir être plus affirmatif que *M. Serrure*, nous ferons cependant observer que Mouzon

---

(1) MM. BLANCHET et DIEUDONNÉ dans leur *Manuel de numismatique française*, tome I, à propos de cette fioriture en trèfle, citent Gariel, tome II, p. 14, lequel dit : « On voit quelquefois sur les monnaies carolingiennes un ornement à trois ou quatre feuilles qui paraît appartenir à un atelier du nord-est ».

est parfaitement acceptable, puisque dans les actes nous avons rencontré l'adjectif *Mosmagensis* ou *Mosmensis* contracté comme dans la légende du denier. L'existence de l'atelier est, du reste, à peu près indéniable sous Charlemagne, qui habita si souvent Douzy. Enfin, suivant notre dessin emprunté à *M. Gariel*, il faut lire : MOSOM.M. »

Deux deniers de Charlemagne A R

ATELIER DE STRASBOURG

1er exemplaire, poids : 1 gr. 13.

CAROLVS en deux lignes.

R. STRATBVRC en inscription circulaire, au centre une croisette aux bras terminés en globules. L'A, tout à fait minuscule, est perché dans le haut de l'inscription ; on pourrait croire qu'il a été ajouté après coup.

Denier de Charlemagne A R

ATELIER DE STRASBOURG

2e exemplaire, poids : 1 gr. 17.

CAROLVS en deux lignes.

STRATBVRC en inscription circulaire. Au centre, une croisette à bras égaux. Dans cette piécette l'A fait défaut par omission ou disparition. Le premier T, très petit, est placé en vedette dans le haut de l'inscription ; de même en est-il de la lettre terminale C.

FIG. 1.

Le Manuel de *MM. Blanchet* et *Dieudonné* ne signale de l'atelier de Strasbourg, à la légende de CAROLVS en deux lignes, qu'un seul denier à la légende de STRATBVRCS.

Deux deniers de Charlemagne

DE L'ATELIER DE DUURSTEDE

Tout d'abord ces pièces, sur lesquelles figure une hallebarde que tous les numismatistes attribuent à une ville de Hollande, sous quel nom doit-on désigner leur atelier? Est-ce DORESTADT à la façon d'*Hoffmann*, DUERSTEDT selon *Rousseau*, ou encore DUURSTÈDE comme l'orthographient *MM. Prou*, *Blanchet* et *Dieudonné*? Est-ce enfin la ville qui s'élevait anciennement sur l'emplacement d'Utrecht, selon *Serrure?*

Voici sur ce sujet quelques mots que présentent *MM. Blanchet* et *Dieudonné*, *Manuel*, tome I, p. 341 : « Une des questions les plus intéressantes de la numismatique carolingienne est celle qui concerne le classement des pièces au monogramme KAROLVS et à la légende de CARLVS REX FR.

On a donné ces pièces à Charlemagne, se basant sur des découvertes faites à

Duurstede en Hollande, ville qui aurait été détruite en 837 (1). *M. Prou* a serré la question de près et a démontré que les pièces avaient été recueillies isolément

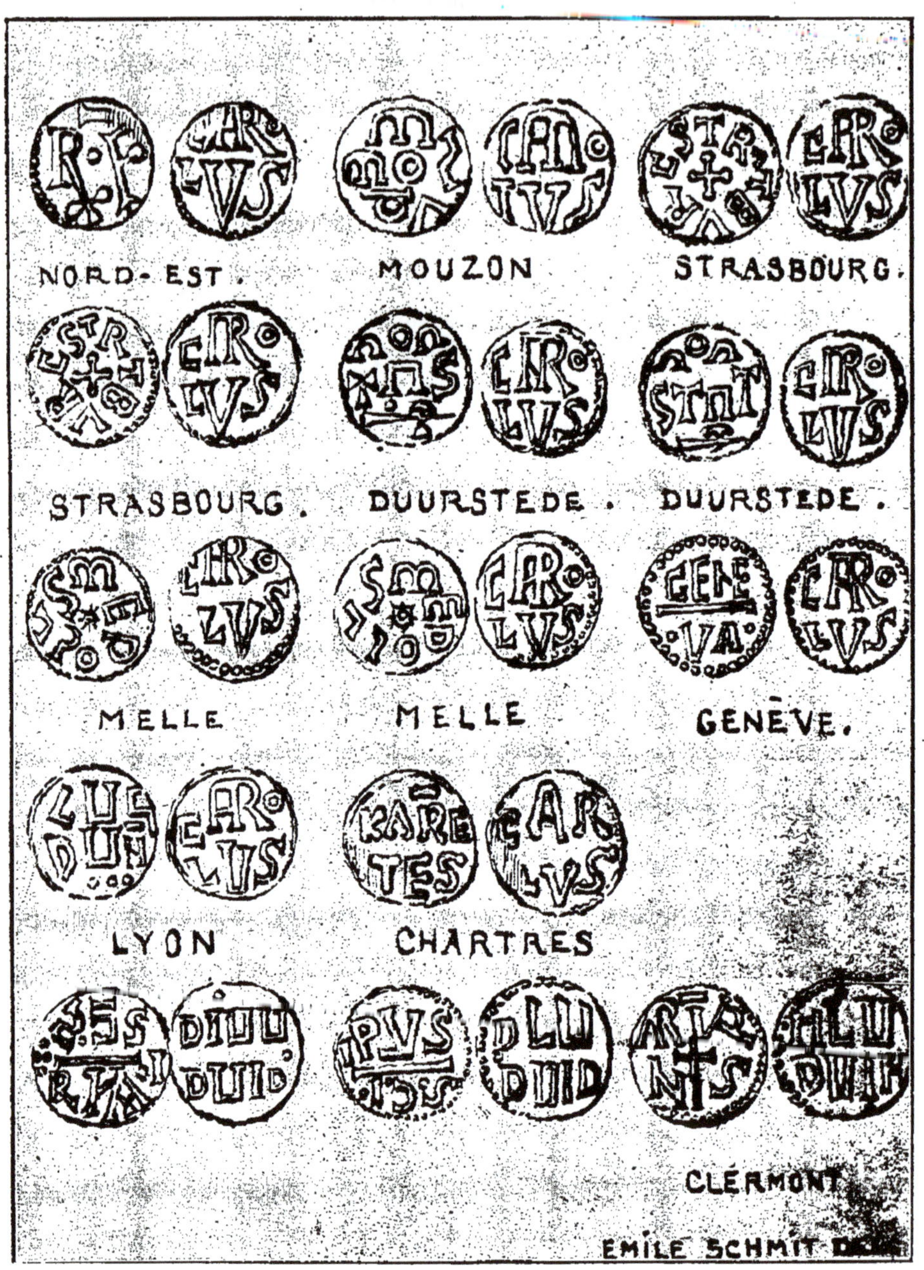

Fig. 2.

et que rien ne prouvait la destruction totale de Duurstède en 837. Au contraire, les *Annales de saint Bertin* mentionnent cette ville comme ayant subi d'autres attaques par des pirates normands ou danois en 847, 857, 863 (2).

(1) L. de Coster, dans la *Revue numismatique belge*, 1852, p. 369. Engel et R. Serrure, *Traité de numismatique du moyen-âge*, tome I, p. 222.
(2) Voyez les sources citées par Prou, Catal. B.N.M. vs.

Deux deniers de Charlemagne

ATELIER DE DUURSTEDE

1er exemplaire, poids : 1 gr. 02.

CAROLVS en deux lignes.

R. DORTAS en deux lignes; en dessous une hallebarde.

La lettre o est placée entre deux lettres atrophiées, qui ont l'aspect de très épais omégas ou de certains bracelets de l'époque du bronze à bourrelets épais, largement ouverts et à terminaisons pattées.

La seconde partie se lit assez volontiers TAS, bien que l'A ressemble plutôt à une barre fixe qu'à la première majuscule de l'alphabet.. On peut donc établir la légende : DORTAS.

La hallebarde, qui se termine en pointe, est munie d'un côté d'une arme tranchante en demi-lune, et de l'autre d'un tranchet.

Denier de Charlemagne Arg.

ATELIER DE DUURSTEDE

2e exemplaire, poids : 1 gr. 20.

CAROLVS en deux lignes.

R. DORSTAT en deux lignes. Cette légende, comme dans l'exemplaire précédent, est soulignée d'une hallebarde.

La lettre o, sur la première ligne, est également placée entre deux lettres atrophiées, dont chacune est assez semblable à une sangsue, le corps en arc et s'avançant de droite à gauche. La lecture STAT ne laisse aucun doute; on peut donc constituer la légende : DORSTAT, d'autant plus que sous celle-ci figure une hallebarde, représentation caractéristique des monnaies de Duurstède. Sur cette pièce, l'arme appointée est munie d'une hache en demi-lune et d'un croc qui lui fait face.

Deux deniers de Charlemagne A R

ATELIER DE MELLE

1er exemplaire, poids : 1 gr. 37.

CAROLVS en deux lignes.

R. MEDOLVS en légende circulaire avec fleurette centrale.

Cet exemplaire nous paraît semblable à celui que *MM. Blanchet* et *Dieudonné* ont signalé et qui a motivé de la part de ces numismatistes la réflexion suivante : « La lettre L ressemble à un C ou un G renversé »; à notre avis, si on voulait évoquer la silhouette expressive de cette lettre, il faudrait dire qu'elle a l'apparence d'un petit couteau-serpe ou d'une minuscule faucille à main.

ATELIER DE MELLE

2e exemplaire, poids : 1 gr. 11.

CAROLVS en deux lignes.

R. MEDOLVS en légende circulaire avec fleurette médiane.

Ce denier de Melle diffère du précédent, le métal à la vue semble de plus bas argent. Il semblerait *a priori* assez singulier, si l'analyse confirmait le fait que ce soit à Melle, centre de mines d'argent à l'époque carolingienne, qu'un denier de cette localité fût en bas argent. Mais tout est possible et l'excuse en serait de ce qu'à Melle, à côté des mines d'argent, il y avait des mines de plomb !

La lettre, moins déformée dans cet exemplaire, se rapproche du type reproduit couramment.

Denier de Charlemagne A R.

ATELIER DE LYON

1 exemplaire, poids : 1 gr. 35.

CAROLVS en deux lignes.

R. LVGDVN en deux lignes.

Le G de la légende est de forme défectueuse, il ressemble plutôt à un S de l'alphabet gothique. Sous la finale DUN, une ligne de trois points.

Denier de Charlemagne A R

ATELIER DE GENÈVE

1 exemplaire, poids : 1 gr. 22.

CAROLVS en deux lignes.

R. GENEVA en deux lignes, inscription séparée par une barre horizontale.

Dans GENE les lettres N et E sont soudées par un jambage commun et la deuxième partie de la lettre N va, par son prolongement, constituer la barrette médiane de l'E. Cette inscription, très correcte, est admirablement encadrée des deux côtés par un collier de perles. Pièce remarquable comme exécution — inédite.

Denier de Charlemagne à l'inscription CARLVS A R.

ATELIER DE CHARTRES

Denier A R, *poids : 1 gr. 27.*

CARLVS en deux lignes.

R. KARETES en deux lignes, inscription abréviative de KARNETES comme l'indique la barrette transversale couchée au-dessus des lettres R et E. *MM. Blanchet* et *Dieudonné* avec l'inscription de CARLVS signalent deux deniers aux légendes CARNOTAS et CARNOTIS.

Les trois deniers de Louis Ier, roi d'Aquitaine

1er exemplaire A R, *poids : 1 gr. 14.*

DIUUDUID en deux lignes.

R. SC'S .. RHA.I, légende en deux lignes, séparée par une bande transversale.

Les lettres assemblées S C S et soulignées d'un motif couché ont la signification de *sanctus*, elles sont suivies de quatre points disposés en croix.

Mais le nom du saint RHAI, dans sa contraction est aussi bien énigmatique pour moi que pour *M. Mazerolle*, Conservateur des monnaies à Paris, et le

Conservateur des monnaies à Bruxelles, qui ont inutilement cherché des documents dans leurs admirables collections. Ils déclarent cette pièce inédite et d'attribution peu facile.

Denier de Louis Ier A R, roi d'Aquitaine

2e exemplaire, poids : 1 gr. 22.

DL·UDUID en deux lignes. Un point dans le haut entre L et U, et un autre point entre les D de la première et de la seconde ligne.

R. S.C.I. est séparée par une barre transversale de la finale IPVS.

Les S.C.I., séparées chacune par un point, signifient-elles SANCTUS, malgré L'I, qui aurait peut-être dû être couché ; c'est possible, mais l'énigme reste entière quand on veut mettre un nom à l'inscription IPVS ; quel est ce saint ? est-ce l'abréviation de Philippus ? quel est en ce cas la localité à désigner comme atelier ?

Denier de Louis Ier A R, roi d'Aquitaine

ATELIER DE CLERMONT

3e exemplaire, poids : 1 gr. 17.

HL·UDUIH en deux lignes, un point entre les lettres L et U, un point sous le premier jambage de l'H, un point en dessous des lettres U et I de la seconde ligne ; cercle perlé à gauche.

R. ÆRVRNIS, inscription en deux tronçons formant une installation semi-circulaire : au centre, une petite croix.

L'A et l'R sont réunis par un jambage commun.

Au-dessus de la lettre V est le signe d'une lettre défaillante et la légende peut se lire alors : ARVERNIS. La finale NIS se lit distinctement. *MM. Blanchet* et *Dieudonné* signalent dans leur *Manuel* ce denier et l'attribuent à Clermont (Auvergne). *M. Mazerolle*, très obligeamment, m'a fait voir un semblable denier dans l'ouvrage de *M. Gariel*, pl. XIV, n° 1.

M. LE Dr ZELIQZOU,

Professeur au Lycée de Metz.

OBSERVATIONS AU SUJET D'UN « DICTIONNAIRE DES PATOIS LORRAINS »

(Patois de la Lorraine désannexée).

4.08.7 (44.382) (038)

28 Juillet.

La *Société d'histoire et d'archéologie lorraines* s'est occupée dès les premiers moments de son existence de l'étude de nos dialectes. En 1909, parut ous ses auspices un dictionnaire des dialectes allemands de la Lorraine. Pour faire pendant à cet ouvrage, elle nous chargea de la publication d'un ictionnaire des différents patois parlés dans notre pays, que nous avions éjà en préparation depuis de longues années.

Voici comment nous avons procédé pour parfaire ce travail :

Depuis la publication de notre premier travail sur les patois lorrains, paru en 1889 comme supplément à l'annuaire de notre Société, nous n'avons cessé d'enrichir notre vocabulaire, d'abord en nous servant des travaux de nos devanciers, parus sous forme de glossaires.

Les écrits patois et les ouvrages de dialectologie publiés depuis la fin du XVIIIe siècle constituent une autre source à laquelle nous avons largement puisé.

Les almanachs de *Mory* ainsi que d'autres almanachs publiés dans la suite, jusqu'en 1888, nous ont fourni une ample moisson.

Les travaux de *Hornesig, This, Callais, Dasdat* et *Brod* nous ont été également d'une grande utilité, eu égard à l'exactitude avec laquelle ils ont reproduit les matériaux qu'ils avaient recueillis.

Enfin les petits écrits en patois trouvés dans les journaux ont aussi été mis à contribution.

Mais tous ces matériaux étaient loin de suffire. Un appel fut lancé à la bonne volonté de tous ceux qui s'intéressaient aux patois de notre pays et un questionnaire fut envoyé à tous ceux qui voulaient prendre part aux travaux préparatoires du dictionnaire.

Dans la suite, certains de nos correspondants, abandonnant le questionnaire, prirent un dictionnaire et traduisirent les mots dont ils trouvaient un équivalent en patois.

Bien souvent, certaines réponses étaient sujettes à caution, mais, grâce aux réponses venant des endroits voisins, il était possible, par comparaison, de corriger ce que l'une ou l'autre de ces réponses avaient de fautif. Très souvent, les matériaux ont pu être contrôlés sur place.

Le choix des mots à admettre dans le dictionnaire présentait une grande difficulté. Nous n'avons conservé que ceux qui étaient franchement patois.

Pour ce qui est des proverbes et des locutions proverbiales, nous nous sommes attaché à avoir la collection la plus complète possible.

Les recettes qui figurent à différents endroits dans notre travail seront aussi, croyons-nous, les bienvenues.

Pour répondre à un désir exprimé par la *Société d'histoire et d'archéologie lorraines*, nous avons adopté la graphie employée par la *Société liégeoise de littérature wallonne* pour ses publications et pour son dictionnaire, Cette graphie s'efforce de combiner les principes opposés du phonétisme et de l'étymologie ou de l'analogie française.

Lorsqu'on fait l'inventaire d'une langue possédant plusieurs dialectes, il faut nécessairement choisir un de ces dialectes, comme base de son travail. Nous avons choisi naturellement le patois messin, pour des raisons qu'il serait inutile de développer ici. C'est le dialecte parlé dans la région située au nord-est de Metz, tandis que le langage parlé autrefois à Metz et dans la banlieue était un dialecte mixte, où l'on rencontre les particularités du patois d'Entre-deux-eaux et celles du patois messin.

Nous employons la graphie de la *Société liégeoise* pour le mot qui se trouve en tête de chaque article, et ce mot est le mot appartenant au patois messin. Entre parenthèse se trouve le même vocable traduit dans les différents dialectes, y compris le patois messin, mais cette fois orthographiée suivant le *système Bohmer*. Quand la divergence des formes n'est pas grande nous nous contentons de noter entre la parenthèse la forme messine, en renvoyant aux paragraphes de la phonétique qui précède le travail toutes les autres divergences.

Pour assigner un mot à un groupe patois, il ne suffisait pas de l'avoir trouvé dans une seule localité, il fallait qu'il fût en usage dans plusieurs localités de ce groupe, situées dans plusieurs directions.

La majeure partie des mots se rencontre dans tous les groupes de patois, naturellement dans la forme qui leur est propre. Si un mot représenté dans un ou plusieurs groupes ne se trouve pas noté pour les autres, c'est qu'il ne nous a pas été communiqué par nos correspondants ou que nous ne l'avons pas rencontré nous-même dans les recherches faites dans la contrée.

Il s'est trouvé dans chaque groupe de dialectes des collaborateurs qui n'ont épargné aucune peine pour nous procurer des matériaux pour notre travail et qui n'ont pas reculé devant la lourde tâche de revoir tout notre travail.

Nous avons consacré vingt-trois années de notre vie à ce travail qui comprendra deux volumes d'environ 500 pages chacun.

12e Section.

SCIENCES MÉDICALES

Président : M. le docteur J. BŒCKEL, Professeur honoraire à la Faculté de Médecine de Strasbourg.

M. le Dr Jules BŒCKEL,

Strasbourg.

PLAIE DU CŒUR PAR PROJECTILE DE GUERRE. EXTRACTION APRÈS DEUX ANS ET DEMI. GUÉRISON RAPIDE

616.12.0014

28 Juillet.

M. *Bœckel* communique l'observation d'un militaire, présenté il y a quelque mois à la *Société de médecine* de Strasbourg, chez lequel il a extrait une balle de fusil, logée depuis deux ans près de la pointe du cœur. Une thoracotomie très limitée, portant sur la 6e côte, qu'il réséqua sur une étendue de cinq centimètres, mit la pointe du cœur à nu, après incision du péricarde. Le projectile qui avait été repéré préalablement, avait éraillé le ventricule gauche à deux centimètres de la pointe. Son extraction fut des plus aisées. L'opération fut terminée par la suture du péricarde et des téguments et le blessé qui avait réclamé notre intervention pour des accidents survenus après deux ans (suffocation, hémoptysies répétés), quitta le service au bout de quinze jours, parfaitement guéri.

M. *Bœckel* estime par conséquent que les plaies du cœur et du poumon, dont il a rapporté de nombreux exemples à la Société médico-chirurgicale de Lyon, sont justiciables de la thoracotomie limitée, lorsque les lésions siègent au voisinage de la pointe du cœur ou loin des pédicules vasculaires. Les procédés à volets avec charnière externe ou interne, de même que la thoraco-laparotomie de *Pierre Duval* devront être réservés aux sacs difficiles, à ceux où le projectile se trouve situé à la face postérieure du cœur, ou au niveau des pédicules cardiaques ou pulmonaires.

Le premier procédé (thoracotomie restreinte) déjà employé par *Hallopeau, Didier*, a le grand avantage de ne pas effondrer la paroi thoracique par une grande brèche, qui peut avoir les conséquences les plus fâcheuses chez certains sujets, en entraînant une cachexie rapide.

M. le Dr Paul BLUM,
Chargé de Cours à la Faculté de Médecine de Strasbourg.

DU DANGER OU DE L'INEFFICACITÉ DES MÉDICAMENTS ANTITHERMIQUES DANS LE TRAITEMENT DE LA FIÈVRE

616.92

28 juillet.

Les médicaments antipyrétiques, à moins d'être employés à dose élevée, et répartis d'une façon continue au cours des 24 heures, ne paraissent pas avoir, sur la courbe thermique des pyrexies, l'influence qu'on leur attribue communément. Prescrits à des doses moyennes, administrées en deux fois, le matin et le soir, ils n'influencent pas la température. Ou du moins, si suivant le moment où cette température est prise, ils peuvent donner l'illusion d'une diminution de la fièvre, on ne tarde pas à constater, si l'on prend la température à intervalles réguliers, que celle-ci, un instant abaissée, remonte plus haut qu'elle n'avait atteint avant l'administration du fébrifuge; de telle sorte que la moyenne thermique de la journée ne se trouve pas modifiée. C'est ce que j'avais cru remarquer dès le début de ma carrière médicale : l'aspirine, l'antipyrine, le pyramidon, la quinine, etc... employés à des doses variant entre 1 et 2 grammes, m'avaient souvent paru incapables de baisser la température.

Les circonstances m'ont permis d'étudier en série, l'action des antithermiques sur la fièvre, alors que je me trouvais chargé d'un service de typhiques, dont les 100 lits étaient occupés par des malades qui se renouvelaient journellement.

Parmi eux, j'ai choisi trois groupes de cinq malades qui, arrivés à la même période de leur maladie, présentaient une allure clinique aussi rapprochée que possible. J'ai observé ces malades pendant 10 jours en prenant la température quatre fois dans la journée : à 8 heures, 12 heures, 16 heures et 20 heures. *Cinq malades* ont reçu pendant 10 jours à 8 heures et à 13 heures un cachet composé de 0gr,65 *antipyrine*, 0gr,10 de *pyramidon*, 0gr,25 de *sulfate de quinine*. *Cinq autres* ont été traités sans antithermiques. Les *cinq derniers* ont absorbé journellement quatre de ces cachets, à 8 heures, 13 heures, 18 heures et 23 heures; mais dès le deuxième ou troisième jour j'ai dû interrompre cette cure antithermique à cause des réactions pénibles présentées par ces malades.

Pour chacun des deux premiers groupes, j'ai fait le total des températures obtenues pendant dix jours chez chaque malade, à raison de quatre prises quotidiennes de température. J'ai additionné les résultats obtenus pour chacun de ces cinq malades. Et en faisant ce total j'obtenais ainsi la somme des températures faites en 10 jours par les cinq malades en observation; c'est-à-dire le résultat de 200 prises de température. En divisant par 200 ce total, j'ai eu la température moyenne de l'évolution thermique ainsi que l'établissent les tableaux ci-dessous :

TABLEAU I (sans antipyrétique)

8 heures	12 heures	16 heures	20 heures	
38^{2}	38^{0}	39^{0}	38^{7}	**153^{9}**
37^{6}	37^{9}	38^{5}	39^{0}	**153^{0}**
39^{0}	38^{6}	40^{2}	39^{8}	**157^{6}**
38^{6}	38^{0}	39^{2}	38^{9}	**154^{7}**
39^{0}	39^{6}	39^{8}	39^{0}	**157^{4}**
36^{9}	38^{8}	38^{2}	38^{0}	**151^{9}**
37^{0}	37^{4}	38^{1}	38^{0}	**151^{3}**
37^{4}	37^{0}	37^{6}	37^{3}	**149^{3}**
36^{9}	37^{0}	37^{6}	37^{2}	**148^{7}**
37^{0}	37^{2}	37^{1}	37^{1}	**148^{4}**
				1526^{0}

8 heures	12 heures	16 heures	20 heures	
39^{0}	39^{6}	40^{0}	40^{6}	**159^{2}**
40^{0}	39^{0}	39^{8}	40^{0}	**158^{8}**
38^{9}	38^{9}	40^{6}	39^{6}	**158^{0}**
38^{8}	39^{0}	40^{0}	39^{2}	**157^{0}**
38^{4}	38^{0}	39^{8}	39^{8}	**156^{0}**
38^{0}	38^{4}	38^{8}	38^{0}	**153^{2}**
37^{8}	38^{4}	38^{8}	39^{0}	**154^{0}**
39^{1}	38^{1}	38^{2}	37^{6}	**151^{9}**
39^{8}	39^{4}	39^{9}	40^{0}	**159^{1}**
39^{8}	39^{0}	39^{5}	39^{0}	**156^{4}**
				1563^{0}

8 heures	12 heures	16 heures	20 heures	
37^{8}	37^{6}	39^{0}	38^{8}	**153^{2}**
38^{9}	38^{3}	38^{8}	40^{0}	**156^{0}**
38^{6}	38^{9}	39^{0}	38^{9}	**155^{4}**
38^{9}	39^{0}	38^{6}	39^{2}	**156^{7}**
38^{3}	38^{0}	39^{0}	38^{6}	**153^{9}**
39^{0}	39^{3}	39^{2}	40^{0}	**157^{5}**
37^{9}	37^{6}	39^{0}	39^{2}	**153^{7}**
38^{0}	38^{3}	38^{2}	38^{6}	**153^{1}**
38^{1}	38^{3}	37^{9}	38^{0}	**152^{3}**
37^{9}	38^{0}	37^{0}	38^{0}	**151^{5}**
				1542^{3}

8 heures	12 heures	16 heures	20 heures	
39^{0}	38^{8}	40^{0}	39^{6}	**157^{0}**
38^{9}	39^{0}	40^{6}	40^{8}	**159^{8}**
39^{4}	38^{9}	39^{0}	38^{9}	**156^{2}**
37^{8}	38^{8}	40^{2}	40^{0}	**156^{8}**
37^{9}	38^{6}	38^{9}	39^{0}	**154^{4}**
39^{0}	38^{6}	38^{5}	38^{4}	**154^{5}**
38^{8}	38^{5}	38^{0}	39^{4}	**154^{7}**
36^{8}	37^{8}	39^{0}	39^{3}	**152^{4}**
37^{6}	38^{6}	38^{6}	38^{9}	**153^{7}**
38^{0}	38^{4}	38^{1}	38^{6}	**153^{1}**
				1553^{0}

8 heures	12 heures	16 heures	20 heures	
38^{2}	38^{0}	38^{3}	38^{0}	**152^{5}**
38^{1}	38^{4}	38^{2}	37^{8}	**152^{5}**
37^{8}	38^{2}	38^{6}	38^{9}	**153^{5}**
36^{3}	37^{2}	39^{0}	38^{8}	**152^{5}**
38^{3}	38^{9}	40^{0}	40^{2}	**158^{0}**
39^{0}	38^{3}	39^{2}	39^{0}	**155^{5}**
38^{7}	38^{4}	38^{9}	38^{2}	**154^{2}**
38^{4}	38^{0}	38^{2}	37^{8}	**152^{4}**
39^{0}	39^{6}	39^{4}	39^{3}	**157^{3}**
38^{3}	38^{2}	37^{8}	38^{0}	**152^{3}**
				1540^{5}

Récapitulation

1526^{2}
1563^{6}
1542^{3}
1553^{0}
1540^{5}

7725^{6} : 200 = 38,6

TABLEAU II (avec antipyrétique)

8 heures	12 heures	16 heures	20 heures		8 heures	12 heures	16 heures	20 heures	
38^3	37^6	40^0	39^3	**155^2**	39^0	38^2	40^5	40^3	**158^0**
38^0	38^8	39^0	38^2	**154^0**	38^2	38^0	39^0	40^4	**155^6**
37^8	37^2	38^8	39^0	**152^8**	39^0	37^8	37^9	40^9	**155^6**
39^0	38^1	40^2	39^9	**157^2**	38^6	38^0	39^8	38^6	**155^0**
37^8	38^3	39^3	40^2	**155^6**	37^8	37^6	39^8	39^9	**155^1**
38^8	37^6	38^9	38^2	**153^5**	38^8	38^9	40^0	40^3	**158^0**
37^8	38^5	39^0	38^3	**153^6**	39^0	38^9	39^9	40^2	**158^0**
38^0	37^5	38^8	39^0	**153^3**	38^0	37^2	37^3	40^4	**152^9**
38^6	37^5	39^0	38^5	**153^6**	38^4	37^2	39^4	39^0	**154^0**
37^8	36^8	38^7	38^1	**151^4**	39^3	38^2	3[illegible]^4	38^9	**155^3**
				1540^2					**1557^5**
37^8	37^7	38^0	38^4	**151^9**	38^6	38^0	38^0	38^4	**153^0**
38^2	38^1	39^6	38^7	**154^0**	38^6	37^8	39^2	39^1	**154^7**
37^6	37^1	38^8	39^4	**152^9**	38^1	37^2	40^2	37^8	**153^3**
38^9	38^6	39^5	38^3	**155^3**	37^8	37^9	38^5	37^4	**151^6**
37^1	37^2	38^3	38^1	**151^0**	38^9	37^8	40^1	38^2	**155^0**
38^0	37^8	39^9	40^2	**155^0**	37^8	37^9	38^9	39^2	**155^8**
37^8	37^1	39^8	38^4	**153^1**	36^7	36^8	39^0	38^4	**150^9**
37^0	36^9	40^1	38^0	**152^0**	37^8	37^9	38^8	39^5	**154^0**
36^8	37^9	39^0	38^4	**152^1**	38^2	38^0	37^4	38^0	**151^5**
37^8	37^9	38^4	38^3	**152^4**	36^8	37^2	37^6	36^7	**148^3**
				1531^2					**1526^2**
39^2	38^6	40^1	39^0	**157^7**					
39^0	39^4	38^8	40^4	**157^6**					
38^8	39^3	37^8	39^2	**155^1**					
36^8	37^2	37^1	38^1	**149^2**					
37^0	37^2	37^1	36^8	**148^1**					
36^9	37^1	36^8	36^9	**147^7**					
36^8	36^4	37^1	36^8	**147^1**					
39^2	38^4	40^3	39^9	**157^8**					
38^9	38^2	40^6	39^8	**157^5**					
39^8	39^2	40^2	40^0	**159^2**					
				1537^0					

Récapitulation

1540^2
1557^5
1531^2
1526^2
1537^0

7692^1 : 200 = 38,4

à 8 heures et 13 heures :

1 cachet { antipyrine 0,65 ; pyramidon 0,10 ; quinine 0,25 }

Or il est arrivé ce que je prévoyais depuis longtemps, à savoir que les malades qui avaient pris des antithermiques ont fait une température moyenne de 38°,4 alors que les autres n'ont pas dépassé 38°,6. Cette différence de deux dixièmes de degré est évidemment négligeable, si l'on tient compte de la variabilité des réactions individuelles, et des dissemblances légères qui ont pu exister dans la gravité des cas bien que j'eusse fait tous mes efforts pour les choisir aussi semblables que possible. Les observations prises en série et méthodiquement venaient donc confirmer ce que les cas isolés m'avaient fait pressentir : *Les antipyrétiques employés à des doses moyennes restent sans effet sur la fièvre.* Celle-ci, un instant troublée par le médicament, ne tarde pas, au cours de la même journée à reprendre sa courbe moyenne, grâce à quelques oscillations plus élevées qui succèdent aux abaissements artificiellement obtenus.

Ces insuccès que beaucoup de praticiens ont dû constater n'ont heureusement aucun inconvénient pour le malade, — bien au contraire, car la nature fait bien ce qu'elle fait; bien plus, elle répare nos fautes : *Natura Sanat.*

Mais cette impuissance des antipyrétiques est gênante pour le praticien qui débute, à cause de cette erreur répandue dans le public, que l'art suprême du médecin est de « couper la fièvre ».

Le malade et son entourage n'apprécient dans l'évolution d'une maladie que la courbe thermique qu'ils suivent avec anxiété. Il en est même qui ont toujours le thermomètre à la main et c'est à ses oscillations qu'ils accrochent tous leurs espoirs, à en juger par l'insistance avec laquelle ils réclament du médecin de faire « tomber la température ». Et si le praticien ne réussit pas à transformer en grandes oscillations la courbe continue et monotone d'une pneumonie ou d'une fièvre typhoïde, il ne répond pas aux services qu'on attend de lui; il est bien près d'être considéré comme inférieur à sa tâche.

C'est cette erreur qu'il convient de redresser : il faut apprendre au public que la fièvre est une réaction utile et salutaire et que loin de la « couper » il faudrait, dans certains cas, l'exagérer si nous en avions les moyens. Certes elle peut être dangereuse si elle se prolonge; mais si elle dure, c'est que l'organisme, la *vis medicatrix naturæ* en a besoin et c'est une faute que de le priver d'un de ses moyens de défense. La fièvre constitue en effet avec la phagocytose, et la neutralisation des toxines, les trois moyens héroïques dont nous disposons contre les agents infectieux.

La fièvre a pour effet d'éliminer hors de l'organisme les germes que la maladie y fait pulluler. Dès que la chaleur interne augmente, les agents infectieux, mal à leur aise dans un milieu dont le degré de température ne leur convient plus, fuient devant cette vague de chaleur et cherchent à sortir de cet organisme embrasé.

Aussi les trouve-t-on en abondance dans les selles, dans les urines, dans la salive, dans tous les produits de sécrétion qui leur ouvrent une porte sur l'extérieur. Le fait est dûment établi, et c'est même sur ce *phénomène de sortie* que sont basés les résultats parfois positifs fournis par l'hémoculture et c'est aussi pour cette raison que l'hémoculture peut révéler des germes que la clinique ne permettait pas de prévoir. Quand la fièvre s'allume tous les germes se mettent en mouvement. C'est ainsi qu'au cours des nombreuses hémocultures que nous avons faites sur des malades en état typhoïdique, nous avons vu apparaître dans le sang d'un même groupe de malades, et parfois aussi d'un même malade, tantôt de l'*Eberth*, tantôt des *Paras A* ou *B*, tantôt de l'*Aertrick* ou du *Gœrtner*, tantôt des *Coli-Bacilles*, tantôt même de *vulgaires cocci*, étrangers à toute erreur de technique.

Bref sous l'influence de la *fièvre curatrice*, l'organisme se stérilise et se débarrasse de ses germes infectieux. C'est, si j'ose ainsi dire, une désinfection par la chaleur.

Dès 1891, le professeur *Bard* avait déjà signalé dans des articles parus dans la *Gazette hebdomadaire de Médecine et de Chirurgie*, que sous l'influence de la fièvre, la flore intestinale se modifie considérablement. Tout de suite les *bacilles liquéfiants* disparaissent, puis le coli-bacille arrive à égalité avec les autres microbes, bientôt même il reste seul.

Ce qui est vrai des microbes, l'est aussi des organismes plus élevés : au cours de cette année, nous avons constaté, chez un malade atteint de pneumonie avec une température de 40° en plateau, l'expulsion au deuxième et au troisième jour de 35 lombrics. Les observations de cet ordre ne sont pas rares dans la littérature médicale. Ne prouvent-elles pas le rôle important de la fièvre dans l'expulsion des organismes saprophytes ou pathogènes?

C'est pour cette raison que l'organisme met tant de résistance à la maintenir, malgré les antithermiques et c'est pour cette raison aussi, que si au lieu d'imiter les procédés de défense de la nature, on essaie de les contrarier, on risque de nuire au malade : on fait une mauvaise besogne thérapeutique. — Nous en avons la preuve dans ces accidents graves, dans ces réactions pénibles qui peuvent aller jusqu'au collapsus et qui sont la conséquence de l'emploi inconsidéré des antipyrétiques quels qu'ils soient. *A haute dose ils sont dangereux, à dose moyenne ils ne remplissent pas leur but.* S'il en est ainsi quelle sera notre conduite vis-à-vis d'une pyrexie?

Si nous disposons contre elle d'un sérum spécifique nous y aurons recours naturellement. Dans le cas contraire, notre rôle se bornera à observer la nature et à l'aider dans ses moyens : *Quo natura vergit, eo ducendum.* La fièvre est une réaction expultrice : nous donnerons des tisanes sudorifiques, des laxatifs salins, nous ferons transpirer le malade; nous exciterons la sécrétion urinaire par la lactose, l'urotropine et la théobromine, la sécrétion du foie par le calomel à dose réfractée, et la teinture de chélidonium et de combrétum, l'excrétion pulmonaire par l'acétate d'ammoniaque ou la liqueur ammoniacale anisée. Nous exciterons la réaction de son système nerveux par des enveloppements *tièdes*, et si la fièvre s'accompagne de céphalée ou de malaises pénibles nous lui placerons des compresses fraîches sur la tête et nous lui conseillerons de se baigner souvent les avants-bras dans des « poissonnières » remplies d'eau fraîche. Ce dernier procédé auquel nous avons souvent recours, soulage considérablement les fébricitants : il rafraîchit l'organisme sans troubler sa défense.

M. le Dr CARLE,
Lyon.

ARSÉNO-BENZOL ET MERCURE

616.951

(RÉSUMÉ)

28 Juillet.

A côté des accidents explicables (excès de doses ou produit altéré), on peut voir survenir, au cours des traitements par les sels d'arséno-benzol, toute une série de symptômes d'intoxication, fébriles, gastriques, congestifs et cutanés, dans des conditions telles qu'aucune explication n'est encore possible. (Voir discussion de la Société de Médecine, avril-juin 1920.)

Chez la plupart de ces intolérants, et même chez ceux qui ont le mieux supporté la médication auparavant, les mêmes incidents se renouvellent dès qu'on la reprend.

Dans ces conditions, disent les partisans systématiques de l'arséno-benzol, il faut s'en tenir aux petites doses multipliés, adopter la forme hypodermique ou changer de sel arsenical. — Je crois cette pratique dangereuse :

1° Parce qu'on a vu survenir tout à coup des accidents graves même avec des doses minimes de médicament;

2° Parce que la continuité du traitement est aussi nécessaire au succès définitif que sa précocité ou son intensité;

3° Parce qu'on réalise ainsi des pseudo-traitements parfaitement insuffisants.

Nous commençons à voir abonder dans nos cabinets des malades ayant subi un nombre élevé d'injections intra-veineuses et qui présentent les plus authentiques syphilides.

Le tâtonnement et les petites doses, expliquées par l'intolérance du malade ou la timidité du médecin, ne peuvent que discréditer la méthode des injections intra-veineuses, dont l'excellence n'est plus à démontrer quand elle est appliquée comme il convient.

Comme conclusion :

Chez ces intolérants, le médecin, et surtout le praticien non spécialisé, ont le devoir absolu de revenir de suite au traitement mercuriel intra-musculaire, — benzoate, biiodure ou cyanure — aussi intensif que possible, car un syphilitique est d'abord un malade qu'il faut traiter et non un laboratoire d'essai à arséno-benzol.

M. le Dr FORTINEAU,
Nantes.

ESSAIS DE TRAITEMENT DU CHARBON BACTÉRIDIEN PAR LA PYOCYANÉÏNE

616.956

28 Juillet.

Bien que nos recherches aient été interrompues par la guerre et par le décès de notre regretté frère et collaborateur *Charles Fortineau*, mort pour la France en 1916, le nombre de nos cas de charbon humain traités par la Pyocyanéïne atteint actuellement 70.

Ces cas se décomposent en 57 pustules malignes et 13 œdèmes malins.

Nous avons noté 5 décès sur les 57 pustules malignes, tous survenus chez des malades traités à une époque avancée de la maladie, et 2 décès seulement sur les 13 œdèmes malins, soit 15,3 0/0, alors que la mortalité dans cette forme sévère du charbon atteint 98 0/0.

L'examen bactériologique a été positif chez 20 malades, mais tous les cas étaient caractéristiques et furent traités par des médecins ayant une grande expérience du charbon professionnel.

La Pyocyanéïne est une culture en milieu minéral de bacille pyocyanique, âgée de trois semaines et stérilisée par la chaleur : chaque préparation doit être expérimentée chez le lapin charbonneux, car son pouvoir antitoxique est inconstant.

La substance active, que nous avons isolée en 1913 avec M. *Marguery*, professeur de chimie à l'École de médecine de Nantes, possède les propriétés des lipoïdes.

Une injection sous-cutanée de 5 centimètres cubes suffit généralement à amener une régression rapide de l'œdème et l'amélioration des signes généraux : elle peut être renouvelée au bout de 48 heures, si l'état du sujet ne s'est pas modifié.

Cette injection provoque une sensation de brûlure pendant quelques minutes, puis de contusion pendant plusieurs jours, la peau, légèrement œdématisée pendant 24 heures, rougit et devient douloureuse à la pression et aux mouvements.

En dehors des expériences de laboratoire sur la souris, le cobaye, le lapin et le mouton que nous avons relatées dans les publications antérieures, nous avons essayé l'application de ce traitement dans une ferme de Bretagne : à la suite d'un premier cas survenu en septembre 1910, 4 bovidés furent atteints les jours suivants avant que la vaccination anticharbonneuse instituée aussitôt ait pu enrayer l'épizootie; plusieurs autres animaux, achetés par la suite, et que l'on avait négligé de vacciner, contractèrent également la fièvre charbonneuse : sur 15 bovidés malades,

7 animaux traités ont fourni 6 guérisons et 1 insuccès, les 8 autres, non traités ont tous succombé.

Un bœuf traité dans une autre ferme en juillet 1914, a également résisté, ainsi qu'un mulet traité en 1917 au kilomètre 4 de la route de Florina au col de Pisoderi, où de nombreux animaux de bât sont morts à cette époque de fièvre charbonneuse.

Nous poursuivons l'étude de l'action curative de la Pyocyanéïne dans la maladie du charbon, encouragé par tous les confrères qui ont collaboré avec nous et par les industriels, importateurs de peaux, tanneurs, mégissiers et fabricants de crins, qui suivent avec intérêt toutes les recherches concernant le charbon professionnel.

M. LE Dr J. LE GOFF,
Paris.

GLYCOSURIE ET SACCHAROSURIE CONSÉCUTIVES A L'INGESTION DU SUCRE CRISTALLISÉ

616.633

28 Juillet.

La consommation du sucre cristallisé a pris une extension considérable depuis le commencement du XIXe siècle et ne cesse de s'accroître d'une année à l'autre.

D'après Willet et Gray (1), la production mondiale du sucre cristallisé fabriqué avec la betterave et la canne à sucre s'est élevée en 1911 jusqu'à 17 millions de tonnes.

En France, suivant le Bulletin statistique du Ministère des Finances, la consommation du sucre a plus que décuplé depuis 100 ans comme le montre le tableau suivant :

Années.	Consommation en tonnes.
1820	48.000
1850	114.225
1860	201.473
1870	230.304
1880	317.720
1890	468.063
1895	428.519
1900	454.554
1905	526.111
1910	624.331
1911	694.036
1912	666.964
1913	708.528

(1) *Journal des Fabricants de sucre*, 14 Juin 1911.

En 1820, chaque Français consommait à peine par jour quatre grammes de sucre, soit un demi morceau, en 1850, il en consommait huit grammes, soit un morceau de sucre, en 1890, trente-trois grammes et en 1911 cinquante, soit plus de 7 morceaux de sucre.

La consommation exagérée du sucre présente-t-elle des inconvénients? Assurément si on la considère comme une des principales causes de l'augmentation des cas de diabète signalés dans tous les pays.

Pour la Ville de Paris, l'Annuaire statistique a enregistré en 1880, 128 décès causés par le diabète sucré, soit une moyenne de 0,644 pour 10.000 habitants. Cinq ans après en 1885, on a 261 décès et une moyenne de 1,165 pour 10.000 habitants. En 1890, on trouve 304 décès et une moyenne de 1,345 pour 10.000 habitants; en 1895 on a 370 cas; en 1900, 427; en 1905, 443 et en 1909, on atteint le chiffre important de 525 décès soit approximativement 2 décès pour 10.000 habitants. Ainsi en trente ans le nombre des décès causés par le diabète a quadruplé (1).

D'après Williamson (2), on a enregistré en Angleterre en 1866, 32 cas de mort par million d'habitants causée par le diabète, en 1886, 59 cas, en 1906, 97 cas, et en 1907, 96 cas; à Berlin, la mortalité diabétique s'est accrue d'une façon très marquée, de 1871 à 1880, la mortalité était de 0,24 par 10.000 habitants; de 1881 à 1890, 0,43 et de 1891 à 1900, 0,82; en 1905, elle atteint 1,6 pour passer en 1906 à 2. A Francfort, elle était en 1906 de 2,382. Dans le Danemark, à Copenhague de 1880 à 1884, elle était de 0,7; de 1885 à 1889, 0,8; de 1890 à 1894, 0,8; en 1906, 1,53; en 1907, 1,58. A Budapest, la mortalité a doublé en 10 ans. Aux États-Unis, la mortalité diabétique qui était de 1,11 en 1903 est passée à 1,39 en 1907. Cette année-là, quatre grandes villes américaines ont atteint et même dépassé 2 pour 10.000 habitants : Worcester M. 2, 73; Syracuse N.-Y. 2, 57; the Bronx New-York, 2,5; Rochester N.-Y., 2,16. En Australie, à Victoria, la mortalité diabétique s'est élevée de 0,38 en 1900, à 1,1 en 1907. Dans un travail récent (3), le Docteur Teizo Iwai, de Tokio, signale l'accroissement de la mortalité diabétique dans l'Empire du soleil levant.

J'ai commencé mes recherches en mai 1911, mes premiers résultats ont fait l'objet d'une communication à l'Académie des sciences (4). J'ai donné 100 grammes de sucre à plusieurs sujets sains et dans la plupart des cas, j'ai obtenu de la glycosurie et de la saccharosurie.

Pour diverses raisons, il m'a été impossible de refaire cette expérience sur l'homme, non plus une seule fois, mais journellement et pendant un certain temps. J'ai dû la faire sur un chien de trois à quatre ans, du poids de 14kg,600.

(1) Dr J. LE GOFF. — *De la mortalité chez les diabétiques, Gazette des hôpitaux*, 30 mars 1911.

(2) R. T. WILLIAMSON, *The Geographical Distribution of Diabetes Mellitus, Medical Chronicle*, July 1909.

(3) Dr T. IWAI, *Le diabète sucré chez les Japonais*, traduit par le Dr LE GOFF. — *Archives de médecine expérimentale et d'anatomie pathologique*, 1916, t. XXVII.

(4) J. LE GOFF. — *Glycosurie et saccharosurie chez l'homme sain, consécutives à l'absorption de 100 grammes de saccharose. Comptes rendus de l'Académie des sciences*, t. CLII, p. 1785, séance du 19 juin 1911.

Ce chien était enfermé dans une cage métallique de $0^m,90$ de longueur, $0^m,62$ de largeur et $0^m,03$ de hauteur, dont le fond formant plan incliné, permettait de recueillir les urines. Celles-ci, examinées pendant un mois avant le début de mon expérience, n'avaient jamais présenté de traces de glucose.

Le chien recevait tous les jours une pâtée composée de 1.000 grammes d'eau, 250 grammes de pain, 250 grammes de viande. Par tâtonnements, j'ai trouvé que la ration alimentaire était de 1.500 grammes par jour, et, dans mes recherches, cette ration n'a pas beaucoup varié. Quand la pâtée n'était pas mangée entièrement un jour, elle était complétée et donnée le lendemain.

Tantôt, j'ai donné le sucre en dehors du repas, le matin, quand l'animal était à jeun, tantôt, et c'était le plus souvent, je l'ai mêlé à la pâtée.

Lorsque la prise se faisait à jeun, comme le 2 décembre, l'apparition du glucose et du saccharose dans les urines était plus rapide et plus marquée.

Mes premières recherches commencées dans le laboratoire du professeur Armand Gautier, ont été continuées dans celui du professeur Pierre Marie. J'adresse à ces deux maîtres tous mes remerciements pour leur bienveillant accueil.

C'est le 8 juin 1912 que j'ai commencé à donner au chien le sucre, et j'ai continué jusqu'au jour de la déclaration de la guerre; donc, pendant plus de deux années, à l'exception du mois de janvier 1913, où le sucre fut supprimé.

Dans les urines de 24 heures, recueillies avec soin, j'ai cherché la présence du glucose après défécation par le nitrate acide de mercure.

J'ai dosé ce corps avant et après hydrolyse par quelques gouttes d'acide chlorhydrique ou acide sulfurique.

Pour la défécation, j'ai suivi le procédé de Patein, toutefois la séparation du mercure par le zinc était obtenue par agitation pendant quelques minutes de zinc en poudre dans la solution filtrée.

Pour le dosage, j'ai employé tantôt la méthode de Gabriel Bertrand (1), tantôt la méthode habituelle de réduction de sels de cuivre en me servant exclusivement de deux solutions séparées.

La liqueur cuprique renfermait par litre 40 grammes de sulfate de cuivre, et la liqueur alcaline 200 grammes de sel de seignette et 150 grammes de soude caustique.

Pour démontrer que le glucose est bien éliminé par le rein et non produit par la fermentation du saccharose des urines émises, j'ai procédé de la façon suivante :

Le 29 décembre 1912, j'ai sondé le chien à 10 heures du matin et recueilli une urine contenant 1 gr.,30 de glucose et 2 grammes de saccharose.

De 10 heures du matin à 11 heures et demie, j'ai fait avaler par petites

---

(1) Gabriel Bertrand. — *Le dosage des sucres réducteurs, Bulletin de la Société chimique de Paris*, 1906, p. 1285.

quantité la solution suivante : saccharose, 200 grammes, eau distillée, 150 grammes. A 2 heures, j'ai sondé de nouveau et obtenu une urine qui, avant la défécation réduisait fortement la liqueur cupropotassique et qui, après défécation, montrait 9gr,10 de glucose pour 1.000.

Après hydrolyse, en portant à l'ébullition pendant 5 minutes cette urine additionnée de 10 gouttes d'acide chlorhydrique, je trouve 24gr,66 de saccharose exprimé en glucose.

A 4 heures, je sonde de nouveau et l'urine présente cette fois 8gr,32 de glucose et 21 grammes de saccharose.

Pendant toute cette journée d'expérience, le chien a refusé toute nourriture. Le lendemain, il émettait 400 centimètres cubes et le surlendemain 1.000 centimètres cubes d'urine, qui réduisait fortement la liqueur cupropotassique.

Tableau donnant l'ensemble des dosages urinaires.

Date.	Ration alimentaire en grammes.	Saccharose ingéré en grammes.	Volume des urines en centimètres cubes.	Glucose urinaire pour 1.000 avant hydrolyse.	Glucose urinaire pour 1.000 après hydrolyse.	Poids en kilogrammes.
—	—	—	—	—	—	—
Juin 1912.						
8. . . .	1.200	40	450	»	»	14.6
10. . . .	1.000	40	1.200	»	»	—
11. . . .	800	40	800	»	traces	—
12. . . .	800	40	760	»	traces	—
13. . . .	800	40	350	»	traces	—
14. . . .	900	60	800	0.40	0.83	14.3
15. . . .	1.500	80	1.650	0.10	0.50	—
17. . . .	1.000	80	500	0.15	0.50	—
18. . . .	1.000	80	740	0.25	0.41	—
19. . . .	1.000	100	700	0.74	1.00	—
20. . . .	1.000	100	980	0.30	0.70	—
21. . . .	1.000	100	1.150	0.30	0.55	—
22. . . .	2.000	100	1.200	0.38	0.38	14.3
24. . . .	1.500	200	1.750	0.25	0.60	—
25. . . .	1.500	200	1.250	1.10	5.00	—
26. . . .	1.500	200	1.150	1.00	3.33	—
27. . . .	1.500	200	950	0.50	1.50	—
28. . . .	1.500	200	1.200	0.25	3.33	—
29. . . .	1.500	200	1.400	0.30	2.00	—
uillet.						
1. . . .	1.500	200	1.670	0.25	0.50	—
2. . . .	1.500	200	1.230	1.66	2.70	14.6
3. . . .	1.500	200	1.200	1.00	1.43	—
4. . . .	1.500	200	1.230	0.50	1.00	—
5. . . .	1.500	200	850	0.45	5.00	—
6. . . .	1.500	200	1.410	1.10	7.50	14.9
8. . . .	1.500	200	2.300	1.15	8.10	—

Date.	Ration alimentaire en grammes.	Saccharose ingéré en grammes.	Volume des urines en centimètres cubes.	Glucose urinaire pour 1.000		Poids en kilogrammes.
				avant hydrolyse.	après hydrolyse.	
Novembre.						
20. . . .	1.500	100	660	0.70	5.00	16.6
25. . . .	1.500	100	1.200	1.20	2.00	—
28. . . .	1.500	100	1.000	0.80	1.11	—
Décembre.						
1. . . .	1.500	100	700	1.10	2.00	—
2. . . .	—	200	—	—	—	—
3. . . .	500	33	60	3.85	53.33?	—
4. . . .	1.500	100	600	2.10	8.25	—
5. . . .	750	50	750	1.10	1.70	—
10. . . .	300	20	600	0.50	1.10	—
12. . . .	300	20	500	2.00	2.95	—
16. . . .	1.500	100	500	1.75	2.85	—
17. . . .	750	50	600	1.10	1.45	—
26. . . .	1.500	100	800	0.70	1.15	—
28. . . .	500	33	600	0.70	1.20	—
31. . . .	1.500	100	1.000	0.92	2.22	—
Janvier 1913.						
1. . . .	1.500	—	1.500	0.42	0.60	—
3. . . .	1.300	—	450	0.62	—	—
6. . . .	750	—	500	0.58	—	—
7. . . .	750	—	500	0.22	—	—
10. . . .	1.500	—	1.100	0.10	—	—
11. . . .	1.500	—	900	traces	—	—
12. . . .	1.500	—	1.000	traces	—	—
13. . . .	1.500	—	1.010	0.12	—	—
14. . . .	1.500	—	1.450	0.15	—	—
15. . . .	1.500	—	1.100	0.16	—	15.8
16. . . .	1.500	—	1.100	0.25	—	—
17. . . .	1.500	—	520	0.30	—	—
18. . . .	1.500	—	780	0.12	—	—
19. . . .	1.500	—	350	0.10	—	—
20. . . .	1.500	—	1.300	0.13	—	—
21. . . .	1.500	—	800	0.16	—	16.2
22. . . .	1.500	—	1.100	0.20	—	—
23. . . .	1.500	—	1.300	0.10	—	—
24. . . .	1.500	—	1.100	0.10	—	—
25. . . .	1.500	—	1.000	0.15	—	—
26. . . .	800	—	1.000	0.20	—	—
27. . . .	1.500	100	800	0.16	—	—
28. . . .	1.500	100	450	1.35	1.92	15.5
29. . . .	1.500	100	800	0.99	1.81	—
30. . . .	750	50	1.500	0.30	0.90	—
31. . . .	100	6.6	600	0.32	0.92	—

Date.	Ration alimentaire en grammes.	Saccharose ingéré en grammes.	Volume des urines en centimètres cubes.	Glucose urinaire pour 1.000 avant hydrolyse.	Glucose urinaire pour 1.000 après hydrolyse.	Poids en kilogrammes.
Février.						
1. . . .	100	6.6	250	0.50	1.00	—
3. . . .	100	6.6	250	1.50	2.50	16.2
4. . . .	1.500	100	400	1.40	2.10	—
5. . . .	1.500	100	550	1.80	2.20	—
6. . . .	250	16	700	1.00	1.80	—
10. . . .	1.500	100	600	0.83	1.25	—
17. . . .	750	50	550	0.72	1.20	16.0
24. . . .	300	20	900	0.62	1.80	—
26. . . .	750	50	350	2.50	3.25	—
28. . . .	300	20	300	0.45	—	—
Mars.						
10. . . .	750	50	400	0.83	—	—
13. . . .	350	20	300	0.83	—	—
17. . . .	350	20	300	0.75	—	—
23. . . .	1.500	100	200	1.25	—	—
31. . . .	1.500	100	800	0.70	—	—
Avril.						
7. . . .	1.500	100	250	1.10	1.60	—
14. . . .	750	50	400	2.05	—	16.8
21. . . .	1.500	100	300	0.70	—	—
28. . . .	750	50	550	1.05	—	—
Mai.						
5. . . .	1.500	100	550	1.43	2.50	—
11. . . .	750	50	200	2.50	—	—
19. . . .	750	50	100	2.00	—	15.4
26. . . .	750	50	600	3.50	—	—
Juin.						
16. . . .	750	50	700	1.10	—	16.0
Août.						
25. . . .	1.500	100	950	2.50	3.50	—
Octobre.						
20. . . .	1.500	100	1.000	2.10	6.25	—
Novembre.						
4. . . .	1.500	100	1.155	0.25	2.00	—
Décembre.						
15. . . .	1.500	100	600	0.30	0.50	16.0
Janvier 1914.						
5. . . .	1.500	100	500	0.40	1.00	—

Date	Ration alimentaire en grammes	Saccharose ingéré en grammes	Volume des urines en centimètres cubes	Glucose urinaire pour 1.000 avant hydrolyse	Glucose urinaire pour 1.000 après hydrolyse	Poids en kilo-grammes
—	—	—	—	—	—	—
Mai.						
18. . . .	Eau à volonté	400	400	—	1.50	—
24. . . .	—	300	300	0.62	1.66	—
Juin.						
14. . . .	—	300	850	2.22	5.00	—
22. . . .	—	300	320	3.33	36.5	12.0
26. . . .	—	200	150	5.00	—	—
27. . . .	—	300	130	16.00	—	—
28. . . .	—	300	70	12.50	22.22	—
Juillet.						
3. . . .	—	300	100	5.5	23.10	—
4. . . .	—	200	300	5.00	13.75	—
6. . . .	—	200	50	5.12	—	—
8. . . .	—	300	60	—	33.30	11.0
17. . . .	—	200	170	12.5	31.25	—
18. . . .	—	100	200	5.24	—	—
19. . . .	—	200	30	16.20	—	—
25. . . .	—	400	180	8.77	11.25	—
26. . . .	—	150	100	8.33	13.50	—

De mes recherches sur l'homme, on conclut qu'une absorption à jeun de 100 grammes suffit à produire de la saccharosurie dans tous les cas et de la glycosurie dans 20 cas sur 22. La prise de 50 grammes de sucre peut faire apparaître la glycosurie.

La tolérance de certains sujets pour le sucre forme une exception. La consommation exagérée du sucre conduit à la glycosurie.

Le sucre est l'aliment le plus dangereux pour le diabétique.

L'alimentation sucrée est contre-indiquée chez tous les sujets qui mènent une vie sédentaire, chez ceux qui ont présenté de la glycosurie passagère, enfin chez ceux qui ont une hérédite diabétique ou cancéreuse.

La petite quantité de saccharose signalée par M. Bernier (1) dans l'urine normale provient sans doute du sucre absorbé.

Vu la facilité avec laquelle le sucre passe dans les urines, il conviendrait d'indiquer pour les recherches sur les urines non pathologiques si elles proviennent d'individus ayant pris ou non cet hydrate de carbone.

Mes expériences sur le chien me permettent de dire que chez cet animal la glycosurie et la saccharosurie n'apparaissent qu'après l'absorption d'un

(1) R. Bernier. — *Recherches sur les hydrates de carbone de l'urine normale, Journal de pharmacie et de chimie*, 16 mai 1914.

poids de sucre supérieur à celui nécessaire pour produire ce phénomène chez l'homme, soit 4gr,44 par kilogramme corporel, chez l'homme il faut 1 gramme par kilo.

Les fonctions intestinales se font difficilement, le volume des urines diminue d'une façon très marquée. Le poids augmente d'abord, puis reste stationnaire. L'addition de sucre aux aliments détermine l'apparition d'eczéma sur différentes parties du corps.

Si, comme je l'ai fait, on nourrit l'animal avec du sucre et de l'eau ordinaire à discrétion, on voit la glycosurie et la saccharosurie augmenter, le volume des urines diminuer. En deux mois, l'animal a perdu 5 kilos.

Il y a lieu de se demander si le passage dans l'organisme du saccharose qui n'est pas directement assimilable ne serait pas susceptible d'y produire des troubles et des lésions et de déterminer à la longue la glycosurie permanente.

13e Section.

ÉLECTRICITÉ MÉDICALE

Président. . . M. LE Dr ARCELIN, chef du Service radiographique à l'Hôpital Saint Joseph de Lyon.

M. LE Dr ARCELIN

ALLOCUTION DU PRÉSIDENT

615.84

28 Juillet.

Il y a treize ans, j'avais invité le Congrès préhistorique de France visiter les fouilles que je pratiquais alors à Solutré. Vers la fin du banquet, le comte Zeppelin Aschhausen se levait et dans une harangue à sa façon, il nous proposait une excursion en Alsace-Lorraine. Il mettait en avant le « noble et commun intérêt de la science qui ne connaît pas les limites des frontières et qui permet de reléguer à l'arrière plan les choses qui séparen les hommes (1) ». La proposition reçut un accueil plus que réservé. Il es non des choses, comme le disait le boche, mais des sentiments que l'homm de science garde au fond de son cœur et n'oublie pas.

Le temps a passé. Les frontières ne se sont pas abaissées devant u congrès scientifique. Elles se sont reculées aux limites qu'elles n'auraien jamais du quitter. La grande épopée des temps modernes a rendu au sol français ses frontières naturelles.

C'est avec une très grande joie que je viens présider à Strasbourg l XIIIe section de l'Association Française pour l'Avancement des Sciences. C'est la réalisation inespérée d'un rêve douloureusement entrevu jadis!

Notre Section sera largement ouverte à tous nos amis d'Alsace et de Lorraine. Qu'ils viennent nombreux à nos séances, qu'ils nous apportent leur travaux. Ils seront reçus à bras ouverts. Ils nous feront le plus vif plaisir, nous les écouterons avec intérêt.

Je souhaite la bienvenue à nos amis, les radiologistes belges, notr amitié pour eux est maintenant d'une solidité à toute épreuve.

Après six années d'interruption, le congrès de l'Association Françai

(1) *Congrès préhistorique de France.* — Compte rendu de la IIIe session, p. 978.

pour l'Avancement des Sciences à mis quelques hésitations à reprendre ses traditionnelles assises d'avant-guerre. Je n'ai été avisé que fin mai de la date exacte de notre session. La grande famille des électro-radiologistes français s'est trouvée quelque peu surprise. Un petit nombre seulement a répondu à mon tardif appel. Je lui en garde une profonde reconnaissance. Les autres retrouveront sans doute l'an prochain le chemin de nos réunions si amicales, si vivantes, si instructives. Qui de nous n'a gardé un souvenir charmant des sessions de Dijon, de Toulouse, de Nîmes?

Aucun de nous non plus n'a oublié le congrès du Havre, brutalement interrompu par l'agression allemande. Certes, en nous dispersant pour répondre à l'ordre de mobilisation, personne ne songeait à une aussi longue séparation.

Les années ont passé. Quelques habitués de nos congrès annuels ne reprendront jamais plus leur place parmi nous. C'est pour moi un devoir bien cher de rappeler ici leurs mémoires et leurs noms : *Guilloz*, professeur à la faculté de Nancy, *Michaud*, professeur à l'École de médecine de Dijon, *Wullyamoz* de Lausanne, *Marquès* de Montpellier, *Suquet* de Nîmes et plus récemment *Jaugeas*.

Nous conserverons un souvenir ému de ces natures d'élite, de ces radiologues enthousiastes de la première heure qui ont tout sacrifié, leur fortune, leur santé et leur vie pour faire progresser les sciences que nous aimons tant!

La guerre a été une grande épreuve pour notre spécialité sous toutes ses formes : électrologie, radiologie, haute fréquence, lumière, radium; jadis reléguée presque au dernier plan, elle occupe maintenant une place parallèle aux autres spécialisations de la médecine et de la chirurgie.

Je n'ai pas l'intention de faire une revue générale des progrès réalisés pendant la période de travail intense que nous venons de traverser. Ce serait infiniment trop long.

Je me contenterai d'appeler votre attention sur les conditions idéales d'exercice de notre spécialité telles que le service de santé militaire les a réalisées dans quelques-uns de ses hôpitaux modèles. Si il y a eu un certain nombre de médecins militaires réfractaires (1) aux progrès nécessaires, d'autres ont su évoluer et s'assimiler les perfectionnements progressifs de nos méthodes particulières.

Appelé à organiser l'une de ces formations privilégiées, je puis dire que *la collaboration des compétences y avait été pleinement réalisée*. Voilà le grand souvenir que je conserve de mon séjour dans la forêt de la Gironcèle (2).

Les locaux de l'hôpital avaient été aménagés dans le but d'assurer cette collaboration. Le laboratoire de radiologie, parfaitement organisé avec

(1) Leurs noms sont voués à l'oubli et au mépris. Je me garderai bien de les rappeler.
(2) A 20 kilomètres au sud de Verdun, il avait été construit en 1918 un hôpital modèle du service de santé, dont la direction avait été confiée au médecin principal Duguet.

toutes ses dépendances, touchait à la salle d'opérations, se prolongeait même à son intérieur pour donner au chirurgien le contrôle radioscopique à n'importe quel moment.

Une autre ramification du secteur électrique se développait dans les salles d'hospitalisation. Chaque blessé dans son lit, sans subir le moindre déplacement, pouvait être soumis, dans les meilleures conditions, à un examen radiologique ou électrique.

Chaque poste ainsi compris était desservi par une équipe de trois radiologues, se relayant de 8 heures en 8 heures. Chacun d'eux était aidé par un manipulateur de tout premier ordre, l'un docteur en droit, l'autre licencié ès-sciences physiques, un troisième élève d'une grande école d'électricité de Paris ou de Grenoble.

Je le demande à MM. les Administrateurs de nos hopitaux civils, combien d'entre eux ont eu à cœur de visiter, de connîatre et d'imiter ce qu'avait fait de parfaitement bien le service de santé militaire? Il ne faudrait pas que cette leçon terrible de la guerre, avec ses millions de morts, de mutilés et de blessés soit perdue entièrement pour ceux qui souffrent.

Le retour à l'intérieur pour plus d'un d'entre nous a été, au point de vue de l'exercice de notre spécialité, un véritable désenchantement. Il a fallu retrouver des locaux installés aux hasards des circonstances, à la cave ou au grenier dans des espaces trop restreints, utiliser des appareils d'un modèle archaïque, des aides non éduqués, incapables d'assurer le service le plus élémentaire d'un laboratoire. D'autres encore moins favorisés se sont retrouvés seuls pour faire face à toutes les exigences d'un service compliqué et délicat. Certains ont été obligés, au risque d'accidents graves, de développer eux-mêmes leurs plaques comme aux temps héroïques de la radiologie.

Il y a certes quelque amertume à faire ces constatations. Tandis que partout l'industrie s'organise pour un meilleur rendement, il semble que dans certains milieux hospitaliers, la routine soit restée la grande maîtresse. Je dois rendre justice à quelques rares administrateurs que je connais et les féliciter de tendre à organiser leurs services hospitaliers avec des méthodes parallèles à celles des industries modernes les mieux comprises.

L'art de soigner un blessé ou un malade ne se pratique plus comme jadis par un noble praticien pontifiant seul avec sa cravate blanche et son habit. Un diagnostic scientifiquement établi repose sur une série de données méthodiquement recueillies par une série de spécialistes : physiologistes, bactériologistes, histologistes, radiologistes, etc.

Le service de santé a parfaitement compris cette nécessité des temps modernes, en réunissant dans une même formation sanitaire des spécialistes compétents s'occupant simultanément du même blessé ou malade. Pas de déplacement pour le malade, pas de dispersion de clientèle pour le médecin, en un mot plus de temps perdu par la réunion des uns et des autres sous le même toit, dans l'isolement complet vis-à-vis du reste du monde.

Voilà évidemment des conditions idéales de travail et de rendement. Voilà la collaboration parfaite pour une fois réalisée!

Un blessé arrivait-il à la Gironcèle porteur d'une fracture! aussitôt dévêtu, réchauffé, nettoyé par les mains adroites et légères des infirmières, un examen radiologique complet venait préciser le siège et la nature de la fracture, avant même que le chirurgien ne l'ai vu. Par cette organisation, les signes classiques du diagnostic des fractures était systématiquement laissés de côté. Pourquoi en effet faire souffrir un blessé par la palpation, par la recherche de l'impotence fonctionnelle, par la crépitation osseuse? Quand un examen radiologique, non douloureux, nullement dangereux, peut donner en quelques minutes un diagnostic plus complet, plus précis que l'examen clinique le plus long et le plus minutieux.

Puis continuant l'application des mêmes principes, la réduction de la fracture ou de la luxation était faite sous contrôle des rayons X. Enfin, l'appareil posé, le plâtre pris, un dernier examen permettait de juger l'état définitif dans lequel allait se consolider le membre traumatisé.

Ces notions acquises par la douloureuse expérience de la guerre sont-elles entrées dans la pratique? Peut-être dans certains milieux hospitaliers, dans certaines cliniques particulièrement favorisées! Mais elles sont loin de s'être généralisées. La grande majorité satisfaite des données cliniques garde les méthodes du passé. Elle réserve la radiographie pour la période terminale alors qu'il n'y a plus qu'à constater une déformation définitivement acquise. Ainsi aura été réalisée la petite économie d'un examen, mais la victime de l'accident et la compagnie d'assurances payeront lourdement l'oubli en temps utile d'un procédé moderne d'exploratien.

La médecine militaire a tracé largement les procédés d'utilisation des diverses branches de notre spécialité. Elle en a fourni des exemples remarquables dans ses hôpitaux modèles (1). elle a montré les brillants résultats thérapeuthiques que seule peut donner une judicieuse coordination des locaux d'hospitalisation, des laboratoires et des salles d'opérations, complétée par une collaboration incessante de spécialistes compétents.

C'est à nous maintenant de faire connaître partout les organisations en matériel et en personnel qui peuvent assurer les meilleures conditions de traitement de nos malades, de nos blessés du temps de paix.

En dépit de tous les obstacles matériels, malgré les réfractaires et les routiniers, par la conscience que nous mettrons dans toutes nos recherches, nos méthodes s'imposeront tôt ou tard, j'en suis sûr.

(1) Le service d'électro-radiologie du Val-de-Grâce, complètement réorganisé par le médecin principal Hirtz, doit être cité comme modèle.

M. le Dr Th. NOGIER,

Lyon.

RAPPORT SUR LA RADIUMTHÉRAPIE DES FIBRO-MYOMES UTÉRINS
a été publié dans le *Journal de Radiologie et d'Électrologie*, tome IV, n° 12 année 1919.

---

28 Juillet.

MM. les Drs COLANÉRI et TERRACOL,

Metz.

UTILITÉ DE LA PNEUMO-SÉREUSE DANS LE DIAGNOSTIC RADIOGRAPHIQUE DES AFFECTIONS TRAUMATIQUES ARTICULAIRES

615.849

28 Juillet.

La thérapeutique chirurgicale des lésions articulaires plus interventionniste qu'avant la guerre, doit être secondée d'une façon systématique par des examens radiographiques après insufflation des articulations. La radiographie sans préparation spéciale de l'article reste muette, même pour un œil exercé, sur les lésions méniscales et ligamentaires; l'articulation insufflée, on voit plus en relief les rebords osseux, les ligaments sont dessinés, la synoviale apparaît dans toute son étendue, ses limites peuvent être définies, ses diverticules précisées et même ses altérations capacitaires mesurées.

Nous avons insufflé des articulations du genou, de l'épaule et du coude; les autres articulations sont plus difficilement injectables. La technique est la même, l'insufflation doit toujours être faite sous le contrôle d'un chirurgien ou d'un médecin exercé (asepsie, élimination de toute idée de bacillose, connaissances anatomiques), l'article doit être vidé, on se servira d'une aiguille à injection hypodermique, de la seringue de *Lüer* à grande capacité, de la pompe de l'appareil *Potain;* le trocart à genou crée des brèches qui provoquent la diffusion de l'air dans les parties extra-articulaires. Air injecté, ni azote, ni oxygène, mais de l'air atmosphérique pratiquement stérile. La résorption se fait en moyenne en quatre ou cinq jours. Nous avons utilisé pour la résorption rapide le système préconisé par *Chuiton* pour le pneumo-péritoine avec bon résultat, mais difficile pour la radiographie précise de profil. L'injection est pratiquée par les voies d'accès opératoires : à l'épaule : région antérieure, au coude : face postérieure, au genou, où l'on pratique habituellement la ponction : angle supéro-externe de la rotule; préférablement en perforant le tendon du quadriceps. C'est au genou surtout que la pneumarthrose est indispensable : chaque hémarthrose ou hydarthrose traumatique est régulièrement insufflée, radiographiée ensuite. On recherche sur le radiogramme l'intégrité des ailerons rotuliens, des ménisques, de leurs points d'insertion, les dimensions et les diverticules de la synoviale (point capital chez les hydarthrosés à répétition). On mesure l'écartement des extrémités articulaires qui facilite la laxité articulaire. Enfin, on découvre des corps étrangers et des anomalies osseuses rendus plus manifestes.

Nous croyons qu'il est préférable de limiter l'insufflation aux affections traumatiques, surtout en considération du résultat pratique.

M. le Dr FOVEAU DE COURMELLES,

Paris.

LES HÉMORRAGIES UTÉRINES ET LEURS TRAITEMENTS PHYSIOTHÉRAPIQUES

611.66 : 616 005

28 Juillet.

On néglige les anciens traitements, faradisation, galvanisation, curettage électrique, lumière (héliothérapie naturelle ou artificielle), encore si actifs et si à la portée des praticiens, parce que plus rapides sont les rayons X et le radium. Toutes les formes physiothérapiques peuvent agir efficacement sur l'hémorragie utérine, le plus souvent due à l'endométrite et au fibrome, et parfois au cancer.

La radiothérapie des fibromes qui date d'une première communication de l'auteur (Institut, 11 janvier 1904) est aujourd'hui classique; elle réussit dans la plus grande majorité de cas (*A. Béclère, J.-L. Faure, Bergonié, Guilleminot, Zimmern, Laquerrière, Delherm*...). L'hémorragie s'arrête dès les premières irradiations, alors faites de préférence sur les régions ovariennes.

Pour le cancer de l'utérus, qu'on accuse parfois les rayons X de produire, alors qu'il n'y a là que coïncidence, comme dans les cas de kystes de l'ovaire surajoutés au fibrome, le radium donne de meilleurs résultats par son application de doses plus ou moins fortes dans le vagin, encore convient-il de ne pas s'exposer à des gangrènes locales.

D'ailleurs, le dosage des rayons X et du radium n'est encore que relatif et les applications plus ou moins élevées sont encore très discutées.

MM. LES Drs GUILBERT ET BAUDON,
Chefs de Laboratoires des Hôpitaux de Paris.

NOTES SUR LA RADIOTHÉRAPIE PROFONDE EN ALLEMAGNE

615.849 (43)

28 Juillet.

Faute d'appareillage approprié la radiothérapie profonde n'a pas fait en France les progrès que nous avons pu constater en Allemagne.

Il nous a paru intéressant de résumer les conclusions de nos voyages d'études en quelques notes sur :

1º L'appareillage et les tubes entolérés;

2º Les moyens de mesure des rayons pénétrants;

3º Les différentes méthodes d'application;

4º Les résultats qui nous ont été donnés.

M. LE Dr H. GUILLEMINOT,
Paris.

RAPPORT SUR LES PROCÉDÉS QUANTITO-MÉTRIQUES EMPLOYÉS EN RADIOLOGIE

615.847

28 Juillet.

Il faut avant tout se rendre compte que tout réactif quel qu'il soit n'indique pas *forcément* l'intensité absolue du rayonnement X étudié, car les rayons X de λ variées n'ont pas forcément à intensité égale la même action sur le réactif. Il n'indique pas davantage *forcément* la grandeur d'un phénomène biologique produit par ce rayonnement, car à intensité absolue égale deux faisceaux X de λ variées n'ont pas forcément la même action sur les éléments vivants.

Les raisons de ce défaut de parallélisme résident d'une part dans la différence d'absorbabilité des faisceaux suivant leur qualité et d'autre part dans la spécificité élective possible des faisceaux de telle ou telle λ pour produire tel ou tel effet. C'est donc l'expérience seule qui peut permettre d'établir des barèmes donnant l'efficacité des doses mesurées par un réactif sur la matière vivante.

Les réactifs chimiques ont donné l'illusion de ce parallélisme.

Les plus connus sont le réactif de *Holzknecht*, le réactif de *Villard* employé par *Sabouraud* et *Noiré* et par *Bordier*, le réactif photographique de *Kienböck*.

En réalité ce parallélisme n'est qu'apparent et l'on sait aujourd'hui que la mesure en unités H, si l'on ne tient pas compte de la qualité du rayonnement, est absolument illusoire.

Le réactif ionométrique et le réactif séléniométrique ne paraissent pas encore susceptibles d'entrer dans la pratique. Pourtant le Dr *Furstenau* parait avoir réalisé un radiomètre au sélénium présentant un certain intérêt.

Le réactif fluorométrique permet des mesures rapides et sûres. Il n'y a bien entendu aucun parallélisme entre ses indications et l'efficacité biochimique du rayonnement, mais on peut l'utiliser avec une précision rigoureuse grâce au fait suivant : si l'on rapporte les effets biochimiques produits aux doses d'énergie radiante non pas incidentes, mais absorbées, on constate qu'à doses absorbées égales, les effets produits sont les mêmes quelle que soit la qualité du faisceau. Ce qu'il y a de particulier pour ce calcul, c'est que la détermination des doses absorbées peut se faire par la mesure des effets fluoroscopiques comme si ces effets traduisaient l'intensité absolue du rayonnement.

MM. les Drs JAULIN et LIMOUZI,

Orléans.

UTILITÉ DE LA RECHERCHE RADIOGRAPHIQUE DES LÉSIONS OSSEUSES DANS LA SCIATIQUE

615.849

28 Juillet.

Les sciatiques vues par les physiothérapeutes sont en général des cas rebelles ayant résisté au traitement médical ordinaire.

Le physiothérapeute doit établir un diagnostic causal. Ce diagnostic indiquera le traitement et permettra d'établir le pronostic.

Pour cela il faut un examen complet :

Interrogatoire. Inspection : amyotrophie, hypotonicité, attitude, démarche.

Palpation portant sur le domaine du sciatique et celui du *crural.*

Percussion forte de la hanche, du genou, de la région lombo-sacrée.

Mensuration. Examen des réflexes, mobilité de la hanche et de la colonne vertébrale. Électro-diagnostic.

Cet examen peut faire soupçonner une lésion de la hanche ou de la région lombo-sacrée. La radiographie confirme souvent cette hypothèse. Les auteurs montrent neuf radiographies choisies entre plusieurs autres. Les cas de lésions osseuses diverses des dernières lombaires sont fréquentes.

M. le Dr JAULIN,

Orléans.

TRAITEMENT DU SYCOSIS STAPHYLOCOCCIQUE PAR LA RADIOTHÉRAPIE ET L'ION ZINC

616.949.2 + 615.849

28 Juillet.

L'auteur a traité et guéri cinq cas de sycosis staphylococcique rebelles par la technique suivante :

Radiothérapie : 5 *H* sans filtre pour faire tomber les poils.

Dans les jours suivant la radiothérapie : *Ionisation* à l'ion zinc avec un bandeau épais de ouate hydrophile imbibé d'une solution de sulfate de zinc à 2 0/0 et relié au pôle positif. Durée de la séance : une heure. Intensité : 10 milliampères.

Le traitement doit être continué jusqu'à guérison complète. Il a été respectivement dans les cinq cas de : 85, 51, 38, 22 et 20 séances.

L'ionisation sans radiothérapie essayée dans deux cas n'a donné que des améliorations passagères. Il en est de même en général quand on ne fait que de la radiothérapie.

M. le Dr MORLET,

Anvers (Belgique).

I. — EXAMEN RADIOLOGIQUE DU TUBE DIGESTIF, EN PARTICULIER DE L'APPENDICE (Méthode américaine).
II. — RADIOTHÉRAPIE DANS LA TUBERCULOSE OSSEUSE ET ARTICULAIRE
III. — TRAITEMENT PAR LE RADIUM

616.849 + 546.432

28 Juillet.

I. — *Examen radiologique du tube digestif, en particulier de l'appendice* (Méthode américaine). — La technique des Américains diffère de la nôtre par trois points :

1° Ils choisissent comme véhicule du baryum le « *Butter Milk* ». *Arial Georges* prétend par cette méthode rendre l'appendice visible chaque fois qu'il n'est pas pathologique, et aussi dans certains cas pathologiques ;

2° Ils attachent en général plus d'importance aux données de la radiographie qu'à celles de la radioscopie. L'auteur que je cite n'emploierait qu'exceptionellement cette dernière. Mon avis est que toutes deux sont indispensables et se complètent.

3° Ils emploient les fils à double émulsion placés entre deux écrans renforçateurs, abrégeant ainsi le temps de pose tout en obtenant des clichés riches en détails.

Caractères de l'appendice sain et de l'appendice pathologique. Présentation de quelques clichés obtenus par cette méthode.

II. — *Radiothérapie dans la tuberculose osseuse et articulaire.* — Relation d'une série de cas traités avec succès.

Quelques cas suivis de radiodermites tardives malgré un filtre de 4 mill. Al. et 5 H.

Technique.
- Ampoule Siederöhre (*Müller*) : dureté 9 à 9 1/2 B au-dessus du filtre.
- Filtre de 4 mill. Al.
- 2 1/2 millis.
- 3 à 5 H. par porte d'entrée (mesurés sous le filtre, à la peau) suivant les régions.
- Une séance par mois.

III. — *Traitement par le radium :*

a) *Des verrues de la verge.*

Jeune homme présentant dix-sept verrues du gland, et le canal tapissé de verrues sur une longueur de 8 centimètres.

L'affection a été soumise à tous les traitements, y compris la cautérisation et le raclage.

Guérison radicale et facile par le radium.

b) Prurit rebelle *scrotal, vulvaire* et *périanal.*

Quelques cas de guérison rapide.

Certes, de nombreux confrères français connaissent la méthode américaine. Mon but est seulement de provoquer chacun à donner ses résultats afin que nous puissions par nous-mêmes voir ce que l'on peut en attendre *en réalité.*

De même, en exposant mes résultats en radiothérapie des articulations tuberculeuses, j'ai surtout en vue de voir discuter la technique. Ceux qui en ont fait plus que moi pourront certes nous donner d'utiles renseignements sur le dosage exact et la technique idéale. Pendant l'occupation j'ai vu dans la littérature allemande (la seule que nous ayons alors) quantité d'opinions différentes.

M. le Dr Stéphane LEDUC,

Professeur à l'École de Médecine de Nantes.

ALBUMINOLYSE ÉLECTROLYTIQUE

612.741.14 + 615.841.7

28 Juillet.

Avec des courants intenses et prolongés et des électrodes électrolytiques, sous la cathode, on guérit régulièrement les ankyloses, les adhérences et on fait disparaître les exsudats. Cela est attribuable à la solubilisation, la dissolution, la résorption et l'entraînement des albuminoïdes coagulées. Solubilation facile à mettre en évidence par l'expérience.

M. le Dr MIRAMOND de LAROQUETTE,

Médecin principal de l'Armée, Alger.

HÉLIOTHÉRAPIE MÉTHODIQUE (1)

615.831

28 Juillet.

Il ne suffit pas de mettre les malades au soleil pour faire œuvre utile.

L'héliothérapie est une radiothérapie, donc de notre domaine. Elle doit être étudiée et appliquée avec méthode, sous peine d'inefficacité ou d'accidents.

Toutes les radiations du spectre solaire ont leur part d'action; elles se différencient surtout par leur pénétration et leur niveau d'absorption.

Les rayons dits chimiques lumineux et surtout les ultra-violets sont absorbés par les premiers millimètres des tissus. On attribue à l'ultra-violet un rôle exagéré. Les rayons dits calorifiques infra-rouges et surtout les lumineux sont plus pénétrants; on en décèle après plusieurs centimètres de profondeur. L'action des rayons chimiques s'exerce localement sur la peau. Les effets locaux profonds ne sont produits que par les rayons jaunes, orangés, rouges. Les rayons chimiques et les rayons calorifiques ont, d'autre part, des effets généraux importants grâce au sang circulant et au système nerveux.

Toutes les radiations ont d'ailleurs des effets énergétiques de même

(1) Voir sur ce sujet : *Principes et moyens de régulation de la cure solaire* (*Monde Médical*, avril 1920). — *Analogies et différences d'action des diverses radiations solaires* (*C. R., Ac. Sc.*, 12 juillet 1920).

ordre : excitation, inflammation ou destruction suivant l'intensité du rayonnement absorbé par le tissu intéressé.

Le dosage en héliothérapie est difficile, mais non impossible.

Comme moyen de mesure, deux thermomètres suffisent un noir au soleil (température du rayonnement), un brillant à l'ombre (température de l'air). De plus, si l'on veut, mais non indispensables, des échelles de teintes sur papier photographique.

Les effets d'excitation ou biotiques les plus utiles pour l'état général sont obtenus avec des intensités moyennes de 30 à 40° au thermomètre noir. Les effets d'inflammation très efficaces pour les lésions locales chroniques, particulièrement les tuberculoses osseuses sont réalisés à des températures moyennes de 50°. Les effets destructeurs bactéricides ou autres toujours superficiels exigent des températures de 60° ou davantage.

La réduction du rayonnement parfois nécessaire, surtout au début des traitements et dans les pays chauds, est obtenue avec des filtres : gaze, verres, celluloïd, soit sur la lumière blanche totale, soit partiellement avec des filtres de couleur, bleus ou jaunes, suivant qu'on veut agir en surface ou en profondeur.

Le renforcement du rayonnement, plus souvent nécessaire dans nos climats, est obtenu avec des miroirs. Un dispositif spécial (miroir d'Archimède) permet de diriger sur le corps ou la région à traiter, le nombre utile de doses de radiations.

M. le Dr MIRAMOND de LAROQUETTE

UTILISATION D'ÉCHELLES DE TEINTES RADIOPHOTOGRAPHIQUES POUR L'ÉTUDE DU RAYONNEMENT DES AMPOULES

615.849

28 Juillet.

Nos moyens pratiques de mesure du rayonnement émis par les ampoules sont encore très limités et l'emploi des pastilles ne donne pas dans tous les cas les précisions qui seraient nécessaires pour l'analyse des divers phénomènes radiographiques et radiothérapiques.

Bien des points, d'autre part, sont à préciser ou vérifier parmi les données théoriques sur la valeur du rayonnement des ampoules suivant les divers facteurs, intensité du courant, longueur d'étincelle, etc., qui régissent le débit ou l'utilisation de ce rayonnement. Les formules qui les concernent ne sont pas, en pratique, trouvées rigoureusement exactes.

Ainsi, l'intensité d'action chimique des rayons émis ne va pas toujours régulièrement croissant avec l'intensité en millis. Chaque ampoule parait avoir son cœfficient et qui varie avec l'appareillage. Il importe, dans la plupart des cas, de le mesurer expérimentalement.

Le facteur longueur d'étincelle intervient de manière plus variable encore et ne peut être que très approximativement représenté dans une formule mathématique.

Même la loi des intensités inverses aux carrés des distances ne se trouve pas en pratique pour les diverses hauteurs d'ampoules, absolument vérifiée dans tous les cas.

Pour apprécier le plus exactement possible le rendement d'une ampoule sur un appareillage donné et suivant les diverses conditions de fonctionnement, j'ai utilisé des échelles de teintes radiographiques analogues aux échelles de teintes photographiques dont je me sers pour la mesure du rayonnement solaire. Ces échelles de teintes sont obtenues en impressionnant des secteurs parallèles d'une même plaque ou d'un même papier sensible pendant des temps régulièrement progressifs de 1 à 30″.

La comparaison des teintes des divers secteurs dans les différentes conditions d'expérience permet des déductions relativement précises, souvent fort intéressantes et qui peuvent servir notamment pour le calcul des temps de pose. Les expériences doivent naturellement être répétées en séries pour aboutir à des conclusions fermes. Voici seulement, à titre d'exemple, le résultat de quelques observations.

1° *Intensité d'action chimique du rayonnement suivant l'intensité en millis du courant.* — Des échelles de teintes ont été établies successivement sur une même plaque avec 1 milli, 2 millis, 3 millis, 4 millis, toutes autres conditions restant égales.

Pour une ampoule donnée, la teinte obtenue en 20″ avec un milli a été réalisée en 12″ avec 2 millis, en 8″ avec 3 millis, en 7″ avec 4 millis.

Pour quatre autres ampoules différentes, sur le même appareillage, les chiffres obtenus ont été les suivants :

	1 milli.	2 millis.	3 millis.	4 millis.
Exp. 1 : Chabaud	20″	9″5	6″	5″5
Exp. 2 : Chabaud	20″	8″	7″2	3″
Exp. 3 : Pilon OM[1]	20″	10″	8″	7″
Exp. 4 : Pilon OM[2]	20″	11″	8″	10″

En passant de 1 à 2 millis, le rendement est à peu près doublé, mais il augmente beaucoup moins de 2 à 3 et de 3 à 4 millis. La progression n'est pas régulière. Dans un cas (exp. 4), l'effet chimique a même été moins accusé avec 4 millis qu'avec 3.

2° *Intensité d'action chimique suivant la hauteur de l'ampoule.*

	H = 20 cm.	30 cm.	40 cm.	50 cm.	60 cm.
	—	—	—	—	—
Exp. 1	1″	3″	4″	6″	7″
Exp. 2	1″	2″	4″	6″	10″

La progression n'est pas toujours inversement proportionnelle au carré des distances, mais s'en rapproche sensiblement.

3° *Action des rayons secondaires.* — Des échelles de teintes ont été faites pour mesurer le renforcement de l'action chimique par les rayons secondaires émis par des plaques de plomb ou de zinc sous-jacentes au cliché.

Si la gélatine est contre la plaque de métal, le renforcement est notable, surtout pour le zinc; il est dans l'ordre de 1/2 à 1/10e de seconde de temps de pose.

Si la gélatine est en haut et le verre du cliché au contact des lames de métal, le renforcement est nul; les rayons secondaires sont arrêtés par le verre. La comparaison du cliché pris dans ces conditions avec le précédent montre, d'autre part, que le verre de la plaque mis en haut réduit l'action chimique du rayonnement direct dans la proportion de 12 à 3. Il faut 12″ pour obtenir verre en haut la teinte que l'on obtient en 3″ gélatine en haut. Il faut donc, comme on sait, mettre toujours le cliché gélatine en haut, et ne compter en aucune manière sur un renforcement par des plaques métalliques sous-jacentes.

Je me suis également servi des échelles de teintes pour *mesurer la valeur des écrans renforçateurs* (valeur qui diffère dans de grandes proportions d'un écran à l'autre et, pour un même écran d'une période à l'autre).

Je m'en suis servi encore pour apprécier la différence de *sensibilité des plaques et des papiers sensibles.* Il est économique et il suffit souvent (comme je l'ai signalé en 1913 au Congrès de Tunis) de faire des radios directes négatives sur papier au gélatino bromure d'argent. Les échelles de teintes montrent que la sensibilité des plaques et des papiers est dans la proportion de 3 à 1 : il faut donc poser trois fois plus pour les radios faites directement sur papier, et il est particulièrement utile dans ce cas de se servir d'écrans renforçateurs.

Les exemples ci-dessus montrent le parti que l'on peut tirer des échelles de teintes radiographiques qui constituent un procédé de mesure simple et suffisamment précis si les conditions d'expériences sont minutieusement réglées.

M. le Dr KERGROHEN.

RÉSUMÉ DE LA MÉTHODE DU PNEUMO-PÉRITOINE ARTIFICIEL APPLIQUÉE A LA RADIOSCOPIE

615.849

28 Juillet.

Principe. — Il s'agit de l'insufflation de la cavité péritonéale par un gaz qui, se répandant entre les différents viscères, provoque des contrastes qui donnent à l'écran radioscopique une valeur et une sûreté inconnues auparavant.

Expériences. — 1° Pratiquées avec deux vases communicants en provoquant par simple dénivellement de liquide antiseptique une chasse d'air sous pression constante dans la cavité péritonéale du patient. L'air ou l'oxygène sont filtrés sur du coton ou, au besoin, chauffés à 37 degrés. La ponction a été pratiquée soit para-ombilicale, soit mieux encore, en dedans de l'épine iliaque antérieure et supérieure, au point classique, sur la ligne ombilico-spinale. — Une injection de cocaïne la rend au préalable indolore.

2° On suit à l'oscillomètre les variations possibles de l'indice : toute diminution, indiquant un fléchissement cardiaque, oblige l'opérateur à pratiquer un dégonflement immédiat. A cet effet, une soupape de sûreté est créée par la canule du trocart laissée en place au lieu de ponction, pendant toute la durée de l'examen. Aussitôt celui-ci terminé, on dégonfle le malade, sans que ce dernier ait ressenti la moindre gêne à aucun moment. La disparition de la matité hépatique indique que le degré voulu d'insufflation a été obtenu ; d'ailleurs, on suit à l'écran l'évolution dans la marche des phénomènes. — Jamais on n'a eu d'accidents, malgré les sujets débilités sur lesquels nous avons dû, en clinique, intervenir.

3° Les expériences entreprises à Bordeaux, dans le service de M. le Professeur *Bergonié*, ont porté sur deux ordres de faits :

a) Sur des altérations morphologiques possibles des viscères pleins chez des malades hospitalisés;

b) Sur des examens du tractus digestif après ingestion de bouillie bismuthée, pour étudier les modifications que des poussées de péritonite chronique successives avaient pu apporter au fonctionnement de cet appareil et au cheminement de la bouillie opaque.

Dans les deux cas, les expériences se sont montrées tout à fait inoffensives, opérant sur des malades à tensions basses, à indice faible. L'une de ces malades, de consultation externe a regagné aussitôt après avoir été gonflée, examinée, puis dégonflée, son domicile dans la banlieue de Bordeaux. A aucun moment, ils ne se sont trouvés incommodés.

4° Les résultats ont été appréciés par M. le Professeur *Bergonié* lui-même, qui a pu se rendre compte de l'innocuité parfaite de nos expériences et du procédé mis en œuvre avec de l'air, sous le contrôle oscillométrique. Il a bien voulu nous conseiller de généraliser l'emploi de l'insufflation autant qu'il sera possible de le faire dans tous les cas cliniques à observer, en adoptant plus particulièrement l'oxygène dans le cas de replis péritonéaux développés, lorsque l'on pourrait craindre un dégonflement imparfait et une certaine quantité d'azote résiduel.

La netteté des images s'est montrée incontestablement beaucoup plus grande, et la délimitation d'un foie en particulier a pu être faite dans le cas d'une tumeur inprécisée de l'abdomen localisée à l'hypochondre droit.

Pour les reins nettement perçus, la question de l'orthodiagramme n'a encore pu être étudiée avec précision.

Pour ce qui est des brides péritonéales et des foyers de péritonite plastique, ces adhérences peuvent être plus facilement révélées et étudiées par ce procédé que par tout autre.

5° L'auteur termine sa thèse en concluant que ce procédé inoffensif doit être d'un emploi généralisé, étant à la portée de tous les médecins radiologistes, donnant des aperçus aussi nets sur la cavité abdominale et n'immobilisant pas le malade.

M. LE Dr PAUTRIER,
Strasbourg,
ET
M. LE Dr PAYENNEVILLE,
Médecin des Hôpitaux de Rouen.

ESSAI DE TRAITEMENT PAR LA DOUCHE FILIFORME DES TÉLANGIECTASIES CONSÉCUTIVES A LA RADIOTHÉRAPIE

615.849

28 Juillet.

A côté des réactions graves, précoces ou tardives, pouvant succéder à des applications de radium ou de radiothérapie, il en existe d'autres qui, sans présenter un pronostic aussi sérieux, peuvent néanmoins compromettre le bon fonctionnement de la peau ou constituer au simple point de vue de l'esthétique une véritable difformité; c'est dans cette dernière catégorie que rentrent ce que l'on appelle les télangiectasies.

Ces télangiectasies qui ne sont autre chose que des dilatations des capillaires cutanés, existants ou néoformés, peuvent se présenter sous des aspects assez différents : la première variété, la plus simple, consiste dans de fines arborisations vasculaires à fleur de peau plus ou moins ramifiées, mais cela sans dispositions régulières; la seconde se rapproche beaucoup de ce qu'on appelle les nœvi stellaires, c'est-à-dire qu'autour d'une petite saillie vasculaire centrale existe une série de petits vaisseaux très sinueux semblant rayonner.

Ces variétés ne s'accompagnent pas ou peu d'atrophie cutanée; il en existe une troisième sorte, véritable radiodermite chronique, dans laquelle les arborisations vasculaires semblent plus profondes et comme noyées dans une peau atrophique et comme infiltrée, recouverte par places de squames et même de petites productions cornées.

Disons de suite que cette courte description des télangiectasies a pour but d'en préciser le traitement; en effet, la méthode que nous voulons préconiser ne doit être employée que dans les deux premières variétés, car chaque fois qu'il y aura véritablement radiodermite chronique, elle sera tout à fait contre-indiquée.

En mai et juin 1914, l'un de nous, dans une communication faite à la Société de Dermatologie, étudiait en collaboration avec *MM. Veyrières* et *Desaux*, une nouvelle méthode à employer en thérapeutique dermatologique; cette méthode appelée par eux douche filiforme, semblait devoir donner de très bons résultats dans un certain nombre de cas de dermatoses et peut-être même dans le traitement des télangiectasies port radiothérapique.

Ayant repris ces recherches à l'occasion d'un perfectionnement apporté par nous à l'appareillage, permettant de l'employer plus facilement en clientèle, nous avons eu l'occasion de traiter quatre cas de télangiectasies consécutives à des applications de rayons X.

Dans ces quatre cas, nous nous sommes trouvés très bien d'avoir employé cette nouvelle méthode.

1° Dans les deux cas, il s'agissait d'un large placard de télangiectasies siégeant à la partie médiane du cou chez deux femmes traitées pour des goîtres par des applications de rayons X filtrés. Il n'y avait pas d'atrophie de la peau; ces deux malades n'avaient à aucun moment présenté de radiodermite même légère, elles avaient eu seulement un peu de pigmentation.

Au bout de quelques séances de douche filiforme, les télangiectasies avaient presque complètement disparu et cela sans amener la moindre réaction de la peau.

2° Dans le troisième cas, il s'agissait d'un homme traité pour une siryngomyélie par des applications de rayons X filtrés le long de la colonne vertébrale, et présentant une large bande de télangiectasies confluantes s'étendant des premières cervicales aux premières lombaires, ayant l'aspect d'un véritable nœvus.

Deux séries d'applications de douches filiformes parvinrent à diminuer dans des proportions énormes l'étendue et la coloration du placard.

Dans ce cas exceptionnel, étant donné l'importance des lésions bien que nous n'ayons pas obtenu leur disparition totale, nous nous sommes rendus compte quand même des modifications importantes obtenues par la douche filiforme, et nous sommes convaincus que, comme dans les deux cas précédents, s'il s'était agi d'un placard beaucoup moins important, nous aurions obtenu des résultats esthétiques tout à fait satisfaisants.

3° Le quatrième cas est celui d'une malade traitée par la radiothérapie pour un lupus assez étendu de la face. Contrairement aux cas précédents, les télangiectasies se trouvaient dans une peau cicatricielle, mais cependent ne présentait aucune trace de radiodermite chronique.

Là encore, la douche filiforme fit merveille et nous pûmes arriver en ciselant littéralement la face de la malade, à faire disparaître les télangiectasies, sans toutefois altérer le travail de cicatrisation du lupus effectué par les rayons X.

Nous aurions voulu vous présenter ces malades, mais l'éloignement d'une part, le fait qu'il s'agissait de malades de clientèle privée d'autre part, nous en ont empêché.

Nous avions essayé de faire des photographies des lésions avant et après le traitement, mais la guerre étant survenue, nous n'avons pu retrouver les épreuves; d'ailleurs elles rendaient très imparfaitement compte de l'état de nos malades et n'auraient présenté qu'un intérêt tout à fait relatif. Vous pouvez cependant nous en croire et essayer cette nouvelle méthode; nous sommes convaincus qu'elle donnera entre vos mains des résultats aussi satisfaisants que les nôtres.

Ces essais nous ont paru intéressants à rapporter à un Congrès où une place spéciale a été réservée à la physiothérapie.

Sans aucun doute la douche filiforme est appelée à rendre de très grands services en thérapeutique dermatologique et dans le traitement esthétique des télangiectasies port radiothérapiques; elle se montre nettement supérieure à toutes les autres méthodes conseillées, telles que ignipuncture, électrolyse, neige carbonique.

Nous ferons une seule réserve pour le cas correspondant à la troisième variété, c'est-à-dire ceux où il y a radiodermite chronique même légère, car nous savons tous que dans ces cas la peau est peu résistante, s'ulcère très facilement au moindre traumatisme, et n'a que peu de tendance à la cicatrisation.

Sans vouloir insister à nouveau sur la technique employée et sur l'appareillage, qui ont été décrits très en détail par l'un de nous, cependant qu'il nous soit permis en quelques mots de vous signaler certains perfectionnements apportés par nous qui peuvent permettre une application plus facile de cette méthode en clientèle.

Le principal perfectionnement consiste dans le remplacement du premier appareil décrit par le docteur *Veyrières*, par une bouteille à air comprimé (le modèle employé pour gonfler les pneus d'automobiles), munie d'un détendeur. Cette bouteille à air permet d'obtenir rapidement une pression de 6 à 7 kilos qui se maintient constamment et ne nécessite l'emploi d'aucun aide ni d'un moteur qui actionne la pompe, à condition de ne pas employer un réservoir à eau trop grand, une bouteille à air peut facilement permettre cinq à six applications. Le remplacement de la bouteille à air en est facile, étant donné qu'il en existe dans tous les garages d'automobiles.

Ceux d'entre vous que la question intéresse, pourront voir ce modèle à la Maison Guesnier de Paris, construit suivant nos indications.

Nous espérions pouvoir vous le présenter à l'exposition des appareils, mais par suite des difficultés actuelles de constructions et de transport, la maison n'a pas pu établir en temps cet appareil.

Bibliographie :

MM. Pautrier, Veyrières et Desaux : *La douche filiforme en thérapeutique dermatologique. Société de Dermatologie* du 7 mai 1914. — *Bul.* 1914, p. 285.

M. Jeanselme : *Société de dermatologie*, 4 juin 1914, *Lésions cutanées consécutives à une radiumdermite, Bul.* p. 312.

Erratum : *Reproduction de l'appareil du Dr Veyrières. Bul. de la Société de Dermatologie,* 1914, p. 330.

20e Section.

SCIENCES PHARMACOLOGIQUES

Président. . . M. G. MASSOL, Doyen de la Faculté de Pharmacie de Montpellier.
Secrétaire. . . M. F. MORVILLEZ, Agrégé à la Faculté de Médecine de Lille.

M. GORIS,

Pharmacien des Hôpitaux de Paris.

COMPOSITION CHIMIQUE DU BACILLE TUBERCULEUX

616.996.022

26 Juillet.

Les recherches sur la composition chimique du bacille tuberculeux nous ont permis d'isoler un certain nombre de composés dont quelques-uns ont déjà été signalés, alors que d'autres sont nouveaux :

1° Par le traitement des bacilles secs avec le chloroforme à chaud on isole 40 0/0 environ de substances grasses ou lipoïdes ;

2° Ces bacilles ainsi dégraissés, traités par macération dans l'eau froide, se laissent alors facilement pénétrer par ce solvant. La solution aqueuse additionnée d'alcool donne un précipité d'une substance albuminoïde, tandis que les acides aminés restent en solution.

Extraction des matières grasses et cireuses. — Pour les préparer nous nous sommes servi des bacilles tuberculeux utilisés pour l'obtention de la tuberculine à l'Institut Pasteur. On les lave à l'eau froide pour enlever toute trace de bouillon, on les sèche dans un courant d'air chaud à 37° et les épuise alors par du chloroforme bouillant qui enlève toutes les matières grasses et lipoïdes. Il faut employer 6 à 7 fois leur poids de chloroforme pour obtenir la totalité de ces substances. La solution chloroformique est alors séchée sur du sulfate de soude anhydre, filtrée, puis distillée. Lorsque la majeure partie du chloroforme est distillée on verse le liquide dans une capsule et on continue l'évaporation au bain-marie. Vers la fin de l'opération, alors que la partie superficielle est encore bien liquide, on constate au fond de la capsule la présence d'une couche plus dense d'aspect gélatineux, mais homogène qui tend, au fur et à mesure de l'évaporation, à se séparer au sein même de la solution. De fait, lorsque le chloroforme est évaporé on trouve au fond de la capsule une masse dure, résistante, de couleur chamois. Si avant la fin de l'opération cette matière a été divisée par agitation, elle se présente en fragments plus ou moins volumineux de même aspect et de même consistance que précédemment. On sépare ces morceaux directement à la main ou après fusion du corps gras; on les lave à l'éther pour enlever la substance grasse adhérente, puis on les redissout dans le chloroforme qui, par évaporation, abandonne une masse de couleur blanc rosé, de consistance élastique, rappelant celle du caoutchouc ou mieux de la gutta-percha. Cette substance renferme encore de la matière grasse interposée. Pour la purifier, on la dissout dans le chloroforme et on traite par l'éther. Le produit se précipite alors sous forme d'une masse gélatineuse blanchâtre et la graisse reste en solution dans l'éther. Ce traitement est répété deux fois, et finalement la substance est redissoute dans le chloroforme qui abandonne par évaporation un produit complètement blanc, d'aspect corné, et moins élastique qu'avant la purification.

Quinze cents grammes de bacilles secs soumis au traitement ont fourni environ 7 grammes de ce produit.

Ce corps est insoluble dans l'eau, l'alcool, l'éther, l'éther de pétrole, les huiles. A l'état pur il se dissout à la longue dans le chloroforme à froid. Il n'est pas soluble dans la benzine ou le xylol froids; ces solvants doivent être maintenus à l'ébullition très longtemps pour en amener la dissolution.

Il est surtout très soluble dans le chloroforme à chaud en donnant une solution visqueuse. Si on abandonne à l'air une solution chloroformique diluée dans un petit cristallisoir. on obtient par évaporation spontanée une mince pellicule translucide d'aspect vitreux analogue à une pellicule de collodion ou d'acétate de cellulose. Pour rappeler cette propriété physique, nous avons donné à ce corps le nom de « *hyalinol* » de « ὑαλινός » *qui a la transparence du verre*.

Il se ramollit, plutôt qu'il ne fond, à 175°.

La composition centésimale de ce corps est donnée par la combustion qui nous a fourni les chiffres suivants :

C.	55,50 0/0
H.	7,15 0/0
O.	37,35 0/0

Traité à l'ébullition par une solution aqueuse de soude au quart il dégage une odeur agréable de jasmin. La saponification est d'ailleurs lente à se faire avec une masse aussi compacte.

La solution sodique épuisée à l'éther abandonne au solvant une petite quantité de corps à odeur de jasmin et de mimosa. La solution sodique décomposée par l'acide chlorhydrique est reprise par l'éther, l'éther est séché sur du sulfate de soude anhydre, après évaporation spontanée il reste un acide cristallisé en tables transparentes, à odeur butyrique désagréable, fondant à 71°, après purification.

Cet acide est de l'acide crotonique mêlé à de l'acide isocrotonique qui lui communique l'odeur butyrique intense.

Les substances grasses privées de ce corps sont traitées par l'acétone à chaud qui laisse insoluble un mélange cireux de couleur brunâtre. La solution acétonique laisse déposer par le refroidissement un mélange de matières grasses et de cire que l'on sépare par un nouveau traitement à l'acétone chaud. Ces cires sont constituées par deux alcools particuliers, l'un fondant à 66° et identique au *Mykol* isolé par *Sakae Tamura*, l'autre fondant vers 100° et obtenu en trop petite quantité pour être étudié.

La matière grasse proprement dite du bacille tuberculeux est composée de glycérides, des acides oléique, palmitique, stéarique, arachidique. On y constate aussi la présence en faible quantité des acides caproïque et butyrique et, en outre, d'un phosphatide dont la nature n'a pu être déterminée.

Quant à la cholestérine, sa présence est douteuse.

Extraction des matières solubles dans l'eau. — La macération aqueuse des bacilles épuisés par le chloroforme donne un liquide de couleur jaune d'or à reflets verts, dichroïque. Traité par un excès d'alcool, on obtient un précipité que nous appelons *tuberculine brute.*

C'est une nucléo-albumine renfermant 2,165 0/0 de P^2O^5 ou 1,207 de Ph.

La solution précipite par l'acide phosphotungstique, par les acides minéraux, précipite par les acides organiques, citrique, lactique, acétique, mais le précipité disparaît par un excès de réactif.

La réaction du *biuret* est négative, par contre celle de *Millon* est positive.

Ce composé injecté à des cobayes tuberculeux amène leur mort dans un temps variable de 3 à 8 heures, avec élévation de température.

La solution alcoolique d'où l'on a précipité la soi-disant tuberculine est distillée puis évaporée au bain-marie. Il reste un résidu à odeur de peptone. Cet extrait est surtout constitué par un mélange d'acides aminés.

Conclusion. — En résumé, les substances lipoïdes du bacille tuberculeux comprennent : une substance nouvelle, ayant la constitution d'un éther de nature particulière. Elle est soluble dans le chloroforme, insoluble dans l'éther ordinaire et se dédouble en donnant de l'acide crotonique mêlé d'un peu d'acide isocrotonique et une essence à odeur agréable de mimosa. Nous lui avons donné le nom de « hyalinol » pour rappeler une de ses propriétés physiques;

Un *mélange cireux* d'aspect résinoïde contenant différents composés et en particulier un phosphatide.

La saponification des produits cireux nous donne : deux alcools à poids moléculaire élevé dont le *mykol* fondant à 65° et un autre alcool fondant vers 100°, un mélange d'acide palmitique et stéarique, et laurique;

Une matière grasse constituée par les glycérides des acides : oléique, palmitique, stéarique, arachidique. On y trouve aussi en petite quantité des acides caproïque et butyrique.

Parmi les substances non lipoïdes, on a isolé une nucléo-albumine qui donne des réactions analogues à la tuberculine, mais toutefois moins accentuées.

Les substances solubles dans l'eau et l'alcool sont nombreuses : ce sont des acides aminés parmi lesquels on y a signalé presque tous ceux qui sont connus à l'heure actuelle.

L'étude chimique du bacille tuberculeux mériterait d'être poursuivie. Il y aurait même un très grand intérêt à étudier comparativement la composition des différents bacilles acido-résistants, virulents ou non virulents (bacille de la Flouve) qui se seraient développés sur des milieux très différents. Ce sont là des études très coûteuses mais dont les résultats auraient pour but de mieux préciser la nature des principes nocifs du bacille de *Koch*.

MM. A.-Ch. HOLLANDE,
Professeur à la Faculté de Pharmacie de Nancy,
ET
L. THÉVENON,
Pharmacien-Major de 1re classe.

TACHYCARDIE ET CAFÉINE; RECHERCHE DE LA CAFÉINE DANS LES URINES

615.711.62 : 612.461

27 Juillet.

Dans le but de déterminer une accélération des battements du cœur, certains simulateurs absorbent, quelques heures avant leur examen médical, des doses relativement élevées de caféine (0gr,50, 1 gramme, et même plus). Nous avons recherché s'il n'était pas possible de mettre en évidence ce genre de simulation (1), par la recherche, l'extraction et la caractérisation de la caféine dans les urines.

(1) Nous remercions ici M. le Dr H. Levrat, qui a bien voulu attirer notre attention sur ce genre de simulation. Suivant ses observations, le nombre des pulsations cardiaques, chez les sujets ayant ingéré de la caféine, peut s'élever à 100, 130, 160 par minute. Par sa constance, cette tachycardie se différencie bien de la tachycardie émotive qui n'est que passagère, mais peut être confondue avec l'accélération pathologique du cœur.

Nous indiquerons ici le mode opératoire que nous avons suivi. Les urines de vingt-quatre heures du simulateur présumé sont rassemblées (1) et traitées par du sous-acétate de plomb dans la proportion de 1^{cm^3} pour 10^{cm^3} d'urine, de façon à déféquer et précipiter l'acide urique, la créatinine, etc. On filtre ; le filtrat incolore est traité par une solution saturée de sulfate de soude jusqu'à cessation de la formation du précipité blanc de sulfate de plomb.

On filtre à nouveau ; la liqueur obtenue est mise dans une boule à décantation et traitée à trois reprises différentes par du chloroforme (soit en tout 100^{cm^3} de chloroforme pour 500^{cm^3} de la liqueur primitive). On réunit le chloroforme ayant servi à l'extraction de la caféine, on le distille en partie (pour récupérer le chloroforme) et on l'évapore finalement au bain-marie dans un petit cristallisoir de verre.

Dans le cas où le sujet a absorbé de la caféine, le produit de l'évaporation est constitué par de nombreuses aiguilles soyeuses ou des touffes de cristaux radiés (2).

Dans le cas de non-absorption de caféine le résidu de l'évaporation est amorphe.

Nous avons caractérisé la caféine par ses réactions organoleptiques, son point de fusion, sa très faible solubilité dans l'éther et par les *réactions de Weidel* et de la murexide.

Après l'extraction de l'urine, les cristaux de caféine sont fréquemment colorés par des pigments entraînés par le chloroforme ; l'addition d'éther sulfurique au produit cristallisé permet d'enlever ces pigments sans dissoudre notablement les cristaux de caféine.

Ainsi purifiés, les cristaux de caféine ont une saveur amère très prononcée ; ils fondent à + 178 degrés centigrades ; ils ne donnent pas de coloration rouge en présence de l'acide sulfurique dilué au cinquième (3).

En résumé, on peut aisément reconnaître si un sujet a absorbé de la caféine avant de se présenter devant la commission médicale chargée de l'examiner. La caféine se retrouve dans l'urine, en partie non modifiée (4) et peut être extraite au moyen du chloroforme après précipitation par le sous-acétate de plomb.

Il va sans dire que la recherche de la caféine ne pourra fournir de résultats que si, en présence d'une tachycardie prononcée (100 — 150 pulsations), le sujet nie avoir absorbé de la caféine ou des tasses de café (5).

---

(1) Le volume des urines de vingt-quatre heures est en général augmenté (deux litres et plus) chez un sujet qui a absorbé de la caféine.

(2) Lorsque le malade a absorbé en grande quantité du chocolat ou du cacao, on peut retrouver aussi de la théobromine qui se différencie alors nettement de la caféine par le résidu amorphe que laisse l'évaporation du chloroforme au bain-marie.

(3) Si les cristaux se coloraient en rouge, ils seraient formés par de la cholestérine que l'on rencontre quelquefois dans les urines purulentes.

(4) Nous avons pu extraire par le procédé que nous indiquons $0^{gr},26$ de caféine de deux litres d'urine émise en vingt-quatre heures par un sujet témoin, ayant absorbé 1 gramme de caféine.

(5) Schmiedeberg indique qu'une tasse de café provenant d'une nfusion de $16^{gr},50$ de café torréfié renferme $0^{gr},10$ à 0^{gr}, 20 de caféine.

M. LEMATTE,

Docteur en Pharmacie, Paris.

LE RÉGIME NORMAL. — LES LOIS DU MÉTABOLISME MINÉRAL. GENÈSE DE L'ACIDITÉ PHOSPHATIQUE

612.015.31

26 Juillet.

1° L'auteur démontre que les acides et les bases apportés par la ration se saturent dans l'organisme selon les lois de la thermochimie.

2° Les quantités d'acides et d'oxydes apportés par les aliments sont telles que lorsque les saturations réciproques sont satisfaites, il reste une certaine quantité d'acide phosphorique qui est éliminée par l'urine à l'état de mono-phosphate acide d'ammoniaque.

M. LE PROFESSEUR PERROT,

Paris.

SUR LE SÉNÉ D'ALEXANDRIE

668.411.1

26 Juillet.

Au cours d'une récente mission au Soudan égyptien, où il a étudié la production de la gomme arabique et des Sénés, donne au sujet du Séné d'Alexandrie tous détails concernant les caractères, la récolte, la culture et le commerce de cette drogue qui pourrait être aisément introduite dans nos colonies du Sénégal et du Niger.

M. E. TASSILLY,

Agrégé à la Faculté de Pharmacie de Paris.

SUR LA PRÉPARATION DU NICKEL CARBONYLE

546.747

26 Juillet.

Au cours des travaux exécutés sous ma direction pour les Services chimiques de guerre, nous avons été amené à préparer du nickel carbonyle, dans le but d'étudier certaines propriétés de ce corps. Ayant fait à ce sujet quelques observations j'ai cru devoir les faire connaître au Congrès en ayant soin de remercier tout d'abord mes collaborateurs *MM. Pénau* et *Roux.*

Le nickel carbonyle s'obtient, comme on sait, par l'action de l'oxyde de carbone sur du nickel provenant de la réduction de l'oxyde par l'hydrogène. [*Mond, Langer* et *Quincke, Journal of the Chemical Society*, **57**, 749, 1890] On a employé pour la préparation, du sulfate de nickel cristallisé pur que l'on a transformé en oxalate. Celui-ci, convenablement lavé et

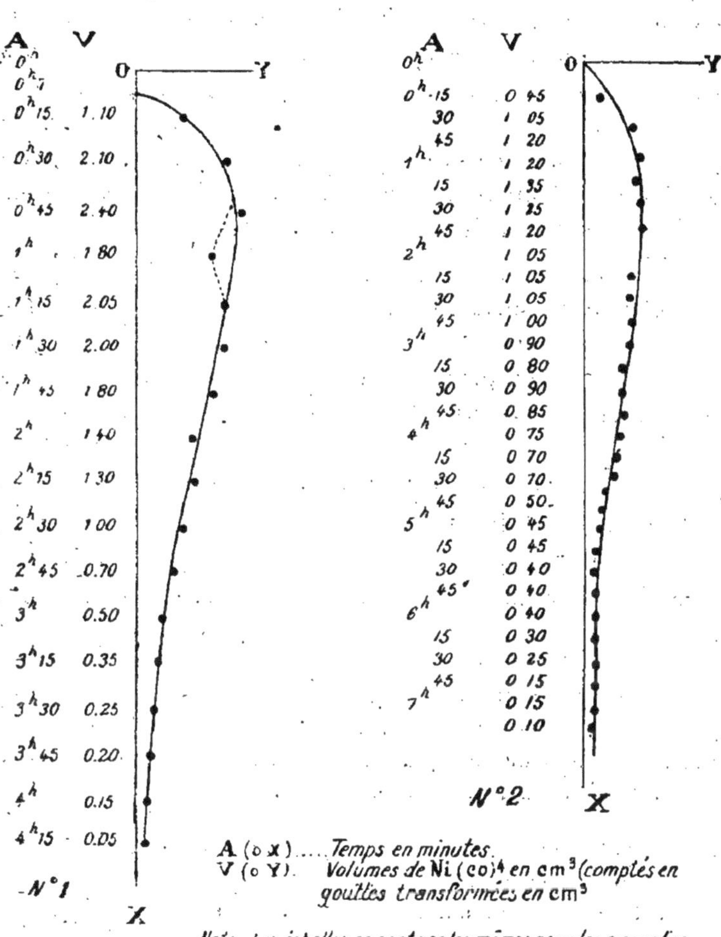

séché, a fourni par calcination de l'oxyde qui a été réduit par l'hydrogène, à une température voisine de 400°. Pour rendre plus facile l'opération, l'oxyde avait été préalablement réparti sur de la pouzzolane. Le nickel ainsi réduit, a été soumis à un courant d'oxyde de carbone, résultant de l'action de l'acide sulfurique sur l'acide formique ou le formiate de soude.

La température optima de réaction paraît être 45° et on a opéré sous une pression de 3 centimètres de mercure environ. Pour diminuer les pertes par entraînement il est indispensable de réaliser une très bonne réfrigération. La vitesse du courant gazeux est un facteur important. On a essayé de déterminer le rendement en fonction du débit. Le résultat de ces essais est exprimé par des courbes parmi lesquelles on a choisi les deux courbes ci-jointes (n° 1 et n° 2).

En partant chaque fois de 50 grammes d'oxyde de nickel le rendement dans le premier cas a été de 26gr,25 et dans le second cas de 27gr,20. Il ne semble donc pas que les variations de régime du débit dans les limites où l'on s'est placé présentent une grande importance, puisque les rendements, pour des débits d'un litre de CO en 5 minutes et un litre de CO en 10 minutes, sont sensiblement équivalents (courbes n° 1 et n° 2). Mais si l'on donne au courant gazeux une trop grande vitesse, les résultats ne sont plus comparables, par suite de l'entraînement du nickel carbonyle par l'oxyde de carbone, entraînement contre lequel la réfrigération est impuissante. D'une manière générale la courbe atteint assez rapidement son maximum puis décroît lentement jusqu'à devenir asymptotique.

Il convient de signaler que presque toutes nos courbes ont présenté un point d'inflexion au voisinage de la première heure. Il est nettement visible sur la courbe n° 1. Ce fait n'a pu être expliqué. Dans cet essai, au bout de quatre heures, on peut considérer que pratiquement il ne se produit plus de nickel carbonyle. Si on soumet le contenu du tube à un courant d'hydrogène à 375° on lui communique une nouvelle activité, mais le rendement en nickel carbonyle ne dépasse pas un tiers de la quantité obtenue dans l'opération précédente.

Une transformation en oxyde par chauffage au moufle, suivie de réduction, permet d'obtenir un rendement meilleur, mais inférieur cependant au rendement initial.

En partant de 50 grammes d'oxyde de nickel répartis dans un tube sur 80 grammes de pouzzolane de manière à avoir une colonne de matière active de 60 centimètres de longueur, les quantités de nickel et d'oxyde de carbone qui entrent en jeu dans la réaction se répartissent ainsi :

Oxyde de carbone employé	48gr,30	
Perte de poids du tube de nickel réduit.	11 grammes	
CO à l'état de Ni $(CO)^4$ condensé	17gr,89	27gr,19 Ni $(CO)^4$
Ni — — —	9gr,30	
CO à l'état de Ni $(CO)^4$ non condensé.	30gr,41	
CO n'étant pas entré en réaction		
Ni à l'état de Ni $(CO)^4$ non condensé	1gr,70	

MM. P. BROCADET ET R. WEITZ,
Paris.

LES ANGELINS DU BRÉSIL (1)

615.733

27 Juillet.

Sous le nom d'*Angelins*, transcription française du mot portugais *angelim*, on introduisit en Europe, à la fin du XVIIe siècle, l'emploi, comme anthelmintiques, des écorces, des fruits, des graines, et même des racines fournis par plusieurs espèces américaines d'arbres du genre *Andira* (Légumineuses-Papilionacées).

Les premières descriptions botaniques, ainsi que la plus ancienne mention de cet usage, remontent à *Guillaume Pison* et à *Nicolas Lémery*.

Plus tard, vers 1780, les écorces provenant de la Jamaïque et de Surinam furent distinguées sous le nom de *Geoffrées* (en l'honneur du savant français *Geoffroy* (2), et non pas, comme l'ont imprimé certains, de *Geoffroy-Saint-Hilaire*, encore enfant à cette époque).

Après une vogue qui dura un demi-siècle et qui leur valut de figurer dans diverses pharmacopées étrangères, ces drogues tombèrent en discrédit. Ceci tient à la multiplicité des produits expédiés en Europe comme angelins; cette confusion persiste encore de nos jours car, par extension, le mot *Angelim* s'applique aussi au Brésil à diverses espèces botaniques, dont la plupart sont dépourvues de propriétés vermifuges analogues à celles des *Andira*. C'est ainsi que dans l'État de Sao-Polo (Serra do Mar), où l'*Andira anthelmintica* Benth. (angelim amargoso), l'*Andira fraxinifolia* Benth. (angelim doce), et l'*Andira Pisonis* Mart. et Benth. (angelim penima) sont très répandus, on appelle également *angelim* un arbre de la famille des Ochnacées, l'*Ouratea vaccinioides* Engl. En outre, les habitants de l'Amazonie considèrent les *angelims* des États du Sud comme de faux *angelims* et réservent ce terme à diverses espèces d'*Hymenolobium* (Légumineuses).

Dans ces conditions, on n'est plus étonné des mécomptes obtenus par les thérapeutes.

Nous estimons donc qu'il est indispensable, en vue de leur emploi médical, de bien préciser l'origine botanique des Angelins, et de dresser la liste des diverses espèces dont les écorces, fruits ou graines, jouissent de propriétés réelles. Ce sont les suivantes :

Angelim amargoso = *Andira anthelmintica* Benth.;
Angelim do campo = *And. vermifuga* Mart.;

---

(1) Travail du *Laboratoire de Matière médicale de la Faculté de Pharmacie de Paris*. Professeur : M. Em. Perrot.

(2) Il s'agit d'Étienne-François Geoffroy, apothicaire et médecin, auteur du *Tractatus de materia medica*, publié en 1741 et qui eut plusieurs éditions.

Angelim coco = *And. stipulacea* Benth.;
Angelim doce = *And. fraxinifolia* Benth.;
Angelim morcegueira = *And. inermis* H. B. et K;
Angelim uchirana = *And. retusa* H. B. et K.;
Angelim de la Guyane = *And. excelsa* H. B. et K.;
Angelim pedra = *Ferreirea spectabilis* All.

Ces médicaments agissent comme anthelmintiques et comme purgatifs. Autrefois administrés généralement en poudre dans du lait, maintenant ils sont utilisés aussi sous forme de teinture, d'extrait fluide et d'extrait hydro-alcoolique. Ils doivent être employés avec circonspection car, à doses trop élevées, ils pourraient déterminer des évacuations violentes, des vomissements, de la fièvre et du délire.

On a retiré de ces divers angelins un principe chimique bien défini, appelé tour à tour geoffroyine, surinamine, angeline, andirine, et qui a été identifié comme étant une méthyl-tyrosine : la tyrosine méthylée à l'azote. Ce produit étant dépourvu d'action pharmacodynamique, nous nous efforçons, au Laboratoire de recherches de M. le *professeur Perrot*, d'isoler une autre substance qui puisse expliquer le pouvoir anthelmintique de ces drogues. Cela nous semble particulièrement intéressant en ce moment, où le semencontra de bonne qualité est presque introuvable, et la santonine rare et hors de prix.

MM. P. LAVIALLE ET J. THONNARD

SUR L'EMPLOI DU SULFURE D'AMMONIUM EN TOXICOLOGIE

615.004

27 Juillet.

La plupart des ouvrages classiques de toxicologie ne fournissent pas de précisions suffisantes sur les conditions dans lesquelles doivent être employés les réducteurs. Les conditions de concentration du réactif le plus couramment utilisé (le sulfure d'ammonium), la température à adopter, n'y sont presque jamais exactement fixées : fait véritablement surprenant pour un sujet que tant de travailleurs ont touché, et qui a motivé de si nombreux mémoires.

Nous avons entrepris de fixer, aussi rigoureusement que nous l'avons pu, les conditions à réaliser pour donner à l'emploi du sulfure d'ammonium la sécurité que réclament les expertises toxicologiques. Nous nous sommes attachés à déterminer l'influence :

1° De la concentration du réducteur;
2° De la température;
3° De l'agitation au contact de l'air;
4° De l'origine de l'hémoglobine.

Les résultats obtenus sont consignés dans le tableau suivant :

ESSAIS sur 5 cent. cubes de dilution sanguine	à 5°		à 21°				à 32°				à 52°	
	au repos		au repos		avec barbotage d'air		au repos		avec barbotage d'air		au repos	
	Nombre de gouttes	Sulfure pour cent	Nombre de gouttes	Sulfure pour cent	Nombre de gouttes	Sulfure pour cent	Nombre de gouttes	Sulfure pour cent	Nombre de gouttes	Sulfure pour cent	Nombre de gouttes	Sulfure pour cent
Homme . . .	35	2,96	4	0,40	24	2,33	9/21	0,033	4	0,47	2/21	0,007
Cheval . . .	35	2,96	3	0,34	23	2,13	8/11	0,029	4	0,47	3,21	0,011
Mulet	»	»	»	»	»	»	8/21	0,029	3	0,36	»	»
Bœuf	35	2,96	3	0,34	22	2,06	7/21	0,025	4	0,47	2/21	0,007
Mouton . . .	34	2,85	4	0,40	25	2,28	7.21	0,025	3	0,36	2/21	0,007
Chèvre . . .	»	»	»	»	»	»	8/21	0,029	4	0,47	»	»
Porc	»	»	»	»	»	»	8/21	0,029	3	0,36	»	»
Cobaye . . .	35	2,96	4	0,40	20	1,90	8/21	0,029	4	0,47	3,21	0,011
Lapin	38	3,14	3	0,34	23	2,13	8/21	0,029	4	0,47	2,21	0,007
Rat	»	»	»	»	»	»	8/21	0,029	4	0,47	3,21	0,011
Poule	40	3,24	4	0,40	25	2,28	11/21	0,039	6	0,69	2/21	0,007
Grenouille. .	10	1,07	1	0,11	10	1,07	4/21	0,015	2	0,25	2,21	0,007
Anguille. . .	16	1,61	2	0,23	14	1,44	4/21	0,015	1	0,11	2,21	0,007
Carpe	20	1,93	1	0,11	14	1,44	6/21	0,022	2	0,25	2/21	0,007

1 centimètre cube de sulfure d'ammonium non dilué = 17 gouttes = 0 gr. 10 de sulfure d'ammonium. Lorsque nous indiquons une fraction de gouttes, le numérateur de chaque fraction représente le nombre de gouttes d'une dilution du même sulfure d'ammonium 1 : 21.

Conclusions. — La stabilité des oxyhémoglobines vis-à-vis du sulfure d'ammonium diminue à mesure que la température s'élève.

Les quantités de sulfure d'ammonium habituellement prescrites par les traités classiques de toxicologie, dans la recherche de la carboxyhémoglobine, sont insuffisantes pour la température de 5° et même pour la température de 15°.

Pour une même température, les oxyhémoglobines des animaux à sang chaud ont, à l'égard du sulfure d'ammonium, une stabilité beaucoup plus grande que les oxyhémoglobines des animaux à sang froid. La stabilité des oxyhémoglobines des animaux à sang chaud est représentée par des chiffres très voisins, et ne permet aucune différenciation des espèces animales étudiées.

La quantité de réducteur à employer est, en principe, indépendante de la teneur des liquides en hémoglobine.

M. MASSOL,

Doyen de la Faculté de Pharmacie de Montpellier.

LE ROLE DU PHARMACIEN AU CONSEIL D'HYGIÈNE DANS L'ALIMENTATION EN EAU POTABLE DES AGGLOMÉRATIONS URBAINES ET RURALES

628.1

27 Juillet.

L'alimentation en eau potable des villes et des agglomérations rurales est une des plus importantes parmi les multiples questions que soulève l'hygiène générale et la santé publique.

Augmenter la natalité est, sans doute, une tâche difficile; diminuer la mortalité est plus facile à réaliser et l'expérience a montré que, si le problème est complexe, l'on peut, du moins, obtenir ce résultat en substituant dans une agglomération une bonne eau potable aux eaux de sources polluées, ou à celle des puits communaux ou particuliers presque toujours contaminés par les infiltrations des eaux superficielles.

Les Conseils d'Hygiène et les Commissions sanitaires sont chargés de donner leur avis sur les projets de captation de sources, forage de puits, installation ou réfection de canalisations, ils peuvent avoir une influence considérable sur les améliorations que chaque commune peut retirer de l'étude hydrologique de son territoire ou de ses environs.

C'est au pharmacien qui, d'après la loi du 15 février 1902, fait nécessairement partie du Conseil départemental et des Commissions sanitaires d'arrondissement qu'il appartient d'apporter son concours aux municipalités et aux auteurs des projets.

L'enseignement des Facultés et Écoles de Pharmacie comprend un cours oral d'h drolo ie avec notions de éologie, et les programmes des manipulations comprennent l'analyse chimique et physique des eaux et leur examen bactériologique. Le pharmacien a, par conséquent, les connaissances générales suffisantes pour interpréter le rapport du géologue ainsi que les analyses chimiques et bactériologiques qui font partie du dossier; avec un peu d'habitude il arrivera à interpréter les plans et devis de l'auteur du projet.

Chargé de présenter un rapport à la Commission sanitaire ou au Conseil départemental, il ne doit point se borner à critiquer le projet et à émettre un avis qui sera, *a priori*, le plus souvent défavorable. Il doit prendre l'initiative de demander des éclaircissements, de proposer des améliorations. Le mieux qu'il puisse faire, c'est de se mettre tout d'abord en relations avec le maire et avec l'auteur du projet, leur présenter les observations que lui a suggérées l'étude du dossier; s'il est nécessaire, se rendre sur les lieux pour discuter avec eux et provoquer ainsi les modifications qui lui paraissent nécessaires : captage plus soigné, déviation des eaux superficielles, isolement par des travaux en béton ou en ciment, zone de protection et, quelquefois même, se basant sur le rapport géologique ou sur des analogies par les travaux faits dans les communes voisines, insister pour la recherche d'une eau meilleure sur un autre point, au niveau d'un autre terrain.

En agissant ainsi, l'on évite les renvois pour complément d'études, les avis défavorables, les refus d'autorisation qui font traîner les affaires quelquefois pendant des années, lassent les municipalités et les auteurs des projets et ont, pour résultat, le maintien du statu quo, c'es-à-dire l'utilisation de puits contaminés, de sources polluées que l'on boit parce que les anciens en ont bu.

L'on fait difficilement croire aux populations des campagnes que l'eau qu'ont bue plusieurs générations d'aïeux a pu devenir mauvaise. Cependant l'augmentation continue de la population, l'extension des cultures jusqu'aux abords immédiats des habitations, l'apport du fumier de ferme, l'infection progressive du sol sur lequel sont construits les villages qui pratiquent couramment le tout-à-la rue et boivent l'eau des puits creusés dans les couches superficielles, l'accumulation de la vase et des débris organiques dans ces puits jamais nettoyés, sont des causes suffisantes pour que ces eaux, autrefois pures, soient aujourd'hui contaminées.

Nommé membre du Conseil départemental d'hygiène de l'Hérault en 1898, je fus chargé de rapporter les projets d'alimentation en eau potable. Ayant enseigné l'hydrologie à l'École de Pharmacie, ayant déjà fait quelques analyses d'eau pour le compte de plusieurs communes, je m'intéressai à ces questions.

En appliquant les principes ci-dessus énoncés, j'eus la satisfaction de voir les architectes, les agents voyers, les conducteurs des ponts et chaussées, certains de voir aboutir leurs projets et retirer, par suite, un bénéfice assuré de leur travail, se mettre à la recherche des villes, des villages et même des hameaux qui pouvaient avoir besoin d'améliorer la qualité de leurs eaux d'alimentation, d'augmenter la quantité disponible, ou encore d'établir un réservoir et une canalisation de distribution.

C'est ainsi que, de 1898 à 1914, je n'ai pas eu moins de cent dix-neuf projets à examiner et rapporter devant le Conseil d'Hygiène. Le département de l'Hérault comprenant 341 communes, c'est plus du tiers des municipalités qui ont étudié l'amélioration de leurs eaux d'alimentation.

Sur ces 119 projets, 85 intéressaient des agglomérations de moins de 1.000 habitants, soit 71,5 0/0; c'est dire que, dans ce département, les plus petits villages, et même les plus petits hameaux, ont amélioré la qualité ou augmenté la quantité de leur eau potable en captant de nouvelles sources ou en creusant de nouveaux puits, en installant des moteurs et des pompes élévatoires, en construisant un bassin-réservoir et en établissant une canalisation de distribution à des bornes-fontaines, à des prises d'arrosage et à des bouches d'incendie.

La réalisation de ces travaux entraînant des dépenses considérables, les petits villages ou les hameaux n'auraient pu y subvenir, mais ils ont toujours obtenu du Gouvernement de larges subventions prélevées sur le revenu des jeux et du pari mutuel. Excellente utilisation des ces ressources spéciales en faveur de l'hygiène sociale, contribuant à la diminution de la mortalité et ayant en même temps pour effet de retenir dans les villages et les agglomérations rurales, rendues plus saines, plus propres et plus agréables, ces populations agricoles, vigoureuses et prolifiques, travailleuses et économes, qui, après avoir pris une large part à la défense de la Patrie, contribuent maintenant au rétablissement de sa prospérité.

M. A. ROCHAIX,
Agrégé à la Faculté de Médecine de Lyon.
ET
M. L. THÉVENON.

NOUVELLE MÉTHODE POUR DIFFÉRENCIER LE LAIT CUIT DU LAIT CRU

614.32

27 Juillet.

Il s'agit d'une nouvelle méthode permettant de vérifier si un lait a subi un chauffage minimum de 85 degrés (pasteurisation ou chauffage direct).

I. — Cette méthode est basée sur la réaction que donne le pyramidon en présence des oxydants, réaction qui se manifeste par une coloration violette.

Les réactifs nécessaires sont les suivants :

1° Solution : Pyramidon, 2 grammes; eau distillée, 50 grammes.

2° Eau oxygénée à 12 volumes.

3° Sulfate de manganèse ou chlorure de calcium en solution à 1/5.

4° Solution d'acide acétique à 1/5.

Il faut opérer sur le lacto-sérum. Dans un ballon ou une capsule, 20 centimètres cubes de lait sont additionnés de quelques gouttes de la solution d'acide acétique; on agite pour agglomérer les matières albuminoïdes coagulées. On laisse le liquide s'éclaircir par le repos et on décante sur un filtre.

On verse dans un tube à essai 2 centimètres cubes du liquide filtré, 4 à 5 gouttes d'eau oxygénée, puis 2 à 3 centimètres cubes de la solution de pyramidon. On agite vivement, et on chauffe doucement. Il se produit rapidement une coloration violette, qui atteint un maximum d'intensité pour décroître et disparaître ensuite.

La rapidité d'apparition et de disparition de la coloration est fonction de la température de chauffage. Plus on chauffe, plus la coloration apparaît rapidement, est intense, et disparaît vite; mais il faut veiller à ne pas dépasser 60 degrés ou 65 degrés. La réaction se produit également à froid, mais s'effectue beaucoup plus lentement.

On peut renforcer la coloration, en additionnant le mélange, au préalable, de la solution de chlorure de calcium ou mieux de sulfate de manganèse.

Le lait cru donne cette réaction à l'exclusion du lait cuit.

Cette réaction est analogue à celle de *Storch* (paraphénylène-diamine), mais donne une coloration franche, nette, alors que la réaction de *Storch* passe par des teintes intermédiaires variables, du gris au bleu foncé, difficiles à apprécier.

D'autre part, la solution de paraphénylène-diamine a le défaut de s'oxyder facilement, au point que sa solution se colore sous la seule influence de l'oxygène de l'air, si elle est seulement préparée de la veille.

M. L. THÉVENON,

Pharmacien, Oullins (Rhône).

SUR UN NOUVEAU PROCÉDÉ DE RECHERCHE DE LA FORMALDÉHYDE (1)

547.52

27 Juillet.

En ajoutant à du formol à 40 0/0 un excès de métol, ou sulfate de *méthyl-paramidophénol, en cristaux*, on obtient une coloration *rouge-grenat*, se développant lentement à froid, mais rapidement à chaud.

On dispose dans un tube à essai 5 centimètres cubes, de formol à 40 0/0, 0gr,30 de métol cristallisé et on place le tube dans un bain-marie à T. 70-75 degrés.

Il se produit une coloration rouge grenat très stable. Ne pas dépasser T. de 75 degrés qui ferait virer au jaune-brun la teinte obtenue.

Cette réaction se produit même en présence des acides acétique — lactique — des sulfates de magnésie et soude — la Nao H et alcalius font virer au rouge *brun*.

Cette réaction est applicable à la recherche du formol dans le lait, en opérant sur le lacto-sérum.

---

(1) Extrait du *Bulletin des Sciences Pharmacologiques*, 1905.

MM. THÉVENON
Pharmacien-Major,

ET

ROLLAND,
Pharmacien auxiliaire.

PROCÉDÉ DE RECHERCHE DU SANG DANS L'URINE, LES MATIÈRES FÉCALES ET LES LIQUIDES PATHOLOGIQUES

612.461.17

27 Juillet.

Ce procédé est basé sur la réaction que donne le pyramidon en présence des oxydants, réaction qui se manifeste par une coloration violette.

Il comporte la préparation des réactifs suivants :

1°	Pyramidon	2gr,50.
	Alcool à 90 degrés	50 centimètres cubes.
2°	Acide acétique cristallisable.	1 —
	Eau distillée	2 —

et l'emploi de l'eau oxygénée à 12 volumes.

Voici le mode opératoire que nous employons pour la recherche du sang dans l'urine :

A 3-4 centimètres cubes d'urine non filtrée, on ajoute le même volume de la solution alcoolique de pyramidon et 6 à 8 gouttes d'acide acétique au tiers; après agitation, on additionne le mélange de 5 à 6 gouttes d'eau oxygénée à 12 volumes.

Suivant la quantité de sang renfermée dans l'urine, la coloration apparaît plus ou moins rapidement : il se produit instantanement une coloration d'un violet intense lorsque le sang est suffisamment abondant.

La réaction se produit également en moins d'un quart d'heure, st la quantité d'hématies renfermées dans l'urine est plus faible ou à l'état de traces : on observe alors une teinte bleue violacée qui atteint un maximum d'intensité pour décroître et disparaître ensuite.

Pour la recherche du sang dans les matières fécales, il convient d'opérer de la manière suivante :

Une petite quantité de matière fécale est triturée avec 3 à 4 centimètres cubes d'eau distillée; on décante et on ajoute 3 à 4 centimètres cubes du réactif pyramidon et 6 à 8 gouttes d'acide acétique au tiers, puis 6 gouttes d'eau oxygénée à 12 volumes, et l'on agite.

En cas de présence du sang, on observe une coloration bleue violacée plus ou moins intense suivant la quantité de sang.

Pour effectuer la détermination du sang dans le suc gastrique et les liquides pathologiques, tels que : liquide céphalo-rachidien, pleural, etc..., la même technique doit être employée.

Toutes les recherches de sang qui ont été effectuées, sur les différentes urines ou liquides pathologiques soumis à notre examen, ont été faites concurremment avec le réactif Meyer : les deux réactifs (pyramidon acétique et phénolphtaléine) ont donné dans tous les cas le même résultat; il est donc permis d'affirmer que notre réactif présente une sensibilité aussi délicate que celle du réactif Meyer; de plus, nous ferons remarquer que ce réactif n'exige qu'une préparation très simple et rapide, que sa conservation est beaucoup plus longue et plus assurée, et qu'en définitive il peut rendre service dans les examens cliniques concernant la caractérisation du sang dans les différents liquides de l'organisme.

M. TIFFENEAU,

Agrégé à la Faculté de Médecine de Paris.

1° ACTION VASOCONSTRICTIVE DE LA PELLETIÉRINE

547.785

26 Juillet.

Au point de vue cardio-vasculaire, la pelletiérine se comporte comme les bases sympathomimétiques en provoquant une vaso-constriction intense qui se traduit par une élévation brusque et passagère de la pression artérielle coïncidant avec une diminution de volume du rein. Comme pour l'adrénaline et comme pour la nicotine, cette action ne s'accompagne pas d'accélération cardiaque mais bien d'un ralentissement très marqué avec pulsations d'une amplitude démesurée; cela tient à l'excitation secondaire des centres des vagues dont les effets sont prédominants. Après atropine, ce ralentissement fait place à l'accélération due à l'excitation du sympathique. L'isopelletiérine (pelletiérine racémique) agit de même, mais avec une intensité moindre. La pseudo-pelletiérine, la méthyl-pelletiérine, ainsi que la cicutine qui constitue le support chimique de la pelletiérine, n'ont pas d'action vasoconstrictive.

2° DIFFÉRENCIATION DES OUABAINES PAR LEUR TOXICITÉ

26 Juillet.

L'ouabaïne Arnaud actuellement dans le commerce est extraite du *Strophanthus gratus;* sa toxicité sous-cutanée chez le cobaye et intraveineuse chez le lapin ne correspond pas à celle donnée en 1888 par *Gley* pour l'ouabaïne de l'ouabaïo, bien que l'identité chimique de ces deux ouabaïnes ait été démontrée alors par *Arnaud.* D'autre part, deux ouabaïnes *Arnaud* très anciennes, l'une antérieure à 1900, l'autre datant de cette époque, présentent des toxicités très faiblement atténuées.

La toxicité sur la souris, animal relativement réfractaire, a été également étudiée : on observe, chez cet animal, pour une dose moitié moindre que la dose toxique, une paralysie des membres antérieurs et postérieurs qui peut servir de seuil pour l'étude comparative des ouabaïnes.

De ces faits, on peut tirer les conclusions suivantes : 1° l'ouabaïne du *Strophanthus gratus* et celle de l'ouabaïo qui ont été considérées par *Arnaud* comme chimiquement identiques, présentent certaines différences dans leur toxicité pour divers animaux ; 2° l'ouabaïne *Arnaud* conservée à l'état cristallisé ne paraît pas subir sous l'influence du temps, transformations qui, atténuent notablement sa toxicité.

M. E. COLLARD Fils,

Préparateur à la Faculté de Pharmacie de Paris.

ESSAI DES SELS MINÉRAUX A ACIDE ORGANIQUE

547.7

27 Juillet.

Pour faire l'essai de tels produits, le *Codex* prescrit en général d'opérer par calcination, donc transformation en carbonate que l'on pèse ; dans quelques cas ce sel est transformé et pesé à l'état de sulfate. Il m'a paru que, dans la majorité des cas, il y aurait intérêt à transformer directement en sulfate, sans passer par le carbonate, ce qui évite une calcination. Les résultats obtenus avec les différents corps essayés (benzoate, salicylate et acétate de soude, bitartrate de potasse, tartrate de potasse et de soude, benzoate de lithine) montrent qu'on obtient des chiffres égaux aux chiffres théoriques en opérant de la façon suivante :

Additionner 1 gramme du sel à essayer d'un demi-centimètre cube d'acide sulfurique pur, chauffer avec la flamme éclairante la plus petite possible d'un bec Bunsen : l'acide organique déplacé est décomposé ou volatilisé très rapidement sans brûler, donc sans dépôt de charbon. On laisse l'opération se faire toute seule; il suffit d'un coup de feu terminal pour décomposer le sulface acide en sel neutre.

M. DANÉ,

Toulouse.

1° RECHERCHES DE L'INDICE MÉTAL DANS LES EAUX MINÉRALES

543.3

27 Juillet.

Par un réactif désoxydable donnant une réaction colorée, l'auteur a cherché par une technique spéciale à déterminer si un volume connu d'eau minérale donne la réaction cotée, proposant ainsi de dire si une eau est métallifère ou non, ce terme s'appliquant surtout aux anciens métaux volatils de Bunsen.

2° LE PROCÉDÉ D'ESBACH ALBUMINIMÉTRIQUE MODIFIÉ EN VUE DE LA PRÉCISION

L'auteur rappelle que tout le monde est d'accord pour répudier ce procédé comme inexact, mais la clinique ordinaire s'en sert volontiers sans que personne ne cherche à le réformer. Par l'étude des causes d'inexactitude et par des tours de main spéciaux, il pense l'avoir mis, à très peu de chose près, en corrélation avec la méthode de la pesée, des opérations étant faites concurremment.

M. J. DAUBIAN-DELISLE,

Préparateur de physique à la Faculté de Pharmacie de Montpellier.

1° SUR LES MODIFICATIONS PARUES DANS LE SUPPLÉMENT DU CODEX 1920, A PROPOS DES HUILES ESSENTIELLES

668.53

27 Juillet.

Dans un travail récent (1), j'ai montré que la plupart des caractères prescrits par notre pharmacopée me paraissaient inexacts et j'ai préconisé dans un tableau d'ensemble résumant mon travail, les données nouvelles qu'il me paraissait utile de substituer à celles ayant jusqu'alors force de loi.

En lisant le supplément du *Codex*, j'ai eu le plaisir de constater que certaines de ces modifications viennent de devenir légales. C'est ainsi que la détermination de la densité de l'essence d'anis doit être faite à + 20 degrés centigrades et non plus à + 17 degrés centigrades, température à laquelle une bonne essence d'anis est généralement prise en masse. C'est ainsi également que les auteurs du supplément ont admis que la densité de l'essence de genièvre pourrait atteindre le minimum de 0,860 mais ont maintenu la limite supérieure de 0,885 dont je demandais l'abaissement à 0,880 n'ayant jamais rencontré d'essence d'origine dont la densité dépassait 0,878 à + 15 degrés centigrades. Ainsi que je l'ai demandé, ils ont indiqué que la densité de l'essence de thym devrait être déterminée à + 15 degrés centigrades et ont fixé comme limites à cette densité les valeurs 0,900 à 0,950 assez voisines de celles que j'ai préconisées (0,905 à 0,950). On peut il est vrai, rencontrer des essences de thym dont la densité varie de 0,900 à 0,905, mais ces essences, constituées en presque totalité par des terpènes présentent une teneur en phénol de 5 à 15 0/0, fort inférieure par suite à la teneur de 20 0/0 considérée toujours par le *Codex* comme teneur moyenne.

(1) Contribution à l'étude des huiles essentielles inscrites au Codex 1908.

Si le minimum fixé pour la densité de l'essence de thym me paraît trop bas, au contraire celui fixé pour la densité de l'essence de girofle me paraît insuffisamment abaissé.

Le supplément dit qu'il doit être abaissé de 1.055 à 1.050 et j'ai indiqué 1,045 en me basant tant sur mes analyses personnelles que sur les travaux de *Charabot* et de *Gildemeister*.

En ce qui concerne la coloration le supplément du *Codex* admet désormais la coloration verdâtre pour l'essence de rose. Il devrait l'admettre également pour l'essence de menthe poivrée et l'essence de genièvre. Il devrait aussi considérer comme normale la coloration rouge de l'essence de thym qui est plutôt la coloration normale de cette essence.

Dans une étude (2) critique toute récente de mon travail, l'auteur souhaite que la plupart des modifications que j'ai proposées soient adoptées et inscrites dans la prochaine édition du *Codex*.

Parmi les modifications qui lui paraissent intéressantes, il cite celles relatives aux essences de menthe et de bergamote.

Ces modifications ne sont pas cependant entièrement adoptées, par le supplément du *Codex*.

Bien que fortement élevé (il passe de + 16 degrés P. à + 22 degrés P.) le maximum fixé pour la déviation polarimétrique n'atteint pas le chiffre de + 25 degrés P., dont j'ai préconisé l'adoption. Mes analyses et mes références scientifiques me font un devoir impérieux de demander l'admission de ce maximum.

Les limites fixées pour la densité de l'essence de menthe ne sont pas modifiées. C'est, me semble-t-il, à tort, car l'essence d'origine française dont la densité dépasse souvent 0,920 continue à ne pas être légale. Par contre, l'essence de menthe du Japon dont la densité est légèrement inférieure à 0,900 répond encore aux caractères exigés par le Codex, malgré sa valeur fort médiocre.

Aucune modification n'est indiquée en ce qui concerne la solubilité dans l'alcool éthylique à différents degrés de concentration. Les essences d'amande amère, de cannelle de Ceylan et d'eucalyptus présentent cependant des caractères de solubilité qu'il me paraît utile de signaler. C'est ainsi que l'essence d'amande amère et non seulement soluble en toute proportion dans l'alcool à 95 degrés mais elle l'est aussi dans deux parties d'alcool à 70 degrés, l'essence de cannelle de Ceylan est soluble dans trois parties de cet alcool et l'essence d'eucalyptus dans quatre parties de ce même solvant. Une solubilité inférieure mettra immédiatement sur la voie d'addition d'essences riches en éléments insolubles dans l'alcool éthylique, essence de térébenthine ou terpènes résiduels d'une préparation d'essence déterpénée. Il serait aussi fort utile de modifier ce que dit le Codex au sujet de la solubilité de l'essence de lavande dans l'alcool à 70 degrés. J'ai montré en effet que les meilleures essences de lavande obtenues par entraînement rapide à la vapeur d'eau ne sont souvent solubles que dans 7 à 8 parties de cet alcool et non dans 3.

Le supplément du Codex ne dit pas non plus qu'il serait nécessaire de modi-

(2) *Bulletin scientifique et industriel* de la maison ROURE BERTRAND DE GRASSE, avril 1920, 4e série, n° 1, p. 108 et 109.

fier les valeurs trop faibles attribuées aux points de solidification des essences d'anis et de badiane et cependant le point de solidification qui ne doit pas être inférieur à + 17 degrés centigrades pour l'essence d'anis et à + 15 degrés centigrades pour l'essence de badiane sert de base dans le monde commercial pour l'achat de ces essences.

Il n'est pas fait mention de modification quelconque à l'étude des essences d'amande amère et de térébenthine. La recherche du chlore dans la première de ces essences, une certaine élasticité dans les caractères physiques de la seconde devraient être indiquées.

En somme, le supplément du Codex qui devait être à l'impression au moment où j'ai soutenu ma thèse de doctorat en pharmacie n'a pu tenir compte des modifications que j'ai proposées. J'ai été heureux cependant de constater que certaines des modifications qui ont maintenant force de loi figuraient sur ma thèse et je souhaite que les autres modifications soient reconnues utiles et inscrites dans la prochaine édition du Codex.

*
* *

2° SUR LES HUILES ESSENTIELLES INSCRITES AU CODEX FRANÇAIS DE 1908.

27 Juillet.

Dans l'étude des huiles essentielles, le *Codex français* expose en deux pages les procédés d'obtention des essences et les caractères auxquels doit répondre toute essence pour qu'elle soit reconnue exempte d'alcool ou d'huile fixe? Cet exposé est-il suffisant? Je ne le crois pas et j'estime qu'il ne serait pas inutile de compléter ce chapitre assez peu connu du pharmacien, en y ajoutant en une ou au maximum deux pages quelques remarques au sujet de la détermination des principaux essais physiques et chimiques avant d'aborder l'étude particulière de chacune des essences.

Pour faciliter la détermination des essais physiques, il serait intéressant d'indiquer que le coefficient moyen de dilatation est de 0,0008 par degré centigrade et que par suite la densité à + 15° C. sera déterminée en ajoutant au chiffre lu à t degrés, la valeur $(t - 15) \times 0{,}0008$, cette valeur étant positive pour $t > 15$ et négative pour $t < 15$.

Il serait intéressant aussi bien que moins important au point de vue pratique d'indiquer, ainsi que je l'ai établi, que la détermination de la déviation polarimétrique à + 20° C. exprimée en degrés d'angle et minutes est donnée par la formule $\alpha_D^{20} = \alpha_D^t \left[1 + \frac{(t - 20) \text{ minutes}}{7}\right]$ formule dans laquelle α_D^t est l'angle lu à la température à laquelle est effectuée la détermination.

Il est tout aussi facile d'exposer brièvement les méthodes de dosage qui peuvent permettre d'évaluer la teneur en principaux éléments constitutifs des essences, ces méthodes se ramenant en somme à deux :

1° Une méthode acidimétrique qui permettra de doser les acides, les éthers et les alcools, et :

2° Une méthode volumétrique de dosage des aldéhydes et des phénols.

Le Codex ne fait pas mention du dosage de l'acidité des essences et se borne à indiquer, ce qui n'est d'ailleurs pas toujours vrai, que les essences d'anis, de fleur d'oranger, d'orange et de térébenthine présentent en solution alcoolique une réaction neutre au tournesol et celle de santal une réaction faiblement acide. Il est cependant indispensable dans les essences dont la valeur est due à la teneur en éthers de déterminer la proportion d'acides libres avant de procéder au dosage par saponification ainsi que le prescrit le Codex. La même prise d'essai pourra servir à doser les éthers après avoir évalué l'acidité libre par addition à froid de potasse en se servant de phénol-phtaléine comme réactif indicateur. Les essences renfermant toujours peu d'acides, on employera de préférence pour les saturer une solution de potasse décinormale.

Au mode opératoire pour le dosage des éthers prescrit d'une manière très précise à l'article *essence de bergamote*, et qui aurait mieux sa place dans un exposé général de méthodes de dosage, devrait faire suite celui des alcools tel qu'il est indiqué à l'article *essence de santal*.

Pour guider le pharmacien qui voudrait doser d'autres alcools tels que le linalol, le géraniol, le menthol, on pourrait, au lieu de donner brutalement la formule applicable au cas du santalol, indiquer le phénomène chimique très simple qui se passe lors de l'acétylation.

L'alcool se combinant à l'anhydride acétique forme un éther-sel dont le poids moléculaire est toujours supérieur de 42 à son propre poids moléculaire.

Ceci résulte de l'équation

$$C^n H^m O - H + O \begin{cases} C \begin{matrix} = O \\ - C H^3 \end{matrix} \\ C \begin{matrix} - C H^3 \\ = O \end{matrix} \end{cases} = C^n H^m O - C \begin{matrix} = O \\ \diagdown C H^3 \end{matrix} + C H^3 - C\text{-}O.O H.$$

Pour tenir compte de l'augmentation du poids moléculaire de l'alcool passé à l'état d'éther-sel, le poids cherché P d'alcool sera donné par la formule

$$P = \frac{M \times n}{p - (n \times 0{,}042)}$$

formule dans laquelle

M représente le poids moléculaire de l'alcool cherché ;
n — le nombre de centimètres cubes de solution de potasse alcoolique normale employés.
p — le poids de l'essence acétylée mise en jeu.

Le dosage des aldéhydes et des phénols pourra être effectué beaucoup plus simplement que le Codex ne l'indique. Un ballon de 100 — 110 dont la graduation de 100 à 110 est divisée en dixièmes de centimètres cubes suffit.

Les solutions à employer seront : pour les aldéhydes une solution de bisulfite de soude à 30 0/0 et pour les phénols une solution alcaline. La soude ou la potasse pourront être indifféremment utilisées mais la concentration de ces solutions est très utile à connaître. Elles consisteront en une solution de soude à 5 0/0 pour l'essence de thym et une solution à 3 0/0 pour l'essence de girofle, faciles toutes deux à préparer en partant de la lessive de soude à 36° Baumé, solution de soude à 30 0/0 que l'on diluera de six fois son volume d'eau pour obtenir la première et de dix fois pour préparer la seconde.

Ces données générales exposées, je me bornerai en suivant l'ordre alphabétique adopté par le Codex à relever les caractères prescrits par notre pharmacopée qui me paraissent le plus en contradiction avec les résultats que m'ont donné des essences de pureté incontestable.

Essence d'amande amère. — Je n'ai jamais rencontré d'essence pure dont la densité fut inférieure à 1,050 mais par contre j'en ai analysé de très nombreuses préparées sous mes yeux, dont la densité variait de 1,060 à 1,065.

Essence d'anis. — La densité devrait être prise pour plus de facilité à + 20° C. les mêmes limites étant maintenues et le point de solidification déterminé par la méthode cryoscopique ne devrait pas être inférieur à + 17° C.

Essence de badiane. — De même que pour l'essence d'anis, il serait utile de fixer un minimum pour le point de solidification et de substituer la mention « le point de solidification doit être snpérieur ou au moins égal à + 15° C. » à l'indication trop vague « se solidifie au dessous de + 15° C. ».

Essence de Bergamote. — La déviation polarimétrique exprimée en degrés d'angle à + 20° C. doit pouvoir atteindre + 25° et les éthers, déduction faite de la faible acidité qui existe normalement dans cette essence, présenter un minimum de 33,5 0/0.

Essence de cannelle de Ceylan. — La teneur en aldéhydes de cette essence peut ne pas dépasser 55 0/0 et il serait intéressant de doser l'eugénol dont la teneur ne doit pas atteindre 8 0/0.

Cette essence doit être soluble dans trois parties d'alcool à 70°.

Essence de citron. — Les caractères indiqués par le Codex répondent bien à ceux d'une bonne essence à l'exception cependant des limites de la déviation polarimétrique qui devraient être légèrement abaissées et fixées de + 55 degrés à + 63 degrés au lieu de + 57 degrés à + 67 degrés et de la différenee entre la déviation polarimétrique de l'essence et celle du premier dixième, passant à la distillation qui peut atteindre + 5°,30′.

Essence d'eucalyptus. — Il serait utile de doser l'eucalyptol qui doit constituer au moins les 50 0/0 de cette essence et de prescrire la solubilité dans quatre parties d'alcool à 70 degrés.

Essence de fleur d'oranger. — La densité de cette essence peut s'abaisser fort au-dessous du minimum 0,875 fixé par le Codex et atteindre 0,867.

Essence de genièvre. — La densité de l'essence de genièvre peut être également beaucoup plus faible et ne pas dépasser 0,860.

Essence de girofle. — La limite inférieure fixée pour la densité de cette essence est aussi beaucoup trop élevée. De 1,055 elle devrait être abaissée à 1,045.

Essence de lavande. — La solubilité de cette essence dans trois parties d'alcool à 70 degrés prescrite dans les essais du Codex ne me paraît pas justifiée car les essences de qualité supérieure obtenues par entraînement rapide à la vapeur d'eau et dont la teneur en éthers est d'ailleurs supérieure à 40 0/0, ne sont solubles, parfois même en présentant une faible opalescence, que dans sept à huit parties de cet alcool.

Essence de menthe. — La limite, trop basse fixée pour le minimum de densité permet l'emploi de la menthe du Japon de valeur cependant fort médiocre, celle également trop basse fixée pour le maximum interdit dans la plupart des cas l'emploi de la menthe française.

Les limites à adopter devraient être 0,900 à 0,926 et non 0,895 à 0,920.

Essence d'orange. — Il serait utile de prévoir un maximum pour la déviation polarimétrique afin d'éviter l'addition de terpènes d'orange. Ce maximum déterminé ou calculé à + 20 degrés devrait être de + 99 degrés.

Essence de romarin. — La densité de cette essence est quelquefois légèrement inférieure à 0,900 et peut s'abaisser à 0,896.

Essence de rose. — La coloration de cette essence est parfois jaune verdâtre et la densité très variable surtout dans l'essence de rose française peut osciller de 0,830 à 0,870.

Essence de santal. — La déviation polarimétrique prise à + 20 degrés centigrades, n'atteint pas quelquefois — 17 degrés, tout en dépassant toujours — 16 degrés.

Essence de térébenthine. — Le Codex, bien que faisant mention de la constitution variable de cette essence, lui assigne des chiffres précis et invariables, tant pour la densité que pour le pouvoir rotatoire moléculaire spécifique. De pareils caractères ne peuvent être maintenus. En admettant que la seule variété officinale soit l'essence retirée du pinus pinaster, la densité pourra varier de 0,860 à 0,871 à + 15 degrés centigrades et la déviation polarimétrique de — 20 degrés à — 40 degrés.

Essence de thym. — La température à laquelle la densité doit être prise n'est pas indiquée. Si elle est déterminée à + 15 degrés centigrades, cette densité pourra varier de 0,905 à 0 950.

M. FONZES-DIACON,
Professeur à la Faculté de Pharmacie de Montpellier.

LA CONSTANTE MOLÉCULAIRE SIMPLIFIÉE DANS L'ANALYSE DES LAITS CAILLÉS.

543.2

27 Juillet.

L'analyse du lait, matière alimentaire, entre dans le programme des études pharmaceutiques et cela à juste titre car nombre de pharmaciens fournissent des experts très estimés aux tribunaux.

Dans un article paru aux *Annales des falsifications* (juillet-août 1919) j'ai montré l'importance de la constante moléculaire dans l'expertise des laits coagulés, cette constante m'ayant permis en semblable occurrence, de me prononcer pour le mouillage alors que, tiers-expert, je devais départager deux de nos collègues d'avis nettement opposé.

Je veux maintenant citer un cas ou cette même constante moléculaire ne m'a pas permis d'affirmer le mouillage nié par l'un des experts, alors que l'autre évaluait à 6 0/0 environ la proportion d'eau ajoutée frauduleusement au lait.

L'échantillon conservé par la tierce-expertise datait de six mois; son altération était profonde, la détermination de la teneur en lactose par le dosage du sucre non altéré avec la correction due à l'acidité élevée, ne pouvait être que très approximative, mais se rapprochait de celle des experts qui, d'accord, l'avaient trouvée de 44gr,6 par litre de lait, quantité correspondant à 47gr,42 de lactose hydraté par litre de lactosérum.

Le dosage des chlorures put être parfaitement fait; deux essais donnèrent la valeur 1gr,76 de chlorure de sodium par litre de lactosérum, alors que les experts n'en avaient trouvé que 1gr,46 soit, en traduisant ces quantités en le lactose isotoniquement correspondant :

$$1,72 \times 1,19 = 20,47$$
$$1,46 \times 1,19 = 17,37$$

La constante moléculaire devient dès lors dans mon expertise :

$$20,47 + 47,42 = 67,89$$

et dans celle des experts :

$$17,37 + 47,42 = 64,79$$

Or, les travaux faits dans mon laboratoire (thèse de *Cazalet* sur « les laits de la 16e Région et la constante moléculaire simplifiée » ont permis d'établir que pour certains laits très bien constitués, cette constante pouvait n'atteindre que la valeur 69 bien que, d'habitude, elle soit voisine de 70.

J'ai donc été amené à conclure que si le lait incriminé présentait les caractères d'un léger mouillage par sa constante moléculaire ainsi que par son extrait dégraissé n'atteignant que 84 grammes par litre de lait, la race des vaches n'étant pas mentionnée au dossier, il n'était pas possible d'affirmer que ce lait avait été *frauduleusement* mouillé.

Le laitier prétendait en effet que son étable avait eu fort à souffrir de la fièvre aphteuse; or, bien que les travaux publiés jusqu'ici aient paru démontrer que la constante moléculaire n'était pas impressionnée par l'état pathologique de l'animal, il est encore prudent de ne pas donner une valeur trop absolue à cette constante, qui n'est qu'approchée comme toutes les constantes, et le mouillage apparaissant trop faible pour apporter un bénéfice appréciable à l'inculpé, il était prudent et juste de faire bénéficier du doute ce laitier dont le casier judiciaire ne présentait d'ailleurs aucune condamnation.

Il faut encore ajouter que les autres éléments du lait étaient en quantités voisines des teneurs moyennes, les cendres notamment atteignant la valeur 7^{gr},2 par litre.

Cette note vous est présentée dans le but de donner un conseil de prudence aux jeunes experts qui appliquent parfois d'une façon peut-être un peu trop absolue les règles établies par leurs devanciers, oubliant que la fraude ne doit être affirmée que quand elle est indiscutable, car le glaive de la Loi ne doit jamais frapper à faux.

M. ROUSSEAU,
Pharmacien à Ermont (Seine-et-Oise).

DES CAUSES DE L'INTOLÉRANCE DE LA THÉOBROMINE DU CODEX

547.816 : 612.014.46

27 Juillet.

En outre de la caféine, qui existe en même temps que la théobromine dans le cacao et qu'un traitement chloroformique enlève facilement, la théobromine est susceptible de contenir encore son isomère : la théophylline et des leucomaïnes xanthiques, de formation synthétique.

On sait que, sous l'influence de divers agents, les nucléoalbumines se dédoublent en nucléine et en albumine, transformées en albumose ou en peptone, avec la digestion pepsique, en syntonine ou acidalbumine avec les acides et en protéose ou alcalialbumine, avec les alcalins ou les alcalino-terreux; puis, la nucléine se décompose en acide phosphorique, avec production de leucomaïnes xanthiques et névriniques. (Adénine, guanine, sarcine, xanthine, bétaïne, choline).

Partant de ces données, on est conduit à conclure que les impuretés de la théobromine sont dues à des produits de synthèse, provenant des nucléo-albumines qui existent dans les graines de cacao, comme dans toutes les substances animales ou végétales constituées par de jeunes cellules.

En effet, en raison du traitement auquel le cacao ou ses déchets sont soumis, pour en extraire la théobromine, il en résulte une formation synthétique de leucomaïnes xanthiques et névriniques, susceptibles de suivre la théobromine, dans toutes les phases qu'elle subit, pour être séparée de sa combinaison organique avec le rouge de cacao.

Or, tous ces produits de synthèse obéissent aux mêmes lois chimiques et physiques que celles de la théobromine; comme elle, ils sont à peine solubles dans l'eau froide et encore moins dans l'alcool, mais un peu plus solubles dans l'eau et l'alcool chauds; ils forment des combinaisons avec les acides concentrés, les alcalins et alcalinoterreux; enfin, ils se précipitent, par le refroidissement de leur solution aqueuse ou alcoolique bouillante, ainsi que par le traitement de leur combinaison basique en solution, par un acide, suivant les réactions ci-dessous, données à titre d'exemple :

1° — $(C^7H^7N^4O^2)^2Ca + 2(HCl) = 2(C^7H^8N^4O^2) + CaCl^2$
(Théobrominate de calcium) (Théobromine précipitée).

2° — $(C^5H^3N^4O^2)^2Ca + 2(HCl) = 2(C^5H^4N^4O^2) + CaCl^2$.
(Xanthinate de calcium). (Xanthine précipitée).

et il en est ainsi des autres corps étrangers (adénine, guanine, sarcine, etc.).

Par suite on comprend pourquoi ces leucomaïnes xanthiques de synthèse sont inséparables de la théobromine, purifiée par la méthode de précipitation et que, seule, la *cristallisation* est capable d'éliminer, en fournissant une théobromine chimiquement pure, nettement séparée des impuretés, qui restent dans les eaux-mères de cristallisation.

A ce propos, on a prétendu que la théobromine du Codex était cristallisée; ce n'est pas exact. La théobromine du Codex est une théobromine ***précipitée***, à grains cristallins microscopiques plus ou moins fins, suivant que la précipitation a été opérée à une température plus ou moins élevée, au sein d'une solution basique traitée par un acide, tout comme il se passe pour la précipitation du carbonate de calcium, d'une solution plus ou moins chaude de $CaCl^2$ et il n'est jamais venu à l'idée de personne d'admettre que le carbonate de calcium du Codex était cristallisé, comme l'est celui du marbre par exemple.

Ce que nous disons pour la théobromine précipitée d'une solution basique, par l'addition d'un acide, s'applique aussi bien à celle qu'on obtient par le refroidissement d'une solution chaude aqueuse ou alcoolique. C'est toujours une *précipitation* mais, dans ce cas, obtenue par la rupture d'équilibre de saturation de la solution et non une cristallisation au sens exact qu'il convient de donner à ce phénomène physique.

En un mot, tandis que la *précipitation* de la théobromine entraîne avec elle toutes les impuretés qui l'accompagnent, la *cristallisation* les en sépare d'autant plus sûrement qu'elle s'effectue plus lentement, en fournissant de gros cristaux rhomboèdriques nettement visibles à l'œil nu, lesquels, après pulvérisation, commencent à se sublimer à 196 degrés et entrent en fusion à partir de 342 degrés.

Certes, la proportion de ces impuretés est pour ainsi dire infinitésimale, mais quand on considère la toxicité de la xanthine par exemple, dont la dose mortelle est d'environ un quart de milligramme par kilo d'animal, on conçoit combien peu il en faut dans une théobromine, pour la rendre intolérable aux malades.

Quoi qu'il en soit, l'expérimentation clinique poursuivie à l'Hôtel-Dieu, en 1914 et 1915 et à la Charité en 1917, a montré invariablement que, si la théobromine du service hospitalier donnait lieu à des accidents toxiques et nerveux, la théobromine *cristallisée* n'a jamais occasionné le moindre malaise, quelles qu'aient été les doses journalières employées.

Que conclure de ces résultats si ce n'est que la valeur pharmacodynamique de la théobromine *cristallisée* diffère essentiellement de celle de la théobromine du Codex, par les avantages indiscutables qu'elle offre à la Thérapeutique.

M. CHASPOUL,

Docteur en Pharmacie, Lyon.

LES PETITES ERREURS DE LA MÉTHODE BORDET-WASSERMANN

615.37.06.951

28 Juillet.

La réaction de *Bordet-Wassermann,* qui est liée à des phénomènes de bio-physico-chimie, est fort compliquée de par les éléments qui entrent en jeu dans cette réaction.

Ce qui complique le problème, c'est que l'on n'a pas affaire, comme en chimie pure, à des corps définis et que le sérologiste n'a pas encore des données suffisamment exactes sur tous les facteurs entrant en réaction.

On l'a beaucoup critiquée; parfois, le diagnostic sérologique a été en contradiction grossière avec le diagnostic clinique; mais s'est-on suffisamment renseigné sur l'origine de l'erreur ou sur les causes de ces dissidences ?

S'est-on renseigné sur la valeur de l'antigène, sur l'exactitude des dosages, du complément, du sérum de lapin antimouton, etc...., sur la propreté et la stérilisation de la verrerie mise en œuvre?

S'est-on demandé si des éléments étrangers n'étaient pas venus troubler l'équilibre réactionnel du système; si des phénomènes de catalyse n'entravaient pas la réaction?

De même qu'il serait incorrect de dire que le laboratoire de bactériologie a fait faillite en déclarant un séro-diagnostic négatif au bacille d'*Eberth*, alors que la clinique aura été affirmative, ou que le laboratoire n'apporte aucun renseignement parce qu'il n'aura pas trouvé de méningocoque dans un liquide céphalo-rachidien de méningite cérébro-spinale, de même il serait injuste de dire que le laboratoire de sérologie a fait faillite si une épreuve *Bordet-Wassermann* ne confirme pas un diagnostic clinique.

J'ai eu à effectuer plus de deux mille essais de *Bordet-Wassermann*, tant dans mes laboratoires que dans ceux de l'armée; ma technique a été celle de la méthode *Bordet-Wassermann* intégrale, contrôlée parfois par celle de *Calmette-Mathis;* j'ai eu, la plupart du temps, l'opinion de vénéréologues éminents qui ont confirmé ou infirmé mes résultats et j'ai pu me rendre compte que trois causes d'erreurs venaient parfois fausser la réaction.

La première, que l'on a dû commettre bien souvent, est celle qui dérive de l'emploi du sérum physiologique stérilisé dans des verres tendres. Sous l'action de la chaleur à 110-120 degrés et en présence de ces verres, l'eau chlorurée se charge de particules solides, fines aiguilles cristallines (silicates) qui entravent les réactions négatives. Avant de me rendre compte de ce phénomène, j'ai eu des épreuves entières de *Bordet-Wassermann* absolument fantasques et des tubes où les globules rouges de mouton se précipitaient à la manière du sulfate de baryte, en présence de n'importe quel sérum humain.

Une autre erreur, que l'on peut commettre plus rarement, est celle qui découle de l'utilisation d'un sérum physiologique que l'on a conservé plus de trois jours après s'en être servi en ne prenant pas toutes les précautions d'usage dans le rebouchage aseptique; des moisissures, des champignons, des levures et très peu de bactéries, car ces dernières se développent plus difficilement dans cette eau chlorurée, viennent troubler l'équilibre du système et fausser les résultats.

Enfin, la troisième cause d'erreur, non moins négligeable, est celle qui consiste à se servir de n'importe quels globules rouges de mouton; la résistance globulaire est un facteur essentiel, soit qu'il s'agisse de différencier simplement une réaction positive d'une réaction négative, soit que l'on veuille évaluer la proportion de stromas globulaires détruits ou non. Il arrive quelquefois que, suivant que l'on part de tels globules rouges ou de tels autres, on a des réactions différentes; ainsi j'ai eu l'occasion de me rendre compte qu'une réaction positive avec un sérum S. et les globules d'un mouton s'atténuait progressivement de jour en jour en partant du même sérum S. et des mêmes globules rouges conservés à la glacière, et j'irai plus loin, je dirai même que certains globules rouges à résistance globulaire inférieure à la normale, arrivaient à s'hémolyser si facilement que le lendemain d'une réaction positive, les mêmes éléments entrant en jeu, on pouvait déclarer un essai de *Bordet-Wassermann* négatif.

Dans un travail ultérieur, j'indiquerai exactement dans quelles limites de ces résistances globulaires les résultats de la méthode de *Bordet-Wassermann* paraissent les plus rapprochés de la vérité.

Conclusions. — Abstraction faite de toutes les causes d'erreur déjà signalées : valeur et titrages des éléments entrant dans la réaction, temps de chauffe, etc..., il nous a paru utile de signaler ces petites erreurs dont le type de la technique intégrale de *Bordet-Wassermann* doit toujours tenir compte :

1° N'employer, dans la stérilisation du sérum physiologique, que des verres durs (verrerie type Iéna) ;

2° Tenir compte de la fraîcheur ou de la bonne conservation de ce sérum ;

3° Les hématies de mouton doivent avoir une résistance globulaire correspondant à la résistance des hématies qui ont servi à la vérification et aux titrages de l'antigène.

Je terminerai en faisant cette remarque : à chaque séance d'essais de *Bordet-Wassermann,* un sérologiste exercé se rend compte, dans le deuxième temps de la réaction, si la séance sera riche en déboires ou non ; mais une fois le résultat inscrit, il continuera à sourire en lisant dans un hebdomadaire une critique de la méthode de *Bordet-Wassermann.*

M. PROTHIÈRE,

Pharmacien-Major, Tarare (Rhône).

NOTE SUR LA SITUATION DE L'HYGIÈNE PUBLIQUE EN FRANCE ET SUR SON ENSEIGNEMENT

---

614 (44)

28 Juillet.

L'auteur fait l'historique de la question. Les services d'hygiène sont, à l'heure actuelle, sous la dépendance des maires, c'est-à-dire que la part de l'élément politique est trop grande.

La tendance actuelle est de placer les services d'hygiène uniquement sous la dépendance de personnalités exclusivement médicales. Il faut, en réalité, s'adresser à des compétences variées, notamment aux pharmaciens, aux architectes même.

M. Prothière dépose un vœu qui est adopté par la Section.

OUVRAGES IMPRIMÉS PRÉSENTES A LA SECTION

M. Braemer, professeur à la Faculté de Médecine de Strasbourg, présente un livre de M. Perreau : *Législation et Jurisprudence pharmaceutiques, Questions d'actualité,* 400 pages, contenant :

1° Les Règles générales d'exercice professionnel;

2° Les Rapports des pharmaciens avec leurs collègues et leurs auxiliaires;

3° Les Rapports entre les pharmaciens et le public et les médecins;

4° Des Questions spéciales.

M. Gerber, professeur à la Faculté de Médecine de Toulouse, présente à la Section une thèse de M. Gaston Astre sur la *Biologie des Mollusques dans les dunes maritimes et ses rapports avec la Géographie botanique.* Ce travail, qui a mérité à l'auteur la plus haute mention de la Faculté mixte de Médecine et de Pharmacie de Toulouse, a été commencé pendant la guerre, lors du séjour de l'auteur sur le front de Belgique, continué à Arcachon et terminé au Laboratoire de Botanique de la Faculté de Toulouse. Il fait le plus grand honneur au jeune savant; un résumé des importantes conclusions a été communiqué à la Section de Botanique.

14e Section.

ODONTOLOGIE

Président . . . M. le Dr VICHOT, Professeur à l'École Dentaire de Lyon.

Vice-Présidents { M. A. BLATTER, Professeur à l'École Dentaire de Paris; M. G. VILLAIN, Directeur de l'Enseignement à l'École Dentaire de Paris.

Secrétaire . . . M. VICAT, Lyon.

M. le Dr VICHOT.

ALLOCUTION DU PRÉSIDENT

---

26 Juillet.

617.6

Messieurs,

Je veux remercier tous ceux qui m'ont fait l'honneur de répondre à mon invitation et de venir aujourd'hui à Strasbourg, et tout d'abord notre confrère de Montréal, *M. le Dr Charron*, délégué officiel du Canada. Il n'a pas hésité à traverser l'Atlantique pour nous apporter la sympathie de ses compatriotes de la *Nouvelle France* et dire de leur part, comme l'avaient fait les vaillantes troupes de ce pays, à l'appel de la France, il y a cinq ans : « *Nous voilà !* ». Puis nos confrères, fils de l'héroïque et vaillante Belgique qui, en 1914, malgré la puissance de l'envahisseur, s'est mise en travers de sa route; ensuite nos confrères américains de l'*American Dental Club of Paris*, et enfin notre confrère *Robinson*, délégué de la *British Dental Association*, et *M. Virion*, représentant le Luxembourg.

Messieurs, je suis également heureux de pouvoir témoigner ma reconnaissance au Comité local et à tous nos confrères d'Alsace et de Lorraine du zèle qu'ils ont déployé pour nous recevoir et de leur adresser, à tous, nos souhaits de cordiale bienvenue dans la grande famille professionnelle française.

Je vous remercie enfin, Messieurs et chers Confrères, d'être venus si nombreux assister à notre Congrès qui, je l'espère, servira utilement la science par le nombre et l'intérêt des communications annoncées.

Depuis six ans, nous n'avons pas eu de réunions professionnelles, sauf le Congrès Dentaire Interallié, en novembre 1916, dont vous savez tous le succès.

Cette première réunion d'après-guerre de notre *Section d'Odontologie de l'Association française* est, pour beaucoup d'entre nous, une date mémorable. Ce retour dans la paix victorieuse a été une des espérances qui nous ont soutenus dans les heures difficiles où l'on donnait sans compter à la cause commune son dévouement et son abnégation.

La tradition de nos Congrès annuels a été interrompue par la guerre. En 1914, au Havre, au cours des travaux de la dernière session, lorsque nous étions prêts à nous embarquer pour l'Angleterre, afin d'assister au Congrès de la *British Dental Association* et au Congrès Dentaire International, nous vivions anxieux à la lecture des dépêches annonçant la tension générale. L'Europe était malade et bien malade; sa courbe de température montait toujours, pas le moindre signe de défervescence, mais nous étions loin de nous douter que l'abcès formé par l'accumulation d'anciennes toxines allait crever, et surtout que cette maladie durerait cinq ans.

Pendant cette longue maladie, notre beau pays a connu des hauts et des bas, des alternatives de grands espoirs et de patience, mais avec une foi absolue dans le succès final. Ses pertes furent effroyables : 1 million 700.000 morts ou disparus, parmi lesquels notre profession figure pour une large part; nombreux sont les médecins, les stomatologistes et les chirurgiens-dentistes qui ont fait le sacrifice de leur vie sur l'autel de la Patrie, et c'est avec émotion que je salue leur mémoire.

Nous devons profiter des leçons apportées par la guerre et des progrès accomplis pendant les hostilités. Des services de Stomatologie : Centres d'édentés et cabinets de garnison, et des Centres de chirurgie et de prothèse maxillo-faciale ont été créés par *M. J. Godart* et ses collaborateurs. Nous devons les remercier de tout ce qu'ils ont fait pour notre profession.

Les services dentaires proprement dits : Centres d'édentés et cabinets de garnison organisés par *M. le D*r *Sauvez* ont permis d'appareiller et de récupérer environ 180 à 200.000 hommes pour le service armé. Ils ont, en outre, fait connaître l'utilité et les bienfaits de l'hygiène dentaire dans tous les milieux, au grand profit de ceux qui l'ignoraient totalement. Maintenant, la plupart continueront à se faire soigner et c'est à améliorer chaque jour notre art que nous devons nous employer.

Mais où les progrès ont été les plus nombreux et les plus importants, c'est en chirurgie et en prothèse maxillo-faciale; ces deux sciences étaient presque inexistantes avant la guerre. A part les *travaux de Préterre*, en 1870, de *Cl. Martin* et de quelques prothésistes éminents, peu de praticiens avaient eu l'occasion de s'y spécialiser. On rencontrait rarement des cas justiciables de ces interventions et de ces restaurations; on n'avait à traiter que des lésions accidentelles, des tentatives de suicide ou des cas pathologiques, suites de néoplasmes, ces derniers à résultats fonctionnels douteux et éphémères. Que de chemin parcouru, quand on vit les Centres de Paris, Lyon, Bordeaux, Vichy, Rennes, Marseille, Montpellier, etc.... rivaliser entre eux. La belle ardeur déployée par les chirurgiens et les prothésistes les a rapprochés et a formé l'union profonde de ces deux spécialités.

Qui de nous ne connaît ces malheureux mutilés pour les avoir soignés de longs mois, des années même! Que de travail, que de recherches, que d'ingéniosité et d'habileté pour arriver à leur rendre figure humaine, et surtout à leur assurer les fonctions de la vie! Ce champ merveilleux d'observations et d'expériences a montré combien la collaboration du chirurgien et du prothésiste a été intime pendant la guerre et combien elle doit le rester maintenant.

Permettez-moi, au sujet de ces malheureux mutilés, de vous rappeler la merveilleuse description qu'en a faite *Henri Lavedan :*

Sans vouloir établir entre les blessés des distinctions et des plus-values trop nettes selon le coup qui les a frappés et la nature de leur disgrâce, il est évident qu'entre tous, ceux qui nous troublent le plus et s'imposent à notre pensée avec une force plus directe sont les grands blessés de la face.

Être blessé là, c'est, en dehors de toute conséquence physique, ce qu'il y a moralement de plus terrible et de plus beau, c'est recevoir à la fois un soufflet et un baiser, un affront et un hommage; et c'est être frappé par devant et en haut, d'une façon visible, éclatante, et qui laisse après elle un signe ineffaçable, public. On ne s'appartient pour ainsi dire plus, on appartient à la blessure qui vous a transformé, qui a détruit ou atténué votre ancienne image.

On objecte que les blessures de la face, en dépit de leur saisissant aspect, sont, la plupart du temps, bien moins sérieuses que celles qui ne se voient pas et qui laissent dans le corps des lésions profondes.... Il est possible. Mais cependant, combien de ceux qui sont affligés des premières changeraient pour les secondes? C'est que le visage est la grande coquetterie humaine, la représentation de la personne tout entière, l'expression naturelle et perfectionnée du caractère, des goûts, du rang social, le signalement continu et avantageux, ce que l'on préfère à tout en soi. Subir dans cette partie flatteuse un dommage même léger prend une importance sans pareille et cause une vraie tristesse empreinte d'humiliation. C'est alors seulement que se révèlent, dans toute la violence de leur nécessité, ces traits spéciaux et familiers pour lesquels on était si indulgent, dont on se croyait le sûr possesseur durant toute cette vie... et aussi dans l'autre, tellement il coûte à votre amour-propre d'y renoncer, même après la mort.

Sans parler des yeux, qui sont les diamants de l'homme enchâssés sous son front, toutes les autres parties de la face retrouvent aussitôt sous l'outrage leur originelle splendeur, leur puissance miraculeuse, leur raison souveraine. Les joues, la bouche, les oreilles, le menton deviennent, grâce à la blessure, des espèces d'êtres dans l'être général, animés d'une vie à part, doués de qualités et d'une valeur qui leur sont propres, et c'est après qu'il a reçu les coups et les chocs qui l'ont fendu, entamé, écrasé ou tranché que le nez, dont on n'appréciait pas assez auparavant l'intérêt capital, fait comprendre qu'il était l'orgueil, la pièce maîtresse et la proue du visage, la clef de la physionomie.

Ah! ces faces éclatées! Aujourd'hui recousues, reprisées, remodelées, elles surgissent dans les foules avec leurs greffes, leurs balafres, leurs sillons, leurs traits inattendus formés par les coutures et ravinées, lacérées, bourgeonnées, grêlées par la petite vérole du feu. Les chairs cicatrisées ont beau recouvrir la plaie, elles l'évoquent. Elles nous font revoir la flamme et le fer qui l'ont causée, elles nous rappellent toutes les souffrances du champ de bataille et de l'hôpital et ces faces martyrisées nous retiennent, se gravent dans notre mémoire.

Tandis que, rentrant dans la vie et se rétablissant vaille que vaille, elles reprennent leur même place, et n'étant plus les mêmes, nous sommes attirés vers elles par une étrange force, nous voudrions les voir et ne pas les voir. Certaines sont si terriblement saccagées que nous ne savons quelle conduite tenir devant elles. Les regarder et les éviter constituent deux offenses différentes, mais ayant chacune sa gravité. Que souhaitent-ils, ces visages à la fois honteux et fiers, qui ont acquis tous les droits? Préfèrent-ils, repoussant toute injurieuse pitié, qu'on les observe et qu'on les scrute inexorablement? ou bien qu'on se détourne d'eux? qu'est-ce qui leur plaît davantage? l'admiration? la sympathie, la gratitude, l'émotion douloureuse ou bien l'indifférence? Ils ne l'avouent jamais et c'est à nous de le deviner. Tel a besoin qu'on aille à lui et qu'on l'aide, tel autre au contraire est reconnaissant qu'on le laisse et l'oublie. Eux-mêmes nous tracent notre juste et prompt devoir, selon que le calme ou l'inquiétude, la tristesse, l'orgueil, la timidité, l'amertume ou l'ombrage les possède et les anime.

Quand nous les regardons, mille pensées nous assiègent. Nous cherchons d'abord, et souvent en vain, à reconstituer l'harmonie antérieure de ces faces désordonnées et nous sommes obligés de convenir qu'elles ne pouvaient pas avoir autrefois une signification plus belle et plus claire que celle d'aujourd'hui. La blessure affreuse et brutale, en les dérangeant, leur a donné d'autres attraits.

Les mutilés de la face forment d'ailleurs une catégorie à part et finissent par se ressembler tous comme s'ils étaient de la même famille. Ils ont une sensibilité plus fine, plus aiguë. On dirait que leur épiderme intérieur est devenu plus impressionnable depuis que celui de leur enveloppe extérieure a perdu sa délicatesse.

Dignes, sévères, imposants, ils observent et perçoivent tout, serrant en eux sous leur impassibilité, comme sous un bandage, la fièvre de leurs émotions.

De même que les aveugles sentent, posés sur leur visage, les regards des yeux vivants, ainsi les mutilés de la face comprennent les profonds silences que cause soudain leur apparition.... Il dépend de nous qu'ils l'interprètent comme il convient, dans le seul esprit d'admiration et de tendresse qui doit les entourer. Ils sont les seuls qui n'aient pas besoin d'ouvrir la bouche et de raconter pour qu'on sache tout. Leur visage parle, il crie : « J'y étais. » Il est un étendard criblé, un livret où sont tracées les citations, les actions d'éclat.

Regardons-nous donc toujours dans les faces abîmées des premiers témoins et gardons-les toujours en nous!

Oui, Messieurs, que ces blessures ne soient pas inutiles et, pour nous qui avons vécu cette époque troublée, qu'elles nous montrent notre plus grand devoir : travailler.

Que chacun travaille dans sa sphère et la Nation est sauvée. Dans le domaine moral, élevons notre esprit, affranchissons-nous des coteries, des jugements tout faits, transportons-nous dans le temps et dans l'espace pour mieux comprendre et juger mieux. *Mens agitat molem*, c'est l'esprit qui remue la matière; tout progrès scientifique s'effectue uniquement par l'essor des énergies individuelles. La masse est, de sa nature, passive, réfractaire à tout mouvement, à tout progrès, d'où nécessité d'une élite. Cette élite, vous la constituez, vous les collaborateurs assidus de tous nos Congrès scientifiques, et nos jeunes confrères aussi qui, animés du goût des recherches, agissent en silence pour nous apporter le résultat de leurs observations.

Soyons unis, Messieurs, et comme le disait le Président de la République au Roi d'Angleterre, pour ceux qui revenaient du front :

> Ensemble nous avons souffert, ensemble nous avons lutté, ensemble nous avons vaincu, nous sommes unis à jamais.

Les rancunes doivent s'éteindre, les rivalités se taire. Nous devons nous regarder avec plus d'aménité et de complaisance, rester associés avec une cordiale fraternité, afin de contribuer pour notre part et dans notre milieu au triomphe des idées de liberté ordonnée, de paix garantie, de progrès éclairé et à l'avancement des sciences.

Après une année de labeur souvent âpre et aride, prenons l'habitude, ou plutôt reprenons l'habitude d'apporter aux assises professionnelles annuelles tout ce que nous avons pu observer et acquérir pendant les douze mois écoulés. C'est un travail reposant, car toute réunion scientifique représente en effet une détente, un bien-être, une halte, un délassement ensoleillé, une source de chaleur et de cordialité.

Notre belle et généreuse France est sortie si meurtrie et si affaiblie du conflit mondial que nous devons, chacun dans notre sphère, continuer l'union sacrée dans l'effort, pour son relèvement rapide.

Excusez-moi, mes chers Confrères, d'avoir retenu votre attention si longtemps; mais permettez-moi encore de me réjouir de voir rassemblée aujourd'hui, dans la belle ville de Strasbourg, l'élite de tous les travailleurs de notre profession. Comme par le passé, la *Section d'Odontologie de l'Association Française* a réuni un grand nombre d'adhérents et d'auteurs de communications. Je suis donc assuré que le succès de cette session ne le cédera en rien à celui des sessions précédentes. Nous allons commencer nos séances, le programme est chargé; aussi avons-nous organisé chacune d'elles dans les conditions que nous croyons les plus favorables pour en retirer tout le profit possible, en tenant compte des préférences personnelles. Laissez-moi cependant vous rappeler que si nous voulons visiter un peu notre belle Alsace, nous devons limiter nos communications et nos discussions. Je termine en souhaitant que ce Congrès réussisse entièrement et soit pour nous dans notre vie un bon et joyeux souvenir.

M. LE Dr A. PONT,

Directeur de l'École Dentaire de Lyon.

MÉTHODE NOUVELLE POUR L'ÉTUDE DES RESTAURATIONS PLASTIQUES DE LA FACE

617.14

26 Juillet.

Lorsqu'il s'agit de faire une autoplastie pour perte de substance chirurgicale, après l'ablation d'une tumeur de la lèvre inférieure par exemple, la restauration est facile, car il s'agit d'une intervention réglée à l'avance, admirablement bien décrite dans les traités classiques, et en particulier dans le traité de *Nelaton et Ombredanne* qu'on ne saurait trop citer. Mais dans cette guerre, les mutilation de la face, par leur nombre, leur étendue, leur variété, la nature de l'agent vulnérant, etc., échappent à toute description d'ensemble et chaque cas demande pour la restauration une étude attentive et spéciale.

De plus, grâce au progrès de la chirurgie d'urgence on a pu conserver la vie à des blessés porteurs de mutilations énormes. Enfin certaines restaurations faciles, qui paraissaient autrefois du domaine exclusif de la prothèse sont rentrées désormais dans le domaine de la chirurgie.

Pour toutes ces raisons les plastiques chez nos blessés sont presque toujours des interventions atypiques et parfois très compliquées. Chacune d'elles nécessite, de la part du chirurgien, un examen approfondi et une étude préalable de la forme et des dimensions à donner aux lambeaux. C'est ainsi que dans les cas difficiles nous avons vu souvent notre Maître, M. le *Professeur Vallas*, faire venir les blessés devant lui à plusieurs reprises, les examiner longuement et ne se décider à l'intervention qu'après mûre réflexion.

Les techniciens les plus rompus à la chirurgie plastique de la face doivent donc étudier, avant chaque intervention, où et comment ils pourront prendre les lambeaux. Quelle sera la forme et quelles seront les dimensions donner à ces derniers? Comment l'opérateur devra-t-il remettre en ... utiliser les débris des téguments ou les lambeaux de muqueuse? ... comme l'a dit *Morestin* dans sa communication à l'Académie de ... ue un véritable jeu de patience. Mais ce jeu de patience ... plifié et abrégé, si l'on a au préalable bien examiné

... ératoire on évitera beaucoup de tatonnements, et ... que sujet seront singulièrement diminuées, tant ... que de leur durée. De plus on ne sera pas ... on, soit de changer de méthode, soit de modi- ... ons des lambeaux; on taillera ces derniers avec d'autant plus de sûreté et de tranquillité d'esprit que l'opération plastique aura été mieux étudiée et mieux précisée à l'avance.

Cette étude des lambeaux ne se faisait guère jusqu'ici que par l'examen direct du blessé, et le succès de l'opération dépendait surtout de l'habileté et de l'expérience du technicien. Jusqu'à présent aucune méthode ne nous permettait de transformer ces opérations atypiques en intervention méthodiques et réglées à l'avance. Or, il ne faut pas oublier que dans les autoplasties de la face, l'exécution n'est rien, la conception est tout, à l'inverse des grandes opérations chirurgicales typiques et classiques, dont la méthode et la technique ont été décrites et réglées, et dont les difficultés résident pour ainsi dire exclusivement dans l'exécution.

Depuis bientôt trois ans, avant d'entreprendre une restauration plastique de la face, je ne me contentais pas d'examiner directement le sujet, mais j'étudiais sur un moulage en plâtre, en me servant de lambeaux de papier ou d'étoffe, la forme et les dimensions des futurs lambeaux cutanés. Cette méthode, quoique imparfaite et quelque peu simpliste, m'a rendu de grands services; j'ai cherché à l'améliorer en la rendant plus précise et voici, actuellement, comment je procède :

Le blessé est moulé au plâtre de façon à obtenir une reproduction exacte des lésions de la face. Ce moulage est conservé non seulement pour étude, mais aussi, s'il présente quelque intérêt, comme pièce documentaire. Sur ce moulage on fait un surmoulage négatif dans lequel on coule de la pâte plastique, que j'emploie depuis 1913 comme prothèse, dont j'ai donné la formule dans une communication parue dans le *Lyon-Médical* en août 1914.

Sur ce moulage gélatineux et, partant, très malléable, on peut tailler des lambeaux absolument comme si on opérait sur le sujet lui-même. On peut se permettre ainsi tous les tatonnements, toutes les études, car au besoin il est facile de couler 3 ou 4 modèles du même sujet. Lorsque sur ce moulage, on a trouvé la meilleure façon d'utiliser les différents débris cutanés ou muqueux, et la meilleure façon de tailler et d'assembler les lambeaux, l'intervention ne présente plus la moindre difficulté. On a transformé, en effet, une opération qui échappait à toute description classique ou à toute classification typique, en une intervention définie et réglée à l'avance. Il en résulte, on le comprend sans qu'il soit besoin d'insister, un gain énorme de temps dans l'acte opératoire et une diminution du nombre d'interventions à faire subir au patient.

Cette méthode pourrait être généralisée et appliquée utilement, croyons-nous, à l'étude de la chirurgie des membres, tout au moins en ce qui concerne l'enseignement des élèves. Ces derniers sera[illegible] facilement et très rapidement à la taille des lamb[illegible] quelques moulages en creux des membres supé[illegible]rieurs, dans lesquels on pourrait couler indéfin[illegible] Cette dernière, d'autre part, pouvant resservir[illegible] dire insignifiante, et enfin, on éviterait les cha[illegible] maladroits.

Discussion : M. G. Villain rappelle que pendant sa mission aux États-Unis il a cherché à montrer aux dentistes américains les travaux de leurs confrères français en prothèse maxillo-faciale, notamment ceux de *M. Pont.* Le succès de cette méthode a été considérable ; il tient à le dire publiquement, bien qu'il soit incompétent en la matière.

Le Président tient à remercier *M. Pont* de ses recherches sur la restauration maxillo-faciale. Chacun connaît les résultats obtenus par le Centre maxillo-facial de Lyon, qui figurent au musée du Val-de-Grâce. Ce procédé est réellement merveilleux. Avant d'être dans le service de *M. Pont,* il a été dans celui d'un grand chirurgien de Paris, qui ne connaissait pas cette méthode et en employait une autre, beaucoup moins parfaite.

M. G. Villain fait observer que l'École lyonnaise a eu pour maitre *Cl. Martin*; il faut se féliciter qu'elle ait encore à sa tête un successeur aussi distingué que *M. Pont. (Applaudissements.)*

M. Godon dit que son collègue *Pailliotin* lui fait remarquer que c'est une extension du fantôme qui a tant de succès dans l'enseignement de l'*École dentaire de Paris.*

M. PREVEL,

Paris.

ANNEAU-GLISSIÈRE SUR COURONNE POUR MAINTENIR DANS LEUR AXE LES APPAREILS DE PROTHÈSE A PETITE ET GRANDE SURFACE

617.6

26 Juillet.

Le petit auxiliaire en prothèse que je vous présente et que j'utilise avec succès depuis plusieurs années ne nécessitera pas une longue description.

Je dois cependant à la vérité de dire que, malgré son apparence très simple, il donne lieu dans certaines circonstances, à des difficultés. La technique que je vais vous soumettre assurera, je crois, aux opérateurs et prothésistes toute facilité pour les prévenir.

Pour donner plus de clarté à ma communication je décomposerai chaque fragment du système pour que le rôle de chacun en soit bien défini.

La première des conditions qui doit présider à son application est le choix qui s'impose d'un organe-base solide : grosse molaire de préférence en raison des efforts, minimes, il est vrai, mais inévitables, qui se produisent par les entrées et sorties de l'appareil.

1° *La couronne.* — Elle n'a rien de particulier dans sa construction classique ; c'est elle pourtant qui supporte, après la dent, le système de maintien.

2° *Le métal.* — Il est inutile de parler de sa composition, sa force seule nous téresse. Celui que j'emploie est du plané or à 18 carats, n° 11 de nos filières.

3° *La glissière.* — Pour un moment représentons-nous une dent, type grosse molaire, inférieure ou supérieure, peu importe. Cette molaire est recouverte de sa couronne et nous donne la mensuration suivante ; hauteur 0m,006 ; diamètre vestibo-palatin 0m,008.

Je prends une lamelle de platine correspondant à la hauteur de la couronne et ne dépassant pas en largeur celle de la face mésiale où elle sera maintenue à l'aide d'une goutelette de cire.

4° *Le volet.* — Cette partie sera constituée également par une lamelle de *plané*, suffisamment large pour recouvrir toute la surface de la glissière dont elle laissera cependant à découvert les extrémités supérieure et inférieure.

Retirer la glissière et souder en pente douce le volet à la couronne; puis, au moyen de la petite scie que nous employons, sectionner le volet en deux parties. Par cette ouverture un *plané* entrera de champ pour rejoindre la glissière et y être soudé. La partie émergeant au-dessus des deux volets et que j'appellerai *éperon* viendra plus tard rencontrer l'anneau dans sa partie concave.

L'anneau et l'éperon entaillés viendront s'emboîter l'un dans l'autre, équilibrant ainsi la hauteur de l'anneau avec celle de la couronne. L'anneau devra contourner la couronne aussi loin que possible vers la face distale; cette conformation est importante puisque ses deux branches seront les freins qui resserreront la glissière si elle devient trop libre.

Tous les fragments sont terminés, il s'agit d'en faire le scellement à la plaque-base; mais avant il est nécessaire de mettre à leur place respective en bouche lesdits fragments et d'en prendre le moulage.

Pour cette opération on appliquera un demi-porte-empreinte préparé à l'albâtre, du côté du dispositif, ce qui permettra à l'opérateur de maintenir en place la partie de la plaque-base restée libre. Le modèle étant établi, le système soudé à la plaque-base, des essais de va et vient de la glissière en contrôleront la précision.

Parmi les difficultés pouvant survenir au cours de l'application, l'une attend le prothésiste, l'autre l'opérateur.

L'appareil est terminé, la pose va avoir lieu. Un ciment semi-liquide remplira la couronne avec tout le dispositif que nous connaissons. Le lendemain pourra nous ménager une désagréable surprise. En effet, le ciment ayant fusé dans la glissière, l'a complètement bloquée : il nous est totalement impossible de retirer l'appareil. Le remède est simple : un corps gras déposé à l'intersection de la glissière et de la plaque préviendra l'accident.

Un autre inconvénient peut survenir et il n'est pas sans importance. Pour remettre l'appareil en place, la glissière, qui le plus souvent accuse une légère convexité, trouve difficilement son entrée dans la coulisse, d'où fatigue de l'opérateur et mécontentement du patient.

Le remède existe, il est du domaine du laboratoire. Raccourcissons en effet l'extrémité inférieure de la glissière, de cette façon l'anneau sera le premier à prendre sa place autour de la couronne et la glissière gagnera automatiquement la coulisse.

Un affaissement de l'appareil peut se produire à la suite de la mastication. Pour y remédier il importe de bloquer la glissière sur la couronne à l'aide d'une petite coiffe métallique reposant sur la partie supérieure du volet.

Je souhaite que le modeste travail que je viens de vous présenter donne à ceux de mes confrères qui en feront l'essai la satisfaction que j'y ai trouvée moi-même.

Discussion : M. Roy considère le dispositif de *M. Prevel* comme avantageux, mais croit préférable de prendre l'empreinte de la bouche avec la glissière et la couronne.

M. Prevel répond qu'avant que l'appareil-base soit terminé il pose la plaque dans la bouche pour que le système soit en rapport avec l'appareil.

M. Roy estime qu'il y a intérêt à ne sceller la couronne qu'avec l'appareil.

M. Prevel réplique qu'il faut que tout soit scellé ensemble quand tout est terminé.

M. Roy ajoute qu'il n'a fait l'essai de l'appareil que lorsqu'il était tout à fait terminé.

M. Prevel dit ne sceller la couronne que quand tout est bien en place.

M. Touvet-Fanton trouve l'appareil *Prevel* d'un emploi très difficile. La communication qu'il se propose de faire le lendemain comprend la partie traitée par *M. Prevel*. Il voudrait expliquer la forme qu'il emploie parce qu'elle est plus facile et parce qu'avec le coulé, on arrive à un résultat plus pratique. Il se sert du même procédé de description : il fait une couronne complète en or; mais, au lieu d'une série de plaques qui s'enclavent l'une dans l'autre, il a une mortaise; c'est, en somme, le procédé *H. Villain* dans sa couronne-crochet. La question, c'est d'avoir un bon point de rétention, car c'est un coin qui reste dans l'épaisseur des tissus.

M. G. Villain fait remarquer que les modes de rétention présentent des avantages et des inconvénients. Dans les travaux de *Préterre* on voit des anneaux-glissières, qui ont disparu par la suite; *Cl. Martin* les a repris, après quoi ils ont disparu de nouveau; enfin les Américains les ont encore repris. On a vu d'abord la couronne *Peeso*, puis la couronne *Roach*; ensuite *Smith* (de Pittsburg) a imaginé un gros tube; mais tous ces procédés dérivent du même principe.

Il tient à mettre ses confrères en garde contre le danger de ces appareils, abandonnés, puis revenus en honneur pendant la guerre. Au point de vue de la prothèse, qui doit laisser une certaine mobilité à la dent, il est indispensable de maintenir à cet organe son équilibre; il faut donc un certain enfoncement latéral.

Les dentistes avaient corrigé cet appareil et l'avaient remplacé par des dispositifs donnant plus de rigidité, lesquels ont été remplacés à leur tour par des couronnes. On laisse un espace et l'on peut construire un crochet; c'est à cette condition qu'on peut obtenir de bons résultats dans les appareils.

M. Prevel. Avec l'effort de mastication, *M. G. Villain* prétend que la dent suffira; il n'en est rien, car l'appareil donne à la dent une force qu'elle n'aurait pas, pourvu que celui-ci soit bien composé. Il emploie son procédé depuis 1907.

M. Roy dit que *M. G. Villain* a signalé les inconvénients des appareils fixés trop intimement. Cette crainte existe, il est vrai, mais il ne faut pas s'illusionner, car aucun système n'en est dépourvu. Plus un appareil sera fixe, moins il aura d'inconvénients, d'autant que, avec un dispositif comme celui-là, on a une sorte de bridge et l'on améliore la santé de la dent. En conservant les dents, le patient mange encore mieux qu'avec des dents artificielles.

Le Président croit être l'interprète de tous en remerciant *M. Prevel* du résultat de ses expériences.

M. le Dr A. PONT,

Directeur de l'École Dentaire de Lyon,

PORTE - RADIUM UNIVERSEL POUR LE TRAITEMENT DES TUMEURS DU LARYNX ET DU PHARYNX

546.432 + 611.22

26 Juillet.

Le traitement des tumeurs par le radium, en particulier le traitement des tumeurs au larynx et du pharynx, présente déjà une bibliographie respectable. Je ne veux parler dans cette courte note ni des avantages, ni des inconvénients de la méthode et encore moins des résultats. Je veux simplement décrire un appareil que j'ai imaginé, à la demande de mon Maître M. le *Professeur Lannois* et de mon collègue et ami *Sargnon.*

Il s'agissait de construire un appareil porte-radium pour le traitement des tumeurs du larynx et du pharynx. L'appareil devait être très simple, peu encombrant, tout en étant solide et résistant. Il devait, en outre, pouvoir s'adapter instantanément et être utilisé pour n'importe quel malade.

Le problème était assez complexe. S'il s'était agi de construire un appareil pour un malade donné, le problème n'eût rien eu de difficile et, à défaut d'invention personnelle, il suffisait, pour se renseigner, de lire la bibliographie spéciale qui existe déjà sur cette question.

En effet, *Nicolaï* signale déjà en juillet 1908 dans les archives italiennes d'O. R. L., dans un article de radio et de radiumthérapie, un tube porte-radium pour le larynx.

Ouston, en octobre 1911, dans *The Journal of Lar* n° 10, signale un appareil avec mandrin articulé ressemblant à un petit miroir pour porter le radium.

Botey, traité espagnol d'O. R. L. de 1918, signale un porte-radium pour la bouche avec support frontal et une tige verticale.

Wickam et *Degrais*, ouvrage sur la radiumthérapie, (page 220, *fig.* 82) montrent un appareil en cire adapté au palais d'une malade âgée, pour l'application de longue durée de deux tubes destinés à agir en feux croisés de chaque côté d'une épulis. Les tubes sont englués dans du godhiva, substance qui fixe bien les appareils.

On trouve dans le même ouvrage, page 224, un porte-radium à un ou deux tubes analogue à une tige laryngée, pour l'application laryngée par voie buccale.

Barcat, en 1912, dans son livre de radiumthérapie, donne une application bucco-pharyngo-laryngée à l'aide d'une sonde en gomme.

Voici la description de l'appareil que j'ai imaginé. Il a été appliqué sur les malades de *MM. Lannois et Sargnon* et a toujours été bien toléré. Il est facilement démontable et peut être appliqué en quelques minutes.

J'ai pris le point d'appui sur les molaires supérieures et à défaut sur les prémolaires. Comme système de fixation, je me suis servi d'une bague d'Angle, employée en orthodontie, mais un peu plus robuste. La gaîne dans laquelle devait coulisser l'appareil porte-radium était soudée à la bague; dans cette gaîne venait coulisser une tige à l'extrémité de laquelle était logé un tube en métal pouvant se fermer à son extrémité et dans lequel on mettait le tube actif de radium.

La tige supportant ce tube était filetée et munie d'un écrou en avant et en arrière de la gaîne, de façon à pouvoir ainsi immobiliser et bloquer l'appareil en bonne position.

On peut donc porter le tube de radium aussi loin que possible en donnant la longueur voulue à la tige filetée. On peut avec quelques coups e pinces lui faire atteindre le palais et le voile du palais sans provoquer e reflexes.

L'appareil étant de petite dimension et solidement fixé ne provoque de nausées, ne gêne pas la déglutition. Il a toujours été très bien toléré. 'ajoute que sa construction est facile, et je suis sûr que le simple examen e la figure permettra à n'importe quel dentiste d'en fabriquer un semblable e cas échéant.

Ici encore nous trouvons un nouveau moyen de collaborer avec les hirurgiens et les O. R. L. Cette collaboration pendant cette longue période e guerre a été de la plus grande utilité pour nos blessés. Nous devons ntinuer dans cette voie qui nous a été tracée par les *Preterre*, les *Cl. artin*; elle sera toujours très féconde en résultats.

M. LE Dr CH. GODON,
Directeur de l'École Dentaire de Paris.

DE L'HYGIÈNE DENTAIRE PUBLIQUE ET EN PARTICULIER DE L'HYGIÈNE DENTAIRE SCOLAIRE (INSPECTION ET TRAITEMENT).

613.96 : 617.6

26 Juillet.

Dans les Congrès on entend des communications purement techniques, d'autres d'un caractère plus général. Je me propose d'entretenir mes confrères d'une question sociale. Ils ont vu comment les Pouvoirs publics ont apprécié les services des dentistes; c'est à leur rôle pendant la guerre qu'est due la loi créant leur statut militaire. En 1913 l'Administration de la guerre répondait à une demande de création de dentistes militaires que cette création *n'amènerait que gêne et embarras*. En 1914 les hostilités éclatent; c'est alors que l'utilité des dentistes a été démontrée.

Ceci a été leur rôle de guerre; mais ils ont aussi un rôle de paix : l'hygiène dentaire publique. Tous les pays organisent cette hygiène; il faut que les dentistes montrent qu'en France ils sont utiles aussi au point de vue social.

Après la guerre qui a ensanglanté pendant si longtemps notre pays et les ravages qu'elle y a causés, une des préoccupations dominantes des Pouvoirs publics semble être l'hygiène en général et notamment l'application des mesures de prévention des grandes maladies. C'est ce qu'a prouvé la création récente du Ministère de l'Hygiène, de l'Assistance et de la Prévoyance sociales.

Cette préoccupation s'est manifestée également dans d'autres États : c'est ainsi qu'un Ministère de la Santé publique a été créé en Angleterre tout dernièrement.

Nous ne saurions trop applaudir à ces créations; mais nous avons le devoir, en tant que dentistes, de veiller à ce que l'hygiène dentaire occupe, dans l'hygiène générale, la place qui lui revient. Ce devoir est d'autant plus impérieux que nous savons ce qui, en matière d'hygiène dentaire, a été fait à l'étranger et ce qui s'y fait encore, surtout pour les enfants des écoles.

En Angleterre, par exemple, d'après les renseignements qui viennen de m'être fournis par *M. William Fisk*, président de la Société des dentiste scolaires, des cliniques dentaires scolaires fonctionnent sous la surveillanc de l'Administration locale, c'est-à-dire que les autorités des comtés, de villes ou des bourgs ont la faculté de consacrer les deniers publics à ces cliniques *la faculté,* mais non *l'obligation,* de sorte que toutes ne le font pas.

Toutefois, le Ministère de la Santé publique assume la charge des soins médicaux, y compris les soins dentaires de tous les enfants des écoles.

En hygiène dentaire à l'étranger l'Allemagne occupe une des premières places. Les soins dentaires sont compris dans les soins médicaux donnés aux frais des Caisses d'assurances locales contre la maladie et vous n'ignorez pas que l'assurance contre la maladie y est obligatoire (1)

Mais c'est surtout en hygiène dentaire scolaire que ce pays tient le premier rang, grâce aux efforts du Comité central pour les soins dentaires scolaires fondé en 1910, si bien qu'à la fin de 1914 l'Allemagne ne comptait pas moins de deux cents cliniques dentaires scolaires et que de nouvelles cliniques s'ouvrent incessamment.

Peut-être n'est-il pas hors de propos de rappeler qu'une clinique dentaire scolaire municipale fut établie à Strasbourg, le 15 octobre 1902, par le *Professeur Jessen,* qui la dirigea jusqu'au retour de l'Alsace à la France.

Nous avons pu voir avec quel soin et quelle compétence le Docteur *Hamman* dirige actuellement la clinique scolaire de Strasbourg; nous sommes heureux de l'en féliciter.

Je profite de cette occasion pour mentionner l'existence en Suisse d'un certain nombre de cliniques dentaires scolaires, notamment à Lucerne, Zurich, Frauenfeld, Genève, Saint-Gall, Lausanne, Berne, etc.

Dans plusieurs États de l'Amérique du Nord fonctionnent également des cliniques dentaires scolaires aux frais de ces États, des villes ou des particuliers. Nous ne signalerons que pour mémoire le grand centre de traitement dentaire de Boston, fondé en 1910, grâce à la générosité des *frères Forsyth.*

En France le Groupement de l'École dentaire de Paris s'est toujours occupé activement d'hygiène dentaire scolaire. On peut dire que c'est à son instigation, car c'est là un point d'histoire acquis, que le Ministre de l'Instruction publique créa, par circulaire du 23 mars 1908, dans les écoles normales primaires, ainsi que dans les internats annexés aux écoles primaires supérieures, deux services distincts d'inspection et de traitement dentaires, confiés, le premier, à un chirurgien-dentiste diplômé d'une école dentaire, désigné par l'Administration et rétribué par elle; le second,

(1) Une loi du 15 juin 1883 a établi l'assurance obligatoire contre la maladie pour les ouvriers; elle a reçu une forme définitive le 10 avril 1892 et a été complétée par les lois des 30 juin 1900 et 25 mai 1903.

Elle a été complètement refondue le 19 juillet 1911. Les dispositions nouvelles stipulent dans le titre IV, art. 122, que les soins dentaires sont compris dans les soins médicaux.

Une loi du 20 décembre 1911 a, de même, établi l'assurance obligatoire contre la maladie pour les employés.

à un dentiste désigné par les parents et rétribué par eux. Le premier se fait dans l'établissement même; le second, au dehors.

La fiche dentaire annexée à la circulaire n'est autre que celle qui est en usage au Dispensaire de l'École dentaire de Paris.

Ajoutons qu'à la fin de l'année 1909 les prescriptions de cette circulaire furent étendues aux lycées et collèges de l'enseignement secondaire.

Mais en ce qui concerne *l'école primaire*, il n'a encore rien été fait de définitif, sauf dans quelques villes à titre isolé et dans le VIIIe arrondissement de Paris, sur notre initiative.

Le 24 juin 1919 le Groupement de l'École dentaire de Paris a, dans une pétition longuement motivée, demandé au Ministre de l'Instruction publique d'étendre aux enfants de toutes les écoles primaires de France les services d'inspection et de traitement dentaires prévus par la circulaire du 23 mars 1908.

A la même époque il fut déposé au Sénat par *M. Chéron* une proposition de loi portant que *les soins dentaires aux personnes privées de ressources font partie de l'assistance médicale.* L'adoption de cette proposition ferait avancer notablement la question qui nous tient à cœur à tous.

Nous croyons savoir, d'autre part, que deux propositions de loi, émanant également de l'initiative parlementaire, sont déposées, l'une au Sénat, l'autre à la Chambre des députés, en vue de la création de l'inspection et du traitement dentaires pour les enfants des écoles primaires.

Au Sénat MM. *les sénateurs P. Strauss, Chéron et Paul Doumergue* ont déposé une proposition de loi à ce sujet qui a été renvoyée à la Commission spéciale le 6 juillet 1920.

Le Pouvoir exécutif lui-même ne demeure pas étranger au mouvement qui se constate partout en faveur de l'hygiène populaire et le Ministère de l'Hygiène vient, par une circulaire adressée à tous les préfets, de demander des renseignements précis sur ce qui se fait dans chaque localité au point de vue de l'hygiène dentaire scolaire.

Nous pensons utile à cet égard que la Section d'odontologie de l'Association fasse entendre sa voix pour appuyer et au besoin provoquer l'action gouvernementale et, en tout cas, manifester son opinion sur une question de cette importance, qu'elle est particulièrement qualifiée pour apprécier.

Je vous propose, en conséquence, d'émettre le vœu suivant et de l'adresser au Ministre de l'Instruction publique et de l'Hygiène, ainsi qu'aux membres du Parlement auteurs de propositions de lois sur ce sujet et aux Commissions chargées de leur examen :

« La Section d'odontologie de l'Association française pour l'avancement des sciences, réunie en Congrès à Strasbourg le 26 juillet 1920, émet le vœu que les deux services d'inspection et de traitement dentaires créés par la circulaire ministérielle du 23 mars 1908 dans les écoles normales primaires soient étendus à toutes les écoles primaires de France, en imposant aux communes le devoir d'en assumer la charge au moyen des ressources des Caisses des écoles, comme cela a lieu déjà pour plusieurs d'entre elles, ou en imposant ce devoir au Service d'assistance médicale dans les conditions prévues par les articles 4 et 5 de la loi du 15 juillet 1893, au moins en ce qui concerne le traitement dentaire à donner aux écoliers pauvres, le service d'inspection seul pouvant rester à la charge de l'État, et décide d'appuyer dans ce but les propositions de loi de *MM. P. Strauss, Chéron et Doumergue*, présentées au Sénat dans les séances des 13 juin 1919 et 6 juillet 1920 et renvoyées à la Commission nommée le 25 mai 1905. »

Il serait bon qu'une réunion de praticiens émît son avis à cet égard; la considération des dentistes n'en sera qu'augmentée.

Discussion. — M. FERRAND estime que les dentistes n'attachent pas une importance suffisante aux questions d'hygiène. Il a proposé que le Cercle odontologique se transforme en société d'hygiène dentaire; il lui a été répondu qu'il existait déja une société de ce genre. Il demande que cette question soit discutée par des professionnels, car le programme contenu dans les belles propositions de loi déposées n'est pas réalisable, dans les campagnes surtout, où il sera impossible de faire les inspections dentaires. Ne pourrait-on pas demander que les instituteurs fassent l'examen de la bouche de leurs élèves pour savoir s'ils se sont lavé la bouche?

Il demande, en terminant, que la Section émette le vœu que le Comité national français d'hygiène dentaire, présidé par *M. Roy*, s'organise pour créer des services dentaires scolaires.

M. GODON demande si *M. Ferrand* est d'avis d'appuyer le vœu qu'il a présenté.

M. FERRAND répond affirmativement.

M. GODON dit que Strasbourg dépense 110.000 francs pour sa clinique dentaire scolaire et Paris pas un centime.

M. RAVET est partisan d'appuyer énergiquement le vœu de *M. Godon*. Il est dentiste inspecteur de l'école normale de Lyon et il a constaté que les dents des élèves sont dans un état déplorable. Dans ce milieu on pèche par ignorance. L'un de ces élèves lui sert de sujet pour montrer la nécessité d'une bonne denture.

Il faut que l'inspection se fasse dans toutes les écoles; il faut, de plus, que le dentiste inspecteur soit tenu de faire des conférences sur la nécessité de l'hygiène dentaire aux maîtres, aux élèves, aux parents.

M. GODON fait observer que tous les pays se sont vus en présence des mêmes difficultés; aussi a-t-on préconisé les infirmières scolaires, qui signalent au médecin et au dentiste les enfants qui ont besoin de soins.

La proposition de loi déposée au Sénat sera examinée par une Commission qui se préoccupera des moyens d'exécution.

M. ROY accepte le vœu de *M. Godon*, mais estime qu'il ne faut pas s'illusionner sur les résultats que la proposition de loi peut donner. Un inspection est à peu près sans valeur si elle n'est pas suivie d'action. L'inspection de 100.000 bouches sans traitement ne vaut pas le traitement de 100 bouches. Pendant la guerre si l'on avait fait des conférences sur l'hygiène dentaire, cela n'aurait servi à rien; en soignant les militaires on a donné une leçon de choses. Ce n'est pas sur le papier qu'il faut faire quelque chose, c'est dans la réalité.

Pour sa part, deux fois par an il inspecte la bouche des élèves de l'école normale de la Seine et il leur fait des conférences. Or, malgré ses objurgations, les neuf dixièmes d'entre eux ne se font pas soigner, et cela parce qu'il faut aller chercher les soins dentaires au dehors; il a donc songé à les faire soigner à l'école même et il a pu, dans ce but, avoir le matériel nécessaire. Un résultat a été obtenu : 99 0/0 des élèves ont la bouche propre.

On sait, d'autre part, ce qu'a donné l'inspection dentaire organisée dans l'armée en 1907 : néant ou à peu près.

M. Field Robinson est d'avis de commencer par quelque chose et pour cela d'appuyer le vœu de *M. Godon*. Il rappelle que le pionnier de l'hygiène dentaire scolaire est le regretté *Cunningham*, de Cambridge, dont la tentative a si bien réussi que le Ministre s'y est intéressé et a donné 6.000 francs à un dentiste de la ville pour inspecter les dents des écoliers. Le système s'est étendu à toute l'Angleterre et, sans que ce soit prescrit par une loi, presque toutes les villes l'ont adopté.

Il profite de cette occasion pour saluer la mémoire de *M. Cunningham* et recommande à la Section d'appuyer chaudement le vœu de *M. Godon*.

M. Ravet, répond à *M. Roy* que les conférences aux élèves sont sans effet, car c'est sur les parents qu'il faut agir.

Pour M. G. Villain, *M. Godon* est d'accord avec *MM. Roy, Ferrand et Ravet*. En Allemagne il existe une organisation officielle; en Angleterre et aux États-Unis c'est une organisation privée, qui n'est pas sous le contrôle de l'État. Un organisme privé fait ce qu'il veut et l'État n'agit pas généralement. Or, peut-on demander en ce moment de l'argent au Gouvernement français pour des soins dentaires? Ce que l'État ne peut faire, l'organisation professionnelle peut le faire. La guerre est venue; le traitement des dents des militaires a été fait. Comment? Par l'initiative privée des praticiens eux-mêmes ou par les organisations professionnelles.

Il y a lieu de suivre la même marche, puisque l'organisation privée française a donné des résultats. Le vœu de *M. Godon* pose un principe. Eh bien! les dentistes doivent créer le service dentaire des enfants pauvres; c'est là un devoir moral de leur part; ils doivent soigner les dents de ces enfants et ceux-ci viendront leur demander des soins toute leur vie.

Il ne demande pas mieux que la Section vote quelque chose qui, par l'intermédiaire de l'Association, ira aux Pouvoirs publics, mais il est convaincu que ce sera l'organisation professionnelle établie par les dentistes qui prévaudra. Qu'elle émette un vœu ici avec obligation pour la

F. D. N. de présenter l'an prochain un programme de réalisation. C'est parmi les femmes chirurgiens-dentistes qu'on trouvera les auxiliaires dont on aura besoin.

En terminant il dépose le vœu ci-après comme suite au vœu de *M. Godon* : « La Section d'odontologie du Congrès de l'Association invite la F. D. N. à étudier d'urgence et à réaliser dans le délai le plus réduit l'organisation par la profession de l'inspection et du traitement dentaires scolaires ».

M. Roy, comme président du Comité national français d'hygiène dentaire, a le regret de constater la profonde indifférence des dentistes. Or, cette apathie est doublement coupable, parce qu'ils manquent à un devoir social et à un devoir professionnel ; cependant ces soins gratuits donnés aux enfants pauvres seraient retrouvés au centuple. Son désir est que les soins donnés aux élèves des écoles normales soient gratuits, comme le sont les soins qu'ils reçoivent pendant leur séjour à l'école pour les autres maladies.

M. Godon reconnaît que les critiques formulées sont justes ; mais c'est affaire à la Commission du Sénat de les examiner. Ce qu'il a voulu, c'est que la Section soit saisie de la question. Il s'agit simplement d'appuyer par un vœu une proposition de loi déposée et qui suivra son cours.

Il remercie *M. Robinson* d'avoir évoqué la mémoire de *Cunningham*, qui a joué un grand rôle dans cette question.

Ce que les dentistes ont fait pour les recrues, ils peuvent le faire pour les enfants des écoles ; il appuie donc le vœu de *M. G. Villain*.

Le Président croit que la Section est d'accord sur le principe de l'inspection et du traitement des enfants des écoles.

Le vœu de *M. Godon* et celui de *M. G. Villain* sont mis aux voix et adoptés à l'unanimité.

M. F. FABRET,

Nice.

L'ANESTHÉSIE SANS MÉDICAMENT PAR LE GAZOTHERME

617.617.96 (078)

25 Juillet.

Je viens soumettre à votre appréciation compétente, un nouvel appareil pour l'anesthésie locale, grâce auquel tous les inconvénients résultant de l'emploi des médicaments anesthésiques se trouvent supprimés, ce qui permet l'anesthésie à jet continu.

Mon appareil se compose d'un trépied à roulettes supportant des réservoirs, contenant des gaz O et CO^2, sous pression. Ils doivent se rencontrer dans le gazotherme que voici, qui constitue la pièce principale de l'appareil. Je vais la démonter devant vous et la faire passer, pour que vous l'examiniez.

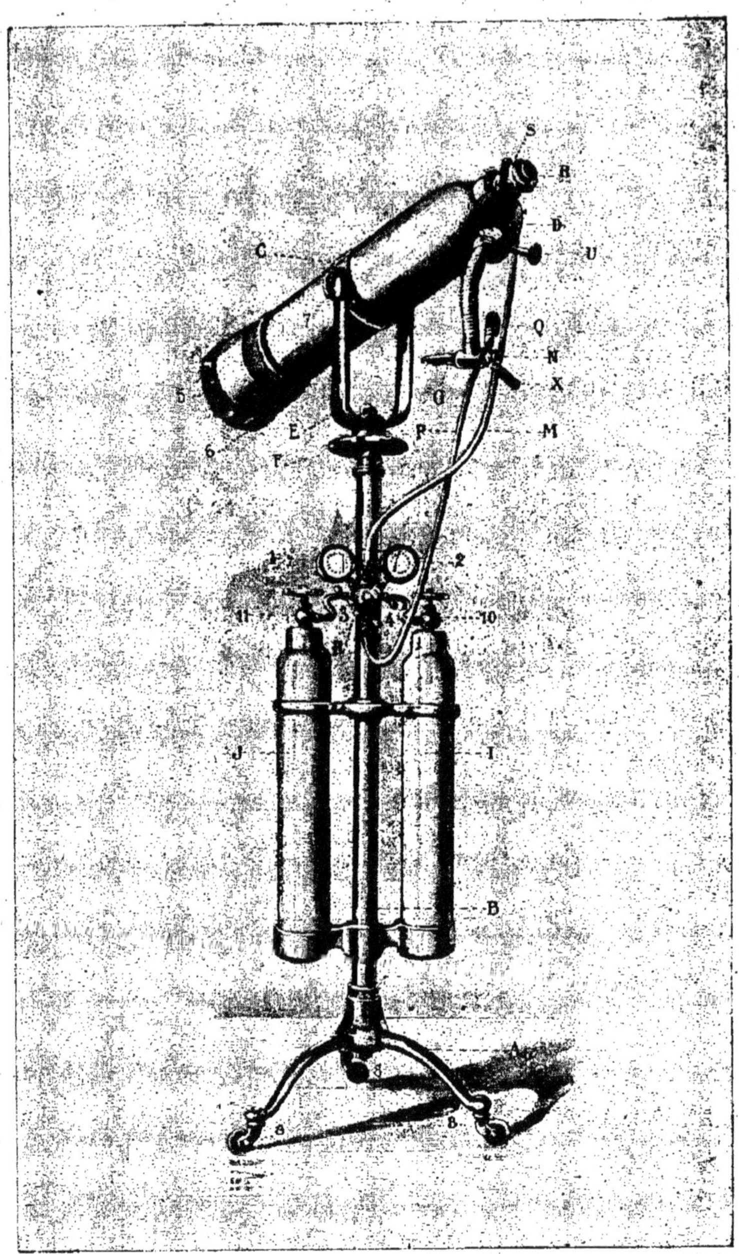

Fig. 1. — L'appareil.

Le principe de ce nouveau procédé est le suivant :

Baigner les tissus à anesthésier dans une atmosphère d'abord si doucement tiède, que le patient en perçoit à peine la sensation. La température de ce milieu est lentement abaissée, Le jet d'O qui la transmet, projeté au début, d'une manière diffuse, se précise et vient déshydrater les tissus dentinaires qui subiront l'action du froid. Celui-ci sera aussi intense que l'importance de l'opéra-

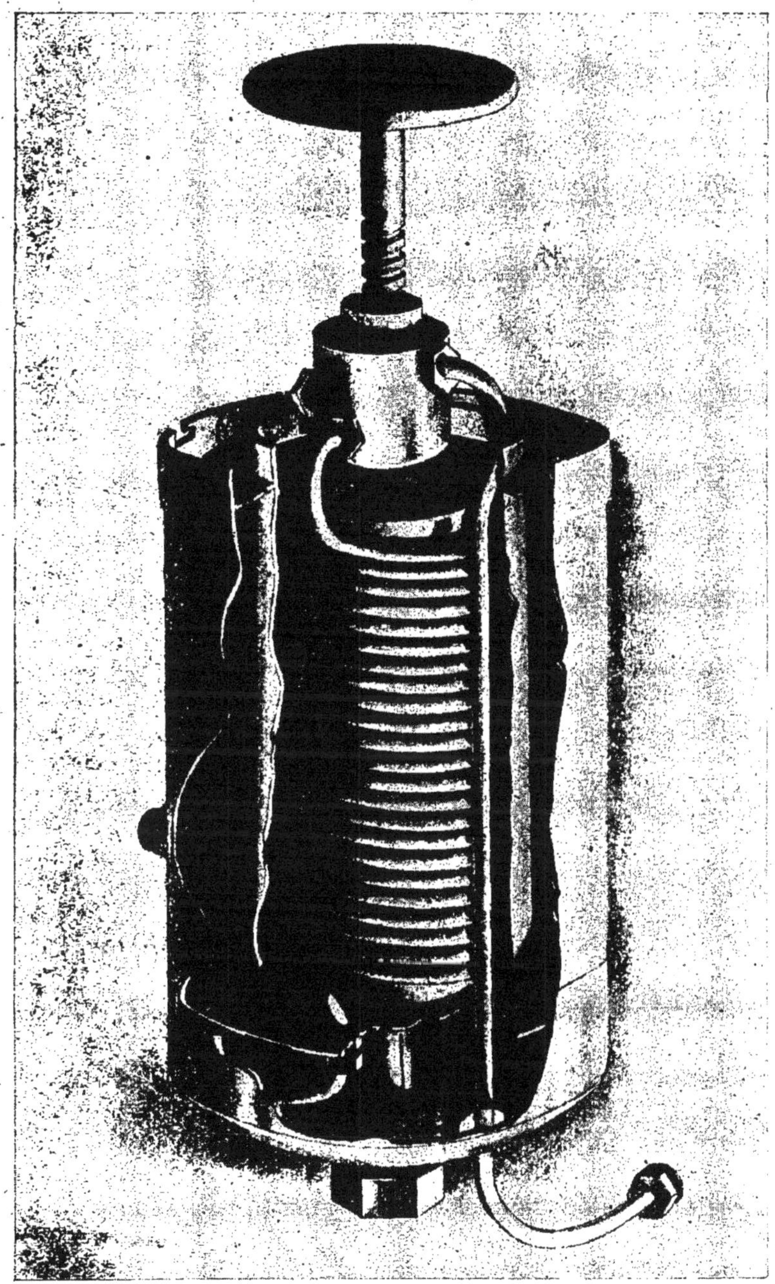

Fig. 2. — Le gazotherme proprement dit.

tion l'exigera. Il durera tout le temps nécessaire, pour que l'opérateur ne soit nullement pressé.

Enfin, les tissus seront doucement ramenés à la température normale. L'anesthésie ainsi conduite et quel que soit le cas douloureux à traiter, le patient ne subira aucune sensation pénible ou même désagréable, ni avant, ni pendant, ni après.

L'appareil que vous voyez ici, constitue la quintessence d'une série de pièces diverses, où j'ai essayé d'utiliser tous les moyens frigorifiques actuellement connus. L'air liquide, l'acide carbonique solide, l'oxygène liquide, les procédés de réfrigération par l'ammoniaque, le chlorure d'éthyle, ont été tour à tour essayés et utilisés sous des formes différentes.

Tous offraient, pour la pratique journalière du cabinet des inconvénients qui les ont fait successivement écarter. Les uns trop coûteux, les autres trop fragiles, certains trop volumineux.

Enfin, voici l'appareil, qui, mis au point depuis un an, m'a donné pratiquement et cliniquement des résultats parfaits.

Je vous parlerai simplement aujourd'hui des résultats cliniques et pratiques, me réservant de revenir devant vous présenter un travail sur les résultats de l'étude histologique des tissus ayant subi l'action de mon froid anesthésique.

Je vous rassurerai d'abord, au sujet des tissus mous en vous disant que mon appareil étant destiné à faciliter la dentisterie opératoire, les gencives ne sont jamais congelées, le jet frigorifique agissant uniquement sur les tissus durs de la dent.

Ceci posé, voyons le fonctionnement de l'appareil. L'oxygène, sous pression est légèrement dégagé par la manœuvre d'un volant. Le manomètre de compression doit indiquer le passage d'un faible courant gazeux. Celui-ci vient se réchauffer au contact d'une cartouche électrique et sort, par un chalumeau de projection, braqué sur la région à anesthésier. Celle-ci reçoit ainsi un souffle léger d'O qui lui communique une température de 39° environ. Le réglage de cette température se fait au tableau électrique que chaque praticien possède dans son cabinet et qui varie naturellement avec les installations. On la met au point une fois pour toutes en essayant le jet gazeux réchauffé sur un thermomètre. Ainsi, pour le tableau électrique de *Clarke*; la manette de l'air chaud doit être placée au point 12.

La manœuvre de cette manette permet l'abaissement progressif, aussi lent qu'on le désire.

Il varie, selon le cas à traiter, ou le patient à soigner. Quand le jet d'O passe à la température normale, on commence à lui communiquer son action frigorifique par la simple manœuvre du volant, ouvrant un courant de CO2.

Voici ce qui se passe : l'oxygène venant de la bouteille métallique vient se dégager dans les parois du gazotherme, formant réservoir ; il pénètre dans l'appareil par un tube de cuivre qui s'enroule en un serpentin à mailles soudées formant les parois d'un tube dans lequel vient se dégager de l'acide carbonique liquide. L'appareil est combiné de telle sorte que le froid communiqué à l'oxygène peut aller jusqu'à 90°. Nous avons donc là une source frigorifique intense, mais nécessaire pour compenser la perte en frigories dans le trajet du gazotherme à la dent, tout en demeurant dans un état de puissance supérieure à toutes les nécessités de notre procédé d'anesthésie. Ceci assure la sécurité du système et nous procure un moyen tellement puissant que nous n'aurons pas à en utiliser complètement les effets.

Le froid, communiqué au courant d'oxygène est progressif et peut être réglé à volonté. Le chalumeau projettera donc sur la dent à insensibiliser un courant gazeux régulier aussi intense et aussi froid qu'on le désire. Ainsi, pour une carie du collet ou un 2e degré à large surface, il suffit de porter la dent à une température de 0°.

On est averti que la dent est prête à être opérée, lorsqu'une légère buée de givre vient se déposer sur l'émail. En trois minutes, la cavité la moins accessible est préparée. Le champ opératoire est toujours net, la fraise toujours luisante, car toute parcelle de substance fraisée est expulsée par le jet gazeux. La cavité préparée se trouve aseptique et anhydre par la seule action de l'oxygène sec.

L'obturation immédiate peut être pratiquée. J'opère ainsi depuis un an des seconds degrés avancés. J'en ai observé une certaine quantité sept, huit, neuf mois après : la pulpe n'avait subi aucune altération à la suite de ce refroidissement très modéré.

Pour une pulpectomie, l'action frigorifique est légèrement poussée, mais elle ne dépasse pas — 10 à l'émail, — 5 à la pulpe. Dans les cas de périostite aigüe, la température de la couronne de la dent peut être portée jusqu'à — 25°, selon les cas.

Comme toujours, on agit progressivement, la dent est d'abord portée à une température de 0°. En corps bon conducteur des variations thermiques, elle transmet au ligament alvéolo-dentaire congestionné ce froid décongestionnant et bientôt la douleur cesse complètement.

L'action frigorifique est alors continuée pour permettre à la fraise de perforer la face triturante de la dent, nettoyer la cavité pulpaire et dégager les canaux.

Loin d'avoir d'avoir une sensation désagréable quelconque, le patient est toujours ravi de ce soulagement immédiat et j'ai observé dans la plupart des cas la disparition définitive de la douleur.

Je fais toutes mes réserves au sujet de l'emploi de mon appareil dans les cas d'extractions difficiles.

Voici comment je procède pour une extraction simple : je congèle la dent ou la racine à extraire. Elle transmet l'action du froid dans son alvéole. Pour cela j'arrive à la refroidir lentement, jusqu'à ce que le bord gingival blanchisse légèrement tout autour du collet. Je place alors mon davier, qui, recevant à son tour un courant froid de — 30° peut pénétrer lentement dans l'alvéole, l'acier transmettant le froid anesthésique. On peut ainsi pousser le davier lentement et assez loin, le sujet n'ayant même pas la sensation de contact. Quand on sent la racine en bonne prise, on procède très lentement à l'extraction. Il va sans dire qu'on peut opérer un grand nombre d'extractions dans la même séance ; si elles n'offrent pas trop de difficultés.

Parmi les nombreuses observations recueillies, je vais vous citer la plus typique :

Mme T... (de retour de Russie avec un système nerveux très éprouvé) se présente à notre cabinet le 22 mars 1920. De nombreuses caries du collet (seize) avec hyperesthésie dentinaire, lui font subir un martyre qui l'affole.

Elle garde constamment un double bourrelet de ouate sur les faces labiales des incisives pour éviter que le contact de l'air ne vienne exacerber une sensibilité latente. L'examen nous montre une série d'érosions chimiques à dentine lisse. Elles sont inabordables à la sonde. Aucun pansement n'est possible. Toute infiltration est contre-indiquée.

L'anesthésie au gazotherme est acceptée et conduite très doucement. Nous débutons par les deux incisives centrales dont on aperçoit la pulpe à travers une mince couche de dentine. La patiente, avertie doit nous signaler avec l'index de la main gauche, la moindre sensibilité. La cavité est attaquée à la fraise ronde et largement ouverte jusqu'à la pulpe qui est amputée très haut dans la racine. La fraise est facilement suivie dans son exploration car le jet gazeux expulse constamment les débris de dentine et de pulpe desséchés ; on aperçoit toujours l'instrument brillant et net fouiller la cavité ; on le suit dans les points de rétention qu'il fore, les rainures qu'il trace. En trois minutes le curettage est terminé. La dent voisine est traitée de même façon. Pendant ce temps notre aide a préparé un pâte de tricrésol-formol avec oxyde de zinc, qui est introduite dans les canaux parfaitement aseptiques et anhydres par la seule action de notre oxygène. Du ciment synthétique est ensuite employé pour obturer les deux cavités.

Nous attendons les dix minutes réglementaires pour que le phénomène de cristallisation s'accomplisse. Pendant ce temps a lieu le retour des tissus à la température normale. La patiente n'a fait aucun mouvement. Le chronomètre nous indique que les deux opérations complètes ont duré en tout vingt-sept minutes. Les seize caries ont été ainsi traitées en six séances réparties en deux jours car la patiente ne pouvait séjourner plus longtemps dans notre ville.

Cinq pulpectomies complètes ont été opérées (avec extraction au tire-nerf des filets radiculaires). Dans les autres dents nous nous sommes contentés d'exciser largement la dentine, les abords de la pulpe étant respectés.

Discussion : M. Guebel demande comment *M. Fabret* a été amené à ces expériences et quelles sont les altérations qui se produisent dans les tissus.

M. Pailliotin demande comment se règle la température.

M. Fabret. — Avec le volant du pointeau qui libère le CO^2.

Pour M. Roy il y a là une application d'une chose ancienne dont le mérite revient au regretté confrère *d'Argent*, qui a signalé l'anesthésie de l'ivoire par le coryl. Cette anesthésie est douloureuse pour être obtenue, elle est fugace et d'application difficile.

M. Pont estime bien conçu cet appareil qui agit par le froid et supprime la transition brusque. Il a été employé jusqu'ici des liquides, mais non des gaz.

M. Spira rappelle qu'il y a une dizaine d'années on a employé le CO^2 pour obtenir l'anesthésie par le froid, mais cette application ne permettait pas d'augmenter la dose de froid. Il se propose de parler dans la séance de démonstrations pratiques de l'application du chloruro d'éthyle qui permet de pousser jusqu'à la pulpe.

M. Fabret répond au Dr *Roy* qu'il n'a pas découvert l'anesthésie par le froid, mais qu'il a imaginé et construit un appareil permettant, par l'emploi de gaz très secs, de combiner la déshydratation des tissus et leur refroidissement lent et progressif évitant tous les accidents de froidure signalés jusqu'à ce jour par l'emploi de puissants frigorifiques. Il emploi l'O parce que c'est un gaz qui se maintient très sec à de très basses températures. L'air ne peut être suffisamment déshydraté pour empêcher que ses mollécules humides ne forment de la glace, obstruant les petits conduits du chalumeau.

M. CH. GUEBEL,

Paris.

TRAITEMENT DES DENTS PAR LA MÉTHODE ÉLECTROLYTIQUE

617.6 : 615.841

27 Juillet.

(Résumé).

1° *Définition*. — Le traitement électrolytique, l'électro-stérilisation, l'ionisation, sont des termes qui s'appliquent à la méthode par laquelle des médicaments sont introduits dans les parties sous-cutanées au moyen du courant électrique.

Ionisation. — Les solutions moléculaires sont « non électrolytiques », parce qu'elles ne sont pas conductrices d'électricité.

Le phénomène par lequel les molécules se dissocient en leurs particules est nommé « dissociation électrolytique » parce que les molécules contiennent de l'électricité : une charge positive et une négative par molécule ou multiple de molécule. Les *Ions* sont ces particules chargées d'électricité qui conduisent le courant électrique et se meuvent avec lui.

Le fait que les *Ions* se trouvent chargés d'électricité sans avoir été mis en contact avec un courant électrique s'explique ainsi : les ions représentent une somme d'énergie chimique différente de la forme atomique qu'ils possédaient à l'état de molécules non transformées. Cette différence d'énergie représente l'équivalence de la quantité d'électricité qui pourrait être extraite de cette opération.

3° *Électrolyse*. — Le courant électrique a la propriété de décomposer certaines substance telles que le chlorure de zinc. Cette décomposition par l'électricité s'appelle l'*électrolyse*.

Si nous séparons les ions de zinc et chlore dissociés de leur charge d'électricité, nous obtiendrons des zinc métallique et du chlore à l'état libre.

C'est précisément là l'action du courant électrique : il neutralise ces charges d'électricité contenues dans les ions par sa propre composition positive et négative. Cette neutralisation s'effectue à la surface des électrodes; seuls les ions qui se trouvent en réel contact avec les électrodes seront déchargés d'électricité Dès que les ions seront déchargés de l'électricité qu'ils contiennent, d'autres, chargés d'électricité prennent la place des premiers sur les électrodes pour y être à leur tour déchargés.

Il se produit alors un mouvement continu de tous les ions compris entre l'électrode positive et l'électrode négative. Il est donc évident que le traitement électrolytique doit convenir pour atteindre les organes intéressés. Les ions de zinc étant repoussés de l'électrode positive et attirés par l'électrode négative pénètrent dans les tissus. Or, les propriétés antiseptiques des ions de zinc sont bien connues.

Technique. — La médication électrolytique convient tout particulièrement au traitement des dents infectées, à la stérilisation des canaux après pulpectomies, au traitement de la pyorrhée alvéolaire.

Afin de faire passer le courant électrique pour la production d'*ionisation*, il faut disposer d'un courant continu. Nous fermerons le circuit dans le corps humain par l'application de deux électrodes. L'électrode positive peut être en zinc, en cuivre ou en platine iridié; mais il est préférable d'employer une électrode de même métal que celui contenu dans la solution dont on se sert, car si la solution se trouve épuisée pendant le traitement, les ions continueront à pénétrer dans les tissus grâce à la décomposition de l'électrode. On la place dans le canal de la dent à traiter. L'électrode négative est fixée à la joue du patient.

Traitement des canaux. — Le canal de la racine à traiter doit être nettoyé mécaniquement et élargi suffisamment pour pouvoir recevoir l'électrode positive. Le canal doit être parfaitement séché et le traitement fait en utilisant la digue. On introduit l'électrode positive entourée d'un peu de ouate imbibée de chlorure de zinc dans le canal.

On fait passer le courant et on diminue la résistance jusqu'à ce que le patient signale une légère douleur; à ce moment, augmenter légèrement la résistance. Le point critique ainsi trouvé, laisser passer le courant pendant une dizaine de minutes. Puis enlever les électrodes après avoir coupé le courant pour éviter au patient les chocs électriques, bien sécher pour ne pas laisser de chlorure de zinc dans la dent et obturer provisoirement. En général, une ou deux applications sont suffisantes.

Dans les cas d'abcès on aura soin de faire dépasser légèrement l'apex à l'électrode positive qui se trouvera ainsi en contact avec les tissus abcédés.

Dans les cas de pyorrhée alvéolaire, après un minutieux nettoyage et curettage des calculs sériques on obtiendra, par l'ionisation, une désinfection complète de tous les culs-de-sac. L'électrode positive sera descendue dans les clapiers après avoir été entourée de ouate imbibée de chlorure de zinc.

Voici, pour terminer, l'opinion du Dr *Sturridge* : « Les avantages de ce traitement en chirurgie dentaire sont nombreux. L'application en est aisée, le traitement n'est pas douloureux, il donne de bons résultats et est inoffensif. Les effets thérapeutiques des ions sur les tissus buccaux sont d'une telle importance que cette méthode devrait remplacer la méthode actuelle dans la presque totalité des cas d'infection ».

Discussion : M. *G. Villain*, président, remercie l'auteur. Il ajoute que l'ionisation a été traitée par M. *Mendel Joseph* et qu'il est heureux de la voir reprendre par M. *Guébel*. Il sera intéressant de connaître plus tard les résultats obtenus.

M. LE Dr CHARRON,
Montréal.

CONSIDÉRATIONS SUR L'ANESTHÉSIE RÉGIONALE

617.96 01

27 Juillet.

(RÉSUMÉ)

Quand on injecte une solution anesthésique dans le voisinage d'un faisceau nerveux de moyenne grosseur, elle pénètre par l'enveloppe nerveuse dans la substance nerveuse centrale, restreignant sa fonction et anesthésiant la surface périphérique tout entière desservie par le nerf injecté. En raison de la suppression de conductibilité de ce faisceau, les irritations sensorielles qui se produisent à l'extrémité de ces filaments ne sont plus perçues par l'organe central.

Pour les fins que nous voulons atteindre, les méthodes suivantes d'anesthésie régionale sont les plus pratiques :

1° Pour le maxillaire supérieur : *a*) injection à la tubérosité maxillaire; *b*) en certains cas, injection sous-orbitaire et à l'ouverture palatine postérieure;

2° Pour le maxillaire inférieur, injection à l'orifice du canal dentaire inférieur ou au trou mentonnier.

(Suit une description anatomique.)

Technique de l'injection. — 1° *a)* L'injection est pratique dans la partie inférieure de la tubérosité du maxillaire par l'infiltration de la mince paroi antérieure et des filaments nerveux qui la traversent.

On palpe dans la bouche à demi ouverte l'arcade zygomatique, on fixe avec l'index son bord proéminent, on tire la lèvre vers le haut et la longue aiguille de 7 centimètres fixée à la seringue munie d'une garde est introduite assez haut en direction du repli de la membrane muqueuse, à angle aigu par rapport à la surface osseuse. L'aiguille est alors avancée avec une légère inclinaison postéro-supérieure en tenant la seringue éloignée du maxillaire, mais en tenant l'aiguille aussi près que possible de la tubérosité légèrement convexe. Dès que l'aiguille, longue de 42 millimètres, a été insérée dans la muqueuse, on expulse environ 2 centimètres cubes de la solution, tout en avançant l'aiguille dans les tissus jusqu'à ce qu'elle ait pénétré dans toute sa longueur.

On fait, dans le palais, une injection de la muqueuse par le trou palatin postérieur en moins de dix minutes, de façon générale; on obtient ainsi l'anesthésie des trois molaires supérieures.

b) Le bord inférieur de l'orbite au-dessous duquel l'orifice antérieur du trou sous-orbitaire est situé est palpé avec le doigt, et le tissu tendu au-dessus de ce trou est comprimé avec le pouce de la main gauche pendant qu'on tire simultanément en écartant la langue avec le majeur. On trouve le trou sous-orbitaire à 5 centimètres au-dessous du bord inférieur de l'orbite et presque exactement au-dessus de la première prémolaire. L'aiguille est insérée au repli de la muqueuse un peu en arrière de l'extrémité de la racine de la canine et près des muscles labiaux en s'écartant quelque peu du maxillaire, puis en l'avançant, en l'inclinant un peu. Aussitôt que la longue aiguille de 7 centimètres, qui est munie de la garde, est sentie par le doigt compresseur, on injecte de 0,5 à 1 centimètre cube de la solution. Après l'injection, le massage peut être employé avec avantage.

2° Dans la bouche largement ouverte les plis muqueux, d'une importance capitale pour la réussite de l'injection, ne sont pas toujours reconnus au premier coup d'œil. En avant des amygdales on distingue un pli très nettement marqué : le pli antérieur du gosier descendant du palais mou. De côté et en avant un autre pli chemine en direction de l'arcade dentaire. En commençant du côté lingual interne on peut palper *la ligne intérieure oblique*, puis la *ligne extérieure oblique*, on fixe alors le bout du doigt, d'abord dans la suture osseuse qui existe entre ces deux lignes, après quoi apparaît une dépression ou un petit canal dans la muqueuse, cela correspond au triangle rétromolaire.

On prie le patient de tenir la tête droite et d'ouvrir la bouche grande; avec l'index de la main gauche ou de la main libre on palpe le bord antérieur de l'angle ou de la base de la branche montante. On sent à cet endroit des extrémités osseuses très nettement : l'une antéro-externe, la *ligne oblique externe*; l'autre postéro-interne, la *ligne oblique interne*. Entre ces deux lignes, à la base de la branche montante, se trouve un sillon peu profond, la *fosse rétromolaire* (Nogué) (gouttière mylo-hyoïdienne) dans laquelle le doigt palpateur enfonce légèrement. Au-dessus de cette gouttière il se produit une dépression de la membrane maxillaire, formant une sorte de triangle (*triangle rétromolaire*). La ligne oblique interne est fixée avec l'ongle du doigt et l'aiguille insérée près de l'angle de la muqueuse, mais pas immédiatement sur les bords de l'os. On avance alors l'aiguille horizontalement et postérieurement le long de la face interne de la branche montante, du côté à anesthésier, tandis que le corps de seringue repose sur le point de contact entre la canine et la prémolaire du côté opposé, jusqu'à ce que l'aiguille ait disparu.

L'aiguille ne doit pas être introduite dans le tissu à plus de 1 cm. 5 à 2 centimètres, par crainte de trop dépasser l'orifice du canal et de manquer le point de dépôt de la solution. Munir la seringue de la garde et de l'aiguille de 7 centimètres afin que 3 à 5 millimètres de l'aiguille restent visibles en dehors de la muqueuse. Il n'est guère à craindre alors de manquer le point d'injection. La *ligne oblique interne*, importante sous ce rapport, varie beaucoup suivant les individus et est, quelquefois, si développée qu'elle provoque des difficultés quand on introduit l'aiguille. En ce cas, insérer celle-ci un peu plus près du côté lingual, le corps de la seringue reposant sur le point de contact entre la première et la deuxième prémolaire ou même plus en arrière jusqu'à ce qu'on franchisse cette région osseuse et qu'on atteigne la face interne de la branche montante. Pendant que l'aiguille avance on expulse lentement une partie de la solution et, la proportion voulue une fois atteinte, on retire doucement la seringue en arrière, puis on l'avance de nouveau, répétant ce mouvement plusieurs fois afin de distribuer la solution également.

Insertion de l'aiguille. — Choisir le point d'insertion de façon que l'aiguille pénètre dans le triangle de la muqueuse à une profondeur d'environ 1 centimètre au-dessus du niveau de la surface de mastication des molaires. Chez les enfants et les sujets jeunes, l'insérer un peu plus en arrière et un peu plus bas; chez les vieillards, un peu plus haut.

Manœuvre de l'aiguille. — L'aiguille est d'abord insérée jusqu'à l'os sans perforer le périoste. On acquiert vite le doigté qui permet de savoir si l'on avance dans la direction convenable et non dans celle du pharynx, mais assez près de l'os. Si, en cas d'angle aigu de l'os, on sent que le périoste offre une certaine résistance, ne pas aller plus loin, retirer l'aiguille avec précaution et, après avoir légèrement modifié la direction dans le sens du pharynx, tenter de l'avancer de nouveau.

Injection. — Expulser lentement et avec soin la solution, en commençant aussitôt après l'insertion de l'aiguille, afin d'anesthésier simultanément le nerf lingual. Déposer le gros de la solution dans l'espace mandibulo-ptérygoïdien.

On injecte ordinairement 2 centimètres cubes à 1 1/2 0/0 d'une solution de novocaïne ou de suprarénine, mais on peut, sans danger, aller jusqu'au double de cette dose au même pourcentage.

Effet. — Trois minutes environ après l'injection, le patient éprouve à la lèvre et à la langue du côté injecté une légère démangeaison indiquant invariablement que l'injection a été correctement pratiquée. Cette sensation augmente graduellement, se transformant en un engourdissement de la moitié de la mâchoire, de sorte que la lèvre anesthésiée ne sent plus le contact du verre. Le patient éprouve aussi une sensation de chaleur dans toute la surface anesthésiée.

Pas de difficulté dans la déglutition ni d'ankylose si la technique a été bien observée. En tout cas, les symptômes ci-dessus durent une heure environ et disparaissent peu à peu. Au bout de trois heures environ, la situation est redevenue normale.

Précautions. — Il y a lieu d'observer un certain nombre de précautions (que l'auteur énumère).

Douleur post-opératoire. — S'il y a douleur post-opératoire ou des complications éventuelles, elles sont imputables soit à la solution elle-même, soit à l'opération.

Réussite. — Le succès de l'anesthésie régionale dépend, en grande partie, de l'adresse de l'opérateur.

Avantages de l'anesthésie régionale :

1° Les injections sont indolores quand elles sont faites adroitement;

2° Une ou deux insertions de l'aiguille suffisent à isoler la région opératoire, selon la nature de l'opération et la surface à isoler.

3° La durée de l'anesthésie peut être variée en altérant la quantité de l'agent et prolongée pour les opérations qui exigent un certain temps (extraction des troisièmes molaires incluses, réduction des fractures, etc.).

4° On peut anesthésier de grandes ou de petites surfaces, suivant la ramification que l'on intercepte.

Discussion des communications Guebel et Charron. — M. Frey fait observer qu'il ne s'agit pas d'anesthésie régionale, mais d'infiltration dans un étage en amont de celui où le dentiste opère. Il lui semble que c'est une méthode nouvelle entre l'anesthésie tronculaire et l'anesthésie régionale des dentistes.

M. Guébel collabore avec M. *Charron* depuis un mois. Il fait une anesthésie régionale en atteignant le nerf maxillaire supérieur. M. *Jeay* longe les dents, passe derrière la dent de sagesse et monte dans la fosse ptérygo-maxillaire. Comme cette méthode lèse les vaisseaux, il évitait les lésions. M. *Charron*, au contraire, ne rencontre pas les vaisseaux.

M. Godon demande dans quelles proportions M. *Guébel* fait de l'anesthésie régionale dans les opérations dentaires.

M. Guébel répond que, quand il se trouve en présence de tissus où les piqûres ne sont pas possibles, il recourt à l'anesthésie régionale.

M. Godon considère qu'en somme le procédé ne s'emploie que dans les cas difficiles, mais pas une fois sur dix.

M. Guébel dit, qu'en effet, la méthode ne s'emploie qu'exceptionnellement.

M. Sauvez estime que, la méthode étant décrite, il faudrait dire quand elle est indiquée.

Il y a, naturellement, un cas indiqué : celui de la dent de sagesse inférieure. Il faudrait donc insister sur les dangers de l'opération et signaler les précautions à prendre. Il demande à attirer l'attention sur les dangers de l'infection profonde.

M. Frey considère qu'il y a un certain nombre de dangers possibles; il faut, notamment, attirer l'attention sur les paralysies faciales partielles qui guérissent fort bien.

M. Charron inonde seulement les terminaisons et ne pénètre pas dans les ouvertures.

M. Frey rappelle que M. *Roy* parlait dernièrement d'une série de cas où il faisait des infiltrations.

M. Charron ne pénètre pas dans le tronc nerveux; il sent l'endroit, mais n'y touche pas.

M. Frey dit que, pour l'épine de Spyx il est impossible d'atteindre le nerf dentaire inférieur. Il importe donc de préciser certains détails.

M. Charron emploie cette méthode dans une faible proportion; il individualise chaque cas et chaque patient. Pour les dents du maxillaire inférieur, à cause de sa densité, il faut l'anesthésie régionale.

Il ne faut pas considérer que ce soit une méthode généralisée; elle exige, d'ailleurs, une antisepsie rigoureuse. Il l'emploie depuis six ans et a traité près de dix mille cas sans accident; la technique en est fort simple.

M. G. Villain remercie chaleureusement M. *Charron* de sa communication. Il pense qu'on peut tout de même appeler anesthésie régionale le procédé de M. *Charron*, parce qu'il s'adresse à un groupe de dents.

Quant aux craintes de M. *Sauvez*, il n'y a pas lieu de les avoir. M. *Brille* a publié un traité d'anesthésie régionale en chirurgie dentaire, mais celle-ci ne répond pas à de nombreux cas, quoique, aux États-Unis, elle soit démesurément employée.

Il prie M. *Charron* de transmettre aux dentistes canadiens les remerciements de la Section pour avoir envoyé un délégué et communique un télégramme dans lequel le Dr *Dubeau*, de Montréal, souhaite le succès du Congrès.

M. le Dr Eugène LICKTEIG,

Chargé de cours de stomatologie,
Directeur de la clinique dentaire de la Faculté de Médecine, Strasbourg.

LA RECONSTITUTION DE LA MACHOIRE INFÉRIEURE PAR LES DIFFÉRENTES AUTO-GREFFES ET HÉTÉRO-GREFFES OSSEUSES

617.928 + 617.526

(Résumé)

La grande faculté de régénération des processus ostéomyélitiques de la mâchoire inférieure est confirmée, du moins quant à la longue durée de la régénérescence osseuse, chez les blessés de guerre.

Pour juger de la valeur de l'*ostéoplastie* de la mâchoire inférieure, il faut être sûr que, dans les cas opérés, la consolidation de la pseudarthrose ou le recouvrement de l'endroit défectueux par l'ostéogénèse restauratrice n'aurait pu se faire sans opération. La méthode conservatrice favorise dans bien des cas de grande perte de substance une régénération osseuse sans intervention chirurgicale. Avec le concours de particules de périoste dont la présence n'avait pu être constatée auparavant, le pont osseux peut prendre absolument le même aspect que ceux obtenus par des ostéoplasties. Quand il reste des particules de périoste dans la perte de substance on pourrait attribuer à une ostéoplastie prématurée un succès qu'on aurait pu obtenir sans elle. C'est pourquoi il faut admettre dans le plan du traitement la possibilité d'une consolidation osseuse spontanée, tout en comptant sur l'élimination de quelques séquestres..

Par contre, les fragments abvéolaires effectivement séparés de toute base de la mâchoire n'ont pas de grande faculté ostéogénétique.

Les différences fondamentales des ostéoplasties proviennent de la source du greffon. Les *plasties* dont le greffon a été prélevé sur l'individu à opérer ou *autogreffes* ont supprimé presque complètement les autres méthodes. L'hétérogreffe (emploi des greffons d'un animal d'une autre espèce) n'a été pratiquée que rarement et est presque abandonnée par les chirurgiens d'aujourd'hui. Pourtant elle n'est pas dépourvue de valeur pratique. Son plus grand mérite réside dans les intéressantes observations qu'elle permet et qui sont un précieux complément pour la compréhension scientifique du processus chimico-biologique des ostéoplasties. Dans les autogreffes on distingue celles dont les greffons restent adhérents par un lambeau et une partie des tissus nutritifs de celles qui n'ont plus d'adhésivité et sont placées à un autre endroit dans un lit de tissus. Une simple réflexion du point de vue biologique pourrait nous faire croire que le genre de greffe par un ou plusieurs lambeaux qu'*Imbert* et *Réal* nomment *autogreffe in situ* est le plus couronné de succès et le plus employé. Dès 1902 cette méthode fut préconisée par *Morestin* et appliquée à des blessés de guerre principalement par *Cavalié*. En réalité il n'y a pas dans le voisinage des endroits défectueux de la mâchoire inférieure de matériel d'os ou de périoste propre à être employé comme greffon; c'est précisément ce manque de matériel à faculté ostéogénétique qui est cause de la perte de substance et de la pseudarthrose confirmée. Les bouts fragmentaires consistent la plupart du temps en un cal *éburnisé* osseux, qui n'est pas un greffon approprié et peut même être un obstacle au succès d'un autre greffon ayant les qualités requises. Il est alors nécessaire de débarrasser les bouts fragmentaires de ce cal et de préparer par un avivement l'insinuation du greffon. Cet inconvénient peut suffire à réduire l'emploi de l'autogreffe *in situ* à quelques cas plus spécialement appropriés. Dans des cas de plastie *in situ* le greffon n'a changé ni de forme ni de volume et il a été relié aux bouts fragmentaires par une soudure osseuse solide, semblable à une guérison de fracture. Par contre, on peut constater sur les greffons prélevés à distance des changements permettant une opinion sur les processus de l'ostéogénèse réparatrice.

Le processus de réorganisation consistant dans une phase de résorption du matériel osseux du greffon et dans une phase d'ostéogénèse dans les zones de résorption ne peut se voir que très rarement dans les radiographies. Souvent il survient une résorption plus forte, si bien que l'ostéogénèse qui suit ne semble pas s'enchaîner avec la résorption, ou bien les processus ne sont plus observables dans les zones macroscopiques. C'est le cas quand le greffon est un os spongieux, la crête iliaque par exemple, tout indiquée pour la greffe osseuse des parties recourbées du maxillaire inférieur. J'ai effectué dès le début et sans préjudice l'immobilisation de la mâchoire inférieure contre la mâchoire supérieure, pendant les trois premiers mois suivant la greffe osseuse. Avec un greffon rigide on ne peut empêcher les mouvements isolés de pseudarthrose aux endroits où se touchent greffons et fragments. Ces irritations ne peuvent être qu'un obstacle à toute soudure osseuse. Même en cas d'immobilisation intermaxillaire en occlusion les masséters sont encore susceptibles de contraction, de sorte que les mouvements de pseudarthrose subsistent. Un greffon flexible peut absorber les oscillations sans que les parties du greffon en contact avec les bouts fragmentaires soient ébranlées. L'emploi d'un tablier ostéopériostique est devenu ma méthode de choix quand il y a un fragment postérieur édenté se composant généralement de la branche montante.

La méthode de la greffe ostéopériostique part du point de vue que la membrane périostique et surtout ses couches profondes jouent le rôle important dans le processus d'ostéogénèse réparatrice.

On observe le mieux la régénération osseuse par une série de radiographies. Si l'on emploie un greffon périostique auquel adhèrent une multitude de particules osseuses on peut constater que l'ostéogénèse s'étale régulièrement tout le long du greffon. Au bout de quelques mois il peut même se former, à distance des fragments, un noyau osseux en forme d'îlot ou de massue. Par contre, les radiographies des greffes osseuses rigides montrent la première trace d'ostéogénèse aux bouts fragmentaires. Dans la greffe osseuse on n'observe jamais d'accroissement d'expansion, phénomène qui se produit régulièrement quand on applique la greffe ostéopériostique.

Dans quelques cas où les blessés ont refusé de consentir à l'autogreffe j'ai pratiqué des hétérogreffes. Comme celles-ci ne peuvent jouer qu'un rôle passif, les préoccupations, lors de la préparation des greffons, étaient d'ordre purement chimico-sérologique. Le choix tomba sur l'angle de la mâchoire du porc. Après un prélèvement aseptique, toutes les parties molles furent enlevées, le greffon, préparé à peu près de la grandeur voulue, fut mis dans le récipient (appareil à vide). Le liquide sanguin du porc fut aspiré par une forte pression négative. Par une affluence de sérum physiologique, le liquide sanguin transsudé fut rincé et l'os fut imprégné par le sérum. L'os fut exposé à une température moyenne de 40° pendant plusieurs heures dans le sérum physiologique pour obtenir une diminution de l'activité de l'albumine. On retira, peu avant l'opération, par le vide, le sérum physiologique et l'on imbiba l'os de sang défibrinisé du patient même. Pour augmenter cette imbibition le sang fut pressé sous trois à cinq atmosphères dans les pores et canalicules osseux. Ces manipulations se font avec des précautions aseptiques.

Je décris la méthode préparatoire, bien que je sois loin d'y voir un facteur essentiel d'une hétéroplastie. En réalité tous les greffons préparés ainsi ont été enclavés par première intention, comme les auto-greffons, sans complication. Dans un cas de perte de substance partant de la canine gauche et atteignant la première molaire droite j'ai introduit un greffon hétéroplastique pris sur un porc et préparé d'après les méthodes ci-dessus. Six mois après on pouvait constater que, vers les bouts fragmentaires, une partie du greffon avait disparu par résorption. Cette résorption augmenta rapidement et il se produisit en même temps aux bouts fragmentaires une ostéogénèse si intense qu'après un an les fragments s'étaient réunis. Le greffon hétéroplastique avait disparu ; il existait une jonction osseuse qui avait exactement la forme d'un menton. Le greffon hétéroplastique donc a été la base d'une formation d'os nouveau très étendue.

On ne peut parler du succès absolu d'une greffe osseuse que si à la fonction nouvellement rétablie s'ajoute une consolidation anatomique qui persiste. Même alors le succès peut être douteux, car pendant et après l'ostéogénèse on peut rencontrer des processus régressifs.

On peut concevoir l'ostéogénèse réparatrice comme une série de phénomènes dans lesquels les résorptions et les appositions du matériel osseux se succèdent. Le résultat du processus qui suit chaque blessure d'os dépend du fait que l'un de ces instants l'emporte sur l'autre. L'avivement chirurgical des fragments où l'ostéogénèse est arrivée à un arrêt est la cause d'une nouvelle excitation à ce processus.

Si l'on considère au point de vue de la théorie de *Leriche* et *Policard* les différents phénomènes qu'on vient d'observer sur les greffons auto-hétéroplastiques, on peut en conclure que, malgré la diversité de ces phénomènes, un greffon approprié fournit en réalité, dans un milieu ossifiable, les conditions les plus favorables à une régénération osseuse. La différence entre la théorie de *Leriche et Policard* au sujet de la création d'un milieu ossifiable et la théorie classique d'*Ollier* de l'action de présence de l'os est que *Ollier* conçoit l'action de l'os comme étant biologique, et *Policard* comme chimico-physique dans un milieu biologique.

Vous voyez que l'ostéoplastie, dont nous avons appris à connaître l'importance pratique, nous amène à des considérations qui peuvent servir à de nouvelles recherches sur l'ostéogénèse.

Discussion. — M. Godon demande au président l'autorisation de donner lecture d'une lettre d'un préfet à un chirurgien-dentiste faisant connaître que M. le Ministre de l'Hygiène est disposé à appuyer une proposition de loi déposée au Sénat et tendant à assurer gratuitement les soins dentaires aux personnes privées de ressources et appartenant à l'assistance médicale gratuite et demandant l'avis de ce praticien sur l'organisation de ce service dentaire, avec l'indication d'un tarif applicable à ce Service.

Il ajoute que ce document vient fort à propos à la suite de ce qu'il a dit la veille touchant l'inspection et le traitement dentaires.

M. Vichot, Président, dit que ceci montre l'intérêt que M. Godon porte à cette question.

M. PONT constate que M. LICKTEIG présente une méthode nouvelle pour opérer grâce à laquelle les blessés ne pourront plus refuser les opérations, comme cela est arrivé, auquel cas il fallait les réformer.

Ce greffon donne de nouvelles indications opératoires et cette méthode a fourni des résultats positifs. Ne l'ayant pas pratiquée et ne la connaissant même pas il a employé le procédé des greffons osseux de *Delagenière*. Quand la perte de substance est étendue, on peut recourir à celui-ci ; quand elle est très étendue, au procédé *Lickteig*. Au Congrès de chirurgie interallié *Hugh* a présenté des cas intéressants. Toutefois l'enlèvement d'une côte offre des inconvénients et même des dangers.

Il a vu des blessés rapatriés d'Allemagne avec une sorte de boite métallique; M. *Lickteig* connait-il ce procédé ?

M. LICKTEIG l'a vu, mais ne l'a pas employé !

M. PONT dit que tous les cas traités par la suture métallique exigent la greffe, parce que cette suture est néfaste. Il est étonné de voir qu'on fixe le greffon avec une suture métallique. Le rôle du prothésiste commence quand la perte de substance ne peut être corrigée par le chirurgien.

Il est heureux des brillants travaux de M. *Lickteig* et l'en félicite.

M. ROY s'associe aux félicitations de M. *Pont*. Le travail de M. *Lickteig* est intéressant parce qu'il présente une série de méthodes. Ce qu'il montre est extrêmement probant et son mémoire est un document important pour ceux qui voudront étudier la greffe du maxillaire inférieur.

Il a parlé du délai au bout duquel il pratique la greffe: six mois au moins. Or, au bout d'un an, on a vu des blessés faire de la consolidation, ce qui montre que la greffe n'est pas nécessaire; il n'est pas utile de se presser, il vaut mieux attendre plus de six mois, un an par exemple.

M. SAUVEZ demande comment étaient organisés les services des blessés maxillo-faciaux. En France il y en a eu 5.000, dont 1.200 pensionnés comme ayant plus de 60 0/0 d'invalidité. On est parvenu, après beaucoup de tâtonnements, à une organisation parfaite: Dans la zone des armées il y avait un centre par armée et quatorze centres dans l'intérieur. Par la suite il y a eu des équipes toutes prêtes en cas d'attaque, de sorte qu'on pouvait traiter les blessés une heure après.

M. LICKTEIG dit que les sutures métalliques sont dangereuses dans un milieu septique. Dans un milieu aseptique une suture métallique n'a plus les mêmes inconvénients, surtout si la suture est déchargée par une gouttière. Pour les sutures métalliques qui sont dans les cas des greffes osseuses, toujours dans un milieu aseptique, il y a encore une différence entre l'or et tous les autres métaux. L'or se comporte très bien, il est antiseptique, antibactérien. Il rappelle l'expérience de la dentisterie opératoire, qu'autour d'une aurification la carie secondaire est rare. Il a toujours opéré en anesthésie tronculaire ou régionale, jamais en anesthésie générale.

Il est de l'avis de M. Bry, la régénérescence de la mâchoire inférieure se fait à longue date : six, huit, douze mois. Si toutefois une perte de substance persiste après la cicatrisation des plaies pendant six mois sans altération, la greffe osseuse est indiquée.

Dès le commencement, à Strasbourg, tous les blessés des maxillaires devaient être groupés dans des centres, mais les chirurgiens ne les y envoyaient que trop tard, surtout du premier temps de la guerre. Par la suite on a organisé environ soixante centres maxillo-faciaux. Au commencement de la guerre on recevait, à Strasbourg, les blessés deux ou trois heures après la blessure. En principe un blessé de la mâchoire ne devait pas changer son premier centre de maxillo-faciaux pour ne pas changer trop les méthodes de traitement, ce qui est néfaste.

M. Frey rappelle, puisqu'on a parlé d'inclusions métalliques une thèse déjà un peu ancienne sur l'inclusion de certains métaux : celle de *G. Lemerle.*

M. Vichot remercie M. *Lickteig* dont l'intéressante communication a été complétée par des projections et qui mérite toutes les félicitations de la Section.

M. le Dr L. FREY,

Chargé de cours de stomatologie à la Faculté de Médecine de Paris.

EN COLLABORATION AVEC

M. H. DUMONT

TABLEAU DIDACTIQUE DE LA CALCIFICATION ET DE L'ÉVOLUTION DES DENTS HUMAINES

617.6

Que de fois, au cours de notre clinique journalière, ne nous arrive-t-il pas de faire cette petite opération mentale qui consiste, étant donné la bouche d'un enfant ou d'un adulte, à nous représenter son évolution dentaire passée, présente et à venir !

Cette opération mentale, nous venons, mon ami *Dumont* et moi, vous la simplifier, vous l'objectiver par un tableau.

Ce tableau, qui vient après tant d'autres, en particulier ceux de *Black, Pierce, Rédier, Capdepont, Robin,* doit vous permettre, par un simple coup d'œil, de vous rendre compte *d'une façon approximative, mais suffisante,* de l'évolution dentaire au cours des semaines de la vie intra-utérine, au cours des douze premiers mois après la naissance et enfin au cours des dix sept années suivantes.

Il était particulièrement délicat de représenter sur une même feuille, sans tomber dans le grotesque, le développement d'organes étudiés dans des unités de temps différentes, puisqu'il s'agit d'abord de semaines, puis de mois et enfin d'années.

Il nous a fallu nous soumettre aux quatre conventions suivantes que nous vous demandons de vouloir bien agréer :

1° Les dimensions des dents de lait sont très considérablement raccourcies par rapport à celles des dents permanentes ;

2° Une ligne verticale, à lire de bas en haut, nous indique pour chaque dent de lait la durée de la résorption radiculaire ;

3° Un pointillé horizontal nous marque pour chaque dent sa date d'éruption ;

4° Le tableau représente une demi-bouche supérieure, l'autre moitié évoluant à peu près en même temps ; il faut se rappeler que les dents inférieures sont en avance de deux à trois mois sur les supérieures.

La période intra-utérine appartient à la zone inférieure, elle est exprimée en semaines ; la première année après la naissance appartient à la zone moyenne, elle est exprimée en mois ; les années suivantes appartiennent à la zone supérieure.

Lisons ce tableau. Prenons, par exemple, la première molaire de lait supérieure : elle apparaît dans la zone inférieure vers la vingt-deuxième semaine ; elle est entière dans la zone moyenne ; enfin la zone supérieure montre son éruption vers un an et demi, sa formation radiculaire complète un peu avant deux ans, le commencement de sa résorption radiculaire à sept ans, la fin de cette résorption à dix ans ; à cette date le pointillé horizontal correspondant nous indique l'éruption de la première prémolaire de remplacement, laquelle première prémolaire n'aura terminé sa formation radiculaire qu'à douze ans.

La même lecture se ferait tout aussi aisément pour toutes les autres dents temporaires ou permanentes.

Quels avantages présente ce tableau sur ceux qui l'ont précédé ? Celui de *Black* n'est pas synthétique, il étudie l'évolution de chaque dent en particulier ; celui de *Capdepont* ne tient pas compte de l'évolution des dents de lait ; celui de *Rédier* est plus explicite et réalise l'exposé synthétique au moyen d'un certain nombre de lignes ondulées, malheureusement il est difficile à l'œil de suivre ces ondulations ; celui de *Robin* est complet, mais il se prête difficilement à une interprétation d'ensemble, de même celui de *Pierce*.

Ce sont ces insuffisances ou ces inconvénients que nous avons, *Dumont* et moi, cherché à éviter dans notre tableau. J'ai déjà trois années d'enseignement à la Faculté de Médecine de Paris et je puis vous assurer qu'il m'a simplifié maintes fois mes exposés pathogéniques.

Rapidement je vous indique les quatre catégories de circonstances cliniques où il est intéressant et rationnel d'invoquer ce tableau :

1° Dans le traitement des dents de lait ;

2° Dans le traitement des dents permanentes chez les jeunes gens jusqu'à dix-sept ou dix-huit ans ;

3° En orthodontie (diagnostic et traitement) ; ici j'attire très particulièrement votre attention ;

4° En pathologie générale pour établir, par l'étude des dents un « dossier sanitaire », selon l'expression de notre regretté *Capdepont*, c'est-à-dire pour reconnaître un passé pathologique d'après sa répercussion sur les dents.

J'ai devant moi des confrères trop avertis pour que j'aie à insister sur ces quatre points. Personnellement j'ai toujours sur moi un petit exemplaire de ce tableau et je ne vous cache pas que je le consulte bien souvent pour mes diagnostics et mes traitements.

Discussion. — M. Sauvez propose de publier la communication avec encartage du tableau lui-même sur carton, mais sans couleur.

M. Roy estime que les dents de lait sont trop petites pour la lecture de ce tableau.

Pour M. G. Villain ce tableau sera utile au point de vue de l'enseignement.

M. Vichot remercie M. *Frey* des services que rendra ce tableau, ainsi que de ses travaux qui offrent un grand intérêt.

La séance est levée à 6 heures.

M. le Dr L. FREY,

Chargé du Cours de Stomatologie à la Faculté de Médecine de Paris.

DES MALPOSITIONS DENTAIRES CONSÉCUTIVES A L'AMPUTATION DE LA LANGUE

617.64

27 *Juillet.*

Il est reconnu que la dent dans sa structure, dans sa forme est comme l'alvéole, comme le maxillaire sous la dépendance prédominante du *facteur mécanique*. Les derniers travaux de *Retterer* sur l'émail, l'ivoire et le cément en sont une confirmation éloquente.

C'est ce même facteur mécanique qui détermine la direction de la dent; inutile de vous rappeler à cet égard les travaux de *Godon* et de *G. Villain*.

Parmi les éléments qui constituent ce facteur mécanique, l'équilibre de la musculature (muscles des joues, des lèvres, muscles masticateurs et langue), tient un rôle de tout premier plan. Que cet équilibre soit rompu, les dents se dévient : les respirateurs buccaux en sont une illustration clini ue remarquable.

Je ne sache pas qu'on ait encore signalé l'influence de *l'amputation totale ou partielle de la langue* sur les déviations dentaires. En voici deux observations :

Le général X... subit l'amputation totale de la langue atteinte de cancer; six mois après il vient nous trouver au Val-de-Grâce, parce que les dents inférieures qui lui restent (incisives, canines et prémolaires; il n'a plus ses molaires) se sont peu à peu inclinées en linguo-version. Il s'en est rendu compte lui-même par la difficulté de plus en plus grande qu'il éprouve pour mastiquer. Les couronnes semblent avoir subi une sorte d'aspiration vers le plancher buccal; elles se sont inclinées vers lui en se bousculant réciproquement, en chevauchant les unes sur les autres. Notez que toutes ces dents restent solidement implantées, sans la moindre manifestation de pyorrhée alvéolaire, sauf $\frac{1}{15}$ très ébranlée, que je suis obligé d'extraire. Mon très distingué collègue *Frossard* assistant du service, fait en deux mois un redressement parfait, en excellente occlusion, et le général X... nous quitte avec une attelle linguale de maintien en vulcanite.

Nous ne pouvons invoquer que le déséquilibre musculaire, dû à l'absence de la langue, pour expliquer cette déviation dentaire.

Le soldat Y..., de l'infanterie coloniale, a perdu par éclat d'obus, tout le segment médian de son maxillaire inférieur et les deux tiers antérieurs de sa langue. Pendant que nous redressons les deux fragments latéraux et que nous établissons la prothèse restauratrice, nous constatons qu'à la mâchoire supérieure, restée indemne, molaires, prémolaires, canines (pas les incisives), toutes dents saines, s'inclinent en linguo-version. Le docteur *Frossard* en fait le redressement rapide avec autant de succès et d'habileté que dans le cas précédent.

Ici le déséquilibre musculaire, dû à la fois à la mutilation mandibulaire et à l'amputation linguale partielle, nous donnera encore l'explication de la déviation dentaire.

J'ajouterai cependant que, pour permettre à ce déséquilibre d'amener si rapidement de telles déviations, il faut un terrain. Il doit se produire une ostéo-alvéolite raréfiante trophique en rapport avec le traumatisme opératoire dans le premier cas, avec le traumatisme balistique dans le deuxième. Ces raréfactions osseuses trophiques chez les traumatisés ne sont pas encore bien connues, mais j'en ai vu, au cours de la guerre, de nombreux cas au membre supérieur en particulier, dans le Service de Radiographie du Val-de-Grâce, chez le docteur *Aimé*; je crois donc devoir invoquer ici leur influence prédisposante.

Quoi qu'il en soit, tirons de ces deux observations une conclusion immédiatement pratique : chirurgiens et dentistes, méfiez-vous des linguo-versions dentaires chez les amputés de langue (amputations partielles ou totales), disposez *préventivement* l'attelle de maintien; dans l'amputation partielle je vous engage même à faire l'attelle avec un épaississement qui permette au moignon lingual de trouver un point d'appui; cet appui facilite considérablement la parole. C'est ce que j'ai vu faire fort judicieusement par *G. Villain* c

Cette prothèse, pour parer aux conséquences du déséquilibre musculaire, est, à mon sens, une contribution intéressante à ce gros chapitre de la prothèse préventive dont, *Ruppe* et moi, nous avons entretenu nos confrères au Congrès interallié de 1916.

Discussion. — M. Pont rapporte qu'un amputé de la langue est arrivé à parler assez bien, mais qu'il était gêné pour la mastication. Comme celui-ci est venu le trouver, il lui a fait une langue artificielle et alors il mastiquait bien. Ceci montre le rôle de la langue dans l'équilibre et que le rôle de ses muscles est important.

M. Roy se demande s'il faut traiter toutes ces malformations comme le préconise M. Frey. Le malade de M. Pont parlait et déglutinait aussi bien que s'il avait eu sa langue, mais ce devait être aux dépens de son plancher buccal, qui faisait office de langue en se soulevant. Ceci devait amener des malformations dentaires. Mais alors il est à craindre d'entraîner une réduction de la mâchoire et de desservir le malade au point de vue de la phonation et de la déglutition.

M. Frey se rappelle bien la langue artificielle de M. Pont, qui fut présentée à Grenoble, il y a quelques années.

M. Pont a parlé de la linguo-*gression* des incisives de lait et de l'influence de la langue sur cette *gression;* mais il y a tellement de facteurs complexes qu'il croit préférable de ne pas entamer cette discussion.

Les adénoïdiens, en raison de la respiration buccale, retiennent leur langue sur le plancher de la bouche et n'ont pas de ces malpositions.

M. Roy a raison de faire une réserve sur le redressement, parce que ce déplacement compense en partie l'absence de la langue; mais alors les dents n'articulent plus. Il vaut donc mieux faire un appareil artificiel.

M. Roy a eu un blessé ayant perdu tout le maxillaire inférieur, qui ne pouvait plus avaler sa salive, parce qu'il avait une déformation du plancher de la bouche.

M. G. Villain dit que, dans le déplacement des dents dû à l'absence de la langue, il y a un recroquevillement du maxillaire supérieur. La nécessité de maintenir ce recroquevillement est tout à fait fâcheuse. Le meilleur moyen, c'est de recouvrir une plaque de gutta et, au bout d'un certain temps, on s'habitue à parler nettement. C'est le cas d'un opéré que M. Frey a signalé et qui parle clairement en public.

M. le Dr B. de NÉVRÉZÉ

TRAITEMENT DE QUELQUES CAS D'ATRÉSIE DU MAXILLAIRE PAR LA MÉTHODE DE L'ARC LINGUAL

(L'auteur n'a pas remis le texte de sa communication.)

27 Juillet.

M. le Dr James T. QUINTERO,
Lyon.

LA ROTATION DES DENTS AU MOYEN DE L'ARC LINGUAL AMOVIBLE DE MERSHON

617.928

27 Juillet.

(RÉSUMÉ)

Un des plus remarquables avantages de l'arc lingual amovible de *Mershon* consiste dans l'élimination de l'emploi des bagues et des ligatures. Les bagues présentent en effet des inconvénients nombreux :

1° Elles sont inamovibles, d'où impossibilité de surveiller les dents qu'elles recouvrent ;

2° Elles sont souvent difficiles à ajuster, d'où épaisseur excessive du ciment, possibilité d'action dissolvante de la salive, puis carie ;

3° Elles descendent souvent sous la gencive, et elles sont rarement bien brunies à ce niveau, d'où désordres, tels que gingivites, décollement du tissu, formation de poches, etc. ;

4° Elles nécessitent l'emploi de ligatures, d'où presque toujours lésion gingivale ;

5° Enfin, elles présentent toujours une certaine épaisseur, de sorte qu'après leur enlèvement il existe entre les dents déplacées et leurs voisines de petits espaces, d'où rupture d'équilibre du système dentaire et déplacements possibles.

Pour toutes ces causes, nous avons cherché depuis longtemps à éliminer de notre technique l'emploi des bagues. L'arc lingual amovible de *Mershon* nous en a fourni l'occasion.

La réduction au strict minimum du nombre des bagues et des ligatures n'empêche nullement la rotation des dents, mais les applications diverses d'un même principe, au moyen de l'arc lingual, demandent des solutions différentes suivant la difficulté des cas et le nombre des dents à déplacer autour de leur axe. La condition nécessaire et suffisante pour effectuer toute rotation est la correction parfaite de l'atrésie et la production d'un espace convenable par croissance osseuse. Trois solutions se précisent dans notre esprit :

1° Dans les cas faciles, un seul ressort ou un arc auxiliaire vestibulaire suffira ;

2° Dans les cas moins faciles, il nous faut deux ressorts agissant aux deux points extrêmes du grand diamètre mésio-distal de la dent ;

3° Dans les cas plus difficiles, la double ligature vestibulaire rendra les plus grands services.

Discussion des deux communications. — M. G. Villain signale que l'arc lingual lui a donné de brillants résultats; mais il aimerait bien qu'on cessât de donner des noms injustifiés. Cet arc a été employé par Farrar dans la première moitié du XIXe siècle.

Pour quelle raison l'or peut-il se tremper dans la cavité buccale? Angle ne fait plus de redressements des couronnes; il utilise un métal dont la composition est secrète, qui se trempe dans la bouche. Quand on lui a montré ce métal, il a d'abord été sceptique, mais après plusieurs essais il a constaté qu'il se trempe réellement.

M. de Névrézé emploie de l'or platiné qu'il fait faire, très fin et très souple. Au recuit ce métal perd son élasticité. Un alliage de 70 0/0 d'or et de 30 parties de platine iridié à 30 0/0 garde son élasticité; mais s'il est coulé, il devient cassant. Il faut le faire faire. L'or de Williams a les mêmes qualités, mais il est très coûteux.

L'arc lingual présente de grands avantages, mais M. Quintero a-t-il tenté le mouvement vertical? Il est nécessaire de faire dans nombre de cas un mouvement rectiligne de la dent. Il y a peut-être adaptation possible de l'arc lingual à la rotation des dents; cela sera peut-être préférable à l'arc vestibulaire, qui a de grands inconvénients.

M. Frey a l'impression que le cas présenté par M. de Névrézé comme une première classe d'Angle est en réalité une deuxième classe avec *mésio-gression*.

M. de Névrézé a-t-il traité la malposition verticale?

M. de Névrézé répond négativement.

M. Wagner dit que, quand il s'agit de ranger les dents supérieures, l'arc lingual agit en même temps sur le devant. Or, on veut la plupart du temps obtenir l'effort contraire. Si cet arc doit dilater, en passant par devant il annule l'effet opposé qu'on veut obtenir.

Pour M. Pont cette méthode n'est pas une panacée universelle et il est bon de parler d'un appareil assez ancien. Quand il était élève à l'École dentaire de Paris, vers 1898, M. de Croës fit une communication sur l'emploi d'un arc, peut-être pourrait-il en dire quelques mots?

M. de Croës ayant fait toute la campagne dans une unité combattante a perdu de vue tout ce qui a été fait en art dentaire: il a donc besoin de se remettre au courant des progrès réalisés et des méthodes nouvelles. Il s'excuse de ne pas prendre la parole.

M. Frey demande à M. de Névrézé si cette grosse molaire ne présente pas de poussée d'arthrite.

M. de Névrézé a remarqué de l'arthrite, parce que son arc était trop gros.

M. Frey pose la même question à M. Quintero.

M. Quintero répond qu'il faut aller très lentement et qu'alors on n'a pas d'arthrite. Il n'a fait ni *intrusion* ni *extrusion* ou du moins il n'a pas de résultat qu'il puisse montrer. Le mouvement étant très lent, on obtient un résultat pour l'intrusion. Le mouvement en masse est simple. L'expansion, s'obtient au niveau qu'on désire; il en obtient où il veut.

Quand il y a des dents en protusion, en faisant l'expansion, on augmente la largeur et l'on retire l'arc chaque fois.

L'arc vestibulaire n'empêche pas l'expansion, car on ouvre l'axe vertical et cela n'empêche pas celle-ci.

M. Vichot remercie MM. de Névrézé et Quintero de leurs communications qu'il sera préférable de publier avec des figures, afin d'éclairer l'orthodontie d'un jour nouveau.

M. le Dr Albert LÉVY,

Strasbourg.

APPAREILLAGE MAXILLO-FACIAL

617.928 (078)

27 Juillet

(RÉSUMÉ)

Si je me permets de vous entretenir des gouttières maxillaires, je sais d'avance que je ne vous apporterai pas des idées bien neuves ou bien originales; mais peut-être y a-t-il un certain intérêt à constater que nous qui avons travaillé, à Strasbourg, séparés et sans pouvoir échanger des idées avec les praticiens des pays alliés, nous sommes arrivés à peu près aux mêmes méthodes et aux mêmes résultats que vous.

Je vous présenterai en premier lieu des gouttières simples pour la réduction et la contention des fractures de la branche horizontale sans brèche osseuse.

(L'auteur montre deux séries de modèles.)

Après cette série vous remarquerez de nouveau la gouttière à coulisse, devenue dans les derniers temps notre moyen réducteur préféré dans tous les cas ne permettant la réduction immédiate par une gouttière simple. Elle est très forte, de sorte qu'elle permet l'application de tous les degrés de force imaginable dans le traitement des fractures maxillaires. Elle consiste en une épine et en une couverture métallique qui maintient l'épine et tout ce qui est attaché après rigoureusement dans la position que nous voulons lui donner. Nous faisons cette gouttière aussi avec une modification permettant d'enlever la partie extérieure de la couverture, ce qui facilite l'application et le contrôle.

Nous nous servons de cet appareil, au lieu des plans obliques, qui n'assurent la position normale que la bouche close. Dès qu'elle s'ouvre, le plan oblique sort de sa fonction et le fragment retombe en fausse position. Le mouvement du maxillaire produit donc un mouvement continuel des fragments, qui est douloureux et peu favorable à la consolidation. Par contre, cette coulisse offre une sécurité absolue quant aux mouvements de latéralité; elle rend pour ainsi dire la deuxième articulation au fragment qui n'en a plus qu'une. En outre, elle préserve du surmenage les dents du maxillaire inférieur en transportant le point d'appui des forces réductrices sur les dents du maxillaire supérieur. Chacun sait combien de tracas nous occasionne l'état souvent précaire des dents des fragments! La gouttière à coulisse nous tire d'embarras en transmettant la charge au maxillaire intact.

Malgré sa forme légèrement mastoque, elle n'est pas encombrante pour le porteur, mais il faut naturellement en approprier les dimensions au cas spécial.

Si un des fragments principaux est édenté, la coulisse permet de reconstruire l'entité fonctionnelle de la mâchoire par une pelote en gutta-percha. La réduction du fragment jusqu'au point voulu s'obtient facilement en ajoutant de la gutta.

Nous nous servons de même de cet appareil pour les fractures des branches montantes et des apophyses.

Le moyen de contention le plus appliqué en général pour les fractures du maxillaire supérieur est le casque ou la coiffe de différents systèmes. Tous présentent l'inconvénient d'être d'une construction difficile, qui prend beaucoup de temps, et manquent de stabilité. Ils gênent beaucoup le malade, surtout s'il est couché, et sont sujets à des déplacements dès que la tête heurte un obstacle, même un oreiller ou un dossier de fauteuil. D'autre part, vu la tendance restauratrice énorme du maxillaire supérieur, une contention légère suffit pour aider au raffermissement des fractures. Nous avons délaissé tous ces bandages encombrants et les avons remplacés par une gouttière à bielles qui nous a rendu les plus grands services. Ce sont deux gouttières simples réunies par des bielles à ressort. En choisissant les points d'insertion et la force des ressorts appropriés on obtient un équilibre qui maintient le maxillaire dans sa position naturelle.

Dans les blessures de l'orbite et la perte du globe oculaire il y a très souvent des dispositions cicatricielles qui rendent impossible l'application d'un œil artificiel. Nous avons réussi à rendre des services aux oculistes par l'appareil dilatateur que je vous présente et qui est maintenu par une attelle dentaire.

(L'auteur présente également une pièce prothétique pour un cas de blessure du maxillaire supérieur et de l'intérieur de la bouche.)

J'arrive à une autre catégorie de gouttières d'une importance capitale dans les opérations de grande chirurgie intéressant notre spécialité, d'abord les gouttières pour *greffes osseuses*.

Le problème à résoudre consiste à construire une gouttière maintenant les fragments dans leur position naturelle, mais permettant à l'opérateur tous les mouvements imaginables pour intercaler la greffe. Celle-ci en place, l'appareil doit la maintenir jusqu'au rétablissement naturel de la continuité osseuse; il doit, de plus, permettre le blocage et rendre possible le tout sans que l'opérateur ait besoin d'introduire une seule fois ses doigts dans la bouche durant l'opération.

L'appareil que nous employons se compose de gouttières pour le haut et pour les fragments du bas. Les deux gouttières du bas sont reliées entre elles par un ressort du côté lingual et par deux tiges métalliques dont l'une porte une fenêtre par laquelle passe une vis munie d'un écrou fixé à l'autre tige. Pendant l'opération l'écrou est dévissé. Le ressort suit tous les mouvements de l'opérateur quand il intercale la greffe osseuse. Dès que le morceau d'os est placé entre les moignons, le ressort le serre et le maintient en position. La plaie fermée, l'opérateur n'a qu'à serrer les vis et, pour plus de sécurité, à placer une ligature métallique autour des bouts des deux tiges, et l'entité fonctionnelle, ainsi que le maintien de la greffe, sont assurés.

Pour effectuer le blocage toujours indiqué, nous nous servons de la gouttière à coulisse, cette fois traversée par une vis. Naturellement la coulisse n'est pas couverte pour ne pas empêcher les mouvements nécessaires pendant l'opération.

Cet appareil n'est naturellement pas applicable aux greffes intéressant les parties mentonnières. Dans ces cas il s'agit d'éviter que les greffes ne soient entraînées par l'effet des abaisseurs et de la pesanteur dans la région sous-mentonnière. Les abaisseurs deviennent à peu près inactifs si la bouche est largement ouverte. Le reste de la fonction est compensé en mettant la greffe plus haut que nous ne désirons la retrouver à la fin du traitement. Nous employons dans ce but une gouttière à béance et à coin interchangeable. Dans ce cas le blocage est fait par des verrous.

Dans les opérations de reconstruction mandibulaire il est très important de ne pas créer de porte d'entrée pour les infections en lésant la muqueuse de la bouche à l'endroit de l'opération.

Pour éviter cela, il n'y a qu'un moyen : faire deux temps. Pour les greffes nous rallongeons la muqueuse en mettant les moignons en place avant l'opération. Si la muqueuse se déchire, on a tout le temps d'attendre la guérison avant d'opérer.

Ce procédé n'est pas praticable quand on veut rallonger le maxillaire consolidé en position vicieuse par la section en marche d'escalier recommandée par M. *Lickteig*. Si l'on voulait écarter les deux fragments lors de la section, la muqueuse se déchirerait au même moment. Il faut donc écarter les deux parties du maxillaire l'une de l'autre pendant les jours suivant l'opération et nous employons à cet effet un appareil spécial.

Appareils servant au traitement des affections de l'articulation temporo-maxillaire : la luxation et l'ankylose. — Le traitement logique de la luxation consiste à priver le malade pendant un certain temps de la possibilité de faire le maximum de mouvements. Nous y arrivons avec notre gouttière à coulisse munie d'une fente dans la couverture et d'une vis dans l'épine. La longueur de la fente règle la possibilité d'ouverture. La couverture empêche les mouvements latéraux.

Le problème de la constriction des mâchoires est bien plus difficile à résoudre. Certes, un grand nombre de cas, principalement d'origine musculaire, cèdent facilement à nos dilatateurs : daviers, coins, vis, etc. Mais il n'en est pas ainsi des véritables ankyloses congénitales ou acquises dans le jeune âge, d'origine articulaire ou para-articulaire. Ce sont les cas où le condyle est fixé d'une façon à peu près immuable dans la cavité glénoïde, et le malade présente en général l'aspect typique de la micrognathie, le visage d'oiseau,

(L'auteur montre un cas de ce genre, indique le traitement qu'il a appliqué et présente l'appareil dont il s'est servi.)

Discussion. — M. le Président remercie M. Lévy du travail énorme qu'il a fourni et ajoute que, en raison d'un défaut d'ouïe, l'auteur préfère qu'il n'y ait pas de discussion momentanément, mais qu'il se tient à la disposition des confrères désireux d'avoir des explications.

M. TOUVET-FANTON,
Professeur à l'École dentaire de Paris.

LA CONCEPTION DE LA PROTHÈSE MODERNE

617.928 (01)

28 Juillet.

(EXTRAIT DU RÉSUMÉ) (1)

Prothèse ordinaire (appareils à plaques), — En résumé, il apparait rationnel de viser à donner la forme de pont mobile à « selle » à tout appareil à plaques, autant que faire se peut.

Prothèse à ponts mobiles. — Constitution toujours métallique.

Conception toujours vers la simplicité. Cependant ils peuvent être d'étendue plus considérable que les bridges fixes, avoir plus de complexité, pourvu qu'ils soient faciles à mobiliser.

Ils peuvent être plus facilement à selles étendues, ce qui est mauvais pour les fixes.

Mais fixe ou mobile *tout pont doit avoir* pour première condition *un point d'appui à chaque extrémité.*

Si le bridge est « à extension », la selle servant de point d'appui extrême sera relativement grande.

Mais un point d'appui sur soutien est toujours préférable et si c'est un simple prolongement de l'appareil, il sera toujours mieux de l'appuyer sur une enclave artificielle du pilier naturel, soit sur un ciment porcelaine au pis aller, soit sur un inlay de préférence.

L'important ce sont les pièces de rétention :

Chercher toujours la simplicité.

Le moins possible de pivots accouplés.

De pièces à parallélisme non susceptibles de recevoir une certaine correction ou un jeu relatif.

Bague fendue à tenon ou à glissière. — Souvent pour remplacer les « couronnes-télescopes » plus difficiles d'exécution, j'emploie une bague fendue à tenon en queue d'aronde situé à sa partie mésio-triturante et télescopant soit une couronne d'or à mortaise épaisse de préférence; ou, selon la disposition, à mortaise mésio-latérale. Cela sur les molaires surtout. Quelquefois aussi le tenon en queue d'aronde ou en forme de cœur, sans l'accessoire de sa bague fendue, est inséré dans la mortaise d'une couronne-pilier (de canine par exemple); ou encore soit dans un inlay, soit moitié dans chacun de deux inlays contigus (une prémolaire et une grosse molaire).

Toutes pièces aujourd'hui faciles à exécuter par la coulée.

(1) L'article *in extenso* avec les figures nécessaires sera publié dans le journal l'*Odontologie*.

Rechercher des pièces d'appui d'un genre solide et s'attacher à les employer communément.

En prendre le moins possible : deux piliers seulement, s'il se peut. Cela dépend de la longueur du brigde : avec trois on peut solidement situer un bridge de grosse importance.

En un mot la nature des piliers peut être variable selon les conceptions diverses, mais la construction doit se rapprocher d'un plan idéal simple presque uniforme : piliers différents, mais alliés de façon à avoir des formes faciles à accoupler entre elles, à rectifier au besoin, quoique puissants.

Le parallélisme réel finira d'être établi facilement *sur le modèle.* Exécuter et fixer la première, la pièce de rétention la plus longue et la plus intangible (si je puis dire !) : le pivot par exemple, car il est bon de rechercher des formes de points d'appui *différents*, dont on puisse sur le modèle établir le parallélisme sans nuire à l'ensemble ni aux parties fondamentales « venues » avec l'empreinte, qui doivent les recevoir et être fixées, elles, aux piliers naturels. Par exemple : ce qui serait très difficile avec trois pivots ou « couronnes-télescopes », deviendra facile avec un pivot, une bague fendue à tenon télescopant une couronne à mortaise (à finir sur modèle), et un bloc en forme de cœur inséré dans un ou deux inlays contigus, dont la cavité est retouchable sur modèle également.

Un pivot devra toujours être en platine iridié, rond et lisse, télescopant dans une gaine de platine ou d'or reliée à une coiffe ; même s'il s'agit d'une dent à face d'émail restante (coiffe demi-couronne interne).

Car il faut se préoccuper avant tout d'établir des piliers durables sur des bases durables surtout, donc solidement protégées.

S'il s'agit d'un bridge du maxillaire inférieur, attention à la direction oblique interne des dents du bas, donc des piliers. Attention à l'obliquité des plans d'articulation. A la surface d'articulation qui doit porter sur la généralité des points.

Enfin au point de vue esthétique : le moins de visibilité possible, le plus d'imitation de la nature : dents pleines de porcelaine, remplaçables, à tube, de *Davis,* de *Goslée,* etc., etc.

Le *bridge mobile* joignant aux qualités de dimensions restreintes et de puissance du bridge fixe, celle de la mobilisation, a sur celui-ci l'avantage de satisfaire en même temps à l'hygiène et à la facilité de réparation, sans détériorer les piliers.

S'il donne un peu plus de soucis à l'exécution, c'est certainement *l'appareil de ch.ix en général.*

Prothèse à ponts fixes. — Les ponts fixes doivent avoir un développement restreint. Tout pont de trop longue dimension doit être mobile, sinon il vaut mieux le sectionner et faire plusieurs ponts fixes : tout pont, tout *arc* fixe de grande portée et d'une seule pièce est voué relativement très tôt à la désorganisation des piliers et de leurs soutiens (obliquité des points d'appui, contrariété des efforts : arthrite, etc).

Pour éviter cela, une tendance qui va malheureusement s'accentuant est de faire les ponts *fixes à selles.* Dans bien des cas une selle réduite rend des services, mais il y a selle et selle, et il faut réprouver les conceptions de bridges fixes où de véritables surfaces d'un ou deux centimètres de large sur quelquefois toute l'étendue de l'appareil sont appliquées contre la muqueuse, enchâssant même quelquefois les dents saines restantes. Ces appareils fixés à demeure, ne constituent plus des *ponts*, et me paraissent d'une insalubrité coupable. On devrait alors les rendre mobilisables.

Normalement et rationnellement : dans un « *pont* » *fixe, à part les piliers, tout doit être suspendu*, même au collet externe, aucune surface ne doit rester en contact avec la muqueuse, ni surtout avec les dents naturelles restantes, qui doivent être largement isolées.

Dans les cas difficiles, où les piliers s'équilibrent mal, une selle peut être considérée comme pilier de soutien, mais moins il y en aura mieux cela vaudra, et sa surface doit être restreinte.

Aussi, je pense qu'il faut bannir toute espèce de bridge fixe à extension, qui causera toujours des déboires plus ou moins précoces, et voir réserver ce procédé au bridge mobile où il est de toute légitimité.

Je crois qu'il faut ériger en principe *la nécessité d'un point d'appui à chaque extrémité de tout bridge*. Et si, dans un cas de force majeure (absence de pilier) on persévère à « l'extension », il faut alors exagérer l'appui de la surface prolongée en selle, jusqu'à presque contusionner (momentanément) la muqueuse sous-jacente, dont l'élasticité détruit l'aplomb de l'appareil, lequel devra être « rentré » en position avant d'être scellé.

En général éviter la selle fixe.

Dans les bridges fixes les piliers peuvent être nombreux sans inconvénient si l'on est sûr de leur avenir, cependant moins on en utilisera, moins on aura de risques au point de vue pathologique.

D'autre part, il faut étayer solidement les bases de son pont. Un exemple : dans un petit pont de quelques dents contiguës, il sera bon d'étayer l'un des points d'appui extrêmes sur les deux dents naturelles voisines et non sur une seule.

Mais réduire, simplifier dans la construction, comme dans la forme doit toujours être notre but, pourvu qu'il ne cesse pas d'être compatible avec l'effort mécanique escompté.

Il faut aussi construire en prévision de la possibilité d'enlèvement de l'appareil, et s'il y a un sens spécial pour cela, le noter sur la fiche pour s'en souvenir à l'occasion.

Employer des moyens puissants mais simples de fixation. Eviter les pièces compliquées ou délicates, emboîtées, démontables, etc. Et, quelque qualité qu'aient les moyens de fixation, éviter de les placer dans des soutiens mal protégés. Car si l'on doit s'assurer de la stabilité mécanique, en bon ingénieur qui prévoit l'effort et l'usure, il faut aussi prévoir l'usure chimique favorisée par le milieu et l'impossibilité d'un nettoyage suffisant des points les plus litigieux. C'est pourquoi il faut réprouver les moyens de fixation enfouis dans des racines non suffisamment coiffées,

En somme, couronnes d'or, coiffes à pivot sur dents dévitalisées ; inlays ; tenons libres logés dans inlays scellés leur servant de sorte de mortaise aisée : tels sont les points d'appui communément employés les plus simples et les meilleurs.

Couronne-coulisseau. — Toutefois, je tiens à signaler un moyen de fixation extrêmement puissant et en même temps très esthétique que j'emploie couramment depuis 1908, grâce à l'usage pratique de l'or coulé. Ce pilier peut être appliqué sur toutes les dents, même les incisives latérales et respecte leur complète vitalité. Il tient de l'inlay et de la couronne. Il forme couronne sur la partie interne seulement de la dent naturelle dont il laisse libre la face d'émail visible. L'intérieur dessine *en relief* un coulisseau en forme d'U qui s'enclave dans une gouttière de même forme gravée dans l'épaisseur de la dent naturelle. La préparation de celle-ci consiste à meuler sur la face interne, depuis le collet jusqu'au sommet tranchant une épaisseur suffisante pour la couronne d'or en abattant un peu plus le tubercule interne. Au moyen d'une fraise à fissure, on grave un sillon vertical de chaque côté mésial et distal ; puis un sillon horizontal reliant les deux premiers sur la face triturante. On s'assure de la hauteur d'articulation. On moule directement la couronne en faisant couler de la cire à inlay demi-chaude sur la dent vaselinée. On coule en or à 23 carats légèrement platiné et l'on répare pour finir en englobant le talon jusqu'au collet et en ajustant en fin biseau les bords des trois côtés.

C'est en somme un perfectionnement de la couronne *Carmicael* dû à l'emploi de l'or coulé.

Ce moyen de fixation est je le répète, très solide, plus facile d'enlèvement que les autres, il vaut une couronne complète, préserve bien la dent, évite la nécessité de la dévitalisation et est infiniment supérieur en puissance et en beauté à la couronne fenestrée que j'ai abandonnée.

Il est bon, en effet, d'escompter le côté esthétique dans l'adoption des genres des divers piliers, car je ne crois pas qu'il faille considérer comme un progrès la tendance qui va croissant à couvrir la bouche de cylindres d'or visibles. Sans doute il faut avant tout rechercher la solidité de l'ouvrage, mais c'est justement le triomphe de notre nationalité d'obtenir ce résultat avec goût,

C'est ainsi qu'au point de vue esthétique on pourra, par exemple, cacher une couronne d'or, en la construisant plus petite et en la recouvrant d'une couronne de platine émaillé (système *Cournand*, ou autre).

Au point de vue *constitution*, pour être solide, inoxydable, inaltérable, le métal seul convient comme base au bridge fixe. Sans doute on fait souvent des bridges en métal coulé trop gros, trop lourds. Cependant l'or à 20 carats coulé, mais de structure élégante et légère réduite aux dimensions, à l'exiguïté, compatibles avec l'effort mécanique nécessaire me paraît le métal et le moyen de choix.

Dents. — Interchangeables de *Steel* ou autre si l'on veut ; mais plus simplement et même plus solidement dents ordinaires rendues remplaçables : pour les dents plates par des loges à scellement ou des trous à épingles. (Ceci d'ailleurs devrait être, à mon avis, généralisé à tous les genres de prothèse.) Pour les dents pleines : soit à tube, de *Davis*, de *Goslée*, etc.

Si l'on coule les surfaces triturantes : ne jamais prononcer à l'excès l'engrènement des tubercules avec la mâchoire antagoniste.

Mais quel que soit le genre de dents (molaires surtout) adopté, avoir soin de donner au tablier du pont une pente en biseau vers le collet qui ne doit pas lui-même toucher la muqueuse (*coupe* schématique triangulaire), afin de laisser libre et sans aspérités le passage sous le pont si celui-ci veut conserver les avantages et propriétés que lui confère sa seule dénomination, et demeurer conforme à l'hygiène.

Scellement. — Mixte en prévision d'un enlèvement possible, soit bridge enduit de gutta avec enlèvement « de dépouille », puis scellé au ciment, la gutta restant interposée en couche peu épaisse. Puis sertissage des collets de piliers.

Discussion. — M. le Président dit que les congressistes connaissent l'originalité des travaux de M. Touvet-Fanton. Ses recherches sont ingénieuses, surtout en prothèse, dans ses bridges et dans sa construction de couronnes piliers.

M. le Dr Maurice ROY,

Dentiste des Hôpitaux de Paris, Professeur à l'École dentaire de Paris.

LE TRAITEMENT DES DENTS INFECTÉES

617.67

28 Juillet.

(Résumé)

D'après une doctrine américaine actuelle les foyers locaux d'où l'infection se propagerait à tout l'organisme seraient par ordre de fréquence : la bouche avec les abcès alvéolaires chroniques et la pyorrhée alvéolaire ; l'amygdale, le nez, les divers sinus, le naso-pharynx, etc. Viendraient ensuite les bronches, le tube digestif, enfin les organes génito-urinaires.

Tout en faisant la part de l'exagération et en formulant diverses réserves, l'auteur dit qu'on ne saurait attacher une trop grande importance à la prophylaxie des foyers d'infection locale et, en particulier, de ceux qu'on rencontre dans la bouche. Tout abcès alvéolaire chronique est une épée de Damoclès suspendue au-dessus de la tête de celui qui en est porteur ; *il y a donc nécessité de traiter chaque cas d'infection buccale chronique comme une menace directe à la santé de l'individu.*

Comme corollaire de ce premier point l'auteur aborde la suppression des foyers locaux d'infection buccale, en se limitant au traitement des dents à pulpe infectée et des abcès alvéolaires chroniques, cause la plus fréquente et la plus grave dans la généralisation des foyers locaux d'infection. Il s'élève vivement contre l'opinion émise récemment par certains auteurs américains qui affirment qu'on ne peut jamais guérir d'une façon certaine une dent infectée et que toute dent à pulpe morte doit être enlevée. Sans doute il faut supprimer tous les foyers d'infection mais il n'est pas nécessaire de dévaster inconsidérément les bouches et il est, dans la majorité des cas, d'autres moyens de guérir sûrement les dents à pulpe infectée et les abcès alvéolaires chroniques, borgnes ou fistulisés.

En dehors même du contrôle radiographique, il est un ensemble de signes qui permet d'affirmer la guérison absolue d'une dent infectée. Une pratique de plus de 30 ans permet à l'auteur d'affirmer que, dans la majorité des cas où des dents infectées ne sont pas guéries et présentent des récidives, cela est dû à une thérapeutique défectueuse ou à une application défectueuse d'une thérapeutique bonne en elle-même.

Les récidives d'infection des dents traitées sont toujours dues à une *désinfection insuffisante,* lors du traitement, ou à une *réinfection du canal radiculaire insuffisamment obturé.* En dehors de ces deux ordres de fait il n'y a *aucune autre cause* dans l'origine des abcès alvéolaires observés sur les dents traitées et aucun des agents thérapeutiques couramment employés n'en peut être rendu responsable, contrairement à ce qui a été soutenu.

Le traitement rationnel de ces dents doit avoir pour but ultime de désinfecter les canaux radiculaires complètement, puis d'empêcher leur réinfection ultérieure. Il comporte un certain nombre d'indications thérapeutiques qui ont été résumées par *Paul Dubois.* Pour réaliser ces indications il faut considérer la constitution anatomique de la région à désinfecter, c'est-à-dire le canal ou les canaux radiculaires et la région périapicale, ainsi que la nature de l'infection.

Les canaux radiculaires sont généralement en nombre proportionnel au nombre des racines ; il faut donc rechercher avec soin tous les canaux existants. Leur calibre est variable suivant les dents et suivant les âges. Il convient de n'agrandir ce calibre, pour désinfecter, qu'avec les plus grandes réserves, cette manœuvre pouvant avoir pour effet de pratiquer un faux canal ou de fermer complètement par des copeaux de dentine un canal étroit.

Un point très important, c'est la constitution même des canaux, dont les parois sont perméables, puisqu'elles sont creusées d'une infinité de canalicules qui, formant des réceptacles pour les micro-organismes, doivent être stérilisés ; autrement ces micro-organismes pourraient, dans des circonstances favorables, être l'origine d'une récidive d'infection d'une dent insuffisamment désinfectée.

L'infection est constituée par les débris pulpaires putréfiés et des micro-organismes anaérobies.

Le traitement rationnel des dents à pulpe infectée est constitué par un ensemble thérapeutique dans lequel le médicament, quel qu'il soit, n'est jamais qu'un des éléments de ce traitement dont la technique doit être soigneusement réglée et dans lequel la minutie des détails ne saurait être trop observée.

Le traitement se divise en trois temps distincts : 1° préparation de la dent ; 2° désinfection des canaux ; 3° obturation de ceux-ci.

1° La cavité cariée doit être soigneusement nettoyée avant d'aborder la préparation de la chambre pulpaire et des canaux. Elle doit être ouverte de telle manière que tous les points en soient accessibles à la vue, qu'elle permette l'accès des canaux aussi facilement que possible. La préparation de la cavité cariée et de la chambre pulpaire achevée, l'orifice pulpaire des canaux étant désobturé l'auteur ne *pénètre jamais dans les canaux à la première séance du traitement :* il se contente de boucher la dent avec une boulette d'ouate qu'il fait renouveler au patient pendant un jour ou deux, et ce n'est qu'après ce délai qu'il entreprend la désinfection de la dent. Ainsi il évite les complications qui se produisent parfois lorsqu'on pousse l'intervention plus loin dans la première séance, et qui sont exceptionnelles lorsqu'on ne pénètre dans les canaux qu'un ou deux jours après ouverture de la chambre pulpaire. Ce fait s'explique par l'atténuation de virulence des micro-organismes, anaérobies contenus dans le canal sous l'influence de l'oxygène de l'air qui pénètre dans les canaux lorsque la chambre pulpaire est ouverte.

2° On peut ranger en deux catégories les procédés de désinfection employés : *a*) les procédés mécaniques ; *b*) les agents médicamenteux. Certains praticiens préconisent les premiers ; d'autres sont partisans des seconds. L'auteur estime qu'un résultat convenable ne peut être obtenu que par la combinaison judicieuse des deux procédés.

Il serait illusoire, en effet, de s'imaginer qu'on aurait assuré la désinfection d'une dent parce qu'on aurait ramoné son canal radiculaire aussi minutieusement que cela est possible. On ne saurait, d'autre part, demander aux agents médicamenteux, si puissants soient-ils, de stériliser complètement des débris organiques macroscopiquement visibles.

3° L'obturation des canaux, opération ultime du traitement se propose, une fois la désinfection obtenue, d'en empêcher la réinfection. Il y a un gros avantage à ce que cette obturation constitue un pansement permanent ; c'est pourquoi, de préférence à des substances inertes comme la gutta ou le ciment, on doit employer des pâtes antiseptiques pour obturer l'extrémité des canaux en recouvrant s'il y a lieu de gutta ou de ciment. Bien entendu il ne devra jamais être employé de substances susceptibles de s'infecter, comme des filaments de coton même imprégnés de n'importe quel antiseptique.

L'auteur aborde ensuite l'application pratique des données théoriques qu'il vient d'exposer :

Le traitement rationnel des dents infectées, dit-il, doit consister dans une association judicieuse des procédés mécaniques et de l'action médicamenteuse. Les premiers ont pour but le nettoyage, le ramonage des canaux ; ils se réalisent surtout au moyen de lavages soit à l'eau oxygénée soit à l'acide sulfurique, soit au moyen du sodium-potassium. Le second a pour but la désinfection du canal et de toutes les parties inaccessibles mécaniquement. Il consiste dans l'emploi d'agents volatils (formol, essences) ayant une grande puissance de pénétration et exerçant leur action à distance par les vapeurs qu'ils émettent. L'air chaud par la dessiccation des tissus dentaires qu'il produit favorise la pénétration de ces agents dans les diverses parties de l'ivoire. Il est nécessaire que ces agents restent en contact durant un temps suffisamment prolongé, huit jours au moins, avec les tissus infectés.

L'auteur pour affirmer la guérison d'une dent infectée avant de procéder à l'obturation des canaux, se base sur un ensemble de signes cliniques dont la constatation simultanée est essentielle ; l'absence de l'un quelconque de ceux-ci indique une persistance d'infection. Il faut pour cela : 1° *qu'un pansement scellé hermétiquement dans la dent pendant au moins huit jours consécutifs n'ait occasionné aucune douleur ni spontanée ni provoquée par les modes habituels d'exploration ;* 2° *que la mèche ayant séjourné ce temps dans le canal n'ait aucune odeur pathologique ;* 3° *que cette mèche enlevée, il n'y ait dans le canal aucune trace de sécrétion pathologique.*

Si l'on trouve tous ces signes réunis simultanément on peut affirmer la guérison de la dent et procéder immédiatement à l'obturation définitive des canaux pour laquelle l'auteur donne la préférence à un pâte formée d'oxyde de zinc, aristol, essence de girofle qui remplit le canal et obturation de la chambre pulpaire avec la gutta ou le ciment.

De cet exposé du traitement des dents infectées l'auteur conclut que contrairement aux opinions qu'il citait au début il est possible de guérir d'une façon certaine et définitive un grand nombre de dents infectées. Il n'a dans cette première communication étudié que le traitement des infections simples sans complications alvéolaires. Mais, même dans le cas d'abcès alvéolaire, il est possible, par les méthodes modernes de traitement qu'il se propose d'exposer par la suite, d'obtenir un nombre considérable de guérisons qui permet de restreindre encore le nombre des extractions de dents et de conserver ainsi, pour le plus grand bien des patients, des organes qui, non seulement, ne sont pas susceptibles de déterminer aucun trouble de la santé générale; mais encore contribuent, au contraire, à maintenir l'organisme en bon état d'équilibre par une nutrition plus parfaite.

Discussion. — M. Godon félicite M. Roy d'avoir exposé les théories de conservation qui sont à la base de l'enseignement de l'École dentaire de Paris. Les progrès en thérapeutique dentaire ont pour but la conservation des dents. Chez les enfants des écoles 95 0/0 ont des bouches cariées, à plus forte raison chez les adultes, il n'est donc pas probant d'attribuer les maladies à l'état des dents, comme le font souvent les médecins. Il est possible cependant que dans certains cas les maladies des dents aient une répercussion sur l'organisme.

La doctrine soutenue par M. Roy est d'ailleurs dans la thérapeutique américaine, car il a entendu dire par le Président d'un Congrès : « Nous nous félicitons de traiter les dents au lieu de les extraire. »

Pour M. Pont, dans les patients que traitent les dentistes il y a des malades et non des maladies; il y a la clinique et le terrain : il ne faut donc pas poser des principes généraux. Il faut cependant tenir compte de certaines exagérations de la théorie conservatrice. Quand un individu a de la pyorrhée à un certain degré, malgré des soins lents et coûteux, le traitement conservateur n'aura pas d'effet. Il faut donc avoir égard au terrain. M. Roy a insisté sur le traitement en plusieurs séances; il faut l'en féliciter. La conservation du quatrième degré est très difficile, car on ne peut guère désinfecter les canaux. Il faut chauffer la dent pour la déshydrater, mais il ne faut pas de l'air trop chaud. L'acide arsénieux n'est pas mauvais, à condition de ne pas en abuser. Quand on fait du traitement en plusieurs séances pour un quatrième degré, s'il ne guérit pas, il ne faut pas s'entêter.

Il cite deux cas dans lesquels la radiographie lui révéla l'origine exacte d'une fistule qui entravait la guérison.

M. Spira dit que, de leur côté, les praticiens alsaciens, isolés pendant cinq ans des méthodes employées en France et aux États-Unis, sont cependant arrivés aux mêmes résultats que le docteur Roy et que ceux-ci sont calqués sur les siens.

M. Sauvez considère que c'est du traitement des dents infectées que dépend tout le bien que peuvent faire les dentistes à l'humanité. Aux États-Unis, à Rochester, il y a une clinique où deux frères ont fait ablation de tout ce qu'ils pouvaient enlever; puis ils se sont attaqués aux dents. Alors les dentistes se sont émus, il s'est formé une école : les exodontistes qui enlèvent toutes les dents mortes. Ce système a passé l'Océan. A Paris, certains dentistes placent le patient dans une pièce tendue de draps blancs et, avec des instruments appropriés, pratiquent l'alvéolectomie qui est payée de 1.000 à 2.000 francs, suivant l'aspect du patient.

Le raisonnement d'après lequel il faut enlever toutes les dents mortes est faux. En médecine, les dents sont chargées de tous les péchés d'Israël, on a mis sur le compte des accidents de dentition un grand nombre de maladies infantiles. Beaucoup de médecins ne s'occupent pas des dents de lait; beaucoup d'entre eux voient la syphilis partout, surtout dans les dents. Ils mettent tout sur le compte des dents parce qu'on les voit.

Il faut donc traiter cette question sérieusement, attirer l'attention là-dessus et réagir comme le disait M. Godon au Congrès de 1900, il n'y a pas de supériorités nationales, mais des supériorités individuelles. Les Américains ne sont que des spécialistes manquant d'instruction générale.

Autrefois on voyait beaucoup de sinusites, puis on en a vu beaucoup moins, maintenant on n'en voit plus parce que les canaux sont soignés.

M. Roy a insisté sur le danger des Boutelrock et il a eu raison. L'obturation immédiate a aussi une grande importance et pourtant personne n'en a parlé. La gutta qu'on introduit en chauffant est un véhicule d'infection.

La radiographie en Amérique a pris des proportions merveilleuses : aucun malade n'entre dans un sanatorium de tuberculeux sans qu'on radiographie ses dents, et cette opération coûte 2 dollars! Si un spécialiste dentaire se mettait à faire chez nous de la radiographie pour un prix modique, cela rendrait de grands services.

La dent, en effet, n'est pas isolée, elle communique avec l'organisme; il ne faut donc la traiter qu'en se rappelant qu'elle a des rapports avec la pathologie générale.

Les dentistes français sont dans la bonne voie, qu'ils ne se laissent pas influencer par ce qui se passe à l'étranger. La communication de M. Roy, si claire, si précise, si nette, ne peut avoir pour effet que de leur donner plus de considération. Il est donc heureux de l'en féliciter.

M. Lebègue cite un cas dans lequel il a pu conserver les racines.

M. Roy est heureux d'avoir traduit le sentiment général dans sa communication et d'avoir montré la gravité que peuvent avoir des idées mal digérées.

C'est du terrain que dépendent les grosses infections. Conserver les dents veut dire conserver celles qui peuvent l'être sans nuire à la santé.

Le traitement, s'il ne doit pas être trop rapide, doit être court. Il met deux ou trois pansements, presque jamais quatre; si, après quatre pansements rigoureux, la dent n'est pas guérie, elle ne guérira pas par les moyens *ordinaires*.

L'auteur réalise l'antisepsie des mèches en les trempant dans le chloroforme. On parle de réinfection.... Or, il voit des praticiens qui désobturent une dent, mettent un coton, laissent le patient fermer la bouche pendant qu'ils préparent la matière obturatrice et laissent ainsi le patient se réinfecter. Il ne faut pas oublier que le traitement des dents infectées est fait d'une infinité de petits détails et que faute de s'astreindre à une minutie suffisante dans les précautions antiseptiques on observera des récidives à plus ou moins longue échéance.

M. Sauvez a été bien inspiré en parlant des accidents de dentition. Combien d'enfants meurent parce que le médecin incrimine les dents à tout propos quand il existe d'autres causes morbides et qu'il ne songe pas à les rechercher.

M. Paul SPIRA, Colmar,
Préparateur et chef du Service de dentisterie opératoire à la clinique dentaire de la Faculté de Médecine de Strasbourg.

DIVERS SYSTÈMES D'APPAREILS DE FIXATION POUR DENTS BRANLANTES

617.928

28 Juillet.

(RÉSUMÉ)

Ce qui afflige le plus une personne, en quête de soins dentaires, c'est de perdre des dents en série, généralement les antérieures, uniquement à la suite d'ébranlement, occasionné dans la majeure partie des cas par la pyorrhée alvéolaire.

Comme traitement local thérapeutique, après le grattage mécanique de tous les dépôts sous-gingivaux, on a utilisé toute la gamme des acides, on a employé des antiseptiques, les rayons X et même le traitement général par injections sous-cutanées de préparations arsenicales.

Je me bornerai à vous parler des appareils de fixation, auxiliaires indispensables du traitement médicamenteux, car l'immobilisation des dents ébranlées obtenue par ces appareils est la base essentielle de la réussite de ce traitement.

La qualité fondamentale de ces appareils doit être la stabilité, c'est-à-dire la qualité de fixer solidement les dents ébranlées entre elles et aux dents voisines qui sont encore solides.

Au point de vue hygiénique l'attelle ne devra fournir par des coins et fentes aucune cachette aux débris d'aliments et d'épithélium détachés.

Pour l'esthétique on ne voudra pas voir des dents de devant recouvertes entièrement d'or et de platine; toutefois la solidité de fixation ne doit pas pour cela être diminuée.

Enfin l'attelle ne doit pas occasionner trop de difficultés techniques ni pour sa confection ni surtout pour sa pose dans la bouche; l'exécution devra être aussi simple que possible.

Certains confrères utilisent des appareils qui n'obligent pas à toucher à la pulpe; d'autres voient avantage à dévitaliser les dents en question. La dévitalisation part de deux idées : 1° l'extirpation de la pulpe provoque quelquefois une certaine consolidation de la dent (c'est ainsi que la résorption des dents de lait est bien ralentie après l'extirpation de la pulpe) ; 2° l'application de la force principale de la fixation dans la racine et non dans la couronne.

Ce genre d'appareil comprend donc une attelle fixée par des pivots dans les canaux des racines; le système le plus exact, mais aussi le plus pénible, est celui des inlays avec pivot soudés ensemble.

Les dents à fixer à l'appareil seront dévitalisées, les pulpes extraites et les canaux obturés; dans la partie linguale de chacune de ces dents on préparera un inlay avec pivot dans la racine et ces inlays seront soudés entre eux. Si la divergence des racines ne rend pas impossible le parallélisme des pivots, cet assemblage d'inlays constituera une attelle de fixation solide.

Au lieu de creuser les dents et de former des inlays, on dispose simplement des pivots parallèles dans les racines; sur une empreinte prise par dessus on estampe et l'on coule une bande métallique qu'on soude aux pivots et l'on forme l'attelle : c'est plus facile, mais moins exact qu'avec les inlays.

La difficulté et le résultat quelquefois douteux de l'extirpation des pulpes dans des incisives du bas, la plupart du temps bien ébranlées, ont poussé certains praticiens à construire des appareils ne prenant pas leur point de fixation dans les racines des dents et laissant les pulpes intactes.

Un appareil de ce genre, qui manque d'esthétique, consiste en couronnes d'or recouvrant chacune des dents en question, même les incisives, soudées ensemble pour l'immobilisation. Pour éviter cette masse d'or on a utilisé de simples bagues étroites de 3 ou 5 millimètres, soudées ensemble. On modifie cet appareil en renforçant les joints de soudure entre les bagues pour découper la partie visible sur la face vestibulaire des dents. Ces appareils à bague sont peu résistants et n'empêchent pas longtemps la dislocation des dents.

Dans un autre système il y a deux parties coulées en métal : l'une le long de la face vestibulaire, l'autre le long de la face linguale des dents à fixer, parties resserrées ensemble par deux ou trois petites vis passant dans les espaces interdentaires. Comme cet appareil repose sur la gencive, il rend impossible le traitement des poches gingivales, qui seront un garde-manger et un foyer d'infection.

Les gouttières de contention coulées d'une pièce, employées pour la consolidation des fractures maxillaires, pourraient être utilisées comme appareils de fixation, mais ne répondraient pas à nos exigences hygiénique et esthétique.

Les défauts de ces divers systèmes m'ont poussé à utiliser dans la plupart des cas un appareil qui en évite les grands inconvénients. La partie essentielle de mon attelle, la base solide, est une barrette large de 4 à 6 millimètres, coulée en or sur la face linguale des dents en empiétant légèrement sur la face triturante. Cette barrette est fixée aux dents solides et les dents ébranlées sont fixées à la barrette par des pivots de 0,4 à 0,6 millimètres passant dans un fin canal percé dans le sens bucco-lingual à travers la barette et le corps de chacune des dents en question; la tête du pivot (une tête d'épingle) est retenue dans une encoche de la face linguale de la barrette, tandis que l'extrémité libre ressort sur la face vestibulaire.

L'attelle et les pivots transversaux sont scellés en place avec du ciment à l'oxyphosphate, après quoi les bouts libres raccourcis sont condensés par un martelage en rivets sur la dent.

La surface de la barrette recouvrant les bords tranchants d'une façon continue garantit les dents ébranlées contre l'effet vertical de l'articulation, car la pression s'exerce de façon égale sur toutes les dents prises dans l'appareil; le mouvement latéral est arrêté par la rigidité des pivots transversaux et de tout le système.

Point n'est besoin de s'occuper du parallélisme des dents. Comme les pivots passent au travers des dents bien au-dessus de la pulpe, on évite l'extraction de celle-ci avec des suites quelquefois fâcheuses, surtout pour des incisives du bas fortement ébranlées et qui présentent presque toujours des oblitérations du canal radiculaire, déjà bien étroit de nature.

Cet appareil permet le nettoyage et l'entretien des dents comme d'habitude, laisse libre l'accès des gencives et permet ainsi la continuation du traitement thérapeutique, les poches gingivales peuvent être débarrassées du tartre et cautérisées régulièrement.

L'esthétique n'est pas choquée par un étalage de larges masses d'or, car la partie visible est très mince et les pointes fixes des pivots ne s'aperçoivent guère.

L'exécution des appareils et leur mise en bouche ne sont pas compliquées; je prends le cas-type des dents de devant du maxillaire inférieur. Les dents ébranlées sont fixées par des ligatures de fils de soie aux canines solides en évitant de les pousser hors de leur position normale. Le haut des dents est limé avec des meules et disques, afin que leur niveau soit à peu près égal et que tous les bords tranchants du côté lingual soient arrondis et taillés en biseau.

Sur une empreinte au plâtre de la face linguale des dents on coule en or à 20 k. une barrette de 4 à 6 millimètres de hauteur et $0^{mm},7$ à 1 millimètre d'épaisseur s'adaptant exactement au dos et à la face triturante des dents. Cette barrette est fixée pour quelques jours en bouche par des ligatures aux dents, ce qui permet aux dents branlantes de prendre exactement leur place entre l'attelle et facilite le forage des canaux transversaux.

A 1 ou 2 millimètres au-dessous du bord supérieur de la face labiale on perce avec une fraise ronde très fine l'émail; la dentine et l'émail de la face linguale; on risque fort peu de toucher la pulpe, car le plus souvent les pulpes se sont atrophiées, rétrécies et ont produit de la dentine secondaire. D'ailleurs le perçage des dents ébranlées avec pulpe atrophiée n'occasionne aucune douleur si l'on évite de laisser l'instrument s'échauffer. Les canines sont un peu plus douloureuses, mais la dentine étant relativement mince à cette hauteur, la sensibilité est de courte durée et peut même être supprimée par l'anesthésie.

On marque avec la fraise la continuation du canal sur l'attelle et l'on perce celle-ci aux points marqués. Sur le côté lingual de l'attelle on élargit l'orifice du canal afin d'y noyer la tête des pivots. Ceux-ci sont en fil d'or à 18 k. de $0^{mm},4$ à $0^{mm},6$ de diamètre; à l'extrémité on soude une paillette d'or pour lui donner la forme d'une tête d'épingle.

Pour la pose de l'appareil les dents sont mises à sec, au besoin avec la digue. On place du ciment sur les dents, dans les canaux transversaux et sur la barrette, celle-ci est mise en place. Avant la prise du ciment on introduit les pivots dans leurs canaux. Avec une pince on exerce une forte traction sur les pivots et l'extrémité recourbée, pour serrer l'attelle contre les dents. Le ciment durci, les pivots et les aspérités sont limés et brunis.

L'attelle préconisée peut naturellement se modifier suivant les cas (l'auteur indique quelques-unes de ces modifications).

L'auteur a employé cet appareil depuis une dizaine d'années dans une centaine de cas, il lui a donné toutes les preuves de solidité et de durée.

Discussion. — LE PRÉSIDENT dit que tous les praticiens savent combien leurs efforts sont désespérants pour soigner la pyorrhée. A cet égard les procédés de consolidation de M. Spira rendront des services.

M. ROY considère les moyens de M. Spira comme une partie importante du traitement et ils seront utiles aux patients

M. de Croes signale qu'il passait entre les dents des appareils à peu près semblables.

M. le Président félicite M. Spira, car son procédé a donné des résultats qu'il a pu présenter après une longue pratique. Les dentistes ont grand intérêt à connaître ces procédés, qui sont des plus utiles dans le traitement de la pyorrhée. Il serait bon de mettre cette question à l'ordre du jour d'un Congrès. Il propose de désigner M. Roy comme rapporteur de la question au Congrès de Rouen (1921).

M. Roy a l'intention de présenter dans quelque temps une étude sur le traitement de la pyorrhée, mais préférerait la réserver pour un Congrès international où il voudrait qu'elle fût portée par des Français.

M. Godon pense que si la question est traitée à Rouen, cela permettra d'autant mieux de la présenter devant un Congrès international.

M. Roy, sous ces réserves, accepte de présenter à Rouen un travail sur le traitement de la pyorrhée. L'exposé et la discussion devant être assez longs, il faudrait y consacrer une séance tout entière.

M. le Président est heureux de remercier M. Spira d'avoir soulevé cette question.

M. Georges VILLAIN,

Directeur de l'Enseignement à l'École dentaire de Paris.

L'ANGLE FACIAL COMME MOYEN DE DIAGNOSTIC EN ORTHOPÉDIE DENTO-MAXILLO-FACIALE

617.664

(L'auteur n'a pas remis le texte de sa communication).

28 Juillet.

Discussion. — M. Godon croit nécessaire d'insister sur cette communication. Une mère lui disait que sa fille était moins bien après le redressement qu'avant. Elle ne s'occupait que de la beauté esthétique, qu'on ne peut rétablir qu'en tenant compte de ces diverses considérations.

M. Pont estimait, ne connaissant pas le titre de la communication de M. G. Villain, qu'il y avait lieu de reviser la classification d'Angle, parce que cet auteur a des idées trop exclusives, il n'a pas tout vu : il faut donc compléter ce qu'il a dit.

Les malpositions dentaires doivent être classées au point de vue étiologique. Quand une malade boîte, on en recherche la cause. De même, si, au lieu de dire *deuxième classe d'Angle*, on indique exactement ce qu'a le sujet, on saura nettement ce qu'il faudra faire. Les trois choses sont : l'étiologie, le diagnostic et le traitement. Quand Angle dit qu'il ne faut pas faire d'extraction, il est trop absolu. Angle dit aussi que la nature ne peut pas faire d'erreur ; c'est inexact : il a vu, pour sa part, des anomalies inexplicables. La nature peut mettre des dents trop grandes dans un maxillaire trop étroit.

M. G. Villain ne croit-il pas qu'avec une bonne photographie de profil et un rapporteur on pourrait tracer les lignes verticale et horizontale, au lieu de recourir au plan de Camper ? Ces photographies doivent être prises toujours sur la même échelle pour qu'elles soient superposables et comparables.

M. G. Villain répond qu'il est vrai que la classification devrait être étiologique et qu'il a essayé de rassembler des cas, mais qu'il n'en a pas encore assez.

En tout cas l'angle facial s'établit avec une très grande facilité.

M. le Président dit que la communication de M. G. Villain avait sa place toute marquée dans le Congrès. M. G. Villain entreprend la révision de la classification d'Angle et il a tout à fait raison.

M. Henri VILLAIN,

Professeur de bridges et couronnes à l'École dentaire de Paris.

COURONNES-CROCHETS. — LEUR UTILISATION EN PROTHÈSE (APPAREILS ET BRIDGES AMOVIBLES)

617.928.6

28 Juillet.

Nous avons pensé intéressant de vous entretenir ici de la technique de construction d'un pilier amovible de bridge ou d'appareil, que nous

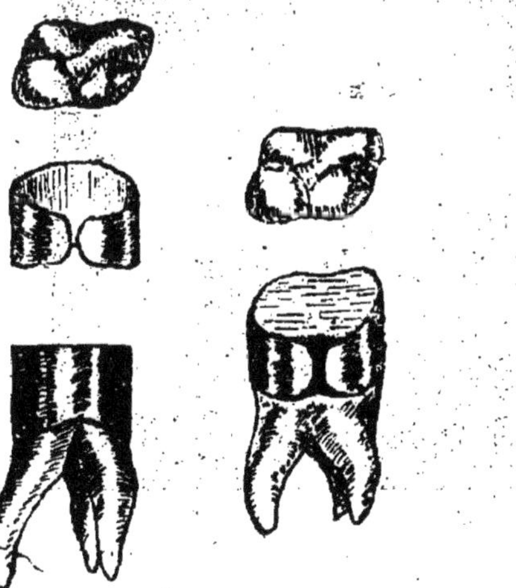

Fig. 1. Fig. 2.

employons depuis une quinzaine d'années et qui nous a rendu les plus utiles services : nous voulons parler de la *Couronne-crochet (fig. 1 et 2)*.

M. *Georges Villain* l'a employée vers 1906 et nous avons à notre connaissance des patients porteurs depuis au moins dix ans de bridge ou d'appareil amovibles dont les piliers postérieurs ont été exécutés selon cette méthode et cela pour le plus grand bien de ces patients.

Avant tout, rappelons que nous sommes de plus en plus partisans du

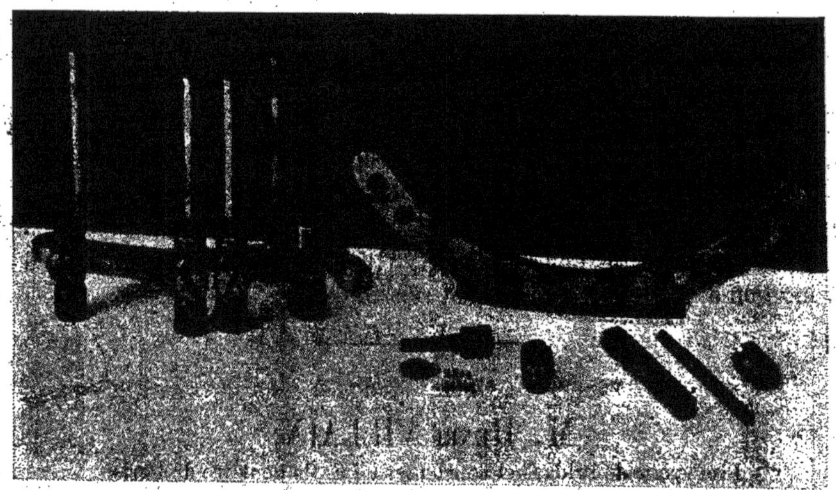

Fig. 3.

Bridge amovible et que chaque fois que nous le pouvons, nous délaissons le bridge fixe, non pas que ce dernier n'ait que des inconvénients, mais surtout à cause de l'impossibilité absolue de le tenir en parfait état de propreté, même par les gens les plus soigneux de leur bouche.

Fig. 4.

Reconnaissant l'utilité de le remplacer par le bridge amovible, nous sommes arrivés à réduire les principaux inconvénients de ce dernier : la difficulté dans la confection des piliers, du parallélisme absolu; l'utilité d'adjoindre un pivot avec gaine aux couronnes télescopes trop courtes quelquefois pour assurer longtemps un serrage suffisant, et enfin l'habileté particulière qu'il faut au mécanicien pour confectionner une couronne télescope tandis que la couronne-crochet peut être exécutée facilement,

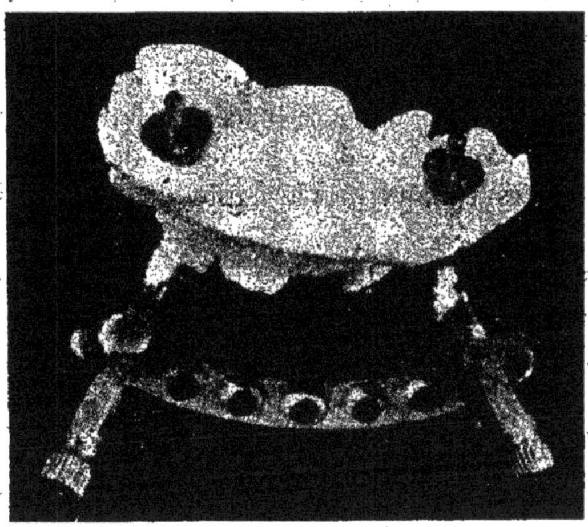

Fig. 5.

plus facilement même qu'un crochet ordinaire sur une dent de forme anatomique et par conséquent à contours non cylindriques.

Pour rechercher le parallélisme nous avons à notre disposition plusieurs

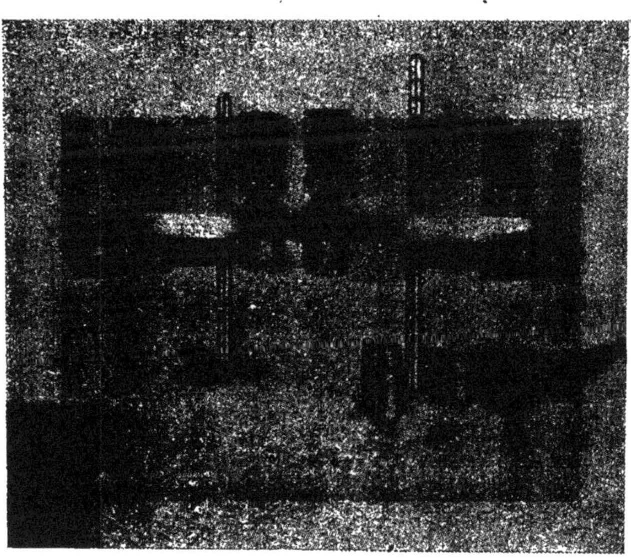

Fig. 6.

appareils, entre autres le *pied à coulisse ou Bridgemeter* qui peut nous donner la direction de nos pivots, mais qui est loin d'être précis.

L'appareil imaginé par *L. J. Weinstein (fig. 3, 4, 5, 6)* très utile pour déterminer en bouche le parallélisme des différentes *couronnes Richmond* ou *inlays* à pivot amovibles, et sur le modèle pour vous donner le parallélisme de ces *Richmond* ou *inlays* avec les couronnes métalliques des molaires qui doivent servir de piliers dans un même bridge amovible.

Le stabilisateur de notre confrère *Rosenthal* qui fut présenté il y a peu de temps à la *Société d'odontologie de Paris.*

Cet appareil peut certainement permettre d'élargir les canaux en vue de l'ajustage des tubes qui peuvent être placés parfaitement parallèles, mais le grand danger me paraît être dans la facilité de creuser au-delà même de la direction de ces canaux et par suite de risquer de faire de faux canaux.

C'est d'ailleurs à cause de cette difficulté dans la recherche du parallélisme des pivots, que, pour faciliter le travail du bridge amovible, la nécessité s'est fait sentir d'employer des procédés techniques plus pratiques.

Notre collègue *Touvet-Fanton* avait présenté à cet effet des pivots à rotule qui ne furent pas très employés, je crois, à cause de leur peu de solidité.

Les Américains emploient beaucoup les attaches externes, les glissières, les tenons horizontaux ou verticaux, les mortaises en queue d'aronde, les *ancrages de Roach* et autres systèmes similaires.

Ces différentes attaches externes, placées en général vers le bord libre des dents, forment le plus souvent un bras de levier beaucoup trop grand qui fatigue rapidement l'organe qui les soutient. D'où la nécessité de relier plusieurs dents entre elles pour diminuer l'effort qu'elles auraient seules à supporter.

FIG. 7.

Une autre difficulté réside dans le placement des faces de porcelaine aux dents qui supportent ces ancrages.

Dans la confection des bridges amovibles, ces différents points d'appui : la *couronne Richmond*, l'inlay pivot amovibles et la couronne télescope de notre excellent maître *Peeso* sont les plus employés. Je vous apporte aujourd'hui une contribution modeste à l'amélioration de la technique, modifiant la couronne télescope, que nous transformons en couronne-crochet.

Permettez-nous de vous décrire succinctement la technique de cette couronne-crochet.

En bouche la dent est décortiquée de la même façon que pour une couronne ordinaire; après avoir pris la mesure au dentimètre, découpez

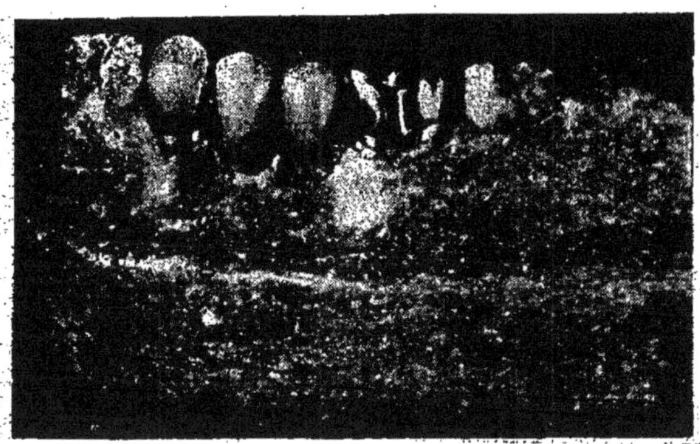

Fig. 8.

une bande d'or à 22 carats selon le périmètre de la dent, à bords parallèles. Faites un biseau sur le côté droit, rabattez le côté gauche sur le bord biseauté et brasez votre bande. — Ajustez cette bague en bouche en ayant

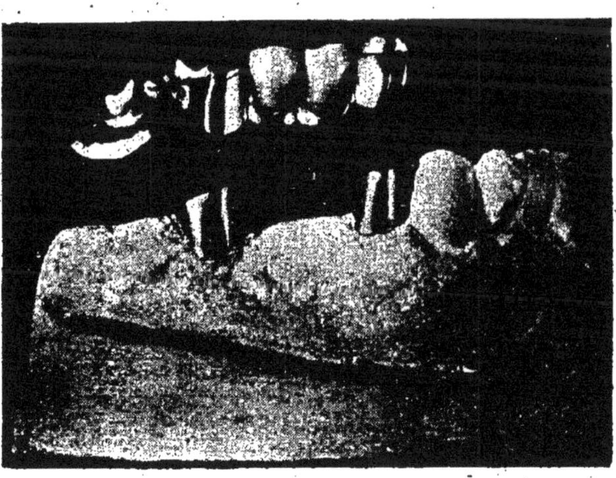

Fig. 9.

soin de laisser les bords bien parallèles et prenez les empreintes. Une fois les empreintes coulées et stéarinées, mettez la bague en forme en ayant bien soin de vérifier le parallélisme avec les autres points d'appui, coupez-la à la hauteur nécessaire pour avoir la place du cuspide. — Repliez en dedans le bord du sommet pour faciliter l'entrée du bridge, mettez à plat et brasez le plancher; limez les bords, perdez la brasure et polissez.

Votre première coiffe, celle qui doit être scellée en bouche, est terminée ; collez-la sur le modèle à la cire collante et commencez la deuxième opération de la couronne-crochet.

Comme pour un crochet ordinaire découpez un plomb qui vous donnera tout de suite le bord gingival ou plus simplement prenez le périmètre au dentimètre et découpez une bande d'or platiné à crochet à 18 carats au 12 de la filière.

Fig. 10.

Ajustez cette bande autour de la première coiffe, ce qui s'éxécute beaucoup plus facilement que vous ne feriez un crochet ordinaire qui a souvent besoin d'être bouterollé tandis que les faces de la coiffe sont planes et parallèles. — Laissez un espace de un à deux millimètres entre les deux

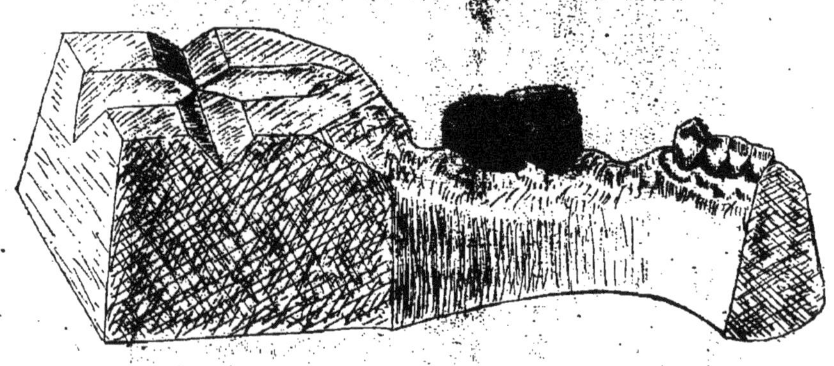

Fig. 11.

bords du crochet qui viendra s'ouvrir à la face jugale, si c'est un cas normal, ou à toute autre face si cela doit faciliter l'entrée du crochet.

Avec la couronne-crochet, le parallélisme est moins rigoureux ; toutefois, dans le cas de dents ayant émigré mésialement ou distalement le crochet peut n'envelopper que deux ou trois des côtés de la coiffe et réduire ainsi la difficulté d'entrée.

Sculptez en cire le cuspide selon l'occlusion, coulez en or à 18 ou 20 carats et soudez au crochet sur le côté opposé à l'ouverture de ce dernier, afin de laisser le plus d'élasticité possible aux autres côtés et faciliter ainsi l'entrée et le serrage de la couronne.

Si cette couronne est destinée à une dent voisine d'un autre en bouche et que l'épaisseur du crochet ne suffise pas à rattraper le point de contact, rien n'est plus simple que de couler un peu de soudure sur le crochet à cet endroit ou d'y souder un inlay si l'espace est trop grand.

Fig. 12.

Nous employons ces couronnes-crochets non seulement dans les bridges amovibles, mais très souvent pour des appareils, ce qui donne une fixité presque aussi grande que dans les bridges, assure une force de mastication incomparablement supérieure à celle des appareils à crochets

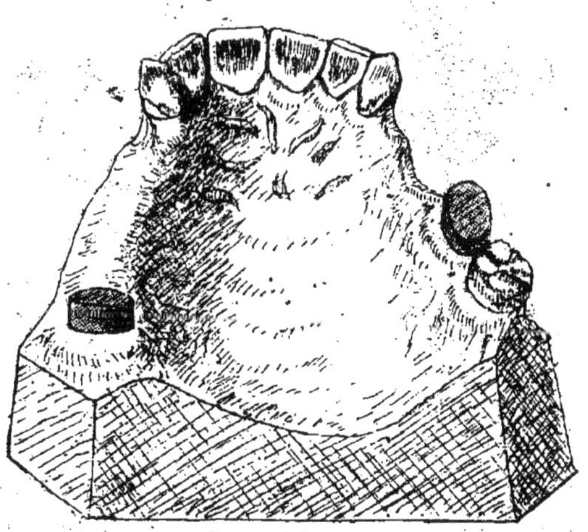

Fig. 13.

ordinaires, qui cèdent toujours un peu sous l'effort masticatoire. Elles permettent de faire des plaques aussi réduites que possible pour le maxillaire supérieur *(fig. 13, 14)*. Pour le maxillaire inférieur c'est dans bien des cas l'abandon de la grande plaque portant sur les faces linguales des incisives et canines et si gênante dans les débuts, surtout pour la parole et la langue. C'est le remplacement de cette plaque par le gros fil

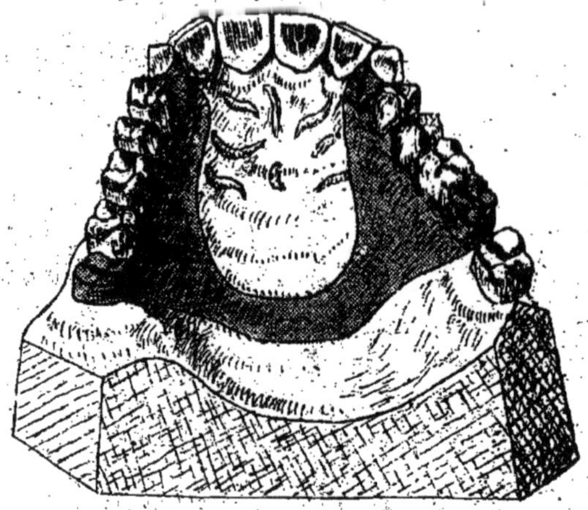

Fig. 14.

placé très bas sur la muqueuse bien en dessous du collet des dents et qui n'est d'aucune gène (*fig. 15, 16, 17*).

Bien entendu si les couronnes-crochets sont au niveau des molaires, il

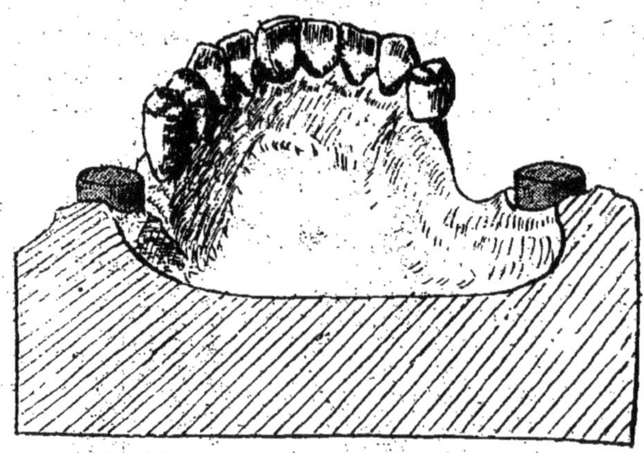

Fig. 15.

est indispensable de placer des taquets de platine sur la face triturante d'une prémolaire de chaque côté pour éviter l'enfoncement de ce fil dans la muqueuse.

Nous vous présentons quelques appareils ou bridges ; ils vous montreront, mieux que toute description, l'emploi de la couronne-crochet (*fig. 7, 8, 9, 10, 11, 12, 13, 14*, etc.).

Un de ces bridges, celui composé d'un Richmond amovible, de deux dents intermédiaires et d'une couronne-crochet possède une histoire intéressante à narrer (*fig. 18, 19*).

Avant que je fusse amené à construire ce bridge amovible, le malade avait en bouche un bridge fixe composé d'un inlay pivot, de deux dents intermédiaires et d'une couronne. En bouche depuis près de dix ans ce dernier avait donné d'excellents résultats et y serait encore si la couronne de la dent qui supportait l'inlay pivot ne s'était pas cariée et finalement fracturée.

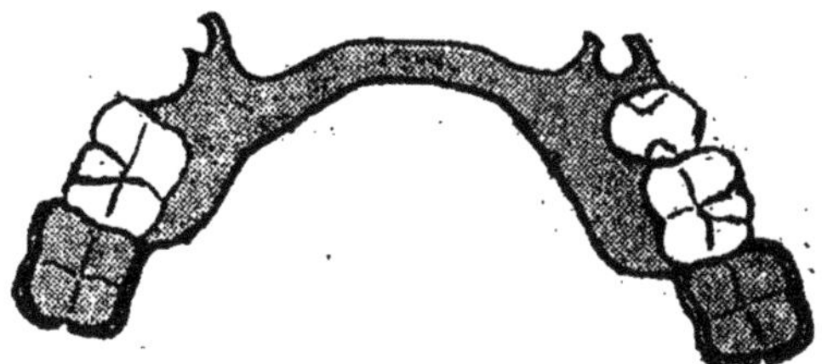

Fig. 16.

J'enlevais donc le bridge sur lequel je remplaçais l'inlay par une Richmond ordinaire. Pendant ce travail, le patient tomba malade et fut obligé de partir dans le Midi sans que je pus reposer le bridge rectifié. Il revint six mois après et à ma grande stupéfaction il me fut impossible de le mettre en place. Comme le montre la figure 18 la dent de sagesse et la

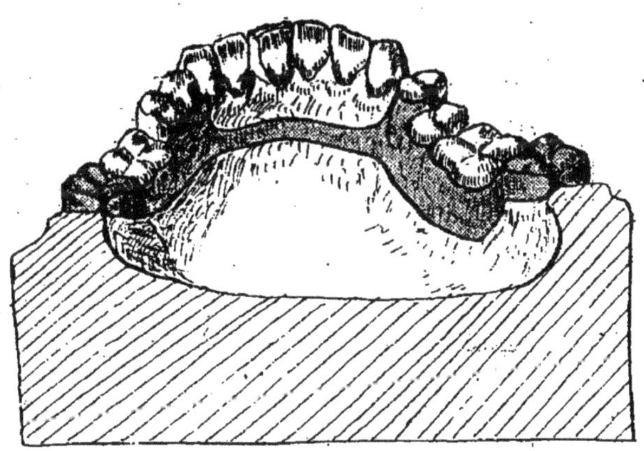

Fig. 17.

dent de douze ans qui supporte la couronne se sont placées en mésio-gression, tandis que la prémolaire qui supporte la Richmond s'est déplacée en disto-gression. Il en est résulté un manque de parallélisme total et malgré que je tentais de refaire une couronne après avoir à nouveau préparé la dent, je sectionnais le pivot de la Richmond pour le mettre amovible, il me fut impossible de replacer l'ancien bridge.

J'eus donc recours au bridge amovible avec une couronne-crochet. Pour rattraper le parallélisme j'ajoutais un inlay à la face mésiale de la première coiffe tandis que la face distale de cette dernière reformait le point de contact avec la dent de sagesse.

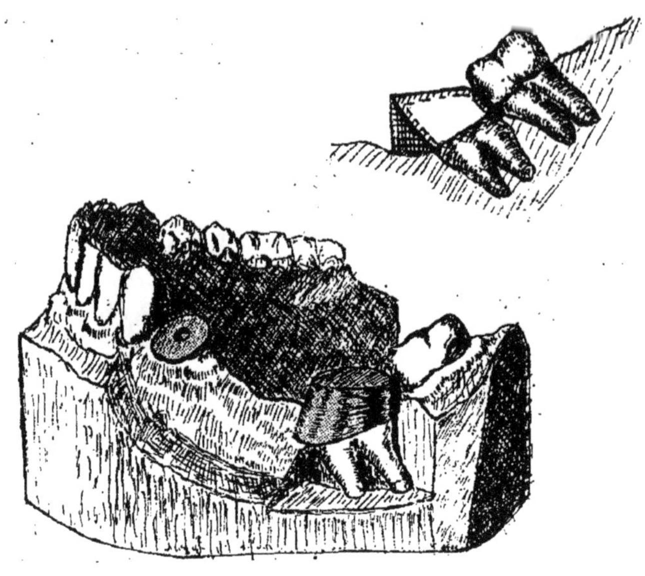

Fig. 18.

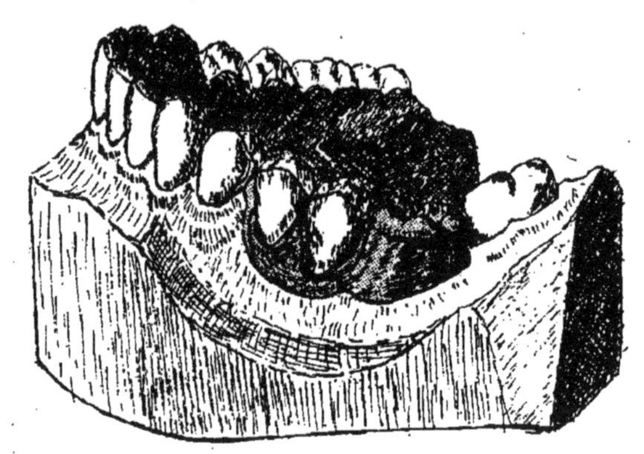

Fig. 19.

La couronne-crochet s'adaptant sur cette coiffe n'épouse naturellement dans ce cas que trois des côtés de la molaire (lingual, mésial et vestibulaire).

Trop heureux si nous avons pu aujourd'hui vous faire connaître cette petite amélioration de notre technique qui nous rend tous les jours d'appréciables services, nous vous remercions, Messieurs, de votre bienveillante attention.

Nota. — Les figures 3, 4, 5, 6 ont été prises dans le très intéressant livre Crown and Bridge-Work de Peeso; les autres sont dues à l'excellente plume d'un de nos élèves de l'École Dentaire de Paris, M. Pierre Desbruères.

Discussion. — M. Vichot remercie l'auteur et le félicite.

M. Godon joint ses félicitations à celles du président.

M. Robert MORCHE,

Ancien chef du service de stomatologie du centre militaire de Courbevoie,
Chef de clinique à l'École Dentaire.

LES GINGIVO-STOMATITES MÉTALLIQUES CHEZ LES OUVRIERS ET OUVRIÈRES DES USINES DE GUERRE

617.6

28 Juillet.

Considérations générales. — L'emploi intensif de la main-d'œuvre masculine et féminine dans les usines de guerre pour les travaux de toutes sortes, réservés presque uniquement avant la guerre à un personnel de carrière spécialisé, aura démontré la part capitale qu'ont ces travaux dans le développement de nombreuses affections dont les ouvriers et les ouvrières peuvent être victimes.

C'est ainsi qu'il est désormais prouvé qu'outre les accidents professionnels auxquels les travailleurs d'usine sont sujets, nombre de maladies, dont certaines peu étudiées ou même méconnues jusqu'à ce jour, ont pour cause soit la nature même du travail qui leur est imposé, soit les conditions spéciales qui découlent de son exécution.

Parmi les affections ainsi signalées à la vigilance des médecins qui ont la charge de soigner ces maladies d'une catégorie sociale si intéressante, nous pouvons indiquer, en restant volontairement dans le domaine de l'odonto-stomatologie qui seul nous intéresse dans cette étude, *une forme particulière de gingivo-stomatite*, assez différente des diverses stomatites classées jusqu'à ce jour et que nous appellerons, en raison de son étiologie, la *gingivo-stomatite métallique*.

Pathogénie de la in ivo-stoma i —

à la définition classique qui dénomme stomatite l'inflammation de la muqueuse de la bouche, et gingivite l'inflammation des gencives, et si nous adoptons la classification établie de longue date par les stomatologistes, nous pouvons énumérer parmi les principales variétés de stomatites :

La gingivo-stomatite tartrique;
La stomatite catharrale;
La stomatite aphteuse;
La stomatite crémeuse;
La stomatite érythémateuse;
La stomatite gangréneuse;
La stomatite mercurielle;
La stomatite des diabétiques et des scorbutiques (gingivite expulsive);
La stomatite des femmes enceintes;
La stomatite des intoxiqués du plomb, de l'arsenic, du phosphore, du tabac, etc.

A ce tableau nous ajouterons donc, fruit de nos travaux et résultat de nos observations et sans craindre de former un néologisme pathologique, la *gingivo-stomatite métallique* que nous définirons ainsi :

L'inflammation des gencives (et parfois des muqueuses jugales, labiales et palatine), causée par l'absorption de poussières métalliques, toxiques ou non, et leur accumulation plus ou moins abondante entre le bourrelet gingival et les dents.

Nous laisserons de côté, dans cette étude, les stomatites saturnines, mercurielles et arsenicales, trop connues, pour n'envisager uniquement que celles causées par les poussières de cuivre, d'aluminium, de zinc, d'étain, de fer.

Ce sont d'ailleurs, les principaux, on pourrait dire même les seuls métaux couramment employés par les ouvriers et les ouvrières des usines de guerre pour les fabrications que tous connaissent : fabrication d'obus, de fusées, de pièces détachées pour aéroplanes, automobiles, objets d'armement et d'équipement, etc.

Et ce sont ces métaux qui laminés, martelés, découpés, limés, polis, façonnés par des centaines de machines et des milliers de mains, pullulent dans l'atmosphère anormale des usines et des ateliers *sous la forme de milliards de poussières* que respirent et qu'absorbent sans cesse ouvriers et ouvrières.

Ces déchets microscopiques de métaux les plus divers, d'une plus ou moins grande toxicité, produiront, selon la prédisposition des sujets, la susceptibilité de leurs organes, l'hygiène qu'ils pratiquent, les affections les plus variées depuis les multiples gastro-entérites jusqu'aux laryngites, rhinites, conjonctivites, blépharites, en passant par les gingivo-stomatites.

Cependant les poussières métalliques déposées sur la muqueuse buccale ne suffisent pas toujours à elles seules pour établir un processus inflammatoire. Il faut encore généralement que le sujet soit prédisposé à l'affection, que son organisme soit en état d'infériorité physiologique pour permettre à la

et de se dévelo er.

A. — Causes prédisposantes générales.

Sexe. — Les femmes, par leur nature, y sont plus sujettes que les hommes,

Age. — Prédisposition marquée entre vingt et quarante ans.

Hérédité, Race. — L'hérédité et la race, comme dans toutes les manifestations pathologiques jouent un grand rôle. Un fait saillant est la fréquence des stomatites chez les travailleurs indo-chinois, chez les Annamites surtout. Les Arabes, les Sénégalais, et en général tous les Africains seraient plus résistants que les jaunes et même souvent que les Européens aux infections buccales.

Constitution. — Les jeunes ouvriers et ouvrières en état de croissance, les anémiques, les arthritiques et *a fortiori* les diabétiques, les albuminiques, les syphilitiques sont davantage prédisposés.

États physiologiques. — La grossesse et la lactation sont deux états physiologiques qui rendent la femme davantage sensible aux diverses stomatites.

Mauvaise hygiène dentaire. — L'absence de soins dentaires et bucco-dentaires (négligence des brossages des dents et des lavages de la bouche), compte parmi les causes prédisposantes les plus importantes.

B. — Causes prédisposantes locales.

Anomalie des dents. — Dents trop serrées ou irrégulièrement implantées. Espaces anormaux entre les dents.

Anomalies d'articulation. — Dents mordent les gencives antagonistes.

Caries des dents. — Les dents cariées (les caries du collet et les caries interstitielles plus particulièrement), les racines non soignées favorisent la stomatite.

Fermentations buccales. — Acidité de la salive, fermentations produites par la décomposition des aliments séjournant dans les dents, fermentations causées par certains aliments (sucreries, confitures), certaines boissons (cidre, sirops), certains médicaments (créosote, fer, etc.).

Le port d'appareils de prothèse. — Appareils de prothèse dentaire ou orthopédique défectueux, couronnes ou dents à pivot mal ajustées, crochets métalliques mobiles, etc.

Toutes ces causes existent toujours plus ou moins et favorisent d'ailleurs également toutes les formes de stomatites.

Lorsque la gingivo-stomatite métallique se déclare, son évolution sera lente ou rapide, très bénigne ou assez sérieuse selon la toxicité des poussières irritantes, leur nature et leur quantité.

Aspirées avec l'air, mélangées parfois aux aliments ou aux boissons, portées à la bouche par les doigts ou les ongles, les poussières métalliques par leurs formes irrégulières aux aspérités multiples irriteront la muqueuse buccale à la façon d'un corps étranger d'abord et d'un corps septique ensuite.

Parfois elles traumatiseront la gencive, en s'insinuant entre le bourrelet gingival et le collet de la dent et en décollant la muqueuse. Un liséré *bleuâtre* (poussières de cuivre) ou *brun* (poussières d'aluminium), se formera au niveau des incisives, des canines et des prémolaires, plus rarement au niveau des grosses molaires, et plus fréquemment à la mâchoire supérieure qu'à la mâchoire inférieure. Dans les cas sérieux, on constate de l'inflammation du ligament alvéolo-dentaire (périodontite) une mobilité relative des dents et de la douleur à la pression, à la percussion, à la mastication; les muqueuses jugales, palatine et labiales peuvent être sensibles au toucher. Chez les malades négligents, les symptômes s'accentuent, les gencives deviennent très rouges, douloureuses, boursoufflées, le ligament alvéolo-dentaire suppure, un abcès survient parfois et *le signe de cette gingivo-stomatite spéciale apparaît dans le liséré métallique gingival.*
- Le cuivre est le métal le plus irritant et il n'occasionne pas seulement de la stomatite mais encore d'autres accidents tels que laryngite ou trachéite. Il provoquera même des symptômes d'anthracosis, presque identiques à ceux que décèle dans cette affection l'inhalation de poussières charbonneuses. Enfin, chez certains sujets, on constatera des troubles gastro-intestinaux : ce seront les coliques et les diarrhées cupriques,

L'aluminium vient ensuite par ordre de fréquence, puis le zinc, le fer, l'étain, l'acier, puisque nous mettons en dehors de cette étude le plomb et les autres métaux ou métalloïdes dont l'action a été décelée par nombre de travaux fort anciens déjà.

La gingivo-stomatite métallique a un caractère plus sérieux chez les spécifiques et les négligents de l'hygiène dentaire, mais on risque de méconnaître son caractère particulier pour diagnostiquer simplement une autre forme de stomatite tant les troubles fonctionnels se ressemblent dans cette partie de la pathologie buccale.

Hygiène et traitement de la gingivo-stomatite métallique. — Comme dans toutes les gingivo-stomatites :

1° Nettoyage minutieux des dents par le dentiste. Ablation soigneuse du tartre tant sur les surfaces internes qu'externes des dents.

2° Brossages bi-quotidiens des dents et des gencives avec une brosse demi-dure à l'aide de pâte ou de poudre dentifrice (formules courantes ou spécialités) ou encore et tout simplement avec du savon médicinal pulvérisé ou du savon de Marseille faute de mieux.

3° Lavage de la bouche matin et soir, après le brossage des dents (et, s'il y a lieu, quatre à six fois par jour), avec l'une des solutions suivantes :

a) Eau oxygénée à 12 volumes : 250 grammes.

Une cuillérée à soupe dans un verre d'eau bouillie chaude.

b) Permanganate de potasse : 1 gramme.

Eau bouillie : 1 litre.

Nous donnons la préférence à la première formule, mais par suite de la cherté et de la rareté de l'eau oxygénée, nous avons conseillé encore plus souvent la seconde à nos ouvrières et ouvriers. Le permanganate de potasse est d'ailleurs le seul médicament que nous avons employé dans notre service de place pour tous les lavages buccaux dans les cas de stomatites, d'abcès et d'opérations bucco-dentaires, parce que le seul facilement fourni par le service de Santé militaire.

L'essentiel dans tous les lavages buccaux, c'est de les faire *consciencieusement, régulièrement et longuement.* Chaque lavage, on devrait dire chaque bain de bouche, devrait durer de huit à dix minutes chaque fois.

Dans les cas de gingivo-stomatites rebelles ou récidivantes, nous faisons plusieurs séances de pointes de feu à l'aide du thermo-cautère et ordonnons les badigeonnages de teinture d'iode du Codex, tous les deux jours pendant une semaine ou deux,

Quant à l'hygiène des ouvriers et des ouvrières des usines de guerre exposés aux poussières métalliques, elle résidera dans la régularité des lavages et brossages bucco-dentaires, le traitement ou l'extraction des dents et des racines malades selon les cas, les nettoyages semestriels au fauteuil du dentiste et la pratique des notions élémentaires de propreté et d'hygiène individuelle que beaucoup ignorent malheureusement.

La prophylaxie des stomatites comme la prophylaxie de toutes autres affections, ne peut être efficace qu'avec le concours absolu des intéressés. Et lorsque ceux-ci comprendront, grâce aux efforts des médecins et des hygiénistes, que la cavité buccale est la porte d'entrée de multiples maladies, le siège de nombreuses lésions tuberculeuses et surtout syphylitiques, ils pratiqueront alors cette prophylaxie que nous voudrions voir triompher dans tous les domaines, dans l'intérêt non seulement de l'individu mais surtout dans celui plus noble et plus généreux de la race.

Démonstrations pratiques (27 juillet matin).

1° L'emploi des couronnes-crochets en prothèse et en travaux à pont, par *M. H. Villain* (voir la communication, p. 75);

2° Occlusion et articulation, par *M. G. Villain*;

3° Technique de la prise d'occlusion et d'articulation, par *M. G. Villain*;

4° Technique de l'anesthésie régionale, par le *docteur Charron*, (voir la communication, p. 33);

5° Divers systèmes d'appareils de fixation pour dents branlantes, par *M. Spira* (voir la communication, p. 69);

6° Technique de la méthode Gysi avec prise d'empreinte, par *M. Chapey*.

Démonstrations de M. le Dr Vichot, de Lyon.

M. Pedersen, Lyon, titulaire de brevets concernant le moteur *Moustic* et ses applications, a réalisé, à l'usage spécial des chirurgiens-dentistes, les appareils décrits ci-après. Diverses circonstances indépendantes de sa volonté ne lui ont malheureusement pas permis de remettre à *M. le Dr Vichot* les modèles définitifs qui sont actuellement en cours de construction et qui n'ont pu être prêts en temps utile. Ces modèles possèdent quelques avantages de détail qui les rendent encore plus pratiques que ceux présentés.

1° *Moteur Moustic.* — C'est un petit moteur électrique d'un modèle absolument nouveau sur l'arbre duquel se fixent directement les fraises de différentes grosseurs. Sa forme, ses dimensions et son poids très réduits permettent de le tenir facilement dans la main.

Relié par un fil souple à une prise de courant où à une douille de lampe, il fonctionne indistinctement sur le courant continu ou alternatif de 110 à 120 volts. Sa vitesse (environ 4.000 tours) et sa puissance sont plus que suffisantes pour l'usage auquel il est destiné. Une petite résistance annexe, branchée sur le fil conducteur, permet, en tournant la molette faisant saillie, de le modérer au besoin.

Tenu dans la main de façon usuelle comme un porte-plume, il est mis en marche au moyen d'un bouton placé naturellement sous l'index.

Les différents outils se fixent à la manière ordinaire sur l'appareil où ils sont maintenus par une bague de serrage.

Le modèle définitif est légèrement plus réduit et son embout plus dégagé (voir l'exemplaire joint). Il est enveloppé d'un tube émaillé qui réalise une propreté méticuleuse.

Il sera complété par une transmission à angle droit de modèle spécial à engrenages *très robustes* sous un très petit volume. Cette transmission d'un fonctionnement très sûr en raison de sa simplicité, se place et s'enlève instantanément et permet une stérilisation et un nettoyage parfaits.

Le *Moustic-Dentist* supprime donc l'emploi du flexible et ses multiples inconvénients. Renfermé avec ses accessoires dans un écrin, très portatif, il peut être utilisé partout.

1° *Soufflerie Simoun.* — Cette soufflerie actionnée par un petit moteur logé dans son pied, permet d'obtenir par un mélange d'air et de gaz d'éclairage, une flamme excessivement chaude remplaçant avantageusement les chalumeaux actuellement employés.

Elle est très portative, de petit volume et de poids minime, le modèle définitif étant en aluminium.

Le disque mobile placé à la partie supérieure permet de régler exactement l'arrivée d'air et d'obtenir la flamme désirée suivant la pression et le volume du gaz employé.

L'appareil se relie également à une prise de courant quelconque, en intercalant une résistance remplacée ici par une lampe. Dans le modèle en construction, cette résistance est logée dans le pied de l'appareil.

La soufflerie *Simoun* a été établie spécialement pour la fonte au creuset des divers métaux. Son brûleur peut s'adapter à un four de modèle quelconque ainsi qu'aux diverses presses à couler en usage. Elle supprime donc la soufflerie au pied, incommode et encombrante.

3° *Appareil à air chaud.* — Il s'agit d'un très petit appareil auquel l'inventeur met la dernière main et qui est destiné à donner un petit jet d'air chaud.

Composé d'une minuscule soufflerie d'un modèle analogue à la précédente, son volume ne dépasse pas celui d'un verre à bordeaux.

Isolé ou fixé à un tableau général de commande électrique, cet utile accessoire aura naturellement sa place dans tous les cabinets de chirurgiens-dentistes.

M. FABRET,

Nice.

DÉMONSTRATIONS DE L'ANESTHÉSIE PAR LE GAZOTHERME

Un confrère s'est d'abord présenté au fauteuil pour servir de sujet. Il s'était fait obturer récemment une carie du second degré à la face médiale de la canine supérieure droite. Comme il n'avait pu supporter le curettage de la cavité, le ciment avait été simplement appliqué après un nettoyage plus que sommaire. Séduit par la théorie, il consentait volontiers à subir une pulpectomie complète de sa dent, ayant l'intention de s'en servir comme pilier de bridge.

Il fut convenu que le confrère signalerait avec la main gauche, l'apparition de la moindre sensibilité.

L'anesthésie obtenue, la dent fut très bien pansée par la face triturante, la cavité vidée de sa pulpe et le filet radiculaire restant retiré avec un tire-nerf.

Le confrère interrogé, déclara que malgré une forte appréhension, au sujet de la pénétration de la fraise dans la cavité pulpaire, il n'avait même pas perçu cette phase de l'opération. Il n'a rien senti à aucun moment, il n'a eu aucune sensation désagréable.

Ont été ensuite opérées dans les mêmes conditions par le démonstrateur :

Une pulpectomie d'une dent de sagesse inférieure droite;

Une pulpectomie de canine supérieure gauche;

Une prémolaire supérieure droite, atteinte de périostite aiguë;

Une hyperesthésie de la canine supérieure droite;

Une hyperesthésie de la canine supérieure gauche;

Une cavité extrêmement sensible du second degré intéressant toute la face mésiale de la prémolaire supérieure droite.

M. ÉMILE HUET,

Bruxelles.

LA TECHNIQUE OPÉRATOIRE DES MOTEURS A GRANDE VITESSE

Grâce à une instrumentation spéciale, basée sur l'emploi de moteurs puissants à démarrage rapide, vitesse considérable et arrêt instantané, obtenus à l'aide d'un électro-aimant commandé par une pédale basculante, *M. Huet* pratique l'excision indolore des divers tissus de la dent.

Il observe à cette fin la technique suivante :

Excision de l'émail. — Vitesse de rotation : 9.000 tours à la minute; pression

200 grammes; action : presque continue; outil : mince meulette de 20 millimètres de diamètre.

Excision de la zone d'union amélo-dentinaire. — Vitesse de rotation : 4.000 tours; pression : 600 grammes; action : 2/5 de seconde d'application et 3/5 de seconde d'interruption; outil : foret épais à tête résistante.

Excision de la dentine. — Vitesse de rotation : 5.000 tours; 400 grammes; action : 2/5 de seconde; outil : foret à pointe affutée pour permettre une vitesse de pénétration de 2 millimètres par seconde.

Une série de préparations sur des cas cliniques vient confirmer la précision et la sûreté de méthode mettant en lumière la nécessité de tenir compte des données établies pour régler la manipulation toujours délicate des organes sur lesquels nous exerçons notre activité.

Démonstrations de M. P. Housset.

Les quatre démonstrations suivantes ont été faites par *MM. Frey* et *Wallis-Darvy* au nom de *M. Housset.*

1° *Appareil d'urgence pour fractures des maxillaires.* — Cet appareil s'applique aux maxillaires inférieur et supérieur, quand la fracture (complète ou non) correspond à l'arcade dentaire. Il assure la coaptation correcte des fragments et l'occlusion normale. Il est destiné à précéder la pose d'une gouttière; cependant dans de nombreux cas, il peut permettre d'obtenir la consolidation.

Les pièces sont préparées à l'avance, en séries et montées au moment de l'emploi. Elles sont composées d'un arc externe, de fixe-goupilles coulissant sur les arcs et de goupilles interdentaires antérieures et latérales. On place d'abord l'arc interne et les goupilles interdentaires antérieures, puis sur ces goupilles l'arc externe et enfin toutes les goupilles latérales en allant du côté lingual vers le côté vestibulaire.

2° *Appareil à volet articulé pour perforation vélo-palatine par projectile.* — Ce volet concerne les perforations susceptibles de se fermer d'elles-mêmes ou par intervention. Il empêche la pénétration des liquides et des solides sans obstruer la perforation et en laissant les lambeaux muqueux reposer sur une surface métallique lisse.

Le bord du volet s'encastre dans le bord postérieur de la plaque. La charnière est constituée par un fil disposé en ressort à boudin, dont les extrémités s'engagent (à angle droit avec le ressort) dans deux tubes soudés parallèlemont, l'un sur la plaque (du côté de l'arcade), l'autre sur le volet (du côté du raphé). Deux crochets maintenant le ressort font opposition aux tubes. L'articulation obtenue est très simple, suivant les mouvements du voile sans blesser la muqueuse. Le maximum d'amplitude de mouvement du volet correspond à celui du voile.

3° *Appareil à selle amovible pour fracture préangulaire du maxillaire inférieur.* — Dans le cas où, soit par manque d'ancrage, soit par manque de résistance des dents portées par le fragment postérieur, il est indiqué de placer une selle, celle-ci doit être profonde, surtout du côté lingual, elle doit être amovible et, la gouttière restant en place, permettre de surveiller et de traiter la muqueuse sous-jacente. Le point d'action de cette selle doit être placé très bas et le plus possible en arrière. La selle à bras articulé réalise ces conditions. Une goupille vestibulaire la libère ou la maintient sans que soit modifiée l'immobilisation du trait de fracture. Le bras articulé lingual, par son système de pièces à coulisse, donne une fixité très grande à la selle et ne peut se déplacer de lui-même. Il se compose d'un tube rond, sectionné en avant et formant gouttière, et d'un pivot à épaulement. Ce pivot, fendu sur une partie de sa longueur, s'engage dans une gaine ovale soudée à la partie fixe de la gouttière.

4° *Appareil lourd pour fracture de maxillaire inférieur avec large perte de substance. Tuteur des parties molles.* — Cet appareil est formé de deux gouttières, droite et gauche, solidarisées ensemble en bouche au moyen de deux pièces : une lame verticale cintrée et un évidement correspondant. Une tige à taquet pivotant horizontalement maintient les pièces en connexion. Le poids de l'appareil empêche le mouvement d'élévation des fragments postérieurs (rétention par couronnes-crochets). Une pièce antérieure à glissière vient former tuteur des parties molles. Dans ce but elle est progressivement chargée de gutta noire, la pression douce de celle-ci combat la rétraction cicatricielle. Malgré une suture labiale profonde et récente, malgré l'atrésic de l'orifice buccal, l'appareil se démontant en plusieurs pièces se plaçait facilement. Il maintenait les fragments osseux et les téguments en bonne position et a permis par la suite, dans des conditions favorables, la restauration de l'arc mandibulaire par la greffe osseuse.

4me Groupe

SCIENCES ÉCONOMIQUES

15e Section.

AGRONOMIE

Président. . . M. R. HOMMELL, Directeur de l'Agriculture, en Alsace et Lorraine.

M. F. BŒUF,

Chef du Service botanique de la Direction générale de l'Agriculture de Tunisie.

ET

M. L. GUILLOCHON,

Assistant.

AMÉLIORATION DES PLANTES CULTIVÉES
Activité du Service botanique de Tunisie (méthodes, résultats).

63.19 (611)

26 Juillet.

Au moment où s'organisent, en France, de nombreux Offices régionaux et départementaux ayant pour objet l'amélioration de la production agricole, nous avons pensé qu'il n'était pas sans intérêt de rappeler, dans une note succincte, les méthodes suivies et les résultats obtenus par le Service botanique de Tunisie et de chercher à en dégager les enseignements qui peuvent être profitables à tous ceux qui s'intéressent à l'expérimentation agricole.

Le *Service botanique de la Direction générale de l'Agriculture* a été constitué, en 1913, par la fusion du *Jardin d'essais*, créé en 1892 et de la *Station expérimentale agricole* instituée à l'*École coloniale d'agriculture* en 1908.

Le nouvel organisme est installé sur un domaine de 100 hectares à 4 kilomètres de Tunis; il est doté de la personnalité civile et d'un budget autonome.

Son programme comprend toutes les questions se rapportant à l'amélioration de la production végétale dans la Régence. Son activité s'est surtout portée jusqu'à présent, sur le choix des variétés les mieux adaptées au milieu nord-africain. Cette tâche était primordiale, car les variétés locales n'avaient subi d'autre sélection que celle qui pouvait résulter de leur adaptation naturelle au sol et au climat; beaucoup d'entre elles, qui pouvaient suffire à la culture extensive indigène, ne répondaient pas aux exigences des méthodes de culture européennes; enfin des introductions nombreuses étaient nécessaires en raison des besoins des colonisateurs, beaucoup plus variés et plus nombreux que ceux des indigènes.

Pour aboutir à un résultat pratique, c'est-à-dire à l'adoption par les producteurs des variétés reconnues les meilleures et à l'extension rapide de la culture de ces variétés, il faut :

1° Rechercher les variétés les mieux adaptées aux diverses régions naturelles du pays, par sélection des variétés existantes, importation de variétés étrangères ou création de variétés nouvelles;

2° Produire ces variétés et les livrer aux cultivateurs en quantités suffisantes pour permettre immédiatement des essais de grande culture et une diffusion rapide;

3° Tenir les agriculteurs au courant de toutes les améliorations qui les intéressent et les diriger dans la voie du progrès par des publications.

Ces trois points du programme sont inséparables et ne doivent jamais être perdus de vue. Donner des conseils est insuffisant, il faut y joindre les moyens de les mettre immédiatement en application, dans les conditions mêmes où travaillent normalement les cultivateurs.

I. *Recherches des variétés.* — Elle comporte la collection des variétés locales, tout au moins de celles qui paraissent intéressantes, l'introduction de nombreuses variétés étrangères provenant de régions à climat analogue au nord de l'Afrique, la pratique de l'hybridation pour la création de combinaisons nouvelles de caractères utiles. L'isolement de ces variétés à l'état pur, d'après les meilleures méthodes, leur culture comparative afin de préciser leurs caractères morphologiques et leurs qualités végétatives (précocité, résistance aux intempéries et aux maladies, productivité, etc.) permettent de faire en quelques années le choix des formes végétales qui ont des chances de réussir.

Cette partie du travail est la plus compliquée : elle nécessite de véritables herborisations dans les cultures, la visite de nombreux vergers, des cultures pédigrées, des observations fréquentes pendant plusieurs périodes de végétation, un classement méthodique des résultats. Il faut être botaniste, physiologiste, pathologiste, agronome et par-dessus tout aimer ce genre de travail pour le mener à bien. Il ne peut être poursuivi utilement que dans des établissements de recherches dotés de moyens matériels suffisants et de personnel spécialisé. C'est une utopie de penser que les initiatives isolées peuvent aboutir dans cette voie à des résultats de quelque importance. En France, quelques établissements privés sont devenus d'importants centres de perfectionnement des plantes cultivées; il n'existait rien de semblable en Tunisie; peut-être conviendrait-il de spécialiser dans ces travaux un petit nombre de centres d'expérimentation agricole et d'établir entre eux une étroite collaboration pour unifier les méthodes de travail, coordonner et généraliser les résultats.

Le Service botanique de Tunisie a déjà réalisé une partie de ce programme pour quelques cultures. La statistique suivante donne, par année, le nombre d'essais de variétés nouvelles. Beaucoup de ces dernières se fragmentent ensuite en un grand nombre de lignées qui ne sont cataloguées que lorsque plusieurs années de culture ont permis de ne retenir que celles qui présentent un réel intérêt.

La période des hostilités, pendant laquelle la totalité du personnel dirigeant du Service a été mobilisé a marqué un arrêt dans la continuation des essais nouveaux; ils ont pu être repris en 1919-1920.

TABLEAU I. — *Nature et nombre des essais de variétés nouvelles.*

NATURE DES PLANTES	TOTAL ANTÉRIEUR	1909 1910	1910 1911	1911 1912	1912 1913	1913 1914	1914 1915	1915 1916	1916 1917	1917 1918	1918 1919	TOTAL GÉNÉRAL
					SECTION AGRICOLE.							
Blés durs. .	523	120	11	178	10	10	20	»	18	»	14	904
Blés tendres.	95	112	44	116	52	31	11	»	28	6	8	503
Orges . . .	266	130	46	48	57	62	»	»	»	2	»	611
Avoines . .	47	5	16	12	36	17	»	»	»	1	9	143
Plantes fourragères. .	»	»	396	»	»	17	576	»	»	»	»	989
Cotonniers .	»	»	»	18	56	6	»	»	»	»	»	80
					SECTION HORTICOLE.							
Variétés provenant de :												
Graines . .	4.360	430	269	294	127	3.109	6	4	86	10	5	8.700
Plantes. . .	546	52	5	27	41	6	»	»	»	»	»	677

La culture des plantes médicinales est envisagée pour l'avenir; celle de la pyrèthre a été entreprise en 1920 et a permis la livraison d'environ 3.000 plants.

Cette première sélection, qu'on pourrait qualifier de botanique, ne doit pas être trop étroite, surtout sous le rapport de la productivité, car elle s'effectue dans un milieu unique; elle doit être complétée par l'étude du comportement des variétés dans des milieux différents.

Pour les céréales par exemple, elle permet de reconnaître les formes résistantes à la verse, à la rouille, au charbon, à la carie, à l'échaudage, leur disposition à donner peu ou beaucoup de paille, leur faculté de tallage, leur précocité, etc., et, par conséquent d'éliminer, parmi les échantillons soumis aux essais, ceux qui laissent à désirer au point de vue de ces qualités d'ordre général. Quant au rendement, il dépend, en outre, de la nature et de la richesse du sol, de la température, de la lumière, de l'humidité du sol et de l'atmosphère, toutes choses variables avec les régions naturelles et avec les années.

La deuxième étape du travail est donc l'essai des variétés dans des milieux différents. Leur origine et l'observation suivie de leur végétation à la Station centrale, pendant les trois ou quatre années que dure la première sélection donnent généralement des indications sur les conditions de milieu qui peuvent leur assurer leur meilleur rendement et il suffit d'un petit nombre d'essais culturaux pour préciser ces conditions. Cette étude de l'adaptation locale peut être faite chez des particuliers, à la condition que chacun d'eux soit limité à l'essai de quelques variétés L'expérimentation se réduit alors à un petit nombre de pesées, au moment de la récolte; pour que les résultats aient une réelle valeur, il est nécessaire que la culture soit faite dans les conditions ordinaires de l'exploitation et sur une surface assez grande pour éliminer le plus possible de causes d'erreur.

Le Service botanique de Tunisie a trouvé chez les agriculteurs de la Régence de précieux collaborateurs : aux débuts de ses travaux, en 1909, alors que le manque de traditions agricoles nécessitait de nombreux essais, il put constituer quinze champs d'expériences de céréales répartis dans toutes les régions naturelles de la Tunisie et comprenant chacun une cinquantaine de variétés; cette collaboration *bénévole* permit de fixer, en deux ou trois années, les premières bases de l'adaptation locale des céréales. Depuis, chaque nouveauté est essayée, sur les points où elle paraît devoir réussir, par parcelles d'au moins un hectare. Les résultats d'observations sont portés par les cultivateurs sur des questionnaires qui leur sont remis et notés également par les Agents du Service au cours de visites de cultures. Il est ainsi constitué, pour chaque variété, un véritable dossier qui permet, après quelques années, de fixer les régions et les conditions de culture qui lui conviennent le mieux.

Pour cette étude du comportement des variétés dans les divers milieux naturels, cette collaboration des agriculteurs et ces enquêtes nous paraissent de beaucoup préférables aux stations expérimentales locales qui ne seraient jamais assez nombreuses pour présenter une diversité suffisante de sols et de climats. Cette méthode présente en outre l'avantage de n'entraîner que des frais insignifiants.

II. — *Production des variétés. — Livraisons aux agriculteurs.* — La règle suivie par le Service botanique est de ne jamais encourager la culture d'une variété nouvelle sans mettre en vente des semences, ou des plants, en quantité suffisante pour permettre aux agriculteurs d'en faire l'essai dans les conditions courantes de la culture. Jusqu'à présent, les céréales seules font l'objet de ventes de semences, à raison de 1 à 10 quintaux par variété et par demandeur. Nous ne saurions trop insister sur la nécessité d'offrir des quantités suffisantes pour que l'agriculteur puisse passer, dès la deuxième année, à la production normale en grande culture; un essai de quelques grammes ou même de quelques kilogrammes de semence ne donne aucun résultat sérieux; la récolte est souvent perdue, le cultivateur n'étant pas outillé pour donner les soins nécessaires à des parcelles d'importance trop minime.

Chaque année, le Service botanique publie une liste des semences et des plants mis en livraison; la vente de ces produits à un cours légèrement supérieur à celui du commerce, constitue une partie importante de ses ressources.

Le tableau ci-après, qui ne comprend pas la campagne horticole 1919-1920, donne le relevé de ces ventes.

TABLEAU II. — *Vente de semences et de plantes.*

a) Semences de variétés pédigrées de céréales.

Années.	Blés durs.	Blés tendres.	Orges.	Avoines.	Totaux annuels.
	kilogr.	kilogr.	kilogr.	kilogr.	kilogr.
1911	7.350	1.822	25.250	»	34.422
1912	5.750	3.060	5.100	6.775	20.685
1913	17.400	11.500	30.400	17.050	76.350
1914 (1)	»	»	»	»	»
1915	3.300	7.000	2.200	3.050	15.550
1916	7.000	5.600	1.800	3.300	17.700
1917	4.950	15.800	7.000	12.000	39.750
1918	7.680	13.100	10.500	1.300	32.580
1919	9.000	23.100	5.200	13.300	50.600
Totaux par nature.	62.430	80.982	87.450	56.775	287.637

b) Plants d'arbres et greffons (2).

Années.	Arbres fruitiers — Plants.	Arbres fruitiers — Greffons.	Arbres forestiers et plantes diverses.
avant 1913	291.026	162.567	1.803.690
1913-1914	6.280	8.291	35.266
1914-1915	3.868	5.293	34.592
1915-1916	5.188	1.957	35.569
1916-1917	5.816	1.745	30.971
1917-1918	7.039	1.048	47.209
1918-1919	5.244	1.592	56.583
Totaux.	324.461	182.493	2.043.880

(1) Pendant l'année 1914 le *Service botanique* n'eût pas la disposition de son domaine actuel. La récolte de céréales fut d'ailleurs très mauvaise dans toute la Tunisie.

(2) Ces greffons sont des branchettes pouvant donner 5 ou 6 greffons.

En chiffres ronds, le Service botanique de Tunis et les deux organismes qu'il a remplacés ont déjà livré en Tunisie près de 3.000 quintaux de semences de céréales, 330.000 plants et 184.000 greffons d'arbres fruitiers, 2.100.000 arbres forestiers ou d'alignement (en tenant compte de la campagne horticole (1919-1920) dont les ventes ne sont pas comprises dans la statistique ci-dessus).

Actuellement, la plupart des agriculteurs européens cultivent les variétés de céréales issues du Service botanique; plusieurs d'entre eux se sont spécialisés dans la production des semences pour la vente aux colons de leur région; les indigènes éclairés deviennent peu à peu les clients du Service; la plupart des vergers et la plus grande partie des plantations d'arbres sont constitués de plantes provenant de ses pépinières. La faveur dont jouissent les variétés qu'il a propagées ne s'est pas démentie; les demandes sont toujours supérieures aux quantités disponibles et il apparaît dès maintenant comme nécessaire d'accroître le Service botanique de manière à consacrer au minimum 60 hectares par an à la production des semences. La substitution d'un tracteur aux animaux de labour vient de permettre de restreindre la surface employée à la production des fourrages nécessaires à la nourriture du bétail et d'entreprendre la production de semences de légumineuses fourragères ou alimentaires (vesces, pois ronds, pois chiches, lentilles, haricots, doliques, sojas, etc.).

III. *Publications.* — Les Agents du Service botanique ont publié un certain nombre d'études et de brochures de vulgarisation. Ces publications, dont ci-dessous la liste, sont distribuées gratuitement.

De M. *Bœuf*, Chef de Service :

Culture de la fève en Tunisie, (1899).

Une maladie des céréales (*Sphœroderma damnosum*), (1902).

Influence des défoncements et des labours sur la constitution du sol et la répartition de l'eau (*Bœuf* et *Tournièrioux*), (1904).

Cultures fourragères à l'École coloniale d'agriculture (*Bœuf* et *Tournièroux*), (1903-1904).

Culture des betteraves fourragères à l'École coloniale d'agriculture (*Bœuf* et *Tournièroux*), (1905).

Une maladie des amandiers (*Monilia fructigena*) (1904-1905).

Deux insectes nouveaux, ennemis de la betterave (*Lixus rufitarsis*, *Baris sellata et B. spoliota*), (1905).

Dessèchement des orangers à la suite des sirocos d'automne (*Bœuf* et *Genet*), (1906).

Les orobanches en Tunisie (1906).

Contribution à l'étude du sulla (*Bœuf* et *Tournièroux*) (1905).

Méthodes d'amélioration des plantes cultivées (1906-1907).

Les truffes du nord de l'Afrique (1907).

Observations biologiques à faire sur les plantes récoltées au cours des excursions botaniques en Tunisie.

Rapports annuels sur les travaux d'expérimentation (1898-1912, 1912-1913, 1913-1914, 1914-1915, 1915-1916 à 1918-1919).

La sécheresse et la viticulture (*Bœuf et Caster*) (1900).

Orges industrielles, leur culture en Tunisie (1911).

Cultures expérimentales de sortes pures de céréales; observations sur la stabilité et la variabilité de leurs caractères (1911).

Choix et préparation des céréales de semences (1913).

Polymorphisme du *Chrysanthemum coronarium* (1913).

Formes tératologiques chez *Hordeum vulgare* (1913).

Enquête sur la culture des céréales dans le nord de la Tunisie, au moment de la moisson (1914).

Essais de combustibles destinés aux locomobiles agricoles (1916).

Enquête sur les effets du siroco sur le vignoble tunisien en 1916.

De *M. Guillochon*, ex-Chef du Jardin d'essais, Assistant au Service botanique :

Culture des arbres fruitiers à feuilles caduques en Tunisie, 1905, 3e édition (1912).

Traité pratique d'horticulture pour le Nord de l'Afrique, (1907), 2e édition en 1913 (ouvrage en vente).

L'horticulture en Tunisie de 1898 à 1907 (1908).

Emploi des engrais chimiques en culture maraîchère, 1908, 2e édition en 1912.

Les collections botaniques du Jardin d'essais de Tunis (1909).

Les cultures horticoles indigènes à Porto-Farina (1910).

État de la culture fruitière en Tunisie (1910).

L'olivier en vue de sa propagation (1911).

État de la culture maraîchère en Tunisie (1911).

Le cotonnier en Afrique du Nord (1912).

Culture de l'*Agave sisalana* en Tunisie et défibrage de ses feuilles (*Guillochon* et *Gagey*) (1913), au Congrès de l'Association Française (Tunis, 1913).

Enquête sur les cultures fruitières en Tunisie et en Algérie (1914).

Essai de trois années de culture du cotonnier sans irrigation (1914).

Rôle du semis dans la production de l'olivier (1915).

Les plantes médicinales de Tunisie, 1920 (*MM. le Dr Cuénod, Guillochon* et *Luciani*), ouvrage en vente.

De *M. Géry*, Chef de culture au Service botanique :

Multiplication des arbres fruitiers à feuilles caduques (1914).

Notes horticoles sur le midi de la France, (1914).

Brochures non signées :

Catalogue des collections du Jardin d'essais (4e édition) (1910).

Instruction sur la conduite des potagers (1917).

Instruction sur la culture des pommes de terre en Tunisie (1917).

Culture des légumineuses alimentaires en Tunisie (1918).

IV. *Organisation actuelle du Service botanique. — Constructions et aménagements prévus.* — Le personnel comprend :

Un chef du service;
Deux assistants;
Un chef de culture;
Un économe-comptable;
Deux aides de laboratoire;
Deux contremaîtres et une trentaine d'ouvriers permanents.

Le matériel se compose, en outre de l'outillage ordinaire d'une ferme de 100 hectares, et d'un cheptel de 10 chevaux ou mulets et de 20 bœufs, d'un tracteur avec sa charrue, une batteuse à grand travail, une petite batteuse pour les parcelles d'expériences, une petite dépiqueuse pour les collections, un atelier de manipulations mécaniques avec tarares, trieurs, décortiqueuse de petites graines, grande et petite égreneuses de coton, défibreuse d'agave, atelier de réparations du matériel, trois pompes centrifuges pour l'irrigation. Toutes les machines sont actionnées par des moteurs électriques.

A partir du 1er octobre 1920, les installations concernant les cultures seront à peu près terminées, sauf pour ce qui concerne l'eau d'irrigation.

Les bureaux et laboratoires sont installés provisoirement; un grand bâtiment est prévu pour leur aménagement définitif, sur le programme du prochain emprunt, qui comprend une dotation de 500.000 francs pour parachever l'organisation du Service botanique.

Les pépinières fruitières ($1^{ha},50$), forestières ($2^{ha},50$), le potager d'expériences ($0^{ha},50$) sont constitués. Il reste, pour remplacer le Jardin d'essais désaffecté, à créer un parc botanique pour l'acclimatement des végétaux susceptibles de vivre en Tunisie ($13^{ha},60$) des vergers d'expériences ($1^{ha},50$) et des vergers de production ($9^{ha},80$).

V. *Orientation pour l'avenir.* — Outre les travaux de sélection, création et multiplication de variétés, qui seront étendus à toutes les plantes pouvant être cultivées en Tunisie, le Service botanique, dès que l'installation des laboratoires le permettra, compte donner une grande extension aux travaux de physiologie et pathologie végétales, d'agrologie, de météorologie agricole, qui intéressent spécialement le Nord de l'Afrique : relations entre les facteurs du climat (pluie, température, lumière, humidité du sol et de l'atmosphère) avec les besoins en eau et en aliments minéraux des plantes aux diverses phases de leur développement; perturbations apportées dans la végétation, la floraison, la maturation par la sécheresse, les vents chauds, les températures extrêmes.

Le Service botanique s'efforcera ainsi d'apporter sa contribution à l'étude des problèmes que soulèvent l'amélioration et la défense des cultures dans la Régence.

M. HEINRICH,
Directeur de l'Union Commerciale des Agriculteurs d'Alsace et de Lorraine,
Président de la Société pour l'amélioration des semences.

SUR LA SÉLECTION DES VARIÉTÉS DE BLÉ EN ALSACE ET LORRAINE

63.311 (43.445)

26 Juillet.

J'ai été prié par notre sympathique directeur de l'Agriculture, M. *Hommell*, de faire une petite communication à la Section d'agronomie de l'Association pour l'avancement des Sciences sur la sélection des différentes variétés de blé en Alsace et en Lorraine. Je vais essayer de m'en acquitter.

Messieurs,

Les progrès réalisés vers la fin du siècle dernier dans toutes les branches de l'agriculture amenèrent nécessairement une rénovation dans la culture des céréales. L'Angleterre, la Suède, l'Allemagne du Nord nous faisaient parvenir de nouvelles variétés de blés, bien sélectionnées, provenant de cultures intensives. Nos agriculteurs, surtout ceux des environs des grandes villes achetèrent de préférence ces variétés étrangères de haute culture. Le Ministère de l'Agriculture du pays accorda même aux comices agricoles d'assez fortes subventions dans la suite pour favoriser ces importations. La grande faute commise en son temps fut celle d'avoir choisi de préférence des variétés très exigeantes qui ne trouvaient pas réunies dans notre sol ou sous notre climat les conditions indispensables pour assurer un rendement complet. Ceci fut prouvé et démontré dans la suite sur les nombreux champs d'expériences qui furent créés dans les différentes régions du pays. Les déceptions furent nombreuses, surtout par les hivers froids, que ces variétés étrangères ne pouvaient supporter. La meunerie du pays se plaignait même de la mauvaise qualité de la farine provenant de ces blés étrangers. Des commissions se constituèrent pour étudier la question. Elle n'était pas facile à résoudre dans un pays ou les conditions culturales sont d'une diversité extrême.

Je voudrais constater que dans la plaine du Rhin les eaux pluviales atteignent à peine 400 millimètres. Vers la montagne et dans les vallées des Vosges le pluviomètre accuse 900 à 1.000 millimètres. Vous voyez par là, que les changements sont brusques chez nous. Il en est de même au point de vue de la chaleur. Dans la plaine et vers le pays vignoble la température approche celle des pays du Midi, tandis qu'au Sundgau il y a une température comparable à celle des hauts plateaux de la montagne. A ces difficultés viennent s'ajouter celles qui résultent d'un régime de petites exploitations, de terrains parcellés à l'extrême et d'une culture peu intensive. Il fallut donc compter encore pour longtemps avec une exploitation plutôt extensive qui est la conséquence des circonstances naturelles particulières à notre pays. Ceci étant établi, la question se posait : comment allons-nous obvier à toutes ces difficultés? Il fut proposé de créer un établissement scientifique qui aurait pour but de produire, au moyen d'une étude systématique des plantes agricoles, des variétés nouvelles ou améliorées à grand rendement et de meilleure qualité.

Notre pays étant trop petit et le Gouvernement n'étant pas à même de donner les fonds nécessaires pour une pareille institution, on s'adressa, faute de mieux, à la station agronomique de Colmar. Un botaniste fut chargé des travaux qui consistaient à créer où à améliorer des types de plantes en rapport avec les conditions de notre contrée et qui, en définitive, fournissent d'une façon régulière, des rendements élevés et des produits de haute qualité. Il était non seulement chargé des travaux de laboratoire, mais encore de l'observation et de la multiplication des semences sélectionnées. Il a été reconnu absolument nécessaire que la partie plutôt théorique qui incombe au laboratoire d'une part et l'observation ultérieure des plantes dans les champs de culture d'autre part doivent se trouver réunies dans la même main.

La station agronomique n'attachait qu'une attention secondaire à la question des formes. Ce qui importait surtout c'était un examen scrupuleux des qualités dont dépendait le rendement. Pour ce qui concerne la résistance à la verse une expérience d'essais interrompue pendant des années nous donna la conviction que tous les toisages et pesages ainsi que l'examen des formes sont loin d'avoir l'importance d'une comparaison attentive des différentes variétés dans les champs de culture. Dans la suite on négligea un peu le côté purement formel pour ne s'adresser qu'à la plante sur pied pour constater si elle offre ou non une résistance suffisante à la verse, ce qui fut un succès.

Un autre facteur principal qui a le plus préoccupé pendant la période d'essais fut le point de vue de la résistance à la rouille. Les différentes familles de nos blés présentaient à cet égard la plus grande diversité. On trouve dans nos champs d'essais des souches obtenues par la sélection de blés d'une seule et même provenance dont certains pieds sont, dès la mi-mai couverts de rouille à tel point que le sol en était rouge entre les lignes, d'autres étaient de qualité moyenne, d'autres enfin possédaient une résistance à la rouille qui dépassait visiblement celle des variétés plus connues du squarehead.

Bref, après huit années d'expérience, il fut constaté qu'on n'était encore qu'au début de la tâche entreprise, tout de même les expériences avaient démontré qu'il était faux de prétendre que les blés du type de nos variétés locales étaient en général incapables de donner de grands rendements. Les récoltes faites par de petits cultivateurs avec ces blés sélectionnés ont produit jusqu'à 38 quintaux métriques à l'hectare. Ce serait un beau succès si nos petites exploitations obtenaient un résultat approchant. Malheureusement nous n'en sommes pas encore là, mais un grand progrès a été constaté par la suite dans le pays. Comme ces travaux de sélection prirent d'année en année une plus grande extension, les terrains de culture ne suffirent plus. Il se constitua en 1909 une société en Lorraine créée par des agriculteurs amis du progrès, qui marcha la main dans la main avec le directeur de la Station agronomique de Metz. L'année suivante une société alsacienne se forma également pour marcher de concert avec celle de Colmar. Les deux sociétés poursuivent encore aujourd'hui le même but, qui est :

1° Seconder les stations dans leurs travaux de sélection;
2° Favoriser et multiplier la culture absolument pure des blés sélectionnés par la station et
3° Les vulgariser dans la masse des cultivateurs.

Le principal type de blé sélectionné, choisi entre cent, pour la Lorraine est le type 5, qui est d'origine lorraine et qui s'adapta le mieux au terrain et au climat de la région. Pour l'Alsace c'est le type 22 qui l'a emporté sur des centaines de concurrents. Lors des primes il a eu le plus de points comme qualité, rendement ainsi que pour la résistance contre la rouille et la verse. Il provient d'une descendance de l'ancien blé rouge d'Altkirch connu sous le nom de Mutti, donc sans barbes. Les deux types supportent les hivers les plus rigoureux.

En outre il a encore été procédé à la sélection de certaines variétés de *blé de Bordeaux*. Ce type bordeaux-alsacien peut être semé comme blé d'été ou d'hiver, seulement ce n'est que dans les terrains chauds et bien cultivés des environs de Colmar que les rendements arrivent de 4.000 à 4.500 kilos, mais il ne supporte pas les hivers rigoureux.

Les blés de haute culture comme les squarehead ont également été pris en considération. C'est une variété anglaise qui l'a emporté dans les essais après sélection de plusieurs types squarehead de différentes provenances. Ce n'est que dans les bons terrains avec une culture intensive qu'on obtient les meilleurs résultats. Il ne résiste pas non plus aux hivers bien froids. Les mêmes travaux ont été faits pour le *seigle* ou la variété *Petkus* qui a été prise en considération et qui donne des rendements jusqu'à 4.000 kilos par hectare.

Pour les *avoines* les variétés de haute culture *Beseler* et *Lochow* ont donné les meilleurs rendements. On était en train de reconstituer une avoine du pays, mais la guerre est survenue, de sorte qu'un résultat définitif ne peut être donné pour le moment.

Pour les *orges de brasseries* il a été fait des sélections minutieuses et une variété du pays l'a emporté sur les variétés étrangères qui nous venaient surtout de la Bohême. Des résultats concluants pour la sélection des *pommes de terre* ne peuvent être donnés, la guerre étant survenue et l'importation des pommes de terre de l'Allemagne du Nord étant interdite. Néanmoins on peut constater que les sélections des tubercules du pays ne peuvent entrer en concurrence avec les produits sélectionnés de l'Allemagne du Nord qui ont donné des rendements de 3.000 à 4.000 quintaux par hectare, surtout les variétés *Wohltmann 34 et l'industrie Modrow*.

Naturellement, il y aurait encore beaucoup à dire sur les travaux de sélection, mais cela nous mènerait trop loin. La conclusion est la suivante : Dans chaque grande région en France devrait être créée une station scientifique dirigée par des spécialistes. Ces stations représentent à mon avis la condition *sine quâ non* au point de vue production intensive. Chaque station aurait une société de cultivateurs intelligents pour la seconder dans ses travaux, et je suis sûr que notre chère patrie au lieu d'être un pays d'importation deviendrait de nouveau un grand pays d'exportation.

Au commencement de ce mois M. *Ricard*, notre éminent Ministre d'Agriculture, accompagné de notre cher compatriote M. *Jourdain*, Ministre du Travail et président du Comice agricole d'Altkirch, a fait une visite en Alsace. Une partie de la journée fut consacrée à une tournée à la campagne pendant laquelle ces Messieurs ont eu l'occasion de voir quelques champs de blés sélectionnés appartenant à des membres de notre Société d'amélioration de semences.

A leur retour à Strasbourg ces Messieurs en ont exprimé toute leur satisfaction. M. *Ricard* a même ajouté qu'il voudrait voir suivre cet exemple dans toutes les régions de la France.

M. René BEYER,

Eguisheim.

LE VIGNOBLE ALSACIEN-LORRAIN.
LES ANCIENS CÉPAGES ET LES HYBRIDES PRODUCTEURS DIRECTS

63.46 (43.445)

27 Juillet.

L'heureuse issue de l'abominable guerre qui a laissé tant de blessures à guérir, a rendu définitivement l'Alsace et la Lorraine à leur mère, à leur véritable patrie, dont elles avaient été, pendant près de 50 ans, si cruellement séparées. Elle a, du même coup, comblé les souhaits, les désirs ardents de leur population, la joie du retour faisant oublier à celle-ci tout ce qu'elle avait souffert sous le joug abhorré.

Le vignoble alsacien-lorrain n'a pas eu à se louer de la domination boche, tant s'en faut. Le commerce de vins allemands, ayant eu tout intérêt à empêcher la concurrence des vins alsaciens-lorrains, a su habilement éviter que ces vins se vendent sous une dénomination propre. Cependant, ayant reconnu la bonne qualité de ces vins et l'avantage à en tirer, grâce à la loi lui permettant le sucrage ainsi que l'appellation comme vin du Rhin ou vin de qualité quelconque d'un mélange de vin allemand avec 49 0/0 de vin d'Alsace, le commerce allemand achetait nos vins, comme vins de commerce, à un prix aussi bas que possible, pour les revendre, après la manipulation, comme vins de marque, avec de gros bénéfices.

Les vignerons alsaciens-lorrains, obtenant pour leurs vins de choix à peine deux à dix francs de plus par hectolitre que pour les vins ordinaires, se rejetaient de plus en plus sur la plantation de cépages de quantité et c'est ainsi que nos bons crus se sont mis à disparaître.

Aussi est-il grandement temps de remédier à cet état de choses. Les anciens cépages qui constituent en majeure partie notre vignoble alsacien, sont les suivants : Knipperlé ou petit mielleux, Bourgeois, Chasselas, Sylvaner, Gros Rauschling, tous des blancs en cépages courants; puis Riesling, Pinot blanc et gris, Savagnin blanc et rouge ou gentil aromatique, cépages de qualité avec d'autres, tels que Muscat, en moindre quantité; enfin Pinot noir, Gamet, Portugais, Lasca Trollinger et bien d'autres cépages rouges, sans oublier les producteurs directs Oberlin, tous ces derniers plantés en minime quantité.

Le mélange de tous ces cépages produit, en année favorable, suivant le sol ou l'exposition, d'excellents vins de consommation frais, fruités, agréablement acidulés, avec plus ou moins de bouquet, parfois très fin, qui se consomment en majeure partie en Alsace et en Lorraine.

Les vins de qualité surtout, lorsqu'ils sont bien soignés, peuvent lutter avec n'importe quel vin du Rhin ou de la Moselle et il n'y a nul doute que, s'il était possible de fractionner les vendanges en ne coupant que le plus tard possible les raisins de qualité, on n'obtienne des vins pouvant tenir tête aux crus les plus renommés.

La loi sur les appellations d'origine va nous permettre de cultiver de nouveau les cépages de qualité, qui produiront des vins fins de bouteille se payant bien et qui, par leur renom, trouveront un débouché facile. Nos associations viticoles porteront leurs efforts, avant tout, vers ce but; car la réputation d'un produit est le principal facteur pour un rendement rémunérateur et un placement aisé. Malheureusement les innombrables ennemis de la vigne, dont souffrent du reste tous les pays viticoles, rendent notre tâche encore plus difficile qu'ailleurs. Vu notre climat septentrional, la maturation de nos raisins est assez tardive, à tel point que, par les années froides et pluvieuses ou par les années de maladies ou d'eudémis etc., qui forcent à vendanger avant maturité complète, les vins récoltés restent trop acides.

C'est pour ce motif, que, dans certaines années et sous le contrôle naturellement, la gallisation permise par la loi allemande nous mettait à même de bonifier nos vins des mauvaises années, jusqu'à les rendre très agréables. Que nos vignerons tiennent résolument à cette faveur qui leur rend possible, en années mauvaises, la vente de leur récolte, à des prix acceptables, est chose parfaitement compréhensible et il est franchement à souhaiter que cette faveur leur reste accordée au moins pour un certain temps, jusqu'à ce que la plantation de nouvelles espèces moins acides et plus précoces aient modifié la qualité de nos vins.

Le traitement à l'acide tartrique étant permis pour les vins trop plats du Midi, la bonification rationnelle et nécessaire des petits vins d'Alsace et Lorraine serait tout aussi justifiée.

Nos marchands de vins, nous voulons parler de ceux qui ne sont pas producteurs eux-mêmes, demandent l'application immédiate, pure et simple de la loi française. Le calcul est juste... pour eux, qui se soucient fort peu de la possibilité d'existence de notre population vigneronne, mais très injuste pour cette dernière. Car nos petits vins, trop acides dans les années mauvaises, ne trouvant pas de débouchés, seraient ainsi exposés à la mévente, puis ramassés à des prix avilis par les profiteurs qui les utiliseraient, à leur *unique* avantage, pour les coupages

Ce serait, pour notre vignoble, la misère qu'il a malheureusement déjà connue et les frais exagérés de production actuelle le mèneraient alors rapidement au bord de l'abîme. Il est donc de toute nécessité de conserver, au moins pour un certain temps, la loi sur le sucrage telle qu'elle existe encore chez nous; car nos petits vins, bonifiés rationnellement, trouveront facilement leur débouché en Alsace-Lorraine et en pays étrangers.

Examinons comment on arrivera à modifier cet état de choses. Nous avons déjà indiqué que, dans nos bonnes expositions, dans nos bons sols à cépages fins, il faudra planter des espèces de choix. Le reste pourra être reconstitué, en partie, par nos vieux cépages parfaitement sélectionnés, choisis parmi ceux qui produiront les meilleurs vins et greffés sur les porte-greffes appropriés. Il a été déjà beaucoup travaillé, dans ce sens, en Alsace, et si la loi sur le phylloxéra n'avait pas créé de difficultés nombreuses, la reconstitution serait bien plus avancée. On peut même affirmer qu'en regard de ces difficultés, des efforts d'autant plus remarquables ont été faits, qu'ils ont dû se pratiquer en cachette.

Payons ici notre tribut de reconnaissance au directeur de l'*Institut de Laquenexy*, décédé pendant la terrible guerre, lequel, comme Commissaire du Gouvernement pour l'application de la loi sur le phylloxéra, a vu d'un œil tutélaire nos essais, en somme illicites. Nous voulons parler de nos plantations d'hybrides producteurs directs.

Malgré les difficultés, un certain nombre de viticulteurs, impatients de sortir de l'état croupissant et sans horizon dans lequel se débattait la viticulture alsacienne, se sont enhardis jusqu'à se procurer, tous les ans, au moyen d'artifices, des boutures des producteurs directs les plus connus et cela au risque de se les faire arracher et de subir, en outre, une forte amende. Nous avons ainsi, en Alsace, des plantations assez nombreuses d'hybrides de toutes sortes, à côté de ceux créés par notre savant compatriote, feu M. *Oberlin*, dont l'*Institut viticole de Colmar*, établi par lui, a une réputation mondiale.

De tous les producteurs directs à l'essai en Alsace, on peut dire que les Oberlin n°s 595, 604 et 605 sont, en quelque sorte, les plus résistants et les meilleurs. Riches en sucre, de 85° à 125° Oechsle, hauts en couleur, très fruités, leurs raisins produisent des vins rouges de coupages de premier ordre. L'acidité des 595 et 605 est très forte, mais les rend, par cela même, aptes à être coupés avec des qualités plus plates qu'ils relèvent étonnamment. Leur rendement est assez régulier et très grand, de 80 à 150 hectolitres à l'hectare.

Comme ces espèces sont d'une vigueur exubérante, leur obtenteur a eu l'ingénieuse idée de rechercher la taille qui leur convient le mieux et de s'arrêter à celle sur longs cordons de 4 à 6 mètres de longueur, à coursons doubles. Ce système de taille et d'installation devient remarquablement pratique par les temps actuels, où il s'agit, de prime abord, de simplifier le travail et de réduire les frais de culture. Il facilite singulièrement les labours, parce que, grâce au grand écartement des pieds. il permet aux charrues intercepts de cultiver, sans travail manuel, la presque totalité du sol. L'échalassement est aussi simplifié et tous les travaux sont rendus plus faciles, à part un supplément de pincement qui constitue une besogne assez légère.

Aussi bien ce système prend-il pied pour tous les producteurs directs et cépages de grande vigueur. Nous avons, nous-mêmes, eu l'occasion de voir comme *feu Oberlin* s'était appliqué, avec un désir ardent, à créer des producteurs directs blancs, puisque les vins blancs sont les plus recherchés. Nous nous rappelons qu'un jour il nous invita à venir goûter un raisin blanc excellent et de nouvelle création. Avec quelle émotion et quelle ardeur toute juvénile le beau vieillard tout heureux à l'idée d'avoir encore réussi à doter son petit pays, avant de le quitter, pour toujours, d'un producteur direct *blanc* de qualité, se hâta-t-il de couper un des quelques raisins, premiers fruits du cep nouveau et de nous l'offrir pour le goûter ! Le fruit assez précoce était vraiment bon, malheureusement la joie de longue durée que nous aurions souhaitée de cœur au vieux Maître était prématurée, car le cépage ne resta pas résistant par la suite. M. *Oberlin* octogénaire n'ayant plus l'élasticité intellectuelle de la jeunesse, resta trop exclusif; le riparia était devenu pour lui la panacée qui devait nous sauver.

L'*Institut Oberlin* à Colmar continue à faire de l'hybridation, pas dans la mesure nécessaire, nous semble-t-il, sans doute par défaut de moyens. Cependant il convient de dire que parmi les nouvelles créations du régisseur, M. *Kuhlmann*, l'ancien bras droit de M. *Oberlin*, il en est qui feront parler d'elles.

Nous formons le vœu qu'il soit donné à cet établissement l'emplacement et les moyens nécessaires pour mener à bien la tâche de la rénovation du vignoble alsacien-lorrain.

Et s'il nous est permis d'émettre notre idée sur la voie à suivre, nous opinerons qu'il s'agit de conserver nos bons vieux cépages qui ont fait la réputation de nos vins, de les améliorer, de ne modifier leur caractère que dans ce dernier sens et de les rendre résistants. Nous estimons qu'avec les éléments que possède l'Institut, l'hybridation poussée dans différentes directions jusqu'à la quatrième ou cinquième filiation, avec marche régressive au moyen de semis permettant, par le dédoublement, l'abandon de quelques caractères qui ne conviendraient pas, on arrivera à conserver le genre de nos vins, tout en les améliorant et en rendant les ceps plus résistants.

En donnant nos indications pour ce qu'elles valent, nous avons l'espoir que le cas échéant, elles pourraient servir de règle pour l'*Institut de Laquenexy*, dont l'existence et le développement ultérieur sont de toute nécessité pour l'Alsace et la Lorraine. Cet établissement est, lui aussi, supérieurement conçu et tenu par son régisseur M. *Aubriot*. Feu M. *Wanner* y avait commencé un travail tout scientifique, en tenant compte de la *loi de Mendel* pour les croisements, travail remarquable, au point de vue de l'hybridation, travail qu'il faudra absolument continuer. L'établissement de Laquenexy rendra d'utiles services, services indispensables surtout dans les prochaines années de reconstitution.

Nous avons dit, que de nombreuses plantations de producteurs directs de toutes sortes existent déjà en Alsace et en Lorraine et nous pouvons ajouter que, depuis nombre d'années, des dégustations de vins de producteurs directs plantés en Alsace ont été organisées par l'auteur de la présente communication presque annuellement. La dégustation du printemps dernier, à laquelle une vingtaine d'experts ont pris part, a surtout été intéressante par sa démonstration des progrès rapides réalisés au point de vue de la qualité des produits.

Sur une quarantaine de sortes, les anciens numéros de vieille réputation, ces dernières années encore regardés comme des acquisitions très satisfaisantes, étaient restés loin en arrière des créations plus récentes parmi lesquelles quelques-unes se sont présentées comme des espèces à qualité, aptes à relever, au moyen de mélanges bien compris avec nos anciennes sortes, nos vins du pays. Et qu'est-ce que nous avons à rechercher pour la reconstitution de notre vignoble? Nous l'avons déjà indiqué : c'est l'amélioration générale de la qualité de nos vins, afin qu'ils soient en mesure de tenir tête à toute concurrence et puis de rendre les cépages suffisamment résistants pour nous délivrer, ne fût-ce qu'en partie, de l'obligation des travaux de sulfatage si malsains, si onéreux et si détestés de nos vignerons. Ces sulfatages tuent, il n'y a pas de doute, les amis de nos vignes, autrement dit les ennemis des pyrales, cochylis, eudémis et autres insectes nuisibles. Chaque possibilité d'élimination de la nécessité de ces opérations coûteuses et incommodes apportera un gain.

Il y a à l'essai, en Alsace, plus de 300 sortes d'hybrides de toutes provenances, soit du midi de la France, soit créés en Alsace même. On travaille avec un grand zèle dans cette voie, aussi bien dans les Instituts viticoles que chez certains viticulteurs, inlassables amis et pionniers du progrès.

Nous avons le ferme espoir que dans les prochaines années, il sera possible de tracer un plan de reconstruction que nos vignerons pourront adopter en toute sécurité; mais nous ne nous faisons aucune illusion qu'on trouve jamais l'oiseau rare, la panacée universelle qui puisse remplacer les autres cépages.

Nous aurons toujours à compter avec la dégénération des meilleures sortes, avec l'adaptation des nombreux ennemis de la vigne aux nouveaux cépages, avec les goûts différents des consommateurs, enfin avec l'accroissement des frais de culture et de ce fait, il est de notre devoir de ne pas nous relâcher dans nos travaux, de toujours marcher avec le progrès qui ne s'arrête jamais et de faire aimer à ceux qui seront nos successeurs la science de la viticulture. Pour cela nous comptons sur notre direction de l'Agriculture, laquelle, nous le constatons avec reconnaissance, est animée des meilleurs sentiments pour notre prospérité; sur la bienveillance de notre Gouvernement qui s'efforcera de procurer à nos enfants une instruction solide, scientifique et pratique, telle que l'exigent les conditions modernes de la viticulture et sur la ferme volonté de nos braves vignerons d'engager leurs enfants dans cette voie, la voie du progrès.

MM. LE Dr BLAIZOT

ET

TH. GROSSERON,

Pharmacien, Nantes.

CONSERVATION DU BEURRE PAR LE FLUORURE DE SODIUM

63.72 0044.19

27 Juillet.

a) Le fluorure de sodium est-il toxique?

b) Comment l'emploie-t-on à la conservation du beurre?

c) Quels effets produit-il sur le beurre et quelle est leur durée?

d) Quelle influence exerce sur l'organisme l'usage continu de cet antiseptique, peut-il être nuisible à la santé?

e) Action des fluorures alcalins sur les ferments digestifs.

M. le Dr MARXER,
Institut thérapeutique, Strasbourg.

SUR LE TRAITEMENT DE LA FIÈVRE APHTEUSE

619.21

27 Juillet.

Toute l'Europe, toute la France vient de voir s'abattre sur son bétail une épidémie de fièvre aphteuse qui dans certaines régions a causé des pertes énormes, pertes d'autant plus sensibles qu'au lendemain de cette affreuse guerre, nous sommes soumis tant sous le rapport de la consommation du lait qu'à celle de la viande à d'assez fortes restrictions.

Aussi de nombreux côtés préconise-t-on des remèdes, qui, pour la plupart, je pourrais presque dire pour la totalité, ne se basent sur aucune donnée scientifique et dérivent du plus pur empirisme. L'électrargol, avec lequel quelques praticiens veulent avoir obtenu de brillants succès, n'a pu chez d'autres, et ils sont nombreux, montrer d'influence sur la marche de la maladie. Les préparations d'arsenic, de mercure, d'argent et de quinine ont aussi échoué.

La *sérothérapie*, d'autre part, dont l'emploi vient d'être préconisé en Belgique et en Hollande, ne saurait être employée sur une grande échelle dans la pratique.

M'étant spécialisé depuis nombre d'années dans la *chimiothérapie*, j'ai fait quelques essais très encourageants sur la curabilité de la fièvre aphteuse, dont je vais avoir l'honneur de vous entretenir quelques instants.

J'ai d'abord employé une solution de quinine jointe à l'antipyrine et j'ai eu quelques succès; mais la dose curative de ce médicament se rapproche trop de la dose toxique et la quantité qu'il faudrait employer, risquerait de faire succomber le malade à un empoisonnement.

Je crois avoir trouvé une méthode de traitement spécifique. Elle est basée sur cette donnée de la *chimiothérapie* que deux corps, qui, chacun employés pour soi, ne montrent qu'une faible activité, deviennent, employés simultanément, d'une grande efficacité.

L'un des produits employés est une amine tertiaire compliquée de l'acide phénylcinchinique, que je nommerai *athanal*, l'autre solution, *salantal*, contient 50 0/0 d'acide oxybenzoïque et est déjà connue. Injectée elle a la propriété désagréable de provoquer des abcès. Mais en injectant en même temps les deux solutions, l'athanal ayant une propriété antiphlogistique empêche l'inflammation et l'abcédation qui serait causée inévitablement par la *salantal*. Ce sont ces deux produits, qui, après des expériences heureuses de laboratoire, ont été employés en combinaison dans le traitement de la fièvre aphteuse.

A priori j'ai eu la conviction qu'il serait très difficile de prouver la spécifité de mon procédé. Il ne me semblait possible d'arriver à un bon résultat qu'en employant le traitement qu'après l'injection, alors que le virus est en circulation dans le sang. Il s'agit donc d'un traitement curatif et non d'un traitement préventif. J'ai dû à l'obligeance de M. *Michel*, vétérinaire d'arrondissement à Dieuze, de pouvoir faire les premiers essais dans la pratique. Je ne disposais malheureusement que d'une faible quantité d'athanal et de salantal, cependant le résultat fut très encourageant. Ainsi, dans une écurie d'une soixantaine de têtes de bétail, nous avons traité les dix bêtes désignées par le propriétaire comme ayant le plus de valeur, après les avoir infectées avec la bave d'une vache récemment malade. Ces animaux n'ont eu qu'une fièvre aphteuse bénigne. Restait à savoir, si cette atténuation du virus est bien due au traitement et non à l'effet du hasard.

Il faudrait naturellement faire ces essais sur une grande échelle et j'ai actuellement la bonne fortune de pouvoir le faire pour le démontrer. Aussi ai-je eu recours à une expérience scientifique pour éclairer la situation et dissiper les doutes.

Je me suis procuré cinq porcs de sept à huit semaines, animaux très susceptibles de contracter la fièvre aphteuse. Je les ai infectés le 18 juin par l'injection intra-veineuse d'un 1/1000e de lymphe provenant d'un porc fraîchement atteint de la maladie.

Le porc n° 1 est resté sans aucun traitement, c'est donc le témoin.

Les porcs n° 2 et 5 ont reçu une demi-heure *avant* l'infection 20 centièmes d'athanal par voie intramusculaire et 5 centièmes de salantal par voie souscutanée.

Les porcs n° 3 et 4 ont été traités de la même façon, mais seulement 3 heures *après* l'infection.

Le lendemain, 19 juin, le témoin refuse de manger. Le 20, éruption d'aphtes dans la bouche; le 21, l'animal est très malade; les aphtes confluent et on trouve des ulcérations de la grandeur d'une pièce de cinq francs. Puis surgissent des aphtes aux pieds et bientôt ceux-ci ne forment plus qu'une plaie. Le porcelet ne se lève plus et ne mange plus et on s'attend à une issue mortelle. Mais à partir du huitième jour l'état s'améliore et la guérison est complète au bout de trois semaines.

Tandis que le témoin est atteint d'une fièvre aphteuse sous une forme des plus graves les animaux injectés sont restés complètement indemnes de maladie.

Cette expérience prouva donc préremptoirement que mon traitement agit directement sur le virus dans le corps, soit en l'atténuant, soit en l'annihilant tout à fait. En un mot la méthode est spécifique. Outre ce traitement spécifique de la fièvre aphteuse, j'ai mis en pratique un autre mode de traitement, dont l'idée est née aussi au laboratoire.

Il s'agit d'un remède applicable par la voie orale et qui a pour but de combattre les lésions principales de la maladie, les aphtes, qui, en ouvrant la porte aux infections secondaires, provoquent les pires complications. Comme dans la grippe : le virus condamne et les surinfections exécutent.

C'est à ces infections secondaires que sont dues la plus grande partie des pertes que subissent les agriculteurs. Le remède consiste en une solution de benzoate de chaux et, à cause de son efficacité contre les aphtes, je l'ai nommé *antiaphtol*. Par la propriété anti-inflammatoire dont il est doué, l'antiaphtol empêche les boiteries et les autres complications redoutables ; la sécrétion lactée n'est diminuée que dans de faibles proportions. Le remède est appliqué à la dose de 25 grammes, matin et soir dans un breuvage.

L'action anti-inflammatoire de l'antiaphtol peut se démontrer aisément par l'expérience suivante :

Si l'on fait prendre à un lapin vingt gouttes d'antiaphtol (la quantité est variable selon le poids de l'animal) et qu'on lui instille dans l'œil une goutte d'essence de moutarde, la réaction est nulle. Si au contraire l'animal n'a pas reçu de remède, l'essence de moutarde provoque une inflammation énorme.

Si vous voulez bien me le permettre, je vais vous démontrer cette expérience *ad oculos*.

L'effet du traitement commence au bout de deux heures et dure de vingt à vingt-quatre heures. Il faut donc le commencer le plus tôt possible et le continuer pendant plusieurs jours, jusqu'à ce qu'on ait plus à craindre de nouvelles éruptions d'aphtes.

L'antiaphtol a l'avantage d'être relativement peu couteuse.

J'espère être à même, dans quelques semaines, de publier les résultats des essais de curabilité de la fièvre aphteuse que j'entreprends en ce moment à Bourdonnaye, avec M. *Michel*, tant avec l'athanal et le salantal combinés, qu'avec l'antiaphtol et je vous prie de croire, Messieurs, que si les résultats obtenus dans la pratique venaient à confirmer les résultats de laboratoire que je viens de vous faire connaitre, ce serait pour moi moins une satisfaction personnelle que le bonheur de donner à la France une arme propre à combattre le terrible fléau qui vient de dévaster son cheptel (bovin et porcin).

M. MEYER-FERBER,

Secrétaire général de la Société des Planteurs de houblons d'Alsace et de Lorraine.

LES PROGRÈS RÉALISÉS EN ALSACE DANS LA CULTURE DES HOUBLONS FINS

63.345.11 (43.445)

27 Juillet.

J'ai eu l'honneur d'être invité à apporter mon modeste concours à vos travaux éminents et de vous parler des progrès réalisés dans la culture industrielle des houblons fins en Alsace. Le sujet en est tellement vaste, aride et abstrait, que je ne pourrai vous en donner qu'un petit aperçu général.

Avant le XIXe siècle, le houblon d'Alsace ne fut pas planté pour la vente. C'est en 1802 que le brasseur *Derendinger*, de Pforzheim vint s'établir à Haguenau, et fit venir de Saaz, en Bohême, les premiers replants de houblon pour la culture alsacienne. L'inoubliable préfet, *de Lesay-Marnesia*, voulant favoriser cet intéressant essai, autorisa, en 1808, *Derendinger* à chercher librement dans la forêt les perches nécessaires pour ses plantations. C'est seulement en 1820 que les premiers planteurs parvinrent enfin à vaincre la répugnance des acheteurs pour le houblon de Haguenau. Au début, les brasseurs offraient aux planteurs pour leurs récoltes un chapelet de cervelas et autant de bière qu'ils pouvaient boire en une séance.

L'Alsace étant un pays vignoble par excellence, ainsi que vous aurez l'occasion de vous en convaincre dans vos excursions dans le Haut-Rhin, et les cultivateurs de la plaine récoltant largement assez de pommes et de poires pour la fabrication d'une bonne boisson de ménage, la culture du houblon n'a progressé que parallèlement avec l'augmentation de la fabrication de la bière dans le pays.

En 1848, la superficie cultivée n'était que de 120 hectares; en 1883, elle couvrait 4.689 hectares. Le rendement plein d'une récolte a dépassé, depuis, 60.000 quintaux métriques.

Comme importance, la production de l'Alsace se range après celle de la Bavière, la plus importante de l'Allemagne. La culture du houblon joue chez nous un rôle économique éminent dans près de quatre cents communes, dans lesquelles elle a procuré à des milliers de cultivateurs l'aisance et le bien-être.

C'est dans les cantons de Bischwiller, de Brumath, de Haguenau, de Markolsheim, de Truchtersheim, de Hochfelden et de Soultz-sous-Forêts que les plus grandes superficies sont affectées à cette culture industrielle. La Wantzenau, un village au bord de l'Ill près de Strasbourg, plantait pendant un temps, plus de 200 hectares. Le département du Bas-Rhin produit 92 0/0 des houblons récoltés en Alsace-Lorraine. Les neuf dixièmes de la récolte s'exportaient avant la guerre.

Jusqu'en 1882, les planteurs étaient livrés à eux-mêmes, faute d'organisation professionnelle. Aussi, la technique de la culture n'avait fait que peu de progrès. A cette époque, quelques membres du Comice agricole de Haguenau décidèrent de former la Société des planteurs de houblons, dont l'activité s'est accrue d'année en année, sous la direction éprouvée de notre vieux président M. *Michel Bastian*, de Mundolsheim.

Poursuivant énergiquement l'amélioration de la culture du houblon, formant déjà une part des richesses de notre petite patrie, la jeune société chargea, en 1883, son secrétaire *Stambach* de faire un voyage d'études en Bavière et dans le Wurtemberg. Les conseils pratiques qu'il répandait à la suite de ce voyage, furent suivis de toutes parts et, en peu de temps, un changement profond se produisit dans le mode de culture. Des progrès notables s'enregistraient. Le Gouvernement s'intéressa vivement aux efforts déployés, en allouant généreusement des subventions à la société pour stimuler son zèle à prêcher aux producteurs l'amélioration de la qualité. Grâce à la propagande soutenue par les intéressés, la coutume d'intercaler des plantes sarclées dans les houblonnières, coutume *si nuisible à la bonne nutrition du houblon* fut peu à peu abandonnée.

Les replants destinés à de nouvelles plantations, réservées maintenant dans les meilleurs terrains, furent choisis parmi les plantes d'élite bien acclimatées. La taille, au printemps, s'exécutait conformément à la bonne règle. Par la sélection des replants on parvint à espacer graduellement les époques de la maturité. Les plantations sur fil de fer se répandaient de plus en plus, en adoptant, suivant les indications de *Stambach*, le système en direction oblique appelé aussi « système alsacien », dont la hauteur de la construction ne dépasse pas sept à huit mètres et les fils conducteurs des tiges de houblon neuf à dix mètres. Les avantages inhérents à ce mode de culture résident non seulement dans une meilleure croissance, assurant un rendement supérieur, avec un minimum de frais de production, mais aussi dans la garantie de ne plus être exposé aux surprises d'un ouragan, renversant et brisant si facilement les perches aux approches de la récolte; ensuite, dans la protection plus efficace contre les maladies et les insectes nuisibles se nichant et hivernant tout à leur aise dans les fentes des perches; dans la circulation plus intense de l'air et de la lumière dans les plantations et surtout dans l'ombrage du sol, qui joue un si grand rôle dans la culture du houblon, attendu qu'il contribue à la formation de nouvelles substances nutritives, et restreint le rayonnement de la chaleur de la terre, en même temps que l'engendrement de la miellée et de la rouille.

Ainsi que naissent en France toutes les grandes inventions, appelées à révolutionner le domaine de la science, de même, le célèbre agronome

Mathieu de Dombasle a fait les premiers essais pour cultiver le houblon sur fil de fer, il a décrit son système en direction *horizontale*, en 1821 dans le calendrier du bon cultivateur. Après lui, *Iourdeuil* a écrit, en 1868, le meilleur ouvrage sur la culture du houblon.

Dans des champs d'expérience spéciaux, de nombreux essais de fumure de houblon, en combinaison avec des engrais chimiques, ont été pratiqués scientifiquement, afin d'obtenir une grande production, sans nuire à la finesse, en particulier par l'emploi de sels de potasse. La quantité de substances nutritives qu'absorbe le houblon par hectare se monte environ à 30 kilos d'acide phosphorique ($P_2 O_5$), 79 kilos d'azote (N), 91 kilos de sel de potasse (K^2O) et 147 kilos de chaux et de magnésie ($CaO + MgO$). D'autre part, des essais fructueux pour combattre efficacement les insectes nuisibles, la vermine et d'autres maladies s'attaquant au houblon, ont été exécutés. Contre le puceron une solution de 1 à 2 0/0 de savon gras avec un demi-kilogramme à un kilogramme de nicotine titrée est employée de préférence dans notre contrée.

Pour combattre la dégénération des plants, multipliés artificiellement par des boutures, des essais faits par *Stambach*, pour produire par une sélection sévère de nouvelles variétés de houblon, plus résistantes aux intempéries et aux maladies, et par suite, plus riches en rendement, ont pleinement réussi.

Nous possédons grâce à ses patients efforts deux variétés fines le *strisselspalter* et le semis n° 1 qui ont contribué à propager rapidement la renommée de la solide qualité du houblon d'Alsace.

Par les soins apportés à la cueille et au triage des houblons, et plus particulièrement par les réformes introduites dans le séchage au feu, sur des tourailles perfectionnées, munies de claies mobiles de trois et quatre étages, sur lesquelles passe automatiquement le houblon de haut en bas, soumis à l'action d'un tirage vigoureux d'air chaud de 20° jusqu'à 40° centigrades, nos houblons sont toujours recherchés spécialement à cause de leur belle couleur *verte*. M. *Rohfritsch*, maître-serrurier et membre de notre société, est l'heureux inventeur de la touraille appelée *touraille à jalousies*.

Une bonne part des progrès réalisés est également due aux expositions régionales de houblons et à celles organisées chaque année à Berlin depuis 1894 et auxquelles l'Alsace participa sans interruption. Il a été reconnu, officiellement, que nos planteurs faisaient des progrès constants en la production de qualités fines et lourdes.

Le fait de communiquer à chaque exposant le résultat de l'examen de son produit par le jury, suivant un mode d'appréciation uniforme, l'instruisait, par comparaison avec les échantillons primés, sur les perfectionnements à atteindre soit dans la culture même, soit dans le choix des replants, soit dans le conditionnement de sa marchandise. A ces expositions, la *provenance* ne pouvait plus influer sur l'appréciation de la qualité, attendu que la provenance était absolument inconnue au jury. Aussi, au concours de 1910, entre tous les houblons d'Allemagne et de Bohême, l'Alsace a vaincu sur toute la ligne et a obtenu les trois uniques et plus hautes récompenses offertes aux vainqueurs du concours entre les détenteurs des premiers prix de chaque pays de production respectif. Un plus beau succès ne pouvait être souhaité pour notre société.

Ainsi que tous les organismes, le houblon est en évolution constante, par conséquent le perfectionnement de notre culture nationale ne sera jamais épuisé. Aucun pays, aucune contrée que ce soit Saaz ou Spalt, ne possède le monopole pour produire une qualité extra-supérieure. Partout où le climat et la nature du terrain le permettent, il est possible d'arriver à cultiver des houblons fins, pouvant convenir à la fabrication des bières de luxe. Pour atteindre ce but, nous avons déjà cherché à prendre contact avec les planteurs de la Bourgogne et de la Lorraine, mais ils sont restés sourds à notre appel confraternel. Pour juger de la valeur brassicole d'un houblon, il n'y a, en réalité, que les signes extérieurs qui comptent. L'analyse chimique ne sert qu'à déterminer la proportion des substances amères contenues dans le houblon.

La condition primordiale pour produire un houblon fin, dans n'importe quelle contrée appropriée, est la culture du semis, une fois qu'une variété y est acclimatée. Avec des graines bien sélectionnées, on peut cultiver des semis qui donnent, après trois ans non seulement une récolte appréciable, mais aussi un produit de qualité fine. Suivant les indications de *Stambach*, les graines se sèment dans de la bonne terre végétale au mois de février, dans un endroit bien exposé. On met les graines dans des rigoles de 5 centimètres de profondeur et espacées de 25 centimètres avec un intervalle de 1 centimètre d'un grain à l'autre; l'ensemencement terminé, on nivelle la terre. Les plantes sortent après quatre semaines environ et ressemblent à s'y méprendre au semis de chanvre. Avec 30 à 50 grammes de graines, on obtient quelques centaines de pieds dont la moitié d'ordinaire seront des plantes mâles qu'il faut arracher plus tard.

Aussitôt que les petites plantes ont atteint 5 à 10 centimètres de hauteur, on leur donne un soutien de 1 mètre à 1^{m},50, généralement des ramilles, autour desquelles elles s'enroulent.

Point n'est besoin d'autres soins spéciaux pour la première année, mais il va de soi que le terrain doit être bien sarclé.

Au mois de mars de l'année suivante, on déterre soigneusement les plants pour les transplanter dans un champ de houblon, de manière à ce qu'entre chaque intervalle de deux pieds d'une rangée en longueur, vienne se placer un jeune plant. Dans le cours de l'année, la plante atteint une longueur de quatre à six mètres, et nécessite un tuteur ou une corde conductrice qui se fixe au haut des perches ou de la plantation sur fil de fer. Les jeunes plants fleurissent vers la fin de juin, et c'est à ce moment seulement qu'on peut distinguer les pieds femelles des pieds mâles, par la notable différence de floraison. Avant que l'enveloppe florale crève, il faut arracher les plantes mâles, car non seulement elles ne donnent aucune récolte mais la fécondation des plantes femelles nuirait à la finesse de la qualité requise pour l'emploi en brasserie.

Quelque temps avant la complète maturité, on entreprend la classification des plants qui sont de variétés différentes. Il y en a de précoces, de demi-précoces et de tardifs. De même, la qualité n'est pas uniforme. Le développement de chaque pied doit être observé; le conditionnement des cloches et le degré de finesse d'arome consignés sur un registre, après un examen minutieux et comparatif.

Au printemps suivant, les plantes sont enlevées de terre avec précaution, par ordre de classement et de variété, conformément aux annotations prises. Chaque pied donne deux à six replants qui sont plantés dans une plantation nouvelle.

Les avantages résultant de cette manière de procéder pour obtenir une plante de bonne race en remplacement d'une variété épuisée par l'âge, n'échapperont à aucun planteur intelligent soucieux d'améliorer sa culture. Malgré cela, personne ne songe à élever des plantes suivant la loi naturelle. La marche à suivre est pourtant simple et facile; elle donne, en outre, des résultats certains, même au delà de toute attente, mais elle a le tort d'être ignorée ou d'être considérée comme une nouveauté par un dilettante.

Des renseignements historiques, statistiques et agronomiques que je viens de vous donner sommairement, la situation dominante de l'Alsace dans la culture des houblons doit se dégager suffisamment pour vous montrer de quelle importante source de richesse la nouvelle France peut tirer profit, si le Gouvernement sait la protéger. Nous nous estimerions heureux si, sous ce rapport, nous étions toujours servis par des ministres aussi actifs et ayant une compréhension aussi profonde de nos besoins que notre si sympathique directeur de l'agriculture, *M. R. Hommell.* Je ne suis pas qualifié pour faire son éloge, mais il voudra bien souffrir que je lui exprime publiquement toute notre gratitude pour le haut intérêt qu'il nous porte, en nous aidant, dans la limite de ses moyens, à reconstituer nos plantations et par suite le patrimoine de la France immortelle.

M. MICHEL,

Vétérinaire d'arrondissement, Dieuze.

DEUX MALADIES DU CHEVAL SPÉCIFIQUES A LA LORRAINE : LA FLUXION PÉRIODIQUE ET L'ANÉMIE PERNICIEUSE

619.11 (44.382)

27 Juillet.

De tous temps, les éleveurs de chevaux du département de la Moselle, comme d'ailleurs leurs confrères du nord-est de la France, ont eu à lutter contre deux maladies spécifiques au sol rude et imperméable de cette région : la fluxion périodique et l'anémie pernicieuse.

I. — La fluxion périodique. — Trop connue pour que je veuille donner la description de ses symptômes et de son évolution, la fluxion périodique est une des rares maladies dont on ne soit pas encore fixé sur les causes : Est-ce une affection microbienne? Est-ce une affection parasitaire comme beaucoup le prétendent?

La question n'est pas résolue. Personnellement, je penche sur la première hypothèse et, ce qui forme ma conviction, c'est l'apparition si fréquente de la fluxion périodique consécutivement à la fièvre typhoïde.

De longue date, l'influence du sol, de l'altitude des terrains, dans la genèse de cette affection a été reconnue. *Zundel* en a fait l'objet de nombreuses études. Selon lui, il y aurait eu dans la vallée de la Nied 59 0/0 de chevaux fluxionnaires; dans les régions avoisinantes, mais plus élevées 32 0/0. Ailleurs, il aurait observé dans les régions argileuses 40 0/0, dans les régions sableuses ou calcaires, 6 0/0 seulement. Dans les environs de Strasbourg et de Sélestat, où la proportion de chevaux atteints de fluxion était extraordinairement élevée, elle aurait, à la suite de l'assainissement des marais qui y abondaient, à peu près disparu.

Ces chiffres cités par *Zundel*, n'ont heureusement plus cours aujourd'hui. Tout en restant fréquente, surtout après les années humides, la fluxion périodique ne cause plus de ravages aussi importants qu'autrefois.

Dans nos grandes fermes de Lorraine où, il y a quarante ans, il n'était pas rare de trouver une dizaine de chevaux aveugles, on en trouve rarement aujourd'hui. J'estime que leur proportion ne dépasse guère 4 0/0.

Il faut en chercher la raison dans l'amélioration de nos modes de culture, dans l'emploi d'engrais chimiques qui, non contents d'apporter aux plantes des éléments vitaux qui leur sont nécessaires, font aussi fonction bactéricide et parasiticide, et aussi dans l'affouragement plus rationnel de nos chevaux et dans l'amélioration de leur race.

Existe-t-il une médication capable d'enrayer ou de guérir la fluxion périodique? Malheureusement non. On peut, par la dérivation associée à l'emploi de certains alcaloïdes et de l'iodure de potassium, retarder et affaiblir les accès; on peut peut-être par ces moyens, arriver à préserver un œil, mais c'est tout.

Il est généralement admis que la fluxion périodique est héréditaire. Je ne partage point cette opinion. Pas plus que la tuberculose ou tout autre maladie microbienne, la fluxion périodique ne saurait être héréditaire. Ce qui pourrait être héréditaire, c'est la prédisposition de l'organe, le manque de résistance de l'œil. Soustrayez un poulain aux influences qui causèrent la cécité de la mère, mettez-le dans un pays plus sain, dans de bonnes conditions d'hygiène, vous aurez toutes chances de le voir échapper à la maladie maternelle.

Je ne vais pas jusqu'à dire qu'on puisse sans inconvénients livrer à la reproduction des étalons et les juments fluxionnaires. Loin de là! Comme il y aura toujours plus de fous que de sages, comme trop souvent le jeune animal restera attaché aux milieux qui l'ont vu naitre, il sera toujours de la plus élémentaire prudence d'exclure de la reproduction les animaux ayant été atteints de fluxion périodique. C'est là une condition primordiale de la lutte contre cette maladie.

Les autres moyens dérivent de ce qui fut dit plus haut : assainissons nos prairies humides; drainons nos terres; ne ménageons ni aux unes ni aux autres les engrais chimiques; rendons nos écuries plus spacieuses, plus claires et plus saines; écartons de l'alimentation de nos animaux les fourrages malsains ou avariés; et enfin appliquons-nous à avoir une race de chevaux robuste et résistante et les chevaux aveugles deviendront en Lorraine comme ailleurs une rareté.

II. — L'anémie pernicieuse. — C'est là aussi, et de longue date, une maladie spécifique à la Lorraine, et surtout aux vallées de la Seille et de la Nied. Maladie due à un microbe infiniment petit, invisible avec les moyens dont dispose la science d'aujourd'hui, microbe qui passe à travers les filtres les plus fins. Maladie dangereuse, non seulement par sa contagiosité, mais surtout parce que les chevaux peuvent porter en eux et propager les germes du mal bien longtemps avant qu'on s'aperçoive de leur état morbide. Elle a cela de commun avec la morve qui fut si longtemps le fléau de l'espèce chevaline, mais que la science a fini par vaincre et dont nos petits-enfants ne connaîtront plus que le nom.

L'anémie pernicieuse, la typho-anémie ainsi qu'on l'appelle aussi, frappe les chevaux de tout âge. Je l'ai vue dans des écuries où elle possédait une très grande virulence, atteindre les jeunes animaux non encore assujettis au travail et jusqu'aux poulains de lait.

Cependant, elle frappe de préférence les chevaux de trois à six ans.

Un beau jour, on s'aperçoit qu'un animal, jusque là plein de vigueur et souvent même en très bon état d'entretien, se fatigue vite au trait et qu'il a le flanc un peu retiré. Cependant il mange encore bien et si on examine la conjonctive, on la trouve d'un rouge plutôt vif qu'à l'ordinaire. Mais si l'on prend la température, on aura la surprise de trouver une élévation sensible allant jusqu'à 40°,5. Un vétérinaire averti trouvera aussi à l'auscultation du cœur des indices qui assureront son diagnostic.

Après quelques jours de repos, le cheval se remplissant mieux, le flanc ayant repris son ampleur, l'animal est remis au travail. Bientôt, après quelques attelées, les symptômes reparaissent, plus accentués cette fois, surtout du côté du cœur. Si l'on prend régulièrement la température, on trouvera d'un jour à l'autre des différences notables, des hausses et des baisses que rien ne semble justifier.

Petit à petit le poil devient terne, les crins s'arrachent facilement, la démarche devient vacillante, l'appétit irrégulier, les battements de cœur tumultueux, désordonnés, les muqueuses pâlissent; puis surgissent des œdèmes aux extrémités, au fourreau, sous la poitrine et le ventre, bref tous les symptômes de l'anémie. La mort survient à bref délai.

Selon que l'animal aura été plus ou moins ménagé et bien soigné, la durée de la maladie variera de trois à six mois et même plus.

A côté de cette anémie chronique, nous trouvons aussi, sur les chevaux entiers des cas aigus, presque foudroyants qui, quelquefois en trois jours emportent le malade par une rapide décomposition du sang, avant que les muqueuses se soient décolorées et que les œdèmes n'aient surgi.

Dans la forme aiguë comme dans la forme chronique, les lésions nécropsiques sont formidables. A l'autopsie, on trouve, même s'il s'agit d'un cheval abattu dans le premier stade de la maladie, les reins, la rate, le foie et le cœur, les organes essentiels de la circulation et de l'épuration du sang dans un état de délabrement tel qu'on est obligé de se convaincre que toute médication doit être forcément illusoire.

Et la longue expérience que je possède de cette maladie m'autorise à dire que tout cheval atteint est un cheval perdu et que dans les guérisons *durables* qui ont été constatées par-ci, par-là, il y a eu erreur de diagnostic et que l'on a guéri un cheval qui ne souffrait pas d'anémie pernicieuse, mais d'anémie essentielle ou de tout autre maladie.

J'ai souligné le mot durable, car il est possible de « blanchir » un cheval atteint d'anémie pernicieuse dans la première période du mal, c'est-à-dire de lui donner pour quelques temps les apparences de la santé, mais cet animal venant à être vendu et à être exposé à de nouvelles fatigues, succombera bientôt à une rechute de la maladie, non sans avoir auparavant contaminé ses voisins d'écurie.

L'anémie pernicieuse est de nature essentiellement infectieuse, mais l'infection n'est pas rapide comme dans la typhoïde, l'influenza, la gourme. C'est un mal d'écurie qui se propage par la cohabitation.

Nous avons vu que les reins, les organes si délicats de l'épuration urinaires étaient très affectés par la maladie. Il s'en suit que l'urine qu'ils secrètent contient l'agent pathogène de l'anémie pernicieuse. En effet, si l'on injecte sous la peau ou dans le sang d'un cheval sain une très petite quantité d'urine d'un cheval malade, on lui communique infailliblement la maladie.

L'infection chez le cheval se produit généralement par l'absorption de fourrages ou de litières souillées d'urine.

Un vétérinaire allemand habitant Strasbourg, a récemment mis en cause, comme agents d'infection, les œstres, ces larves que l'on trouve en grand nombre dans l'estomac des chevaux et qu'on voit en été accrochés à la muqueuse de l'anus. Ce serait un poison sécrété par ces parasites qui provoquerait la typho-anémie.

La *théorie de Seyderhelm* pèche par la base, car il y a impossibilité de concilier des phénomènes d'intoxication et de contagion. On ne saurait trop insister sur le rôle de la contagion.

L'anémie ne consiste pas, comme nos paysans sont trop tentés de le croire, en une diminution de la quantité du sang, mais en une altération de la qualité, en une diminution de globules rouges, en un mot, en une décomposition du sang due à l'action du microbe.

Aussi l'alimentation ne joue-t-elle pas un rôle aussi grand qu'on pourrait le croire dans la préservation de la maladie. Souvent on entend dire : « Un tel a l'anémie dans son écurie, ce n'est pas étonnant, ses chevaux travaillent trop et ne mangent pas assez d'avoine. »

Certes, des chevaux débilités par la fatigue et le manque de nourriture consistante, offriront à l'infection un terrain bien préparé et contracteront l'anémie plus vite que des animaux mieux soignés sous tous les rapports. Mais dans combien d'exploitations où on ne pouvait accuser ni le surmenage, ni le manque de bons soins et de bonne nourriture, n'ai-je pas vu sévir la typho-anémie! Il vaut mieux prévenir que guérir! C'est un vieil adage qui ne fut jamais mieux à sa place que dans le cas présent.

Si donc, dans une écurie jusqu'alors saine, un cas d'anémie pernicieuse vient à se présenter, on isolera immédiatement le malade, ou mieux encore on le fera abattre. On procédera à une désinfection minutieuse de l'écurie; cette opération comportera si le sol n'est pas bétonné, l'arrachement du pavé et l'enlèvement du sous-sol infecté. On isolera et on surveillera attentivement les animaux voisins du malade. On soumettra les chevaux à un travail modéré tout en leur donnant une nourriture abondante et choisie. Si les circonstances se prêtent à une action aussi radicale, on fera écurie nette, c'est-à-dire on vendra tous les chevaux ayant cohabité avec l'animal infecté et on ne les remplacera qu'après la désinfection du local tel qu'il fut dit plus haut.

J'ai dit qu'il était possible de redonner à un animal atteint d'anémie pernicieuse au premier degré les apparences de la santé. Les médicaments dont on se sert dans ce but, à base d'arsenic et de mercure, matières qui imprègnent longuement et profondément l'organisme, sont employés avec succès pour prévenir l'infection chez les chevaux qui pourraient y avoir été soumis.

Mais le grand remède au mal nous viendrait de l'inscription de l'anémie pernicieuse parmi les maladies contagieuses visées par la loi du 21 juillet 1881, et comme pour la morve, l'indemnisation dans une certaine mesure des pertes causées par l'abatage des animaux atteints.

Cette mesure est nécessaire. Les agriculteurs des départements de l'Est doivent la réclamer et ne pas cesser de la réclamer. Elle empêcherait les ventes d'animaux suspects ou blanchis qui jouent un si grand rôle dans la propagation de la contagion. La loi exigerait que les écuries d'auberge et d'hôtel qui sont de redoutables foyers d'infections, fussent désinfectées hebdomadairement, sous le contrôle du service sanitaire ou de la commune et fussent construites de telle sorte que cette opération en soit aussi facile qu'efficace.

Cette mesure enfin permettrait d'envisager la possibilité d'arriver au résultat qui a été obtenu pour la morve : la disparition à peu près complète de l'anémie pernicieuse et la sauvegarde d'une parcelle importante de la richesse du pays.

M. LE Dr RAPPIN,
Directeur de l'Institut Pasteur de Nantes.

ET

TH. GROSSERON,
Pharmacien, Nantes

RECHERCHES BACTÉRIOLOGIQUES SUR LE BEURRE

576.8 : 63.72

27 Juillet.

Teneur en bactéries sur quarante-trois échantillons de beurre, provenant de ifférentes régions de la France et d'Amérique.

Des mesures d'hygiène à prendre pour assurer la pureté de ce produit, qui ue un si grand rôle dans l'alimentation.

M. ZUNDEL,

Chef des Services vétérinaires d'Alsace et Lorraine.

DU TRAITEMENT DE LA DOURINE

619.11

27 Juillet.

Fin juin 1919, M. *Brickert*, vétérinaire à Marckolsheim, arrondissement de Sélestat (Bas-Rhin), constata, sur différentes juments de sa clientèle, des lésions, qu'il attribua d'abord à l'exanthème coïtal, *M. Brickert* rectifia son diagnostic quelques jours après. D'autre part, M. *Weichel*, chef de la Section vétérinaire de l'*Institut d'hygiène et de bactériologie de l'Université de Strasbourg*, qui avait, sur ses confrères alsaciens, le grand avantage d'avoir vu *la dourine* en Russie et en Orient, eut l'occasion d'examiner les chevaux en question et établit, par l'examen clinique et par l'examen du sang, qu'il s'agissait bien de la *dourine*.

Les recherches faites aussitôt établirent qu'une jument d'origine lithuanienne, prise aux Russes par les Allemands, et reprise sur ceux-ci par un corps de troupes françaises avait été vendue comme réforme à un cultivateur de Sundhouse, qui, croyant la jument en chaleur, la conduisit successivement aux trois stations d'étalons de Sélestat, de Benfeld et de Sundhouse, où elle infecta les dix étalons de ces stations. Ces étalons à leur tour propagèrent la maladie dans toute la partie méridionale du département du Bas-Rhin et, par une voie qui n'a pu être éclaircie, dans la région d'Ensisheim du département du Haut-Rhin.

Sur le millier de chevaux suspects de contamination, l'examen clinique permit de constater l'existence de la maladie sur onze étalons et environ cent cinquante juments. Un tiers environ des malades moururent de *dourine* aiguë ou sous-aiguë dès les premières semaines de l'apparition de la maladie.

M. le Commissaire général voulut bien, en présence des énormes perte subies par les éleveurs, leur accorder des indemnités sur les fonds de l'Éta et provenant du Service des viandes. Mais, vu le grand nombre des chevau atteints et leur grande valeur individuelle il sembla utile de ne pas procéde à leur abatage immédiat, comme je le jugeais préférable dans mon senti ment de vieux gendarme sanitaire, mais d'essayer d'en sauver au moin une partie par un traitement approprié.

A cet effet les chevaux malades furent réunis à Strasbourg, dans un infirmerie organisée *ad hoc* et placée sous la direction de M. *Weichel*. Le chevaux malades de moindre valeur ou pour lesquels, vu leur amaigrissement prononcé, le traitement semblait de prime abord ne pas présenter de chances de réussite, furent abattus, les autres furent mis au repos complet et bien alimentés.

En première ligne, nous voulûmes (M. le professeur *Borel*, chef de l'*Institut d'hygiène et de bactériologie;* M. *Weichel* et moi) expérimenter le procédé recommandé par *Monod*, c'est-à-dire l'emploi simultané de l'*atoxyl*, de l'*orpiment* et de l'*émétique*. La première série de malades a été traitée rigoureusement d'après les indications de *Monod*. Mais M. *Weichel* vit bien vite, que l'administration de l'*orpiment* par la voie stomacale était peu appropriée au traitement d'environ cinquante chevaux. L'état général des malades était trop différent; d'autre part, il n'était guère possible de contrôler, vu le grand nombre des patients, le degré de plénitude de l'estomac au moment de l'administration du bol médicamenteux. Or, l'*orpiment* produit sur la muqueuse stomacale à jeun de grandes corrosions hémorrhagiques. M. *Weichel* perdit de la sorte cinq chevaux après un à cinq jours de traitement, il renonça à l'*orpiment* et n'employa plus que l'*atoxyl* à la dose de cinq grammes et l'*émétique* à 1gr,75. Quelques insuccès, à attribuer aux injections intra-veineuses d'*émétique* pratiquées sur des juments qu'il ne fut pas possible d'immobiliser suffisamment marquèrent ces essais. Quelques gouttes de la solution d'*émétique* étant parvenues dans le tissu cellulaire, provoquèrent chez trois juments une nécrose de la jugulaire. Les injections sous-cutanées d'*atoxyl* de leur côté provoquèrent quelques abcès causés par des infections provenant de l'extérieur ou par le lambeau de peau détaché par la canule entraîné par l'injection.

Une seconde série fut traitée par des injections intra-veineuses de *novarsénobenzol*. Ces juments reçurent à huit jours d'intervalle pendant quatre semaines de trois à dix grammes chaque fois, sans qu'il y eut le moindre inconvénient. Nous ne pûmes malheureusement pas nous procurer d'*arsénophénylglycine*; l'*atoxyl* et le *novarsénobenzol* avaient été fournis par la maison *Poulenc*, de Paris.

Les résultats obtenus par les traitements indiqués ne furent pas bien marquants; ils ne sont toutefois pas sans valeur. Pour les juger, il ne faut pas perdre de vue que la *dourine* était absolument inconnue en Alsace, qu'elle a trouvé un terrain d'évolution des plus favorables, que nos malades étaient gravement atteints et que sur beaucoup d'entre eux, elle était dans un état pour ainsi dire chronique, que nos malades présentaient de graves lésions des organes génitaux, des reins, de la rate, du foie et de la moelle et que nous ne pouvions compter sur des succès surprenants provenant d'une désinfection en grand du corps. On arrive certainement à détruire plus ou moins vite l'agent infectieux, mais d'autres fortes lésions organiques ne peuvent plus être rétablies par des médicaments, on peut affirmer qu'elles sont irréparables, quand l'état général des malades est compromis. Or la plupart de nos malades présentaient de plus des infections mixtes chroniques ayant leur point de départ dans les organes génitaux, causées par des streptocoques et des staphylocoques. D'autre part nous avons, dans des cas relativement récents de *dourine*, vu l'image clinique varier si rapidement et d'une façon si intense, qu'il est parfois bien difficile de se faire un jugement de la valeur d'un procédé déterminé de médicamentation.

Dans quelques cas récents de *dourine* et de même dans quelques cas plus anciens, dans lesquels les infections secondaires ne jouaient qu'un rôle insignifiant, M. *Weichel* a pu se convaincre de l'action utile du traitement par l'*atoxyl* et l'*émétique* et on peut affirmer que cette action était pour ainsi dire spécifique. La fièvre, l'inappétence, les plaques cutanées, qui pendant longtemps se présentaient régulièrement à nouveau, disparurent pour ne plus revenir sous l'influence de ce traitement. Ces effets n'ont pas été obtenus par le *novarsénobenzol*. Ce médicament très coûteux n'a pas permis de faire la moindre constatation permettant de le recommander.

Pour les animaux présentant des lésions organiques graves, provenant plutôt d'infections secondaires que de l'infection par les trypanosomes, le traitement par les médicaments nommés tantôt, ne pouvait avoir de chances de succès. M. *Weichel* a donc cherché à leur faciliter la lutte contre la *dourine* par l'administration quotidienne d'*acide arsénieux*, par des injections alternantes d'*atoxyl* et d'*émétique* et par la suralimentation. Là où il a pu établir sûrement l'existence d'infections secondaires, M. *Weichel* a procédé à des injections de vaccins antistreptococcique et staphylococcique, et il a, dans plusieurs cas de néphrite et d'anasarque, réussi à rétablir ses malades en y joignant des traitements locaux de la vessie, du vagin ou de la matrice par des injections au *sublimé*, au *lysol*, à l'*eau oxygénée* ou aux *sels d'argent*. Dans quelques cas particulièrement rebelles, M. *Weichel* a obtenu des résultats en forçant les doses arsenicales, d'*atoxyl* ou d'*émétique*, mais il convient d'ajouter que quelques-uns des chevaux qui ont subi ces traitements par des doses trop fortes et qui semblaient être hors de cause, n'ont pas supporté d'être remis au travail et sont morts presque subitement, dès qu'on a voulu les employer. Ces pertes doivent être attribuées à l'exagération des doses médicamenteuses d'une part et d'autre part à la suppression trop rapide de la médicamentation, lors de la reprise du travail. Pour quelques malades, les progrès faits par les lésions organiques chroniques, ont empêché toute amélioration de leur état quel que soit le traitement employé.

Les expériences faites par M. *Weichel* confirment les indications faites par d'autres auteurs; on doit en conclure que bien souvent il ne sera pas possible de lutter contre les infections par les trypanosomes et leurs suites : M. *Weichel* continue ses recherches pour voir si des injections sous-cutanées ou intra-veineuses de sang ou de sérum de chevaux qui ont résisté à la *dourine*, sont efficaces. Pour dire qu'un cheval a résisté à la *dourine*, qu'il est guéri et peut quitter l'infirmerie, M. *Weichel* exigeait qu'il soit resté sans fièvre pendant plusieurs semaines, et qu'il ait notablement augmenté de poids, s'il avait maigri.

Les essais de M. *Weichel* de trouver un moyen biologique d'établir la guérison de la *dourine*, n'ont pas donné de résultat probant; ils seront continués. Pour le moment, les recherches de M. *Weichel* ne permettent que de recommander comme traitement de la *dourine :*

1° Le repos absolu avec alimentation de choix:

2° Un traitement aussi précoce que possible par l'administration quotidienne d'*acide arsénieux,* les injections d'*atoxyl* et d'*émétique,* les lavages locaux des organes génito-urinaires et éventuellement par la sérothéraphie au moyen du sang et du sérum des malades et des guéris.

M. L. BLARINGHEM,

Professeur d'Agriculture au Conservatoire des Arts et Métiers
et Chef de service à l'Institut Pasteur de Paris.

A PROPOS DE LA SÉLECTION DU HOUBLON

63.365.11

28 Juillet.

Le *Syndicat des Brasseurs de France* a encouragé la création d'une *Société d'Encouragement à la culture des orges de brasserie* qui, depuis 1902, fait un choix des meilleures sortes industrielles, les propage, les achète à des prix rémunérateurs pour l'agriculture et le brasseur. J'ai décrit au Congrès du Havre de l'Association (1914) deux sortes pédigrées nouvelles (*l'orge Comtesse* et *l'orge Sarah*) qui ont été isolées par mes soins et ont eu un grand succès. Leur multiplication continue.

Le Comité directeur de cette Société s'était préoccupé, avant la guerre, de poursuivre des études analogues sur les houblons de France et un de mes élèves, M. *Julien Tournois,* mort pour la France, s'était spécialisé dans les recherches techniques qui lui ont fourni un sujet de thèse de doctorat remarquée (1). Le matériel étudié par M. *Tournois* est en partie conservé; avant de le confier à un étudiant capable d'en tirer parti, il me paraît nécessaire de réunir une collection aussi complète que possible des types renommés et je prie les membres de l'Association qui s'intéressent à la sélection des houblons de m'aider dans cette tâche. Les observations résumées dans cette note sont destinées à les guider dans le choix des plants.

L'espèce *Humulus lupulus, L. Sauvage* est très homogène; les plants cultivés d'autre part sont assez variés pour qu'on ait pu en distinguer

(1) J. Tournois. — *Étude la sexualité du houblon,* Paris, 1914, 190 pages et 5 volumes, 80.

150 formes et *Braungart* (1907) estime à 300 le nombre total des sortes cultivées dans le monde entier. Il y a dans ce matériel possibilité de faire une sélection.

Les sortes de houblon cultivées ne sont ni des variétés, ni des sous-espèces au sens génitique des mots ; ce sont de *simples individus*, multipliés souvent par centaines de milliers de fragments ou boutures ; ces individus comme les pommes de terre ou les arbres fruitiers à pépins vivent durant des siècles parfois et les résultats d'un choix approprié à un usage industriel, à un sol et à un climat déterminés, à une production intensive ou limitée dépendant évidemment des qualités propres à ces individus. Pour éviter des erreurs, des doubles emplois ou des tâtonnements, il importe donc de signaler exactement *le lieu* où le plant à été prélevé, s'il est commun dans les cultures, s'il est d'introduction ancienne ou récente.

Dans le même champ il faut s'attendre à trouver les fragments de plusieurs individus, peu nombreux d'ailleurs de 5 à 20 pour une plantation ordinaire d'un hectare. L'agriculteur les reconnaît à la couleur des tiges, à la vigueur, à la précocité qui peut être précocité de pousse au printemps, précocité de formation des grappes ou précocité de maturation, ces trois cas n'étant pas nécessairement liés l'un à l'autre. La plus grande attention doit être apportée à la *force et au nombre des jets* ; comme pour les arbres fruitiers ou la vigne, la charpente, c'est-à-dire la ramification des souches souterraines, rectifiées par des émondages et des tailles, traduit des qualités très importantes au point de vue de l'abondance et de la qualité de la récolte ; les tiges fortes à entrenœuds moyennement espacés à ramifications secondaires peu nombreuses jusqu'à une hauteur de deux mètres sont les plus appréciés ; mais il est certain que la fumure, les travaux d'entretien et la nature du sol modifient tous ces caractères végétatifs et tel plant, peu recherché en Alsace, pourra donner d'excellents résultats en Bourgogne et dans le nord de la France.

La *longueur des grappes*, l'*abondance des ramifications* secondaires et, leur distribution plus ou moins régulière, la présence de feuilles bractées, qui nuisent à la récolte, permettent de distinguer les individus à l'époque de la floraison. S'il existe quelques pieds mâles dans le champ ou dans les haies voisines, les formes des grappes sont modifiées ; *Tournois* a noté que des individus provenant de Pfaffenhofen (Bas-Rhin Houblon fin) où l'on détruit les pieds mâles avec soin se distinguaient des houblons de Benfeld (Haut-Rhin), par des modifications dues en partie à des fécondations nulles dans le premier cas et fréquentes dans le second. Elles se traduisent par la présence de graines plus ou moins bien développées dans les cônes fertiles qui sont plus grossiers, plus lourds et moins riches en lupuline. Les bractées des cônes elles-mêmes offrent des aspects différents selon que quelques graines ou de nombreuses graines sont formées.

La plus grande attention doit être apportée à l'examen des cônes, à la *forme des bractées*, à leur *nervation*, à leur *couleur vers l'époque de la maturité* et surtout à leur rapprochement sur l'axe du cône. *L'écartement des bractées* peut être évalué avec une assez grande exactitude par la formule $D = \frac{10\,a}{l}$ où a représente le nombre des bractées, l la longueur de l'axe du cône évaluée en millimètres, il importe d'éliminer du dénombrement et de la mesure les écailles de la pointe qui n'ont pas de nervures secondaires marquées. Les évaluations sont plus correctes lorsqu'on compare les cônes terminaux des grappes et alors il est possible de séparer les individus ayant une tendance à donner des cônes lâches de ceux qui donnent les les cônes serrés. Néanmoins la valeur de ce caractère distinctif des sortes n'est justifiée qu'après des cultures comparées dans le même terrain et cela durant trois années consécutives. Pour l'utiliser, il faut donc avoir secours aux *collections types*.

En conséquence, j'invite les membres du Congrès et leurs correspondants qui ont des houblonnières de prendre la peine de prélever à l'automne, au moment de la récolte, sur les individus qui leur paraissent les plus méritants comme sur les médiocres, une grappe portant au moins cinq cônes dont le cône terminal et quelques éclats de souche enracinés. Je leur adresserai des sacs spéciaux pour les prélèvements qu'ils voudront bien faire parvenir au *Laboratoire de biologie agricole de l'Institut Pasteur*, 25, rue Dutot, Paris. Ils recevront chaque année, une note concernant les caractères étudiés par comparaison avec d'autres plants d'essais ; s'ils le désirent, les meilleurs de ces plants d'essais seront mis à leur disposition.

M. DIEBOLDT,

Sénateur du Bas-Rhin, Directeur de la *Banque Rurale*.

LES ASSOCIATIONS AGRICOLES EN ALSACE ET LORRAINE

---

63 (062) (43.44)

28 Juillet.

M. *Hommell*, Directeur de l'Agriculture d'Alsace et Lorraine, a bien voulu me demander de vous parler des organisations agricoles en Alsace-Lorraine. Je vous prie de croire que je suis très sensible à l'honneur qui m'est fait et c'est très volontiers que je défère à ce désir.

La question est vaste et pourrait entraîner à de longs développements. Mais je ne veux pas abuser de votre attention et je me bornerai à vous indiquer dans les grandes lignes, la nature et le fonctionnement de ces organisations.

Même, je me contenterai de citer les travaux effectués, tels que le remembrement des parcelles avec établissement de chemins ruraux, travaux que la guerre a interrompus. Je noterai simplement la loi qui oblige les communes à l'entretien des taureaux pour la monte, les assurances contre la grêle et contre la mortalité du bétail et des chevaux, les stations agronomiques d'essai et de contrôle de Colmar et de Metz. Je rappellerai les différents établissements d'enseignement agricole, les écoles d'agriculture de Rouffach et de la Judenmatt. L'établissement viticole de Laquenexy, l'institut viticole Oberlin, les écoles de maréchalerie, les écoles ménagères, les écoles ambulantes de cuisine.

J'insisterai davantage sur les œuvres de solidarité. Et si les limites dans lesquelles j'entends me maintenir ne me permettent pas de vous parler en détail de tous les syndicats, associations, sociétés-syndicats d'élevage de toutes sortes, associations des viticulteurs de planteurs de houblon, des planteurs de tabac, société hippique, société de producteurs de semences, d'apiculteurs, de pisciculteurs, d'horticulteurs, fédération des sociétés d'aviculteurs et aussi du bureau d'architecture pour les constructions rurales, — je veux du moins vous dire quelques mots de nos comices agricoles.

Il y a en Alsace-Lorraine, dans chaque arrondissement un comice agricole, dit comice d'arrondissement. Les comices sont au nombre de 23 et groupent plus de 40.000 membres. Ils constituent pour ainsi dire chez nous la base de la vie agricole. Ils possèdent un journal hebdomadaire, qui est envoyé gratuitement à tous les membres. Chaque comice a à sa tête un président, assisté d'un comité. Le président et le comité sont élus par l'assemblée générale des membres. Les comités s'occupent des intérêts de leurs membres, favorisent la constitution et le fonctionnement des syndicats, ont dans leur champ d'action, en un mot, toutes les questions agricoles d'actualité. Ils recevaient du Gouvernement d'assez fortes subventions, avec destination spécifiée et étaient tenus de rendre compte de l'emploi de ces subventions.

Les comités ont créé, il y a une vingtaine d'années, l'*Association centrale des Comices agricoles*, qui a son siège principal à Strasbourg. L'objet de cette association centrale est l'achat en gros de tous les articles dont les cultivateurs ont besoin, semences, engrais, produits chimiques de toutes natures, machines agricoles, etc., et la revente aux membres des comices à des prix aussi favorables que possible et avec toutes garanties de bonne qualité. Cette association possède des immeubles à Strasbourg, Colmar, Mulhouse et Metz, avec de grands magasins, des ateliers de réparation et toutes les installations nécessaires. En outre elle a des magasins de vente répartis dans le pays entier. Son chiffre d'affaires s'est monté pour l'exercice 1919 à 18 millions de francs environ. Son fonds de réserve dépasse 2 millions de francs. Ces comices et ces associations ont rendu à notre agriculture de très grands services. Je dois dire que le Gouvernement leur accordait toute sa sollicitude et tout son appui.

Nous avions pour l'Alsace-Lorraine un ministère d'agriculture qui prenait l'initiative des améliorations à apporter, encourageait et subventionnait les comices, les associations et les syndicats. Il était secondé par un Conseil d'agriculture, composé d'une trentaine de membres, nommés en grande partie par les comices et les associations. Ce Conseil d'agriculture n'avait que voix consultative. Il donnait notamment son avis sur la répartition des fonds, et émettait des vœux qui étaient presque toujours écoutés.

A côté des organisations dont je viens de parler, je dois attirer votre attention d'une façon toute spéciale sur une institution particulièrement développée chez nous, celle du crédit agricole.

Le crédit agricole était assuré en Alsace-Lorraine par deux grandes fédérations : la *Fédération des Caisses Raiffeisen* et la *Fédération des Syndicats et associations agricoles*. Vous vous demandez peut-être pourquoi deux fédérations. En voici la raison. La *Fédération des Caisses Raiffeisen* est la plus ancienne et aussi la plus importante. Elle avait des attaches intimes avec les mêmes caisses fonctionnant en Allemagne et dépendait, comme celles-ci, de la maison mère située à Neuvied, plus tard à Berlin, et dont elle n'était qu'une succursale. Nous avons voulu posséder pour l'Alsace-Lorraine une organisation autonome et indépendante, et c'est pourquoi en 1904 nous avons créé la *Fédération des Syndicats et Associations agricoles*, avec la *Banque Rurale* dont je suis un des fondateurs et que j'ai l'honneur de présider depuis son origine.

Aux deux fédérations sont affiliées environ 700 caisses agricoles d'épargne et de prêts, sociétés coopératives à responsabilité illimitée, réparties dans tout le pays, c'est vous dire qu'il y a une caisse à peu près pour deux communes. Ces caisses sont de véritables banques communales, destinées à favoriser l'activité productive de leurs membres par la coopération, elles ont pour objet précis :

1° De consentir des prêts aux membres pour leurs affaires et leurs exploits;
2° De faciliter les placements d'argent et de stimuler l'esprit d'épargne;
3° De permettre l'acquisition en commun de tout article nécessaire à l'exploitation:
4° De chercher des débouchés en commun pour les produits agricoles;
5° De prendre toute autre mesure susceptible d'atteindre le but énoncé et plus particulièrement, d'instruire les membres et de les préserver de l'usure.

Les débuts de notre Fédération furent difficiles. Il nous a fallu lutter contre la concurrence des *Caisses Raiffeisen* et créer de nouvelles caisses dans les communes où il n'y en avait pas encore. Mais d'année en année, des progrès furent réalisés et aujourd'hui sur le total des 700 caisses que j'indiquais tout à l'heure, 240 environ sont affiliées à notre Fédération et membres de la *Banque Rurale*.

Il est à peine besoin d'insister sur les avantages considérables assurés par nos caisses à leurs membres. Ceux-ci peuvent ainsi placer dans leur commune les fonds dont ils n'ont provisoirement pas l'emploi. Ces fonds sont à l'abri des vols et de l'incendie, et rapportent intérêts. Gardés à la maison, ils risqueraient, en outre, d'être dépensés inutilement. Nous avons constaté qu'une fois l'argent à la caisse, on ne le retire qu'en cas d'absolue nécessité. L'esprit d'épargne est stimulé par ce fait. Aux membres qui ont besoin de crédit, la caisse en fournit à un taux peu élevé, et cette facilité met les membres de la caisse en état, d'une part, de faire des marchés avantageux, si l'occasion s'en présente, d'autre part d'attendre le moment favorable pour la vente de leurs produits, puisqu'ils ne sont pas pressés par le besoin d'argent et que la caisse est là pour leur avancer les sommes nécessaires.

J'en aurai terminé lorsque je vous aurai dit quelques mots de la *Banque Rurale*. La *Banque Rurale d'Alsace et de Lorraine* est une société coopérative à responsabilité limitée. Toutes les caisses de la fédération en sont membres. C'est avec elle exclusivement qu'elles traitent leurs affaires d'argent. La *Banque Rurale d'Alsace et de Lorraine.* avait primitivement pour but la régularisation des échanges de fonds entre les caisses; mais avec le temps, elle a dû étendre son action. Aujourd'hui elle s'occupe principalement du placement des fonds, parce qu'il n'y a plus guère de caisses qui aient besoin de crédit.

Naturellement toute spéculation est absolument écartée. Elle accepte de l'argent en compte courant, en compte de dépôt avec dénonciation de trois mois, compte de dépôt avec dénonciation de six mois. Elle est arrivée à maintenir un taux invariable, indépendant des fluctuations du marché et qui est fixé pour le compte courant à 3,75 0/0, pour les dépôts à trois mois à 4 0/0 et pour les dépôts à six mois à 4,25 0/0. Pour les comptes débiteurs le taux est fixé à 5 0/0.

L'avoir en banque des caisses se monte à près de 50 millions de francs et le chiffre d'affaires de la banque s'est élevé, l'exercice dernier, à 780 millions environ, J'ajoute que les dépôts des *Caisses Raiffeisen* atteignent 120 millions; cela fait ensemble 170 millions, et il est permis de prétendre que sans l'existence des 700 caisses dont je viens de parler, la plus grande partie de ces 170 millions se serait évaporée.

Telles sont, rapidement passées en revue, les organisations auxquelles nous devons l'état florissant de l'agriculture en Alsace-Lorraine.

Je sais tout ce qui a été fait, en France, dans le même ordre de préoccupations. Je connais les progrès réalisés dans le domaine de la coopération comme dans celui du crédit agricole. A la veille de cette effroyable guerre, la France pouvait suffire à la consommation de ses habitants, en blé, en vin, en viande et en sucre, sans rien demander à l'étranger. Il me permettra d'ajouter qu'elle peut prétendre, non seulement à suffire à ses besoins, mais même à exporter le surplus de sa production.

La guerre a créé, au point de vue agricole, comme aux autres, une situation grave. Et pourtant, pour employer le mot du vénérable M. *Méline*, c'est *par la terre* que viendra le salut, par cette terre de France qui est, a dit encore M. *Méline* — et j'ai constaté la vérité de cette parole, — *une des premières du monde.*

Pour obtenir ce salut, peut être pourrait-on trouver d'utiles enseignements dans nos organisations agricoles d'Alsace et de Lorraine, notamment en ce qui concerne le crédit. Pourquoi ne réussiraient-elles pas ici, comme elles ont réussi là-bas? Ce serait comme un don de reconnaissance et d'amour de notre petite patrie pour notre grande patrie retrouvée.

DIRECTION DES SUCRERIES ET RAFFINERIES D'ERSTEIN

(Bas-Rhin.)

SUR LA CULTURE DE LA BETTERAVE A SUCRE EN ALSACE

63.343.3 (43.445)

28 Juillet.

La culture betteravière n'est connue en Alsace que depuis vingt-sept ans. Les premiers essais avaient été faits en 1893 par la *Sucrerie badoise de Waghäusel* et avaient donné des résultats si encourageants quant au rendement en poids, que l'année d'après, année de construction de l'usine d'Erstein, la plupart des fermiers des environs s'adonnèrent à la nouvelle culture. Près de 800 hectares furent réunis la première année sans trop s'éloigner des environs de l'usine, un commencement qui pouvait promettre une extension fort intéressante. Malheureusement il n'en fut ainsi.

La direction allemande réussit dès ses débuts à s'aliéner par son esprit autoritaire, inconciliant, hautain et pangermain, les sympathies du simple fermier alsacien qui retourna alentour d'Erstein bien vite à d'autres cultures qui paraissaient lui donner plus de satisfaction. Pour parfaire au manque ainsi occasionné, la Sucrerie se vit obligée d'étendre peu à peu son rayon d'action et en était arrivée lors de la déclaration de la grande guerre à la nécessité de retirer un tiers de ses approvisionnements en betteraves du Grand-Duché de Bade et du Palatinat avec des frais de transport peu en rapport avec un rendement économique.

Cet éloignement impliqua nécessairement une organisation vaste et surtout coûteuse du service extérieur, tant en vue des ensemencements, qui, d'après la coutume allemande, étaient à effectuer par l'usine, qu'en vue des réceptions pour lesquelles il fallut aménager et mettre en fonction quantité de postes et stations réceptrices, — organisation d'autant plus compliquée que le morcellement des terres est poussé en Alsace aux extrêmes limites du possible.

Le morcellement ne permet en outre jamais à l'usine d'envisager un paiement à la densité et les variations très fréquentes dans la richesse ainsi que dans les frais supplémentaires que nous venons d'esquisser, produisirent dans les années de basse tension du marché à sucre, des pertes fort conséquentes à l'usine, auxquelles celle-ci dut parer en faisant descendre le prix des betteraves à des taux qui étaient loin de stimuler le paysan déjà dégoûté à une culture dont il n'avait pas encore eu le temps d'apprendre à apprécier les nombreux autres avantages.

La guerre mondiale aggrava cette situation dans des proportions des plus inquiétantes.

Tandis qu'en 1914 l'Alsace avait fourni 1.000 hectares sur 1.440, les emblavements étaient descendus en 1915 à 128 hectares, en 1916 à 176 hectares, en 1917 à 368 hectares.

Les raisons de ces réductions sont faciles à déterminer : ce sont les mêmes qui ont fait d'un pays exportateur de sucre qu'était l'Allemagne un pays importateur : L'Allemagne craignant au début de la guerre que l'excédent de sucre qui allait avant les hostilités à l'exportation ne puisse être résorbé dans le pays même, entreprit d'en réglementer la production, fixa un prix déterminé pour le sucre ainsi que pour la betterave et fixa ce dernier si bas que le producteur se détourna presque entièrement d'une culture qui était aussi peu rémunérative.

Le cultivateur alsacien, soumis aux mêmes lois et conditions, abandonna par conséquent la betterave à sucre et n'y retourna qu'après avoir vu entrer en Alsace les Français libérateurs.

La direction allemande une fois partie et l'esprit pangermain à jamais chassé, une propagande active et habile permit à la nouvelle direction — alsacienne maintenant — de réunir du premier coup en 1919, 1.350 hectares, chiffre qui depuis l'existence de l'usine n'avait jamais été atteint.

Comme nous l'avons démontré au commencement de cette petite communication, la culture de la betterave à sucre diffère en Alsace de beaucoup de n'importe quel autre centre betteravien.

Des 464 villages situés dans le département du Bas-Rhin et susceptibles de faire de la betterave, il n'y a que 250 villages qui s'occupent de cette culture.

La moyenne d'ensemble par village s'élève cette année-ci à 4 hectares. La moyenne par cultivateur n'est que de 0,224.

121 villages ont	moins de	1 hectare	d'emblavements
39 —	entre	1 à 2 hectares	—
32 —	—	2 à 5 hectares	—
29 —	—	5 à 10 hectares	—
15 —	—	10 à 15 hectares	—
9 —	—	15 à 20 hectares	—
5 —	—	20 à 30 hectares	—
3 —	—	30 à 40 hectares	—

et seulement 2 villages ont plus de 40 hectares. Au total de nos emblavements sont engagés par contrat :

5.072 planteurs pour 1.136 hectares!

M. J. DUFRÉNOY,

Assistant à la station de biologie d'Arcachon.

LES BALAIS DE SORCIÈRES DES PINS MARITIMES

63.492.6

28 Juillet.

Les pins maritimes montrent assez souvent des *Balais de sorcières* formés de nombreuses pousses feuillées dressées, naissant d'une hypertrophie locale d'une branche latérale issue du tronc.

Des coupes de la tige mère ou des rameaux du balai, examinées dans le *chloralphénol*, montrent que les tissus cambiaux sont infectés par des zooglées brunes de bactéries, passant d'une cellule à l'autre par les ponctuations aréolées.

Dans les tissus fixés au *Bouin*, les bactéries sont colorées en noir par l'*hématoxyline ferrique*, en bleu par la *Méthode au bleu polychrome-tanin orange*. La différenciation par l'*Alcool amylique*, de la coloration par le *Bleu polychrome* ou le *Cristal violet* aniliné est un peu élective.

Ces bactéries donnent en trois jours, sur *gélose peptonée* glucosée neutre, des colonies brun rouge, peu étendues en surface, mais pénétrant le long de la piqûre, et formées de bactéries très mobiles, culbutant rapidement sur place et incluses dans une zooglée brune analogue à celle des endophytes.

Dans les cellules infectées, le noyau et le cytoplasme peuvent disparaître pour laisser la place aux zooglées. Les membranes peuvent se décoller le long de fentes lysigènes, localisées où s'insinuent les zooglées. Nous n'avons pas observé de cellules géantes, mais le cambium peut former de petites hyperplasies.

Il semble que l'excitation parasitaire provoque la différenciation de nombreuses plages cambiales en initiales de bourgeons, et leur développement en tiges surnuméraires.

La cladomanie résulte de ce que : 1° les bourgeons latéraux formés en nombre excessif se développent au lieu de rester dormants ; 2° le bourgeon terminant le rameau rudimentaire porteur des aiguilles (et qui normalement avorte chez le pin), se développe entre les deux aiguilles. Une culture de bactéries âgées de dix jours a été inoculée dans des bourgeons de jeunes pins maritimes : les bourgeons inoculés sont morts, les uns au bout de quelques semaines, les autres en quatre mois. Les tissus mortifiés contenaient de nombreuses bactéries (dont l'identité avec le parasite n'a pas été vérifiée), puis ont été infectés de champignons saprophytes.

Quoique les inoculations ne soient pas démonstratives, on peut en conclure que les balais de sorcière des pins français sont d'origine bactérienne, comme le sont d'après *E. Smith*, ceux des pins américains (lorsqu'ils ne sont pas déterminés par des rouilles) (1).

M. FRON,

Professeur à l'Institut national agronomique;

ET

M. RIGOTARD

CONTRIBUTION A L'ÉTUDE DE LA FLORE FOURRAGÈRE SPONTANÉE AU MAROC ET PARTICULIÈREMENT DU LOTUS ARENARIUS (BROTERO)

63.33 (64)

28 Juillet.

Les cultures fourragères ont une très grande importance au Maroc pour assurer la nutrition du bétail pendant la période de végétation et surtout pour traverser la longue période de sécheresse (cinq ou six mois de l'année) par une réserve de foin qui fait totalement défaut et a mis les services du corps d'occupation dans la nécessité d'acheter, ces dernières années, à des prix très élevés des fourrages en Algérie et même dans la métropole déjà si appauvrie (2). En outre la culture fourragère a sa place marquée dans tout assolement bien conduit et est particulièrement favorable pour les céréales qui viennent ensuite.

Le plus intéressant des fourrages est, sans contredit, produit par la luzerne quand elle est irriguée. Mais les terres qui lui conviennent, qui possèdent une fertilité foncière de vieille date et sont susceptibles d'être irriguées avec des eaux de bonne qualité (non salées) et sans frais exagérés, sont malheureusement en proportion infime par rapport à l'étendue du pays.

Il n'est pas possible de renoncer à toute culture fourragère, faute de pouvoir cultiver sur de vastes étendues, *la meilleure des Légumineuses*, la

---

(1) *Meinecke*, par exemple décrit des balais de sorcière causés chez *Pinus radiata* par *Peridermimium cerebrum* et chez *P. Jeffreyi* par *P. Harknessii* (*Phytopathology*, v. X, p. 295, 1920).

(2) Conférence sur « l'élevage au Maroc », par M. MONOD, chef du *Service Zootechnique du Maroc*, 1915.

luzerne, et il y a intérêt à rechercher dans les plantes spontanées du pays celles qui peuvent être utilisées, à les sélectionner et à les améliorer. Des travaux de ce genre sont activement conduits à l'étranger : aux États-Unis, dans les colonies anglaises (aux Indes principalement), et ont déjà donné des résultats appréciables. Nous sommes persuadés qu'il y a beaucoup à faire à ce point de vue pour mettre en valeur nos riches territoires du nord de l'Afrique.

Notre attention s'est portée sur une plante du genre *Lotus*, l'espèce désignée sous le nom de *L. arenarius* (*Brotero*). Ce sont les premiers résultats de l'étude de cette espèce que nous résumons dans la présente note.

Cette légumineuse a une aire de dispersion très réduite et elle est appréciée du bétail partout où elle se trouve : elle est localisée dans le sud du Portugal, dans l'Espagne (régions de Cadix, de Xérès, Gibraltar, Malaga), dans les îles Canaries et au Maroc, depuis Tanger jusqu'à Agadir. Elle n'est pas signalée en Algérie, ni en aucun point du bassin de la Méditerranée, tout au moins à notre connaissance.

Elle ne se rencontre ni dans l'Afrique australe, ni sur l'autre rive de l'océan Atlantique, du Canada et des États-Unis.

C'est donc une plante nettement localisée. En outre, elle présente de grandes modifications dans ses caractères végétatifs suivant les localités; c'est une plante essentiellement polymorphe et, par suite, capable d'être améliorée par des procédés culturaux et par sélection.

Lotus arenarius est une légumineuse qui produit des touffes pouvant atteindre de grandes dimensions, formées de tiges ayant jusqu'à 50 centimètres de longueur, portant vers leur extrémité des fleurs d'un jaune orangé. Le fruit est une gousse droite, le plus souvent comprimée sur la ligne de suture des valves. Les graines sont presque sphériques, de coloration générale jaune olivâtre, marbrées de noir. Par ses caractères végétatifs, par la coloration de ses graines, elle se différencie nettement de *L. corniculatus*, que l'on rencontre aussi au Maroc.

Notre attention a été particulièrement frappée par les différences que l'on observe dans la forme et la dimension des représentants d'une même localité : ces différences ont été constatées par les botanistes successifs qui ont décrit l'espèce. *Willkomm* et *J. Lange* qui, après *Brotero*, le premier descripteur de l'espèce en 1804, et *Boissier* en 1837, ont étudié cette plante, distinguent dans leur flore d'Espagne (1) deux variétés, *major* et *minor*, suivant les dimensions de la plante entière et des folioles des feuilles.

Les nombreux échantillons que nous avons examinés dans les riches collections du docteur *Cosson* au Muséum national d'Histoire naturelle de Paris et les spécimens que nous avons récoltés au Maroc, nous conduisent à penser que les formes *major* et *minor* représentent les limites extrêmes de la variation de l'espèce.

(1) *Prodomus Floræ hispanicæ-Stuttgartiæ*, 1880.

D'autre part, la plante nous a semblé annuelle dans les échantillons que nous avons récoltés et elle est regardée comme telle par la majorité des auteurs. Néanmoins, *Willkomm* (1), dans sa description de la variété *major*, écrit à ce sujet « *Videtur perennis* », et M. *Michel Grandoger*, qui connaît particulièrement bien la flore d'Espagne, spécifie que *Lotus arenarius* peut devenir pérenne dans certaines conditions de milieu.

Ce sont là des caractères de la biologie de l'espèce qu'il est important d'élucider; par une sélection méthodique et suivie dans les régions où la plante est spontanée, il sera possible d'être rapidement fixé sur ces différents points et d'arriver à propager la forme *major*, la plus avantageuse au point de vue qui nous occupe.

Lotus arenarius se maintient à l'état spontané par la diffusion de ses graines émises au nombre de quinze à vingt-cinq par gousse. Mais ces graines sont munies, comme beaucoup de graines de légumineuses, d'un tégument très épais qui s'oppose à la pénétration de l'eau; la proportion de *graines dures* chez ces plantes est considérable. Il résulte de ce fait que la levée des graines qui tombent spontanément sur le sol est très irrégulière, la propagation de l'espèce est très faible.

Étant donné l'intérêt qui paraît devoir être attaché à cette plante spontanée, il est indispensable d'en favoriser la propagation; il suffit, pour cela, d'effectuer en temps opportun la récolte des graines et de leur faire subir l'une des préparations mécaniques qui ont été conseillées à maintes reprises par M. *Schribaux* pour régulariser la levée.

Un essai de germination, effectué à la *Station d'Essais de Semences*, sur des graines récoltées au Maroc en mai 1918, a accusé 4 0/0 seulement de germination au bout de neuf jours, alors que des graines du même lot, rayées au préalable sur du papier de verre, ont germé dans la proportion de 97 0/0 en deux jours. Des résultats analogues auraient certainement été obtenus par l'action de l'eau bouillante pendant quelques minutes.

Conclusions. — Ces diverses observations nous conduisent aux conclusions suivantes : *Lotus arenarius* est une plante limitée à une aire géographique très réduite et localisée, dans la flore spontanée du Maroc, à un petit nombre de stations. Plante polymorphe présentant quelques formes ou variétés très appréciées du bétail et, par suite, de bonne valeur fourragère.

La propagation de cette espèce est à conseiller, soit en vue d'en faire une culture spéciale introduite dans l'assolement avant une céréale, soit en mélange avec d'autres plantes, pour la constitution de prairies fourragères.

Abandonnée à elle-même, la propagation de l'espèce est très aléatoire; mais par la récolte et la préparation mécanique des graines, la germination peut être régularisée et, par suite, la propagation augmentée dans une proportion considérable.

---

(1) *Supplementum Prodomi floræ hispanicæ, Stuttgartiæ*, 1893.

M. GRAND,
Directeur des Services agricoles de la Moselle, Metz.

LA SITUATION DE L'AGRICULTURE EN LORRAINE PENDANT ET DEPUIS LA GUERRE

63 19 (44.382)

28 Juillet.

La guerre a eu une grosse répercussion sur l'étendue des cultures en Lorraine qui se sont trouvées réduites non seulement par l'abandon des territoires des communes dévastées, mais aussi dans l'ensemble du pays. Il parait intéressant de comparer à ce point de vue les chiffres fournis par la statistique agricole et qui sont consignés dans le tableau suivant :

Surface en hectares	1913	1914	1915	1916	1917	1918	1919
Terres labourables.	304.506	306.018	293.069	194.114	183.604	191.351	250.889
Pâturages et vaines pâtures et pâturages sur jachères.	14.226	14.510	17.475	16.420	23.844	29.783	41.228
Terres en friches.	29.209	29.359	32.168	42.291	41.326	54.071	48.431

La comparaison des chiffres montre :

Que la surface des terres labourables a diminué constamment pendant la guerre, passant de 304.506 hectares en 1913 à 191.351 en 1918; elle s'est relevée à 250.889 en 1919. Les chiffres de 1920 marqueront-ils un retour rapide vers la situation d'avant-guerre? C'est peu probable.

Que la surface des pâturages, vaines pâtures et pâtures sur jachères a environ triplé pendant la guerre passant de 14.226 hectares en 1913 à 54.071 en 1918; elle est redescendue à 48.431 en 1919, ce léger progrès correspond certainement à la mise en culture des terres dans les communes dévastées.

Ce qui frappe le plus c'est l'augmentation brusque de 1918 à 1919 des surfaces livrées au pâturage s'élevant de 29.783 à 41.228 hectares. Cette augmentation marque la tendance de la culture à se faire extensive et à se consacrer à l'élevage. Faut-il en chercher les causes dans le nombre des cultivateurs disparus pendant la guerre, dans un abandon accentué des campagnes, la pénurie des engrais, la rareté et la cherté de la main-d'œuvre? Probablement dans toutes ces causes réunies.

Il y a lieu de rechercher si le bétail a augmenté en proportion de l'étendue mise à sa disposition, si le département a retrouvé de ce côté ce qu'il a perdu dans les autres cultures. Les relevés statistiques du tableau suivant vont nous édifier :

Espèces animales	1912	1918	1919
Chevaline	61.242	30.010	45.729
Bovine.	183.355	150.185	149.494
Ovine	27.620	23.120	17.424
Porcine	211.009	125.554	142.127

Seules les espèces chevaline et porcine marquent une augmentation de 1918 à 1919 et l'on voit que le troupeau du département n'a pas retrouvé son importance d'avant-guerre. La culture extensive avec accroissement des surfaces consacrées aux pâturages a pu simplifier l'élevage, elle ne l'a pas augmenté. C'est le retour à la culture intensive, avec extension des prairies artificielles, des fourrages annuels, des betteraves etc., qui permettra de ramener le cheptel aux chiffres d'avant-guerre sans restreindre la surface des autres cultures essentielles comme celle des céréales et des pommes de terre.

Ces cultures n'ont pas regagné les étendues qu'elles avaient perdues ainsi que le montre le tableau suivant :

Nature des cultures	Surfaces en hectares 1913	1918	1919
Froment	75.956	40.782	55.384
Seigle	26.217	13.895	20.501
Orge	4.072	3.981	4.761
Avoine	85.023	55.666	73.645
Pommes de terre . . .	32.198	14.565	26.265

Il y a lieu d'espérer que la statistique de l'année 1920 fera ressortir une nouvelle amélioration. Mais combien faudra-t-il de temps pour retrouver les productions d'avant-guerre et même les dépasser comme le pays en aurait besoin pour rétablir sa situation économique? Il faudrait pour cela faire disparaître les causes de la diminution, et il y en a une à laquelle il paraît difficile de remédier, c'est la pénurie de main-d'œuvre. La guerre a fait disparaître un nombre immense de travailleurs et, comme cela s'est produit à toutes les époques, les vides du commerce et de l'industrie sont comblés par l'exode des travailleurs de la terre. L'agriculture se trouve ainsi doublement affaiblie : par ses pertes propres, et par le départ de ceux qui lui restaient. Tout ce que l'on peut faire pour ramener des travailleurs à la terre : propagande contre l'abandon des campagnes, apport de main-d'œuvre étrangère ou exotique, ne suffira pas. Le remède paraît plutôt dans l'augmentation de la capacité productrice des cultivateurs existants, par : 1° l'emploi d'un meilleur outillage et de moyens plus perfectionnés; 2° l'intensification de l'effort individuel par l'Association mutuelle. Je traduirai cela en disant :

Au village avant la guerre on était trente à la culture, maintenant on n'est plus que vingt et le tiers de la tâche reste à faire. Il faut instruire, associer, outiller les vingt qui restent de manière à ce qu'ils parviennent à faire la besogne des trente.

Ce résultat n'est pas à espérer uniquement de l'initiative des cultivateurs, et les pouvoirs publics doivent intervenir énergiquement dans l'intérêt national.

Les plus larges encouragements devraient être donnés à l'agriculture et il n'est pas douteux que l'intérêt national, commanderait dans les circonstances présentes, en attendant une amélioration de la situation budgétaire, de lui consacrer une partie de ceux qui vont à d'autres branches : littérature, beaux-arts, etc... Cela devrait être fait pour permettre : de donner l'enseignement agricole aux jeunes gens et aux jeunes filles jusque dans les plus petits coins des campagnes, d'organiser partout des coopératives de production, de les doter d'un outillage perfectionné, de semences sélectionnées, des engrais nécessaires, d'assurer la conservation et l'utilisation des produits — des associations mutuelles procurant aux cultivateurs la sécurité et le bien-être matériel qui peuvent les fixer à la terre. Ce n'est qu'à cette condition que l'exode des campagnes s'atténuera et, comme c'est là que l'on repeuple, que nous verrons remonter le chiffre de la population et la situation économique retrouver son équilibre lorsqu'elle sera étayée par une agriculture prospère donnant au pays des hommes et les produits dont il a besoin.

M. HERTZOG,

Professeur d'Agriculture, Metz.

LES CULTURES SPÉCIALES DU PAYS MESSIN

63.191.19 (43.44)

28 Juillet

(Mémoire publié a part.)

M. JESSE,

Directeur de la Station agronomique de Metz.

LA STATION AGRONOMIQUE DE METZ DEPUIS SA FONDATION JUSQU'EN 1919

63 (072) (43.44)

28 Juillet.

La *Station agronomique de Metz* fondée en 1907, sous le nom de *succursale de la Station agronomique de Colmar*, à Metz, avait tout d'abord pour but d'éclairer les cultivateurs lorrains sur l'emploi des engrais chimiques. Ce but était atteint par des conférences faites dans les deux langues, en général lors d'une assemblée d'un des différents Comices et par des essais pratiques de fumure exécutés chez les cultivateurs eux-mêmes. En 1908, pour décharger la *Station agronomique de Colmar*, la succursale de Metz a été chargée du contrôle du marché des engrais, provendes, semences, anticryptogamiques, etc.... pour toute la Lorraine.

Jusqu'en 1910 il n'était exécuté à la *Station de Metz* que les analyses chimiques des produits; à partir du mois d'octobre 1910, le personnel étant au complet les analyses des provendes, semences, etc..., au point de vue botanique ont pu être exécutées.

La courbe ci-dessous montre comment s'est développée l'activité de la *Station de Metz*.

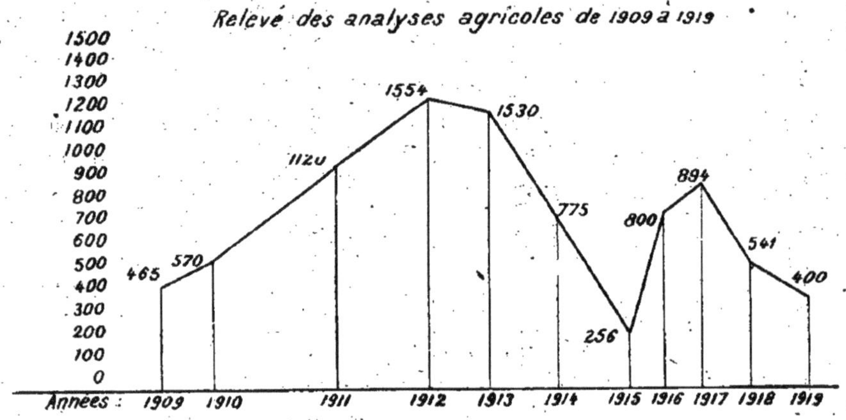

A côté de ces analyses purement agricoles, on exécutait à la Station des analyses d'eau, de terre, produits alimentaires (beurres, laits, graisses, etc.).

La *Station agronomique de Metz* poursuit sur une plus grande échelle les essais de fumure commencés. Afin de pouvoir donner aux cultivateurs des indications exactes, elle faisait sur son champ d'essais d'Urville des recherches rigoureusement exactes sur les doses et les sortes d'engrais convenant le mieux aux variétés cultivées au pays. De cette façon l'emploi rationnel des engrais a tendu à se généraliser et l'agriculture du pays a pris un certain essor.

Pour augmenter encore les rendements, la *Station agronomique de Metz* a entrepris des essais de variétés à Urville. Ces essais avaient pour but de reconnaître la ou les variétés à grand rendement aptes à donner de bons résultats en Lorraine. C'est seulement lorsque les résultats obtenus à Urville étaient satisfaisants qu'elle les recommandait aux cultivateurs. C'est ainsi qu'ont été introduites en Lorraine les variétés à grand rendement notamment les blés Squarehead et les avoines Leutewitzer, Beseler II, Strube, etc...

Le champ d'Urville, d'une contenance de 4 hectares, a un sol lehmeux assez lourd tel qu'on le trouve généralement en Lorraine. La couche arable est d'une épaisseur de 25 à 30 centimètres. Le sous-sol est une argile lourde d'un caractère glaiseux ne laissant passer l'eau que difficilement. Le champ a été, pour cette raison, drainé. Le terrain est exploité selon les usages du pays. La méthode d'emblavure, l'époque des semailles et la quantité des semences employées s'adaptent dans la mesure du possible à ce qui est consacré par l'expérience en Lorraine. Toutes les céréales et les betteraves sont semées à l'aide du semoir en ligne. Au sujet de la fumure il est à remarquer que la Station ne veut pas produire ces récoltes abondantes par l'emploi d'une masse d'engrais, mais étudier par quelles quantités d'engrais la culture d'une plante déterminée pourra donner le rendement le plus avantageux.

La Station s'est efforcée de diffuser en Lorraine la culture des blés sélectionnés, tout d'abord ceux sélectionnés par *M. le Dr Kulisch*, Directeur de la Station agronomique de Colmar. Nous citerons *spécialement* la souche 5 et la souche 22, puis les Squarehead.

Parmi les études faites au champ d'Urville, nous en signalerons une sur la culture de l'avoine, étude qui a été poursuivie pendant cinq ans. Le but en était de voir la où les variétés à grand rendement convenant le mieux au sol lorrain. L'avoine, dite du Pays, n'était plus à même de répondre aux exigences d'une exploitation intensive, telle qu'elle se pratique de plus en plus en Lorraine là où les circonstances le permettent; de plus, la qualité de cette avoine ne suffisait plus aux exigences du commerce et des magasins militaires qui étaient les plus forts acheteurs.

Résultats moyens pour les cinq années.

VARIÉTÉS	RENDEMENT en grains à l'hectare en quintaux métriques.	RENDEMENT en paille à l'hectare en quintaux métriques.	POIDS du quart de litre en gr.	POIDS des 1000 grains en gr.	POURCENTAGE de teneur en glumes.
Beseler II.	28.65	54,37	120,70	38.41	28.32
Avoine du Fichtelgebirg.	26.92	54,45	121.87	32.67	33.03
Pluie d'Or	26.32	53,18	124,82	30.98	27.14
Heine du plus haut rendement	25.19	55,69	114,90	34,18	28.81
Avoine de Kirsche.	27.19	49,82	119,30	35,31	29.82
Leutewitzer.	29,80	57.31	119,90	28.19	25.29
New Market.	27,28	50,26	123,50	38,19	27,09
Petkuser	28,12	47,72	116,80	29,12	27,30
Strube	31,59	59,76	120,30	36.74	28.59
Moyenne d'exploitations.	27.89	53,61	120.23	33,75	28,37

A côté de cette étude, la *Station agronomique de Metz* s'est occupée d'une étude sur les betteraves fourragères qui a donné comme résultats l'introduction en Lorraine de cinq ou six variétés convenant parfaitement tant au point de vue masse qu'au point de vue valeur nutritive; nous ne citerons que les suivantes : Tannenkrüger, Eckendorfer, Jaune orange de Cimbal, demi-sucrière, Vauriac.

En 1914, une étude comparative entre différents produits azotés livrés par la Badische Anilin und Sodafabrick avait été mise en route, mais n'a pas pu être terminée. Il serait très intéressant de la recommencer.

Actuellement la *Station agronomique de Metz* estimant que les méthodes employées jusqu'ici avaient donné d'excellents résultats, continue dans la même voie. C'est ainsi qu'elle a mis en cours une série de recherches à fin de voir la ou les variétés de blé d'automne, avoine de printemps, orge de printemps, *de provenance française*, qui donneraient de bons résultats ici.

Nous avons aussi essayé quelques variétés de blé de printemps (cinq) afin que les cultivateurs lorrains accordent à cette céréale une plus grande attention.

M. Eugène KUHLMANN,

Régisseur de l'Institut viticole municipal *Oberlin* de Colmar.

LE VIGNOBLE ALSACIEN-LORRAIN

63.46 (43 44)

28 Juillet.

I. — *Les anciens cépages; les vignes greffées et les hybrides producteurs directs.* — D'après les recensements agricoles antérieurs, le département du Haut-Rhin comptait en chiffres ronds 12.000, celui du Bas-Rhin 14.000 et le département de la Moselle une superficie de 6.000 hectares de vignes, soit en tout pour les trois départements un total de 32.000 hectares. Il y a lieu d'observer que cette surface, emplantée en vignes, a diminué sensiblement (on parle d'environ 4.000 hectares) d'abord par suite de la crise persistante qu'a eue à essuyer l'exploitation viticole de 1901 à 1914 et ensuite par suite de la guerre, durant laquelle beaucoup de vignobles n'ont plus pu être soignés, faute d'ouvriers. Comme la surface totale de notre pays comporte 1.450.810 hectares, il ressort des communications ci-dessus, que le vignoble profite en chiffres ronds de 2,20 0/0 de cet aréage. Dans le cercle de Ribeauvillé le vignoble occupe relativement la plus grande étendue et atteint 9,20 0/0 de la surface totale. Pour cette raison, cette localité a toujours été considérée autrefois comme le centre de la viticulture alsacienne.

Dans les derniers décennats, la ville de Colmar a su s'acquérir ce renom, d'abord par la création de l'Institut viticole municipal « Oberlin » et finalement parce qu'elle est devenue le siège de l'Association des viticulteurs d'Alsace, avec la Bourse aux vins.

La viticulture forme une des branches les plus importantes de l'Agriculture d'Alsace et de Lorraine. Presque toutes les collines, situées sur le versant Est, au pied des Vosges, ainsi que les expositions Sud, abritées des vallées, sont vouées à la viticulture. La vigne est cultivée en outre depuis des siècles dans la plaine des environs de Colmar, de Sélestat, de Wissembourg, et depuis quelques décennats aussi dans celle de Strasbourg. Les vignobles les plus importants du département de la Moselle se trouvent sur les côteaux alentours des deux rives de la Moselle au-dessus de Metz jusqu'à Novéant et au-dessous de Metz jusque vers Thionville et Sierck et jusque vers les limites du Grand-Duché de Luxembourg. En dehors de la vallée de la Moselle, la viticulture lorraine est encore assez considérable dans la vallée de la Seille, à Vic par exemple.

L'altitude moyenne des vignobles d'Alsace et de Lorraine est de 260 mètres et la température moyenne varie entre 9°,5 et 11°,2 centigrades de chaleur. Le sol est en général très fertile; sa nature diffère et change selon les expositions. Nous y trouvons entre autres les terrains calcaires ainsi que les terrains avec granit, gypse, sable, alluvion, argile, etc., etc...

L'Alsace et la Lorraine produisaient autrefois (jusque vers l'année 1900), en moyenne presque 1.500.000 hectolitres de vin et cette quantité n'a pas suffit aux besoins de sa population, puisque l'importation a dépassé, dans ces vieux bons temps, l'exportation d'environ 200.000 hectolitres. Aujourd'hui la production comporte encore en moyenne environ 500.000 à 600.000 hectolitres et l'importation doit dépasser l'exportation de 800.000 hectolitres à peu près. La production du vin blanc prédomine dans toute l'Alsace, tandis que celle du vin rouge est, à peu d'exceptions près (Sierck et environs), exclusive en Lorraine.

En Alsace la vigne est cultivée à grande arborescence. Un cep est formé en général de deux à trois troncs (appelés ici jambes), de 80 centimètres à 1m,50 de hauteur, sur lesquels on taille en moyenne trois branches à fruits, de 60 à 90 centimètres de longueur. Ces sarments sont recourbés et liés après l'échalas ou les troncs, en forme de cercles ou d'arceaux, de sorte qu'en été, quand les pousses sont relevées et accolées, le cep prend la forme d'une *quenouille*. En Lorraine, on pratique dans la vallée de la Seille et sur les coteaux de la rive gauche de la Moselle le soi-disant *système en foule*, qui consiste dans des vignes très basses, et sur la rive droite on rencontre le *système fort intéressant en cuveau*.

Le département du Haut-Rhin compte 36 communes, dont les banlieues, renfermant chacune plus de 100 hectares de vignes, ont une surface totale de 8.614 hectares, et une altitude moyenne de 405 mètres; le Bas-Rhin 31 communes, avec 6.690 hectares et une altitude moyenne de 291 mètres et la Moselle 12 communes, avec 1.693 hectares et une altitude moyenne de 235 mètres.

Les cépages de vinifera d'Alsace sont à classer en trois catégories :

1° *Les cépages pour vins blancs fins;*

2° *Les cépages pour vins blancs ordinaires;*

3° *Les cépages pour vins rouges.*

En Lorraine on distingue :

1° *Le vin rouge de première qualité*, provenant des cépages appelés « fine race »;

2° *Le vin rouge ordinaire*, des cépages appelés « grosse race »;

3° *Le vin gris*, provenant d'ordinaire des cépages « fine race » et qui, par suite de certaines manipulations, contient encore de l'acide carbonique (moitié mousseux):

4° *Le vin blanc de Sierck* et environs (qualité assez médiocre).

Comme cépages pour vins fins blancs sont à considérer :

I. *Le Riesling blanc*, qui donne ses meilleurs produits dans les expositions hâtives, dans les terrains d'ardoise, de gypse, etc. Quand le raisin est bien mûr, il fournit un vin très fin, avec un excellent bouquet, et de meilleure conserve pour la bouteille. Il est toutefois très regrettable de devoir constater que la taille, selon notre *système d'Alsace en quenouille* laisse du bois beaucoup trop long, de sorte que le développement des raisins est très inégal et qu'ensuite les raisins se trouvent à quelques centimètres jusqu'à $1^{m},50$ et même davantage au-dessus du sol. Par ce fait, on récolte souvent en Alsace des vins de riesling trop acides, c'est-à-dire non mûrs.

II. *Le Traminer blanc* ou *Savaguin blanc*, produit les vins les plus fins, mais son rendement est beaucoup trop minime et non rémunérateur.

III. *Le Traminer rose* (*Savaguin rose*) était autrefois assez répandu en Alsace, mais a été écarté dans les derniers décennats en partie de nos vignobles par le cépage suivant ;

IV. *Gewürztraminer* ou *Savaguin et Gentilaromatique rose.* Ampélographiquement identique avec le Savaguin rose, son raisin et son vin se trouvent être beaucoup plus parfumés que celui de la variété primitive. Son rendement est en même temps supérieur. Semble originaire du Palatinat.

Nous pouvons encore citer comme cépages pour vins fins : les *Pinots blancs* (appelés ici *Weissclevner*), le *Pinot gris* (*Auxois* et *Auxerrois gris*), *Beurot* et en Alsace *Tokayer* et *Grauclevner*, ainsi que les *Muscats blancs* et *roses* et plus rarement le *Muscat violet*.

D'après mon avis il serait très recommandable de ne cultiver en Alsace que *le Riesling*, dans les expositions assez hâtives et dans les terrains pierreux, et le *Gewürztraminer* dans les expositions pouvant encore être considérées comme bonnes et dans les terrains fertiles et assez profonds. A la rigueur le *Pinot gris* pourrait encore trouver sa place dans certains terrains argileux et frais, tandis que le *Pinot blanc* pourrait être considéré comme *bon vin ordinaire* et aider à la confection de nos bons *Zwicker* (*Zwicker*, dialecte alsacien, qui doit exprimer le mot *Zwitter* ou hybride, c'est-à-dire un vin provenant de cépages ordinaires et qui est mélangé ou coupé avec du vin de cépages blancs fins). Comme les *Muscats* n'atteignent, dans nos meilleures expositions, que rarement leur maturité complète, puisque nous ne possédons pas le climat de Frontignan et de Lunel, il serait profitable de les écarter peu à peu de notre culture.

Les cépages pour la confection de vins blancs ordinaires sont, d'après leur ancienneté : le *Burger* ou *Elbling blanc*, le *Knipperle (Petit mielleux)*, les *Chasselas blancs* et *roses*, le *Sylvaner blanc* (le rose est assez rare). Dans les derniers cinquante ans, les variétés à vin blanc suivantes ont été importées et multipliées plus ou moins : la *Manharttraube blanc* (raisin Manhart), de la Basse-Autriche; le *Wippacher*, de la Carniole; le *Balafant blanc*, de la Hongrie; le *Rotgipfler blanc*, de la Styrie, ainsi que les *Sauvignons gris et blancs*. Le *Morillon blanc* (par erreur *Pinot blanc Chardonnaye*), se trouve épars en nombre de ceps très restreint dans nos vignobles d'Alsace.

Les meilleures variétés pour la confection des vins rouges sont les suivantes : le *Pinot noir* de Bourgogne, ou *Pinot franc* (*Schwärtzclevner*, *Bourgounder* et *Roter* en Alsace); le *Pinot noir grosse race* (sélection du précédent); le *Saint-Laurent*, le *Meunier*, le *Beclan* ou *Petit Pinot des moines*, l'*enfariné* et le *Grosbec* ou *Simoro*. Dans les variétés, pour vins rouges ordinaires, nous observons les *Gamays*, *Portugais*, *Genais*, *Limberger*, *Laska*, *Durbec*, *Ericey*, le *Plant de Varennes*, le *Gouais*, le *Frankenthal* ou *Trollinger*, le *Frankenthal pruiné* et le *Noir de Lorraine*.

Comme il résulte de cette nomenclature de variétés diverses, il serait très recommandable de réduire de beaucoup le nombre de nos cépages cultivés dans le pays et de produire des vins d'un caractère prononcé, recherché par le commerce ou pour résumer, les cépages dont le rendement peut être, d'après les expériences qui ont été faites, considérés comme rémunérateurs.

Et maintenant nous arrivons à traiter finalement la question scabreuse de la culture des hybrides producteurs directs. Dans le compte rendu de l'*Institut viticole municipal « Oberlin »* à Colmar, pour l'année 1919, je me suis permis de faire les observations suivantes : « Les opinions sur la question des hybrides producteurs directs sont encore toujours très partagées. Tandis que d'un côté on ose admettre que l'avenir de la viticulture réside dans la création des producteurs directs, on observe d'autre part que le produit de ces derniers n'a aucune valeur, voire même qu'on peut s'en servir comme *vin de piquette*. Cette divergence d'opinion résulte pour la majeure partie du fait que le parti « contre producteurs directs » ne se donne pas la peine de s'assurer de la valeur culturale, ou de la qualité du produit de ces derniers. C'est une pure prévention. Il se trouve même des candidats qui osent prétendre qu'avec l'hybridation, ou plutôt qu'avec la création d'hybrides producteurs directs, on n'arrivera jamais à obtenir des cépages pouvant donner des vins de bonne qualité? Mais il faut bien convenir, qu'une pareille assertion n'a pas de fondement. Pourquoi donc ne pourra-t-on pas obtenir un hybride produisant du vin fin, par le croisement d'une vigne résistante avec une variété indigène à vin fin? Le hasard est grand, il joue même un rôle assez grand dans l'hybridation et l'hybride en question peut être créé sans aucun doute. La preuve est, qu'il existe déjà aujourd'hui des hybrides producteurs directs, qui possèdent des qualités supérieures et dans certains cas même des raisins avec des bouquets complètement analogues à ceux de nos meilleures variétés.

Et maintenant donnons-nous la peine de récapituler : l'Alsace et la Lorraine ne produisent pas assez de vin pour couvrir le besoin de sa population laborieuse et altérée. Comme il a déjà été observé précédemment, l'importation dépasse l'exportation d'environ 800.000 hectolitres. Et quels vins ont été importés de préférence depuis l'armistice ? Pour la majeure partie des rouges ordinaires du Midi et de l'Algérie et seulement une partie assez restreinte de vins rouges de bonne qualité (crus connus) et de vins blancs. Si notre population préfère en général le vin blanc auquel elle est du reste accoutumée, les qualités de vin du Midi, plus que médiocres, qui ont été jetées sur notre marché après l'armistice, n'ont certes pas contribué à leur procurer une clientèle fidèle. Tout au contraire, notre vin de 1919 étant d'un goût fruité très agréable et en général très potable, la consommation des vins rouges importés est devenue des plus minimes.

Jusqu'aujourd'hui environ un sixième (au plus) de notre vignoble d'Alsace a été emplanté avec des cépages à vins fins. Cette place ne devra pas non seulement être réservée à cette culture, au contraire, cette dernière pourrait avec succès être augmentée jusqu'à concurrence d'un tiers, par la culture de *riesling* et de *Gewürztraminer*, greffés de préférence sur des sujets avançant quelque peu l'époque de la maturité des raisins. Ces vins blancs fins trouveraient, à mon avis, mûrs pour les mettre en bouteilles, des débouchés faciles tant dans notre province que dans le reste de la France et plus ou moins aussi à l'étranger, et sans aucun doute à des prix rémunérateurs. Presque tout le reste de notre vignoble d'Alsace (ainsi environ deux tiers) devra fournir nos bons *Zwicker* (vins en mélange, sans caractère prononcé) et nos vins blancs ordinaires et des fois bien médiocres. Or, dans les hybrides producteurs directs blancs, nous possédons déjà maintenant une série de cépages, qui fournissent, vendangés ensemble, des vins non seulement analogues à nos produits indigènes ordinaires, mais qui, au contraire, sont recherchés de préférence par nos marchands ou gourmets et achetés à des prix plus élevés. Si nous prenons en outre en considération que, notamment en Alsace, la majeure partie de nos communes viticoles pratique en même temps l'agriculture et ne peut, par ce fait, exploiter d'une manière intensive la viticulture, il est facile de concevoir que dans cette double exploitation, agricole et viticole, les hybrides producteurs directs joueront bientôt avec avantage un grand rôle et sont à même de refouler peu à peu nos cépages blancs ordinaires. Et ne possédons-nous pas déjà aujourd'hui des producteurs directs qui fournissent une qualité de vin blanc des plus appréciés, tels que les *Seibel, 5.279, 4.986, 4.709, 4.615, 4.964, 5.709*, etc., le *Petit Blanc*, de l'*Institut viticole municipal*, à Colmar, etc. ? Et l'hybridation n'a-t-elle pas créé le *Seibel 5.178 blanc*, dont le raisin possède le bouquet prononcé et pur de notre *riesling* ? et le *Muscat du Moulin* avec le bouquet musqué et fin le plus délicieux? Et d'autres créations nouvelles de ce genre ne tarderont certes pas à enrichir les collections, déjà peut-être beaucoup trop nombreuses, des hybrides producteurs directs.

Ainsi, je le répète encore une fois, les hybrides producteurs directs en général et les hybrides directs blancs en particulier trouveront sous peu une large place dans notre viticulture alsacienne. La majeure partie de notre population préfère de beaucoup un vin blanc relativement léger, mais agréable et potable, au vin rouge. Et finalement les maladies cryptogamiques et les vers de la Cochylis et de l'Eudémis contribuent dans une très large part à l'extension de la culture des producteurs directs.

Je me permets de demander pardon à nos frères de la Lorraine, si j'ai négligé plus ou moins jusqu'à présent les intérêts de leur viticulture. Dans le département de la Moselle, où la culture des cépages à vins rouges domine de beaucoup où elle est même presque exclusive, les variétés produisant le vin fin, appelées la *fine race,* devront, en attendant, être conservées au pays moyennant le greffage. Les produits qui servent à la fabrication du champagne, ou pour mieux dire du *vin mousseux*, étaient toujours et resteront probablement aussi à l'avenir bien recherchés et bien rémunérés. La Lorraine a donc tout avantage à développer et à favoriser la culture des cépages, qui produisent cette matière première. Quant à la culture des cépages ordinaires et médiocres, tels que les *Gamays, Noir de Lorraine*, etc. (appelé *grosse race*), elle devra être limitée le plus possible. N'oublions pas que la concurrence des produits du Midi et de l'Algérie, ne tardera pas à jeter des quantités considérables, notamment de vins rouges, sur le marché et bientôt à des prix relativement bas. La consommation recherchera de préférence les vins alcooliques et en même temps potables. Donc la Lorraine à tout intérêt à bonifier la qualité de ses vins rouges ordinaires et, pour résumer, la manière la plus efficace de le faire devra être, sans contredit, la culture des *Oberlins directs, Riparia Gamay 595, 604* et *605*. Ces hybrides sont des plus résistants, d'une très forte végétation et produisent, *bon an, mal an*, des récoltes très satisfaisantes et d'une qualité très appréciée aujourd'hui. Les *Oberlin* sont des vins de coupage par excellence, notamment les n^{os} *595* et *605*, qui pourront servir à relever les qualités des cépages lorrains *grosse race*, tandis que le n° *604*, qui possède le plus de sang européen, fournit un excellent vin rouge pour la consommation directe.

Notre viticulture française ne pourra que profiter de la création de nouveaux hybrides producteurs directs, car avec le temps les variétés nouvelles, reconnues comme de qualité plus ou moins médiocre, seront écartées de la culture et les meilleures seulement seront conservées et propagées. Travaillons donc sans relâche à créer des hybrides et nous ne manquerons pas de trouver avec le temps des variétés résistantes possédant les qualités désirables. Et finalement la France, qui, par suite de la longue guerre passée, a perdu un nombre relativement très grand de ses créations les plus précieuses, de ses meilleurs enfants, elle a sans contredit grand besoin, pour se relever de nouveaux hybrides. Que la jeunesse mûre, que les bons patriotes travaillent donc, eux aussi, à créer un grand nombre de sujets hybrides nouveaux, biens sains et bien résistants, pour le bien de notre belle France, de notre mère-Partie.

Donc, dans ce sens, je vous prie, secondez-moi dans le cri de :

Vive la France et vivent les hybrides!

M. A. THUMANN,

Président de la Caisse Raiffeisen de Guebwiller (Haut-Rhin).

LES ASSOCIATIONS ÉCONOMIQUES RURALES, LES PRINCIPES DIRECTEURS DES SYSTÈMES SUIVIS EN ALSACE ET LORRAINE, SPÉCIALEMENT DU SYSTÈME RAIFFEISEN SUR LES ASSOCIATIONS DE PRÊTS ET D'ÉPARGNE.

332.71 (43.44)

28 Juillet.

La loi sur les associations économiques, comme les améliorations qui y ont été faites, ont pris naissance sur l'initiative de deux philanthropes bien connus. L'un, *Schulze-Delitsch*, un juge, qui pendant les années *50* du siècle précédent cherchait, par tous les moyens légaux à cette époque, à créer des associations d'artisans et de travailleurs pour des achats en commun et les ventes *avec partage de bénéfice* et à responsabilité *limitée*. L'autre, *Raiffeisen*, qui indépendamment de *Schulze-Delitsch*, qu'il ne connaissait pas d'ailleurs, s'efforçait, dans les années *40* et suivantes, de créer des associations rurales de prêts et d'épargne, *sans partage de bénéfice* et à responsabilité *illimitée*.

Nos associations de prêts et d'épargne étant fondées sur le système *Raiffeisen*, je ne m'étendrai que sur ce système.

1. — Qu'il me soit permis de donner un court aperçu de la vie de *Raiffeisen*.

Né le 30 mars 1818, *Raiffeisen* était dans les années *1840 à 50* fonctionnaire dans la province rhénane. C'étaient des années de famine, la misère était grande, l'exploitation des populations rurales par les usuriers, plus grande encore. A un sens pratique très développé, *Raiffeisen* joignait un vif intérêt pour les questions d'intérêt général et un chaud enthousiasme pour toutes les œuvres de philanthropie chrétienne. Pour lutter contre cette situation critique, il fonda en 1847 une coopérative pour son arrondissement, fondation que suivit de près la création d'une « *Association de secours aux cultivateurs en détresse*, association d'où sortit la première *Union des Caisses rurales* ». Ce ne fut qu'au prix d'une patience inlassable, d'une persévérance à toute épreuve, de luttes constantes contre des adversaires, presque tous haut placés, que *Raiffeisen* parvint à gagner des adhérents et à étendre son œuvre. Aprés avoir fondé un nombre important de ces unions d'associations rurales dans la Prusse Rhénane, en Westphalie, en Hesse, dans le Palatinat, il créa :

1° En 1876, la Caisse centrale de Prêts à l'Agriculture, appelée à fonctionner comme office de compensation entre les différentes associations et à assurer les services de leur trésorerie ;

2° En 1877, la Fédération générale, chargée du contentieux et des inspections des associations affiliées ;

3° En 1881, un établissement fournissant aux différentes associations les produits dont leurs membres pouvaient avoir besoin ;

II. — *Raiffeisen* fondait ses associations en s'inspirant des principes suivants :

1° Administration gratuite ;
2° Rayons fort peu étendus ;
3° Responsabilité illimitée en matière de crédit ;
4° Aucun partage de bénéfices entre les sociétaires et remploi des bénéfices sous forme d'un fonds de réserve pour couvrir des pertes éventuelles ;
5° Aucune répartition de la fortune de l'association en cas de dissolution, mais emploi des intérêts à des œuvres sociales.

Il n'existait en Allemagne aucune loi appropriée à cette manière de voir. Les associations ne pouvaient être constituées que sous forme d'unions et étaient régies en conséquence. *La direction ne pouvait fonctionner que comme mandataire des sociétaires. Raiffeisen* lutta sans cesse pour ses idées, bien qu'il n'eût que des *coups à recevoir* et que les progrès réalisés par ses associations marchassent de pair avec les attaques de la presse et des réunions et assemblées. Ses contemporains, pourris par l'égoïsme, ne croyaient pas à la réalisation de son programme. Des coopératives se consacrant au crédit et au commerce de produits agricoles furent créées dans d'autres régions et selon d'autres principes et la nécessité d'une loi finit par se faire sentir. Le 4 juillet 1868, une loi sur les associations vit le jour après de longues et pénibles délibérations.

Les associations se développèrent entre temps de telle sorte que la loi ds 1868 se montra bientôt insuffisante. Un nouveau projet, concernant les associations ayant un but commercial et économique, fut soumis en 1887 au Reichstag. Tous les partis comptaient des membres que la question touchait de très près et qui firent valoir leur expérience tant au sein des commissions que dans les séances plénières. La loi entra en vigueur le 1er mai 1889 ; elle imposait bien aux associations beaucoup de prescriptions nouvelles, mais elle leur apportait en échange une situation juridique plus consolidée ainsi que les avantages d'une administration simplifiée. Elle a apporté une grande facilité, en *faisant du directeur, non plus le mandataire des sociétaires, mais le représentant légal de l'association.*

L'année 1896 amena encore une légère retouche. La loi laisse aux associations de grandes libertés. Une seule et même association peut faire porter ses opérations sur diverses branches. Elle est autorisée à prendre toutes dispositions commerciales et économiques concernant ses sociétaires. Elle peut donc indiquer dans ses statuts comme but de son entreprise toutes les mesures contribuant à l'amélioration de la situation économique de ses membres au moyen d'une coopération organisée.

Les associations sont autorisées, en dehors des opérations mentionnées sur leurs raisons sociales, à louer des batteuses et d'autres machines agricoles, à vendre des produits de la terre ou du travail (céréales, vin, produits du travail à domicile, etc.) à procurer les produits nécessaires à la consommation domestique agricole ou industrielle (matières premières, machines agricoles, outillage, engrais, fourrages, charbons, etc.) à acheter des céréales aux producteurs, à les moudre ou à les faire moudre, à vendre à leurs membres de la farine et du son. Dans ces conditions une association peut être viable même dans les plus petites localités. En étant en mesure de satisfaire à toutes les exigences de ses membres, — sans qu'une association spéciale soit nécessaire pour chaque branche, — une seule et même association parvient à réaliser des économies sensibles sur les frais généraux (appointements, livres, inspections) et l'administration en est non seulement moins coûteuse, mais elle parvient plus facilement à acquérir un coup d'œil d'ensemble, chaque membre n'étant en compte qu'avec une seule association.

III. — La séparation de l'Alsace-Lorraine de sa patrie, la France, en 1871 avait créé pour la population de ses départements une situation économique aussi nouvelle qu'imprévue; ses relations avec la mère-patrie se trouvaient coupées, la douane et d'autres barrières encore faisaient renchérir les articles indispensables à la vie. Au début, on ne voyait pas de nouvelles sources où l'on pût puiser, et cela principalement, parce que la population se montrait extrêmement réservée, dès qu'il s'agissait d'entrer en relations avec l'Allemagne. Aussi cet isolement provoqua-t-il un état de choses qui amena de grosses difficultés sur le marché financier et qui se fit sentir plus lourdement encore dans le commerce. Les populations rurales furent plus particulièrement atteintes, car elles avaient de tout temps opéré leurs achats et leurs ventes par l'entremise des commerçants du pays. Un grand nombre de ces commerçants cherchèrent à exploiter à fond ce monopole; le commerce des biens, des bestiaux et des produits agricoles se trouvait concentré entre leurs mains et l'usure se faisait voir sous son plus triste jour. Tant par suite de l'annexion qu'en suite des nombreuses mauvaises récoltes, des maladies d'origine animale et végétale réduisant très sensiblement le rendement des vignes, tandis que les prix de vente des vins se maintenaient fort bas, beaucoup de familles quittèrent le pays et mirent en vente leurs propriétés. Un grand nombre de ces propriétés tomba entre les mains de la bande noire, qui les morcela et les revendit avec un grand bénéfice. Les habitants ne pouvaient pas entrer en concurrence avec ces marchands de biens, car les mauvaises récoltes, trop nombreuses, avaient réduit leurs disponibilités. Beaucoup de jeunes gens entreprenants émigrèrent, principalement en Amérique du Nord. Pour subvenir aux frais du voyage et se procurer les menus fonds indispensables, ils vendaient leur part d'héritage ou bien les parents empruntaient au *Rothschild* de l'endroit la somme nécessaire, en engageant la part qui devait revenir à leur enfant. Il en résultait des situations les plus pénibles lors de l'ouverture des successions. En règle générale, le commerce des biens, bestiaux et produits agricoles était dans une seule et même main; les commerçants s'entendaient pour se partager leurs champs d'opérations et il était rare que l'un allât sur les brisées de l'autre. Beaucoup de paysans, à court d'argent et de crédit, vendaient leurs bêtes de trait et leurs bêtes laitières à ces marchands, pour les reprendre sous forme de bail à cheptel. Le paysan conservait la jouissance de ce fonds de bétail, le croît était partagé, les risques de perte restaient à la charge du paysan. J'ai cru devoir vous exposer brièvement ces faits pour vous donner une idée de la situation misérable des cultivateurs en Alsace et Lorraine vers la fin des années *70* et le commencement des années *80*.

A cette époque, le comte *de Solms* était Administrateur de l'arrondissement de Strasbourg-campagne. Ce fonctionnaire qui s'occupait beaucoup des questions agricoles, prenait à cœur la détresse dans laquelle se débattait l'agriculture, l'influence bienfaisante de l'œuvre de *Raiffeisen* dans la Rhénanie et la Hesse lui était connue et comme il était parmi les amis de *Raiffeisen*, il engagea celui-ci à introduire en Alsace son système d'associations. Ces fondations commencèrent en 1882 et cette même année vit surgir quatorze associations dans le Bas-Rhin. De nombreuses fondations suivirent peu après, tant dans le Bas-Rhin que dans le Haut-Rhin et la Moselle.

Ces associations d'Alsace-Lorraine étaient en relations directes avec le siège central créé par *Raiffeisen* à Neuwied en Prusse Rhénane, tant pour le service de la trésorerie que pour celui des produits agricoles. Lorsque la loi sur les associations exigea une inspection, au moins, tous les deux ans, le service des inspections fut également assuré par le siège central des caisses *Raiffeisen*.

Le nombre des associations rurales, augmentant toujours, amena la création à Strasbourg, en juillet 1895 d'une succursale de la *Caisse centrale de Prêts à l'Agriculture*.

L'activité féconde des associations rurales, dont le nombre à la fin du siècle dernier s'élevait à 400, comptant environ 45.000 membres, ne permettait plus à l'usure d'exploiter les cultivateurs comme par le passé, aussi les usuriers concentrèrent-ils alors tous leurs efforts vers le commerce des produits agricoles. Pour lutter avec succès contre cette plaie, on créa en 1901 les syndicats de vente des produits agricoles (céréales, houblon, vins, laitages, etc.). Mais on avait voulu viser trop haut, de mauvaises récoltes, une organisation défectueuse des services, occasionnèrent des pertes sur les ventes des céréales et de houblons. Ces pertes furent d'ailleurs couvertes par les associations à l'aide de leurs propres moyens, *sans aucun secours de la part de l'État*, je le souligne.

Les rares défaillances, que nous avaient valu les insuccès de quelques associations et les efforts de nos adversaires, se trouvèrent largement compensées par la création de nouvelles associations, et cela, par un travail plus intense et enfin par l'union plus intime de tous les organes du système *Raiffeisen* en Alsace-Lorraine.

Cette union intime se manifesta nettement par la création de la Fédération des Caisses rurales d'Alsace et de Lorraine. *Cette Fédération présentait un caractère d'indépendance, étant donné qu'auparavant les associations ne travaillaient qu'avec la Fédération centrale allemande.*

Cette création fut décidée lors de l'assemblée générale de Colmar, le 25 mai 1905. Par son immatriculation dans le registre des associations la Fédération obtint la *personnalité civile* et fut autorisée par décision ministérielle du 31 mars 1906 à faire les *inspections des associations affiliées*, conformément aux dispositions de la loi sur les associations.

IV. — Les affaires de la Fédération sont administrées par :

1° Le directeur;
2° La délégation;
3° L'assemblée générale;

Le Directeur est nommé par la délégation pour un temps illimité, il a pour tâche de poursuivre le but que s'est tracé la Fédération et de la représenter vis-à-vis des tiers.

La délégation est composée des directeurs des fédérations secondaires. Ces derniers sont élus par les groupements des associations. L'Alsace et la Lorraine comprennent trente-trois fédérations secondaires, groupement basé sur les nécessités locales et les besoins des différentes asssciations. Ces fédérations secondaires ont pour tâche de se communiquer les expériences qu'elles ont pu faire dans les domaines des associations et de faciliter les relations entre les associations que le voisinage ou la similitude d'intérêts ou d'affaires appelle à se soutenir mutuellement.

On voit que la Fédération est basée sur une autonomie pleine et entière.

C'est un devoir de conscience tant pour les organes chargés de l'administration des associations que pour les directeurs des fédérations secondaires, de chercher à développer l'esprit d'association et d'entreprise et d'élargir de plus en plus notre champ d'action.

L'assemblée générale doit être convoquée au moins une fois l'an par le Directeur de la Fédération.

Dans ses statuts, la Fédération s'est posé comme tâche :

a) Les inspections prescrites par la loi, en vue desquelles elle forme et entretient un personnel d'inspecteurs.

b) L'amélioration des conditions sociales du peuple, non seulement au point de vue économique, mais encore au point de vue moral et intellectuel, en cultivant et en développant chez lui le sens de la mutualité. Dans ce but la Fédération :

1° Appuie tous les efforts tendant au développement des associations rurales;

2° Par la création d'une organisation appropriée, s'efforce par tous les moyens de propagande, verbalement et par écrit, de faire connaître et apprécier les principes qu'elle représente;

3° Cherche particulièrement à contribuer à la prospérité de l'agriculture, en aidant ses membres de ses conseils et de ses avis et en les représentant dans leurs rapports avec les autorités;

4° Prête son assistance à ses membres en cas d'affaires judiciaires.

En outre, la Fédération a passé des contrats avec différentes compagnies (incendie, vie bestiaux, accidents, responsabilité civile, grêle, vol, etc.) en vue de n'assurer ses membres qu'à des compagnies de premier ordre, d'obtenir pour eux une réduction du taux des primes et du coût des polices, de mieux défendre, en cas de sinistre les droits des sociétaires vis-à-vis des compagnies d'assurances.

Pour arriver au but et assurer le succès dans la mesure du possible, la Fédération ne peut admettre comme affiliées que :

1° Des associations coopératives de crédits ou de commerce de produits agricoles (Caisses rurales d'Épargne et de Prêts) fondées conformément à la loi en vigueur en Alsace-Lorraine sur les associations, immatriculées au greffe de leur tribunal et comportant pour leurs membres la responsabilité illimitée ou l'obligation de parfaire les déficits dans une mesure illimitée;

2° D'autres associations immatriculées (syndicats d'exploitations) qui s'efforcent d'améliorer la situation de leurs membres (coopératives d'achats ou de ventes, associations de viticulteurs, de planteurs de houblon, de tabacs, d'emmagasinage de grains, de distillateurs, vente d'alcool, vente de bestiaux, etc.);

3° La banque fédérative, prévue pour le service de la trésorerie des associations.

V. — Nos associations rurales ne limitent pas leur activité aux affaires mentionnées dans leur raison sociale; elles ont en outre pour but la création d'autres organisations pouvant contribuer à améliorer la situation de leurs membres. Ces organisations se sont formées selon les nécessités locales et les besoins des sociétaires; nous citerons l'achat en commun d'engrais, de fourrages, de semences, de bois, de charbons. Plus de quatre cents associations s'occupent de la vente des produits agricoles.

Une cinquantaine d'associations possèdent des machines agricoles batteuses, moulins, etc. Presque toutes les associations ont de petites machines et un outillage agricoles (trieuses, herses, pour champs et pour prés, pompes et charrues pour les vignes), charrues qui sont, en règle générale, mises gratuitement à la disposition des sociétaires, opérations que la loi autorise formellement.

De nombreuses associations ont constitué des fonds de secours ou des fonds payables à leurs sociétaires en cas de décès et cela, tant au moyen de fractions prélevées sur les bénéfices de l'année qu'au moyen des intérêts des bénéfices accumulés des années antérieures. Beaucoup d'associations versent chaque année à leur commune une subvention lui permettant d'entretenir des sœurs hospitalières.

Mais l'activité de nos associations ne s'est pas exercée seulement dans les communes rurales et agricoles. Dans les villes et les centres ouvriers, aussi, de puissantes associations d'épargne et de prêts ont été fondées, dont un grand nombre ont atteint un haut degré de prospérité, grâce à l'esprit de l'épargne et au sens de la mutualité qui y sont cultivés. Elles ont été à même, comme leurs sœurs des communes rurales, d'aider leurs sociétaires à se libérer des mains usurières. Les petits propriétaires et les ouvriers y ont trouvé des prêts à des taux modérés et avec les plus grandes facilités d'amortissement, leur permettant d'acquérir ou de faire construire leurs maisons; les artisans, pour obtenir le crédit nécessaire à l'achat de l'outillage et des matières premières. Le nombre de foyers auxquels nos institutions d'épargne et de prêts ont fourni les premiers moyens d'existence et de prospérité, se compte par centaines, par milliers dans les centres ouvriers.

VI. — Une bonne législation n'est d'ailleurs pas une garantie de succès pour une association. Les conditions dans lesquelles on la fonde ont une grande influence sur son développement et sur ses succès. Aussi notre Fédération, dès qu'il s'agit de fonder une nouvelle association, procède-t-elle autant que possible de la manière suivante :

La Fédération ne se met en avant et ne sort de sa réserve que lorsqu'une commune ou un groupe d'intéressés porte à sa connaissance, d'une manière ou d'une autre, le besoin ou le désir d'une semblable création.

Elle envoie alors sur place, soit un délégué connaissant la région, soit le directeur de la fédération secondaire du district. On sonde le terrain au point de vue politique, économique et religieux. Si l'on apprend que de vieilles haines ou rivalités divisent certains des habitants, on évite de mêler ceux-ci à la question. On s'abouche avec d'autres personnes influentes. Entre cette première enquête et l'assemblée générale constitutive, on cherche à réunir des personnes de confiance en vue de faire désigner les individus qui paraissent le plus capable d'occuper les postes de comptable, de directeur, de membre du conseil de surveillance, et dont il faudrait chercher à assurer l'élection. Malgré les soins apportés à ces travaux préliminaires, il n'est pas exclu de ne voir naître que des plantes chétives, destinées à être étouffées par l'ivraie de l'égoïsme.

Dans les départements du Bas-Rhin et du Haut-Rhin nous n'avons à mentionner que fort peu d'associations qui se soient vues obligées de liquider; il n'en est pas de même dans la Moselle, où une forte proportion d'associations n'ont pas pu se maintenir.

Cela tient principalement à ce que ces associations avaient été fondées trop hâtivement et à l'instigation de quelques rares personnes dont la mort, le départ ou la défection suffisaient à décourager les autres sociétaires et à faire sombrer l'entreprise.

Ajoutons que, sauf ce dernier cas, la loi sur les associations à responsabilité *illimitée* a pleinement justifié les prémisses de *Raiffeisen.* Nous n'eûmes en Alsace-Lorraine aucun déboire sérieux. Ni les crises économiques périodiques, ni les complications internationales, Tanger, Agadir, Sérajevo; ni enfin, la guerre mondiale n'ont pu entamer la solidité de nos organisations, ni ébranler la confiance de nos sociétaires. Pour illustrer cette confiance, je n'ai qu'à citer quelques chiffres. En 1918 notre fédération alsacienne-lorraine comprenait 469 associations de prêts et d'épargne avec 55.000 membres, le chiffre d'affaires dépassait 200 millions de francs dont 10 millions ont trait au commerce de produits agricoles ou d'articles nécessaires à l'agriculture. Les dépôts d'épargne atteignaient 170 millions de francs; les prêts dépassaient 52 millions. Les fonds de réserves et de dotations diverses de nos associations approchaient de 8 millions de francs.

Ces résultats ont été atteints malgré l'hostilité officieuse de 1901 à 1911, grâce à l'esprit de travail, d'initiative et d'indépendance qui, toujours, animait notre organisation et grâce à l'esprit d'épargne et de solidarité que nous avons inspiré à nos concitoyens.

Pour ne pas sortir du cadre qui m'a été tracé, je ne m'étendrai pas sur les associations à caractère commercial avec responsabilité *limitée.* Ici la non-limitation du montant de la part sociale, la limitation du nombre minimum de membres de 7 au moins, comme les dispositions autorisant les associations à responsabilité limitée à se grouper entre elles à fin d'exploitation commerciale ont engendré de graves abus, que le législateur n'avait pas prévus, mais qui, peu avant la guerre, inquiétaient les hommes compétents. Ne comptait-on pas en 1905 43 0/0 des associations à responsabilité limitée existant en Allemagne dont la part sociale ne dépassait pas 25 francs! Il y eut même un certain nombre dont la part sociale n'était que de 10 pfennigs! commentaire superflu!

Je termine par un vœu : si par l'heureux retour de l'Alsace-Lorraine la législation sur les associations économiques devait être modifiée, que ce soit dans le sens exprimé si justement par le Président du Conseil central de l'Union des Caisses rurales et ouvrières de France, M. *René Caron* qui disait :

« Le retour de l'Alsace-Lorraine va nécessiter la modification des lois alsaciennes, beaucoup plus larges que les nôtres, qui ne peuvent être supprimées et remplacées par notre législation sans amener un bouleversement complet des organisations si vivantes de l'Alsace ; une transformation progressive devra être étudiée, mais espérons bien qu'elle se fera dans un sens nous donnant à nous aussi une liberté d'action plus étendue. »

OUVRAGES IMPRIMÉS PRÉSENTÉS A LA SECTION :

Dr Rappin et Th. Grosseron. — *Recherches bactériologiques préliminaires sur le beurre.*

Dr Blaizot. — *La Conservation du beurre par le fluorure de Sodium.*

16e Section.

GÉOGRAPHIE

Président . . . M. BAULIG, chargé de cours de Géographie à l'Université de Strasbourg.

Vice-Président. Le Lieutenant-Colonel DE LA VALETTE, représentant le service géographique de l'armée.

Secrétaire . . . M. Louis WOUTERS, Président de l'*Association des Naturalistes de la Vallée du Loing.*

M. E. René BOSSIÈRE,

Armateur, Secrétaire général de la Société de Géographie commerciale du Havre.

COMMENT PROPAGER L'ÉLEVAGE DU MOUTON AU PROFIT DE LA FRANCE

63.631 : (44)

27 Juillet.

La laine était avant la guerre, l'article dont l'achat coûtait le plus cher à la France (plus de 600 millions par an). D'autre part, en présence du danger de disette immédiate, le Gouvernement a dû recourir à des importations considérables de viandes frigorifiées. De tels achats à l'étranger, pour inévitables qu'ils aient été, deviendraient ruineux s'ils devaient se continuer indéfiniment. Il est donc urgent de trouver un remède au mal dévorant.

Or la France possède un immense domaine colonial. Déjà l'Algérie, le Maroc et le Soudan nourrissent plusieurs millions de moutons qu'il serait facile d'améliorer et de décupler, tandis que Madagascar et la Nouvelle-Calédonie (pour ne pas citer des colonies plus petites) offrent également de grandes surfaces encore inexploitées. Le champ à la disposition des Français est donc des plus vastes. Un trésor est caché là-dedans.

Quel moyen y a-t-il d'arriver à faire produire par ce champ des résultats fructueux, peut-être même comparables à ceux réalisés en Australie, en Nouvelle-Zélande, aux îles Malouines ou à la Terre de Feu? En voici un, qui n'est donné ici qu'à titre d'exemple :

Qu'il se constitue une sorte de Participation ou de Société groupant les diverses activités nationales dans un but de coopération et de solidarité.

(On voudra bien nous excuser si, dans un but de clarté, nous précisons par trop ce qui pourrait être fait).

Donc :

OFFICE NATIONAL DE PROPAGATION DE L'ÉLEVAGE DU MOUTON

Société au capital de vingt millions de francs (pour commencer)

ayant pour but de faire produire par le domaine national français, le plus possible de viande et de laine de mouton, par la collaboration intime des trois éléments classiques de la production : *la Terre, le Capital, le Travail.*

1° *L'élément naturel de la production : la Terre.* — L'État ou les Gouverneurs des Colonies, ou les Préfets des régions dévastées, ou les particuliers (en un mot les représentants de la Propriété des terrains) mettraient *gratuitement* à la disposition de l'Office National, tous les territoires dépendant de leur juridiction qui sont encore libres. Ces terrains, l'Office les étudierait et ferait librement son choix parmi eux.

2° *Le Capital.* — L'Office serait constitué par des capitaux indépendants de l'État. La gestion de la Société serait totalement indépendante de l'État. Le Conseil d'administration serait nommé directement par les actionnaires. Il comprendrait des hommes pratiques, tous Français. La première mission de ce Conseil serait de choisir, parmi tous les terrains qui lui sont offerts, ceux qu'il estimerait les meilleurs pour y tenter l'élevage du mouton. Le Conseil se mettrait ensuite en mesure d'importer, aux endroits choisis, des animaux, lui seul ayant la faculté de désigner la quantité, la qualité de race, le lieu de provenance et la saison préférables.

3° *Le Travail.* — L'Office National, aidé en cela par le Gouvernement et les administrations aurait fait connaître au public français, spécialement aux anciens soldats sans situation et aux indigènes de chaque colonie, qu'il est prêt à confier *gratuitement*, à long terme, aux personnes qui le lui demanderont et qui, après sélection, lui paraîtront les plus susceptibles de mener à bien l'entreprise :

1° Une étendue de terrain suffisante;
2° Un premier troupeau de moutons devant être la souche de l'exploitation;
3° Le matériel normal nécessaire;
4° Les conseils pratiques (méthodes ayant réussi sous des climats analogues),

Les éleveurs se logeraient et se nourriraient à leurs frais. Ils établiraient les clôtures et les diverses installations. Ils feraient *gratuitement* l'avance de leur travail. Ils exploiteraient librement, à leur guise, à leur idée, n'étant tenus que d'une chose, de ne rien vendre sans passer par l'intermédiaire de l'Office National.

Rémunération. — La rémunération de chacun des trois éléments de la production (terre, capital, travail) se ferait comme au temps antique, sur la base du *partage des produits*, effectivement réalisés.

Par exemple, le *produit net* de la laine des animaux vivants et de la viande vendue serait divisé par *tiers* : un *tiers* pour le propriétaire du terrain ; un *tiers* pour la société qui l'a mis en valeur en le peuplant ; un *tiers* pour le travailleur qui l'exploite.

Les proportions sont à débattre, mais on saisit l'intention : Le moins possible de rémunération « *fixée d'avance* ». L'estimation arbitraire remplacée par l'exactitude incontestable du fait. La rémunération de chacun se faisant au moyen d'une part sur le revenu réel et vraiment encaissé. Le principe restant le même pour tous : *Association, solidarité,* unification des intérêts rendus parallèles, intérêt mutuel de chacun à ce que la *production* se développe puisque chacun reçoit sa rémunération sur la *production*, et le plus possible en proportion de la part même pour laquelle il a contribué à cette production. Aucune intervention de l'État dans l'exploitation ; liberté laissée aux éleveurs ; quand même, lien général d'unité, obtenu par le contrôle et la concentration de toutes les ventes aux mains de l'Office central. En cas de mauvaise foi ou de révolte : arbitrage, ou recours au tribunaux de droit commun.

Le principe de ce genre d'arrangement (coopération rémunérée en proportion de la part de revenu à laquelle chacun a contribué) a fait ses preuves. C'est ce système qui a causé, au siècle dernier, la fortune de la province de Buenos-Aires, et, encore aujourd'hui, le travail « à la part » est celui qui réussit le mieux en fait de pêche maritime. Le procédé est donc pratique.

Sans doute la proportion des parts peut être discutée. Ce n'est pas encore l'accord parfait. Mais en admettant que le principe de la participation des trois éléments de la *production* au revenu — réellement encaissé — soit appliqué à l'élevage du mouton dans les colonies françaises, il n'est pas chimérique d'espérer qu'avant dix ans, la France, non seulement aura chaque année à sa disposition de grandes quantités de viande et de laine, mais se sera enrichie, chaque année, des centaines de millions qu'elle paie de gaieté de cœur aux éleveurs de l'étranger.

Il suffit peut-être pour arriver à ce résultat que quelques patriotes de bonne volonté aient le courage de donner la petite impulsion nécessaire.

M. Paul GIRARDIN,
Professeur de Géographie à l'Université de Fribourg (Suisse)

1° LE TORRENT DE LA CROIX-DE-JAVERNAZ ET LE SITE DE SAINT-MAURICE EN VALAIS

551.482.3

27 Juillet.

M. *M. Lugeon* a signalé le premier l'épigénie du Rhône à Saint-Maurice, en tant que liée à l'existence de la barre calcaire des Chiètres et il l'explique ainsi : « Est-ce le glaciaire qui aujourd'hui occupe cet ancien cours du Rhône ou l'éboulis, où encore simplement le cône de déjections du Courset? Il semble plutôt, à en juger par la topographie, que le col de Châtel est dû au remplissage de l'ancienne vallée par le cône de déjections; en tout cas celui-ci a contribué pour beaucoup au remplissage de l'ancien *thalweg* (1). »

C'est bien le torrent qui a comblé le vallon de Châtel, et c'est lui aussi qui est la cause de l'épigénie du fleuve, avec toutes ses conséquences sur l'origine et le développement de Saint-Maurice. On peut dire que l'antique cité, avec sa forteresse, son pont, son abbaye, et par suite toutes les traditions pieuses qui s'y rattachent, sont sortis d'un fait de morphologie, le torrent de la Croix-de-Javernaz, dont le faîte gazonné pointe droit à l'est sur le ciel.

La vallée du Rhône, étranglée dans la traversée des hautes Alpes calcaires, que marque, au défilé de Saint-Maurice, ou *Porte-du-Valais*, le rapprochement des dents du Midi et de Morcles, va se dilater dans la traversée des roches tendres, calcaréo-schisteuses, surtout sur sa rive droite, et du flysch. Dans la zone tectonique dite *écaille de Néocomien à céphalopodes*, existe, de bas en haut sur le Flysch préalpin, l'Oxfordien, qui prend justement une importance considérable dans la Croix-de-Javernaz (2.095 mètres), comme on peut le voir sur les tracés géologiques, encore inédits de M. *Lugeon*. L'érosion de l'Ivouette, affluent de l'Avançon, a isolé cette arête, sous forme de crête linéaire, qui se détache à la pointe des Martinets (2.640 mètres) de la dent de Morcles, et court au nord, parallèlement à la vallée du Rhône, qu'elle domine à pic de 1.500 mètres.

Ces schistes oxfordiens, mêlés parfois à des grès du Flysch, que diffé-

(1) M. Lugeon. — *Sur la fréquence dans les Alpes de gorges épigénétiques* (*Bull. Laboratoire de Géologie*, *Université de Lausanne*, 1901, p. 27). — Sur la tectonique de la région, voir M. Lugeon, *Sur la tectonique de la nappe de Morcles* (*C.R. Acad. Sc.*, 30 sept. 1912).

rencie alors leur tapis végétal d'anémones aux teintes différentes, etc., sont des roches tendres, très faciles à déliter et à affouiller. Dans nos Alpes, où les marno-calcaires de l'Oxfordien forment avec ceux du Callovien une série compréhensive, que les forestiers appellent les *terres noires*, c'est la région par excellence des arrachements en masse, des surfaces lépreuses et de la torrentialité.

Toute l'arête est striée de lits de torrents parallèles, ravines plutôt que torrents, qu'on appelle des *Nants*, et qui fonctionnent au printemps comme couloirs d'avalanches. Le versant ouest, sous l'influence de ce ravinement intense, a pris au-dessous de la crête, vers la vallée du fleuve, une pente très raide, d'où les avalanches se détachent à chaque printemps, La forêt n'a pu y prendre pied, et toute cette pente est tapissée, entre la Croix et les Collatels (1.695 mètres), d'un peuplement d'aulnes verts qui se courbent sous la neige sans se laisser déraciner, et qu'on appelle dans le pays la *Drose (alnus Viridis)*, d'où le nom : *en Dreusine* que porte le versant, et plus au nord *Les Verneys*.

Mais le principal torrent se trouve juste au droit de Saint-Maurice, c'est le Cours Sec, ou Courset, bien qu'il ait toujours un peu d'eau, et il a déjà entamé la montagne sous la forme d'une entaille triangulaire, qui n'a pas moins de 2.500 mètres en longueur, 2.500 mètres en largeur et 1.060 mètres en hauteur. L'arrachement n'a rien d'un cirque glaciaire, il est consécutif au départ des glaciers, c'est un bassin de réception torrentiel bien caractérisé. Ce creux, la seule échancrure notable de l'arête, a reçu dans le pays le nom de Creux-de-Chamossaire, sans doute parce qu'il a servi de refuge à des hardes de chamois. L'attaque de la crête, juste sous la Croix, est poussée si loin qu'une coupure est en train de se faire, et que l'arête s'échancre déjà; c'est aux griffes d'érosion que le sommet, qui portait jadis une croix, doit son isolement rélatif.

De la Croix descend sur la vallée du Rhône, vers les bains de Lavey, une arête secondaire, dont les calcaires durs s'enlèvent sous la forme d'une ancienne *barre*, l'Aiguille (on dit aujourd'hui la *Quille*) de Dailly (1.491 mètres). C'est au pied de ce versant que s'est enfin établi, après avoir sans doute erré longtemps, le village de Lavey-les-Bains, qui, le nom de « Lavey » l'indique, a dû jadis s'élever sur les sources mêmes, et qui s'est fixé au contact du cône et du versant, pour se protéger contre l'avalanche et le ravinement; la forêt au revers a été mise en défense anciennement, et elle en a gardé le nom de grand bois du Bän. Blotti étroitement contre le versant au nord, sous la terreur du torrent, le village paye cette sécurité par une absence presque complète de soleil en hiver.

Le cône sur lequel viennent s'accumuler toutes ces déjections noirâtres commence à se dégager du couloir vers 630 mètres, — on a élevé là des barrages — et il dévale très rapidement vers le Rhône, à 414 mètres, soit une dénivellation de 220 mètres pour une longueur de 2.000 mètres, ce qui donne une pente forte pour un tel cône, de 11 0/0 environ. Exprimée en degrés, elle est de 9°,56, d'après *Horwitz* (1). C'est presque le double de celle du bois Noir, 5°,12, et, au premier aspect, elle paraît très raide, donnant l'impression d'un éboulement qu'on aurait mis en culture. Sauf le peu d'eau qui coule en temps normal, c'est bien un de ces *torrents secs* dont parle *Surell*, aspect que rappelle sans doute son nom de Cours Sec.

Reprenons le terrain en amont, au débouché du couloir, à 650 mètres, dominant de 220 mètres Saint-Maurice et de 200 mètres encore Bex. Lors de ses débâcles boueuses, il avait donc le choix entre deux directions, l'actuelle, à l'ouest, vers Saint-Maurice, et une autre, au nord, vers Bex, suivant l'ancien lit du fleuve. Au gré d'une lave qui obstruait son lit, il a dû prendre indifféremment l'une ou l'autre, et c'est pourquoi nous trouvons là réalisé un cône bifide, faisant la fourche autour de l'îlot rocheux des Chiètres, et que grossissaient vers l'aval les déjections du torrent de la Croisette, descendant des Collatels. *Horwitz* signale cette digitation et ajoute que c'est un des rares cas d'un cône qui se digite à la rencontre d'un obstacle, mais comme il le reconnaît quelques pages plus loin, l'Avançon lui aussi présente un cône ancien dont une partie se logeait dans le vallon de Devens, vallée morte analogue à celle de Châtel, mais œuvre de l'Avançon et non plus du Rhône. L'Aa d'Engelberg s'est digité de même autour du Bürgenstock, faisant une presqu'île de ce qui fut jadis une île du lac des Quatre-Cantons. Nous rapprochons ces exemples pour montrer qu'il y a lieu de parler de la *diffluence* des cônes, comme de celle des glaciers. Du moins le cours vers Châtel est-il abandonné depuis assez longtemps, puisque les maisons se sont installées en plein milieu.

C'est donc la branche de Lavey qui s'enrichit et qui fait barrage en travers du fleuve, barrage dont le remous se fait sentir, sous la forme d'*isles* et d'*auges*, jusqu'aux bains de Lavey, sur deux kilomètres environ (419 mètres). La correction du fleuve a creusé aux eaux un lit rectiligne, que protègent des épis sur la rive gauche, la rive menacée, mais le nom du quartier, les Grandes-Isles, rappelle cet état de choses, et des marais subsistent près du confluent. Là devait s'étendre, entre les bras du fleuve, un vaste *glarier*. C'est cet état du sol qui a séparé le village de Lavey des bains auxquels il doit son origine et dont il a gardé le nom (*Lavetum*, de *lavare*), et qui a empêché la ville de Saint-Maurice, collée au pied de son rocher, de son *Sex*, le long de la route du Simplon, et encore sur le cône de Mauvoisin, de descendre et de s'étaler au niveau du fleuve.

Embrassant d'un coup d'œil toutes ces actions, nous sommes donc en présence de deux forces antagonistes, l'une génétique, la pente des couches, ramenant le fleuve sur le côté droit de la vallée, et l'autre actuelle, ou du moins liée à des phénomènes actuels, le repoussant vers le versant gauche, où il est finalement resté. La pente des couches, c'est celle de la barre de calcaire néocomien, qui supporte le plateau de Vérossaz et celui des

---

L. Horwitz. — *Contribution à l'étude des cônes de déjections dans la vallée du Rhône* (*Bull. Société Vaudoise Sciences Naturelles*, XLVII, 1911, n° 173, p. 327).

Chiètres et qui a son pendage vers le nord-est, altitude 811 mètres au village principal de Vérossaz, Es Hautssàys, 562 mètres à la tour de Duin, sauf ce qu'a enlevé l'érosion. Le Rhône a primitivement descendu cette pente, selon la loi de formation des vallées monoclinales, déblayant les couches tendres, Flysch, etc., au-dessus du calcaire. Alors le torrent n'existait pas. Puis celui-ci est entré en action, à une époque relativement récente, et il a rejeté le fleuve sur la gauche, là où il coule aujourd'hui. Il a triomphé des conditions génétiques. Pourquoi le fleuve s'est-il fixé là et pas ailleurs? Sans doute à la faveur d'un léger ensellement de la roche (altitude 495 et 534 mètres). En tout cas il n'y a pas là de gorge comblée par la moraine, comme celles dites *trockene Schlucht*, qu'a signalées M. *Lugeon* à travers la barre du Kirchet, près de Meiringen. C'est là la grosse différence entre deux barres qui se ressemblent tant, et d'abord en ce qu'elles séparent la haute et la basse vallée, celle-ci encore occupée par les eaux d'un lac à une époque toute proche de la nôtre.

C'est la lutte entre un fleuve et un torrent, entre un fleuve et un cône torrentiel à laquelle nous assistons, et dans cette lutte le cône a eu le dessus. Pourtant si le cône apportait sans cesse, le fleuve aussi rongeait et déblayait, mais c'est un travail de Sisyphe que celui-ci est condamné à accomplir : à mesure qu'il ronge dans le bas, il affouille et provoque des éboulements dans le haut, dans l'entonnoir, et il n'y a pas de raison pour que la montagne n'y passe pas tout entière. Non seulement le torrent a forcé le fleuve à émigrer, mais il l'a fixé et l'a contraint de se creuser un lit sur place, de s'enfoncer dans la roche, causant ce que nous appelons une *épigénie*. Quel paradoxe que celui d'un fleuve puissant, qui mord dans la roche dure du soubassement, plutôt que de déblayer les apports meubles du cône!

Or il n'y a là rien que d'habituel : c'est une situation qui se reproduit sans cesse dans les vallées alpestres, que celle d'un cône qui rejette le fleuve de l'autre côté de la vallée, et le force même à mordre sur le versant d'en face; si celui-ci ne s'incurve pas toujours en méandre, c'est qu'il est protégé par un revêtement d'éboulis capable de se renouveler; là où manquent les éboulis, le méandre se dessine, comme en face de Saint-Pierre-d'Albigny, dans la combe de Savoie. L'attaque du versant, sous forme d'arrachement, est sensible en face du bois Noir, en amont, et de l'Illgraben, de Finges.

Pas plus en face du bois Noir que de la Losence et de l'Illgraben, il n'y a d'épigénie à vrai dire. Or, nous en connaissons, en Tarentaise, en amont de Moûtiers, un cas typique, dû aussi à un cône de déjections. Le coupable est le nant d'Agot, à Villette, un torrent du Lias et du Gypse, qui a dépossédé l'Isère de son ancien lit, et l'a rejeté de l'autre côté de la vallée, où le fleuve est en train de se creuser un lit épigénique, qui est loin d'être régularisé : un peu en amont se trouve le saut de la Pucelle. Entre le lit oblitéré et le cours actuel, en voie de creusement dans la roche en place, se trouvent une série de buttes alignées, faites d'un marbre très dur (brèche de Villette), et caractéristiques de tels détournements du lit; l'une d'elles porte la chapelle de Sainte-Anne.

Dans tous ces exemples, le torrent est plus fort que le fleuve. Prenons un cas limite, et supposons que le cône, par le nombre et les dimensions des blocs qu'il charrie, par la fréquence de ses laves, passe à l'éboulement : tel cône de la Maurienne, à Saint-Martin-de-la-Porte, est tout voisin de ce type, qui dans une chaîne jeune et vigoureuse comme celle de l'Himalaya, se rencontre fréquemment, au dire de M. *C. Calciati*. Nous pourrons voir le cône boucher la rivière et la transformer temporairement ou à demeure en un lac de barrage, comme le ferait une moraine, un glacier, une coulée volcanique.

Resterait à dater le phénomène, dont l'effet s'est propagé de proche en proche sur le cours du fleuve en amont de Saint-Maurice. On peut dire en particulier que cette obstruction permanente du lit, en relevant le plan d'eau en amont, en diminuant la pente, a ralenti la force d'érosion et de déblaiement du Rhône, et a fait obstacle à la dispersion des matériaux des deux cônes en amont, le Mauvoisin et le bois Noir, celui-ci par l'intermédiaire de celui-là. C'est donc indirectement au Cours Sec que le bois Noir doit en partie son relief, qui le rapproche de l'Illgraben, et qui, de l'amont, le fait ressembler à une colline barrant le fleuve.

A quel moment le fleuve, dépossédé de son cours par Châtel, s'est-il ouvert son nouveau lit? La coupure est récente; pour en juger, il n'y a qu'à contempler, du pont du château, le Rhône qui bouillonne dans son lit de roches, et l'étroitesse de son cours, telle qu'un pont d'une arche suffit pour l'enjamber; si une route a pu se glisser à droite et à gauche du défilé, le chemin de fer a dû se creuser un tunnel. La formation du torrent de Javernaz a dû suivre le retrait du glacier, elle a pour cause le *surcreusement* de la vallée par la glace, et la déviation du fleuve est post-glaciaire aussi, bien que le sillon qu'il a approfondi ait pu se creuser, s'amorcer sous la glace.

Si l'on revient aux derniers épisodes de la dernière glaciation, on constate que le glacier en retrait a dû stationner longtemps sur Saint-Maurice, assez pour creuser une dépression en amont de la barre rocheuse, et y déterminer une contre-pente en affouillant les couches tendres qui supportent le Néocomien. Y a-t-il des raisons pour que le glacier ait stationné là si longtemps, de telle façon qu'une barre rocheuse, correspondant, comme celle de Gruyères, à la traversée d'une chaîne oblique à la vallée, se soit peu à peu dégagée et mise en saillie entre l'amont et l'aval creusés en ombilic dans la roche meuble? Ces raisons sont doubles. D'une part, le changement d'orientation de la vallée à Martigny (entre les Follaterres et la Croix-d'Autan) qui, se coudant vers le nord (vers le nord-nord-est), a permis au glacier à bout de course de fournir quelques kilomètres de plus, d'autre part le rétrécissement de cette même vallée dans la traversée des Aiguilles-Rouges, dans le gneiss, et des hautes Alpes calcaires. La vallée large de $5^{km},5$ à 6 kilomètres en aval, se resserre là à moins de

2 kilomètres, et l'ombre y règne en hiver. C'est au sortir du défilé, là où la vallée s'élargit, entre Monthey et Bex, que la moraine terminale a dû prendre cette plongée soudaine vers le fond de la vallée qui caractérise les glaciers anciens comme les glaciers actuels (1).

Alors que la barre calcaire fonctionnait comme gradin de front glaciaire, il a dû se former des sillons verticaux, sous l'action des eaux de fonte, comme ceux dont la trace est restée si nette dans les roches moutonnées de Salvan, au bout du glacier du Trient, où deux gorges entre autres entourent la Poya-de-Salvan. Ces encoches devaient être multiples; que l'érosion régressive en ait approfondi une de préférence, pour réaliser le type classique du verrou entre deux gorges, voilà qui préparait l'état actuel. Il a dû exister, comme partout, de part et d'autre du verrou, deux gorges dissymétriques, celle de droite, plus profonde et plus large, où coulait le fleuve, celle de gauche, suspendue en l'air et inachevée. Lorsque le fleuve y fut jeté de force par la poussée du cône, il dut l'approfondir à nouveau et travailler à régulariser le profil, travail qui n'est pas encore achevé.

Nous passons sur les derniers épisodes pour montrer, comme justification de la méthode suivie, comment les faits de la géographie humaine sortent sans un hiatus des données de la géographie physique. Celles-ci nous livrent trois éléments : le rapprochement des dents du Midi et de Morcles, qui détermine la « Porte du Valais », puis la barre rocheuse qui sépare, comme le Kirchet, le lit de l'ancien Léman, resté marécageux, conquis peu à peu par les cônes, de la vallée proprement dite, elle aussi en voie de comblement par les alluvions et les cônes. Cette barre se couvre d'une part de chapelles, dont l'ermitage du Sex, d'autre part de châteaux, le « Châtel », la tour de Duin, qui est le château de Bex, etc., destinés à intercepter le passage. Dans ces deux faits, le torrent de Javernaz n'a rien à voir. Il est plus récent.

Mais le troisième fait, l'étranglement du Rhône sous le château de Saint-Maurice, est bien son œuvre, et par conséquent l'emplacement du pont d'une seule arche, dernier passage du fleuve vers l'aval, qui va décider des destinées de la petite ville. Saint-Maurice va devenir, comme Brigue, Briançon, le Pont-de-Claix, le Pont-de-Beauvoisin et cent autres, la ville du pont. C'est là que la grande voie de la vallée, romaine et préromaine, qui descendait du Grand Saint-Bernard, et qui suivait depuis Martigny la rive gauche, parce qu'elle n'avait trouvé aucun point de passage, franchissait le fleuve, dont elle suivait la rive droite jusqu'à Villeneuve, et de là gagnait le carrefour de Vevey. Peu à peu, toute la chré-

(1) Qu'il y ait eu barrage, c'est-à-dire occlusion du cours d'eau et reflux d'eaux stagnantes en arrière, soit par la barre rocheuse non encore sciée, soit plutôt par un culot de glace conservé, c'est ce que prouvent les alluvions, avec structure en delta, qui subsistent sur la rive droite, en amont des bains de Lavey, dominant « la Source », à 80 mètres au-dessus du fleuve, dans lesquelles la « Grosse Revine » est en partie creusée.

tienté va passer par là, moines et pélerins, guerriers et marchands, papes et empereurs, colportant en tous lieux la renommée de l'antique abbaye et le récit du martyre de la Légion Thébaine, qui sera un peu, entre les mains des moines d'Agaune, ce que telle chanson de geste sera pour d'autres abbayes plus ou moins célèbres.

Que ce point de passage unique se soit trouvé être en même temps la forteresse qui défendait l'entrée du Valais, et voilà tracé le double rôle de Saint-Maurice à travers l'histoire : tête de pont, place forte et point de passage obligé. Nul site géographique ne convenait mieux à l'emplacement d'une grande abbaye.

***

2° LA SOUSTE ET LE STAD. — NOTES DE GÉOGRAPHIE HUMAINE

91.01

27 Juillet.

Les passages alpestres ont donné naissance à des agglomérations commerciales, dès le Moyen Age, en même temps qu'à des places fortes, comme Briançon, Mont-Dauphin, Embrun, et à des châteaux-forts comme ceux qui jalonnaient en série les grandes routes, Briançon-de-Tarentaise, Charbonnières, Miolans, etc. Les cols étaient traversés, avant les grandes routes du XIXe siècle, par des chemins de mulets, et, au pied du passage, dans la vallée, étaient des entrepôts, qui devinrent vite des lieux de marchés et de foires. Aussi ces localités, dans les Alpes françaises, portent-elles assez souvent le nom de bourgs : Bourg-Saint-Maurice, Bourg-d'Oisans, Lans-le-Bourg, chacune au pied d'un passage important, comme il y a dans les Pyrénées Bourg-Madame. Modane, au pied du col de la Roue, était aussi un bourg, d'où le nom du Bourget-de-Modane.

La route du Grand-Saint-Bernard, à cause de son importance, avait donné naissance à plusieurs bourgs échelonnés entre le Bourg-de-Martigny et la cité d'Aoste, qui était un évêché, comme l'indique son nom de Cité : Orsières et Bourg-Saint-Pierre étaient des bourgs et leurs clochers à créneaux témoignent de leur importance passée.

Au pied des Alpes, dans la Suisse Romande, un type de localité répondait à cette fonction d'entrepôt des marchandises et de relai des voyageurs tout ensemble, au pied des passages, et il avait reçu un nom qu'on ne trouve que là et qui a passé dans les noms de lieux, *la Souste*. Au sens précis, c'est un entrepôt de marchandises, et la chose a dû exister partout, puisqu'on trouve au pied des passages du Queyras la halle d'Abriès, dépôt des marchandises qui allaient passer ou qui avaient passé le col.

Il est à présumer que chaque col avait sa souste, et plusieurs étaient assez importantes pour que le souvenir en soit arrivé jusqu'à nous.

Au pied de Loèche-Ville, en Valais, à 753 mètres, qui est la ville forte, avec son château gardant le chemin de la Gemmi et la vallée du Rhône, se trouve, en plaine, à 622 mètres, la localité de la Souste. C'était un relai entre Sierre et Rarogne, sur la route du Simplon, au point d'attache du chemin de la Gemmi qui franchissait là le Rhône sur un pont d'une arche, à la faveur de l'étranglement provoqué par le cône de déjections de l'Illgraben. Le site convenait pour un entrepôt.

Brigue était la souste au pied du Simplon. Quelle était déjà l'importance de ce chemin, c'est ce dont témoignent les ruines de châteaux échelonnés tout le long de la vallée : de Martigny (la Batie), à Sion, à Sierre (tour de Goubin), à Rarogne, et à Brigue même. Les Stockalper, qui étaient les gardiens et les convoyeurs de la route, avaient bâti là un château et un hospice au col. Brigue, grâce à son pont, était aussi le point de passage obligé du fleuve; enrichie par le trafic, elle en a gardé le nom de *Briga dives*, Brigue la riche.

Le nom de souste persiste dans le Susten Pass, qui fait partie du système des cols extérieurs du Gothard. Il conduit de la vallée de l'Aar, ou Hasli (il part d'Innertkirchen ou Hasli im Grund) à celle de la Reuss, à Wassen. La souste devait être à Meiringen, au croisement de tous les passages, qui est resté un centre de foires important. Le Susten Pass a joué un grand rôle pendant l'occupation du haut Valais par les Français, lorsque ceux-ci eurent créé le département du Simplon. Les Bernois durent renoncer pour un temps à leur itinéraire habituel vers la Lombardie, par le Grimsel et le Griess, et pour se rattacher au Gothard aménagèrent le chemin du Susten. C'est ce qui explique l'emploi de cette route, malgré la menace que fait peser sur elle le glacier de Stein (Steinen Gl.).

La route du Grand-Saint-Bernard, qui resta longtemps la plus importante, était aménagée en entrepôts, en soustes. Martigny, avec ses nombreux villages, la Combe, le Bourg, la Ville, n'était qu'une longue souste qui s'étendait de la combe des Rappes à la plaine du Rhône, à la Batiaz. De là la route, par Saint-Maurice, conduisait au carrefour de Vevey, d'où les chemins rayonnaient sur tout le plateau. De Lausanne une route conduisait à Genève, où elle franchissait le Rhône, et à Lyon ; une autre montait vers le Jura qu'elle traversait au col des Hôpitaux ou de Jougne. C'était au pied de la montée, là où la route s'engage dans le défilé de l'Orbe, que s'élevait le château des Clées, gardien du passage. La politique des seigneurs qui prélevaient les péages de la route, et qui avaient aménagé ce tracé pour détourner le trafic de l'ancien chemin par Yverdon et Sainte-Croix, avait établi là une souste, c'est-à-dire un entrepôt et un péage.

Les chemins de montagne, au Moyen Age, n'étaient en réalité que des portages entre les routes fluviales qui descendaient les cours d'eau et sillonnaient les lacs. C'est grâce à ses lacs que la Suisse avait un réseau de communications si dense, ceux-ci faisant pénétrer leur nappe d'eau tranquille jusqu'au cœur des montagnes. Le point où la route aboutissait au lac et où l'on opérait le débarquement des marchandises était aussi un nœud de relations important. La route du Saint-Bernard, par exemple, touchait aux lacs et au réseau des voies navigables en deux points, à Villeneuve, sur le Léman, à Yverdon, sur le lac de Neuchâtel, qui s'appelait alors lac d'Yverdon. Villeneuve, au complet la Villeneuve-de-Chillon, fut une création des comtes de Savoie, maîtres du bas Valais et de la route, pour qu'on pût là décharger les marchandises, et confier aux bateliers du lac celles à destination de Genève, de Lyon et de l'Allobrogie. Villeneuve dut succéder à *Penne lacus*. c'est-à-dire la *tête du lac* (était-ce l'antique *Chablais*?) qui s'élevait à l'époque romaine dans une situation analogue.

Yverdon, sur l'autre nappe d'eau, avait une situation correspondante, à la tête du lac, et une importance plus grande encore, puisque c'est de là que partait le chemin escaladant le Jura par la gorge des Covatannes et gagnant Sainte-Croix. Plus haut vers le nord, sur le même lac, au terminus d'une des routes du plateau, s'élevait Estavayer, dont nous dirons la signification.

Ces entrepôts fluviaux et lacustres, soustes en un sens, mais qualifiés de l'autre par leur situation au bord de l'eau et non au pied des monts, nous amènent à parler d'un autre type d'établissement commercial, de dépôt sur les rives d'un lac ou d'un fleuve, *le Stad* ou *Staad*. Qu'on observe, sur la Méditerranée, le dédoublement entre l'Acropole ou la ville proprement dite et le quartier du port, le Pirée, la Marine. Cette double localité existait même sur les lacs suisses, où, dès qu'une ville était à proximité d'un lac sans être établie dessus, elle se dédoublait et avait sur l'eau son port. Sur le Léman, le port s'appelait Rivaz : Ouchy a perdu son ancien nom de Rivaz, que gardent encore les *Rives* du lac à Thonon, Vevey, Montreux.

Sur le lac des Quatre Cantons, dont on ne saurait exagérer l'importance comme voie de circulation, Altdorf avait Fluelen comme port, Schwytz avait Brunnen, et nous allons en voir d'autres.

Ces entrepôts sur l'eau avaient un nom générique dont le sens est en train de se perdre, mais qu'on peut dégager des formes qui prêtent à confusion. Ainsi Stans Stad était et est encore l'entrepôt de Stans sur le lac des Quatre-Cantons et la route du Brünig, Alpnach-Stad, celui d'Alpnach, Walen Stad, et non Walenstadt, est le port d'embarquement sur le Walen See, dont le nom persiste du temps où les Romands, les Welsches (Walen), habitaient encore ses bords escarpés et sans soleil. Il est illogique d'écrire Stadt, la ville, et c'est le voisinage de ce mot beaucoup plus courant qui a amené la confusion, et l'oblitération progressive du mot Stad, ou mieux Staad, lequel se retrouve aussi dans Altstad.

Bienne avait Nidau, dans les marais au bord du lac, où se mêlaient les eaux de l'ancienne Thiele et de la Suze, avant la correction de l'Aar.

Sur le lac de Zurich, Staefa, dans une position analogue, semble avoir été un stad dont le nom s'est altéré, d'autant plus que le même nom originel semble s'être altéré de la même manière dans celui d'Estavayer, sur le lac de Neuchâtel, situé là où aboutissait la route de Fribourg-Payerne, et dont la graphie allemande, Staefis, semble avoir mieux conservé la forme première et la ressemblance avec Staefa, sur le lac de Zurich.

Le stad désignait aussi le port sur rivière, l'étape des bateliers, C'est ainsi que Fribourg avait son port sur la Sarine, là où se dresse la porte de Berne, ou Stadt-Thor (il faut lire Stad-Thor). A quelques kilomètres en aval, au débouché de la Sonnaz, près de Pensier était un autre Stad.

Sur le lac de Constance, ou Bodan, le Staad, près de Rohrschach.

En France même, il y avait ainsi beaucoup de *ports* sur rivières, et Port-sur-Saône, Saint-Nicolas-du-Port, sur la Meurthe, gardent le souvenir de l'époque où ces ports intérieurs faisaient la richesse d'une cité. Port avait fini par signifier un marché, même à l'intérieur des terres, c'est-à-dire l'endroit où se fait « l'apport », où l'on *apporte* les marchandises pour les vendre. Ainsi Notre-Dame-du-Port, à Clermont.

Une autre catégorie de villes nées de la circulation, et dont on peut rappeler en terminant l'existence, se sont les localités où l'on acquittait les droits perçus sur les grands chemins, droits de *péage* et autres, droits de *Tonlieu* (de *teloneum*), Leydes, etc. On sait que le droit de passage de l'Isère, par la route de la rive gauche du Rhône, avait donné naissance à la grosse agglomération de Bourg-du-Péage, en face de Romans. *La Leyde* a également laissé des traces en Savoie : la *Leyde* de Conflans, en face de l'Hôpital, localité qui, unie à sa voisine, a donné naissance à Albertville, a été perçue pendant des siècles. Or ces droits, perçus aussi sur la route du Grand-Saint-Bernard, ont fait naître une localité, qui en garde assez fidèlement le nom : celle de Liddes, jadis Leddes, etc.

Sur la route du Gothard, sur le versant tessinois. une localité a pris aussi son nom des droits qu'on y acquittait : c'est Dazio Grande, le mot *Dazio* signifiant une sorte de douane traduit en Savoie par *Dace*.

Comme conclusion, il y aurait à faire le rapprochement de ces entrepôts sur les routes avec ceux des mers du Nord, qu'on appelait parfois des *Étaples* (de *Stapel*), et ceux des mers du Levant, qu'on appelait des *Échelles* ou des *Escales* ou encore des *Fondachi*. Routes de terre et routes de mer, chemins de montagne et voies océaniques, ont eu ainsi leurs points d'attache, toujours les mêmes, soit avec la plaine, soit avec la rivière et le lac, soit avec la côte, points d'attache qui sont devenus pour l'homme des points d'attraction.

Addendum. — Note sur le droit de *Souste*. — C'était, à proprement parler, l'abandon aux seuls habitants du pays du droit de portage par les cols. Comment ce droit alla en se réduisant peu à peu, au profit des seigneurs de la basse vallée et des États centralisés, c'est ce qu'explique MARCEL BLANCHARD dans son étude parue depuis peu : *Bibliographie critique de l'histoire des routes des Alpes Occidentales sous l'État de Piémont-Savoie (XVIIe-XVIIIe siècles) et à l'époque napoléonienne (1796-1815)*. Grenoble, 1920.

M. Paul MALHERBE,
Chimiste, hydrographe.

NOTE SUR LES RECHERCHES EFFECTUÉES SUR L'HYDROLOGIE DE LA VALLÉE DU LOING

551.49

27 Juillet.

L'Association des Naturalistes de la Vallée du Loing a pour but de développer le goût des Sciences naturelles et de contribuer, par les recherches et les travaux de ses membres, au développement de la connaissance scientifique de la région.

Suivant cette double définition, la Société se promet donc de travailler pour l'avancement des sciences en général et pour l'instruction scientifique mutuelle de ses membres, par des recherches, des promenades, des causeries, des écrits.

Il m'a été demandé personnellement de contribuer à mieux faire connaître l'hydrologie de la vallée du Loing.

La description d'un grand bassin comme celui de la vallée du Loing, demande à être menée méthodiquement et de progresser dans un certain sens, par exemple, de l'aval à l'amont. La première étude parue dans le *Bulletin* de 1913, s'occupait du confluent Loing-Seine, c'est-à-dire de Moret.

Il y aurait lieu ensuite de connaître les deux piliers de base de la vallée du Loing, c'est à-dire les coteaux qui bordent la rive gauche de la Seine, de Montereau à Moret et de Moret à Fontainebleau. C'est pour suivre ce programme que nous avons donné en 1920 une étude sur la source de Froidefontaine et le rû de Montarlot.

Tout en suivant cet itinéraire, nous ne manquerons jamais de synthétiser, de remonter du particulier au cas général, de rattacher notre phénomène local aux lois générales de l'hydrologie, et cela pour notre instruction mutuelle. Autrement dit, chaque phénomène local doit être exposé comme une illustration de vérités déjà connues, comme un exemple.

Les premières études de 1913 sur la région de Moret, offraient des exemples locaux sur ce que l'on sait des nappes captives et des puits artésiens et de l'utilité de connaître les synclinaux et les anticlinaux.

L'étude de 1920 sur la source de Froidefontaine et le rû de Montarlot fournit un exemple des phénomènes de capture.

Enfin, au point de vue pratique, ces études peuvent aider nos concitoyens régionaux à rechercher l'eau avec succès.

Bassin de l'Orvanne

La source de Froidefontaine et le rû de Montarlot.

Il existe sur la rive gauche de la Seine, à flanc de coteau, une source pérenne à l'entrée de l'ancien château de Froidefontaine. Elle alimente un lavoir et fournit de l'eau potable à la ferme. C'est une source d'affleurement de l'argile plastique située à 19 mètres au-dessus de la plaine.

Elle présente cette particularité curieuse qu'elle appartient, au point de vue orographique, à la vallée de la Seine, alors que son périmètre d'alimentation est en réalité constitué à contre-pente sur le versant du bassin de l'Orvanne. C'est le vallon de Montarlot, qui est dans sa partie supérieure, le pluviomètre commun d'alimentation à Froidefontaine et à Montarlot. (Le rû de Montarlot commence au village).

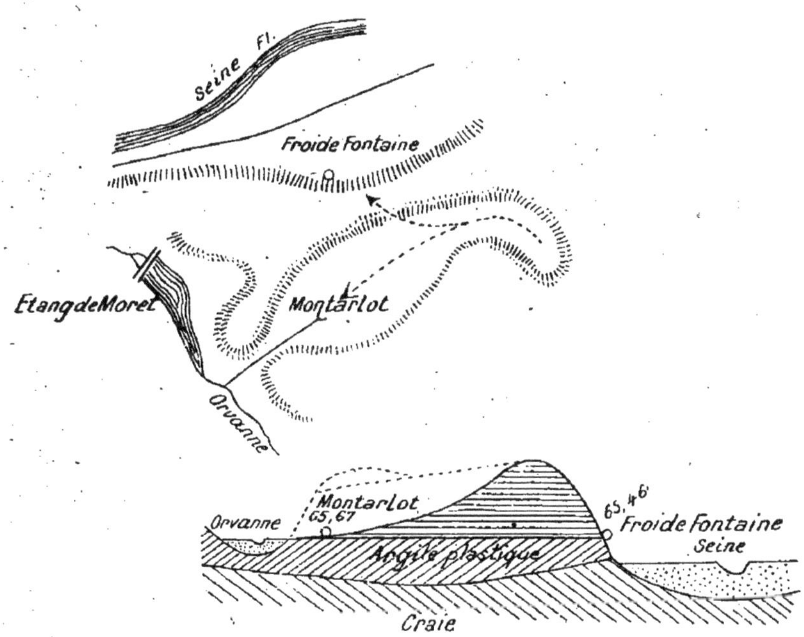

La meilleure démonstration de ce problème d'hydrologie souterraine a été donnée par un nivellement de ces deux sources, par M. Mignolet, conducteur des Ponts et Chaussées, à Moret.

Source de Froidefontaine : 65m,46.
Rû de Montarlot, amont : 65m,67.

Il s'agit donc bien de la même nappe.

L'intérêt de cette étude ne réside pas dans l'observation de ces deux sources minuscules pour elles-mêmes, mais réside dans le *phénomène de capture* qui s'y attache, si modeste soit-il.

Remarquer en effet que Froidefontaine est pérenne, alors que le rû de Montarlot est temporaire. L'activité de la circulation souterraine de ce vallon a donc été amoindrie de plus de moitié par Froidefontaine. Elle le serait tout à fait si le plateau était constitué par un terrain homogène; la craie, par exemple.

Dans ce cas, la source de Froidefontaine au lieu d'être arrêtée à 19 mètres au-dessus de la plaine, serait actuellement à la base du coteau avec un débit plus fort. L'influence de l'important niveau de base de la Seine (46^{m}) aurait déterminé un véritable phénomène de capture d'eau du bassin de l'Orvanne (59 mètres), en asséchant complètement la vallée de Montarlot.

Mais le terrain est hétérogène, le phénomène ne s'est manifesté que partiellement, par une *fuite* de la nappe de l'argile plastique vers la Seine.

Au point de vue de la recherche des eaux, il est donc bon de se rappeler que si généralement les sources sont alimentées par le bassin orographique où elles se trouvent, il peut y avoir des exceptions. La circulation souterraine ne suit pas toujours la circulation superficielle. Une partie des eaux souterraines peut couler suivant la direction orographique, mais une autre partie peut être déviée, capturée au profit des sources d'un autre bassin voisin dont le niveau de base est plus important.

17e Section.

ÉCONOMIE POLITIQUE, STATISTIQUE ET LÉGISLATION

Président . . . M. BROUILHET, professeur à la Faculté de Droit de Strasbourg.
Secrétaire . . . M. V. GRANET, receveur municipal de Saint-Junien (Haute-Marne).

M. Émile CACHEUX,

Ingénieur des arts et manufactures, Paris.

MARCHE A SUIVRE POUR DÉCONGESTIONNER PARIS

312.8 (44.361)

26 Juillet.

Bien avant la guerre de 1914-1918, la pénurie des petits logements se faisait sentir dans Paris, car le 1er janvier 1914, il n'y avait plus que 2.000 logements, d'une valeur inférieure à 500 francs, qui étaient vacants.

Dix ans auparavant, leur nombre était de 32.000 ; par suite, la diminution des vacances était de 3.000 par an, pendant que la population parisienne augmentait de 25.000 habitants par an. En 1917, la natalité était de 33,3 0/00, la mortalité de 29,7 0/00 ; depuis cette date, ces deux chiffres diminuent et en 1913 la natalité n'était plus que de 16,8 0/00, tandis que la mortalité était descendue à 15,4 0/00. Pendant l'année 1914, la natalité baissa à 16,2 0/00, mais la mortalité remonta à 16,9 0/00. Sans l'immigration la population parisienne diminuerait. Pour loger les familles qui se fixent à Paris, on ne construit plus de logements en quantité suffisante. Avant 1914 on achevait, à Paris, en moyenne 1.200 immeubles par an ; depuis la guerre, la moyenne est tombée de 1914 à 1918 à 280 et en 1919 on a édifié en tout 175 constructions neuves, dont 36 0/0 à usage industriel et commercial. Le nombre de logements mis à la disposition du public, qui était de 11.959 en 1914, est tombé à moins de 1.000 en 1919.

Le dernier recensement avait démontré que, dans Paris et les communes du département de la Seine, 175.000 personnes habitaient des logements surpeuplés ou insuffisants, c'est-à-dire contenant plus de deux habitants par pièce, ou moins de deux habitants par pièce, mais plus d'un. Les réfugiés ont augmenté les inconvénients de l'encombrement dans les logements. On évalue à 4.800.000 la population actuelle du département de la Seine, qui dépassait à peine 4.000.000 en 1914. Pour remédier à l'arrêt des constructions, la Ville de Paris a décidé de reprendre la construction d'habitations à bon marché qu'elle avait interrompue. Le Préfet de la Seine a soumis à l'approbation de la municipalité un projet de construction de 43.000 logements motivant une dépense de 1.750.000 francs. Le logement reviendrait à 46.500 francs en moyenne.

L'Office public d'Habitations à bon marché de la Ville de Paris compte dépenser 78.900.000 francs pour bâtir des maisons contenant 2.258 logements. Le prix du logement variera entre 16.000 et 40.000 francs, attendu que l'Office a fait l'acquisition de maisons non terminées, qu'il achèvera.

Le Comité de Patronage des Habitations à bon marché de la Seine a pensé qu'on pourrait résoudre la crise du logement en construisant des habitations individuelles et il a organisé un concours de maisons de ce genre au Jardin des Tuileries. 24 constructeurs lui envoyèrent des plans, qu'il approuva, mais par suite de la hausse constante des matériaux et de la difficulté des transports, 12 maisons seulement furent bâties. Leur prix varia de 12.000 à 30.000 francs.

L'Office départemental des Habitations à bon marché a obtenu du Conseil Général une somme de 17 millions, avec mission d'affecter 12 millions à la construction de 600 maisons dans la banlieue parisienne, et d'employer le reste à l'achèvement de maisons dont la construction a été arrêtée par la guerre.

Une centaine de maisons sont en construction, elles coûteront 2 millions 600.000 francs. Un particulier obtiendrait des maisons dans de meilleures conditions, car en 1878, j'ai construit des maisons de trois pièces et cuisine qui revenaient à *3.400* francs. Il est vrai que j'ai employé des briques, faites avec du ciment, et du sable trouvé dans les fondations, qui revenaient à 22 francs le mille. Actuellement, on peut employer des portes, fenêtres, marches d'escalier, etc., que l'on fait venir de Hongrie. Un des concurrents de l'exposition du Jardin des Tuileries, construit dans le département de la Somme, des maisons de trois pièces et cuisine pour 7.400 francs.

Le Gouvernement ayant mis, par la loi du 19 octobre 1919, une somme de 500 millions au taux de 2 0/0 à la disposition des constructeurs de maisons individuelles, on voit qu'il sera possible de construire dans le département de la Seine des habitations individuelles, à des prix qui permettront de les louer ou de les vendre à des ouvriers.

Malgré le concours de l'État, on n'arrivera pas à construire assez de logements p ur décongestionner Paris, c'est pourquoi il y a lieu d'examiner s'il ne serait pas possible de transférer hors de notre capitale les usines insalubres qui s'y trouvent.

La statistique nous apprend que, dans les quartiers industriels, la mortalité générale dépasse 20 0/00 et celle par tuberculose 4 0/00.

Nous avons plusieurs fois cité dans nos communications, l'exemple de la Cité-Jardins de Letchworth où, malgré le fonctionnement de 38 usines, qui occupent 3.000 ouvriers, la mortalité des habitants, qui sont au nombre de 12.000, ne dépasse pas 10 0/00.

Aux États-Unis, on admet que lorsqu'un ouvrier travaille à l'aise, dans un atelier bien éclairé, ventilé avec de l'air stérilisé, chauffé en hiver, refroidi en été, la durée de sa vie n'est pas influencée par son séjour à l'usine. L'industriel a donc intérêt, au point de vue de l'hygiène, à faire travailler ses ouvriers dans une usine salubre. Mais il en a un bien plus grand à mettre à leur disposition, un local bien aménagé et muni d'un outillage perfectionné, où il est possibte d'appliquer les principes de l'industrie moderne. En France, les usiniers sont soumis à une législation qui les oblige à prendre des mesures pour éviter les accidents du travail et à indemniser les ouvriers qui en sont victimes, mais ils ne sont pas tenus de réparer les dommages causés par le travail dans un milieu encombré.

Le patron peut s'assurer contre les effets visibles des accidents, mais non contre les pertes causées par les malaises des ouvriers. Nous estimons qu'un local industriel devrait avoir un casier sanitaire et que l'État devrait favoriser la construction d'usines irréprochables au point de vue de l'hygiène, comme il le fait pour les habitations à bon marché.

Dans le cas où il prêterait des capitaux, il pourrait le faire à un taux assez élevé pour que les contribuables ne soient pas lésés, comme ils le sont par la législation relative aux habitations à bon marché.

M. Paul DELAPORTE,

Paris.

SUR LE « CHRONOS », CALENDRIER AUXILIAIRE ÉCONOMIQUE

93

26 Juillet.

L'étude de la question de la réforme du calendrier, à laquelle je me livre depuis de longues années et les essais que j'ai faits, en vue de substituer une mesure scientifique aux règles arbitraires du calendrier julio-grégorien, m'ont amené aux conclusions suivantes :

1° Les applications scientifiques et économiques modernes, nécessitant l'intervention des calculs, exigent que le facteur *temps annuel* obéisse, comme le *temps quotidien*, à une formule mathématique dans laquelle l'unité adoptée soit en relation simple avec ses multiples.

2° En dehors de ces applications où entrent des calculs, c'est-à-dire dans le cours de la vie civile, familiale ou religieuse, le besoin d'une formule mathématique pour la division du temps ne se fait pas sentir aussi vivement et de nombreuses raisons s'opposent même à la modification brusque des règles actuelles.

3° En conséquence, il y a lieu de conserver les règles actuelles jusqu'à ce qu'une nouvelle formule se substitue d'elle-même, s'imposant par des avantages tangibles. Il est même à désirer que le calendrier julio-grégorien, pour raison d'uniformisation, se répande universellement.

4° Mais il faut créer, à côté, un système de mesure du temps annuel, répondant aux exigences scientifiques et économiques, dont l'emploi soit facultatif et ne vienne en aucune manière troubler les habitudes séculaires.

5° Ce système doit, par suite, être une échelle de divisions *auxiliaire* des calendriers et se superposer à eux au lieu de se substituer *de plano*, au moins provisoirement.

Ces conclusions arrêtées, j'ai imaginé et mis en pratique, avec succès, le système que je vais décrire et auquel j'ai donné le nom de « Chronos » ou calendrier économique auxiliaire.

Je n'entrerai pas dans les considérations qui m'ont fait adopter la formule qui est la base du système. Je me bornerai à dire que, dans ma recherche d'une solution rationnelle, au sens mathématique du mot, ma préoccupation constante fut de troubler le moins possible les habitudes acquises. Il en résulta que la période septénaire, de même durée que la semaine traditionnelle universellement adoptée, me parut devoir être conservée comme premier multiple du « jour moyen » pris comme unité de durée.

Le *Chronos* est, par suite, une échelle de divisions isochrones, qui sert à mesurer les années et les périodes de durée d'ordre de grandeur annuel.

Cette échelle a pour base la septaine, durée équivalente à celle de la semaine, mais dont les sept jours sont pris uniquement pour leur valeur économique, à l'exclusion de toute considération d'ordre rituel, *ouvrable* ou de *repos*, et dont l'ordre numérique est indifférent.

L'unité de durée et les multiples, dans le *Chronos*, sont les suivants :

Le jour moyen, qui a une durée de 24 heures;
La septaine, — — 7 jours;
La quatorzaine, — — 14 —
La vingthuitaine, — — 28 —

Les différentes périodes divisées par le *Chronos* sont dites *économiques*. Ainsi :

La septaine est la semaine économique;
La quatorzaine est la quinzaine économique;
La vingthuitaine est le mois économique;

Les saisons septénaires sont des saisons économiques;
L'année septénaire est une année économique.

L'année économique comprend 364 jours, 52 septaines, 26 quatorzaines, 13 vingthuitaines.

Elle se subdivise :

En demi-années de 182 jours, 26 septaines, 13 quatorzaines, 6 vingthuitaines et demie ;

Et en quarts d'année (ou en saisons économiques) de 91 jours, 13 septaines, 6 quatorzaines et demie, 3 vingthuitaines et quart.

Rapportées aux années civiles, selon que celles-ci sont ordinaires ou bissextiles, les années économiques de 364 jours sont complétées par un ou deux jours, hors cadre ou hors série, qui forment période complémentaire et sont comptés à part.

Les périodes quatriennales grégoriennes ordinaires comprennent : quatre années économiques de 364 jours, soit 1.456 jours plus 5 jours complémentaires hors série, en tout 1.461 jours.

Celles qui, d'après cette règle, ont un jour bissextile en moins, ne comportent que 4 jours complémentaires et n'ont, par suite, que 1.460 jours en tout.

Les divisions de la période quatriennale dans le *Chronos*, peuvent se résumer en une même expression algébrique, d'un seul terme, dont le *coefficient* seul varie :

Quart d'année économique	$= (7 \times 13)\ 1$	$=$	91 jours ;
Demi-année économique	$= (7 \times 13)\ 2$	$=$	186 jours ;
Année économique	$= (7 \times 13)\ 2^2$	$=$	364 jours ;
Période quatriennale économique . .	$= (7 \times 13)\ 2^4$	$=$	1456 jours.

Tel est le système de mesure du temps annuel dont je propose l'emploi comme auxiliaire du calendrier julio-grégorien, emploi que les applications que j'ai faites m'ont prouvé n'être pas incompatible avec celui-ci ni avec tout autre calendrier observant la semaine traditionnelle, attendu que toute période de sept jours, prise comme semaine ou comme septaine, renferme toujours six jours ouvrables et un jour de repos : les totaux des opérations pendant ces sept jours sont, par suite, de même ordre de grandeur.

Seul, le numéro d'ordre du jour de repos varie dans les septaines qui n'ont pas même origine. Mais il varie déjà dans les semaines selon les religions (juive, chrétienne, musulmane) et la *loi sur le repos hebdomadaire* l'a aussi déplacé pour les commerces ou industries à opérations continues (alimentation, transports, fours continus, etc.). Enfin, les observations scientifiques (météorologie, astronomie...) ne connaissent pas de jour de repos absolu ou relatif. De telle sorte que la division des périodes annuelles en septaines, pour l'intégration des opérations scientifiques et économiques ou autres, dans lesquels entrent des calculs, ne peut être que grandement appréciée par quiconque éprouve le besoin d'introduire de la méthode dans ses travaux.

Et, d'autre part, cette division septénaire ne peut troubler l'ensemble des rites confessionnels ni les diverses lois civiles qui régissent, dans tous les pays le repos hebdomadaire, attendu qu'après tout celui-ci tombe chaque jour pour quelqu'un ou pour quelque collectivité et que si, à cette observance hebdomadaire, on ajoute celle des fêtes de tout ordre, qui entraînent chômage, on s'aperçoit que le nombre des calendriers est non pas celui des collectivités, mais bien celui des individus.

Donc, il est temps qu'au milieu de tout cet arbitraire, d'ailleurs nécessaire à la libre évolution de l'humanité, un système mathématique s'impose et ce système sera d'autant mieux accueilli qu'il ne viendra troubler en rien les règles, que chacun suit par coutume ou croit devoir s'imposer, pour des raisons diverses, dans la partie de son existence non nécessairement soumise aux calculs.

C'est à ce quoi le *Chronos* répond en tous points :

Il peut diviser aussi bien et sur les mêmes bases l'année civile (1er janvier) que l'année fiscale (15 mars), l'année financière (1er avril), l'année agricole (15 août), l'année scolaire (1er octobre), etc....

Il peut diviser et mesurer : les durées des opérations des commerces saisonniers (modes, primeurs, etc.), celles des campagnes annuelles (betteravière, viticole, houblonnière...) ; les durées pathologiques (maladies, fièvres, gestations, cures thermales...) ; l'élevage (puériculture, aviculture, ...omniculture) ; les voyages au long cours ; les recherches et études de laboratoire ; les faits astronomiques et météorologiques ; en un mot, toutes les durées de tous les phénomènes naturels ou artificiels.

J'ai imaginé divers appareils et tableaux permettant de suivre et de mesurer, par la division septénaire, toute période commençant un jour quelconque de l'année. A ces dispositifs peuvent s'adapter, en se superposant, tous les calendriers ainsi que tous les tableaux de marche du temps qui, en dehors des règles générales, sont imaginés journellement pour des cas particuliers : calendriers des courses, des sports, de la chasse, de la pêche, etc., etc. Il n'est pas un seul cas auquel on ne puisse, avec profit ou utilité, appliquer la division septénaire, et le cadre régulier du *Chronos* peut les contenir et les régulariser tous.

Je me contente de signaler, sans les décrire, ces dispositifs, leur description n'ayant pas sa place dans cette communication.

M. A. CADENAT,

Professeur de Mathématiques au Collège de Dôle.

ESSAI DE SIMPLIFICATION ADMINISTRATIVE : COMPTES COURANTS NATIONAUX.

332.1

26 Juillet.

Rappel du mémoire de 1906. — En 1906, j'ai envoyé au Congrès de Lyon un mémoire intitulé : *Comptes courants d'État.* Ce travail fut lu à la Section d'Économie politique dans sa séance du 6 août et imprimé dans le deuxième volume (pages 1277 à 1282) des Comptes Rendus. J'ai cru, après ces quatorze ans passés, qu'il serait intéressant de reprendre cette question.

Définition du compte courant. — On suppose que l'État ouvre à toute personne et même à toute institution ayant rang de personnalité civile un compte courant.

Nous rappelons qu'un compte courant est un double tableau représentant d'une manière permanente la situation financière de deux personnes en relations d'affaires.

Ce compte serait tenu en partie double : un exemplaire sur registre pour l'État et un exemplaire sur carnet pour l'intéressé. La comptabilité serait confiée à un *agent spécial* qui remplacerait le percepteur et dont la circonscription serait de dix mille habitants environ.

Débits et Crédits. — Il y en aurait d'obligatoires et de facultatifs. Le paiement des impôts (débits), le paiement des traitements et pensions (crédits) seraient obligatoires. Le paiement des loyers, polices d'assurances, factures et traites, seraient facultatifs.

Les sommes portées au débit seraient de deux sortes :

1° Les *débits accidentels* ou sommes dues à l'État et payées une fois pour toutes : amendes, droits d'examen, expédition de mandats postaux, etc.;

2° Les *débits permanents* ou *annuels*, c'est-à-dire ceux dont la partie exigible est proportionnelle au temps : contributions, loyers, etc.

Les sommes portées au crédit seraient aussi de deux sortes :

1° Les *crédits accidentels* ou sommes payées par l'État *une fois pour toutes :* remise des amendes, gratifications, paiement de mandats postaux;

2° Les *crédits permanents* ou *annuels*, c'est-à-dire ceux dont la partie exigible est proportionnelle au temps : traitements des fonctionnaires, pensions, etc.

Le paiement des impôts se ferait par leur simple inscription au débit et le traitement des fonctionnaires par leur sim le inscri tio

les personnes qui auraient à la fois un débit et un crédit permanents (fonctionnaires, retraités, rentiers), on ne tiendrait compte que de leur différence, débitrice ou créditrice.

Ouvertures de Débit et de Crédit. — Nous entendons par *Ouverture de Crédit*, la faculté que l'État laisserait à chaque contribuable de laisser dépasser son débit (mais au détriment du contribuable, car il en paierait intérêt), d'une somme fixe et égale à une petite fraction, par exemple le centième, de la valeur de ses immeubles : ceci est le débit maximum.

Nous entendons par *Ouverture de Débit* la faculté qu'accorderait l'État à chaque citoyen, de laisser surpasser le crédit de ce dernier (mais au détriment de l'État, car il en payerait intérêt), d'une somme fixe : ceci est le crédit maximum. Actuellement toute personne peut déposer 2.000 francs à la Caisse d'Épargne : acceptons donc ce chiffre pour toute personne indistinctement.

Principes essentiels. — L'État et le citoyen seraient complètement libres d'obligations l'un envers l'autre, lorsque la balance du compte serait inférieure au débit maximum si elle était débitrice, ou inférieure au crédit maximum si elle était créditrice. Toutes les opérations fiscales positives ou négatives sont réglées par un simple et unique passage d'écritures. Toute somme portée ou laissée au débit porte intérêt à l'État; toute somme portée ou laissée au crédit porte intérêt au particulier.

Suppression des paiements mensuels par l'État et comme conséquence suppression des mandats de paiement individuels ou collectifs. — Pour se libérer de ses obligations financières, le contribuable a les deux moyens suivants que lui donne l'institution des comptes courants nationaux :

1° Virements par chèques;

2° Prélèvements ou versements d'espèces.

Exemple : Vous devez 100 francs à M. Z...; vous lui remettez un chèque d'égale somme; ce montant sera donc inscrit à votre débit et au crédit de M. Z... Dans la pratique, on achèterait un carnet de chèques dont on porterait le montant total au débit au moment de l'achat; de même, le bénéficiaire de chèques, quand il en aurait un certain nombre, en ferait porter le montant total à son crédit.

Puisqu'il n'y a plus de paiements à échéance fixe, le dernier jour du mois, comme cela se pratique actuellement, il n'y a plus besoin évidemment de mandats de paiement. Quel est le nombre de ces mandats délivrés mensuellement par chaque préfecture ? Nous l'évaluons à environ deux mille; donc économie de temps et de personnel.

Il est intéressant de remarquer ce qui se passe actuellement quelques jours avant et quelques jours après la fin du mois. Tout receveur ou payeur doit se procurer du numéraire, billets ou métal, qu'il distribue aux porteurs de mandats de paiement. Ceux-ci rapportent l'argent, paient leurs ... nt au ... oint d'où elle est ... artie. Il y a donc à chaque fin de mois, une marée montante métallique ou fiduciaire suivie d'une marée descendante. Ce flux et ce reflux sont invisibles, mais ils existent et produisent une énergie intérieure passive qui n'est pas sans être, en fin de compte, onéreuse à la société. Ce déplacement périodique d'argent est presque complètement annulé par l'application des Comptes courants nationaux.

Tenue du compte courant. — A chaque opération fiscale, l'agent spécial inscrit la somme : 1° sur le compte courant registre dont il a la garde; 2° sur le compte courant carnet détenu par le contribuable.

Facultativement, les comptes courants peuvent porter les paiements commerciaux dont l'inscription serait demandée par les deux parties.

Exemple : M. X. de A..., expédie à M. Y. de B..., pour dix mille francs de marchandises. On porterait cette somme au crédit de X..., et au débit de Y.... Toute demande de renseignements au sujet de la solvabilité devient ainsi inutile.

Le compte courant avec intérêts exige l'adjonction de deux colonnes spéciales, l'une pour les jours et l'autre pour le produit du nombre de jours par le capital ou *nombre;* dans la pratique c'est le centième du nombre qui est porté.

Exemple de compte courant. — Je suppose un fonctionnaire dont le traitement est de 10.800 francs, ce nombre étant en fait ramené à 10.260 par la retenue du vingtième. Une estimation approximative fixe la valeur de ses immeubles (maison, vignes) à 40.000 francs; on lui assure donc un crédit de 400 francs. Ce fonctionnaire paie un impôt global de 372 francs.

On écrira donc :

Crédit permanent	Fr.	10.260
Débit permanent.		372
Différence créditrice	Fr.	9.888

dont le douzième est 824 francs,

Voir plus bas un exemple de compte courant tenu par l'État ou par une banque quelconque qui, avec l'autorisation de l'État, serait l'intermédiaire entre celui-ci et le contribuable (qui est ici en même temps fonctionnaire).

Pour simplifier, on a compté les mois de trente jours et on a omis les centimes. Un droit fixe de 10 centimes par article, pour frais d'écritures, figure au débit.

Conclusion. — L'auteur appelle de tous ses vœux le contrôle de l'expérience et il demande, de son système, une application très limitée pour commencer. Il émet le vœu qu'un membre du Parlement fasse sien ce projet et qu'il dépose un projet de loi demandant l'application de ce système de comptabilité administrative à un très petit nombre de personnes, par exemple : un fonctionnaire, un négociant, un ouvrier, un paysan. On pourrait aussi y ajouter un lycée ou collège.

Si ce système était jugé bon, on pourrait, après améliorations probables, en étendre peu à peu l'application à l'ensemble des contribuables.

Exemple de compte courant et d'intérêts entre M. X..., habitant à ..., et l'État, par l'intermédiaire de la Banque A..., de ....

DOIT :

DÉBIT MAXIMUM : 400 FRANCS.

CRÉDIT MAXIMUM : 2.000 FRANCS.

Nos	Dates.	Désignations.	Sommes.	Jours.	Nombres.
1	Janvier 1	Solde à nouveau	280	Époque	0
2	Février 25	Retiré espèces	600	55	330
3	Mars 1	Retiré espèces	800	61	488
4	Mars 26	Commandé à la librairie Y..., livres	740	86	636
5	Juin 1	Acheté carnet chèques .	1.000	151	1.510
6	Juin 30	Retiré espèces	855	180	1.539
		Balance provisoire des capitaux : 1.642 francs. .		180	2.955
		Balance des nombres.			2.386
		Intérêts sur 2.386 francs à 3 0/0	19		
		Droit de 10 centimes par article	1		
		Solde créditeur	1.622		
			5.917		9.844

AVOIR :

DIFFÉRENCE CRÉDITRICE ENTRE DÉBITS ET CRÉDITS PERMANENTS : 9.888 FRANCS.

DONT LE DOUZIÈME EST 824 FRANCS.

Nos	Dates.	Désignations.	Sommes.	Jours.	Nombres.
1	Février 2	Versé espèces	100	32	32
2	Mars 20	Vendu à V..., 10 hectolitres vin à 60 francs . . .	600	80	480
3	Mai 24	Reçu mandat-poste. . .	60	144	86
4	Juin 10	Traite en ma faveur échue.	180	160	288
5	Juin 30	Valeur actuelle du crédit permanent et intérêts . .	4.977	180	8.958
			5.917		9.844
1	Juillet 1	Solde à nouveau	1.622	Époque	0

18e Section.

PÉDAGOGIE ET ENSEIGNEMENT

Président. . : M. JULIEN RAY, Professeur à la Faculté des Sciences de Lyon.

M. A. ALLEMAND-MARTIN,

Docteur ès Sciences, Professeur au Lycée de Lyon (Parc).

L'ÉDUCATION DANS L'ENSEIGNEMENT : LE ROLE DE L'ASSOCIATION

374

26 Juillet.

Parmi les méthodes d'éducation préconisées, nous devons placer au premier plan, celles qui ont pour base l'association des jeunes gens et même des enfants; toutefois, il ne semble pas que les groupements formés jusqu'à ce jour aient tiré tout le parti désirable des qualités et des aptitudes de leurs membres; on s'est appliqué à développer presque uniquement les qualités sportives. Or, il y a autre chose à envisager que la culture de la force physique; il y a surtout chez le jeune homme, des ressources très grandes dans les qualités de l'esprit, sans négliger les grandes lignes de l'éducation physique, c'est, à notre avis, de ce côté qu'il faudra à l'avenir diriger nos efforts. En ce qui concerne nos lycées en particulier, dont les programmes ont en vue une culture générale étendue, il est possible de comprendre la méthode d'association des jeunes gens, sous une forme très large. Nous avons tenu d'ailleurs, avant de traiter ce sujet, à appuyer notre opinion sur un certain nombre d'expériences, et il nous est possible, aujourd'hui, de citer notamment les résultats de deux années d'efforts soutenus : le premier essai vraiment complet, a été entrepris au Lycée de Moulins, en 1918-1919, avec le bienveillant concours de M. le proviseur *Lavault* et de M. *Allardin,* professeur de physique; cette association d'élèves remplaça la Société des Jeunes Naturalistes fondée par notre regretté collègue M. *Chauvet*; j'en ai exposé le résultat dans la *Revue pédagogique* de juillet 1919 et il est utile d'en rappeler très brièvement les grandes lignes. Nos jeunes gens ont été groupés sous le nom de « Société scientifique des Élèves »; ils ont constitué un petit budget à l'aide de cotisations mensuelles peu élevées. Ce petit budget a permis d'envisager un certain nombre d'éléments de perfectionnement : 1° la fondation d'une bibliothèque en vue surtout de lire les périodiques de vulgarisation; 2° l'achat d'un petit matériel scientifique destiné à être prêté suivant le même règlement que celui de la bibliothèque; 3° l'affiliation collective à tous les grands groupements régionaux ou nationaux qui ont pour but le relèvement économique et moral de notre pays, et dont ils peuvent lire les revues; 4° la division en sections spécialisées : section agricole et des amis des arbres, section industrielle, section de photographie, d'hygiène, etc., de façon à favoriser les goûts et les aptitudes de chacun en développant leurs qualités naturelles; 5° l'organisation d'excursions scientifiques méthodiques complétant leurs études théoriques de chaque classe (visites d'usines et d'exploitations industrielles ou agricoles sous la direction de professeurs); 6° la participation aux concours des diverses sociétés (Ligue maritime, Ligue antialcoolique, etc.); 7° l'initiation aux jeux susceptibles de développer chez eux l'adresse et la méthode; en un mot, ils se sont attachés à unir l'utile à l'agréable.

Enfin, la direction du groupement étant laissée tout entière à l'ensemble des élèves, ils apprennent le fonctionnement d'une société, ils peuvent se diriger eux-mêmes, s'imposer des règlements et une discipline; gérer une petite comptabilité et tenir des réunions sérieuses. Ils comprennent qu'ils ont là un des meilleurs moyens d'utiliser leur argent de poche.

Une expérience semblable est actuellement poursuivie au Lycée Saint-Rambert avec le bienveillant concours du Proviseur et du Directeur; les résultats donnent la même satisfaction.

Il semble donc bien démontré, à la suite de cet essai de Moulins et de celui de Saint-Rambert de Lyon, que de telles organisations sont parfaitement viables, mais à la condition d'être soumises au contrôle des professeurs; elles peuvent servir de base à un système d'éducation morale de tout premier ordre, et auront l'avantage de compléter le rôle du maître qui doit être à la fois professeur et éducateur, et cela en améliorant la mentalité des élèves. L'expérience nous a appris l'importance qu'il y a, dans nos cours, d'avoir à faire à des élèves disciplinés et conscients de leur avenir : ce résultat ne sera atteint que si les jeunes gens ne restent pas livrés à eux-mêmes dans une oisiveté pernicieuse en dehors des heures de classes : ils ont besoin d'être guidés, même dans leurs distractions, et il faut qu'ils sachent que, à côté des heures de travail, il en est qui peuvent être employées d'une façon utile et agréable à tous; nous devons améliorer la mentalité et préparer de bonne heure, des hommes.

Il faut aussi que le public, que les grands groupements (Touring-Club, Ligue maritime, Ligue antialcoolique, etc.), collaborent à l'éducation de nos élèves : il ne faut pas que l'enfant confié à l'école paraisse lui être complètement abandonné. Dans nos organisations de Moulins et de Saint-Rambert, je dois reconnaître que nous n'avons rencontré, à ce point de vue que sympathie de la part des industriels et des chefs de services, ainsi ue l'entière approbation de beaucoup de parents; c'est cette sympathie, ce vif désir de chacun de participer à l'éducation des jeunes qui nous ont permis d'introduire dans nos projets, un peu de l'immense variété de distractions que nous offrent les sciences appliquées à l'industrie et à l'agriculture. Les Chambres de commerce d'ailleurs n'hésiteraient pas à prêter leur concours.

La conclusion à en tirer est la suivante : il y a une œuvre éducatrice extrêmement intéressante à généraliser dans les établissements d'instruction, en perfectionnant les associations d'élèves en leur aidant, avec la collaboration des professeurs, de l'Administration et des familles, et cela, sans nuire au temps consacré aux études normales; cette œuvre aura quelques ressemblances avec certaines organisations anglaises ou américaines qui sont toutefois trop spécialisées. L'étude si profonde de M. l'inspecteur général *Belot*, parue récemment dans la *Revue de métaphysique et de morale*, nous permettra de trouver d'excellentes indications pour le perfectionnement de ces groupements d'élèves et facilitera grandement la tâche.

« Ce que je voudrais faire sentir, dit M. *Belot* (1), c'est qu'il nous faut étendre l'idée que nous nous faisons en général de l'éducation morale, de son domaine et de ses moyens, et qu'elle ne se borne pas, si grande et si difficile que soit déjà cette tâche, à inculquer aux enfants de bonnes habitudes et à leur faire acquérir ce qu'on appelle des vertus, mais qu'elle doit faire comprendre à chacun son rôle et sa fonction dans la vie collective, et susciter dans les consciences, au delà de cette bonne volonté générale et vague dont on usera comme on pourra, une bonne volonté informée, capable de discerner et d'éprouver avec force les exigences réelles qui s'imposent à l'action concrète, ou tout au moins curieuse de les connaître. »

M. Hugues CLÉMENT,

Chargé d'un Cours complémentaire à la Faculté des Sciences de Lyon.

PETITS MOYENS POUR AIDER A L'ENSEIGNEMENT DE L'ASTRONOMIE DANS LES ÉCOLES PRIMAIRES

---

272 : 52

26 Juillet.

Le souci de tout instituteur — vraiment digne de ce titre — est d'intéresser son jeune auditoire pour fixer son attention.

Beaucoup d'enfants ont de très bonne heure une intelligence ouverte, mais ne peuvent s'astreindre à écouter. Aussi les méthodes pédagogiques nouvelles tendent à frapper simultanément les yeux et les oreilles de l'écolier pour l'obliger à retenir presque malgré lui.

(1) G. Belot, *Revue de Métaphysique et de Morale*, 18 janvier 1920.

Les hommes de ma génération sont surpris, en visitant les écoles primaires, de voir les progrès réalisés depuis trente ans. Partout contre les murs ce ne sont que bouliers, cartes, formes géométriques de bois ou de plâtre, reproductions coloriées de plantes et d'animaux, boîtes d'insectes, collections de matières premières.

Mais, à notre avis du moins, il existe un vide dans cette série de belles choses. On a pour ainsi dire oublié l'astronomie.

Certes, l'enfant voit dans ses livres planètes et étoiles. Cela cependant ne parle pas plus à son esprit que les séries de chiffres ou de lettres variées ne parlaient à nos jeunes cerveaux.

Pour combler cette lacune, nous avons pensé à employer les sels phosphorescents. Avec tant soit peu de goût et d'habitude, on enduit très bien des surfaces foncées (1) de sulfure de zinc ou de calcium suivant les cas (2) de manière à reproduire tous les effets voulus. Nous avons obtenu, sans peine aucune, la lune et ses cratères, les planètes principales, la voie lactée et une comète. Ces représentations sont fidèles, elles donnent plus qu'une idée, mais véritablement l'illusion de ce que montre un télescope.

Comme il suffit de sels d'une qualité très inférieure, on peut à fort bon compte exécuter des planches.

Si le maître a des loisirs et veut occuper les grands de la classe, il leur fera construire un tube d'environ 15 centimètres de diamètre, monté sur un pied de fortune. Ce dispositif schématisera une lunette. La planche, une fois insolée, sera mise contre une extrémité du tube, tandis que les élèves regarderont par l'autre bout obturé en partie grâce à un disque de carton percé en son milieu (3).

Quelle que soit la méthode choisie, les leçons données ne seront pas perdues.

De plus — nos essais en font foi — les élèves contempleront pendant les soirs d'été, ces petits points lumineux jusqu'alors sans intérêt.

Chacun suivant sa tournure d'esprit — lectures ou explications reçues revenant à sa mémoire — songera, raisonnera.

N'est-ce pas là beaucoup?

---

(1) Les surfaces claires ne donnent pas assez de relief.

(2) Il faut parfois mélanger les deux produits en proportion variable bien entendu suivant le but cherché.

(3) Ce trou figurant l'oculaire, permet d'assombrir l'intérieur du tube et d'obtenir ainsi plus de brillant.

M. LE Dr A. LOIR,
Conservateur du Muséum du Havre.

LES MUSÉUMS DE PROVINCE EN FRANCE

371.65 (44)

26 Juillet.

Après avoir été très en honneur en France, les musées d'art et les muséums d'histoire naturelle sont plus ou moins délaissés dans nos provinces, Ces institutions y sont cependant nombreuses, puisque dans une liste dressée en 1900 par le Ministère de l'Instruction publique leur nombre s'élève à 423. Ils ont été fondés par des particuliers, par des sociétés scientifiques, par des Chambres de Commerce, puis remis entre les mains des départements ou des municipalités.

L'État achète tous les ans des toiles aux divers peintres qui se distinguent dans les salons annuels de la capitale. Quelques-unes de ces œuvres d'art sont envoyées dans les musées de province. Un inspecteur général de la direction des Beaux-Arts passe de temps en temps voir comment ces toiles sont présentées au public. Là se bornent les relations entre le pouvoir central et les musées de province qui sont souvent mixtes, comprenant les arts et l'histoire naturelle, mais pour l'inspection de cette partie, il n'y a aucune relation avec la capitale.

Il est rare que ces institutions servent pour l'instruction publique; il semble qu'on les dédaigne. Ces collections sont cependant fort riches dans quelques villes et pourraient être utilisées pour l'enseignement des enfants des écoles et l'éducation populaire.

Depuis quelques années, nous cherchons à créer une émulation parmi les conservateurs des musées d'art et des muséums d'histoire naturelle. Nous avons maintenant une association des conservateurs de ces collections et le mouvement de réveil semble se communiquer. Nos collègues comprennent les services que l'ensemble des musées groupés en une association peut leur rendre vis-à-vis des Pouvoirs publics et par voie de conséquence vis-à-vis du public. Un journal : *Muséa* constitue un lien qui les unit entre eux.

En Angleterre, la *Museum's Association* existe depuis trente et un ans. Elle publie le *Museum's Journal* qui sert d'intermédiaire entre les musées de la Grande-Bretagne. Cette association se réunit tous les ans dans une ville d'Angleterre où existe un muséum. On discute dans ces réunions la conservation et l'utilisation des collections des muséums. Cette union constitue une force pour chaque muséum et amène le développement de ces institutions, elle incite les initiatives. Ces congrès ne sont pas des réunions où on expose des recherches scientifiques. Les conservateurs des musées parlent des méthodes des conservations des objets et leur utilisation pour l'inspiration des hommes, l'instruction des étudiants et l'aide des chercheurs. On y expose les méthodes de l'art du naturaliste. l'éclairage des vitrines, on y parle de la confection des étiquettes et de celle des guides. Toutes ces questions sont discutées au Congrès et exposées dans le *Museum's Journal.* Pendant les réunions annuelles, on visite les musées et on voit la façon dont chaque conservateur expose les objets et comprend sa tâche.

Les muséums anglais sont des centres d'éducation post-scolaire car ils sont non seulement visités par les élèves des écoles, mais aussi par le grand public. On attire ce dernier par des expositions passagères; lorsqu'il s'est agi de faire l'éducation des masses au sujet des restrictions alimentaires, un conservateur de muséum, celui de Leicester, a été adjoint au ministre du ravitaillement pour organiser la chose par l'intermédiaire des muséums.

La façon d'exposer dans les muséums anglais est plus attractive que chez nous : la présentation biologique est fréquente. On sent que les muséums sont faits pour la foule des visiteurs et non pas seulement pour satisfaire les collectionneurs.

La vitalité des muséums anglais doit nous servir de modèle.

Le 8 juillet 1920, lors du trente et unième congrès de la *Museum's Association* à Winchester, il a été proposé et accepté en principe de se réunir à Paris pour y tenir le trente deuxième congrès. Profitons de cette visite pour opérer la fédération de tous nos musées et muséums à l'instar des conservateurs des muséums de la nation alliée qui nous ont donné l'exemple depuis de nombreuses années.

M. Michel SOURIAU

L'ÉCOLE UNIQUE

(RAPPORT)

371.3

26 Juillet.

Ceci est un plan général susceptible de modifications dans les détails. Les compagnons n'ont pas la prétention de tout régler par avance. Ils posent avant tout des principes, tout en ayant la préoccupation des réalisations pratiques et immédiates.

L'unité de l'enseignement national. — Il doit y avoir unité dans l'enseignement national. Actuellement cette unité n'existe pas. Enseignement primaire, enseignement secondaire, enseignement supérieur, enseignement technique, enseignement artistique, culture physique sont séparés par des cloisons étanches. Il faut établir la pénétration, la coordination de ces enseignements.

Tel est le sens de cette expression : *l'École unique*. La différence entre les enseignements est imposée par la nature des choses, mais un même esprit anime l'ensemble. Chaque groupe connait ses voisins, aucun ne s'imagine qu'il possède une préexcellence particulière. Il coopère à une œuvre dont le but est la culture complète de l'esprit et de l'activité.

L'intérêt général étant la règle d'une démocratie, celle-ci ne peut admettre qu'une hiérarchie fondée sur le mérite et sur l'utilité. Le système d'éducation qui convient à une démocratie est donc celui qui a pour fin de tirer de tout individu, dans son intérêt propre, et dans l'intérêt supérieur de la collectivité, le meilleur rendement.

Hiérarchie par sélection. — Comment établir cette hiérarchie de mérite? Par une sage sélection qui ne permette le passage d'un enseignement à un autre qu'aux élèves que leurs qualités intellectuelles mettent à même d'en profiter ; et qui écarte, sans brutalité mais sans faiblesse, impitoyablement, les éléments incapables que le privilège de la fortune, seul, maintient dans des classes qu'ils encombrent au plus grand dommage de leurs professeurs et de leurs condisciples.

Bourses. — En attendant que la situation financière nous permette d'établir la gratuité absolue de l'enseignement, nous désirons l'attribution de bourses nombreuses, distribuées avec discernement. Pour cela nous verrions avec plaisir qu'on en remît l'attribution et le maintien aux plus compétents et aux mieux autorisés, aux professeurs, à l'exclusion de tout administrateur ou homme politique.

Pour soulager les familles nombreuses, on pourrait ne faire payer qu'un seul enfant, et accorder la gratuité aux autres.

Conséquences. — L'École unique a donc pour but d'organiser la sélection pour la *direction* et pour la *production*, de former des *dirigeants* et des *producteurs*.

Il faut donc qu'elle soit l'école de tous, l'école pour tous, qui fait du lycée, accessible uniquement au mérite, le prolongement de l'école primaire.

Suppression des classes élémentaires de lycée. — C'est avant tout l'*enseignement unique*, le *maître unique*, l'*examen unique*. Cela suppose, cela postule même, la suppression des classes élémentaires de lycée, qui doivent être confiées à des instituteurs primaires, sous réserve de sauvegarder les situations acquises.

Le local. — École unique, d'ailleurs ne signifie pas *local unique*, du moins obligatoirement.

Ce que nous voulons c'est un enseignement *unique, obligatoire* et *gratuit* donné à l'école primaire, au lycée ou ailleurs, de 6 à 14 ans par des instituteurs primaires.

Disons en passant qu'enseignement unique ne veut pas dire enseignement *uniforme*. Il y a lieu de tenir compte, dans une large mesure, des besoins de la région, et d'établir les programmes, de combiner les horaires, en vue de ces nécessités.

La durée de l'école unique. — Nous fixons les limites de l'école unique entre 6 et 14 ans, parce que nous tenons compte des besoins de l'enseignement secondaire et de l'enseignement professionnel.

La durée des humanités ne peut être déterminée que si l'on a fixé la durée de l'école unique.

Les partisans du latin estiment qu'il leur faut cinq ans pour enseigner cette langue.

C'est pourquoi nous fixons la date de sortie de l'école unique dans la douzième année révolue, 13 ans au plus tard.

Nous estimons qu'à cet âge, un enfant est suffisamment formé pour que l'on puisse savoir s'il est capable d'être poussé et nous faisons commencer le lycée à la classe actuelle de quatrième.

Ceux qui entreront au lycée — classe de quatrième — sont par ce fait dispensés de l'année complémentaire de l'école unique, de 13 à 14 ans.

Les autres, ceux qui, après l'école, ne recevront plus d'instruction générale, réserve faite d'un enseignement post-scolaire à créer — de 14 à 17 ans — devront prolonger leur séjour à l'école jusqu'à 14 ans.

Les élèves que leurs aptitudes destinent à l'enseignement professionnel et qui auront reçu à l'école unique un embryon de cet enseignement, trouveront une formation technique plus précise au lycée technique, en vue profession *industrielle, commerciale* ou *agricole.*

Les subdivisions de l'école unique. — Nous subdivisons l'école unique en deux stades :

1° jusqu'à 11 ans;

2° de 11 à 14 ans.

Le premier stade jusqu'à 11 ans, c'est l'école primaire proprement dite, précédée de l'école maternelle ou du jardin d'enfants, et comprenant trois cours :

6 à 7 ans, cours préparatoire;

7 à 9 ans, cours élémentaire;

9 à 11 ans, cours moyen.

Le second stade de 11 à 13 ans correspond aux classes de sixième et de cinquième actuelles du lycée.

Le passage de l'un à l'autre stade se ferait d'après les notes soigneusement relevées d'un carnet de scolarité.

Passage de l'école unique au lycée. Moyens de sélection. — Le passage du second stade de l'école unique au lycée d'humanités, ou au lycée technique se ferait d'après l'ensemble des notes obtenues par l'enfant durant sa scolarité, en tenant compte à la fois du désir des familles et des appréciations des divers maîtres de l'élève, qui se seront appliqués surtout pendant le second stade à discerner ses aptitudes; et aussi après un examen sérieux passé devant une commission composée de professeurs (humanités) *ou* de techniciens *et* d'instituteurs primaires.

Cet examen portera moins sur les connaissances de l'enfant que sur son *intelligence.* On pourra l'admettre, même s'il a des lacunes, à condition qu'il montre des capacités.

Date de l'examen. — Cet examen pourra être passé à la fin de la douzième année, et renouvelé à la fin de la treizième pour les élèves qui se seraient révélés un peu tard.

Le programme de l'école unique. — Quel doit être le programme de l'école unique dans ses deux stades ?

L'ancienne éducation prétendait former l'homme. Mais l'homme n'existe pas en dehors de la société. Ce que l'on a à former, ce n'est pas un homme abstrait, mais le Français du xxe siècle. Donc l'éducation sera civique, au sens large du mot, et professoinnelle.

On fera donc à l'école unique :

1° De l'éducation physique;
2° De l'éducation morale :
3° De l'éducation intellectuelle ;
4° Un embryon d'éducation professionnelle.

Éducation physique. — Nous attribuons une importance toute particulière à l'*éducation physique*, trop négligée dans l'Université. Des jeux, des sports de plein air, de la gymnastique naturelle ; voilà ce que nous demandons. Pour cela, il faut : des éducateurs physiques, de l'espace, du temps (d'où refonte nécessaire des programmes)... et de l'argent.

Éducation morale. — Pour le cœur et pour l'esprit, l'*éducation morale.* Nous rompons évidemment avec le système vieillot des leçons de morale proprement dites, des sermons, des homélies fastidieuses, écoutés d'une oreille distraite et qui ne touchent pas le cœur de l'enfant. Nous concevons la *morale en action*, qui naît des incidents de tous les jours. Ce qui importe, c'est de donner à l'enfant des habitudes morales, de lui donner le sentiment de sa responsabilité, nécessaire socialement, de lui inculquer le goût de l'effort, du travail consciencieux, de la droiture d'esprit, de lui enseigner la solidarité étroite qui l'unit dans le temps ou dans l'espace à ses contemporains, comme aux hommes qui l'on précédé et à ceux qui vivront après lui.

L'éducation nationale. — Nous considérons les actuelles leçons *d'instruction* civique comme inutiles, parce que trop au-dessus de l'intelligence des jeunes enfants, et d'ailleurs certaines notions viendront tout naturellement avec l'enseignement de la géographie. Mais nous ne nous désintéressons pas de l'éducation nationale. Nous enseignons la Patrie, parce que enseigner la Patrie, c'est aider à faire comprendre l'humanité.

Éducation intellectuelle. — Après le corps et la volonté, l'intelligence. *L'éducation intellectuelle* consistera à l'école unique à donner un maximum de connaissances élémentaires indispensables à tous, filles ou garçons, citadins ou ruraux.

Quel est ce maximum ?

Du français surtout, du calcul, des éléments des sciences physiques et naturelles, de l'histoire, de la géographie physique et humaine, du dessin, du travail manuel, et dans le second stade des langues vivantes toutes les fois que cela sera possible (c'est-à-dire pour les écoles situées dans une localité possédant un lycée technique ou d'humanités), quelques éléments de comptabilité, d'économie politique et de droit usuel.

Le français centre de l'enseignement. — Sans entrer dans le détail de ces enseignements quant à leurs programmes respectifs, disons seulement que le français en sera le centre, la connaissance de la langue maternelle étant l'instrument indispensable à la compréhension de toutes choses. Disons aussi que la méthode générale sera l'enseignement par l'aspect. On tâchera toujours de faire jaillir la leçon de chose vue, touchée ou représentée.

Le dessin et le travail manuel seront envisagés à la fois comme ayant pour but le développement des sens et la préparation aux métiers. Ils seront surtout pratiqués au second stade, où il s'agit plus spécialement d'incliner les enfants vers leur future profession.

Enseignement professionnel. — Au point de vue professionnel, il y a lieu de distinguer l'enseignement masculin de l'enseignement féminin.

L'enseignement des garçons se ramènera à trois types essentiels : l'enseignement *agricole*, l'enseignement *industriel* et l'enseignement *commercial*. Ici intervient tout naturellement le rôle de la région.

Diminution des heures de classe. — Nous envisageons comme conséquence de la refonte des programmes et de leur allègement, la réduction des heures de classe proprement dites.

Trois heures et demie à quatre heures par jour, cela suffira, croyons-nous, largement pour l'acquisition des connaissances générales, indispensables à tous.

Le reste du temps sera consacré aux exercices physiques, aux jeux, aux sports, aux promenades éducatives, aux excursions, aux herborisations, aux visites dans les ateliers, usines ou musées, selon la saison et la région.

***

Nous avons dit que les élèves de l'école unique après une sélection aussi judicieuse que possible prennent trois directions.

1° *L'année complémentaire d'école unique et les cours professionnels d'enseignement post-scolaire.* — Les uns, la grande majorité, les huit dizièmes environ sont dirigés vers les métiers. Ils font une année complémentaire d'école unique de 13 à 14 ans.

Mais nous n'admettons pas qu'à 14 ans révolus, ces jeunes gens soient dispensés de toute culture générale et nous désirons qu'au moins jusqu'à 17 ans, un *enseignement post-scolaire* obligatoire soit institué *pendant la journée* légale de travail, sous forme de cours professionels donnés à l'atelier, à la fabrique, au chantier, ou ailleurs, deux à trois heures par jour. Cet enseignement serait un enseignement de culture générale et sociale et non pas seulement spécial à la profession. L'ouvrier, ne l'oublions pas est aussi un citoyen, il doit en connaître les devoirs.

2° *Le lycée technique.* — Les élèves admis par sélection au lycée technique, et destinés à devenir chefs d'atelier ou d'exploitation, sous-ingénieurs, praticiens, etc., recevraient au lycée, en dehors de la culture générale, une culture spéciale de mécanique, ou d'électricité, ou de chimie, ou de commerce, ou d'agriculture, etc., et une instruction technique d'ensemble, différente selon l'orientation *agricole*, *industrielle* ou *commerciale*.

Groupement des écoles spéciales de commerce, d'industrie, d'agriculture. — Il y aurait lieu d'utiliser au mieux, les diverses écoles spéciales qui ressortissent aujourd'hui à différents ministères et de les grouper sous la direction d'un ministère de l'éducation nationale.

3° *Le lycée d'humanités.* — Les élèves enfin, admis au lycée d'humanités y recevront une culture générale qui leur permettra d'aborder l'enseignement supérieur où ils se spécialiseront en vue de leur profession future (avocats, médecins, professeurs, etc.). Le latin serait conservé, mais il semble que le *centre de l'enseignement* doive être surtout *le français*, qui ne tient peut-être pas dans les programmes actuels de l'enseignement secondaire, la place éminente à laquelle il a droit.

Éducation féminine. — L'éducation des *jeunes filles*, comme celle des jeunes garçons, devant former à la fois l'individu et l'être social, doit assurer à la fois le développement physique, intellectuel et moral d'une part, et d'autre part préparer au rôle spécial de la femme dans la société. Cette éducation doit donc être une *double invitation* à la vie domestique et à la vie professionnelle puisque souvent la femme doit gagner sa vie.

L'éducation intellectuelle est la même pour les filles que pour les garçons — mêmes programmes à l'école unique — même durée de 6 à 14 ans.

L'éducation physique, aussi nécessaire à la femme qu'à l'homme, sera faite dans les mêmes conditions avec des modalités à déterminer, conséquences de différences physiologiques entre les sexes.

Une inspection médicale sérieuse aurait ici sa nécessité, comme d'ailleurs chez les garçons pour déterminer les exercices physiques recommandés, et les exercices physiques proscrits, selon les natures.

Quant au travail manuel, il sera évidemment différent de celui des garçons. Il sera à la fois professionnel et ménager. Il y aura lieu d'enseigner aux jeunes filles ce qui a trait à l'alimentation, à l'hygiène, aux soins élémentaires à donner aux jeunes enfants, aux malades, et tout ce qui concerne la tenue de la maison.

L'enseignement professionnel devra tenir compte des métiers pratiqués dans la région.

Après l'école unique, pour les filles comme pour les garçons, trois directions : *métiers*, lycée d'*humanités*, lycée *technique*; mêmes études de second degré, même diplôme de fin d'études, mêmes possibilités de passage dans l'enseignement supérieur, mêmes droits conférés par les diplômes. Il y aurait encore bien des choses à dire sur l'école unique.

Le siège de l'école unique. — Indiquons seulement que partout où ce sera possible, pour ne pas déraciner l'enfant, le siège de l'école unique sera au village même, s'il est nécessaire et si les distances, si les communications le permettent, on créera l'école du bourg, desservant les villages voisins, et centralisant les élèves de l'année complémentaire et des cours post-scolaires.

La formation des maîtres, formation unique. — Ajoutons aussi qu'il serait désirable que la formation des maîtres s'inspirât du même principe que l'enseignement. Nous voudrions voir les maîtres du premier degré, comme les professeurs du second, participer aux mêmes études, jouir de la même culture générale se différenciant seulement par la préparation professionnelle, relevant évidemment des mêmes principes pédagogiques, mais diverse dans le détail, l'enseignement des petits enfants n'étant pas tout à fait le même dans la pratique que celui des jeunes gens. Le jour, où l'on ne considèrera plus l'instituteur comme étant en état d'infériorité vis-à-vis de ses collègues du secondaire et où à la considération morale on ajoutera la considération... matérielle, on n'aura pas à craindre que les maîtres primaires, élevés dans l'Université, désertent l'humble mais utile tâche d'enseigner les petits.

L'obligation scolaire. — Enfin terminons en disant qu'il faut, si nous voulons que la réforme que nous préconisons ne reste pas lettre morte, que l'on prenne de sérieuses mesures pour que l'obligation scolaire, inscrite dans la loi depuis quarante ans, cesse d'être la plaisanterie, le mot n'est pas trop fort, qu'elle est depuis 1882.

M. LE Dr BÉRILLON,

Médecin de l'Établissement médico-pédagogique de Créteil.

1° LES DANGERS DE LA PRÉCOCITÉ SCOLAIRE

27 Juillet.

Une des erreurs les plus répandues de notre époque est de juger de la valeur sociale d'un enfant d'après ses succès scolaires.

La surcharge des programmes et la multiplicité des études aboutissent à l'éparpillement mental. Loin de constituer une préparation à la vie pratique, les exercices scolaires abolissent le plus souvent l'initiative et émoussent le goût du travail productif.

Un fait d'observation courante, c'est que les névroses et les psychoses, qui surviennent si fréquemment à l'époque de la puberté, se manifestent particulièrement chez les sujets qui avaient fait preuve d'une précocité exceptionnelle.

C'est que les êtres dont le développement est prématuré, sont aussi plus vite usés que les autres. Ils arrivent plus rapidement au terme de leur évolution. Ce qu'ils ont gagné en précocité, ils ne l'ont obtenu qu'aux dépens du fond et de la robusticité.

Le but de l'école ne doit pas être de créer des prodiges, mais de faire des hommes valides, capables d'un travail prolongé, et dont l'existence s'étend aux limites normales.

La collaboration du médecin et du pédagogue s'impose pour limiter le travail scolaire aux aptitudes et aux forces réelles de l'enfant.

* * *

2° LA PÉDAGOGIE DES MÉTIS

Chez un certain nombre d'enfants, les éducateurs sont frappés d'une modalité de l'esprit caractérisée essentiellement par de l'instabilité, de l'éparpillement mental, du défaut d'esprit de suite, contrariant les résultats attendus de l'enseignement scolaire.

Cet état de déséquilibre mental que j'ai désigné sous le nom d'*aphronie*, se rencontre fréquemment chez les *métis*, c'est-à-dire chez les sujets issus de parents de races différentes.

Ces déformations plus apparentes lorsqu'il s'agit de métis qui ne sont pas de même coloration, s'observent également chez les métis de races de couleur blanche issus, pour en citer quelques exemples frappants, de mariages entre Wallons et Flamands, entre Celtes et Germaniques, entre Catalans et Castillans, entre Slaves et Latins,...

Les métis résultant de l'union de personnes appartenant au type brachycéphale avec d'autres du type dolichocéphale sont particulièrement atteints d'instabilité ou d'aphronie.

Ces enfants considérés à tort comme des paresseux, à cause de l'inégalité de leur application, ne sont que des sujets dont l'évolution est contrariée par les effets discordants de leur hérédité bi-latérale.

Le milieu familial ne pouvant qu'exagérer leurs tendances impulsives, il est nécessaire de les confier à des établissements scolaires spéciaux (médico-pédagogiques), où l'on se préoccupe moins de l'exécution des programmes que de la formation du caractère.

Il convient également de substituer au régime des réprimandes et des punitions des exercices de rééducation de la volonté et du jugement. Une part importante devra être consacrée à la culture physique ainsi qu'à l'entraînement dans la direction du travail manuel.

19e Section.

HYGIÈNE ET MÉDECINE PUBLIQUE

Président . . . Le Docteur A. HOLTZMANN, Directeur du service d'hygiène d'Alsace et de Lorraine.

Vice-Président . Le Docteur GRANDJUX, Secrétaire général de la *Fédération des Œuvres Grancher*.

Secrétaire . . . M. S. SCHMUTZ.

MM. ANGIBEAUD,

Directeur de la *Morue française*, La Rochelle

ET

Thomas GROSSERON,

Pharmacien-chimiste, Nantes.

DES CONDITIONS DE PURETÉ EXIGÉES DU SEL ADDITIONNÉ A LA MORUE EN VUE DE SA BONNE CONSERVATION, PARTICULIÈREMENT POUR LA PRÉSERVER DU « ROUGE ».

614 — 314 — 319

26 Juillet.

Exposé : Dans les travaux scientifiques publiés depuis quelques années, il a été reconnu de façon indéniable que le sel qui constitue notre condiment journalier et le conservateur indispensable des denrées alimentaires périssables : viande, poisson, légumes, beurre, fromage, etc., renferme des quantités extraordinaires de microbes plus ou moins dangereux. Quelques-uns même exercent une influence particulière suivant les milieux qui leur sont les plus propices.

De nombreuses observations faites par les savants ont été résumées et publiées par la presse scientifique, les revues et les journaux politiques du monde entier.

Industries laitières (février 1910);
Hygiène générale et appliquée (mai 1910), Chantemesse;
Extrait des Annales de Falsifications (janvier 1913);
Annales de l'Institut Pasteur de Nantes (bulletin 1914), docteur Rappin.
Etc... etc...

Quelle que soit la composition chimique du sel, depuis le moment où on le récolte soit dans les vasières des marais salants, soit au fond des mines, soit après raffinage, il subit, avant et après, de la part de ceux qui le manipulent, une suite ininterrompue de souillures. Ainsi que le résultat des analyses le démontrent, aussi bien extérieurement qu'intérieurement, les cristaux de sel portent un nombre souvent considérable de bactéries de diverses espèces qui varient suivant la nature de ce sel raffiné ou brut de 2.000, 6.000, 76.000 jusqu'à 300.000 par gramme de sel. (Docteur *Rappin*, *Th. Grosseron* et *Louis Soubranne* de l'*Institut Pasteur de Nantes.)*

Ces bactéries loin d'être détruites par le sel, comme on le croyait généralement, se maintiennent dans les cristaux en pleine activité de vitalité, prêtes à se développer quand elles seront en contact avec les matières animales ou végétales qui auront leur préférence.

Pour éviter les inconvénients de ces microbes insoupçonnés jusqu'à ce jour, il est donc indiqué de ne se servir dans l'alimentation et dans les salaisons que de sel pur stérilisé.

Pour mettre en évidence ce qui précède, nous avons choisi pour exemple une denrée alimentaire des plus répandues : la morue. Ce poisson intéressant au plus haut point notre industrie nationale par l'importance de ses pêcheries et de sa consommation très recherchée par nombre d'amateurs. Cette denrée est spécialement affectée par des végétations qui la rougissent, nuisant à sa qualité et à sa vente, et la font qualifier de *morue rouge*.

Origine du rouge. — Il nous a été facile de constater d'une façon indéniable sur des cultures en plaques de gélatine et sur pommes de terre stérilisées, ensemencées de solution de sels de toutes provenances, le développement de colonies microbiennes de diverses espèces, les Chromogènes étant particulièrement nombreuses et bien caractérisées par certaines de couleur rouge.

Dans ces conditions, en rapprochant ces végétations auprès de celle que l'on remarque sur la morue, il ne nous a pas été difficile de conclure que ce sont ces colonies existant préalablement dans les sels qui viennent ensuite se développer sur les morues qui en sont imprégnées et se trouvent dans les conditions à permettre leur multiplication. L'ensemencement étant ainsi fait sur le lieu même de la pêche, la maladie du « rouge » se développera ainsi de plus en plus aussi bien sur le bateau qui l'apportera au port que dans le magasin qui la recevra à l'arrivée pour la livrer ensuite à la consommation. En cet état, la morue n'est pas toxique ; elle dégage déjà une odeur *sui generis* désagréable et la présence du « rouge » la prédisposera à une détérioration certaine, si l'on n'entrave pas son développement d'une façon quelconque.

Sur les conseils des savants, les industriels ont eu recours à des moyens chimiques pour obvier à ce mal et le détruire. Ces opérations après avoir été tolérées ont été définitivement prohibées par la loi de 1905. Il en est résulté un trouble considérable dans l'industrie de la morue en France qui s'est trouvée désarmée. Il fallait donc chercher autre chose ne venant pas en contradiction avec la loi de 1905 C'est ce que nous avons cherché dans cette étude en indiquant les moyens légaux empêchant le « rouge » de se produire et en second lieu pour le détruire ou l'atténuer s'il se manifestait.

Moyen d'empêcher le « rouge » de se produire. — Nous avons reconnu par ce qui précède que le sel destiné à conserver la morue contient le « rouge » dès son origine et qu'il va se propager sur elle. Comme conséquence, il sera logique de chercher à la détruire dans sa source elle-même.

Ce moyen a été indiqué dans la communication au Congrès de l'*Industrie laitière* en février 1910, par MM. le docteur *Rappin, Th. Grosseron* et *Louis Soubranne,* confirmé par les plus hautes autorités de la science et de l'hygiène. C'est la stérilisation pratique et économique du sel par un procédé breveté.

On pourra objecter avec juste raison que dans la pratique on aura beau stériliser le sel, il sera nécessairement contaminé à nouveau pendant les transports, manipulations, mise en cale des navires et pendant le voyage sur les lieux de pêche. Cette objection a une grande importance : elle ne constitue cependant pas une difficulté insurmontable, car il a été prouvé que le sel une fois stérilisé est difficile à contaminer et ne le sera jamais autant qu'à l'origine et en général avec des germes tout différents. Ce ne serait cependant pas trop demander qu'il soit pris certaines précautions; il n'est pas à supposer d'augmentation de frais généraux telle qu'elle ne puisse permettre de mieux aménager et de mieux protéger le sel emmagasiné dans les cales de navires ou ailleurs, du moment que l'on sait que, faire autrement, c'est nuire à ses qualités.

Quoi qu'il en soit, même si l'on ne pouvait pas obtenir d'amélioration dans le matériel et le personnel, il ne s'en suit pas moins d'après nos expériences, que la stérilisation du sel lui a supprimé les microbes du *rouge* originaires des lieux de production et causant le plus grand mal, Nous en avons établi la preuve que nous indiquons ci-dessous.

Cette preuve établie nous permet de dire que si le sel est contaminé à nouveau, il ne le sera pas par le « rouge ». Comme c'est le « rouge » qu'il est nécessaire d'eliminer, on peut donc conclure que le sel une fois stérilisé n'apportera plus de « rouge » sur la morue. C'est le but cherché.

C'est donc là le problème que nous voulons résoudre.

Moyens de détruire ou d'atténuer l'action du « Rouge ». — Nous avons fait sur ce chapitre des expériences des plus intéressantes, aussi bien à *Nantes* dans notre laboratoire qu'avec *M. Angibeaud* dans l'usine de la *Morue française* à *La Rochelle-Pallice.*

Expériences. — 1° Le 6 janvier 1915, une morue qui m'avait été adressée de *La Rochelle-Pallice* après être restée quinze jours abandonnée à elle-même répandant une odeur forte et désagréable, fut mise à tremper dans une solution de sel stérilisé.

Le 10, la saumure était devenue trouble et la couleur rouge de la morue s'était fortement atténuée. La morue fut retirée de la saumure et lavée à grande eau, toutes les taches disparurent d'elles-mêmes sous l'action de l'eau et la morue apparut blanche et fraîche sans odeur, comme si elle n'avait jamais eu de *rouge*. Cette morue fut remise aussitôt après lavage dans une nouvelle solution saturée de sel stérilisé.

Le 16, la saumure était restée claire et sans odeur, la morue en fut retirée et mise à égoutter jusqu'au 18. Recouverte de sel stérilisé, au bout de trois mois le *rouge* n'avait pas reparu.

2° Le 20 mars 1916, dans les magasins de *La Rochelle-Pallice* après avoir préparé une saumure de sel stérilisé de 30 kilos de sel pour 75 litres d'eau, du service des eaux.

Le 21 nous y avons mis vingt-sept morues très rouges.

Le 23 la saumure se tenait en bon état et le *rouge* commençait à se désagréger.

Le 26, la saumure était en bon état de conservation et les morues devenues blanches, sauf dans l'arête où le « rouge » avait pris une teinte rosée.

Le 28, la saumure était toujours en bon état.

Le 1er avril la saumure commençait à se troubler; les morues ont été retirées recouvertes d'une couche de vase noirâtre due au sel qui en contenait.

Les morues furent toutes lavées, le *rouge* avait presque complètement disparu et leur aspect était à peu près normal.

Le 15, ces mêmes morues resalées au sel stérilisé se maintiennent en bon état normal.

3° Expériences faites à *Nantes*. Le 7 avril, deux morues une rouge et une blanche furent mises dans la même saumure de sel stérilisé.

Le 14, elles en furent retirées et mises à tremper dans de l'eau fraîche, après vingt-quatre heures ayant été égouttées jusqu'au 16, au matin, elles furent salées à raison de 230 grammes par kilo.

Ces deux morues, la blanche comme celle qui avait été rouge, se ressemblaient tellement qu'il a fallu les marquer pour les reconnaître. Au bout de deux mois, elles furent consommées et trouvées parfaites.

4° Expérience sur le sel stérilisé contaminé.

Après avoir fortement contaminé du sel stérilisé dans les magasins de *La Rochelle-Pallice*, nous l'avons mis en culture dans du bouillon stérile et ensemencé des plaques de gélatines stérilisées. Au bout de quelques jours, le bouillon s'est légèrement troublé, preuve de la contamination. Les plaques de gélatine ont montré une quantité notable de colonies : toutes étaient blanches, pas une seule rouge.

Conclusion. — De cette étude, il nous est permis de conclure :

1° Que le sel stérilisé en saumure fait disparaitre les végétations rouges qui se multiplient sur la morue.

2° Que le sel stérilisé *contaminé* ne donne plus le *rouge*.

3° Que si l'on veut éviter la maladie du *rouge*, le meilleur moyen à utiliser c'est de ne se servir que de sel stérilisé aussi bien sur les lieux de pêche que dans les magasins de réserve et d'expéditions.

4° Subsidiairement, il sera toujours préférable de filtrer les saumures pour en séparer l'argile et les impuretés qui nuisent toujours à l'aspect et à la bonne conservation du poisson.

5° Employer de préférence des sels de mer blancs ou lavés.

6° Veiller à l'aménagement le plus hygiénique dans les navires et dans tous les locaux qui servent de magasins et d'emballage pour les expéditions.

MM. LE Dr. FORTINEAU,

Chef des Travaux de Bactériologie à l'École de plein exercice de médecine et de pharmacie de Nantes,

ET

THOMAS GROSSERON,

Pharmacien-Chimiste, Nantes.

CONTRIBUTION A L'ÉTUDE DE LA DÉSINFECTION DES PEAUX CHARBONNEUSES

614.561

26 Juillet.

Ce travail, dont j'ai l'honneur de présenter l'analyse au Congrès, a été poursuivi en collaboration avec M. le Dr *Fortineau*, chef des Travaux de bactériologie à l'École de plein exercice de médecine et de pharmacie de Nantes, et inspiré par les remarquables travaux de M. *Bonjean*, directeur du Laboratoire du Conseil supérieur de France, sur la désinfection.

Cette désinfection des peaux charbonneuses est d'une réalisation difficile, en raison, d'une part, de l'altération facile des peaux, sous l'influence de la chaleur et d'un grand nombre de substances chimiques; enfin, d'autre part, de la résistance des Spores Charbonneuses.

Actuellement l'opinion admise — en particulier par *Sclavo* en Italie, par le Dr *Legge* en Angteterre, par *Le Roy des Barres* en France — est qu'il n'existe pas un procédé pratique de désinfection des peaux de tanneries, de mégisseries et de délainages (1).

Après avoir procédé à de nombreux essais concernant plusieurs méthodes de désinfection, nous n'avons retenu que deux procédés qui nous ont donné entière satisfaction.

Le premier indiqué par *Seymour-Jones* est basé sur l'emploi combiné du sublimé et de *l'acide formique.* Cette combinaison permet d'éviter la solution concentrée qui aurait le double inconvénient d'altérer les matières premières et d'élever dans de trop fortes proportions le prix de revient de la peau tannée.

L'auteur, tanneur dans le Pays de Galles, se base sur ce fait qu'en présence des acides les spores et les caillots qui les contiennent se gonflent et absorbent de l'eau en rendant ainsi très facile la pénétration ultérieure du bichorure de mercure. La technique est la suivante pour les peaux sèches :

Une fosse de dimensions convenables est nécessaire pour l'immersion des peaux : elle doit contenir suffisamment d'eau pour que cette immersion soit complète. La mesure d'eau étant connue, on y ajoute :

1° 1 0/0 d'acide formique à 90°; puis après avoir agité,

2° 1 pour 5.000 de bi-chlorure de mercure préalablement dissous dans de l'eau chaude. Enfin on agite le liquide contenu dans la fosse avant d'y mettre les peaux qui y séjournent 24 heures.

On retire les peaux de la fosse et on les égoutte de façon que le liquide retourne dans la fosse; on les transporte ensuite dans une seconde fosse contenant une solution d'eau saturée de sel marin, où elles séjournent pendant une heure, on les égoutte à nouveau; l'opération est alors terminée. Il suffit avant de faire les expéditions de saler les peaux à la main et de les dessécher. Le prix de revient en 1913 était d'environ *0 fr. 36 c.* pour une grosse peau; à l'heure actuelle, il a certainement plus que doublé.

Chaque lot de peaux absorbe environ 2 0/0 du poids de l'acide formique qu'il faudra renouveler dans cette proportion; le *bichlorure de mercure* étant au contraire absorbé en totalité devra être remplacé à chaque épreuve.

Il semble que dans cette opération, le sublimé fixé à la faveur de l'acide sur les spores ne les stérilise peut-être pas d'une façon constante au bout de 24 heures seulement : il ressort en effet des remarquables expériences de M. le Dr *Abt* de l'Institut Pasteur actuellement en cours de publication dans le journal *Les Industries du Cuir* (nos 1-2-4-5-6, 1920) que si l'on traite les peaux après la désinfection de *Seymour-Jones* par des sulfures alcalins, il est possible de mettre en évidence de nouveau assez fréquemment la vitalité et la virulence des spores charbonneuses.

Nous avons constaté, comme M. le Dr *Abt*, qu'il était possible de diminuer

(1) J. Cavaille. — *Le Charbon professionnel*. Berger-Levrault, 1911.

la dose d'acide formique à 0,25 et même à 0,20 0/0, la solution à 1 0/0 ayant pu dans certains cas déprécier la peau ; ou de remplacer l'acide formique par de l'acide chlorhydrique, méthode préconisée en 1911 par *Schattenfrot* et *Kohnstein*. Malgré la critique que l'on peut adresser à ces procédés, critique qui réside dans la réapparition possible de la virulence après neutralisation des bains de tannage, nous considérons que ces procédés constituent un grand progrès, car d'une part, la neutralisation par les sulfures est loin d'être employée d'une façon courante et d'autre part, ces méthodes de traitement des peaux ont fait disparaître le charbon professionnel partout où elles ont été employées (1).

Le second procédé consiste dans l'emploi combiné du *fluorure de sodium* et du *trioxyméthylène* employés en solution dans l'eau à la dose de 4 0/0 du mélange. Le *fluorure de sodium*, outre son action antiseptique, a l'avantage de rendre l'action du *trioxyméthylène* moins nocive pour la peau.

Nos expériences pour les deux méthodes de désinfection ont porté sur trois séries de tubes : dans la première série de tubes, une culture sporulée de charbon avait été étalée en couches minces le long de la paroi. Dans la seconde, nous avons employé des cultures sur gélose âgées de quatre jours. Dans la troisième, nous avons opéré sur des fils ayant séjourné pendant 36 heures dans un bouillon de culture de charbon.

Nous avons en outre essayé l'action de nos solutions sur des peaux charbonneuses contenant des spores.

La stérilisation s'est montrée parfaite dans tous les cas au bout de vingt-quatre heures, en utilisant l'un ou l'autre des deux procédés indiqués ; la température ambiante étant de 14 à 16° centigrades.

Dans la pratique, on constate qu'une peau fraîchement dépouillée de 28 kilos n'absorbe qu'un litre de solution formolée. Ce dernier procédé ne nécessitant qu'un seul bain est donc très économique et de plus ce bain peut être utilisé jusqu'à épuisement.

La peau une fois traitée est susceptible d'être salée ou séchée, sans autre précaution ; enfin, elle peut immédiatement suivre les opérations habituelles du tannage après un simple reverdissage dans les meilleures conditions pour l'industrie.

Enfin on ne peut craindre le réveil de la virulence de la spore par un passage dans un bain alcalin, la solution employée étant elle-même alcaline.

Ce procédé susceptible d'être employé avec avantage pour le traitement des peaux suspectes peut non seulement mettre à l'abri de l'infection charbonneuse le personnel chargé des premières manipulations, mais permet à l'industriel d'obtenir des produits présentant des qualités marchandes de conservation, d'aspect et de souplesse supérieures au résultat obtenu par les autres procédés.

---

(1) Gegenbauer. — Le traitement du charbon des peaux par l'acide formique et le bichlorure de mercure (Arch. Hyg. 1918) p. 87-289-315, résumé dans *Le Cuir* (15 décembre 1919) constate par contre l'inefficacité du procédé de *Seymour-Jones*.

MM. A. LOIR,
Directeur du Bureau d'Hygiène;

ET

H. LEGANGNEUX,
Chef de laboratoire du Bureau d'Hygiène, Le Havre.

MALADIE CUTANÉE PROVOQUÉE CHEZ LES OUVRIERS DU PORT DU HAVRE PAR UN ACARIEN (PEDICULOIDES)

616.96 (44.25)

26 Juillet.

Depuis le début de la guerre, dès la fin du mois d'août 1914, les cas de gale ont été nombreux dans la population civile du Havre. Les enfants des écoles ont été atteints en grand nombre; aussi le Bureau d'Hygiène du Havre a organisé un service d'infirmières qui vont, à domicile, traiter les cas de gale qui nous sont signalés par les médecins. Véritables visiteuses sociales, elles font une enquête auprès des autres membres de la famille et dépistent bien souvent des cas de gale inconnus ou méconnus. Elles rendent certainement de grands services pour le traitement et la prophylaxie de cette maladie.

Nous nous réservons d'étudier les différentes espèces de gale qui ont été rencontrées depuis ces dernières années dans notre population, elles ne sont pas toutes dues au même acarus. Aujourd'hui, nous parlerons d'une épidémie de gale, dont nous avons pu indiquer rapidement la cause par nos recherches de laboratoire et fixer la prophylaxie, permettant ainsi aux ouvriers atteints de reprendre rapidement le travail.

Ce qui fait que dans la gale habituelle le traitement est long, c'est que le sarcopte porte ses œufs dans une galerie creusée dans l'épaisseur de l'épiderme et qu'il chemine toujours en avant, la disposition de ses écailles et de ses épines l'empêchant de rétrograder. Pour agir sur le sarcopte, il faut détruire par des frictions successives toutes ces galeries et se servir ensuite de la pommade d'*Helmerich*. Dans le cas qui nous occupe, l'épidémie était produite par un acarien, un *Pediculoïdes*, qui ne creuse pas de galerie, il est donc facile à détruire. Nous avons déjà indiqué nos observations à ce sujet à l'Académie de Médecine, séance du 18 novembre 1919, dans *Paris Médical*, le 6 mars 1920, enfin, dans *Le Caducée*, du 1er avril 1920. Voici les faits que nous avons observés :

Le 24 mai 1919, le Ministère du Ravitaillement demandait au Bureau d'Hygiène du Havre, de faire une enquête sur des ouvriers travaillant à bord d'un bateau, en déchargement d'orge, en provenance de Bizerte, et qui étaient atteints d'une affection cutanée. Soixante-trois hommes avaient cessé le travail. Tout le tronc des ouvriers ayant manipulé l'orge était envahi par des éruptions souvent confluentes qui semblaient produites par une matière vésicante.

Les lésions n'offraient pas de caractéristique bien déterminée : il y avait cependant quelques vésicules avec un peu de sérosité dans quelques rares cas. L'irritation était extrême et le prurit intense. Pas d'état général chez ces malades; de l'insomnie amenée par le prurit.

Dans l'examen des malades, ce qui frappe d'abord, c'est que les ouvriers portant une ceinture n'ont pas d'éruption sur les cuisses, alors qu'on en trouve chez ceux qui ont des bretelles. La ceinture a donc limité la cause de contagion.

Les avant-bras et la tête sont épargnés; seules les parties recouvertes se trouvent atteintes, comme si la chemise avait maintenu en place les causes de la maladie.

L'enquête faite à bord du navire japonais *Shiufuka-Maru*, nous fait connaître que la partie supérieure des cales était garnie de sacs de blé dont la manipulation n'a amené aucun incident.

Ce n'est que deux ou trois heures après le début du déchargement de l'orge que les hommes ont été pris d'une démangeaison intense. Il y avait 1.700 tonnes d'orge en sacs. La manipulation de ces sacs fournit une poussière assez considérable.

Quelques sacs tachés nous font supposer qu'ils ont pu être employés comme sacs à sable sur le front et renferment dans leurs tissus des gaz irritants. Mais ces sacs sont beaucoup plus grands que ceux employés dans les tranchées et, du reste, l'examen fait au laboratoire ne laisse aucun doute. Les sacs ne renferment pas dans leurs tissus de produits chimiques vésicants.

Les hommes de l'équipage qui n'ont pas pénétré dans les cales ne sont pas malades et les phénomènes d'irritation sont localisés chez les travailleurs ayant manipulé l'orge ou qui ont été simplement en contact avec les poussières.

C'est dont bien l'orge qui doit être incriminée.

Examinée au laboratoire, l'orge est de belle qualité; peu de grains sont attaqués par les charançons. On trouve des petits coquillages, des larves noires mortes couvertes de petites efflorescences plus claires, des débris de paille, des barbes d'orge.

L'examen de la poussière au microscope nous fait voir des petits acariens ayant environ 60 à 80 microns de longueur.

Le corps allongé est brunâtre.

Ces acariens appartiennent à la famille des *Tarsonémides* et au groupe des *Pediculoïdes*.

Ayant déterminé la cause de contagion, nous avons conseillé aux malades de suivre le traitement habituel de la gale : frictions légères au savon noir et à la *pommade d'Helmerich.*

D'autres se sont lavés au crésyl avec bains sulfureux.

Les vêtements ont été désinfectés à l'étuve.

Chez tous, l'amélioration a été très rapide; en effet, la partie abdominale de la femelle est très fragile, la friction fait éclater la fine paroi chitineuse de l'abdomen et on tue par suite rapidement l'acarien.

Il n'y a pas de sillons chez les malades comme dans la gale.

Du pus pris dans une vésicule n'a montré que quelques streptocoques.

Sur notre conseil, la sulfuration des cales a été faite, mais déjà 500 tonnes d'orge avaient été débarquées sur chalands.

Malheureusement, trois péniches, l'*Avenir*, la *Réclame*, l'*Arabie*, contenant l'orge non sulfurée, étaient parties pour Rouen.

Ce port ayant été avisé par nos soins de la contamination de la cargaison, refuse de recevoir les chalands qui sont renvoyés au Havre.

Nous trouvons à bord de ces chalands un second foyer d'épidémie. Les familles logeant sur les chalands commencent à être atteintes de lésions. En effet, les femelles de pédiculoïdes, à la recherche de nourriture, ont pénétré dans les logements du bord par les interstices des cloisons de la cale et sont arrivées à toucher le personnel du bord.

La désinfection et le traitement ont eu lieu comme précédemment pour le grand navire, et les résultats ont été les mêmes.

Les cas d'affections analogues sont-ils nombreux au Havre?

En mai 1911, le Tribunal du Havre avait commis les docteurs *Simon*, *Daniel* et *Loir* pour examiner cinq ouvriers qui travaillant dans les cales d'un navire apportant des féveroles de Smyrne, avaient eu pendant quelques jours une éruption cutanée. N'ayant pas eu d'échantillons de la marchandise à la disposition de la commission, celle-ci conclut à une maladie professionnelle amenée par les féveroles.

Depuis 1911, on trouve dans notre port six épidémies analogues amenées par le blé, les féverolos ou l'orge provenant du Levant et toujours à la même époque de l'année.

Ces épidémies sont donc assez fréquentes.

Depuis l'arrivée de ce premier bateau, le 27 mars 1919, deux autres navires, la *Ville-d'Oran* et l'*Anglott*, chargés d'orge de la même provenance, étaient également contaminés par les pédiculoïdes. Les mêmes mesures de désinfection ont été prises et nous ont donné de bons résultats. Après sulfuration des cales, les ouvriers peuvent sans danger manipuler les sacs contaminés.

Cette année, au mois de juillet 1920, un nouveau chargement de riz arrivé d'Extrême-Orient par le navire *Buenos-Ayres* provoque chez vingt-trois ouvriers des accidents analogues, dans ce dernier cas les femmes de plusieurs des ouvriers atteints ont été contaminées. L'incapacité de travail a été de quinze jours chez certains de ces hommes.

Conclusions. — Depuis 1848 après un travail de *Newport*, à Gravesend en Angleterre on trouve dans la science les observations de plusieurs épidémies de ce genre. Comme elles sont fugaces, elles passent inaperçues. Il serait utile d'attirer l'attention sur ces faits car par la sulfuration la prophylaxie de ces cas est facile à établir. Lorsqu'on connaît la cause du prurit, il est facile de traiter les malades. Les pertes économiques amenées par ces pédiculoïdes peuvent donc être réduites au minimum.

M. LE Dr RAPPIN,

Directeur de l'Institut Pasteur, Nantes.

VACCINATION CONTRE LA TUBERCULOSE

615.63 : 616.995

26 Juillet.

Depuis le dernier Congrès de l'Association réuni au Havre en juillet-août 1914, j'ai poursuivi autant qu'il m'a été possible pendant cette période mes recherches sur la vaccination antituberculeuse, et j'ai l'honneur aujourd'hui de venir en présenter les résultats.

Sans vouloir revenir sur les diverses étapes que j'ai suivies dans mes recherches, je rappelle seulement qu'après avoir en 1894 et 1895 tenté d'obtenir un sérum spécifique contre cette infection et noté quelques résultats intéressants dans l'application de ce sérum, contre la tuberculose expérimentale du cobaye, j'abandonnai un peu plus tard cette voie pour me tourner davantage vers l'obtention d'un procédé de vaccination d'abord applicable à l'animal et ensuite à l'homme.

Dans une suite de recherches, de 1902 à 1906, faisant porter mes expériences sur le chien, je réussis à observer chez les animaux vaccinés, au moyen de bacilles simplement desséchés et injectés à doses infinitésimales et à intervalles espacés une résistance telle à l'inoculation virulente qu'il m'était en quelque sorte impossible de ne pas m'engager dans la voie que j'avais ainsi commencée à suivre et qui, d'après les résultats observés, devait se montrer certainement féconde.

Mais le procédé ainsi étudié ne pouvait naturellement en aucune façon entrer dans la pratique, je tentai de constituer un vaccin en utilisant des bacilles dégraissés et modifiés ensuite par l'action du fluorure de sodium. J'obtins ainsi chez plusieurs bovidés par injection intra-veineuse, de ces vaccins, et chez le cobaye par injection sous-cutanée, des résultats remarquables. Trois génisses ainsi vaccinées résistèrent absolument à l'injection intra-veineuse de tuberculose virulente et j'observai d'autre part chez plusieurs cobayes une survie allant parfois jusqu'à trois années, mais chez ces derniers animaux, je n'obtenais encore qu'un retard dans l'évolution tuberculeuse dont je retrouvais les marques à l'autopsie.

M'inspirant à ce moment des indications que nous fournit le mode suivant lequel s'etablit la résistance naturelle de l'organisme, j'étudiai d'abord le sérum des animaux que j'avais immunisés et m'efforçai de préparer un sérum vraiment spécifique. Par l'injection au cheval de ces mêmes Rest Bacillus fluorurés, j'obtins au bout de deux ans un sérum doué de propriétés antitoxiques et bactériolytiques très importantes.

C'est grâce à l'emploi de ce sérum et de son action sur le bacille que je suis parvenu de 1910 à 1915 à réaliser chez le cobaye des résultats nettement démonstratifs. Des cobayes inoculés même une seule fois avec une émulsion de bacilles tuberculeux ayant subi un contact plus ou moins prolongé avec ce sérum, et inoculés ensuite même quatre mois ou davantage après cette injection avec une culture de tuberculose en pleine activité, résistèrent pour la plupart à cette inoculation, sans présenter la moindre lésion, alors que les témoins succombèrent dans les délais ordinaires présentant les lésions classiques de l'infection tuberculeuse.

Je ne puis résister au désir de présenter au Congrès les graphiques de ces différents animaux.

Ce sont ces constatations si importantes qut ont constitué depuis ce temps, c'est-à-dire depuis la fin de 1913, la base de mes expériences.

Les bacilles vaccins simplement desséchés pouvant malgré l'action du sérum, conserver parfois des propriétés virulentes, il me fallait les modifier de telle sorte qu'ils perdissent ces propriétés tout en conservant leur pouvoir vaccinal.

Après avoir tenté diverses méthodes par l'emploi de certaines essences et aussi de l'*éther* dont l'action heureuse semblerait devoir être retenue, je revins à l'utilisation du même composé déjà étudié par moi, le fluorure de sodium et après de longs tâtonnements pour déterminer exactement le temps d'action de ce composé sur les bacilles pour leur faire perdre toute virulence et aussi le temps pendant lequel il convient de faire agir le sérum, je suis parvenu enfin à établir la formule d'un vaccin, qui, dans plusieurs expériences m'a permis d'immuniser complètement le cobaye contre l'injection de tuberculose virulente. Voici cette formule telle que je l'ai présentée en mars 1917 à l'Académie des sciences :

« Les bacilles tuberculeux provenant de cultures en bouillon d'âges différents, sont soumis à la dessiccation pendant 24 heures, puis traités par des solutions à deux ou trois pour cent de fluorure de sodium pendant plusieurs jours. Ils perdent ainsi leur pouvoir infectieux, tout en gardant leurs propriétés toxiques. Ils sont alors, après lavage à l'eau physiologique, soumis pendant un temps plus ou moins prolongé à l'action du sérum antituberculeux dont j'ai donné le mode de préparation au mois de novembre 1911 et qui achève leur désagrégation. C'est cette émulsion dans le sérum qui constitue le vaccin. »

L'injection en est faite à la dose de deux ou trois, où même quatre dizièmes de centimètre cube suivant le poids des cobayes, dans le tissu cellulaire de la région du flanc, et peut être répétée une ou deux fois à trois semaines ou un mois d'intervalle. Elle détermine la formation d'un ganglion plus ou moins volumineux qui ne marque aucune tendance à la suppuration et demeure le plus souvent induré sans régresser, se rapprochant ainsi de certains ganglions, sortes d'adénites vaccinantes, que l'on observe dans les tuberculoses ganglionnaires qui, suivant *Marfan*, semblent conférer un certain degré de résistance contre une infection tuberculeuse généralisée. Il semble que cette réaction ganglionnaire que provoque cette injection vaccinale constitue un *vivo*, comme une sorte de laboratoire où se préparent et s'élaborent dans la lutte de ces divers éléments, cellules leucocytaires, bacilles et sérum, les principes immunisants et la formation de santicorps.

Me basant sur l'innocuité de ce vaccin et son activité contre la tuberculose expérimentale, j'estime que son application à l'homme pourrait être maintenant tentée en particulier chez l'enfant dans les premiers mois de la vie et qu'il constituerait un élément très important au point de vue de la prophylaxie de la tuberculose.

MM. le Dr RAPPIN

ET

Th. GROSSERON

DES CONDITIONS DE PURETÉ A EXIGER DU SEL ADDITIONNÉ AUX SUBSTANCES ALIMENTAIRES LA FLORE MICROBIENNE DU SEL

614.314

26 Juillet.

Le travail sur la flore microbienne du sel, dont j'ai l'honneur de présenter l'analyse au Congrès, a été poursuivi en collaboration avec M. *Grosseron*, pharmacien à Nantes, et M. *Louis Soubranne*, notre aide au Laboratoire ; il nous a semblé qu'au moment où l'on s'efforçait de bien spécifier les qualités et les propriétés qui constituent la pureté des différentes substances alimentaires et plus spécialement des produits de la laiterie, beurres et fromages, par exemple, il n'est pas sans intérêt d'attirer l'attention sur un produit fréquemment additionné à ces substances et qui peut devenir pour elles une source d'impureté au point de vue microbiologique.

En cherchant à étudier la flore microbienne du sel, nous avons voulu montrer qu'elle peut devenir le point de départ d'altérations et de fermentations dangereuses, non seulement pour les industries alimentaires en général dans la conduite de leurs diverses opérations, mais encore pour l'alimentation elle-même. C'est d'abord un fait consigné çà et là dans quelques travaux épars dans la littérature microbiologique, que le sel, même en solutions concentrées, ne possède pas, comme on se plaît à le croire, un pouvoir bactéricide très étendu, et nous avons pu nous-mêmes vérifier l'exactitude de cette donnée. Mais, en outre, nous avons reconnu que non seulement le sel ne fait pas disparaître la vitalité des germes que l'on se propose de détruire par son action, mais encore que par suite du défaut complet de soins et de précautions qui préside à sa récolte, soit dans les mines, soit dans les marais salants, il porte avec lui-même des germes extrêmement nombreux et de nature à porter atteinte à la conservation des denrées auxquelles il est ajouté pour les conserver.

Nous ne nous étendrons pas dans cette analyse, sur le détail de nos observations; nous citerons ici simplement quelques chiffres destinés à les résumer. Ainsi que le fait d'abord remarquer *Miquel,* les solutions saturées de sel ont une action très limitée sur certains microbes pathogènes. Le bacille du charbon symptomatique, d'après *Arloing,* résiste à leur action pendant deux jours. *Forster* a montré que le bacille d'*Eberth,* celui du rouget, et le streptocoque y restent encore vivants après vingt jours d'immersion.

D'après *De Freytag,* le bacille typhique résiste pendant cinq mois, de même que le staphylocoque pyogène; le bacille de la diphtérie pendant trois semaines, le bacille de la tuberculose pendant trois mois. Nous-mêmes, nous avons pu observer des propriétés analogues pour le staphylocoque et le *bacillus subtilis;* seuls, le coli et le vibrion cholérique paraissent plus vulnérables. Mais, le bacille de *Gartner* et le bacille de la dysenterie cultivent encore dans des tubes de bouillon additionnés de 8 0/0 de sel. Enfin, nous avons observé dans nos expériences que la spore de la bactéridie charbonneuse peut résister pendant huit mois dans des tubes de bouillon additionnés de sel dans la proportion de 30 0/0. On voit donc que la résistance à l'action du sel de certaines espèces sporulées qui, comme l'on sait, comprennent des variétés si dangereuses, peut être très considérable.

Par ailleurs, nous avons étudié les contaminations que présente le sel lui-même, soit après avoir été raffiné, soit au contraire à l'état brut. Même après la purification que lui communique le raffinage, le sel présente encore un nombre de germes assez notable. Nous notons, par exemple, dans certains cas, 1.300 bactéries et 200 moisissures; 1.900 bactéries et 100 moisissures; 2.900 bactéries par gramme; et dans une autre observation portant sur un échantillon de sel gemme de la région de l'Est, 8.300 bactéries et 400 moisissures par gramme. Mais ces chiffres sont bien plus considérables lorsque l'on fait porter les examens sur le sel gris ou brut, et nous les voyons varier dans nos analyses depuis 6.000 jusqu'à 51.000, 76.000 et même 300.000 bactéries par gramme, avec une teneur en moisissures variant de 100 à 700. Assurément, nous devons reconnaître que les espèces observées par nous, sont plutôt de nature saprophytique, mais nous n'en avons pas moins observé les effets toxiques des cultures tentées pour les isoler, et l'inoculation de ces cultures aux cobayes entraîne la mort de ces animaux en vingt-quatre ou quarante-huit heures.

Nos recherches ont également porté sur la microbiologie des saumures, et là encore, nous nous sommes assurés du degré élevé de contamination que présentent ces solutions dites de conservation. Dans un premier échantillon, une saumure de lard datant de deux mois, la numération des colonies, au huitième jour, accusait le chiffre de 960.612 germes par centimètre cube. Dans une autre saumure prélevée à bord d'un navire ancré à Nantes, nous avons trouvé 174.455 bactéries et 614 moisissures par centimètre cube. Une autre fois, dans un troisième échantillon, 704.000 bactéries au huitième jour également. Mais on peut noter des proportions encore bien plus considérables : ainsi, deux échantillons examinés récemment par nous, l'un d'une saumure préparée seulement depuis huit jours, et l'autre datant de huit mois, nous ont donné des colonies tellement nombreuses que, malgré une dilution au 1000e, il nous a été impossible de pousser la numération au delà du troisième jour, et, rapporté au huitième jour d'après les tables de *Miquel*, le chiffre observé s'est élevé au taux de 6.055.250 germes pour la saumure la plus âgée, et de 24.025.000 par centimètre cube pour la plus récemment préparée. L'observation de ces faits nous semble de nature à attirer l'attention sur les dangers qui résultent, tant pour l'hygiène générale elle-même que pour certaines industries, de l'emploi du sel aussi contaminé, qu'il provienne de mines ou de marais salants. Il n'est pas douteux, d'abord, que par suite de fermentations secondaires qui peuvent résulter de la présence de germes même saprophytes aussi nombreux, les viandes, les poissons et d'une façon générale, toutes les substances alimentaires auxquelles le sel est ajouté pour leur conservation, ne puissent devenir le siège de modifications dangereuses pour le consommateur, et l'on peut légitimement attribuer à cette origine certains accidents consignés en assez grand nombre dans la littérature médicale. Enfin, il n'est pas douteux non plus que lorsque les industriels ajoutent, par exemple, aux beurres et aux fromages qu'ils préparent, des sels ainsi souillés, ils s'exposent ainsi à de graves mécomptes et à voir se produire des altérations malheureuses dans ces produits. On sait au point de vue microbiologique, que les beurres et fromages renferment souvent des espèces nombreuses et variées, en dehors des ferments normaux et utiles.

Dans un travail roduit également en collaboration, il y a quelques années, sur la bactériologie du beurre, nous nous en sommes assurés, *M. Grosseron* et moi, en constatant dans certains échantillons de beurre provenant de diverses régions, des chiffres de bactéries dépassant plusieurs millions. Il n'est pas douteux à nos yeux et d'après nos observations personnelles, que dans bien des circonstances, ces germes si nombreux proviennent pour la plupart du sel lui-même que l'on additionne, par exemple au beurre, précisément en vue d'en assurer la conservation.

Il y a donc des faits de nature à montrer que pour la préparation des substances alimentaires qui doivent demeurer pures dans toute l'acceptation du mot, non seulement au point de vue chimique, mais encore sous le rapport de leurs propriétés nutritives et physiologiques, il convient de n'employer que des produits d'une pureté absolue. Il nous semble dès lors, qu'il serait utile d'indiquer d'une façon générale que dans les industries alimentaires on doit d'abord, comme on s'efforce d'ailleurs le plus souvent de le faire, s'entourer de toutes les précautions d'asepsie les plus complètes, mais encore qu'il convient pour assurer la conservation, par exemple, des beurres et fromages de n'employer qu'un sel pur et dépouillé de toute contamination microbienne.

Nous avons, par ailleurs, publié un travail complet où se trouvent exposées nos différentes observations sur ce point et dont cette note ne constitue qu'un bref résumé.

M. *feu* G. DAUMÉZON,

Directeur du Bureau d'hygiène de Narbonne.

INFLUENCE CHIMIQUE DU MILIEU SUR LE DÉVELOPPEMENT DU BACILLE PARATYPHIQUE B.

616.002

27 Juillet.

Les infections typhiques et paratyphiques ont, depuis le début de la guerre, attiré plus vivement encore qu'autrefois l'attention des hygiénistes et des pouvoirs publics.

Le décret du 14 août 1914, article 6, fournissait aux délégués des diverses circonscriptions sanitaires du territoire, un premier plan de prophylaxie, ultérieurement complété par les circulaires ministérielles (Intérieur) du 20 décembre 1914, du 9 janvier 1915 et par des circulaires préfectorales.

Partout le taux obituaire de la fièvre typhoïde s'est élevé pendant les premières années de err .

il y a eu dans ces quatre dernières années, environ deux fois plus de cas mortels que pendant les quatre années précédentes de paix, mais la courbe redescend depuis plus d'un an.

Il est avéré que ce sont les départements méditerranéens qui ont toujours été, dès avant la guerre, les plus éprouvés par la fièvre typhoïde. Le Ministère de l'Intérieur nous ayant fourni la collection des statistiques sanitaires des villes de France (de plus de 5.000 habitants), de 1891 à 1913, nous avons établi pour cette période de vingt-deux ans, dans chaque ville des départements méditerranéens, la moyenne des décès catalogués sous la rubrique fièvre typhoïde au sens large du mot. En échelonnant ces villes par ordre de moyenne croissante, nous constatons que Narbonne occupe le quarante-huitième rang avec une moyenne de 0,8 décès pour 1.000 habitants. La ville méditerranéenne qui fournit la moyenne la plus élevée arrive à 1,41 pour 1.000 habitants.

Le détail de nos résultats statistiques concernant les infections typhiques et paratyphiques ne saurait trouver place dans le cadre du présent travail; il a été consigné dans une collection de courbes et de graphiques qui nous a valu une médaille d'argent à l'Exposition universelle belge de 1913. Ces graphiques nous ont été demandés par la ville de Buenos-Ayres et figurent en ce moment dans son Musée social (1).

Les analyses bactériologiques que nous effectuâmes en grand nombre, surtout en 1914 et 1915 pour les hôpitaux de notre circonscription, nous permirent de relever une prédominance assez nette des affections dues au bacille paratyphique B et nous incitèrent à continuer nos recherches sur le coli-bacille qui depuis longtemps avait spécialement appelé notre attention. Parmi les hémocultures que nous avons pratiquées : 25 nous ont donné le bacille typhique, 8 nous ont donné le bacille paratyphique A, 142 nous ont donné le bacille paratyphique B ou des intermédiaires (2) se rattachant à ce groupe.

D'autre part, nos analyses d'eaux potables de la région narbonnaise, nous ont permis d'isoler deux fois des bacilles paratyphiques B et jamais des bacilles paratyphiques A ou des bacilles typhiques, ce qui, bien entendu, ne nous permet aucunement de conclure à l'absolue rareté de ces deux derniers germes, dont la séparation est rendue bien aléatoire par la concurrence des autres bactéries.

Quoi qu'il en soit, dans le champ limité, il est vrai, de nos investigations, il nous a semblé que le bacille paratyphique B joue, ou tout au moins a joué pendant quelques années un rôle intéressant dans notre

(1) Nous saisissons avec empressement l'occasion de la publication du présent travail pour remercier le *Musée social argentin*, qui a bien voulu nous aider à répandre en République Argentine et au Brésil des brochures de propagande anti-allemande, écrites en langues sud-américaines et relatant les pillages de bibliothèques, mutilations de laboratoires, etc., et autres crimes commis par les envahisseurs.

(2) Daumézon. — Bacille paratyphique B aberrant isolé de l'homme. (*Bulletin de l'Aca-*

région. Nous avons été ainsi amené, naturellement, à étudier la biologie de ce germe dans les différents milieux d'où nous l'avons isolé : eau douce, liquide céphalo-rachidien ; ou qui nous ont paru pouvoir servir à le propager : eau de mer, contenu des coquillages alimentaires, etc. (1).

Caractères des races des bacilles employés. — Les bacilles paratyphiques B ne sont pas très rares dans les milieux extérieurs. Depuis six ans, nous essayons méthodiquement la réaction dite du caméléonnage sur les bacilles du groupe coli que nos analyses des eaux potables publiques nous permettent d'isoler fréquemment. Nous avons trouvé une fois un bacille paratyphique à caractères francs dans une eau régulièrement bue sans accident par une agglomération rurale. Mais la souche qui nous a servi pour le présent travail est d'origine nettement pathogène ; elle provient du sang d'un malade dont l'affection, officiellement déclarée au Bureau d'hygiène, présentait l'évolution d'une gastro-entérite grave. L'hémoculture nous a donné un germe à caractères culturaux classiques. Virulence nulle pour le moineau, souris blanche tuée par 1/300e d'anse introduite sous la queue. Ce germe a pu nous servir dans la pratique courante pour la séro-réaction de *Widal*, qui a été maintes fois positive. La souche de coli-bacille employée comme étalon de comparaison, a été isolée des eaux de l'Aude. De toutes celles que j'ai isolées dans les mêmes conditions, au cours des analyses mensuelles des eaux brutes ou filtrées de cette rivière faites par le Bureau d'Hygiène, c'est cette souche qui m'a paru la plus voisine du type classique, la plupart des autres étant des para-colibacilles (2).

En possession de ces deux souches bien typiques, l'une paratyphique B, l'autre colibacillaire, nous avons introduit dans certaines de nos recherches comparatives, une troisième souche à caractères intermédiaires entre le bacille paratyphique B et le colibacille que nous avons isolé en 1915 (3).

Enfin, dans quelques cas, nous avons eu à apprécier la résistance du bacille paratyphique B à la concurrence des saprophytes en eau de mer. La forme *Proteus* est une de celles qui jouent le rôle le plus intéressant dans l'antagonisme bactérien ; or, en 1914, nous avons isolé des coquillages alimentaires, un Proteus dont nous avons étudié les caractères (4) et c'est justement cette souche, désignée ci-dessous sous le nom de Proteus ascidicole, que nous avons employée.

Nos recherches ont été poursuivies dans des conditions aussi comparables que possible : cultures parallèles placées dans la même étuve, emploi de portions différentes d'une même provision de milieux, etc... Les conditions d'éclairement, impossibles à régler d'une manière uniforme,

(1) DAUMÉZON. — Flore paratyphique du liquide céphalo-rachidien. (*Bulletin de l'Académie de médecine*, août 1915.)

(2) DAUMÉZON. — Sur la transsudation des agglutinines typhiques dans le liquide céphalo-rachidien de l'homme. (*Bulletin de l'Académie de médecine*, août 1916.)

(3) DAUMÉZON. — Bacille paratyphique B aberrant isolé de l'homme. (*Bulletin de l'Académie de médecine*, mars 1915.)

(4) DAUMÉZON. — Sur un germe microbien isolé d'une ascidie alimentaire. (*Comptes r us. iété de*

nous ont obligé à opérer à l'obscurité. Toutefois, pour apprécier l'influence de l'éclairement, nous avons tenté de mesurer la quantité de lumière émise pendant la durée des essais, relatés dans le tableau I en utilisant la réduction d'une solution d'azotate d'argent. (Procédé de Mohr).

Nota. — Nos recherches ont nécessité un grand nombre de numérations de germes. Pour ces opérations, nous avons employé de préférence des flacons plats de *Soyka* ou de *Roux*, mais nous avons utilisé aussi dans bien des cas des flacons mexicains. Ce modèle, bien familier aux pharmaciens, est resté assez abondant sur le marché et son prix ne s'est pas beaucoup élevé. Déjà, avant la guerre, en 1913, alors que la pénurie et la cherté de la verrerie de laboratoire ne se faisaient pas encore sentir, nous avions attiré l'attention du *XIe Congrès international de Pharmacie* (La Haye), sur l'emploi très pratique de ces flacons chaque fois que la numération des germes ne doit pas s'accompagner de déterminations sur place de très petites colonies. Le flacon mexicain est actuellement vingt à trente fois moins coûteux que les *fioles de Soyka* ou de *Kolle*, et résistent aussi bien à l'autoclave.

Dans la plupart des recherches de biologie microbienne, on opère à l'obscurité pour éliminer l'action de la lumière difficile à apprécier d'une façon pratique. Le tableau I nous montre, toutefois, que l'éclairement joue un rôle important dans la prolifération du bacille paratyphique B. C'est, en réalité, à la lumière que s'effectue dans la nature une grande partie de son évolution, aussi nous avons cherché à faire entrer le facteur éclairement dans nos recherches en l'appréciant par une méthode chimique. Nous nous sommes adressé pour cela à une solution déci-normale d'azotate d'argent. Le poids d'argent réduit donnera une idée de la durée et de l'intensité de l'éclairement.

Nous nous sommes efforcé d'éliminer les influences réductrices, en employant un nitrate d'argent chimiquement pur, dissous à l'abri des poussières dans de l'eau distillée très pure (1). Les germes ont été répartis dans des matras contenant 100 centimètres cubes d'eau de la composition suivante : eau stérilisée, filtration sur bougie et vérifiée stérile.

TABLEAU I

Nombre de germes trouvés dans 1 centimètre cube ensemencé sur gélose.

Durée de l'expérience	Lumière		Obscurité	
	Bacille paratyphique B	Colibacille	Bacille paratyphique B	Colibacille
1 heure. .	*		*	*
24 — .	*	*	*	*
48 — .	*		*	*
8 jours . .	*	*	*	*

Les recherches relatées dans le tableau II nous donnent une idée des exigences alimentaires du bacille paratyphique.

(1) Nous avons effectué toutes les numérations relatées dans le présent travail, sur gélose ensemencée avec 1 centimètre cube. Les ballons, d'une capacité de 100 centi-

TABLEAU II

Nombre de germes trouvés dans 1 centimètre cube.

Durée de l'expérience	Eau distillée	Eau de l'Aude
1 heure. . . .	100	10
2 jours	90	100.000
5 —	25	> 100.000
8 —	15	1.900
15 —	0	40.000

L'eau distillée employée était très pure : l'eau de l'Aude avait la composition suivante :

Matière organique.	Milieu acide	2,200
	Milieu alcalin	9,350
Ammoniaque.		traces
Nitrites		traces
Nitrates		4,5
Acide phosphorique.		0
Acide sulfurique en SO^3.		13,7
Chlore en NaCl		8
Alcalinite en CO^3Ca.		88,1

Chacun de ces éléments de l'eau doit exercer une influence sur la prolifération du bacille paratyphique. Nous nous sommes borné à étudier ici l'influence du NaCl et de la matière organique.

Le NaCl a tout d'abord attiré notre attention à cause de sa fréquence dans certaines eaux de la circonscription de Narbonne, qui comprend toute la partie côtière du département de l'Aude ; on le retrouve dans diverses eaux plus ou moins saumâtres, consommées çà et là sur le littoral et parfois aussi en proportion un peu plus élevée que la normale dans les eaux de l'Aude qui contient, dans son haut bassin, des dépôts de sel gemme. Enfin, les études de biologie marine en eau de mer naturelle ou artificielle, que nous poursuivons depuis 1906, nous ont particulièrement engagé à étudier l'influence de cet élément. Déjà, au *IXe Congrès international de Pharmacie*, nous avions proposé une méthode de préparation de l'eau de mer artificielle obtenue en partant d'une eau pouvant être contaminée.

Dans notre méthode, le NaCl est obtenu en traitant d'abord l'eau par HCl, qui exerce une action bactéricide et en neutralisant par la soude, on trouvera le detail du procédé et la description d'un appareil permettant d'opérer en grand dans le compte rendu du Congrès de Tunis. Nous avons vu que HCl exerce sur le colibacille une action bactéricide onze fois plus intense que la soude, nous avons obtenu des résultats sensiblement égaux avec le bacille paratyphique B. Nous avons successivement étudié l'influence de l'addition du NaCl à l'eau distillée, considérée comme milieu de culture dans les proportions suivantes : 0,01 0/0, 0,1 0/0, 1 0/0, 1,50 0/0, puis l'addition du NaCl à l'eau naturelle, et enfin à l'eau enrichie, et nous sommes arrivés aux conclusions suivantes :

La proportion optima de NaCl à ajouter à l'eau distillée = 1 0/0
— — — — naturelle. = 1,5 —
La proportion optima de NaCl à ajouter à l'eau enrichie de bouillon de façon à emprunter 6 d'oxygène au permanganate de potasse . . . . = 2 —

Le tableau III montre l'influence des divers éléments de l'eau de mer sur le bacille paratyphique comparé à un germe que nous avons isolé d'un milieu marin et antérieurement décrit (1). Nous désignerons ce dernier germe sous le nom de Proteus ascidicole.

TABLEAU III

Milieu	Ensemencement B. paratyphique B.	Ensemencement Proteus A.	Après 48 heures B. paratyphique B.	Après 48 heures Proteus A.	Après 8 jours B. paratyphique B.	Après 8 jours Proteus A.
Eau de mer naturelle.	29	130	700	90.000	150.000	inn.
Eau de mer artificielle	29	130	150	30.000	100.000	inn.
Solution salée C. . .	29	130	800	15.000	60.000	100.000
Solution salée D. . .	29	130	?	160	?	350
Eau douce (Aude) . .	29	130	3.000	500	inn.	9.000

Ce tableau met en lumière une opposition franche entre les deux germes. Le proteus ascidicole germe marin, atteint son maximum de développement en eau de mer, au huitième jour les plaques de gélose montrent qu'il est devenu innombrable dans 1 centimètre cube, et il semble bien qu'à ce moment, la prolifération est arrêtée, tout au moins momentanément, car le tiers supérieur du contenu du ballon est devenu limpide, tandis que les germes occupent les deux tiers inférieurs qu'ils obscurcissent. On n'aperçoit pas de grumeaux dans le liquide et l'examen microscopique ne montre que des germes libres se prêtant bien à la numération. Des grumeaux ne se sont formés que dans les deux cas représentés ci-dessus par un point d'interrogation ; dans ces deux cas, le liquide était resté très limpide et le bacille paratyphique agglutiné en grumeaux petits et rares, paraissait avoir fort peu proliféré. Cette agglutination spontanée en solution saline, est à rapprocher des phénomènes semblables étudiés par *Verzar (Centralblatt für bakterien Origin*, novembre 1917) et peut s'expliquer par un mécanisme analogue. Le proteus ascidicole prolifère

(1) DAUMÉZON. — Sur un germe microbien isolé d'une ascidie alimentaire. (*Compte rendu de la Société de biologie*, novembre 1913.

plus lentement en eau de mer artificielle; cette eau de mer a été préparée comme dans toutes nos recherches antérieures, suivant la formule d'*Usiglio.* (*Annales de chimie et de physique*, t. XXVII). Le liquide C est de l'eau distillée portée à la densité de l'eau de mer par addition de NaCl chimiquement pur, dans ce milieu incomplet la prolifération est plus lente, il y a presque inhibition dans la solution D qui a été préparée avec l'eau de mer artificielle, sans NaCl; en eau douce, le germe marin prolifère lentement.

C'est, au contraire, dans ce dernier milieu que le bacille paratyphique B prolifère le plus vite. En solution D il s'agglutine, en solution C il prolifère moins vite, ainsi que dans les autres solutions salées.

Il est logique que ces deux germes, l'un isolé d'un milieu marin, l'autre isolé d'un milieu terrestre se comportent ainsi, et il nous semble naturel d'en conclure que des différences de même ordre doivent se retrouver dans la prolifération de tous les autres germes terrestres et marins. Il devient alors intéressant d'étudier l'antagonisme de ces germes en eau douce ou en eau de mer diluées en différentes proportions (1). Le résultat de nos premières recherches sur l'antagonisme du Proteus et du Bacille paratyphique B en eau de mer diluée, a été publié en 1917 (2). Les conclusions qui en découlent s'appliquent tout particulièrement aux trempages des coquillages alimentaires et aux eaux saumâtres en général. Nous avons montré l'antagonisme du bacille paratyphique B et du coli-bacille en eau douce. Nous avons étudié aussi l'influence de la matière organique sur le développement bactérien (3) :

Azote organique animal et végétal. Azote organique minéral : ammoniac, alcalinité, acidité.

Influence de la matière organique. — L'azote minéral (nitrates d'ammoniaque) paraît jouer simplement un rôle nutritif et, jusqu'aux environs de 0,5 0/0, il paraît provoquer une prolifération du bacille paratyphique à peu près proportionnelle à sa quantité. L'ammoniac libre intervient dans la réaction du milieu et, à ce point de vue, peut jouer un rôle important en neutralisant l'acidité d'origine bactérienne. La formation d'acide aux dépens des hydrates de carbone (mannite et lévulose), nous a paru peu intense avec le type de bacille paratyphique étudié dans le présent travail (type A), mais elle peut être plus forte avec d'autres types d'origine fécale; il est vrai que ce sont ceux-là surtout qui sont dangereux pour la contamination des eaux. Nous avons antérieurement signalé et évalué l'acidité

(1) DAUMÉZON. — Sur la résistance comparée du bacille paratyphique B et du colibacille dans les eaux potables. (*Académie de médecine*, 21 août 1917.)

(2) DAUMÉZON. — Sur la vitalité du Bacille paratyphique B dans les coquillages alimentaires. (*Académie de médecine*, 29 décembre 1917.)

(3) DAUMÉZON. — Influence de la composition chimique des eaux potables sur la prolifération du bacille paratyphique B. (*Académie de médecine*, 5 février 1918.)

naturelle que présentent certains coquillages comestibles (1), nous avons constaté que 100 grammes d'ascidie vivante contiennent 0 gr. 32 d'acide évalué en acide sulfurique. Dans des coquillages de ce genre mal conservés, le bacille paratyphique qui aurait pu s'introduire végéterait-il bien en milieu acide ?

Des recherches de *Paus* (*Centralblatt für Bakt. Origin*, 1907) et de *Mitra* (*Pathologica*, 1911), il résulterait que les bactéries de ce groupe se développent bien en milieu riche en acide organique. Au contraire, des recherches plus récentes de *Rossi* et *Colendole* (*Bulletin de l'Institut Pasteur*, 1916), il semble que l'addition d'une très faible quantité d'acide organique (une goutte d'acide acétique par litre) diminue notablement la vitalité de ces germes. Nous avons pu retrouver notre germe bien vivant, au bout de deux mois, dans une macération filtrée d'ascidie contenant 0 gr. 3 0/0. La proportion d'acide indiquée plus haut, montre que l'addition d'une goutte pour 0/00 d'acide acétique n'a pas entravé le développement du bacille paratyphique B.

En résumé, la sensibilité à la lumière du bacille paratyphique B est plus grande que celle du coli-bacille. Leurs besoins alimentaires sont peu différents ; leur durée de conservation est aussi longue.

Le chlorure de sodium accélère la prolifération du bacille paratyphique B jusqu'à 1 0/0, il la ralentit à la dose où il se trouve dans l'eau de mer. Le développement du coli-bacille est analogue, tandis qu'il est très différent pour le Proteus marin. De l'antagonisme de ces deux germes, il résulte que plus on ajoutera d'eau douce aux coquillages alimentaires, et moins une eau saumâtre utilisée pour la boisson le sera, plus le bacille paratyphique B aura de chance de se développer.

La parenté des deux germes bacille paratyphique B et coli-bacille est indiscutable, leur résistance est à peu près égale ; le bacille paratyphique est un germe pathogène bien armé pour lutter contre les saprophytes.

---

(1) DAUMÉZON. — Sur l'acidité d'un tunicier alimentaire des côtes du Narbonnais. (*Compte rendu de la Société de biologie*, février 1914.)

M. le Dr GRANJUX,

Secrétaire général de la *Fédération des Œuvres Grancher*.

PRÉSERVATION DE L'ENFANCE CONTRE LA TUBERCULOSE

616.995 : 362.7

27 Juillet.

La lutte contre la tuberculose est à l'ordre du jour non seulement en France, mais dans le monde entier. C'est ainsi que l'Association internationale des Sociétés nationales de la Croix-Rouge vient d'organiser une croisade contre ce fléau.

Le premier obstacle auquel elle se heurte est la croyance populaire à l'hérédité de la tuberculose, basée sur la quantité d'enfants atteints et dès les premières années. Bien que ce soit un médecin français, le docteur *Villemin*, professeur au Val de-Grâce qui ait démontré qu'il s'agissait là de contagion familiale, l'idée d'hérédité est encore si établie dans le pays que le docteur *Follet*, directeur de l'École de médecine de Rennes disait dernièrement à l'Académie de médecine que pour organiser la lutte contre la tuberculose dans le département d'Ille-et-Vilaine, il avait dû commencer par vulgariser la notion de la contagion et pour cela faire appel à la *mission Rockfeller*.

Il semble tout naturel que pareille campagne soit faite par notre Association. Pour cela, elle n'a qu'à faire connaître les résultats obtenus avec une arme forgée par l'illustre *Pasteur*. A propos de la maladie des vers à soie, il a montré que pour défendre une race menacée, il fallait sauver la graine. Ce principe, mon maître *Grancher* l'a appliqué à l'espèce humaine : il a fondé une œuvre dite de *Préservation de l'enfance contre la tuberculose* qui prend dans la famille tuberculeuse les enfants encore sains et les place à la campagne dans des familles de paysans saines et choisies par le médecin du pays. Voici les résultats donnés par l'œuvre *Grancher*.

Tandis que les enfants du milieu ouvrier parisien laissés au contact de leurs parents tuberculeux le deviennent dans la proportion de 60 0/0 d'après la statistique communiquée au *Congrès de la Tuberculose* à Rome par le docteur *Armand-Delille*, les petits pris dans ce même milieu et confiés à l'œuvre *Grancher* n'ont que 0,6 0/0 de morbidité tuberculeuse. D'autre part, dans l'épidémie de grippe qui a sévi si cruellement sur la France, nombre de pupilles de l'œuvre ont été atteints et ont présenté des complications pulmonaires. Aucun n'a succombé !

La préservation des enfants est si bien réalisée par cette œuvre que le

Congrès international de la tuberculose à Paris a émis le vœu que les enfants de parents tuberculeux pauvres soient confiés à des œuvres constituées d'après les principes posés par *Grancher*.

Le Comité central d'assistance aux militaires tuberculeux a recommandé à ses comités départementaux de confier à l'œuvre *Grancher* les enfants de leurs assistés. Même recommandation de la part de M. *Brisac*, directeur de l'Assistance publique, à son personnel. De son côté, le représentant de la mission *Rockfeller* a déclaré qu'ils avaient en France appris à connaître l'œuvre *Grancher* qui certainement se répandra en Amérique!

Le *Congrès de la natalité à Nancy* :

Considérant que le placement à la campagne des enfants des familles tuberculeuses suivant les principes posés par *Grancher* constitue le moyen le plus pratique et le plus efficace pour préserver les enfants de la contamination, a émis le vœu que dans les départements qui n'en possèdent pas encore, soit organisée une filiale de cette œuvre, reconnue d'utilité publique et qui, étant donné son rendement au point de vue de la puériculture, mérite de devenir une œuvre nationale.

Ce souhait s'est réalisé ; les 18 filiales départementales ont formé, avec l'œuvre parisienne, une fédération nationale, et depuis le mouvement d'extension de l'œuvre ne cesse de s'accroître.

Le rendement si remarquable de l'œuvre *Grancher* n'est pas dû au simple placement à la campagne, car celui-ci, s'il est mal appliqué, peut au contraire être nuisible. C'est ainsi qu'à la société de médecine vaudoise, le docteur *Jeanneret*, dans une communication très remarquable sur la tuberculose, a déclaré qu'il n'était pas partisan du placement des enfants chez des paysans où manquent trop souvent l'hygiène, le contrôle de l'enfant et l'éducation physique, et où apparaissent trop souvent aussi le travail excédant les forces de l'enfant, la chambre peu saine, et d'autres facteurs déplorables. Ce qui fait le succès du placement à l'œuvre *Grancher*, c'est qu'il est fait par le médecin du pays. Lui seul est qualifié pour connaître la valeur physique et morale des personnes qui demandent à prendre des pupilles, ainsi que les condition hygiéniques de la famille. De plus, parcourant tous les jours l'étendue de sa clientèle, il exerce ainsi une surveillance quotidienne sur les enfants qui lui sont confiés.

Le choix des familles est tel que, grâce à leur action morale, on ne compte pas d'*anormaux scolaires* parmi les pupilles de l'œuvre.

Enfin ces enfants, élevés par les agriculteurs comme leurs propres enfants, font insensiblement leur apprentissage d'aide de culture, et à treize ans, à la fin de la période scolaire, ils sont tous en état de gagner leur vie. C'est la solution pratique d'un grave problème social.

C'est pour toutes ces raisons que le *Congrès des sociétés savantes tenu à Strasbourg* a émis le vœu suivant :

« Considérant d'une part que l'œuvre de préservation de l'enfance contre la tuberculose constitue le moyen le plus pratique et le plus efficace pour préserver les enfants contre cette maladie, et d'autre part que le Ministre de l'Hygiène publique a prescrit l'organisation de commissions départementales de puériculture, le Congrès estime que lesdites commissions ont pour premier devoir d'empêcher les ravages de la tuberculose dans la population enfantine, et émet le vœu que les Commissions départementales de puériculture soient invitées à créer des œuvres *Grancher* dans les départements qui en sont encore dépourvus. »

Notre Association voudra sans doute donner, comme les autres congrès français, son appui à ce mode si efficace de défense antituberculeuse et j'ai l'honneur de vous présenter le vœu suivant :

« La Section d'hygiène de l'Association pour l'avancement des sciences, constatant que l'œuvre de préservation de l'enfance contre la tuberculose, telle que l'a conçue *Grancher*, c'est-à-dire le placement à la campagne par le médecin du pays des enfants encore sains de parents tuberculeux, réalise, d'après le principe posé par *Pasteur*, le sauvetage de la race, émet le vœu que, dans les départements qui n'ont pas encore de filiale de cette œuvre, les groupements scientifiques s'efforcent de combler cette lacune dans l'armement antituberculeux. »

M. le Dr MOSSER,

Médecin d'arrondissement, Mulhouse.

SUR L'INSPECTION MÉDICALE DES ÉCOLES DE LA CAMPAGNE

613.54

27 Juillet.

Après les pertes cruelles de cette dernière guerre, nous avons le devoir de nous intéresser tout particulierement aux problèmes de la puériculture. Parmi les œuvres qui s'occupent de la protection de la santé de l'enfance, l'inspection médicale des écoles est d'une très grande importance. Autrefois, cette inspection ne portait que sur les locaux et le mobilier scolaire. La surveillance de l'état de santé des élèves et l'examen individuel de chacun d'eux sont de date encore assez récente et pourtant ils représentent le point essentiel de ce service.

Il est incontestable que l'âge scolaire est particulièrement sujet à certaines maladies et que la fréquentation de l'école, elle-même contient déjà quelques dangers pour la santé; d'un autre côté, tout praticien vous dira que beaucoup de parents ne comprennent rien à la santé de leurs enfants ou bien que le temps leur manque de s'en occuper sérieusement. Par ce fait, l'instance médicale qui a pour mission de protéger la santé de l'élève est déjà suffisamment autorisée.

Parlons d'abord des enfants anormaux et arriérés. Beaucoup d'entre eux sont une calamité pour le maître et pour la classe, d'autres sont méconnus et souvent maltraités, alors que par l'examen médical ils auraient dû être éliminés ou adressés à des établissements spéciaux.

L'examen médical au moment de l'admission de l'enfant peut révéler des faits qu'il est très utile de signaler tout de suite au maître pour qu'il puisse prendre les mesures nécessaires. Je vous rappelle l'imperfection visuelle, la surdité, les affections du cœur et autres.

Le médecin portera avant tout son attention sur les maladies contagieuses; une intervention à temps peut empêcher l'invasion d'une épidémie. Je n'ai pas besoin de vous parler de la rougeole, de la coqueluche, de la scarlatine et de la diphtérie qui contaminent très souvent les enfants de l'âge scolaire. Les porteurs de bacilles diphtériques sont un grand danger pour les écoles. Il y a d'autres maladies contagieuses moins connues, qui se répandent surtout dans les internats et les orphelinats : ce sont la conjonctivite trachomateuse et la pelade sous forme de microspories qui, une fois enracinées sont très difficiles à exterminer et demandent des soins très longs et très couteux. Il est de même des maladies parasitaires de la gale et de la phtiriase. Si la gale et les poux sont encore si fréquents dans les écoles, c'est qu'il manque avant tout l'exploration méthodique du médecin et les instructions spéciales pour détruire ces parasites.

Le médecin des écoles est en état de constater un nombre de maladies qui ont échappé aux parents. Je vous citerai les maladies constitutionnelles la sérophulose et les maladies du sang.

Il est très important que des affections comme les otites moyennes, les végétations nasopharingiennes soient reconnues le plus tôt et que les parents en soient informés.

L'examen du cœur et des poumons tient naturellement la première place; inutile d'appuyer sur la nécessité de reconnaître à temps une affection de ces organes, notamment la tuberculose pulmonaire. Le médecin des écoles n'oubliera pas de porter son attention sur les infirmes, les enfants estropiés. Un grand nombre de nos paralytiques qui sont obligés de sustenter leur vie par la mendicité, auraient pu être rendus capable de gagner leur pain si quelqu'un s'était occupé d'eux dans leur jeunesse. Les deux tiers de ces malheureux jouissent d'une intelligence normale, beaucoup de ces vices se prêtent à une intervention chirurgicale, vous savez que la chirurgie a fait de grands progrès dans cette matière.

Le médecin observera aussi le maintien des élèves. Les déviations de la colonne vertébrale sont d'une grande importance pour l'avenir, la scoliose est souvent la suite d'un mauvais maintien pendant l'écriture. L'œil du médecin reconnait facilement les premiers symptômes d'une coxalgie ou d'une spondylite.

J'ai déjà effleuré les affections des yeux et des oreilles, parlons aussi de l'examen des dents. Vous connaissez les ravages de la carie dentaire qui commence à l'âge scolaire, et nous apprécions tous le grand avantage qui résulte des soins dentaires.

Finalement je voudrais porter votre attention sur une autre utilité plutôt indirecte du service médical des écoles. Je vous citerai d'abord l'influence médicale dans le choix de la profession.

Aux enfants atteints d'une affection du cœur, on recommandera plutôt une occupation peu agitée et sédentaire; aux enfants souffrants des voies respiratoires, on déconseillera des métiers exposés à la poussière charbonnière et pierreuse, à la limaille de fer, à la poussière de laine, de coton, de tabac et aux gaz des industries chimiques. Les enfants atteints d'otite chronique et sujets à des refroidissements et des vertiges doivent éviter des professions comme le service des chemins de fer, du roulage et les métiers du bâtiment. Ceux qui sont sujets aux affections de la peau doivent également se soustraire à la poussière et aux gaz; ils ne se prêtent donc pas au métier de plâtrier, de maçon ou d'ouvrier de fabrique de produits chimiques.

Une autre suite indirecte de l'inspection médicale est l'amélioration de l'hygiène du corps. Les enfants régulièrement examinés se tiennent généralement plus propres, les parents s'occuperont davantage des vêtements et notamment des dessous de leurs enfants. Par suite du contact avec le médecin, les membres du corps enseignant apprendront mieux à observer l'état de santé des élèves et en présentant au médecin tous ceux qui leur paraîtront suspect, ils contribueront au perfectionnement de ce service.

L'inspection médicale doit également assurer l'observation des règlements concernant l'aération, l'éclairage, le chauffage et les soins de propreté.

Jusqu'à présent le service médical des écoles n'a guère encore été introduit à la campagne. Assez souvent on entend encore dire: « Oui, pour les grandes villes l'inspection médicale est un grand bienfait, mais les campagnards qui jouissent de l'air pur, du soleil et d'une nourriture saine n'ont pas besoin d'une pareille protection. » Pourtant la statistique nous apprend que l'amélioration sanitaire n'a pas fait les mêmes progrès à la campagne comme en ville, que la mortalité générale, que la mortalité enfantine et surtout celle de la tuberculose sont plus élevées dans certains arrondissements ruraux que dans les grandes villes. En effet, la campagne est encore bien arriérée au point de vue de l'hygiène. Le bon air et le soleil se trouvent bien dehors, mais pas dans les habitations, il y a un grand nombre de logements malsains dans les villages et la propreté laisse beaucoup à désirer.

C'est en hiver, ou quand il y a un malade alité qu'il faut voir combien les gens de la campagne sont souvent étroitement logés. N'oublions pas que dans beaucoup de régions, l'industrie s'est emparée d'une grande partie de la campagne et que beaucoup de villages contiennent une grande population ouvrière. Ces gens souffrent des mêmes maux que leurs collègues de la grande ville, de la pénurie du logement, de la cherté de la vie, du manque de soins et de nourriture pour leurs enfants. Ils ne bénéficient pas des œuvres de prévoyance et de protection des villes, il n'y a chez eux ni pouponnières, ni gouttes de lait, ni colonies de vacances, ni dispensaires, ni inspection sanitaire des logements.

Je vous citerai quelques facteurs particulièrement défavorables à la jeunesse de la campagne. Ce sont : le lever trop matinal, l'application précoce aux travaux lourds, la nourriture trop monotone qui consiste quelquefois exclusivement en pommes de terre, dans certaines régions, la grande distance de l'école, surtout en montagne, le manque de propreté, l'insuffisance des vêtements et par conséquent le grand nombre de refroidissements.

Voilà les considérations qui nous ont guidées quand, en 1912, nous avons introduit le service médical des écoles dans toutes les 73 communes de l'arrondissement de Mulhouse. C'était le moment du nouveau règlement de l'assistance publique et nous en avons profité pour ajouter aux attributions du médecin communal le service médical des écoles. Il a été dressé un contrat uniforme entre communes et médecins, à chaque médecin de campagne a été attribué un certain nombre de communes et le payement se fait par une somme forfaitaire calculée d'après le nombre d'habitants de la commune.

L'assistance publique ne jouant pas dans notre contrée, où l'assurance de l'ouvrier contre la maladie est obligatoire, un rôle important, l'inspection des écoles devint bientôt le service principal du médecin communal.

Permettez-moi de vous donner quelques détails sur le règlement de service de nos médecins d'école. Le médecin fait trois visites régulières par an dans les écoles : la première en octobre, après la rentrée des classes; la seconde vers Pâques et la troisième avant les grandes vacances. La première fois, il examine individuellement chaque enfant nouvellement entré à l'école; il consigne le résultat de son examen sur une fiche sanitaire, il instruit l'instituteur ou l'institutrice, bien entendu en l'absence des élèves, sur les anomalies constatées et donne les indications nécessaires pour les parents. La deuxième visite a pour but de contrôler les enfants reconnus antérieurement comme suspects ou malades et d'examiner ceux qui sont signalés par les maîtres. En même temps, il fait l'inspection des locaux et du mobilier de l'école. Avant la fin de l'année scolaire, le médecin s'occupera principalement des élèves de la dernière classe qui vont quitter et il les examinera en vue de leur future profession. En outre, le médecin s'engage à visiter l'école en cas d'épidémie chaque fois qu'il en sera informé par le maître.

Pour les inspections régulières, le médecin fait prévenir trois jours d'avance l'instituteur en chef. Celui-ci avertit les parents du premier examen en leur envoyant une circulaire qui les invite à assister à cet examen et à donner les renseignements qu'ils jugent nécessaires. L'examen médical ne doit pas être fait dans la classe pendant l'instruction, les maîtres n'ont pas besoin d'y assister, pour ne pas déranger l'instruction des autres élèves; il suffit qu'ils désignent quelques élèves de la dernière classe pour aider au déshabillement. Les fillettes qui ont dépassé la dixième année ne doivent pas être déshabillées sans le consentement des parents. Après l'examen, le médecin retourne les fiches à l'instituteur.

Il est expressément interdit au personnel enseignant de faire un usage non autorisé des remarques du médecin. Les fiches sanitaires sont conservées pendant trente ans à la mairie; en cas de départ d'un élève dans une autre localité, la fiche est envoyée à la nouvelle école. Pour le 1er octobre de chaque année, le médecin d'école doit dresser un rapport au maire sur l'état de santé des élèves et sur l'état des locaux et du mobilier. Ce rapport est communiqué plus tard au médecin d'arrondissement par l'intermédiaire du sous-préfet.

Voilà comment fonctionne le service médical dans les communes de l'arrondissement de Mulhouse. Vous voyez qu'il est assez simple et qu'il contient le plus nécessaire qu'on puisse demander à la campagne. Ce service fonctionne depuis huit ans, il n'a même pas été interrompu pendant la guerre. Je vous dirai qu'il a même quelques avantages sur celui des grandes villes. A la campagne, le médecin d'école est en même temps presque toujours le médecin de la famille. Il connaît les antécédents familiers, il a souvent l'occasion de faire verbalement ses observations aux parents et d'entreprendre le traitement nécessaire des enfants. Dans la grande ville, le médecin des écoles n'a presque pas de relations avec les parents, ses observations écrites ne font pas le même effet et il n'a pas l'occasion de soigner les maladies qu'il a constatées. De même l'appui moral de l'instituteur et de l'institutrice qui dans notre pays jouissent en général d'une grande autorité dans les familles, est bien plus efficace à la campagne que dans les villes.

Je ne voudrais pas manquer l'occasion de faire l'éloge du bon accord qui règne entre le corps enseignant et les médecins de campagne ; pendant ces huit ans, il n'y a eu aucun conflit. A nos médecins revient le mérite d'avoir assumé des fonctions aussi importantes malgré la petite rémunération qui leur a été payée. En vue du coût actuel de la vie, ils seront bien obligés de demander une augmentation et j'espère que les communes accepteront volontiers leurs demandes en signe de reconnaissance pour les services rendus. Ce qu'on a pu faire chez nous, on pourrait aussi l'entreprendre ailleurs. Émettons le vœu que le service médical soit introduit dans toutes les écoles de France, à la campagne comme en ville.

Je ne pourrai pas mieux terminer cette communication qu'en vous citant *Calmette*, un des fondateurs les plus méritants de votre société. Il y a dix ans déjà qu'il a écrit dans un article intitulé *l'Hygiène dans l'éducation* les lignes suivantes :

« Si l'enfant du peuple était médicalement guidé depuis sa naissance jusqu'à sa sortie de l'école et si les œuvres post-scolaires faisaient ensuite à l'enseignement de l'hygiène la place à laquelle elle a droit, l'adolescent, garçon et fille, entrerait dans la vie solidement armé pour la lutte contre les causes de mort prématurée. »

M. le Dr MUTTERER,
Mulhouse.

FONCTIONNEMENT DU DISPENSAIRE ANTITUBERCULEUX DE MULHOUSE

362.12 + 616.995 (43.445)

27 *Juillet.*

Le Dispensaire antituberculeux de Mulhouse a été fondé en 1908, sous les auspices de la *Société Industrielle*, par la coopération des différents Patronages de la ville. Ces derniers sont des sociétés d'assistance privée qui, au nombre de huit, exercent depuis plus d'un demi-siècle leur activité philanthropique chacune dans un quartier différent. Chaque Patronage a son Comité, composé en partie de dames, et sa sœur visiteuse, qui demeure au milieu de son quartier, dans la maison où ont lieu les consultations médicales, faites par un médecin de l'Assistance publique municipale ou du Patronage. Le Comité du Dispensaire antituberculeux est une émanation de ce ces Comités des Patronages, dont chacun désigne un délégué pris dans son sein pour en faire partie. On a donné ainsi à l'œuvre nouvelle une base solide dès ses débuts, et garanti l'unité d'action si nécessaire pour une tâche aussi importante que la lutte contre la tuberculose.

Le personnel du Dispensaire se compose de deux médecins, d'une secrétaire, d'un enquêteur; en outre, des infirmières de l'Union des Femmes de France se sont mises ces derniers temps gracieusement à sa disposition pour faire des visites dans les familles assistées. Le fonctionnement de l'établissement a lieu de la manière suivante : les malades qui s'adressent au Dispensaire se présentent à la consultation médicale qui a lieu trois fois par semaine; ils doivent s'assurer préalablement, quand ils sont en traitement chez un médecin, du consentement par écrit de ce dernier. Cette formalité ne rencontre en général aucune difficulté, et, le plus souvent, c'est le médecin traitant lui-même qui nous envoie spontanément son patient. Lorsque ce dernier a été inscrit, qu'on l'a pesé, mesuré et qu'on a pris sa température, le médecin du Dispensaire procède à l'examen, puis, s'il constate l'existence d'une lésion tuberculeuse, il éclaire le malade sur son état; il lui donne les conseils qu'il juge utiles dans son intérêt et dans celui de la préservation de son entourage; il lui remet enfin une brochure avec des conseils d'hygiène faciles à comprendre et à suivre, un crachoir de poche, éventuellement des désinfectants. Les examens d'expectorations jugés nécessaires ont lieu au Laboratoire municipal de Mulhouse ou à l'Institut bactériologique de Strasbourg. Dans les jours qui suivent son inscription au Dispensaire, le tuberculeux est visité à son domicile par l'enquêteur, qui fait un relevé exact de l'état du logement et des conditions d'existence de la famille. Un extrait de ce relevé, fait sur une fiche spéciale par la secrétaire, et muni des observations du médecin du Dispensaire, relatives aux mesures prises ou à prendre, est envoyé au Patronage dans le quartier duquel demeure le malade. Mises ainsi au courant des constatations faites par le Dispensaire, les dames du Comité de Patronage et la sœur du quartier vont à leur tour visiter le malade; souvent d'ailleurs elles connaissent déjà la famille, qui a eu recours à elles pour une raison ou pour une autre. Elles continuent alors à la voir, tandis que le Dispensaire, de son côté, le suit régulièrement dans ses consultations médicales, ainsi qu'à l'aide de visites, faites par l'enquêteur ou par l'infirmière de l'*Union des Femmes de France*, dont nous avons parlé plus haut.

Le Comité du Dispensaire, dans lequel, comme nous l'avons vu, tous les Patronages sont représentés, se réunit tous les mois pour discuter les mesures à prendre dans l'intérêt des familles assistées. Lorsque, dans l'intervalle, des cas urgents exigent des décisions immédiates, le médecin du Dispensaire prend les premières dispositions réclamées par les circonstances, et se met en rapports avec le président pour pouvoir agir sans avoir besoin d'attendre la séance mensuelle du Comité. Ces dispositions d'urgence sont, comme les autres, prises d'accord avec le Patronage intéressé, car il est établi en principe que c'est par l'intermédiaire de ce dernier que tout secours doit être octroyé.

Les mesures prises par le Dispensaire dans la lutte contre la tuberculose peuvent, d'une manière générale, être rangées dans trois catégories principales, selon qu'elles concernent : 1° *le tuberculeux lui-même; 2° les membres encore sains de la famille du malade, en particulier les enfants;* 3° *l'hygiène du logement.*

1° Pour ce qui concerne *le malade lui-même,* le Dispensaire ne s'occupe pas du traitement médical proprement dit. Il cherche toutefois à procurer des cures de sanatoriums aux tuberculeux encore curables, soit, ce qui est le cas le plus fréquent, en s'adressant à l'*Institut d'Assurances sociales d'Alsace et de Lorraine*, soit, lorsqu'il s'agit de malades non assurés, en assumant lui-même une partie des frais, qu'il partage généralement avec les Patronages, le Bureau de bienfaisance municipal ou les Caisses de malades. C'est ainsi que, pour les années 1911 à 1913 par exemple, le nombre des cures de sanatoriums faites par des tuberculeux adultes inscrits au Dispensaire varia de 100 à 140 par an, 75 à 80 0/0 de ces cures ayant eu lieu aux frais de l'*Institut d'Assurances sociales;* de plus, le *Sanatorium Lalance* à Lutterbach, ouvert au printemps 1912, fut constamment occupé jusqu'en août 1914 par cinquante enfants dont la majorité appartenait à des familles suivies par le Dispensaire. Pendant la guerre le nombre des cures fut naturellement moins élevé, et, maintenant encore, le niveau normal n'a pas encore pu être atteint, par suite des dégâts subis par nos sanatoriums populaires alsaciens, et des difficultés qui s'opposent à l'envoi des malades en Suisse.

Pour les femmes tuberculeuses qui, pour une raison ou pour une autre, ne peuvent ou ne veulent pas quitter entièrement leur intérieur, une galerie de cure, fondée par une famille de la ville, fournit l'occasion de venir passer la journée au bon air. Cette galerie de cure a été annexée au service de femmes tuberculeuses de l'hôpital civil du Hasenrain, très bien situé dans un grand parc à la périphérie de la ville. Elle est réservée aux malades en traitement dans ce service, et en outre, à un certain nombre de femmes envoyées par le Dispensaire pour y faire la cure d'air pendant les mois d'été, du matin à 8 heures au soir à 6 heures. Une autre galerie de cure, fondation d'un membre de la même famille, est annexée au service des hommes tuberculeux situé dans le même hôpital : elle ne sert que pour les malades en traitement dans ce service.

Une fois la cure de sanatorium terminée, le rôle du Dispensaire est loin d'être achevé; c'est, au contraire, à ce moment-là que commence la partie la plus difficile de sa tâche. Nous parlerons plus tard de l'hygiène du logement, qui est d'une telle importance pour le maintien des résultats obtenus au sanatorium, et nous nous bornerons à relever un point sur lequel il reste encore beaucoup à faire : c'est le travail des tuberculeux guéris ou du moins encore valides. Théoriquement, il importe d'éliminer avant tout certaines occupations reconnues malsaines, telles que par exemple celles qui exposent l'ouvrier à aspirer des poussières dures, puis d'éviter le surmenage, le travail dans des locaux peu hygiéniques, etc. Mais en pratique, la question se pose souvent autrement, et il s'agit de trouver pour le tuberculeux guéri ou amélioré un travail qui, tout en lui étant le moins préjudiciable possible, est assez bien payé pour lui permettre de vivre sans privations. C'est un fait connu par exemple que la plupart des entreprises industrielles répugnent à engager des ouvriers ayant déjà été dans des sanatoriums, de crainte de les voir redevenir malades et tomber à la charge de leurs caisses de secours. La seule ressource pour le tuberculeux revenant de sa cure d'air est souvent de reprendre le travail qu'il faisait auparavant, si ce n'est souvent que parce qu'il ne sait pas en faire d'autre suffisamment rémunérateur. C'est pour cette raison que l'*Institut d'Assurances sociales* avait conçu, il y a quelques années, le projet de créer des établissements de travail hygiénique, où le tuberculeux rentré du sanatorium trouverait non seulement l'occasion de raffermir davantage sa santé avant de retourner à sa vie ordinaire, mais où on lui fournirait avant tout l'occasion d'apprendre des métiers convenant à son état de santé. Des établissements de ce genre devaient se trouver à la campagne, mais aussi à proximité des grands centres industriels, et l'on avait songé entre autres pour cela aux environs de Mulhouse. L'exécution de ce projet a été malheureusement empêchée par la guerre. Nous avons, il est vrai, tout près de la ville, une petite colonie agricole, due à l'initiative privée, et destinée à occuper des demi-invalides, en particulier des tuberculeux, œuvre qui nous a rendu de réels services dans certains cas, mais qui aurait besoin d'être beaucoup développée, et aussi établie sur des bases financières suffisamment solides pour pouvoir offrir aux malades à peu près l'équivalent de ce qu'ils perdraient comme revenus en renonçant à leurs occupations.

Il y a enfin la question des tuberculeux invalides, c'est-à-dire des cas avancés et généralement contagieux. Leur isolement relatif au milieu de leurs familles est un des points essentiels de l'hygiène du logement; nous en reparlerons plus tard. L'idéal est évidemment de pouvoir les enlever à leur milieu, en les mettant par exemple à l'hôpital. Mais, outre que la plupart d'entre eux se résigneraient avec peine à rester indéfiniment dans des établissements de ce genre, on risquerait de ne pas trouver assez de place dans les hôpitaux existants si cette mesure se généralisait. C'est pour cela que l'*Institut d'Assurances sociales* a essayé d'ouvrir, pour les invalides tuberculeux assurés chez lui, des asiles à la campagne où ces malades sont traités plutôt en pensionnaires qu'en patients, et peuvent rester leur vie durant s'ils le désirent. Des établissements de ce genre nécessitent moins de frais que des services hospitaliers installés selon les exigences modernes; rien n'empêche d'ailleurs, pour réduire encore la dépense occasionnée, de les faire administrer par des hôpitaux de campagne ou des sanatoriums, dans le voisinage desquels on peut les placer.

2° Pour ce qui concerne les personnes de l'*entourage* du tuberculeux, il faut d'abord se rendre compte si le malade examiné au Dispensaire est bien le seul atteint de sa famille. Si quelqu'un de ses proches est signalé comme souffrant ou même simplement comme délicat, on le fait venir pour l'ausculter, et, dans les familles où il y a des tuberculeux contagieux, on examine généralement au moins tous les enfants. Un point important, c'est de ne jamais perdre de vue ces familles, même après la mort du malade; il arrive en effet que des cas de tuberculose n'éclatent que de longues années après la contamination.

Le but essentiel du Dispensaire est la prophylaxie; ce qu'il cherche avant tout, c'est à prévenir la tuberculose. Pour cela, il faut, d'une part, tâcher d'empêcher autant que possible l'infection (et c'est là l'objet principal de l'hygiène du logement), de l'autre, il faut tâcher de fortifier l'organisme encore sain contre les effets éventuels d'une contagion qu'on ne peut pas toujours éviter à coup sûr. La réceptivité particulière de l'enfance pour la tuberculose est connue; c'est donc à cet âge qu'il faut s'adresser en toute première ligne. Le *système Grancher*, qui, en enlevant l'enfant au foyer familial contaminé pour le placer dans des familles de paysans bien portants, est certainement le moyen de protection le plus radical, n'a pas encore été appliqué en Alsace; pour l'y introduire, il vaudrait évidemment mieux en faire l'essai d'abord dans le Bas-Rhin avec sa population agricole, plutôt que dans nos vallées industrielles du Haut-Rhin, où la tuberculose est d'ailleurs aussi répandue qu'en ville. Par contre, l'œuvre des colonies de vacances est depuis de longues années très active à Mulhouse, où un Comité privé a coutume d'envoyer en moyenne chaque année plus de cinq cents enfants chétifs passer les vacances à la campagne. En outre, la Municipalité fait faire des cures de bains salins aux enfants des écoles présentant des symptômes de scrofulose ou de rachitisme ; depuis l'année dernière, ces cures se font à *La Mouillère*, près de Besançon, et à Lons-le-Saulnier. Pour les enfants délicats ayant besoin d'une certaine surveillance médicale, la Ville possède dans les environs une maison de convalescence attenante à un grand parc ; été comme hiver, des garçons et des fillettes, alternant par séries de vingt, y font des séjours de six semaines. Une école de plein air, municipale aussi, a fonctionné jusqu'au début de la guerre, mais elle n'a pas encore pu être rouverte ; elle était fréquentée par deux cents enfants.

Le Dispensaire se maintient en rapports constants avec ces différentes institutions pour y faire admettre des enfants délicats, mais non encore tuberculeux, issus de familles assistées par lui. Il s'est arrangé aussi avec le Comité des colonies de vacances pour s'occuper des jeunes filles de quatorze à dix-sept ans, trop âgées pour les diverses œuvres destinées aux enfants des écoles et trop jeunes pour avoir droit aux cures de l'*Institut d'Assurances sociales*. Cet âge étant particulièrement exposé, il y avait là une lacune maintenant comblée par la création de notre colonie de jeunes filles menacées de tuberculose, qui passait avant la guerre le mois d'août en Suisse aux frais du Dispensaire. Supprimée depuis 1914, cette colonie a été reprise cet été, avec cinquante jeunes filles qui ont passé six semaines dans les environs de Montbéliard.

Parmi les mesures destinées à augmenter la force de résistance de l'organisme exposé à la contamination par le germe de la tuberculose, ou plutôt à empêcher la diminution de cette force de résistance, il y a lieu de citer comme une des plus importantes la lutte contre l'alcoolisme. Avant la guerre, on avait organisé à Mulhouse un dispensaire antialcoolique qui, à l'aide de consultations médicales et de visites domiciliaires, cherchait à combattre ce fléau. Il est certain qu'une éducation antialcoolique, s'adressant surtout à l'entourage du buveur, doit offrir des chances de succès aussi bien que l'éducation antituberculeuse, dont elle fait d'ailleurs partie. Quant au traitement de l'alcoolique lui-même, on sait combien il est difficile d'arriver à des résultats sérieux si l'on ne dispose pas d'établissements où un long séjour à l'abri de toutes tentations est souvent seul capable d'amener une guérison. Nous avons eu plus d'une fois l'occasion d'adresser des tuberculeux suivis par nous au Dispensaire antialcoolique ; malheureusement, cette œuvre n'a fonctionné que peu de temps, et le manque d'asiles pour alcooliques en Alsace n'a pas été pour lui faciliter sa tâche.

3° Après avoir étudié l'activité du Dispensaire antituberculeux par rapport au malade lui-même et aux personnes de son entourage, il nous reste à parler de ce qui a trait à *l'hygiène du logement*. Nous comprendrons sous cette rubrique non seulement ce qui concerne l'habitation en elle-même, mais aussi la manière dont le malade et sa famille doivent y vivre. Il y a d'abord la question des appartements insalubres, qui ne sont heureusement pas très nombreux à Mulhouse, surtout depuis que, dans le cours des dernières années avant la guerre, on a démoli une série de vieilles masures au centre de la ville. Dans des cas de ce genre, il n'y a évidemment rien d'autre à faire que d'amener la famille à se loger ailleurs, et d'aviser la Commission municipale des logements qui peut, s'il y a lieu, obliger le propriétaire à faire les réparations voulues. Il s'agit alors de guider la famille du tuberculeux dans le choix de son nouvel appartement et, si ce dernier coûte plus cher que celui qu'il vient de quitter, l'aider à en payer le loyer lorsqu'elle-même n'est pas en mesure de pouvoir supporter ce surcroît de dépenses. Il en est de même dans le cas, beaucoup plus fréquent, où le déménagement a été provoqué par le manque de place dans l'ancien logement; là aussi, le Dispensaire est souvent obligé d'accorder des subsides de loyers. Le surpeuplement des locaux habités joue, en effet, un rôle très important dans la propagation de la tuberculose, car il est évident que, lorsque le tuberculeux est obligé de partager sa chambre à coucher, souvent trop petite, avec d'autres membres de sa famille, il est difficile d'éviter la contagion. Le danger est particulièrement grand lorsqu'il n'y a pas assez de lits pour que le malade puisse coucher seul. Dans ces conditions, la première mesure à prendre consiste à procurer un lit supplémentaire à la famille, ce qui, dans la plupart des dispensaires, se fait à titre de prêt pour un temps généralement indéterminé. A Mulhouse par exemple, nous possédons plus de deux cents lits qui se trouvent presque tous en ce moment occupés par nos tuberculeux.

Obtenir que le malade ait son lit et, autant que possible, sa chambre à lui seul, est donc une condition essentielle pour arriver à réduire au minimum les chances de contamination pour son entourage. Mais il y a outre cela une foule de menues précautions à prendre, et c'est dans l'enseignement de ces précautions de tous les instants que consiste l'éducation antituberculeuse, qui n'est au fond que celle de l'hygiène et de la propreté. Préparée par les conseils donnés à la consultation médicale, cette éducation a surtout lieu au moyen des indications pratiques fournies par les infirmières visiteuses lors de leurs visites aux malades. La manière d'éviter la contagion par les expectorations des tuberculeux, la lessive de leur linge, la désinfection de la vaisselle et des couverts dont ils se servent, celle de leurs crachoirs, le nettoyage et l'aération de l'appartement, le choix d'une bonne chambre de malade, tout cela a besoin d'être non seulement expliqué, mais aussi démontré par l'exemple. Certaines de ces mesures, comme par exemple la désinfection du linge, sont il est vrai parfois difficiles à faire bien exécuter par les familles; c'est pour cela que bien des dispensaires se chargent eux-mêmes de ce soin en faisant laver et désinfecter le linge de leurs tuberculeux dans des établissements spéciaux. A Mulhouse, un projet de ce genre était à l'étude avant la guerre, et il avait été question d'aménager le nouveau service de désinfection de l'hôpital civil de manière à pouvoir désinfecter chaque semaine le linge des clients du Dispensaire; mais la guerre est venue empêcher la réalisation de ce projet, qui d'ailleurs n'est que remise. Quant à la désinfection des logements des tuberculeux, le Service municipal de désinfection s'en charge chaque fois qu'il en est requis, c'est-à-dire après les décès, les changements de domicile et les admissions à l'hôpital des malades contagieux. Dans les deux premiers cas (décès et changement de domicile), la déclaration par le médecin traitant à la sous-préfecture est obligatoire, et c'est celle-ci qui avise le Service municipal de désinfection.

Tels sont les principes généraux d'après lesquels fonctionne le *Dispensaire de Mulhouse*. Ces principes sont d'ailleurs à peu près les mêmes pour tous les autres établissements de ce genre dans notre pays; les différences existantes sont dues, non pas à des manières diverses de concevoir les points essentiels de la lutte antituberculeuse, mais à l'influence des circonstances locales, puis à la nature des organes qui ont créé le Dispensaire. Mais que ce dernier soit une œuvre privée ou une œuvre d'assistance publique, qu'il fonctionne à la ville ou à la campagne, il importe avant tout qu'il puisse compter sur la collaboration de toutes les institutions, soit publiques, soit privées, qui sont à même de s'associer aux efforts dirigés contre la propagation de la tuberculose. C'est un point que nous avons inscrit en tête de notre programme, et nous sommes heureux de reconnaître que, partout où nous nous sommes adressés, nous avons rencontré des bonnes volontés prêtes à nous aider dans notre tâche.

M. LE Dr SCHMUTZ,

Strasbourg.

L'ORGANISATION DE LA LUTTE CONTRE LA TUBERCULOSE EN ALSACE ET LORRAINE

616.995 (43.445)

27 Juillet.

Les statistiques de mortalité et les renseignements recueillis auprès des médecins montrent qu'en Alsace et en Lorraine, comme dans presque tous les pays d'Europe, s'est produit une recrudescence inquiétante de la tuberculose pendant la guerre. Les raisons en sont faciles à comprendre quand on tient compte du surmenage physique et moral qui n'a pas été épargné à la population civile, plus ou moins exposée en outre à des privations dues à la vie chère et à la raréfaction des produits alimentaires.

La mortalité par tuberculose pulmonaire s'était abaissée en 1911 pour l'Alsace-Lorraine, jusqu'aux taux de 16 pour 10.000 habitants. Elle avait été de 32 pour 10.000 en 1885, de 25 en 1895, de 22 en 1905.

En France elle atteignait en 1911 le taux de 32 pour 10.000, dans l'ensemble de l'empire allemand elle était seulement de 14 pour 10.000 habitants en 1911. Ce taux de mortalité est remonté en Alsace-Lorraine progressivement à la suite des privations dues à la guerre, à 17 en 1915, à 18 en 1917 et à 19 pour 10.000 habitants en 1918. Le nombre de décès dus à la tuberculose pulmonaire était passé de 2.617 en 1915, à 3.138 en 1918, et 3.562 en 1918. Or la tuberculose est une maladie contagieuse, donc évitable : son agent, le mode de propagation et de contagion sont bien connus et en l'état actuel de la science c'est encore une maladie plus évitable que curable. Un graphique simple et impressionnant qui figurait sur la couverture de la brochure de propagande de l'*Association alsacienne et lorraine pour la lutte contre la tuberculose*, montre que, plus du tiers de la mortalité générale entre quinze et soixante ans est due à la tuberculose. Tous ces chiffres démontrent les ravages et la grandeur du fléau social tuberculeux.

La lutte contre la tuberculose a été reprise vigoureusement dès le début de 1919 avec le concours de l'*Association alsacienne et lorraine contre la tuberculose*. Cette Association fondée quelques mois avant la guerre a été reprise par un Comité nouveau dès le début de 1919. C'est une œuvre de caractère privée, mais en relations constantes et étroites avec les autorités sanitaires du pays. Elle se propose de grouper et de coordonner tous les efforts dirigés contre la tuberculose. Elle estime que la lutte contre la tuberculose doit être menée suivant le plan ci-après : d'abord création dans les centres importants de dispensaires antituberculeux; entretient et fonctionnement de sanatoriums populaires destinés aux malades atteints de tuberculose encore curable ; création d'hôpitaux spéciaux pour tuberculeux contagieux ; enfin la préservation de l'enfance.

L'Association dispose actuellement d'un ensemble de moyens en somme bien supérieur à ce que l'on trouve dans la plupart des régions en France. Nous allons essayer de donner un aperçu du plan de cette organisation, des moyens dont elle dispose et de la façon dont elle les met en œuvre. De cet exposé peut-être pourra-t-on retirer quelques idées dont on aurait intérêt à s'inspirer dans les efforts qui sont entrepris de tous côtés en France pour la défense contre le fléau social de la tuberculose.

Actuellement existe en Alsace-Lorraine tout un réseau de dispensaires antituberculeux. Vingt et un dispensaires sont en action, dix fonctionnent dans le Bas-Rhin, huit dans le Haut-Rhin et trois en Lorraine. Cinq autres sont en période de formation ; deux en Lorraine, deux dans le Haut-Rhin et un dans le Bas-Rhin. Ces organes ont été créés grâce à la coopération de multiples éléments. Les municipalités dans les deux grands centres ont donné leur concours pour sept d'entre eux ; les sociétés de la Croix-rouge ont participé à la création de dix autres, et prennent une part active à leur fonctionnement, des comités privés pour sept autres ont fait le nécessaire. Mais pour tous ces dispensaires les directives de fonctionnement sont identiques. Les dispensaires fonctionnent comme organes de diagnostic, de dépistage et de préservation sociale.

Le fonctionnement est schématiquement le suivant : Une consultation spéciale est organisée dans un local spacieux et clair. Des malades y viennent d'eux-mêmes attirés par la publicité faite autour de cet établissement, ou bien ils y sont adressés par leur médecin traitant se rendant compte du bénéfice que peut retirer non seulement le malade, mais son entourage, de l'intervention du dispensaire. Le malade qui s'y présente est interrogé, puis examiné minutieusement au point de vue clinique; les résultats de l'observation sont consignés sur une fiche conservée au dispensaire. Les examens spéciaux radioscopiques, bactériologiques sont pratiqués sur place, soit dans les services d'un hôpital voisin, soit à l'Institut d'hygiène et de bactériologie. A l'aide de cette ensemble de moyens cliniques et scientifiques le dépistage des cas légers est assuré et les moyens curatifs sont mis en œuvre avec le maximum de chances de succès. A côté de ce rôle de dépistage et de diagnostic, le dispensaire doit remplir un rôle de préservation et d'assistance sociale; c'est dans ce but qu'entre en action l'infirmière visiteuse, Celle-ci se rend au domicile du tuberculeux et est chargée de proposer et d'aider à l'exécution de mesures de prophylaxie nécessaires pour empêcher la dissémination du mal et de la contamination du reste de la famille. Pour cela elle enseigne au malade à surveiller et à détruire rationnellement les agents de la propagation que sont les crachats virulents, elle apprend à entretenir et à désinfecter les crachoirs et tous les ustensiles de toilette et de table servant au malade; elle s'assure que le malade a un lit pour lui seul ; le dispensaire peut lui fournir des moyens si elle rencontre des difficultés ; enfin elle s'occupe du logement tout entier en ce qui concerne la ventilation, l'accès de l'air, du soleil, nettoyage hygiénique, autant que possible humide et fait procéder à la désinfection du local chaque fois qu'elle est possible. L'infirmière visiteuse compte encore parmi ses fonctions délicates celle d'éducatrice d'hygiène prophylactique pour le tuberculeux et la famille au milieu de laquelle il vit. Elle conseille la visite au médecin du dispensaire des membres de l'entourage qui lui semblerait suspects ou en état de réceptivité.

La visiteuse remplit un questionnaire d'ordre social, sur la profession, les ressources du malade et propose au Comité d'assistance les secours matériels qui sont désirables pour améliorer l'hygiène du malade et de son entourage. La visiteuse est ainsi l'agent d'une assistance sociale raisonnée et remplit un rôle important de préservation sociale.

Le recrutement des infirmières visiteuses qui sont en somme la cheville ouvrière de tout dispensaire va être assuré d'une façon regulière, grâce à la création d'une école spéciale dont le siège sera à l'hôpital civil de Strasbourg. L'enseignement y sera donné sous les auspices de la faculté de médecine.

La documentation d'ordre médical et social recueillie et classée dans les dispensaires constitue un élément d'information des plus précieux sur la situation du pays au point de vue de la tuberculose et permet aux agents directeurs de la lutte de porter leur efforts sur les points plus particulièrement atteints et menacés. Le corps médical dans la grande majorité des cas à donné son plein appui au fonctionnement de cet organe de prophylaxie générale.

Dans les grands centre le rôle de dépistage de dispensaires est fortement secondée par l'inspection médicale des écoles qui fait l'objet d'un service très sérieusement organisé. Des médecins désignés pour cette fonction et assistés d'infirmiers-visiteurs scolaires examinent obligatoirement et périodiquement les enfants des écoles. Ils préviennent par l'intermédiaire de l'infirmier scolaire les familles, s'ils estiment qu'un traitement médical doit être institué par le médecin choisi par la famille. Ils désignent également les enfants envoyés aux colonies de vacances et tâchent dans la mesure du possible de soustraire à leur milieu contagieux, les enfants obligés de vivre dans une famille contaminée.

Une autre organisation intéressante existant à Strasbourg est la station de cure d'air située dans la petite forêt de Neuhof à quelques kilomètres au sud de Strasbourg. Ce genre d'établissement qui n'est pas encore très connu en France existe en grand en Amérique et en Angleterre où il porte le nom de « Day camp ». Il permet la cure d'air pendant la journée à un nombre assez grand nombre de malades et de convalescents de la ville, qui peuvent rentrer chez eux le soir, après avoir passé leur journée à se reposer en plein air. Les malades prennent les repas de la journée à la station, et la suppression du logement permet avec une dépense assez minime de faire bénéficier de l'éducation, de la discipline du sanatorium un nombre de malades assez élevé. La station de cure d'air de Neuhof comprend un pavillon avec deux ailes, l'une réservée aux hommes, l'autre pour les femmes, réunies par une portion centrale où se trouvent les cuisines et le cabinet médical. Deux grandes galeries couvertes permettent d'installer des chaises longues en cas d'intempéries. Autour du pavillon s'étend une forêt de pins où les malades installent leurs chaises longues ou font de lentes promenades. Ce genre d'établissement donne avec des moyens très réduits d'excellents résultats.

Dans cette station de cure d'air sont également admis les enfants de familles tuberculeuses qu'on arrive ainsi à isoler de leur milieu infecté, l'école y est faite en plein air sous les pins environnants les jours de beaux temps. Le dispensaire qui est le pivot de la prophylaxie antituberculeuse et un excellent agent de dépistage doit être doublé d'organes d'isolement, de cure et d'éducation. *Calmette* a dit que le dispensaire était le poste de secours du sanatorium. L'Alsace-Lorraine est dotée d'un nombre assez considérable de ces établissements, ce sont : les deux sanatoriums d'Aubure, le sanatorium de Saales, les deux sanatoriums de Schirmeck, les deux sanatoriums d'Alberschwiller. De plus deux nouveaux établissements sont en voie d'aména ement l'un à Aubure l vaux dont l'ouverture est attendue pour octobre courant. Ces établissements sont conçus le type déjà bien connu en France et sont situés en général sur les contreforts des Vosges à proximité des forêts de pins. Dans ces établissements les malades s'habituent à une discipline rigoureuse, à des règles d'hygiène qui leur permettent de ne pas contaminer leur entourage. Même à défaut d'un résultat curatif, souvent atteint d'ailleurs, le malade tire de son séjour au sanatorium des notions d'éducation antituberculeuse pratique.

Une mention spéciale est due au *Sanatorium Lalance pour enfants* qui a été créé à quelques kilomètres de Mulhouse à Lutterbach. C'est un joli établissement qu'on aperçoit du chemin de fer et qui a été fondé par M. Lalance, l'industriel mulhousien qui vient d'être récemment décoré. Il est destiné à hospitaliser les enfants originaires du Haut-Rhin et atteints ou menacés de tuberculose. La création d'un établissement analogue dans un avenir prochain est à l'état de projet pour le Bas-Rhin.

Les hôpitaux civils de Strasbourg ont de plus ouvert en mai dernier un nouvel établissement à la Robertsau, comprenant 150 lits réservés aux tuberculeux contagieux. Ces derniers peuvent ainsi être retirés des salles communes des services de médecine interne où ils étaient soignés jusqu'à présent. Cet hôpital spécial permet également de mettre en observation les cas douteux avant leur envoi dans les sanatoriums.

Le très bel hôpital orthopédique Stéphanie à Neuhoff est consacré aux enfants infirmes atteints pour la plupart de tuberculose osseuse. Installé en bordure de la forêt avec des galeries d'insolation il comporte une organisation des plus complète qui comprend entre beaucoup d'autres, un atelier pour la fabrication des appareils de prothèse, une école pour l'instruction des enfants pensionnaires de l'établissement, la classe est faite en plein air pendant les beaux jours, et divers petits ateliers où les enfants plus âgés peuvent suivre un début d'apprentissage de métier manuel. L'installation médicochirurgicale est aussi des mieux étudiée, elle comprend des salles d'opération, des salles de plâtrage, une installation complète de radiographie une salle de gymnastique orthopédique, une salle de mécanothérapie pourvue de nombreux appareils.

On se rend compte par ce tableau forcément un peu rapide que l'armement antituberculeux ne fait pas défaut en Alsace et Lorraine. Nous avons passé en revue des organes curatifs et d'éducation antituberculeuse, les sanatoriums, les stations de cure d'air, les hôpitaux de tuberculose osseuse et enfantile; des organes d'isolement dans les hôpitaux pour les tuberculoses ouvertes.

Tous ces organes existent en nombre pas toujours tout à fait suffisant, mais dans leur ensemble forment un tout complet. Reste à indiquer comment ces divers moyens sont mis en œuvre et comment sont conduits et groupés tous les efforts et les bonnes volontés qui se sont révélés pour la

isad contre la tuberculose.

La direction de la lutte se trouve très fortement centralisée entre les mains de l'*Association Alsacienne et Lorraine contre la tuberculose.* Cet état-major a des ramifications dans tous les pays sous forme de comités locaux qui groupent toutes les bonnes volontés capables de s'intéresser utilement à la question. Ils comprennent des représentants des communes les plus menacées, les sociétés de la Croix-Rouge, des industriels, des notabilités et constituent l'âme locale des efforts qui se groupent autour des dispensaires. Tous ces organes sont affiliés à l'*Association Alsacienne et Lorraine de la lutte contre la tuberculose* dont ils reçoivent leurs directives. Celle-ci est placée sous la présidence d'honneur de Monsieur le Commissaire général de la République.

Je ne ferai que mentionner les autres services assurés par l'Association. Les renseignements et la statistique qui permettent d'avoir une idée nette des cas signalés, de dépister les foyers d'infection, dans les régions plus contaminées et d'y porter un effort plus vigoureux, la propagande par tracts, affiches, conférences, la publication d'un bulletin périodique; tout ceci a pour rôle de contribuer à l'éducation des masses et surtout des enfants et de leur inculquer des préceptes simples d'hygiène et de prophylaxie élémentaire.

Il y a beaucoup à attendre comme résultat pratique de cette éducation du public et des enfants sur un danger que beaucoup ne soupçonnent même pas et qu'il suffit souvent de connaître pour pouvoir s'en garantir avec efficacité, surtout quand les organes de préservation sont abondants.

Le Comité régional a de plus apporté ses efforts sur les points du pays plus menacés ou moins bien protégés que les autres; son rôle est *d'orienter la lutte*, de coordonner l'action des éléments épars et de fournir aux comités locaux qui en manquent, les moyens de poursuivre une action qui dépasserait leurs forces.

Le Comité régional dispose d'un fonds assez important qui lui permet d'accorder des secours financiers dans le cas ou le résultat de l'enquête de l'infirmière visiteuse en montre la nécessité. Un logement surpeuplé peut souvent être grâce à un secours pécuniaire, abandonné par une famille pour un autre qu'elle peut se procurer moyennant une aide. On fait appel à lui également pour l'achat de lits ou de meubles destinés à améliorer le logement des familles des malades.

De même l'admission dans un sanatorium nécessite le plus souvent l'avis favorable et la participation financière de la Commission de secours du Comité régional. Un fonds spécial est également à sa disposition pour faire hospitaliser dans des hôpitaux de leur ressort les malades pour lesquels le dispensaire le demande. Ce sont en général ceux pour lesquels la contagion de l'entourage est le plus à redouter et chez qui les mesures d'isolement et de préservation ne peuvent pas être prises d'une manière efficace.

Cet exposé rapide montre ue l'or anisation ré ionale i existe

Alsace et en Lorraine ne manque pas de moyens. Son fonctionnement est encore trop récent pour qu'on puisse juger d'après les statistiques des résultats obtenus.

Il y a tout lieu d'espérer que cette manière de mener la lutte atténuera à la mesure du possible les méfaits de la tuberculose, et parviendra à enrayer les progrès du fléau qui menace notre race.

OUVRAGE IMPRIMÉ PRÉSENTÉ A LA SECTION

Maurice ARTHAS, Adolphe HUBERA, le Docteur BLAIZOT et GROSSERON. — Du fluorurure de sodium comme antiseptique.

CONFÉRENCE

M. LE COLONEL RENARD.

L'AVIATION FRANÇAISE PENDANT ET APRÈS LA GUERRE

---

27 Juillet.

(L'auteur n'a pas remis son texte.)

TABLE DES MATIÈRES

SÉANCES DE SECTIONS

1er GROUPE. — Sciences mathématiques.

1re ET 2e SECTIONS. — *Mathématiques, Astronomie, Géodésie, Mécanique.*

7e SECTION. — *Météorologie et Physique du globe.*

3e GROUPE. — **Sciences naturelles.**

8e SECTION. — *Géologie et Minéralogie.*

9e SECTION. — *Botanique.*

10e Section. — *Zoologie, Anatomie et Physiologie.*

SOUS-SECTION. — *Psychologie physiologique.*

11e SECTION. — *Anthropologie.*

Sous-Section. — *Histoire et Archéologie.*

12e SECTION. — *Sciences médicales.*

13e SECTION. — *Électricité médicale.*

20e SECTION. — *Sciences pharmacologiques.*

14e SECTION. — *Odontologie.*

4e GROUPE. — Sciences économiques.

15e Section. — *Agronomie.*

16e Section. — *Géographie.*

17e Section. — *Économie politique, Statistique et Législation.*

18e Section. — *Pédagogie et Enseignement.*

19e Section. — *Hygiène et Médecine publique.*

Conférence.

TABLE ANALYTIQUE

PARIS. — IMPRIMERIE CHAIX (SUCC. B), 11, BOULEVARD SAINT-MICHEL. — 610-21.

www.ingramcontent.com/pod-product-compliance
Ingram Content Group UK Ltd.
Pitfield, Milton Keynes, MK11 3LW, UK
UKHW022005170726
13837UKWH00001B/2